NEW ACTION LEGEND

思考と戦略

GET THE STRATEGY TO CAPTURE MATHEMATICS

数学Ⅲ

例題集

S5509 A1

東京書籍

この冊子は，本書で扱っている例題の問題文を抜き出したものです。
〔使い方〕

① 本書の例題を解くとき

本書の例題を解くときにはこの冊子を利用し，まずは「思考のプロセス」や解答が目に入らない状態で考えてみましょう。新しい問題に対して，自分の頭できちんと考える習慣こそが，数学の力をつける最短経路です。

② 本書以外で分からない問題に出会ったとき

本書は数学Ⅲの問題の「解法の辞書」となります。本書以外で分からない問題に出会ったときには，その問題の分野を絞り，この冊子で似た問題を探した後，その例題の「思考のプロセス」や解答を参考にして理解を深めましょう。

なお，問題番号は

000 … 教科書レベルの問題（本書での赤文字の例題）

[000] … 教科書の範囲外の問題や入試レベルの問題（本書での黒文字の例題）

を表しています。

1章　関数と極限

1　関数

☐ **1**　次の関数のグラフをかけ。
★☆☆☆
頻出
(1)　$y=\dfrac{2x+1}{x+2}$　　　(2)　$y=\dfrac{2x+3}{2x-1}$

☐ **2**　分数関数 $y=\dfrac{bx+1}{x+a}$ のグラフの漸近線は $x=-1$, $y=3$ である。
★☆☆☆
(1)　定数 a, b の値を定めよ。
(2)　この関数の定義域が $x \geqq 2$ であるとき，値域を求めよ。

☐ **3**　次の方程式，不等式を解け。
★★☆☆
頻出
(1)　$\dfrac{x+6}{x+2}=x$　　　(2)　$\dfrac{x+6}{x+2} \geqq x$

☐ **4**　k を定数とする。分数関数 $y=-\dfrac{1}{x-2}+1$ のグラフと直線 $y=kx$ との共有点の個数を求めよ。
★★☆☆

☐ **5**　〔1〕　次の関数のグラフをかけ。
★☆☆☆
(1)　$y=\sqrt{2x+2}$　　(2)　$y=\sqrt{2-x}$　　(3)　$y=-\sqrt{3x-6}$
〔2〕　$a \leqq x \leqq b$ における関数 $y=\sqrt{5-x}$ の値域が $1 \leqq y \leqq 2$ であるような定数 a, b の値を求めよ。

☐ **6**　次の方程式，不等式を解け。
★★☆☆
頻出
(1)　$\sqrt{2x+1}=x-1$　　　(2)　$\sqrt{2x+1}>x-1$

☐ **探究例題 1** 次の 問題 について，太郎さんと花子さんが話している。

> 問題：$\sqrt{3-x} < x-1$ を解け。

太郎：同値性を保ったまま変形して，次のように解けるかな？

> $\sqrt{3-x} < x-1$　　…①
> $\Longleftrightarrow 3-x < (x-1)^2$ かつ $x-1>0$　　…②
> $\Longleftrightarrow$「$x<-1$ または $2<x$」かつ $x>1$　　…③
> $\Longleftrightarrow 2<x$　　…④

花子：おかしくない？　例えば，$x=5$ は与えられた不等式を満たさないよ。

太郎：本当だ。そうか，☐ から ☐ への変形で同値性が保たれていないね。

☐ に当てはまるものを ①～④ から選べ。また，問題 の正しい解を求めよ。

☐ **7** ★★☆☆ 曲線 $y=\sqrt{2x-3}$ …① と直線 $y=ax-1$ …② の共有点の個数を調べよ。

☐ **8** ★★☆☆ 次の方程式を解け。

(1) $\dfrac{1}{x-2}-\dfrac{4}{x^2-4}=1$　　(2) $\sqrt{3x-5}-\sqrt{x+2}=-1$

☐ **9** ★☆☆☆ 頻出 次の関数の逆関数を求め，その定義域を求めよ。

(1) $y=x^2-4x \quad (x \leqq 2)$　　(2) $y=\dfrac{2x+1}{x-1}$　　(3) $y=3^{2x-1}$

☐ **10** ★★☆☆ $f(x)=\sqrt{x+1}$ とするとき，$y=f(x)$ と $y=f^{-1}(x)$ のグラフの共有点の x 座標を求めよ。

☐ **11** ★★☆☆ 関数 $y=\dfrac{ax+b}{x-c}$ が逆関数をもつとき，その逆関数を求めよ。また，その逆関数がもとの関数と一致するとき，定数 a，b，c の満たす条件を求めよ。

☐ **12** ★☆☆☆ 頻出 $f(x)=\dfrac{2x+3}{x+1}$，$g(x)=x+2$，$h(x)=x^2$ とするとき，次の合成関数を求めよ。

(1) $(f\circ g)(x)$　　(2) $(g\circ f)(x)$　　(3) $(g\circ g^{-1})(x)$

(4) $(g^{-1}\circ g)(x)$　　(5) $(h\circ(g\circ f))(x)$　　(6) $((h\circ g)\circ f)(x)$

☐ **13** 2 以上の定数 a に対して，$f(x)=(x+a)(x+2)$ とする。このとき，
★★★☆ $f(f(x))>0$ がすべての実数 x に対して成り立つような a の値の範囲を求めよ。

（京都大）

2　数列の極限

☐ **14** 次の極限を調べよ。
★☆☆☆ 頻出

(1) $\displaystyle\lim_{n\to\infty}\frac{n^2+1}{(n+1)^2}$　　(2) $\displaystyle\lim_{n\to\infty}\frac{n^2+1}{n+1}$

(3) $\displaystyle\lim_{n\to\infty}\frac{\sqrt{n^2+1}}{n+1}$　　(4) $\displaystyle\lim_{n\to\infty}\frac{1^2+2^2+3^2+\cdots+(n-1)^2}{n^3}$

☐ **15** 次の数列の極限を調べよ。
★☆☆☆

(1) $\{n^2-5n\}$　　(2) $\left\{\dfrac{(-1)^n n-1}{3n+1}\right\}$

☐ **16** 次の極限値を求めよ。
★★☆☆ 頻出

(1) $\displaystyle\lim_{n\to\infty}(\sqrt{n^2+3n+2}-n)$　　(2) $\displaystyle\lim_{n\to\infty}\frac{\sqrt{n+3}-\sqrt{n+1}}{\sqrt{n}-\sqrt{n-1}}$

☐ **17** 数列 $\{a_n\}$，$\{b_n\}$ において，次の命題の真偽をいえ。
★★☆☆

(1) $\displaystyle\lim_{n\to\infty}(a_n-b_n)=0$，$\displaystyle\lim_{n\to\infty}a_n=\alpha$　ならば　$\displaystyle\lim_{n\to\infty}b_n=\alpha$

(2) $\{a_nb_n\}$，$\{a_n\}$ がともに収束するならば，$\{b_n\}$ も収束する。

(3) $\displaystyle\lim_{n\to\infty}(a_{n+1}-a_n)=0$　ならば　$\{a_n\}$ は収束する。

☐ **18** (1) 数列 $\{a_n\}$ が $\displaystyle\lim_{n\to\infty}(3n+1)a_n=1$ を満たすとき，$\displaystyle\lim_{n\to\infty}a_n$ および $\displaystyle\lim_{n\to\infty}na_n$ を求めよ。
★★☆☆

(2) 数列 $\{a_n\}$ が $\displaystyle\lim_{n\to\infty}\frac{2a_n+3}{3a_n+4}=3$ を満たすとき，$\displaystyle\lim_{n\to\infty}a_n$ を求めよ。

☐ **19** 次の極限値を求めよ。
★★☆☆ 頻出

(1) $\displaystyle\lim_{n\to\infty}\frac{1}{n}\cos n\theta$　　(2) $\displaystyle\lim_{n\to\infty}\frac{1}{n^2}\sin^2 2n\theta$

☐ **20** ★★☆☆ 頻出

(1) n が 2 以上の自然数であり，$h>0$ のとき，二項定理を用いて不等式 $(1+h)^n \geqq 1+nh+\dfrac{n(n-1)}{2}h^2$ が成り立つことを示せ。

(2) (1)の不等式を利用して，$\displaystyle\lim_{n\to\infty}\frac{n}{3^n}$ の値を求めよ。

☐ **21** ★☆☆☆ 頻出

第 n 項が次の式で表される数列の極限を調べよ。

(1) $\dfrac{(\sqrt{5})^n+2^n}{3^n}$　(2) $4^n-(-3)^n$　(3) $\dfrac{0.2^n+0.1^n}{0.3^n-0.2^n}$

(4) $\dfrac{2^{3n}-3^{2n}}{2^{3n}+3^{2n}}$　(5) $\dfrac{2^n-2^{-n}}{2^n+2^{-n}}$

☐ **22** ★★☆☆

数列 $\left\{\left(\dfrac{x}{x^2-6}\right)^n\right\}$ が収束する。

(1) 実数 x のとり得る値の範囲を求めよ。

(2) この数列の極限値を求めよ。

☐ **23** ★★☆☆ 頻出

数列 $\left\{\dfrac{r^{n+1}-1}{r^n+1}\right\}$ の極限を調べよ。ただし $r \neq -1$ とする。

☐ **24** ★★★☆

$0<\theta<\pi$，$\theta \neq \dfrac{3}{4}\pi$ のとき，数列 $\left\{\dfrac{\sin^n\theta-\cos^n\theta}{\sin^n\theta+\cos^n\theta}\right\}$ の極限を調べよ。

☐ **25** ★★★☆

(1) $\displaystyle\lim_{n\to\infty}\frac{1}{n}\left(\left[\frac{n}{2}\right]+\left[\frac{n}{3}\right]\right)$ を求めよ。ただし，$[x]$ は x を超えない最大の整数を表す。

(2) 3 以上の自然数 n に対して $\dfrac{2^n}{n!} \leqq 2\cdot\left(\dfrac{2}{3}\right)^{n-2}$ を示し，$\displaystyle\lim_{n\to\infty}\frac{2^n}{n!}$ を求めよ。

☐ **26** ★☆☆☆ 頻出

$a_1=2$，$a_{n+1}=\dfrac{1}{2}a_n+\dfrac{1}{2}$ $(n=1,\ 2,\ 3,\ \cdots)$ で定められた数列 $\{a_n\}$ について，$\displaystyle\lim_{n\to\infty}a_n$ を求めよ。

☐ **27** ★★☆☆ $a_1=\dfrac{2}{3}$, $a_2=\dfrac{16}{9}$, $3a_{n+2}=8a_{n+1}-4a_n$ $(n=1, 2, 3, \cdots)$ で定められた数列 $\{a_n\}$ について，$\displaystyle\lim_{n\to\infty}\frac{a_n}{2^n}$ を求めよ。

☐ **28** ★★★☆ $a_1=2$, $b_1=4$, $a_{n+1}=3a_n+b_n$, $b_{n+1}=2a_n+2b_n$ $(n=1, 2, 3, \cdots)$ で定められた2つの数列 $\{a_n\}$, $\{b_n\}$ がある。

(1) 一般項 a_n, b_n を求めよ。

(2) $\displaystyle\lim_{n\to\infty}\frac{a_n+b_n}{4^n}$ を求めよ。

☐ **29** ★★★☆ $a_1=5$, $a_{n+1}=\dfrac{5a_n-16}{a_n-3}$ $(n=1, 2, 3, \cdots)$ で定められた数列 $\{a_n\}$ について，次の問に答えよ。

(1) $b_n=a_n-4$ とおくとき，b_{n+1} を b_n を用いて表せ。

(2) $\displaystyle\lim_{n\to\infty}a_n$ を求めよ。

☐ **30** ★★★☆ 頻出 箱A，Bがあり，その両方に白球，赤球が1個ずつ入っている。2つの箱から同時に球を1個ずつ取り出し，それぞれ取り出した箱とは異なる箱に入れる操作を繰り返す。この操作を n 回繰り返したとき，箱Aに白球が1個だけ入っている確率を p_n とする。

(1) p_1 を求めよ。

(2) p_{n+1} を p_n を用いて表せ。

(3) $\displaystyle\lim_{n\to\infty}p_n$ を求めよ。

☐ **31** ★★★★ 数列 $\{a_n\}$ が $0<a_1<3$, $a_{n+1}=1+\sqrt{1+a_n}$ $(n=1, 2, 3, \cdots)$ で定義されているとき

(1) $0<a_n<3$ が成り立つことを示せ。

(2) $3-a_{n+1}<\dfrac{1}{3}(3-a_n)$ が成り立つことを示せ。

(3) $\displaystyle\lim_{n\to\infty}a_n$ を求めよ。 (神戸大 改)

☐ **32** 関数 $f(x)=x^2-2$ において，曲線 $y=f(x)$ 上の点 $(x_n,\ f(x_n))$ における接線が x 軸と交わる点の x 座標を x_{n+1} とする。$x_1=2$ とし，このようにして，x_1 から順に $x_2,\ x_3,\ x_4,\ \cdots$ を定める。
★★★★

(1) x_{n+1} を x_n を用いて表せ。

(2) $\sqrt{2}<x_{n+1}<x_n$ であることを示せ。

(3) $x_{n+1}-\sqrt{2}<\dfrac{1}{2}(x_n-\sqrt{2})$ であることを示せ。

(4) $\displaystyle\lim_{n\to\infty}x_n$ を求めよ。

3　無限級数

☐ **33** 次の無限級数の収束，発散を調べ，収束するときはその和を求めよ。
★★☆☆
頻出

(1) $\displaystyle\sum_{n=1}^{\infty}\frac{1}{(3n-2)(3n+1)}$　　(2) $\displaystyle\sum_{n=1}^{\infty}\frac{1}{\sqrt{n}+\sqrt{n+1}}$

☐ **34** 次の無限等比級数の収束，発散を調べ，収束するときはその和を求めよ。
★☆☆☆

(1) $\sqrt{2}+2+2\sqrt{2}+\cdots$　　(2) $\dfrac{3}{2}-1+\dfrac{2}{3}-\cdots$

(3) $(\sqrt{3}-1)+(4-2\sqrt{3})+(6\sqrt{3}-10)+\cdots$

☐ **35** 次の無限級数の和を求めよ。
★☆☆☆
頻出

(1) $\displaystyle\sum_{n=1}^{\infty}\left\{\left(\frac{1}{3}\right)^{n+1}-\left(\frac{2}{3}\right)^{n}\right\}$　　(2) $\displaystyle\sum_{n=1}^{\infty}\frac{2^n+(-1)^n}{2^{2n}}$

☐ **36** 無限等比級数 $x+x(1-x^2)+x(1-x^2)^2+\cdots+x(1-x^2)^{n-1}+\cdots$ について
★★☆☆
頻出

(1) この級数が収束するような x の値の範囲を求めよ。

(2) (1)の範囲でこの級数の和を $f(x)$ とおく。$y=f(x)$ のグラフをかけ。

☐ **37** 次の循環小数を，既約分数で表せ。
★☆☆☆

(1) $0.\dot{1}3\dot{2}$　　(2) $3.1\dot{2}\dot{5}$

□ **38** ★★☆☆ 2つの無限等比級数 $1+(x+y)+(x+y)^2+(x+y)^3+\cdots$

$1+(x^2+y^2)+(x^2+y^2)^2+(x^2+y^2)^3+\cdots$

がともに収束し，その和をそれぞれ S, T とおくとき

(1) 点 $(x,\ y)$ の領域を図示せよ。

(2) 点 $\mathrm{P}(x,\ y)$ が $\dfrac{1}{S}+\dfrac{1}{T}=2$ を満たすとき，点Pの図形をかけ。

□ **39** ★★☆☆ 次の無限級数の収束，発散を調べ，収束するときはその和を求めよ。

(1) $\left(1-\dfrac{1}{2}\right)+\left(\dfrac{1}{2}-\dfrac{2}{3}\right)+\left(\dfrac{2}{3}-\dfrac{3}{4}\right)+\cdots$ (2) $1-\dfrac{1}{2}+\dfrac{1}{2}-\dfrac{2}{3}+\dfrac{2}{3}-\dfrac{3}{4}+\cdots$

□ **40** ★★★☆ $a_n=\left(\dfrac{1}{2}\right)^n\cos\dfrac{2}{3}n\pi$ とする。無限級数 $\displaystyle\sum_{n=1}^{\infty}a_n$ の和を求めよ。

□ **41** ★★☆☆ (1) 数列 $\{a_n\}$ において，「無限級数 $\displaystyle\sum_{n=1}^{\infty}a_n$ が収束するならば $\displaystyle\lim_{n\to\infty}a_n=0$」であることを示せ。

(2) 無限級数 $\dfrac{3}{4}+\dfrac{5}{7}+\dfrac{7}{10}+\dfrac{9}{13}+\cdots$ が発散することを示せ。

□ **42** ★★★☆ $k=1,\ 2,\ 3,\ \cdots,\ 2^{m-1}$ (m は自然数) のとき $\dfrac{1}{2^{m-1}+k}\geqq\dfrac{1}{2^m}$ であることを利用して，無限級数 $\displaystyle\sum_{n=1}^{\infty}\dfrac{1}{n}$ が発散することを示せ。

□ **43** ★★★☆ 頻出 右の図のように，$\angle\mathrm{B_0}=90^\circ$, $\angle\mathrm{C}=30^\circ$, $\mathrm{A_0B_0}=a$ の直角三角形 $\mathrm{A_0B_0C}$ がある。辺 $\mathrm{A_0C}$, $\mathrm{B_0C}$, $\mathrm{A_0B_0}$ 上にそれぞれ $\mathrm{A_1}$, $\mathrm{B_1}$, $\mathrm{D_1}$ をとり，正方形 $\mathrm{B_0B_1A_1D_1}$ をつくる。次に，直角三角形 $\mathrm{A_1B_1C}$ の辺 $\mathrm{A_1C}$, $\mathrm{B_1C}$, $\mathrm{A_1B_1}$ 上にそれぞれ $\mathrm{A_2}$, $\mathrm{B_2}$, $\mathrm{D_2}$ をとり，正方形 $\mathrm{B_1B_2A_2D_2}$ をつくる。この操作を繰り返して正方形 $\mathrm{B_{n-1}B_nA_nD_n}$ $(n=1,\ 2,\ 3,\ \cdots)$ をつくり，その面積を S_n とする。

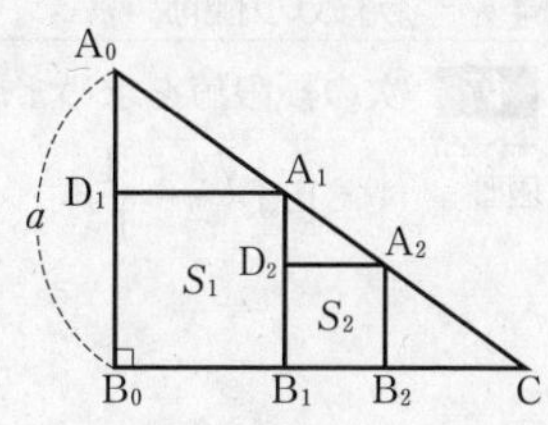

(1) S_1 を a で表せ。

(2) S_n を a と n で表せ。

(3) 無限級数 $S_1+S_2+S_3+\cdots$ の和を求めよ。 (豊橋技術科学大)

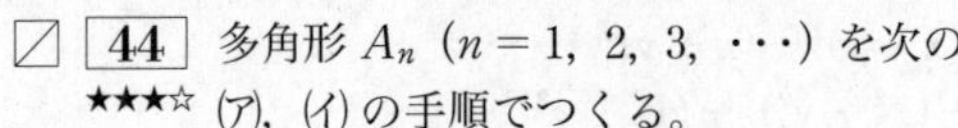

44 ★★★☆ 多角形 A_n $(n=1,\ 2,\ 3,\ \cdots)$ を次の(ア), (イ)の手順でつくる。

(ア) 1辺の長さが1の正三角形を A_1 とする。

(イ) A_n の各辺の中央に1辺の長さが $\dfrac{1}{3^n}$ の正三角形を右の図のように付け加えた多角形を A_{n+1} とする。

A_1　　A_2　　A_3

(1) 多角形 A_n の辺の数 a_n を n で表せ。

(2) 多角形 A_n の周の長さ l_n を n で表し，$\displaystyle\lim_{n\to\infty} l_n$ を調べよ。

(3) 多角形 A_n の面積 S_n を n で表し，$\displaystyle\lim_{n\to\infty} S_n$ を調べよ。　（工学院大　改）

45 ★★★★ 力が均衡している3人の力士A, B, Cで勝ち抜き戦を行い，2連勝すれば優勝とする。最初にAとBが対戦する。その勝者を例えばAとすると，次にAはCと戦う。そのとき，Aが勝てばAが優勝となり，Cが勝てば次にCはBと戦う。優勝が決まるまでこのような組み合わせで対戦する。1回相撲を取った力士が，1回休んで疲労を回復した力士と対戦するとき，勝つ確率は α $\left(0<\alpha<\dfrac{1}{2}\right)$ である。何回相撲を取った後でも1回休むことにより，完全に疲労は回復するとしたとき

(1) 最初のAとBの対戦でAが勝ってAが優勝する確率 P' を α を用いて表せ。

(2) Aが優勝する確率 P を α を用いて表せ。

46 ★★★☆ $\alpha=\dfrac{3}{4}+\dfrac{\sqrt{3}}{4}i$ とする。複素数平面上に点 $P_1(1)$, $P_2(\alpha)$, $P_3(\alpha^2)$, $\cdots$, $P_n(\alpha^{n-1})$, $\cdots$ をとり，線分 P_nP_{n+1} の長さを l_n とするとき，無限級数 $\displaystyle\sum_{n=1}^{\infty} l_n$ の和を求めよ。

4　関数の極限

47 ★☆☆☆ 頻出 次の極限値を求めよ。

(1) $\displaystyle\lim_{x\to1}\frac{\sqrt{x}-1}{x^2-1}$　　(2) $\displaystyle\lim_{x\to3}\frac{\sqrt{x-2}-\sqrt{4-x}}{\sqrt{x-1}-\sqrt{5-x}}$

48 ★☆☆☆ 頻出 次の極限を調べよ。ただし，$[x]$ は x を超えない最大の整数を表す。

(1) $\displaystyle\lim_{x\to1+0}\frac{|x^2-1|}{x-1}$　　(2) $\displaystyle\lim_{x\to1-0}\frac{|x^2-1|}{x-1}$　　(3) $\displaystyle\lim_{x\to1}\frac{[x]}{x}$

☐ **49** 次の極限値を求めよ。
★☆☆☆
頻出

(1) $\displaystyle\lim_{x\to\infty}\frac{2x^2+x}{x^2+3}$　(2) $\displaystyle\lim_{x\to\infty}\frac{2x}{x+\sqrt{x^2+1}}$　(3) $\displaystyle\lim_{x\to\infty}(\sqrt{x^2+x}-x)$

☐ **50** $\displaystyle\lim_{x\to-\infty}(\sqrt{x^2-x+1}+x)$ の値を求めよ。
★★☆☆
頻出

☐ **51** 次の等式が成り立つように，定数 a，b の値を定めよ。
★★☆☆
頻出

(1) $\displaystyle\lim_{x\to2}\frac{x^2+ax+b}{x^3-8}=2$　(2) $\displaystyle\lim_{x\to4}\frac{a\sqrt{x}+b}{x-4}=2$

☐ **52** 次の等式が成り立つように，定数 a，b の値を定めよ。
★★☆☆

$$\lim_{x\to\infty}\{\sqrt{x^2-2}-(ax+b)\}=0$$

☐ **53** 次の極限値を求めよ。
★☆☆☆

(1) $\displaystyle\lim_{x\to\infty}\frac{2^{x+1}-3^{x-1}}{2^x+3^{x+1}}$　(2) $\displaystyle\lim_{x\to-\infty}\frac{1}{2^x+2^{\frac{1}{x}}}$

(3) $\displaystyle\lim_{x\to\infty}\{\log_{10}(x^2+1)-2\log_{10}x\}$

☐ **54** 次の極限値を求めよ。
★☆☆☆
頻出

(1) $\displaystyle\lim_{x\to0}\frac{\tan3x}{\sin2x}$　(2) $\displaystyle\lim_{x\to0}\frac{1-\cos x}{x^2}$　(3) $\displaystyle\lim_{x\to\frac{\pi}{4}}\frac{\sin x-\cos x}{x-\frac{\pi}{4}}$

☐ **55** 周の長さが1の正 n 角形（$n\geqq3$）において
★★☆☆

(1) この正 n 角形の外接円の半径 r_n を n の式で表せ。

(2) この正 n 角形の面積 S_n を n の式で表し，$\displaystyle\lim_{n\to\infty}S_n$ を求めよ。

☐ **56** 次の極限値を求めよ。ただし，$[x]$ は x を超えない最大の整数を表す。
★★☆☆
頻出

(1) $\displaystyle\lim_{x\to0}x\cos\frac{1}{x}$　(2) $\displaystyle\lim_{x\to\infty}\frac{[x]}{x}$

☐ **57** 次の関数について，〔 〕内の点における連続性を調べよ。ただし，$[x]$ は x を超えない最大の整数を表す。
★★☆☆

(1) $f(x)=[x]x$ 〔$x=1$〕　　(2) $f(x)=\begin{cases}\dfrac{x^2}{|x|} & (x \neq 0) \\ 0 & (x=0)\end{cases}$ 〔$x=0$〕

☐ **58** 自然数 n に対して，関数 $f_n(x)=\dfrac{x^{2n+1}}{x^{2n}+1}$ と定義する。
★★☆☆ 頻出

(1) $f(x)=\lim\limits_{n\to\infty}f_n(x)$ を求め，$y=f(x)$ のグラフをかけ。

(2) $f(x)$ の連続性を調べよ。

☐ **59** 関数 $f(x)=\lim\limits_{n\to\infty}\dfrac{x^{2n+1}+ax^2+bx+1}{x^{2n}+1}$ がある。ただし，a，b は定数とする。
★★★☆

(1) 関数 $f(x)$ を求めよ。

(2) $f(x)$ がすべての実数 x において連続となるように a，b の値を定め，そのときの $y=f(x)$ のグラフをかけ。

☐ **60** 次の方程式は，与えられた範囲に実数解をもつことを示せ。
★★☆☆

(1) $\dfrac{1}{x}-\log_2 x=0$ $(1<x<2)$　　(2) $\cos x=x$ $\left(\dfrac{\pi}{6}<x<1\right)$

☐ **探究例題 2** あるマラソン選手は出発地点から 40 km の地点までをちょうど 2 時間で走った。このとき，途中のある 3 分間でちょうど 1 km の距離を進んだことを説明せよ。
（信州大）

2章 微分

5 微分法

61 ★☆☆☆ 次の関数を定義にしたがって微分せよ。

(1) $f(x)=\dfrac{1}{x-1}$　　(2) $f(x)=\sqrt{x+1}$

62 ★★☆☆ 関数 $f(x)$ が $x=a$ において微分可能であるとき，次の極限値を a，$f(a)$，$f'(a)$ を用いて表せ。

(1) $\displaystyle\lim_{h\to0}\frac{f(a+2h)-f(a-h)}{h}$　　(2) $\displaystyle\lim_{x\to a}\frac{\{af(x)\}^2-\{xf(a)\}^2}{x-a}$

63 ★★☆☆ 関数 $f(x)=|x|(x+1)$ は，$x=0$ で連続か，微分可能かを調べよ。

64 ★★☆☆ 関数 $f(x)=\begin{cases}x^3+\alpha x & (x\geqq2)\\ \beta x^2-\alpha x & (x<2)\end{cases}$ が $x=2$ で微分可能となるような定数 α，β の値を求めよ。　（鳥取大）

65 ★☆☆☆ 頻出 〔1〕 次の関数を微分せよ。

(1) $y=(2x^2+1)(x^2+x+1)$　　(2) $y=\dfrac{1}{x^2-2x+2}$

(3) $y=\dfrac{2x}{x^2+1}$　　(4) $y=\dfrac{x^2+3x-3}{x-1}$

〔2〕 関数 $f(x)$，$g(x)$，$h(x)$ が微分可能であるとき，次を示せ。
$\{f(x)g(x)h(x)\}'=f'(x)g(x)h(x)+f(x)g'(x)h(x)+f(x)g(x)h'(x)$

66 ★☆☆☆ 頻出 次の関数を微分せよ。

(1) $y=(2x^3-5)^5$　　(2) $y=\left(\dfrac{x}{x^2+1}\right)^4$　　(3) $y=(3x-1)\sqrt{x^2+1}$

67 ★★☆☆ (1) 2次以上の多項式 $f(x)$ が $(x-a)^2$ で割り切れるための必要十分条件は $f(a)=f'(a)=0$ であることを示せ。

(2) 多項式 $x^4+ax^3+(a+b)x+1$ が $(x-1)^2$ で割り切れるように定数 a，b の値を定めよ。

☐ **探究例題 3** 微分法を利用して，次の等式を証明せよ。

(1) ${}_n\mathrm{C}_1+2{}_n\mathrm{C}_2+3{}_n\mathrm{C}_3+\cdots+n{}_n\mathrm{C}_n=n\cdot2^{n-1}$

(2) ${}_n\mathrm{C}_1+2^2{}_n\mathrm{C}_2+3^2{}_n\mathrm{C}_3+\cdots+n^2{}_n\mathrm{C}_n=n(n+1)\cdot2^{n-2}$

(3) $1\cdot2{}_n\mathrm{C}_1+2\cdot3{}_n\mathrm{C}_2+3\cdot4{}_n\mathrm{C}_3+\cdots+n(n+1){}_n\mathrm{C}_n=n(n+3)\cdot2^{n-2}$

（慶應義塾大　改）

☐ **68** 次の関係式において，$\dfrac{dy}{dx}$ を y の式で表せ。
★★☆☆

(1) $x=y^2-2y$　　(2) $y^2=3x+1$

☐ **69** 次の方程式で定まるような x の関数 y の導関数 $\dfrac{dy}{dx}$ を x，y の式で表せ。
★★☆☆
頻出

(1) $(x-1)^2+y^2=4$　　(2) $x^2-2xy+3y^2=1$

(3) $\sqrt{x}+\sqrt{y+1}=1$

☐ **70** x の関数 y が媒介変数 t を用いて次のように表されるとき，$\dfrac{dy}{dx}$ を t の式で表せ。
★☆☆☆
頻出

(1) $x=\dfrac{1-t^2}{1+t^2}$，$y=\dfrac{2t}{1+t^2}$　　(2) $x=\sqrt{1+t^2}$，$y=3t^2$

6　いろいろな関数の導関数

☐ **71** 次の関数を微分せよ。
★★☆☆
頻出

(1) $y=\sin(3x+1)$　　(2) $y=\tan(\cos x)$　　(3) $y=\sin x\cos x$

(4) $y=\dfrac{\sin x}{1+\cos x}$　　(5) $y=\sin^2\dfrac{x}{2}$

☐ **72** 次の関数を微分せよ。
★★☆☆
頻出

(1) $y=\log(x^2+1)$　　(2) $y=\log|\tan x|$　　(3) $y=\log_2|3x+2|$

(4) $y=x\log\left(x+\sqrt{x^2+1}\right)$　　(5) $y=\dfrac{(\log x)^2}{x}$

☐ **73** 次の関数を微分せよ。
★★☆☆
頻出

(1) $y=e^{2-3x}$　　(2) $y=2^{2x+1}$　　(3) $y=x^2e^x$

(4) $y=e^{2x}\cos3x$　　(5) $y=\dfrac{e^x-e^{-x}}{e^x+e^{-x}}$

☐ **74** 次の関数を微分せよ。

★★☆☆ 頻出

(1) $y=\sqrt[3]{\dfrac{2x+1}{x(x-2)^2}}$　　(2) $y=x^x\quad(x>0)$

☐ **75** $\displaystyle\lim_{h\to 0}(1+h)^{\frac{1}{h}}=e$ であることを用いて，次の極限値を求めよ。

★★☆☆

(1) $\displaystyle\lim_{x\to 0}(1+3x)^{\frac{1}{x}}$　　(2) $\displaystyle\lim_{x\to 0}(1-3x)^{\frac{1}{x}}$　　(3) $\displaystyle\lim_{n\to\infty}\left(1+\frac{3}{n}\right)^{\frac{n}{2}}$

☐ **76** 次の極限値を求めよ。

★★☆☆

(1) $\displaystyle\lim_{x\to 1}\frac{\sin\pi x}{x-1}$　　(2) $\displaystyle\lim_{x\to 0}\frac{\log(\cos x)}{\sin x}$

☐ **77** (1) 関数 $f(x)=(x+a)e^{bx}$ が，$f'(0)=3$，$f''(0)=-2$ を満たすとき，定数 a，b の値を求めよ。

★★☆☆

(2) $y=e^{-ax}\cos bx$ のとき，$y''+2ay'+(a^2+b^2)y=0$ を示せ。

☐ **78** 関数 $f(x)=xe^{-x}$ について，$f(x)$ の第 n 次導関数 $f^{(n)}(x)$ を求めよ。

★★☆☆

☐ **79** $x=\sin t$，$y=\dfrac{3}{4}\sin 2t$ で表された関数について

★★☆☆

(1) $\dfrac{dy}{dx}$ を t の式で表せ。　　(2) $\dfrac{d^2y}{dx^2}$ を t の式で表せ。

☐ **80** 微分可能な関数 $f(x)$ において $f(x+y)=f(x)f(y)$ がすべての実数 x，y について成り立ち，$f(x)>0$，$f'(0)=1$ であるとき

★★★☆

(1) $f(0)$ を求めよ。　　(2) $f'(x)=f(x)$ を示せ。

(3) $F(x)=\dfrac{f(x)}{e^x}$ とおくとき，$F'(x)$ を求めよ。　　(4) $f(x)$ を求めよ。

3章 微分の応用

7 接線と法線，平均値の定理

81 ★☆☆☆ 頻出 次の曲線上の点Pにおける接線および法線の方程式を求めよ。

(1) $y=\sqrt{x+1}$, P(0, 1)　　(2) $y=e^x$, P(1, e)

82 ★★☆☆ 次の曲線上の点Pにおける接線および法線の方程式を求めよ。

(1) $\dfrac{x^2}{2}+\dfrac{y^2}{8}=1$, P(1, -2)　　(2) $\sqrt{x}+\sqrt{y}=1$, $\mathrm{P}\left(\dfrac{1}{4},\ \dfrac{1}{4}\right)$

83 ★★☆☆ 次の曲線上の点Pにおける接線の方程式を求めよ。

(1) 曲線 $x=3t^2-6t$, $y=t^3-9t^2+8$ 上の $t=2$ に対応する点P

(2) 曲線 $x=2\cos\theta$, $y=\sqrt{3}\sin\theta$ $(0\leqq\theta<2\pi)$ 上の$\mathrm{P}\left(1,\ \dfrac{3}{2}\right)$

84 ★★☆☆ 頻出 (1) 曲線 $y=\dfrac{1}{x}+1$ の接線で，原点を通るものの方程式を求めよ。

(2) 曲線 $y=\sqrt{x-1}$ の接線で，傾きが1であるものの方程式を求めよ。

85 ★★☆☆ 楕円 $x^2+4y^2=5$ に点$\mathrm{A}\left(1,\ \dfrac{3}{2}\right)$から引いた接線の方程式を求めよ。

86 ★★★☆ 頻出 2つの曲線 $y=kx^2$ と $y=\log x$ が共有点Pで共通の接線 l をもつ。このとき，k の値と接線 l の方程式を求めよ。

87 ★★★☆ 頻出 2曲線 $C_1: y=e^x-2$, $C_2: y=\log x$ の両方に接する直線の方程式を求めよ。

88 ★★★☆ 2曲線 $y=e^x$ と $y=\sqrt{r^2-x^2}$ $(r>1)$ のある共有点Pにおける両曲線の接線が直交するとき，定数 r の値を求めよ。

□ **89** ★★☆☆ (1) 関数 $f(x)=x^3$ の区間 $[1,\ 4]$ に対して，平均値の定理を満たす定数 c の値を求めよ。

(2) 関数 $f(x)=\dfrac{1}{x}$ $(x>0)$ において，a，h を正の定数とするとき

平均値の定理　$f(a+h)=f(a)+hf'(a+\theta h),\ 0<\theta<1$　…(＊)

を満たす θ の値を求めよ。

□ **90** ★★☆☆ 平均値の定理を用いて，次の不等式を証明せよ。

$a>0$ のとき　$\dfrac{1}{a+1}<\log\dfrac{a+1}{a}<\dfrac{1}{a}$

□ **91** ★★★☆ 極限値 $\displaystyle\lim_{x\to 0}\frac{\sin x-\sin x^2}{x-x^2}$ を求めよ。

□ **92** ★★★★ 数列 $\{a_n\}$ が $a_1=1,\ a_{n+1}=\sqrt{a_n+3}$ $(n=1,\ 2,\ 3,\ \cdots)$ で定義されているとき，$\displaystyle\lim_{n\to\infty}a_n$ を求めよ。

8　関数の増減とグラフ

□ **93** ★☆☆☆ 頻出 次の関数の極値を求めよ。

(1) $y=\dfrac{x^2}{x+1}$　　(2) $y=\dfrac{4x}{x^2+1}$

□ **94** ★☆☆☆ 頻出 次の関数の極値を求めよ。

(1) $y=x-\sin 2x$ $(0\leqq x\leqq\pi)$　　(2) $y=\sin 2x-2\cos x$ $(0\leqq x\leqq 2\pi)$

□ **95** ★☆☆☆ 頻出 次の関数の極値を求めよ。

(1) $y=(x^2-4x+1)e^x$　　(2) $y=x(\log x-1)^2$

□ **96** ★★☆☆ 関数 $y=|x|\sqrt{x+2}$ の極値を求めよ。

□ **97** ★★☆☆ a を定数とするとき，関数 $f(x)=\dfrac{2x-a}{x^2}$ の極値を求めよ。

☐ **98** 関数 $f(x)=\dfrac{x-a}{x^2+1}$ が $\dfrac{1}{2}$ を極値にとるような，定数 a の値を求めよ。
★★☆☆
頻出

☐ **99** 次の関数が極値をもつような定数 a の値の範囲を求めよ。
★★★☆
(1) $f(x)=\dfrac{x-a}{x^2-1}$ （ただし，$a \neq \pm 1$）
(2) $f(x)=(\log x)^2-2ax$ （ただし，$a>0$）

☐ **100** 次の関数において，$y=f(x)$ のグラフの漸近線の方程式を求めよ。
★★☆☆
(1) $f(x)=\dfrac{2x^2-x+1}{x-1}$
(2) $f(x)=\sqrt{x^2-4x+5}$

☐ **101** 次の関数の増減，極値，グラフの凹凸，変曲点を調べ，そのグラフをかけ。
★★☆☆
頻出
(1) $y=\dfrac{x}{x^2+1}$
(2) $y=\dfrac{x^3}{(x-1)^2}$

☐ **102** 次の関数の増減，極値，グラフの凹凸，変曲点を調べ，そのグラフをかけ。
★★★☆
(1) $y=x+\sqrt{4-x^2}$
(2) $y=\sqrt[3]{x^2}(x+5)$

☐ **103** 関数 $y=5-4\cos x-\cos 2x$ $(0 \leqq x \leqq 2\pi)$ の増減，極値，グラフの凹凸，変曲点を調べ，そのグラフをかけ。
★★☆☆
頻出

☐ **104** 関数 $y=xe^{-x}$ の増減，極値，グラフの凹凸，変曲点を調べ，そのグラフをかけ。
★★☆☆
頻出
ただし，$\displaystyle\lim_{t\to\infty}\frac{t}{e^t}=0$ を用いてよい。

☐ **105** 関数 $y=\dfrac{\log x}{x}$ の増減，極値，グラフの凹凸，変曲点を調べ，そのグラフをかけ。
★★☆☆
頻出
ただし，$\displaystyle\lim_{t\to\infty}\frac{t}{e^t}=0$ を用いてよい。

☐ **106** 方程式 $y^2=x(x-3)^2$ で表される曲線の概形をかけ。
★★☆☆

□ **107** ★★☆☆ 媒介変数 t で表された曲線 $\begin{cases} x = t^2 - 2t \\ y = -t^2 + 4t \end{cases}$ $(t \geqq 0)$ の概形をかけ。ただし，凹凸は調べなくてよい。

□ **108** ★★☆☆ 関数 $f(x) = 2x + 3\cos x$ $(0 \leqq x \leqq \pi)$ のグラフの変曲点の座標を求め，その変曲点に関してグラフは対称であることを示せ。

□ **109** ★★☆☆ 関数 $f(x) = \sin x + \tan x + (a^2 - 3)x$ が区間 $0 < x < \dfrac{\pi}{3}$ において極値をもつように，定数 a の値の範囲を定めよ。

9　いろいろな微分の応用

□ **110** ★★☆☆ 頻出 次の関数の最大値，最小値を求めよ。

(1) $f(x) = x - 2\sin x$ $(0 \leqq x \leqq \pi)$　　(2) $f(x) = x\sqrt{8 - x^2}$

□ **111** ★★☆☆ 頻出 次の関数の最大値，最小値を求めよ。ただし，$\displaystyle\lim_{t \to \infty} \frac{t^2}{e^t} = 0$ を用いてよい。

(1) $f(x) = \dfrac{2x - 3}{x^2 + 4}$　　(2) $f(x) = x^2 e^{-x}$

□ **112** ★★★☆ 関数 $f(x) = x(x-2)e^x$ の $0 \leqq x \leqq t$ における最大値 $M(t)$ および最小値 $m(t)$ を求めよ。ただし，t は正の定数とする。

□ **113** ★★★☆ a を正の定数とする。関数 $f(x) = \log(x^2 + 1) - ax^2$ の最大値が a となるとき，a の値を求めよ。

□ **114** ★★☆☆ 頻出 曲線 $y = -\log x$ 上の点 $\mathrm{P}(t,\ -\log t)$ $(0 < t < 1)$ における接線と x 軸，y 軸との交点をそれぞれ Q，R とおく。また，原点を O とするとき，△OQR の面積の最大値およびそのときの t の値を求めよ。

☐ **115** 曲線 $C: y=e^x$ について
★★★☆
(1) 曲線 C の接線のうち原点を通るものの傾き m_1 を求めよ。
(2) (1)の m_1 に対して，m を $0<m<m_1$ を満たす定数とする。直線 $l: y=mx$ と曲線 C の最短距離を m を用いて表せ。

☐ **116** 半径1の球に外接する直円錐を考える。
★★★☆
(1) 直円錐の底面の半径を x とするとき，直円錐の高さ h を x を用いて表せ。
(2) 直円錐の体積 V の最小値，およびそのときの x の値を求めよ。

☐ **117** (1) 関数 $f(x)=\dfrac{\log x}{\sqrt{x}}$ の $x \geqq 1$ における最大値と最小値を求めよ。
★★★☆
(2) (1)の結果を利用して，(ア) $\displaystyle\lim_{x\to\infty}\frac{\log x}{x}$ (イ) $\displaystyle\lim_{x\to\infty}\frac{\log(\log x)}{\sqrt{x}}$ の値を求めよ。

☐ **118** a を定数とするとき，x についての方程式 $e^x=ax^2$ の異なる実数解の個数を求めよ。ただし，$\displaystyle\lim_{t\to\infty}\frac{e^t}{t^2}=\infty$ を用いてよい。
★★☆☆
頻出

☐ **119** x についての方程式 $e^x=ax+b$ が実数解をもつための条件を a，b を用いて表せ。また，このとき，点 $(a,\ b)$ の存在範囲を図示せよ。ただし，$\displaystyle\lim_{x\to\infty}\frac{x}{e^x}=0$ を用いてよい。
★★★☆

☐ **120** 関数 $f(x)=x\sin x-\cos x$ がある。n を自然数とするとき $2n\pi \leqq x \leqq 2n\pi+\dfrac{\pi}{2}$ の範囲において，$f(x)=0$ となる x がただ1つ存在することを示せ。さらに，この x の値を a_n とするとき，$\displaystyle\lim_{n\to\infty}(a_n-2n\pi)=0$ を示せ。 (北海道大)
★★★☆

☐ **121** 点 $(a,\ 0)$ から曲線 $y=\log x$ に異なる2本の接線を引くことができるとき，定数 a の値の範囲を求めよ。ただし，$\displaystyle\lim_{t\to\infty}\frac{t}{e^t}=0$ を用いてよい。
★★☆☆
頻出

☐ **122** 次の不等式が成り立つことを証明せよ。
★★☆☆
頻出

(1) $x > 0$ のとき $\sqrt{x} > \log x$　　(2) $x > 1$ のとき $\frac{1}{2}\log x > \frac{x-1}{x+1}$

☐ **123** $x > 0$ のとき，不等式 $x - \frac{x^3}{6} < \sin x < x$ を証明せよ。
★★☆☆
頻出

☐ **124** n を自然数とする。$x > 0$ のとき，不等式 $e^x > \frac{x^n}{n!}$ を証明せよ。
★★★☆

☐ **125** すべての正の数 x に対して，不等式 $kx^3 \geqq \log x$ が成り立つような定数 k の値の範囲を求めよ。
★★☆☆

☐ **126** 関数 $f(x) = \frac{\log x}{x}$ $(x > 0)$ について
★★★☆

(1) 曲線 $y = f(x)$ の概形をかけ。ただし，凹凸は調べなくてよい。また，$\lim_{t \to \infty} \frac{t}{e^t} = 0$ を用いてよい。

(2) 不等式 $f(e) > f(\pi)$ を証明せよ。

(3) e^π と π^e の大小を比較せよ。

☐ **127** (1) $\log x \leqq x - 1$ $(x > 0)$ を証明せよ。
★★★☆

(2) 任意の正の数 a，b に対して，次の不等式を証明せよ。

$$b\log\frac{a}{b} \leqq a - b \leqq a\log\frac{a}{b}$$

（北見工業大）

☐ **128** すべての正の実数 x，y に対して
★★★★

$$\sqrt{x} + \sqrt{y} \leqq k\sqrt{2x+y}$$

が成り立つような実数 k の最小値を求めよ。（東京大）

☐ **探究例題 4** 角 A，角 B を鋭角とし，$A \neq B$ のとき，次の 2 つの式の大小を比較せよ。

$$\frac{1}{2}(\tan A + \tan B),\ \tan\frac{A+B}{2}$$

（香川大　改）

☐ **探究例題5** 次の 問題 について，太郎さんと花子さんと次郎さんが話している。

> 問題 ：e を自然対数の底，すなわち $e=\lim_{t\to\infty}\left(1+\frac{1}{t}\right)^t$ とする。すべての正の実数 x に対し，不等式 $\left(1+\frac{1}{x}\right)^x<e$ が成り立つことを示せ。
>
> （東京大　改）

太郎：(右辺)−(左辺) $=f(x)$ とおいて，微分すれば簡単そうだよ。

$f(x)=e-\left(1+\frac{1}{x}\right)^x$ とおくと，$f'(x)=\cdots$ あれ？

花子：$\left(1+\frac{1}{x}\right)^x$ はそのままだと微分できないね。(関数)$^{(関数)}$ のような形を微分するときは，対数微分法を利用したよね。

太郎：なるほど。$f(x)=e-\left(1+\frac{1}{x}\right)^x$ の両辺の対数をとればよいかな。

次郎：それだと，対数微分法はうまくできないよ。そもそも，$\lim_{t\to\infty}\left(1+\frac{1}{t}\right)^t=e$ より，$x\to\infty$ としたとき $\left(1+\frac{1}{x}\right)^x$ の極限値は e となるから，$\left(1+\frac{1}{x}\right)^x$ が $x>0$ で単調増加することを示すことができればよいよね。

> **〔次郎さんの解答〕**
>
> $g(x)=\left(1+\frac{1}{x}\right)^x$ とおくと，$x>0$ より $g(x)>0$ であるから両辺の対数をとると　$\log g(x)=\log\left(1+\frac{1}{x}\right)^x \iff \log g(x)=x\{\log(x+1)-\log x\}$
>
> 両辺を x で微分すると　　…(A)

花子：対数をとるとよいということだね。与えられた不等式を，対数をとって変形してから考えるとどうなるかな。

> **〔花子さんの解答〕**
>
> $x>0$ より $\left(1+\frac{1}{x}\right)^x>0$ であるから，$\left(1+\frac{1}{x}\right)^x<e$ の両辺の対数をとると
>
> $$\log\left(1+\frac{1}{x}\right)^x<1 \iff x\{\log(x+1)-\log x\}<1$$
>
> $$\iff \log(x+1)-\log x-\frac{1}{x}<0 \qquad \cdots①$$
>
> 与えられた不等式と同値である ① を示す。
>
> ① の左辺を $m(x)$ とおいて，$m(x)$ を x で微分すると　　…(B)

(1) (A)に続くように，問題 を解け。

(2) (B)に続くように，問題 を解け。

10　速度・加速度と近似式

☐ **129** 数直線上を運動する点Pの時刻 t $(t \geqq 0)$ における座標 x が $x=\sin t+\sqrt{3}\cos t$
★☆☆☆ で表されるとき，次のものを求めよ。

(1)　時刻 $t=\dfrac{\pi}{2}$ における点Pの速度，速さ，加速度

(2)　速度 v の最大値およびそのときの時刻 t

☐ **130** 平面上を運動する点Pの座標 $(x,\ y)$ が，時刻 t の関数として
★★☆☆ $x=t^2-4t,\ y=\dfrac{1}{3}t^3-t^2+2$ で表されるとき，次のものを求めよ。

(1)　点Pの加速度の大きさが最小となる時刻 t

(2)　(1)のときの点Pの速度と速さ

☐ **131** 動点Pが xy 平面上の原点Oを中心とする半径 r の円上を一定の角速度 ω $(\omega>0)$
★☆☆☆ で運動している。一定の角速度 ω で運動するとは，動径OPが毎秒 ω ラジアンだけ回転することをいう。今，点Pが $(r,\ 0)$ にあるとする。

(1)　t 秒後における点Pの速度 $\vec{v}$ と速さ $|\vec{v}|$ を求めよ。

(2)　点Pの速度 $\vec{v}$ と加速度 $\vec{\alpha}$ は垂直であることを示せ。

☐ **132** 原点Oにある動点Pが，曲線 $y=\log(\cos x)$ $\left(0 \leqq x < \dfrac{\pi}{2}\right)$ 上を，速さが1で，
★★★☆ x 座標が常に増加するように動く。点Pの加速度の大きさの最大値を求めよ。

☐ **133** 上面の半径が4 cm，高さが20 cmの直円錐形の容器がある。この容器に水を満
★★★☆ たしてから，下端から $2\,\mathrm{cm^3/s}$ の割合で水が流出するものとする。水面の高さが8 cmになった瞬間における次の値を求めよ。

(1)　水面が下降する速さ　　　　(2)　水面の面積の変化率

☐ **134** (1)　$h \fallingdotseq 0$ のとき，$\sin(a+h)$ の1次近似式を求めよ。
★☆☆☆ (2)　$\pi=3.14,\ \sqrt{3}=1.73$ として $\sin 29^\circ$ の近似値を小数第3位まで求めよ。

☐ **探究例題6** $\cos x$ の近似式を考えることで，$\dfrac{1}{2}<\cos 1<\dfrac{13}{24}$ を示せ。

☐ **135** 半径 r の球がある。半径 r が α% 増加したとき表面積が2% 増加し，体積が β%
★☆☆☆ 増加した。このとき，α と β の値を近似計算を用いて求めよ。

4章 積分とその応用

11 不定積分

136 次の不定積分を求めよ。
★☆☆☆ 頻出

(1) $\int x\sqrt{x}\,dx$　(2) $\int \frac{dx}{x^4}$　(3) $\int \frac{(\sqrt{x}+1)^2}{x}dx$

137 次の不定積分を求めよ。
★☆☆☆ 頻出

(1) $\int (2\sin x+3\cos x)dx$　(2) $\int (3e^x+5^x)dx$

(3) $\int \frac{1-\sin^3 x}{\sin^2 x}dx$　(4) $\int \tan^2 x\,dx$

138 次の不定積分を求めよ。
★★☆☆ 頻出

(1) $\int \frac{dx}{(5x-1)^3}$　(2) $\int \sqrt[4]{1-2x}\,dx$

(3) $\int \sin(2x-1)dx$　(4) $\int e^{-\frac{x}{2}}\,dx$

139 次の不定積分を求めよ。
★★☆☆ 頻出

(1) $\int (x+1)(2x-3)^2dx$　(2) $\int (x+1)\sqrt{1-x}\,dx$

140 次の不定積分を求めよ。
★★☆☆ 頻出

(1) $\int 2x\sqrt[3]{x^2+1}\,dx$　(2) $\int \sin x\cos^2 x\,dx$　(3) $\int x^2e^{x^3}\,dx$

141 次の不定積分を求めよ。
★★☆☆ 頻出

(1) $\int \frac{2x-1}{x^2-x-1}dx$　(2) $\int \frac{e^{2x}}{1+e^{2x}}\,dx$

(3) $\int \tan 2\theta\,d\theta$　(4) $\int \frac{dx}{x\log x}$

142 次の不定積分を求めよ。
★★☆☆ 頻出

(1) $\int \frac{2x^2-x-2}{x+1}dx$　(2) $\int \frac{dx}{(x+1)(2x+1)}$　(3) $\int \frac{dx}{x^2(x-1)}$

☐ **143** 次の不定積分を求めよ。
★★☆☆ 頻出
(1) $\int x\cos x\,dx$　(2) $\int xe^{2x}\,dx$
(3) $\int x\log x\,dx$　(4) $\int \log(x+2)\,dx$

☐ **144** 次の不定積分を求めよ。
★★☆☆
(1) $\int x^2\sin x\,dx$　(2) $\int (x^2+1)e^{2x}\,dx$　(3) $\int (\log x)^2\,dx$

☐ **145** 不定積分 $\int e^x\sin x\,dx$ を求めよ。
★★★☆

☐ **146** 関数 $f(x)$ は $x>0$ で微分可能な関数とする。
★☆☆☆
曲線 $y=f(x)$ 上の点 $(x,\ y)$ における接線の傾きが $x\log x$ で表される曲線のうちで，点 $(1,\ 0)$ を通るものを求めよ。

☐ **147** 次の不定積分を求めよ。
★★☆☆ 頻出
(1) $\int \sin 3x\cos x\,dx$　(2) $\int \cos 5x\cos 2x\,dx$

☐ **148** 次の不定積分を求めよ。
★★★☆ 頻出
(1) $\int \sin^2 x\,dx$　(2) $\int \cos^3 x\,dx$
(3) $\int \cos^4 x\,dx$　(4) $\int \frac{dx}{\sin x}$

☐ 探究例題 7　I_1，I_2 を求めよ。また，$I_n=\int \tan^n x\,dx$（n は自然数）において，I_{n+2} を I_n を用いて表し，I_3，I_4，I_5 を求めよ。

☐ **149** 次の不定積分を求めよ。
★★☆☆
(1) $\int \frac{e^{2x}}{e^x+1}\,dx$　(2) $\int \frac{dx}{e^x-e^{-x}}$

☐ **150** 次の不定積分を（　）内の置き換えを利用して求めよ。
★★★☆

(1) $\displaystyle\int \frac{dx}{\sqrt{x^2-1}}$　$\left(t=x+\sqrt{x^2-1}\right)$　　(2) $\displaystyle\int \frac{dx}{4+5\sin x}$　$\left(t=\tan\frac{x}{2}\right)$

12　定積分

☐ **151** 次の定積分を求めよ。
★☆☆☆
頻出

(1) $\displaystyle\int_0^1 x\sqrt[3]{x^2}\,dx$　　(2) $\displaystyle\int_0^2 2^{3x}\,dx$

(3) $\displaystyle\int_1^2 (3x-5)^5\,dx$　　(4) $\displaystyle\int_0^{\frac{\pi}{2}} \sin 2x\,dx$

☐ **152** 次の定積分を求めよ。
★★☆☆
頻出

(1) $\displaystyle\int_1^3 \frac{3x^3+x-1}{x^2}\,dx$　　(2) $\displaystyle\int_2^3 \frac{2x^2-2x-3}{x-1}\,dx$

(3) $\displaystyle\int_0^1 \frac{2x+3}{x^2+3x+1}\,dx$　　(4) $\displaystyle\int_0^1 \frac{dx}{(x+1)(x+2)}$

☐ **153** 次の定積分を求めよ。
★★☆☆
頻出

(1) $\displaystyle\int_0^{\frac{\pi}{2}} \cos^2 x\,dx$　　(2) $\displaystyle\int_0^{\frac{\pi}{4}} \sin 3x\sin x\,dx$　　(3) $\displaystyle\int_{\frac{\pi}{6}}^{\frac{\pi}{3}} \frac{dx}{\tan^2 x}$

☐ **154** 次の定積分を求めよ。
★★☆☆
頻出

(1) $\displaystyle\int_0^{\pi} |\sin x-\sqrt{3}\cos x|\,dx$　　(2) $\displaystyle\int_0^{2\pi} \sqrt{1+\cos x}\,dx$

☐ **155** 次の定積分を求めよ。
★★☆☆
頻出

(1) $\displaystyle\int_0^3 x\sqrt{x+1}\,dx$　　(2) $\displaystyle\int_0^{\frac{\pi}{2}} \sin^3 x\,dx$　　(3) $\displaystyle\int_0^1 \frac{x\log(1+x^2)}{1+x^2}\,dx$

☐ **156** 次の定積分を求めよ。
★★☆☆
頻出

(1) $\displaystyle\int_0^2 \sqrt{4-x^2}\,dx$　　(2) $\displaystyle\int_0^{\frac{3}{2}} \frac{dx}{\sqrt{9-x^2}}$　　(3) $\displaystyle\int_0^1 \sqrt{4x-x^2}\,dx$

□ **157** 次の定積分を求めよ。
★★☆☆
頻出

(1) $\displaystyle\int_{-3}^{\sqrt{3}} \frac{dx}{x^2+9}$　　(2) $\displaystyle\int_0^1 \frac{dx}{\sqrt{x^2+3}}$

□ **158** 次の定積分を求めよ。
★★☆☆
頻出

(1) $\displaystyle\int_0^1 xe^{2x-1}dx$　　(2) $\displaystyle\int_1^e \log x\,dx$　　(3) $\displaystyle\int_0^{\pi} x\sin^2 x\,dx$

□ **159** 次の定積分を求めよ。
★★★☆

(1) $\displaystyle\int_0^{\pi} x^2\cos x\,dx$　　(2) $\displaystyle\int_1^e (\log x)^2 dx$　　(3) $\displaystyle\int_0^{\pi} e^{-x}\sin x\,dx$

□ **160** 次の定積分を求めよ。
★★☆☆

(1) $\displaystyle\int_{-\frac{\pi}{2}}^{\frac{\pi}{2}} \cos x\sin^4 x\,dx$　　(2) $\displaystyle\int_{-\frac{\pi}{4}}^{\frac{\pi}{4}} (\cos 2x + x^4\sin x)dx$　　(3) $\displaystyle\int_{-2}^{2} \frac{3^{2x}-1}{3^x}dx$

□ **161** 定積分 $\displaystyle\int_{-\pi}^{\pi} (x+a+b\sin x)^2 dx$ を最小にするような実数 a, b の値を求めよ。また,
★★☆☆
そのときの最小値を求めよ。

□ **162** 次の等式を満たす関数 $f(x)$ を求めよ。
★★☆☆
頻出

(1) $f(x) = 2\cos x - \displaystyle\int_0^{\frac{\pi}{2}} xf(t)\sin t\,dt$

(2) $f(x) = \sin x + \dfrac{1}{\pi}\displaystyle\int_0^{\pi} f(t)\cos(t-x)dt$

□ **163** 次の関数 $f(x)$ を x で微分せよ。
★★☆☆

(1) $f(x) = \displaystyle\int_0^x (2x-3t)e^t dt$　　(2) $f(x) = \displaystyle\int_x^{x^2} e^t\cos t\,dt$

□ **164** 次の等式を満たす関数 $f(x)$ と定数 a の値を求めよ。
★★☆☆
頻出

$$\int_0^x (x-t)f(t)dt = \sin x - ax$$

☐ **165** ★★★☆ $t>0$ とし，$S(t)=\int_t^{t+1}|\log x|\,dx$ とする。$S(t)$ を最小にする t の値を求めよ。

☐ **166** ★★☆☆ $a>0$ のとき，$f(a)=\int_0^2|e^x-a|\,dx$ の最小値を求めよ。 (小樽商科大)

☐ **167** ★★★☆ 〔1〕 $I_n=\int_0^{\frac{\pi}{2}}\sin^n x\,dx$ $(n=0,\ 1,\ 2,\ \cdots)$ とするとき，次の式が成り立つことを示せ。ただし，$\sin^0 x=1$，$\cos^0 x=1$ とする。

(1) $I_n=\int_0^{\frac{\pi}{2}}\cos^n x\,dx$　　(2) $I_n=\dfrac{n-1}{n}I_{n-2}$ $(n\geqq 2)$

(3) $$I_n=\begin{cases}\dfrac{n-1}{n}\cdot\dfrac{n-3}{n-2}\cdot\dfrac{n-5}{n-4}\cdot\cdots\cdots\dfrac{1}{2}\cdot\dfrac{\pi}{2} & (n\text{ は 2 以上の偶数})\\[2mm] \dfrac{n-1}{n}\cdot\dfrac{n-3}{n-2}\cdot\dfrac{n-5}{n-4}\cdot\cdots\cdots\dfrac{2}{3}\cdot 1 & (n\text{ は 3 以上の奇数})\end{cases}$$

〔2〕 〔1〕を用いて，定積分 $\int_0^{\frac{\pi}{2}}\sin^4 x\,dx$，$\int_0^{\frac{\pi}{2}}\sin^5 x\,dx$ をそれぞれ求めよ。

☐ **168** ★★★☆ m，n を自然数とする。定積分 $I(m,\ n)=\int_0^1 x^m(1-x)^n\,dx$ について

(1) $I(m,\ 1)$ を求めよ。
(2) $I(m,\ n)=I(n,\ m)$ を示せ。
(3) $n\geqq 2$ のとき，$I(m,\ n)$ を $I(m+1,\ n-1)$ を用いて表せ。
(4) $I(m,\ n)$ を m，n を用いて表せ。 (東京電機大)

☐ **169** ★★★☆ (1) 区間 $0\leqq x\leqq 1$ で連続な関数 $f(x)$ に対して，次の等式を証明せよ。

$$\int_0^{\pi}xf(\sin x)dx=\frac{\pi}{2}\int_0^{\pi}f(\sin x)dx$$

(2) 定積分 $\displaystyle\int_0^{\pi}\frac{x\sin x}{3+\sin^2 x}dx$ を求めよ。 (弘前大　改)

☐ **170** ★★☆☆ 関数 $f(x)$ が連続で $f(3)=1$ のとき，$\displaystyle\lim_{x\to 3}\frac{1}{x^2-9}\int_3^x tf(t)dt$ を求めよ。

13　区分求積法，面積

171　★★☆☆　頻出

次の極限値を求めよ。

(1) $\displaystyle\lim_{n\to\infty}\left\{\frac{n}{(n+1)^2}+\frac{n}{(n+2)^2}+\cdots+\frac{n}{(n+n)^2}\right\}$　（明治大）

(2) $\displaystyle\lim_{n\to\infty}\frac{\pi}{n^2}\left(\cos\frac{\pi}{2n}+2\cos\frac{2\pi}{2n}+\cdots+n\cos\frac{n\pi}{2n}\right)$　（日本大）

(3) $\displaystyle\lim_{n\to\infty}\sum_{k=1}^{n}\frac{1}{2n+k}$

(4) $\displaystyle\lim_{n\to\infty}\sum_{k=n+1}^{2n}\frac{1}{k}$

172　★★★☆

極限値 $\displaystyle\lim_{n\to\infty}\frac{1}{n}\sqrt[n]{(n+1)(n+2)\cdots(2n)}$ を求めよ。

173　★★☆☆

Oを中心とする半径1の円 C の内部に中心と異なる定点Aがある。半直線OAと C との交点を P_0 とし，P_0 を起点として C の周を n 等分する点を反時計回りに順に P_0，P_1，P_2，$\cdots$，$\mathrm{P}_n=\mathrm{P}_0$ とする。Aと P_k の距離を AP_k とするとき，$\displaystyle\lim_{n\to\infty}\frac{1}{n}\sum_{k=1}^{n}\mathrm{AP}_k{}^2$ を求めよ。ただし，$\mathrm{OA}=a$ とする。　（群馬大）

174　★★★☆

n 個の球を $2n$ 個の箱へ投げ入れる。各球はいずれかの箱に入るものとし，どの箱に入る確率も等しいとする。どの箱にも1個以下の球しか入っていない確率を p_n とする。このとき，極限値 $\displaystyle\lim_{n\to\infty}\frac{\log p_n}{n}$ を求めよ。　（京都大　改）

175　★★☆☆　頻出

(1) $0\leqq x\leqq\dfrac{1}{2}$ のとき $1\leqq\dfrac{1}{\sqrt{1-x^3}}\leqq\dfrac{1}{\sqrt{1-x^2}}$ が成り立つことを示せ。

(2) (1)を用いて，不等式 $\displaystyle\frac{1}{2}<\int_0^{\frac{1}{2}}\frac{dx}{\sqrt{1-x^3}}<\frac{\pi}{6}$ を証明せよ。

176　★★★☆　頻出

n を自然数とするとき，次の不等式を証明せよ。

$$\frac{2}{3}n\sqrt{n}<\sqrt{1}+\sqrt{2}+\sqrt{3}+\cdots+\sqrt{n}<\frac{2}{3}(n+1)\sqrt{n+1}$$

☐ **177** ★★★★

(1) 自然数 n に対して，次の不等式を証明せよ。

$$n\log n-n+1 \leqq \log(n!) \leqq (n+1)\log(n+1)-n$$

(2) 次の極限の収束，発散を調べ，収束するときにはその極限値を求めよ。

$$\lim_{n\to\infty}\frac{\log(n!)}{n\log n-n}$$

（東京都立大）

☐ **178** ★★★★

(1) $0 \leqq x \leqq \dfrac{\pi}{2}$ のとき，$\sin x \geqq \dfrac{2}{\pi}x$ であることを示せ。

(2) 極限値 $\displaystyle\lim_{n\to\infty}\int_0^{\frac{\pi}{2}} e^{-n\sin x}dx$ を求めよ。（大阪市立大　改）

☐ **179** ★★★★ $I_n=\displaystyle\int_0^{\frac{\pi}{4}}\tan^n x\,dx$ $(n=0,\ 1,\ 2,\ \cdots)$ とおく。ただし，$\tan^0 x=1$ とする。

(1) $x+1-\dfrac{\pi}{4} \geqq \tan x$ $\left(0 \leqq x \leqq \dfrac{\pi}{4}\right)$ が成り立つことを示せ。

(2) $\displaystyle\lim_{n\to\infty}I_n$ を求めよ。

(3) I_{n+2} を n と I_n を用いて表せ。

(4) 無限級数 $\displaystyle\sum_{n=1}^{\infty}\frac{(-1)^{n-1}}{2n-1}$ の和を求めよ。（旭川医科大　改）

☐ **180** ★★★★

(1) $f(x)$，$g(x)$ はともに区間 $a \leqq x \leqq b$ $(a<b)$ で定義された連続な関数とする。このとき，t を任意の実数として

$\displaystyle\int_a^b\{f(x)+tg(x)\}^2dx$ を考えることにより，不等式

$$\left\{\int_a^b f(x)g(x)dx\right\}^2 \leqq \int_a^b\{f(x)\}^2dx\int_a^b\{g(x)\}^2dx$$

が成り立つことを示せ。また，等号が成り立つ条件を求めよ。

ここで，区間 $a \leqq x \leqq b$ で定義された連続な関数 $h(x)$ が $\displaystyle\int_a^b\{h(x)\}^2dx=0$ ならば，$h(x)$ は区間 $a \leqq x \leqq b$ で常に 0 であることを用いてよい。

(2) $\displaystyle\int_a^b\{f(x)\}^2dx=1$ ならば $\displaystyle\int_a^b\frac{1}{\{f(x)\}^2}dx \geqq (b-a)^2$ を証明せよ。

☐ **181** ★☆☆☆ 頻出 次の曲線と直線で囲まれた図形の面積 S を求めよ。

(1) $y=\sin x$ $(0 \leqq x \leqq \pi)$，x 軸

(2) $y=\dfrac{x}{x^2+1}$，x 軸，$x=1$

(3) $y=\sin x+\sqrt{3}\cos x$ $(0 \leqq x \leqq \pi)$，x 軸，$x=0$，$x=\pi$

(4) $y=(\log x)^2-1$，x 軸

182 ★★☆☆ 頻出
次の 2 曲線で囲まれた図形の面積 S を求めよ。
(1) $y=\sin x,\ y=\sin 2x \quad (0 \leqq x \leqq \pi)$
(2) $y=3e^x,\ y=e^{2x}+2$

183 ★★☆☆
$f(x)=x\sin\dfrac{x}{2}\ (0 \leqq x \leqq 2\pi)$ とする。
(1) 点 $(\pi,\ f(\pi))$ における曲線 $y=f(x)$ の接線 l の方程式を求めよ。
(2) (1)の接線 l と曲線 $y=f(x)$ で囲まれた部分の面積を求めよ。 (愛媛大)

184 ★☆☆☆
次の曲線や直線で囲まれた図形の面積 S を求めよ。
(1) $x=y^2+2y-3,\ y$ 軸
(2) $y=\log(x+1),\ y$ 軸, $y=-1,\ y=2$

185 ★★☆☆
a は $1<a<e$ を満たす定数とする。曲線 $y=e^x-a$ と x 軸, y 軸, 直線 $x=1$ で囲まれた 2 つの部分の面積の和を $S(a)$ とする。
(1) $S(a)$ を求めよ。 (2) $S(a)$ の最小値を求めよ。

186 ★★★☆ 頻出
2 曲線 $y=\cos x\ \left(0 \leqq x \leqq \dfrac{\pi}{2}\right)$, $y=\tan x\ \left(0 \leqq x < \dfrac{\pi}{2}\right)$ および y 軸で囲まれた図形の面積 S を求めよ。 (福岡大 改)

187 ★★★☆ 頻出
2 つの曲線 $C_1 : y=\cos x\ \left(0 \leqq x \leqq \dfrac{\pi}{2}\right)$, $C_2 : y=k\sin x$ がある。C_1 と x 軸および y 軸で囲まれた図形の面積 S を C_2 が 2 等分するような正の定数 k の値を求めよ。

188 ★★★★
曲線 $C : y=e^{-x}\sin x\ (x \geqq 0)$ と x 軸で囲まれた図形の面積を, 原点に近い方から順に $S_1,\ S_2,\ \cdots,\ S_n,\ \cdots$ とする。このとき
(1) S_n を求めよ。 (2) $S=\displaystyle\lim_{n\to\infty}\sum_{k=1}^{n}S_k$ を求めよ。

189 ★★★☆
$m>1$ とし, 曲線 $y=\tan x\ \left(0 \leqq x < \dfrac{\pi}{2}\right)$ と直線 $y=mx$ によって囲まれた部分の面積を S とするとき, 極限 $\displaystyle\lim_{m\to\infty}\frac{S}{m}$ を求めよ。ただし, $\displaystyle\lim_{x\to+0}x\log x=0$ を用いてよい。 (大阪大)

190 ★★☆☆

関数 $f(x)=\sin x\ \left(0 \leqq x \leqq \dfrac{\pi}{2}\right)$ の逆関数を $f^{-1}(x)$ とするとき，曲線 $y=f^{-1}(x)$ と直線 $x=1$，x 軸で囲まれた図形の面積 S を求めよ。

191 ★★☆☆

関数 $f(x)=\dfrac{\pi}{4}\tan x\ \left(-\dfrac{\pi}{2}<x<\dfrac{\pi}{2}\right)$ に対して，2つの関数 $y=f(x)$，$y=f^{-1}(x)$ のグラフで囲まれた図形の面積 S を求めよ。（琉球大　改）

192 ★★☆☆ 頻出

曲線 $y^2=x^2-x^4$ …① で囲まれた図形の面積 S を求めよ。

193 ★★★☆

2つの楕円 $x^2+3y^2=4$ …①，$3x^2+y^2=4$ …② について

(1)　①，② の交点の座標を求めよ。

(2)　①，② の内部の重なった部分の面積 S を求めよ。

194 ★★☆☆ 頻出

$0 \leqq \theta \leqq 2\pi$ において，サイクロイド

$$\begin{cases} x=a(\theta-\sin\theta) \\ y=a(1-\cos\theta) \end{cases}$$

と x 軸で囲まれた図形の面積 S を求めよ。ただし，$a>0$ とする。

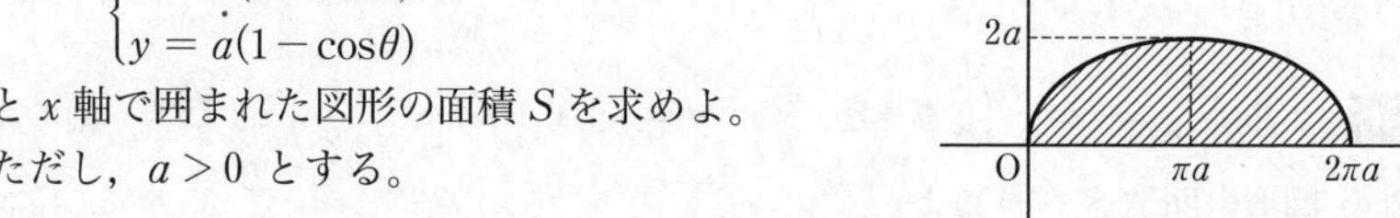

195 ★★★☆

媒介変数 t で表された曲線 $C:\begin{cases} x=3\cos t-\cos 3t \\ y=3\sin t-\sin 3t \end{cases}\ \left(0 \leqq t \leqq \dfrac{\pi}{2}\right)$ と x 軸，y 軸で囲まれた図形の面積 S を求めよ。

196 ★★★☆

座標平面上に長さが1の線分PQがある。ただし，Pは x 軸上，Qは y 軸上の点で，Pの x 座標，Qの y 座標はともに0以上である。

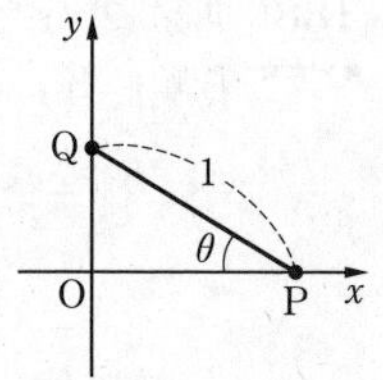

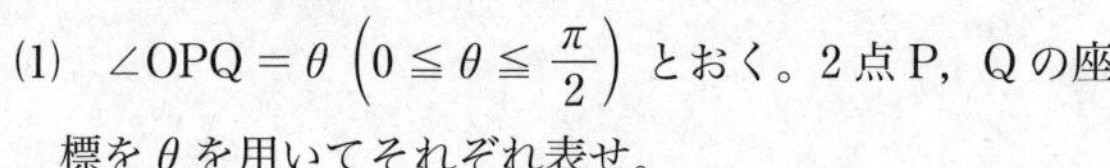

(1)　$\angle \mathrm{OPQ}=\theta\ \left(0 \leqq \theta \leqq \dfrac{\pi}{2}\right)$ とおく。2点P，Qの座標を θ を用いてそれぞれ表せ。

(2)　2点P，Qが x 軸，y 軸上をそれぞれ動くとき，線分PQが通過する領域を D とする。領域 D の面積を求めよ。

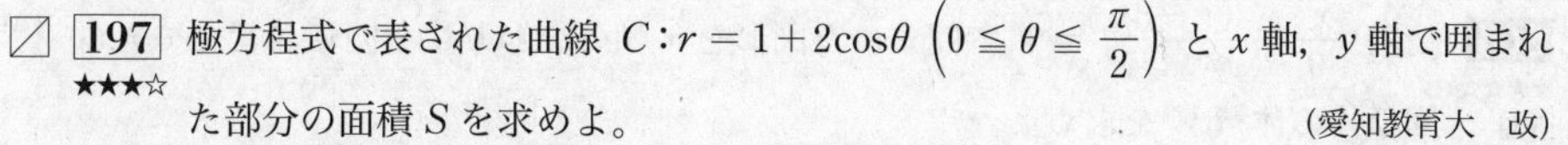

☐ **197** ★★★☆ 極方程式で表された曲線 $C : r=1+2\cos\theta \left(0 \leqq \theta \leqq \dfrac{\pi}{2}\right)$ と x 軸，y 軸で囲まれた部分の面積 S を求めよ。 （愛知教育大　改）

14　体積・長さ，微分方程式

☐ **198** ★★☆☆ 底面の半径が 3 の円柱がある。右の図のように，底面の直径 AB を含み，底面と 60° の角をなす平面で円柱を切り取った。この切り取られた立体の体積 V を求めよ。

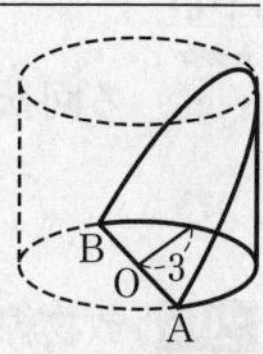

☐ **199** ★☆☆☆ 頻出 次の曲線や直線で囲まれた図形を x 軸のまわりに 1 回転させてできる回転体の体積 V を求めよ。

(1)　$y=x^2-2x$，x 軸　　　(2)　$y=\sin x \ (0 \leqq x \leqq \pi)$，$x$ 軸

☐ **200** ★★☆☆ 頻出 2 曲線 $y=\sin 2x$，$y=\cos x \left(0 \leqq x \leqq \dfrac{\pi}{2}\right)$ で囲まれた図形を x 軸のまわりに 1 回転させてできる回転体の体積 V を求めよ。

☐ **201** ★★★☆ 頻出 曲線 $y=2\sqrt{x}$ と直線 $y=x-3$，および y 軸で囲まれた図形を x 軸のまわりに 1 回転させてできる回転体の体積 V を求めよ。

☐ **202** ★☆☆☆ 頻出 次の曲線や直線で囲まれた図形を y 軸のまわりに 1 回転させてできる回転体の体積 V を求めよ。

(1)　$y=\sqrt{x+1}$，x 軸，y 軸

(2)　$y=\log x$，$y=\log x$ 上の点 $(e,\ 1)$ における接線，x 軸

☐ **203** ★★★☆ 曲線 $y=\cos x \left(0 \leqq x \leqq \dfrac{\pi}{2}\right)$ と両座標軸で囲まれた図形を，y 軸のまわりに 1 回転させてできる回転体の体積 V を求めよ。

☐ **204** ★★☆☆ 頻出

楕円 $\dfrac{x^2}{9}+\dfrac{(y-3)^2}{4}=1$ で囲まれた図形を x 軸のまわりに1回転させてできる回転体の体積 V を求めよ。

☐ **205** ★★☆☆

サイクロイド $\begin{cases} x=\theta-\sin\theta \\ y=1-\cos\theta \end{cases}$ $(0 \leqq \theta \leqq 2\pi)$ を x 軸のまわりに1回転させてできる回転体の体積 V を求めよ。

☐ **206** ★★★☆ 頻出

放物線 $C: y=x^2$ と直線 $l: y=x$ によって囲まれた図形を直線 $y=x$ のまわりに1回転させてできる回転体の体積 V を求めよ。

☐ **207** ★★☆☆

a を正の定数とする。区間 $0 \leqq x \leqq \pi$ において曲線 $y=a^2x+\dfrac{1}{a}\sin x$ と直線 $y=a^2x$ によって囲まれた図形を x 軸のまわりに1回転させてできる立体の体積を $V(a)$ とする。

(1) $V(a)$ を a の式で表せ。

(2) $V(a)$ が最小となる a の値を求めよ。 (奈良県立医科大)

☐ **208** ★★★☆

曲線 $C: y=e^x$ と直線 $l: y=ax+b$ $(a>0)$ が2点 $\mathrm{P}(x_1,\ y_1)$, $\mathrm{Q}(x_2,\ y_2)$ で交わっている。$x_2-x_1=c$ $(c>0)$ とするとき

(1) y_1, y_2 を a と c を用いて表せ。

(2) $\mathrm{PQ}=1$ のとき，曲線 C と x 軸および2直線 $x=x_1$, $x=x_2$ で囲まれた図形を x 軸のまわりに1回転させて得られる回転体の体積 $V(a)$ に対して，$\displaystyle\lim_{a\to\infty}\frac{V(a)}{a}$ を求めよ。 (大阪大　改)

☐ **209** ★★★☆

座標空間において直交する2つの直円柱 $x^2+z^2 \leqq r^2$ …①, $y^2+z^2 \leqq r^2$ …② について，次の問に答えよ。

(1) 直円柱①，②の共通部分 T を平面 $z=t$ $(-r \leqq t \leqq r)$ で切った切り口の面積 $S(t)$ を求めよ。

(2) 直円柱①，②の共通部分 T の体積 V を求めよ。

☐ **210** ★★★★

空間において，連立不等式 $0 \leqq x \leqq 1$, $0 \leqq y \leqq 1$, $0 \leqq z \leqq 1$, $x^2+y^2+z^2-2xy-1 \geqq 0$ の表す立体の体積 V を求めよ。 (北海道大　改)

211 ★★★★ 空間に2点 A(1, 1, 0), B(−1, 0, 1) がある。線分 AB を z 軸のまわりに1回転させてできる曲面と，平面 $z=0$ および $z=1$ で囲まれる立体の体積 V を求めよ。

212 ★★★★ xyz 空間において，$D=\{(x,\ y,\ z)\,|\,1\leqq x\leqq 2,\ 1\leqq y\leqq 2,\ z=0\}$ で表された図形を x 軸のまわりに1回転させてできる立体を A とする。

(1) 立体 A の体積 V_A を求めよ。

(2) 立体 A を z 軸のまわりに1回転させてできる立体 B の体積 V_B を求めよ。

（名古屋大　改）

213 ★★☆☆ 頻出 平面上の曲線 C が t を媒介変数として

$$\begin{cases} x=3\cos t+\cos 3t \\ y=3\sin t-\sin 3t \end{cases} \quad \left(0\leqq t\leqq \frac{\pi}{2}\right)$$

で与えられている。このとき，曲線 C の長さ L を求めよ。

214 ★★☆☆ 頻出 曲線 $y=\log(1-x^2)$ の $0\leqq x\leqq \dfrac{1}{2}$ の部分の長さ L を求めよ。

215 ★★★☆ 右の図で，円上の点Tに対して $\overset{\frown}{\mathrm{AT}}=\mathrm{PT}$，$\mathrm{OT}\perp\mathrm{PT}$ を満たす点Pの座標を $(x,\ y)$ とおく。
ただし，$a>0$，$0\leqq\theta\leqq 2\pi$ とする。

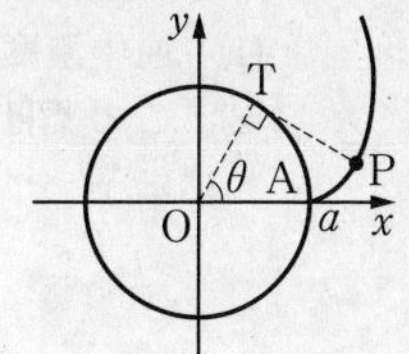

(1) x，y を θ を用いて表せ。

(2) 点Pの軌跡の曲線の長さ L を求めよ。

216 ★★☆☆ (1) 数直線上を運動する点Pの速度 v が，$v=\cos t$ で与えられているとき，時刻 $t=0$ から $t=\pi$ までの道のりを求めよ。

(2) 平面上を運動する点Qの座標 $(x,\ y)$ が，$x=e^{-t}\cos t$，$y=e^{-t}\sin t$ で与えられているとき，時刻 $t=0$ から $t=2\pi$ までの道のりを求めよ。

217 ★★☆☆ 〔1〕 次の等式を満たす関数を求めよ。

(1) $\dfrac{dy}{dx}-x^2=0$　　(2) $\sin(2x+1)+\dfrac{dy}{dx}=0$

〔2〕 $\dfrac{dy}{dx}=xe^x$ を満たす関数のうち，$x=1$ のとき $y=0$ となるものを求めよ。

☐ **218** 微分方程式 $\dfrac{dy}{dx}=xy$ を解け。
★★☆☆

☐ **219** 等式 $\dfrac{dy}{dx}=x+y+1$ …① について
★★★☆

(1) $x+y=Y$ とおいて，Y についての微分方程式を求めよ。

(2) 微分方程式 $\dfrac{dy}{dx}=x+y+1$ を解け。

☐ **220** 関数 $f(x)$ に対して，曲線 $y=f(x)$ 上の点 $(x,\ y)$ における接線の y 切片が xy であるとき，この曲線を求めよ。
★★★☆

☐ **221** すべての実数 x について，等式 $xf(x)=x+2\displaystyle\int_1^x f(t)dt$ を満たす関数 $f(x)$ を求めよ。
★★☆☆

☐ **探究例題 8** 薬を血管内に注射して初期血中濃度 y_0 を得た。この薬は血中濃度 y に比例した速さで代謝排泄されるため，血中濃度は注射後時間 t とともに次第に減少する。ただし，この薬はある一定の血中濃度 c 以上でないと効力がない。

(1) 血中濃度 y を t の関数で表せ。ただし，k を正の比例定数とする。

(2) この薬は y_0 が c の 3 倍のとき，8 時間有効だった。24 時間有効にするためには y_0 をいくらにすればよいか。 （島根大）

思考の戦略編

☐ **戦略例題 1** 曲線 $C: x^2+4y^2=4$ 上を動く点Pと，C 上の定点Q(2, 0)，R(0, 1)がある。
★★☆☆

(1) △PQRの面積の最大値と，そのときのPの座標を求めよ。

(2) (1)で求めた点Pに対して直線PQを考える。曲線 C によって囲まれた図形を直線PQで2つに分けたとき，直線PQの下方にある部分の面積を求めよ。

(金沢大)

☐ **戦略例題 2** 原点をOとする座標平面において，楕円 $C: \dfrac{x^2}{4}+y^2=1$ 上の3点
★★★☆

$\mathrm{P}(2\cos\theta_1,\ \sin\theta_1)$，$\mathrm{Q}(2\cos\theta_2,\ \sin\theta_2)$，$\mathrm{R}(2\cos\theta_3,\ \sin\theta_3)$ $(0 \leqq \theta_1 < \theta_2 < \theta_3 < 2\pi)$ が $\overrightarrow{\mathrm{OP}}+\overrightarrow{\mathrm{OQ}}+\overrightarrow{\mathrm{OR}}=\vec{0}$ を満たしながら動くとき，$\theta_2-\theta_1$，$\theta_3-\theta_2$ の値と，△PQRの面積を求めよ。

☐ **戦略例題 3** 実数 α，β に対する連立方程式 $\begin{cases}\cos\alpha+\cos\beta=1\\ \sin\alpha+\sin\beta=a\end{cases}$ が解をもつような定数 a の値の最大値と最小値を求めよ。
★★★☆

☐ **戦略例題 4** u，v を $0<u<2$，$v>0$ を満たす実数とするとき，
★★☆☆

$(u-v)^2+\left(\sqrt{4-u^2}-\dfrac{18}{v}\right)^2$ の最小値を求めよ。また，そのときの u，v の値を求めよ。

(慶應義塾大　改)

☐ **戦略例題 5** (1) $0 \leqq x \leqq \dfrac{\pi}{2}$ において，曲線 $C: y=e^{-\cos x}$ は下に凸であることを示せ。
★★★☆

(2) 不等式 $\dfrac{\pi}{2}e^{-\frac{1}{\sqrt{2}}} < \displaystyle\int_0^{\frac{\pi}{2}} e^{-\cos x}\,dx < \dfrac{\pi}{4}\left(1+\dfrac{1}{e}\right)$ を証明せよ。

(お茶の水女子大　改)

☐ **戦略例題 6** $x>0$ で定義された関数 $f(x)$ は第2次導関数をもち，$f''(x)<0$ を満たす。
★★★★

(1) 正の実数 a，b と $s+t=1$ を満たす0以上の実数 s，t に対して，不等式 $f(sa+tb) \geqq sf(a)+tf(b)$ を証明せよ。

(2) 正の実数 a，b，c と $s+t+u=1$ を満たす0以上の実数 s，t，u に対して，不等式 $f(sa+tb+uc) \geqq sf(a)+tf(b)+uf(c)$ を証明せよ。

(3) 正の実数 a，b，c に対して，不等式 $\dfrac{a+b}{2} \geqq \sqrt{ab}$，$\dfrac{a+b+c}{3} \geqq \sqrt[3]{abc}$ を証明せよ。

☐ **戦略例題 7** a, b, c を正の数とするとき，不等式
★★★☆
$3\left(\dfrac{a+b+c}{3}-\sqrt[3]{abc}\right) \geqq 2\left(\dfrac{a+b}{2}-\sqrt{ab}\right)$ を証明せよ。また，等号が成立するのはどのような場合か。 (京都大)

☐ **戦略例題 8** N を2以上の自然数とする。自然数の列 a_1, a_2, $\cdots$, a_N を $a_n = n^{N-n}$ で定める。a_1, a_2, $\cdots$, a_N のうちで最大の値を M とし，$M = a_n$ となる n の個数を k とする。
★★★★
(1) $k \leqq 2$ であることを示せ。
(2) $k = 2$ となるのは $N = 2$ のときだけであることを示せ。 (大阪大　改)

☐ **戦略例題 9** $\sqrt{2}$, $\sqrt[3]{3}$, $\sqrt[5]{5}$, $\sqrt[7]{7}$, $\sqrt[11]{11}$, $\sqrt[13]{13}$ の大小関係を不等式で表せ。
★★☆☆

☐ **戦略例題 10** 次の値を自然数 n を用いて表せ。
★★★☆
(1) $\displaystyle\sum_{k=0}^{n}(k+1)_n\mathrm{C}_k$　　(2) $\displaystyle\sum_{k=0}^{n}\frac{1}{k+1}{}_n\mathrm{C}_k$ (東京理科大　改)

☐ **戦略例題 11** n を自然数とする。実数 x_1, x_2, $\cdots$, x_n が $x_1 + x_2 + \cdots + x_n = 1$ を満たすとき，不等式 $x_1{}^2 + x_2{}^2 + \cdots + x_n{}^2 \geqq \dfrac{1}{n}$ が成り立つことを証明せよ。
★★★☆
また，等号が成り立つのはどのようなときか。 (大阪教育大)

☐ **戦略例題 12** $a \geqq 1$, $b \geqq 1$, $c \geqq 1$, $d \geqq 1$ のとき，次の不等式を証明せよ。
★★★★
$8(abcd+1) \geqq (1+a)(1+b)(1+c)(1+d)$

☐ **戦略例題 13** 有理数で定義された関数 $f(x)$ は，すべての x で実数の値をとり，次の2つの性質をもつ。
★★★★
(性質1) すべての有理数 x, y に対して，$f(x+y) = f(x)f(y)$ を満たしている。
(性質2) $f(3) = 8$
このとき，次の問に答えよ。
(1) $f(0)$, $f(1)$ の値を求めよ。
(2) すべての有理数 x に対して，$f(x) = 2^x$ であることを示せ。

東京書籍

関数と極限

1　逆関数のグラフ

関数 $y=f(x)$ のグラフと，その逆関数 $y=f^{-1}(x)$ のグラフは，直線 $y=x$ に関して対称である。

2　数列の収束・発散

収束……$\lim_{n\to\infty} a_n = \alpha$　（一定の値 α に収束）

発散
- $\lim_{n\to\infty} a_n = \infty$　（正の無限大に発散）
- $\lim_{n\to\infty} a_n = -\infty$　（負の無限大に発散）
- 振動　（極限はない）

3　数列の極限値と四則

$\lim_{n\to\infty} a_n = \alpha$，$\lim_{n\to\infty} b_n = \beta$ のとき

(1)　$\lim_{n\to\infty} ka_n = k\alpha$　（k は定数）

(2)　$\lim_{n\to\infty}(a_n + b_n) = \alpha+\beta$，$\lim_{n\to\infty}(a_n - b_n) = \alpha-\beta$

(3)　$\lim_{n\to\infty} a_n b_n = \alpha\beta$，$\lim_{n\to\infty}\dfrac{a_n}{b_n} = \dfrac{\alpha}{\beta}$　$(\beta \neq 0)$

4　数列の極限と大小関係

数列 $\{a_n\}$，$\{b_n\}$，$\{c_n\}$ において

$a_n \leqq b_n \leqq c_n$　$(n=1,\ 2,\ 3,\ \cdots)$ のとき

(1)　$\lim_{n\to\infty} a_n = \alpha$，$\lim_{n\to\infty} b_n = \beta$ ならば　$\alpha \leqq \beta$

(2)　$\lim_{n\to\infty} a_n = \infty$ ならば　$\lim_{n\to\infty} b_n = \infty$

$\lim_{n\to\infty} b_n = -\infty$ ならば　$\lim_{n\to\infty} a_n = -\infty$

(3)　$\lim_{n\to\infty} a_n = \lim_{n\to\infty} c_n = \alpha$ ならば，$\{b_n\}$ も収束し

$\lim_{n\to\infty} b_n = \alpha$　（はさみうちの原理）

5　無限等比数列 $\{r^n\}$ の極限

$r>1$ のとき　$\lim_{n\to\infty} r^n = \infty$

$r=1$ のとき　$\lim_{n\to\infty} r^n = 1$

$|r|<1$ のとき　$\lim_{n\to\infty} r^n = 0$

$r \leqq -1$ のとき　$\{r^n\}$ は振動し，$\lim_{n\to\infty} r^n$ は存在しない。

6　無限等比級数の収束・発散

無限等比級数 $a+ar+ar^2+\cdots+ar^{n-1}+\cdots$ $(a \neq 0)$ の収束，発散は次のようになる。

(1)　$|r|<1$ のとき収束し，その和は $\dfrac{a}{1-r}$

(2)　$|r| \geqq 1$ のとき発散する。

7　無限級数の収束・発散

(1)　$\sum_{n=1}^{\infty} a_n$ が収束する $\Longrightarrow$ $\lim_{n\to\infty} a_n = 0$

(2)　数列 $\{a_n\}$ が 0 に収束しない

$\Longrightarrow$ $\sum_{n=1}^{\infty} a_n$ は発散する

8　関数の極限値と四則

$\lim_{x\to a} f(x) = \alpha$，$\lim_{x\to a} g(x) = \beta$ のとき

(1)　$\lim_{x\to a} kf(x) = k\alpha$　（k は定数）

(2)　$\lim_{x\to a}\{f(x)+g(x)\} = \alpha+\beta$

$\lim_{x\to a}\{f(x)-g(x)\} = \alpha-\beta$

(3)　$\lim_{x\to a}\{f(x)g(x)\} = \alpha\beta$

$\lim_{x\to a}\dfrac{f(x)}{g(x)} = \dfrac{\alpha}{\beta}$　$(\beta \neq 0)$

9　関数の極限値と大小関係

(1)　a の近くで $f(x) \leqq g(x)$

かつ $\lim_{x\to a} f(x) = \alpha$，$\lim_{x\to a} g(x) = \beta$

ならば　$\alpha \leqq \beta$

(2)　a の近くで $f(x) \leqq g(x) \leqq h(x)$

かつ $\lim_{x\to a} f(x) = \lim_{x\to a} h(x) = \alpha$

ならば　$\lim_{x\to a} g(x) = \alpha$

（はさみうちの原理）

10　$\dfrac{\sin x}{x}$ の極限

$$\lim_{x\to 0}\frac{\sin x}{x} = 1$$

11　関数の連続

$\lim_{x\to a+0} f(x) = \lim_{x\to a-0} f(x) = f(a)$ のとき，

関数 $f(x)$ は $x=a$ において連続

12　中間値の定理

関数 $f(x)$ が閉区間 $[a,\ b]$ で連続で，$f(a) \neq f(b)$ ならば，$f(a)$ と $f(b)$ の間の任意の値 m に対して

$f(c)=m$，$a<c<b$

となる実数 c が少なくとも 1 つ存在する。

特に，$f(a)$ と $f(b)$ が異符号のとき，方程式 $f(x)=0$ は a と b の間に少なくとも 1 つの実数解をもつ。

微分

13 微分可能と連続

関数 $f(x)$ が $x=a$ において微分可能
$\Longrightarrow$ $f(x)$ は $x=a$ において連続

14 積・商の導関数

$\{f(x)g(x)\}'=f'(x)g(x)+f(x)g'(x)$

$\left\{\dfrac{f(x)}{g(x)}\right\}'=\dfrac{f'(x)g(x)-f(x)g'(x)}{\{g(x)\}^2}$

特に $\left\{\dfrac{1}{g(x)}\right\}'=-\dfrac{g'(x)}{\{g(x)\}^2}$

15 合成関数の微分法

(1) $y=f(u)$, $u=g(x)$ のとき

$$\frac{dy}{dx}=\frac{dy}{du}\cdot\frac{du}{dx}$$

(2) $\{f(g(x))\}'=f'(g(x))g'(x)$

16 逆関数の微分法

$$\frac{dy}{dx}=\frac{1}{\dfrac{dx}{dy}}\quad\left(\frac{dx}{dy}\neq 0\right)$$

17 媒介変数で表された関数の微分法

$x=f(t)$, $y=g(t)$ のとき

$$\frac{dy}{dx}=\frac{\dfrac{dy}{dt}}{\dfrac{dx}{dt}}=\frac{g'(t)}{f'(t)}\quad\left(\frac{dx}{dt}\neq 0\right)$$

18 自然対数の底

$$\lim_{h\to 0}(1+h)^{\frac{1}{h}}=\lim_{n\to\infty}\left(1+\frac{1}{n}\right)^n=e=2.7182\cdots$$

19 いろいろな関数の導関数

$(\sin x)'=\cos x$ $(\cos x)'=-\sin x$

$(\tan x)'=\dfrac{1}{\cos^2 x}$ $\left(\dfrac{1}{\tan x}\right)'=-\dfrac{1}{\sin^2 x}$

$(\log|x|)'=\dfrac{1}{x}$ $(\log_a|x|)'=\dfrac{1}{x\log a}$

$(e^x)'=e^x$ $(a^x)'=a^x\log a$

$(x^\alpha)'=\alpha x^{\alpha-1}$ (α は実数)

微分の応用

20 接線・法線の方程式

曲線 $y=f(x)$ 上の点 $(a,\ f(a))$ における

接線の方程式 $y-f(a)=f'(a)(x-a)$

法線の方程式 $y-f(a)=-\dfrac{1}{f'(a)}(x-a)$

21 平均値の定理

関数 $f(x)$ が閉区間 $[a,\ b]$ で連続，開区間 $(a,\ b)$ で微分可能ならば

$$\frac{f(b)-f(a)}{b-a}=f'(c),\quad a<c<b$$

を満たす実数 c が存在する。

22 導関数の符号と関数の増減

(1) 区間 $(a,\ b)$ で常に $f'(x)>0$ ならば，$f(x)$ は区間 $[a,\ b]$ で増加

(2) 区間 $(a,\ b)$ で常に $f'(x)<0$ ならば，$f(x)$ は区間 $[a,\ b]$ で減少

23 極大・極小と微分係数

関数 $f(x)$ が $x=a$ において微分可能であり，$x=a$ において極値をとるならば $f'(a)=0$

24 曲線の凹凸の判定，変曲点

(1) $f''(x)>0$ の区間で，曲線 $y=f(x)$ は下に凸
$f''(x)<0$ の区間で，曲線 $y=f(x)$ は上に凸

(2) $f''(a)=0$ かつ $x=a$ の前後で $f''(x)$ の符号が変わるならば，点 $(a,\ f(a))$ は変曲点

25 第２次導関数と極値

$f'(a)=0$, $f''(a)>0 \Longrightarrow f(a)$ は極小値

$f'(a)=0$, $f''(a)<0 \Longrightarrow f(a)$ は極大値

26 速度・加速度

平面上の動点 $\mathrm{P}(x,\ y)$ の時刻 t における

速度 $\vec{v}=\left(\dfrac{dx}{dt},\ \dfrac{dy}{dt}\right)$

速さ $|\vec{v}|=\sqrt{\left(\dfrac{dx}{dt}\right)^2+\left(\dfrac{dy}{dt}\right)^2}$

加速度 $\vec{\alpha}=\left(\dfrac{d^2x}{dt^2},\ \dfrac{d^2y}{dt^2}\right)$

加速度の大きさ $|\vec{\alpha}|=\sqrt{\left(\dfrac{d^2x}{dt^2}\right)^2+\left(\dfrac{d^2y}{dt^2}\right)^2}$

27 近似式

$h\fallingdotseq 0$ のとき $f(a+h)\fallingdotseq f(a)+f'(a)h$

$x\fallingdotseq 0$ のとき $f(x)\fallingdotseq f(0)+f'(0)x$

積分とその応用

28 不定積分の公式

$$\int x^{\alpha}\,dx = \frac{1}{\alpha+1}x^{\alpha+1}+C \quad (\alpha \neq -1)$$

$$\int \frac{1}{x}\,dx = \log|x|+C$$

$$\int \sin x\,dx = -\cos x+C$$

$$\int \cos x\,dx = \sin x+C$$

$$\int \frac{1}{\cos^2 x}\,dx = \tan x+C$$

$$\int \frac{1}{\sin^2 x}\,dx = -\frac{1}{\tan x}+C$$

$$\int e^x\,dx = e^x+C, \qquad \int a^x\,dx = \frac{a^x}{\log a}+C$$

29 不定積分の置換積分法

(1) $F'(x)=f(x)$ のとき

$$\int f(ax+b)dx = \frac{1}{a}F(ax+b)+C$$

(2) $x=g(t)$ のとき

$$\int f(x)dx = \int f(g(t))g'(t)dt$$

(3) $g(x)=u$ のとき

$$\int f(g(x))g'(x)dx = \int f(u)du$$

30 不定積分の部分積分法

$$\int f(x)g'(x)dx = f(x)g(x)-\int f'(x)g(x)dx$$

31 定積分の性質

(1) $\displaystyle\int_a^b kf(x)dx = k\int_a^b f(x)dx$ （k は定数）

(2) $\displaystyle\int_a^b \{f(x)\pm g(x)\}dx = \int_a^b f(x)dx \pm \int_a^b g(x)dx$

(3) $\displaystyle\int_a^a f(x)dx = 0$

(4) $\displaystyle\int_b^a f(x)dx = -\int_a^b f(x)dx$

(5) $\displaystyle\int_a^b f(x)dx = \int_a^c f(x)dx + \int_c^b f(x)dx$

(6) $f(x)$ が偶関数ならば

$$\int_{-a}^{a} f(x)dx = 2\int_0^a f(x)dx$$

$f(x)$ が奇関数ならば

$$\int_{-a}^{a} f(x)dx = 0$$

32 定積分の置換積分法

$x=g(t)$，$a=g(\alpha)$，$b=g(\beta)$ のとき

$$\int_a^b f(x)dx = \int_\alpha^\beta f(g(t))g'(t)dt$$

33 定積分の部分積分法

$$\int_a^b f(x)g'(x)dx = \Big[f(x)g(x)\Big]_a^b - \int_a^b f'(x)g(x)dx$$

34 微分と積分の関係

$$\frac{d}{dx}\int_a^x f(t)dt = f(x) \quad (a\text{ は定数})$$

35 定積分と区分求積法

$$\lim_{n\to\infty}\frac{1}{n}\sum_{k=1}^{n} f\left(\frac{k}{n}\right) = \lim_{n\to\infty}\frac{1}{n}\sum_{k=0}^{n-1} f\left(\frac{k}{n}\right) = \int_0^1 f(x)dx$$

36 定積分と不等式

区間 $[a,\ b]$ で常に $f(x) \geqq g(x)$ ならば

$$\int_a^b f(x)dx \geqq \int_a^b g(x)dx$$

37 面積

(1) 区間 $[a,\ b]$ において $f(x)\geqq g(x)$ であるとき，2 曲線 $y=f(x)$，$y=g(x)$ と 2 直線 $x=a$，$x=b$ で囲まれた図形の面積 S は

$$S = \int_a^b \{f(x)-g(x)\}dx$$

(2) 区間 $c \leqq y \leqq d$ において，$f(y)\geqq g(y)$ であるとき，2 曲線 $x=f(y)$，$x=g(y)$ と 2 直線 $y=c$，$y=d$ で囲まれた図形の面積 S は

$$S = \int_c^d \{f(y)-g(y)\}dy$$

38 体積

断面積が $S(x)$ のとき　　$V = \displaystyle\int_a^b S(x)dx$

39 回転体の体積

曲線 $y=f(x)$ と x 軸および 2 直線 $x=a$，$x=b$ $(a<b)$ で囲まれた図形を x 軸のまわりに 1 回転させてできる回転体の体積 V は

$$V = \pi\int_a^b y^2dx = \pi\int_a^b \{f(x)\}^2dx$$

曲線 $x=g(y)$ と y 軸および 2 直線 $y=a$，$y=b$ $(a<b)$ で囲まれた図形を y 軸のまわりに 1 回転させてできる回転体の体積 V は

$$V = \pi\int_a^b x^2dy = \pi\int_a^b \{g(y)\}^2dy$$

40 曲線の長さ

曲線 $x=f(t)$，$y=g(t)$ $(a \leqq t \leqq b)$ の長さ L は

$$L = \int_a^b \sqrt{\{f'(t)\}^2+\{g'(t)\}^2}\,dt$$

曲線 $y=f(x)$ $(a \leqq x \leqq b)$ の長さ L は

$$L = \int_a^b \sqrt{1+\{f'(x)\}^2}\,dx$$

皆さんへのメッセージ

～私たちの願い～

数学Ⅰ＋A，Ⅱ＋B，Cの「皆さんへのメッセージ」では，高校数学の学習を通して
・数学の問題を解くときに活用する「思考力」を身につけること
・直面した問題を，何時間も何日間も考え続ける「知的体力」を身につけること
・客観的な事実を，正確にかつ論理的に表現し「伝える力」を養うこと
を大切にしてほしいと伝えました。これは，高校数学の内容を必ずしも直接的に活用するとは限らない，すべての高校生に対しての私たちの願いです。
それでは，より深く数学を学ぼうとする皆さんにとって，高校数学とは何でしょうか？
大学数学の基礎…。科学や経済などの道具…。工業や社会を発展させる知識…。
これらはいずれも，紛れもなく正しい答えです。
しかし，それに加えて次のことも気に留めてほしいと思います。それは

1つの理論を，体系的に，論理の飛躍なく積み上げていく素養を習得する場

高校数学の内容は，200年以上も前にすべて見出されていることで，数学の世界のほんの一部に過ぎません。もちろん大学数学につながる，なくてはならない存在ですが，数学の世界全体から見たら，あまりにも小さ過ぎる存在かもしれません。

科学や経済の理論の道具であることは揺るぎありませんが，高校数学で学んだように手計算で積分をしたり，漸化式の様々な解法を駆使したりするような研究は，決して多くはありません。工業や社会に数学が活用されていることも真実ですが，高校数学が直接活用されていると実感できる例が，あらゆる場所で見つけられる訳でもありません。

しかしそれでも，高校数学が体系的に積み上がり，論理の飛躍がないということは，最先端の数学を研究するのにも，科学や経済の研究をするのにも，工業や社会を発展させるのにも必要であることは間違いありません。

皆さんの中には，学んだことを通して，誰かの役に立つような研究や開発をしたいと考えている人も多いのではないでしょうか。私たちの社会をよりよくしていこうとするその考え，態度は素晴らしいものです。しかし，その目標を真に実現するためには，次のことが大切です。

目先の効率や結果を追うのではなく，今自分が進めていることを体系立て，その意味を論理的に説明できるかどうかを，真摯に考え抜くこと

私たちの願いは，皆さんが数学の知識を得ることだけにとどまらず，数学の学習を通して，知識を体系的に積み上げ，論理的に考える素養を身につけていくことです。一方で，実はこのことが，数学の力を高めることそのものにもつながっているのです。

書名「NEW ACTION LEGEND」の“LEGEND”には“語り継がれるもの”という意味があります。皆さんが，1年後はもちろん，10年後，20年後，50年後に“語り継ぐ”ことができる素養を身につけることができたら，これほど幸せなことはありません。

NEW ACTION LEGEND 編集委員会

目次

数学Ⅲ

1章 関数と極限(60例題)

2章 微分(20例題)

3章 微分の応用(55例題)

4章 積分とその応用(86例題)

【問題数】

例題・練習・問題……各221題
探究例題(コラム)……8題
チャレンジ(コラム)……7題
本質を問う……43題
Let's Try!……76題
思考の戦略編 例題・練習・問題…各13題
入試攻略……58題
合計894題

コラム一覧

Play Back

1章 関数と極限

2章 微分

3章 微分の応用

4章 積分とその応用

思考の戦略編

Go Ahead

1章 関数と極限

2章 微分

3章 微分の応用

4章 積分とその応用

本書の構成

本書『NEW ACTION LEGEND 数学 III』は，教科書の例題レベルから大学入試レベルの応用問題までを，**網羅的**に扱った参考書です。本書で扱う例題は，関連する内容を，“教科書レベルから大学入試レベルへ”と難易度が上がっていくように系統的に配列していますので

① 日々の学習における，数学IIIの内容の体系的な理解

② 大学入試対策における，入試問題の骨子となる内容の確認と練習

を効率よく行うことができます。

本書は次のような内容で構成されています。

[例題集]

巻頭に，例題の問題文をまとめた冊子が付いています。本体から取り外して使用することができますので，解答を見ずに例題を考えることができます。

⬇

[例題MAP] [例題一覧]

章の初めに，例題，Play Back，Go Aheadについての情報をまとめています。例題MAPでは，例題間の関係を図で表しています。学習を進める際の地図として利用してください。

⬇

まとめ

教科書で学習した用語や定理・公式などの基本事項をまとめた「受験教科書」です。

概要 は，基本事項の理解を助けたり，さらに深めたりする内容であり，特に以下に留意して記述しています。

- 用語の説明を，教科書よりも噛み砕いた表現で記述しています。
- 例 を挙げて，理解しやすくしています。
- 間違いやすい内容の注意を記述しています。
- 定理や公式の証明を記述しています。ただし，証明が長く，全体の流れを理解するのが難しいようなものに対しては，証明の全文を記述するのではなく，証明の概要を示すことによって，証明の要点をつかむことができるようにしています。

また，*information* では，“定理・公式を証明させる問題”や“用語を説明させる問題”の大学入試での出題状況を掲載しています。近年，このような問題が幅広い大学で出題されていますので，概要に掲載されている内容もしっかりと確認しておきましょう。

⬇

例題 **例題**

例題は選りすぐられた良問ばかりです。例題をすべてマスターすれば，定期テストや大学入試問題にもしっかり対応できます。(詳細はp.6，7を参照)

特講

以下のような例題の集まりを「特講」として特集しています。

① 教科書の中ではあまり取り上げられていない重要テーマを題材にした例題の集まり

② 似た問題であるが少しずつ解法が異なるような，大学入試で頻出の例題の集まり

また，それぞれの例題の解法を比較した「特講のまとめ」を参考に，問題において着目するポイントや解法の違いを整理しましょう。

Play Back **Go Ahead**

コラム「Play Back」では，学習した内容を総合的に整理したり，重要事項をより詳しく説明したりしています。

コラム「Go Ahead」では，それまでの学習から一歩踏み出し，より発展的な内容や解法を紹介しています。

探究例題

コラムの中で，数学的な見方・考え方をより広げることができる内容は，探究例題として問題化しました。近年増えつつある新傾向の大学入試対策としても利用できます。

問題編

節末に，例題・練習より少しレベルアップした類題「問題」をまとめています。

本質を問う

「定義を理解できているか」「なぜその性質が成り立つのか」「なぜその性質を利用するのか」などを考える，例題とは異なる形式の問題です。

分からない問題は，◀p.00 概要⓪ で対応する内容を振り返ることができます。

Let's Try!

節末に設けた，例題と同レベル以上の問題です。各問題には ◀例題00 で対応する例題が示してあるので，解けない問題はすぐに関連する例題を復習することができます。

⬇

思考の戦略編

分野を越えた効果的な思考法について，本編の例題やプロセスワードと関連させて解説しています。思考力を高めるとともに，大学入試への対応力をさらに引き上げます。

⬇

入試攻略

巻末に設けた大学入試の過去問集です。学習の成果を総合的に確認しながら，実戦力を養うことができます。また，大学入試対策としても活用できます。

例題ページの構成

例題番号

例題番号の色で例題の種類を表しています。
赤　教科書レベル
黒　教科書の範囲外の内容や入試レベル

思考のプロセス

問題を理解し，解答の計画を立てるときの思考の流れを記述しています。数学を得意な人が，

問題を解くときにどのようなことを考えているか
どうしてそのような解答を思い付くのか

を知ることができます。
これらをヒントに **自分で考える習慣** をつけましょう。

また，図をかく のように，多くの問題に共通した重要な数学的思考法を**プロセスワード**として示しています。これらの数学的思考法が身に付くと，難易度の高い問題に対しても，解決の糸口を見つけることができるようになります。（詳細はp.10を参照）

Action»

思考のプロセスでの考え方を簡潔な言葉でまとめました。その問題の解法の急所となる内容です。

«ReAction

既習例題のAction»を活用するときには，それを例題番号と合わせて明示しています。登場回数が多いほど，様々な問題に共通する大切な考え方となります。

解答

模範解答を示しています。
赤字の部分は **Action»** や **«ReAction** に対応する箇所です。

関連例題

この例題を理解するための前提となる内容を扱った例題を示しています。復習に活用するとともに，例題と例題がつながっていること，難しい例題も易しい例題を組み合わせたものであることを意識するようにしましょう。

例題 6　無理方程式・不等式

次の方程式，不等式を解け。
(1) $\sqrt{2x+1} = x-1$

思考のプロセス
(1) $\sqrt{2x+1} = x-1$（無理方程式） … 両辺を 2 乗し
! $\sqrt{2x+1} = x-1 \Longrightarrow 2x+1 =$
求めた x がもとの方程式を満た
(2) $\sqrt{2x+1} > x-1$（無理不等式） … 両辺を 2 乗し
⇩ 図で考える
$y=\sqrt{2x+1}$ のグラフが $y=x-1$

«ReAction 不等式の解は，グラフ

解 (1) $\sqrt{2x+1} = x-1$ …① とおく。
両辺を 2 乗すると　$2x+1=(x$
$x^2-4x=0$ より　$x(x-4)=0$
よって　$x=0,\ 4$
これらのうち，$x=0$ は ① を満た
① を満たす。
ゆえに，求める方程式の解は　x

例題5 (2) $y=\sqrt{2x+1}=\sqrt{2\left(x+\frac{1}{2}\right)}$ …
のグラフの共有点の x 座標
は，(1) より　$x=4$
求める不等式の解は，② のグラフが ③ のグラフより上側にあるような x の値の範囲であるから
$-\frac{1}{2} \leqq x < 4$

Point...無理方程式と無縁解
例題 6 (1) において，与えられた方程式
もとの方程式 ① を満たさなかった。この
詳細は p.25 **Play Back** 1 を参照。

練習 6　次の方程式，不等式を解け。
(1) $-\sqrt{3-x} = -x+1$

24

本書の構成

D 頻出
★★☆☆

(2) $\sqrt{2x+1} > x-1$

える。 既知の問題に帰着
1)² は成り立つが，⟸ は成り立たないから，
確かめなければならない。
が，$x-1$ の値によって不等号の向きが変わる。
└考えにくい
グラフより上側にある x の値の範囲。
位置関係から考えよ ◀例題 3

◀ $\sqrt{2x+1} = x-1$
$\iff \begin{cases} 2x+1=(x-1)^2 \\ x-1 \geqq 0 \end{cases}$
として解いてもよい。
p. 25 **Play Back** 1 参照。

ないが，$x=4$ は

◀ ❗与式の両辺を 2 乗したから，$x=0$，4 が与式を満たすか確かめる。**Point** 参照。
$x=0$ を方程式に代入すると，$1=-1$ となるから $x=0$ は解ではない。

と $y=x-1$ …③

◀ ②のグラフは $y=\sqrt{2x}$ のグラフを x 軸方向に $-\frac{1}{2}$ だけ平行移動したものである。

$y=x-1$
$y=\sqrt{2x+1}$
1 4 x

両辺を 2 乗した方程式を満たす $x=0$ は，
$=0$ のような解を **無縁解** という。

(2) $-\sqrt{3-x} > -x+1$

➡p.34 問題6

頻出 マーク

定期考査などで出題されやすい，特に重要な例題です。効率的に学習したいときは，まずこのマークが付いた例題を解きましょう。

★マーク

★の数で例題の難易度を示しています。
★☆☆☆　教科書の例レベル
★★☆☆　教科書の例題レベル
★★★☆　教科書の節末・章末レベル，入試の標準レベル
★★★★　入試のやや難しいレベル

解説

解答の考え方や式変形，利用する公式などを補足説明しています。
❗[注意]
うっかり忘れてしまう所や間違いやすい所に付けています。対応する解答本文には .... を引いています。

Point...

例題に関連する内容を一般的にまとめたり，解答の補足をしたり，注意事項をまとめたりしています。数学的な知識をさらに深めることができます。

練習

例題と同レベルの類題で，例題の理解の確認や反復練習に適しています。

問題

節末に，例題・練習より少しレベルアップした類題があり，その掲載ページ数・問題番号を示しています。

学習の方法

1 「問題を解く」ということ

問題を解く力を養うには,「自力で考える時間をなるべく多くする」ことと,「自分の答案を振り返る」ことが大切です。次のような手順で例題に取り組むとよいでしょう。

1 [例題集]を利用して,まずは自分の力で解いてみる。すぐに解けなくても15分ほど考えてみる。考えるときは,頭の中だけで考えるのではなく,図をかいてみる,具体的な数字を当てはめてみるなど,紙と鉛筆を使って手を動かして考える。

以降,各段階において自分で答案が書けたときは**5**へ,書けないときは次の段階へ

2 15分考えても分からないときは,**思考のプロセス**を読み,再び考える。

3 それでも手が動かないときに,初めて解答を読む。
解答を読む際は,**Action»**や**«ReAction**に関わる部分(赤文字の部分)に注意しながら読む。
また,解答右の[解説]や❗[注意]に目を通したり,[関連例題]を振り返ったりして理解を深める。

4 ひと通り読んで理解したら,本を閉じ,解答を見ずに自分で答案を書く。解答を読んで理解することと,自分で答案を書けることは,全く違う技能であることを意識する。

5 自分の答案と参考書の解答を比べる。このとき,以下の点に注意する。
- 最終的な答の正誤だけに気を取られず,途中式や説明が書けているか確認する。
- **Action»**や**«ReAction**の部分を考えることができているか確認する。
- もう一度 **思考のプロセス** を読んで,考え方を理解する。
- **Point...**を読み,その例題のポイントを再整理する。
- [関連例題]や[例題MAP]を確認して,学んだことを体系化する。

いくつかの例題に取り組み,数学の内容について理解が深まってきたら,以下のページを参考に,答案を書くときに大切なことを意識するようにしましょう。

❶ LEGEND数学I+A p.278 Play Back 19「自分の考えを論理的に表現する」
自分の考えを正しく表現するために重要なことを学ぶ。

❷ 巻　末　「答案作成で注意すること」
分野を越えて重要な数学の議論・表現について確認する。

❸ 巻　末　「解答を振り返る」
自分の答が正しいかを確認できる効果的な方法について学ぶ。

2 参考書を究極の問題集として活用する

次ページの❶～❹のように活用することで,様々な時期や目的に合わせた学習を,この1冊で効率的に完結することができます。

1 時期 日々の学習，週末や長期休暇の課題 ｜ 目的 じっくり時間をかけて，1題1題丁寧に理解したい！

まとめ	まとめを読み，その分野の大事な用語や定理・公式を振り返る。
↓ 例題 ★～★★★	**1「問題を解く」ということ**の手順にしたがって，問題を解く。
↓ 練習 問題編	①「練習」➡「問題」と解いて，段階的に実力アップを図る。 ② 日々の学習で「練習」を，3年生の受験対策で「問題」を解く。 ③ 例題が解けなかったとき ➡「練習」で確実に反復練習！ 例題が解けたとき ➡「問題」に挑んで実力アップ！
↓ Play Back Go Ahead 探究例題	Play Back で学習した内容をまとめ，間違いやすい箇所を確認する。 また，Go Ahead で一歩進んだ内容を学習する。 コラムを読むだけでなく，探究例題 でしっかり考え，問題を解く。

2 時期 定期テストの前 ｜ 目的 基礎・基本は身に付いているのだろうか？確認して弱点を補いたい！

例題 ★★～★★★★ 頻出 が付いた例題	それぞれの例題でつまずいたときには，[関連例題]を確認したり，[例題MAP]の→を遡ったりして，基礎から復習する。
↓ 例題 ★～★★★	さらに力をつけ，高得点を狙うときは，黒文字の例題にも挑戦する。 関連する Go Ahead があれば，目を通して理解を深める。

3 時期 実力テストや模擬試験の前 ｜ 目的 出題範囲が広くて，時間もない。全体を短時間で振り返りたい！

本質を問う	重要な定理・公式の成り立ちや意味を振り返る。 分からないときは ◀p.00 概要◻ を利用して，関連するまとめを復習する。
↓ Let's Try!	節全体を網羅した Let's Try! で，これまでの知識を整理する。 解けないときは ◀例題00 を利用して，関連する例題を復習する。

4 時期 大学入試の対策 ｜ 目的 3年間の総まとめ，効率よく学習し直したい！

頻出 が付いた例題	それまでに学習した内容を確認するため，頻出 が付いた例題を見返し，効率的にひと通り復習する。
↓ 例題 ★★★～★★★★★ 特講	数学を得点源にするためには，これらの例題にも挑戦する。 入試頻出の重要テーマを，前後の例題との違いを意識しながら学習する。
↓ 探究例題	数学的活用力が問われるような，新傾向問題に挑戦する。
↓ 思考の戦略編 入試攻略	思考の戦略編で，より実践的な思考力を身に付け，入試攻略 で過去の入試問題に挑戦する。

数学的思考力への扉

皆さんは問題を解くとき，問題を見てすぐに答案を書き始めていませんか？
数学に限らず日常生活の場面においても，問題を解決するときには次の４つの段階があります。

(問題を理解する) ➡ (計画を立てる) ➡ (計画を実行する) ➡ (振り返ってみる)

この４つの段階のうち「計画を立てる」段階が最も大切です。初めて見る問題で「計画を立てる」ときには，定理や公式のような知識だけでは不十分で，以下のような **数学的思考法** がなければ，とても歯が立ちません。
もちろん，これらの数学的思考法を使えばどのような問題でも解決できる，ということはありません。しかし，これらの数学的思考法を十分に意識し，紙と鉛筆を使って試行錯誤するならば，初めて見る問題に対しても，計画を立て，解決の糸口を見つけることができるようになるでしょう。

図をかく ／ **図で考える** ／ **表で考える**

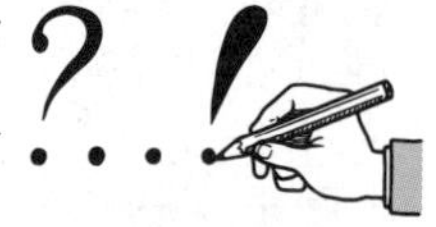

道順を説明するとき，文章のみで伝えようとするよりも地図を見せた方が分かりやすい。
数学においても，特に図形の問題では，問題文で与えられた条件を図に表すことで，問題の状況や求めるものが見やすくなる。

○○の言い換え （○○ ➡ 条件，求めるもの，目標，問題）

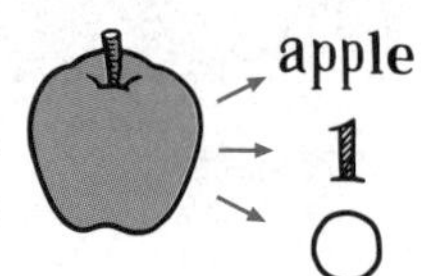

「n人の生徒に10本ずつ鉛筆を配ると，1本余る」という条件は文章のままで扱わずに，「鉛筆は全部で$(10n+1)$本」と，式で扱った方が分かりやすい。
このように，「文章の条件」を「式の条件」に言い換えたり，「式の条件」を「グラフの条件」に言い換えたりすると，式変形やグラフの性質が利用でき，解答に近づくことができる。

○○を分ける （○○ ➡ 問題，図，式，場合）

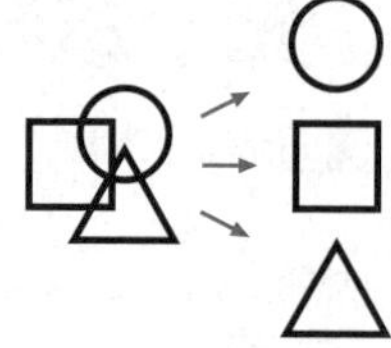

外出先を相談するときに，A「ピクニックに行きたい」 B「でも雨かもしれないから，買い物がいいかな」 A「天気予報では雨とは言ってなかったよ」 C「買い物するお金がない」などと話していては，決まるまでに時間がかかる。天気が晴れの場合と雨の場合に分けて考え，天気と予算についても分けて考える必要がある。
数学においても，例えば複雑な図形はそのまま考えずに，一部分を抜き出してみると三角形や円のような単純な図形となって，考えやすい場合がある。このように，複雑な問題，図，式などは部分に分け，整理して考えることで，状況を把握しやすくなり，難しさを解きほぐすことができる。

具体的に考える／規則性を見つける

日常の問題でも，数学の問題でも，問題が抽象的であるほど，その状況を理解することが難しくなる。このようなときに，問題文をただ眺めて頭の中だけで考えていたのでは，解決の糸口は見つけにくい。
議論をしているときに，相手に「例えば？」と聞くように，抽象的な問題では具体例を考えると分かりやすくなる。また，具体的にいくつかの値を代入してみると，その問題がもつ規則性を発見できることもある。

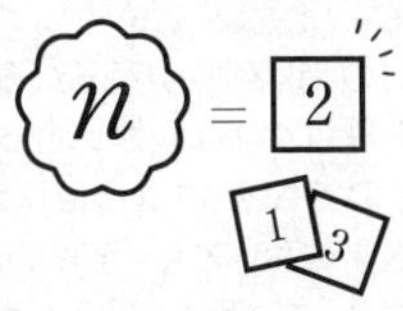

段階的に考える

ジグソーパズルに挑戦するとき，やみくもに作り出すのは得策ではない。まずは，角や端になるピースを分類する。その次に，似た色ごとにピースを分類する。そして，端の部分や，特徴のある模様の部分から作る。このように，作業は複雑であるほど，作業の全体を見通し，段階に分けてそれぞれを正確に行うことが大切である。
数学においても，同時に様々なことを考えるのではなく，段階に分けて考えることによって，より正確に解決することができる。

逆向きに考える

友人と12時に待ち合わせをしている。徒歩でバス停まで行き，バスで駅まで行き，電車を2回乗り換えて目的地に到着するような場合，12時に到着するためには何時に家を出ればよいか？　11時ではどうか，11時10分ではどうか，と試行錯誤するのではなく，12時に到着するように，電車，バス，徒歩にかかる時間を逆算して考えるだろう。
数学においても，求めるものから出発して，そのためには何が分かればよいか，さらにそのためには何が分かればよいか，…と逆向きに考えることがある。

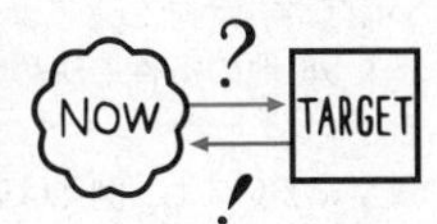

対応を考える

包み紙に1つずつ包装されたお菓子がある。満足するまでお菓子を食べた後，「自分は何個のお菓子を食べたのだろう」と気になったときには，どのように考えればよいか？　包み紙の数を数えればよい。お菓子と包み紙は1対1で対応しているので，包み紙の数を数えれば，食べたお菓子の数も分かる。
数学においても，直接考えにくいものは，それと対応関係がある考えやすいものに着目することで，問題を解きやすくすることがある。

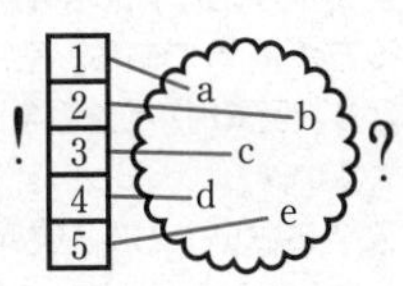

既知の問題に帰着／前問の結果の利用

日常の問題でこれまで経験したことのない問題に対して，どのようにアプローチするとよいか？　まずは，考え方を知っている似た問題を探し出すことによって，その考え方が活用できないかを考える。
数学の問題でも，まったく解いたことのない問題に対して，似た問題に帰着したり，前問の結果を利用できないかを考えることは有効である。もちろん，必ず解答にたどり着くとは限らないが，解決の糸口を見つけるきっかけになることが多い。

見方を変える

右の図は何に見えるだろうか？　白い部分に着目すれば壺であり，黒い部分に着目すれば向かい合った2人の顔である。このように，見方を変えると同じものでも違ったように見えることがある。
数学においても，全体のうちのAの方に着目するか，Aでない方に着目するかによって，解決が難しくなったり，簡単になったりすることがある。

未知のものを文字でおく／複雑なものを文字でおく

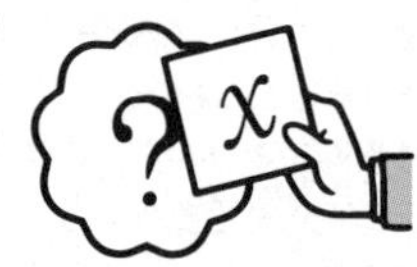

これまで，「鉛筆の本数をx本とおく」のように，求めるものを文字でおいた経験があるだろう。それによって，他の値をxで表したり，方程式を立てたりすることができ，解答を導くことができるようになる。また，複雑な式はそのまま考えるのではなく，複雑な部分を文字でおくことで，構造を理解しやすくなることがある。
この考え方は高校数学でも活用でき，数学的思考法の代表例である。

○○を減らす（○○ ➡ 変数，文字）

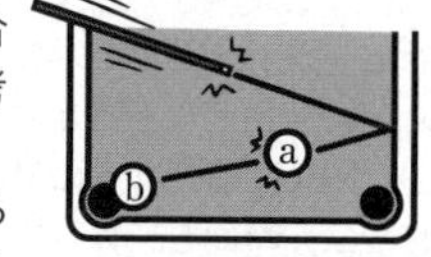

友人と出かける約束をするとき，日時も，行き先も，メンバーも決まっていないのでは，計画を立てようもない。いずれか1つでも決めておくと，それに合うように他の条件も決めやすくなる。未知のものは1つでも少なくした方が考えやすい。
数学においても，例えば連立方程式を解くときには，一方の文字を消去することによって解くことができるように，定まっていないものを減らそうと考えることは重要である。

次元を下げる／次数を下げる

空を飛び回るトンボの経路を説明するよりも，地面を歩く蟻の経路を説明する方が簡単である。荷物を床に並べるよりも，箱にしまう方が難しい。人間は3次元の中で生活をしているが，3次元よりも2次元のものの方が認識しやすい。
数学においても，3次元の立体のままでは考えることができないが，展開したり，切り取ったりして2次元にすると考えやすくなることがある。

候補を絞り込む

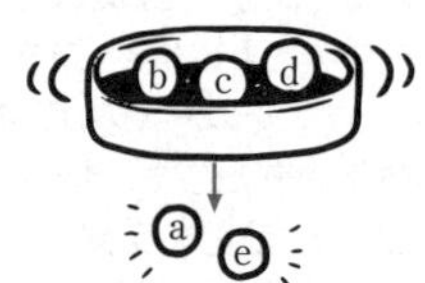

20人で集まって食事に行くとき，どういうお店に行くか？　20人全員にそれぞれ食べたいものを聞いてしまうと意見を集約させるのは難しい。まずは2，3人から寿司，ラーメンなどと意見を出してもらい，残りの人に寿司やラーメンが嫌な人は？　と聞いた方がお店は決まりやすい。
数学においても，すべての条件を満たすものを探すのではなく，まずは候補を絞り，それが他の条件を満たすかどうかを考えることによって，解答を得ることがある。

1つのものに着目

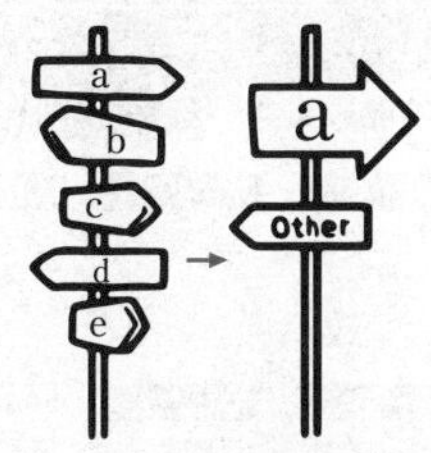

文化祭のお店で小銭がたくさん集まった。これが全部でいくらあるか考えるとき，硬貨を1枚拾っては分類していく方法と，まず500円玉を集め，次に100円玉を集め，…と1種類の硬貨に着目して整理する方法がある。
数学においても，式に多くの文字が含まれていたり，要素が多く含まれていたりするときには，1つの文字や1つの要素に着目すると，整理して考えられるようになる。

基準を定める

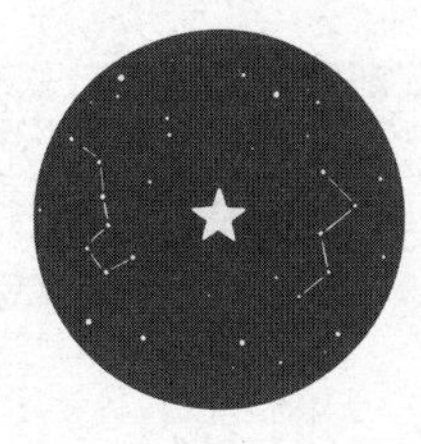

観覧車にあるゴンドラの数を数えるとき，何も考えずに数え始めると，どこから数え始めたのか分からなくなる。「体操の隊形にひらけ」ではうまく広がれないが，「Aさん基準，体操の隊形にひらけ」であれば素早く整列できる。
数学においても，基準を設定することで，同じものを重複して数えるのを防ぐことができたり，相似の中心を明確にすることで，図形の大きさを考えやすくできたりすることができる。

プロセスワード で学びを深める

分野を越えて共通する思考法を意識できます。

人に伝える際，思考を表現する共通言語となります。

数学的思考法はここまでに挙げたもの以外にはない，ということはありません。皆さんも，問題を解きながら共通している思考法を見つけて，自らの手で，自らの数学的思考法を創り上げていってください。

1章 関数と極限

例題MAP

例題■は教科書の予習復習に，例題■は教科書学習後の実力 UP に適しています。
ある例題でつまずいたときは，→をたどって，基礎となる例題を復習しましょう。

この章の解説動画と
デジタルコンテンツは
こちら →

例題一覧

1 関数

例題番号	探究	頻出	デジタル	難易度	プロセスワード	
1		頻	D	★☆☆☆	基準を定める	
2				★☆☆☆	未知のものを文字でおく	図で考える
3		頻	D	★★☆☆	既知の問題に帰着	図で考える
4			D	★★☆☆	条件の言い換え	
5			D	★☆☆☆	基準を定める	図で考える
6		頻	D	★★☆☆	既知の問題に帰着	図で考える
PB1						
GA1	探				逆向きに考える	
7			D	★★☆☆	図で考える	
8				★★☆☆	候補を絞り込む	
9		頻		★☆☆☆	段階的に考える	
10			D	★★☆☆	条件の言い換え	見方を変える
11			D	★★☆☆	条件の言い換え	
12		頻		★☆☆☆	段階的に考える	
13			D	★★★☆	条件の言い換え	

2 数列の極限

例題番号	探究	頻出	デジタル	難易度	プロセスワード	
14		頻		★☆☆☆	次数を下げる	
15				★☆☆☆	場合に分ける	
16		頻		★★☆☆	既知の問題に帰着	
17				★★☆☆	式を分ける	
18				★★☆☆	式を分ける	
19		頻	D	★★☆☆	原理の利用	
20		頻		★★☆☆	前問の結果の利用	
21		頻		★☆☆☆	公式の利用	
22				★★☆☆	条件の言い換え	場合に分ける
23		頻	D	★★☆☆	場合に分ける	
24				★★★☆	文字を減らす	
25				★★★☆	定義に戻る	逆向きに考える
GA2						
特講 26		頻	D	★☆☆☆	段階的に考える	
27				★★☆☆	段階的に考える	
28				★★★☆	既知の問題に帰着	
29				★★★☆	既知の問題に帰着	
30		頻		★★★☆	図で考える	
31				★★★★	目標の言い換え	前問の結果の利用
32			D	★★★★	目標の言い換え	

3 無限級数

例題番号	探究	頻出	デジタル	難易度	プロセスワード	
33		頻		★★☆☆	段階的に考える	
34				★☆☆☆	既知の問題に帰着	
35		頻		★☆☆☆	式を分ける	
36		頻	D	★★☆☆	場合に分ける	
37				★☆☆☆	式を分ける	
38				★★☆☆	条件の言い換え	
39				★★☆☆	場合に分ける	
40				★★★☆	規則性を見つける	場合に分ける
41				★★☆☆	前問の結果の利用	
42				★★★☆	目標の言い換え	原理の利用
特講 43		頻	D	★★★☆	規則性を見つける	
44			D	★★★☆	規則性を見つける	見方を変える
45				★★★★	規則性を見つける	
46			D	★★★☆	見方を変える	

4 関数の極限

例題番号	探究	頻出	デジタル	難易度	プロセスワード
47		頻		★☆☆☆	既知の問題に帰着
48		頻		★☆☆☆	場合に分ける
49		頻		★☆☆☆	既知の問題に帰着
50		頻		★★☆☆	見方を変える
51		頻		★★☆☆	候補を絞り込む
52			D	★★☆☆	候補を絞り込む
53				★☆☆☆	図で考える
54		頻		★☆☆☆	公式の利用
PB2			D		
55			D	★★☆☆	図を分ける
56		頻		★★☆☆	目標の言い換え
57				★★☆☆	定義に戻る
58		頻		★★☆☆	図で考える
59				★★★☆	既知の問題に帰着
PB3					
60				★★☆☆	定理の利用
PB4	探				目標の言い換え

PB…Play Back, **GA**…Go Ahead
頻…定期考査などで出題されやすい，特に重要な例題です。
探…探究例題を通して，数学的な見方・考え方を広げるコラムです。
D…内容の解説のためのデジタルコンテンツが付いています。

まとめ 1　関数

① 分数関数

分数関数 … y が x の分数式で表される関数

分数関数の定義域は，分母が 0 になる x の値を除く実数全体。

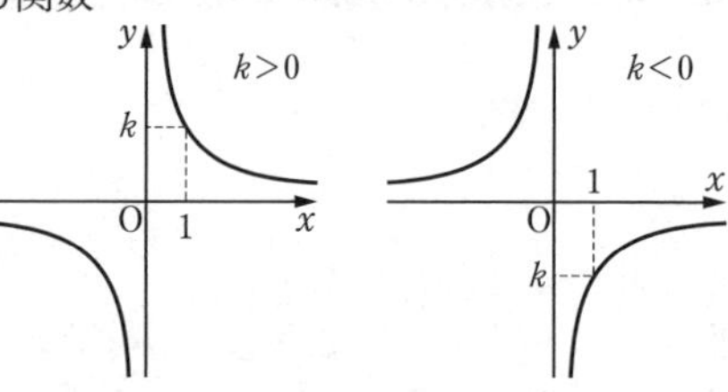

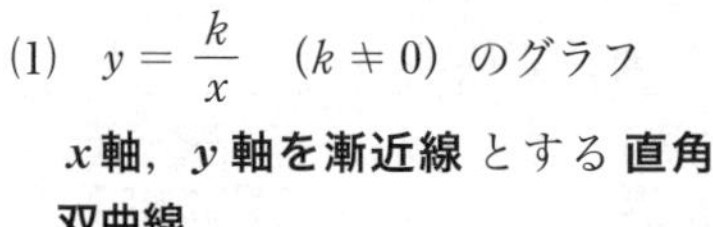

(1)　$y=\dfrac{k}{x}$　$(k \neq 0)$ のグラフ

　x 軸，y 軸を漸近線 とする **直角双曲線**

(2)　$y=\dfrac{k}{x-p}+q$　$(k \neq 0)$ のグラフ

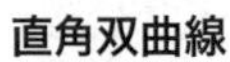

　$y=\dfrac{k}{x}$ のグラフを x 軸方向に p，y 軸方向に q だけ平行移動した **直角双曲線**

　漸近線は 2 直線　$\boldsymbol{x=p}$，$\boldsymbol{y=q}$

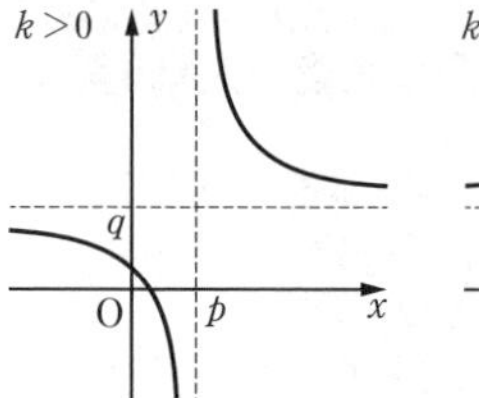

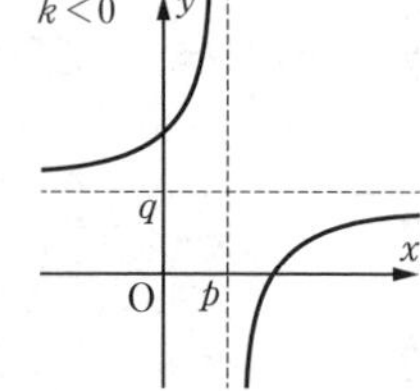

② 無理関数

無理関数 … y が根号の中に x を含む式（無理式）で表される関数

無理関数の定義域は根号の中が 0 以上となる x の値全体。

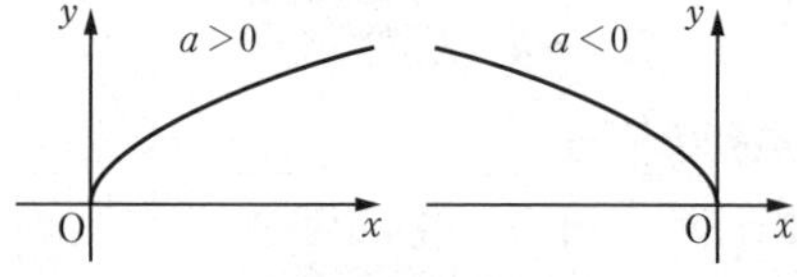

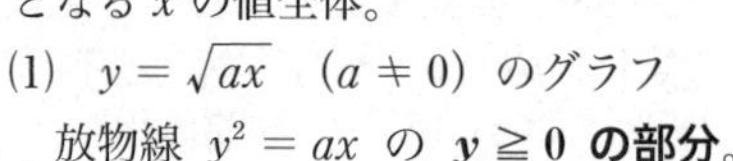

(1)　$y=\sqrt{ax}$　$(a \neq 0)$ のグラフ

　放物線 $y^2=ax$ の **$\boldsymbol{y \geqq 0}$ の部分**。

(2)　$y=-\sqrt{ax}$　$(a \neq 0)$ のグラフ

　$y=\sqrt{ax}$ のグラフを x 軸に関して対称移動した曲線。

(3)　$y=\sqrt{a(x-p)}$　$(a \neq 0)$ のグラフ

　$y=\sqrt{ax}$ のグラフを x 軸方向に p だけ平行移動した曲線。

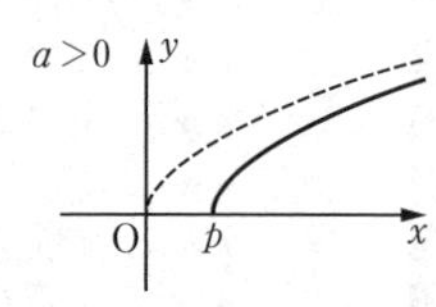

概要

① 分数関数

・**直角双曲線** … 2 つの漸近線が直交する双曲線（LEGEND 数学C p.148 まとめ 5 ③ 参照）

分母が 1 次式，分子が 1 次以下の式で表される分数関数 $y=\dfrac{ax+b}{cx+d}$ …① は，

$y=\dfrac{k}{x-p}+q$ の形に変形することができる（例題 1 参照）。

よって，① のグラフは x 軸と y 軸それぞれに平行な漸近線をもつから，直角双曲線である。

また，① の定義域は，$cx+d \neq 0$ より　　$x \neq -\dfrac{d}{c}$

すなわち，x は $-\dfrac{d}{c}$ 以外のすべての実数。

・分数関数 $y=\dfrac{ax+b}{cx+d}$ の変形方法

$y=\dfrac{ax+b}{cx+d}$ を $y=\dfrac{k}{x-p}+q$ の形に変形する方法として，次の 2 つがある。

例　$y=\dfrac{3x+5}{x+1}$ の場合

(ア)　実際に除法を行う

$(3x+5)\div(x+1)$ を計算すると　　商 3，余り 2

よって　$\dfrac{3x+5}{x+1}=\dfrac{2}{x+1}+3$

$$\begin{array}{r} 3 \\ x+1\,\overline{)\,3x+5} \\ \underline{3x+3} \\ 2 \end{array}$$

(イ)　式変形による

分母と同じものを入れて，もとの分子に戻るように調整

$$\frac{3x+5}{x+1}=\frac{3(x+1)+2}{x+1}=\frac{2}{x+1}+3$$

2 無理関数

以下，$a>0$ とする。

・関数 $y=\sqrt{ax}$ …② のグラフ

② において，$y\geqq 0$ であり，② の両辺を 2 乗すると

$y^2=ax$　　…③

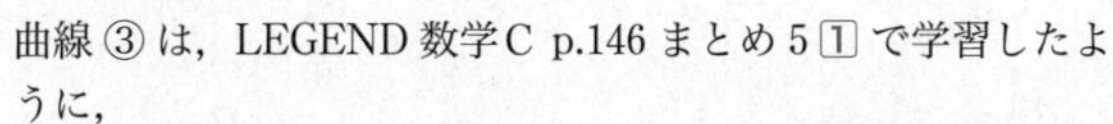

曲線 ③ は，LEGEND 数学C p.146 まとめ 5 1 で学習したように，

焦点 $\left(\dfrac{a}{4},\ 0\right)$，準線 $x=-\dfrac{a}{4}$，頂点が原点

の放物線である。

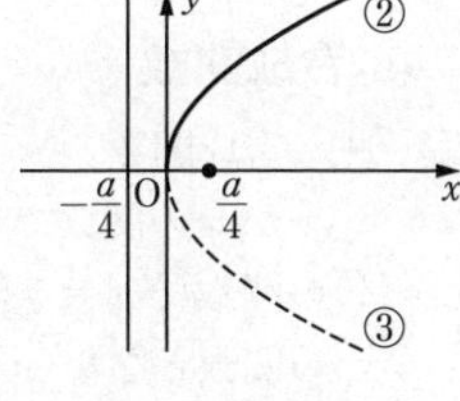

よって，② のグラフは放物線 ③ の $y\geqq 0$ の部分である。

・関数 $y=\sqrt{-ax}$ のグラフ

この関数の定義域は，$(\sqrt{}$ の中$)=-ax\geqq 0$ より，$x\leqq 0$ である。

なお，$y=\sqrt{-ax}=\sqrt{a\cdot(-x)}$ であるから，この関数のグラフは，関数 $y=\sqrt{ax}$ のグラフと y 軸に関して対称である。

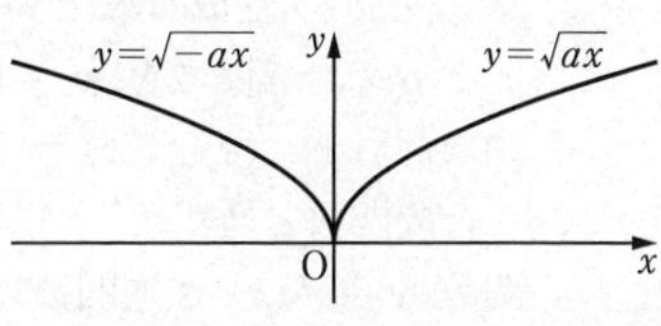

・関数 $y=\sqrt{ax+b}$ …④ のグラフ

④ を変形すると　　$y=\sqrt{a\left(x+\dfrac{b}{a}\right)}$

よって，④ のグラフは関数 $y=\sqrt{ax}$ のグラフを x 軸方向に $-\dfrac{b}{a}$ だけ平行移動したものである。

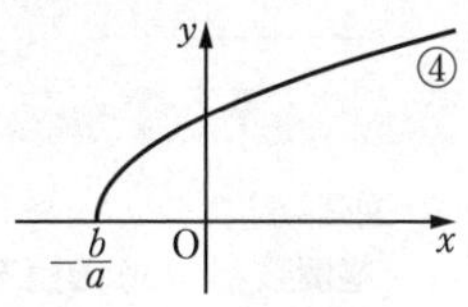

また，④ の定義域は，$ax+b\geqq 0$ より　　$x\geqq -\dfrac{b}{a}$

3 逆関数

(1) 逆関数

関数 $y=f(x)$ を x に関する方程式と考えて x について解き，ただ1つの解 $x=g(y)$ が得られたとする。このとき，x と y を入れかえて得られる関数 $y=g(x)$ を $y=f(x)$ の **逆関数** といい，$\boldsymbol{y=f^{-1}(x)}$ で表す。

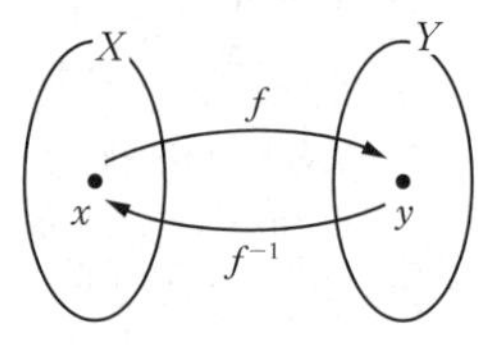

(2) 逆関数の性質

関数 $y=f(x)$ が逆関数 $y=f^{-1}(x)$ をもつとき

(ア) $\boldsymbol{b=f(a) \iff a=f^{-1}(b)}$

(イ) 関数とその逆関数では，**定義域と値域が入れかわる。**

(ウ) $y=f(x)$ のグラフと $y=f^{-1}(x)$ のグラフは，**直線 $y=x$ に関して対称** である。

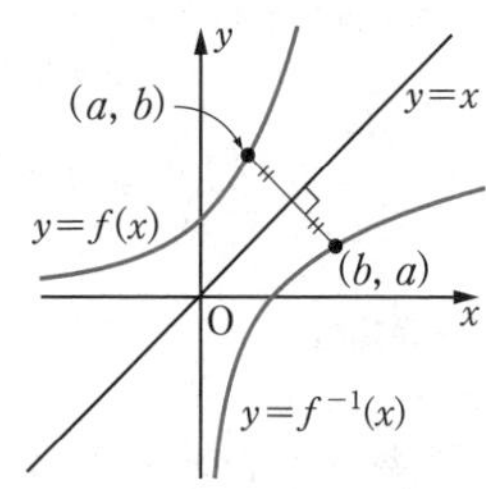

4 合成関数

(1) 合成関数

y が u の関数で $y=g(u)$ と表され，u が x の関数で $u=f(x)$ と表されるとき，y は x の関数となり $\boldsymbol{y=g(f(x))}$ と表される。
このようにして得られる関数 $y=g(f(x))$ を f と g の **合成関数** という。

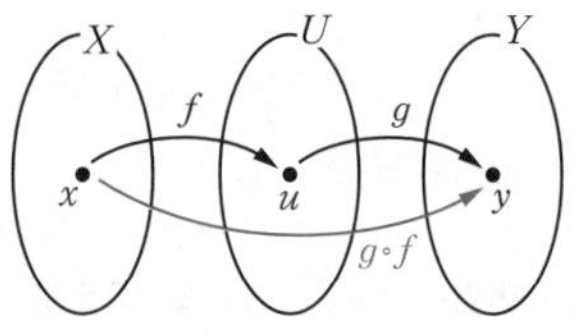

f と g の合成関数を $\boldsymbol{y=(g\circ f)(x)}$ と書くこともある。
すなわち　$(g\circ f)(x)=g(f(x))$

(2) 合成関数と逆関数

関数 $y=f(x)$ が逆関数 $y=f^{-1}(x)$ をもつとき

$$\boldsymbol{(f^{-1}\circ f)(x)=f^{-1}(f(x))=x,\quad (f\circ f^{-1})(y)=f(f^{-1}(y))=y}$$

概要

3 逆関数

・逆関数 $f^{-1}(x)$ の読み

$f^{-1}(x)$ は「エフ インバース エックス」と読む。

! $f^{-1}(x)$ は $\dfrac{1}{f(x)}$ の意味ではないことに注意する。

・逆関数とグラフの対称性

逆関数の性質(ア)は，右の図の点 P と Q が対応することを表している。また，この性質において，a を関数 $f(x)$ の定義域内の任意の x に対して考えることによって，逆関数の性質(ウ)の対称性を導くことができる。

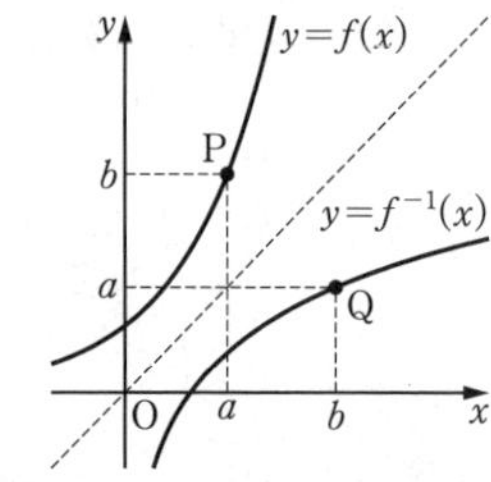

D 頻出 ★☆☆☆

例題 1 分数関数のグラフ

次の関数のグラフをかけ。

(1) $y=\dfrac{2x+1}{x+2}$　　(2) $y=\dfrac{2x+3}{2x-1}$

思考のプロセス

基準を定める

$y=\dfrac{k}{x}$ ――――→ $y=\dfrac{k}{x-p}+q$ ←― 与式をこの形に変形したい。

x 軸方向に p
y 軸方向に q
だけ平行移動

分母と同じものを入れて，もとの分子に戻るように調整

(1) $y=\dfrac{2x+1}{x+2}=\dfrac{2(x+2)-\square}{x+2}$

❗ 実際に分子を分母で割って変形してもよい。

Action» 分数関数のグラフは，$y=\dfrac{k}{x-p}+q$ と変形し漸近線を求めよ

解 (1) $y=\dfrac{2(x+2)-3}{x+2}=\dfrac{-3}{x+2}+2$

よって，この関数のグラフは $y=-\dfrac{3}{x}$ のグラフを x 軸方向に -2, y 軸方向に 2 だけ平行移動したものである。
ゆえに，漸近線は 2 直線
$x=-2$, $y=2$
よって，グラフは **右の図**。

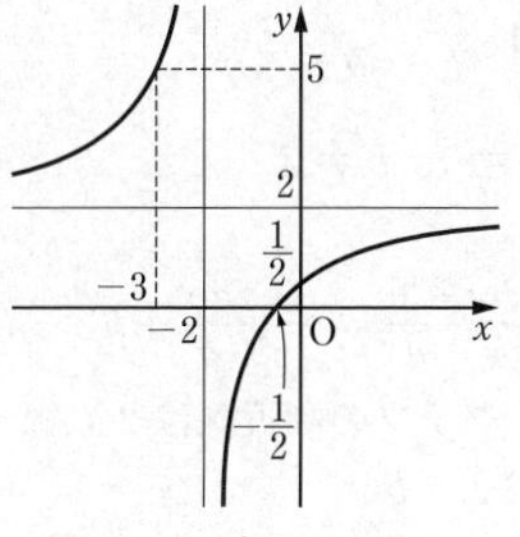

◀ 分子の $2x+1$ を分母の $x+2$ で割ると
商 2, 余り -3
である。

◀ $x=0$ のとき $y=\dfrac{1}{2}$
$y=0$ のとき
$\dfrac{2x+1}{x+2}=0$ となり
分子 $2x+1=0$
よって　$x=-\dfrac{1}{2}$

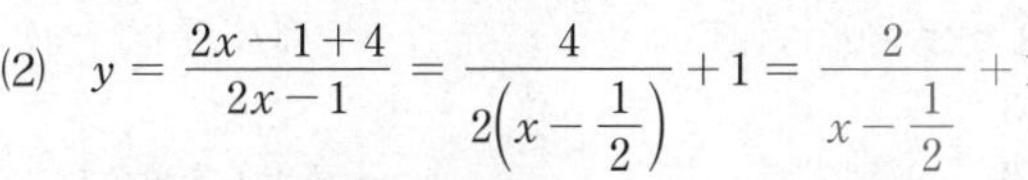

(2) $y=\dfrac{2x-1+4}{2x-1}=\dfrac{4}{2\left(x-\frac{1}{2}\right)}+1=\dfrac{2}{x-\frac{1}{2}}+1$

よって，この関数のグラフは $y=\dfrac{2}{x}$ のグラフを x 軸方向に $\dfrac{1}{2}$, y 軸方向に 1 だけ平行移動したものである。
ゆえに，漸近線は 2 直線
$x=\dfrac{1}{2}$, $y=1$
よって，グラフは **右の図**。

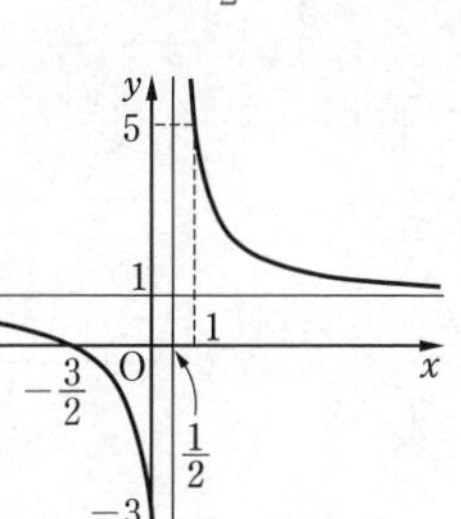

◀ 分子の $2x+3$ を分母の $2x-1$ で割ると
商 1, 余り 4
である。

◀ $x=0$ のとき $y=-3$
$y=0$ のとき
$\dfrac{2x+3}{2x-1}=0$ となり
分子 $2x+3=0$
よって　$x=-\dfrac{3}{2}$

練習 1　次の関数のグラフをかけ。

(1) $y=\dfrac{-x-2}{x-2}$　　(2) $y=\dfrac{-6x-11}{3x+4}$

➡p.34 問題1

例題 2　分数関数の決定　★☆☆☆

分数関数 $y=\dfrac{bx+1}{x+a}$ のグラフの漸近線は $x=-1$，$y=3$ である。

(1) 定数 a，b の値を定めよ。

(2) この関数の定義域が $x \geqq 2$ であるとき，値域を求めよ。

思考のプロセス

(1) **未知のものを文字でおく**

条件＿＿ ⟹ 関数は $y=\dfrac{k}{x-\square}+\square$ とおける。

Action» 漸近線が $x=p$，$y=q$ である分数関数は，$y=\dfrac{k}{x-p}+q$ とおけ

(2) **図で考える**

«ReAction 関数の値域は，定義域の範囲でグラフをかいて考えよ ◀ⅠA 例題 60

解 (1) 漸近線が $x=-1$，$y=3$ であるから，求める分数関数は $y=\dfrac{k}{x+1}+3$ …① $(k \neq 0)$ とおける。

①を変形すると　$y=\dfrac{3x+3+k}{x+1}$

これが $y=\dfrac{bx+1}{x+a}$ と一致するから

◀分数式は単純に係数比較できないが，分母の x の係数が一致するから，他の係数も一致する。例題 11 Point 参照。

$k=-2$，$\boldsymbol{a=1}$，$\boldsymbol{b=3}$

〔別解〕

例題1

与式は　$y=\dfrac{bx+1}{x+a}=\dfrac{1-ab}{x+a}+b$　…①

◀ $x+a \,)\, bx+1$ を割ると，$bx+ab$ を引いて $1-ab$　商 b，余り $1-ab$

$ab \neq 1$ のとき，グラフの漸近線は 2 直線

$x=-a$，$y=b$

これが $x=-1$，$y=3$ であるから

$-a=-1$，$b=3$

よって　$a=1$，$b=3$

◀ $ab \neq 1$ を満たす。

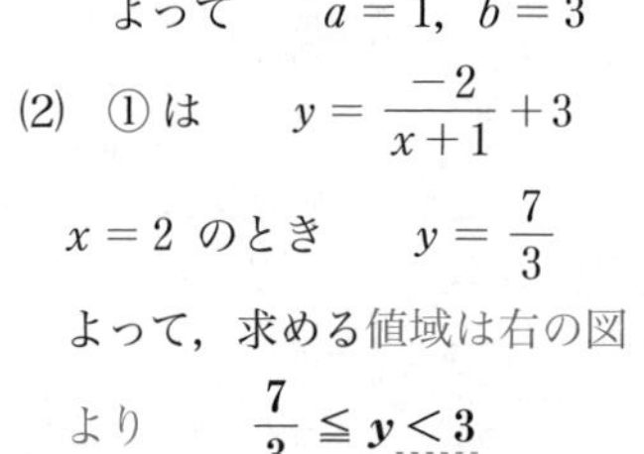

(2) ①は　$y=\dfrac{-2}{x+1}+3$

$x=2$ のとき　$y=\dfrac{7}{3}$

よって，求める値域は右の図より　$\boldsymbol{\dfrac{7}{3} \leqq y < 3}$

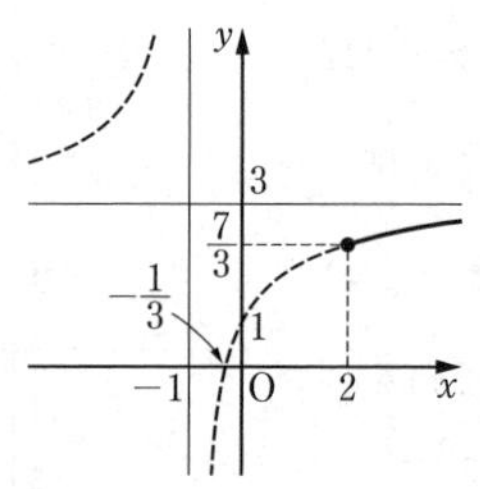

◀ $x=0$ のとき $y=1$
$y=0$ のとき $x=-\dfrac{1}{3}$

◀ ❗直線 $y=3$ が漸近線であるから，値域に $y=3$ は含まない。

練習 2　分数関数 $y=\dfrac{ax+2}{x+b}$ のグラフは点 $(\sqrt{2},\ \sqrt{2})$ を通り，その漸近線の 1 つは直線 $y=2$ である。

(1) 定数 a，b の値を定めよ。

(2) この関数の定義域が $x \geqq -4$ であるとき，値域を求めよ。

➡p.34 問題2

D 頻出 ★★☆☆

例題 3　分数方程式・不等式

次の方程式，不等式を解け。

(1) $\dfrac{x+6}{x+2}=x$　　　(2) $\dfrac{x+6}{x+2}\geqq x$

思考のプロセス

分数方程式

(1) $\dfrac{x+6}{x+2}=x$ … $x+2$ を掛けて分母をはらう。 **既知の問題に帰着**

分数不等式

(2) $\dfrac{x+6}{x+2}\geqq x$ … $x+2$ を掛けたいが，$x+2$ の正負で不等号の向きが変わる。

↑面倒〔別解 2〕

⇩ **図で考える**

$y=\dfrac{x+6}{x+2}$ のグラフが $y=x$ のグラフより上側にある（共有点を含む）x の値の範囲。

Action» 不等式の解は，グラフの位置関係から考えよ

解 (1) $\dfrac{x+6}{x+2}=x$ より　$x+6=x(x+2)$

$x^2+x-6=0$ より　$(x+3)(x-2)=0$

よって　$\boldsymbol{x=-3,\ 2}$

例題 1

(2) $y=\dfrac{x+6}{x+2}=\dfrac{4}{x+2}+1$ …① と $y=x$ …② のグラフの共有点の x 座標は，(1) より　$x=-3,\ 2$

求める不等式の解は，

①のグラフが②のグラフより上側にある（共有点を含む）ような x の値の範囲であるから　$\boldsymbol{x\leqq -3,\ -2<x\leqq 2}$

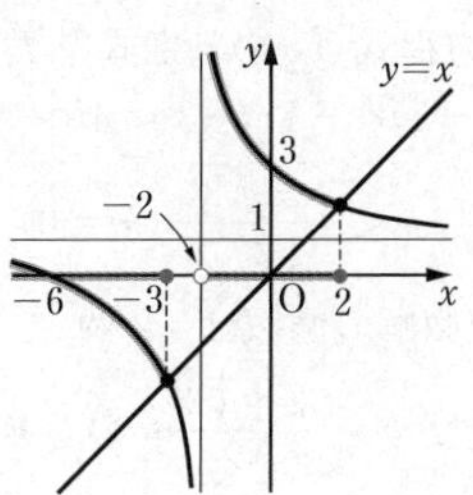

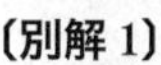

〔別解 1〕

両辺に $(x+2)^2$ を掛けると

$(x+6)(x+2)\geqq x(x+2)^2$

$(x+2)\{x(x+2)-(x+6)\}\leqq 0$

$(x+2)(x^2+x-6)\leqq 0$

$(x+2)(x+3)(x-2)\leqq 0$

与式は $x\neq -2$ であるから，求める解は

$x\leqq -3,\ -2<x\leqq 2$

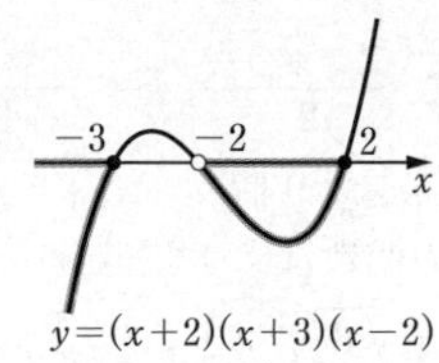

◀両辺に $x+2$ を掛けて分母をはらう。

◀$x\neq -2$ を満たす。

◀①のグラフの漸近線は2直線　$x=-2,\ y=1$

◀①と②の共有点の x 座標は $\dfrac{x+6}{x+2}=x$ の実数解である。

◀❗$x=-2$ を含まないことに注意する。

◀与式は $x\neq -2$ より $(x+2)^2>0$ であるから，不等号の向きは変わらない。

〔別解 2〕

(ア) $x+2>0$ のとき
与式は
$x+6\geqq x(x+2)$

(イ) $x+2<0$ のとき
与式は
$x+6\leqq x(x+2)$

と場合分けして考えてもよい。

練習 3　次の方程式，不等式を解け。

(1) $\dfrac{x+3}{x-1}=x-3$　　　(2) $\dfrac{x+3}{x-1}\leqq x-3$

➡p.34 問題3

D ★★☆☆

例題 4　分数関数のグラフと直線の共有点の個数

k を定数とする。分数関数 $y=-\dfrac{1}{x-2}+1$ のグラフと直線 $y=kx$ との共有点の個数を求めよ。

思考のプロセス

«ReAction　2つのグラフの共有点は，2式を連立したときの実数解とせよ　◀ⅠA 例題 96

条件の言い換え

$y=f(x)$ と $y=g(x)$ のグラフの共有点の個数  方程式 $f(x)=g(x)$ の実数解の個数

解　2式を連立すると　$-\dfrac{1}{x-2}+1=kx$　…①

整理すると　$kx^2-(2k+1)x+3=0$　$(x\neq 2)$　…①′

$x=2$ は①′を満たさないから，①と①′の解は一致し，2つのグラフの共有点の個数は，方程式①′の実数解の個数に等しい。

◀方程式①′は $x\neq 2$ という条件をもつことに注意する。

(ア)　$k=0$ のとき

①′は $-x+3=0$ より $x=3$ であり，実数解の個数は 1個

◀$k=0$ のとき，①′は2次方程式とはならない。

(イ)　$k\neq 0$ のとき，方程式①′の判別式を D とすると

$$D=\{-(2k+1)\}^2-4\cdot k\cdot 3=4k^2-8k+1$$

◀$4k^2-8k+1=0$ とおくと，解の公式により $k=\dfrac{2\pm\sqrt{3}}{2}$

(i)　$D>0$ すなわち $k<\dfrac{2-\sqrt{3}}{2}$ $(k\neq 0)$，$\dfrac{2+\sqrt{3}}{2}<k$ のとき，①′の実数解の個数は　2個

(ii)　$D=0$ すなわち $k=\dfrac{2\pm\sqrt{3}}{2}$ のとき

①′の実数解の個数は　1個

(iii)　$D<0$ すなわち $\dfrac{2-\sqrt{3}}{2}<k<\dfrac{2+\sqrt{3}}{2}$ のとき

①′の実数解の個数は　0個

(ア)，(イ)より，共有点の個数は

$$\begin{cases} k<0,\ 0<k<\dfrac{2-\sqrt{3}}{2},\ \dfrac{2+\sqrt{3}}{2}<k \text{ のとき} & 2\text{個} \\ k=0,\ \dfrac{2\pm\sqrt{3}}{2} \text{ のとき} & 1\text{個} \\ \dfrac{2-\sqrt{3}}{2}<k<\dfrac{2+\sqrt{3}}{2} \text{ のとき} & 0\text{個} \end{cases}$$

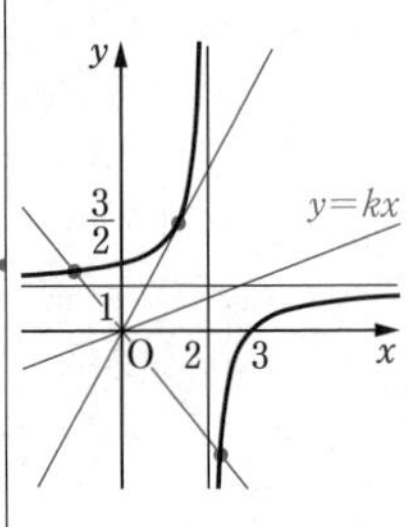

練習 4　関数 $y=\dfrac{-2x-6}{x-3}$ のグラフと直線 $y=kx$ が共有点をもたないとき，定数 k の値の範囲を求めよ。　(麻布大)

➡p.34 問題4

例題 5　無理関数のグラフ

D ★☆☆☆

〔1〕 次の関数のグラフをかけ。

(1) $y=\sqrt{2x+2}$　　(2) $y=\sqrt{2-x}$　　(3) $y=-\sqrt{3x-6}$

〔2〕 $a \leqq x \leqq b$ における関数 $y=\sqrt{5-x}$ の値域が $1 \leqq y \leqq 2$ であるような定数 a, b の値を求めよ。

思考のプロセス

〔1〕 **基準を定める**

$y=\sqrt{ax}$ ──x 軸方向に p だけ平行移動──→ $y=\sqrt{a(x-p)}$ ←── 与式をこの形に変形したい。

❗ 定義域は ($\sqrt{\ }$ の中) $\geqq 0$ から考える。

Action» 無理関数のグラフは, $y=\sqrt{a(x-p)}$ と変形して考えよ

〔2〕 **図で考える**

«ReAction 関数の値域は，定義域の範囲でグラフをかいて考えよ ◀ⅠA 例題 60

解 〔1〕 (1) $y=\sqrt{2x+2}=\sqrt{2(x+1)}$

この関数のグラフは, $y=\sqrt{2x}$ のグラフを x 軸方向に -1 だけ平行移動したものである。

よって，グラフは **右の図**。

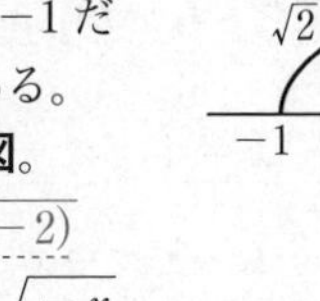

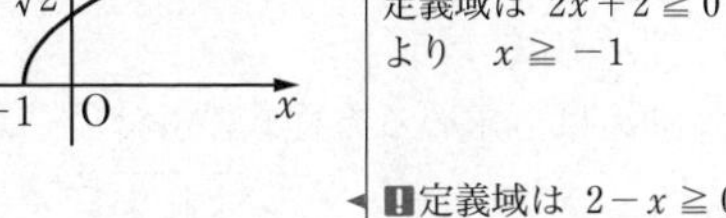

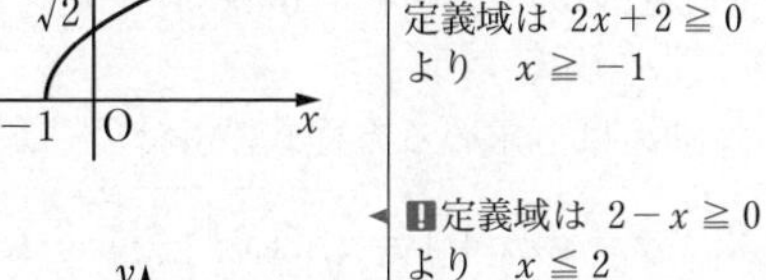

◀ $y=\sqrt{2(x+1)}$
$=\sqrt{2\{x-(-1)\}}$
と考える。
定義域は $2x+2 \geqq 0$
より　$x \geqq -1$

(2) $y=\sqrt{2-x}=\sqrt{-(x-2)}$

この関数のグラフは, $y=\sqrt{-x}$ のグラフを x 軸方向に 2 だけ平行移動したものである。

よって，グラフは **右の図**。

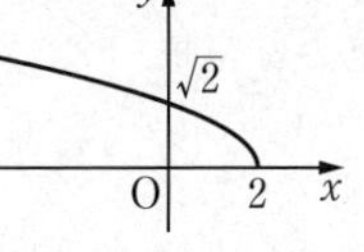

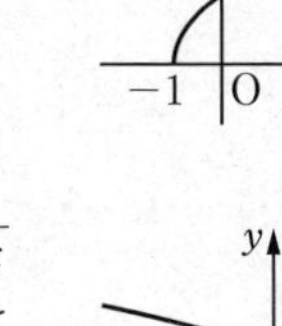

◀ ❗定義域は $2-x \geqq 0$
より　$x \leqq 2$

(3) $y=-\sqrt{3x-6}=-\sqrt{3(x-2)}$

この関数のグラフは, $y=-\sqrt{3x}$ のグラフを x 軸方向に 2 だけ平行移動したものである。

よって，グラフは **右の図**。

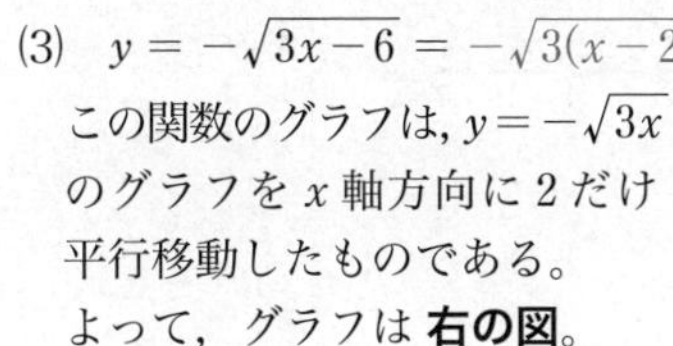

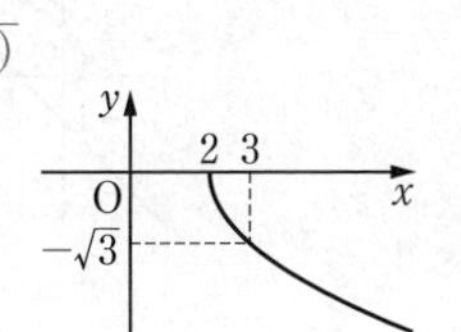

◀ 定義域は $3x-6 \geqq 0$
より　$x \geqq 2$
値域は $y \leqq 0$ であることに注意する。

〔2〕 $y=\sqrt{5-x}=\sqrt{-(x-5)}$

この関数のグラフは右の図のように単調減少するから，値域が $1 \leqq y \leqq 2$ となるためには

$\sqrt{5-a}=2,\ \sqrt{5-b}=1$

よって　　$\boldsymbol{a=1,\ b=4}$

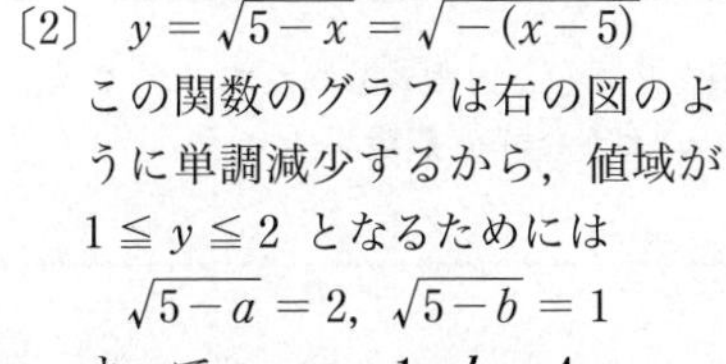

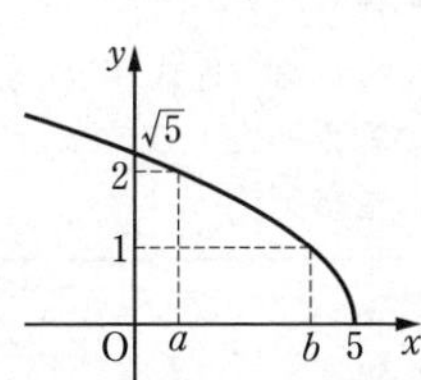

◀ $a \leqq x \leqq b$ における値域は
$\sqrt{5-b} \leqq y \leqq \sqrt{5-a}$

練習 5　次の関数のグラフをかけ。

(1) $y=\sqrt{\dfrac{1}{2}x+1}$　　(2) $y=\sqrt{3-2x}$　　(3) $y=-\sqrt{4-2x}$

➡p.34 問題 5

例題 6　無理方程式・不等式

D　頻出
★★☆☆

次の方程式，不等式を解け。

(1)　$\sqrt{2x+1}=x-1$　　　　(2)　$\sqrt{2x+1}>x-1$

思考のプロセス

(1)　$\sqrt{2x+1}=x-1$（無理方程式）… 両辺を2乗して考える。 **既知の問題に帰着**

!　$\sqrt{2x+1}=x-1 \Longrightarrow 2x+1=(x-1)^2$ は成り立つが，$\Longleftarrow$ は成り立たないから，求めた x がもとの方程式を満たすか確かめなければならない。

(2)　$\sqrt{2x+1}>x-1$（無理不等式）… 両辺を2乗したいが，$x-1$ の値によって不等号の向きが変わる。
↑考えにくい

⇩ **図で考える**

$y=\sqrt{2x+1}$ のグラフが $y=x-1$ のグラフより上側にある x の値の範囲。

« ReAction　不等式の解は，グラフの位置関係から考えよ ◀例題3

解 (1)　$\sqrt{2x+1}=x-1$ …① とおく。

両辺を2乗すると　$2x+1=(x-1)^2$

$x^2-4x=0$ より　$x(x-4)=0$

よって　$x=0,\ 4$

これらのうち，$x=0$ は①を満たさないが，$x=4$ は①を満たす。

ゆえに，求める方程式の解は　$\boldsymbol{x=4}$

◀ $\sqrt{2x+1}=x-1$
$\Longleftrightarrow \begin{cases} 2x+1=(x-1)^2 \\ x-1\geqq 0 \end{cases}$
として解いてもよい。
p.25 **Play Back** 1 参照。

◀ !与式の両辺を2乗したから，$x=0,\ 4$ が与式を満たすか確かめる。**Point** 参照。
$x=0$ を方程式に代入すると，$1=-1$ となるから $x=0$ は解ではない。

例題5　(2)　$y=\sqrt{2x+1}=\sqrt{2\left(x+\frac{1}{2}\right)}$ …② と $y=x-1$ …③

のグラフの共有点の x 座標は，(1)より　$x=4$

求める不等式の解は，②のグラフが③のグラフより上側にあるような x の値の範囲であるから

$$-\frac{1}{2}\leqq x<4$$

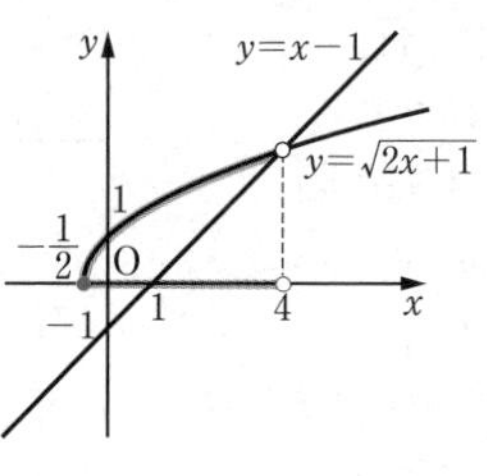

◀ ②のグラフは $y=\sqrt{2x}$ のグラフを x 軸方向に $-\frac{1}{2}$ だけ平行移動したものである。

Point...無理方程式と無縁解

例題6(1)において，与えられた方程式①の両辺を2乗した方程式を満たす $x=0$ は，もとの方程式①を満たさなかった。この $x=0$ のような解を **無縁解** という。
詳細は p.25 **Play Back** 1 を参照。

練習 6　次の方程式，不等式を解け。

(1)　$-\sqrt{3-x}=-x+1$　　　　(2)　$-\sqrt{3-x}>-x+1$

➡p.34 問題6

Play Back 1　無理方程式の無縁解と同値性を保った解答

例題 6 (1) で無縁解 $x=0$ が現れた原因は，思考のプロセスで説明したように

「$A=B \Longrightarrow A^2=B^2$ は成り立つが，$\Longleftarrow$ は成り立たない」… (＊)

ことにあります。

それでは，この無縁解 $x=0$ にはどのような意味があるのでしょうか？

無理方程式 $\sqrt{2x+1}=x-1$ …① の両辺を 2 乗すると　$2x+1=(x-1)^2$　…②

一方，無理方程式 $-\sqrt{2x+1}=x-1$ …③ の両辺を 2 乗しても，② となります。

よって，方程式 ② の解は，方程式 ① の解と方程式 ③ の解を合わせたものになります。

これを図形的に考えてみましょう。

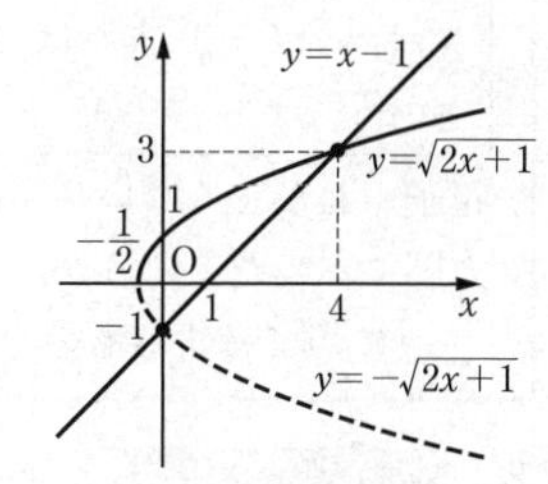

方程式 ① の解

⇨ 曲線 $y=\sqrt{2x+1}$ と直線 $y=x-1$ の共有点の x 座標

方程式 ③ の解

⇨ 曲線 $y=-\sqrt{2x+1}$ と直線 $y=x-1$ の共有点の x 座標

また

方程式 ② の解

⇨ 曲線 $y=\pm\sqrt{2x+1}$ すなわち曲線 $y^2=2x+1$ と直線 $y=x-1$ の共有点の x 座標

確かに，もとの無理方程式 ① の解と，① の両辺を 2 乗した方程式 ② の解は異なります。これは注意が必要ですね。

これらのことからも分かるように，無理方程式においては

両辺を 2 乗した方程式の解が，もとの方程式を満たすかどうか確かめる

ことがとても大切です。これを解の **吟味** といいます。

〔同値性を意識した無理方程式の解法〕

上の図において，方程式 ① の解は $y=x-1 \geqq 0$ となるような x の値の範囲にあるから

$$\sqrt{2x+1}=x-1 \iff 2x+1=(x-1)^2 \ \cdots ④ \ \text{かつ} \ x-1 \geqq 0 \ \cdots ⑤$$

④ より $x=0,\ 4$ であり，⑤ より $x \geqq 1$ であるから，

求める方程式 ① の解は　$x=4$

以上を一般的にまとめると，次のようになります。

$\sqrt{f(x)}=g(x) \Longrightarrow f(x)=\{g(x)\}^2$　⬅ 逆は成り立たない。

$\sqrt{f(x)}=g(x) \iff f(x)=\{g(x)\}^2$ かつ $g(x) \geqq 0$

Go Ahead 1 同値性について

Play Back 1 で学んだ同値変形について，次の探究例題を考えてみましょう。

探究例題 1 同値性は保たれている？

次の 問題 について，太郎さんと花子さんが話している。

> 問題：$\sqrt{3-x} < x-1$ を解け。

太郎：同値性を保ったまま変形して，次のように解けるかな？

> $\sqrt{3-x} < x-1$ …①
> $\iff 3-x < (x-1)^2$ かつ $x-1>0$ …②
> $\iff$「$x<-1$ または $2<x$」かつ $x>1$ …③
> $\iff 2<x$ …④

花子：おかしくない？　例えば，$x=5$ は与えられた不等式を満たさないよ。

太郎：本当だ。そうか，□ から □ への変形で同値性が保たれていないね。

□ に当てはまるものを ①～④ から選べ。また，問題 の正しい解を求めよ。

思考のプロセス

逆向きに考える

p と q の同値性が保たれるのは，$p \Longrightarrow q$ と $q \Longrightarrow p$ がどちらも成り立つとき。

⟶ ① から ④ の変形を逆にたどったときに，矛盾があるのはどこか？

Action» 同値変形は逆向きの変形をしたときに矛盾がないように変形せよ

解 ① から ② の変形では，$3-x \geqq 0$ という条件が必要である。

◀ $\sqrt{x}$ が実数であるためには，$x \geqq 0$ であることが必要。

よって，**① から ② への変形は，同値性が保たれていない。**

問題 の正しい解は

$$\sqrt{3-x} < x-1$$

$\iff 3-x < (x-1)^2$ かつ $x-1>0$ かつ $3-x \geqq 0$

$\iff$「$x<-1$ または $2<x$」かつ $x>1$ かつ $x \leqq 3$

$\iff$ $\boldsymbol{2<x \leqq 3}$

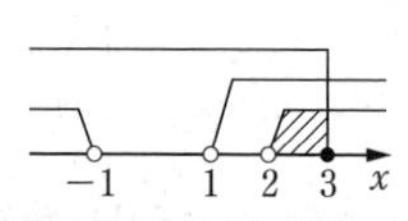

根号を含む式を 2 乗するときの同値変形では，以下のような関係式が成り立ちます。

> $\sqrt{A} = B \iff A = B^2$ かつ $B \geqq 0$
> $\sqrt{A} < B \iff A < B^2$ かつ $A \geqq 0$ かつ $B > 0$
> $\sqrt{A} > B \iff$「$A > B^2$ かつ $B \geqq 0$」または「$A \geqq 0$ かつ $B < 0$」

探究例題のように，同値変形を利用すれば根号を含む方程式や不等式を解くことはできます。しかし，例題 6 で考えたようにグラフをかいた方が分かりやすく，同値性が保たれていない部分を補うことができる場合があるため，グラフをかいて考えるようにしましょう。

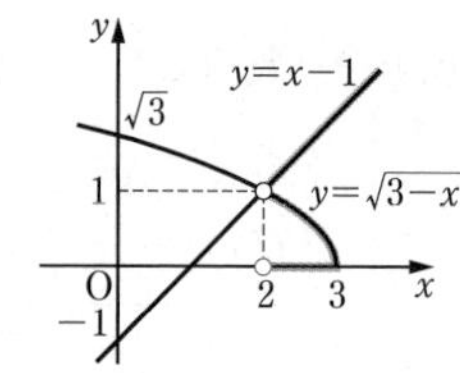

例題 7　無理関数のグラフと直線の共有点の個数　D ★★☆☆

曲線 $y=\sqrt{2x-3}$ …① と直線 $y=ax-1$ …② の共有点の個数を調べよ。

思考のプロセス

共有点の個数

⟶ $\sqrt{2x-3}=ax-1$ の実数解の個数と一致するが，両辺を 2 乗すると無縁解が現れ，考えにくい。

図で考える

②：$y=ax-1$ はどのような直線か？

└→ 点 $(0,\ -1)$ を通り，傾き a の直線

⟹ 共有点の個数が変化する境目となる a の値を求める。

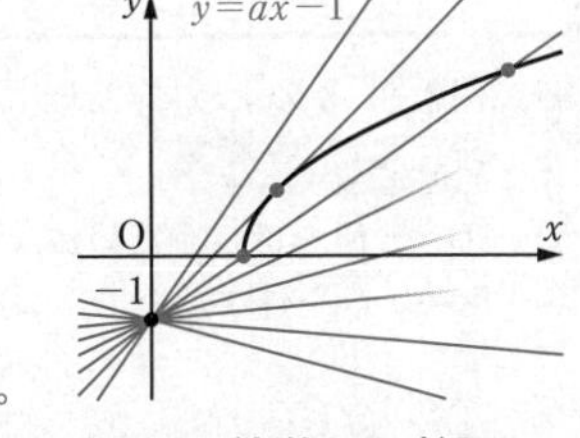
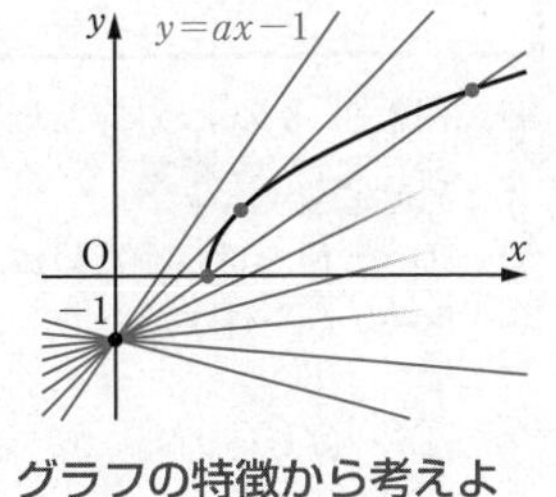

Action» 無理関数のグラフと直線の共有点の個数は，グラフの特徴から考えよ

解 ① を変形すると　$y=\sqrt{2x-3}=\sqrt{2\left(x-\dfrac{3}{2}\right)}$

また，$y=ax-1$ は定点 $(0,\ -1)$ を通り，傾き a の直線を表す。

(ア)　直線 ② が点 $\left(\dfrac{3}{2},\ 0\right)$ を通るとき

$0=\dfrac{3}{2}a-1$ より　$a=\dfrac{2}{3}$

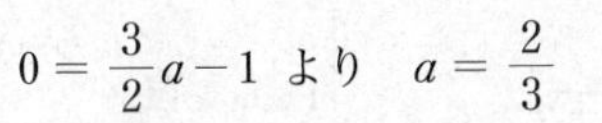

(イ)　直線 ② が曲線 ① と接するとき

①，② を連立すると

$\sqrt{2x-3}=ax-1$

両辺を 2 乗して，整理すると

$a^2x^2-2(a+1)x+4=0$　…③

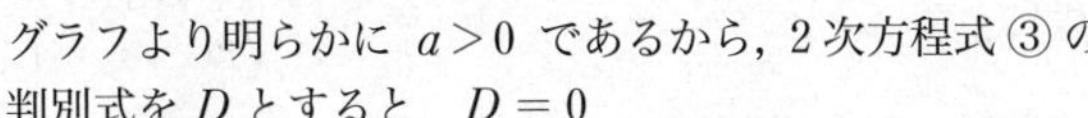

グラフより明らかに $a>0$ であるから，2 次方程式 ③ の判別式を D とすると　$D=0$

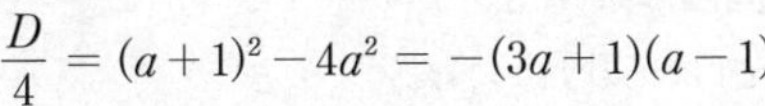

$\dfrac{D}{4}=(a+1)^2-4a^2=-(3a+1)(a-1)$

よって　$(3a+1)(a-1)=0$

$a>0$ であるから　$a=1$

(ア)，(イ) と ①，② のグラフより，共有点の個数は

$$\begin{cases} \dfrac{2}{3}\leqq a<1 \text{ のとき} & 2\text{個} \\ 0<a<\dfrac{2}{3},\ a=1 \text{ のとき} & 1\text{個} \\ a\leqq 0,\ 1<a \text{ のとき} & 0\text{個} \end{cases}$$

◀ a の値が (ア) のときより小さく，0 より大きければ，共有点は 1 個である。

◀ a の値が (イ) のときより大きければ，共有点はない。

◀ $a^2\neq 0$ であるから，③ は必ず 2 次方程式であることに注意する。

◀ $a=-\dfrac{1}{3}$ のときは下の図のような状態である。

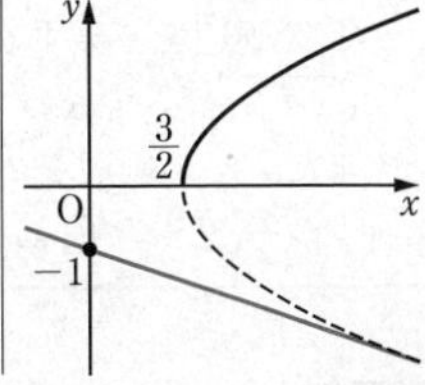

練習 7　曲線 $y=\sqrt{4-2x}$ …① と直線 $y=-x+a$ …② の共有点の個数を調べよ。

⇒p.34 問題7

例題 8　複雑な分数方程式・無理方程式　★★☆☆

次の方程式を解け。

(1) $\dfrac{1}{x-2}-\dfrac{4}{x^2-4}=1$　　(2) $\sqrt{3x-5}-\sqrt{x+2}=-1$

思考のプロセス

例題 3，6 のように，グラフで考えるのは難しい。

候補を絞り込む

(1) 分母をはらうために，両辺に □ を掛ける。

(2) $\sqrt{\ }$ を外すために，両辺を 2 乗したい。 ⟵ $\sqrt{A}+\sqrt{B}=k$ の形は工夫してから 2 乗する（LEGEND 数学 C 例題 77 参照)。

! 分母をはらった式，両辺を 2 乗した式はもとの式と同値ではないことに注意する。

Action» 分数方程式・無理方程式は，求めた x がもとの式を満たすか確かめよ

解 (1) $x-2\neq 0$，$x^2-4\neq 0$ であるから　$x\neq\pm 2$

与式の分母をはらうと　$(x+2)-4=x^2-4$　◀両辺に x^2-4 を掛ける。

整理すると　$x^2-x-2=0$

$(x+1)(x-2)=0$ より　$x=-1,\ 2$

$x\neq\pm 2$ より　$\boldsymbol{x=-1}$

(2) 与式は　$\sqrt{3x-5}=\sqrt{x+2}-1$　(…①)

◀①，②，③については，**Point** 参照。

両辺を 2 乗すると　$3x-5=(x+2)-2\sqrt{x+2}+1$

◀$\sqrt{A}+\sqrt{B}=k$ の形は $\sqrt{A}=k-\sqrt{B}$ としてから 2 乗する方が簡単である。

よって　$\sqrt{x+2}=-x+4$　(…②)

両辺を 2 乗すると　$x+2=x^2-8x+16$　(…③)

$x^2-9x+14=0$ より　$(x-2)(x-7)=0$

ゆえに　$x=2,\ 7$

$x=2$ は与式を満たすが，$x=7$ は与式を満たさない。

◀与式の左辺は
$x=2$ のとき
$\sqrt{1}-\sqrt{4}=-1$
$x=7$ のとき
$\sqrt{16}-\sqrt{9}=1$

したがって　$\boldsymbol{x=2}$

Point...分数方程式・無理方程式と同値な条件

分数方程式・無理方程式と同値な条件は次のようになる。

(ア) $\dfrac{f(x)}{g(x)}=0 \iff f(x)=0$ かつ $g(x)\neq 0$

(イ) $\sqrt{f(x)}=g(x) \iff f(x)=\{g(x)\}^2$ かつ $g(x)\geqq 0$ (p.25 **Play Back** 1 参照)

(イ) を利用して，(2) の解答を次のようにしてもよい。

① の両辺を 2 乗するとき，(① の右辺) $=\sqrt{x+2}-1\geqq 0$ となるのは

$\sqrt{x+2}\geqq 1$ すなわち $x+2\geqq 1$ より　$x\geqq -1$　…①′

また，② の両辺を 2 乗するとき，(② の右辺) $=-x+4\geqq 0$ となるのは　$x\leqq 4$　…②′

よって，③ の解 $x=2,\ 7$ と ①′，②′ より　$x=2$

練習 8　次の方程式を解け。

(1) $\dfrac{1}{x^2-1}+\dfrac{1}{x^2-4x+3}=1$　　(2) $\sqrt{x+3}-\sqrt{2-x}=1$

➡p.34 問題8

頻出

例題 9 逆関数

★☆☆☆

次の関数の逆関数を求め，その定義域を求めよ。

(1) $y=x^2-4x \quad (x \leqq 2)$ (2) $y=\dfrac{2x+1}{x-1}$ (3) $y=3^{2x-1}$

思考のプロセス

段階的に考える

Ⅰ．関数 $y=f(x)$ の値域を求める。

Ⅱ．逆関数を求める。

$\boxed{y=f(x)}$ —xについて解く→ $\boxed{x=g(y)}$ —xとyを入れかえる→ $\boxed{y=g(x)}$ ← これが $f^{-1}(x)$

Ⅲ．$f(x)$ の定義域 ⟺ $f^{-1}(x)$ の値域
(値域) (定義域)

Action» $y=f(x)$ の逆関数は，値域を求めて x について解け

解 (1) $y=(x-2)^2-4$ と変形できるから，値域は $y \geqq -4$

$y=x^2-4x$ を x について解くと $x=2\pm\sqrt{y+4}$

$x \leqq 2$ より $x=2-\sqrt{y+4}$

x と y を入れかえると，求める逆関数は

$$\boldsymbol{y=2-\sqrt{x+4}}$$

その定義域は $\boldsymbol{x \geqq -4}$

例題2 (2) $y=\dfrac{3}{x-1}+2$ と変形できるから，値域は $y \neq 2$

$y=\dfrac{2x+1}{x-1}$ を x について解くと $x=\dfrac{y+1}{y-2}$

x と y を入れかえると，求める逆関数は

$$\boldsymbol{y=\frac{x+1}{x-2}}$$

その定義域は $\boldsymbol{x \neq 2}$

(3) $y=3^{2x-1}$ の値域は $y>0$

両辺の3を底とする対数をとると $\log_3 y=2x-1$

xについて解くと $x=\dfrac{1}{2}\log_3 y+\dfrac{1}{2}$

x と y を入れかえると，求める逆関数は

$$\boldsymbol{y=\frac{1}{2}\log_3 x+\frac{1}{2}}$$

その定義域は $\boldsymbol{x>0}$

◀まず値域を求める。

◀❗定義域に注意して，x について解く。

◀関数とその逆関数では，定義域と値域が入れかわる。

◀$(x-1)y=2x+1$ より
$xy-2x=y+1$
$(y-2)x=y+1$
$y \neq 2$ より $x=\dfrac{y+1}{y-2}$
次のように変形してもよい。
$y=\dfrac{3}{x-1}+2$ より
$y-2=\dfrac{3}{x-1}$
$y \neq 2$ より
$x-1=\dfrac{3}{y-2}$
よって $x=\dfrac{3}{y-2}+1$

練習 9 次の関数の逆関数を求め，その定義域を求めよ。

(1) $y=-2\sqrt{1-x} \quad (x \leqq 1)$ (2) $y=\dfrac{1-x}{x+1}$ (3) $y=2\log_2 x$

➡p.34 問題9

例題 10 関数とその逆関数のグラフの共有点

D ★★☆☆

$f(x)=\sqrt{x+1}$ とするとき，$y=f(x)$ と $y=f^{-1}(x)$ のグラフの共有点の x 座標を求めよ。

思考のプロセス

«ReAction $y=f(x)$ の逆関数は，値域を求めて x について解け ◀例題 9

条件の言い換え

$y=f(x)$ と $y=f^{-1}(x)$ のグラフの共有点の x 座標 ⟺ 方程式 $f(x)=f^{-1}(x)$ の実数解 ← まず，$f(x)$ と $f^{-1}(x)$ の x の値の範囲を求める。

⇓ （別解） **見方を変える**

$y=f(x)$ と $y=f^{-1}(x)$ のグラフは**直線 $y=x$ に関して対称**

直線 $y=x$ 上にある共有点は $f(x)=x$ の実数解

解 $y=\sqrt{x+1}$ …① の定義域は $x \geqq -1$

であり，値域は $y \geqq 0$ （例題 5）

① の両辺を 2 乗すると $y^2=x+1$ （例題 9）

x について解くと $x=y^2-1$

x と y を入れかえると，① の逆関数は $y=f^{-1}(x)=x^2-1$ …②

その定義域は $x \geqq 0$

◀まず逆関数 $f^{-1}(x)$ を求める。

① と ② を連立すると $\sqrt{x+1}=x^2-1$ …③ （PB 1）

このとき，$x^2-1 \geqq 0$ より $x \leqq -1,\ 1 \leqq x$ …④

③ の両辺を 2 乗すると $x+1=(x^2-1)^2$

$x^4-2x^2-x=0$ となり $x(x+1)(x^2-x-1)=0$

x について解くと $x=-1,\ 0,\ \dfrac{1\pm\sqrt{5}}{2}$

$y=f(x)$ と $y=f^{-1}(x)$ の定義域および ④ より $1 \leqq x$

よって，求める共有点の x 座標は $\boldsymbol{x=\dfrac{1+\sqrt{5}}{2}}$

◀$\sqrt{f(x)}=g(x)$
$\iff f(x)=\{g(x)\}^2$ かつ $g(x) \geqq 0$
p. 25 **Play Back** 1 参照。

〔別解〕

$y=f(x)$ と $y=f^{-1}(x)$ のグラフは直線 $y=x$ に関して対称であり，これらのグラフの共有点は，右の図より直線 $y=x$ 上のみにある。よって，共有点の x 座標は

$\sqrt{x+1}=x\ (x>0)$

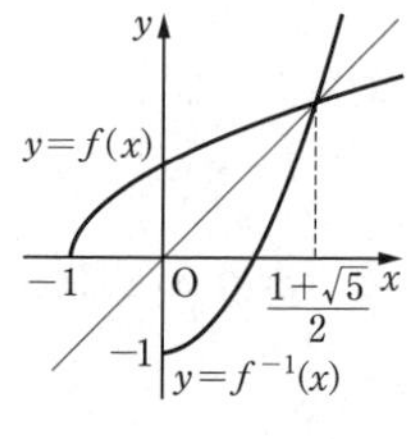

両辺を 2 乗すると $x+1=x^2$ すなわち $x^2-x-1=0$

$x>0$ より $x=\dfrac{1+\sqrt{5}}{2}$

◀❗グラフから，明らかに共有点が直線 $y=x$ 上にのみ存在するときは，曲線 $y=\sqrt{x+1}$ と $y=x$ の交点を求めてもよい。
ただし，一般に共有点が直線 $y=x$ 上にしかないとは限らない。

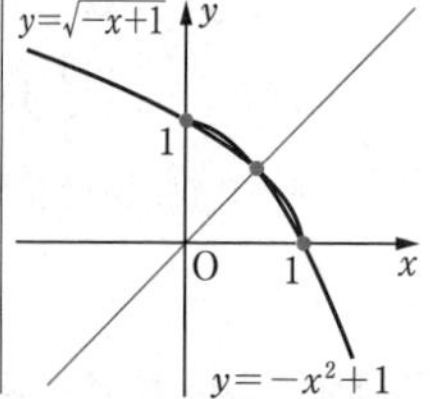

練習 10 $f(x)=\sqrt{x+6}$ とするとき，$y=f(x)$ と $y=f^{-1}(x)$ のグラフの共有点の x 座標を求めよ。

➡p.34 問題 10

D ★★☆☆

例題 11　関数とその逆関数の一致

関数 $y=\dfrac{ax+b}{x-c}$ が逆関数をもつとき，その逆関数を求めよ。また，その逆関数がもとの関数と一致するとき，定数 a，b，c の満たす条件を求めよ。

思考のプロセス

«ReAction　$y=f(x)$ の逆関数は，値域を求めて x について解け ◀例題 9

条件の言い換え

連続関数 $y=f(x)$ が逆関数をもつ。
⟹ $y=f(x)$ が単調増加（減少）する。（図 1）

❗ $y=f(x)$ が単調増加（減少）しない場合（図 2）
$x=f(y)$ を y について解いた $y=g(x)$ は関数にならない。
→ 1 つの x の値に対して y の値が複数定まる。

図 1
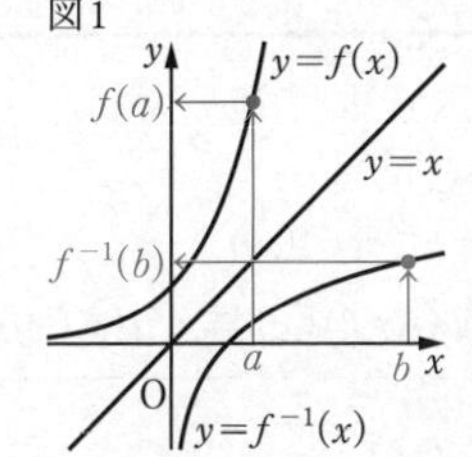

図 2
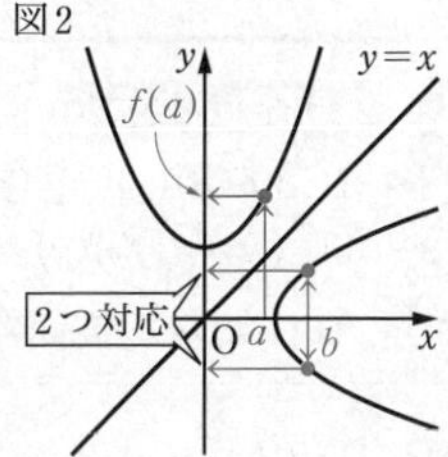

解 $y=\dfrac{ax+b}{x-c}$ …① を変形すると　$y=\dfrac{b+ac}{x-c}+a$

逆関数をもつためには　$b+ac\neq 0$　…②

このとき，① は分数関数となり，その値域は　$y\neq a$

例題 9　ここで，① より　$y(x-c)=ax+b$

$(y-a)x=cy+b$ であり，$y\neq a$ より　$x=\dfrac{cy+b}{y-a}$

x と y を入れかえると，求める逆関数は　$\boldsymbol{y=\dfrac{cx+b}{x-a}}$

これがもとの関数と一致するとき　$\dfrac{ax+b}{x-c}=\dfrac{cx+b}{x-a}$

分母の x の係数がともに 1 であるから，他の係数を比較すると　$a=c$，$b=b$，$-c=-a$　…③

したがって，a，b，c の満たすべき条件は，②，③ より

$\boldsymbol{a=c}$ **かつ** $\boldsymbol{b+ac\neq 0}$

◀ $b+ac=0$ のとき $y=a$（定数関数）となり，逆関数をもたない。

◀ $y\neq a$ より　$y-a\neq 0$

◀ ❗ $\dfrac{ax+b}{cx+d}=\dfrac{a'x+b'}{c'x+d'}$ が恒等式のとき，a と a'，b と b'，c と c'，d と d' のいずれか 1 組が一致すれば，他の組も一致する。Point 参照。

Point...分数式の恒等式

a，b，c，d が 0 でないとき

$$\frac{ax+b}{cx+d}=\frac{a'x+b'}{c'x+d'} \text{ が } x \text{ についての恒等式} \iff \underbrace{\frac{a'}{a}=\frac{b'}{b}=\frac{c'}{c}=\frac{d'}{d}}_{(*)}$$

例題 11 では，$\dfrac{c'}{c}=1$ より $\dfrac{a'}{a}=\dfrac{b'}{b}=\dfrac{d'}{d}=1$ となり　$a=a'$ かつ $b=b'$ かつ $d=d'$

❗ （＊）を「$a=a'$ かつ $b=b'$ かつ $c=c'$ かつ $d=d'$」とすると，⟹ は成り立たない。

例　$\dfrac{2x+3}{4x+5}=\dfrac{4x+6}{8x+10}$ は，各係数は異なるが恒等式である。

練習 11　関数 $y=ax+b$ が逆関数をもつとき，その逆関数を求めよ。また，その逆関数がもとの関数と一致するとき，定数 a，b の値を求めよ。

⇒p.35 問題11

頻出

例題 12 合成関数

★☆☆☆

$f(x)=\dfrac{2x+3}{x+1}$，$g(x)=x+2$，$h(x)=x^2$ とするとき，次の合成関数を求めよ。

(1) $(f\circ g)(x)$　　(2) $(g\circ f)(x)$　　(3) $(g\circ g^{-1})(x)$

(4) $(g^{-1}\circ g)(x)$　　(5) $(h\circ(g\circ f))(x)$　　(6) $((h\circ g)\circ f)(x)$

思考のプロセス

段階的に考える

(1) $(f\circ g)(x)=f(g(x))$

(5) $(h\circ(g\circ f))(x)=h((g\circ f)(x))$ ⟵ まず $(g\circ f)(x)$ を考える。

Action» 合成関数 $(g\circ f)(x)$ は，$g(f(x))$ を計算せよ

解 (1) $(f\circ g)(x)=f(g(x))$

$$=f(x+2)=\frac{2(x+2)+3}{(x+2)+1}=\boldsymbol{\frac{2x+7}{x+3}}$$

◀ $f(x)$ の x を $x+2$ に置き換える。

◀ $(f\circ g)(x)$ の定義域は $x\neq-3$ となる。

(2) $(g\circ f)(x)=g(f(x))$

$$=g\left(\frac{2x+3}{x+1}\right)=\frac{2x+3}{x+1}+2=\boldsymbol{\frac{4x+5}{x+1}}$$

◀ 一般に，$(f\circ g)(x)=(g\circ f)(x)$ は成り立たないことが分かる。

(3) $y=g(x)$ とおくと，$y=x+2$ より　$x=y-2$

x と y を入れかえると　$y=x-2$

よって　$g^{-1}(x)=x-2$

ゆえに　$(g\circ g^{-1})(x)=g(g^{-1}(x))=(x-2)+2=\boldsymbol{x}$

(4) $(g^{-1}\circ g)(x)=g^{-1}(g(x))=(x+2)-2=\boldsymbol{x}$

◀ (3)，(4) より $(g\circ g^{-1})(x)=x$，$(g^{-1}\circ g)(x)=x$

(5) $(h\circ(g\circ f))(x)=h((g\circ f)(x))$

$$=h\left(\frac{4x+5}{x+1}\right)=\boldsymbol{\left(\frac{4x+5}{x+1}\right)^2}$$

(6) $(h\circ g)(x)=h(g(x))=h(x+2)=(x+2)^2$ であるから

$$((h\circ g)\circ f)(x)=(h\circ g)(f(x))=(h\circ g)\left(\frac{2x+3}{x+1}\right)$$

$$=\left(\frac{2x+3}{x+1}+2\right)^2=\boldsymbol{\left(\frac{4x+5}{x+1}\right)^2}$$

◀ $(h\circ(g\circ f))(x)=((h\circ g)\circ f)(x)$ が成り立っている。

Point...合成関数の性質

関数 $f(x)$，$g(x)$，$h(x)$ において，**結合法則 $(h\circ(g\circ f))(x)=((h\circ g)\circ f)(x)$** が常に成り立つ。

一方，交換法則 $(f\circ g)(x)=(g\circ f)(x)$ は，一般には成り立たない。

また，一般に $(f\circ f^{-1})(x)=x$，$(f^{-1}\circ f)(x)=x$ が成り立つ。

練習 12 $f(x)=3^x$，$g(x)=\log_3|x|$，$h(x)=x^2$ とするとき，次の合成関数を求めよ。

(1) $g(3f(x))$　　(2) $f(3g(x))$　　(3) $(f\circ g)(x)$

(4) $(g\circ f)(x)$　　(5) $(h\circ(g\circ f))(x)$　　(6) $((h\circ g)\circ f)(x)$

➡p.35 問題12

例題 13　合成関数の応用

D ★★★☆

2 以上の定数 a に対して，$f(x)=(x+a)(x+2)$ とする。このとき，$f(f(x))>0$ がすべての実数 x に対して成り立つような a の値の範囲を求めよ。　（京都大）

思考のプロセス

条件の言い換え

すべての x に対して　$f(f(x))>0$

⟹ すべての x に対して　$(f(x)+a)(f(x)+2)>0$

⟹ すべての x に対して　$f(x)<-a$ または $-2<f(x)$

Action» 不等式 $f(f(x))>0$ は，$f(x)$ のとり得る値の範囲を考えよ

解　$f(f(x))>0$ …① とおくと　$(f(x)+a)(f(x)+2)>0$

(ア)　$a=2$ のとき

①は，$(f(x)+2)^2>0$ より　$\{(x+2)^2+2\}^2>0$

これはすべての実数 x に対して成り立つ。

◀ $a=2$ は題意を満たす。

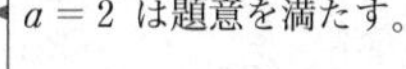

(イ)　$a>2$ のとき

すべての実数 x に対して①が成り立つための条件は，すべての実数 x に対して

$f(x)<-a$ …②　または　$-2<f(x)$ …③

が成り立つことである。

ただし，$f(x)$ は 2 次関数であるから，②，③のいずれか一方のみが成り立つ。

(i)　$y=f(x)$ のグラフは下に凸の放物線であるから，すべての実数 x に対して②となることはない。

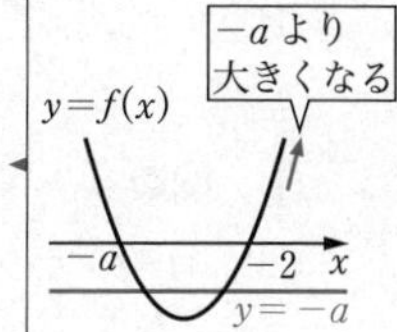

(ii)　すべての実数 x に対して③となるとき

③は　$-2<(x+a)(x+2)$

$x^2+(a+2)x+2(a+1)>0$　…④

④がすべての実数 x に対して成り立つための条件は，2 次方程式 $x^2+(a+2)x+2(a+1)=0$ の判別式を D とすると　$D<0$　…⑤

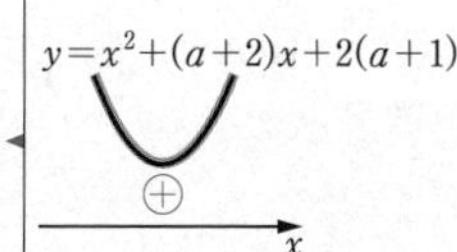

$D=(a+2)^2-4\cdot2(a+1)=a^2-4a-4$

$a^2-4a-4=0$ を解くと　$a=2\pm2\sqrt{2}$

よって，$a>2$ より，⑤の解は

$2<a<2+2\sqrt{2}$

◀ $a^2-4a-4<0$ の解は $2-2\sqrt{2}<a<2+2\sqrt{2}$

(ア)，(イ)より，求める a の値の範囲は

$$2\leqq a<2+2\sqrt{2}$$

練習 13　定数 a に対して，$f(x)=x^2-2ax+a^2-1$，$g(x)=x^2+2ax+3a+4$ とする。このとき，$f(g(x))>0$ がすべての実数 x に対して成り立つような a の値の範囲を求めよ。

➡p.35 問題13

関数

▶▶解答編 p.8

1
★☆☆☆
関数 $y=\dfrac{4x+3}{2-3x}$ のグラフをかけ。

2
★☆☆☆
漸近線の1つが直線 $y=2$ であり，2点 $(0,\ -1)$，$\left(1,\ \dfrac{1}{2}\right)$ を通る直角双曲線をグラフにもつ関数 $y=f(x)$ について
(1) $f(x)$ を求めよ。
(2) $f(x)$ の定義域が次のとき，それぞれ値域を求めよ。
(ア) $x \leqq -2$　　(イ) $-2<x<0$　　(ウ) $x \geqq 0$

3
★★☆☆
次の方程式，不等式を解け。
(1) $\dfrac{2x-4}{x-1}=2-x$　　(2) $\dfrac{2x-4}{x-1} \geqq 2-x$

4
★★☆☆
関数 $y=\dfrac{1}{x-k}+2$ のグラフと直線 $y=-x-1$ が共有点をもつような定数 k の値の範囲を求めよ。

5
★☆☆☆
次の関数のグラフをかけ。
(1) $y=\sqrt{|x-2|}$ $(-4 \leqq x \leqq 4)$　　(2) $y=-\sqrt{x+4}+2$ $(-4 \leqq x \leqq 12)$

6
★★☆☆
(1) 関数 $y=|x|-1$ および $y=\sqrt{7-x}$ のグラフをかけ。
(2) (1)のグラフを利用して，不等式 $\sqrt{7-x}>|x|-1$ を解け。

7
★★☆☆
曲線 $y=-\sqrt{3x+3}$ …① と直線 $y=ax-2$ …② の共有点の個数を求めよ。

8
★★☆☆
次の方程式を解け。
(1) $\dfrac{x-1}{x+1}+\dfrac{x-5}{x-7}=\dfrac{x+1}{x+3}+\dfrac{x-3}{x-5}$　　(2) $x+1=\sqrt{x+5+4\sqrt{x+1}}$

9
★☆☆☆
次の関数の逆関数を求めよ。
(1) $y=\dfrac{x}{2}-\dfrac{1}{x}$ $(x>0)$　　(2) $y=\dfrac{2^x-2^{-x}}{2}$

10
★★☆☆
$f(x)=2\sqrt{-x+4}$ とする。
(1) $y=f(x)$ と $y=f^{-1}(x)$ のグラフの共有点の x 座標を求めよ。
(2) 不等式 $f(x)>f^{-1}(x)$ を解け。

11 ★★★☆ 関数 $y=\dfrac{ax+b}{cx+d}$ が逆関数をもつとき，その逆関数を求めよ。また，その逆関数がもとの関数と一致するとき，定数 a，b，c，d の満たすべき条件を求めよ。

12 ★★☆☆ 関数 $f(x)=\dfrac{3x-1}{2x+1}$ と $g(x)=\dfrac{ax+1}{bx+c}$ の合成関数 $(f\circ g)(x)$ は $(f\circ g)(x)=x$ を満たしている。

(1) 定数 a，b，c の値を求めよ。

(2) 合成関数 $(g\circ f)(x)$，$(g\circ g)(x)$ を求めよ。 （東京都市大）

13 ★★★☆ a，b を定数とする。$f(x)=\dfrac{ax+b}{x^2+x+1}$，$g(x)=x^3-2x^2-x+2$ とする。すべての実数 x で $g(f(x))\geqq 0$ が成り立つような点 $(a,\ b)$ の範囲を図示せよ。

（京都大）

本質を問う 1

▶▶解答編 p.17

1 「A，B が実数のとき，$\sqrt{A}=B \iff A=B^2$ かつ ☐」の ☐ に当てはまる式について，太郎さんは

「根号の中身は負にならないから　　$A\geqq 0$

よって　　$\sqrt{A}=B \iff A=B^2$ かつ $A\geqq 0$」

と考えた。太郎さんの考えは正しいかどうか述べよ。また，正しくない場合は，☐ に当てはまる正しい式を述べよ。

◀p.25 Play Back 1

2 (1) 「$f(x)=\sqrt{-x+1}$ とするとき，$y=f(x)$ と $y=f^{-1}(x)$ のグラフの共有点の x 座標をすべて求めよ」を太郎さんは

> $y=f(x)$ と $y=f^{-1}(x)$ のグラフの共有点は直線 $y=x$ 上にあるから
>
> $\sqrt{-x+1}=x \iff -x+1=x^2$ かつ $x\geqq 0$
>
> よって　　$x=\dfrac{-1+\sqrt{5}}{2}$

と答えて誤りであった。その理由を説明せよ。また，正しい答えを求めよ。

(2) $y=f(x)$ と $y=f^{-1}(x)$ のグラフの共有点のうち，直線 $y=x$ 上にない点が存在するとき，その点を $(a,\ f(a))$ とおくと $f(f(a))=a$ が成り立つことを説明せよ。

◀p.18 概要3

3 $f(x)=\dfrac{2x+1}{x-2}$，$g(x)=\dfrac{x+4}{2x+1}$ とするとき，$(f\circ g)(x)$ を求めよ。 ◀p.18 4

Let's Try! 1

▶▶解答編 p.18

① 分数関数 $y=\dfrac{3x-2}{x-1}$ のグラフは，$y=\dfrac{1}{x}$ のグラフを x 軸の正の向きに $\square$，y 軸の正の向きに $\square$ だけ平行移動して得られる。 （神奈川工科大） ◀例題1

② 次の方程式，不等式を解け。

(1) $\dfrac{2x-4}{x-1}=2-x$

(2) $\sqrt{2x-3}=x-3$

(3) $x^2=3-\sqrt{3+x}$ （甲南大）

(4) $\dfrac{4}{x+1}\leqq x-2$

(5) $\sqrt{5+x}+\sqrt{5-x}\leqq 2\sqrt{x}$

(6) $\sqrt{2x-x^2}>x-1$ （関西大）

◀例題3，6，8

③ $f(x)=1+\dfrac{1}{x-1}$ $(x\neq 1)$ とする。

(1) $f(f(x))$ を x の式で表せ。

(2) 方程式 $f(f(x))=f(x)$ を満たす x の値を求めよ。 （愛知工業大　改）

◀例題3，12

④ a を正の定数とする。関数 $f(x)$ を

$$f(x)=\sqrt{x-a}-a$$

とするとき，この $f(x)$ の逆関数 $f^{-1}(x)$ を求めれば，$f^{-1}(x)=$ $\boxed{\text{(a)}}$ である。$y=f(x)$ と $y=f^{-1}(x)$ のグラフについて，これら2つのグラフに対する対称軸を示す直線の方程式は $\boxed{\text{(b)}}$ で，$y=f(x)$ と $y=f^{-1}(x)$ のグラフがただ1つの共有点をもつときの a の値は $a=$ $\boxed{\text{(c)}}$ となり，その共有点の座標は $\boxed{\text{(d)}}$ である。 （明治薬科大） ◀例題9，10

⑤ $f(x)=\dfrac{x-1}{x+1}$ $(x\neq -1,\ 0,\ 1)$ について $f_1(x)=f(x)$，$f_{n+1}(x)=f(f_n(x))$ とする。

次の問に答えよ。ただし，n は自然数とする。

(1) $f_2(x)$，$f_3(x)$ を求めよ。

(2) 逆関数 $f^{-1}(x)$ を求めよ。

(3) $n=4,\ 5,\ 6,\ \cdots$ に対して $f_n(x)$ を調べよ。 （大阪医科薬科大）

◀例題12

まとめ 2 数列の極限

1 数列の収束と極限値

無限数列 $\{a_n\}$ において，n が限りなく大きくなるにつれて，a_n が一定の値 α に限りなく近づくとき，数列 $\{a_n\}$ は α に **収束** するといい，α を数列 $\{a_n\}$ の **極限値** という。数列 $\{a_n\}$ の極限値が α であるとき，次のように書く。

$\displaystyle\lim_{n\to\infty} a_n = \alpha$　または　$n\to\infty$ **のとき** $a_n \to \alpha$　⬅ 記号 ∞ は“無限大”と読む。

概要

1 数列の収束と極限値

・lim は，極限を表す limit に由来する記号である。

・収束する数列

例　数列 $\left\{\left(\dfrac{1}{2}\right)^{n-1}\right\}$，すなわち数列 $1,\ \dfrac{1}{2},\ \dfrac{1}{4},\ \dfrac{1}{8},\ \dfrac{1}{16},\ \cdots$ では，n が限りなく大きくなるとき，第 n 項は限りなく 0 に近づく。

よって，数列 $\left\{\left(\dfrac{1}{2}\right)^{n-1}\right\}$ は 0 に収束する。すなわち　$\displaystyle\lim_{n\to\infty}\left(\frac{1}{2}\right)^{n-1} = 0$

・不定形

例えば，$\displaystyle\lim_{n\to\infty} a_n = 0$，$\displaystyle\lim_{n\to\infty} b_n = 0$ のとき，$\displaystyle\lim_{n\to\infty}\frac{a_n}{b_n}$ は形式的に $\dfrac{0}{0}$ と表すことができるが，このままでは極限を調べることができない。このような極限を **不定形** という。

同様に，形式的に $\infty-\infty$，$\dfrac{\infty}{\infty}$，$0\times\infty$ のように表される極限は不定形である。

不定形の極限では，約分や有理化などによって不定形が解消され，極限を調べることができるようになるものもある。

・記号 ∞

記号 ∞ は，ある値を表すものではないことに注意する。そのため，$\infty+\infty$，$\infty-\infty$，$\dfrac{\infty}{\infty}$，$\infty\times 0$，$\infty\times$(定数) などの ∞ を含む四則計算は定義されていないから，解答には書かないように注意する。

・不定形 ∞−∞ となる数列の極限

$\infty-\infty$ の形になる数列の極限が不定形とよばれる理由は，その極限として実際に様々な場合が起こり得るからである（他の不定形も同様）。

次の (1)〜(3) は，いずれも $\displaystyle\lim_{n\to\infty} a_n = \infty$，$\displaystyle\lim_{n\to\infty} b_n = \infty$ であり，数列 $\{a_n - b_n\}$ の極限は不定形 $\infty-\infty$ であるが，極限は様々である。

(1)　$a_n = n+1$，$b_n = n$ のとき

$\displaystyle\lim_{n\to\infty}(a_n-b_n) = \lim_{n\to\infty}\{(n+1)-n\} = \lim_{n\to\infty}1 = 1$　(収束する)

(2)　$a_n = 2n$，$b_n = n$ のとき

$\displaystyle\lim_{n\to\infty}(a_n-b_n) = \lim_{n\to\infty}(2n-n) = \lim_{n\to\infty}n = \infty$　(正の無限大に発散)

(3)　$a_n = n$，$b_n = 2n$ のとき

$\displaystyle\lim_{n\to\infty}(a_n-b_n) = \lim_{n\to\infty}(n-2n) = \lim_{n\to\infty}(-n) = -\infty$　(負の無限大に発散)

② 数列の発散

(1) 数列 $\{a_n\}$ が収束しないとき，$\{a_n\}$ は **発散** するという。

(ア) n を限りなく大きくすると，a_n が限りなく大きくなるとき，
数列 $\{a_n\}$ は **正の無限大に発散する** といい，次のように書く。

$$\lim_{n\to\infty} a_n = \infty \quad \text{または} \quad n \to \infty \text{ のとき } a_n \to \infty$$

(イ) n を限りなく大きくすると，a_n が負でその絶対値 $|a_n|$ が限りなく大きくなるとき，数列 $\{a_n\}$ は **負の無限大に発散する** といい，次のように書く。

$$\lim_{n\to\infty} a_n = -\infty \quad \text{または} \quad n \to \infty \text{ のとき } a_n \to -\infty$$

(ウ) 数列が，収束もしないし，正の無限大にも負の無限大にも発散しないとき，数列は **振動する** という。

(2) 数列の収束と発散をまとめると，次のようになる。

収束　$\lim_{n\to\infty} a_n = \alpha$　（一定の値 α に収束）… 極限値がある

発散
- $\lim_{n\to\infty} a_n = \infty$　（正の無限大に発散）
- $\lim_{n\to\infty} a_n = -\infty$　（負の無限大に発散）
- 振動　（極限はない）

③ 極限値と四則計算

数列 $\{a_n\}$，$\{b_n\}$ が収束して，$\lim_{n\to\infty} a_n = \alpha$，$\lim_{n\to\infty} b_n = \beta$ のとき

(1) $\lim_{n\to\infty} ka_n = k\alpha$　（k は定数）

(2) $\lim_{n\to\infty}(a_n + b_n) = \alpha + \beta$，　$\lim_{n\to\infty}(a_n - b_n) = \alpha - \beta$

(3) $\lim_{n\to\infty} a_n b_n = \alpha\beta$，　$\lim_{n\to\infty} \dfrac{a_n}{b_n} = \dfrac{\alpha}{\beta}$　（ただし，$\beta \neq 0$）

④ 数列の極限と大小関係

(1) 数列 $\{a_n\}$，$\{b_n\}$ において，$a_n \leqq b_n$（$n = 1, 2, 3, \cdots$）のとき

$$\lim_{n\to\infty} a_n = \alpha,\ \lim_{n\to\infty} b_n = \beta \quad \text{ならば} \quad \alpha \leqq \beta$$

! $a_n < b_n$ であっても，$\alpha < \beta$ とは限らず，$\alpha = \beta$ となる場合がある。

(2) 数列 $\{a_n\}$，$\{b_n\}$ において，$a_n \leqq b_n$（$n = 1, 2, 3, \cdots$）のとき

(ア) $\lim_{n\to\infty} a_n = \infty$　ならば　$\lim_{n\to\infty} b_n = \infty$

(イ) $\lim_{n\to\infty} b_n = -\infty$　ならば　$\lim_{n\to\infty} a_n = -\infty$

(3) **はさみうちの原理**

数列 $\{a_n\}$，$\{b_n\}$，$\{c_n\}$ において

$$a_n \leqq b_n \leqq c_n \ (n = 1, 2, 3, \cdots),\ \lim_{n\to\infty} a_n = \lim_{n\to\infty} c_n = \alpha$$

ならば，$\{b_n\}$ も収束し　$\lim_{n\to\infty} b_n = \alpha$

概要

2 数列の発散

・発散する数列

例 (1) 正の無限大に発散

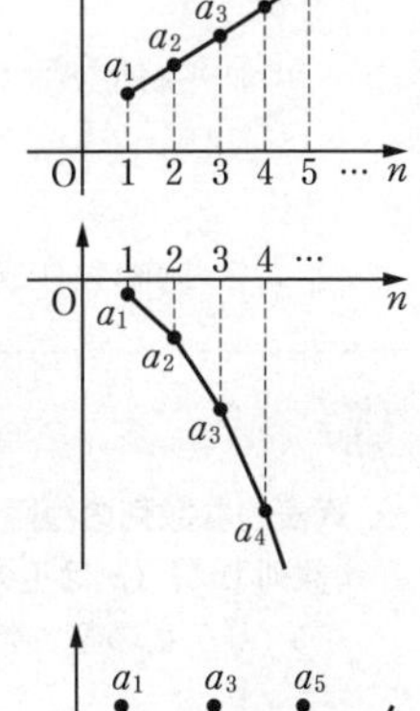

数列 $\{n+1\}$，すなわち数列 2，3，4，5，・・・ では，n が限りなく大きくなるとき，第 n 項は限りなく大きくなる。
よって，数列 $\{n+1\}$ は正の無限大に発散する。
すなわち　$\lim_{n\to\infty}(n+1)=\infty$

(2) 負の無限大に発散
数列 $\{-n^2\}$，すなわち数列 -1，-4，-9，-16，・・・ では，n が限りなく大きくなるとき，第 n 項は負の値をとりながらその絶対値は限りなく大きくなる。
よって，数列 $\{-n^2\}$ は負の無限大に発散する。
すなわち　$\lim_{n\to\infty}(-n^2)=-\infty$

(3) 振動する数列

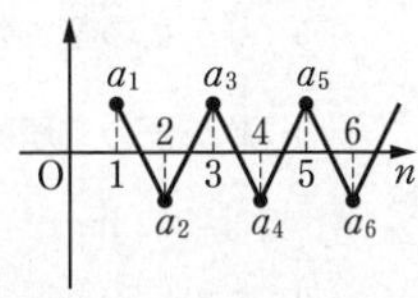

数列 $\{(-1)^{n-1}\}$，すなわち数列 1，-1，1，-1，・・・ は，収束しない（発散する）。
また，正の無限大にも，負の無限大にも発散しない。
よって，この数列は振動する。

・極限と極限値の違い

上でも述べたように，記号 ∞ はある値を表すものではない。
そのため，例えば $\lim_{n\to\infty}a_n=\infty$ のとき，数列 $\{a_n\}$ の極限値は存在しない。

! $\lim_{n\to\infty}a_n=\infty$，$-\infty$ のとき，これを極限値とはいわず，数列 $\{a_n\}$ の極限はそれぞれ正の無限大，負の無限大ということがある。

4 数列の極限と大小関係

・数列の極限と大小関係 (1) において，$a_n<b_n$ であるが，$\alpha=\beta$ となる例

例 $a_n=1-\dfrac{1}{n}$，$b_n=1+\dfrac{1}{n}$ のとき，

$b_n-a_n=\dfrac{2}{n}>0$ より　$a_n<b_n$

ところが，$\lim_{n\to\infty}a_n=1$，$\lim_{n\to\infty}b_n=1$ となり，極限値は等しい。

・数列の極限と大小関係 (2)

この性質は，数列の極限と大小関係 (3) のはさみうちの原理に対して，**追い出しの原理** とよばれることがある。

・数列の極限と大小関係 (3)（はさみうちの原理）

前ページでは，仮定として $a_n\leqq b_n\leqq c_n$ の場合を挙げたが，これが $a_n<b_n<c_n$ の場合でも同様の結果となる。はさみうちの原理は，直接求めにくい極限値を求めるときに有効である。例題 19，20，25 参照。

[5] 代表的な数列の極限

(1)　数列 $\{n^k\}$ の極限　　k を正の定数とするとき　　$\lim_{n\to\infty} n^k = \infty$, $\lim_{n\to\infty} \frac{1}{n^k} = 0$

(2)　無限等比数列

(ア)　数列 $\{r^n\}$ の極限 $\begin{cases} r > 1 \text{ のとき} & \lim_{n\to\infty} r^n = \infty \\ r = 1 \text{ のとき} & \lim_{n\to\infty} r^n = 1 \\ |r| < 1 \text{ のとき} & \lim_{n\to\infty} r^n = 0 \\ r \leqq -1 \text{ のとき} & \{r^n\} \text{ は振動し, } \lim_{n\to\infty} r^n \text{ は存在しない。} \end{cases}$

(イ)　**無限等比数列 $\{r^n\}$ が収束** する $\iff$ $-1 < r \leqq 1$

概要

[5] 代表的な数列の極限

・**数列 $\{n^k\}$（k は正の定数）の極限**

(ア)　k が正の整数のとき，明らかに　　$\lim_{n\to\infty} n^k = \infty$

(イ)　k が正の有理数のとき，$k = \frac{q}{p}$（p, q は正の整数）とすると　　$n^k = n^{\frac{q}{p}} = \sqrt[p]{n^q}$

(ア) より，$\lim_{n\to\infty} n^q = \infty$ であるから　　$\lim_{n\to\infty} \sqrt[p]{n^q} = \infty$　すなわち　$\lim_{n\to\infty} n^k = \infty$

(ウ)　k が正の無理数のとき

k に対して，$l < k$ となる正の有理数 l をとると　　$n^l < n^k$

(イ) より $\lim_{n\to\infty} n^l = \infty$ であり，[4] の数列の極限と大小関係 (2) より　　$\lim_{n\to\infty} n^k = \infty$

(ア)〜(ウ) より，正の定数 k に対して　　$\lim_{n\to\infty} n^k = \infty$

・**数列 $\left\{\frac{1}{n^k}\right\}$（$k$ は正の定数）の極限**　　上記より，$\lim_{n\to\infty} n^k = \infty$ であるから　　$\lim_{n\to\infty} \frac{1}{n^k} = 0$

・**無限等比数列 $\{r^n\}$ の極限**

(ア)　$r > 1$ のとき　　$r = 1 + h$ とおくと，$h > 0$ であり　　$r^n = (1+h)^n$

二項定理により　　$(1+h)^n = {}_nC_0 + {}_nC_1 h + {}_nC_2 h^2 + \cdots + {}_nC_n h^n$

$$= 1 + nh + \frac{n(n-1)}{2} h^2 + \cdots + h^n \geqq 1 + nh$$

$h > 0$ より，$\lim_{n\to\infty} nh = \infty$ であるから　　$\lim_{n\to\infty} (1+h)^n = \infty$　すなわち　$\lim_{n\to\infty} r^n = \infty$

(イ)　$r = 1$ のとき，すべての n に対して $r^n = 1$ であるから　　$\lim_{n\to\infty} r^n = 1$

(ウ)　$|r| < 1$ のとき

(i)　$0 < r < 1$ のとき，$\frac{1}{r} > 1$ であるから，(ア) より　　$\lim_{n\to\infty} \frac{1}{r^n} = \lim_{n\to\infty} \left(\frac{1}{r}\right)^n = \infty$

よって　　$\lim_{n\to\infty} r^n = 0$

(ii)　$r = 0$ のとき，すべての n に対して $r^n = 0$ であるから　　$\lim_{n\to\infty} r^n = 0$

(iii)　$-1 < r < 0$ ならば $0 < |r| < 1$ であるから　　$\lim_{n\to\infty} |r^n| = \lim_{n\to\infty} |r|^n = 0$

よって　　$\lim_{n\to\infty} r^n = 0$

(エ)　$r \leqq -1$ のとき

(i)　$r = -1$ のとき，数列 $\{r^n\}$ は振動する。

(ii)　$r < -1$ のとき，(ア) より $\lim_{n\to\infty} |r^n| = \infty$ となるが，項の符号は交互に変わるから，数列 $\{r^n\}$ は振動する。

頻出

例題 14　数列の極限〔1〕

★☆☆☆

次の極限を調べよ。

(1) $\lim_{n\to\infty}\frac{n^2+1}{(n+1)^2}$　　(2) $\lim_{n\to\infty}\frac{n^2+1}{n+1}$

(3) $\lim_{n\to\infty}\frac{\sqrt{n^2+1}}{n+1}$　　(4) $\lim_{n\to\infty}\frac{1^2+2^2+3^2+\cdots+(n-1)^2}{n^3}$

思考のプロセス

(1)〜(4)　$n\to\infty$ のとき，(分子)$\to\infty$，(分母)$\to\infty$ より $\frac{\infty}{\infty}$ の形（不定形）になる。

⟹ **次数を下げる**　$\frac{1}{n}\to 0$，$\frac{1}{n^2}\to 0$，$\frac{1}{\sqrt{n}}\to 0$ が使えるように与式を変形する。

(1) $\frac{n^2+1}{(n+1)^2}$ 2次式／2次式 ⟹ 分母・分子を □ で割る。

(2) $\frac{n^2+1}{n+1}$ 2次式／1次式

→ 分母・分子を n^2（2次式）で割ると（与式）$=\lim_{n\to\infty}\frac{1+\frac{1}{n^2}}{\frac{1}{n}+\frac{1}{n^2}}$ ⟵ 分母が0になってしまう。（$\frac{1}{n^2}\to 0$，$\frac{1}{n}\to 0$，$\frac{1}{n^2}\to 0$）

→ 分母・分子を n（1次式）で割ると（与式）$=\lim_{n\to\infty}\frac{n+\frac{1}{n}}{1+\frac{1}{n}}=\cdots$

Action» 不定形 $\frac{\infty}{\infty}$ の極限は，分母の最高次の項で分母・分子を割れ

(3)　(分子) $=\sqrt{2\text{次式}}$ ⟵ 1次式と見なす

(4)　まず，(分子) $=1^2+2^2+3^2+\cdots+(n-1)^2$ を計算する。

解 (1)　(与式) $=\lim_{n\to\infty}\frac{1+\frac{1}{n^2}}{\frac{(n+1)^2}{n^2}}=\lim_{n\to\infty}\frac{1+\frac{1}{n^2}}{\left(1+\frac{1}{n}\right)^2}=\mathbf{1}$

◀ $\frac{(n+1)^2}{n^2}=\left(\frac{n+1}{n}\right)^2$　与式の分母を展開してもよい。

(2)　(与式) $=\lim_{n\to\infty}\frac{n+\frac{1}{n}}{1+\frac{1}{n}}=\boldsymbol{\infty}$

◀ 分母の最高次の項 n で分母・分子を割る。

(3)　(与式) $=\lim_{n\to\infty}\frac{\frac{\sqrt{n^2+1}}{n}}{1+\frac{1}{n}}=\lim_{n\to\infty}\frac{\sqrt{1+\frac{1}{n^2}}}{1+\frac{1}{n}}=\mathbf{1}$

◀ $n>0$ より　$n=\sqrt{n^2}$
$\frac{\sqrt{n^2+1}}{n}=\frac{\sqrt{n^2+1}}{\sqrt{n^2}}=\sqrt{\frac{n^2+1}{n^2}}$

(4)　(与式) $=\lim_{n\to\infty}\frac{\frac{1}{6}(n-1)n(2n-1)}{n^3}$

$=\lim_{n\to\infty}\frac{1}{6}\left(1-\frac{1}{n}\right)\left(2-\frac{1}{n}\right)=\mathbf{\frac{1}{3}}$

◀ (分子) $=\sum_{k=1}^{n-1}k^2=\frac{1}{6}(n-1)n(2n-1)$

練習 14　次の極限を調べよ。

(1) $\lim_{n\to\infty}\frac{(n+1)(n+3)}{(n+2)^2}$　(2) $\lim_{n\to\infty}\frac{n}{\sqrt{n+2}}$　(3) $\lim_{n\to\infty}\frac{1^2+2^2+\cdots+(n+1)^2}{(n+1)^3}$

⇒p.65 問題14

例題 15　数列の極限〔2〕　★☆☆☆

次の数列の極限を調べよ。

(1) $\{n^2-5n\}$　　　(2) $\left\{\dfrac{(-1)^n n-1}{3n+1}\right\}$

思考のプロセス

(1) $n\to\infty$ のとき，$\infty-\infty$（不定形）となる。 ⟵ ❗ $\infty-\infty=0$ としてはいけない。

⟹ $\infty\times$(定数)，$\dfrac{\infty}{(\text{定数})}$ などの形になるように変形する。

(2) $\left(\begin{array}{l}(-1)^n \text{ を含むから，}\\ n\to\infty \text{ を考えにくい}\end{array}\right)$ ⟹ $(-1)^n=\begin{cases}1 & (n:\text{偶数})\cdots(ア)\\ -1 & (n:\text{奇数})\cdots(イ)\end{cases}$　**場合に分ける**

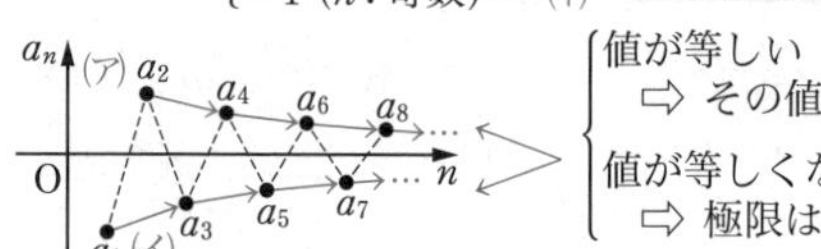

値が等しい
⇨ その値が $\lim\limits_{n\to\infty}a_n$
値が等しくない
⇨ 極限は存在しない。

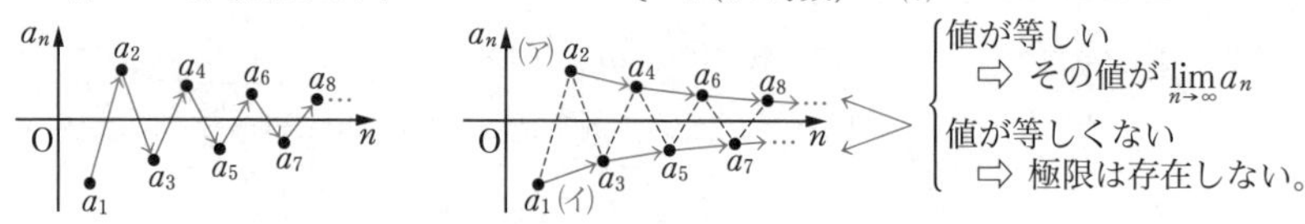

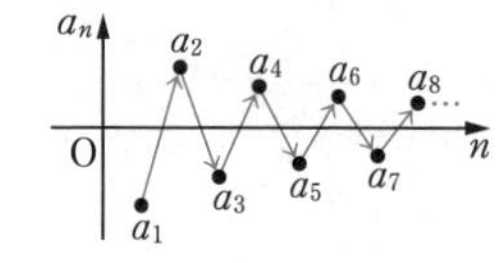

Action» 数列の極限は，$\lim\limits_{n\to\infty}\dfrac{1}{n}=0$ を利用せよ

解 (1) $n^2-5n=n^2\left(1-\dfrac{5}{n}\right)$

◀ 不定形 $\infty-\infty$ の極限は，最高次の項でくくる。

ここで，$n\to\infty$ のとき　$n^2\to\infty$，$1-\dfrac{5}{n}\to1$

よって　$\lim\limits_{n\to\infty}(n^2-5n)=\lim\limits_{n\to\infty}n^2\left(1-\dfrac{5}{n}\right)=\infty$

(2) (ア) $n=2m$（m は自然数）のとき

◀ m は自然数とする。

◀ $(-1)^n=\begin{cases}1 & (n=2m)\\ -1 & (n=2m-1)\end{cases}$

$n\to\infty$ のとき $m\to\infty$ となり

$$\lim_{n\to\infty}\frac{(-1)^n n-1}{3n+1}=\lim_{m\to\infty}\frac{(-1)^{2m}\cdot2m-1}{6m+1}$$

$$=\lim_{m\to\infty}\frac{2m-1}{6m+1}=\lim_{m\to\infty}\frac{2-\frac{1}{m}}{6+\frac{1}{m}}=\frac{1}{3}$$

(イ) $n=2m-1$（m は自然数）のとき

$n\to\infty$ のとき $m\to\infty$ となり

$$\lim_{n\to\infty}\frac{(-1)^n n-1}{3n+1}=\lim_{m\to\infty}\frac{(-1)^{2m-1}(2m-1)-1}{3(2m-1)+1}$$

$$=\lim_{m\to\infty}\frac{-2m}{6m-2}=\lim_{m\to\infty}\frac{-2}{6-\frac{2}{m}}=-\frac{1}{3}$$

(ア)，(イ) より，**極限は存在しない。**

◀ この数列は振動する。

練習 15 次の数列の極限を調べよ。

(1) $\{\sqrt{n}-n\}$　　(2) $\left\{n-\dfrac{1+2+\cdots+n}{n+2}\right\}$　　(3) $\left\{\dfrac{(-1)^n n-1}{2n+(-1)^n}\right\}$

➡ p.65 問題15

頻出

例題 16 数列の極限〔3〕

★★☆☆

次の極限値を求めよ。

(1) $\displaystyle\lim_{n\to\infty}(\sqrt{n^2+3n+2}-n)$ (2) $\displaystyle\lim_{n\to\infty}\frac{\sqrt{n+3}-\sqrt{n+1}}{\sqrt{n}-\sqrt{n-1}}$

思考のプロセス

(1) $\sqrt{n^2+3n+2}-n \Longrightarrow$ 不定形 $\infty-\infty$

→ 例題 15 のように $n\left(\sqrt{1+\frac{3}{n}+\frac{2}{n^2}}-1\right) \Longrightarrow$ 不定形 $\infty\times 0$ となってしまう。（$n\to\infty$，根号内 $\to 1$）

→ **有理化を考える。**

$$\frac{(\sqrt{n^2+3n+2}-n)(\sqrt{n^2+3n+2}+n)}{\sqrt{n^2+3n+2}+n}=\frac{3n+2}{\sqrt{n^2+3n+2}+n}$$

（分子 $\to\infty$，分母 $\to\infty$）

$\Longrightarrow$ 不定形 $\dfrac{\infty}{\infty}$ となる。**既知の問題に帰着**

→ 例題 14 参照

(2) 分母も分子も $\infty-\infty$ の形

Action» $\{\sqrt{a_n}-\sqrt{b_n}\}$ の極限は，分母または分子を有理化せよ

解 (1) (与式) $\displaystyle=\lim_{n\to\infty}\frac{(\sqrt{n^2+3n+2}-n)(\sqrt{n^2+3n+2}+n)}{\sqrt{n^2+3n+2}+n}$

$\displaystyle=\lim_{n\to\infty}\frac{(n^2+3n+2)-n^2}{\sqrt{n^2+3n+2}+n}$

$\displaystyle=\lim_{n\to\infty}\frac{3n+2}{\sqrt{n^2+3n+2}+n}$

$\displaystyle=\lim_{n\to\infty}\frac{3+\frac{2}{n}}{\sqrt{1+\frac{3}{n}+\frac{2}{n^2}}+1}=\frac{3}{2}$

◀不定形 $\infty-\infty$ である。

◀$\sqrt{a}-\sqrt{b}=\dfrac{(\sqrt{a}-\sqrt{b})(\sqrt{a}+\sqrt{b})}{\sqrt{a}+\sqrt{b}}$

例題 14

◀分母・分子を n で割る。

(2) (与式)

$\displaystyle=\lim_{n\to\infty}\frac{(\sqrt{n+3}-\sqrt{n+1})(\sqrt{n+3}+\sqrt{n+1})(\sqrt{n}+\sqrt{n-1})}{(\sqrt{n}-\sqrt{n-1})(\sqrt{n}+\sqrt{n-1})(\sqrt{n+3}+\sqrt{n+1})}$

$\displaystyle=\lim_{n\to\infty}\frac{2(\sqrt{n}+\sqrt{n-1})}{\sqrt{n+3}+\sqrt{n+1}}$

$\displaystyle=\lim_{n\to\infty}\frac{2\left(1+\sqrt{1-\frac{1}{n}}\right)}{\sqrt{1+\frac{3}{n}}+\sqrt{1+\frac{1}{n}}}=2$

◀$\dfrac{\sqrt{a}-\sqrt{b}}{\sqrt{c}-\sqrt{d}}=\dfrac{(\sqrt{a}-\sqrt{b})(\sqrt{a}+\sqrt{b})(\sqrt{c}+\sqrt{d})}{(\sqrt{c}-\sqrt{d})(\sqrt{c}+\sqrt{d})(\sqrt{a}+\sqrt{b})}$ として，分母・分子の不定形を解消する。

例題 14

◀分母・分子を $\sqrt{n}$ で割る。

練習 16 次の極限値を求めよ。

(1) $\displaystyle\lim_{n\to\infty}\sqrt{n+1}(\sqrt{n+1}-\sqrt{n})$ (2) $\displaystyle\lim_{n\to\infty}\frac{\sqrt{n+1}-\sqrt{n-1}}{\sqrt{n+2}-\sqrt{n}}$

⇒p.65 問題16

例題 17　数列の極限の性質〔1〕　★★☆☆

数列 $\{a_n\}$, $\{b_n\}$ において，次の命題の真偽をいえ。

(1) $\lim_{n\to\infty}(a_n-b_n)=0$, $\lim_{n\to\infty}a_n=\alpha$ ならば $\lim_{n\to\infty}b_n=\alpha$

(2) $\{a_nb_n\}$, $\{a_n\}$ がともに収束するならば，$\{b_n\}$ も収束する。

(3) $\lim_{n\to\infty}(a_{n+1}-a_n)=0$ ならば $\{a_n\}$ は収束する。

思考のプロセス

式を分ける

数列 $\{a_n\}$, $\{b_n\}$ が**収束するならば**

$\lim_{n\to\infty}(a_n+b_n)=\lim_{n\to\infty}a_n+\lim_{n\to\infty}b_n$,　$\lim_{n\to\infty}a_nb_n=\left(\lim_{n\to\infty}a_n\right)\left(\lim_{n\to\infty}b_n\right)$

(1) 誤 $\lim_{n\to\infty}(a_n-b_n)=0$ より $\lim_{n\to\infty}a_n-\lim_{n\to\infty}b_n=0$

誤り

← $\lim_{n\to\infty}b_n$ が収束するとは限らないから，誤り。

(2) 誤 $\lim_{n\to\infty}b_n=\lim_{n\to\infty}\dfrac{a_nb_n}{a_n}=\dfrac{\beta}{\alpha}$ ←― α，β がどのような数でも成り立つか？

(3) 反例として，$\lim_{n\to\infty}(a_{n+1}-a_n)=0$ であるが $\lim_{n\to\infty}a_n=\infty$ となる $\{a_n\}$を考える。

不定形 $\infty-\infty$ で 0 に収束

Action» 数列の収束の判定は，収束する数列の和・差・積・商を考えよ

解 (1) $\lim_{n\to\infty}b_n=\lim_{n\to\infty}\{a_n-(a_n-b_n)\}=\lim_{n\to\infty}a_n-\lim_{n\to\infty}(a_n-b_n)$

$=\alpha-0=\alpha$

したがって，この命題は **真** である。

(2) $a_n=\dfrac{1}{n}$，$b_n=n$ とすると

$$\lim_{n\to\infty}a_nb_n=\lim_{n\to\infty}\left(\frac{1}{n}\cdot n\right)=1,\qquad \lim_{n\to\infty}a_n=\lim_{n\to\infty}\frac{1}{n}=0$$

よって，数列 $\{a_nb_n\}$，$\{a_n\}$ はともに収束する。
ところが，$\lim_{n\to\infty}b_n=\lim_{n\to\infty}n=\infty$ となり，数列 $\{b_n\}$ は発散する。したがって，この命題は **偽** である。

(3) $a_n=\sqrt{n}$ とすると

$$\lim_{n\to\infty}(a_{n+1}-a_n)=\lim_{n\to\infty}(\sqrt{n+1}-\sqrt{n})$$
$$=\lim_{n\to\infty}\frac{1}{\sqrt{n+1}+\sqrt{n}}=0$$

ところが，$\lim_{n\to\infty}a_n=\lim_{n\to\infty}\sqrt{n}=\infty$ となり，数列 $\{a_n\}$ は発散する。したがって，この命題は **偽** である。

◀ $\{b_n\}$ の収束，発散が分からないから，単純に $\lim_{n\to\infty}(a_n-b_n)=\lim_{n\to\infty}a_n-\lim_{n\to\infty}b_n$ とはできない。

◀ $\lim_{n\to\infty}a_n=0$ のとき $\lim_{n\to\infty}b_n=\lim_{n\to\infty}\dfrac{a_nb_n}{a_n}=\dfrac{\beta}{0}$ とはできないから，$\lim_{n\to\infty}a_n=0$ となる例を考える。

◀ 反例，すなわち $\{a_{n+1}-a_n\}$ は 0 に収束するが $\{a_n\}$ が発散する例を探す。

練習 17 数列 $\{a_n\}$, $\{b_n\}$ において，次の命題の真偽をいえ。

(1) $\lim_{n\to\infty}a_n=\alpha$, $\lim_{n\to\infty}b_n=\beta$ ならば $\lim_{n\to\infty}\dfrac{a_n}{b_n}=\dfrac{\alpha}{\beta}$

(2) $\lim_{n\to\infty}a_n=0$, $\lim_{n\to\infty}b_n=\infty$ ならば $\lim_{n\to\infty}a_nb_n=0$

➡p.65 問題17

例題 18　数列の極限の性質〔2〕　★★☆☆

(1) 数列 $\{a_n\}$ が $\lim_{n\to\infty}(3n+1)a_n = 1$ を満たすとき，$\lim_{n\to\infty} a_n$ および $\lim_{n\to\infty} na_n$ を求めよ。

(2) 数列 $\{a_n\}$ が $\lim_{n\to\infty}\dfrac{2a_n+3}{3a_n+4} = 3$ を満たすとき，$\lim_{n\to\infty} a_n$ を求めよ。

思考のプロセス

式を分ける

収束することが分かっている (1) $(3n+1)a_n$，(2) $\dfrac{2a_n+3}{3a_n+4}$ を利用する（例題 17 参照）。

(1) $\lim_{n\to\infty} a_n = \lim_{n\to\infty}\{(3n+1)a_n \cdot \square\} = \lim_{n\to\infty}(3n+1)a_n \cdot \lim_{n\to\infty}\square$

収束　収束 ──→ 分けられる

$\lim_{n\to\infty} na_n = \lim_{n\to\infty}\{(3n+1)a_n \cdot \square\} = \lim_{n\to\infty}(3n+1)a_n \cdot \lim_{n\to\infty}\square$

(2) a_n を $\dfrac{2a_n+3}{3a_n+4}$ で表すのは難しい。$\Longrightarrow$ $\dfrac{2a_n+3}{3a_n+4} = b_n$ とおいて，a_n を b_n で表す。

Action» 数列 $\{a_n b_n\}$ が収束するときは，$a_n = a_n b_n \cdot \dfrac{1}{b_n}$ を利用せよ

解 (1) $\lim_{n\to\infty} a_n = \lim_{n\to\infty}\left\{(3n+1)a_n \cdot \dfrac{1}{3n+1}\right\}$ であり，

$\lim_{n\to\infty}(3n+1)a_n = 1$，$\lim_{n\to\infty}\dfrac{1}{3n+1} = 0$ であるから

$$\lim_{n\to\infty} a_n = \lim_{n\to\infty}(3n+1)a_n \cdot \lim_{n\to\infty}\frac{1}{3n+1} = 1\cdot 0 = \mathbf{0}$$

次に，$\lim_{n\to\infty} na_n = \lim_{n\to\infty}\left\{(3n+1)a_n \cdot \dfrac{n}{3n+1}\right\}$ であり，

$\lim_{n\to\infty}\dfrac{n}{3n+1} = \lim_{n\to\infty}\dfrac{1}{3+\dfrac{1}{n}} = \dfrac{1}{3}$ であるから

$$\lim_{n\to\infty} na_n = \lim_{n\to\infty}(3n+1)a_n \cdot \lim_{n\to\infty}\frac{n}{3n+1} = 1\cdot\frac{1}{3} = \mathbf{\frac{1}{3}}$$

(2) $\dfrac{2a_n+3}{3a_n+4} = b_n$ …① とおくと　$\lim_{n\to\infty} b_n = 3$

① を変形すると　$(3b_n-2)a_n = 3-4b_n$

ここで　$3b_n - 2 = 3\cdot\dfrac{2a_n+3}{3a_n+4} - 2 = \dfrac{1}{3a_n+4} \neq 0$

であるから　$a_n = \dfrac{3-4b_n}{3b_n-2}$

よって　$\lim_{n\to\infty} a_n = \lim_{n\to\infty}\dfrac{3-4b_n}{3b_n-2} = \dfrac{3-4\cdot 3}{3\cdot 3-2} = -\mathbf{\dfrac{9}{7}}$

◀ $\lim_{n\to\infty} a_n = \alpha$，$\lim_{n\to\infty} b_n = \beta$ のとき　$\lim_{n\to\infty} a_n b_n = \alpha\beta$

◀ (2) と同様に $(3n+1)a_n = b_n$ とおいて $\lim_{n\to\infty} a_n = \lim_{n\to\infty}\dfrac{b_n}{3n+1} = \lim_{n\to\infty} b_n \cdot \lim_{n\to\infty}\dfrac{1}{3n+1} = 0$ と考えてもよい。

◀ ① の分母をはらうと $2a_n+3 = b_n(3a_n+4)$

◀ a_n を求めるために，$3b_n-2 \neq 0$ を確認する。

練習 18 (1) 数列 $\{a_n\}$ が $\lim_{n\to\infty}(2n-1)a_n = 6$ を満たすとき，$\lim_{n\to\infty} a_n$ および $\lim_{n\to\infty} na_n$ を求めよ。

(2) 数列 $\{a_n\}$ が $\lim_{n\to\infty}\dfrac{a_n+4}{3a_n+1} = 2$ を満たすとき，$\lim_{n\to\infty} a_n$ を求めよ。

➡p.65 問題18

D 頻出
★★☆☆

例題 19 はさみうちの原理〔1〕

次の極限値を求めよ。

(1) $\displaystyle\lim_{n\to\infty}\frac{1}{n}\underline{\cos n\theta}$　　　(2) $\displaystyle\lim_{n\to\infty}\frac{1}{n^2}\underline{\sin^2 2n\theta}$

思考のプロセス

与式の＿＿の部分のために，極限値を直接考えにくい。

はさみうちの原理

$\left(a_n \leqq b_n \leqq c_n \text{ かつ } \displaystyle\lim_{n\to\infty}a_n=\lim_{n\to\infty}c_n=\alpha \text{ のとき } \lim_{n\to\infty}b_n=\alpha\right)$

$\{c_n\}$　$\{b_n\}$　$\{a_n\}$　1　2　3　……　n

(1) $\square \leqq \dfrac{1}{n}\underline{\cos n\theta} \leqq \square$

(2) $\square \leqq \dfrac{1}{n^2}\underline{\sin^2 2n\theta} \leqq \square$

極限値が一致する 2 式を探す … 複雑な部分＿＿をなくすために
$-1 \leqq \underline{\cos n\theta} \leqq 1$，$-1 \leqq \underline{\sin 2n\theta} \leqq 1$ を利用。

Action» $\dfrac{1}{n}\sin n\theta$，$\dfrac{1}{n}\cos n\theta$ の極限値は，はさみうちの原理を利用せよ

解 (1) すべての n について　$-1 \leqq \cos n\theta \leqq 1$

$n>0$ より，辺々を n で割ると

$$-\frac{1}{n} \leqq \frac{1}{n}\cos n\theta \leqq \frac{1}{n}$$

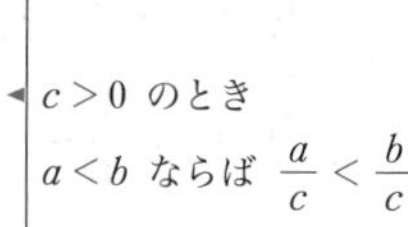

◀ $c>0$ のとき $a<b$ ならば $\dfrac{a}{c}<\dfrac{b}{c}$

ここで，$\displaystyle\lim_{n\to\infty}\left(-\frac{1}{n}\right)=0$，$\displaystyle\lim_{n\to\infty}\frac{1}{n}=0$ であるから

はさみうちの原理より

$$\boldsymbol{\lim_{n\to\infty}\frac{1}{n}\cos n\theta=0}$$

(2) すべての n について　$0 \leqq \sin^2 2n\theta \leqq 1$

◀ $-1 \leqq \sin 2n\theta \leqq 1$ より $0 \leqq \sin^2 2n\theta \leqq 1$

$n^2>0$ より，辺々を n^2 で割ると

$$0 \leqq \frac{1}{n^2}\sin^2 2n\theta \leqq \frac{1}{n^2}$$

ここで，$\displaystyle\lim_{n\to\infty}\frac{1}{n^2}=0$ であるから

はさみうちの原理より

$$\boldsymbol{\lim_{n\to\infty}\frac{1}{n^2}\sin^2 2n\theta=0}$$

練習 19 次の極限値を求めよ。

(1) $\displaystyle\lim_{n\to\infty}\frac{1}{n}\sin\frac{n\pi}{3}$　　　(2) $\displaystyle\lim_{n\to\infty}\frac{1}{n^2}(1+\cos n\theta)(1-\cos n\theta)$

➡p.65 問題19

頻出

例題 20　はさみうちの原理〔2〕　★★☆☆

(1)　n が 2 以上の自然数であり，$h>0$ のとき，二項定理を用いて不等式
$(1+h)^n \geqq 1+nh+\dfrac{n(n-1)}{2}h^2$ が成り立つことを示せ。

(2)　(1) の不等式を利用して，$\displaystyle\lim_{n\to\infty}\frac{n}{3^n}$ の値を求めよ。

思考のプロセス

二項定理

(1)　$(1+h)^n = {}_nC_0+{}_nC_1h+{}_nC_2h^2+\underbrace{{}_nC_3h^3+\cdots+{}_nC_nh^n}_{0\text{以上}}$

$\geqq\ 1\ +\ nh\ +\dfrac{n(n-1)}{2}h^2$ [ ]

(2)　3^n　前問の結果の利用
$\|$
$(1+2)^n \geqq 1+2n+\dfrac{n(n-1)}{2}\cdot 2^2 \Longrightarrow \boxed{} < \dfrac{n}{3^n} < \boxed{}$

Action» $\dfrac{n}{a^n}$ $(a>1)$ の極限値は，はさみうちの原理を利用せよ

解 (1)　$n \geqq 2$, $h>0$ であるから，二項定理により

$$(1+h)^n = {}_nC_0+{}_nC_1h+{}_nC_2h^2+\cdots+{}_nC_nh^n$$
$$=1+nh+\frac{n(n-1)}{2\cdot 1}h^2+\cdots+h^n$$
$$\geqq 1+nh+\frac{n(n-1)}{2}h^2$$

◀ ${}_nC_0=1$, ${}_nC_1=n$
${}_nC_2=\dfrac{n(n-1)}{2\cdot 1}$

◀ $h>0$, ${}_nC_r>0$ より右辺の 4 項目以降の各項はすべて 0 以上である。

(2)　$n\to\infty$ とするから，$n \geqq 2$ で考える。(1) より

$$3^n=(1+2)^n \geqq 1+2n+4\cdot\frac{n(n-1)}{2}=2n^2+1$$

◀ $h=2$ とする。

よって　$0<\dfrac{n}{3^n} \leqq \dfrac{n}{2n^2+1}$

ここで，$\displaystyle\lim_{n\to\infty}\frac{n}{2n^2+1}=0$ であるから，はさみうちの原理より　$\displaystyle\lim_{n\to\infty}\frac{n}{3^n}=0$

◀ $3^n \geqq 2n^2+1>2n^2$ を用いて
$0<\dfrac{n}{3^n}<\dfrac{n}{2n^2}=\dfrac{1}{2n}$
であり $\displaystyle\lim_{n\to\infty}\frac{1}{2n}=0$ を用いてもよい。

Point...はさみうちの原理の利用

$a>1$ を満たす定数に対し，一般に次が成り立つ。

$$\lim_{n\to\infty}\frac{n}{a^n}=\lim_{n\to\infty}\frac{n^2}{a^n}=\lim_{n\to\infty}\frac{n^3}{a^n}=\cdots=0$$

このことは，例題 20 のように，二項定理とはさみうちの原理を利用して証明できる。

練習 20 (1)　n が 3 以上の自然数であり，$h>0$ のとき，二項定理を用いて不等式
$(1+h)^n \geqq 1+nh+\dfrac{n(n-1)}{2}h^2+\dfrac{n(n-1)(n-2)}{6}h^3$ が成り立つことを示せ。

(2)　(1) の不等式を利用して，$\displaystyle\lim_{n\to\infty}\frac{n^2}{2^n}$ の値を求めよ。

➡p.65 問題20

頻出 ★☆☆☆

例題 21　r^n を含む数列の極限〔1〕

第 n 項が次の式で表される数列の極限を調べよ。

(1) $\dfrac{(\sqrt{5})^n+2^n}{3^n}$　(2) $4^n-(-3)^n$　(3) $\dfrac{0.2^n+0.1^n}{0.3^n-0.2^n}$

(4) $\dfrac{2^{3n}-3^{2n}}{2^{3n}+3^{2n}}$　(5) $\dfrac{2^n-2^{-n}}{2^n+2^{-n}}$

思考のプロセス

$n\to\infty$ のとき

(1) $\dfrac{\infty}{\infty}$, (2) $\infty-$(振動), (3) $\dfrac{0}{0}$ ← すべて不定形

⇩ **公式の利用**　以下, $|\quad|>1$, $|\quad|<1$

与式を変形して,「$-1<r<1$ のとき $r^n\to 0$」を利用

(1) $\dfrac{(\sqrt{5})^n+2^n}{3^n}=\left(\dfrac{\sqrt{5}}{3}\right)^n+\left(\dfrac{2}{3}\right)^n$

← $\{r^n\}$ の極限

$$\begin{cases} r>1 \text{ のとき} & \lim\limits_{n\to\infty} r^n=\infty \\ r=1 \text{ のとき} & \lim\limits_{n\to\infty} r^n=1 \\ |r|<1 \text{ のとき} & \lim\limits_{n\to\infty} r^n=0 \\ r\leqq -1 \text{ のとき} & \text{振動} \end{cases}$$

(2) $\infty\times$(定数), $\dfrac{\infty}{(\text{定数})}$ などの形になるように変形する（例題 15 参照）。

$$4^n-(-3)^n=4^n\left\{1-\left(-\frac{3}{4}\right)^n\right\}$$

Action» **r^n を含む分数式の極限は，分母の底が最大の項で分母・分子を割れ**

解 (1) $\displaystyle\lim_{n\to\infty}\frac{(\sqrt{5})^n+2^n}{3^n}=\lim_{n\to\infty}\left\{\left(\frac{\sqrt{5}}{3}\right)^n+\left(\frac{2}{3}\right)^n\right\}=\mathbf{0}$

◀ $2<\sqrt{5}<3$ より $\dfrac{2}{3}<\dfrac{\sqrt{5}}{3}<1$

(2) $\displaystyle\lim_{n\to\infty}\{4^n-(-3)^n\}=\lim_{n\to\infty}4^n\left\{1-\frac{(-3)^n}{4^n}\right\}$

$\displaystyle=\lim_{n\to\infty}4^n\left\{1-\left(-\frac{3}{4}\right)^n\right\}=\infty$

◀ r^n $(|r|<1)$ となる項をつくるために，底の絶対値が最大の項でくくる。

(3) $\displaystyle\lim_{n\to\infty}\frac{0.2^n+0.1^n}{0.3^n-0.2^n}=\lim_{n\to\infty}\frac{\left(\frac{2}{3}\right)^n+\left(\frac{1}{3}\right)^n}{1-\left(\frac{2}{3}\right)^n}=\mathbf{0}$

◀ 分母の中の底の絶対値が最大の項は　0.3^n

(4) $\displaystyle\lim_{n\to\infty}\frac{2^{3n}-3^{2n}}{2^{3n}+3^{2n}}=\lim_{n\to\infty}\frac{8^n-9^n}{8^n+9^n}=\lim_{n\to\infty}\frac{\left(\frac{8}{9}\right)^n-1}{\left(\frac{8}{9}\right)^n+1}=\mathbf{-1}$

◀ 指数をそろえ, 9^n で分母・分子を割る。

(5) $\displaystyle\lim_{n\to\infty}\frac{2^n-2^{-n}}{2^n+2^{-n}}=\lim_{n\to\infty}\frac{4^n-1}{4^n+1}=\lim_{n\to\infty}\frac{1-\left(\frac{1}{4}\right)^n}{1+\left(\frac{1}{4}\right)^n}=\mathbf{1}$

◀ 与式の分母・分子を 2^n で割ってもよい。

練習 21　第 n 項が次の式で表される数列の極限を調べよ。

(1) $\dfrac{3^{n+2}-4^{n-1}}{3^n+4^n}$　(2) $\dfrac{0.5^{n+1}-0.9^{n+1}}{0.5^n+0.9^n}$　(3) $\dfrac{3^{2n+1}+5^{2n+1}}{3^{3n}-5^{2n}}$

➡p.65 問題21

例題 22　無限等比数列の収束条件　★★☆☆

数列 $\left\{\left(\dfrac{x}{x^2-6}\right)^n\right\}$ が収束する。

(1)　実数 x のとり得る値の範囲を求めよ。

(2)　この数列の極限値を求めよ。

思考のプロセス

(1) **条件の言い換え**

数列 $\left\{\left(\dfrac{x}{x^2-6}\right)^n\right\}$ が収束 ⟹ -1 □ $\dfrac{x}{x^2-6}$ □ 1　（$<$? $\leqq$?）

(2) **場合に分ける**

数列 $\{r^n\}$ が収束するとき $\begin{cases} \square \text{ のとき } r^n \to 1 \\ \square \text{ のとき } r^n \to 0 \end{cases}$　（r の条件）　⟵ ! この場合を忘れない。

Action» $\{r^n\}$ が収束する条件は，$-1 < r \leqq 1$ とせよ

解 (1)　$x^2-6 \neq 0$ であるから　　$x \neq \pm\sqrt{6}$　…①

数列 $\left\{\left(\dfrac{x}{x^2-6}\right)^n\right\}$ が収束するから　　$-1 < \dfrac{x}{x^2-6} \leqq 1$

$-(x^2-6)^2 < x(x^2-6) \leqq (x^2-6)^2$

まず，$-(x^2-6)^2 < x(x^2-6)$ について

変形すると　　$(x^2-6)(x^2+x-6) > 0$

すなわち　　$(x+\sqrt{6})(x-\sqrt{6})(x+3)(x-2) > 0$

これを満たす x の値の範囲は

$x < -3,\ -\sqrt{6} < x < 2,\ \sqrt{6} < x$　…②

次に，$x(x^2-6) \leqq (x^2-6)^2$ について

変形すると　　$(x^2-6)(x^2-x-6) \geqq 0$

すなわち　　$(x+\sqrt{6})(x-\sqrt{6})(x+2)(x-3) \geqq 0$

① より，これを満たす x の値の範囲は

$x < -\sqrt{6},\ -2 \leqq x < \sqrt{6},\ 3 \leqq x$　…③

②，③ より，求める x のとり得る値の範囲は

$\boldsymbol{x < -3,\ -2 \leqq x < 2,\ 3 \leqq x}$

(2)　(ア)　$\dfrac{x}{x^2-6} = 1$ となるとき　　$x = -2,\ 3$

(イ)　$\left|\dfrac{x}{x^2-6}\right| < 1$ となるとき

$x < -3,\ -2 < x < 2,\ 3 < x$

(ア)，(イ) より

$x = -2,\ 3$ のとき　極限値 1

$x < -3,\ -2 < x < 2,\ 3 < x$ のとき　極限値 0

◀ x^2-6 の正負が分からないから，$(x^2-6)^2\ (>0)$ を掛ける。

$y=(x+\sqrt{6})(x-\sqrt{6})(x+3)(x-2)$

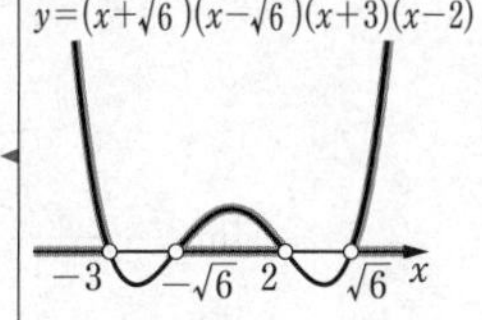

$y=(x+\sqrt{6})(x-\sqrt{6})(x+2)(x-3)$

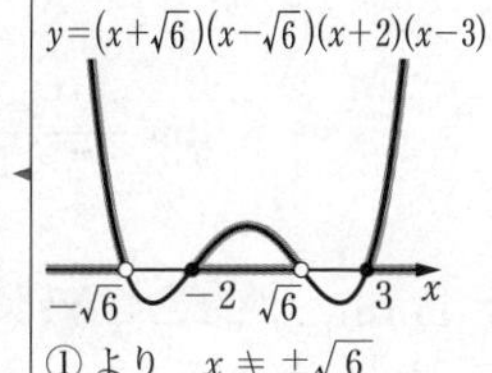

① より　$x \neq \pm\sqrt{6}$

◀ $\lim_{n\to\infty} r^n$ は，$r=1$ のとき 1 に収束し，$|r|<1$ のとき 0 に収束する。

練習 22　数列 $\{\{x(x-4)\}^{n-1}\}$ が収束する。

(1)　実数 x のとり得る値の範囲を求めよ。

(2)　この数列の極限値を求めよ。

⇒p.65 問題22

D 頻出 ★★☆☆

例題 23　r^n を含む数列の極限〔2〕

数列 $\left\{\dfrac{r^{n+1}-1}{r^n+1}\right\}$ の極限を調べよ。ただし $r \neq -1$ とする。

思考のプロセス

$\dfrac{r^{n+1}-1}{r^n+1} = \dfrac{r \cdot r^n - 1}{r^n+1}$　← r の値によって極限が変わる。

場合に分ける

（r の条件）

(ア) □ のとき　$r^n \to 0$

(イ) □ のとき　r^n は発散　← 分母・分子を □ で割る（例題 21 参照）

(ウ) □ のとき　$r^n \to 1$

Action» r^n を含む数列の極限は，$|r|$ と 1 の大小で場合分けせよ

解 (ア)　$|r|<1$ のとき，$\displaystyle\lim_{n\to\infty} r^n = \lim_{n\to\infty} r^{n+1} = 0$ であるから

$$\lim_{n\to\infty}\frac{r^{n+1}-1}{r^n+1} = \frac{0-1}{0+1} = -1$$

◀ $\displaystyle\lim_{n\to\infty} r^n = 0$ より $\displaystyle\lim_{n\to\infty} r^{n+1} = \lim_{n\to\infty} r \cdot r^n = r \cdot 0 = 0$

例題 21　(イ)　$|r|>1$ のとき，$\displaystyle\lim_{n\to\infty}\frac{1}{r^n} = 0$ であるから

$$\lim_{n\to\infty}\frac{r^{n+1}-1}{r^n+1} = \lim_{n\to\infty}\frac{r \cdot r^n - 1}{r^n+1} = \lim_{n\to\infty}\frac{r-\dfrac{1}{r^n}}{1+\dfrac{1}{r^n}} = r$$

◀ $\left|\dfrac{1}{r}\right| = \dfrac{1}{|r|} < 1$ より $\displaystyle\lim_{n\to\infty}\frac{1}{r^n} = \lim_{n\to\infty}\left(\frac{1}{r}\right)^n = 0$

◀ 分母・分子を r^n で割る。

(ウ)　$r=1$ のとき，$r^n = r^{n+1} = 1$ であるから

$$\lim_{n\to\infty}\frac{r^{n+1}-1}{r^n+1} = \lim_{n\to\infty}\frac{1-1}{1+1} = 0$$

◀ r^n，r^{n+1} を具体的に求める。

(ア)～(ウ) より

$$\lim_{n\to\infty}\frac{r^{n+1}-1}{r^n+1} = \begin{cases} -1 & (|r|<1 \text{ のとき}) \\ r & (|r|>1 \text{ のとき}) \\ 0 & (r=1 \text{ のとき}) \end{cases}$$

Point... r^n を含む数列の極限

r^n を含む式で表された数列の極限は，$|r|$ と 1 の大小で場合分けをする。

(ア)　$|r|<1$ $(-1<r<1)$ のとき

⇨ $\{r^n\}$ が 0 に収束すること，すなわち $\displaystyle\lim_{n\to\infty} r^n = 0$ を用いる。

(イ)　$|r|>1$ $(r<-1,\ 1<r)$ のとき

⇨ $\{r^n\}$ は発散するが，$\left|\dfrac{1}{r}\right|<1$ であるから，$\left\{\dfrac{1}{r^n}\right\}$ が 0 に収束すること，

すなわち $\displaystyle\lim_{n\to\infty}\frac{1}{r^n} = 0$ を用いる。

(ウ)　$r=\pm 1$ のとき　⇨　与式に代入する。

練習 23　一般項が次の式で表される数列の極限を調べよ。

(1)　$\dfrac{r^{2n-1}-1}{r^{2n}+1}$　　　(2)　$\dfrac{r^{n+1}}{r^n+2}$

➡p.65 問題23

例題 24　r^n を含む数列の極限〔3〕　★★★☆

$0<\theta<\pi$，$\theta \neq \frac{3}{4}\pi$ のとき，数列 $\left\{\dfrac{\sin^n\theta-\cos^n\theta}{\sin^n\theta+\cos^n\theta}\right\}$ の極限を調べよ。

思考のプロセス

«ReAction r^n を含む数列の極限は，$|r|$ と1の大小で場合分けせよ ◀例題23

$\dfrac{\sin^n\theta-\cos^n\theta}{\sin^n\theta+\cos^n\theta}$ …① $\xrightarrow{\text{文字を減らす}}$ $\dfrac{\tan^n\theta-1}{\tan^n\theta+1}$ …②

（分母・分子を $\cos^n\theta$ で割る）

① ⟶ 不定形 $\frac{0}{0}$ であり，$|\sin\theta|$ と $|\cos\theta|$ の大きい方で分母・分子を割りたいが，考えにくい。

② ⟶ $|\tan\theta|$ と1の大小を考えればよい。

解 (ア)　$0<\theta<\pi$，$\theta \neq \frac{\pi}{2}$ のとき，$\cos\theta \neq 0$ であるから

$$\frac{\sin^n\theta-\cos^n\theta}{\sin^n\theta+\cos^n\theta}=\frac{\dfrac{\sin^n\theta}{\cos^n\theta}-1}{\dfrac{\sin^n\theta}{\cos^n\theta}+1}=\frac{\tan^n\theta-1}{\tan^n\theta+1}$$

◀ $\tan\theta=\dfrac{\sin\theta}{\cos\theta}$ を利用する。
$\cos^n\theta$ で分母・分子を割るために，$\cos\theta \neq 0$ の場合と $\cos\theta=0$ の場合を分ける。

(i)　$|\tan\theta|>1$ すなわち $\frac{\pi}{4}<\theta<\frac{\pi}{2}$，$\frac{\pi}{2}<\theta<\frac{3}{4}\pi$ のとき

$$\lim_{n\to\infty}\frac{\tan^n\theta-1}{\tan^n\theta+1}=\lim_{n\to\infty}\frac{1-\dfrac{1}{\tan^n\theta}}{1+\dfrac{1}{\tan^n\theta}}=1$$

◀ $\tan\theta<-1$，$1<\tan\theta$

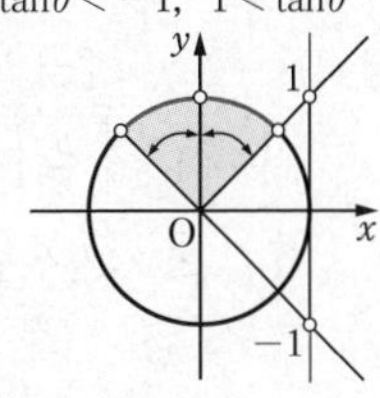

(ii)　$|\tan\theta|<1$ すなわち $0<\theta<\frac{\pi}{4}$，$\frac{3}{4}\pi<\theta<\pi$ のとき

$$\lim_{n\to\infty}\frac{\tan^n\theta-1}{\tan^n\theta+1}=-1$$

◀ $-1<\tan\theta<1$

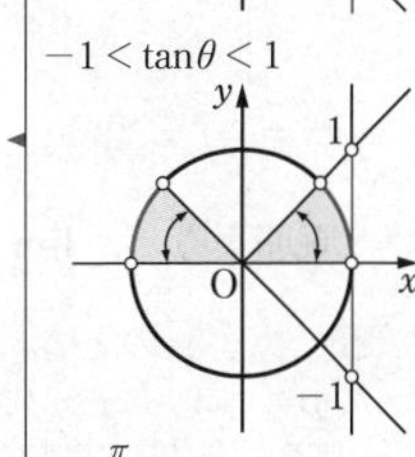

(iii)　$\tan\theta=1$ すなわち $\theta=\frac{\pi}{4}$ のとき

$$\lim_{n\to\infty}\frac{\tan^n\theta-1}{\tan^n\theta+1}=\lim_{n\to\infty}\frac{1-1}{1+1}=0$$

◀ $\tan\frac{\pi}{4}=1$

(イ)　$\theta=\frac{\pi}{2}$ のとき　$\displaystyle\lim_{n\to\infty}\frac{\sin^n\theta-\cos^n\theta}{\sin^n\theta+\cos^n\theta}=\lim_{n\to\infty}\frac{1-0}{1+0}=1$

◀ $\sin\frac{\pi}{2}=1$，$\cos\frac{\pi}{2}=0$

(ア)，(イ) より

$$\lim_{n\to\infty}\frac{\sin^n\theta-\cos^n\theta}{\sin^n\theta+\cos^n\theta}=\begin{cases}1 & \left(\dfrac{\pi}{4}<\theta<\dfrac{3}{4}\pi\right)\\ -1 & \left(0<\theta<\dfrac{\pi}{4},\ \dfrac{3}{4}\pi<\theta<\pi\right)\\ 0 & \left(\theta=\dfrac{\pi}{4}\right)\end{cases}$$

練習 24　$-\frac{\pi}{2}<\theta<\frac{\pi}{2}$ のとき，数列 $\left\{\dfrac{\tan^n\theta}{2+\tan^{n+1}\theta}\right\}$ の極限を調べよ。

➡p.66 問題24

例題 25 はさみうちの原理〔3〕 ★★★☆

(1) $\displaystyle\lim_{n\to\infty}\frac{1}{n}\left(\left[\frac{n}{2}\right]+\left[\frac{n}{3}\right]\right)$ を求めよ。ただし，$[x]$ は x を超えない最大の整数を表す。

(2) 3 以上の自然数 n に対して $\dfrac{2^n}{n!}\leqq 2\cdot\left(\dfrac{2}{3}\right)^{n-2}$ を示し，$\displaystyle\lim_{n\to\infty}\frac{2^n}{n!}$ を求めよ。

思考のプロセス

ガウス記号 $[x]$ や階乗 $n!$ を含み，直接考えにくい。

Action» 直接求めにくい極限値は，はさみうちの原理を用いよ

(1) $\boxed{}\leqq\dfrac{1}{n}\left(\left[\dfrac{n}{2}\right]+\left[\dfrac{n}{3}\right]\right)\leqq\boxed{}$ をつくりたい。 ⬅ **定義に戻る**

極限値が一致する 2 式

$[x]\leqq x<[x]+1$ より

$x-1<[x]\leqq x$

(2) **逆向きに考える**

結論 $\Longrightarrow$ $\dfrac{\overbrace{2\cdot2\cdot2\cdot2\cdot\cdots\cdot2\cdot2}^{n\text{ 個}}}{\underbrace{1\cdot2\cdot3\cdot4\cdot\cdots\cdot(n-1)n}_{n\text{ 個}}}\leqq\dfrac{\overbrace{2\cdot2\cdot2\cdot\cdots\cdot2\cdot2}^{n-1\text{ 個}}}{\underbrace{3\cdot3\cdot\cdots\cdot3\cdot3}_{n-2\text{ 個}}}$ を示せばよい。

$\Longrightarrow$ $3\cdot4\cdot\cdots\cdot(n-1)n\geqq3\cdot3\cdot\cdots\cdot3\cdot3$ を示せばよい。

解 (1) $x-1<[x]\leqq x$ であるから

$$\frac{n}{2}-1<\left[\frac{n}{2}\right]\leqq\frac{n}{2}\ \cdots①,\quad \frac{n}{3}-1<\left[\frac{n}{3}\right]\leqq\frac{n}{3}\ \cdots②$$

①，② の辺々を加えて，その辺々を $n\,(>0)$ で割ると

例題 19

$$\frac{5}{6}-\frac{2}{n}<\frac{1}{n}\left(\left[\frac{n}{2}\right]+\left[\frac{n}{3}\right]\right)\leqq\frac{5}{6}$$

ここで，$\displaystyle\lim_{n\to\infty}\left(\frac{5}{6}-\frac{2}{n}\right)=\frac{5}{6}$ であるから，はさみうちの原理より $\displaystyle\boldsymbol{\lim_{n\to\infty}\frac{1}{n}\left(\left[\frac{n}{2}\right]+\left[\frac{n}{3}\right]\right)=\frac{5}{6}}$

(2) $n\geqq3$ のとき

$$\frac{2^n}{n!}=\frac{2\cdot2\cdot2\cdot2\cdot\cdots\cdot2}{1\cdot2\cdot3\cdot4\cdot\cdots\cdot n}\leqq\frac{2\cdot2}{1\cdot2}\cdot\overbrace{\frac{2\cdot2\cdot\cdots\cdot2}{3\cdot3\cdot\cdots\cdot3}}^{n-2\text{ 個}}=2\cdot\left(\frac{2}{3}\right)^{n-2}$$

例題 19

よって $\quad 0<\dfrac{2^n}{n!}\leqq2\cdot\left(\dfrac{2}{3}\right)^{n-2}$

ここで，$\displaystyle\lim_{n\to\infty}2\cdot\left(\frac{2}{3}\right)^{n-2}=0$ であるから，はさみうちの原理より $\displaystyle\boldsymbol{\lim_{n\to\infty}\frac{2^n}{n!}=0}$

◀ ❗$[x]$ の定義により $[x]\leqq x<[x]+1$

◀ ①＋② より $\dfrac{5}{6}n-2<\left[\dfrac{n}{2}\right]+\left[\dfrac{n}{3}\right]\leqq\dfrac{5}{6}n$

◀ ❗$3\cdot4\cdots n\geqq\overbrace{3\cdot3\cdots3}^{n-2\text{ 個}}$ より $\dfrac{2\cdot2\cdots2}{3\cdot4\cdots n}\leqq\dfrac{2\cdot2\cdots2}{3\cdot3\cdots3}$

◀ $|r|<1$ のとき $\displaystyle\lim_{n\to\infty}r^n=0$

練習 25 (1) $\displaystyle\lim_{n\to\infty}\frac{12}{n}\left[\frac{n}{4}\right]$ を求めよ。ただし，$[x]$ は x を超えない最大の整数を表す。

(2) 4 以上の自然数 n に対して $\dfrac{4^n}{n!}\leqq\dfrac{32}{3}\left(\dfrac{4}{5}\right)^{n-4}$ を示し，$\displaystyle\lim_{n\to\infty}\frac{4^n}{n!}$ を求めよ。

➡p.66 問題25

Go Ahead 2　有界で単調な数列の極限

一般項 a_n が n の式で表すことができなくても，数列 $\{a_n\}$ が収束することを示す方法があります。

まず，数列 $\{a_n\}$ において，$a_1 \leqq a_2 \leqq \cdots \leqq a_n \leqq \cdots$ または $a_1 \geqq a_2 \geqq \cdots \geqq a_n \geqq \cdots$ が成り立つとき，それぞれ **(単調) 増加数列** または **(単調) 減少数列** といい，これらを総称して単調数列といいます。また，ある定数 A に対して，すべての自然数 n において $a_n < A$ または $a_n > A$ が成り立つとき，それぞれ，**上方に有界** または **下方に有界** といいます。このとき

有界単調数列の収束定理

数列 $\{a_n\}$ が有界で単調な数列ならば $\{a_n\}$ は収束する。
すなわち，ある定数 A があって

$a_1 \leqq a_2 \leqq a_3 \leqq \cdots \leqq a_n \leqq a_{n+1} \leqq \cdots < A$　ならば　$\lim_{n\to\infty} a_n = \alpha \leqq A$

$a_1 \geqq a_2 \geqq a_3 \geqq \cdots \geqq a_n \geqq a_{n+1} \geqq \cdots > A$　ならば　$\lim_{n\to\infty} a_n = \alpha \geqq A$

ここで極限値 $\lim_{n\to\infty}\left(1+\dfrac{1}{n}\right)^n$ について考えてみましょう。

$a_n = \left(1+\dfrac{1}{n}\right)^n$ とおいて右辺を展開すると，二項定理により一般項は

$$
{}_n\mathrm{C}_k\left(\frac{1}{n}\right)^k = \frac{n(n-1)\cdot\cdots\cdot\{n-(k-1)\}}{k!}\left(\frac{1}{n}\right)^k
$$

$$
= \frac{1}{k!}\cdot\frac{n}{n}\cdot\frac{n-1}{n}\cdot\cdots\cdot\frac{n-(k-1)}{n} = \frac{1}{k!}\left(1-\frac{1}{n}\right)\left(1-\frac{2}{n}\right)\cdot\cdots\cdot\left(1-\frac{k-1}{n}\right)
$$

となるから

$$
a_n = 1+\frac{1}{1!}+\frac{1}{2!}\left(1-\frac{1}{n}\right)+\frac{1}{3!}\left(1-\frac{1}{n}\right)\left(1-\frac{2}{n}\right)+\cdots+\underbrace{\frac{1}{n!}\left(1-\frac{1}{n}\right)\left(1-\frac{2}{n}\right)\cdots\left(1-\frac{n-1}{n}\right)}_{\text{正}}
$$

この式より，$a_n < a_{n+1}$ すなわち増加数列であることが分かります。また

$$
a_n < 1+\frac{1}{1!}+\frac{1}{2!}+\cdots+\frac{1}{n!} < 1+1+\frac{1}{2}+\cdots+\frac{1}{2^{n-1}} = 1+\frac{1-\left(\frac{1}{2}\right)^n}{1-\frac{1}{2}} = 3-\left(\frac{1}{2}\right)^{n-1} \underset{\sim\sim}{< 3}
$$

上方に有界であるから，数列 $\{a_n\}$ は収束することが分かります。
実際にこの極限値は 2.7182… に収束します。これを **自然対数の底** といい，e で表します (p.142 まとめ 6 [2] を参照)。
また，p.64 練習 32 で扱う数列 $\{a_n\}$ は，(1) より有界で単調数列であることがいえるから，有界単調数列の収束定理により，数列 $\{a_n\}$ はある値 α に収束することが分かります。したがって，漸化式 $a_{n+1} = \dfrac{1}{2}\left(a_n+\dfrac{5}{a_n}\right)$ より $\lim_{n\to\infty} a_n = \alpha$ が満たす方程式 $\alpha = \dfrac{1}{2}\left(\alpha+\dfrac{5}{\alpha}\right)$ を解いて $\alpha = \lim_{n\to\infty} a_n = \sqrt{5}$ を得ることができます。

D 頻出 ★☆☆☆

例題 26 漸化式と極限〔1〕…隣接2項間漸化式

$a_1=2,\ a_{n+1}=\dfrac{1}{2}a_n+\dfrac{1}{2}\ (n=1,\ 2,\ 3,\ \cdots)$ で定められた数列 $\{a_n\}$ について，$\lim\limits_{n\to\infty}a_n$ を求めよ。

思考のプロセス

数学B「数列」で学習した隣接2項間漸化式である。

«ReAction 漸化式 $a_{n+1}=pa_n+q$ は，特性方程式 $\alpha=p\alpha+q$ の解を利用せよ ◀IIB 例題297

段階的に考える

I．一般項 a_n を求める。

$a_{n+1}=pa_n+q$ ⟹(等比数列化) $a_{n+1}-\alpha=p(a_n-\alpha)$ より ⟵ 数列 $\{a_n-\alpha\}$ は，初項 $a_1-\alpha$，公比 p の等比数列

$a_n=(n$ の式$)$

II．$\lim\limits_{n\to\infty}a_n=\lim\limits_{n\to\infty}(n$ の式$)$ を求める。

解 (IIB 297) 与えられた漸化式は，$\alpha=\dfrac{1}{2}\alpha+\dfrac{1}{2}$ を満たす $\alpha=1$ を用いて，$a_{n+1}-1=\dfrac{1}{2}(a_n-1)$ と変形できる。

ゆえに，数列 $\{a_n-1\}$ は初項 $a_1-1=1$，公比 $\dfrac{1}{2}$ の等比数列であるから

$$a_n-1=1\cdot\left(\frac{1}{2}\right)^{n-1} \quad すなわち \quad a_n=1+\left(\frac{1}{2}\right)^{n-1}$$

したがって $\quad \lim\limits_{n\to\infty}a_n=\lim\limits_{n\to\infty}\left\{1+\left(\dfrac{1}{2}\right)^{n-1}\right\}=\mathbf{1}$

◀隣接2項間漸化式 $a_{n+1}=pa_n+q$ において，a_n と a_{n+1} を α に置き換えた1次方程式 $\alpha=p\alpha+q$ を特性方程式ということがある。(数学B「数列」)

◀漸化式を解くときには，このように等比数列に帰着させることが多い。

Point...特性方程式の解と極限値

2直線 $y=\dfrac{1}{2}x+\dfrac{1}{2}$，$y=x$ を利用して，漸化式 $a_{n+1}=\dfrac{1}{2}a_n+\dfrac{1}{2}$ で定められた数列の極限を考えることができる。

① 直線 $y=\dfrac{1}{2}x+\dfrac{1}{2}$ 上に x 座標が a_n である点 P_n をとる。

P_n の y 座標は $\dfrac{1}{2}a_n+\dfrac{1}{2}$ すなわち a_{n+1}

② 次に，直線 $y=x$ 上に y 座標が a_{n+1} である点 Q_n をとる。Q_n の x 座標は a_{n+1}

③ ①，② を繰り返し，順に点 P_n，P_{n+1}，$\cdots$ をとると，P_n は2直線の交点Rに近づく。すなわち，a_n は点Rの x 座標1に近づくことが分かる。

練習 26 $a_1=1,\ a_{n+1}=\dfrac{1}{3}a_n+1\ (n=1,\ 2,\ 3,\ \cdots)$ で定められた数列 $\{a_n\}$ について，$\lim\limits_{n\to\infty}a_n$ を求めよ。

➡p.66 問題26

例題 27 漸化式と極限〔2〕…隣接3項間漸化式 ★★☆☆

$a_1 = \dfrac{2}{3}$，$a_2 = \dfrac{16}{9}$，$\underline{3a_{n+2} = 8a_{n+1} - 4a_n}$ $(n = 1,\ 2,\ 3,\ \cdots)$ で定められた数列 $\{a_n\}$ について，$\displaystyle\lim_{n\to\infty}\frac{a_n}{2^n}$ を求めよ。

思考のプロセス

数学B「数列」で学習した隣接3項間漸化式である。

«ReAction 漸化式 $a_{n+2}+pa_{n+1}+qa_n=0$ は，$x^2+px+q=0$ の解を利用せよ ◀ⅡB 例題 307

段階的に考える

Ⅰ．一般項 a_n を求める。

____より $a_{n+2}-\dfrac{8}{3}a_{n+1}+\dfrac{4}{3}a_n=0$ であり，特性方程式 $x^2-\dfrac{8}{3}x+\dfrac{4}{3}=0$ の解を

α，β とすると，____は $\begin{cases} a_{n+2}-\alpha a_{n+1}=\beta(a_{n+1}-\alpha a_n) \\ a_{n+2}-\beta a_{n+1}=\alpha(a_{n+1}-\beta a_n) \end{cases}$ ⟹ $a_n = (n$ の式$)$

Ⅱ．$\displaystyle\lim_{n\to\infty}\frac{a_n}{2^n}=\lim_{n\to\infty}(n$ の式$)$ を求める。

解 (ⅡB 307) 与えられた漸化式は $a_{n+2}-\dfrac{8}{3}a_{n+1}+\dfrac{4}{3}a_n=0$ であり，

これは $x^2-\dfrac{8}{3}x+\dfrac{4}{3}=0$ を満たす $x=\dfrac{2}{3}$，2 を用いて

$$a_{n+2}-\frac{2}{3}a_{n+1}=2\left(a_{n+1}-\frac{2}{3}a_n\right) \quad \cdots①$$

$$a_{n+2}-2a_{n+1}=\frac{2}{3}(a_{n+1}-2a_n) \quad \cdots②$$

◀漸化式 $a_{n+2}+pa_{n+1}+qa_n=0$ の特性方程式 $x^2+px+q=0$ の解を用いて等比数列に変形する。

① より，数列 $\left\{a_{n+1}-\dfrac{2}{3}a_n\right\}$ は初項 $a_2-\dfrac{2}{3}a_1=\dfrac{4}{3}$，公比 2 の等比数列であるから

$$a_{n+1}-\frac{2}{3}a_n=\frac{4}{3}\cdot 2^{n-1}=\frac{2^{n+1}}{3} \quad \cdots③$$

◀$a_2-\dfrac{2}{3}a_1=\dfrac{16}{9}-\dfrac{2}{3}\cdot\dfrac{2}{3}=\dfrac{4}{3}$

② より，数列 $\{a_{n+1}-2a_n\}$ は初項 $a_2-2a_1=\dfrac{4}{9}$，公比 $\dfrac{2}{3}$ の等比数列であるから

$$a_{n+1}-2a_n=\frac{4}{9}\cdot\left(\frac{2}{3}\right)^{n-1}=\left(\frac{2}{3}\right)^{n+1} \quad \cdots④$$

◀$a_2-2a_1=\dfrac{16}{9}-2\cdot\dfrac{2}{3}=\dfrac{4}{9}$

③ − ④ より

$$\frac{4}{3}a_n=\frac{2^{n+1}(3^n-1)}{3^{n+1}} \quad \text{すなわち} \quad a_n=\frac{2^{n-1}(3^n-1)}{3^n}$$

◀③，④ より，a_{n+1} を消去する。

したがって $\displaystyle\lim_{n\to\infty}\frac{a_n}{2^n}=\lim_{n\to\infty}\frac{3^n-1}{2\cdot 3^n}=\lim_{n\to\infty}\frac{1}{2}\left\{1-\left(\frac{1}{3}\right)^n\right\}=\boldsymbol{\frac{1}{2}}$

練習 27 $a_1=2$，$a_2=3$，$a_{n+2}=2a_{n+1}+3a_n$ $(n=1,\ 2,\ 3,\ \cdots)$ で定められた数列 $\{a_n\}$ について，$\displaystyle\lim_{n\to\infty}\frac{a_n}{3^n}$ を求めよ。

➡p.66 問題27

例題 28 漸化式と極限〔3〕…連立漸化式 ★★★☆

$a_1=2,\ b_1=4,\ \text{㋐}\ a_{n+1}=3a_n+b_n,\ \text{㋑}\ b_{n+1}=2a_n+2b_n\ (n=1,\ 2,\ 3,\ \cdots)$
で定められた 2 つの数列 $\{a_n\}$, $\{b_n\}$ がある。

(1) 一般項 a_n, b_n を求めよ。　　(2) $\displaystyle\lim_{n\to\infty}\frac{a_n+b_n}{4^n}$ を求めよ。

思考のプロセス

係数が対称でない連立漸化式である。

« ReAction 連立漸化式は，$a_{n+1}+\alpha b_{n+1}=\beta(a_n+\alpha b_n)$ と変形せよ ◀ⅡB 例題 311

(1) **既知の問題に帰着**

$a_{n+1}+\alpha b_{n+1}=\beta(a_n+\alpha b_n)$ を満たす α, β の組を求める。
↓㋐, ㋑を代入↓
$(\qquad)a_n+(\qquad)b_n=\beta a_n+\alpha\beta b_n$ を係数比較

解 ⅡB 311

(1) 漸化式を $a_{n+1}+\alpha b_{n+1}=\beta(a_n+\alpha b_n)$ とおくと

$$a_{n+1}+\alpha b_{n+1}=\beta a_n+\alpha\beta b_n \quad \cdots①$$

与えられた 2 つの漸化式より

$$a_{n+1}+\alpha b_{n+1}=3a_n+b_n+\alpha(2a_n+2b_n)$$
$$=(3+2\alpha)a_n+(1+2\alpha)b_n \quad \cdots②$$

①, ② より　$\beta a_n+\alpha\beta b_n=(3+2\alpha)a_n+(1+2\alpha)b_n$

これがすべての n について成り立つための条件は

$$\beta=3+2\alpha,\ \alpha\beta=1+2\alpha$$

これを解くと　$\alpha=\dfrac{1}{2},\ \beta=4$ または $\alpha=-1,\ \beta=1$

◀ $\beta=3+2\alpha$ を代入すると
$\alpha(3+2\alpha)=1+2\alpha$
$2\alpha^2+\alpha-1=0$
$(2\alpha-1)(\alpha+1)=0$
よって　$\alpha=\dfrac{1}{2},\ -1$

(ア) $\alpha=\dfrac{1}{2},\ \beta=4$ のとき

$$a_{n+1}+\frac{1}{2}b_{n+1}=4\left(a_n+\frac{1}{2}b_n\right)$$

数列 $\left\{a_n+\dfrac{1}{2}b_n\right\}$ は初項 $a_1+\dfrac{1}{2}b_1=4$, 公比 4 の等比数列であるから　$a_n+\dfrac{1}{2}b_n=4\cdot4^{n-1}=4^n \quad \cdots③$

(イ) $\alpha=-1,\ \beta=1$ のとき

$$a_{n+1}-b_{n+1}=a_n-b_n=\cdots=a_1-b_1=-2 \quad \cdots④$$

③, ④ より　$\boldsymbol{a_n=\dfrac{2}{3}(4^n-1),\ b_n=\dfrac{2}{3}(4^n+2)}$

◀ ④ より　$a_n-b_n=-2$
③ からこの式を辺々引くと　$\dfrac{3}{2}b_n=4^n+2$

(2) $\displaystyle\lim_{n\to\infty}\frac{a_n+b_n}{4^n}=\lim_{n\to\infty}\left(\frac{4}{3}+\frac{2}{3\cdot4^n}\right)=\boldsymbol{\frac{4}{3}}$

◀ $a_n+b_n=\dfrac{4}{3}\cdot4^n+\dfrac{2}{3}$

◀ 等比数列をつくることを考える。

練習 28 $a_1=2,\ b_1=1,\ a_{n+1}=a_n-8b_n,\ b_{n+1}=a_n+7b_n\ (n=1,\ 2,\ 3,\ \cdots)$ で定められた 2 つの数列 $\{a_n\}$, $\{b_n\}$ がある。

(1) 一般項 a_n, b_n を求めよ。　　(2) $\displaystyle\lim_{n\to\infty}\frac{a_n}{b_n}$ を求めよ。

⇒p.66 問題28

例題 29 漸化式と極限〔4〕…分数型漸化式 ★★★☆

$a_1=5,\ a_{n+1}=\dfrac{5a_n-16}{a_n-3}$ $(n=1,\ 2,\ 3,\ \cdots)$ で定められた数列 $\{a_n\}$ について，次の問に答えよ。

(1) $b_n=a_n-4$ とおくとき，b_{n+1} を b_n を用いて表せ。

(2) $\lim\limits_{n\to\infty}a_n$ を求めよ。

思考のプロセス

既知の問題に帰着

(1) $a_{n+1}=\dfrac{5a_n-16}{a_n-3}$ ―― $b_n=a_n-4$ とおく ⟹ $b_{n+1}=$ □（b_n の式）

$\left(\begin{array}{l}a_n=b_n+4\\ a_{n+1}=b_{n+1}+4\end{array}\right)$

«ReAction 漸化式 $a_{n+1}=\dfrac{ra_n+s}{pa_n+q}$ は，$b_n=a_n-\alpha$ とおいて $b_{n+1}=\dfrac{rb_n}{pb_n+t}$ とせよ ◀ⅡB 例題 305

(2) **«ReAction 漸化式 $b_{n+1}=\dfrac{rb_n}{pb_n+q}$ は，逆数をとれ** ◀ⅡB 例題 299

! 逆数をとるために，$b_n\neq 0$ を示しておく必要がある。

解 ⅡB 305

(1) $b_n=a_n-4$ より　$a_n=b_n+4,\ a_{n+1}=b_{n+1}+4$

これらを与えられた漸化式に代入すると，

$b_{n+1}+4=\dfrac{5(b_n+4)-16}{(b_n+4)-3}$ となり $\boldsymbol{b_{n+1}=\dfrac{b_n}{b_n+1}}$ …①

◀ $b_{n+1}=\dfrac{5b_n+4}{b_n+1}-4$

(2) $b_1=a_1-4=1>0$ であるから　$b_n>0$

ゆえに，$b_n\neq 0$ より，① の両辺の逆数をとると

$$\frac{1}{b_{n+1}}=\frac{b_n+1}{b_n}\quad すなわち\quad \frac{1}{b_{n+1}}=\frac{1}{b_n}+1$$

◀ ! $b_{n+1}=\dfrac{b_n}{b_n+1}$ において $b_n>0$ ならば $b_{n+1}>0$ $b_1>0$ より $b_n>0$ $(n=1,\ 2,\ 3,\ \cdots)$

よって，数列 $\left\{\dfrac{1}{b_n}\right\}$ は初項 $\dfrac{1}{b_1}=1$，公差 1 の等差数列

であるから　$\dfrac{1}{b_n}=n$　すなわち　$b_n=\dfrac{1}{n}$

◀ $\dfrac{1}{b_n}=1+(n-1)\cdot 1=n$

$a_n=4+\dfrac{1}{n}$ より　$\lim\limits_{n\to\infty}a_n=\lim\limits_{n\to\infty}\left(4+\dfrac{1}{n}\right)=4$

Point…分数型漸化式と極限値

一般に，$\lim\limits_{n\to\infty}a_n$ が α に収束するとき，$\lim\limits_{n\to\infty}a_{n+1}$ も α に収束する。

例題 29 では，与えられた漸化式より $n\to\infty$ のとき $\alpha=\dfrac{5\alpha-16}{\alpha-3}$ が成り立ち，これを解くと $\alpha=4$ であるから，a_n-4 は $n\to\infty$ のとき 0 に収束することが予想される。これより，$b_n=a_n-4$ とおいて $\lim\limits_{n\to\infty}a_n$ を考える。

練習 29　$a_1=1,\ a_{n+1}=\dfrac{a_n-2}{a_n+4}$ $(n=1,\ 2,\ 3,\ \cdots)$ で定められた数列 $\{a_n\}$ について

(1) $b_n=a_n+1$ とおくとき，一般項 a_n を求めよ。

(2) $\lim\limits_{n\to\infty}a_n$ を求めよ。

➡p.66 問題29

頻出
★★★☆

例題 30 確率漸化式と極限

箱 A, B があり，その両方に白球，赤球が 1 個ずつ入っている。2 つの箱から同時に球を 1 個ずつ取り出し，それぞれ取り出した箱とは異なる箱に入れる操作を繰り返す。この操作を n 回繰り返したとき，箱 A に白球が 1 個だけ入っている確率を p_n とする。

(1) p_1 を求めよ。　　　(2) p_{n+1} を p_n を用いて表せ。

(3) $\lim_{n\to\infty} p_n$ を求めよ。

思考のプロセス

図で考える

(1)
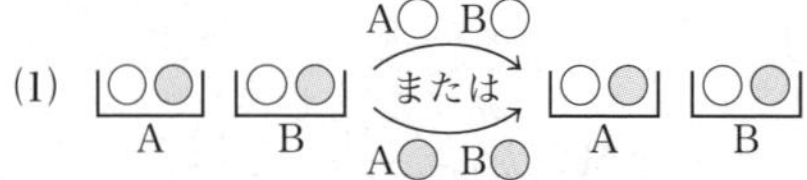

(2) «ReAction 繰り返し行う操作は，n 番目と $(n+1)$ 番目の関係式をつくれ ◀IIB 例題 313

操作 n 回後の状態すべてに対して，操作 $(n+1)$ 回後に，箱 A に白球が 1 個となるような球の取り出し方を考える。

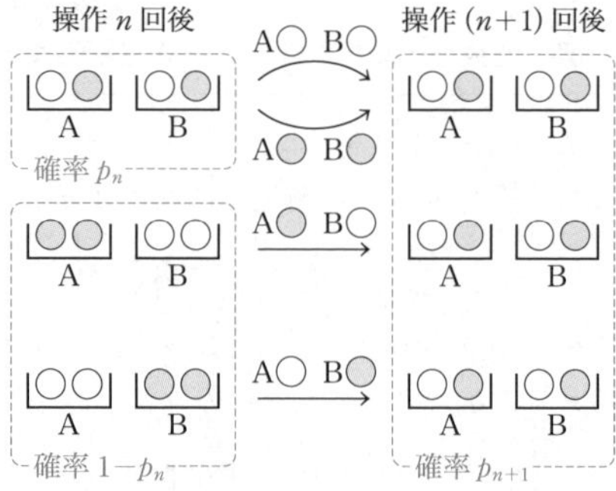

解 (1) 1 回の操作の後に，箱 A に白球が 1 個だけあるのは

(ア) 箱 A から白球を取り出し，箱 B から白球を取り出すとき　$\dfrac{1}{2}\times\dfrac{1}{2}=\dfrac{1}{4}$

(イ) 箱 A から赤球を取り出し，箱 B から赤球を取り出すとき　$\dfrac{1}{2}\times\dfrac{1}{2}=\dfrac{1}{4}$

(ア), (イ) は互いに排反であるから，確率の加法定理により

$$p_1=\frac{1}{4}+\frac{1}{4}=\mathbf{\frac{1}{2}}$$

IIB 317 (2) $(n+1)$ 回の操作の後に箱 A に白球が 1 個だけあるのは，次の 2 つの場合がある。

(ア) n 回の操作の後に箱 A に白球が 1 個だけあり，$(n+1)$ 回目に同じ色の球を取り出すとき

(1) より　　$p_n\times\dfrac{1}{2}=\dfrac{1}{2}p_n$

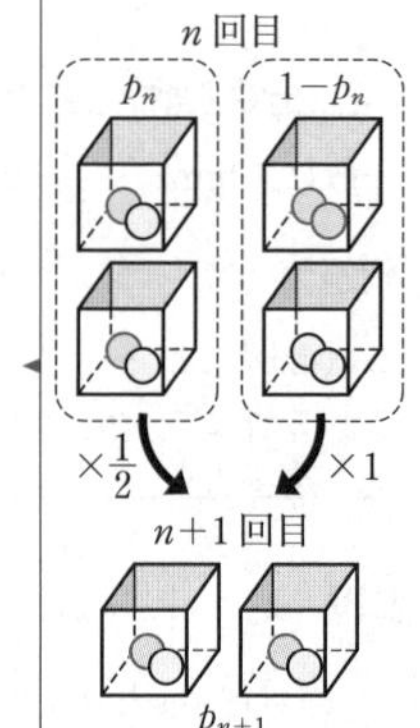

(イ) n 回の操作の後に箱 A に白球が 0 個または 2 個だけあるとき，$(n+1)$ 回目の操作でどのように球を取り出しても，箱 A の白球は 1 個だけになる。

よって　$(1-p_n)\times 1=1-p_n$

◀ n 回の操作の後に，箱 A に白球が 0 個または 2 個だけある確率は，白球が 1 個だけである事象の余事象であるから　$1-p_n$

(ア), (イ) は互いに排反であるから

$$p_{n+1}=\frac{1}{2}p_n+(1-p_n)$$

すなわち　$\boldsymbol{p_{n+1}=-\frac{1}{2}p_n+1}$　…①

(3) 漸化式 ① は，$\alpha=-\frac{1}{2}\alpha+1$ を満たす $\alpha=\frac{2}{3}$ を用いて，次のように変形される。

$$p_{n+1}-\frac{2}{3}=-\frac{1}{2}\left(p_n-\frac{2}{3}\right)$$

ゆえに，数列 $\left\{p_n-\frac{2}{3}\right\}$ は

初項 $p_1-\frac{2}{3}=\frac{1}{2}-\frac{2}{3}=-\frac{1}{6}$，公比 $-\frac{1}{2}$ の等比数列

であるから　$p_n-\frac{2}{3}=-\frac{1}{6}\cdot\left(-\frac{1}{2}\right)^{n-1}$

すなわち　$p_n=\frac{1}{3}\cdot\left(-\frac{1}{2}\right)^n+\frac{2}{3}$

したがって　$\boldsymbol{\lim_{n\to\infty}p_n=\frac{2}{3}}$

◀ $\lim_{n\to\infty}\left(-\frac{1}{2}\right)^n=0$

Point…n 回繰り返す試行の確率

n 回目に A が起こる確率 p_n は，次の手順で求める。

① 初項 p_1 を求める。

② p_{n+1} と p_n の関係から漸化式をつくる。

(ア) n 回目に A が起こり，$(n+1)$ 回目も A が起こるとき　$p_n\times\alpha$

(イ) n 回目に A が起こらず，$(n+1)$ 回目に A が起こるとき　$(1-p_n)\times\beta$

(ア), (イ) は互いに排反であるから

$$p_{n+1}=\alpha p_n+\beta(1-p_n)$$

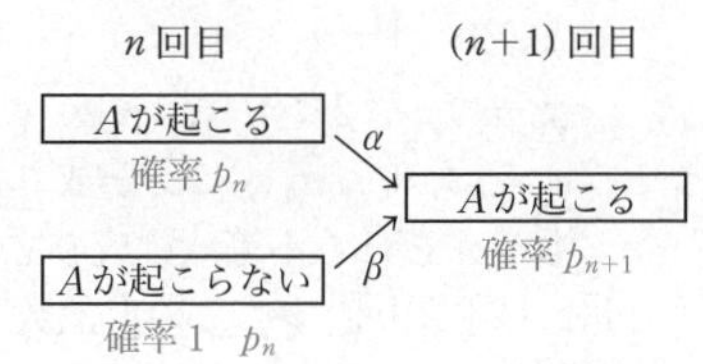

③ ①, ② から漸化式を解いて，p_n を求める。

練習 30 さいころを n 回投げたとき，1 の目の出る回数が奇数である確率を p_n とする。

(1) p_{n+1} を p_n を用いて表せ。　(2) p_n を n の式で表せ。

(3) $\lim_{n\to\infty}p_n$ を求めよ。

➡p.66 問題30

例題 31　複雑な漸化式と極限〔1〕　★★★★

数列 $\{a_n\}$ が $0 < a_1 < 3$, $a_{n+1} = 1 + \sqrt{1 + a_n}$　$(n = 1, 2, 3, \cdots)$ で定義されているとき

(1)　$0 < a_n < 3$ が成り立つことを示せ。

(2)　$3 - a_{n+1} < \dfrac{1}{3}(3 - a_n)$ が成り立つことを示せ。

(3)　$\displaystyle\lim_{n \to \infty} a_n$ を求めよ。　(神戸大　改)

思考のプロセス

(1)　漸化式から一般項 a_n を求めることができない。 → 直接 $0 < a_n < 3$ は示しにくい。

⟹ 自然数 n についての命題であるから，**数学的帰納法**の利用を考える。

(2)　$3 - a_{n+1} = 3 - (1 + \sqrt{1 + a_n}) = 2 - \sqrt{1 + a_n}$

$$= \cdots = \boxed{}(3 - a_n) < \frac{1}{3}(3 - a_n)$$

目標の言い換え　$\boxed{} < \dfrac{1}{3}$ を示す。

(3)　一般項 a_n が求められないから，直接極限値も求めにくい。

« ReAction　直接求めにくい極限値は，はさみうちの原理を用いよ　◀例題 25

前問の結果の利用　(2) で示した a_n を含む不等式を利用

$$3 - a_n < \frac{1}{3}(3 - a_{n-1})$$
$$< \frac{1}{3} \cdot \frac{1}{3}(3 - a_{n-2})$$
$$< \cdots < \boxed{}(3 - a_1)$$

(2) の不等式を繰り返し用いる。

解 (1)　[1]　$n = 1$ のとき，条件より $0 < a_1 < 3$ であるから，与えられた不等式は成り立つ。

◀ 数学的帰納法を用いて証明する。

[2]　$n = k$ のとき，$0 < a_k < 3$ が成り立つと仮定すると，$1 < 1 + a_k < 4$ より　$1 < \sqrt{1 + a_k} < 2$

◀ 各辺の平方根をとる。

よって　$2 < 1 + \sqrt{1 + a_k} < 3$

ゆえに，$0 < a_{k+1} < 3$ が成り立ち，$n = k + 1$ のときも与えられた不等式は成り立つ。

◀ $a_{k+1} = 1 + \sqrt{1 + a_k}$

[1]，[2] より，すべての自然数 n に対して，$0 < a_n < 3$ が成り立つ。

(2)　与えられた漸化式より

$$3 - a_{n+1} = 3 - \left(1 + \sqrt{1 + a_n}\right)$$
$$= 2 - \sqrt{1 + a_n}$$
$$= \frac{\left(2 - \sqrt{1 + a_n}\right)\left(2 + \sqrt{1 + a_n}\right)}{2 + \sqrt{1 + a_n}}$$
$$= \frac{4 - (1 + a_n)}{2 + \sqrt{1 + a_n}}$$

◀ ❗分子を有理化する。

$$= \frac{1}{2+\sqrt{1+a_n}}(3-a_n) \quad \cdots ①$$

ここで，(1) より $0 < a_n < 3$ が成り立つから

$$1 < \sqrt{1+a_n} < 2$$

ゆえに　$3 < 2+\sqrt{1+a_n} < 4$

よって　$\frac{1}{4} < \frac{1}{2+\sqrt{1+a_n}} < \frac{1}{3} \quad \cdots ②$

また，$a_n < 3$ より $3-a_n > 0$ であるから，② より

$$\frac{1}{2+\sqrt{1+a_n}}(3-a_n) < \frac{1}{3}(3-a_n) \quad \cdots ③$$

したがって，①，③ より　$3-a_{n+1} < \frac{1}{3}(3-a_n)$

◀ $\frac{1}{2+\sqrt{1+a_n}} < \frac{1}{3}$ が成り立つことを示す。

(3)　(2) より，$n \geqq 2$ のとき

例題 19

$$0 < 3-a_n < \frac{1}{3}(3-a_{n-1}) < \cdots < \left(\frac{1}{3}\right)^{n-1}(3-a_1)$$

ここで，$\lim_{n\to\infty}\left(\frac{1}{3}\right)^{n-1}(3-a_1) = 0$ であるから

はさみうちの原理より　$\lim_{n\to\infty}(3-a_n) = 0$

したがって　$\boldsymbol{\lim_{n\to\infty} a_n = 3}$

◀ $\lim_{n\to\infty} a_n = \lim_{n\to\infty}\{3-(3-a_n)\}$
$= 3-0 = 3$
$x=3$ は曲線 $y = 1+\sqrt{1+x}$ と直線 $y=x$ の交点の x 座標である。
例題 26 Point 参照。

Point...漸化式で表された数列の極限を求める手順

漸化式 $a_{n+1} = f(a_n)$ から一般項 a_n を n の式で表すことができない数列の極限は，はさみうちの原理を用いて，次の手順で求めることができる。

① $n = 1, 2, 3, \cdots$ に対して，$\alpha < a_n < \beta$ が成り立つことを示す。

(ア) 数学的帰納法を用いる。(例題 31)

(イ) 相加平均，相乗平均の関係を用いる。(例題 32 **〔別解〕**)

(ウ) 関数 $y = f(x)$ の y のとり得る値の範囲を調べる。

② $0 < r < 1$ を満たす定数 r があって，$n = 1, 2, 3, \cdots$ に対して

$$0 < a_{n+1}-\alpha < r(a_n-\alpha) \quad \text{または} \quad 0 < \beta - a_{n+1} < r(\beta - a_n)$$

が成り立つことを示す。

③ ② で考えた不等式を繰り返し用いて

$$0 < a_n-\alpha < r^{n-1}(a_1-\alpha) \quad \text{または} \quad 0 < \beta - a_n < r^{n-1}(\beta - a_1)$$

を導く。

④ はさみうちの原理より，$\lim_{n\to\infty} a_n$ を求める。

$$\lim_{n\to\infty}(a_n-\alpha) = 0 \Longleftrightarrow \lim_{n\to\infty} a_n = \alpha \quad \text{または} \quad \lim_{n\to\infty}(\beta-a_n) = 0 \Longleftrightarrow \lim_{n\to\infty} a_n = \beta$$

練習 31　数列 $\{a_n\}$ を，$1 < a_1 < 2$，$a_{n+1} = \sqrt{3a_n-2}$ $(n = 1, 2, 3, \cdots)$ で定める。

(1) $a_1 \leqq a_n < 2$ が成り立つことを示せ。

(2) $0 < 2-a_{n+1} \leqq \frac{3}{2+\sqrt{3a_1-2}}(2-a_n)$ であることを示せ。

(3) $\lim_{n\to\infty} a_n$ を求めよ。　(信州大)

➡p.67 問題31

D ★★★★

例題 32　複雑な漸化式と極限〔2〕

関数 $f(x)=x^2-2$ において，曲線 $y=f(x)$ 上の点 $(x_n,\ f(x_n))$ における接線が x 軸と交わる点の x 座標を x_{n+1} とする。$x_1=2$ とし，このようにして，x_1 から順に x_2，x_3，x_4，$\cdots$ を定める。

(1)　x_{n+1} を x_n を用いて表せ。

(2)　$\sqrt{2}<x_{n+1}<x_n$ であることを示せ。

(3)　$x_{n+1}-\sqrt{2}<\dfrac{1}{2}\left(x_n-\sqrt{2}\right)$ であることを示せ。

(4)　$\displaystyle\lim_{n\to\infty}x_n$ を求めよ。

思考のプロセス

目標の言い換え

(2)　$\underset{㋐}{\sqrt{2}<x_{n+1}}<\underset{㋑}{x_n}$ を示す。

㋐の証明

→〔解答〕
すべての n に対して成り立つことを示すから，$\sqrt{2}<x_n$ を示してもよい。
一般項 x_n を求めることができない。
⟹ 自然数 n についての命題であるから，**数学的帰納法**の利用を考える。

→〔別解〕
(1)より $x_{n+1}=\dfrac{x_n}{2}+\dfrac{1}{x_n}>\sqrt{2}$ を示したい。
相加・相乗平均の関係を利用したい形

❗ $\dfrac{x_n}{2}+\dfrac{1}{x_n}\geqq 2\sqrt{\dfrac{x_n}{2}\cdot\dfrac{1}{x_n}}=\sqrt{2}$

↑ 等号が成り立たないことを示さなければならない。

㋑の証明

$x_n-x_{n+1}=x_n-\dfrac{{x_n}^2+2}{2x_n}>0$ を示す。

(3)　$x_{n+1}-\sqrt{2}=\dfrac{{x_n}^2+2}{2x_n}-\sqrt{2}=\cdots=\boxed{}(x_n-\sqrt{2})<\dfrac{1}{2}(x_n-\sqrt{2})$

⟹ $\boxed{}<\dfrac{1}{2}$ を示す。

(4)　一般項 x_n が求められないから，直接極限値を求めにくい。

«ReAction　直接求めにくい極限値は，はさみうちの原理を用いよ ◀例題 25

解 (1)　$f(x)=x^2-2$ より　　$f'(x)=2x$

曲線上の点 $(x_n,\ f(x_n))$ における接線の方程式は

$$y-f(x_n)=f'(x_n)(x-x_n)$$

すなわち　　$y-({x_n}^2-2)=2x_n(x-x_n)$

この直線が点 $(x_{n+1},\ 0)$ を通るから

$$-{x_n}^2+2=2x_n(x_{n+1}-x_n)$$

よって　　$2x_nx_{n+1}={x_n}^2+2$

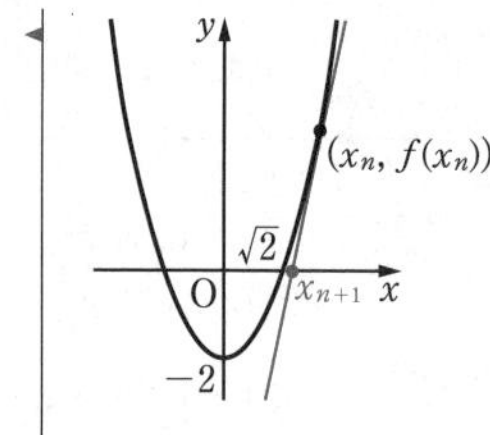

$x_n \neq 0$ であるから　　$\boldsymbol{x_{n+1} = \dfrac{x_n{}^2+2}{2x_n}}$　　…①

(2)　まず，$x_n > \sqrt{2}$ を示す。

[1]　$n=1$ のとき，$x_1 = 2 > \sqrt{2}$ より成り立つ。

[2]　$n=k$ のとき，$x_k > \sqrt{2}$ が成り立つと仮定すると，

① より

$$x_{k+1} - \sqrt{2} = \frac{x_k{}^2+2}{2x_k} - \sqrt{2} = \frac{x_k{}^2 - 2\sqrt{2}\,x_k + 2}{2x_k} = \frac{\left(x_k - \sqrt{2}\right)^2}{2x_k} > 0$$

よって，$x_{k+1} > \sqrt{2}$ となり，$n = k+1$ のときも成り立つ。

[1]，[2] より　　$x_n > \sqrt{2}$　　$(n = 1, 2, 3, \cdots)$

次に，① より

$$x_n - x_{n+1} = x_n - \frac{x_n{}^2+2}{2x_n} = \frac{x_n{}^2-2}{2x_n}$$

ここで，$x_n > \sqrt{2}$ より　　$x_n{}^2 - 2 > 0$

よって　　$x_n - x_{n+1} > 0$　すなわち　$x_n > x_{n+1}$

したがって　　$\sqrt{2} < x_{n+1} < x_n$

〔別解〕　($x_{n+1} > \sqrt{2}$ の証明)

① より　　$x_{n+1} = \dfrac{x_n{}^2+2}{2x_n} = \dfrac{x_n}{2} + \dfrac{1}{x_n}$

ここで，$x_1 = 2 > 0$ であるから $x_2 > 0$ であり，同様に繰り返すことにより，すべての自然数 n に対して

$x_n > 0$

よって，相加平均と相乗平均の関係より

$$x_{n+1} = \frac{x_n}{2} + \frac{1}{x_n} \geqq 2\sqrt{\frac{x_n}{2}\cdot\frac{1}{x_n}} = \sqrt{2}\quad \cdots ②$$

これは，$\dfrac{x_n}{2} = \dfrac{1}{x_n}$ すなわち $x_n{}^2 = 2$ であり，

$x_n > 0$ より $x_n = \sqrt{2}$ のとき等号成立。

ところが，ある自然数 n $(n \geqq 2)$ について $x_n = \sqrt{2}$ が

成り立つと仮定すると　　$\sqrt{2} = \dfrac{x_{n-1}{}^2+2}{2x_{n-1}}$

すなわち　　$x_{n-1}{}^2 - 2\sqrt{2}\,x_{n-1} + 2 = 0$

$\left(x_{n-1} - \sqrt{2}\right)^2 = 0$ より　　$x_{n-1} = \sqrt{2}$

同様に，$x_{n-1} = \sqrt{2}$ であれば　　$x_{n-2} = \sqrt{2}$

よって

$$x_n = x_{n-1} = x_{n-2} = \cdots = x_2 = x_1 = \sqrt{2}$$

◀ $x_n{}^2 + 2 > 0$ より $x_n x_{n+1} > 0$ よって　$x_n \neq 0$

◀ 数学的帰納法を用いる。

◀ 一般に $\left(x_k - \sqrt{2}\right)^2 \geqq 0$ が成り立つが，仮定より $x_k > \sqrt{2}$ であるから $\left(x_k - \sqrt{2}\right)^2 > 0$

◀ これより，$x_{n+1} > \sqrt{2}$ もいえる。

◀ ❗$x_n > \sqrt{2}$ より $x_n{}^2 > 2$

◀ ❗相加平均と相乗平均の関係を用いるために，$x_n > 0$ を示しておく。

1章 2 数列の極限

これは，$x_1=2$ に矛盾するから　　$x_n \neq \sqrt{2}$

したがって，② において等号は成り立たないから

$$x_{n+1} > \sqrt{2}$$

(3) (2) より

$$x_{n+1}-\sqrt{2}=\frac{(x_n-\sqrt{2})^2}{2x_n}=\frac{x_n-\sqrt{2}}{2x_n}(x_n-\sqrt{2})$$

ここで，$x_n > \sqrt{2} > 0$ であるから

$$\frac{x_n-\sqrt{2}}{2x_n}=\frac{1}{2}-\frac{\sqrt{2}}{2x_n}<\frac{1}{2}$$

◀ $x_n>0$ より $\dfrac{\sqrt{2}}{2x_n}>0$

よって　　$\dfrac{x_n-\sqrt{2}}{2x_n}(x_n-\sqrt{2})<\dfrac{1}{2}(x_n-\sqrt{2})$

したがって　　$x_{n+1}-\sqrt{2}<\dfrac{1}{2}(x_n-\sqrt{2})$

例題19

(4) (3) より，$n \geqq 2$ のとき

$$x_n-\sqrt{2}<\frac{1}{2}(x_{n-1}-\sqrt{2})<\left(\frac{1}{2}\right)^2(x_{n-2}-\sqrt{2})$$
$$<\cdots$$
$$<\left(\frac{1}{2}\right)^{n-1}(x_1-\sqrt{2})=\left(\frac{1}{2}\right)^{n-1}(2-\sqrt{2})$$

◀ $x_{n+1}-\sqrt{2}<\dfrac{1}{2}(x_n-\sqrt{2})$ を繰り返す。

よって　　$0<x_n-\sqrt{2}<\left(\dfrac{1}{2}\right)^{n-1}(2-\sqrt{2})$

◀ $x_n>\sqrt{2}$ より $x_n-\sqrt{2}>0$

ここで，$\displaystyle\lim_{n\to\infty}\left(\frac{1}{2}\right)^{n-1}(2-\sqrt{2})=0$ であるから，

はさみうちの原理より　　$\displaystyle\lim_{n\to\infty}(x_n-\sqrt{2})=0$

したがって　　$\boldsymbol{\displaystyle\lim_{n\to\infty}x_n=\sqrt{2}}$

Point...ニュートン法

接線 $y-f(x_n)=f'(x_n)(x-x_n)$ $(f'(x_n)\neq 0)$ において

$x=x_{n+1}$，$y=0$ とすると　　$x_{n+1}=x_n-\dfrac{f(x_n)}{f'(x_n)}$

適切な値を x_1 とすると，この漸化式で定まる数列 $\{x_n\}$ は，

方程式 $f(x)=0$ の解 α に収束する。

このように，接線を利用して方程式の解の近似値を求める

方法を **ニュートン法** という。

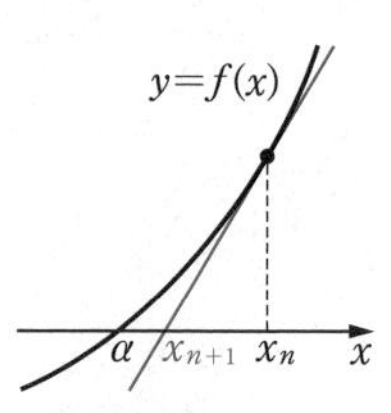

練習32 数列 $\{a_n\}$ を，$a_1>\sqrt{5}$，$a_{n+1}=\dfrac{1}{2}\left(a_n+\dfrac{5}{a_n}\right)$ $(n=1,\ 2,\ 3,\ \cdots)$ で定める。

(1) $\sqrt{5}<a_{n+1}<a_n$ であることを示せ。

(2) $a_{n+1}-\sqrt{5}<\dfrac{1}{2}(a_n-\sqrt{5})$ であることを示せ。

(3) $\displaystyle\lim_{n\to\infty}a_n$ を求めよ。

➡p.67 問題32

数列の極限

14 ★☆☆☆ 次の極限値を求めよ。

(1) $\lim_{n\to\infty}\left(1-\frac{1}{2}\right)\left(1-\frac{1}{3}\right)\cdots\left(1-\frac{1}{n}\right)$　(2) $\lim_{n\to\infty}\left(1-\frac{1}{2^2}\right)\left(1-\frac{1}{3^2}\right)\cdots\left(1-\frac{1}{n^2}\right)$

15 ★☆☆☆ 数列 $\left\{5+(-1)^n\frac{n(n+2)}{n^2+1}\right\}$ の極限を調べよ。

16 ★★☆☆ 数列 $\{\sqrt{3n^2+2n+1}+an\}$ が収束するように定数 a の値を定めよ。また，そのときの数列の極限値を求めよ。

17 ★★☆☆ 数列 $\{a_n\}$, $\{b_n\}$ において，次の命題の真偽をいえ。

(1) $\lim_{n\to\infty}a_n=\infty$, $\lim_{n\to\infty}b_n=\infty$ ならば $\lim_{n\to\infty}(a_n-b_n)=0$

(2) $\lim_{n\to\infty}(a_n+b_n)=0$, $\lim_{n\to\infty}(a_n-b_n)=0$ ならば $\lim_{n\to\infty}a_n=\lim_{n\to\infty}b_n=0$

18 ★★☆☆ $\lim_{n\to\infty}(pn^2+n+q)a_n=p+1$ のとき，数列 $\{n^2a_n\}$ の極限を求めよ。

19 ★★☆☆ 極限値 $\lim_{n\to\infty}\frac{1}{2n-1}(n+\sin n\theta)$ を求めよ。

20 ★★☆☆ n を自然数とする。$h>0$ として，$(1+h)^n\geqq 1+nh+\frac{n(n-1)}{2}h^2$ を証明し，$0<x<1$ のとき，数列 $\{nx^n\}$ が 0 に収束することを示せ。（茨城大）

21 ★☆☆☆ 第 n 項が次の式で表される数列の極限を調べよ。

(1) $\frac{2+3^{n+1}}{(-5)^n+3^n}$　(2) $\frac{2a^n+3b^n}{a^n+b^n}$（ただし，$a>b>0$）

22 ★★☆☆ 数列 $\{\tan^{n-1}x\}$ が収束するとき，実数 x のとり得る値の範囲を定めよ。ただし，$-\frac{\pi}{2}<x<\frac{\pi}{2}$ とする。

23 ★★☆☆ 数列 $\left\{\frac{r^{n-1}-3^{n+1}}{r^n+3^{n-1}}\right\}$ の極限を調べよ。ただし，r は正の定数とする。

24 ★★★☆ $a>0$，$b>0$ のとき，数列 $\left\{\dfrac{a^{n+1}+b^n}{a^n+b^{n+1}}\right\}$ の極限を調べよ。

25 ★★★☆ $a_n=\displaystyle\sum_{k=1}^{n}\frac{1}{n^2+k}$ について，$a_n<\dfrac{1}{n}$ を示し，$\displaystyle\lim_{n\to\infty}a_n$ を求めよ。

26 ★★☆☆ $p\neq 0$，$p\neq\pm1$ とする。$a_1=1$，$a_{n+1}=pa_n+p^{-n}$ $(n=1,\ 2,\ 3,\ \cdots)$ で定義される数列がある。

(1) a_n を求めよ。　(2) $\displaystyle\lim_{n\to\infty}\frac{a_{n+1}}{a_n}$ を求めよ。　(北海道大)

27 ★★★☆ $a_1=1$，$a_2=2$，$a_{n+2}=\sqrt{a_na_{n+1}}$ $(n=1,\ 2,\ 3,\ \cdots)$ で定められた数列 $\{a_n\}$ について

(1) a_n を n を用いて表せ。　(2) $\displaystyle\lim_{n\to\infty}a_n$ を求めよ。

28 ★★★☆ $a_1=3$，$b_1=1$，$a_{n+1}=3a_n+b_n$，$b_{n+1}=a_n+3b_n$ $(n=1,\ 2,\ 3,\ \cdots)$ で定められた 2 つの数列 $\{a_n\}$，$\{b_n\}$ がある。

(1) 一般項 a_n，b_n を求めよ。　(2) $\displaystyle\lim_{n\to\infty}\frac{a_n}{b_n}$ を求めよ。

29 ★★★☆ 数列 $\{x_n\}$ が $x_1=a$，$x_n=\dfrac{bx_{n+1}}{1-x_{n+1}}$ $(n=1,\ 2,\ 3,\ \cdots)$ で与えられている。ただし，a と b は正の定数とする。

(1) 一般項 x_n を求めよ。　(2) $\displaystyle\lim_{n\to\infty}x_n$ を求めよ。　(九州大)

30 ★★★☆ 1 から 6 までの目が同じ確率で出るさいころを使うものとして，次の問に答えよ。

(1) 4 個のさいころを同時に投げるとき，$aabb$ というように同じ目がちょうど 2 個ずつ出る確率を求めよ。ここで，a と b は互いに異なる 1 から 6 までの目を表す。

(2) $n=4,\ 5,\ 6,\ \cdots$ として，n 個のさいころを同時に投げる。このとき，少なくとも $(n-2)$ 個のさいころで同じ目が出る確率 p_n を求めよ。また，$\displaystyle\lim_{n\to\infty}\frac{p_{n+1}}{p_n}$ を求めよ。

31 ★★★★ 数列 $\{a_n\}$ を，$1 < a_1 \leqq \dfrac{4}{3}$，$a_{n+1} = \dfrac{1}{6}a_n{}^3 - a_n{}^2 + \dfrac{11}{6}a_n$ $(n = 1, 2, 3, \cdots)$ で定める。

(1) すべての自然数 n について，$1 < a_n \leqq \dfrac{4}{3}$ であることを示せ。

(2) $\displaystyle\lim_{n\to\infty} a_n$ を求めよ。

32 ★★★★ 関数 $f(x) = x^3 - 2$ において，数列 $\{x_n\}$ を $x_{n+1} = x_n - \dfrac{f(x_n)}{f'(x_n)}$ で定める。ただし，$x_1 > 0$ とする。

(1) $n \geqq 2$ のとき，$x_n \geqq \sqrt[3]{2}$ が成り立つことを示せ。

(2) $n \geqq 2$ のとき，$x_{n+1} - \sqrt[3]{2} \leqq \dfrac{2}{3}\left(x_n - \sqrt[3]{2}\right)$ を示し，$\displaystyle\lim_{n\to\infty} x_n$ を求めよ。

本質を問う 2

▶▶解答編 p.48

1 次の計算は正しいか。正しくない場合は，理由を説明せよ。

(1) $a_n = (-2)^n$，$b_n = \dfrac{1}{2^n} - (-2)^n$ のとき

$$\lim_{n\to\infty} a_n + \lim_{n\to\infty} b_n = \lim_{n\to\infty}(a_n + b_n) = \lim_{n\to\infty}\left\{(-2)^n + \frac{1}{2^n} - (-2)^n\right\} = \lim_{n\to\infty}\frac{1}{2^n} = 0$$

(2) $$\frac{\displaystyle\lim_{n\to\infty} n}{\displaystyle\lim_{n\to\infty} n(n+2)} = \lim_{n\to\infty}\frac{n}{n(n+2)} = \lim_{n\to\infty}\frac{1}{n+2} = 0$$

◀p.38 3

2 次の命題の真偽をいえ。

(1) $\displaystyle\lim_{n\to\infty} a_{2n+1} = \alpha$ ならば $\displaystyle\lim_{n\to\infty} a_n = \alpha$

(2) $\displaystyle\lim_{n\to\infty}(a_n)^2 = 1$ ならば $\displaystyle\lim_{n\to\infty} a_n = 1$ または $\displaystyle\lim_{n\to\infty} a_n = -1$

◀p.44 例題17

3 $a_n = \dfrac{n}{3 + (-1)^n}$ であるとき，$\displaystyle\lim_{n\to\infty} a_n = \infty$ を示せ。

◀p.39 概要4

Let's Try! 2

▶▶解答編 p.49

① 次の数列の極限値を求めよ。

(1) $\displaystyle\lim_{n\to\infty}\frac{1\cdot2+2\cdot3+3\cdot4+\cdots+n(n+1)}{n^3}$ （東京電機大）

(2) $\displaystyle\lim_{n\to\infty}\left(\frac{1}{1^2+2}+\frac{1}{2^2+4}+\cdots+\frac{1}{n^2+2n}\right)$ （関西医科大）

(3) $\displaystyle\lim_{n\to\infty}\frac{(n+1)^2+(n+2)^2+\cdots+(2n)^2}{1^2+2^2+\cdots+n^2}$ （福岡大）

◀例題14

② a，b を正の実数とするとき，極限 $c=\displaystyle\lim_{n\to\infty}\frac{1+b^n}{a^{n+1}+b^{n+1}}$ を考える。

(1) $a=2$，$b=2$ のとき，c の値を求めよ。

(2) $a>2$，$b=2$ のとき，c の値を求めよ。

(3) $b=3$ のとき，$c=\dfrac{1}{3}$ となる a の値の範囲を求めよ。 （福島大）

◀例題23

③ 初めに袋の中に赤球が1個，白球が2個入っている。「この中から球を1個取り出し，色を確かめてからもとに戻す。これを3回行った後，袋を空にして，赤球の出た回数と同数の赤球と，白球の出た回数と同数の白球を袋に入れ直す。」という操作を繰り返す。今，n 回繰り返した後に，袋の中の赤球が1個，2個，3個入っている確率をそれぞれ p_n，q_n，r_n とする。このとき，次の問に答えよ。

(1) p_{n+1}，q_{n+1} をそれぞれ p_n，q_n で表せ。 (2) p_n+q_n を求めよ。

(3) r_n および極限値 $\displaystyle\lim_{n\to\infty}r_n$ を求めよ。 （名古屋大） ◀例題30

④ $a_1=0$，$a_{n+1}=\dfrac{{a_n}^2+3}{4}$ $(n=1,\ 2,\ 3,\ \cdots)$ で定義される数列 $\{a_n\}$ について

(1) $0\leqq a_n<1$ が成り立つことを，数学的帰納法で示せ。

(2) $1-a_{n+1}<\dfrac{1-a_n}{2}$ が成り立つことを示せ。

(3) $\displaystyle\lim_{n\to\infty}a_n$ を求めよ。 （岡山県立大）

◀例題31

⑤ 関数 $f(x)=4x-x^2$ に対し，数列 $\{a_n\}$ を $a_1=c$，$a_{n+1}=\sqrt{f(a_n)}$ $(n=1,\ 2,\ 3,\ \cdots)$ で与える。ただし，c は $0<c<2$ を満たす定数である。

(1) $a_n<2$，$a_n<a_{n+1}$ $(n=1,\ 2,\ 3,\ \cdots)$ を示せ。

(2) $2-a_{n+1}<\dfrac{2-c}{2}(2-a_n)$ $(n=1,\ 2,\ 3,\ \cdots)$ を示せ。

(3) $\displaystyle\lim_{n\to\infty}a_n$ を求めよ。 （東北大） ◀例題32

まとめ 3 無限級数

1 無限級数

(1) 無限級数

無限数列 $\{a_n\}$ において，$a_1+a_2+a_3+\cdots+a_n+\cdots$ の形の式を **無限級数** といい，$\displaystyle\sum_{n=1}^{\infty}a_n$ と書く。また，a_n をこの無限級数の **第 n 項** という。

(2) 無限級数の収束・発散

無限級数 $\displaystyle\sum_{n=1}^{\infty}a_n$ の **第 n 項までの部分和** $\displaystyle S_n=\sum_{k=1}^{n}a_k=a_1+a_2+\cdots+a_n$ について

(ア) 数列 $\{S_n\}$ が収束して $\displaystyle\lim_{n\to\infty}S_n=S$ であるとき，無限級数 $\displaystyle\sum_{n=1}^{\infty}a_n$ は S に **収束** するといい，$\displaystyle\sum_{n=1}^{\infty}a_n=S$ と書く。このとき，S をこの無限級数の **和** という。

(イ) 数列 $\{S_n\}$ が発散するとき，無限級数 $\displaystyle\sum_{n=1}^{\infty}a_n$ は **発散** するという。

(3) 無限級数の和に関する性質

無限級数 $\displaystyle\sum_{n=1}^{\infty}a_n$，$\displaystyle\sum_{n=1}^{\infty}b_n$ が収束して，$\displaystyle\sum_{n=1}^{\infty}a_n=S$，$\displaystyle\sum_{n=1}^{\infty}b_n=T$ であるとき

(ア) $\displaystyle\sum_{n=1}^{\infty}ka_n=kS$ （k は定数）

(イ) $\displaystyle\sum_{n=1}^{\infty}(a_n+b_n)=S+T$，$\displaystyle\sum_{n=1}^{\infty}(a_n-b_n)=S-T$

(4) 無限級数と無限数列

(ア) 無限級数 $\displaystyle\sum_{n=1}^{\infty}a_n$ が収束するならば　$\displaystyle\lim_{n\to\infty}a_n=0$

(イ) 数列 $\{a_n\}$ が 0 に収束しなければ，無限級数 $\displaystyle\sum_{n=1}^{\infty}a_n$ は発散する。 ⬅ (ア)の対偶

2 無限等比級数

(1) 無限等比級数

初項 a，公比 r の無限等比数列 $\{ar^{n-1}\}$ からつくられた無限級数

$$\sum_{n=1}^{\infty}ar^{n-1}=a+ar+ar^2+\cdots+ar^{n-1}+\cdots$$

を初項 a，公比 r の **無限等比級数** という。

(2) 無限等比級数 $\displaystyle\sum_{n=1}^{\infty}ar^{n-1}$ の収束・発散

(ア) $a=0$ のとき　$\displaystyle\sum_{n=1}^{\infty}ar^{n-1}$ は収束し，その和は 0

(イ) $a\neq 0$ のとき　$|r|<1$ ならば $\displaystyle\sum_{n=1}^{\infty}ar^{n-1}$ は収束し，その和は $\dfrac{a}{1-r}$

$|r|\geqq 1$ ならば $\displaystyle\sum_{n=1}^{\infty}ar^{n-1}$ は発散する。

概要

1 無限級数

・無限級数とその和の違い

無限級数は，無限数列の初項から第 2 項，第 3 項と順に ＋ で結んだ式のことであり，それを計算した結果ではないことに注意する。

無限級数の部分和を S_n としたとき，数列 $\{S_n\}$ が収束する場合に限り，その極限値 S をその無限級数の和という。

・無限級数と計算の順序

有限個の足し算では結合法則が成り立ち，括弧の付け方によらず和は等しい。

よって，次の等式は成り立つ。

$$1+(-1)+1+(-1)+\cdots+1=1+(-1+1)+\cdots+(-1+1)$$

しかし，無限級数では，勝手に括弧を付けたり，項の順序を入れかえたりしてはいけない。

例　$\{a_n\}$：1，-1，1，-1，…，$\{b_n\}$：1，$(-1+1)$，$(-1+1)$，$(-1+1)$，… の場合

部分和 $\sum_{k=1}^{n}a_k$ は，n が偶数のとき 0，奇数のとき 1 となるから，$n\to\infty$ のとき収束しない。よって，$\sum_{n=1}^{\infty}a_n$ は発散する。

一方，$\sum_{k=1}^{n}b_k$ は n によらず常に 1 であるから，$\sum_{n=1}^{\infty}b_n$ は 1 に収束する。

したがって

$$1+(-1)+1+(-1)+\cdots+1+\cdots \neq 1+(-1+1)+\cdots+(-1+1)+\cdots$$

・$\sum_{n=1}^{\infty}a_n$ が収束 $\Longrightarrow \lim_{n\to\infty}a_n=0$

無限級数 $\sum_{n=1}^{\infty}a_n$ の部分和を S_n，和を S とすると，$n\geqq 2$ のとき　　$a_n=S_n-S_{n-1}$

$\lim_{n\to\infty}S_n=\lim_{n\to\infty}S_{n-1}=S$ であるから　$\lim_{n\to\infty}a_n=\lim_{n\to\infty}(S_n-S_{n-1})=\lim_{n\to\infty}S_n-\lim_{n\to\infty}S_{n-1}=S-S=0$

information　この定理を証明する問題は，山梨大学（2016 年一般推薦）の入試で出題されている。

2 無限等比級数

・無限等比級数の収束と発散

初項 a，公比 r の無限等比数列 $\{a_n\}$ に対して，無限等比級数

$$\sum_{n=1}^{\infty}a_n=a+ar+ar^2+\cdots+ar^{n-1}+\cdots$$

の部分和を S_n とする。

(ア)　$a=0$ のとき，各項は 0 であるから，この無限等比級数は 0 に収束する。

(イ)　$a\neq 0$ のとき

(i)　$r=1$ のとき，$S_n=an$ より，$\{S_n\}$ は発散。

(ii)　$r\neq 1$ のとき　$S_n=\dfrac{a(1-r^n)}{1-r}$

よって，$-1<r<1$ のとき，$\{S_n\}$ は収束し　　$\lim_{n\to\infty}S_n=\lim_{n\to\infty}\dfrac{a(1-r^n)}{1-r}=\dfrac{a}{1-r}$

$r\leqq -1$，$1<r$ のとき，$\{S_n\}$ は発散。

(ア)，(イ) より，まとめの結果を得る。

information　$|r|<1$ であるとき無限級数 $\sum_{k=1}^{\infty}kr^k$ が収束することを証明する問題は，上智大学（2018 年推薦）の入試で出題されている。

頻出 ★★☆☆

例題 33 無限級数の収束・発散〔1〕

次の無限級数の収束，発散を調べ，収束するときはその和を求めよ。

(1) $\displaystyle\sum_{n=1}^{\infty}\frac{1}{(3n-2)(3n+1)}$　　(2) $\displaystyle\sum_{n=1}^{\infty}\frac{1}{\sqrt{n}+\sqrt{n+1}}$

思考のプロセス

段階的に考える

① 部分和 $S_n=\displaystyle\sum_{k=1}^{n}a_k$ を求める。　② $\displaystyle\lim_{n\to\infty}S_n$ を求める。

(1) $\displaystyle\sum_{k=1}^{n}\frac{1}{(3k-2)(3k+1)}$ ⟹ 部分分数分解を利用

(2) $\displaystyle\sum_{k=1}^{n}\frac{1}{\sqrt{k}+\sqrt{k+1}}$ ⟹ 分母の有理化を利用

途中の項が打ち消し合う。(LEGEND 数学Ⅱ＋B 例題 288 参照)

Action» 無限級数の収束・発散は，まず部分和 S_n を求めよ

解 (1) $\displaystyle\frac{1}{(3n-2)(3n+1)}=\frac{1}{3}\left(\frac{1}{3n-2}-\frac{1}{3n+1}\right)$

◀部分分数に分解する。

であるから，初項から第 n 項までの和を S_n とすると

ⅡB 288

$$S_n=\sum_{k=1}^{n}\frac{1}{3}\left(\frac{1}{3k-2}-\frac{1}{3k+1}\right)=\frac{1}{3}\left(\sum_{k=1}^{n}\frac{1}{3k-2}-\sum_{k=1}^{n}\frac{1}{3k+1}\right)$$

$$=\frac{1}{3}\left\{\left(1+\frac{1}{4}+\cdots+\frac{1}{3n-2}\right)-\left(\frac{1}{4}+\frac{1}{7}+\cdots+\frac{1}{3n-2}+\frac{1}{3n+1}\right)\right\}$$

◀$\displaystyle\frac{1}{4}+\frac{1}{7}+\cdots+\frac{1}{3n-2}$ が打ち消し合う。

$$=\frac{1}{3}\left(1-\frac{1}{3n+1}\right)$$

よって　$\displaystyle\lim_{n\to\infty}S_n=\lim_{n\to\infty}\frac{1}{3}\left(1-\frac{1}{3n+1}\right)=\frac{1}{3}$

◀$\displaystyle\lim_{n\to\infty}\frac{1}{3n+1}=0$

したがって，この無限級数は **収束** し，その和は $\boldsymbol{\frac{1}{3}}$

(2) $\displaystyle\frac{1}{\sqrt{n}+\sqrt{n+1}}=\frac{\sqrt{n}-\sqrt{n+1}}{n-(n+1)}=\sqrt{n+1}-\sqrt{n}$

◀分母・分子に $\sqrt{n}-\sqrt{n+1}$ を掛け，分母を有理化する。

であるから，初項から第 n 項までの和を S_n とすると

ⅡB 288

$$S_n=\sum_{k=1}^{n}\frac{1}{\sqrt{k}+\sqrt{k+1}}=\sum_{k=1}^{n}\sqrt{k+1}-\sum_{k=1}^{n}\sqrt{k}$$

$$=(\sqrt{2}+\cdots+\sqrt{n}+\sqrt{n+1})-(1+\sqrt{2}+\cdots+\sqrt{n})$$

◀$\sqrt{2}+\cdots+\sqrt{n}$ が打ち消し合う。

$$=\sqrt{n+1}-1$$

よって　$\displaystyle\lim_{n\to\infty}S_n=\lim_{n\to\infty}(\sqrt{n+1}-1)=\infty$

したがって，この無限級数は **発散** する。

練習 33 次の無限級数の収束，発散を調べ，収束するときはその和を求めよ。

(1) $\displaystyle\sum_{n=1}^{\infty}\frac{1}{n^2+2n}$　　(2) $\displaystyle\sum_{n=1}^{\infty}\frac{2}{\sqrt{n}+\sqrt{n+2}}$

➡p.89 問題33

例題 34 無限等比級数〔1〕

★☆☆☆

次の無限等比級数の収束，発散を調べ，収束するときはその和を求めよ。

(1) $\sqrt{2}+2+2\sqrt{2}+\cdots$

(2) $\frac{3}{2}-1+\frac{2}{3}-\cdots$

(3) $(\sqrt{3}-1)+(4-2\sqrt{3})+(6\sqrt{3}-10)+\cdots$

思考のプロセス

無限等比級数 $a+ar+ar^2+\cdots+ar^{n-1}+\cdots\ (a\neq 0)$ の部分和 S_n は

$$S_n=\begin{cases}\dfrac{a(1-r^n)}{1-r} & (r\neq 1 \text{ のとき})\\ an & (r=1 \text{ のとき})\end{cases}$$

⬅ 等比数列の和

既知の問題に帰着 $\lim_{n\to\infty}r^n$ の収束・発散を考えればよい。

$$\sum_{n=1}^{\infty}ar^{n-1}=\lim_{n\to\infty}S_n=\begin{cases}\dfrac{a}{1-r} & (|r|<1\text{のとき})\\ \text{発散} & (|r|\geqq 1\text{のとき})\end{cases}$$

⬅ $|r|<1$ のとき $\lim_{n\to\infty}r^n=0$

⬅ $r=1$ のとき $S_n=an$ は発散

$r\leqq -1,\ 1<r$ のとき $\{r^n\}$ は発散

Action» 無限等比級数の和は，初項と公比に着目せよ

解 (1) 公比 r は $r=\sqrt{2}$ であり，$r>1$ であるから，この無限等比級数は **発散** する。

(2) 公比 r は $r=-\frac{2}{3}$ であり，$|r|<1$ であるから，この無限等比級数は **収束** する。

和は $\dfrac{\frac{3}{2}}{1-\left(-\frac{2}{3}\right)}=\mathbf{\frac{9}{10}}$

◀ $\dfrac{(\text{初項})}{1-(\text{公比})}$

(3) 公比 r は $r=\dfrac{4-2\sqrt{3}}{\sqrt{3}-1}=\sqrt{3}-1$

◀ 分母を有理化する。

$1<\sqrt{3}<2$ より $0<\sqrt{3}-1<1$

$|r|<1$ であるから，この無限等比級数は **収束** する。

和は $\dfrac{\sqrt{3}-1}{1-(\sqrt{3}-1)}=\dfrac{\sqrt{3}-1}{2-\sqrt{3}}=\mathbf{1+\sqrt{3}}$

練習 34 次の無限等比級数の収束，発散を調べ，収束するときはその和を求めよ。

(1) $\frac{1}{4}+\frac{1}{2}+1+\cdots$

(2) $4-2\sqrt{2}+2-\cdots$

(3) $(2-\sqrt{3})+(7-4\sqrt{3})+(26-15\sqrt{3})+\cdots$

➡p.89 問題34

頻出

例題 35　無限等比級数〔2〕

★☆☆☆

次の無限級数の和を求めよ。

(1) $\displaystyle\sum_{n=1}^{\infty}\left\{\left(\frac{1}{3}\right)^{n+1}-\left(\frac{2}{3}\right)^{n}\right\}$　　(2) $\displaystyle\sum_{n=1}^{\infty}\frac{2^n+(-1)^n}{2^{2n}}$

思考のプロセス

式を分ける

無限級数 $\displaystyle\sum_{n=1}^{\infty}a_n$，$\displaystyle\sum_{n=1}^{\infty}b_n$ が**収束するとき**

$$\sum_{n=1}^{\infty}(a_n+b_n)=\sum_{n=1}^{\infty}a_n+\sum_{n=1}^{\infty}b_n$$

無限級数＿＿が収束すれば，等号 ● が成り立つ。

(1) $\displaystyle\sum_{n=1}^{\infty}\left\{\left(\frac{1}{3}\right)^{n+1}-\left(\frac{2}{3}\right)^{n}\right\}=\sum_{n=1}^{\infty}\left(\frac{1}{3}\right)^{n+1}-\sum_{n=1}^{\infty}\left(\frac{2}{3}\right)^{n}$

(2) $\displaystyle\sum_{n=1}^{\infty}\frac{2^n+(-1)^n}{2^{2n}}=\sum_{n=1}^{\infty}\left\{\left(\frac{1}{2}\right)^{n}+\left(-\frac{1}{4}\right)^{n}\right\}=\sum_{n=1}^{\infty}\left(\frac{1}{2}\right)^{n}+\sum_{n=1}^{\infty}\left(-\frac{1}{4}\right)^{n}$

無限等比級数の和

«ReAction 無限等比級数の和は，初項と公比に着目せよ ◀例題 34

解 (1) $\displaystyle\sum_{n=1}^{\infty}\left(\frac{1}{3}\right)^{n+1}$ は初項 $\frac{1}{9}$，公比 $\frac{1}{3}$ の無限等比級数であり，

$\displaystyle\sum_{n=1}^{\infty}\left(\frac{2}{3}\right)^{n}$ は初項 $\frac{2}{3}$，公比 $\frac{2}{3}$ の無限等比級数である。

よって，$\displaystyle\sum_{n=1}^{\infty}\left(\frac{1}{3}\right)^{n+1}$，$\displaystyle\sum_{n=1}^{\infty}\left(\frac{2}{3}\right)^{n}$ はともに収束するから

例題 34

$$(\text{与式})=\sum_{n=1}^{\infty}\left(\frac{1}{3}\right)^{n+1}-\sum_{n=1}^{\infty}\left(\frac{2}{3}\right)^{n}$$

$$=\frac{\frac{1}{9}}{1-\frac{1}{3}}-\frac{\frac{2}{3}}{1-\frac{2}{3}}=\frac{1}{6}-2=-\frac{11}{6}$$

(2) $\displaystyle\frac{2^n+(-1)^n}{2^{2n}}=\frac{2^n}{4^n}+\frac{(-1)^n}{4^n}=\left(\frac{1}{2}\right)^{n}+\left(-\frac{1}{4}\right)^{n}$

$\left|\frac{1}{2}\right|<1$, $\left|-\frac{1}{4}\right|<1$ より $\displaystyle\sum_{n=1}^{\infty}\left(\frac{1}{2}\right)^{n}$, $\displaystyle\sum_{n=1}^{\infty}\left(-\frac{1}{4}\right)^{n}$ はともに収束するから

例題 34

$$(\text{与式})=\sum_{n=1}^{\infty}\left(\frac{1}{2}\right)^{n}+\sum_{n=1}^{\infty}\left(-\frac{1}{4}\right)^{n}$$

$$=\frac{\frac{1}{2}}{1-\frac{1}{2}}+\frac{-\frac{1}{4}}{1-\left(-\frac{1}{4}\right)}=1+\left(-\frac{1}{5}\right)=\frac{4}{5}$$

◀❗いきなり与式を変形して計算しないこと。まず，それぞれの無限級数の収束を確認する。

◀初項 a，公比 r の無限等比級数の収束条件は $|\text{公比}|<1$ であり，そのときの和は $\dfrac{a}{1-r}$

◀$\displaystyle\sum_{n=1}^{\infty}\left(\frac{1}{3}\right)^{n+1}$，$\displaystyle\sum_{n=1}^{\infty}\left(\frac{2}{3}\right)^{n}$ はともに収束するから，それぞれの和を求めて，それらの差を求める。

◀初項 $\frac{1}{2}$，公比 $\frac{1}{2}$ の無限等比級数と，初項 $-\frac{1}{4}$，公比 $-\frac{1}{4}$ の無限等比級数の和である。

練習 35 次の無限級数の和を求めよ。

(1) $\displaystyle\sum_{n=1}^{\infty}\left(\frac{4}{3^{n-1}}-\frac{6}{5^n}\right)$　　(2) $\displaystyle\sum_{n=1}^{\infty}\frac{6^{n+1}-(-1)^{n-1}}{3^{2n}}$

➡p.89 問題35

D 頻出 ★★☆☆

例題 36 無限等比級数の収束条件

無限等比級数 $x+x(1-x^2)+x(1-x^2)^2+\cdots+x(1-x^2)^{n-1}+\cdots$ について

(1) この級数が収束するような x の値の範囲を求めよ。

(2) (1)の範囲でこの級数の和を $f(x)$ とおく。$y=f(x)$ のグラフをかけ。

思考のプロセス

«ReAction 無限等比級数の和は，初項と公比に着目せよ ◀例題 34

$x+x(1-x^2)+x(1-x^2)^2+\cdots+x(1-x^2)^{n-1}+\cdots$

⟹ 初項 □，公比 □ の無限等比級数

(1) 無限等比級数が収束 ⟹ (初項) $=0$ または |公比| <1

↓ 場合に分ける ↓

(2) 収束するときの和 ⟹ □ □

Action» 無限等比級数の収束条件は，(初項) $=0$ または |公比| <1 とせよ

解 (1) $x+x(1-x^2)+x(1-x^2)^2+\cdots+x(1-x^2)^{n-1}+\cdots$

は初項 x，公比 $1-x^2$ の無限等比級数である。

よって，収束する条件は

$x=0$ …① または $|1-x^2|<1$ …②

② より $-1<1-x^2<1$

$0<x^2<2$

よって $-\sqrt{2}<x<0,\ 0<x<\sqrt{2}$ …③ ◀ $x \neq 0$ かつ $x^2<2$

①，③ より収束する条件は **$-\sqrt{2}<x<\sqrt{2}$**

(2) (ア) $x=0$ のとき

$f(0)=0$ ◀ 初項 $a=0$ のとき無限等比級数は 0 に収束する。

(イ) $-\sqrt{2}<x<0,\ 0<x<\sqrt{2}$ のとき

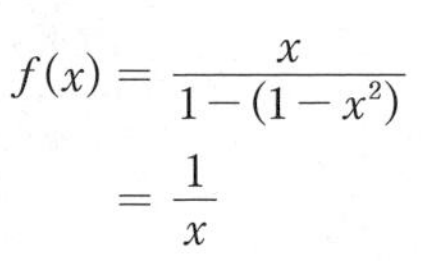

$$f(x)=\frac{x}{1-(1-x^2)}=\frac{1}{x}$$

◀ 初項 $a \neq 0$，公比 $|r|<1$ のとき $f(x)=\dfrac{a}{1-r}$

(ア)，(イ)より，グラフは **右の図**。

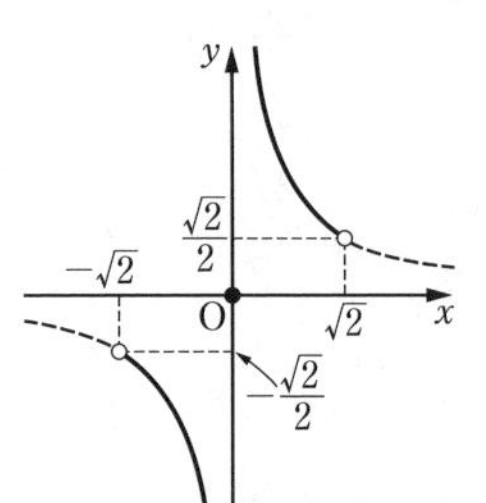

◀ 原点もグラフの一部である。

Point…無限等比数列と無限等比級数の収束条件

(1) 無限等比数列 $a,\ ar,\ ar^2,\ \cdots,\ ar^{n-1},\ \cdots$ の収束条件は

$a=0$ **または** $-1<r \leqq 1$

(2) 無限等比級数 $a+ar+ar^2+\cdots+ar^{n-1}+\cdots$ の収束条件は

$a=0$ **または** $-1<r<1$ ← ❗等号の付き方に注意

練習 36 無限等比級数 $x-\dfrac{x^2}{2}+\dfrac{x^3}{2^2}-\dfrac{x^4}{2^3}+\cdots+x\left(-\dfrac{x}{2}\right)^{n-1}+\cdots$ について

(1) この級数が収束するような x の値の範囲を求めよ。

(2) (1)の範囲でこの級数の和を $f(x)$ とおく。$y=f(x)$ のグラフをかけ。

➡p.89 問題36

例題 37 循環小数 ★☆☆☆

次の循環小数を，既約分数で表せ。

(1) $0.\dot{1}3\dot{2}$　　(2) $3.1\dot{2}\dot{5}$

思考のプロセス

式を分ける

3桁が繰り返す

(1) $0.\dot{1}3\dot{2} = 0.132\,132\,132\cdots$
$= 0.132 + 0.000132 + 0.000000132 + \cdots$
×□　×□　×□

⟹ $0.\dot{1}3\dot{2}$ は初項□，公比□の無限等比級数の和

Action» 循環小数は，無限等比級数で表せ

解 (1) $0.\dot{1}3\dot{2} = 0.132132132\cdots$
$= 0.132 + 0.000132 + 0.000000132 + \cdots$

よって，この循環小数は，初項 0.132，公比 0.001 の無限等比級数の和である。

◀ $|$公比$| < 1$ に注意する。

したがって

$$0.\dot{1}3\dot{2} = \frac{0.132}{1-0.001} = \frac{132}{999} = \frac{44}{333}$$

IA 20

〔別解〕

$x = 0.\dot{1}3\dot{2}$ とおくと，$1000x = 132.\dot{1}3\dot{2}$ であるから

$1000x - x = 132$ より　$999x = 132$

よって　$x = \dfrac{132}{999} = \dfrac{44}{333}$

◀
$1000x = 132.132132\cdots$
$-)\quad x = \quad 0.132132\cdots$
$999x = 132$

(2) $3.1\dot{2}\dot{5} = 3.1252525\cdots$
$= 3.1 + 0.025 + 0.00025 + 0.0000025 + \cdots$

◀ 循環する部分としない部分に分ける。

よって，この循環小数は，3.1 と初項 0.025，公比 0.01 の無限等比級数の和を加えたものである。したがって

$$3.1\dot{2}\dot{5} = 3.1 + \frac{0.025}{1-0.01} = 3.1 + \frac{25}{990}$$
$$= \frac{3094}{990} = \frac{1547}{495}$$

Point...循環小数を既約分数に直す手順

① 循環する部分を無限等比級数で表す。
② ① の無限等比級数の初項と公比を求め，和を求める。
③ 循環しない部分と② で求めた和を加える。

! $0.\dot{9} = 0.999\cdots = \dfrac{0.9}{1-0.1} = 1$ であるから，$0.\dot{9}$ は 1 の別の表現方法である。

練習 37 次の循環小数を，既約分数で表せ。

(1) $0.0\dot{3}4\dot{5}$　　(2) $3.\dot{2}4\dot{6}$

➡ p.89 問題37

例題 38　無限等比級数の収束条件と領域　★★☆☆

2 つの無限等比級数 ㋐ $\underline{1+(x+y)+(x+y)^2+(x+y)^3+\cdots}$

㋑ $\underline{1+(x^2+y^2)+(x^2+y^2)^2+(x^2+y^2)^3+\cdots}$

がともに収束し，その和をそれぞれ S，T とおくとき

(1) 点 $(x,\ y)$ の領域を図示せよ。

(2) 点 $\mathrm{P}(x,\ y)$ が $\dfrac{1}{S}+\dfrac{1}{T}=2$ を満たすとき，点 P の図形をかけ。

思考のプロセス

(1) **«ReAction 無限等比級数の収束条件は，(初項) = 0 または |公比| < 1 とせよ** ◀例題 36

条件の言い換え

x と y の関係式

無限等比級数㋐が収束 ⟹ |公比| < 1 より　□ $=S$

㋑が収束 ⟹ |公比| < 1 より　□ $=T$

(2) 点 $\mathrm{P}(x,\ y)$ の軌跡 ⟹ $\dfrac{1}{S}+\dfrac{1}{T}=2$ より x と y の関係式をつくる。

! ㋐，㋑ が収束するときであるから，(1) の領域内にあることに注意する。

解 例題 36

(1) これらの無限等比級数の初項はともに 1 であるから，収束する条件は　$|x+y|<1$　かつ　$|x^2+y^2|<1$

◀公比はそれぞれ $x+y$，x^2+y^2 である。

よって　$-1<x+y<1$　かつ　$x^2+y^2<1$

◀$x^2+y^2 \geqq 0$ であるから，$x^2+y^2>-1$ を満たしている。

ゆえに　$\begin{cases} y>-x-1 \\ y<-x+1 \\ x^2+y^2<1 \end{cases}$

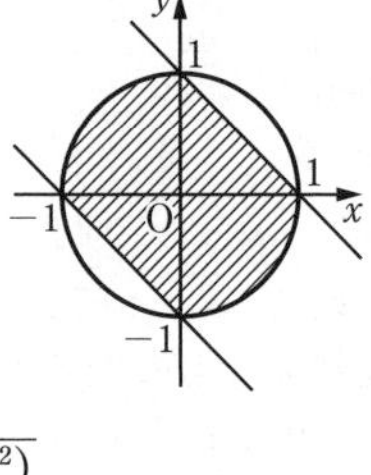

これらをすべて満たす領域は，**右の図の斜線部分** である。

ただし，**境界線は含まない**。

(2) $S=\dfrac{1}{1-(x+y)}$，$T=\dfrac{1}{1-(x^2+y^2)}$

◀$\dfrac{(初項)}{1-(公比)}$

$\dfrac{1}{S}+\dfrac{1}{T}=2$ に代入すると

$1-(x+y)+1-(x^2+y^2)=2$

$x^2+y^2+x+y=0$

$\left(x+\dfrac{1}{2}\right)^2+\left(y+\dfrac{1}{2}\right)^2=\dfrac{1}{2}$ …①

◀点 P は中心 $\left(-\dfrac{1}{2},\ -\dfrac{1}{2}\right)$，半径 $\dfrac{1}{\sqrt{2}}$ の円上を動く。

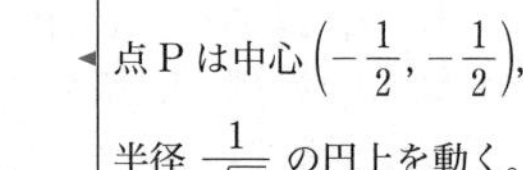

よって，点 P のえがく図形は曲線①の (1) の領域に含まれる部分であり，**右の図の実線部分** である。

ただし，**端点は含まない**。

◀(1) で求めた領域以外では S，T が存在しない。

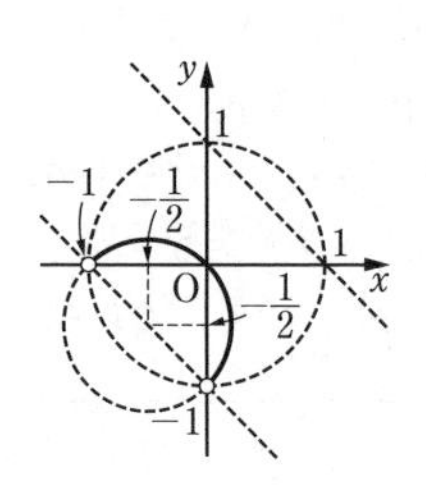

練習 38 無限級数 $1-(x+y)+(x+y)^2-(x+y)^3+\cdots$ の和が $\dfrac{1}{3-x}$ であるとき，y を x の式で表し，そのグラフをかけ。

⇒p.89 問題38

例題 39 無限級数の収束・発散〔2〕 ★★☆☆

次の無限級数の収束，発散を調べ，収束するときはその和を求めよ。

(1) $\left(1-\frac{1}{2}\right)+\left(\frac{1}{2}-\frac{2}{3}\right)+\left(\frac{2}{3}-\frac{3}{4}\right)+\cdots$ (2) $1-\frac{1}{2}+\frac{1}{2}-\frac{2}{3}+\frac{2}{3}-\frac{3}{4}+\cdots$

思考のプロセス

«ReAction 無限級数の収束・発散は，まず部分和 S_n を求めよ ◀例題 33

(1), (2) では第 n 項が異なる。

(1) $\underbrace{\left(1-\frac{1}{2}\right)}_{a_1}+\underbrace{\left(\frac{1}{2}-\frac{2}{3}\right)}_{a_2}+\underbrace{\left(\frac{2}{3}-\frac{3}{4}\right)}_{a_3}+\cdots$ (2) $\underbrace{1}_{a_1}\underbrace{-\frac{1}{2}}_{a_2}\underbrace{+\frac{1}{2}}_{a_3}\underbrace{-\frac{2}{3}}_{a_4}\underbrace{+\frac{2}{3}}_{a_5}\underbrace{-\frac{3}{4}}_{a_6}+\cdots$

(2) **場合に分ける**

(ア) n が奇数のとき 一致すれば収束，一致しなければ発散

$S_n=1-\left(\frac{1}{2}-\frac{1}{2}\right)-\left(\frac{2}{3}-\frac{2}{3}\right)-\cdots-(\square-\square)=\square \xrightarrow{n\to\infty}$

(イ) n が偶数のとき

$S_n=\underbrace{1-(\quad)-(\quad)-\cdots-(\square-\square)}_{(ア)の利用}-\square=\square \xrightarrow{n\to\infty}$

解 (1) 初項から第 n 項 ($n\geqq 2$) までの和を S_n とすると

$$S_n=\left(1-\frac{1}{2}\right)+\left(\frac{1}{2}-\frac{2}{3}\right)+\cdots+\left(\frac{n-1}{n}-\frac{n}{n+1}\right)$$

$$=1-\frac{n}{n+1}=\frac{1}{n+1}$$

よって $\lim_{n\to\infty}S_n=\lim_{n\to\infty}\frac{1}{n+1}=0$

したがって，この無限級数は **収束** し，その和は **0**

(2) 初項から第 n 項までの和を S_n とすると

(ア) $n=2m-1$ (m は正の整数) のとき

$$S_n=S_{2m-1}=1-\frac{1}{2}+\frac{1}{2}-\cdots-\frac{m-1}{m}+\frac{m-1}{m}=1$$

$n\to\infty$ のとき $m\to\infty$ であるから $\lim_{m\to\infty}S_{2m-1}=1$

(イ) $n=2m$ のとき，第 $2m$ 項を a_{2m} とすると

$$S_n=S_{2m}=S_{2m-1}+a_{2m}=1+\left(-\frac{m}{m+1}\right)=\frac{1}{m+1}$$

よって $\lim_{m\to\infty}S_{2m}=0$

(ア), (イ) より，この無限級数は **発散** する。

◀第 n 項は，n が偶数 ($2m$) のときと奇数 ($2m-1$) のときで異なることに注意する。

◀$\lim_{m\to\infty}S_{2m-1}\neq\lim_{m\to\infty}S_{2m}$ より，$\{S_n\}$ の極限は存在しない。

Point...無限級数の計算順序

例題 39 において，(1) と (2) の結果が異なることに注意しよう。このように，無限級数では，勝手に(　)でくくったり，項の順序を入れかえたりしてはいけない。

練習 39 次の無限級数の収束，発散を調べ，収束するときはその和を求めよ。

(1) $\left(2-\frac{3}{2}\right)+\left(\frac{3}{2}-\frac{4}{3}\right)+\left(\frac{4}{3}-\frac{5}{4}\right)+\cdots$ (2) $2-\frac{3}{2}+\frac{3}{2}-\frac{4}{3}+\frac{4}{3}-\frac{5}{4}+\cdots$

⇒p.89 問題39

例題 40　無限級数の収束・発散〔3〕　★★★☆

$a_n = \left(\frac{1}{2}\right)^n \cos\frac{2}{3}n\pi$ とする。無限級数 $\sum_{n=1}^{\infty} a_n$ の和を求めよ。

思考のプロセス

«ReAction 無限級数の収束・発散は，まず部分和 S_n を求めよ ◀例題 33

規則性を見つける

a_n の___の部分は，$n=1,\ 2,\ 3,\ \cdots$ のとき

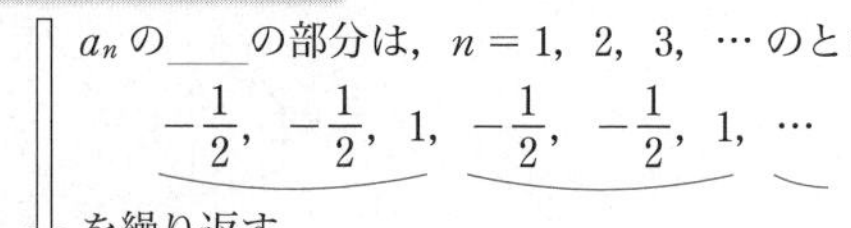

$-\frac{1}{2},\ -\frac{1}{2},\ 1,\ -\frac{1}{2},\ -\frac{1}{2},\ 1,\ \cdots$

を繰り返す。

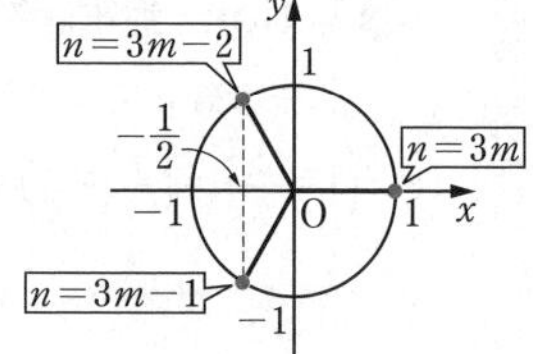

場合に分ける

$\begin{cases} n=3m \\ n=3m-1 \\ n=3m-2 \end{cases}$ （m は正の整数）の場合に分けて考える。

(ア)　$S_{3m} = a_1 + a_2 + a_3 + \cdots + a_{3m}$

$= (a_1 + a_4 + \cdots + a_{3m-2}) + (a_2 + a_5 + \cdots + a_{3m-1}) + (a_3 + a_6 + \cdots + a_{3m})$

$= \square + \square + \square \xrightarrow{n\to\infty}$

(イ)　$S_{3m-1} = S_{3m} - a_{3m} = \square \xrightarrow{n\to\infty}$

(ウ)　$S_{3m-2} = S_{3m-1} - a_{3m-1} = \square \xrightarrow{n\to\infty}$

すべて一致すれば その値が $\sum_{n=1}^{\infty} a_n$

解　$S_n = \sum_{k=1}^{n} a_k$ とおくと，$n=3m$（m は正の整数）のとき

$$S_{3m} = \frac{1}{2}\cos\frac{2}{3}\pi + \left(\frac{1}{2}\right)^2\cos\frac{4}{3}\pi + \left(\frac{1}{2}\right)^3\cos 2\pi + \left(\frac{1}{2}\right)^4\cos\frac{8}{3}\pi + \left(\frac{1}{2}\right)^5\cos\frac{10}{3}\pi + \left(\frac{1}{2}\right)^6\cos 4\pi + \cdots + \left(\frac{1}{2}\right)^{3m}\cos 2m\pi$$

◀数列 $\left\{\cos\frac{2}{3}n\pi\right\}$ が $-\frac{1}{2},\ -\frac{1}{2},\ 1,\ \cdots$ の繰り返しになることに着目して場合分けする。

$$= -\frac{1}{2}\left\{\frac{1}{2} + \left(\frac{1}{2}\right)^4 + \cdots + \left(\frac{1}{2}\right)^{3m-2}\right\} - \frac{1}{2}\left\{\left(\frac{1}{2}\right)^2 + \left(\frac{1}{2}\right)^5 + \cdots + \left(\frac{1}{2}\right)^{3m-1}\right\} + \left\{\left(\frac{1}{2}\right)^3 + \left(\frac{1}{2}\right)^6 + \cdots + \left(\frac{1}{2}\right)^{3m}\right\}$$

◀各{ }内は，すべて公比 $\left(\frac{1}{2}\right)^3$，項数 m の等比数列の和である。

$$= -\frac{1}{2}\cdot\frac{\frac{1}{2}\left\{1-\left(\frac{1}{2}\right)^{3m}\right\}}{1-\left(\frac{1}{2}\right)^3} - \frac{1}{2}\cdot\frac{\left(\frac{1}{2}\right)^2\left\{1-\left(\frac{1}{2}\right)^{3m}\right\}}{1-\left(\frac{1}{2}\right)^3} + \frac{\left(\frac{1}{2}\right)^3\left\{1-\left(\frac{1}{2}\right)^{3m}\right\}}{1-\left(\frac{1}{2}\right)^3}$$

$$= -\frac{2}{7}\left\{1-\left(\frac{1}{2}\right)^{3m}\right\} - \frac{1}{7}\left\{1-\left(\frac{1}{2}\right)^{3m}\right\} + \frac{1}{7}\left\{1-\left(\frac{1}{2}\right)^{3m}\right\}$$

$$= -\frac{2}{7}\left\{1-\left(\frac{1}{2}\right)^{3m}\right\}$$

$n \to \infty$ のとき，$m \to \infty$ となるから

$$\lim_{m\to\infty} S_{3m} = -\frac{2}{7}$$

◀ $\frac{1}{2} < 1$ より $\lim_{m\to\infty}\left(\frac{1}{2}\right)^{3m} = 0$

例題19 ここで，$\left|\cos\frac{2}{3}n\pi\right| \leqq 1$ より

$$0 \leqq \left|\left(\frac{1}{2}\right)^n \cos\frac{2}{3}n\pi\right| \leqq \left(\frac{1}{2}\right)^n$$

$\lim_{n\to\infty}\left(\frac{1}{2}\right)^n = 0$ より，はさみうちの原理より　$a_n \to 0$

◀ $a_n \to 0$ を示し $\lim_{m\to\infty} S_{3m} = \lim_{m\to\infty} S_{3m-1} = \lim_{m\to\infty} S_{3m-2}$ を導くことで，$\{S_n\}$ が収束することを示す。

一方，$S_{3m-1} = S_{3m} - a_{3m}$，$S_{3m-2} = S_{3m-1} - a_{3m-1}$ であり，

$n \to \infty$ のとき $a_{3m} \to 0$，$a_{3m-1} \to 0$ であるから

$$\lim_{m\to\infty} S_{3m-1} = \lim_{m\to\infty} S_{3m-2} = \lim_{m\to\infty} S_{3m}$$

◀ このことより，$\{S_n\}$ は収束する。

したがって

$$\lim_{n\to\infty} S_n = \sum_{n=1}^{\infty}\left(\frac{1}{2}\right)^n \cos\frac{2}{3}n\pi = -\frac{2}{7}$$

Point...無限級数の計算の順序

例題 39 の **Point** で学習したように，無限級数では，勝手に項の順序を入れかえてはいけない。そのため，結果は同じであったとしても，次のように解答を書いてはいけない。

$$\sum_{n=1}^{\infty} a_n = \frac{1}{2}\cos\frac{2}{3}\pi + \left(\frac{1}{2}\right)^2\cos\frac{4}{3}\pi + \left(\frac{1}{2}\right)^3\cos 2\pi$$

$$+\left(\frac{1}{2}\right)^4\cos\frac{8}{3}\pi + \left(\frac{1}{2}\right)^5\cos\frac{10}{3}\pi + \left(\frac{1}{2}\right)^6\cos 4\pi$$

$$+\left(\frac{1}{2}\right)^7\cos\frac{14}{3}\pi + \left(\frac{1}{2}\right)^8\cos\frac{16}{3}\pi + \left(\frac{1}{2}\right)^9\cos 6\pi + \cdots$$

$$= \left\{\frac{1}{2} + \left(\frac{1}{2}\right)^4 + \left(\frac{1}{2}\right)^7 + \cdots\right\}\cos\frac{2}{3}\pi + \left\{\left(\frac{1}{2}\right)^2 + \left(\frac{1}{2}\right)^5 + \left(\frac{1}{2}\right)^8 + \cdots\right\}\cos\frac{4}{3}\pi$$

$$+\left\{\left(\frac{1}{2}\right)^3 + \left(\frac{1}{2}\right)^6 + \left(\frac{1}{2}\right)^9 + \cdots\right\}\cos 2\pi$$

$$= \frac{\frac{1}{2}}{1-\left(\frac{1}{2}\right)^3}\cdot\left(-\frac{1}{2}\right) + \frac{\left(\frac{1}{2}\right)^2}{1-\left(\frac{1}{2}\right)^3}\cdot\left(-\frac{1}{2}\right) + \frac{\left(\frac{1}{2}\right)^3}{1-\left(\frac{1}{2}\right)^3}\cdot 1$$

$$= -\frac{2}{7}$$

練習 40　$a_n = \frac{1}{2^n}\sin^2\frac{n\pi}{2}$ とする。無限級数 $\sum_{n=1}^{\infty} a_n$ の和を求めよ。

⇒p.89 問題40

例題 41　無限級数と無限数列　★★☆☆

(1)　数列 $\{a_n\}$ において，「無限級数 $\displaystyle\sum_{n=1}^{\infty} a_n$ が収束するならば $\displaystyle\lim_{n\to\infty} a_n = 0$」であることを示せ。

(2)　無限級数 $\dfrac{3}{4}+\dfrac{5}{7}+\dfrac{7}{10}+\dfrac{9}{13}+\cdots$ が発散することを示せ。

思考のプロセス

(2)　無限級数の一般項は $a_n = \dfrac{2n+1}{3n+1}$ であり，部分和 S_n が求められない。

前問の結果の利用

(2) の結論は「無限級数が発散する」こと。
(1) の命題は仮定に「無限級数が収束する」ことが含まれる。

$\Longrightarrow$ (1) の命題の対偶「$\displaystyle\lim_{n\to\infty} a_n \neq 0$ ならば無限級数 $\displaystyle\sum_{n=1}^{\infty} a_n$ が発散する」を利用する。

Action» 部分和が求まらない無限級数の発散は，$\displaystyle\lim_{n\to\infty} a_n \neq 0$ を示せ

解 (1)　無限級数の和を S，初項から第 n 項までの和を S_n とすると　$\displaystyle\lim_{n\to\infty} S_n = S,\ \lim_{n\to\infty} S_{n-1} = S$

$n \geqq 2$ のとき $a_n = S_n - S_{n-1}$ であるから

$$\lim_{n\to\infty} a_n = \lim_{n\to\infty}(S_n - S_{n-1}) = S - S = 0$$

◀ $n\to\infty$ とするから，$n \geqq 2$ のときを考えるだけで十分である。

(2)　(1) で証明した命題の対偶は真である。すなわち

「$\displaystyle\lim_{n\to\infty} a_n \neq 0$ ならば無限級数 $\displaystyle\sum_{n=1}^{\infty} a_n$ は発散する」

◀ 命題「$p \Longrightarrow q$」とその対偶「$\overline{q} \Longrightarrow \overline{p}$」の真偽は一致する。

与えられた無限級数の第 n 項を a_n とすると

$$\lim_{n\to\infty} a_n = \lim_{n\to\infty}\frac{2n+1}{3n+1} = \lim_{n\to\infty}\frac{2+\dfrac{1}{n}}{3+\dfrac{1}{n}} = \frac{2}{3} \neq 0$$

◀ $a_n = \dfrac{2n+1}{3n+1}$

よって，無限級数 $\displaystyle\sum_{n=1}^{\infty} a_n = \frac{3}{4}+\frac{5}{7}+\frac{7}{10}+\frac{9}{13}+\cdots$ は発散する。

Point...無限級数の収束・発散と数列の極限

(1)　無限級数 $\displaystyle\sum_{n=1}^{\infty} a_n$ が収束 $\Longrightarrow$ $\displaystyle\lim_{n\to\infty} a_n = 0$

(2)　$\displaystyle\lim_{n\to\infty} a_n \neq 0$ $\Longrightarrow$ 無限級数 $\displaystyle\sum_{n=1}^{\infty} a_n$ は発散

ただし，(1)，(2) の逆は成り立たない。すなわち，$\displaystyle\lim_{n\to\infty} a_n = 0$ であっても，$\displaystyle\sum_{n=1}^{\infty} a_n$ が収束するとは限らない。　例　$a_n = \dfrac{1}{\sqrt{n}+\sqrt{n+1}}$　(例題 33 (2) 参照)

練習 41　次の無限級数が発散することを示せ。

(1)　$\dfrac{1}{2}+\dfrac{2}{3}+\dfrac{3}{4}+\dfrac{4}{5}+\cdots$　　(2)　$1-\dfrac{2}{3}+\dfrac{3}{5}-\dfrac{4}{7}+\cdots$

➡p.89 問題41

例題 42　発散することの証明

★★★☆

$k=1,\ 2,\ 3,\ \cdots,\ 2^{m-1}$（$m$ は自然数）のとき $\dfrac{1}{2^{m-1}+k} \geqq \dfrac{1}{2^m}$ であることを利用して，無限級数 $\displaystyle\sum_{n=1}^{\infty}\frac{1}{n}$ が発散することを示せ。

1章 3 無限級数

思考のプロセス

$\displaystyle\sum_{n=1}^{\infty}a_n$ が発散する。　**目標の言い換え**

→ (ア) $\displaystyle\lim_{n\to\infty}a_n \neq 0$ を示す。⟹ $\displaystyle\lim_{n\to\infty}a_n=\lim_{n\to\infty}\frac{1}{n}=0$ より，この方法では示せない。

→ (イ) 部分和 S_n が発散することを示す。⟹ $S_n=\displaystyle\sum_{k=1}^{n}\frac{1}{k}$ は n の式で表されない。

原理の利用　**追い出しの原理**（p.38 まとめ 2 [4] (2) 参照）

$S_n \geqq$ [n の式] かつ [n の式] $\to\infty$ のとき $\displaystyle\lim_{n\to\infty}S_n=\infty$

このような n の式を探す。

⬅ はさみうちの原理に似た考え方である。

Action» 無限級数の発散は，部分和がより小さく発散する無限級数を探せ

解 第 n 項までの部分和を S_n とする。

$n=2^m$ のとき

$$S_{2^m}=1+\frac{1}{2}+\frac{1}{3}+\frac{1}{4}+\frac{1}{5}+\frac{1}{6}+\frac{1}{7}+\frac{1}{8}+\cdots+\frac{1}{2^{m-1}+1}+\frac{1}{2^{m-1}+2}+\cdots+\frac{1}{2^m}$$

$$\geqq 1+\frac{1}{2}+\frac{1}{4}+\frac{1}{4}+\frac{1}{8}+\frac{1}{8}+\frac{1}{8}+\frac{1}{8}+\cdots+\frac{1}{2^m}+\frac{1}{2^m}+\cdots+\frac{1}{2^m}$$

$$=1+\frac{1}{2}+2\cdot\frac{1}{4}+4\cdot\frac{1}{8}+\cdots+2^{m-1}\cdot\frac{1}{2^m}$$

$$=1+\frac{1}{2}+\frac{1}{2}+\frac{1}{2}+\cdots+\frac{1}{2}=1+\frac{m}{2}$$

ここで，$\displaystyle\lim_{m\to\infty}\left(1+\frac{m}{2}\right)=\infty$ であるから　$\displaystyle\lim_{m\to\infty}S_{2^m}=\infty$

よって，無限級数 $\displaystyle\sum_{n=1}^{\infty}\frac{1}{n}$ は発散する。

◀ $\displaystyle\lim_{n\to\infty}a_n\neq 0$ ならば $\displaystyle\sum_{n=1}^{\infty}a_n$ は発散するが，例題 42 ではそれを用いて発散を示すことはできない。

◀ $k=1,\ 2,\ 3,\ \cdots,\ 2^{m-1}$ のとき $\dfrac{1}{2^{m-1}+k} \geqq \dfrac{1}{2^m}$ より

$\dfrac{1}{3},\ \dfrac{1}{4} \geqq \dfrac{1}{4}$

$\dfrac{1}{5},\ \dfrac{1}{6},\ \dfrac{1}{7},\ \dfrac{1}{8} \geqq \dfrac{1}{8}$

$\dfrac{1}{9},\ \dfrac{1}{10},\ \cdots,\ \dfrac{1}{16} \geqq \dfrac{1}{16}$

⋮

◀ このように，和の発散を直接示すのが難しい数列は，より小さい数列の和を利用するとよい。
この方法は **追い出しの原理** とよばれることがある。

Point...発散することの間接的な証明

$a_n \geqq b_n$ かつ $\displaystyle\lim_{n\to\infty}b_n=\infty$ であるとき　$\displaystyle\lim_{n\to\infty}a_n=\infty$

$a_n \geqq b_n$ かつ $\displaystyle\lim_{n\to\infty}a_n=-\infty$ であるとき　$\displaystyle\lim_{n\to\infty}b_n=-\infty$

練習 42　k が自然数のとき $\dfrac{1}{\sqrt{k+1}+\sqrt{k}} < \dfrac{1}{\sqrt{k}}$ であることを利用して，無限級数 $\displaystyle\sum_{n=1}^{\infty}\frac{1}{\sqrt{n}}$ が発散することを示せ。

➡ p.90 問題42

D 頻出
★★★☆

例題 43 図形と無限級数〔1〕…相似形

右の図のように，$\angle B_0 = 90^\circ$，$\angle C = 30^\circ$，$A_0B_0 = a$ の直角三角形 A_0B_0C がある。辺 A_0C，B_0C，A_0B_0 上にそれぞれ A_1，B_1，D_1 をとり，正方形 $B_0B_1A_1D_1$ をつくる。次に，直角三角形 A_1B_1C の辺 A_1C，B_1C，A_1B_1 上にそれぞれ A_2，B_2，D_2 をとり，正方形 $B_1B_2A_2D_2$ をつくる。この操作を繰り返して正方形 $B_{n-1}B_nA_nD_n$ $(n = 1, 2, 3, \cdots)$ をつくり，その面積を S_n とする。

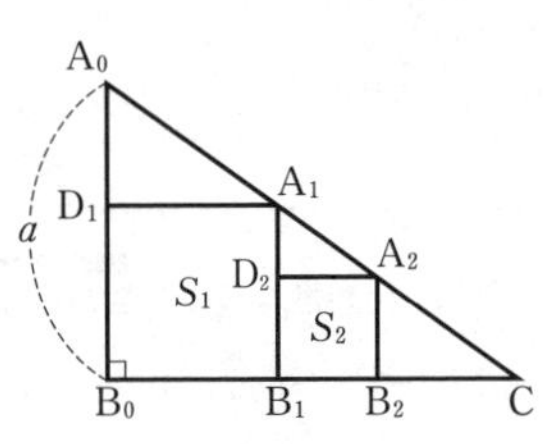

(1) S_1 を a で表せ。

(2) S_n を a と n で表せ。

(3) 無限級数 $S_1 + S_2 + S_3 + \cdots$ の和を求めよ。 （豊橋技術科学大）

思考のプロセス

n 番目の正方形の面積 S_n を考えるために

n 番目の正方形の辺の長さ l_n を考える。

(1) l_1 が求まれば $S_1 = l_1{}^2$

└→ 直角三角形 に着目して考える。

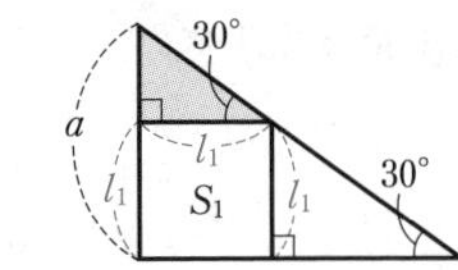

(2) **«ReAction 繰り返し行う操作は，n 番目と $(n+1)$ 番目の関係式をつくれ** ◀ⅡB 例題 313

規則性を見つける

n 個目と $(n+1)$ 個目の図形をかき，それらの関係から漸化式をつくる。

⟹ 辺の比や相似比に着目する。

(1) と同様に， に着目する。

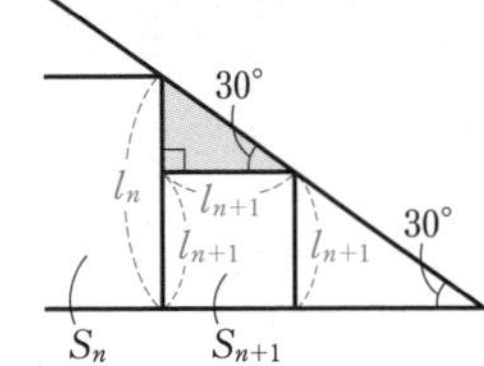

解 (1) 正方形 $B_0B_1A_1D_1$ の 1 辺の長さを l_1 とおく。

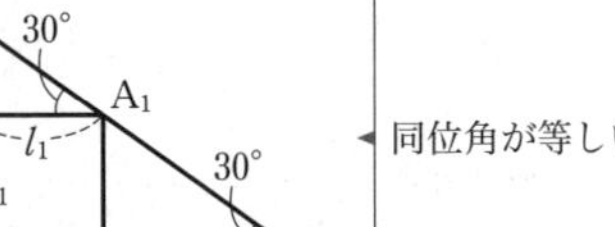

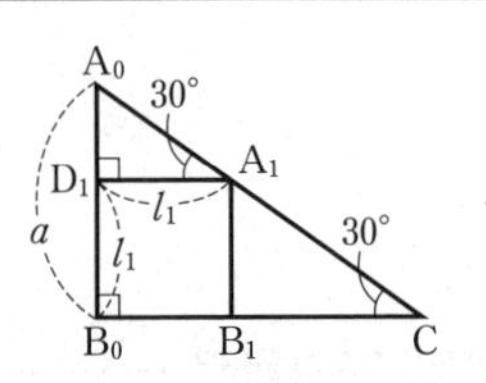

$B_0C \parallel D_1A_1$ より，

$\angle A_0A_1D_1 = 30^\circ$ であるから ◀同位角が等しい。

$$A_0D_1 = D_1A_1 \tan 30^\circ$$

よって $a - l_1 = \dfrac{1}{\sqrt{3}} l_1$ ◀$D_1A_1 = D_1B_0 = l_1$

$$(\sqrt{3}+1)l_1 = \sqrt{3}\,a$$

ゆえに $l_1 = \dfrac{\sqrt{3}}{\sqrt{3}+1} a = \dfrac{3-\sqrt{3}}{2} a$

したがって $S_1 = l_1{}^2 = \left(\dfrac{3-\sqrt{3}}{2}\right)^2 a^2 = \boldsymbol{\dfrac{6-3\sqrt{3}}{2} a^2}$

(2) 正方形 $B_nB_{n+1}A_{n+1}D_{n+1}$ の1辺の長さを l_{n+1} とおく。
(1) と同様にして

$A_nD_{n+1} = D_{n+1}A_{n+1}\tan 30°$

よって

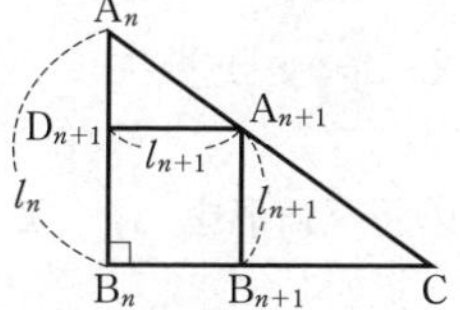

$$l_n - l_{n+1} = \frac{1}{\sqrt{3}}l_{n+1}$$

◀ $D_{n+1}A_{n+1} = D_{n+1}B_n = l_{n+1}$

$(\sqrt{3}+1)l_{n+1} = \sqrt{3}\,l_n$ より $\quad l_{n+1} = \dfrac{3-\sqrt{3}}{2}l_n$

ゆえに，数列 $\{l_n\}$ は初項 $l_1 = \dfrac{3-\sqrt{3}}{2}a$，公比 $\dfrac{3-\sqrt{3}}{2}$ の等比数列であるから

◀ 漸化式 $a_{n+1} = ra_n$ で表される数列 $\{a_n\}$ は，初項 a_1，公比 r の等比数列である。

$$l_n = \frac{3-\sqrt{3}}{2}a\cdot\left(\frac{3-\sqrt{3}}{2}\right)^{n-1} = \left(\frac{3-\sqrt{3}}{2}\right)^n a$$

したがって

$$S_n = l_n{}^2 = \left\{\left(\frac{3-\sqrt{3}}{2}\right)^n a\right\}^2$$

$$= \left\{\left(\frac{3-\sqrt{3}}{2}\right)^2\right\}^n\cdot a^2 = \boldsymbol{\left(\frac{6-3\sqrt{3}}{2}\right)^n a^2}$$

(3) 数列 $\{S_n\}$ は初項 $\dfrac{6-3\sqrt{3}}{2}a^2$，公比 $\dfrac{6-3\sqrt{3}}{2}$ の等比数列である。

$25 < 27 < 36$ より，$5 < 3\sqrt{3} < 6$ であるから

◀ $5 < 3\sqrt{3} < 6$ より $0 < 6-3\sqrt{3} < 1$

$$0 < \frac{6-3\sqrt{3}}{2} < \frac{1}{2}$$

◀ $|公比| < 1$ であるから，この無限等比級数は収束する。

よって，無限等比級数 $\displaystyle\sum_{n=1}^{\infty}S_n$ は収束し，その和は

$$S_1+S_2+S_3+\cdots = \frac{\dfrac{6-3\sqrt{3}}{2}a^2}{1-\dfrac{6-3\sqrt{3}}{2}} = \boldsymbol{\frac{6\sqrt{3}-3}{11}a^2}$$

◀ $1-\dfrac{6-3\sqrt{3}}{2} = \dfrac{3\sqrt{3}-4}{2}$

練習 43 右の図のように，AB = 8，BC = 7，∠C = 90° の直角三角形 ABC がある。△ABC に内接する円を O_1 とし，次に O_1 と辺 AB，BC に接する円を O_2 とする。この操作を繰り返し，O_3，O_4，$\cdots$，O_n，$\cdots$ $(n = 1, 2, 3, \cdots)$ をつくる。円 O_n の半径を r_n，面積を S_n とする。

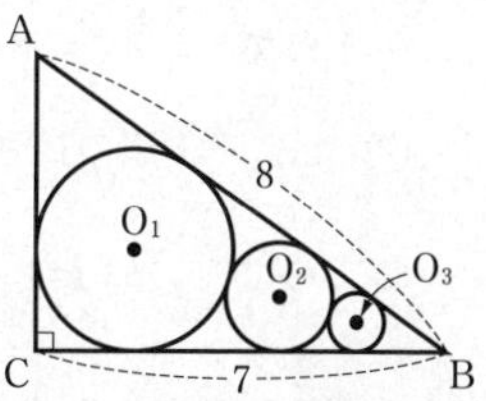

(1) r_1 を求めよ。
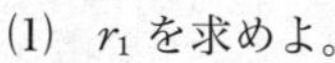
(2) r_n と S_n をそれぞれ n で表せ。
(3) 無限級数 $S_1+S_2+S_3+\cdots$ の和を求めよ。

⇒p.90 問題43

例題 44　図形と無限級数〔2〕…フラクタル図形

D ★★★☆

多角形 A_n $(n=1,\ 2,\ 3,\ \cdots)$ を次の(ア), (イ)の手順でつくる。

(ア)　1辺の長さが1の正三角形を A_1 とする。

(イ)　A_n の各辺の中央に1辺の長さが $\dfrac{1}{3^n}$ の正三角形を右の図のように付け加えた多角形を A_{n+1} とする。

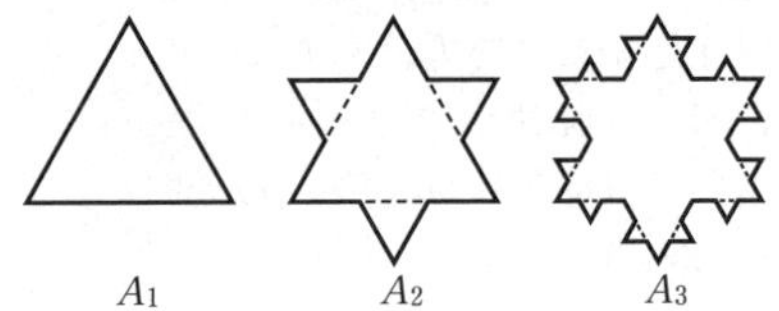

(1)　多角形 A_n の辺の数 a_n を n で表せ。

(2)　多角形 A_n の周の長さ l_n を n で表し，$\lim\limits_{n\to\infty} l_n$ を調べよ。

(3)　多角形 A_n の面積 S_n を n で表し，$\lim\limits_{n\to\infty} S_n$ を調べよ。　（工学院大　改）

思考のプロセス

«ReAction　繰り返し行う操作は，n 番目と $(n+1)$ 番目の関係式をつくれ　◀ⅡB 例題 313

規則性を見つける

(1)　図形 A_n から図形 A_{n+1} をつくると，
　1つの辺が □ つの辺になるから
　$a_{n+1} = \square\, a_n$　⟵ 等比数列

(2)　(周の長さ l_n) = (1辺の長さ b_n) × (辺の数 a_n)
　⟹ b_n を考える。
　図形 A_n から図形 A_{n+1} をつくると，
　辺の長さが □ 倍になるから
　$b_{n+1} = \square\, b_n$　⟵ 等比数列

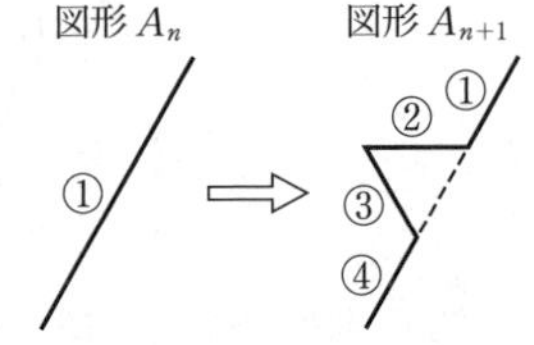

(3)　図形 A_n から図形 A_{n+1} をつくる。
　⇩ **見方を変える**
　図形 A_n の各辺に1辺の長さが b_{n+1} の正三角形が1個ずつ付け加えられる。

$S_{n+1} = S_n +$ 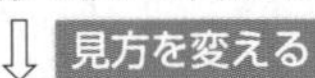 $\times a_n$

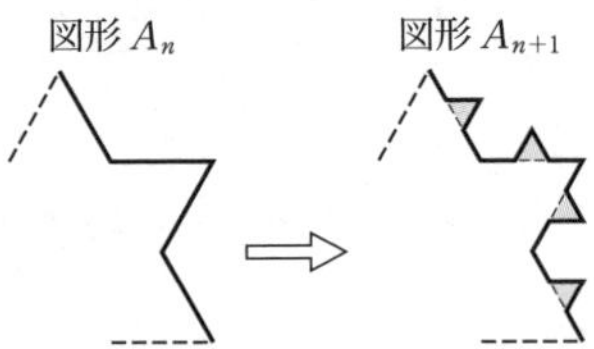

解 (1)　A_1 は正三角形であるから　$a_1 = 3$
A_n から A_{n+1} をつくるとき，A_n の各辺が4つの辺に増えるから　$a_{n+1} = 4a_n$
よって　$\boldsymbol{a_n = 3\cdot 4^{n-1}}$

◀ ① ⇨ ① ② ③ ④

◀初項 $a_1 = 3$，公比4の等比数列

(2)　A_n の1辺の長さを b_n とすると　$b_{n+1} = \dfrac{1}{3} b_n$

よって　$b_n = \left(\dfrac{1}{3}\right)^{n-1}$

◀初項1，公比 $\dfrac{1}{3}$ の等比数列

ゆえに　$l_n = b_n a_n = \left(\dfrac{1}{3}\right)^{n-1}\cdot 3\cdot 4^{n-1} = \boldsymbol{3\cdot\left(\dfrac{4}{3}\right)^{n-1}}$

◀(周の長さ l_n) = (1辺の長さ b_n) × (辺の数 a_n)

$\dfrac{4}{3} > 1$ であるから　$\lim\limits_{n\to\infty} l_n = \lim\limits_{n\to\infty} 3\cdot\left(\dfrac{4}{3}\right)^{n-1} = \infty$

(3)　A_1 は1辺の長さが1の正三角形であるから

$$S_1=\frac{1}{2}\cdot1\cdot1\sin60^\circ=\frac{\sqrt{3}}{4}$$

A_n から A_{n+1} をつくるとき，1辺の長さが b_{n+1} の正三角形が a_n 個付け加えられるから

◀ A_{n+1} は A_n の各辺に正三角形を追加してできる。

$$S_{n+1}=S_n+\frac{1}{2}\cdot{b_{n+1}}^2\sin60^\circ\cdot a_n$$

$$=S_n+\frac{\sqrt{3}}{12}\cdot\left(\frac{4}{9}\right)^{n-1}$$

◀ $\frac{1}{2}\cdot{b_{n+1}}^2\sin60^\circ\cdot a_n$
$=\frac{\sqrt{3}}{4}\cdot\left(\frac{1}{9}\right)^n\cdot3\cdot4^{n-1}$
$=\frac{3\sqrt{3}}{4}\cdot\frac{1}{9}\cdot\left(\frac{1}{9}\right)^{n-1}\cdot4^{n-1}$

よって，$n\geqq2$ のとき

$$S_n=S_1+\sum_{k=1}^{n-1}(S_{k+1}-S_k)=\frac{\sqrt{3}}{4}+\sum_{k=1}^{n-1}\frac{\sqrt{3}}{12}\cdot\left(\frac{4}{9}\right)^{k-1}$$

◀ $S_{n+1}=S_n+(n\text{ の式})$ の形であるから，数列 $\{S_n\}$ の階差数列を考える。

$$=\frac{\sqrt{3}}{4}+\frac{\sqrt{3}}{12}\cdot\frac{1-\left(\frac{4}{9}\right)^{n-1}}{1-\frac{4}{9}}$$

◀ 数列 $\{S_{n+1}-S_n\}$ は等比数列である。

$$=\boldsymbol{\frac{\sqrt{3}}{4}+\frac{3\sqrt{3}}{20}\left\{1-\left(\frac{4}{9}\right)^{n-1}\right\}}$$

$n=1$ を代入すると $\frac{\sqrt{3}}{4}$ となり，S_1 に一致する。

◀ $n=1$ のとき
$\frac{\sqrt{3}}{4}+\frac{3\sqrt{3}}{20}(1-1)=\frac{\sqrt{3}}{4}$

$$\lim_{n\to\infty}S_n=\lim_{n\to\infty}\left[\frac{\sqrt{3}}{4}+\frac{3\sqrt{3}}{20}\left\{1-\left(\frac{4}{9}\right)^{n-1}\right\}\right]=\boldsymbol{\frac{2\sqrt{3}}{5}}$$

◀ $\lim_{n\to\infty}\left(\frac{4}{9}\right)^{n-1}=0$

Point...フラクタル図形

例題44で扱った図形のように，図形の一部分と全体が自己相似であるものを**フラクタル図形**という。代表的なものにコッホ曲線などがある。

例題44の図形はコッホ曲線をつなぎ合わせたもので，コッホ雪片とよばれる。コッホ雪片は，(3)より面積は収束するが，(2)より周の長さは無限大に発散するという不思議な図形である。

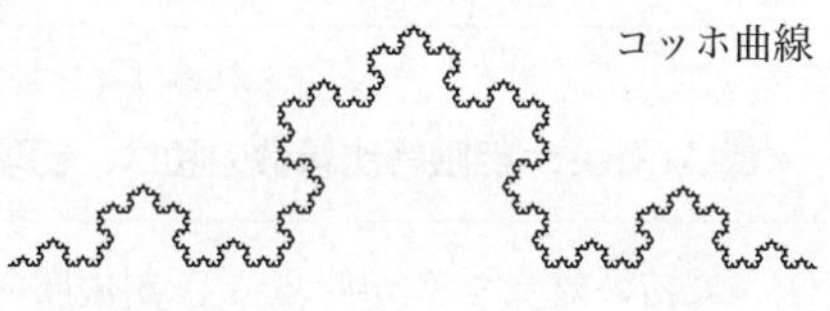
コッホ曲線

練習44　多角形 A_n $(n=1,\ 2,\ 3,\ \cdots)$ を次の(ア)，(イ)の手順でつくる。

(ア)　1辺の長さが1の正方形を A_1 とする。

(イ)　A_n の各辺の中央に1辺の長さが $\frac{1}{3^n}$ の正方形を，図のように付け加えた多角形を A_{n+1} とする。

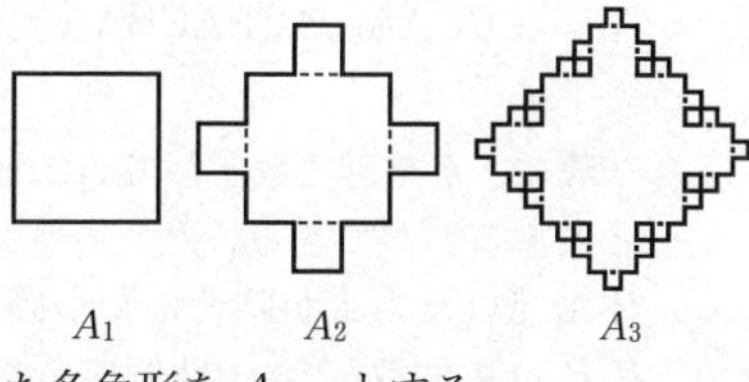

(1)　多角形 A_n の辺の数 a_n を n で表せ。

(2)　多角形 A_n の周の長さ l_n を n で表し，$\lim_{n\to\infty}l_n$ を調べよ。

(3)　多角形 A_n の面積 S_n を n で表し，$\lim_{n\to\infty}S_n$ を求めよ。

➡p.90　問題44

例題 45 確率と無限級数 ★★★★

力が均衡している3人の力士A，B，Cで勝ち抜き戦を行い，2連勝すれば優勝とする。最初にAとBが対戦する。その勝者を例えばAとすると，次にAはCと戦う。そのとき，Aが勝てばAが優勝となり，Cが勝てば次にCはBと戦う。優勝が決まるまでこのような組み合わせで対戦する。1回相撲を取った力士が，1回休んで疲労を回復した力士と対戦するとき，勝つ確率は α $\left(0<\alpha<\frac{1}{2}\right)$ である。何回相撲を取った後でも1回休むことにより，完全に疲労は回復するとしたとき

(1) 最初のAとBの対戦でAが勝ってAが優勝する確率 P' を α を用いて表せ。

(2) Aが優勝する確率 P を α を用いて表せ。

思考のプロセス

規則性を見つける

(1) 最初にAが勝ち，Aが優勝する場合を具体的に書く。

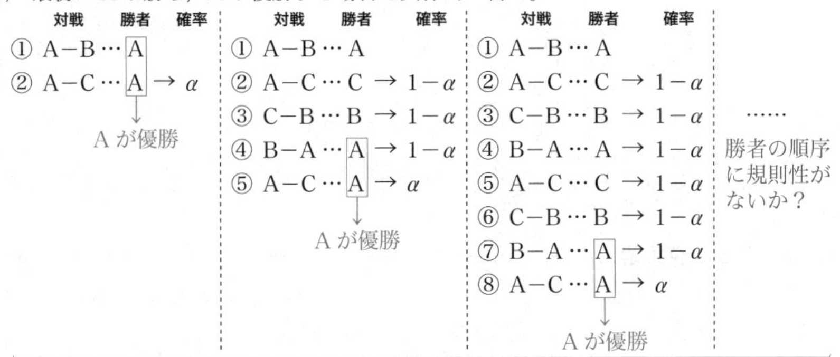

« ReAction 無限等比級数の和は，初項と公比に着目せよ ◀例題 34

解 (1) 最初の対戦でAが勝ってAが優勝する場合を，対戦で勝った力士を書き並べて表すと

AA，ACBAA，ACBACBAA，ACBACBACBAA，…

◀これらの事象はすべて互いに排反である（❶とする）。

一般に，n を自然数として $\mathrm{A}\overbrace{(\mathrm{CBA})(\mathrm{CBA})\cdots(\mathrm{CBA})}^{(n-1)\text{ 個}}\mathrm{A}$ と表すことができる。

休んでいた力士が勝者に勝つ確率は $1-\alpha$ であるから，(CBA) の個数が $(n-1)$ 個であるときの確率は

$$\{(1-\alpha)^3\}^{n-1}\alpha=\alpha(1-\alpha)^{3(n-1)}$$

よって，求める確率 P' は　$P'=\sum_{n=1}^{\infty}\alpha(1-\alpha)^{3(n-1)}$

◀上記❶より P' は和の形で表され，また，n がすべての自然数をとるから，P' は無限等比級数となる。

これは初項 α，公比 $(1-\alpha)^3$ の無限等比級数である。

$0<\alpha<\dfrac{1}{2}$ より $|(1-\alpha)^3|<1$ であるから，この無限等比級数は収束し，その和は

$$P'=\frac{\alpha}{1-(1-\alpha)^3}=\boldsymbol{\frac{1}{\alpha^2-3\alpha+3}}$$

◀ $0<\alpha<1$ より $0<1-\alpha<1$ よって $|(1-\alpha)^3|<1$

(2) A が優勝するのは，次の 2 つの場合である。

(ア) A が最初の対戦で勝って優勝する。

(イ) A が最初の対戦で負けて優勝する。

(ア) のとき，(1) よりその確率 P_1 は

$$P_1=\frac{1}{2}P'=\frac{1}{2(\alpha^2-3\alpha+3)}$$

◀ ❗最初の対戦で A が勝つ確率は力が均衡しているから $\dfrac{1}{2}$

(イ) のとき，対戦で勝った力士を書き並べて表すと

BCAA，BCABCAA，BCABCABCAA，・・・

◀ これらの事象はすべて互いに排反である。

一般に，n を自然数として $\overbrace{(\mathrm{BCA})(\mathrm{BCA})\cdots(\mathrm{BCA})}^{n\text{個}}\mathrm{A}$ と表すことができる。

(BCA) の個数が n 個であるときの確率は

$$\frac{1}{2}(1-\alpha)^2\cdot\{(1-\alpha)^3\}^{n-1}\cdot\alpha=\frac{1}{2}\alpha(1-\alpha)^2(1-\alpha)^{3(n-1)}$$

◀ ❗最初に B が勝つ確率だけ $\dfrac{1}{2}$ であるから，最初の (BCA) の確率に注意する。

よって，A が最初の対戦で負けて優勝する確率 P_2 は

$$P_2=\sum_{n=1}^{\infty}\frac{1}{2}\alpha(1-\alpha)^2(1-\alpha)^{3(n-1)}$$

これは初項 $\dfrac{1}{2}\alpha(1-\alpha)^2$，公比 $(1-\alpha)^3$ の無限等比級数であり，$|(1-\alpha)^3|<1$ より収束し，その和は

$$P_2=\frac{\frac{1}{2}\alpha(1-\alpha)^2}{1-(1-\alpha)^3}=\frac{\alpha^2-2\alpha+1}{2(\alpha^2-3\alpha+3)}$$

(ア)，(イ) は互いに排反であるから，求める確率 P は

$$P=P_1+P_2=\frac{1}{2(\alpha^2-3\alpha+3)}+\frac{\alpha^2-2\alpha+1}{2(\alpha^2-3\alpha+3)}$$
$$=\boldsymbol{\frac{\alpha^2-2\alpha+2}{2(\alpha^2-3\alpha+3)}}$$

練習 45 数直線上の点 1，2，3，4，5 を移動する粒子は，点 i $(i=2,\ 3,\ 4)$ にあるとき 1 秒ごとに左または右にそれぞれ確率 a，b $(a+b=1,\ a>0,\ b>0)$ で 1 だけ移動する。点 1 または点 5 に達すると移動を停止する。最初点 3 にある粒子が n 秒後に点 1，点 5 に達する確率をそれぞれ p_n，q_n とする。

(1) p_1，p_2，p_3，p_4 を求めよ。

(2) p_{2n-2} と p_{2n} $(n\geqq 2)$ の間に成り立つ関係式を求めよ。

(3) n 秒後に移動を停止する確率を求めよ。

(4) 移動を停止する確率 $\displaystyle\sum_{n=1}^{\infty}(p_n+q_n)$ を求めよ。 (芝浦工業大)

➡ p.90 問題45

例題 46 複素数平面上の点列と無限級数

D ★★★☆

$\alpha = \frac{3}{4} + \frac{\sqrt{3}}{4}i$ とする。複素数平面上に点 $P_1(1)$, $P_2(\alpha)$, $P_3(\alpha^2)$, ・・・, $P_n(\alpha^{n-1})$, ・・・をとり，線分 P_nP_{n+1} の長さを l_n とするとき，無限級数 $\sum_{n=1}^{\infty} l_n$ の和を求めよ。

思考のプロセス

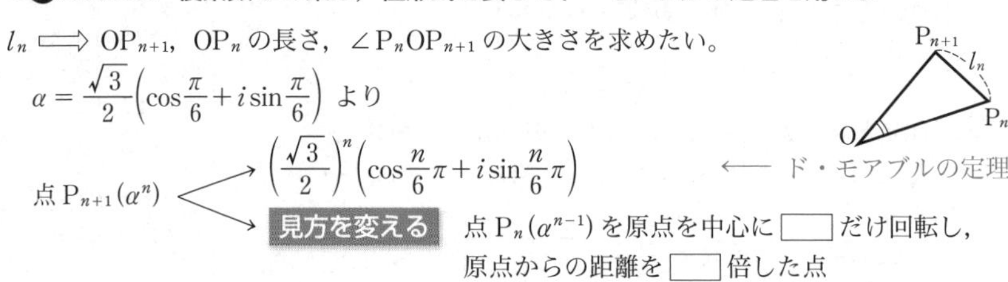

解 $\alpha = \frac{\sqrt{3}}{2}\left(\cos\frac{\pi}{6} + i\sin\frac{\pi}{6}\right)$ であるから，ド・モアブルの定理により　$\alpha^n = \left(\frac{\sqrt{3}}{2}\right)^n\left(\cos\frac{n}{6}\pi + i\sin\frac{n}{6}\pi\right)$

よって　$OP_n = |\alpha^{n-1}| = \left(\frac{\sqrt{3}}{2}\right)^{n-1}$

C 143 また，$\alpha^n = \alpha \cdot \alpha^{n-1} = \frac{\sqrt{3}}{2}\left(\cos\frac{\pi}{6} + i\sin\frac{\pi}{6}\right) \cdot \alpha^{n-1}$ より

$$OP_n : OP_{n+1} = 2 : \sqrt{3},\quad \angle P_nOP_{n+1} = \frac{\pi}{6}$$

すなわち，$\triangle OP_nP_{n+1}$ は $\angle P_nP_{n+1}O = \frac{\pi}{2}$,
$OP_n : OP_{n+1} = 2 : \sqrt{3}$ の直角三角形であるから

$$l_n = P_nP_{n+1} = \frac{1}{2}OP_n = \frac{1}{2}\cdot\left(\frac{\sqrt{3}}{2}\right)^{n-1}$$

例題 34 よって，数列 $\{l_n\}$ は初項 $\frac{1}{2}$，公比 $\frac{\sqrt{3}}{2}$ の等比数列であるから

$$\sum_{n=1}^{\infty} l_n = \frac{\frac{1}{2}}{1 - \frac{\sqrt{3}}{2}} = \frac{1}{2-\sqrt{3}} = \mathbf{2+\sqrt{3}}$$

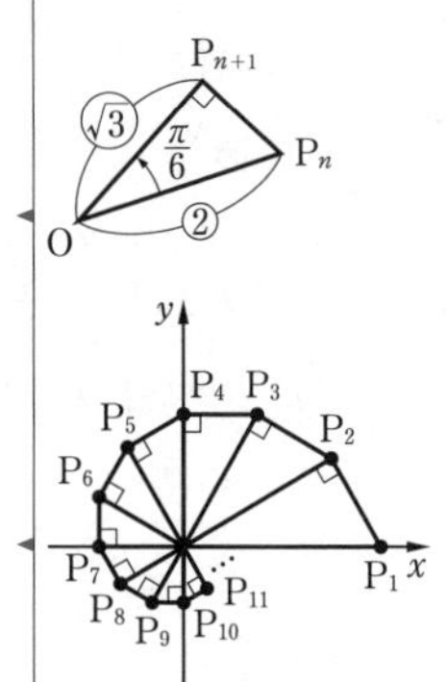

$|r| < 1$ のとき，初項 a，公比 r の無限等比級数は収束し，その和は
$\sum_{n=1}^{\infty} ar^{n-1} = \frac{a}{1-r}$

練習 46 $\alpha = \frac{\sqrt{2}}{2}\left(\cos\frac{\pi}{12} + i\sin\frac{\pi}{12}\right)$ とする。複素数平面上に点 $P_1(1)$, $P_2(\alpha)$, $P_3(\alpha^2)$, ・・・, $P_n(\alpha^{n-1})$, ・・・をとり，$\triangle OP_nP_{n+1}$ の面積を S_n とするとき，無限級数 $\sum_{n=1}^{\infty} S_n$ の和を求めよ。

➡p.90 問題46

33 ★★☆☆ 次の無限級数の収束，発散を調べ，収束するときはその和を求めよ。

(1) $\displaystyle\sum_{n=1}^{\infty}\frac{1}{n(n+1)(n+2)}$　　(2) $\displaystyle\sum_{n=1}^{\infty}\frac{n}{(n+1)!}$

34 ★☆☆☆ 第 2 項が -3 であり，和が $\dfrac{27}{4}$ である無限等比級数の初項と公比を求めよ。

35 ★☆☆☆ 無限級数 $\dfrac{3}{5}+\dfrac{5}{5^2}+\dfrac{9}{5^3}+\dfrac{17}{5^4}+\dfrac{33}{5^5}+\cdots$ の和を求めよ。

36 ★★☆☆ 無限等比級数 $x+x(x^2-x-1)+x(x^2-x-1)^2+\cdots+x(x^2-x-1)^{n-1}+\cdots$ について

(1) この級数が収束するような x の値の範囲を求めよ。

(2) (1) の範囲において，この級数の和を求めよ。

37 ★☆☆☆ 次の計算の結果を既約分数で表せ。

(1) $0.31\dot{6}+0.1\dot{3}$　　(2) $0.\dot{3}\dot{6}\times0.4\dot{2}$

38 ★★☆☆ 無限等比級数 $1+\log_{10}(x+y)+\{\log_{10}(x+y)\}^2+\cdots+\{\log_{10}(x+y)\}^{n-1}+\cdots$ が収束し，その和を S とおくとき

(1) 点 $(x,\ y)$ の領域を図示せよ。

(2) $S=\dfrac{1}{1-\log_{10}2x}$ となるとき，点 $(x,\ y)$ の領域を図示せよ。

39 ★★☆☆ 次の無限級数の収束，発散を調べ，収束するときはその和を求めよ。

(1) $1-1+1-1+\cdots$　　(2) $1-\dfrac{1}{3}+\dfrac{1}{3}-\dfrac{1}{5}+\dfrac{1}{5}-\dfrac{1}{7}+\cdots$

40 ★★★☆ 無限級数 $\displaystyle\sum_{n=1}^{\infty}\left(\frac{1}{5}\right)^n\sin\frac{n\pi}{4}$ の和を求めよ。

41 ★★☆☆ 無限級数 $\dfrac{1}{3}+\dfrac{1+2}{3+5}+\dfrac{1+2+3}{3+5+7}+\dfrac{1+2+3+4}{3+5+7+9}+\cdots$ が発散することを示せ。

42 ★★★☆ $a \geqq 1$ のとき，無限級数 $\displaystyle\sum_{n=1}^{\infty} \frac{a^n}{1+a^n}$ が発散することを示せ。

43 ★★★☆ 座標平面上で，動点Pが原点 $P_0(0,\ 0)$ を出発して，点 $P_1(1,\ 0)$ へ動き，さらに右の図のように $120°$ ずつ向きを変えて P_2，P_3，…，P_n，…へと動く。ただし，$P_nP_{n+1} = \dfrac{2}{3}P_{n-1}P_n$ $(n=1,\ 2,\ 3,\ \cdots)$ とする。

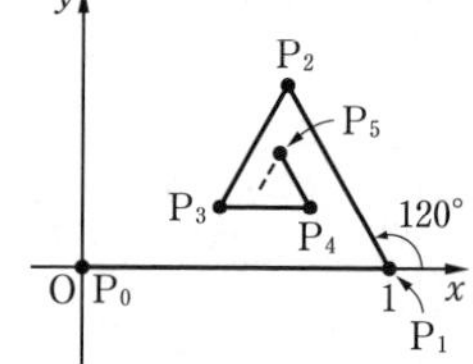

(1) $l_n = P_{n-1}P_n$ とするとき，$l_1+l_2+l_3+\cdots$ を求めよ。

(2) n を限りなく大きくするとき，P_n が近づく点の座標を求めよ。 (岩手大)

44 ★★★☆ $\triangle ABC$ は1辺の長さが1の正三角形である。辺AB，BC，CAを1辺とし，それらに垂直な辺をもつ直角二等辺三角形 BAP_1，CBQ_1，ACR_1 を定め，このときできた全体の図形を F_1 とする。次に，BP_1，CQ_1，AR_1 の中点をそれぞれ S_1，T_1，U_1 とし，$\angle S_1P_1P_2 = \angle T_1Q_1Q_2 = \angle U_1R_1R_2 = 90°$ となる直角二等辺三角形 $S_1P_1P_2$，$T_1Q_1Q_2$，$U_1R_1R_2$ を図のように定める。この操作を繰り返して，

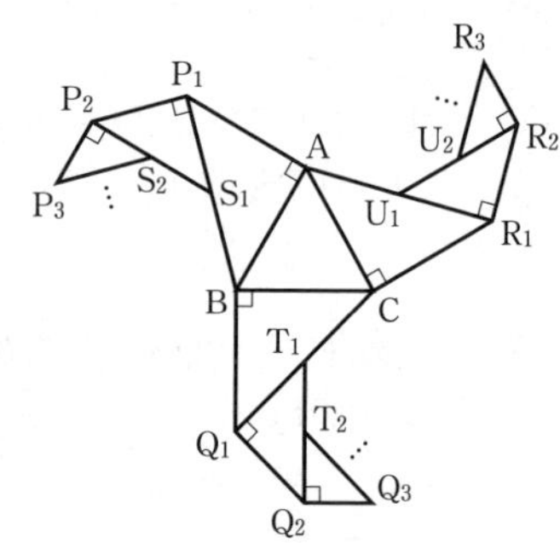

$\triangle S_2P_2P_3$，$\triangle S_3P_3P_4$，…，$\triangle T_2Q_2Q_3$，$\triangle T_3Q_3Q_4$，…，$\triangle U_2R_2R_3$，$\triangle U_3R_3R_4$，…を定める。P_n，Q_n，R_n を定めたときにできる全体の図形を F_n とする。

(1) F_n の周囲の長さ l_n を n で表し，$\displaystyle\lim_{n\to\infty} l_n$ を求めよ。

(2) F_n の面積 S_n を n で表し，$\displaystyle\lim_{n\to\infty} S_n$ を求めよ。 (千葉大)

45 ★★★★ n を3以上の整数とする。円上の n 等分点のある点を出発点とし，n 等分点を一定の方向に次のように進む。各点でコインを投げ，表が出れば次の点に進み，裏が出れば次の点を跳び越しその次の点に進む。

(1) 最初に1周回ったとき，出発点を跳び越す確率 p_n を求めよ。

(2) k は2以上の整数とする。$(k-1)$ 周目までは出発点を跳び越し，k 周目に初めて出発点を踏む確率を $q_{n,k}$ とする。このとき，$\displaystyle\lim_{n\to\infty} q_{n,k}$ を求めよ。

46 ★★★☆ 複素数 a_n $(n=1,\ 2,\ 3,\ \cdots)$ を次のように定める。

$$a_1 = 1+i,\quad a_{n+1} = \frac{a_n}{2a_n-3}$$

(1) 複素数平面上の3点0，a_1，a_2 を通る円の方程式を求めよ。

(2) すべての a_n は(1)で求めた円上にあることを示せ。 (北海道大)

本質を問う 3

▶▶解答編 p.75

1 無限級数の和はどのようなときに求まるか。また，どのようにして求めるか。説明せよ。

◀p.69 1

2 $0.\dot{9}=0.9999\cdots=1$ は正しいことを示せ。

◀p.75 例題37

3 $a \neq 0$ とする。

(1) $-1<r \leqq 1$ ならば無限等比数列 $\{ar^{n-1}\}$ が収束することを示せ。

(2) $-1<r<1$ ならば無限等比級数 $\sum_{n=1}^{\infty} ar^{n-1}$ が収束することを示せ。

◀p.40 概要5，p.70 概要2

Let's Try! 3

▶▶解答編 p.77

① 無限等比数列 $\{a_n\}$ がある。無限級数 $a_2+a_4+a_6+\cdots$ は $\dfrac{12}{5}$ に収束し，無限級数 $a_3+a_6+a_9+\cdots$ は $\dfrac{24}{19}$ に収束する。

(1) 数列 $\{a_n\}$ の初項と公比を求めよ。

(2) 無限級数 $a_1+a_2+a_3+\cdots$ の和を求めよ。 ◀例題35

② $0 \leqq x < 2\pi$ とする。k を自然数とし $f_k(x)=\left(\dfrac{1}{2}+\sin x\right)^{k-1}$ とおく。

(1) 級数 $\displaystyle\sum_{k=1}^{\infty} f_k(x)$ が収束するとき，x の値の範囲を求めよ。

(2) (1)のとき，$f(x)=\displaystyle\sum_{k=1}^{\infty} f_k(x)$ とおく。$f(x)$ を求めよ。

(3) $f(x)$ の最小値とそのときの x の値を求めよ。 （東洋大　改） ◀例題36

③ (1) p を素数，n を自然数とするとき，p^n の正の約数の個数と和を求めよ。

(2) m，n を自然数とするとき，2^m3^n の正の約数の個数と和を求めよ。

(3) 自然数 n に対し，6^n の正の約数の和を a_n で表すとき，無限級数 $\displaystyle\sum_{n=1}^{\infty}\frac{a_n}{12^n}$ の和を求めよ。 （富山大）

④ n を自然数とする。数列 $\{a_n\}$ の初項から第 n 項までの和 S_n が
$S_n=\dfrac{9}{4}-\dfrac{2n+3}{4n}a_n$ で表される。

(1) $\dfrac{a_n}{n}$ を n の式で表し，$\displaystyle\sum_{n=1}^{\infty}\frac{a_n}{n}$ を求めよ。

(2) α を正の実数とする。$n \geqq 3$ のとき二項定理を用いて，不等式
$(1+\alpha)^n > \dfrac{n(n-1)(n-2)}{6}\alpha^3$ を示し，$\displaystyle\lim_{n\to\infty}\frac{n^2}{(1+\alpha)^n}$ を求めよ。

(3) $\displaystyle\sum_{n=1}^{\infty}a_n$ を求めよ。 （東京理科大　改） ◀例題20, 35

⑤ 1辺の長さが a の正三角形 T_1 の頂点を A_1，B_1，C_1 とする。t を正の実数とするとき，辺 A_1B_1，B_1C_1，C_1A_1 を $t:1$ に内分する点をそれぞれ A_2，B_2，C_2 とし，3点 A_2，B_2，C_2 を結んで正三角形 T_2 をつくる。以下同様に正三角形 T_3，T_4，T_5，$\cdots$ をつくる。

(1) T_2 の1辺の長さを求めよ。

(2) 正三角形 T_1，T_2，T_3，$\cdots$ の面積の総和 $S(t)$ を求めよ。

(3) $S(t)$ の最小値を求めよ。 （島根大） ◀例題43

まとめ 4 関数の極限

1 関数の極限

(1) 極限 $\lim_{x \to a} f(x)$

(ア) 関数 $f(x)$ において，x が a と異なる値をとりながら限りなく a に近づくとき，$f(x)$ の値が一定の値 α に限りなく近づくならば

$$\lim_{x \to a} f(x) = \alpha \quad \text{または} \quad x \to a \text{ のとき } f(x) \to \alpha$$

と表し，α を $x \to a$ のときの $f(x)$ の **極限値** という。

また，この場合，“$x \to a$ のとき $f(x)$ は α に **収束** する”という。

(イ) 関数 $f(x)$ において，x が a と異なる値をとりながら限りなく a に近づくとき，$f(x)$ の値が限りなく大きくなるならば

$$\lim_{x \to a} f(x) = \infty \quad \text{または} \quad x \to a \text{ のとき } f(x) \to \infty$$

と表し，“$x \to a$ のとき $f(x)$ は **正の無限大に発散する**”という。

また，$f(x)$ の値が負でその絶対値が限りなく大きくなるならば

$$\lim_{x \to a} f(x) = -\infty \quad \text{または} \quad x \to a \text{ のとき } f(x) \to -\infty$$

と表し，“$x \to a$ のとき $f(x)$ は **負の無限大に発散する**”という。

(2) $x \to \infty$，$x \to -\infty$ のときの極限

$x \to \infty$ のとき $f(x)$ の値が限りなく α に近づくならば $\lim_{x \to \infty} f(x) = \alpha$ と表す。

$\lim_{x \to -\infty} f(x) = \alpha$ などの意味についても同様である。

(3) 極限値と四則

$\lim_{x \to a} f(x) = \alpha$，$\lim_{x \to a} g(x) = \beta$ ならば　⬅ a が ∞ や $-\infty$ のときも成り立つ。

(ア) $\lim_{x \to a} kf(x) = k\alpha$　(k は定数)

(イ) $\lim_{x \to a}\{f(x) + g(x)\} = \alpha + \beta$，$\lim_{x \to a}\{f(x) - g(x)\} = \alpha - \beta$

(ウ) $\lim_{x \to a}\{f(x)g(x)\} = \alpha\beta$，$\lim_{x \to a} \dfrac{f(x)}{g(x)} = \dfrac{\alpha}{\beta}$ (ただし，$\beta \neq 0$)

概要

1 関数の極限

・$x \to a$ の近づき方

$\lim_{x \to a} f(x)$ において，x は a と異なる値をとりながら近づくということに注意が必要である。

例えば $f(x) = \dfrac{x^2 - 1}{x - 1}$ のとき，$f(1)$ は分母が 0 になるから定義されないが，$\lim_{x \to 1} f(x)$ においては，x は 1 と異なる値をとるから，分母は限りなく 0 に近づくが 0 ではない。

また，$f(x) = \dfrac{x^2 - 1}{x - 1}$ $\left(= \dfrac{(x+1)(x-1)}{x-1} \right)$ と $g(x) = x + 1$ は，$x = 1$ を定義域に含むかどうかで関数として異なるが，$x \to 1$ のときは，$x \neq 1$ であるから

$$\lim_{x \to 1} f(x) = \lim_{x \to 1} \frac{x^2 - 1}{x - 1} = \lim_{x \to 1}(x + 1) = \lim_{x \to 1} g(x)$$

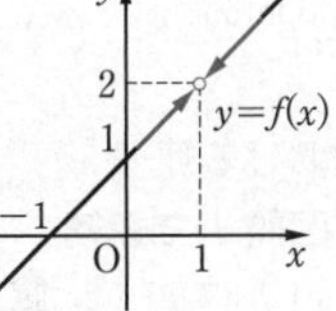

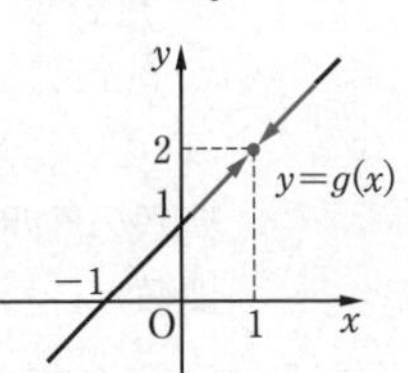

2 右側からの極限，左側からの極限

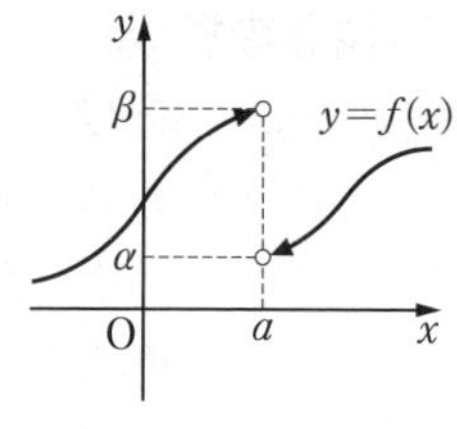

$\lim_{x \to a+0} f(x)$ … x が a より大きい値をとりながら限りなく a に近づくときの $f(x)$ の極限

$\lim_{x \to a-0} f(x)$ … x が a より小さい値をとりながら限りなく a に近づくときの $f(x)$ の極限

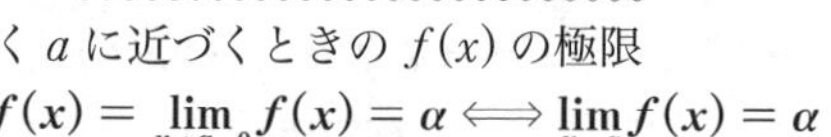

また　$\lim_{x \to a+0} f(x) = \lim_{x \to a-0} f(x) = \alpha \iff \lim_{x \to a} f(x) = \alpha$

3 いろいろな関数の極限

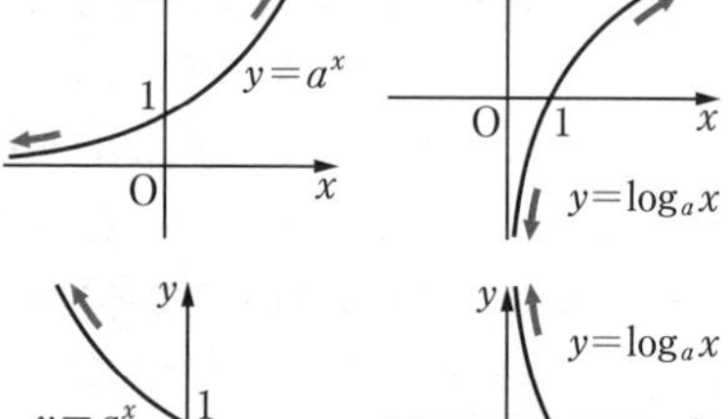

(1)　$a > 1$ のとき

$\lim_{x \to \infty} a^x = \infty$　　$\lim_{x \to \infty} \log_a x = \infty$

$\lim_{x \to -\infty} a^x = 0$　　$\lim_{x \to +0} \log_a x = -\infty$

(2)　$0 < a < 1$ のとき

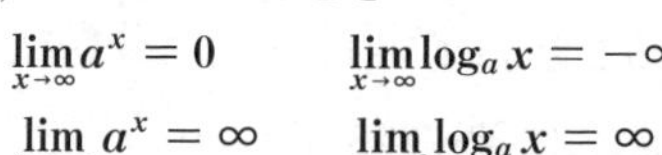

$\lim_{x \to \infty} a^x = 0$　　$\lim_{x \to \infty} \log_a x = -\infty$

$\lim_{x \to -\infty} a^x = \infty$　　$\lim_{x \to +0} \log_a x = \infty$

(3)　$\lim_{x \to 0} \dfrac{\sin x}{x} = 1$（証明は p.105）

4 関数の極限と大小関係

(1)　a の近くで不等式 $f(x) \leqq g(x)$ が成り立ち，$\lim_{x \to a} f(x)$，$\lim_{x \to a} g(x)$ が存在するならば　$\lim_{x \to a} f(x) \leqq \lim_{x \to a} g(x)$

(2)　**はさみうちの原理**

a の近くで不等式 $f(x) \leqq g(x) \leqq h(x)$ が成り立ち，

かつ $\lim_{x \to a} f(x) = \lim_{x \to a} h(x) = \alpha$ ならば　$\lim_{x \to a} g(x) = \alpha$

❗ これらのことは，$x \to \infty$ や $x \to -\infty$ のときにも成り立つ。

5 関数の連続性

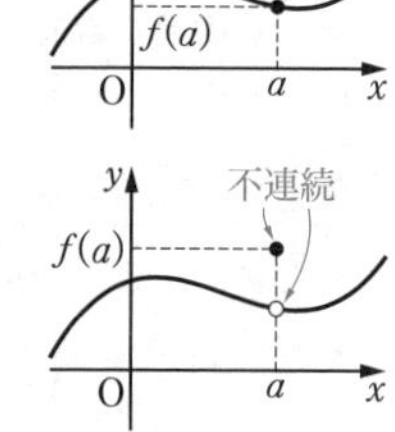

(1)　関数の $x = a$ における連続・不連続

関数 $f(x)$ が $x = a$ において **連続**

… $f(x)$ の定義域内の $x = a$ に対して，極限値 $\lim_{x \to a} f(x)$ が存在し，$\lim_{x \to a} f(x) = f(a)$ が成り立つこと。

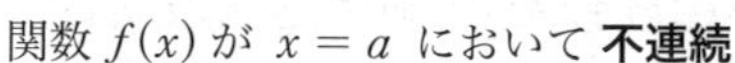

関数 $f(x)$ が $x = a$ において **不連続**

… $f(x)$ の定義域内の $x = a$ において，$f(x)$ が連続でないこと。

(2)　関数の区間における連続

関数 $f(x)$ が **区間 I で連続**

… 関数 $f(x)$ が区間 I に属するすべての値 x で連続であること。

概要

② 右側からの極限，左側からの極限

・右側極限，左側極限，片側極限

右側からの極限，左側からの極限を，単に **右側極限**，**左側極限** ということもある。
また，右側極限や左側極限を **片側極限** とよぶこともある。

・$x \to a+0$，$x \to a-0$ の a が 0 の場合

x が 0 より大きい（小さい）値をとりながら限りなく 0 に近づくときには，
$x \to 0+0$ ではなく $x \to +0$（$x \to 0-0$ ではなく $x \to -0$）と書く。

・$\lim_{x \to a} f(x) = \pm\infty$ と片側極限

$\lim_{x \to a+0} f(x) = \infty$ かつ $\lim_{x \to a-0} f(x) = \infty$ のとき　$\lim_{x \to a} f(x) = \infty$

$\lim_{x \to a+0} f(x) = -\infty$ かつ $\lim_{x \to a-0} f(x) = -\infty$ のとき　$\lim_{x \to a} f(x) = -\infty$

❗ このとき，$\lim_{x \to a+0} f(x) = \lim_{x \to a-0} f(x)$ とは書かないように注意する。

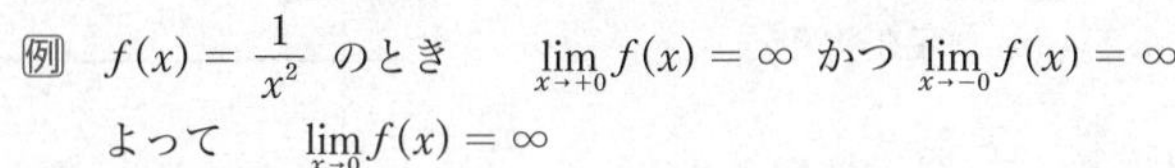
例　$f(x) = \dfrac{1}{x^2}$ のとき　$\lim_{x \to +0} f(x) = \infty$ かつ $\lim_{x \to -0} f(x) = \infty$

よって　$\lim_{x \to 0} f(x) = \infty$

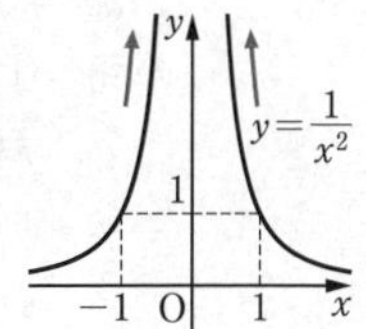

⑤ 関数の連続性

・区間

不等式 $a<x<b$，$a \leqq x<b$，$a<x \leqq b$，$a \leqq x \leqq b$ を満たす実数 x の値の範囲を **区間** といい，それぞれ記号 $(a,\ b)$，$[a,\ b)$，$(a,\ b]$，$[a,\ b]$ で表す。
$(a,\ b)$ を **開区間**，$[a,\ b]$ を **閉区間** という。
また，不等式 $a<x$，$a \leqq x$，$x<b$，$x \leqq b$ を満たす実数 x の値の範囲も区間といい，それぞれ記号 $(a,\ \infty)$，$[a,\ \infty)$，$(-\infty,\ b)$，$(-\infty,\ b]$ で表す。
実数全体も区間と考え，記号 $(-\infty,\ \infty)$ で表す。

・連続関数と定義域

関数 $f(x)$ が $x=a$ で連続であるとき，$y=f(x)$ のグラフは $x=a$ でつながっている。

❗ 関数の連続・不連続はその関数の定義域内でしか考えないことに注意する。例えば，関数 $f(x) = \dfrac{1}{x}$ に対して，$y=f(x)$ のグラフは $x=0$ でつながっていないが，関数 $f(x)$ は $x=0$ で不連続なのではなく，$x=0$ は関数 $f(x)$ の定義域（$x \neq 0$）に含まれないから，$x=0$ における関数 $f(x)$ の連続性は考えないのである。

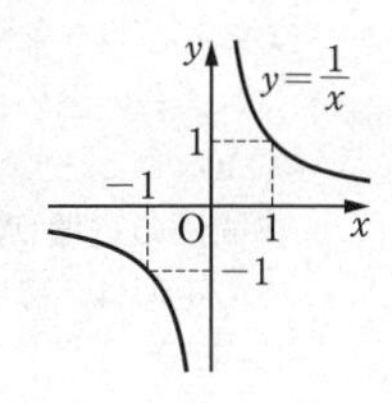

・$x=a$ において連続な 2 つの関数の和・差・積・商

2 つの関数 $f(x)$，$g(x)$ が $x=a$ において連続であるとき，関数 $f(x)+g(x)$，$f(x)-g(x)$，$f(x)g(x)$，$\dfrac{f(x)}{g(x)}$（ただし，$g(a) \neq 0$）は，いずれも $x=a$ において連続である。

・区間の端点における連続

区間 $[a,\ b]$ で定義された関数 $f(x)$ については

関数 $f(x)$ が $x=a$ において連続 $\Longleftrightarrow$ $\lim_{x \to a+0} f(x) = f(a)$

関数 $f(x)$ が $x=b$ において連続 $\Longleftrightarrow$ $\lim_{x \to b-0} f(x) = f(b)$

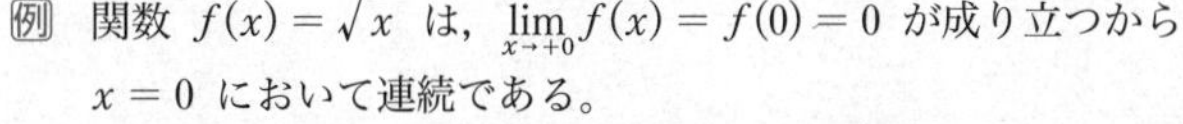
例　関数 $f(x) = \sqrt{x}$ は，$\lim_{x \to +0} f(x) = f(0) = 0$ が成り立つから，
$x=0$ において連続である。

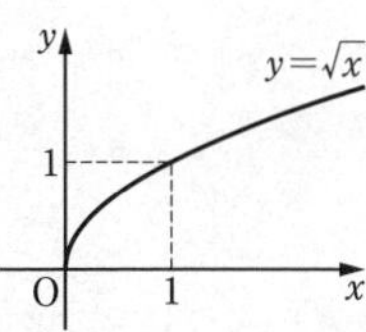

6 連続関数の性質

(1) 連続関数の最大値・最小値

閉区間で連続な関数は，その区間で最大値および最小値をもつ。

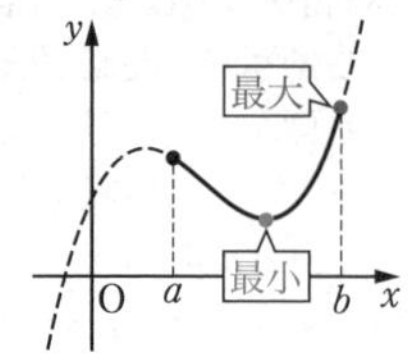

(2) 中間値の定理

(ア) 関数 $f(x)$ が閉区間 $[a,\ b]$ で連続で，$f(a) \neq f(b)$ とする。このとき，$f(a)$ と $f(b)$ の間の任意の値 m に対して

$$\boldsymbol{f(c) = m,\quad a < c < b}$$

となる c が少なくとも 1 つ存在する。

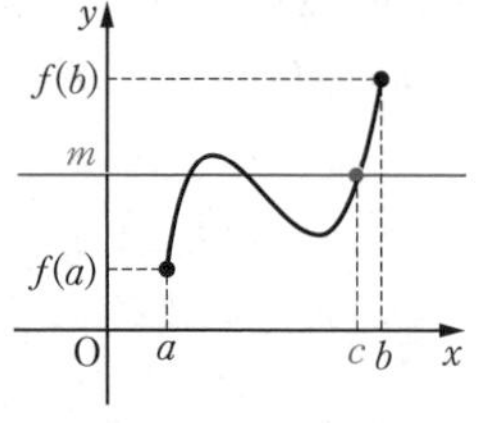

(イ) 関数 $f(x)$ が閉区間 $[a,\ b]$ で連続であり，$f(a)$ と $f(b)$ が異符号であるとき，方程式 $f(x) = 0$ は a と b の間に少なくとも 1 つの実数解をもつ。

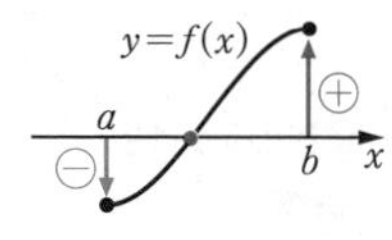

概要

6 連続関数の性質

・連続関数の最大値・最小値

この定理は，特に証明なしに用いてよい（大学の内容）。

なお，この定理においては，「閉区間①で連続②である」という条件が大切である。開区間の場合には，右の図のように，最大値または最小値をもたないことがある。

① 閉区間でない

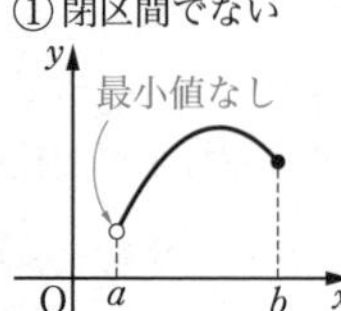

② 連続でない

・中間値の定理(ア)

この定理は，特に証明なしに用いてよい（大学の内容）。

中間値の定理において，「閉区間で連続である」という条件が大切である。この条件がない場合には，右の図のように $f(c) = m$ となる c が存在しないことがある。

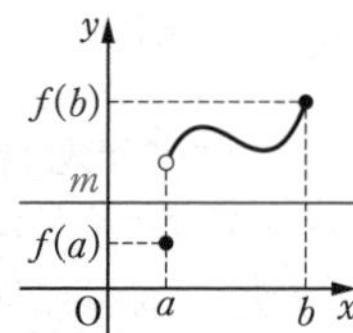

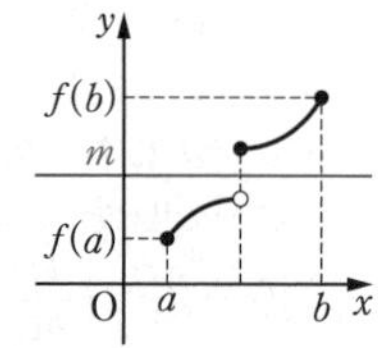

頻出
★☆☆☆

例題 47 $\lim_{x \to a} f(x)$ の値

次の極限値を求めよ。

(1) $\displaystyle\lim_{x \to 1} \frac{\sqrt{x}-1}{x^2-1}$ (2) $\displaystyle\lim_{x \to 3} \frac{\sqrt{x-2}-\sqrt{4-x}}{\sqrt{x-1}-\sqrt{5-x}}$

思考のプロセス

$\lim_{x \to a} f(x)$ … x を a に限りなく近づけたときの $f(x)$ の値

(1), (2) $\dfrac{0}{0}$ の形の不定形になる。 **既知の問題に帰着**

Action» 不定形 $\dfrac{0}{0}$ の極限は，まず有理化や約分をせよ

(1) $x \to 1$ より，$x-1$ や $\sqrt{x}-1$ などで約分できるように変形する。（$x-1 \to 0$，$\sqrt{x}-1 \to 0$）

(2) 分母・分子ともに有理化する（例題 16 参照）。

解 (1) $\displaystyle(\text{与式}) = \lim_{x \to 1} \frac{(\sqrt{x}-1)(\sqrt{x}+1)}{(x^2-1)(\sqrt{x}+1)}$

$\displaystyle= \lim_{x \to 1} \frac{x-1}{(x+1)(x-1)(\sqrt{x}+1)}$

$\displaystyle= \lim_{x \to 1} \frac{1}{(x+1)(\sqrt{x}+1)} = \boldsymbol{\frac{1}{4}}$

◀分子を有理化する。
$\sqrt{x}-1 = \dfrac{x-1}{\sqrt{x}+1}$

例題 16

(2) (与式)

$\displaystyle= \lim_{x \to 3} \frac{(\sqrt{x-2}-\sqrt{4-x})(\sqrt{x-2}+\sqrt{4-x})(\sqrt{x-1}+\sqrt{5-x})}{(\sqrt{x-1}-\sqrt{5-x})(\sqrt{x-1}+\sqrt{5-x})(\sqrt{x-2}+\sqrt{4-x})}$

$\displaystyle= \lim_{x \to 3} \frac{x-2-(4-x)}{x-1-(5-x)} \cdot \frac{\sqrt{x-1}+\sqrt{5-x}}{\sqrt{x-2}+\sqrt{4-x}}$

$\displaystyle= \lim_{x \to 3} \frac{\sqrt{x-1}+\sqrt{5-x}}{\sqrt{x-2}+\sqrt{4-x}} = \frac{\sqrt{2}+\sqrt{2}}{1+1} = \boldsymbol{\sqrt{2}}$

◀分母・分子ともに有理化する。

◀ $\dfrac{x-2-(4-x)}{x-1-(5-x)}$
$= \dfrac{2x-6}{2x-6} = 1$

Point... $x \to a$ の近づき方

$\lim_{x \to a} f(x) = \alpha$ は，「x を a に限りなく近づけたとき，$f(x)$ が α に限りなく近づく」という意味であるが，その近づき方については次の 2 点に注意する。

① x は a とは異なる値をとりながら近づく。

② x がどのような近づき方をしても，$f(x)$ が α に近づかなければならない。

例 $x \to 1$ の場合

(ア) $x = 0.8,\ 0.9,\ 0.99,\ 0.999,\ \cdots$

(イ) $x = 1.2,\ 1.1,\ 1.01,\ 1.001,\ \cdots$

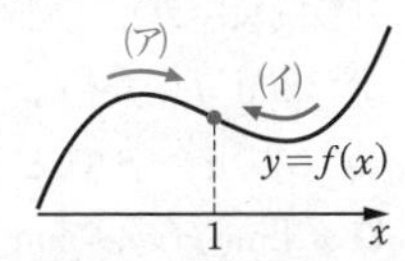

練習 47 次の極限値を求めよ。

(1) $\displaystyle\lim_{x \to 2} \frac{x-2}{\sqrt{x+2}-2}$ (2) $\displaystyle\lim_{x \to 0} \frac{\sqrt{1+x}-\sqrt{1-x}}{\sqrt{2+x}-\sqrt{2-x}}$

➡p.115 問題47

頻出

例題 48 右側，左側からの極限 ★☆☆☆

次の極限を調べよ。ただし，$[x]$ は x を超えない最大の整数を表す。

(1) $\displaystyle\lim_{x\to1+0}\frac{|x^2-1|}{x-1}$　　(2) $\displaystyle\lim_{x\to1-0}\frac{|x^2-1|}{x-1}$　　(3) $\displaystyle\lim_{x\to1}\frac{[x]}{x}$

思考のプロセス

$x\to1+0$

⇨ x を1より大きい値をとりながら1に限りなく近づける。

$x\to1-0$

⇨ x を1より小さい値をとりながら1に限りなく近づける。

(1), (2) 分子の $|x^2-1|$ に注意する。

$\begin{cases} x\to1+0 \Longrightarrow x>1 \text{ と考えて } |x^2-1|=x^2-1 \\ x\to1-0 \Longrightarrow x<1 \text{ と考えて } |x^2-1|=-(x^2-1) \end{cases}$

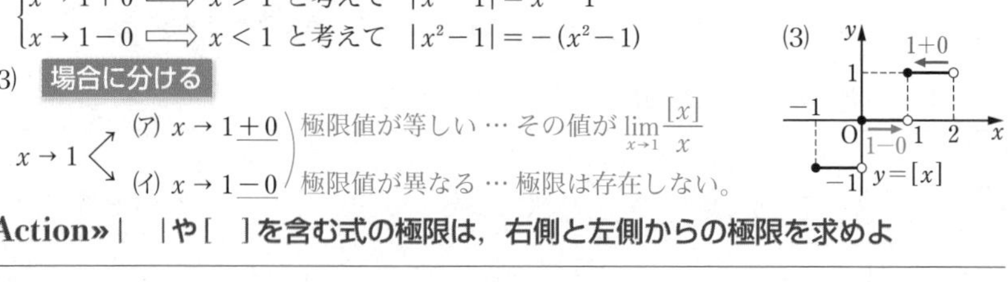

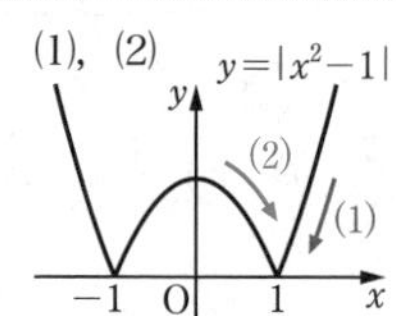

(3) 場合に分ける

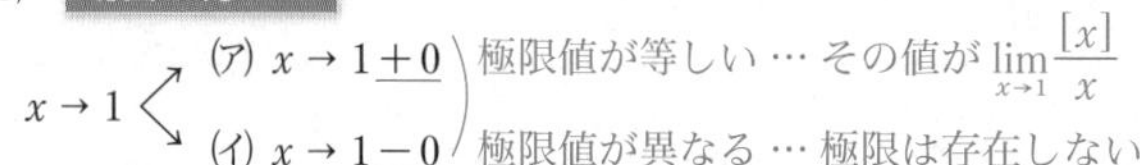

$x\to1$
(ア) $x\to1+0$
(イ) $x\to1-0$
極限値が等しい … その値が $\displaystyle\lim_{x\to1}\frac{[x]}{x}$
極限値が異なる … 極限は存在しない。

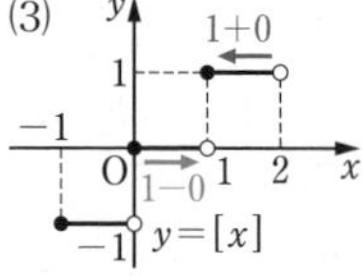

Action» | |や[ ]を含む式の極限は，右側と左側からの極限を求めよ

解 (1) $x>1$ のとき $|x^2-1|=x^2-1$ であるから

$$(\text{与式})=\lim_{x\to1+0}\frac{x^2-1}{x-1}=\lim_{x\to1+0}\frac{(x+1)(x-1)}{x-1}$$
$$=\lim_{x\to1+0}(x+1)=2$$

◀ $x\to1+0$ のとき，x は十分1に近い1より大きい数であるから $x>1$ と考えてよい。

(2) $-1<x<1$ のとき $|x^2-1|=-(x^2-1)$ であるから

$$(\text{与式})=\lim_{x\to1-0}\frac{-(x^2-1)}{x-1}=\lim_{x\to1-0}\frac{-(x+1)(x-1)}{x-1}$$
$$=\lim_{x\to1-0}\{-(x+1)\}=-2$$

◀ $x\to1-0$ のとき，(1)の $x\to1+0$ と同様にして $-1<x<1$ と考えてよい。$0<x<1$ でもよい。

◀ (1), (2)より $\displaystyle\lim_{x\to1}\frac{|x^2-1|}{x-1}$ は存在しない。

(3) $0<x<1$ のとき $[x]=0$，$1<x<2$ のとき $[x]=1$ であるから

$$\lim_{x\to1-0}\frac{[x]}{x}=\lim_{x\to1-0}\frac{0}{x}=0,\quad \lim_{x\to1+0}\frac{[x]}{x}=\lim_{x\to1+0}\frac{1}{x}=1$$

$\displaystyle\lim_{x\to1-0}\frac{[x]}{x}\neq\lim_{x\to1+0}\frac{[x]}{x}$ より，$\displaystyle\lim_{x\to1}\frac{[x]}{x}$ は **存在しない**。

◀ ❗ $x\to1$ であるから $0<x<1$，$1<x<2$ の範囲で考えればよい。

Point...右側，左側からの極限

分数関数，ガウス記号や絶対値を含む関数の極限 $\displaystyle\lim_{x\to a}f(x)$ は

① $\displaystyle\lim_{x\to a-0}f(x)=\alpha$，$\displaystyle\lim_{x\to a+0}f(x)=\beta$ を求める。

② (ア) $\alpha=\beta$ のとき $\displaystyle\lim_{x\to a}f(x)=\alpha$　(イ) $\alpha\neq\beta$ のとき，$\displaystyle\lim_{x\to a}f(x)$ は存在しない。

❗ $\displaystyle\lim_{x\to a-0}f(x)$，$\displaystyle\lim_{x\to a+0}f(x)$ が正または負の無限大に発散するときも同様に考える。

練習 48 次の極限を調べよ。ただし，$[x]$ は x を超えない最大の整数を表す。

(1) $\displaystyle\lim_{x\to4}\frac{x}{x-4}$　　(2) $\displaystyle\lim_{x\to1}\frac{1-|x|}{|1-x|}$　　(3) $\displaystyle\lim_{x\to1}\frac{[x]}{|x-1|}$

➡p.115 問題48

例題 49 $\lim_{x\to\infty} f(x)$ の値

次の極限値を求めよ。

(1) $\displaystyle\lim_{x\to\infty}\frac{2x^2+x}{x^2+3}$　　(2) $\displaystyle\lim_{x\to\infty}\frac{2x}{x+\sqrt{x^2+1}}$　　(3) $\displaystyle\lim_{x\to\infty}\left(\sqrt{x^2+x}-x\right)$

思考のプロセス

$\lim_{x\to\infty} f(x)$ は $\lim_{n\to\infty} a_n$ と同様に考える。

⟹ **既知の問題に帰着**

$x\to\infty$ のとき $\dfrac{1}{x}\to 0$, $\dfrac{1}{x^2}\to 0$, $\dfrac{1}{\sqrt{x}}\to 0$ などが使えるように与式を変形する。

« ReAction 不定形 $\dfrac{\infty}{\infty}$ の極限は，分母の最高次の項で分母・分子を割れ ◀例題 14

(1) $\dfrac{2x^2+x}{x^2+3}$ 2次式 / 2次式 ⟹ 分母・分子を □ で割る。

(3) 不定形 $\infty-\infty$ ⟹ 有理化する。

解 (1) $\displaystyle\lim_{x\to\infty}\frac{2x^2+x}{x^2+3}=\lim_{x\to\infty}\frac{2+\frac{1}{x}}{1+\frac{3}{x^2}}=\mathbf{2}$　（例題 14）

◀分母・分子を x^2 で割る。

◀$\displaystyle\lim_{x\to\infty}\frac{k}{x}=0,\ \lim_{x\to\infty}\frac{k}{x^2}=0$

(2) $\displaystyle\lim_{x\to\infty}\frac{2x}{x+\sqrt{x^2+1}}=\lim_{x\to\infty}\frac{2}{1+\sqrt{1+\frac{1}{x^2}}}=\frac{2}{1+1}=\mathbf{1}$　（例題 14）

◀$x\to\infty$ のとき 分母 $\to\infty$ であるから，ここでは，分母を有理化せず，分母・分子を x で割る。

(3) $x\to\infty$ であるから，$x>0$ として　（例題 16）

$$\sqrt{x^2+x}-x=\frac{\left(\sqrt{x^2+x}-x\right)\left(\sqrt{x^2+x}+x\right)}{\sqrt{x^2+x}+x}=\frac{x}{\sqrt{x^2+x}+x}$$

であるから

$$\lim_{x\to\infty}\left(\sqrt{x^2+x}-x\right)=\lim_{x\to\infty}\frac{x}{\sqrt{x^2+x}+x}$$

$$=\lim_{x\to\infty}\frac{1}{\sqrt{1+\frac{1}{x}}+1}=\mathbf{\frac{1}{2}}$$

◀分子を有理化することにより，$\infty-\infty$ という形の不定形が $\dfrac{\infty}{\infty}$ という形の不定形に変形される。

◀分母・分子を $x\ (>0)$ で割る。

Point...不定形の極限を求める方法

(ア) $\dfrac{\infty}{\infty}$ ・・・・・・ 分母の最高次の項で分母・分子を割る。

(イ) $\dfrac{0}{0}$ ・・・・・・ 約分 {(i) 因数分解 / (ii) 分母または分子の有理化}

(ウ) $\infty-\infty$ ・・・ 多項式であれば最高次の項でくくり出し，無理式であれば分子を有理化する。

練習 49 次の極限値を求めよ。

(1) $\displaystyle\lim_{x\to\infty}\frac{-x^2+5}{2x^2-3x}$　　(2) $\displaystyle\lim_{x\to\infty}\frac{\sqrt[3]{x}}{\sqrt{x}-1}$　　(3) $\displaystyle\lim_{x\to\infty}\left(\sqrt{x^2-2x+3}-x\right)$

➡p.115 問題49

頻出 ★★☆☆

例題 50 $\lim_{x\to-\infty} f(x)$ の値

$\lim_{x\to-\infty}\left(\sqrt{x^2-x+1}+x\right)$ の値を求めよ。

思考のプロセス

不定形 $\infty-\infty$

$$\lim_{x\to-\infty}\left(\sqrt{x^2-x+1}+x\right)=\cdots(\text{有理化})\cdots=\lim_{x\to-\infty}\frac{-x+1}{\sqrt{x^2-x+1}-x}$$

（$\sqrt{x^2-x+1}\to\infty$，$x\to-\infty$）

← 分母・分子を x で割りたい。

$$\frac{\boxed{}}{x}=\frac{\sqrt{x^2\left(1-\frac{1}{x}+\frac{1}{x^2}\right)}}{x}=\frac{|x|\sqrt{1-\frac{1}{x}+\frac{1}{x^2}}}{x}$$

$$\Longrightarrow\begin{cases}x>0 \text{ のとき} & \sqrt{1-\frac{1}{x}+\frac{1}{x^2}}\\ x<0 \text{ のとき} & -\sqrt{1-\frac{1}{x}+\frac{1}{x^2}}\end{cases}$$

← $x\to-\infty$ のときこちらだが，誤りやすいから注意〔別解〕

見方を変える

$x=-t$ とおくと $t\to\infty$ となり，$t>0$ で考えることができる。 ← 誤りにくい。

Action» $\lim_{x\to-\infty} f(x)$ **の計算は，$x=-t$ と置き換えて $t\to\infty$ とせよ**

解 $x=-t$ とおくと，$x\to-\infty$ のとき $t\to\infty$ となり

$$(\text{与式})=\lim_{t\to\infty}\left\{\sqrt{(-t)^2-(-t)+1}+(-t)\right\}$$

$$=\lim_{t\to\infty}\left(\sqrt{t^2+t+1}-t\right)$$

$$=\lim_{t\to\infty}\frac{(t^2+t+1)-t^2}{\sqrt{t^2+t+1}+t}=\lim_{t\to\infty}\frac{t+1}{\sqrt{t^2+t+1}+t}$$

$$=\lim_{t\to\infty}\frac{1+\frac{1}{t}}{\sqrt{1+\frac{1}{t}+\frac{1}{t^2}}+1}=\mathbf{\frac{1}{2}}$$

例題 49

◀ $t\to\infty$ とすれば，例題 49 と同様に考えることができる。

◀ 分子を有理化する。

◀ 分母・分子を t で割る。

〔別解〕

$x\to-\infty$ であるから　$x<0$

$$(\text{与式})=\lim_{x\to-\infty}\frac{(x^2-x+1)-x^2}{\sqrt{x^2-x+1}-x}$$

$$=\lim_{x\to-\infty}\frac{-x+1}{\sqrt{x^2\left(1-\frac{1}{x}+\frac{1}{x^2}\right)}-x}=\lim_{x\to-\infty}\frac{-x+1}{-x\sqrt{1-\frac{1}{x}+\frac{1}{x^2}}-x}$$

$$=\lim_{x\to-\infty}\frac{-1+\frac{1}{x}}{-\sqrt{1-\frac{1}{x}+\frac{1}{x^2}}-1}=\frac{1}{2}$$

◀ $x<0$ のとき $\sqrt{x^2}=|x|=-x$

◀ $\lim_{x\to-\infty}\frac{1}{x}=0$

練習 50 次の極限値を求めよ。

(1) $\lim_{x\to-\infty}\frac{1+2x^3}{1-x^3}$　　(2) $\lim_{x\to-\infty}\frac{2x}{\sqrt{x^2+1}-x}$

(3) $\lim_{x\to-\infty}\left(\sqrt{x^2-3x}+x-1\right)$

➡p.115 問題50

頻出

例題 51 極限と係数決定〔1〕

★★☆☆

次の等式が成り立つように，定数 a，b の値を定めよ。

(1) $\displaystyle\lim_{x\to2}\frac{x^2+ax+b}{x^3-8}=2$　　(2) $\displaystyle\lim_{x\to4}\frac{a\sqrt{x}+b}{x-4}=2$

思考のプロセス

«ReAction $\displaystyle\lim_{x\to a}\frac{f(x)}{g(x)}=k$ **(一定)，** $\displaystyle\lim_{x\to a}g(x)=0$ **のときは，** $\displaystyle\lim_{x\to a}f(x)=0$ **とせよ** ◀IIB 例題 212

候補を絞り込む　$\begin{cases}(\text{分数式})\to(\text{一定})\\(\text{分母})\to0\end{cases}\Longrightarrow(\text{分子})\to0$　⟵ a，b の関係式を導く

! ⟸ は成り立たないことに注意する（Point 参照）。

解 (1) $\displaystyle\lim_{x\to2}\frac{x^2+ax+b}{x^3-8}=2$ が成り立つとき

IIB 212

$\displaystyle\lim_{x\to2}(x^3-8)=0$ より　$\displaystyle\lim_{x\to2}(x^2+ax+b)=0$

◀ $\displaystyle\lim_{x\to a}\frac{f(x)}{g(x)}=k$，$\displaystyle\lim_{x\to a}g(x)=0$ であるとき
$\displaystyle\lim_{x\to a}f(x)=\lim_{x\to a}\left\{\frac{f(x)}{g(x)}\cdot g(x)\right\}=k\cdot0=0$
（必要条件）

$4+2a+b=0$ より　$b=-2a-4$　…①

例題 47

このとき　$\displaystyle\lim_{x\to2}\frac{x^2+ax-2a-4}{x^3-8}$

$\displaystyle=\lim_{x\to2}\frac{(x-2)(x+a+2)}{(x-2)(x^2+2x+4)}=\lim_{x\to2}\frac{x+a+2}{x^2+2x+4}=\frac{a+4}{12}$

$\dfrac{a+4}{12}=2$ より　$\boldsymbol{a=20}$　① より　$\boldsymbol{b=-44}$

◀ $\displaystyle\lim_{x\to2}\frac{x^2+ax+b}{x^3-8}=2$

IIB 212

(2) $\displaystyle\lim_{x\to4}\frac{a\sqrt{x}+b}{x-4}=2$ が成り立つとき

$\displaystyle\lim_{x\to4}(x-4)=0$ より　$\displaystyle\lim_{x\to4}(a\sqrt{x}+b)=0$

$a\sqrt{4}+b=0$ より　$b=-2a$　…①

例題 47

このとき　$\displaystyle\lim_{x\to4}\frac{a\sqrt{x}-2a}{x-4}=\lim_{x\to4}\frac{a(\sqrt{x}-2)(\sqrt{x}+2)}{(x-4)(\sqrt{x}+2)}$

$\displaystyle=\lim_{x\to4}\frac{a}{\sqrt{x}+2}=\frac{a}{4}$

◀ReAction 例題 47
「不定形 $\dfrac{0}{0}$ の極限は，まず有理化や約分をせよ」

$\dfrac{a}{4}=2$ より　$\boldsymbol{a=8}$　① より　$\boldsymbol{b=-16}$

◀ $\displaystyle\lim_{x\to4}\frac{a\sqrt{x}+b}{x-4}=2$

Point...極限値による係数決定の条件

例題 51 (1) において，$\displaystyle\lim_{x\to2}(x^2+ax+b)=0$ としただけでは，$\displaystyle\lim_{x\to2}\frac{x^2+ax+b}{x^3-8}=\frac{a+4}{12}$ としかならず，それが 2 になるとは限らない。解答 6 行目で $\dfrac{a+4}{12}=2$ とおくことによって，初めて必要十分条件になる。

練習 51 次の等式が成り立つように，定数 a，b の値を定めよ。

(1) $\displaystyle\lim_{x\to-3}\frac{x^2+ax+b}{x^3-9x}=-\frac{1}{2}$　　(2) $\displaystyle\lim_{x\to2}\frac{a\sqrt{x+2}-b}{x-2}=-1$

⇒p.115 問題51

D ★★☆☆

例題 52　極限と係数決定〔2〕

次の等式が成り立つように，定数 a，b の値を定めよ。

$$\lim_{x\to\infty}\{\sqrt{x^2-2}-(ax+b)\}=0$$

思考のプロセス

候補を絞り込む

$\begin{cases} a>0 \text{ のとき } \quad \rightarrow \infty \\ a=0 \text{ のとき } \quad \rightarrow b \\ a<0 \text{ のとき } \quad \rightarrow -\infty \end{cases}$

$a>0$ のとき $\Longrightarrow$ ＿＿は $\infty-\infty$ の不定形 ⟵ 与えられた等式を満たすのは，この場合のみ。

$a=0$ のとき $\Longrightarrow$ ＿＿は $\infty-b$ で ∞

$a<0$ のとき $\Longrightarrow$ ＿＿は $\infty+\infty$ で ∞

$\Longrightarrow$ $a>0$ で考える。

Action» 無理関数を含む不定形の極限は，分子または分母を有理化せよ

解 $a \leqq 0$ のとき，与えられた極限は ∞ に発散するから　$a>0$

$$\sqrt{x^2-2}-(ax+b)$$
$$=\frac{\{\sqrt{x^2-2}-(ax+b)\}\{\sqrt{x^2-2}+(ax+b)\}}{\sqrt{x^2-2}+(ax+b)}$$
$$=\frac{(1-a^2)x^2-2abx-(2+b^2)}{\sqrt{x^2-2}+(ax+b)}$$
$$=\frac{(1-a^2)x-2ab-\dfrac{2+b^2}{x}}{\sqrt{1-\dfrac{2}{x^2}}+a+\dfrac{b}{x}}$$

よって $x\to\infty$ のとき，これが収束する条件は

$$1-a^2=0$$

$a>0$ より $a=1$ であり，このときの極限値は

$$\lim_{x\to\infty}\frac{-2b-\dfrac{2+b^2}{x}}{\sqrt{1-\dfrac{2}{x^2}}+1+\dfrac{b}{x}}=\frac{-2b}{2}=-b$$

ゆえに　$b=0$

したがって　$\boldsymbol{a=1,\ b=0}$

◀ $\lim_{x\to\infty}\sqrt{x^2-2}=\infty$，
$a<0$ のとき
$\lim_{x\to\infty}\{-(ax+b)\}=\infty$
$a=0$ のとき
$\lim_{x\to\infty}\{-(ax+b)\}=-b$
よって，$a\leqq 0$ のとき
$\lim_{x\to\infty}\{\sqrt{x^2-2}-(ax+b)\}=\infty$

◀ 分子を有理化する。

◀ $x\to\infty$ より，$x>0$ と考えて，分母・分子を x で割る。

◀ 分母のみの極限値は
$\lim_{x\to\infty}\left(\sqrt{1-\dfrac{2}{x^2}}+a+\dfrac{b}{x}\right)$
$=1+a$
であるが，$a>0$ より 0 にならない。

Point...漸近線

例題 52 の結果は，右の図のように，$y=\sqrt{x^2-2}$（双曲線の一部）と直線 $y=x$ との差が，x の値が限りなく大きくなるにしたがって，限りなく 0 に近づくことを示している。
すなわち，$y=x$ は $y=\sqrt{x^2-2}$ の漸近線である。

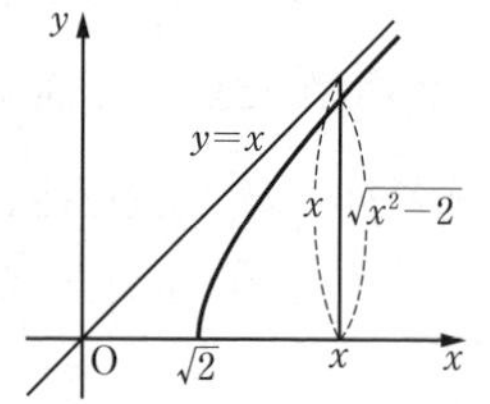

練習 52　次の等式が成り立つように，定数 a，b の値を定めよ。

$$\lim_{x\to\infty}\{\sqrt{x^2+4x}-(ax+b)\}=0$$

➡p.115 問題52

例題 53　指数関数，対数関数と極限　★☆☆☆

次の極限値を求めよ。

(1) $\displaystyle\lim_{x\to\infty}\frac{2^{x+1}-3^{x-1}}{2^x+3^{x+1}}$　　(2) $\displaystyle\lim_{x\to-\infty}\frac{1}{2^x+2^{\frac{1}{x}}}$

(3) $\displaystyle\lim_{x\to\infty}\{\log_{10}(x^2+1)-2\log_{10}x\}$

思考のプロセス

図で考える

(ア) $a>1$ のとき

① $\displaystyle\lim_{x\to\infty}a^x=\infty$

② $\displaystyle\lim_{x\to-\infty}a^x=0$

③ $\displaystyle\lim_{x\to\infty}\log_a x=\infty$

④ $\displaystyle\lim_{x\to+0}\log_a x=-\infty$

(ア)

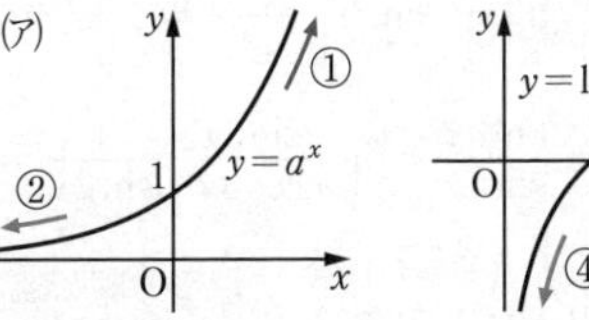

(イ) $0<a<1$ のとき

① $\displaystyle\lim_{x\to\infty}a^x=0$

② $\displaystyle\lim_{x\to-\infty}a^x=\infty$

③ $\displaystyle\lim_{x\to\infty}\log_a x=-\infty$

④ $\displaystyle\lim_{x\to+0}\log_a x=\infty$

(イ)

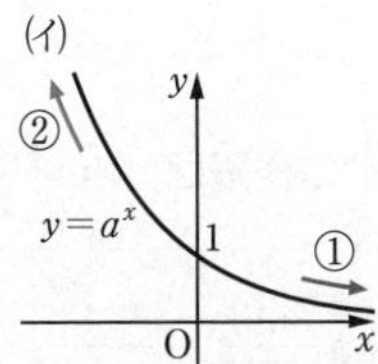

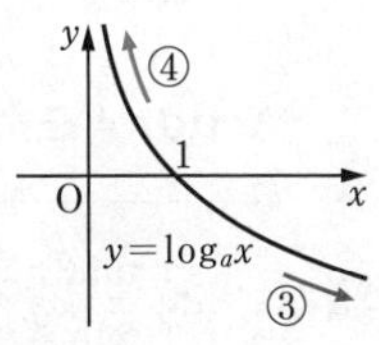

Action» 指数関数，対数関数の極限は，グラフの性質をもとに考えよ

解 (1) $\displaystyle\lim_{x\to\infty}\frac{2^{x+1}-3^{x-1}}{2^x+3^{x+1}}=\lim_{x\to\infty}\frac{2\left(\frac{2}{3}\right)^x-\frac{1}{3}}{\left(\frac{2}{3}\right)^x+3}=-\frac{1}{9}$

◀ $\displaystyle\lim_{x\to\infty}\left(\frac{2}{3}\right)^x=0$

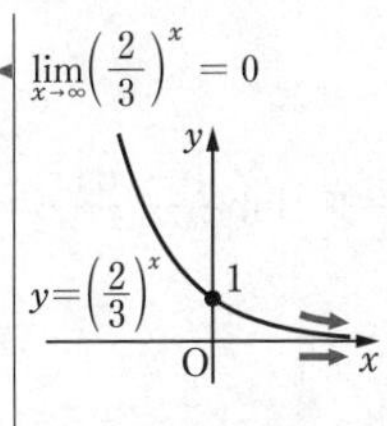

(2) $\displaystyle\lim_{x\to-\infty}2^x=0$

また，$x\to-\infty$ のとき $\dfrac{1}{x}\to-0$ であるから

$\displaystyle\lim_{x\to-\infty}2^{\frac{1}{x}}=1$

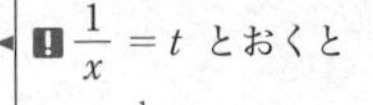

◀ ! $\dfrac{1}{x}=t$ とおくと

$\displaystyle\lim_{x\to-\infty}2^{\frac{1}{x}}=\lim_{t\to-0}2^t=2^0=1$

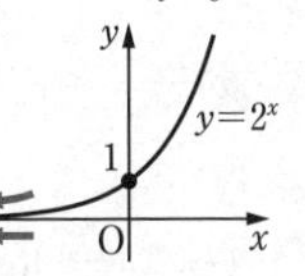

よって　$\displaystyle\lim_{x\to-\infty}\frac{1}{2^x+2^{\frac{1}{x}}}=\frac{1}{0+1}=\mathbf{1}$

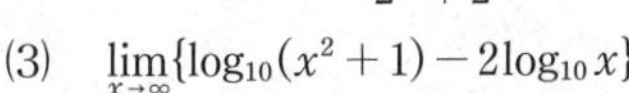

(3) $\displaystyle\lim_{x\to\infty}\{\log_{10}(x^2+1)-2\log_{10}x\}$

$\displaystyle=\lim_{x\to\infty}\log_{10}\frac{x^2+1}{x^2}=\lim_{x\to\infty}\log_{10}\left(1+\frac{1}{x^2}\right)=\log_{10}1=\mathbf{0}$

練習 53 次の極限値を求めよ。

(1) $\displaystyle\lim_{x\to\infty}\frac{1-2^x}{1+2^{x+2}}$　　(2) $\displaystyle\lim_{x\to-\infty}\frac{3^x+3^{\frac{1}{x}}}{2^x+2^{\frac{1}{x}}}$

(3) $\displaystyle\lim_{x\to\infty}\{\log_2(2x^3-x)-3\log_2 x\}$

➡p.115 問題53

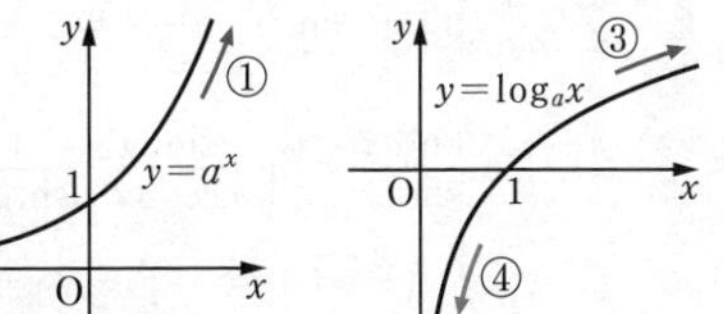

例題 54　三角関数と極限　頻出 ★☆☆☆

次の極限値を求めよ。

(1) $\displaystyle\lim_{x\to 0}\frac{\tan 3x}{\sin 2x}$　(2) $\displaystyle\lim_{x\to 0}\frac{1-\cos x}{x^2}$　(3) $\displaystyle\lim_{x\to\frac{\pi}{4}}\frac{\sin x-\cos x}{x-\frac{\pi}{4}}$

思考のプロセス

$\dfrac{0}{0}$ の不定形であるが，約分はできない。

公式の利用　$\displaystyle\lim_{\square\to 0}\frac{\sin\square}{\square}=1$ をつくる。

(1) $\displaystyle\lim_{x\to 0}\frac{\tan 3x}{\sin 2x}=\lim_{x\to 0}\frac{\sin 3x}{\cos 3x}\cdot\frac{1}{\sin 2x}=\lim_{x\to 0}\frac{1}{\cos 3x}\cdot\frac{\sin 3x}{3x}\cdot\frac{2x}{\sin 2x}\cdot\frac{\square}{\square}$

（$2x$ をつくって調整，$3x$ をつくって調整）

(2) $\sin^2 x=1-\cos^2 x$ が使えるように，分母・分子に $1+\cos x$ を掛ける。

(3) 公式を用いるために，＿＿を $\square\to 0$ にしたい。

⟹ $x-\dfrac{\pi}{4}=t$ とおくと　$t\to 0$

Action» 三角関数の極限は，$\displaystyle\lim_{\theta\to 0}\frac{\sin\theta}{\theta}=1$ を利用せよ

解 (1)
$$\lim_{x\to 0}\frac{\tan 3x}{\sin 2x}=\lim_{x\to 0}\frac{\sin 3x}{\cos 3x}\cdot\frac{1}{\sin 2x}$$
$$=\lim_{x\to 0}\frac{1}{\cos 3x}\cdot\frac{\sin 3x}{3x}\cdot\frac{2x}{\sin 2x}\cdot\frac{3x}{2x}$$
$$=\frac{1}{1}\cdot 1\cdot\frac{1}{1}\cdot\frac{3}{2}=\frac{3}{2}$$

◀ $\tan 3x=\dfrac{\sin 3x}{\cos 3x}$

◀ $\displaystyle\lim_{x\to 0}\frac{\sin 3x}{3x}=\lim_{3x\to 0}\frac{\sin 3x}{3x}=1$

$\displaystyle\lim_{x\to 0}\frac{2x}{\sin 2x}=\lim_{2x\to 0}\frac{1}{\frac{\sin 2x}{2x}}=\frac{1}{1}$

(2)
$$\lim_{x\to 0}\frac{1-\cos x}{x^2}=\lim_{x\to 0}\frac{1-\cos^2 x}{x^2(1+\cos x)}$$
$$=\lim_{x\to 0}\frac{\sin^2 x}{x^2(1+\cos x)}$$
$$=\lim_{x\to 0}\left(\frac{\sin x}{x}\right)^2\cdot\frac{1}{1+\cos x}$$
$$=1\cdot\frac{1}{1+1}=\frac{1}{2}$$

◀ 分母・分子に $1+\cos x$ を掛ける。

◀ $1-\cos^2 x=\sin^2 x$

◀ $\displaystyle\lim_{x\to 0}\frac{1}{1+\cos x}=\frac{1}{1+1}$

(3) $x-\dfrac{\pi}{4}=t$ とおくと，$x\to\dfrac{\pi}{4}$ のとき $t\to 0$ であるから

$$(\text{与式})=\lim_{x\to\frac{\pi}{4}}\frac{\sqrt{2}\sin\left(x-\frac{\pi}{4}\right)}{x-\frac{\pi}{4}}=\lim_{t\to 0}\frac{\sqrt{2}\sin t}{t}=\sqrt{2}$$

◀ $\displaystyle\lim_{t\to 0}\frac{\sin t}{t}=1$

練習 54　次の極限値を求めよ。

(1) $\displaystyle\lim_{x\to 0}\frac{\sin 3x}{\sin 4x}$　(2) $\displaystyle\lim_{x\to 0}\frac{1-\cos 4x}{x^2}$　(3) $\displaystyle\lim_{x\to\frac{\pi}{6}}\frac{\sqrt{3}\sin x-\cos x}{x-\frac{\pi}{6}}$

⇒p.115 問題54

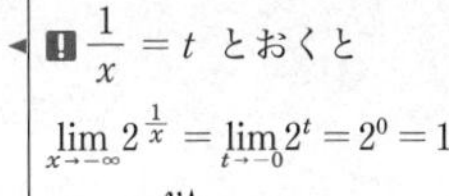

Play Back 2　$\displaystyle\lim_{x\to 0}\frac{\sin x}{x}=1$ の証明と循環論法

例題 54 で学習した，三角関数の極限 $\displaystyle\lim_{x\to 0}\frac{\sin x}{x}=1$ を証明してみましょう。

証明は，$x>0$ のとき（右側極限）と $x<0$ のとき（左側極限）に分けて考えます。

〔証明〕

(ア)　$x\to+0$ のとき，$0<x<\dfrac{\pi}{2}$ と考えてよいから，下の図において

$$\triangle\text{OAB}<(\text{扇形 OAB})<\triangle\text{OAT}$$

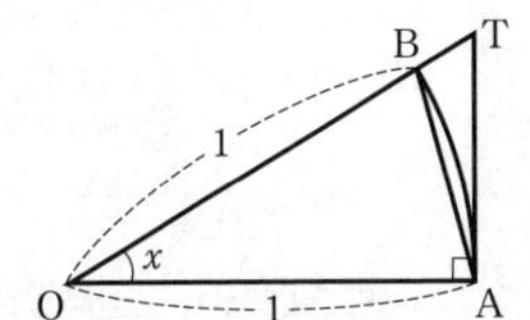

よって　$\dfrac{1}{2}\sin x<\dfrac{1}{2}x<\dfrac{1}{2}\tan x$

$\sin x>0$ より　$1<\dfrac{x}{\sin x}<\dfrac{1}{\cos x}$

逆数をとると　$\cos x<\dfrac{\sin x}{x}<1$

よって，$x\to+0$ のとき $\cos x\to 1$ であるから　$\displaystyle\lim_{x\to+0}\frac{\sin x}{x}=1$

(イ)　$x\to-0$ のとき，$x=-t$ とおくと，$t\to+0$ であるから

$$\lim_{x\to-0}\frac{\sin x}{x}=\lim_{t\to+0}\frac{\sin(-t)}{-t}=\lim_{t\to+0}\frac{\sin t}{t}=1$$

(ア)，(イ) より，$\displaystyle\lim_{x\to+0}\frac{\sin x}{x}=\lim_{x\to-0}\frac{\sin x}{x}=1$ であるから　$\displaystyle\lim_{x\to 0}\frac{\sin x}{x}=1$

information

これを証明する問題は，大阪大学（2013 年），信州大学（2019 年推薦），福島県立医科大学（2019 年），高知工科大学（2020 年 AO），茨城大学（2022 年推薦）の入試で出題されている。

（以下は，4 章「積分とその応用」を学習した後に学習しましょう）

上の証明は，**循環論法**になっているといわれることがあります（LEGEND 数学C p.255 **Play Back** 17 参照）。まず，上の証明では円の面積を利用しています。

円の面積は，小学校で右の図の分割を細かくすることによって導きましたが，実はこれは厳密性に乏しいとされていて，厳密に求めるには例題 156 で学習する積分 $\displaystyle\int_{-1}^{1}\sqrt{1-x^2}\,dx$ が必要になります。

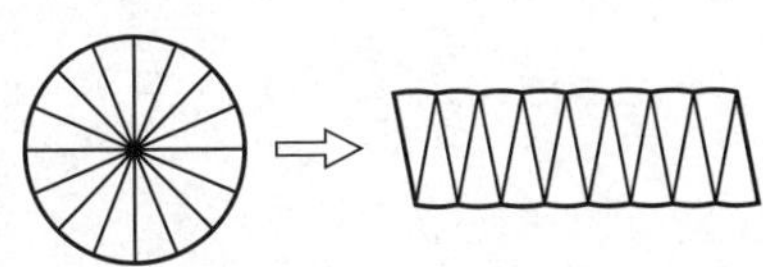

この計算には $\cos x$ の不定積分が必要となり，それは $\sin x$ の導関数から求まります。

ところが，$\sin x$ の導関数を求めるためには，p.141 まとめ 6 概要 1 のように，極限値 $\displaystyle\lim_{x\to 0}\frac{\sin x}{x}=1$ が必要になってしまうのです。

実際には，大阪大学の入試で出題されたときには，円の面積の公式は既知としてもよかったようですから，高校の範囲では，上の方法で証明として構いません。

例題 55　図形と三角関数の極限

D ★★☆☆

周の長さが1の正 n 角形（$n \geqq 3$）において

(1)　この正 n 角形の外接円の半径 r_n を n の式で表せ。

(2)　この正 n 角形の面積 S_n を n の式で表し，$\lim\limits_{n\to\infty} S_n$ を求めよ。

思考のプロセス

図を分ける

円に内接する正 n 角形

⟹ 中心Oと各頂点を結び，n 個の二等辺三角形に分ける。

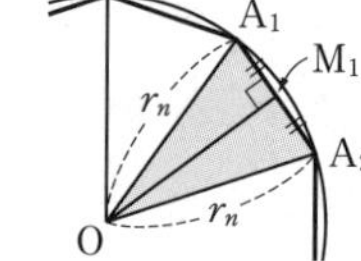

(1)　$\underset{r_n}{\underline{OA_1}}\underline{\sin\angle A_1OM_1} = \underline{A_1M_1}$　（$\sin\angle A_1OM_1$，A_1M_1 … n を用いて表す）

(2)　$S_n = \underset{n\text{を用いて表す}}{\underline{\triangle A_1OA_2}} \times n$

«ReAction　三角関数の極限は，$\lim\limits_{\theta\to 0}\dfrac{\sin\theta}{\theta} = 1$ を利用せよ　◀例題54

解 (1)　正 n 角形の隣り合う2つの頂点を A_1，A_2，外接円の中心をOとすると

$$\angle A_1OA_2 = \frac{2\pi}{n}$$

A_1A_2 の中点を M_1 とすると，$\triangle A_1OM_1$ は直角三角形となり，

◀まず，隣り合う2頂点と外接円の中心とでできる三角形について考える。

$OA_1\sin\dfrac{\pi}{n} = A_1M_1$ より　$r_n\sin\dfrac{\pi}{n} = \dfrac{1}{2n}$

◀$OA_1 = r_n$，$A_1A_2 = \dfrac{1}{n}$

よって　$$\boldsymbol{r_n = \frac{1}{2n\sin\frac{\pi}{n}}}$$

(2)　$$S_n = \left(\frac{1}{2}r_n{}^2\sin\frac{2\pi}{n}\right)\times n = \frac{n}{2}\cdot\frac{1}{4n^2\sin^2\frac{\pi}{n}}\cdot\sin\frac{2\pi}{n}$$

$$= \frac{n}{2}\cdot\frac{2\sin\frac{\pi}{n}\cos\frac{\pi}{n}}{4n^2\sin^2\frac{\pi}{n}} = \boldsymbol{\frac{\cos\frac{\pi}{n}}{4n\sin\frac{\pi}{n}}}$$

◀三角形の面積は $\dfrac{1}{2}bc\sin A$
$S_n = \dfrac{1}{2}OM_1\cdot A_1A_2\times n$
$\quad = \dfrac{1}{2}\cdot r_n\cos\dfrac{\pi}{n}\cdot\dfrac{1}{n}\cdot n$
としてもよい。

例題54

ここで，$n\to\infty$ のとき $\dfrac{\pi}{n}\to +0$ であるから

$$\lim_{n\to\infty} S_n = \lim_{n\to\infty}\frac{\frac{\pi}{n}}{\sin\frac{\pi}{n}}\cdot\frac{1}{4\pi}\cdot\cos\frac{\pi}{n} = \boldsymbol{\frac{1}{4\pi}}$$

◀$\lim\limits_{n\to\infty}\cos\dfrac{\pi}{n} = \cos 0 = 1$

◀円周の長さが1である円の面積に近づく。

練習 55　(1)　半径1の円に内接する正 n 角形の面積を S_n とするとき，$\lim\limits_{n\to\infty} S_n$ を求めよ。

(2)　半径1の円に外接する正 n 角形の面積を T_n とするとき，$\lim\limits_{n\to\infty} T_n$ を求めよ。

➡p.116 問題55

頻出

例題 56 関数の極限とはさみうちの原理

★★☆☆

次の極限値を求めよ。ただし，$[x]$ は x を超えない最大の整数を表す。

(1) $\displaystyle\lim_{x\to 0} x\cos\frac{1}{x}$　　(2) $\displaystyle\lim_{x\to\infty}\frac{[x]}{x}$

思考のプロセス

(1) $\displaystyle\lim_{\theta\to 0}\frac{\sin\theta}{\theta}$ の形はつくれない。　(2) $[x]$ を含み，極限値を考えにくい。

«ReAction 直接求めにくい極限値は，はさみうちの原理を用いよ ◀例題 25

(1) 例題 19 のように，$-1 \leqq \cos\dfrac{1}{x} \leqq 1$ の辺々に x を掛けたい。

→ $x\to 0$ のとき，
x は正か負か分からないから，不等号の向きに注意が必要

目標の言い換え

絶対値で考える。

$$0 \leqq \left|\cos\frac{1}{x}\right| \leqq 1$$

$$0 \leqq |x|\left|\cos\frac{1}{x}\right| \leqq |x|$$

$|x|>0$ より，不等号の向きは変わらない。

(2) $x-1<[x]\leqq x$ を利用する（例題 25 参照）。

解 (1) $0 \leqq \left|\cos\dfrac{1}{x}\right| \leqq 1$ より　$0 \leqq |x|\left|\cos\dfrac{1}{x}\right| \leqq |x|$

例題 19

よって　$0 \leqq \left|x\cos\dfrac{1}{x}\right| \leqq |x|$

ここで，$\displaystyle\lim_{x\to 0}|x| = 0$ であるから，はさみうちの原理より

$$\lim_{x\to 0}\left|x\cos\frac{1}{x}\right| = 0$$

したがって　$\displaystyle\boldsymbol{\lim_{x\to 0} x\cos\frac{1}{x} = 0}$

例題 25

(2) $[x] \leqq x < [x]+1$ より　$x-1<[x]\leqq x$

$x\to\infty$ のとき，$x>0$ であるから，各辺を x で割ると

$$\frac{x-1}{x} < \frac{[x]}{x} \leqq 1$$

ここで　$\displaystyle\lim_{x\to\infty}\frac{x-1}{x} = \lim_{x\to\infty}\left(1-\frac{1}{x}\right) = 1$

よって，はさみうちの原理より　$\displaystyle\boldsymbol{\lim_{x\to\infty}\frac{[x]}{x} = 1}$

◀ ! 絶対値をとらずに $-1 \leqq \cos\dfrac{1}{x} \leqq 1$ を用いてもよいが，$x\to 0$ より
(ア) $x>0$ のとき
$-x \leqq x\cos\dfrac{1}{x} \leqq x$
(イ) $x<0$ のとき
$x \leqq x\cos\dfrac{1}{x} \leqq -x$
と場合分けして考えなければいけない。

◀ 数直線：$n = [x]$，x，$n+1 = [x]+1$

◀ x は正の無限大に向かっていくから，$x>0$ として考えてよい。

練習 56 次の極限値を求めよ。ただし，$[x]$ は x を超えない最大の整数を表す。

(1) $\displaystyle\lim_{x\to 0} x^2\sin\frac{1}{x}$　　(2) $\displaystyle\lim_{x\to\infty}\frac{[2x]}{x}$

➡ p.116 問題56

例題 57　関数の連続性　★★☆☆

次の関数について，〔　〕内の点における連続性を調べよ。ただし，$[x]$ は x を超えない最大の整数を表す。

(1)　$f(x)=[x]x$　〔$x=1$〕　　(2)　$f(x)=\begin{cases}\dfrac{x^2}{|x|} & (x\neq 0)\\ 0 & (x=0)\end{cases}$　〔$x=0$〕

思考のプロセス

定義に戻る

Action» $x=a$ における連続性は，$\lim_{x\to a}f(x)=f(a)$ が成り立つか調べよ

(1) は $[x]$，(2) は $|x|$ を含む。

⟹ まず，$\lim_{x\to a}f(x)$ が存在することを確かめる。

↓

$\lim_{x\to a+0}f(x)=\lim_{x\to a-0}f(x)$ が成り立つ

右側極限 ＝ 左側極限

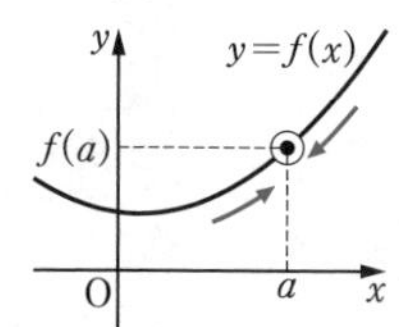

解 (1)　$1<x<2$ のとき，$[x]=1$ であるから

例題 48

$$\lim_{x\to 1+0}[x]x=\lim_{x\to 1+0}1\cdot x=1$$

$0<x<1$ のとき，$[x]=0$ であるから

$$\lim_{x\to 1-0}[x]x=\lim_{x\to 1-0}0\cdot x=0$$

よって，$\lim_{x\to 1+0}f(x)\neq\lim_{x\to 1-0}f(x)$ であるから，$\lim_{x\to 1}f(x)$ は存在しない。

したがって，$f(x)$ は $x=1$ において **不連続である。**

◀ $x\to 1$ のときは，最初から x が1に十分近い場合を考えればよい。

◀ $\lim_{x\to 1}f(x)$ が存在しないから，$\lim_{x\to 1}f(x)=f(1)$ とはならない。

例題 48

(2)　$x>0$ のとき，$|x|=x$ であるから

$$\lim_{x\to +0}f(x)=\lim_{x\to +0}\frac{x^2}{x}=\lim_{x\to +0}x=0$$

$x<0$ のとき，$|x|=-x$ であるから

$$\lim_{x\to -0}f(x)=\lim_{x\to -0}\frac{x^2}{-x}=\lim_{x\to -0}(-x)=0$$

よって，$\lim_{x\to +0}f(x)=\lim_{x\to -0}f(x)=0$ であるから

$$\lim_{x\to 0}f(x)=0$$

また $f(0)=0$ であるから，$\lim_{x\to 0}f(x)=f(0)$ が成り立つ。

したがって，$f(x)$ は $x=0$ において **連続である。**

◀ $|x|=\begin{cases}x & (x\geqq 0)\\ -x & (x<0)\end{cases}$

練習 57　次の関数について，〔　〕内の点における連続性を調べよ。ただし，$[x]$ は x を超えない最大の整数を表す。

(1)　$f(x)=x[(x-1)^2]$　〔$x=1$〕

(2)　$f(x)=\begin{cases}\dfrac{|x-2|}{x^2-4} & (x\neq 2)\\ 0 & (x=2)\end{cases}$　〔$x=2$〕

➡p.116 問題57

頻出

例題 58 極限で表された関数の連続性

★★☆☆

自然数 n に対して，関数 $f_n(x) = \dfrac{x^{2n+1}}{x^{2n}+1}$ と定義する。

(1) $f(x) = \lim_{n \to \infty} f_n(x)$ を求め，$y = f(x)$ のグラフをかけ。

(2) $f(x)$ の連続性を調べよ。

思考のプロセス

(1) **«ReAction r^n を含む数列の極限は，$|r|$ と1の大小で場合分けせよ** ◀例題 23

(ア) $|x|<1$ (イ) $|x|>1$ (ウ) $x=1$ (エ) $x=-1$ に場合分けする。

(2) 図で考える (1)のグラフから，不連続な点を見つける。

Action» 不連続な点は，グラフから見つけよ

解 (1) (ア) $|x|<1$ のとき

例題 23

$$f(x) = \lim_{n\to\infty}\frac{x^{2n+1}}{x^{2n}+1} = \frac{0}{0+1} = 0$$

(イ) $|x|>1$ のとき，$\lim_{n\to\infty}\dfrac{1}{x^{2n}} = 0$ であるから

◀ $\lim_{n\to\infty} x^{2n}$，$\lim_{n\to\infty} x^{2n+1}$ はともに発散し，不定形となるから，分母・分子を x^{2n} で割る。

$$f(x) = \lim_{n\to\infty}\frac{x^{2n+1}}{x^{2n}+1} = \lim_{n\to\infty}\frac{x}{1+\dfrac{1}{x^{2n}}} = x$$

(ウ) $x=1$ のとき

$$f_n(x) = \frac{1^{2n+1}}{1^{2n}+1} = \frac{1}{1+1} = \frac{1}{2} \text{ より} \qquad f(x) = \frac{1}{2}$$

(エ) $x=-1$ のとき

$$f_n(x) = \frac{(-1)^{2n+1}}{(-1)^{2n}+1} = \frac{-1}{1+1} = -\frac{1}{2} \text{ より}$$

$$f(x) = -\frac{1}{2}$$

(ア)〜(エ) より

$$f(x) = \begin{cases} 0 & (|x|<1) \\ x & (|x|>1) \\ \dfrac{1}{2} & (x=1) \\ -\dfrac{1}{2} & (x=-1) \end{cases}$$

よって，$y = f(x)$ のグラフは **上の図**。

(2) (1)のグラフより，**$f(x)$ は $x=\pm1$ において不連続，それ以外の実数 x において連続である。**

◀ $\lim_{x\to1-0} f(x) = 0$，$\lim_{x\to1+0} f(x) = 1$，$f(1) = \dfrac{1}{2}$

練習 58 自然数 n に対して，関数 $f_n(x) = \dfrac{x^{2n}}{x^{2n}+1}$ と定義する。

(1) $f(x) = \lim_{n\to\infty} f_n(x)$ を求め，$y = f(x)$ のグラフをかけ。

(2) $f(x)$ の連続性を調べよ。

➡p.116 問題58

例題 59 関数の連続性と係数の決定 ★★★☆

関数 $f(x)=\lim_{n\to\infty}\dfrac{x^{2n+1}+ax^2+bx+1}{x^{2n}+1}$ がある。ただし，a，b は定数とする。

(1) 関数 $f(x)$ を求めよ。

(2) $f(x)$ がすべての実数 x において連続となるように a，b の値を定め，そのときの $y=f(x)$ のグラフをかけ。

思考のプロセス

(1) « ReAction r^n を含む数列の極限は，$|r|$ と1の大小で場合分けせよ ◀例題 23

(ア) $|x|<1$　(イ) $|x|>1$　(ウ) $x=1$　(エ) $x=-1$　に場合分けする。

(2) (1)の結果から，式の形が変わる $x=\pm 1$ 以外では明らかに連続。

⟹ 既知の問題に帰着

$x=1$，$x=-1$ での連続性を調べる。

« ReAction $x=a$ における連続性は，$\lim_{x\to a}f(x)=f(a)$ が成り立つか調べよ ◀例題 57

$x=1$ において連続 ⟹ $\lim_{x\to 1}f(x)=f(1)$ となる

↳ $x=1$ の前後で式の形が異なるから

$\lim_{x\to 1+0}f(x)=\lim_{x\to 1-0}f(x)$ が成り立つ。

右側極限 = 左側極限

解 (1) (ア) $|x|<1$ のとき

例題 23

$$f(x)=\lim_{n\to\infty}\frac{x^{2n+1}+ax^2+bx+1}{x^{2n}+1}=ax^2+bx+1$$

◀ $\lim_{n\to\infty}x^n=0$

(イ) $|x|>1$ のとき，$\lim_{n\to\infty}\dfrac{1}{x^n}=0$ であるから

$$f(x)=\lim_{n\to\infty}\frac{x+\dfrac{a}{x^{2n-2}}+\dfrac{b}{x^{2n-1}}+\dfrac{1}{x^{2n}}}{1+\dfrac{1}{x^{2n}}}=x$$

◀ $\lim_{n\to\infty}x^{2n+1}$，$\lim_{n\to\infty}x^{2n}$ はともに発散し，不定形となるから，分母・分子を x^{2n} で割る。

◀ $\dfrac{x^2}{x^{2n}}=\dfrac{1}{x^{2n-2}}$

$\dfrac{x}{x^{2n}}=\dfrac{1}{x^{2n-1}}$

(ウ) $x=1$ のとき　$f(x)=\dfrac{a+b+2}{2}$

(エ) $x=-1$ のとき　$f(x)=\dfrac{a-b}{2}$

◀ $f(1)=\lim_{n\to\infty}\dfrac{1+a+b+1}{1+1}=\dfrac{a+b+2}{2}$

$f(-1)=\lim_{n\to\infty}\dfrac{-1+a-b+1}{1+1}=\dfrac{a-b}{2}$

(ア)〜(エ)より，求める関数 $f(x)$ は

$$f(x)=\begin{cases}ax^2+bx+1 & (|x|<1\text{ のとき})\\ x & (|x|>1\text{ のとき})\\ \dfrac{a+b+2}{2} & (x=1\text{ のとき})\\ \dfrac{a-b}{2} & (x=-1\text{ のとき})\end{cases}$$

(2) (1) より，$f(x)$ は $x \neq \pm1$ であるすべての実数 x において連続であるから，$x=\pm1$ において連続となるように定数 a，b の値を定める。

◀ x，ax^2+bx+c はすべての実数 x で連続である。

例題57 $x=1$ において連続であるための条件は

$$\lim_{x\to1+0}f(x)=\lim_{x\to1-0}f(x)=f(1)$$

すなわち　$\displaystyle\lim_{x\to1+0}x=\lim_{x\to1-0}(ax^2+bx+1)=\frac{a+b+2}{2}$

◀ $x\to1+0$ のとき，$x>1$ で考えるから　$f(x)=x$
$x\to1-0$ のとき，$x<1$ で考えるから
$f(x)=ax^2+bx+1$

よって　$\displaystyle 1=a+b+1=\frac{a+b+2}{2}$

これより　$a+b=0$　…①

◀ $\begin{cases}1=a+b+1\\ 1=\dfrac{a+b+2}{2}\end{cases}$
これらはともに $a+b=0$ となる。

例題57 $x=-1$ において連続であるための条件は

$$\lim_{x\to-1+0}f(x)=\lim_{x\to-1-0}f(x)=f(-1)$$

すなわち　$\displaystyle\lim_{x\to-1+0}(ax^2+bx+1)=\lim_{x\to-1-0}x=\frac{a-b}{2}$

よって　$\displaystyle a-b+1=-1=\frac{a-b}{2}$

◀ $\begin{cases}-1=a-b+1\\ -1=\dfrac{a-b}{2}\end{cases}$
これらはともに $a-b=-2$ となる。

これより　$a-b=-2$　…②

①，② を連立させて解くと　$\boldsymbol{a=-1,\ b=1}$

このとき

$$f(x)=\begin{cases}-x^2+x+1 & (|x|<1 \text{ のとき})\\ x & (|x|\geqq1 \text{ のとき})\end{cases}$$

◀ $-x^2+x+1$
$\displaystyle=-\left(x-\frac{1}{2}\right)^2+\frac{5}{4}$

よって，$y=f(x)$ のグラフは **下の図** のようになる。

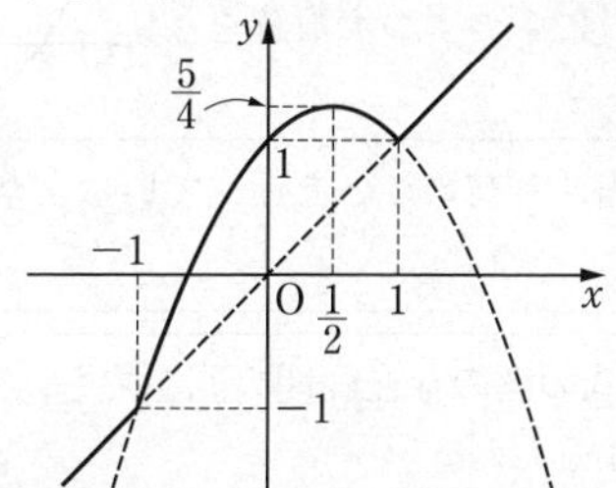

Point...関数の連続性

関数 $f(x)$ が次の (1)〜(3) の条件を満たすとき，$f(x)$ は $x=a$ において連続であるという。

(1) $f(a)$ が定義されている。

(2) $\displaystyle\lim_{x\to a}f(x)$ が極限値をもつ（収束する）。　⬅ $\displaystyle\lim_{x\to a+0}f(x)=\lim_{x\to a-0}f(x)$ となる。

(3) $\displaystyle\lim_{x\to a}f(x)=f(a)$ が成り立つ。

練習 59 関数 $\displaystyle f(x)=\lim_{n\to\infty}\frac{x^{2n-1}+ax^2+bx+1}{x^{2n}+1}$ がある。ただし，a，b は定数とする。

(1) 関数 $f(x)$ を求めよ。

(2) $f(x)$ がすべての実数 x において連続となるように a，b の値を定め，そのときの $y=f(x)$ のグラフをかけ。

➡p.116 問題59

Play Back 3　方程式の解と中間値の定理

中間値の定理を用いると，方程式の解の値は求まらなくても，ある区間に解が存在する，ということが証明できます。

中間値の定理

関数 $f(x)$ が区間 $[a,\ b]$ において連続で，$f(a) \neq f(b)$ であれば，$f(a)$ と $f(b)$ の間の任意の m に対して

$$f(c) = m,\ a < c < b$$

となる実数 c が少なくとも1つ存在する。

特に，$f(a)$ と $f(b)$ が異符号ならば

$$f(c) = 0,\ a < c < b$$

となるような実数 c が少なくとも1つ存在する。

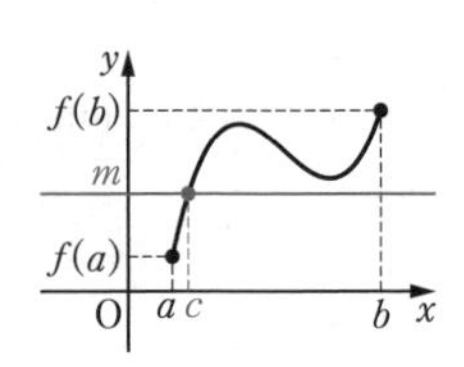

具体的な例で考えてみましょう。

$\alpha,\ \beta,\ \gamma$ を $\alpha < \beta < \gamma$ を満たす実数とし，

$$f(x) = (x-\beta)(x-\gamma) + (x-\gamma)(x-\alpha) + (x-\alpha)(x-\beta)$$

とすると，$f(x)$ は2次関数であり，実数全体で連続です。

ここで，$x = \alpha,\ \beta,\ \gamma$ を代入すると，$\alpha < \beta < \gamma$ より

$$f(\alpha) = (\alpha-\beta)(\alpha-\gamma) > 0,\ f(\beta) = (\beta-\gamma)(\beta-\alpha) < 0$$

$$f(\gamma) = (\gamma-\alpha)(\gamma-\beta) > 0$$

$y = f(x)$ は下に凸の放物線ですから，グラフの形を考えると，方程式 $f(x) = 0$ は $\alpha < x < \beta$ と $\beta < x < \gamma$ に1つずつ実数解をもつことが分かります。

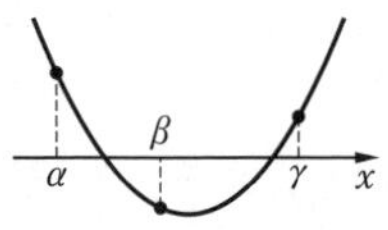

なんだか「中間値の定理」は当たり前のことを述べているように思うのですが。

確かに，数学Ⅰで学習した次の2次方程式の解の存在範囲の問題でも，中間値の定理を暗黙のうちに利用していましたね。

LEGEND 数学Ⅰ＋A例題111　方程式の解の存在範囲〔3〕

x についての2次方程式 $x^2 + (a-1)x - a^2 + 2 = 0$ の1つの解が -2 と 0 の間にあり，もう1つの解が0と1の間にあるような定数 a の値の範囲を求めよ。

解 $f(x) = x^2 + (a-1)x - a^2 + 2$ とおくと

$$f(-2) = -a^2 - 2a + 8 > 0$$

$$f(0) = -a^2 + 2 < 0$$

$$f(1) = -a^2 + a + 2 > 0$$

これらを解くことにより　$\boldsymbol{\sqrt{2} < a < 2}$

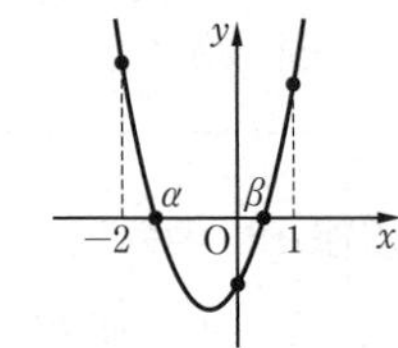

例題 60　中間値の定理

★★☆☆

次の方程式は，与えられた範囲に実数解をもつことを示せ。

(1)　$\dfrac{1}{x}-\log_2 x=0$　$(1<x<2)$　　　(2)　$\cos x=x$　$\left(\dfrac{\pi}{6}<x<1\right)$

思考のプロセス

実数解は具体的には求められない。

定理の利用　**中間値の定理**

関数 $f(x)$ が ① 閉区間 $[a,\ b]$ で連続 ② $f(a)$ と $f(b)$ が異符号

$\Longrightarrow$ 方程式 $f(x)=0$ は，a と b の間に少なくとも1つの実数解をもつ。

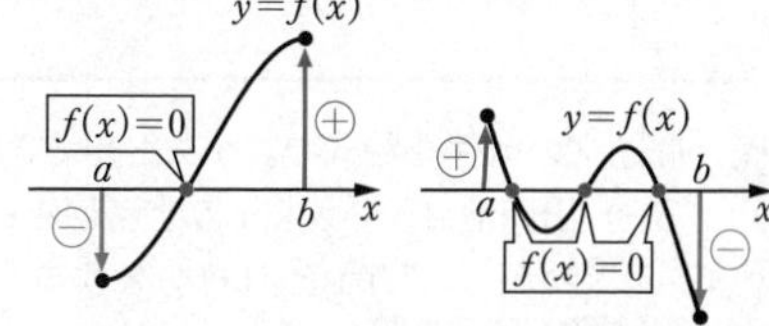

(1)　$f(x)=\dfrac{1}{x}-\log_2 x$，$a=1$，$b=2$

(2)　$f(x)=\cos x-x$，$a=\dfrac{\pi}{6}$，$b=1$

として，条件 ①，② を満たすことを示す。

Action» $a<x<b$ に解をもつことの証明は，連続性と $f(a)$，$f(b)$ の符号を調べよ

解 (1)　$f(x)=\dfrac{1}{x}-\log_2 x$ とおく。

$f(x)$ は $1\leqq x\leqq 2$ で連続であり

$$f(1)=1-\log_2 1=1>0$$

$$f(2)=\frac{1}{2}-\log_2 2=\frac{1}{2}-1=-\frac{1}{2}<0$$

よって，中間値の定理により，方程式 $\dfrac{1}{x}-\log_2 x=0$ は，$1<x<2$ の範囲に少なくとも1つの実数解をもつ。

◀ $\dfrac{1}{x}$ は $x\neq 0$ において連続，$\log_2 x$ は $x>0$ において連続であるから，$f(x)$ は $x>0$ において連続である。

(2)　$f(x)=\cos x-x$ とおく。

$f(x)$ は $\dfrac{\pi}{6}\leqq x\leqq 1$ で連続であり

$$f\left(\frac{\pi}{6}\right)=\cos\frac{\pi}{6}-\frac{\pi}{6}=\frac{3\sqrt{3}-\pi}{6}>0$$

$$f(1)=\cos 1-1<0$$

よって，中間値の定理により，方程式 $\cos x=x$ は，$\dfrac{\pi}{6}<x<1$ の範囲に少なくとも1つの実数解をもつ。

◀ $3\sqrt{3}=5.196\cdots$
$\pi=3.141\cdots$

◀ $\cos x$ は，$x=0$ で $\cos 0=1$ であり，$0\leqq x\leqq\dfrac{\pi}{2}=1.57\cdots$ の範囲で単調減少するから $1=\cos 0>\cos 1>\cos\dfrac{\pi}{2}$

Point...中間値の定理

中間値の定理を用いるときは，次の2点に注意する。

(1)　関数 $f(x)$ は，閉区間において連続でなければならない。実数全体で連続でもよい。

(2)　$f(c)=m$ となる c がただ1つとは限らない。

練習 60　次の方程式は，与えられた範囲に実数解をもつことを示せ。

(1)　$2^x+2^{-x}-4=0$　$(0<x<2)$　　　(2)　$\sqrt{x}-2\log_3 x=0$　$(1<x<3)$

➡p.116 問題60

Play Back 4　中間値の定理の応用

「中間値の定理」を用いると，次のような問題を説明することもできます。

探究例題 2　中間値の定理の活用

> あるマラソン選手は出発地点から 40 km の地点までをちょうど 2 時間で走った。このとき，途中のある 3 分間でちょうど 1 km の距離を進んだことを説明せよ。
> （信州大）

思考のプロセス

問題文の条件を数式で表すことができないか？
⟶ 出発地点から x km の地点から $(x+1)$ km の地点までにかかった時間を $f(x)$ 分とする。

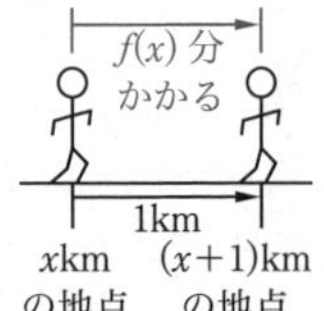

目標の言い換え

_____ ⟹ $f(c)=3$ となる 0 以上 39 以下の実数 c が存在する。

Action» $f(c)=m$ となる c が存在することの証明は，中間値の定理を利用せよ

解 出発地点から x km の地点から $(x+1)$ km の地点までにかかった時間を $f(x)$ 分とすると，関数 $f(x)$ は区間 $[0,\ 39]$ において連続である。
また，出発地点から 40 km の地点までをちょうど 2 時間で走ったことから

$$f(0)+f(1)+\cdots+f(39)=120 \quad \cdots ①$$

(ア)　$f(0)=3$ のとき
出発地点から 1 km までを 3 分間で進んだことになる。

(イ)　$f(0)>3$ のとき
① より $f(1),\ f(2),\ \cdots,\ f(39)$ の少なくとも 1 つは 3 より小さくなる。
それを $f(a)$ とおくと　$f(a)<3<f(0)$ が成り立つ。
よって，中間値の定理により，$f(c)=3,\ 0<c<a$ となる実数 c が少なくとも 1 つ存在する。
すなわち，出発地点から c km の地点から $(c+1)$ km の地点までの 1 km をちょうど 3 分間に進んだことになる。

(ウ)　$f(0)<3$ のとき
① より $f(1),\ f(2),\ \cdots,\ f(39)$ の少なくとも 1 つは 3 より大きくなる。
それを $f(a)$ とおくと　$f(0)<3<f(a)$ が成り立つ。
よって，中間値の定理により，$f(c)=3,\ 0<c<a$ となる実数 c が少なくとも 1 つ存在する。
すなわち，出発地点から c km の地点から $(c+1)$ km の地点までの 1 km をちょうど 3 分間に進んだことになる。

(ア)〜(ウ) より，途中のある 3 分間でちょうど 1 km の距離を進んだことになる。

◀ ❗出発地点から 40 km の地点まで走るから，$0 \leqq x \leqq 39$ である。
まず，$f(x)$ がこの閉区間で連続であることを確認する。

◀ すべて 3 以上とすると
$120=f(0)+f(1)+\cdots+f(39)>\underbrace{3+3+\cdots+3}_{40\text{個}}=120$
となり矛盾する。

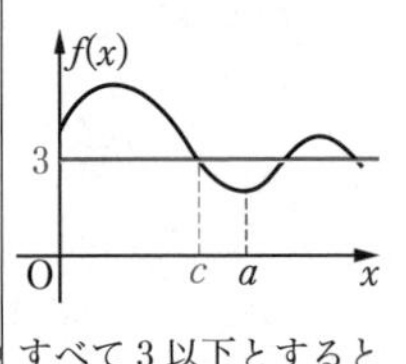

◀ すべて 3 以下とすると
$120=f(0)+f(1)+\cdots+f(39)<\underbrace{3+3+\cdots+3}_{40\text{個}}=120$
となり矛盾する。

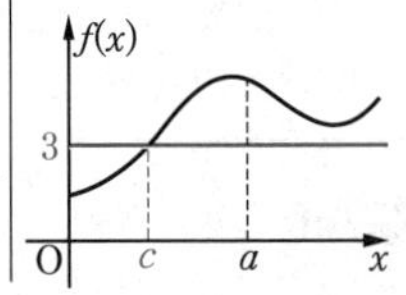

47 ★☆☆☆ 次の極限値を求めよ。

(1) $\displaystyle\lim_{x\to 0}\frac{1}{x}\left(1-\frac{1}{\sqrt{1-x}}\right)$ (2) $\displaystyle\lim_{x\to 1}\frac{x-1}{\sqrt[3]{x}-1}$

48 ★★☆☆ 次の極限を調べよ。ただし，$[x]$ は x を超えない最大の整数を表す。

(1) $\displaystyle\lim_{x\to 1}\frac{x}{(x-1)^2}$ (2) $\displaystyle\lim_{x\to 1}\frac{[x]}{[-x]}$ (3) $\displaystyle\lim_{x\to 1}[x^2-2x]$

49 ★☆☆☆ 次の極限を調べよ。

(1) $\displaystyle\lim_{x\to\infty}\frac{-3x^2+7x}{2x+5}$ (2) $\displaystyle\lim_{x\to\infty}(2x-\sqrt{x})$

(3) $\displaystyle\lim_{x\to\infty}(\sqrt{x^2+2x}-\sqrt{x^2-2x})$ (4) $\displaystyle\lim_{x\to\infty}(\sqrt{2x+1}-\sqrt{x+1})$

50 ★★☆☆ 極限値 $\displaystyle\lim_{x\to-\infty}(\sqrt{x^2+4x+1}-\sqrt{x^2-4x+1})$ を求めよ。

51 ★★☆☆ $\displaystyle\lim_{x\to 1}\frac{\sqrt{x^2+ax+b}-x}{x-1}=3$ であるとき，定数 a，b の値を求めよ。

52 ★★☆☆ 次の等式が成り立つような，定数 a，b の値を求めよ。

$$\lim_{x\to-\infty}(\sqrt{ax^2+bx-1}+x)=2$$

53 ★☆☆☆ 次の極限を調べよ。

(1) $\displaystyle\lim_{x\to 0}\frac{1}{1+3^{\frac{1}{x}}}$ (2) $\displaystyle\lim_{x\to-\infty}\frac{a^x+1}{a^x-1}$ $(a>0,\ a\neq 1)$

(3) $\displaystyle\lim_{x\to\infty}\frac{\log_{10}(ax+b)}{\log_{10}(cx+d)}$ (a，b，c，d は正) (工学院大)

54 ★☆☆☆ 次の極限値を求めよ。

(1) $\displaystyle\lim_{x\to 0}\frac{\sin x^\circ}{x}$ (2) $\displaystyle\lim_{x\to 0}\frac{\tan x-\sin x}{x^3}$ (3) $\displaystyle\lim_{x\to\frac{\pi}{2}}\frac{(2x-\pi)\cos 3x}{\cos^2 x}$

55 ★★☆☆ xy 平面上の 3 点 O(0, 0), A(1, 0), B(0, 1) を頂点とする △OAB を点 O を中心に反時計回りに θ だけ回転させて得られる三角形を △OA′B′ とおく。ただし，$0<\theta<\dfrac{\pi}{2}$ とする。△OA′B′ の $x \geqq 0$, $y \geqq 0$ の部分の面積を $S(\theta)$ とおくとき

(1) $S(\theta)$ を θ で表せ。　　(2) $\displaystyle\lim_{\theta \to \frac{\pi}{2}} \frac{S(\theta)}{\frac{\pi}{2}-\theta}$ を求めよ。

56 ★★☆☆ $\displaystyle\lim_{x\to\infty}\frac{[x]+x}{x-1}$ を求めよ。ただし，$[x]$ は x を超えない最大の整数を表す。

57 ★★☆☆ 次の関数について，〔 〕内の点における連続性を調べよ。ただし，$[x]$ は x を超えない最大の整数を表す。

(1) $f(x)=[\sin x]$ $\left[x=\dfrac{\pi}{2}\right]$　　(2) $f(x)=\begin{cases} x\sin\dfrac{1}{x} & (x \neq 0) \\ 0 & (x=0) \end{cases}$ 〔$x=0$〕

58 ★★☆☆ 次の関数について，$y=f(x)$ のグラフをかき，連続性を調べよ。

(1) $f(x)=\displaystyle\lim_{n\to\infty}\frac{x^{2n-1}+x^2+x}{x^{2n}+1}$　　(2) $f(x)=\displaystyle\lim_{n\to\infty}\frac{x^2(1-|x|^n)}{1+|x|^n}$

59 ★★★☆ 関数 $f(x)=\displaystyle\lim_{n\to\infty}\frac{x^{n+1}+(x^2-1)\sin ax}{x^n+x^2-1}$ がすべての実数 x において連続となるように，定数 a の値を定めよ。

60 ★★☆☆ $f(x)$ が $0 \leqq x \leqq 1$ において連続な関数で，$0<f(x)<1$ を満たすとき，$f(c)=c$ $(0<c<1)$ となる c が存在することを示せ。

本質を問う 4

▶▶解答編 p.99

1 次の計算は正しいか。正しくない場合は，正しい答えを求めよ。

(1) $\displaystyle\lim_{x\to 0}\frac{1}{x}=\infty$　　(2) $\displaystyle\lim_{x\to +0}\log_a x=-\infty$ $(a>0,\ a \neq 1)$　◀p.94 2，3

2 次の極限を調べよ。ただし，$[x]$ は x を超えない最大の整数を表す。

(1) $\displaystyle\lim_{x\to 0}[x]$　　(2) $\displaystyle\lim_{x\to 0}\frac{|x|}{x}$　　(3) $\displaystyle\lim_{x\to 0}\sqrt{x}$　◀p.98 例題48

3 $\displaystyle\lim_{x\to-\infty}\frac{x}{\sqrt{x^2}}$ の値について，太郎さんは「$\displaystyle\lim_{x\to-\infty}\frac{x}{\sqrt{x^2}}=\lim_{x\to-\infty}\frac{x}{x}=1$」と答えて誤りであった。その理由を説明せよ。また，正しい答えを述べよ。　◀p.100 例題50

Let's Try! 4

▶▶解答編 p.100

① 次の極限値を求めよ。

(1) $\displaystyle\lim_{x\to1}\frac{\sqrt{x+3}-\sqrt{2x+2}}{x-1}$ （玉川大）　(2) $\displaystyle\lim_{x\to0}\frac{\sin^3 x}{x(1-\cos x)}$ （順天堂大）

(3) $\displaystyle\lim_{x\to\infty}x^2\left(1-\cos\frac{1}{x}\right)$ （東海大）

◀例題47, 54

② $[a]$ は，a を超えない最大の整数を表すとき

$$\lim_{x\to1-0}([2x]-2[x])$$

の値を求めよ。 （摂南大）

◀例題48

③ 定数 a，b，c（ただし b，$c\neq0$）に対して $\displaystyle\lim_{x\to0}\frac{\sin ax}{bx}=2$ と $\displaystyle\lim_{x\to c}\frac{ax-c}{x^2-c^2}=3$ が成立するならば，$a=$ [　　]，$b=$ [　　]，$c=$ [　　] である。 （藤田医科大）

◀例題51, 54

④ θ を $0\leqq\theta\leqq\pi$ を満たす実数とする。単位円上の点Pを，動径OPと x 軸の正の部分とのなす角が θ である点とし，点Qを x 軸の正の部分の点で，点Pからの距離が2であるものとする。また，$\theta=0$ のときの点Qの位置をAとする。

(1) 線分OQの長さを θ を使って表せ。

(2) 線分QAの長さを L とするとき，極限値 $\displaystyle\lim_{\theta\to0}\frac{L}{\theta^2}$ を求めよ。 （愛知教育大）

◀例題55

⑤ (1) $f_n(x)=\cos^n x+\cos^{n-1}x\sin x+\cos^{n-2}x\sin^2 x+\cdots+\cos x\sin^{n-1}x+\sin^n x$ のとき，$\displaystyle\lim_{n\to\infty}f_n(x)=f(x)$ を求めよ。ただし，$0<x<\pi$ とする。

(2) $\displaystyle y=f(x)=\lim_{n\to\infty}\frac{(2x-1)x^{2n-1}+x^2}{(2x-1)(x^{2n}+1)}$ であるとき，$y=f(x)$ の定義域における不連続点を求めよ。 （福井大）

◀例題36, 57, 58

⑥ 連続な周期関数 $f(x)$ があり，すべての x に対し $f(x+2)=f(x)$ であるとき，方程式 $f(x+1)-f(x)=0$ は $0\leqq x\leqq1$ の範囲に少なくとも1つの実数解をもつことを示せ。

◀例題60

2章 微分

例題MAP

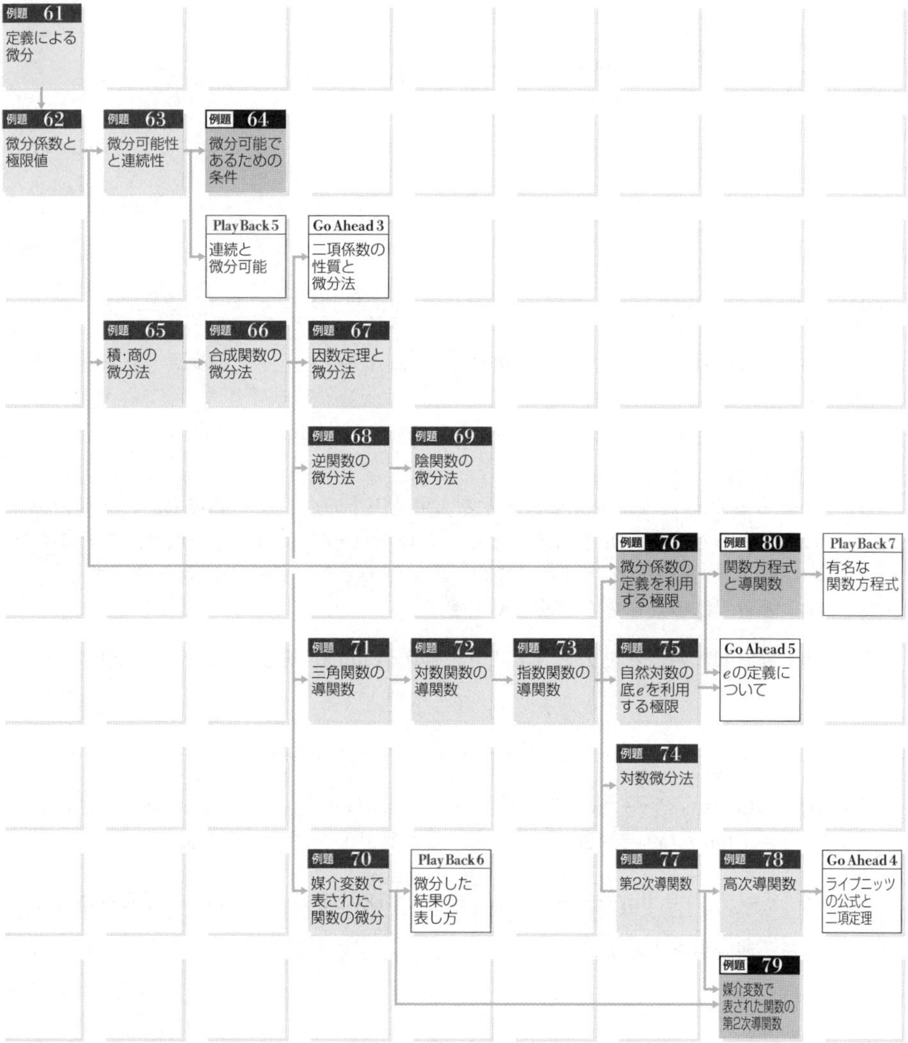

例題 61 定義による微分

例題 62 微分係数と極限値

例題 63 微分可能性と連続性

例題 64 微分可能であるための条件

PlayBack 5 連続と微分可能

Go Ahead 3 二項係数の性質と微分法

例題 65 積·商の微分法

例題 66 合成関数の微分法

例題 67 因数定理と微分法

例題 68 逆関数の微分法

例題 69 陰関数の微分法

例題 76 微分係数の定義を利用する極限

例題 80 関数方程式と導関数

PlayBack 7 有名な関数方程式

例題 71 三角関数の導関数

例題 72 対数関数の導関数

例題 73 指数関数の導関数

例題 75 自然対数の底eを利用する極限

Go Ahead 5 eの定義について

例題 74 対数微分法

例題 70 媒介変数で表された関数の微分

PlayBack 6 微分した結果の表し方

例題 77 第2次導関数

例題 78 高次導関数

Go Ahead 4 ライプニッツの公式と二項定理

例題 79 媒介変数で表された関数の第2次導関数

例題■は教科書の予習復習に，例題■は教科書学習後の実力UPに適しています。
ある例題でつまずいたときは，→をたどって，基礎となる例題を復習しましょう。

この章の解説動画とデジタルコンテンツはこちら →

例題一覧

例題番号	探究	頻出	デジタル	難易度	プロセスワード	

5 微分法

例題番号	探究	頻出	デジタル	難易度	プロセスワード	
61			D	★☆☆☆	定義に戻る	
62				★★☆☆	定義に戻る	
63			D	★★☆☆	定義に戻る	
PB5						
64				★★☆☆	候補を絞り込む	
65		頻		★☆☆☆	公式の利用	式を分ける
66		頻		★☆☆☆	見方を変える	
67				★★☆☆	条件の言い換え	未知のものを文字でおく
GA3	探				公式の利用	前問の結果の利用
68				★★☆☆	公式の利用	
69		頻		★★☆☆	見方を変える	
70		頻		★☆☆☆	公式の利用	
PB6						

6 いろいろな関数の導関数

例題番号	探究	頻出	デジタル	難易度	プロセスワード	
71		頻		★★☆☆	公式の利用	
72		頻		★★☆☆	公式の利用	
73		頻		★★☆☆	公式の利用	
74		頻		★★☆☆	式を分ける	
75				★★☆☆	定義の利用	
76				★★☆☆	定義の利用	
77				★★☆☆	見方を変える	
78				★★☆☆	規則性を見つける	
GA4						
79				★★☆☆	対応を考える	前問の結果の利用
80				★★★☆	具体的に考える	定義に戻る
PB7						
GA5			D			

PB…Play Back, **GA**…Go Ahead
頻…定期考査などで出題されやすい，特に重要な例題です。
探…探究例題を通して，数学的な見方・考え方を広げるコラムです。
D…内容の解説のためのデジタルコンテンツが付いています。

まとめ 5 微分法

1 微分係数，導関数

(1) 関数 $f(x)$ の $x=a$ における **微分係数 $f'(a)$**

次の各式の右辺の極限値が存在するとき，微分係数が定義される。

$$f'(a)=\lim_{h\to 0}\frac{f(a+h)-f(a)}{h} \quad \text{または} \quad f'(a)=\lim_{x\to a}\frac{f(x)-f(a)}{x-a}$$

このとき，$f(x)$ は $x=a$ において **微分可能** であるという。

(2) 微分可能と連続

関数 $f(x)$ が $x=a$ で微分可能 $\Longrightarrow$ $f(x)$ は $x=a$ で連続

! 逆は一般には成り立たない。すなわち，関数 $f(x)$ が $x=a$ で連続であっても，$f(x)$ が $x=a$ で微分可能であるとは限らない。

(3) 導関数

関数 $f(x)$ が区間 I で微分可能であるとき

導関数 … $f'(x)=\lim_{h\to 0}\dfrac{f(x+h)-f(x)}{h}$

← 導関数 $f'(x)$ を求めることを関数 $f(x)$ を x で **微分する** という。

関数 $y=f(x)$ の導関数を表す記号には，$f'(x)$，y'，$\dfrac{dy}{dx}$，$\dfrac{d}{dx}f(x)$ などがある。

2 微分法の公式

(1) 導関数の性質

微分可能な関数 $f(x)$，$g(x)$ について

(ア) $(c)'=0$ （c は定数）

(イ) $\{kf(x)\}'=kf'(x)$ （k は定数）

(ウ) $\{f(x)+g(x)\}'=f'(x)+g'(x)$，$\{f(x)-g(x)\}'=f'(x)-g'(x)$

(2) 積・商の微分法

(ア) 積の微分 $\{f(x)g(x)\}'=f'(x)g(x)+f(x)g'(x)$

(イ) 商の微分 $\left\{\dfrac{f(x)}{g(x)}\right\}'=\dfrac{f'(x)g(x)-f(x)g'(x)}{\{g(x)\}^2}$

特に $\left\{\dfrac{1}{g(x)}\right\}'=-\dfrac{g'(x)}{\{g(x)\}^2}$

概要

1 微分係数，導関数

・微分可能，微分係数の定義

information

関数 $f(x)$ が微分可能であることの定義を述べる問題が，大阪教育大学（2016 年），信州大学（2019 年推薦）の入試で出題されている。

また，関数 $f(x)$ の $x=a$ における微分係数の定義を述べる問題が，お茶の水女子大学（2000 年），順天堂大学（2006 年）の入試で出題されている。

・**関数 $f(x)$ が $x=a$ で「微分可能 ⟹ 連続」の証明**

1章「関数と極限」で学習したように，「関数 $f(x)$ が $x=a$ で連続であること」の定義は，$f(x)$ の定義域内の $x=a$ に対して，「$\lim_{x\to a}f(x)=f(a)$ が成り立つこと」であった（p.94 まとめ4 5 参照）。

〔「微分可能 ⟹ 連続」の証明〕

関数 $f(x)$ が $x=a$ で微分可能であるから，$f'(a)$ が存在する。このとき

$$\lim_{x\to a}\{f(x)-f(a)\}=\lim_{x\to a}\left\{(x-a)\cdot\frac{f(x)-f(a)}{x-a}\right\}=0\cdot f'(a)=0$$

よって，$\lim_{x\to a}f(x)=f(a)$ となるから，$f(x)$ は $x=a$ で連続である。

information　これを証明する問題は，大阪教育大学（2016年），産業医科大学（2017年）などの入試で出題されている。

2 微分法の公式

・**導関数の公式 $\{kf(x)\}'=kf'(x)$，$\{f(x)+g(x)\}'=f'(x)+g'(x)$ の証明**

$$\{kf(x)\}'=\lim_{h\to 0}\frac{kf(x+h)-kf(x)}{h}=\lim_{h\to 0}\left\{k\cdot\frac{f(x+h)-f(x)}{h}\right\}=kf'(x)$$

$$\{f(x)+g(x)\}'=\lim_{h\to 0}\frac{\{f(x+h)+g(x+h)\}-\{f(x)+g(x)\}}{h}$$

$$=\lim_{h\to 0}\left\{\frac{f(x+h)-f(x)}{h}+\frac{g(x+h)-g(x)}{h}\right\}=f'(x)+g'(x)$$

information　$\{f(x)+g(x)\}'=f'(x)+g'(x)$ を証明する問題は，九州大学（2022年）などの入試で出題されている。

・**積の微分法の証明**

$$\{f(x)g(x)\}'=\lim_{h\to 0}\frac{f(x+h)g(x+h)-f(x)g(x)}{h}$$

$$=\lim_{h\to 0}\frac{f(x+h)g(x+h)-f(x)g(x+h)+f(x)g(x+h)-f(x)g(x)}{h}$$

$$=\lim_{h\to 0}\left\{\frac{f(x+h)-f(x)}{h}\cdot g(x+h)+f(x)\cdot\frac{g(x+h)-g(x)}{h}\right\}$$

$$=f'(x)g(x)+f(x)g'(x)$$

・**商の微分法の証明**

❶ まず，$\left\{\dfrac{1}{g(x)}\right\}'$ について，定義にしたがって微分することによって証明する。

❷ $\left\{\dfrac{f(x)}{g(x)}\right\}'=\left\{f(x)\cdot\dfrac{1}{g(x)}\right\}'$ とみて，積の微分法と❶を利用して証明する。

〔証明〕

$$\left\{\frac{1}{g(x)}\right\}'=\lim_{h\to 0}\frac{1}{h}\left\{\frac{1}{g(x+h)}-\frac{1}{g(x)}\right\}=\lim_{h\to 0}\frac{1}{h}\left\{\frac{g(x)-g(x+h)}{g(x+h)g(x)}\right\}$$

$$=\lim_{h\to 0}\left\{-\frac{g(x+h)-g(x)}{h}\cdot\frac{1}{g(x+h)g(x)}\right\}=-\frac{g'(x)}{\{g(x)\}^2}$$

これより

$$\left\{\frac{f(x)}{g(x)}\right\}'=\left\{f(x)\cdot\frac{1}{g(x)}\right\}'=f'(x)\cdot\frac{1}{g(x)}+f(x)\cdot\left\{\frac{1}{g(x)}\right\}'$$

$$=\frac{f'(x)}{g(x)}+f(x)\cdot\frac{-g'(x)}{\{g(x)\}^2}=\frac{f'(x)g(x)-f(x)g'(x)}{\{g(x)\}^2}$$

information　積の微分法や商の微分法を証明する問題は，お茶の水女子大学（2000年），順天堂大学（2007年），岡山大学，島根大学，中央大学（2016年推薦），福井大学（2018年後期），藤田医科大学（2019年AO），法政大学（2021年推薦）などの入試で出題されている。

3 合成関数の微分法

関数 $y=f(u)$，$u=g(x)$ がともに微分可能ならば，合成関数 $y=f(g(x))$ も微分可能であり，次が成り立つ。

$$\frac{dy}{dx}=\frac{dy}{du}\cdot\frac{du}{dx}\quad \text{すなわち}\quad \{f(g(x))\}'=f'(g(x))g'(x)$$

特に
$$\frac{d}{dx}\{f(x)\}^n=n\{f(x)\}^{n-1}f'(x)\quad (n\text{ は整数})$$
$$\frac{d}{dx}f(ax+b)=af'(ax+b)\quad (a,\ b\text{ は定数})$$

4 逆関数の微分法

$$\frac{dy}{dx}=\frac{1}{\dfrac{dx}{dy}}\quad \left(\text{ただし，}\frac{dx}{dy}\neq 0\right)$$

5 x^r の導関数

r が有理数のとき　$(x^r)'=rx^{r-1}$

6 媒介変数で表された関数の微分法

$x=f(t)$，$y=g(t)$ のとき
$$\frac{dy}{dx}=\frac{\dfrac{dy}{dt}}{\dfrac{dx}{dt}}=\frac{g'(t)}{f'(t)}\quad \left(\text{ただし，}\frac{dx}{dt}\neq 0\right)$$

概要

3 合成関数の微分法

・増分 Δ を用いた導関数の定義

導関数の定義式 $f'(x)=\lim_{h\to 0}\dfrac{f(x+h)-f(x)}{h}$ は，x の増分 h を Δx，y の増分 $f(x+h)-f(x)$ を Δy とすると

$$f'(x)=\lim_{\Delta x\to 0}\frac{\Delta y}{\Delta x}=\lim_{\Delta x\to 0}\frac{f(x+\Delta x)-f(x)}{\Delta x}$$

・合成関数の微分法の証明

x の増分 Δx に対する $u=g(x)$ の増分を Δu とし，u の増分 Δu に対する $y=f(u)$ の増分を Δy とする。

このとき　$\dfrac{dy}{dx}=\lim_{\Delta x\to 0}\dfrac{\Delta y}{\Delta x}=\lim_{\Delta x\to 0}\left(\dfrac{\Delta y}{\Delta u}\cdot\dfrac{\Delta u}{\Delta x}\right)=\lim_{\Delta x\to 0}\dfrac{\Delta y}{\Delta u}\cdot\lim_{\Delta x\to 0}\dfrac{\Delta u}{\Delta x}$

ここで，$g(x)$ の連続性より，$\Delta x\to 0$ のとき　$\Delta u=g(x+\Delta x)-g(x)\to 0$

よって　$\dfrac{dy}{dx}=\lim_{\Delta u\to 0}\dfrac{\Delta y}{\Delta u}\cdot\lim_{\Delta x\to 0}\dfrac{\Delta u}{\Delta x}=\dfrac{dy}{du}\cdot\dfrac{du}{dx}$

したがって　$\dfrac{dy}{dx}=\dfrac{dy}{du}\cdot\dfrac{du}{dx}$

④ **逆関数の微分法**

微分可能な関数 $f(x)$ が逆関数 $f^{-1}(x)$ をもつとき，$y=f^{-1}(x)$ とおくと　$x=f(y)$

両辺を x で微分すると　$1=\dfrac{d}{dx}f(y)$

ここで　(右辺) $=\dfrac{d}{dx}f(y)=\dfrac{d}{dy}f(y)\cdot\dfrac{dy}{dx}=\dfrac{dx}{dy}\cdot\dfrac{dy}{dx}$

よって，$1=\dfrac{dx}{dy}\cdot\dfrac{dy}{dx}$ より　$\dfrac{dy}{dx}=\dfrac{1}{\dfrac{dx}{dy}}$　$\left(ただし，\dfrac{dx}{dy}\neq 0\right)$

⑤ **x^r の導関数**

・$(x^r)'=rx^{r-1}$ (r は有理数) の証明

「r が自然数の場合」⇨「r が0の場合」⇨「r が負の整数の場合」⇨「r が有理数の場合」と，r の範囲を順次広げて証明していく。

(ア)　r が自然数のとき

$$(x^r)'=\lim_{h\to 0}\frac{(x+h)^r-x^r}{h}=\lim_{h\to 0}\frac{(\cancel{x^r}+{}_r\mathrm{C}_1x^{r-1}h+{}_r\mathrm{C}_2x^{r-2}h^2+\cdots+h^r)-\cancel{x^r}}{h}$$
$$=\lim_{h\to 0}({}_r\mathrm{C}_1x^{r-1}+{}_r\mathrm{C}_2x^{r-2}h+\cdots+h^{r-1})={}_r\mathrm{C}_1x^{r-1}=rx^{r-1}$$

(イ)　$r=0$ のとき，$x\neq 0$ において　$(x^r)'=(1)'=0$　よって，成り立つ。

(ウ)　r が負の整数のとき，$r=-n$ とおくと，n は自然数であるから

$$(x^r)'=\left(\frac{1}{x^n}\right)'=-\frac{(x^n)'}{(x^n)^2}=-\frac{nx^{n-1}}{x^{2n}}=-nx^{-n-1}=rx^{r-1}$$

(エ)　r が有理数のとき，$r=\dfrac{n}{m}$ (n，m は整数) とおき，$y=x^r=x^{\frac{n}{m}}$ とおくと，

$y^m=x^n$ であり，両辺を x で微分すると　$my^{m-1}y'=nx^{n-1}$　⬅ 合成関数の微分法

よって　$y'=\dfrac{nx^{n-1}}{my^{m-1}}=\dfrac{nx^{n-1}}{m\left(x^{\frac{n}{m}}\right)^{m-1}}=\dfrac{n}{m}\cdot\dfrac{x^{n-1}}{x^{n-\frac{n}{m}}}=\dfrac{n}{m}x^{\frac{n}{m}-1}=rx^{r-1}$

(ア)～(エ) より　$(x^r)'=rx^{r-1}$ (r は有理数)

・(ア) の別証明

上記 (ア) は，数学的帰納法と積の微分法を利用して証明することもできる。

[1]　$r=1$ のとき，$(x)'=\displaystyle\lim_{h\to 0}\frac{(x+h)-x}{h}=\lim_{h\to 0}1=1$ より，成り立つ。

[2]　$r=k$ のとき，$(x^k)'=kx^{k-1}$ が成り立つと仮定する。

$r=k+1$ のとき　$(x^{k+1})'=(x^k\cdot x)'=(x^k)'x+x^k(x)'=kx^{k-1}x+x^k\cdot 1=(k+1)x^k$

よって，$r=k+1$ のときも成り立つ。

[1]，[2] より，自然数 r について　$(x^r)'=rx^{r-1}$

information　$(x^r)'=rx^{r-1}$ を証明する問題は，広島大学 (2015 年後期)，中央大学 (2016 年推薦) の入試で出題されている。

⑥ **媒介変数で表された関数の微分法**

x の関数 y が，媒介変数 t を用いて，$x=f(t)$，$y=g(t)$ と表されるとき

$$\frac{dy}{dt}=\frac{dy}{dx}\cdot\frac{dx}{dt}$$
⬅ 合成関数の微分法

よって，$\dfrac{dx}{dt}\neq 0$ のとき　$\dfrac{dy}{dx}=\dfrac{\dfrac{dy}{dt}}{\dfrac{dx}{dt}}=\dfrac{g'(t)}{f'(t)}$

例題 61　定義による微分

D ★☆☆☆

次の関数を定義にしたがって微分せよ。

(1)　$f(x)=\dfrac{1}{x-1}$　　　(2)　$f(x)=\sqrt{x+1}$

思考のプロセス

定義に戻る

Action» 定義による微分は，$f'(x)=\displaystyle\lim_{h\to0}\frac{f(x+h)-f(x)}{h}$ とせよ

(1)　$f'(x)=\displaystyle\lim_{h\to0}\frac{\square-\frac{1}{x-1}}{h}$

(2)　$f'(x)=\displaystyle\lim_{h\to0}\frac{\square-\sqrt{x+1}}{h}$

不定形 $\dfrac{0}{0}$ ⟹ 分母・分子に何かを掛けて，**h を約分する**ことを考える。

解 (1)　$f'(x)=\displaystyle\lim_{h\to0}\frac{f(x+h)-f(x)}{h}$

$=\displaystyle\lim_{h\to0}\frac{\frac{1}{(x+h)-1}-\frac{1}{x-1}}{h}$　　◀ $f(x+h)=\dfrac{1}{(x+h)-1}$

$=\displaystyle\lim_{h\to0}\frac{x-1-(x+h-1)}{h(x+h-1)(x-1)}$　　◀ 分母・分子に $(x+h-1)(x-1)$ を掛ける。

$=\displaystyle\lim_{h\to0}\frac{-1}{(x+h-1)(x-1)}=-\frac{1}{(x-1)^2}$　　◀ h で約分する。

(2)　$f'(x)=\displaystyle\lim_{h\to0}\frac{f(x+h)-f(x)}{h}$

例題 47

$=\displaystyle\lim_{h\to0}\frac{\sqrt{(x+h)+1}-\sqrt{x+1}}{h}$　　◀ $f(x+h)=\sqrt{(x+h)+1}$

$=\displaystyle\lim_{h\to0}\frac{(x+h)+1-(x+1)}{h\left(\sqrt{(x+h)+1}+\sqrt{x+1}\right)}$　　◀ 分母・分子に $\sqrt{(x+h)+1}+\sqrt{x+1}$ を掛けて，分子を有理化する。

$=\displaystyle\lim_{h\to0}\frac{1}{\sqrt{(x+h)+1}+\sqrt{x+1}}=\frac{1}{2\sqrt{x+1}}$

Point...導関数の定義

関数 $f(x)$ に対して $f'(x)=\displaystyle\lim_{h\to0}\frac{f(x+h)-f(x)}{h}$ で定められる関数を $f(x)$ の **導関数** という。

また，$f'(a)$ を関数 $f(x)$ の $x=a$ における **微分係数** という。

このとき，$f'(a)=\displaystyle\lim_{h\to0}\frac{f(a+h)-f(a)}{h}$ であり，$a+h=x$ とおくと $h=x-a$ となり，

$h\to0$ のとき $x\to a$ であるから，$f'(a)=\displaystyle\lim_{x\to a}\frac{f(x)-f(a)}{x-a}$ が成り立つ。

練習 61　次の関数を定義にしたがって微分せよ。

(1)　$f(x)=\dfrac{1}{2x+3}$　　　(2)　$f(x)=x\sqrt{x}$

➡p.138 問題61

例題 62　微分係数と極限値　★★☆☆

関数 $f(x)$ が $x=a$ において微分可能であるとき，次の極限値を a, $f(a)$, $f'(a)$ を用いて表せ。

(1) $\displaystyle\lim_{h\to 0}\frac{f(a+2h)-f(a-h)}{h}$　　(2) $\displaystyle\lim_{x\to a}\frac{\{af(x)\}^2-\{xf(a)\}^2}{x-a}$

思考のプロセス

定義に戻る　微分係数の定義

$f'(a)=\displaystyle\lim_{\square\to 0}\frac{f(a+\square)-f(a)}{\square}$ …①　または　$f'(a)=\displaystyle\lim_{\square\to a}\frac{f(\square)-f(a)}{\square-a}$ …②

(1) ① の形に似ている。

$f(a+\square)-f(a)$ の形をつくって調整

$$(\text{与式})=\lim_{h\to 0}\frac{f(a+2h)-\boxed{}+\boxed{}-f(a-h)}{h}$$

$$=\lim_{h\to 0}\left\{\frac{f(a+2h)-\boxed{}}{h}-\frac{f(a-h)-\boxed{}}{h}\right\}=\cdots$$

$2h$ にしたい　　$-h$ にしたい

(2) ② の形に似ている。分子は $(\quad)^2-(\quad)^2$ の形。

$$(\text{与式})=\lim_{x\to a}\frac{\{af(x)+xf(a)\}\{af(x)-xf(a)\}}{x-a}=\lim_{x\to a}\left[\{af(x)+xf(a)\}\cdot\frac{af(x)-xf(a)}{x-a}\right]$$

（$\{af(x)+xf(a)\}\to 2af(a)$，$\{af(x)-xf(a)\}\to 0$，$x-a\to 0$）

② の利用を考える

Action» 関数 $f(x)$ を含む極限値は，微分係数の定義を利用せよ

解 (1)
$$(\text{与式})=\lim_{h\to 0}\frac{f(a+2h)-f(a)+f(a)-f(a-h)}{h}$$
$$=\lim_{h\to 0}\left\{\frac{f(a+2h)-f(a)}{2h}\cdot 2+\frac{f(a-h)-f(a)}{-h}\right\}$$
$$=f'(a)\cdot 2+f'(a)$$
$$=\boldsymbol{3f'(a)}$$

◀前項は分母を $2h$ にしてから 2 を掛けて調整し，後項は分母を $-h$ にして符号を調整する。
$h\to 0$ のとき
$2h\to 0$, $-h\to 0$
であることに注意する。

(2)
$$(\text{与式})=\lim_{x\to a}\frac{\{af(x)+xf(a)\}\{af(x)-xf(a)\}}{x-a}$$
$$=\lim_{x\to a}\left[\{af(x)+xf(a)\}\cdot\frac{\{af(x)-xf(a)\}}{x-a}\right]$$
$$=\lim_{x\to a}\left[\{af(x)+xf(a)\}\times\frac{af(x)-af(a)+af(a)-xf(a)}{x-a}\right]$$
$$=\lim_{x\to a}\left[\{af(x)+xf(a)\}\left\{a\cdot\frac{f(x)-f(a)}{x-a}-f(a)\right\}\right]$$
$$=\boldsymbol{2af(a)\{af'(a)-f(a)\}}$$

◀分子を因数分解する。

◀不定形 $\dfrac{0}{0}$ になる部分を分けて考える。

◀$f'(a)=\displaystyle\lim_{x\to a}\frac{f(x)-f(a)}{x-a}$ の形をつくるために，"$-af(a)+af(a)$" を追加して考える。

練習 62 関数 $f(x)$ が $x=a$, a^2 において微分可能であるとき，次の極限値を a, $f'(a)$, $f(a^2)$, $f'(a^2)$ を用いて表せ。

(1) $\displaystyle\lim_{h\to 0}\frac{f(a+3h)-f(a+2h)}{h}$　　(2) $\displaystyle\lim_{x\to a}\frac{x^2f(a^2)-a^2f(x^2)}{x-a}$

➡p.138 問題62

例題 63　微分可能性と連続性

D ★★☆☆

関数 $f(x)=|x|(x+1)$ は，$x=0$ で連続か，微分可能かを調べよ。

思考のプロセス

定義に戻る

«ReAction　$x=a$ における連続性は，$\lim_{x \to a} f(x)=f(a)$ が成り立つか調べよ　◀例題 57

$f(x)$ が $x=0$ で**連続**　$\Longleftrightarrow$　$\lim_{x \to 0} f(x)=f(0)$ が成り立つ。

$$\Longrightarrow \begin{cases} [1]\ \lim_{x \to +0} f(x)=\lim_{x \to -0} f(x) \\ [2]\ ([1]\ の値)=f(0) \end{cases}$$

$f(x)$ が $x=0$ で**微分可能**　$\Longleftrightarrow$　$\lim_{h \to 0}\dfrac{f(0+h)-f(0)}{h}$ が有限の値で存在する。

$$\Longrightarrow \lim_{h \to +0}\frac{f(0+h)-f(0)}{h}=\lim_{h \to -0}\frac{f(0+h)-f(0)}{h}$$

Action»　$x=a$ における微分可能性は，$\lim_{h \to 0}\dfrac{f(a+h)-f(a)}{h}$ の存在を調べよ

解　$f(x)=\begin{cases} x(x+1) & (x \geqq 0) \\ -x(x+1) & (x<0) \end{cases}$

であるから

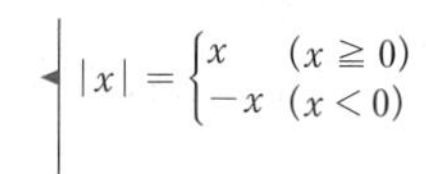

◀ $|x|=\begin{cases} x & (x \geqq 0) \\ -x & (x<0) \end{cases}$

例題 48

$\lim_{x \to +0} f(x)=\lim_{x \to +0} x(x+1)=0$

$\lim_{x \to -0} f(x)=\lim_{x \to -0}\{-x(x+1)\}=0$

◀ $x \to +0$ のとき $x>0$，$x \to -0$ のとき $x<0$ の範囲で関数を考える。

よって　$\lim_{x \to 0} f(x)=0$

また，$f(0)=0$ より　$\lim_{x \to 0} f(x)=f(0)$

したがって，**$f(x)$ は $x=0$ で連続である。**

例題 48

次に　$\lim_{h \to +0}\dfrac{f(0+h)-f(0)}{h}=\lim_{h \to +0}\dfrac{h(h+1)}{h}=1$

$\lim_{h \to -0}\dfrac{f(0+h)-f(0)}{h}=\lim_{h \to -0}\dfrac{-h(h+1)}{h}=-1$

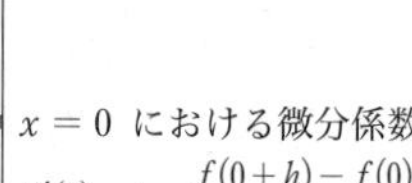

◀ $x=0$ における微分係数
$f'(0)=\lim_{h \to 0}\dfrac{f(0+h)-f(0)}{h}$

よって，$\lim_{h \to +0}\dfrac{f(0+h)-f(0)}{h} \neq \lim_{h \to -0}\dfrac{f(0+h)-f(0)}{h}$ であるから，$f'(0)$ は存在しない。

したがって，**$f(x)$ は $x=0$ で微分可能ではない。**

Point...微分可能性と連続性の関係

「$f(x)$ が $x=a$ で微分可能」$\Longrightarrow$「$f(x)$ は $x=a$ で連続」が成り立つ（証明は p.121 概要 5 ① 参照）。

！　逆は成り立たない。すなわち $f(x)$ が $x=a$ で連続であっても，$f(x)$ は $x=a$ で微分可能とは限らない。

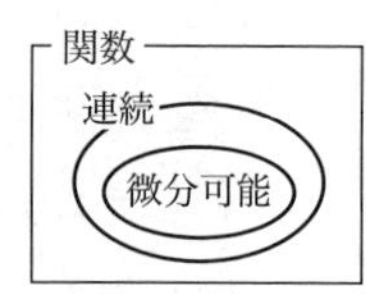

練習 63　次のように定義された関数は，$x=0$ で連続か，微分可能かを調べよ。

(1)　$f(x)=|x^2-x|$　　　(2)　$f(x)=|\sin x|$

➡p.138　問題63

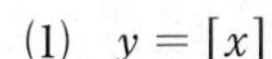

Play Back 5　連続と微分可能

数学では，直観的に意味を理解し，論理的に考察することが大切です。関数の連続と微分可能について考えてみましょう。

関数の性質を表す言葉「連続」，「微分可能」を直観的に説明すると

「連続」は，「グラフがつながっている」こと

「微分可能」は，「グラフがなめらかにつながっている」こと

を意味します。

次の3つの例で，原点に着目してみましょう。

(1)　$y=[x]$

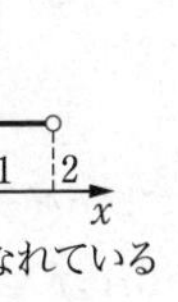

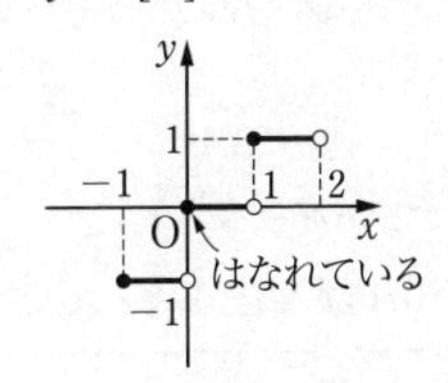

$x=0$ で連続でない（つながっていない）

(2)　$y=|x|$

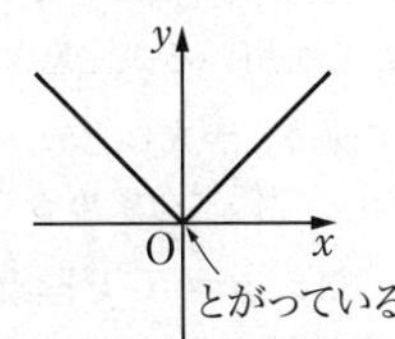

$x=0$ で連続であるが，微分可能でない（つながっているがなめらかでない）

(3)　$y=x^2$

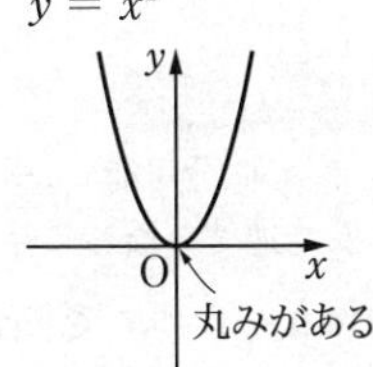

$x=0$ で微分可能である（なめらかにつながっている）

これより，『微分可能ならば連続』は成り立ちますが，逆は必ずしも成り立たないことも分かりますね。

❗ 右の図の場合，グラフは $x=0$ でつながっていませんが，関数 $y=\dfrac{1}{x}$ は $x=0$ で定義されないため，$x=0$ における連続・不連続は考えません。

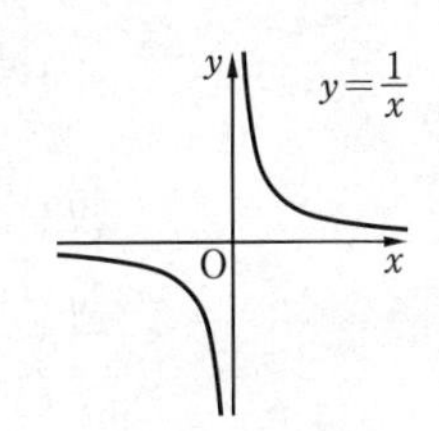

よって，$y=\dfrac{1}{x}$ は定義域内で連続な関数です。

このとき，“$x=0$ で不連続”と書くと誤りであるため，注意しましょう。

Point...微分可能と連続

$x=a$ で定義された関数 $f(x)$ について

(1)「$f(x)$ が $x=a$ で連続」$\iff \displaystyle\lim_{x\to a}f(x)=f(a)$

(2)「$f(x)$ が $x=a$ で微分可能」$\iff f'(a)=\displaystyle\lim_{h\to 0}\frac{f(a+h)-f(a)}{h}$ が存在する

(3)「$f(x)$ が $x=a$ で微分可能」$\Longrightarrow$「$f(x)$ は $x=a$ で連続」

❗ (3)の逆は成り立たない。

例題 64　微分可能であるための条件　★★☆☆

関数 $f(x)=\begin{cases}x^3+\alpha x & (x \geqq 2)\\ \beta x^2-\alpha x & (x<2)\end{cases}$ が $x=2$ で微分可能となるような定数 α, β の値を求めよ。　（鳥取大）

思考のプロセス

«ReAction $x=a$ **における微分可能性は,** $\displaystyle\lim_{h\to 0}\frac{f(a+h)-f(a)}{h}$ **の存在を調べよ** ◀例題 63

$x=2$ で微分可能 $\Longrightarrow$ $\displaystyle\lim_{h\to +0}\frac{f(2+h)-f(2)}{h}=\lim_{h\to -0}\frac{f(2+h)-f(2)}{h}$ が成り立つ。

! それぞれの $f(2+h)$ には，$f(x)=x^3+\alpha x$，$f(x)=\beta x^2-\alpha x$ のどちらを用いるか注意する。

候補を絞り込む

「$x=2$ で微分可能」$\Longrightarrow$「$x=2$ で連続」が成り立つ。
$x=2$ で連続となる条件から α と β の関係式を求めることができる（必要条件）。

Action» $x=a$ **で微分可能ならば，** $x=a$ **で連続かつ** $f'(a)$ **が存在するとせよ**

解 関数 $f(x)$ は $x=2$ で微分可能であるから，$x=2$ で連続である。よって　$\displaystyle\lim_{x\to 2-0}f(x)=f(2)$

◀微分可能ならば連続であることから，式をつくる。

ここで　$\displaystyle\lim_{x\to 2-0}f(x)=\lim_{x\to 2-0}(\beta x^2-\alpha x)=4\beta-2\alpha$

$f(2)=2^3+\alpha\cdot 2=8+2\alpha$

◀$x\geqq 2$ のとき $f(x)=x^3+\alpha x$ より $\displaystyle\lim_{x\to 2+0}f(x)=f(2)$

よって，$4\beta-2\alpha=8+2\alpha$ より　$\beta=\alpha+2$　…①

例題 63　次に，$f'(2)$ が存在するから

$$\lim_{h\to +0}\frac{f(2+h)-f(2)}{h}=\lim_{h\to -0}\frac{f(2+h)-f(2)}{h}$$

◀等号が成立するとき $\displaystyle\lim_{h\to 0}\frac{f(2+h)-f(2)}{h}$ が存在する。

ここで　$\displaystyle\lim_{h\to +0}\frac{f(2+h)-f(2)}{h}$

$$=\lim_{h\to +0}\frac{\{(2+h)^3+\alpha(2+h)\}-(8+2\alpha)}{h}$$

$$=\lim_{h\to +0}(12+6h+h^2+\alpha)=12+\alpha \quad \cdots ②$$

◀$x\geqq 2$ のとき $f(x)=x^3+\alpha x$

また　$\displaystyle\lim_{h\to -0}\frac{f(2+h)-f(2)}{h}$

$$=\lim_{h\to -0}\frac{\{\beta(2+h)^2-\alpha(2+h)\}-(8+2\alpha)}{h}$$

◀$x<2$ のとき $f(x)=\beta x^2-\alpha x$

$$=\lim_{h\to -0}\frac{(\alpha+2)(2+h)^2-\alpha(2+h)-(8+2\alpha)}{h}$$

◀①より　$\beta=\alpha+2$

$$=\lim_{h\to -0}\{(\alpha+2)h+(3\alpha+8)\}=3\alpha+8 \quad \cdots ③$$

②，③より，$12+\alpha=3\alpha+8$ となり　$\boldsymbol{\alpha=2}$
このとき，①より　$\boldsymbol{\beta=4}$

練習 64　関数 $f(x)=\begin{cases}ax^2+bx-2 & (x\geqq 1)\\ x^3+(1-a)x^2 & (x<1)\end{cases}$ が $x=1$ で微分可能となるような定数 a，b の値を求めよ。　（芝浦工業大）

➡p.138　問題64

頻出

例題 65 積・商の微分法 ★☆☆☆

〔1〕 次の関数を微分せよ。

(1) $y=(2x^2+1)(x^2+x+1)$ (2) $y=\dfrac{1}{x^2-2x+2}$

(3) $y=\dfrac{2x}{x^2+1}$ (4) $y=\dfrac{x^2+3x-3}{x-1}$

〔2〕 関数 $f(x)$, $g(x)$, $h(x)$ が微分可能であるとき，次を示せ。
$\{f(x)g(x)h(x)\}'=f'(x)g(x)h(x)+f(x)g'(x)h(x)+f(x)g(x)h'(x)$

思考のプロセス

公式の利用

Action» 積の微分は $(fg)'=f'g+fg'$，商の微分は $\left(\dfrac{f}{g}\right)'=\dfrac{f'g-fg'}{g^2}$ を使え

〔1〕(1) $f(x)=2x^2+1$，$g(x)=x^2+x+1$ とみる。

(2) 商 $\dfrac{f(x)}{g(x)}$ において，$f(x)=1$ のときであり $\left\{\dfrac{1}{g(x)}\right\}'=-\dfrac{g'(x)}{\{g(x)\}^2}$

(4) **«ReAction (分子の次数) ≧ (分母の次数) の分数式は，除法で分子の次数を下げよ** ◀IIB 例題 17

〔2〕 式を分ける $f(x)g(x)h(x)=\{f(x)g(x)\}h(x)$
（3つの積 → 2つの積）

解 〔1〕 (1) $y'=(2x^2+1)'(x^2+x+1)+(2x^2+1)(x^2+x+1)'$
$=4x(x^2+x+1)+(2x^2+1)(2x+1)$
$=\boldsymbol{8x^3+6x^2+6x+1}$

◀ $f(x)=2x^2+1$
$g(x)=x^2+x+1$
と考えて，積の微分法を用いる。

(2) $y'=-\dfrac{(x^2-2x+2)'}{(x^2-2x+2)^2}=-\dfrac{\boldsymbol{2x-2}}{\boldsymbol{(x^2-2x+2)^2}}$

◀ $\left\{\dfrac{1}{g(x)}\right\}'=-\dfrac{g'(x)}{\{g(x)\}^2}$

(3) $y'=\dfrac{(2x)'(x^2+1)-2x(x^2+1)'}{(x^2+1)^2}$
$=\dfrac{2(x^2+1)-2x\cdot 2x}{(x^2+1)^2}=-\dfrac{\boldsymbol{2(x^2-1)}}{\boldsymbol{(x^2+1)^2}}$

IIB 17
(4) $y=\dfrac{x^2+3x-3}{x-1}=x+4+\dfrac{1}{x-1}$ であるから
$y'=1-\dfrac{(x-1)'}{(x-1)^2}=\dfrac{\boldsymbol{x(x-2)}}{\boldsymbol{(x-1)^2}}$

◀ (分子の次数) ≧ (分母の次数) のときは，帯分数式化して微分するとよい。
x^2+3x-3
$=(x-1)(x+4)+1$
そのまま商の微分法を用いてもよい。

〔2〕 $\{f(x)g(x)h(x)\}'$
$=\{f(x)g(x)\}'\cdot h(x)+\{f(x)g(x)\}\cdot h'(x)$
$=\{f'(x)g(x)+f(x)g'(x)\}\cdot h(x)+f(x)g(x)h'(x)$
$=f'(x)g(x)h(x)+f(x)g'(x)h(x)+f(x)g(x)h'(x)$

練習 65 次の関数を微分せよ。

(1) $y=(x^2-1)(3x^2+2x+1)$ (2) $y=(x+1)(2x^2-1)(x^3+2)$

(3) $y=\dfrac{3}{x^2-2x+3}$ (4) $y=\dfrac{x^2-x+1}{x^2+x+1}$ (5) $y=\dfrac{x^3}{x-1}$

➡p.138 問題65

頻出

例題 66 合成関数の微分法

★☆☆☆

次の関数を微分せよ。

(1) $y=(2x^3-5)^5$ (2) $y=\left(\dfrac{x}{x^2+1}\right)^4$ (3) $y=(3x-1)\sqrt{x^2+1}$

思考のプロセス

(1) 5 乗，(2) 4 乗を展開してから微分するのは大変。

見方を変える 合成関数とみて，公式を用いる。

Action» 合成関数 $y=f(g(x))$ の微分は，$y'=f'(g(x))g'(x)$ を使え

(1) $f(x)=x^5$，$g(x)=2x^3-5$ とみると $(2x^3-5)^5=f(g(x))$

$\Longrightarrow (2x^3-5)^5 \xrightarrow{微分} 5(\quad)^4\times(\quad)'$ ⬅ $x^5 \xrightarrow{微分} 5x^4$

解 (1) $y'=\{(2x^3-5)^5\}'$

$=5(2x^3-5)^4\cdot(2x^3-5)'=\mathbf{30x^2(2x^3-5)^4}$

◀ $g(x)=2x^3-5$ とおくと，$y=\{g(x)\}^5$ である。

〔別解〕

$u=2x^3-5$ とおくと $y=u^5$，$\dfrac{du}{dx}=6x^2$

$$\frac{dy}{dx}=\frac{dy}{du}\cdot\frac{du}{dx}=5u^4\cdot6x^2=30x^2(2x^3-5)^4$$

◀ $(\quad)^5$ 内の式を u とおく。$\dfrac{dy}{du}$ は y を u で微分，$\dfrac{du}{dx}$ は u を x で微分したものである。

(2) $y'=4\left(\dfrac{x}{x^2+1}\right)^3\cdot\left(\dfrac{x}{x^2+1}\right)'$

$=\dfrac{4x^3}{(x^2+1)^3}\cdot\dfrac{(x)'(x^2+1)-x(x^2+1)'}{(x^2+1)^2}$

$=\dfrac{4x^3(-x^2+1)}{(x^2+1)^5}=\mathbf{-\dfrac{4x^3(x^2-1)}{(x^2+1)^5}}$

◀ 商の微分法

(3) $y'=(3x-1)'\sqrt{x^2+1}+(3x-1)\left(\sqrt{x^2+1}\right)'$

$=3\sqrt{x^2+1}+(3x-1)\cdot\dfrac{1}{2}(x^2+1)^{-\frac{1}{2}}\cdot(x^2+1)'$

$=3\sqrt{x^2+1}+(3x-1)\cdot\dfrac{x}{\sqrt{x^2+1}}$

$=\dfrac{3(x^2+1)+x(3x-1)}{\sqrt{x^2+1}}=\mathbf{\dfrac{6x^2-x+3}{\sqrt{x^2+1}}}$

◀ 積の微分法

◀ $\left(\sqrt{x^2+1}\right)'=\left\{(x^2+1)^{\frac{1}{2}}\right\}'$ とみて合成関数の微分法を用いる。

$\left(\sqrt{u}\right)'=\dfrac{u'}{2\sqrt{u}}$

Point...合成関数の微分法

$\dfrac{dy}{dx}=\dfrac{dy}{du}\cdot\dfrac{du}{dx}$ 特に $(\{f(x)\}^n)'=n\{f(x)\}^{n-1}\cdot f'(x)$

----- の部分は「外の微分」，〰〰 の部分は「中の微分」を掛けると覚えておこう。

練習 66 次の関数を微分せよ。

(1) $y=(2-3x^3)^5$ (2) $y=\dfrac{2}{\sqrt{4-x^2}}$ (3) $y=(x^2-4)\sqrt{1-x^2}$

➡p.138 問題66

例題 67　因数定理と微分法　★★☆☆

(1)　2次以上の多項式 $f(x)$ が $(x-a)^2$ で割り切れるための必要十分条件は $f(a)=f'(a)=0$ であることを示せ。

(2)　多項式 $x^4+ax^3+(a+b)x+1$ が $(x-1)^2$ で割り切れるように定数 a, b の値を定めよ。

思考のプロセス

(1) **条件の言い換え**　割り切れる ⟹ (余り) $=0$

未知のものを文字でおく

多項式 $f(x)$ を $(x-a)^2$（2次式）で割ったときの商を $g(x)$，余りを $px+q$（1次以下の式）とおくと

$f(x)=\underline{(x-a)^2g(x)}+px+q$（0となる x の値を考える）

条件に $f'(a)$ があるから，微分してみる

$f'(x)=\boxed{}+p$（0となる x の値を考える）

⇒ $p=0$, $q=0$ となる条件を考える。

Action» 多項式を $(x-a)^n$ で割るときは，微分を利用せよ

解 (1)　$f(x)$ を2次式 $(x-a)^2$ で割ったときの商を $g(x)$，余りを $px+q$ とおくと

$$f(x)=(x-a)^2g(x)+px+q \quad \cdots ①$$

両辺を x で微分すると

$$f'(x)=2(x-a)\cdot g(x)+(x-a)^2\cdot g'(x)+p \quad \cdots ②$$

◀ $\{(x-a)^2g(x)\}'$ $=\{(x-a)^2\}'g(x)+(x-a)^2g'(x)$

①，② の両辺に $x=a$ を代入すると

$$f(a)=pa+q,\ f'(a)=p$$

よって　$q=f(a)-af'(a)$

ゆえに，余りは　$f'(a)x+f(a)-af'(a)$

多項式 $f(x)$ が $(x-a)^2$ で割り切れるための条件は，すべての x について

$$f'(a)x+f(a)-af'(a)=0$$

が成り立つことである。よって

$$f'(a)=0 \cdots ③ \quad かつ \quad f(a)-af'(a)=0 \cdots ④$$

◀ 割り切れるときは $px+q=0$ が x についての恒等式であるから $p=0$, $q=0$

③ を ④ に代入すると　$f(a)=0$

したがって，必要十分条件は　$f(a)=f'(a)=0$

(2)　$f(x)=x^4+ax^3+(a+b)x+1$ とおくと

$$f'(x)=4x^3+3ax^2+(a+b)$$

(1) より，$(x-1)^2$ で割り切れるための必要十分条件は $f(1)=0$ かつ $f'(1)=0$ であるから

$$2a+b+2=0,\ 4a+b+4=0$$

これを解くと　$\boldsymbol{a=-1,\ b=0}$

練習 67　多項式 $x^4+ax^3+3x+(2a+b)$ が $(x+1)^2$ で割り切れるように定数 a, b の値を定めよ。

➡p.138 問題67

Go Ahead 3 二項係数の性質と微分法

数学Ⅱで学習したように，$(1+x)^n$ の展開式を利用して二項係数の性質を証明することがあります。例えば，LEGEND 数学Ⅱ＋Bでは，次のような問題をとり上げました。

> 次の等式を証明せよ。
> (ア) ${}_nC_0+{}_nC_1+{}_nC_2+\cdots+{}_nC_{n-1}+{}_nC_n=2^n$ （例題 8 (1)）
> (イ) ${}_nC_1+2{}_nC_2+3{}_nC_3+\cdots+n{}_nC_n=n\cdot 2^{n-1}$ （問題 6 (2)）

(ア) は二項定理により

$$(1+x)^n={}_nC_0+{}_nC_1x+{}_nC_2x^2+\cdots+{}_nC_{n-1}x^{n-1}+{}_nC_nx^n \quad \cdots ①$$

① に $x=1$ を代入すると

$$(1+1)^n={}_nC_0+{}_nC_1\cdot 1+{}_nC_2\cdot 1^2+\cdots+{}_nC_{n-1}\cdot 1^{n-1}+{}_nC_n\cdot 1^n$$

よって　$2^n={}_nC_0+{}_nC_1+{}_nC_2+\cdots+{}_nC_{n-1}+{}_nC_n$

(イ) は左辺の各項に関係式 $\underline{k{}_nC_k=n{}_{n-1}C_{k-1}}$ を利用して

$$\begin{aligned}{}_nC_1+2{}_nC_2+3{}_nC_3+\cdots+n{}_nC_n&=n{}_{n-1}C_0+n{}_{n-1}C_1+n{}_{n-1}C_2+\cdots+n{}_{n-1}C_{n-1}\\&=n({}_{n-1}C_0+{}_{n-1}C_1+{}_{n-1}C_2+\cdots+{}_{n-1}C_{n-1})\\&=n(1+1)^{n-1}=n\cdot 2^{n-1}\end{aligned}$$

(イ) で用いた関係式 $\underline{k{}_nC_k=n{}_{n-1}C_{k-1}}$ は，二項係数の定義に戻り，次のように導くことができます。

$$\begin{aligned}k{}_nC_k&=k\cdot\frac{n!}{k!(n-k)!}\\&=\cancel{k}\cdot\frac{n(n-1)(n-2)\cdot\cdots\cdot(n-k+1)}{\cancel{k}\cdot(k-1)\cdot(k-2)\cdot\cdots\cdot 2\cdot 1}\\&=n\cdot\frac{(n-1)(n-2)\cdot\cdots\cdot(n-k+1)}{(k-1)(k-2)\cdot\cdots\cdot 2\cdot 1}\\&=n\cdot\frac{(n-1)!}{(k-1)!\{(n-1)-(k-1)\}!}=n{}_{n-1}C_{k-1}\end{aligned}$$

次に，2 つの等式 (ア)，(イ) を別の見方で比べてみましょう。

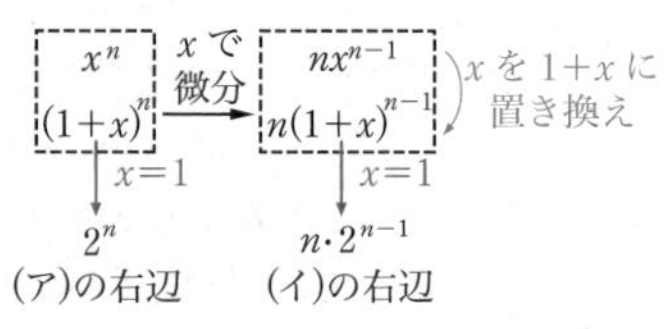

右のように，(ア) の右辺 2^n と (イ) の右辺 $n\cdot 2^{n-1}$ は，$(1+x)^n$ を x で微分すると $n(1+x)^{n-1}$ となる関係と対応しています。

この対応関係を利用して，次の問題を考えてみましょう。

探究例題 3　微分法を利用した二項係数の性質の証明

> 微分法を利用して，次の等式を証明せよ。
> (1) ${}_nC_1+2{}_nC_2+3{}_nC_3+\cdots+n{}_nC_n=n\cdot 2^{n-1}$
> (2) ${}_nC_1+2^2{}_nC_2+3^2{}_nC_3+\cdots+n^2{}_nC_n=n(n+1)\cdot 2^{n-2}$
> (3) $1\cdot 2{}_nC_1+2\cdot 3{}_nC_2+3\cdot 4{}_nC_3+\cdots+n(n+1){}_nC_n=n(n+3)\cdot 2^{n-2}$ （慶應義塾大　改）

思考のプロセス

(1) **公式の利用**

«ReAction 二項係数の和は，$(1+x)^n$ の展開式を利用せよ ◀ⅡB 例題 6

第 k 項をとり出して考える

$(1+x)^n = \cdots + {}_n\mathrm{C}_k x^k + \cdots \quad \cdots ①$

$\square = \cdots + k\,{}_n\mathrm{C}_k x^{k-1} + \cdots \quad \cdots ②$　（①から ② へ：x で微分）

(1) の左辺の各項に対応　⟹ $x = ▨$ を代入

(2) **前問の結果の利用**

(1) で考えた ② をさらに微分する。

$\square = \cdots + k\,{}_n\mathrm{C}_k x^{k-1} + \cdots$ ➡（微分）$\cdots + k(k-1)\,{}_n\mathrm{C}_k x^{k-2} + \cdots$

そのまま微分しても，(2) の左辺の各項と対応しない

↓ 両辺に x を掛ける

$\square x = \cdots + k\,{}_n\mathrm{C}_k x^k + \cdots$

$▨ = \cdots k^2\,{}_n\mathrm{C}_k x^{k-1} + \cdots$　（上の式から：x で微分）

(2) の左辺の各項に対応

(3) 第 k 項は $k(k+1)\,{}_n\mathrm{C}_k = (k^2+k)\,{}_n\mathrm{C}_k = k^2\,{}_n\mathrm{C}_k + k\,{}_n\mathrm{C}_k$

$(左辺) = \underbrace{\cdots + k^2\,{}_n\mathrm{C}_k + \cdots}_{(2)} + \underbrace{\cdots + k\,{}_n\mathrm{C}_k + \cdots}_{(1)}$

解 (1) 二項定理により

$$(1+x)^n = {}_n\mathrm{C}_0 + {}_n\mathrm{C}_1 x + {}_n\mathrm{C}_2 x^2 + \cdots + {}_n\mathrm{C}_n x^n \quad \cdots ①$$

① の両辺を x で微分すると

$$n(1+x)^{n-1} = {}_n\mathrm{C}_1 + 2\,{}_n\mathrm{C}_2 x + 3\,{}_n\mathrm{C}_3 x^2 + \cdots + n\,{}_n\mathrm{C}_n x^{n-1} \quad \cdots ②$$

◀ x についての関数と見なす。二項係数 ${}_n\mathrm{C}_k$ $(0 \leqq k \leqq n)$ は定数として扱う。p.426 思考の戦略編 Strategy 2 参照。

両辺に $x = 1$ を代入すると

$$n \cdot 2^{n-1} = {}_n\mathrm{C}_1 + 2\,{}_n\mathrm{C}_2 + 3\,{}_n\mathrm{C}_3 + \cdots + n\,{}_n\mathrm{C}_n$$

(2) ② の両辺に x を掛けると

$$n(1+x)^{n-1}x = {}_n\mathrm{C}_1 x + 2\,{}_n\mathrm{C}_2 x^2 + 3\,{}_n\mathrm{C}_3 x^3 + \cdots + n\,{}_n\mathrm{C}_n x^n$$

◀ 両辺に x を掛けることで，各項の二項係数の前の値と x の次数が一致する。このため，微分すると各項に自然数の 2 乗が現れる。

両辺を x で微分すると

$$n(n-1)(1+x)^{n-2}x + n(1+x)^{n-1}$$
$$= {}_n\mathrm{C}_1 + 2^2\,{}_n\mathrm{C}_2 x + 3^2\,{}_n\mathrm{C}_3 x^2 + \cdots + n^2\,{}_n\mathrm{C}_n x^{n-1}$$

両辺に $x = 1$ を代入すると

$$n(n-1) \cdot 2^{n-2} + n \cdot 2^{n-1} = {}_n\mathrm{C}_1 + 2^2\,{}_n\mathrm{C}_2 + 3^2\,{}_n\mathrm{C}_3 + \cdots + n^2\,{}_n\mathrm{C}_n$$

すなわち

$$n(n+1) \cdot 2^{n-2} = {}_n\mathrm{C}_1 + 2^2\,{}_n\mathrm{C}_2 + 3^2\,{}_n\mathrm{C}_3 + \cdots + n^2\,{}_n\mathrm{C}_n$$

(3) 左辺の第 k 項について

◀ 第 k 項をとり出して考えると分かりやすい。

$$k(k+1)\,{}_n\mathrm{C}_k = k^2\,{}_n\mathrm{C}_k + k\,{}_n\mathrm{C}_k$$

であるから

$$(左辺) = 1^2\,{}_n\mathrm{C}_1 + 2^2\,{}_n\mathrm{C}_2 + 3^2\,{}_n\mathrm{C}_3 + \cdots + n^2\,{}_n\mathrm{C}_n$$
$$+ 1\,{}_n\mathrm{C}_1 + 2\,{}_n\mathrm{C}_2 + 3\,{}_n\mathrm{C}_3 + \cdots + n\,{}_n\mathrm{C}_n$$
$$= n(n+1) \cdot 2^{n-2} + n \cdot 2^{n-1}$$
$$= \{n(n+1) + 2n\} \cdot 2^{n-2} = n(n+3) \cdot 2^{n-2}$$

◀ (1)，(2) の結果を用いる。

例題 68　逆関数の微分法　★★☆☆

次の関係式において，$\dfrac{dy}{dx}$ を y の式で表せ。

(1)　$x = y^2 - 2y$　　　(2)　$y^2 = 3x + 1$

思考のプロセス

$x = (y\text{の式})$ を x で微分する。

→ $y = (x\text{の式})$ と変形してから微分する（Point 参照）。　←― 計算が大変

→ **公式の利用**　**逆関数の微分法**を用いる。

$x = g(y)$ のとき　$\dfrac{dy}{dx} = \dfrac{1}{\dfrac{dx}{dy}}$　$\left(\text{ただし，}\dfrac{dx}{dy} \neq 0\right)$

⟹ まず，$x = (y\text{の式})$ の両辺を y で微分して $\dfrac{dx}{dy}$ を求める。　←― 計算しやすい

Action» 関数 $x = g(y)$ における $\dfrac{dy}{dx}$ は，y で微分し逆関数の微分法を用いよ

解 (1)　$x = y^2 - 2y$ の両辺を y で微分すると

$$\frac{dx}{dy} = 2y - 2 = 2(y-1)$$

◀ x を y の関数とみて，y で微分する。

$y \neq 1$ のとき　$\dfrac{dy}{dx} = \dfrac{1}{\dfrac{dx}{dy}} = \mathbf{\dfrac{1}{2(y-1)}}$

◀ ！ $\dfrac{dx}{dy} \neq 0$ に注意する。

(2)　$x = \dfrac{1}{3}y^2 - \dfrac{1}{3}$ であるから，両辺を y で微分すると

$$\frac{dx}{dy} = \frac{2}{3}y$$

◀ $y^2 = 3x+1$ の両辺を y で微分して $2y = 3\dfrac{dx}{dy}$ より $\dfrac{dx}{dy} = \dfrac{2}{3}y$ としてもよい。

$y \neq 0$ のとき　$\dfrac{dy}{dx} = \dfrac{1}{\dfrac{dx}{dy}} = \mathbf{\dfrac{3}{2y}}$

Point... $\dfrac{dy}{dx}$ を x の式で表す

例題 68 (1) において，$x = y^2 - 2y$ を解の公式を用いて y について解くと

$y^2 - 2y - x = 0$ より　$y = 1 \pm \sqrt{1+x}$　… ①

① の両辺を x で微分すると

$$\frac{dy}{dx} = \pm\frac{1}{2}(1+x)^{-\frac{1}{2}} \cdot (1+x)' = \pm\frac{1}{2\sqrt{1+x}}$$

一方，(1) の結果に ① を代入すると　$\dfrac{dy}{dx} = \dfrac{1}{2(y-1)} = \pm\dfrac{1}{2\sqrt{1+x}}$

これらの結果は一致する。

練習 68　次の関係式において，$\dfrac{dy}{dx}$ を y の式で表せ。

(1)　$y^3 = 2x - 1$　　　(2)　$x(y^2 - 2y + 1) = 1$

➡ p.138 問題68

頻出 ★★☆☆

例題 69 陰関数の微分法

次の方程式で定まるような x の関数 y の導関数 $\dfrac{dy}{dx}$ を x, y の式で表せ。

(1) $\underset{①}{(x-1)^2}+\underset{②}{y^2}=4$ (2) $x^2-2xy+3y^2=1$

(3) $\sqrt{x}+\sqrt{y+1}=1$

思考のプロセス

素直に考えると … $y=(x\text{の式})$ と変形してから x で微分する。 ⟵ 式が複雑

⇓ 見方を変える

与えられた式のまま，両辺を x で微分する。

❗ 変形はしていないが，$y=(x\text{の式})$ であることに注意。

(1) ①：$(x-1)^2 \xrightarrow{x\text{で微分}} 2(x-1)^1\cdot(x-1)'=2(x-1)$

②：$(\ y\ )^2 \xrightarrow{x\text{で微分}} 2\ \ y^1\ \cdot\dfrac{dy}{dx}$ 合成関数の微分法

（y ↑ x の式）

㊉誤 $\dfrac{d}{dx}y^2=2y$。微分して $2y$ となるのは y^2 を y で微分したときである。

Action» $f(x,\ y)=0$ の微分は，y を x の関数とみて微分せよ

解 (1) $(x-1)^2+y^2=4$ の両辺を x で微分すると

$$2(x-1)+2y\cdot\frac{dy}{dx}=0$$

$y\neq0$ のとき $\boldsymbol{\dfrac{dy}{dx}=-\dfrac{x-1}{y}}$

(2) $x^2-2xy+3y^2=1$ の両辺を x で微分すると

$$2x-2\left(y+x\cdot\frac{dy}{dx}\right)+3\cdot2y\cdot\frac{dy}{dx}=0$$

$$-2(x-3y)\frac{dy}{dx}=-2(x-y)$$

$x-3y\neq0$ のとき $\boldsymbol{\dfrac{dy}{dx}=\dfrac{x-y}{x-3y}}$

(3) $\sqrt{x}+\sqrt{y+1}=1$ の両辺を x で微分すると

$$\frac{1}{2\sqrt{x}}+\frac{1}{2\sqrt{y+1}}\cdot\frac{dy}{dx}=0$$

$x\neq0$ のとき

$$\boldsymbol{\frac{dy}{dx}=-\sqrt{\frac{y+1}{x}}}$$

◀ 中心 $(1,\ 0)$，半径 2 の円の方程式である。

◀ $(4)'=0$ に注意する。

◀ $y=0$ のとき $\dfrac{dy}{dx}$ は存在しない。

◀ 楕円の方程式である。

◀ xy を x で微分すると，積の微分法より
$(xy)'=1\cdot y+x\cdot\dfrac{dy}{dx}$

◀ $x-3y=0$ のとき $\dfrac{dy}{dx}$ は存在しない。

Plus One
変数 x，y の関係式が $y=f(x)$ の形で与えられるとき，**陽関数** 表示，$f(x,\ y)=0$ の形で与えられるとき，**陰関数** 表示という。

練習 69 次の方程式で定まるような x の関数 y の導関数 $\dfrac{dy}{dx}$ を x, y の式で表せ。

(1) $\dfrac{x^2}{3}+\dfrac{y^2}{6}=1$ (2) $x^2+3xy+y^2=1$ (3) $x^{\frac{2}{3}}+y^{\frac{2}{3}}=1$

➡p.138 問題69

頻出

例題 70 媒介変数で表された関数の微分

★☆☆☆

x の関数 y が媒介変数 t を用いて次のように表されるとき，$\dfrac{dy}{dx}$ を t の式で表せ。

(1) $x=\dfrac{1-t^2}{1+t^2}$，$y=\dfrac{2t}{1+t^2}$　　(2) $x=\sqrt{1+t^2}$，$y=3t^2$

思考のプロセス

t を消去して，x と y の式を導くのは大変。

公式の利用

x の関数 y が，媒介変数 t を用いて，$x=f(t)$，$y=g(t)$ と表されるとき

$$\frac{dy}{dx}=\frac{\frac{dy}{dt}}{\frac{dx}{dt}}=\frac{g'(t)}{f'(t)}\quad \left(\text{ただし，}\frac{dx}{dt}=f'(t)\neq 0\right)$$

Action» 媒介変数表示の関数の微分は，それぞれ媒介変数で微分せよ

解 (1)

$$\frac{dx}{dt}=\frac{(1-t^2)'(1+t^2)-(1-t^2)(1+t^2)'}{(1+t^2)^2}$$

$$=\frac{-2t(1+t^2)-(1-t^2)\cdot 2t}{(1+t^2)^2}=\frac{-4t}{(1+t^2)^2}$$

$$\frac{dy}{dt}=\frac{(2t)'(1+t^2)-2t(1+t^2)'}{(1+t^2)^2}$$

$$=\frac{2(1+t^2)-2t\cdot 2t}{(1+t^2)^2}=\frac{2(1-t^2)}{(1+t^2)^2}$$

$t\neq 0$ のとき

$$\frac{dy}{dx}=\frac{\frac{dy}{dt}}{\frac{dx}{dt}}=\frac{\frac{2(1-t^2)}{(1+t^2)^2}}{\frac{-4t}{(1+t^2)^2}}=\boldsymbol{\frac{t^2-1}{2t}}$$

(2)

$$\frac{dx}{dt}=\left\{(1+t^2)^{\frac{1}{2}}\right\}'=\frac{1}{2}(1+t^2)^{-\frac{1}{2}}(1+t^2)'=\frac{t}{\sqrt{1+t^2}}$$

$$\frac{dy}{dt}=6t$$

$t\neq 0$ のとき

$$\frac{dy}{dx}=\frac{\frac{dy}{dt}}{\frac{dx}{dt}}=\frac{6t}{\frac{t}{\sqrt{1+t^2}}}=\boldsymbol{6\sqrt{1+t^2}}$$

◀ x，y をそれぞれ t で微分する。

◀ 商の微分法を用いる。

◀ $x=-1+\dfrac{2}{1+t^2}$ より

$\dfrac{dx}{dt}=2\left\{-\dfrac{(1+t^2)'}{(1+t^2)^2}\right\}$

$=\dfrac{-4t}{(1+t^2)^2}$

としてもよい。

◀ 合成関数の微分法より

$\dfrac{dy}{dt}=\dfrac{dy}{dx}\cdot\dfrac{dx}{dt}$

よって

$\dfrac{dy}{dx}=\dfrac{\frac{dy}{dt}}{\frac{dx}{dt}}$

練習 70 x の関数 y が媒介変数 t を用いて次のように表されるとき，$\dfrac{dy}{dx}$ を t の式で表せ。

(1) $x=\dfrac{2t^2+1}{2t}$，$y=\dfrac{2t^2-1}{2t}$　　(2) $x=\sqrt{1-t^2}$，$y=t^2+1$

➡p.138 問題70

Play Back 6 微分した結果の表し方

微分した結果は，微分の方法によって様々な表し方があります。

例題 70 (1) の $x=\dfrac{1-t^2}{1+t^2}$ …①，$y=\dfrac{2t}{1+t^2}$ …② において，$\dfrac{dy}{dx}$ を t の式で表すと $\dfrac{dy}{dx}=\dfrac{t^2-1}{2t}$ …③ となりました。では，$\dfrac{dy}{dx}$ を x の式で表してみましょう。

$x=\dfrac{1-t^2}{1+t^2}=\dfrac{-(1+t^2)+2}{1+t^2}=-1+\dfrac{2}{1+t^2}\neq-1$ より　$t^2=\dfrac{1-x}{1+x}$

すなわち　$t=\pm\sqrt{\dfrac{1-x}{1+x}}$

よって，$x\neq\pm1$ のとき，③ より

$$\frac{dy}{dx}=\frac{\frac{1-x}{1+x}-1}{\pm2\sqrt{\frac{1-x}{1+x}}}=\pm\frac{\frac{1-x-(1+x)}{1+x}}{2\sqrt{\frac{1-x}{1+x}}}=\pm\frac{\frac{-2x}{\sqrt{1+x}}}{2\sqrt{1-x}}=\mp\frac{\boldsymbol{x}}{\sqrt{\boldsymbol{1-x^2}}}$$

次に，①，② から媒介変数 t を消去して，$\dfrac{dy}{dx}$ を求めてみましょう。

$$x^2+y^2=\left(\frac{1-t^2}{1+t^2}\right)^2+\left(\frac{2t}{1+t^2}\right)^2=\frac{1-2t^2+t^4+4t^2}{(1+t^2)^2}=\frac{(1+t^2)^2}{(1+t^2)^2}=1$$

ここで，$x\neq-1$ より，①，② は，円 $x^2+y^2=1$ の点 $(-1,\ 0)$ を除く部分を表していることが分かります。

円 $x^2+y^2=1$ の方程式を y について解くと　$y=\pm\sqrt{1-x^2}$

これを x で微分すると，$x\neq\pm1$ のとき

$$\frac{dy}{dx}=\pm\{(1-x^2)^{\frac{1}{2}}\}'=\pm\frac{1}{2}(1-x^2)^{-\frac{1}{2}}\cdot(1-x^2)'=\mp\frac{\boldsymbol{x}}{\sqrt{\boldsymbol{1-x^2}}}$$

さらに，陰関数の微分法を用いて $\dfrac{dy}{dx}$ を求めると

方程式 $x^2+y^2=1$ の両辺を x で微分すると

$2x+2y\cdot\dfrac{dy}{dx}=0$　　よって，$y\neq0$ のとき　$\dfrac{dy}{dx}=-\dfrac{x}{y}$

$y=\pm\sqrt{1-x^2}$ より　$\dfrac{dy}{dx}=-\dfrac{x}{\pm\sqrt{1-x^2}}=\mp\dfrac{\boldsymbol{x}}{\sqrt{\boldsymbol{1-x^2}}}$

このことから，それぞれの微分した結果 $\dfrac{dy}{dx}=\dfrac{t^2-1}{2t}$，$\dfrac{dy}{dx}=\mp\dfrac{x}{\sqrt{1-x^2}}$，$\dfrac{dy}{dx}=-\dfrac{x}{y}$ は，すべて同じものを表していることが分かります。

微分法

▶▶解答編 p.111

61 ★☆☆☆ 次の関数を定義にしたがって微分せよ。

(1) $f(x)=\dfrac{2x}{x+1}$　　(2) $f(x)=\sqrt[3]{x}$

62 ★★☆☆ $f(x)$ は微分可能な関数で，$f(-x)=f(x)+2x$，$f'(1)=1$，$f(1)=0$ を満たしている。

(1) $f'(-1)$ の値を求めよ。　　(2) $\displaystyle\lim_{x\to1}\frac{f(x)+f(-x)-2}{x-1}$ の値を求めよ。

63 ★★☆☆ 次のように定義された関数は，$x=0$ で連続か，微分可能かを調べよ。

(1) $f(x)=\begin{cases}x\sin\dfrac{1}{x} & (x\neq0)\\ 1 & (x=0)\end{cases}$　　(2) $f(x)=\begin{cases}x^2\sin\dfrac{1}{x} & (x\neq0)\\ 0 & (x=0)\end{cases}$

64 ★★★☆ 関数 $f(x)$ は $x=0$ で微分可能で，任意の実数 x，y に対して，$f(x+y)=f(x)+f(y)+2xy$ を満たしている。$f'(0)=a$ とするとき，$f(x)$ は実数全体で微分可能であることを示し，$f'(x)$ を求めよ。

65 ★★☆☆ $x\neq1$ のとき，次の等式が成り立つことを示せ。

$$1+2x+3x^2+\cdots+nx^{n-1}=\frac{1-(n+1)x^n+nx^{n+1}}{(x-1)^2}$$

66 ★☆☆☆ 次の関数を微分せよ。

(1) $y=\left(x+\sqrt{x^2+1}\right)^8$　　(2) $y=\sqrt{\dfrac{x+1}{2x^2+1}}$

67 ★★☆☆ 3 次以上の多項式 $x^n-x^{n-1}-x+1$ を $(x-1)^2$ で割った余りを求めよ。

68 ★★☆☆ 次の関数において，逆関数の微分法を用いて $\dfrac{dy}{dx}$ を x の式で表せ。ただし，n は 2 以上の整数とする。

(1) $y=\sqrt[3]{x+3}$　　(2) $y=\sqrt[n]{x}$

69 ★★☆☆ 方程式 $x^2+y^2+4x-2y=0$ で表される曲線上の点で，$\dfrac{dy}{dx}=2$ を満たす点の座標を求めよ。

70 ★☆☆☆ x の関数 y が媒介変数 t を用いて $x=\dfrac{t}{1+t}$，$y=\dfrac{t^2}{1+t}$ と表されるとき，$\dfrac{dy}{dx}$ を x の式で表せ。

本質を問う 5

▶▶解答編 p.116

1 (1) 関数 $f(x)$ が $x=a$ において連続であることの定義を述べよ。

(2) 関数 $f(x)$ の $x=a$ における微分係数 $f'(a)$ の定義を述べよ。

(3) 関数 $f(x)$ が $x=a$ において微分可能であることの定義を述べよ。

◀p.94 5, p.120 1

2 $\displaystyle\lim_{x\to 0}\frac{f(x)}{x}=1$, $f(x+y)=f(x)+f(y)$ を満たす関数 $f(x)$ について, 導関数 $f'(x)$ を求めよ。

◀p.120 1

3 「関数 $f(x)=|x-1|$ に対して, $\displaystyle\lim_{x\to 0}\frac{f(1+x)-f(1-x)}{x}$ の値を求めよ」を，太郎さんは

> $$(与式)=\lim_{x\to 0}\left\{\frac{f(1+x)-f(1)}{x}+\frac{f(1-x)-f(1)}{-x}\right\}=f'(1)+f'(1)$$
> ここで，$f(x)$ は $x=1$ において微分可能ではないから，この値は存在しない。

と考えたが誤りである。その理由を説明せよ。また，正しい答えを求めよ。

◀p.120 1

Let's Try! 5

▶▶解答編 p.118

① 次の関数を微分せよ。ただし，a は定数とする。

(1) $y = x\sqrt{x^2+a^2}$ （静岡理工科大）

(2) $y = \sqrt{x+\sqrt{1+x^2}}$ （明治大）

(3) $y = \dfrac{(x-1)(x-2)}{(x+3)^3}$

◀例題65, 66

② 関数 $f(x) = \left(2\sqrt{x}-1\right)^3$ に対して，$\displaystyle\lim_{x \to 0} \frac{f(1+x)-f(1-x)}{x}$ の値を求めよ。

（信州大）

◀例題62

③ $f(x) = \begin{cases} \sqrt{x^2-2}+3 & (x \geqq 2) \\ ax^2+bx & (x < 2) \end{cases}$ が微分可能な関数となるように実数の定数 a，b を定めよ。

（関西大） ◀例題64

④ (1) $x = y\sqrt{1+y}$ のとき，$\dfrac{dy}{dx}$ を y の式で表せ。 （東京電機大）

(2) $\sqrt[3]{x}+\sqrt[3]{y} = \sqrt[3]{a}$ のとき，$\dfrac{dy}{dx}$ を x，y の式で表せ。ただし，a は正の定数とする。

◀例題68, 69

⑤ ベクトル $\vec{a} = (2,\ 2)$，$\vec{b} = (2,\ 1)$ に対して，関数 $f(t)$ を $f(t) = |t\vec{a}+\vec{b}|$（$t$ は実数）と定めるとき，$f(t) = f'(t)$ かつ $t > 0$ であるような t の値を求めよ。ただし，$f'(t)$ は関数 $f(t)$ の導関数である。 （東京医科大）

◀例題66

まとめ 6 いろいろな関数の導関数

① 三角関数の導関数

$$(\sin x)' = \cos x, \quad (\cos x)' = -\sin x, \quad (\tan x)' = \frac{1}{\cos^2 x}$$

概要

① 三角関数の導関数

・$(\sin x)' = \cos x$ の証明

定義にしたがって微分する。式変形の仕方には2つの方法があり，いずれも $\displaystyle\lim_{x\to 0}\frac{\sin x}{x}=1$ (p.105 **Play Back** 2 参照）を利用する。

〔加法定理の利用〕

$$(\sin x)' = \lim_{h\to 0}\frac{\sin(x+h)-\sin x}{h} = \lim_{h\to 0}\frac{(\sin x\cos h+\cos x\sin h)-\sin x}{h}$$

$$= \lim_{h\to 0}\frac{\sin x(\cos h-1)+\cos x\sin h}{h} = \lim_{h\to 0}\left(\sin x\cdot\frac{\cos h-1}{h}+\cos x\cdot\frac{\sin h}{h}\right)$$

ここで　$\displaystyle\lim_{h\to 0}\frac{\cos h-1}{h} = \lim_{h\to 0}\frac{\cos^2 h-1}{h(\cos h+1)} = \lim_{h\to 0}\frac{-\sin^2 h}{h(\cos h+1)}$

$$= \lim_{h\to 0}\left(-\frac{\sin h}{h}\cdot\frac{\sin h}{\cos h+1}\right) = -1\cdot\frac{0}{2} = 0$$

よって　$\displaystyle(\sin x)' = \lim_{h\to 0}\left(\sin x\cdot\frac{\cos h-1}{h}+\cos x\cdot\frac{\sin h}{h}\right)$

$$= (\sin x)\cdot 0+(\cos x)\cdot 1 = \cos x$$

〔和から積への変換公式の利用〕

$$(\sin x)' = \lim_{h\to 0}\frac{\sin(x+h)-\sin x}{h} = \lim_{h\to 0}\frac{2}{h}\cos\left(x+\frac{h}{2}\right)\sin\frac{h}{2}$$

$$= \lim_{h\to 0}\cos\left(x+\frac{h}{2}\right)\cdot\frac{\sin\frac{h}{2}}{\frac{h}{2}} = (\cos x)\cdot 1 = \cos x$$

information　$\sin x$ の導関数を定義にしたがって求める問題は，大阪大学（2013年），大阪教育大学（2016年）の入試で出題されている。

・$(\cos x)' = -\sin x$ の証明

上の $(\sin x)' = \cos x$ と合成関数の微分法を利用する。

$$(\cos x)' = \left\{\sin\left(x+\frac{\pi}{2}\right)\right\}' = \cos\left(x+\frac{\pi}{2}\right)\cdot\left(x+\frac{\pi}{2}\right)'$$

$$= \cos\left(x+\frac{\pi}{2}\right)\cdot 1 = -\sin x$$　⬅ $\cos\left(x+\frac{\pi}{2}\right) = -\sin x$

information　$\cos x$ の導関数を定義にしたがって求める問題は，順天堂大学（2006年），高知工科大学（2014年），愛知教育大学（2020年）の入試で出題されている。この場合には，上の $\sin x$ の導関数と同様の式変形によって証明する。

・$(\tan x)' = \dfrac{1}{\cos^2 x}$ の証明

上の $\sin x$，$\cos x$ の導関数と，商の微分法を利用する。

$$(\tan x)' = \left(\frac{\sin x}{\cos x}\right)' = \frac{(\sin x)'\cos x-\sin x(\cos x)'}{\cos^2 x} = \frac{\cos^2 x+\sin^2 x}{\cos^2 x} = \frac{1}{\cos^2 x}$$

2 対数関数・指数関数の導関数

(1) 自然対数の底

極限値 $e=\lim_{h\to 0}(1+h)^{\frac{1}{h}}=\lim_{n\to\infty}\left(1+\frac{1}{n}\right)^n$ を自然対数の底という。

! e は無理数であり，$e=2.7182\cdots$ であることが知られている。
今後特に断りがない場合，e は自然対数の底を表すものとする。

(2) 自然対数

e を底とする対数を **自然対数** という。

今後，単に $\log x$ と書けば，自然対数を表すものとする。

(3) 対数関数の導関数

$$(\log|x|)'=\frac{1}{x},\quad (\log_a|x|)'=\frac{1}{x\log a}$$

(4) 対数微分法

$y=f(x)$ が微分可能ならば，$f(x)\neq 0$ であるような x の値の範囲においては

$\log|y|$ も微分可能であり　$(\log|y|)'=\frac{y'}{y}$

このことを用いた導関数の求め方を，**対数微分法** という。

(5) 指数関数の導関数

$$(e^x)'=e^x,\quad (a^x)'=a^x\log a$$

(6) x^a $(x>0)$ の導関数

$$(x^a)'=ax^{a-1}\ (a \text{ は実数})$$

3 高次導関数

関数 $y=f(x)$ を n 回微分することによって得られる関数を，$y=f(x)$ の **第 n 次導関数** といい，$y^{(n)}$，$f^{(n)}(x)$，$\frac{d^ny}{dx^n}$，$\frac{d^n}{dx^n}f(x)$ などの記号で表す。

第 2 次以上の導関数を **高次導関数** という。

概要

2 対数関数・指数関数の導関数

・**$\lim_{h\to 0}(1+h)^{\frac{1}{h}}=e$ について**

$1^{\pm\infty}$ の形になるが，極限値は 1 ではない。$h\to 0$ は 0 に限りなく近づくことを表し，そのとき $1+h$ は 1 と等しい訳ではないためである。

・**$(\log x)'=\frac{1}{x}$ の証明**

$$(\log x)'=\lim_{h\to 0}\frac{\log(x+h)-\log x}{h}=\lim_{h\to 0}\left(\frac{1}{h}\cdot\log\frac{x+h}{x}\right)$$
$$=\lim_{h\to 0}\log\left(1+\frac{h}{x}\right)^{\frac{1}{h}}=\lim_{h\to 0}\frac{1}{x}\log\left(1+\frac{h}{x}\right)^{\frac{x}{h}}$$

ここで，$h\to 0$ のとき，$\frac{h}{x}\to 0$ であるから　$\lim_{h\to 0}\left(1+\frac{h}{x}\right)^{\frac{x}{h}}=e$　⬅ $\lim_{a\to 0}(1+a)^{\frac{1}{a}}=e$

よって　$(\log x)' = \lim_{h\to 0}\frac{1}{x}\log\left(1+\frac{h}{x}\right)^{\frac{x}{h}} = \frac{1}{x}\cdot\log e = \frac{1}{x}$

information　$\log x$ の導関数を定義にしたがって求める問題は，高知工科大学（2013 年）の入試で出題されている。

・$(\log|x|)' = \frac{1}{x}$ の証明

絶対値を含む関数であるから，場合分けをして考える。

(ア)　$x>0$ のとき　$(\log|x|)' = (\log x)' = \frac{1}{x}$

(イ)　$x<0$ のとき　$(\log|x|)' = \{\log(-x)\}' = \frac{1}{-x}\cdot(-x)' = \frac{1}{x}$

・$(\log_a|x|)' = \frac{1}{x\log a}$ の証明

底の変換公式を用いることにより　$(\log_a|x|)' = \left(\frac{\log|x|}{\log a}\right)' = \frac{1}{\log a}\cdot\frac{1}{x} = \frac{1}{x\log a}$

・対数微分法

$f(x)$ がいくつかの関数の積，商，累乗の形で表されるとき，上のことを利用して $f'(x)$ を求める方法が有効である。

これを用いて，積の微分法を証明することもできる。

関数 $y=f(x)g(x)$ の両辺の絶対値の対数をとると　$\log|y| = \log|f(x)| + \log|g(x)|$

両辺を x で微分すると　$\frac{y'}{y} = \frac{f'(x)}{f(x)} + \frac{g'(x)}{g(x)}$

よって　$y' = \left(\frac{f'(x)}{f(x)} + \frac{g'(x)}{g(x)}\right)y = \frac{f'(x)g(x)+f(x)g'(x)}{f(x)g(x)}\cdot f(x)g(x)$

$= f'(x)g(x) + f(x)g'(x)$

・$(e^x)' = e^x$ …①，$(a^x)' = a^x\log a$ …② の証明

〔② について〕（$y=a^x$ に対して，対数微分法を用いる）

関数 $y=a^x$ の両辺の対数をとると　$\log y = x\log a$

両辺を x で微分すると　$\frac{y'}{y} = \log a$

よって　$y' = y\log a = a^x\log a$

〔① について〕

② において $a=e$ とすると　$(e^x)' = e^x\log e = e^x$

・$(x^\alpha)' = \alpha x^{\alpha-1}$（$\alpha$ は実数）の証明

p.123 まとめ 5 概要 5 において，r が有理数のとき $(x^r)' = rx^{r-1}$ が示されたが，対数微分法を用いることにより，指数が実数の場合にまで拡張される。

〔証明〕　関数 $y=x^\alpha$ の両辺の対数をとると　$\log y = \alpha\log x$

両辺を x で微分すると　$\frac{y'}{y} = \alpha\cdot\frac{1}{x}$

よって　$y' = \alpha\cdot\frac{y}{x} = \alpha\cdot\frac{x^\alpha}{x} = \alpha x^{\alpha-1}$

3 高次導関数

・記号の読み方

$\frac{d^2y}{dx^2}$ は「ディー 2 ワイ ディー エックス 2」，$\frac{d^2}{dx^2}f(x)$ は「ディー 2 ディー エックス 2 エフ エックス」，$\frac{d^ny}{dx^n}$ は「ディー n ワイ ディー エックス n」と読む。

頻出

例題 71　三角関数の導関数

★★☆☆

次の関数を微分せよ。

(1)　$y=\sin(3x+1)$　　(2)　$y=\tan(\cos x)$　　(3)　$y=\sin x\cos x$

(4)　$y=\dfrac{\sin x}{1+\cos x}$　　(5)　$y=\sin^2\dfrac{x}{2}$

思考のプロセス

公式の利用

$(\sin x)'=\cos x,\quad (\cos x)'=-\sin x,\quad (\tan x)'=\dfrac{1}{\cos^2 x}$

(1)　$y=\sin(3x+1)$（合成関数）

$\xrightarrow{微分}\cos(3x+1)\cdot(3x+1)'$

(2)　$y=\tan(\cos x)$（合成関数）

(3)　$y=\sin x\cos x$（積）

(4)　$y=\dfrac{\sin x}{1+\cos x}$（商）

(5)　$y=\left(\sin\dfrac{x}{2}\right)^2$（合成関数）

$\xrightarrow{微分}2\left(\sin\dfrac{x}{2}\right)^1\cdot\left(\sin\dfrac{x}{2}\right)'$

Action» 三角関数の微分は，積・商・合成関数の微分法と組み合わせよ

解 (1)　$y'=\cos(3x+1)\cdot(3x+1)'=\mathbf{3\cos(3x+1)}$

例題66 (2)　$y'=\dfrac{1}{\cos^2(\cos x)}\cdot(\cos x)'=-\dfrac{\sin x}{\cos^2(\cos x)}$

例題65 (3)　$y'=(\sin x)'\cos x+\sin x(\cos x)'=\mathbf{\cos^2 x-\sin^2 x}$

（別解）　$y=\sin x\cos x=\dfrac{1}{2}\sin 2x$ より

$$y'=\frac{1}{2}(\sin 2x)'=\frac{1}{2}(\cos 2x)\cdot(2x)'=\cos 2x$$

例題65 (4)　$y'=\dfrac{(\sin x)'(1+\cos x)-\sin x(1+\cos x)'}{(1+\cos x)^2}$

$$=\frac{\cos x(1+\cos x)+\sin^2 x}{(1+\cos x)^2}$$

$$=\frac{1+\cos x}{(1+\cos x)^2}=\frac{1}{1+\cos x}$$

(5)　$y'=2\sin\dfrac{x}{2}\cdot\left(\sin\dfrac{x}{2}\right)'=2\sin\dfrac{x}{2}\cdot\dfrac{1}{2}\cos\dfrac{x}{2}$

$$=\sin\frac{x}{2}\cos\frac{x}{2}$$

（別解）　半角の公式により　$y=\sin^2\dfrac{x}{2}=\dfrac{1}{2}(1-\cos x)$

よって　$y'=\left\{\dfrac{1}{2}(1-\cos x)\right\}'=\dfrac{1}{2}\sin x$

◀ $3x+1=u$ とおくと，$y=\sin u$ となり
$\dfrac{dy}{dx}=\dfrac{dy}{du}\cdot\dfrac{du}{dx}$
$=\cos u\cdot 3$
$=3\cos(3x+1)$

◀ $\cos 2x=\cos^2 x-\sin^2 x$ より，本解と一致する。

◀ $\left(\sin\dfrac{x}{2}\right)'=\cos\dfrac{x}{2}\cdot\left(\dfrac{x}{2}\right)'$
$=\dfrac{1}{2}\cos\dfrac{x}{2}$

◀ $y'=\sin\dfrac{x}{2}\cos\dfrac{x}{2}$
$=\dfrac{1}{2}\sin x$
と答えてもよい。

練習 71　次の関数を微分せよ。

(1)　$y=\tan\left(2x+\dfrac{\pi}{3}\right)$　　(2)　$y=2x\cos^2\dfrac{x}{2}$　　(3)　$y=\dfrac{1-\cos x}{\sin x}$

➡p.157 問題71

頻出 ★★☆☆

例題 72 対数関数の導関数

次の関数を微分せよ。

(1) $y=\log(x^2+1)$　(2) $y=\log|\tan x|$　(3) $y=\log_2|3x+2|$

(4) $y=x\log(x+\sqrt{x^2+1})$　(5) $y=\dfrac{(\log x)^2}{x}$

思考のプロセス

公式の利用 $(\log x)'=\dfrac{1}{x}$ (自然対数)　さらに $(\log|x|)'=\dfrac{1}{x}$

(1) $y=\log(x^2+1)$ (合成関数)

(2) $y=\log|\tan x|$ (合成関数)

(3) 底が2であることに注意。

(4) $y=x\log(x+\sqrt{x^2+1})$ (積)

(5) $y=\dfrac{(\log x)^2}{x}$ (商)

Action» 対数関数の微分は，自然対数で表して $\{\log|f(x)|\}'=\dfrac{f'(x)}{f(x)}$ とせよ

解 (1) $y'=\dfrac{1}{x^2+1}\cdot(x^2+1)'=\dfrac{2x}{x^2+1}$　(例題66)

(2) $y'=\dfrac{1}{\tan x}\cdot(\tan x)'=\dfrac{1}{\tan x}\cdot\dfrac{1}{\cos^2 x}=\dfrac{1}{\sin x\cos x}$　(例題66)

◀ $\tan x\cos^2 x=\dfrac{\sin x}{\cos x}\cdot\cos^2 x=\sin x\cos x$

(3) $y'=\left(\dfrac{\log|3x+2|}{\log 2}\right)'=\dfrac{1}{\log 2}\cdot\dfrac{1}{3x+2}\cdot(3x+2)'$

$=\dfrac{3}{(3x+2)\log 2}$

◀ 底の変換公式を用いて自然対数で表す。

(別解) $y'=\dfrac{1}{(3x+2)\log 2}\cdot(3x+2)'=\dfrac{3}{(3x+2)\log 2}$

◀ 公式 $(\log_a|x|)'=\dfrac{1}{x\log a}$ を用いる。

(4) $y'=(x)'\log(x+\sqrt{x^2+1})+x\{\log(x+\sqrt{x^2+1})\}'$　(例題65)

$=\log(x+\sqrt{x^2+1})+x\cdot\dfrac{(x+\sqrt{x^2+1})'}{x+\sqrt{x^2+1}}$

$=\log(x+\sqrt{x^2+1})+x\cdot\dfrac{1+\dfrac{x}{\sqrt{x^2+1}}}{x+\sqrt{x^2+1}}$

$=\log(x+\sqrt{x^2+1})+\dfrac{x}{\sqrt{x^2+1}}$

◀ ❗ $(\sqrt{x^2+1})'=\{(x^2+1)^{\frac{1}{2}}\}'=\dfrac{1}{2}(x^2+1)^{-\frac{1}{2}}\cdot(x^2+1)'=\dfrac{x}{\sqrt{x^2+1}}$

(5) $y'=\dfrac{\{(\log x)^2\}'x-(\log x)^2\cdot(x)'}{x^2}$　(例題65)

$=\dfrac{2\log x\cdot\dfrac{1}{x}\cdot x-(\log x)^2}{x^2}=\dfrac{2\log x-(\log x)^2}{x^2}$

◀ $\{(\log x)^2\}'=2(\log x)^1\cdot(\log x)'$

練習 72 次の関数を微分せよ。ただし，a は正の定数とする。

(1) $y=\log_2\dfrac{1+x}{1-x}$　(2) $y=\log\left|\tan\dfrac{x}{2}\right|$

(3) $y=\log|x-\sqrt{x^2+a}|$　(4) $y=x^2\log x$

➡p.157 問題72

頻出

例題 73　指数関数の導関数

★★☆☆

次の関数を微分せよ。

(1)　$y=e^{2-3x}$　　(2)　$y=2^{2x+1}$　　(3)　$y=x^2e^x$

(4)　$y=e^{2x}\cos 3x$　　(5)　$y=\dfrac{e^x-e^{-x}}{e^x+e^{-x}}$

思考のプロセス

公式の利用　$(e^x)'=e^x$,　$(a^x)'=a^x\log a$

(1)　$y=e^{(2-3x)}$（合成関数）

(2)　$y=2^{(2x+1)}$（合成関数）

(3), (4)　積の形である。

(5)　商の形である。

Action» 指数関数の微分は，$\{e^{f(x)}\}'=e^{f(x)}f'(x)$ とせよ

解 (1)　$y'=e^{2-3x}(2-3x)'=\boldsymbol{-3e^{2-3x}}$　◀合成関数の微分法

例題66 (2)　$y'=2^{2x+1}\log 2\cdot(2x+1)'$　◀$(a^x)'=a^x\log a$

例題66　$=2^{2x+1}\log 2\cdot 2=\boldsymbol{2^{2x+2}\log 2}$

例題65 (3)　$y'=(x^2)'e^x+x^2(e^x)'$　◀積の微分法

$=2xe^x+x^2e^x=\boldsymbol{x(x+2)e^x}$

例題65 (4)　$y'=(e^{2x})'\cos 3x+e^{2x}(\cos 3x)'$　◀積の微分法と合成関数の微分法を用いる。

$=2e^{2x}\cos 3x+e^{2x}(-3\sin 3x)$

$=\boldsymbol{e^{2x}(2\cos 3x-3\sin 3x)}$

例題65 (5)　$y'=\dfrac{(e^x-e^{-x})'(e^x+e^{-x})-(e^x-e^{-x})(e^x+e^{-x})'}{(e^x+e^{-x})^2}$　◀商の微分法

$=\dfrac{\{e^x-e^{-x}(-x)'\}(e^x+e^{-x})-(e^x-e^{-x})\{e^x+e^{-x}(-x)'\}}{(e^x+e^{-x})^2}$　◀$(e^{-x})'$ には合成関数の微分法を用いる。

$=\dfrac{(e^x+e^{-x})^2-(e^x-e^{-x})^2}{(e^x+e^{-x})^2}$

$=\dfrac{(e^{2x}+2+e^{-2x})-(e^{2x}-2+e^{-2x})}{(e^x+e^{-x})^2}$

$=\boldsymbol{\dfrac{4}{(e^x+e^{-x})^2}}$

〔別解〕　$y=\dfrac{-2e^{-x}}{e^x+e^{-x}}+1$ より

$y'=-2\cdot\dfrac{-e^{-x}(e^x+e^{-x})-e^{-x}(e^x-e^{-x})}{(e^x+e^{-x})^2}$

$=-2\cdot\dfrac{-2}{(e^x+e^{-x})^2}=\dfrac{4}{(e^x+e^{-x})^2}$

練習 73　次の関数を微分せよ。

(1)　$y=e^{2x-1}$　　(2)　$y=3^{1-x}$　　(3)　$y=xe^{-x^2}$

(4)　$y=e^{-x}\sin 2x$　　(5)　$y=\dfrac{1+e^x}{1+2e^x}$

➡p.157 問題73

頻出 ★★☆☆

例題 74 対数微分法

次の関数を微分せよ。

(1) $y = \sqrt[3]{\dfrac{2x+1}{x(x-2)^2}}$　　　(2) $y = x^x \quad (x > 0)$

思考のプロセス

式を分ける

(1) $y = \left\{\dfrac{2x+1}{x(x-2)^2}\right\}^{\frac{1}{3}}$ ⟵ このまま合成関数・積・商の微分法を用いるのは大変

⇩ 両辺の絶対値の対数をとると，積→和，商→差，r 乗→r 倍になる

$\log|y| = \dfrac{1}{3}\{\log|2x+1| - \log|x| - 2\log|x-2|\}$ ⟵ 微分しやすい

(2) 誤 $\begin{cases}(x^n)' = nx^{n-1} \text{ と混同して } (x^x)' \neq xx^{x-1} = x^x \\ (a^x)' = a^x \log a \text{ と混同して } (x^x)' \neq x^x \log x\end{cases}$

⟹ 両辺の対数をとると　$\log y = \log x^x$

$= x\log x$ ⟵ 積になる

Action» 積，商，累乗のみで表された関数の微分は，対数微分法を利用せよ

解 (1) 両辺の絶対値の対数をとると

$$\log|y| = \log\left|\sqrt[3]{\frac{2x+1}{x(x-2)^2}}\right| = \log\left(\frac{|2x+1|}{|x||x-2|^2}\right)^{\frac{1}{3}}$$

$$= \frac{1}{3}\{\log|2x+1| - \log|x| - 2\log|x-2|\}$$

両辺を x で微分すると

$$\frac{y'}{y} = \frac{1}{3}\left(\frac{2}{2x+1} - \frac{1}{x} - \frac{2}{x-2}\right)$$

$$= -\frac{4x^2+3x-2}{3x(x-2)(2x+1)}$$

よって　$y' = -\dfrac{4x^2+3x-2}{3x(x-2)(2x+1)}y$

$$= -\frac{\mathbf{4x^2+3x-2}}{\mathbf{3x(x-2)\sqrt[3]{x(x-2)^2(2x+1)^2}}}$$

◀ $\log\left|\sqrt[3]{\dfrac{2x+1}{x(x-2)^2}}\right|$
$= \log\sqrt[3]{\dfrac{|2x+1|}{|x||x-2|^2}}$
$= \log\left(\dfrac{|2x+1|}{|x||x-2|^2}\right)^{\frac{1}{3}}$

❗合成関数の微分法を用いる。特に，左辺に注意する。
$\dfrac{d}{dx}\log|y| = \dfrac{y'}{y}$

(2) $x > 0$ のとき両辺は正であるから，両辺の対数をとると

$\log y = x\log x$

両辺を x で微分すると

$$\frac{y'}{y} = (x)'\log x + x(\log x)'$$

$$= \log x + 1$$

よって　$y' = (\log x + 1)y = \mathbf{(\log x + 1)x^x}$

◀ $x > 0$ より $y = x^x > 0$ であるから，両辺は正である。

◀ 右辺は積の微分法を用いる。

◀ $(x^x)' = x\cdot x^{x-1}$ ではないことに注意する。

練習 74 次の関数を微分せよ。

(1) $y = \sqrt{\dfrac{x^2-9}{x+8}}$　　　(2) $y = x^{\sin x} \quad (x > 0)$

⇒p.157 問題74

例題 75　自然対数の底 e を利用する極限　★★☆☆

$\lim_{h \to 0}(1+h)^{\frac{1}{h}} = e$ であることを用いて，次の極限値を求めよ。

(1) $\lim_{x \to 0}(1+3x)^{\frac{1}{x}}$　　(2) $\lim_{x \to 0}(1-3x)^{\frac{1}{x}}$　　(3) $\lim_{n \to \infty}\left(1+\frac{3}{n}\right)^{\frac{n}{2}}$

思考のプロセス

(1), (2) $\lim_{x \to 0}(1 \pm 3x)^{\boxed{\frac{1}{x}}}$（$1 \pm 3x \to 1$，$\frac{1}{x} \to \pm\infty$）　(3) $\lim_{n \to \infty}\left(1+\frac{3}{n}\right)^{\boxed{\frac{n}{2}}}$（$1+\frac{3}{n} \to 1$，$\frac{n}{2} \to \infty$）は不定形となる。　⬅ $1^{\pm\infty}$ の形は不定形である。

定義の利用　e の定義 $\lim_{\square \to 0}(1+\square)^{\frac{1}{\square}} = e$ の利用

(1) (与式) $= \lim_{x \to 0}(1+3x)^{\frac{1}{3x} \times \square}$　　⬅ $(1+x)^{\frac{1}{x}}$ をつくって調整するのは難しい。

3x をつくって調整

(3) $\lim_{n \to \infty}\left(1+\frac{3}{n}\right)^{\frac{n}{2}}$ ← $\frac{1}{\square}$ にしたい　$\Longrightarrow$ $\boxed{} = h$ とおく。

↑ □ にしたい

（□ → 0 にしたい）

Action» 不定形 $1^{\pm\infty}$ は，$\lim_{h \to 0}(1+h)^{\frac{1}{h}} = e$ の利用を考えよ

解 (1) $3x = h$ とおくと，$x \to 0$ のとき $h \to 0$ であるから

$$\lim_{x \to 0}(1+3x)^{\frac{1}{x}} = \lim_{x \to 0}(1+3x)^{\frac{1}{3x} \times 3}$$
$$= \lim_{h \to 0}(1+h)^{\frac{1}{h} \times 3}$$
$$= \lim_{h \to 0}\left\{(1+h)^{\frac{1}{h}}\right\}^3 = \boldsymbol{e^3}$$

◀ $3x \to 0$ であるから，$3x = h$ とおく。

(2) $-3x = h$ とおくと，$x \to 0$ のとき $h \to 0$ であるから

$$\lim_{x \to 0}(1-3x)^{\frac{1}{x}} = \lim_{x \to 0}\{1+(-3x)\}^{\frac{1}{-3x} \times (-3)}$$
$$= \lim_{h \to 0}(1+h)^{\frac{1}{h} \times (-3)}$$
$$= \lim_{h \to 0}\left\{(1+h)^{\frac{1}{h}}\right\}^{-3} = e^{-3} = \boldsymbol{\frac{1}{e^3}}$$

◀ $-3x \to 0$ であるから，$-3x = h$ とおく。

(3) $\frac{3}{n} = h$ とおくと，$n \to \infty$ のとき $h \to +0$ であるから

$$\lim_{n \to \infty}\left(1+\frac{3}{n}\right)^{\frac{n}{2}} = \lim_{n \to \infty}\left(1+\frac{3}{n}\right)^{\frac{n}{3} \times \frac{3}{2}}$$
$$= \lim_{h \to +0}(1+h)^{\frac{1}{h} \times \frac{3}{2}}$$
$$= \lim_{h \to +0}\left\{(1+h)^{\frac{1}{h}}\right\}^{\frac{3}{2}} = \boldsymbol{e^{\frac{3}{2}}}$$

◀ $\frac{3}{n} \to +0$ であるから，$\frac{3}{n} = h$ とおく。

練習 75　$\lim_{h \to 0}(1+h)^{\frac{1}{h}} = e$ であることを用いて，次の極限値を求めよ。

(1) $\lim_{x \to 0}(1+2x)^{-\frac{1}{x}}$　　(2) $\lim_{n \to \infty}\left(1-\frac{1}{n+1}\right)^n$　　(3) $\lim_{x \to -\infty}\left(1+\frac{2}{x}\right)^x$

➡p.157 問題75

例題 76 微分係数の定義を利用する極限 ★★☆☆

次の極限値を求めよ。

(1) $\displaystyle\lim_{x\to1}\frac{\sin\pi x}{x-1}$　　　(2) $\displaystyle\lim_{x\to0}\frac{\log(\cos x)}{\sin x}$

思考のプロセス

不定形 $\dfrac{0}{0}$ であるが，これまでのように約分はできない。

定義の利用　微分係数 $f'(a)$ は，次のような極限値として定義された。

$$f'(a)=\lim_{h\to0}\frac{f(a+h)-f(a)}{h}=\lim_{x\to a}\frac{f(x)-f(a)}{x-a}$$

(1) $\displaystyle\lim_{x\to1}\frac{\sin\pi x}{x-1}=\lim_{x\to1}\frac{f(x)-f(1)}{x-1}$ ← $f(x)=\square$ とおくと　$f(1)=\square$ ⟹ 求める値は　$f'(\square)$

分母に $x-0$ をつくって調整

(2) $\displaystyle\lim_{x\to0}\frac{\log(\cos x)}{\sin x}=\lim_{x\to0}\frac{\log(\cos x)}{x-0}\cdot\frac{x}{\sin x}$ ← $f(x)=\square$ とおくと　$f(0)=\square$ ⟹ ＿＿＿の極限値は　$f'(\square)$

Action» $\displaystyle\lim_{x\to a}\frac{f(x)-f(a)}{x-a}$ の形に変形できる極限は，微分係数から求めよ

解 (1) $f(x)=\sin\pi x$ とおくと，微分係数の定義により

例題 61

$$\lim_{x\to1}\frac{\sin\pi x}{x-1}=\lim_{x\to1}\frac{\sin\pi x-\sin\pi}{x-1}$$

$$=\lim_{x\to1}\frac{f(x)-f(1)}{x-1}=f'(1)$$

$f'(x)=\pi\cos\pi x$ であるから　$f'(1)=\pi\cos\pi=-\pi$

よって　$\displaystyle\lim_{x\to1}\frac{\sin\pi x}{x-1}=f'(1)=\boldsymbol{-\pi}$

(2) $$\lim_{x\to0}\frac{\log(\cos x)}{\sin x}=\lim_{x\to0}\frac{\log(\cos x)}{x}\cdot\frac{x}{\sin x}$$

$$=\lim_{x\to0}\frac{\log(\cos x)}{x}\cdot\frac{1}{\dfrac{\sin x}{x}}$$

例題 61

$f(x)=\log(\cos x)$ とおくと，微分係数の定義により

$$\lim_{x\to0}\frac{\log(\cos x)}{x}=\lim_{x\to0}\frac{\log(\cos x)-\log(\cos 0)}{x-0}$$

$$=\lim_{x\to0}\frac{f(x)-f(0)}{x-0}=f'(0)$$

$f'(x)=\dfrac{-\sin x}{\cos x}$ であるから　$f'(0)=0$

よって　$\displaystyle\lim_{x\to0}\frac{\log(\cos x)}{\sin x}=f'(0)\cdot\frac{1}{1}=\boldsymbol{0}$

◀ $0=\sin\pi=f(1)$

◀〔別解〕 $x-1=t$ とおくと

(与式) $=\displaystyle\lim_{t\to0}\frac{\sin\pi(t+1)}{t}$

$\sin\pi(t+1)=\sin(\pi t+\pi)$
$=-\sin\pi t$

よって

(与式) $=\displaystyle\lim_{t\to0}\left(-\frac{\sin\pi t}{t}\right)$
$=\displaystyle\lim_{t\to0}\left(-\frac{\sin\pi t}{\pi t}\cdot\pi\right)$
$=-1\cdot\pi$
$=-\pi$

◀ $0=\log1=\log(\cos0)$
$=f(0)$

◀ $\displaystyle\lim_{x\to0}\frac{\sin x}{x}=1$

練習 76 次の極限値を求めよ。

(1) $\displaystyle\lim_{x\to0}\frac{2^x-1}{x}$　　(2) $\displaystyle\lim_{x\to1}\frac{1+\cos\pi x}{x^3-1}$　　(3) $\displaystyle\lim_{x\to0}\frac{\log(x+1)}{\sin x}$

➡p.157 問題76

例題 77 第2次導関数 ★★☆☆

(1) 関数 $f(x)=(x+a)e^{bx}$ が，$f'(0)=3$，$f''(0)=-2$ を満たすとき，定数 a，b の値を求めよ。

(2) $y=e^{-ax}\cos bx$ のとき，$\underline{y''+2ay'+(a^2+b^2)y=0}$ を示せ。

思考のプロセス

(2) 素直に考えると …

y'，y'' を計算して，（＿＿の左辺）$=\cdots$（式変形）$\cdots=0$ を示す。

$y'=-ae^{-ax}\cos bx-be^{-ax}\sin bx$ ⟵ もう1回微分するのは大変

⇩ 見方を変える

$e^{-ax}\cos bx=y$ であるから　$y'=-ay-be^{-ax}\sin bx$ ⟵ これはもう1回微分しやすい

Action» 第2次導関数 $f''(x)$ は，$f'(x)$ を x で微分せよ

解 (1) $f'(x)=1\cdot e^{bx}+(x+a)\cdot be^{bx}$

$=(bx+ab+1)e^{bx}$

$f''(x)=b\cdot e^{bx}+(bx+ab+1)\cdot be^{bx}$

$=b(bx+ab+2)e^{bx}$

よって　$f'(0)=ab+1=3$　$\cdots$①

$f''(0)=b(ab+2)=-2$　$\cdots$②

①より　$ab=2$

これを②に代入すると　$b=-\dfrac{1}{2}$

これより　$a=-4$

したがって　$\boldsymbol{a=-4,\ b=-\dfrac{1}{2}}$

◀ $f'(x)$，$f''(x)$ を求める。
◀ $(e^{bx})'=be^{bx}$
◀ $b(2+2)=-2$

(2) $y=e^{-ax}\cos bx$ $\cdots$① とする。

$y'=-ae^{-ax}\cdot\cos bx+e^{-ax}\cdot(-b\sin bx)$

これに①を代入して整理すると

$y'=-ay-be^{-ax}\sin bx$　$\cdots$②

②の両辺を x で微分すると

$y''=-ay'+abe^{-ax}\cdot\sin bx-be^{-ax}\cdot b\cos bx$　$\cdots$③

ここで，②より

$be^{-ax}\sin bx=-y'-ay$

これと①を③に代入して整理すると

$y''=-ay'+a(-y'-ay)-b^2y$

したがって　$y''+2ay'+(a^2+b^2)y=0$

◀ さらに x で微分して y'' を x の式で表し，y'，y'' を与えられた等式に代入して証明してもよいが，計算が複雑である。

練習 77 (1) 関数 $f(x)=x(\sin ax+\sin bx)$ において，$f'(0)$ の値を求めよ。さらに，$f''(0)=2$ を満たすとき，定数 a，b の関係式を求めよ。

(2) a，b は定数とする。$y=e^{-2x}(a\cos 2x+b\sin 2x)$ のとき，$y''+4y'+8y=0$ を示せ。

➡p.157 問題77

例題 78　高次導関数　★★☆☆

関数 $f(x)=xe^{-x}$ について，$f(x)$ の第 n 次導関数 $f^{(n)}(x)$ を求めよ。

思考のプロセス

自然数 n についての問題は**数学的帰納法**を考える。

規則性を見つける

示すべき $f^{(n)}(x)$ の式を考えるために，$f'(x)$，$f''(x)$，$f'''(x)$，… を求め，第 n 次導関数を**推定**する。

$$f'(x)=1\cdot e^{-x}+x\cdot(-1)e^{-x}=-(x-1)e^{-x}$$

$f''(x)=$ □

$f'''(x)=$ □

⋮

$f^{(n)}(x)=$ □ と推定 ⟹ 推定が正しいことを**数学的帰納法**で示す。

Action» 第 n 次導関数は，具体例より推定し数学的帰納法で示せ

解

$$f'(x)=1\cdot e^{-x}-xe^{-x}=-(x-1)e^{-x}$$
$$f''(x)=-1\cdot e^{-x}+(x-1)e^{-x}=(x-2)e^{-x}$$
$$f'''(x)=1\cdot e^{-x}-(x-2)e^{-x}=-(x-3)e^{-x}$$

◀ まず $f'(x)$，$f''(x)$，$f'''(x)$ を求めて $f^{(n)}(x)$ を推定する。

これらより　$f^{(n)}(x)=(-1)^n(x-n)e^{-x}$　…①

ⅡB 324 と推定できる。① を数学的帰納法で証明する。

◀ 推定だけで終わらずに，必ず証明する。
数学的帰納法
[1]　$n=1$ のとき成立。
[2]　$n=k$ のとき成り立つと仮定すると，$n=k+1$ のとき成立。
[1]，[2] よりすべての自然数 n で成立。

[1]　$n=1$ のとき，明らかに成り立つ。

[2]　$n=k$ のとき，① が成り立つと仮定すると

$$f^{(k)}(x)=(-1)^k(x-k)e^{-x}$$

$n=k+1$ のとき

$$f^{(k+1)}(x)=\{f^{(k)}(x)\}'=(-1)^k\{(x-k)e^{-x}\}'$$
$$=(-1)^k\{1\cdot e^{-x}-(x-k)e^{-x}\}$$
$$=(-1)^{k+1}\{x-(k+1)\}e^{-x}$$

◀ ❗ $f^{(k+1)}(x)$ は $f^{(k)}(x)=(-1)^k(x-k)e^{-x}$ を積の微分法を用いて微分する。

よって，① は $n=k+1$ のときも成り立つ。

[1]，[2] より，すべての自然数 n に対して ① は成り立つ。

したがって　$\boldsymbol{f^{(n)}(x)=(-1)^n(x-n)e^{-x}}$

Point…三角関数の第 n 次導関数

$y=\sin x$ のとき

$y'=\cos x$，$y''=-\sin x$，$y'''=-\cos x$，$y^{(4)}=\sin x$

であるから，自然数 m に対して

$y^{(4m)}=\sin x$，$y^{(4m-3)}=\cos x$

$y^{(4m-2)}=-\sin x$，$y^{(4m-1)}=-\cos x$

これを 1 つの式で表すと　$y^{(n)}=\sin\left(x+\dfrac{n\pi}{2}\right)$

同様に，$y=\cos x$ のとき　$y^{(n)}=\cos\left(x+\dfrac{n\pi}{2}\right)$

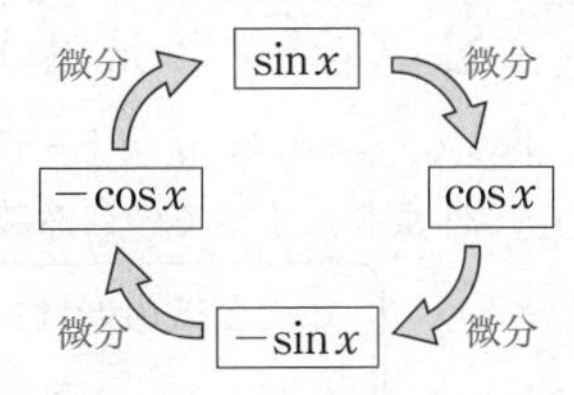

練習 78　次の関数について，$f(x)$ の第 n 次導関数 $f^{(n)}(x)$ を求めよ。

(1)　$f(x)=\log x$　　(2)　$f(x)=x^n$

➡p.157 問題78

Go Ahead 4　ライプニッツの公式と二項定理

高次導関数について学習しましたが，x の関数 $f(x)$，$g(x)$ がそれぞれ n 回微分可能であるとき，積 $f(x)g(x)$ の第 n 次導関数について，次の公式が成り立ちます。

ライプニッツの公式

$$\{f(x)g(x)\}^{(n)}=\sum_{k=0}^{n}{}_n\mathrm{C}_k f^{(n-k)}(x)g^{(k)}(x)$$

⬅ $f^{(0)}(x)=f(x)$，$g^{(0)}(x)=g(x)$ とする。

$$=f^{(n)}(x)g(x)+nf^{(n-1)}(x)g'(x)+\cdots+{}_n\mathrm{C}_k f^{(n-k)}(x)g^{(k)}(x)+\cdots+f(x)g^{(n)}(x) \quad \cdots (*)$$

〔証明〕

[1]　$n=1$ のとき

$\{f(x)g(x)\}^{(1)}=f^{(1)}(x)g(x)+f(x)g^{(1)}(x)$ より，成り立つ。

⬅ 積の微分法

[2]　$n=l$ のとき，(＊) が成り立つと仮定すると

$$\{f(x)g(x)\}^{(l)}=\sum_{k=0}^{l}{}_l\mathrm{C}_k f^{(l-k)}(x)g^{(k)}(x)$$

$n=l+1$ のとき

$$\{f(x)g(x)\}^{(l+1)}=\left\{\sum_{k=0}^{l}{}_l\mathrm{C}_k f^{(l-k)}(x)g^{(k)}(x)\right\}'$$

$$=\sum_{k=0}^{l}{}_l\mathrm{C}_k\{f^{(l-k+1)}(x)g^{(k)}(x)+f^{(l-k)}(x)g^{(k+1)}(x)\}$$

⬅ $\sum_{k=0}^{l}{}_l\mathrm{C}_k\{f^{(l-k)}(x)g^{(k)}(x)\}'$ として，積の微分法を用いる。

$$=\sum_{k=0}^{l}{}_l\mathrm{C}_k f^{(l-k+1)}(x)g^{(k)}(x)+\sum_{k=0}^{l}{}_l\mathrm{C}_k f^{(l-k)}(x)g^{(k+1)}(x)$$

$$=\underline{\sum_{k=0}^{l}{}_l\mathrm{C}_k f^{(l-k+1)}(x)g^{(k)}(x)}+\underline{\sum_{k=1}^{l+1}{}_l\mathrm{C}_{k-1} f^{(l-k+1)}(x)g^{(k)}(x)}$$

$$=\underline{f^{(l+1)}(x)g^{(0)}(x)+\sum_{k=1}^{l}{}_l\mathrm{C}_k f^{(l-k+1)}(x)g^{(k)}(x)}+\underline{\sum_{k=1}^{l}{}_l\mathrm{C}_{k-1} f^{(l-k+1)}(x)g^{(k)}(x)+f^{(0)}(x)g^{(l+1)}(x)}$$

$$=f^{(l+1)}(x)g^{(0)}(x)+\sum_{k=1}^{l}({}_l\mathrm{C}_k+{}_l\mathrm{C}_{k-1})f^{(l-k+1)}(x)g^{(k)}(x)+f^{(0)}(x)g^{(l+1)}(x)$$

$$=f^{(l+1)}(x)g^{(0)}(x)+\sum_{k=1}^{l}{}_{l+1}\mathrm{C}_k f^{(l-k+1)}(x)g^{(k)}(x)+f^{(0)}(x)g^{(l+1)}(x)$$

⬅ LEGEND 数学Ⅱ＋B p.28 **Play Back** 1 参照。

$$=\sum_{k=0}^{l+1}{}_{l+1}\mathrm{C}_k f^{(l-k+1)}(x)g^{(k)}(x)$$

よって，(＊) は $n=k+1$ のときも成り立つ。

[1]，[2] より，すべての自然数 n について (＊) は成り立つ。

この公式の形は二項定理

$$(a+b)^n=\sum_{k=0}^{n}{}_n\mathrm{C}_k a^{n-k}b^k$$

$$=a^n+na^{n-1}b+\cdots+{}_n\mathrm{C}_k a^{n-k}b^k+\cdots+b^n$$

によく似ていますね。

information　この公式の証明は，横浜市立大学（2013 年）の入試に出題されている。

例題 79　媒介変数で表された関数の第2次導関数　★★☆☆

$x=\sin t$，$y=\dfrac{3}{4}\sin 2t$ で表された関数について

(1) $\dfrac{dy}{dx}$ を t の式で表せ。　　(2) $\dfrac{d^2y}{dx^2}$ を t の式で表せ。

思考のプロセス

対応を考える

$x=f(t)$，$y=g(t)$ のとき

(1) 第1次導関数　$\dfrac{dy}{dx}\left(=\dfrac{d}{dx}y\right)=\dfrac{\frac{dy}{dt}}{\frac{dx}{dt}}$

前問の結果の利用

(2) 第2次導関数　$\dfrac{d^2y}{dx^2}=\dfrac{d}{dx}\left(\dfrac{dy}{dx}\right)=\dfrac{\frac{d}{dt}\left(\frac{dy}{dx}\right)}{\frac{dx}{dt}}$　⬅ ❗ $\dfrac{d^2y}{dx^2}=\dfrac{\frac{d^2y}{dt^2}}{\frac{d^2x}{dt^2}}$ は誤り。

Action» 第2次導関数は，$\dfrac{d^2y}{dx^2}=\dfrac{d}{dt}\left(\dfrac{dy}{dx}\right)\Big/\dfrac{dx}{dt}$ を用いよ

解 (1) $\dfrac{dx}{dt}=\cos t$，$\dfrac{dy}{dt}=\dfrac{3}{2}\cos 2t$ であるから

例題70

$\cos t\neq 0$ のとき

$$\frac{dy}{dx}=\frac{\frac{dy}{dt}}{\frac{dx}{dt}}=\frac{\frac{3}{2}\cos 2t}{\cos t}=\mathbf{3\cos t-\frac{3}{2\cos t}}$$

◀ $(\sin 2t)'=2\cos 2t$

◀ $\cos 2t=2\cos^2 t-1$

(2) $\dfrac{d^2y}{dx^2}=\dfrac{d}{dx}\left(\dfrac{dy}{dx}\right)=\dfrac{\frac{d}{dt}\left(\frac{dy}{dx}\right)}{\frac{dx}{dt}}$

ここで，$\dfrac{d}{dt}\left(\dfrac{dy}{dx}\right)=-3\sin t-\dfrac{3\sin t}{2\cos^2 t}$ より

$$\frac{d^2y}{dx^2}=\frac{-3\sin t-\frac{3\sin t}{2\cos^2 t}}{\cos t}=\mathbf{-3\tan t-\frac{3\tan t}{2\cos^2 t}}$$

◀ $\left(\dfrac{1}{\cos t}\right)'=-\dfrac{(\cos t)'}{(\cos t)^2}=\dfrac{\sin t}{\cos^2 t}$

〔別解〕

$$\frac{d^2y}{dx^2}=\frac{d}{dx}\left(\frac{dy}{dx}\right)=\frac{d}{dt}\left(\frac{dy}{dx}\right)\cdot\frac{dt}{dx}$$

$$=\left(-3\sin t-\frac{3\sin t}{2\cos^2 t}\right)\cdot\frac{1}{\cos t}$$

$$=-3\tan t-\frac{3\tan t}{2\cos^2 t}$$

◀ 合成関数の微分法

◀ $\dfrac{dt}{dx}=\dfrac{1}{\frac{dx}{dt}}=\dfrac{1}{\cos t}$

練習 79　$x=e^t\sin t$，$y=e^t\cos t$ で表された関数について

(1) $\dfrac{dy}{dx}$ を t の式で表せ。　　(2) $\dfrac{d^2y}{dx^2}$ を t の式で表せ。

➡p.157 問題79

例題 80　関数方程式と導関数　★★★☆

微分可能な関数 $f(x)$ において $\underline{f(x+y)=f(x)f(y)}$ がすべての実数 x, y について成り立ち，$f(x)>0$，$f'(0)=1$ であるとき

(1) $f(0)$ を求めよ。　(2) $f'(x)=f(x)$ を示せ。

(3) $F(x)=\dfrac{f(x)}{e^x}$ とおくとき，$F'(x)$ を求めよ。　(4) $f(x)$ を求めよ。

思考のプロセス

(1) **具体的に考える**

$f(0)$ が現れるように，等式____の x や y に適切な数値を代入する。

(2) 等式____を変形して $f'(x)=f(x)$ を導くのは難しい。

定義に戻る ⇩

$$f'(x)=\lim_{h\to 0}\frac{f(x+h)-f(x)}{h}$$ ⟵ ＿＿に____を利用

❗ ____のような等式を**関数方程式**という。

Action» 関数方程式は，まず定義を用いて導関数を求めよ

解 (1) $x=y=0$ とすると　$f(0)=\{f(0)\}^2$

$f(x)>0$ より，$f(0)>0$ であるから　$\boldsymbol{f(0)=1}$

◀〔別解〕 $y=0$ を代入すると　$f(x)=f(x)f(0)$　$f(x)>0$ より，両辺を $f(x)$ で割ると　$f(0)=1$

例題61

(2) $$f'(x)=\lim_{h\to 0}\frac{f(x+h)-f(x)}{h}$$
$$=\lim_{h\to 0}\frac{f(x)f(h)-f(x)}{h}$$
$$=\lim_{h\to 0}f(x)\cdot\frac{f(h)-1}{h}$$
$$=f(x)\cdot\lim_{h\to 0}\frac{f(0+h)-f(0)}{h}$$
$$=f(x)\cdot f'(0)$$

◀条件より　$f(x+h)=f(x)f(h)$

◀(1) より　$1=f(0)$

◀❗ $f'(0)=\lim\limits_{h\to 0}\dfrac{f(0+h)-f(0)}{h}$

$f'(0)=1$ であるから　$f'(x)=f(x)$

(3) $$F'(x)=\frac{f'(x)e^x-f(x)e^x}{(e^x)^2}=\frac{f'(x)-f(x)}{e^x}=\boldsymbol{0}$$

◀(2) より　$f'(x)=f(x)$　よって $f'(x)-f(x)=0$

(4) (3) より，$F(x)=k$（ただし k は定数）とおける。

◀$F'(x)=0$ より，$F(x)$ は定数である。

(1) の結果より $f(0)=1$ であるから

$$F(0)=\frac{f(0)}{e^0}=1\quad すなわち\quad k=1$$

よって　$F(x)=1$

ゆえに，$\dfrac{f(x)}{e^x}=1$ より　$\boldsymbol{f(x)=e^x}$

◀$f(x+y)=f(x)f(y)$ は $a^{x+y}=a^xa^y$（指数法則）に対応している。

練習 80 微分可能な関数 $f(x)$ において，$f(x+y)=f(x)+f(y)$ がすべての実数 x, y について成り立ち，$f'(0)=1$ であるとき

(1) $f(0)$ を求めよ。　(2) $f(-x)=-f(x)$ を示せ。

(3) $f'(x)$ を求めよ。　(4) $f(x)$ を求めよ。

➡p.157 問題80

Play Back 7　有名な関数方程式

例題 80 に現れた $f(x+y)=f(x)f(y)$ のような，関数についての方程式は **関数方程式** とよばれることがあります。

ここでは，$f(x)$ を決定できる関数方程式のうち有名なものをまとめておきましょう。

有名な関数方程式

$f(x)$ は微分可能とする。

(1) $f(x+y)=f(x)+f(y)$ ⇨ $f(x)=ax$ （練習 80）

(2) $f(x+y)=f(x)+f(y)+2xy$ ⇨ $f(x)=x^2+ax$

(3) $f(x+y)=f(x)f(y)$ ⇨ $f(x)=e^{ax}$ （例題 80）

(4) $f(xy)=f(x)+f(y)$ ⇨ $f(x)=a\log x$ （問題 80）

関数方程式の多くの問題では，「$f(x)$ は微分可能である」という条件が与えられていて，いずれも次の流れで解決することができます。

Ⅰ．x，y に適切な値を代入して，$f(0)$ や $f(1)$ などの具体的な値を 1 つ求める。

Ⅱ．導関数の定義 $\displaystyle\lim_{h\to 0}\frac{f(x+h)-f(x)}{h}$ の分子に与えられた関数方程式を利用してから，$f'(x)$ を求める。

Ⅲ．$\displaystyle\int f'(x)dx=f(x)+C$ （C は積分定数）より，$f(x)$ を求める。

ここでは，(2) を $f'(0)=a$ という条件のもとで解いてみましょう。

解　$x=y=0$ とすると，$f(0)=f(0)+f(0)+0$ より　$f(0)=0$

$$f'(x)=\lim_{h\to 0}\frac{f(x+h)-f(x)}{h}=\lim_{h\to 0}\frac{\{f(x)+f(h)+2xh\}-f(x)}{h}$$

$$=\lim_{h\to 0}\frac{f(h)+2xh}{h}=\lim_{h\to 0}\left\{\frac{f(h)}{h}+2x\right\}$$

$$=\lim_{h\to 0}\left\{\frac{f(0+h)-f(0)}{h}+2x\right\}=f'(0)+2x=2x+a$$

⇐ $f(0)=0$

よって　$f(x)=\displaystyle\int f'(x)dx=\int(2x+a)dx=x^2+ax+C$ （C は積分定数）

$f(0)=0$ より，$C=0$ であり　$\boldsymbol{f(x)=x^2+ax}$

これらの関数方程式を満たす関数が，様々ある関数の中でたった 1 つしかないというのは，ちょっと不思議な気がしますね。

実は，問題の条件として与えられている「$f(x)$ の微分可能性」はとても重要で，この条件がなければ，Ⅱの段階を考えることができません。この場合については，思考の戦略編 p.440 戦略例題 13 を参照してみましょう。

D

Go Ahead 5　e の定義について

教科書では，自然対数の底 e を $e=\lim_{h\to 0}(1+h)^{\frac{1}{h}}$ …① と定義しました。

このとき，e は $e=2.7182\cdots$ という一定の値（無理数）に収束しますが，高校の範囲ではこれを証明することはできません。

そこで，ここでは図形的なイメージがつかめる，接線の傾きを利用した e の定義の方法を紹介します。

> 曲線 $y=a^x$ $(a>1)$ 上の点 $(0,\ 1)$ における接線の傾きが 1 となるときの a の値を e と定める。すなわち
>
> $$\lim_{h\to 0}\frac{e^h-1}{h}=1 \qquad \cdots ②$$

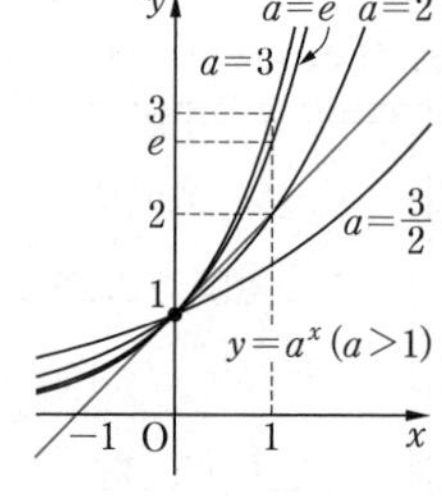

曲線 $y=a^x$ $(a>1)$ 上の点 $(0,\ 1)$ における接線の傾きは，$y=f(x)$ とおくと

$$f'(0)=\lim_{h\to 0}\frac{f(0+h)-f(0)}{h}=\lim_{h\to 0}\frac{a^h-1}{h}$$

この接線の傾きは，a の値が大きくなると大きくなり，a の値が小さくなり 1 に近づくと 0 に近づく。

したがって，曲線 $y=a^x$ $(a>1)$ の点 $(0,\ 1)$ における接線の傾きがちょうど 1 となる a の値が 1 つあり，そのときの a の値を e と定める。このとき　$f'(0)=1$

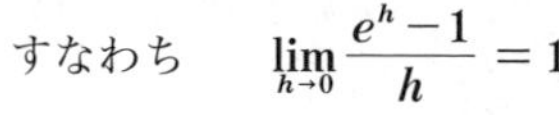

すなわち　$$\lim_{h\to 0}\frac{e^h-1}{h}=1$$

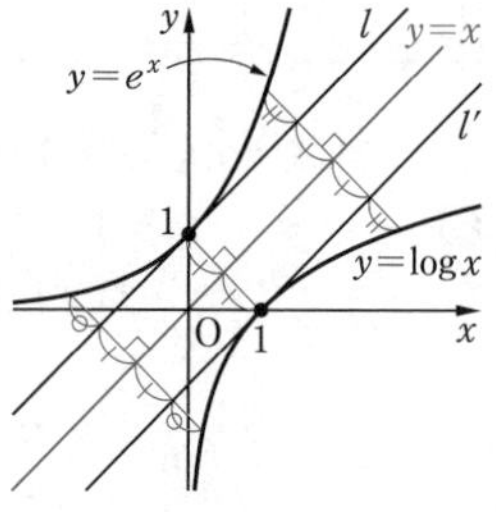

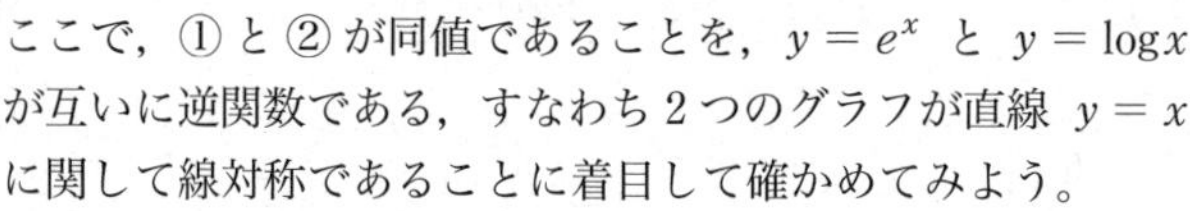

ここで，① と ② が同値であることを，$y=e^x$ と $y=\log x$ が互いに逆関数である，すなわち 2 つのグラフが直線 $y=x$ に関して線対称であることに着目して確かめてみよう。

曲線 $y=e^x$ 上の点 $(0,\ 1)$ における接線 l の傾きが 1

$\Longleftrightarrow$ 曲線 $y=\log x$ 上の点 $(1,\ 0)$ における接線 l' の傾きが 1　　← 接線 l，l' も直線 $y=x$ に関して対称である。

$\Longleftrightarrow \displaystyle\lim_{h\to 0}\frac{\log(1+h)-\log 1}{h}=1$　　← $y=\log x$ の $x=1$ における微分係数が 1

$\Longleftrightarrow \displaystyle\lim_{h\to 0}\frac{1}{h}\log(1+h)=\log e$　　← $1=\log e$

$\Longleftrightarrow \displaystyle\lim_{h\to 0}(1+h)^{\frac{1}{h}}=e$

チャレンジ〈1〉　$\displaystyle\lim_{h\to 0}\frac{e^h-1}{h}=1$ であることを用いて，極限値 $\displaystyle\lim_{x\to 0}\frac{e^x-e^{-x}}{x}$ を求めよ。

（⇨ 解答編 p.127）

▶▶解答編 p.128

問題編 6　いろいろな関数の導関数

71 ★★☆☆ 次の関数を微分せよ。

(1) $y=\sqrt{1+\cos^2 x}$　(2) $y=\sin x\cos^2 x$　(3) $y=\dfrac{\sin x-\cos x}{\sin x+\cos x}$

72 ★★☆☆ 次の関数を微分せよ。

(1) $y=\log(\log x)$　(2) $y=\{\log(\sqrt{x}+1)\}^2$

73 ★★☆☆ 次の関数を微分せよ。

(1) $y=xe^{\sin x}$　(2) $y=\dfrac{\sin x+\cos x}{e^x}$

74 ★★☆☆ 次の関数を微分せよ。

(1) $y=\dfrac{(x-1)^3}{x^5(x+1)^7}$　(2) $y=x^{\log x}\quad(x>0)$

75 ★★☆☆ 次の極限値を求めよ。

(1) $\displaystyle\lim_{n\to\infty}\left(1-\frac{1}{n^2}\right)^n$　(2) $\displaystyle\lim_{h\to 0}\frac{1-\cos 2h}{h\log(1+h)}$

76 ★★☆☆ 次の極限値を求めよ。

(1) $\displaystyle\lim_{x\to 0}\frac{e^x-1}{\log(1+x)}$　(2) $\displaystyle\lim_{x\to 0}\frac{\log(\cos x)}{x^2}$

77 ★★☆☆ $y=\log(1+\cos x)^2$ のとき，$\dfrac{d^2y}{dx^2}+2e^{-\frac{y}{2}}=0$ となることを示せ。　（信州大）

78 ★★☆☆ 次の関数について，$f(x)$ の第 n 次導関数 $f^{(n)}(x)$ を求めよ。

(1) $f(x)=e^x\sin x$　(2) $f(x)=e^{-x}\cos x$

79 ★★☆☆ $x=t-\sin t$，$y=1-\cos t$ で表された関数について

(1) $\dfrac{dy}{dx}$ を t の式で表せ。　(2) $\dfrac{d^2y}{dx^2}$ を t の式で表せ。

80 ★★★☆ $x>0$ で定義された微分可能な関数 $f(x)$ において，$f(xy)=f(x)+f(y)$ が正の実数 x，y に対して常に成り立ち，$f'(1)=1$ であるとき

(1) $f(1)$ を求めよ。　(2) $f'(x)=\dfrac{1}{x}$ を示せ。

▶▶解答編 p.134

1 次の関数の逆関数を微分せよ。

(1) $y=\sin x\ \left(-\dfrac{\pi}{2}<x<\dfrac{\pi}{2}\right)$　　(2) $y=\cos x\ (0<x<\pi)$

(3) $y=\tan x\ \left(-\dfrac{\pi}{2}<x<\dfrac{\pi}{2}\right)$

◀p.122 4, p.141 1

2 方程式 $4x^2-9y^2=36$ で定まるような x の関数 y について，$\dfrac{dy}{dx}$，$\dfrac{d^2y}{dx^2}$ を x，y の式で表せ。

◀p.135 例題69, p.142 3

3 $\displaystyle\lim_{x\to0}\frac{\sin x}{x}=1$ の証明を，太郎さんは

> $f(x)=\sin x$ とおく。
> 微分係数 $f'(0)$ の定義により
> $$\lim_{x\to0}\frac{\sin x}{x}=\lim_{x\to0}\frac{\sin x-\sin 0}{x-0}$$
> $$=\lim_{x\to0}\frac{f(x)-f(0)}{x-0}=f'(0)$$
> $f'(x)=\cos x$ であるから　$f'(0)=\cos 0=1$
> よって　$\displaystyle\lim_{x\to0}\frac{\sin x}{x}=1$

と示したが，正しくない点があった。その理由を説明せよ。

◀p.105 **Play Back 2**, p.141 概要1

4 $x>0$ とする。

(1) $y=x^{-x}$ を変形して，$y=e^{\square}$ の形で表せ。

(2) $y=x^{-x}$ を微分せよ。

◀p.142 2

Let's Try! 6

▶▶解答編 p.135

① 導関数の定義式を用いて，$f(x) = x^2\cos 3x$ の導関数 $f'(x)$ を求めよ。

（福島県立医科大） ◀例題61, 71

② 次の関数を微分せよ。

(1) $y = x\cos x + \log\sqrt{1+x^2}$ （大阪工業大）

(2) $y = (x^2+x+1)^x$ （小樽商科大）

(3) $y = \log(\log x)^2$

(4) $y = 10^{\sin 2x}$

(5) $y = \log_x a$

(6) $y = \tan(\sin 2x)$ ◀例題71～74

③ 次の極限値を求めよ。

(1) $\displaystyle\lim_{n\to\infty}\left(1+\frac{1}{n^2}\right)^{1+n^2}$ （小樽商科大）　(2) $\displaystyle\lim_{x\to\frac{\pi}{2}}(1-\cos x)^{\tan x}$

(3) $\displaystyle\lim_{x\to a}\frac{a^2\sin^2 x - x^2\sin^2 a}{x-a}$ （立教大） ◀例題75, 76

④ (1) 関数 $y(x)$ が第 2 次導関数 $y''(x)$ をもち，$x^3+(x+1)\{y(x)\}^3 = 1$ を満たすとき，$y''(0)$ を求めよ。 （立教大）

(2) 関数 $y = e^{\frac{3}{2}x}(\sin 2x + \cos 2x)$ は，等式 $4y''-12y'+25y = 0$ を満たすことを示せ。 （福岡教育大） ◀例題77

⑤ 次の関数について，$\dfrac{dy}{dx}$ を t の式で表せ。

$$x = 3-(3+t)e^{-t},\ y = \frac{2-t}{2+t}e^{2t}\quad (t > -2)$$

（電気通信大） ◀例題79

⑥ n は 0 または正の整数とする。$f_n(x) = \sin\left(x+\dfrac{n}{2}\pi\right)$ とするとき，次の問に答えよ。

(1) $\dfrac{d}{dx}f_0(x) = f_1(x)$，$\dfrac{d}{dx}f_1(x) = f_2(x)$ であることを示せ。

(2) $n > 0$ のとき，$\dfrac{d^n}{dx^n}f_0(x) = f_n(x)$ を数学的帰納法を用いて示せ。

(3) $0 < x < \dfrac{\pi}{2}$ のとき，$g(x) = \dfrac{f_0(x)}{\sqrt{1-\{f_0(x)\}^2}}$ とする。導関数 $\dfrac{d}{dx}g(x)$ を $g(x)$ を用いて表せ。 （富山県立大） ◀例題78

3章 微分の応用

例題MAP

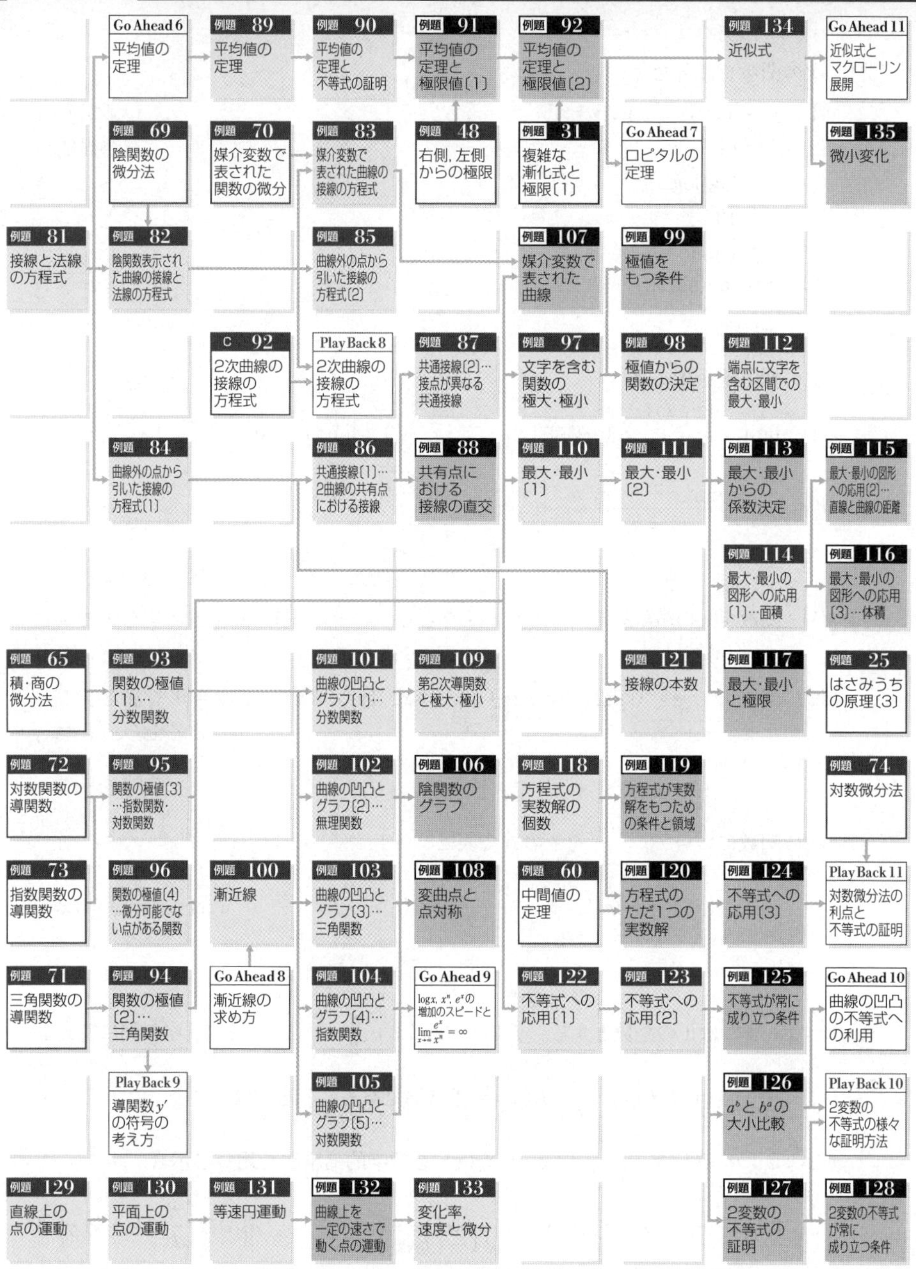

例題■は教科書の予習復習に，例題■は教科書学習後の実力 UP に適しています。
ある例題でつまずいたときは，→をたどって，基礎となる例題を復習しましょう。

この章の解説動画と
デジタルコンテンツは
こちら →

例題一覧

7 接線と法線, 平均値の定理

例題番号	探究	頻出	デジタル	難易度	プロセスワード
81		頻	D	★☆☆☆	定義に戻る
82				★★☆☆	既知の問題に帰着
PB8					
83				★★☆☆	既知の問題に帰着
84		頻	D	★★☆☆	未知のものを文字でおく
85			D	★★☆☆	未知のものを文字でおく
86		頻	D	★★★☆	未知のものを文字でおく
87		頻	D	★★★☆	未知のものを文字でおく
88			D	★★★☆	未知のものを文字でおく
特講 GA6					
89			D	★★☆☆	定理の利用
90				★★☆☆	逆向きに考える
91				★★★☆	定理の利用
92				★★★★	既知の問題に帰着
GA7					

8 関数の増減とグラフ

例題番号	探究	頻出	デジタル	難易度	プロセスワード
93		頻	D	★☆☆☆	段階的に考える
94		頻	D	★☆☆☆	段階的に考える
PB9					
95		頻	D	★☆☆☆	段階的に考える
96				★★☆☆	場合に分ける　定義に戻る
97			D	★★☆☆	場合に分ける
98		頻	D	★★☆☆	未知のものを文字でおく
99				★★★☆	定義に戻る　式を分ける
GA8					
100				★★☆☆	問題を分ける
101		頻	D	★★☆☆	表で考える
102			D	★★★☆	段階的に考える
103		頻	D	★★☆☆	段階的に考える
104		頻	D	★★☆☆	段階的に考える
GA9			D		
105		頻	D	★★☆☆	段階的に考える
106				★★☆☆	対称性の利用
107				★★☆☆	対応を考える
108			D	★★☆☆	基準を定める
109			D	★★☆☆	見方を変える

9 いろいろな微分の応用

例題番号	探究	頻出	デジタル	難易度	プロセスワード
110		頻		★★☆☆	候補を絞り込む
111		頻		★★☆☆	候補を絞り込む
112			D	★★★☆	場合に分ける
113			D	★★★☆	場合に分ける
114		頻	D	★★☆☆	図をかく
115				★★★☆	求めるものの言い換え　未知のものを文字でおく
116			D	★★★☆	次元を下げる
117				★★★☆	見方を変える　前問の結果の利用
118		頻	D	★★☆☆	見方を変える
119			D	★★★☆	場合に分ける
120				★★★☆	目標の言い換え
121		頻	D	★★☆☆	対応を考える
122		頻		★★☆☆	目標の言い換え
123		頻		★★☆☆	問題を分ける　見方を変える
124				★★★☆	見方を変える　対応を考える
125			D	★★☆☆	条件の言い換え
126				★★★☆	前問の結果の利用
127				★★★☆	変数を減らす
128			D	★★★★	変数を減らす
GA10	探				見方を変える
PB10					
PB11	探				見方を変える

10 速度・加速度と近似式

例題番号	探究	頻出	デジタル	難易度	プロセスワード
129			D	★☆☆☆	定義に戻る
130			D	★★☆☆	定義に戻る
131			D	★☆☆☆	結論の言い換え
132				★★★☆	条件の言い換え
133			D	★★★☆	条件の言い換え
134				★☆☆☆	見方を変える
GA11	探		D		見方を変える
135				★☆☆☆	条件の言い換え

PB…Play Back, **GA**…Go Ahead
頻…定期考査などで出題されやすい, 特に重要な例題です。
探…探究例題を通して, 数学的な見方・考え方を広げるコラムです。
D…内容の解説のためのデジタルコンテンツが付いています。

まとめ 7 接線と法線，平均値の定理

① 接線の方程式・法線の方程式

曲線 $y=f(x)$ 上の点 $(a,\ f(a))$ における接線の傾きは $f'(a)$ であるから

(1) 接線の方程式は　$\boldsymbol{y-f(a)=f'(a)(x-a)}$

(2) 法線（接線に垂直な直線）の方程式は

$f'(a)\neq 0$ のとき　$\boldsymbol{y-f(a)=-\dfrac{1}{f'(a)}(x-a)}$

$f'(a)=0$ のとき　$x=a$

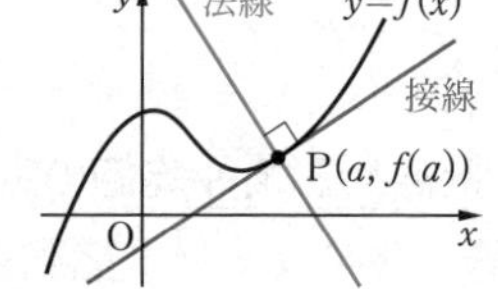

② 平均値の定理

(1) 関数 $f(x)$ が閉区間 $[a,\ b]$ で連続，開区間 $(a,\ b)$ で微分可能ならば

$$\boldsymbol{\frac{f(b)-f(a)}{b-a}=f'(c),\ a<c<b}$$

を満たす実数 c が存在する。

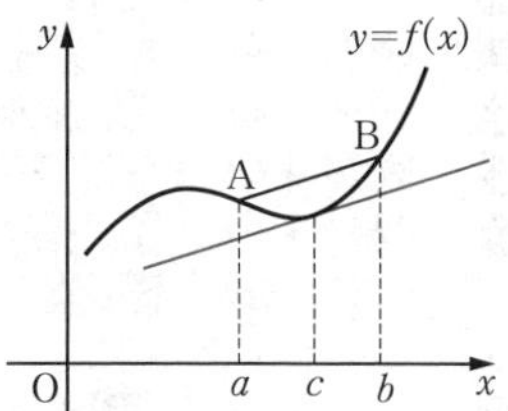

(2) 関数 $f(x)$ が閉区間 $[a,\ a+h]$ で連続，開区間 $(a,\ a+h)$ で微分可能ならば

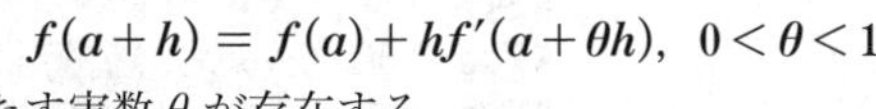

$$\boldsymbol{f(a+h)=f(a)+hf'(a+\theta h),\ 0<\theta<1}$$

を満たす実数 θ が存在する。

概要

② 平均値の定理

平均値の定理の証明は p.172 **Go Ahead** 6 を参照（この証明は高校の範囲を超える）。

・平均値の定理 (1) の図形的意味

この定理は，関数 $y=f(x)$ のグラフがなめらかな曲線であれば，直線 AB と平行な接線が引けるような点 $\mathrm{C}(c,\ f(c))$ が弧 AB 上に存在することを示している。

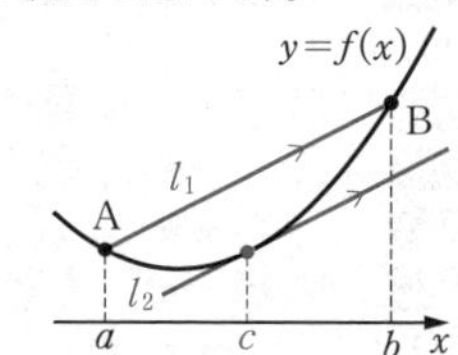

・平均値の定理の仮定

この定理において，区間 $(a,\ b)$ で微分可能という条件が大切である。この区間において微分可能でない点が 1 つでもあれば，定理の式を満たす c が存在するとは限らない。

例　$f(x)=|x|$ とすると，区間 $[-1,\ 1]$ において，

$\dfrac{f(1)-f(-1)}{1-(-1)}=0$ であるが，$f'(c)=0,\ -1<c<1$ を満たす c は存在しない。

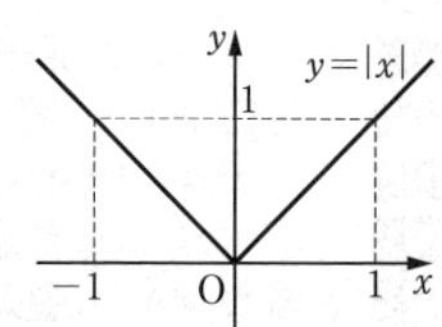

・平均値の定理 (1) から (2) への変形

平均値の定理 (1) $\dfrac{f(b)-f(a)}{b-a}=f'(c)$ …①，$a<c<b$ …② において，$b=a+h$，

$\theta=\dfrac{c-a}{b-a}$ とおくと，$\theta(b-a)=c-a$ より，$c=a+\theta h$ であるから，

① は $\dfrac{f(a+h)-f(a)}{h}=f'(a+\theta h)$ より　$f(a+h)=f(a)+hf'(a+\theta h)$

② は $a<a+\theta h<a+h$ より，$0<\theta h<h$ となり，$h>0$ より　$0<\theta<1$

例題 81 接線と法線の方程式

★☆☆☆

次の曲線上の点Pにおける接線および法線の方程式を求めよ。

(1) $y=\sqrt{x+1}$, P(0, 1)　　(2) $y=e^x$, P(1, e)

思考のプロセス

« ReAction $x=a$ における接線の傾きは，$f'(a)$ とせよ ◀ⅡB 例題217

(1) $f(x)=\sqrt{x+1}$ とすると

点P(0, 1)における接線の傾き … $f'(\square)$

↕ 垂直　定義に戻る

点P(0, 1)における法線の傾き … $\square$

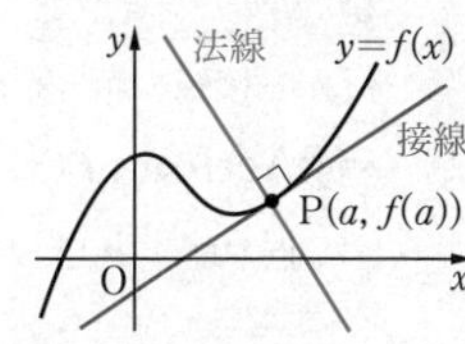

解 (1) $y=\sqrt{x+1}$ を微分すると　$y'=\dfrac{1}{2\sqrt{x+1}}$

◀ $y=(x+1)^{\frac{1}{2}}$ より

$y'=\dfrac{1}{2}(x+1)^{-\frac{1}{2}}(x+1)'$

$=\dfrac{1}{2\sqrt{x+1}}$

$x=0$ のとき　$y'=\dfrac{1}{2}$

よって，点P(0, 1)における接線の方程式は

$y-1=\dfrac{1}{2}(x-0)$　すなわち　$\boldsymbol{y=\dfrac{1}{2}x+1}$

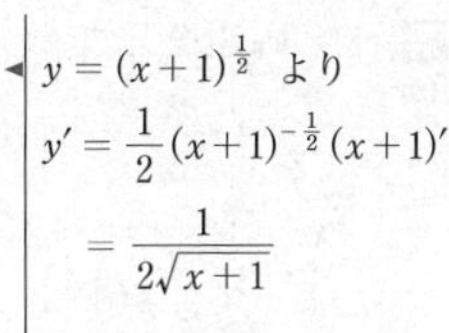

また，法線の傾きは -2 であるから，点P(0, 1)における法線の方程式は

$y-1=-2(x-0)$　すなわち　$\boldsymbol{y=-2x+1}$

(2) $y=e^x$ を微分すると　$y'=e^x$

$x=1$ のとき　$y'=e$

よって，点P(1, e)における接線の方程式は

$y-e=e(x-1)$　すなわち　$\boldsymbol{y=ex}$

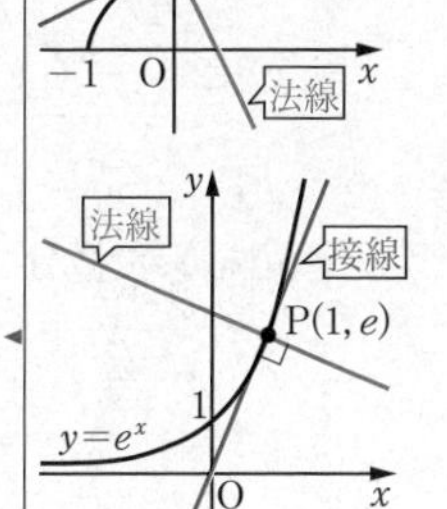

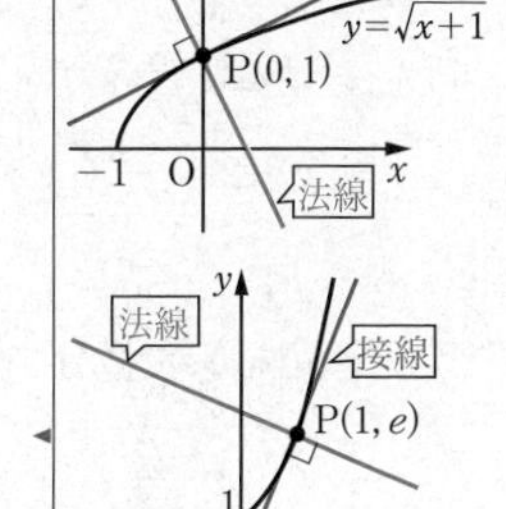

また，法線の傾きは $-\dfrac{1}{e}$ であるから，点P(1, e)における法線の方程式は

$y-e=-\dfrac{1}{e}(x-1)$　すなわち　$\boldsymbol{y=-\dfrac{1}{e}x+e+\dfrac{1}{e}}$

Point...接線と法線の方程式

曲線 $y=f(x)$ 上の点 $(a,\ f(a))$ における

接線の方程式は　$\boldsymbol{y-f(a)=f'(a)(x-a)}$

法線の方程式は　$\boldsymbol{y-f(a)=-\dfrac{1}{f'(a)}(x-a)}$　($f'(a)\neq 0$ のとき)

練習 81 次の曲線上の点Pにおける接線および法線の方程式を求めよ。

(1) $y=\dfrac{x}{2x+1}$, $\mathrm{P}\left(1,\ \dfrac{1}{3}\right)$　　(2) $y=\log x$, P(e, 1)

➡p.178 問題81

例題 82 陰関数表示された曲線の接線と法線の方程式 ★★☆☆

次の曲線上の点Pにおける接線および法線の方程式を求めよ。

(1) $\dfrac{x^2}{2}+\dfrac{y^2}{8}=1$, P(1, -2)　　(2) $\sqrt{x}+\sqrt{y}=1$, $\mathrm{P}\left(\dfrac{1}{4},\ \dfrac{1}{4}\right)$

思考のプロセス

既知の問題に帰着

y' から接線の傾きを求めたい。 ⟶ 与えられた式は $f(x,\ y)=0$ の形（陰関数）

«ReAction $f(x,\ y)=0$ の微分は，y を x の関数とみて微分せよ ◀例題 69

(1) 点 P(1, -2) における接線の傾き

⟹ $y'=(x,\ y$ の式$)$ に $x=$ □, $y=$ □ を代入

解 (1) 両辺を x で微分すると

例題69

$\dfrac{2x}{2}+\dfrac{2y}{8}\cdot y'=0$ より　　$x+\dfrac{y}{4}\cdot y'=0$

◀ $(y^2)'=2yy'$

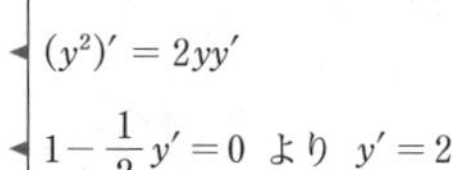

$x=1$, $y=-2$ を代入すると　　$y'=2$

◀ $1-\dfrac{1}{2}y'=0$ より $y'=2$

よって，点 P(1, -2) における接線の方程式は

$$y+2=2(x-1)\quad \text{すなわち}\quad \boldsymbol{y=2x-4}$$

◀ 2次曲線の接線の方程式（次ページ参照）より

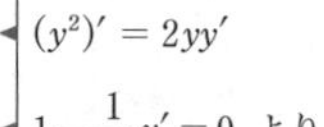

$\dfrac{1\cdot x}{2}+\dfrac{-2\cdot y}{8}=1$

としてもよい。

また，法線の傾きは $-\dfrac{1}{2}$ であるから，点 P(1, -2) における法線の方程式は

◀ $y'=2$ より接線の傾きは 2 であるから，法線の傾きは $-\dfrac{1}{2}$

$$y+2=-\frac{1}{2}(x-1)\quad \text{すなわち}\quad \boldsymbol{y=-\frac{1}{2}x-\frac{3}{2}}$$

(2) $\sqrt{x}+\sqrt{y}=1$ より　　$x^{\frac{1}{2}}+y^{\frac{1}{2}}=1$

例題69

両辺を x で微分すると

$\dfrac{1}{2}x^{-\frac{1}{2}}+\dfrac{1}{2}y^{-\frac{1}{2}}\cdot y'=0$ より　　$\dfrac{1}{2\sqrt{x}}+\dfrac{y'}{2\sqrt{y}}=0$

$x=\dfrac{1}{4}$, $y=\dfrac{1}{4}$ を代入すると　　$y'=-1$

◀ 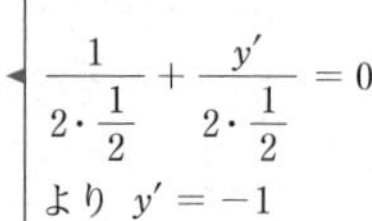

$\dfrac{1}{2\cdot\frac{1}{2}}+\dfrac{y'}{2\cdot\frac{1}{2}}=0$

より $y'=-1$

よって，点 $\mathrm{P}\left(\dfrac{1}{4},\ \dfrac{1}{4}\right)$ における接線の方程式は

$$y-\frac{1}{4}=(-1)\cdot\left(x-\frac{1}{4}\right)\quad \text{すなわち}\quad \boldsymbol{y=-x+\frac{1}{2}}$$

◀ 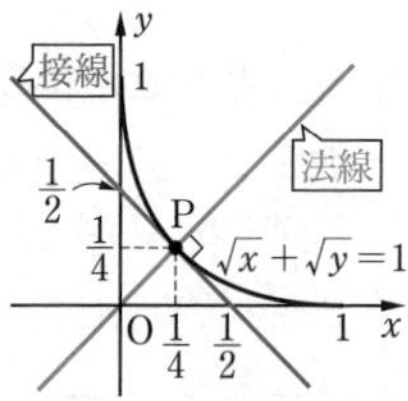

また，法線の傾きは 1 であるから，点 $\mathrm{P}\left(\dfrac{1}{4},\ \dfrac{1}{4}\right)$ における法線の方程式は

$$y-\frac{1}{4}=1\cdot\left(x-\frac{1}{4}\right)\quad \text{すなわち}\quad \boldsymbol{y=x}$$

練習 82 次の曲線上の点Pにおける接線および法線の方程式を求めよ。

(1) $y^2=4x$, P(1, 2)　　(2) $x^3+y^3=9$, P(1, 2)

➡p.178 問題82

Play Back 8　2次曲線の接線の方程式

数学C「平面上の曲線」で学んだ2次曲線の接線の方程式を，陰関数の微分法を用いて証明してみましょう。

2次曲線の接線の方程式

接点が $\mathrm{P}(x_1,\ y_1)$ のとき

(1) 楕円 $\dfrac{x^2}{a^2}+\dfrac{y^2}{b^2}=1$ の接線の方程式は　$\boldsymbol{\dfrac{x_1x}{a^2}+\dfrac{y_1y}{b^2}=1}$

(2) 双曲線 $\dfrac{x^2}{a^2}-\dfrac{y^2}{b^2}=\pm1$ の接線の方程式は　$\boldsymbol{\dfrac{x_1x}{a^2}-\dfrac{y_1y}{b^2}=\pm1}$（複号同順）

(3) 放物線 $y^2=4px$ の接線の方程式は　$\boldsymbol{y_1y=2p(x+x_1)}$

〔証明〕

(1) $\dfrac{x^2}{a^2}+\dfrac{y^2}{b^2}=1$ の両辺を x で微分すると　$\dfrac{2x}{a^2}+\dfrac{2yy'}{b^2}=0$

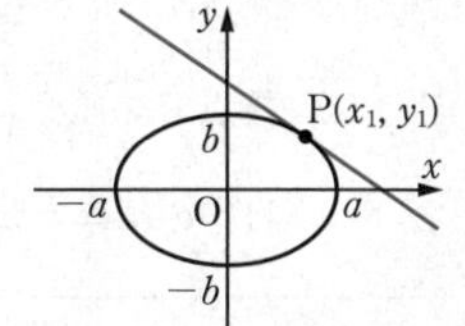

$b^2x+a^2yy'=0$ より，点 $\mathrm{P}(x_1,\ y_1)$ における接線の傾きは，

$y_1\neq0$ のとき　$y'=-\dfrac{b^2x_1}{a^2y_1}$

よって，点Pにおける接線の方程式は

$y-y_1=-\dfrac{b^2x_1}{a^2y_1}(x-x_1)$ より　$\dfrac{x_1x}{a^2}+\dfrac{y_1y}{b^2}=\dfrac{{x_1}^2}{a^2}+\dfrac{{y_1}^2}{b^2}$

また，点 $\mathrm{P}(x_1,\ y_1)$ は楕円上にあることから　$\dfrac{{x_1}^2}{a^2}+\dfrac{{y_1}^2}{b^2}=1$

ゆえに，点Pにおける接線の方程式は　$\dfrac{x_1x}{a^2}+\dfrac{y_1y}{b^2}=1$　…①

$y_1=0$ のとき，点Pの座標は $(\pm a,\ 0)$ となり，接線の方程式は　$x=\pm a$

これらは，① に $x_1=\pm a$，$y_1=0$ を代入したものと一致する（複号同順）。

(2) $\dfrac{x^2}{a^2}-\dfrac{y^2}{b^2}=\pm1$ の両辺を x で微分すると　$\dfrac{2x}{a^2}-\dfrac{2yy'}{b^2}=0$

$y\neq0$ のとき　$y'=\dfrac{b^2x}{a^2y}$

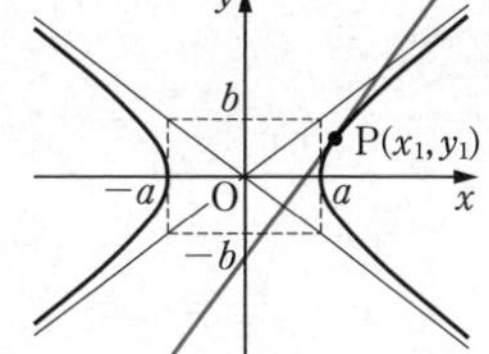

(1) と同様にすると，$y_1\neq0$ のとき，点Pにおける接線の方程式は　$\dfrac{x_1x}{a^2}-\dfrac{y_1y}{b^2}=\pm1$（複号同順）

これは，$y_1=0$ のときにも適用できる。

(3) $y^2=4px$ の両辺を x で微分すると　$2yy'=4p$

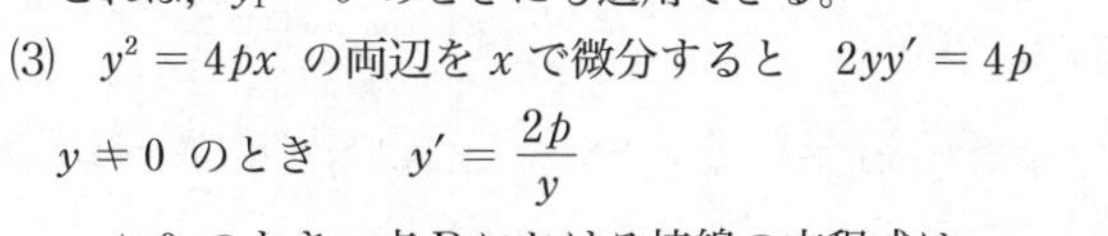

$y\neq0$ のとき　$y'=\dfrac{2p}{y}$

$y_1\neq0$ のとき，点Pにおける接線の方程式は

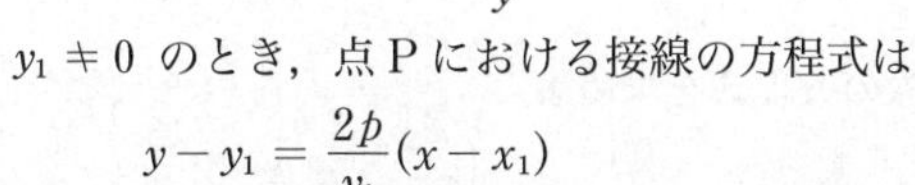

$$y-y_1=\frac{2p}{y_1}(x-x_1)$$

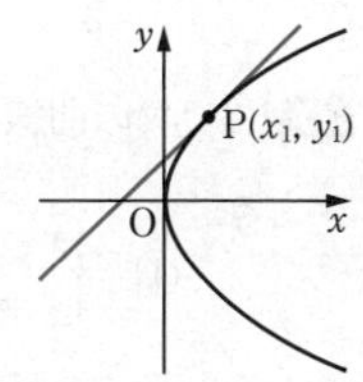

整理して ${y_1}^2=4px_1$ を代入すると　$y_1y=2p(x+x_1)$

これは，$y_1=0$ のときにも適用できる。

例題 83　媒介変数で表された曲線の接線の方程式　★★☆☆

次の曲線上の点Pにおける接線の方程式を求めよ。

(1) 曲線 $x=3t^2-6t$, $y=t^3-9t^2+8$ 上の $t=2$ に対応する点P

(2) 曲線 $x=2\cos\theta$, $y=\sqrt{3}\sin\theta$ $(0 \leqq \theta < 2\pi)$ 上の $\mathrm{P}\left(1,\ \dfrac{3}{2}\right)$

思考のプロセス

既知の問題に帰着

$\dfrac{dy}{dx}$ から接線の傾きを求めたい。 ⟶ 与えられた式は媒介変数表示

«ReAction 媒介変数表示の関数の微分は，それぞれ媒介変数で微分せよ ◀例題 70

(1) 接点Pの座標 ⟹ 与えられた式に $t=$ □ を代入したもの

接線の傾き ⟹ $\dfrac{dy}{dx}=(t$ の式$)$に $t=$ □ を代入したもの

(2) 接点Pの座標 $\left(1,\ \dfrac{3}{2}\right)$ ⟹ 与えられた式で $\theta=$ □ のとき（問題文で直接与えられていない。）

接線の傾き ⟹ $\dfrac{dy}{dx}=(\theta$ の式$)$ に $\theta=$ □ を代入したもの

解 (1) $t=2$ のとき，点Pの座標は　$(0,\ -20)$

◀ $\begin{cases} x=3\cdot 2^2-6\cdot 2=0 \\ y=2^3-9\cdot 2^2+8=-20 \end{cases}$

例題 70

$$\frac{dy}{dx}=\frac{\frac{dy}{dt}}{\frac{dx}{dt}}=\frac{3t^2-18t}{6t-6}=\frac{t^2-6t}{2t-2}$$

◀ $x=f(t)$, $y=g(t)$ のとき $\dfrac{dy}{dx}=\dfrac{\frac{dy}{dt}}{\frac{dx}{dt}}=\dfrac{g'(t)}{f'(t)}$

$t=2$ を代入すると　$\dfrac{dy}{dx}=-4$

よって，求める接線の方程式は

$y+20=-4(x-0)$　すなわち　$\boldsymbol{y=-4x-20}$

(2) $x=2\cos\theta=1$, $y=\sqrt{3}\sin\theta=\dfrac{3}{2}$ のとき　$\theta=\dfrac{\pi}{3}$

◀ 点 $\mathrm{P}\left(1,\ \dfrac{3}{2}\right)$ に対応する $\theta\ (0 \leqq \theta < 2\pi)$ の値を求める。

$\cos\theta=\dfrac{1}{2}$, $\sin\theta=\dfrac{\sqrt{3}}{2}$

例題 70

ここで　$\dfrac{dy}{dx}=\dfrac{\frac{dy}{d\theta}}{\frac{dx}{d\theta}}=\dfrac{\sqrt{3}\cos\theta}{-2\sin\theta}$

$\theta=\dfrac{\pi}{3}$ のとき　$\dfrac{dy}{dx}=-\dfrac{1}{2}$

◀ $\dfrac{dy}{dx}=\dfrac{\sqrt{3}\cdot\frac{1}{2}}{-2\cdot\frac{\sqrt{3}}{2}}=-\dfrac{1}{2}$

よって，求める接線の方程式は

$y-\dfrac{3}{2}=-\dfrac{1}{2}(x-1)$　すなわち　$\boldsymbol{y=-\dfrac{1}{2}x+2}$

◀ 接点は $\mathrm{P}\left(1,\ \dfrac{3}{2}\right)$ である。

練習 83 次の曲線上の点Pにおける接線の方程式を求めよ。

(1) $\begin{cases} x=\theta-\sin\theta \\ y=1-\cos\theta \end{cases}$, $\theta=\dfrac{3}{2}\pi$ のときの点P　(2) $\begin{cases} x=t+\dfrac{1}{t} \\ y=t-\dfrac{1}{t} \end{cases}$, $\mathrm{P}\left(\dfrac{5}{2},\ \dfrac{3}{2}\right)$

➡p.178 問題83

D 頻出
★★☆☆

例題 84 曲線外の点から引いた接線の方程式〔1〕

(1) 曲線 $y=\dfrac{1}{x}+1$ の接線で，原点を通るものの方程式を求めよ。

(2) 曲線 $y=\sqrt{x-1}$ の接線で，傾きが1であるものの方程式を求めよ。

思考のプロセス

(1), (2) **接点が分からない。**((1) の原点は接点ではない)

Action» 接点が与えられていない接線は，接点を文字でおけ

未知のものを文字でおく

接点を $(t,\ \square)$ とおく（$\square$：t の式）

⟹ 接線の方程式を t で表すことができ　$y=\square x+\square$ …①

(1) 原点を通る ⟶ ① に $x=\square$，$y=\square$ を代入

(2) 傾きが1 ⟶ ① の (x の係数) $=1$

} t の方程式ができる。

解 (1) 接点を $\mathrm{T}\left(t,\ \dfrac{1}{t}+1\right)$ とおく。

$y'=-\dfrac{1}{x^2}$ より，T における接線の方程式は

$$y-\left(\frac{1}{t}+1\right)=-\frac{1}{t^2}(x-t)$$

◀ 曲線 $y=f(x)$ 上の点 $(t,\ f(t))$ における接線の方程式は $y-f(t)=f'(t)(x-t)$

すなわち　$y=-\dfrac{1}{t^2}x+\dfrac{2}{t}+1$　…①

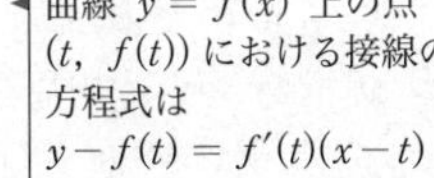

接線 ① が原点 (0, 0) を通るから　$0=\dfrac{2}{t}+1$

よって　$t=-2$

① に代入すると，求める接線の方程式は　$\boldsymbol{y=-\dfrac{1}{4}x}$

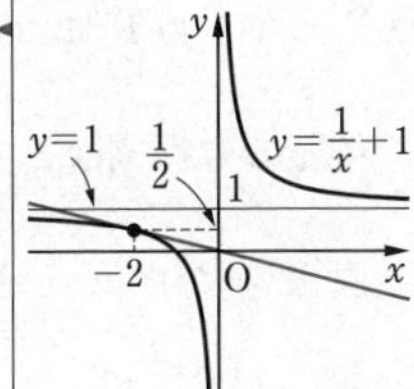

(2) 接点を $\mathrm{T}(t,\ \sqrt{t-1})$ とおく。

$y'=\dfrac{1}{2\sqrt{x-1}}$ より，T における接線の方程式は

$$y-\sqrt{t-1}=\frac{1}{2\sqrt{t-1}}(x-t)$$

すなわち　$y=\dfrac{1}{2\sqrt{t-1}}x+\dfrac{t-2}{2\sqrt{t-1}}$　…①

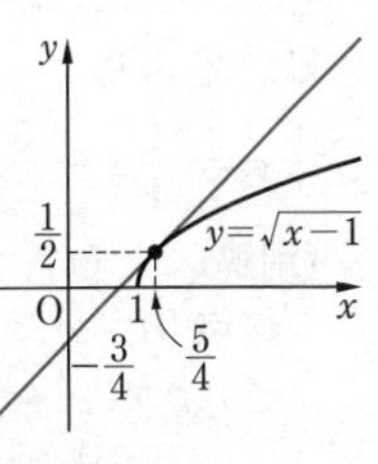

直線 ① の傾きが1であるから　$\dfrac{1}{2\sqrt{t-1}}=1$

よって　$t=\dfrac{5}{4}$

① に代入すると，求める接線の方程式は　$\boldsymbol{y=x-\dfrac{3}{4}}$

練習 84 (1) 曲線 $y=e^{1-x}$ の接線で，原点を通るものの方程式を求めよ。

(2) 曲線 $y=\log(x+2)$ の接線で，傾きが3であるものの方程式を求めよ。

➡p.178 問題84

D ★★☆☆

例題 85　曲線外の点から引いた接線の方程式〔2〕

楕円 $x^2+4y^2=5$ に点 $\mathrm{A}\left(1,\ \dfrac{3}{2}\right)$ から引いた接線の方程式を求めよ。

思考のプロセス

点 A は**接点ではない**。

«ReAction　接点が与えられていない接線は，接点を文字でおけ ◀例題 84

未知のものを文字でおく

曲線が $f(x,\ y)=0$ の形 ⟵ 接点を $(t,\ \boxed{})$ でおくと複雑（□ は t の式）

⟹ 接点を $(a,\ b)$ とおくと，接線の方程式を，a，b で表すことができる。…（＊）

⟹ $\begin{cases} (a,\ b) \text{ は楕円上の点} \\ (＊) \text{ が点 } \mathrm{A}\left(1,\ \dfrac{3}{2}\right) \text{ を通る} \end{cases}$　a，b 消去

«ReAction　$f(x,\ y)=0$ の微分は，y を x の関数とみて微分せよ ◀例題 69

解　接点を $\mathrm{P}(a,\ b)$ とおくと　　$a^2+4b^2=5$　　…①

この曲線の x 軸に垂直な接線が点 A を通ることはないから $b \neq 0$ である。

例題 69

$x^2+4y^2=5$ の両辺を x で微分すると

$$2x+8yy'=0 \quad \text{すなわち} \quad x+4yy'=0$$

よって，点 P における接線の傾きは $y'=-\dfrac{a}{4b}$ であり，

接線の方程式は　　$y-b=-\dfrac{a}{4b}(x-a)$　　…②

直線 ② が点 A を通るから　　$\dfrac{3}{2}-b=-\dfrac{a}{4b}(1-a)$

$$6b-4b^2=-a+a^2$$

よって　　$a^2+4b^2=a+6b$　　…③

① を ③ に代入して　　$a+6b=5$　　…④

① と ④ を連立して解くと

$$(a,\ b)=(-1,\ 1),\ \left(2,\ \frac{1}{2}\right)$$

したがって，求める接線の方程式は，② より

$$\boldsymbol{y=\frac{1}{4}x+\frac{5}{4},\quad y=-x+\frac{5}{2}}$$

〔別解〕　（解答 2〜11 行目を次のようにしてもよい。）

接点 $(a,\ b)$ における接線の方程式は　　$ax+4by=5$

これが点 A を通るから　　$a+6b=5$

◀ ❗ $\dfrac{x^2}{5}+\dfrac{y^2}{\frac{5}{4}}=1$ であるから，この曲線は 4 点 $(\pm\sqrt{5},\ 0)$，$\left(0,\ \pm\dfrac{\sqrt{5}}{2}\right)$ を頂点とする楕円である。

◀ y を x の関数とみて両辺を x で微分する。$(y^2)'=2yy'$ であることに注意する。

◀ 接点の座標は $(-1,\ 1)$，$\left(2,\ \dfrac{1}{2}\right)$ である。

◀ a，b の値を ② に代入して整理する。

◀ 曲線 $\dfrac{x^2}{m^2}+\dfrac{y^2}{n^2}=1$ 上の点 $(a,\ b)$ における接線の方程式は　$\dfrac{ax}{m^2}+\dfrac{by}{n^2}=1$

練習 85　(1)　放物線 $y^2=4x$ に点 $(3,\ 4)$ から引いた接線の方程式を求めよ。

(2)　楕円 $3x^2+y^2=1$ に点 $(2,\ 1)$ から引いた接線の方程式を求めよ。

➡p.178 問題85

D 頻出

例題 86 共通接線〔1〕…2曲線の共有点における接線 ★★★☆

2つの曲線 $y = kx^2$ と $y = \log x$ が共有点Pで共通の接線 l をもつ。このとき，k の値と接線 l の方程式を求めよ。

思考のプロセス

未知のものを文字でおく

($y = f(x)$ と $y = g(x)$ が共有点Pにおいて共通の接線 l) ⟹ (共有点（接点）Pの x 座標を t とおく)

$x = t$ において $\begin{cases} y \text{ 座標が等しい} & \cdots f(t) = g(t) \\ \text{接線の傾きが等しい} & \cdots f'(t) = g'(t) \end{cases}$

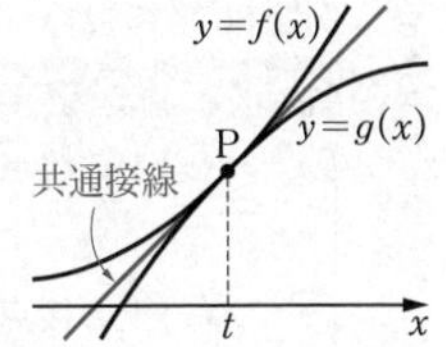

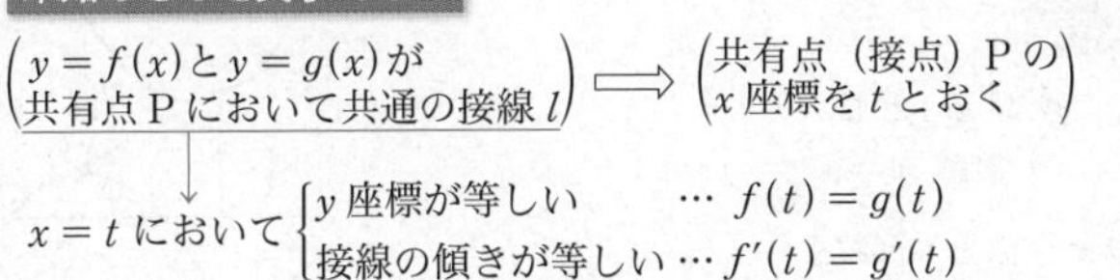

« Re Action 共有点における共通接線は，$f(t) = g(t)$ かつ $f'(t) = g'(t)$ とせよ ◀IIB 例題 219

解 $f(x) = kx^2$，$g(x) = \log x$ とおくと

$f'(x) = 2kx$，　$g'(x) = \dfrac{1}{x}$

点Pの x 座標を t とおくと

IIB 219

$f(t) = g(t)$ より

$kt^2 = \log t$　　$\cdots$ ①

◀接点の y 座標が一致する。

$f'(t) = g'(t)$ より

$2kt = \dfrac{1}{t}$　すなわち　$2kt^2 = 1$　$\cdots$ ②

◀共有点での接線の傾きが一致する。

①，② より　　$2\log t = 1$

◀$\log t = \dfrac{1}{2}$ より　$t = e^{\frac{1}{2}}$

よって　　$t = \sqrt{e}$

② に代入すると，$2ke = 1$ より　　$\boldsymbol{k = \dfrac{1}{2e}}$

よって，点Pの座標は　　$\left(\sqrt{e},\ \dfrac{1}{2}\right)$

◀点Pの y 座標は $f(\sqrt{e}) = g(\sqrt{e}) = \dfrac{1}{2}$

点Pにおける接線の傾きは $g'(\sqrt{e}) = \dfrac{1}{\sqrt{e}}$ より，求める接線の方程式は

$$y - \frac{1}{2} = \frac{1}{\sqrt{e}}(x - \sqrt{e})$$

すなわち　　$\boldsymbol{y = \dfrac{1}{\sqrt{e}}x - \dfrac{1}{2}}$

練習 86 曲線 $C_1 : y = 2\cos x \left(0 \leqq x \leqq \dfrac{\pi}{2}\right)$ と曲線 $C_2 : y = \cos 2x + k \left(0 \leqq x \leqq \dfrac{\pi}{2}\right)$ が共有点Pで共通の接線 l をもつ。ただし，k は定数であり，点Pの x 座標は正とする。k の値と接線 l の方程式を求めよ。　（工学院大）

⇒p.178 問題86

D 頻出

例題 87　共通接線〔2〕…接点が異なる共通接線

★★★☆

2 曲線 $C_1 : y = e^x - 2$，$C_2 : y = \log x$ の両方に接する直線の方程式を求めよ。

思考のプロセス

例題 86 との違い … 接点が 2 曲線の共有点とは限らない。

未知のものを文字でおく

$y = f(x)$ 上の接点の x 座標を s とおく
… 接線 $y = (\quad)x + (\quad)$
$y = g(x)$ 上の接点の x 座標を t とおく
… 接線 $y = (\quad)x + (\quad)$
（一致）

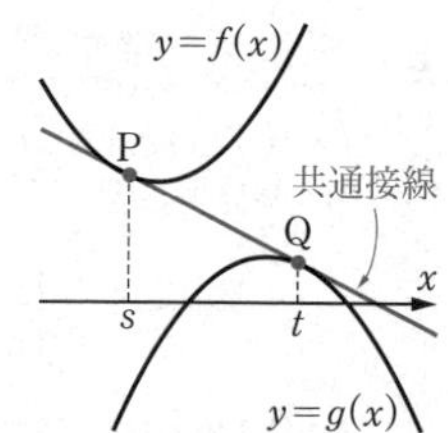

Action» 接点が異なる共通接線は，2 直線の傾きと y 切片が一致することを用いよ

解 曲線 $C_1 : y = e^x - 2$ 上の点を $P(s,\ e^s - 2)$ とおく。

$y' = e^x$ であるから，点 P における接線の方程式は

$$y - (e^s - 2) = e^s(x - s)$$

すなわち　$y = e^s x + (1-s)e^s - 2$　… ①

◀ $y' = e^x$ より，$x = s$ のとき接線の傾きは e^s

◀ 点 $(t,\ f(t))$ における接線の方程式は $y - f(t) = f'(t)(x - t)$

同様に，曲線 $C_2 : y = \log x$ 上の点を $Q(t,\ \log t)$ $(t > 0)$ とおく。

$y' = \dfrac{1}{x}$ であるから，点 Q における接線の方程式は

◀ $y' = \dfrac{1}{x}$ より，$x = t$ のとき接線の傾きは $\dfrac{1}{t}$

$$y - \log t = \frac{1}{t}(x - t)$$

すなわち　$y = \dfrac{1}{t}x + \log t - 1$　… ②

接線 ①，② が一致することから

◀ 2 直線 $y = mx + n$ と $y = m'x + n'$ が一致する $\iff m = m'$ かつ $n = n'$

IIB 219

$$\begin{cases} e^s = \dfrac{1}{t} & \cdots ③ \\ (1-s)e^s - 2 = \log t - 1 & \cdots ④ \end{cases}$$

③ より　$t = \dfrac{1}{e^s} = e^{-s}$

これを ④ に代入すると

◀ $\log t = -s$ を ④ に代入し，s だけの方程式にする。

$(1-s)e^s - 2 = -s - 1$

$(1-s)(e^s - 1) = 0$

◀ $e^s = 1$ のとき　$s = 0$

よって　$s = 0,\ 1$

これらを ① に代入すると，

求める直線の方程式は

$\boldsymbol{y = x - 1,\ y = ex - 2}$

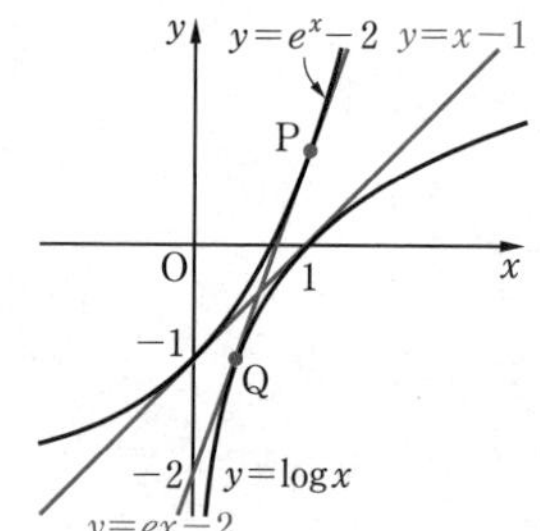

練習 87　2 曲線 $C_1 : y = \dfrac{1}{x}$，$C_2 : y = -\dfrac{x^2}{8}$ の両方に接する直線の方程式を求めよ。

➡ p.178 問題 87

例題 88　共有点における接線の直交

D ★★★☆

2 曲線 $y=e^x$ と $y=\sqrt{r^2-x^2}$ $(r>1)$ のある共有点 P における両曲線の接線が直交するとき，定数 r の値を求めよ。

思考のプロセス

« ReAction　接点が与えられていない接線は，接点を文字でおけ ◀例題 84

未知のものを文字でおく

$\begin{pmatrix} y=f(x) \text{ と } y=g(x) \text{ の} \\ \text{共有点 P における接線が直交} \end{pmatrix}$ ⟹ $\begin{pmatrix} \text{共有点 P の} \\ x \text{ 座標を } t \text{ とおく} \end{pmatrix}$

↓

$x=t$ において $\begin{cases} y \text{ 座標が等しい} \cdots f(t)=g(t) \\ \text{接線が直交} \quad \cdots f'(t)g'(t)=-1 \end{cases}$

（傾きの積）$=-1$

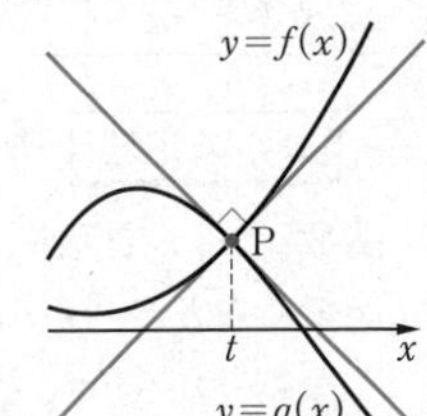

解 $f(x)=e^x$，$g(x)=\sqrt{r^2-x^2}$ とおくと

$$f'(x)=e^x,\ g'(x)=\frac{-x}{\sqrt{r^2-x^2}}$$

共有点 P の x 座標を t とおくと

$f(t)=g(t)$ より　　$e^t=\sqrt{r^2-t^2}$　　$\cdots①$

点 P におけるそれぞれの接線が直交することより

$$f'(t)g'(t)=-1$$

よって

$$\frac{-te^t}{\sqrt{r^2-t^2}}=-1 \quad \cdots②$$

① を ② に代入すると

$$t=1$$

① に代入すると　　$e=\sqrt{r^2-1}$

両辺を 2 乗して整理すると

$$r^2=e^2+1$$

$r>1$ であるから　　$r=\sqrt{e^2+1}$

◀ $y=\sqrt{r^2-x^2}\geqq 0$
また，両辺を 2 乗すると $y^2=r^2-x^2$ であるから，この方程式は，円 $x^2+y^2=r^2$ の $y\geqq 0$ の部分（半円）を表す。

◀ 直交する 2 直線の傾きの積は -1

Point... 2 曲線の関係

2 つの曲線 $y=f(x)$ と $y=g(x)$ が点 $\mathrm{P}(t,\ f(t))$ を共有するとき

(1)　点 P における接線が一致する $\iff$ $f(t)=g(t)$，$f'(t)=g'(t)$
　このとき，2 曲線は点 P で **接する** という。（例題 86 参照）

(2)　点 P における接線が直交する $\iff$ $f(t)=g(t)$，$f'(t)g'(t)=-1$
　このとき，2 曲線は点 P で **直交する** という。（例題 88 参照）

練習 88　2 曲線 $y=\log(2x+3)$ と $y=a-\log x$ の交点における両曲線の接線が直交するとき，a の値を求めよ。（小樽商科大）

➡p.178 問題88

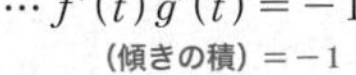

Go Ahead 6 平均値の定理

平均値の定理は，ロルの定理とよばれる定理を用いて証明することができます。ここで，ロルの定理とその証明を学習し，平均値の定理を証明してみましょう。

ロルの定理

関数 $f(x)$ が閉区間 $[a,\ b]$ で連続，開区間 $(a,\ b)$ で微分可能であるとき，$f(a)=f(b)$ ならば $f'(c)=0\ (a<c<b)$ となる c が少なくとも1つ存在する。

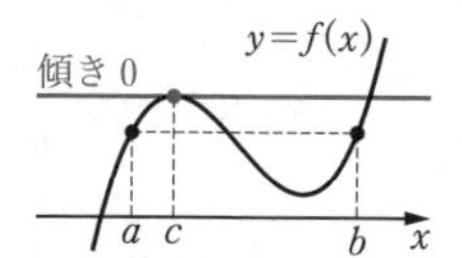

〔ロルの定理の証明〕

$f(a)=f(b)=k$（k は実数）とおくと

(ア) 閉区間 $[a,\ b]$ で常に $f(x)=k$ となるとき

$a<x<b$ となるすべての x について　$f'(x)=0$

(イ) $f(x)>k\ (a<x<b)$ となる x が存在するとき

$f(x)$ は閉区間 $[a,\ b]$ で連続であるから，$f(x)$ は $a,\ b$ と異なる点 $x=c\ (a<c<b)$ で最大値をとる。

すなわち，$a<x<b$ のとき　$f(c) \geqq f(x)$

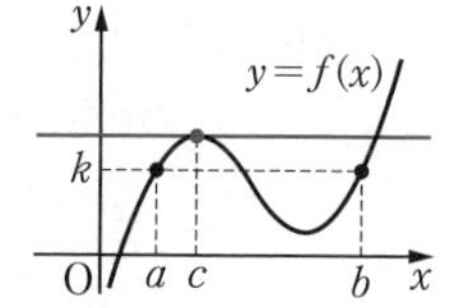

$f(x)$ は $x=c$ において微分可能であるから

$$f'(c)=\lim_{x\to c}\frac{f(x)-f(c)}{x-c}$$

$x>c$ のとき，$\dfrac{f(x)-f(c)}{x-c} \leqq 0$ であるから　$f'(c)=\displaystyle\lim_{x\to c+0}\frac{f(x)-f(c)}{x-c} \leqq 0$

$x<c$ のとき，$\dfrac{f(x)-f(c)}{x-c} \geqq 0$ であるから　$f'(c)=\displaystyle\lim_{x\to c-0}\frac{f(x)-f(c)}{x-c} \geqq 0$

したがって　$f'(c)=0$

(ウ) $f(x)<k\ (a<x<b)$ となる x が存在するとき

$f(x)$ は $a,\ b$ と異なる点 $x=c\ (a<c<b)$ で最小値をとり，(イ)と同様に　$f'(c)=0$

(ア)〜(ウ)より，$f(a)=f(b)$ のとき定理は成り立つ。

〔平均値の定理の証明〕

$u=\dfrac{f(b)-f(a)}{b-a}$ とするとき，$g(x)=f(x)-f(a)-u(x-a)$ とおく。

$g(x)$ は閉区間 $[a,\ b]$ で連続，開区間 $(a,\ b)$ で微分可能で，$g(b)=g(a)=0$ であるから，ロルの定理により，$g'(c)=0\ (a<c<b)$ となる c が存在する。

$g'(x)=f'(x)-u$ であるから，$g'(c)=0$ より　$f'(c)=u$

すなわち，$\dfrac{f(b)-f(a)}{b-a}=f'(c)\ (a<c<b)$ を満たす実数 c が存在する。

例題 89 平均値の定理

D ★★☆☆

(1) 関数 $f(x)=x^3$ の区間 $[1,\ 4]$ に対して，平均値の定理を満たす定数 c の値を求めよ。

(2) 関数 $f(x)=\dfrac{1}{x}$ $(x>0)$ において，a，h を正の定数とするとき

平均値の定理 $f(a+h)=f(a)+hf'(a+\theta h),\ 0<\theta<1$ $\cdots(*)$

を満たす θ の値を求めよ。

思考のプロセス

定理の利用 **平均値の定理** $f(x)$ が2つの条件㋐，㋑を満たすことを確認する。

関数 $f(x)$ が ㋐閉区間 $[a,\ b]$ で連続 ㋑開区間 $(a,\ b)$ で微分可能

$\Longrightarrow \dfrac{f(b)-f(a)}{b-a}=f'(c)$，$a<c<b$

を満たす実数 c が存在する。

└→ (l_1 の傾き) = (l_2 の傾き) となる c が，a と b の間に存在

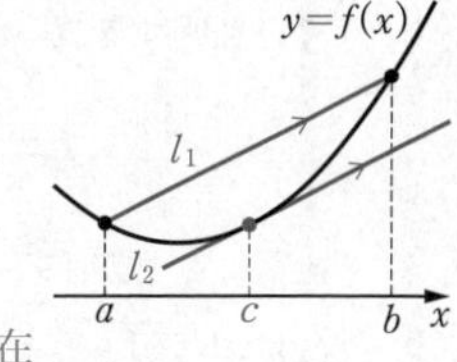

Action» 平均値の定理は，連続・微分可能な区間で考えることに注意せよ

解 (1) $f(x)=x^3$ は区間 $[1,\ 4]$ で連続であり，区間 $(1,\ 4)$ で微分可能であるから，平均値の定理により

$$\frac{f(4)-f(1)}{4-1}=f'(c)\ \cdots①,\quad 1<c<4$$

を満たす c が存在する。

$f'(x)=3x^2$ であるから，① より $21=3c^2$

$c^2=7$ であり，$1<c<4$ より $\boldsymbol{c=\sqrt{7}}$

◀ $f(4)=4^3=64$，$f(1)=1^3=1$ より $\dfrac{64-1}{3}=3c^2$

◀ $2<\sqrt{7}<3$

(2) $a>0$，$h>0$ であるから，関数 $f(x)$ は区間 $[a,\ a+h]$ で連続，区間 $(a,\ a+h)$ で微分可能である。

◀ $f(x)$ の定義域は $x>0$

また，$f'(x)=-\dfrac{1}{x^2}$ であるから，$(*)$ より

$$\frac{1}{a+h}=\frac{1}{a}+h\left\{-\frac{1}{(a+\theta h)^2}\right\}\ \cdots②,\quad 0<\theta<1$$

◀ $f'(a+\theta h)=-\dfrac{1}{(a+\theta h)^2}$

を満たす θ が存在する。② を整理すると

$$\frac{h}{(a+\theta h)^2}=\frac{h}{a(a+h)}\ より\quad (a+\theta h)^2=a(a+h)$$

$a+\theta h>0$ であるから $a+\theta h=\sqrt{a(a+h)}$

$h>0$ より $(*)$ を満たす θ は $\boldsymbol{\theta=\dfrac{-a+\sqrt{a^2+ah}}{h}}$

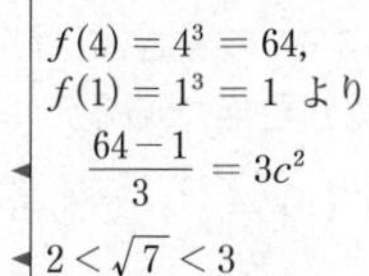

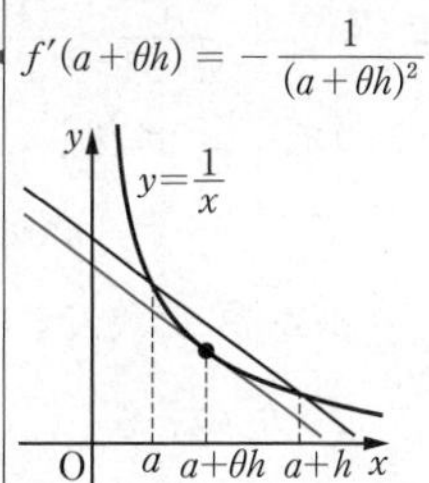

練習 89 (1) 関数 $f(x)=\sqrt{x}$ の区間 $[1,\ 9]$ に対して，平均値の定理を満たす定数 c の値を求めよ。

(2) 関数 $f(x)=x^3$ において，例題89の $(*)$ を満たす θ について，$\lim\limits_{h\to 0}\theta$ の値を求めよ。ただし，$a\neq 0$，$h>0$ とする。

➡p.178 問題89

例題 90　平均値の定理と不等式の証明　★★☆☆

平均値の定理を用いて，次の不等式を証明せよ。

$a>0$ のとき　$\dfrac{1}{a+1}<\log\dfrac{a+1}{a}<\dfrac{1}{a}$

思考のプロセス

平均値の定理の式 … $\underbrace{\dfrac{f(b)-f(a)}{b-a}}_{\text{平均変化率}}=f'(c)$　$(a<c<b)$

逆向きに考える

証明する式を平均変化率の形が現れるように変形する。

証明する式　$\dfrac{1}{a+1}<\log\dfrac{a+1}{a}<\dfrac{1}{a}$

$\Longrightarrow \dfrac{1}{a+1}<\log(a+1)-\log a<\dfrac{1}{a}$

$\Longrightarrow \dfrac{1}{a+1}<\dfrac{\log(a+1)-\log a}{(a+1)-a}<\dfrac{1}{a}$ を示したい。

$f(x)=$ □ とおくと，□ $=f'(c)$ となる c が □ $<c<$ □ に存在。

Action» 平均変化率 $\dfrac{f(b)-f(a)}{b-a}$ を含む不等式の証明は，平均値の定理を利用せよ

解　$f(x)=\log x$ とおくと，$f(x)$ は $x>0$ で連続かつ微分可能であるから，
$a>0$ のとき，区間 $[a,\ a+1]$ で連続，区間 $(a,\ a+1)$ で微分可能である。

◀証明する不等式は $\dfrac{1}{a+1}<\dfrac{\log(a+1)-\log a}{(a+1)-a}<\dfrac{1}{a}$ と同値である。

例題89　$f'(x)=\dfrac{1}{x}$ であるから，平均値の定理により

$$\frac{\log(a+1)-\log a}{(a+1)-a}=\frac{1}{c}\ \cdots①,\qquad a<c<a+1\ \cdots②$$

を満たす c が存在する。

ここで，$a>0$ であるから，② より

$$\frac{1}{a+1}<\frac{1}{c}<\frac{1}{a}\qquad\cdots③$$

◀$0<a<c<a+1$ について，辺々の逆数をとると $\dfrac{1}{a+1}<\dfrac{1}{c}<\dfrac{1}{a}$

また，① より

$$\frac{1}{c}=\log(a+1)-\log a=\log\frac{a+1}{a}\qquad\cdots④$$

④ を ③ に代入すると

$a>0$ のとき　$\dfrac{1}{a+1}<\log\dfrac{a+1}{a}<\dfrac{1}{a}$

練習 90　平均値の定理を用いて，次の不等式を証明せよ。

$0<a<b$ のとき　$1-\dfrac{a}{b}<\log\dfrac{b}{a}<\dfrac{b}{a}-1$

➡p.178 問題90

例題 91 平均値の定理と極限値〔1〕 ★★★☆

極限値 $\displaystyle\lim_{x\to 0}\frac{\sin x-\sin x^2}{x-x^2}$ を求めよ。

思考のプロセス

定理の利用 例題 76 と似ているが，少し違う。

例題 76 (1) … $\displaystyle\lim_{x\to 1}\frac{\sin \pi x}{x-1}$ ⟹ $\displaystyle\lim_{x\to ○}\frac{f(x)-f(定数)}{x-(定数)}$ の形 ⟵ 微分係数の定義を利用

例題 91 … $\displaystyle\lim_{x\to 0}\frac{\sin x-\sin x^2}{x-x^2}$ ⟹ $\displaystyle\lim_{x\to ○}\frac{f(x)-f(x の式)}{x-(x の式)}$ ⟵ 平均値の定理を利用

Action» 平均変化率 $\dfrac{f(b)-f(a)}{b-a}$ を含む極限は，平均値の定理を利用せよ

解 関数 $f(x)=\sin x$ はすべての実数 x について連続かつ微分可能であり　$f'(x)=\cos x$

(ア) $x<0$ のとき，$x<x^2$ であり，区間 $[x,\ x^2]$ において，平均値の定理により

$$\frac{\sin x^2-\sin x}{x^2-x}=\cos c_1,\quad x<c_1<x^2$$

を満たす c_1 が存在する。

例題 56 $x\to -0$ のとき，$x^2\to 0$ より $c_1\to 0$ であるから

$$\lim_{x\to -0}\frac{\sin x-\sin x^2}{x-x^2}=\lim_{c_1\to 0}\cos c_1=\cos 0=1$$

(イ) $x>0$ のとき，0 < x < 1 とすると　$x^2<x$

区間 $[x^2,\ x]$ において，平均値の定理により

$$\frac{\sin x-\sin x^2}{x-x^2}=\cos c_2,\quad x^2<c_2<x$$

を満たす c_2 が存在する。

例題 56 $x\to +0$ のとき，$x^2\to 0$ より $c_2\to 0$ であるから

$$\lim_{x\to +0}\frac{\sin x-\sin x^2}{x-x^2}=\lim_{c_2\to 0}\cos c_2=\cos 0=1$$

例題 48 (ア), (イ) より，$\displaystyle\lim_{x\to -0}\frac{\sin x-\sin x^2}{x-x^2}=\lim_{x\to +0}\frac{\sin x-\sin x^2}{x-x^2}$ であるから　$\displaystyle\lim_{x\to 0}\frac{\sin x-\sin x^2}{x-x^2}=1$

〔別解〕 (3 行目以降)

$x\neq 0, 1$ のとき，平均値の定理により，$\dfrac{\sin x-\sin x^2}{x-x^2}=\cos c$

を満たす c が，x と x^2 の間に存在する。

$x\to 0$ のとき $x^2\to 0$ より，$c\to 0$ であるから

$$\lim_{x\to 0}\frac{\sin x-\sin x^2}{x-x^2}=\lim_{c\to 0}\cos c=1$$

◀ 場合に分ける
$x\to +0$ のときと，$x\to -0$ のときで，x と x^2 の大小が異なることに注意して場合分けする。

◀ $x<c_1<x^2$ に，はさみうちの原理を用いる。

◀ $\dfrac{\sin x-\sin x^2}{x-x^2}=\dfrac{\sin x^2-\sin x}{x^2-x}$

◀ ! $x\to +0$ を考えるから $0<x<1$ としてよい。

◀ $x^2<c_2<x$ に，はさみうちの原理を用いる。

◀ (左側極限) = (右側極限) であるから，その極限値が求める極限値である。

◀ ! $x\to 0$ のとき，区間の両端 x，x^2 はともに 0 に近づくから，解答の (ア), (イ) をまとめてこのようにしてもよい。

練習 91 極限値 $\displaystyle\lim_{x\to 0}\frac{\cos x-\cos x^2}{x-x^2}$ を求めよ。

➡p.179 問題91

例題 92 平均値の定理と極限値〔2〕 ★★★★

数列 $\{a_n\}$ が $a_1=1$，$\underline{a_{n+1}=\sqrt{a_n+3}}$ $(n=1,\ 2,\ 3,\ \cdots)$ で定義されているとき，$\lim\limits_{n\to\infty}a_n$ を求めよ。

思考のプロセス

«ReAction 直接求めにくい極限値は，はさみうちの原理を用いよ ◀例題 25

$\lim\limits_{n\to\infty}a_n$ が α に収束するとき，$\lim\limits_{n\to\infty}a_{n+1}$ も α に収束する。（例題 29 Point 参照）

既知の問題に帰着

$\Longrightarrow$ α は $\underline{\alpha=\sqrt{\alpha+3}}$ の解

$\Longrightarrow$ $a_{n+1}-\alpha \leqq r(a_n-\alpha)\ (0<r<1)$ に変形できれば，例題 31 に帰着できる。

$\Longrightarrow$ $\dfrac{a_{n+1}-\alpha}{a_n-\alpha}\leqq r \iff \dfrac{\sqrt{a_n+3}-\sqrt{\alpha+3}}{a_n-\alpha}\leqq r$ ⟵ 平均値の定理の利用

解 与えられた漸化式は，$\alpha=\sqrt{\alpha+3}$ を満たすただ1つの解

$\alpha=\dfrac{1+\sqrt{13}}{2}$ を用いて，

$a_{n+1}-\alpha=\sqrt{a_n+3}-\sqrt{\alpha+3}$ …① と変形できる。

$a_1=1$，$a_{n+1}=\sqrt{a_n+3}$ より　　$1\leqq a_n<\alpha$　　…②

例題 89 $f(x)=\sqrt{x+3}$ とおくと，$f(x)$ は $x>0$ で連続かつ微分可能であり，$f'(x)=\dfrac{1}{2\sqrt{x+3}}$ であるから，平均値の定理により

$$\frac{\sqrt{a_n+3}-\sqrt{\alpha+3}}{a_n-\alpha}=\frac{1}{2\sqrt{c+3}}\ \cdots③,\quad a_n<c<\alpha$$

を満たす c が存在する。

①，③ より　　$a_{n+1}-\alpha=\dfrac{1}{2\sqrt{c+3}}(a_n-\alpha)$

② より　　$|a_{n+1}-\alpha|=\dfrac{1}{2\sqrt{c+3}}|a_n-\alpha|<\dfrac{1}{4}|a_n-\alpha|$

例題 19 よって

$$0<|a_n-\alpha|<\frac{1}{4}|a_{n-1}-\alpha|<\cdots<\left(\frac{1}{4}\right)^{n-1}|a_1-\alpha|$$

ここで，$\lim\limits_{n\to\infty}\left(\dfrac{1}{4}\right)^{n-1}|a_1-\alpha|=0$ であるから

はさみうちの原理より　　$\lim\limits_{n\to\infty}|a_n-\alpha|=0$

したがって　　$\lim\limits_{n\to\infty}a_n=\alpha=\boldsymbol{\dfrac{1+\sqrt{13}}{2}}$

◀与えられた漸化式より $\alpha^2=\alpha+3$，$\alpha\geqq 0$ を考える。

◀例題 31 (1) のように，数学的帰納法で示すことができる。

◀$a_n<c<\alpha$ より　$1<c$

◀$0<\dfrac{1}{4}<1$

練習 92 数列 $\{a_n\}$ が $a_1=1$，$a_{n+1}=e^{-a_n-1}$ $(n=1,\ 2,\ 3,\ \cdots)$ で定義されている。方程式 $x=e^{-x-1}$ を満たすただ1つの解を $x=\alpha$ とするとき，$\lim\limits_{n\to\infty}a_n=\alpha$ が成り立つことを示せ。 （日本大　改）

➡p.179 問題92

Go Ahead 7　ロピタルの定理

不定形の極限値を求めるとき，通常の式変形やはさみうちの原理を用いて計算する方法以外に，微分法を利用する求め方があります。ここでその方法を紹介します。

ロピタルの定理

関数 $f(x)$，$g(x)$ は，$x=a$ を含むある区間で連続，$x=a$ を除いて微分可能であり，$g'(x) \neq 0$ とすると

(A)　$f(a)=g(a)=0$ のとき

$\displaystyle\lim_{x\to a}\frac{f'(x)}{g'(x)}$ が α に収束するならば　　$\displaystyle\lim_{x\to a}\frac{f(x)}{g(x)}=\lim_{x\to a}\frac{f'(x)}{g'(x)}=\alpha$

(B)　$\displaystyle\lim_{x\to a}|f(x)|=\lim_{x\to a}|g(x)|=\infty$ のとき

$\displaystyle\lim_{x\to a}\frac{f'(x)}{g'(x)}$ が α に収束するならば　　$\displaystyle\lim_{x\to a}\frac{f(x)}{g(x)}=\lim_{x\to a}\frac{f'(x)}{g'(x)}=\alpha$

また，ある数 a に対して区間 $x>a$ で $f(x)$，$g(x)$ が微分可能であり，$g'(x) \neq 0$ とすると

(C)　$\displaystyle\lim_{x\to\infty}|f(x)|=\lim_{x\to\infty}|g(x)|=\infty$ のとき

$\displaystyle\lim_{x\to\infty}\frac{f'(x)}{g'(x)}$ が α に収束するならば　　$\displaystyle\lim_{x\to\infty}\frac{f(x)}{g(x)}=\lim_{x\to\infty}\frac{f'(x)}{g'(x)}=\alpha$

例　(1)　$\displaystyle\lim_{x\to0}\frac{e^x-1}{\sin\pi x}=\lim_{x\to0}\frac{(e^x-1)'}{(\sin\pi x)'}$

$\displaystyle=\lim_{x\to0}\frac{e^x}{\pi\cos\pi x}=\frac{1}{\pi}$　　…(A)の利用

(2)　$\displaystyle\lim_{x\to0}x\log|x|=\lim_{x\to0}\frac{\log|x|}{\frac{1}{x}}=\lim_{x\to0}\frac{(\log|x|)'}{\left(\frac{1}{x}\right)'}$

$\displaystyle=\lim_{x\to0}\frac{\frac{1}{x}}{-\frac{1}{x^2}}=\lim_{x\to0}(-x)=0$　　…(B)の利用

(3)　$\displaystyle\lim_{x\to\infty}\frac{x}{e^x}=\lim_{x\to\infty}\frac{(x)'}{(e^x)'}=\lim_{x\to\infty}\frac{1}{e^x}=0$　　…(C)の利用

このように，ロピタルの定理を使うと不定形の極限の計算が容易にできる場合が多くあります。しかし，高校の範囲では，ロピタルの定理を使わないと解けない問題を扱うことはなく，定理が使える条件をきちんと確かめないと利用できません。
よって，この定理は解答に用いるのではなく，検算に利用する程度にとどめておくようにしましょう。

接線と法線，平均値の定理

▶▶解答編 p.150

81 ★☆☆☆ 次の曲線上の点Pにおける接線および法線の方程式を求めよ。

(1) $y=\sqrt{1-2x}$，P$(-4,\ 3)$　　(2) $y=\tan x$，P$\left(\dfrac{\pi}{4},\ 1\right)$

82 ★★☆☆ 曲線 $\sqrt{x}+\sqrt{y}=\sqrt{a}$ $(a>0)$ 上の点における接線が，x 軸，y 軸と交わる点をそれぞれA，Bとする。原点をOとするとき，OA＋OBは一定であることを示せ。

83 ★★☆☆ 曲線 $x=a\cos^3 3\theta$，$y=a\sin^3 3\theta$ $\left(a>0,\ 0\leqq\theta\leqq\dfrac{\pi}{6}\right)$ 上の端点ではない点Pにおける接線と x 軸，y 軸との交点をそれぞれA，Bとするとき，線分ABの長さは点Pの位置によらず一定であることを示せ。

84 ★★☆☆ 曲線 $y=x\cos x$ の接線で，原点を通るものをすべて求めよ。　（東京都市大）

85 ★★☆☆ 曲線 $x^2-y^2=1$ に点 $(0,\ 1)$ から引いた接線の方程式を求めよ。

86 ★★★☆ 2つの曲線 $y=e^{\frac{x}{3}}$ と $y=a\sqrt{2x-2}+b$ は，x 座標が3である点Pにおいて共通な接線をもっている。このとき，次の問に答えよ。

(1) 定数 a，b の値を定めよ。　　(2) 共通な接線の方程式を求めよ。

87 ★★★☆ 2つの曲線 $C_1: y=-e^{-x}$，$C_2: y=e^{ax}$ $(a>0)$ の両方に接する直線を l とする。l と C_1 の接点の x 座標を求めよ。

88 ★★★☆ 2つのグラフ $y=x\sin x$，$y=\cos x$ の交点におけるそれぞれの接線は互いに直交することを証明せよ。　（愛知教育大）

89 ★★★☆ 関数 $f(x)=e^x$ において，a，h を正の定数とするとき

平均値の定理　$f(a+h)=f(a)+hf'(a+\theta h)$，$0<\theta<1$

を満たす θ について，$\displaystyle\lim_{h\to 0}\theta$ の値が $\dfrac{1}{2}$ 以上であることを示せ。ただし，不等式 $e^x\geqq 1+x+\dfrac{x^2}{2}$ $(x\geqq 0)$ を用いてもよい。

90 ★★☆☆ $0<a<b$ のとき，$(a+1)e^a(b-a)<be^b-ae^a$ であることを示せ。（岡山県立大）

91 ★★★☆ 極限値 $\lim_{x \to 0} \dfrac{e^x - e^{\sin x}}{x - \sin x}$ を求めよ。

92 ★★★★ 関数 $f(x)$ を $f(x)=\dfrac{1}{2}x\{1+e^{-2(x-1)}\}$ とする。数列 $\{x_n\}$ が $x_0>0$, $x_{n+1}=f(x_n)$ $(n=0,\ 1,\ 2,\ \cdots)$ で定義されている。$x>\dfrac{1}{2}$ ならば $0 \leqq f'(x)<\dfrac{1}{2}$ であることを利用して，次の問に答えよ。

(1) $x_0>\dfrac{1}{2}$ のとき，$x_n>\dfrac{1}{2}$ $(n=0,\ 1,\ 2,\ \cdots)$ を示せ。

(2) $x_0>\dfrac{1}{2}$ のとき，$\lim_{n \to \infty} x_n=1$ であることを示せ。　　　　（東京大　改）

本質を問う 7

▶▶解答編 p.157

1 直線 $x=0$ は曲線 $y=x^3$ 上の点 $(0,\ 0)$ における法線といえるか。 ◀p.162 1

2 円 $x^2+y^2=r^2$ 上の点 $\mathrm{P}(x_1,\ y_1)$ における接線の方程式が $x_1x+y_1y=r^2$ となることを，微分法を用いて証明せよ。 ◀p.165 Play Back 8

3 関数 $f(x)$ が閉区間 $[a,\ b]$ で連続，開区間 $(a,\ b)$ で微分可能ならば

$$\frac{f(b)-f(a)}{b-a}=f'(c),\quad a<c<b$$

を満たす実数 c が存在する。この平均値の定理について，次の問に答えよ。

(1) 開区間 $(a,\ b)$ で微分可能でない点が1つでもあれば，定理の式を満たす c が存在するとは限らない。そのような例を1つ挙げよ。

(2) 区間について，「閉区間で連続，開区間で微分可能」と区間の種類が異なっている。ここで，連続についての条件を「開区間 $(a,\ b)$ で連続」と変更するのはよいか。 ◀p.162 概要2

Let's Try! 7

▶▶解答編 p.158

① 曲線 $y=e^x$ 上の点Aにおける接線と法線が x 軸と交わる点を，それぞれB，Cとする。△ABCの面積が5のとき，次の問に答えよ。

(1) 点Aの座標を求めよ。

(2) △ABCの外心の座標を求めよ。 （信州大　改）

◀例題81

② 媒介変数 θ を用いて，曲線を $\begin{cases} x=(1+\cos\theta)\cos\theta \\ y=(1+\cos\theta)\sin\theta \end{cases}$ で表したとき，この曲線の $\theta=\dfrac{\pi}{4}$ の点における接線の傾きを求めよ。 （信州大）

◀例題83

③ $\log x$ は自然対数を表し，e は自然対数の底を表す。$y=x^2-2x$ と $y=\log x+a$ によって定まる xy 平面上の2つの曲線が接するとき

(1) a の値を求めよ。

(2) この接点における共通接線の方程式を求めよ。

（上智大）

◀例題86

④ $k>0$ とする。$f(x)=-(x-a)^2$ と $g(x)=\log kx$ の共有点をPとする。この点Pにおいて $f(x)$ の接線と $g(x)$ の接線が直交するとき，k を a で表せ。ただし，対数は自然対数とする。 （弘前大）

◀例題88

⑤ e を自然対数の底とする。$e \leqq p < q$ のとき，$\log(\log q)-\log(\log p)<\dfrac{q-p}{e}$ が成り立つことを示せ。 （名古屋大）

◀例題90

まとめ 8 関数の増減とグラフ

1 関数の増減と極値

(1) 関数の増減

関数 $f(x)$ が，閉区間 $[a,\ b]$ で連続，開区間 $(a,\ b)$ で微分可能であるとき

(ア) 区間 $(a,\ b)$ で常に $\boldsymbol{f'(x)>0}$ ならば，$f(x)$ は区間 $[a,\ b]$ で **増加**

(イ) 区間 $(a,\ b)$ で常に $\boldsymbol{f'(x)<0}$ ならば，$f(x)$ は区間 $[a,\ b]$ で **減少**

(ウ) 区間 $(a,\ b)$ で常に $\boldsymbol{f'(x)=0}$ ならば，$f(x)$ は区間 $[a,\ b]$ で **定数**

(2) 関数の極大・極小

ある区間で定義された連続な関数 $f(x)$ について

(ア) $f(x)$ が $x=a$ を境にして増加から減少に変化 $\Longleftrightarrow$ $x=a$ で極大

(イ) $f(x)$ が $x=a$ を境にして減少から増加に変化 $\Longleftrightarrow$ $x=a$ で極小

(3) 極大・極小と微分係数

$f(x)$ が $x=a$ で微分可能であり，$x=a$ において極値をとるならば $\boldsymbol{f'(a)=0}$

! 逆は一般には成り立たない。

概要

1 関数の増減と極値

・**(1)(ア) の証明** ((イ)，(ウ) も同様に証明できる。)

区間 $[a,\ b]$ の中に，$x_1<x_2$ となる任意の2数 x_1，x_2 をとれば，平均値の定理により

$\dfrac{f(x_2)-f(x_1)}{x_2-x_1}=f'(c)$ …①，$x_1<c<x_2$ を満たす c が存在する。

区間 $(a,\ b)$ で常に $f'(x)>0$ であるから　　$f'(c)>0$　　…②

ここで，$x_1<x_2$ より $x_2-x_1>0$ であるから，①，② より　　$f(x_2)-f(x_1)>0$

ゆえに　　$f(x_1)<f(x_2)$

すなわち，区間 $[a,\ b]$ の中の2数 x_1，x_2 に対して

$x_1<x_2$　ならば　$f(x_1)<f(x_2)$

が成り立つ。ゆえに，$f(x)$ は区間 $[a,\ b]$ で増加する。

・**極値に関する注意点**

〔注意 1〕 関数 $f(x)$ が $x=a$ で微分可能であるとき

$f(x)$ が $x=a$ で極値をとる $\Longrightarrow f'(a)=0$

は成り立つが，この逆は一般には成り立たない。

すなわち，$f'(a)=0$ であることは，$f(a)$ が極値であることの必要条件であるが，十分条件ではない。

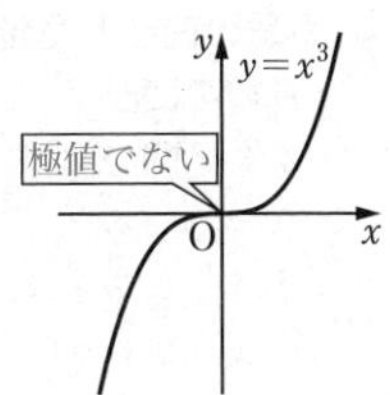

例 関数 $f(x)=x^3$ は，$f'(x)=3x^2$ であるから $f'(0)=0$ であるが，$x=0$ の前後で $f'(x)=3x^2>0$ であるから，$f(0)$ は極値ではない。グラフからも，関数 $f(x)=x^3$ は $x=0$ を境にして，増減は変わらないことが分かる。

〔注意 2〕 関数 $f(x)$ が $x=a$ で微分可能でない場合でも，関数 $f(x)$ が $x=a$ において，極値をとることがある。

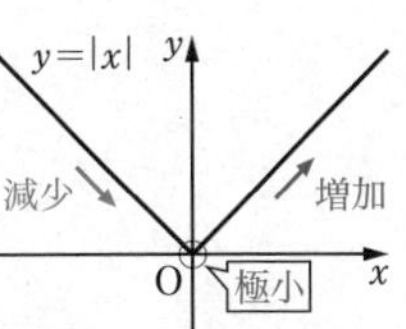

例 関数 $f(x)=|x|$ は $x=0$ で微分可能ではないが，$x=0$ を境にして，減少の状態から増加の状態に変わる。よって，関数 $f(x)=|x|$ は $x=0$ において極小値をとる。

2 曲線の凹凸と変曲点

(1) (ア) $f''(x)>0$ となる区間では，曲線 $y=f(x)$ は **下に凸**

(イ) $f''(x)<0$ となる区間では，曲線 $y=f(x)$ は **上に凸**

(2) 変曲点

曲線の凹凸が入れかわる境になる点を **変曲点** という。

$f(x)$ が 2 回微分可能であり $f''(a)=0$ であるとき，$x=a$ の前後で $f''(x)$ の符号が変わるならば，曲線 $y=f(x)$ 上の点 $(a,\ f(a))$ は変曲点である。

3 漸近線

曲線 $y=f(x)$ が原点から遠ざかるにつれて直線に限りなく近づくとき，その直線を **漸近線**という。

$\lim_{x \to a+0} f(x) = \pm\infty$ または $\lim_{x \to a-0} f(x) = \pm\infty$ ⇨ 直線 $x=a$ が漸近線

$\lim_{x \to \pm\infty} \{f(x)-b\} = 0$ ⇨ 直線 $y=b$ が漸近線

$\lim_{x \to \pm\infty} \{f(x)-(px+q)\} = 0$ ⇨ 直線 $y=px+q$ が漸近線

4 関数のグラフの概形

関数のグラフの概形は，次の ①～⑥ を調べてかく。

① 定義域を求める。

② グラフの対称性，周期性を調べる。

③ $f'(x)$ の符号から関数 $f(x)$ の増減，極値を調べる。

④ $f''(x)$ の符号から関数 $f(x)$ のグラフの凹凸，変曲点を調べる。

⑤ 漸近線の有無を調べる。また，$\lim_{x \to \pm\infty} y$ を調べる。

⑥ 座標軸との共有点や，連続でない点，微分可能でない点など，特殊な点の近くにおける様子を調べる。

概要

2 曲線の凹凸と変曲点

・曲線の凹凸

ある区間で曲線 $y=f(x)$ の接線の傾きが，x の増加にともなって
大きくなるとき，曲線はその区間で **下に凸** である，
小さくなるとき，曲線はその区間で **上に凸** である
という。

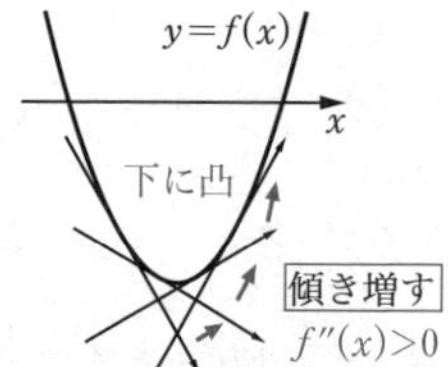

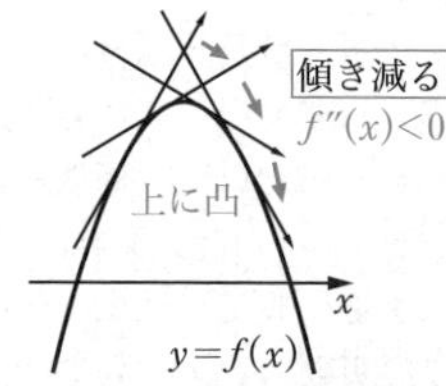

このことから

区間 I で $f''(x)>0$ $(f''(x)<0)$

⇨ 区間 I で $f'(x)$ は増加する（減少する）

⇨ 区間 I において，x の増加にともなって，接線の傾きが大きくなる（小さくなる）

⇨ 曲線 $y=f(x)$ は下に凸（上に凸）

・下に凸の曲線の性質

関数 $f(x)$ がある区間で微分可能であり，$y=f(x)$ のグラフが下に凸であるとき，次の性質が成り立つ。

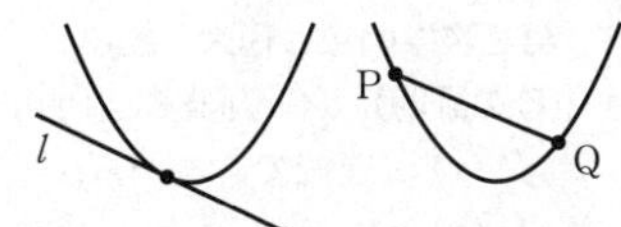

〔性質 1〕 曲線 $y=f(x)$ のこの区間での部分は，この区間内の任意の点における接線 l の上側にある。

〔性質 2〕 曲線 $y=f(x)$ 上の 2 点 P, Q を結ぶ線分は，曲線 $y=f(x)$ の P, Q の間の部分の上側にある。

上に凸の曲線についても，同様の性質が成り立つ。

・変曲点に関する注意点

曲線 $y=f(x)$ 上の点 $(a,\ f(a))$ が変曲点である $\Longrightarrow f''(a)=0$

は成り立つが，この逆は一般には成り立たない。

すなわち，$f''(a)=0$ であることは，点 $(a,\ f(a))$ が変曲点であることの必要条件であるが，十分条件ではない。

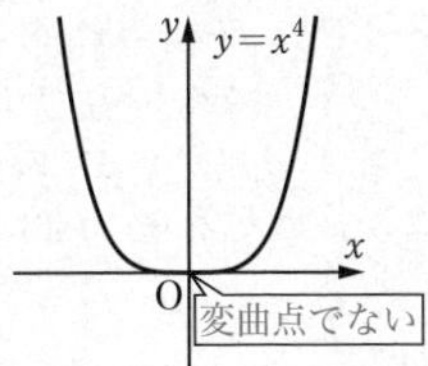

例 関数 $f(x)=x^4$ は，$f''(x)=12x^2$ であるから $f''(0)=0$ であるが，$x=0$ の前後で $f''(x)=12x^2>0$ であるから，点 $(0,\ 0)$ は曲線 $y=f(x)$ の変曲点ではない。

グラフからも，曲線 $y=f(x)$ は $x=0$ を境にして，凹凸は変わらないことが分かる。

3 漸近線

a，b，p，q の求め方は p.194 **Go Ahead** 8 を参照。

4 関数のグラフの概形

・曲線 $y=f(x)$，曲線 $F(x,\ y)=0$ の対称性

	曲線 $y=f(x)$	曲線 $F(x,\ y)=0$
x 軸に関して対称	※1	$F(x,\ -y)=F(x,\ y)$
y 軸に関して対称	$f(-x)=f(x)$	$F(-x,\ y)=F(x,\ y)$
原点に関して対称	$f(-x)=-f(x)$	$F(-x,\ -y)=F(x,\ y)$
直線 $y=x$ に関して対称	※2	$F(y,\ x)=F(x,\ y)$

! ※1 について，$y=\pm g(x)$ の形をしていれば，x 軸に関して対称である。

※2 について，例えば曲線 $y=\dfrac{1}{x}$ は $y=f(x)$ の形で表されており，直線 $y=x$ に関して対称である。これは，曲線 $F(x,\ y)=0$ の場合のように，x と y を入れかえた式が，もとの式と一致することを示せばよい。

例 図形 $|x|+|y|=k$ …①

y に $-y$ を代入しても，式は変わらない。⇨ ① は x 軸に関して対称。

x に $-x$ を代入しても，式は変わらない。⇨ ① は y 軸に関して対称。

これらより，① は原点に関しても対称である。

⑤ 第２次導関数と極大・極小

関数 $f(x)$ が連続な第２次導関数をもつとき

(ア) $f'(a)=0$, $f''(a)>0 \iff f(a)$ は **極小値**

(イ) $f'(a)=0$, $f''(a)<0 \iff f(a)$ は **極大値**

概要

⑤ 第２次導関数と極大・極小

〔(ア) の証明〕 ((イ) も同様に証明できる。)

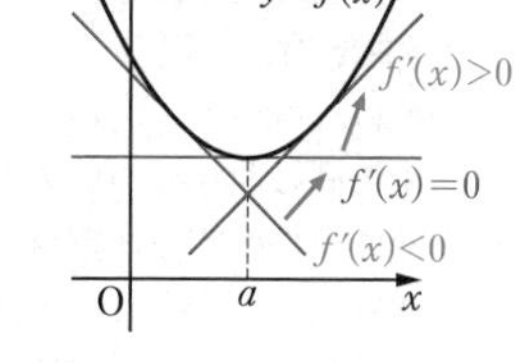

$f''(x)$ が連続であるから，$f''(a)>0$ ならば a の近くで常に $f''(x)>0$ となる。

よって，a の近くでは $f'(x)$ は増加する。

そして，$f'(a)=0$ であるから，x が増加しながら a を通過するとき，$f'(x)$ の値は負から正に変わる。

ゆえに，$f(a)$ は極小値である。

! $f'(a)=0$, $f''(a)=0$ である場合には，$f(a)$ は極値であることもあり，極値でないこともある。

例 $f(x)=x^3$ のとき，$f'(0)=0$, $f''(0)=0$ であるが，$f(0)$ は極値ではない。
$f(x)=x^4$ のとき，$f'(0)=0$, $f''(0)=0$ であり，$f(0)$ は極小値である。

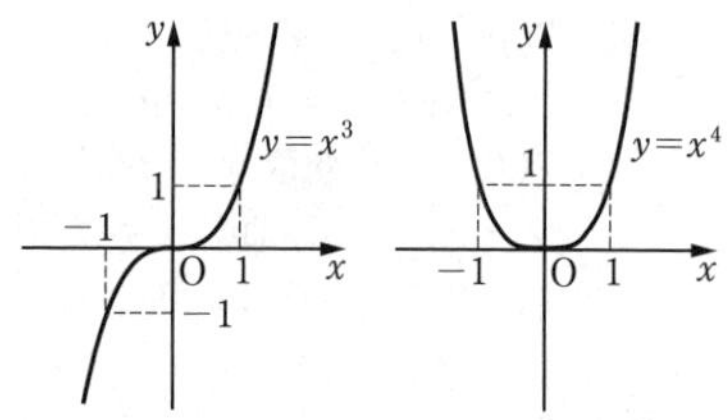

D 頻出
★☆☆☆

例題 93 関数の極値〔1〕…分数関数

次の関数の極値を求めよ。

(1) $y=\dfrac{x^2}{x+1}$ (2) $y=\dfrac{4x}{x^2+1}$

思考のプロセス

« ReAction 関数の増減は，導関数の符号を調べよ ◀ⅡB 例題 220

段階的に考える

基本的には数学Ⅱと同様に考えるが，特に，数学Ⅲでは太字に注意する。

① **定義域を求める。**
② 導関数 y' を求める。
③ $y'=0$ となる x を求める。
④ y' の符号の変化を確認し，増減表をつくる。
⑤ 極大値・極小値を求める。

! 分数関数の注意点 … ① (分母) $=0$ となる x は定義域に含まれない。
④ (分母) $=0$ となる x の値も増減表に入れる。

解 (1) この関数の定義域は　$x \neq -1$

◀分母が0になるとき，関数は定義されない。

例題 65

$$y'=\frac{2x(x+1)-x^2\cdot 1}{(x+1)^2}=\frac{x(x+2)}{(x+1)^2}$$

◀ $y=x-1+\dfrac{1}{x+1}$ と変形してから微分してもよい。

$y'=0$ とすると　$x=-2,\ 0$

よって，y の増減表は次のようになる。

x	$\cdots$	-2	$\cdots$	-1	$\cdots$	0	$\cdots$
y'	$+$	0	$-$		$-$	0	$+$
y	↗	-4	↘		↘	0	↗

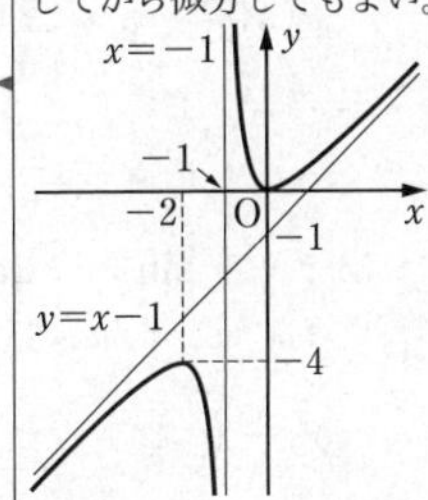

ゆえに，この関数は

$x=-2$ のとき　極大値 -4

$x=0$ のとき　極小値 0

◀極大値より極小値の方が大きくなることがある。

(2) この関数の定義域は実数全体である。

◀ x が実数のとき (分母) $=x^2+1>0$ であるから，定義域は実数全体となる。

例題 65

$$y'=\frac{4(x^2+1)-4x\cdot 2x}{(x^2+1)^2}=-\frac{4(x+1)(x-1)}{(x^2+1)^2}$$

$y'=0$ とすると　$x=\pm 1$

よって，y の増減表は右のようになる。

x	$\cdots$	-1	$\cdots$	1	$\cdots$
y'	$-$	0	$+$	0	$-$
y	↘	-2	↗	2	↘

ゆえに，この関数は

$x=1$ のとき　極大値 2

$x=-1$ のとき　極小値 -2

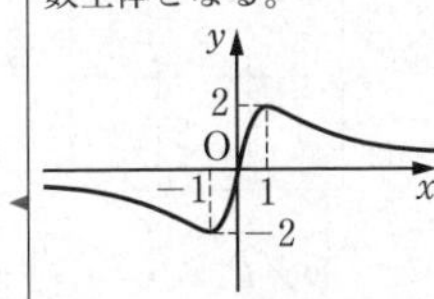

◀ $\displaystyle\lim_{x\to\infty}y=0$，$\displaystyle\lim_{x\to-\infty}y=0$ より x 軸は漸近線である。

練習 93 次の関数の極値を求めよ。

(1) $y=\dfrac{x^2-2x+4}{x-2}$ (2) $y=\dfrac{x^3-2x-2}{x}$ (3) $y=\dfrac{2(x-1)}{x^2-2x+2}$

➡p.209 問題93

例題 **94　関数の極値〔2〕…三角関数**

D　頻出
★☆☆☆

次の関数の極値を求めよ。
(1)　$y = x - \sin 2x\ (0 \leqq x \leqq \pi)$　　(2)　$y = \sin 2x - 2\cos x\ (0 \leqq x \leqq 2\pi)$

思考のプロセス

«ReAction 関数の増減は，導関数の符号を調べよ ◀IIB 例題 220

段階的に考える　例題 93 と同様に考える。

! 三角関数の注意点 … y' の符号は単位円などを利用する。

解 (1)　$y = x - \sin 2x$ について　　$y' = 1 - 2\cos 2x$

例題 71

$y' = 0$ とすると　　$\cos 2x = \dfrac{1}{2}$

$0 \leqq x \leqq \pi$ の範囲で　　$x = \dfrac{\pi}{6},\ \dfrac{5}{6}\pi$

よって，y の増減表は次のようになる。

x	0	$\cdots$	$\dfrac{\pi}{6}$	$\cdots$	$\dfrac{5}{6}\pi$	$\cdots$	π
y'		$-$	0	$+$	0	$-$	
y	0	↘	$\dfrac{\pi}{6} - \dfrac{\sqrt{3}}{2}$	↗	$\dfrac{5}{6}\pi + \dfrac{\sqrt{3}}{2}$	↘	π

ゆえに　$x = \dfrac{5}{6}\pi$ **のとき　極大値** $\dfrac{5}{6}\pi + \dfrac{\sqrt{3}}{2}$

$x = \dfrac{\pi}{6}$ **のとき　極小値** $\dfrac{\pi}{6} - \dfrac{\sqrt{3}}{2}$

◀ $0 \leqq 2x \leqq 2\pi$ において $\cos 2x = \dfrac{1}{2}$ より $2x = \dfrac{\pi}{3},\ \dfrac{5}{3}\pi$

y' の符号の考え方は，
p.187 **Play Back** 9 を参照。

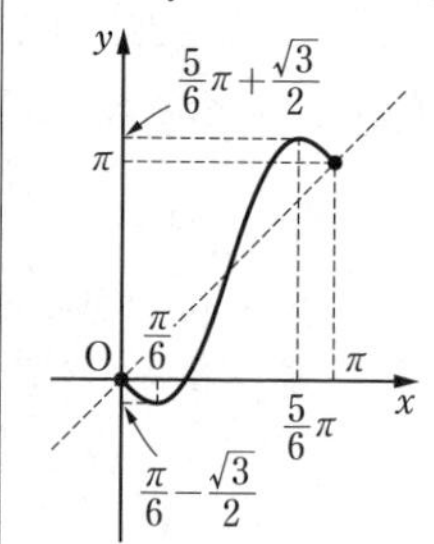

(2)　$y = \sin 2x - 2\cos x$ について

例題 71

$$y' = 2\cos 2x + 2\sin x = -2(2\sin x + 1)(\sin x - 1)$$

◀ $\cos 2x = 1 - 2\sin^2 x$

$y' = 0$ とすると　　$\sin x = -\dfrac{1}{2},\ 1$

$0 \leqq x \leqq 2\pi$ の範囲で　　$x = \dfrac{\pi}{2},\ \dfrac{7}{6}\pi,\ \dfrac{11}{6}\pi$

よって，y の増減表は次のようになる。

x	0	$\cdots$	$\dfrac{\pi}{2}$	$\cdots$	$\dfrac{7}{6}\pi$	$\cdots$	$\dfrac{11}{6}\pi$	$\cdots$	2π
y'		$+$	0	$+$	0	$-$	0	$+$	
y	-2	↗	0	↗	$\dfrac{3\sqrt{3}}{2}$	↘	$-\dfrac{3\sqrt{3}}{2}$	↗	-2

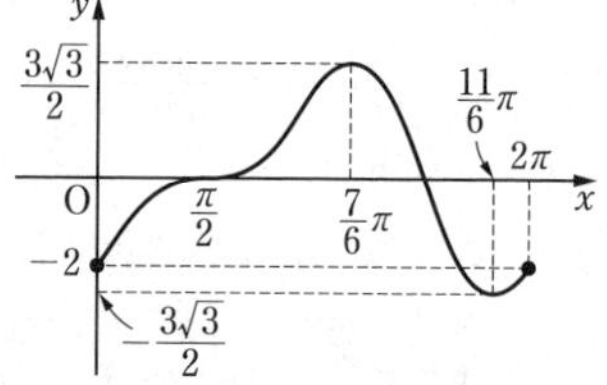

ゆえに　$x = \dfrac{7}{6}\pi$ **のとき　極大値** $\dfrac{3\sqrt{3}}{2}$

$x = \dfrac{11}{6}\pi$ **のとき　極小値** $-\dfrac{3\sqrt{3}}{2}$

◀ $x = \dfrac{\pi}{2}$ の前後で y' の符号は変わらないから，$x = \dfrac{\pi}{2}$ のときは極値ではない。

練習 **94**　次の関数の極値を求めよ。ただし，$0 \leqq x \leqq 2\pi$ とする。
(1)　$y = x - 2\cos x$　　(2)　$y = \cos 2x - 2\cos x$

➡p.209 問題94

Play Back 9 導関数 y' の符号の考え方

例題 94 では，導関数 y' が三角関数を含んでいて，y' の符号を考えるのが少し難しかったです。
どのように考えるとよいでしょうか？

y' の符号は，次のいずれかのように考えてみるとよいでしょう。

〔考え方 1〕 単位円を用いて，y' の各因数の符号を考える。

例題 94 (1) $y' = 1 - 2\cos 2x$

角 $2x$ の動径と単位円で考える。

$0 \leqq x \leqq \pi$ より $0 \leqq 2x \leqq 2\pi$ であり，右の図のようになるから

$1-2\cos 2x$ の符号

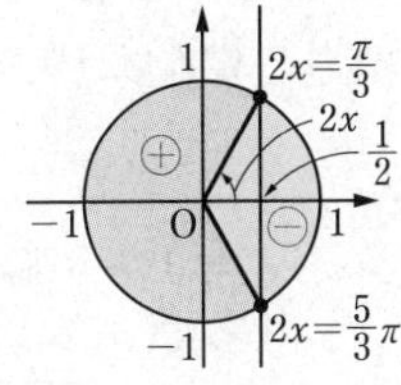

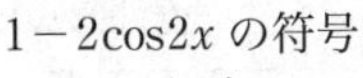

$2x$	0	…	$\frac{\pi}{3}$	…	$\frac{5}{3}\pi$	…	2π
x	0	…	$\frac{\pi}{6}$	…	$\frac{5}{6}\pi$	…	π
y'		$-$	0	$+$	0	$-$	

例題 94 (2)

$y' = -2(2\sin x + 1)(\sin x - 1)$

単位円を用いて，各因数の符号を考えると，右の図のようになるから

$2\sin x + 1$ の符号

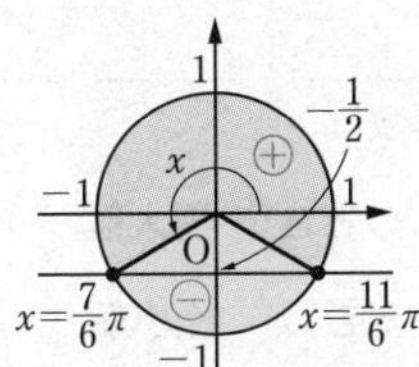

$\sin x - 1$ の符号

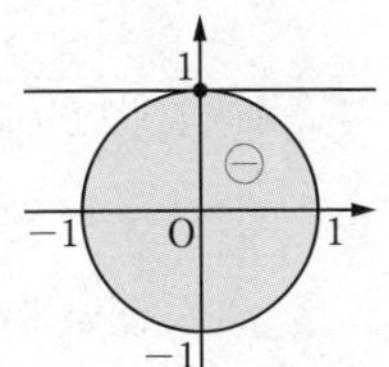

x	0	…	$\frac{\pi}{2}$	…	$\frac{7}{6}\pi$	…	$\frac{11}{6}\pi$	…	2π
$2\sin x+1$		$+$	$+$	$+$	0	$-$	0	$+$	
$\sin x-1$		$-$	0	$-$	$-$	$-$	$-$	$-$	
y'		$+$	0	$+$	0	$-$	0	$+$	

〔考え方 2〕 y' の式に，具体的に x の値を代入してみる。

y' が連続な関数であれば，y' の符号が変わり得るのは，$y'=0$ となる x の値の前後のみである。

よって，例題 94 (2) において，右の ①～④ の区間内で y' の符号は変わらない。

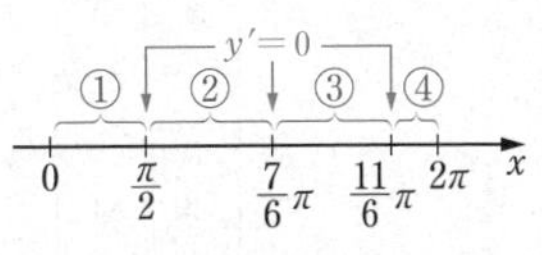

したがって，①～④ それぞれの区間に含まれる具体的な x の値における y' の符号を考えれば，その区間全体の y' の符号が分かる。

例えば，$x=0$ のとき $y'=2\,(>0)$ より，① の区間で常に $y'>0$

$x=\pi$ のとき $y'=2\,(>0)$ より，② の区間で常に $y'>0$

$x=\frac{3}{2}\pi$ のとき $y'=-4\,(<0)$ より，③ の区間で常に $y'<0$

$x=2\pi$ のとき $y'=2\,(>0)$ より，④ の区間で常に $y'>0$

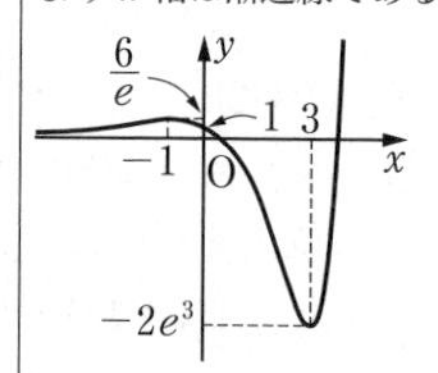

3章 8 関数の増減とグラフ

例題 95　関数の極値〔3〕…指数関数・対数関数

D　頻出
★☆☆☆

次の関数の極値を求めよ。

(1)　$y=(x^2-4x+1)e^x$　　　(2)　$y=x(\log x-1)^2$

思考のプロセス

«ReAction 関数の増減は，導関数の符号を調べよ ◀ⅡB 例題 220

段階的に考える　例題 93，94 と同様に考える。

指数関数の注意点 … y' の符号を考えるとき，常に $e^x>0$ である。

対数関数の注意点 … $\log x$ の定義域は　$x>0$　⬅ 真数条件

解 (1)　定義域は実数全体である。

例題 73

$$y'=(2x-4)\cdot e^x+(x^2-4x+1)\cdot e^x$$
$$=(x+1)(x-3)e^x$$

◀ $e^x>0$ であるから，y' の符号は $(x+1)(x-3)$ の符号と一致する。

$y'=0$ とすると　$x=-1,\ 3$

よって，y の増減表は次のようになる。

x	$\cdots$	-1	$\cdots$	3	$\cdots$
y'	$+$	0	$-$	0	$+$
y	↗	$\frac{6}{e}$	↘	$-2e^3$	↗

◀ $\lim_{x\to\infty}y=\infty$

また $t=-x$ とおくと

$\lim_{x\to-\infty}y=\lim_{t\to\infty}\frac{t^2+4t+1}{e^t}=0$

より x 軸は漸近線である。

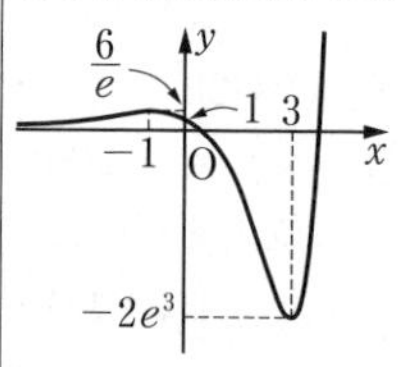

ゆえに，この関数は

$x=-1$ のとき　極大値 $\frac{6}{e}$

$x=3$ のとき　極小値 $-2e^3$

(2)　定義域は　$x>0$

◀ 真数条件

例題 72

$$y'=1\cdot(\log x-1)^2+x\cdot 2(\log x-1)\cdot\frac{1}{x}$$
$$=(\log x-1)(\log x+1)$$

◀ $(\log x)'=\frac{1}{x}$

$y'=0$ とすると　$x=\frac{1}{e},\ e$

◀ $\log x=\pm1$ より $x=e^{\pm1}$

よって，y の増減表は次のようになる。

◀ 区間ごとに $\log x+1$，$\log x-1$ の符号を調べ，y' の符号を調べる。

x	0	$\cdots$	$\frac{1}{e}$	$\cdots$	e	$\cdots$
y'	／	$+$	0	$-$	0	$+$
y	／	↗	$\frac{4}{e}$	↘	0	↗

◀ $t=-\log x$ とおくと $x\to+0$ のとき $t\to\infty$ で

$\lim_{x\to+0}y=\lim_{t\to\infty}\frac{(-t-1)^2}{e^t}=0$

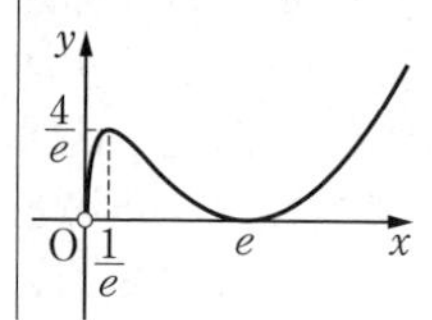

ゆえに，この関数は

$x=\frac{1}{e}$ のとき　極大値 $\frac{4}{e}$

$x=e$ のとき　極小値 0

練習 95　次の関数の極値を求めよ。

(1)　$y=(x^2-3x+1)e^{-x}$　　　(2)　$y=\frac{\log x}{x}$

➡ p.209　問題 95

例題 96 関数の極値〔4〕…微分可能でない点がある関数 ★★☆☆

関数 $y=|x|\sqrt{x+2}$ の極値を求めよ。

思考のプロセス

«ReAction 関数の増減は，導関数の符号を調べよ ◀IIB 例題 220

場合に分ける

x の範囲（定義域に注意）

$$|x|\sqrt{x+2}=\begin{cases}x\sqrt{x+2} & (\boxed{}\text{のとき})\\ -x\sqrt{x+2} & (\boxed{}\text{のとき})\end{cases}$$ それぞれ微分を考える

❗ 絶対値記号を含む関数の注意点

… 関数が微分可能でない点で極値をとる場合がある。

定義に戻る

極小 … 減少から増加に変わる点

極大 … 増加から減少に変わる点

例 $x=0$ で微分できないが極小

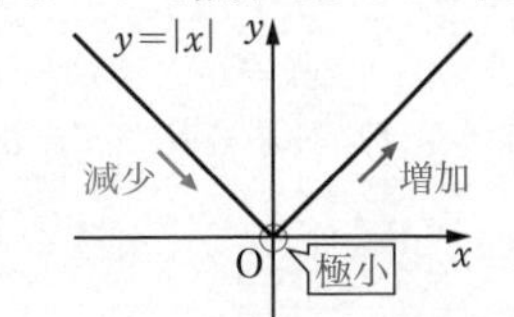

解 この関数の定義域は，$x+2\geqq 0$ より　$x\geqq -2$

(ア) $x\geqq 0$ のとき　$y=x\sqrt{x+2}$

例題66 よって，$x>0$ のとき

$$y'=\sqrt{x+2}+\frac{x}{2\sqrt{x+2}}=\frac{3x+4}{2\sqrt{x+2}}>0$$

(イ) $-2\leqq x<0$ のとき　$y=-x\sqrt{x+2}$

よって，$-2<x<0$ のとき　$y'=-\dfrac{3x+4}{2\sqrt{x+2}}$

$y'=0$ とすると

$x=-\dfrac{4}{3}$

(ア), (イ)より，y の増減表は右のようになる。

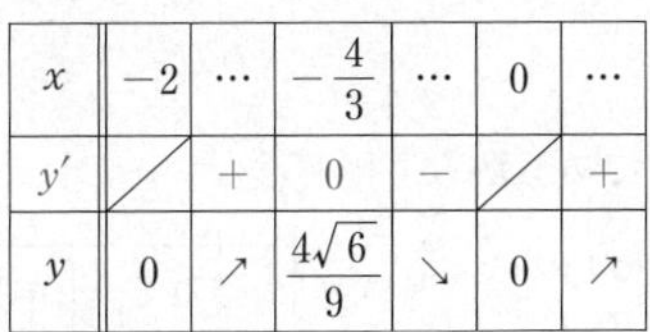

x	-2	$\cdots$	$-\frac{4}{3}$	$\cdots$	0	$\cdots$
y'	/	$+$	0	$-$	/	$+$
y	0	↗	$\frac{4\sqrt{6}}{9}$	↘	0	↗

よって，この関数は

$x=-\dfrac{4}{3}$ のとき　極大値 $\dfrac{4\sqrt{6}}{9}$

$x=0$ のとき　極小値 0

◀❗$y=|x|\sqrt{x+2}$ は $x=0$ で微分できない。Point参照。

◀❗関数の微分は定義域の端点 $x=-2$ では考えない。

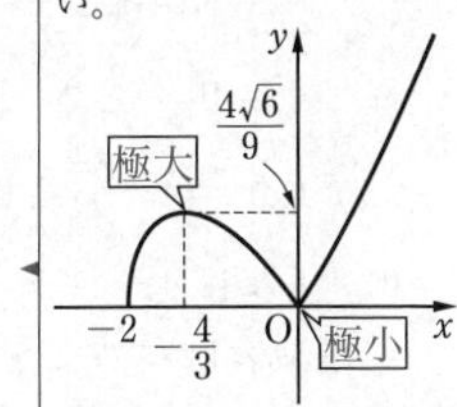

◀❗$x=0$ のとき y' は存在しないが，$x=0$ の前後で減少から増加に変わるから，極小となる。

Point…微分可能でない点と極値

関数 $f(x)=|x|\sqrt{x+2}$ において

$$\lim_{x\to+0}\frac{f(x)-f(0)}{x-0}=\sqrt{2},\quad \lim_{x\to-0}\frac{f(x)-f(0)}{x-0}=-\sqrt{2}$$

であるから，$f(x)$ は $x=0$ で微分可能でない。しかし，$x=0$ の前後で $f'(x)$ の符号が負から正に変わるから，$f(x)$ は $x=0$ で極小値をとる。

このように微分可能でない点で極値をとることもあるから注意しよう。

練習 96 次の関数の極値を求めよ。

(1) $y=|x|\sqrt{x+3}$　　(2) $y=|x-2|\sqrt{x+1}$

➡p.209 問題96

例題 97　文字を含む関数の極大・極小

D ★★☆☆

a を定数とするとき，関数 $f(x)=\dfrac{2x-a}{x^2}$ の極値を求めよ。

思考のプロセス

«ReAction 関数の増減は，導関数の符号を調べよ ◀ⅡB 例題 220

① 定義域は $x \neq 0$

⟹ 増減表に $x=0$ を入れる。

② $f'(x)=\cdots=-\dfrac{2(x-a)}{x^3}$

$f'(x)=0$ とすると　$x=a$

⟹ 増減表に $x=a$ を入れる。

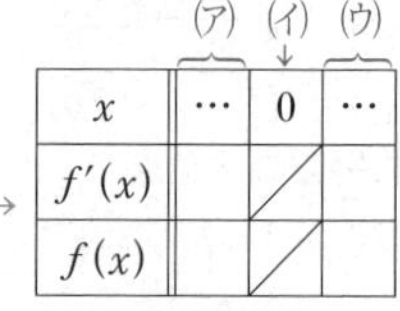

x	…	0	…
$f'(x)$		／	
$f(x)$		／	

場合に分ける

$x=a$ が (ア)〜(ウ) のどこにあるかで $f'(x)$ の符号が変わる。

解 この関数の定義域は　$x \neq 0$

例題 65

$$f'(x)=\frac{2\cdot x^2-(2x-a)\cdot 2x}{(x^2)^2}=-\frac{2(x-a)}{x^3}$$

◀ $f'(x)$ を求め，a の値で場合分けする。

$f'(x)=0$ とすると　$x=a$

(ア) $a<0$ のとき，$f(x)$ の増減表は右のようになる。

よって，$x=a$ のとき

極小値 $\dfrac{1}{a}$

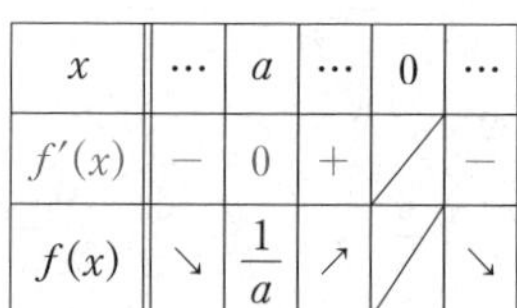

x	…	a	…	0	…
$f'(x)$	−	0	+	／	−
$f(x)$	↘	$\dfrac{1}{a}$	↗	／	↘

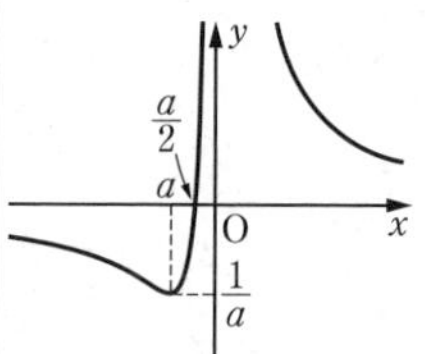

◀ 極大値はない。

(イ) $a=0$ のとき

$f'(x)=-\dfrac{2}{x^2}<0$ であるから，極値はない。

◀ $f'(x)$ の符号が負であるから，関数は単調減少する。

(ウ) $a>0$ のとき，$f(x)$ の増減表は右のようになる。

よって，$x=a$ のとき

極大値 $\dfrac{1}{a}$

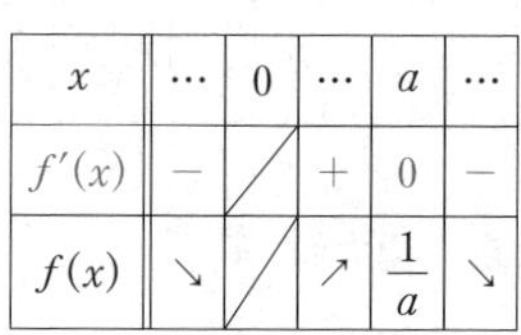

x	…	0	…	a	…
$f'(x)$	−	／	+	0	−
$f(x)$	↘	／	↗	$\dfrac{1}{a}$	↘

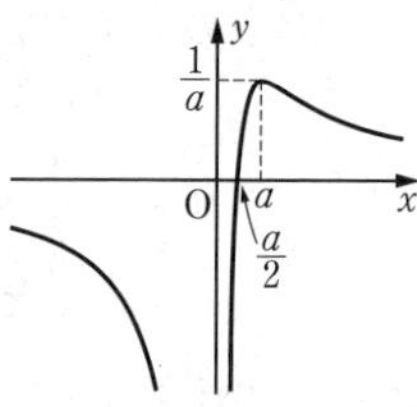

◀ 極小値はない。

(ア)〜(ウ) より

$$\begin{cases} a<0 \text{ のとき} & x=a \text{ のとき極小値 } \dfrac{1}{a} \\ a=0 \text{ のとき} & \text{極値なし} \\ a>0 \text{ のとき} & x=a \text{ のとき極大値 } \dfrac{1}{a} \end{cases}$$

練習 97　a を定数とするとき，関数 $f(x)=\dfrac{x^2+a}{x}$ の極値を求めよ。

⇒p.209 問題97

D 頻出 ★★☆☆

例題 98 極値からの関数の決定

関数 $f(x)=\dfrac{x-a}{x^2+1}$ が $\dfrac{1}{2}$ を極値にとるような，定数 a の値を求めよ。

思考のプロセス

« ReAction $x=\alpha$ で極値をとるときには，$f'(\alpha)=0$ とせよ ◀ⅡB 例題 224

極値 $\dfrac{1}{2}$ をとるときの x の値が分からない。

⟹ **未知のものを文字でおく**

$x=\alpha$ で極値 $\dfrac{1}{2}$ をとるとする。

$\Longrightarrow \begin{cases} x=\alpha \text{ で極値} \\ x=\alpha \text{ のとき } \dfrac{1}{2} \end{cases} \Longrightarrow \begin{cases} f'(\alpha)=\square \\ f(\alpha)=\square \end{cases}$ a と α を決定する。

❗ ⟸ は必ずしも成り立つとは限らないから，決定した a，α に対して，実際に $f(x)$ が $\dfrac{1}{2}$ を極値にとるか確かめなければならない。

解 $f'(x)=\dfrac{1\cdot(x^2+1)-(x-a)\cdot 2x}{(x^2+1)^2}=\dfrac{-x^2+2ax+1}{(x^2+1)^2}$

関数 $f(x)$ が $x=\alpha$ で極値 $\dfrac{1}{2}$ をとるとすると

ⅡB 224 $f'(\alpha)=0$ より $-\alpha^2+2a\alpha+1=0$ …①

$f(\alpha)=\dfrac{1}{2}$ より $\dfrac{\alpha-a}{\alpha^2+1}=\dfrac{1}{2}$

すなわち $2a=-\alpha^2+2\alpha-1$ …②

② を ① に代入すると

$-\alpha^2+(-\alpha^2+2\alpha-1)\alpha+1=0$

$\alpha^3-\alpha^2+\alpha-1=0$

$(\alpha-1)(\alpha^2+1)=0$

ゆえに $\alpha=1$

これを ② に代入すると $a=0$

逆に，$a=0$ のとき

$f'(x)=\dfrac{-x^2+1}{(x^2+1)^2}=-\dfrac{(x-1)(x+1)}{(x^2+1)^2}$

よって，$f(x)$ の増減表は右のようになる。

x	…	-1	…	1	…
$f'(x)$	$-$	0	$+$	0	$-$
$f(x)$	↘	$-\dfrac{1}{2}$	↗	$\dfrac{1}{2}$	↘

ゆえに，$f(x)$ は $x=1$ のとき極大値 $\dfrac{1}{2}$ をとる。

したがって **$a=0$**

◀ $f(x)$ が $x=\alpha$ で極値をとる
⟺ $f'(\alpha)=0$ で，$x=\alpha$ の前後で $f'(x)$ の符号が変わる
$f'(\alpha)=0$ は必要条件であることに注意する。

◀ 組立除法

1	1	−1	1	−1
+)		1	0	1
	1	0	1	0

◀ ❗実際に $f(x)$ が $\dfrac{1}{2}$ を極値にとるか確かめなければならない。

◀ $x=1$ の前後で $f'(x)$ の符号が変わるから，極値である。

練習 98 関数 $f(x)=\dfrac{a-x}{x^2+a^2}$ は極大値と極小値をもち，極大値は $\dfrac{\sqrt{2}+1}{4}$ である。定数 a の値と極小値を求めよ。ただし，$a>0$ とする。

⇒p.209 問題98

例題 99　極値をもつ条件　★★★☆

次の関数が極値をもつような定数 a の値の範囲を求めよ。

(1)　$f(x)=\dfrac{x-a}{x^2-1}$　（ただし，$a \fallingdotseq \pm1$）

(2)　$f(x)=(\log x)^2-2ax$　（ただし，$a>0$）

思考のプロセス

定義に戻る　$f(x)$ が微分可能のとき

$f(x)$ が極値をもつ $\Longrightarrow$ （$f'(\alpha)=0$ となる $x=\alpha$ が存在し，その前後で $f'(x)$ の符号が変わる）

(1)　$f'(x)=\dfrac{-x^2+2ax-1}{(x^2-1)^2}$　　(2)　$f'(x)=\dfrac{2(\log x-ax)}{x}$　の符号を考える。

$\Longrightarrow$ **式を分ける**　■ の部分は定義域内で符号が一定であるから，符号が分からない ■ の部分に着目して考える。

Action» $f(x)$ が極値をもつときは，$f'(x)=0$ の解の前後で符号が変わるとせよ

解 (1)　この関数の定義域は　$x \fallingdotseq \pm1$

$$f'(x)=\frac{(x^2-1)-(x-a)\cdot 2x}{(x^2-1)^2}=\frac{-x^2+2ax-1}{(x^2-1)^2}$$

関数 $f(x)$ が極値をもつための条件は，$f'(x)=0$ が実数解をもち，その実数解の前後で $f'(x)$ の符号が変わることである。

よって，$(x^2-1)^2>0$ であるから，2 次方程式 $-x^2+2ax-1=0$ …① は少なくとも 1 つが ±1 でない，異なる 2 つの実数解をもつ。

① の判別式を D とすると　$D>0$

$\dfrac{D}{4}=a^2-1$ より　$a^2-1>0$

$(a+1)(a-1)>0$

ゆえに　$a<-1,\ 1<a$

ここで，① が 2 つの実数解 $x=\pm1$ をもつとすると

$-1+2a-1=0$　かつ　$-1-2a-1=0$

であり，これを同時に満たす a は存在しない。

したがって，求める a の値の範囲は　$\boldsymbol{a<-1,\ 1<a}$

(2)　この関数の定義域は　$x>0$

$$f'(x)=2(\log x)\cdot\frac{1}{x}-2a=\frac{2(\log x-ax)}{x}$$

関数 $f(x)$ が極値をもつための条件は，$f'(x)=0$ が実数解をもち，その実数解の前後で $f'(x)$ の符号が変わることである。

よって，$g(x)=\log x-ax$ とおくと，$g(x)=0$ は実数解をもち，その実数解の前後で $g(x)$ の符号が変わる。

◀ (分母) $=x^2-1 \fallingdotseq 0$ より　$x \fallingdotseq \pm1$

($f'(x)$ の分母) >0 より，$f'(x)$ の分子の符号を考える。

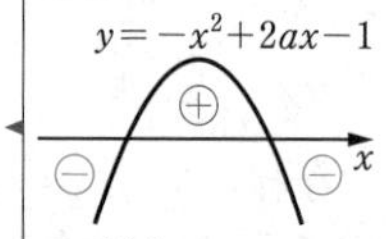

◀ ❗ $f'(x)$ は $x=\pm1$ において存在しないから，① の解が $x=\pm1$ のとき $f'(x)=0$ は解をもたない。

◀ ❗ ① の 2 解が $x=\pm1$ とならないことを確かめる。

◀ 定義域において $f'(x)$ の分母は正であるから，分子の符号を考える。

$g'(x) = \dfrac{1}{x} - a$ より，$g(x)$ の増減表は次のようになる。

x	0	$\cdots$	$\dfrac{1}{a}$	$\cdots$
$g'(x)$	／	$+$	0	$-$
$g(x)$	／	↗	$-\log a - 1$	↘

$g\left(\dfrac{1}{a}\right) = \log\dfrac{1}{a} - 1$
$= -\log a - 1$

$\displaystyle\lim_{x \to +0} g(x) = -\infty$ であるから，

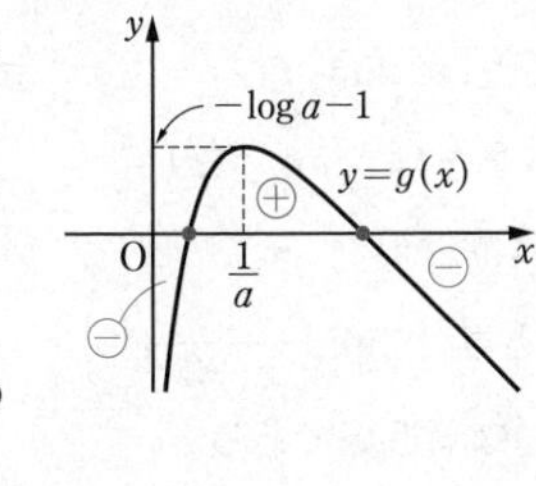

$\displaystyle\lim_{x \to \infty} g(x) = -\infty$ を考えてもよい。

$f(x)$ が極値をもつのは，
$g(x)$ の極大値が正となるときである。

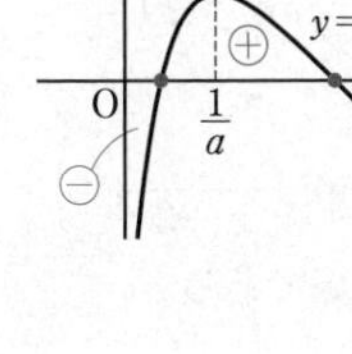

よって　　$-\log a - 1 > 0$

したがって，求める a の値の範囲は，$\log a < -1$ より

$\log a < \log\dfrac{1}{e}$

$$\boldsymbol{0 < a < \dfrac{1}{e}}$$

〔別解〕（解答 7 行目まで同じ）

このとき，$y = \log x$ …① と $y = ax$ …② のグラフは異なる 2 つの共有点をもつ。

図で考える

$g(x) = 0$ が実数解をもち，その実数解の前後で $g(x)$ の符号が変わる。
⇩
$y = \log x$ と $y = ax$ のグラフの上下が入れかわることがある。
⇩
$y = \log x$ と $y = ax$ のグラフが異なる 2 つの共有点をもつ。

❗ 2 つのグラフが接するのでは，グラフの上下が入れかわることがないから不適。

曲線 ① の接線のうち，原点を通るものを考える。

接点を $(t,\ \log t)$ とおくと，$y' = \dfrac{1}{x}$ より，接線の方程式は

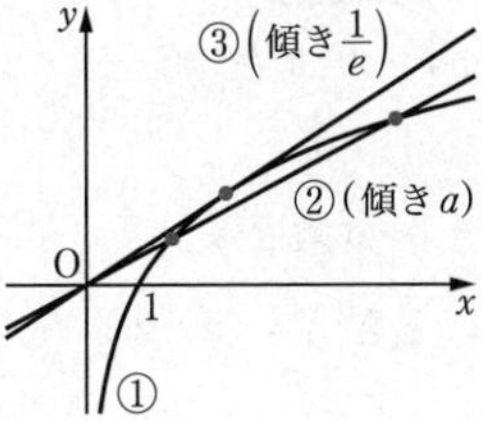

$$y - \log t = \frac{1}{t}(x - t)$$

よって

$$y = \frac{1}{t}x + \log t - 1 \qquad \cdots ③$$

これが原点を通るから　　$\log t - 1 = 0$

ゆえに　　$t = e$

このときの接線 ③ の傾きは　　$\dfrac{1}{e}$

よって，$0 < a < \dfrac{1}{e}$ のとき，①，② のグラフは異なる 2 つの共有点をもつ。

したがって，求める a の値の範囲は

$$0 < a < \frac{1}{e}$$

練習 99　次の関数が極値をもつような定数 a の値の範囲を求めよ。

(1)　$f(x) = 2x + (1 - a^2)\log(x^2 + 1)$

(2)　$f(x) = e^x - \dfrac{a}{2}x^2$　（ただし，$a > 0$）

➡p.209 問題99

Go Ahead 8　漸近線の求め方

数学Ⅲで学ぶ曲線には，$y=x+\dfrac{1}{x}$ や $y=e^x$ のように，漸近線をもつものが多くあります。ここでは，極限値を利用した漸近線の求め方を考えてみましょう。

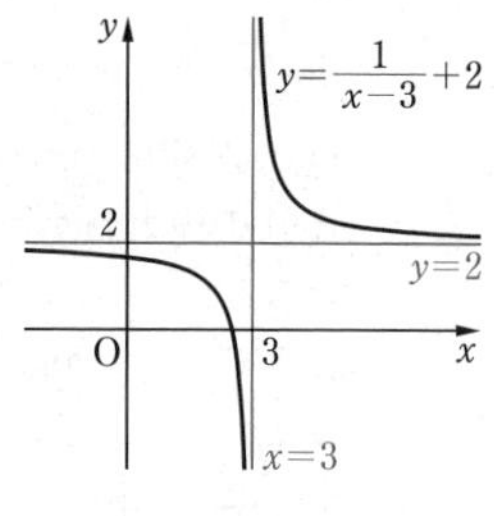

(ア)　**x 軸に垂直な漸近線**

$\displaystyle\lim_{x\to a+0}f(x)=\infty$ または $\displaystyle\lim_{x\to a+0}f(x)=-\infty$ または

$\displaystyle\lim_{x\to a-0}f(x)=-\infty$ または $\displaystyle\lim_{x\to a-0}f(x)=\infty$

のとき，**直線 $x=a$** は漸近線

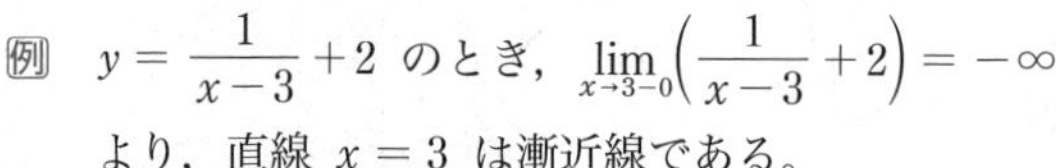

例　$y=\dfrac{1}{x-3}+2$ のとき，$\displaystyle\lim_{x\to3-0}\left(\frac{1}{x-3}+2\right)=-\infty$

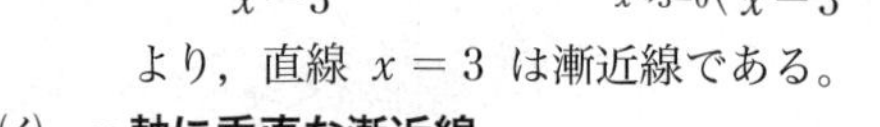

より，直線 $x=3$ は漸近線である。

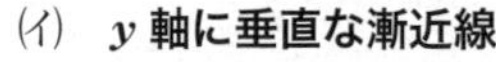

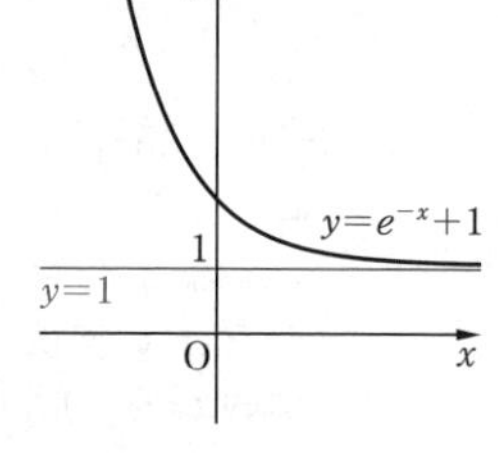

(イ)　**y 軸に垂直な漸近線**

$\displaystyle\lim_{x\to\infty}f(x)=b$ または $\displaystyle\lim_{x\to-\infty}f(x)=b$

のとき，**直線 $y=b$** は漸近線

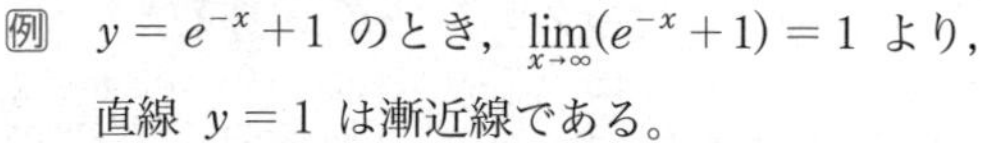

例　$y=e^{-x}+1$ のとき，$\displaystyle\lim_{x\to\infty}(e^{-x}+1)=1$ より，

直線 $y=1$ は漸近線である。

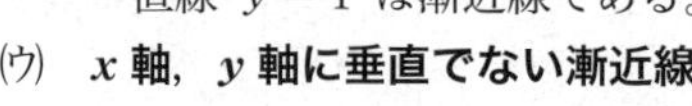

(ウ)　**x 軸，y 軸に垂直でない漸近線**

$\displaystyle\lim_{x\to\infty}\{f(x)-(px+q)\}=0$ または

$\displaystyle\lim_{x\to-\infty}\{f(x)-(px+q)\}=0$

のとき，**直線 $y=px+q$** は漸近線

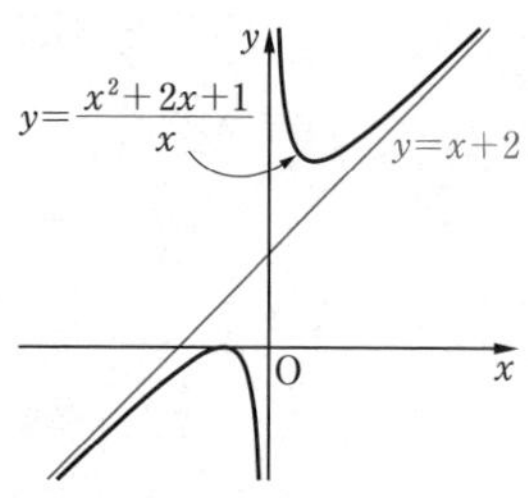

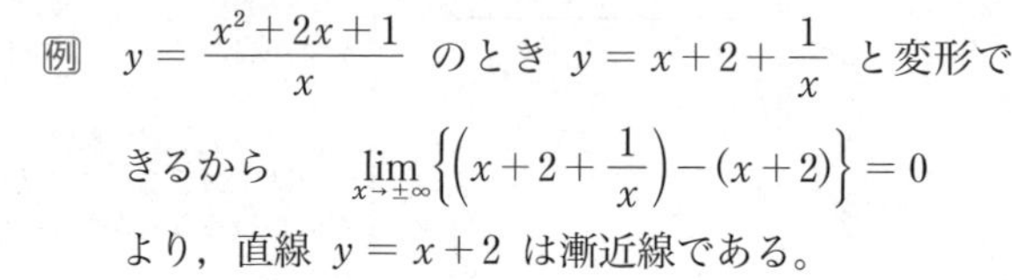

例　$y=\dfrac{x^2+2x+1}{x}$ のとき $y=x+2+\dfrac{1}{x}$ と変形で

きるから　$\displaystyle\lim_{x\to\pm\infty}\left\{\left(x+2+\frac{1}{x}\right)-(x+2)\right\}=0$

より，直線 $y=x+2$ は漸近線である。

【(ア)～(ウ)における，a，b，p，q の見つけ方】

(ア)では，関数の定義域に着目するとよい。

例の $y=\dfrac{1}{x-3}+2$ の定義域は $x\neq3$ であり，漸近線は $x=3$ であった。

同様に，$y=\log x$ は定義域が $x>0$ であり，漸近線は $x=0$ である。

(イ)については，$x\to\infty$，$x\to-\infty$ を考えてみればよい。

(ウ)については，例のようにいきなり $y=px+q$ を求めることができないときは

① $\displaystyle\lim_{x\to\infty}\frac{f(x)}{x}$ または $\displaystyle\lim_{x\to-\infty}\frac{f(x)}{x}$ を計算し，これが定数 p に収束したとする。

② 次に，$\displaystyle\lim_{x\to\infty}\{f(x)-px\}$ または $\displaystyle\lim_{x\to-\infty}\{f(x)-px\}$ を計算し，これが定数 q に収束したとする。

このとき，$y=px+q$ は曲線 $y=f(x)$ の漸近線である。

例題 100 漸近線

★★☆☆

次の関数において，$y=f(x)$ のグラフの漸近線の方程式を求めよ。

(1) $f(x)=\dfrac{2x^2-x+1}{x-1}$　　(2) $f(x)=\sqrt{x^2-4x+5}$

思考のプロセス

問題を分ける

(ア) x 軸に垂直，(イ) y 軸に垂直，(ウ) x 軸や y 軸に垂直でない　ような漸近線を考える。

(1) (ア) 定義域は $x \neq 1 \Longrightarrow x \to 1+0,\ x \to 1-0$ を考える。

(ウ) (分子の次数) ≧ (分母の次数) ⟹ 帯分数式化する。

(2) (ア) 定義域は実数全体 ⟹ x 軸に垂直な漸近線はない。

(ウ) $\displaystyle\lim_{x\to\infty}\frac{f(x)}{x}=p,\ \lim_{x\to\infty}\{f(x)-px\}=q$ ⟹ 直線 $y=px+q$ が漸近線

Action» 漸近線は，$f(x)$ および $f(x)-(px+q)$ の極限を利用して求めよ

解 (1) $f(x)=\underline{2x+1}+\dfrac{2}{x-1}$ と変形できるから

$$\lim_{x\to1+0}f(x)=\infty,\quad \lim_{x\to1-0}f(x)=-\infty$$

◀ (分子の次数) ≧ (分母の次数) より，帯分数式化する。

よって，直線 $x=1$ は漸近線である。

また $\displaystyle\lim_{x\to\infty}\{f(x)-(2x+1)\}=\lim_{x\to-\infty}\{f(x)-(2x+1)\}=0$

より，直線 $y=2x+1$ は漸近線である。

したがって　　$\boldsymbol{x=1,\ y=2x+1}$

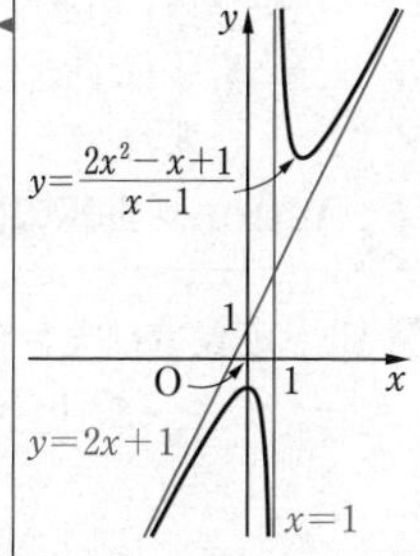

(2) $\displaystyle\lim_{x\to\infty}\frac{f(x)}{x}=\lim_{x\to\infty}\sqrt{1-\frac{4}{x}+\frac{5}{x^2}}=1$ であり

例題 49 50

$$\lim_{x\to\infty}\{f(x)-x\}=\lim_{x\to\infty}\frac{-4x+5}{\sqrt{x^2-4x+5}+x}$$

$$=\lim_{x\to\infty}\frac{-4+\dfrac{5}{x}}{\sqrt{1-\dfrac{4}{x}+\dfrac{5}{x^2}}+1}=-2$$

◀ 定義域は実数全体であり $\displaystyle\lim_{x\to\pm\infty}f(x)=\infty$
よって，座標軸に垂直な漸近線をもたない。

◀ $\displaystyle\lim_{x\to\infty}\frac{f(x)}{x}=p$ であれば $\displaystyle\lim_{x\to\infty}\{f(x)-px\}$ を計算する。p.194 **Go Ahead** 8 参照。

よって，$\displaystyle\lim_{x\to\infty}\{f(x)-(x-2)\}=0$ より，直線 $y=x-2$ は漸近線である。

同様にして，$\displaystyle\lim_{x\to-\infty}\{f(x)-(-x+2)\}=0$ より，直線 $y=-x+2$ は漸近線である。

◀ $x\to-\infty$ の場合は $\dfrac{\sqrt{x^2}}{x}=\dfrac{-x}{x}=-1$

したがって　　$\boldsymbol{y=x-2,\ y=-x+2}$

〔別解〕

$y=\sqrt{x^2-4x+5}$ とおくと　$y^2=x^2-4x+5\ (y\geqq0)$

これは双曲線 $(x-2)^2-y^2=-1$ の $y\geqq0$ の部分を表すから，双曲線の漸近線より　$y=x-2,\ y=-x+2$

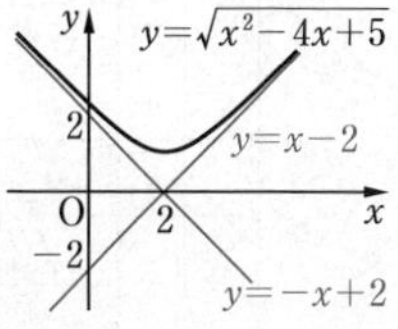

練習 100 次の関数において，$y=f(x)$ のグラフの漸近線の方程式を求めよ。

(1) $f(x)=\dfrac{x^2+x-3}{x+2}$　　(2) $f(x)=\sqrt{x^2+2x+2}$

⇒ p.209 問題 100

D 頻出

例題 101 曲線の凹凸とグラフ〔1〕…分数関数

★★☆☆

次の関数の増減，極値，グラフの凹凸，変曲点を調べ，そのグラフをかけ。

(1) $y=\dfrac{x}{x^2+1}$　　(2) $y=\dfrac{x^3}{(x-1)^2}$

思考のプロセス

・$y=f(x)$ のグラフの**凹凸**

⟹ 下に凸（図1）か，上に凸か（図2）

⟹ $f''(x)$ の符号を考える。

$\begin{cases} f''(x)>0 \cdots f'(x) \text{ が増加（接線の傾きが増す）} \cdots \text{下に凸} \\ f''(x)<0 \cdots f'(x) \text{ が減少（接線の傾きが減る）} \cdots \text{上に凸} \end{cases}$

(図1)

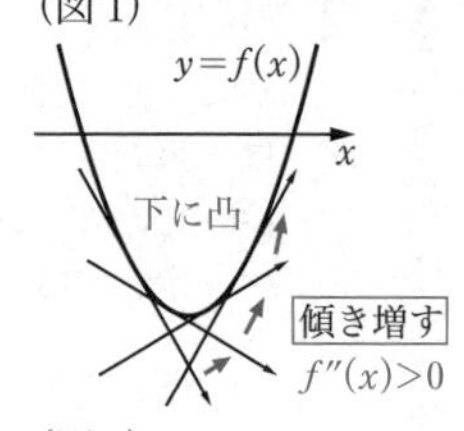

表で考える

	①	②	③	④
y'	+	+	−	−
y''	+	−	+	−
y	↗	↗	↘	↘

①：増加で下に凸
②：増加で上に凸
③：減少で下に凸
④：減少で上に凸

(図2)

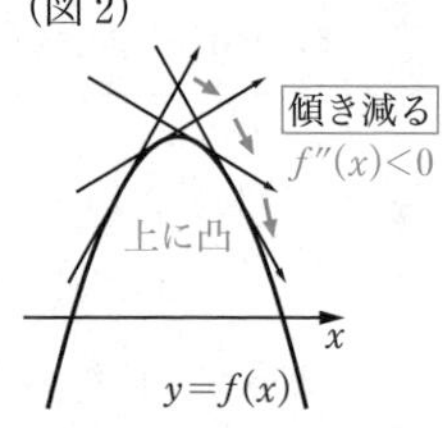

・$y=f(x)$ のグラフの**変曲点**

⟹「上に凸から下に凸」または「下に凸から上に凸」に変わる点

Action» 曲線の凹凸・変曲点は，第2次導関数の符号を調べよ

解 (1) 定義域は実数全体である。

$$y'=\frac{1\cdot(x^2+1)-x\cdot 2x}{(x^2+1)^2}=\frac{1-x^2}{(x^2+1)^2}$$
$$=-\frac{(x-1)(x+1)}{(x^2+1)^2}$$

$y'=0$ とすると　　$x=\pm 1$

$$y''=\frac{-2x(x^2+1)^2-(1-x^2)\cdot 2(x^2+1)\cdot 2x}{\{(x^2+1)^2\}^2}$$
$$=\frac{-2x(x^2+1)\{(x^2+1)+2(1-x^2)\}}{(x^2+1)^4}$$
$$=\frac{2x(x^2-3)}{(x^2+1)^3}$$

$y''=0$ とすると　　$x=0,\ \pm\sqrt{3}$

よって，**増減，凹凸は次の表**のようになる。

x	$\cdots$	$-\sqrt{3}$	$\cdots$	-1	$\cdots$	0	$\cdots$	1	$\cdots$	$\sqrt{3}$	$\cdots$
y'	−	−	−	0	+	+	+	0	−	−	−
y''	−	0	+	+	+	0	−	−	−	0	+
y	↘	$-\dfrac{\sqrt{3}}{4}$	↘	$-\dfrac{1}{2}$	↗	0	↗	$\dfrac{1}{2}$	↘	$\dfrac{\sqrt{3}}{4}$	↘

ゆえに，**$x=1$ のとき　　極大値 $\dfrac{1}{2}$**

◀すべての実数 x に対して (分母) $=x^2+1>0$

◀$f(x)=\dfrac{x}{x^2+1}$ とおくと $f(-x)=-f(x)$ より，$y=f(x)$ のグラフは原点に関して対称（$f(x)$ は奇関数）であるから，$x\geqq 0$ の部分のみを調べてもよい。

$x = -1$ **のとき　極小値** $-\dfrac{1}{2}$

変曲点は $\left(-\sqrt{3},\ -\dfrac{\sqrt{3}}{4}\right)$, $(0,\ 0)$, $\left(\sqrt{3},\ \dfrac{\sqrt{3}}{4}\right)$

また，$\displaystyle\lim_{x\to\pm\infty} y = 0$ より x 軸は漸近線である。

したがって，グラフは **下の図**。

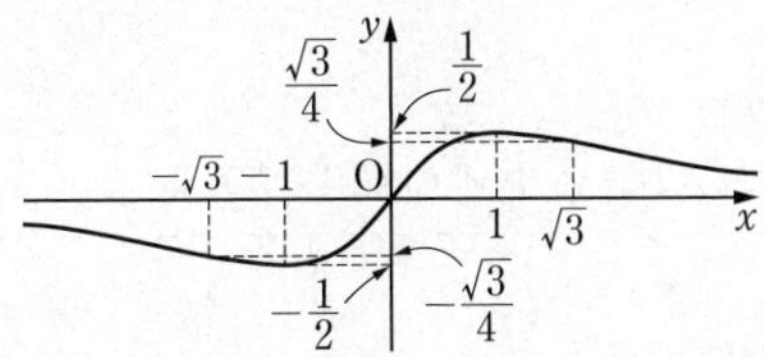

(2)　定義域は　$x \neq 1$

$$y' = \frac{3x^2(x-1)^2 - x^3\cdot 2(x-1)}{(x-1)^4} = \frac{x^2(x-3)}{(x-1)^3}$$

$y' = 0$ とすると　　$x = 0,\ 3$

$$y'' = \frac{(3x^2-6x)(x-1)^3 - (x^3-3x^2)\cdot 3(x-1)^2}{(x-1)^6}$$

$$= \frac{6x}{(x-1)^4}$$

$y'' = 0$ とすると　　$x = 0$

よって，**増減，凹凸は次の表** のようになる。

x	$\cdots$	0	$\cdots$	1	$\cdots$	3	$\cdots$
y'	$+$	0	$+$	／	$-$	0	$+$
y''	$-$	0	$+$	／	$+$	$+$	$+$
y	↗	0	↗	／	↘	$\frac{27}{4}$	↗

▲ $f(x) = \dfrac{x^3}{(x-1)^2}$ とおくと　$f(-x) \neq f(x)$
$f(-x) \neq -f(x)$
よって，$f(x)$ は偶関数でも奇関数でもない。

ゆえに，$x = 3$ **のとき　極小値** $\dfrac{27}{4}$，**変曲点は**　$(0,\ 0)$

ここで，$y = x + 2 + \dfrac{3x-2}{(x-1)^2}$ より

$$\lim_{x\to\infty}\{y-(x+2)\} = \lim_{x\to\infty}\frac{3x-2}{(x-1)^2} = 0$$

$$\lim_{x\to-\infty}\{y-(x+2)\} = \lim_{x\to-\infty}\frac{3x-2}{(x-1)^2} = 0$$

また　　$\displaystyle\lim_{x\to1} y = \lim_{x\to1}\frac{x^3}{(x-1)^2} = \infty$

よって，直線 $y = x + 2$，$x = 1$ は漸近線である。

したがって，グラフは **右の図**。

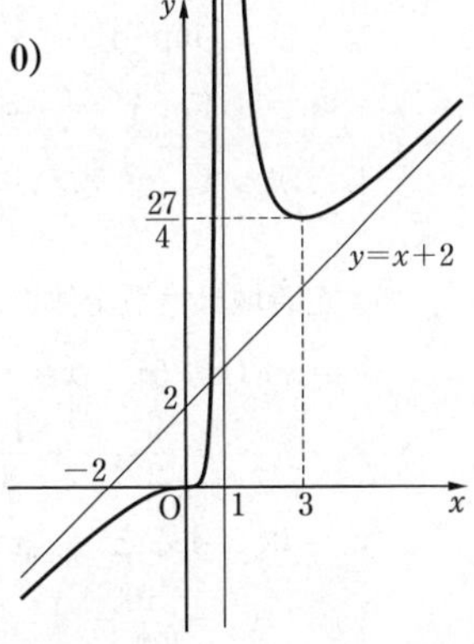

練習 101 次の関数の増減，極値，グラフの凹凸，変曲点を調べ，そのグラフをかけ。

(1)　$y = \dfrac{x}{x^2-1}$　　　　(2)　$y = \dfrac{x^3}{x^2+1}$

➡p.209 問題101

例題 102 曲線の凹凸とグラフ〔2〕…無理関数

D ★★★☆

次の関数の増減，極値，グラフの凹凸，変曲点を調べ，そのグラフをかけ。

(1) $y = x + \sqrt{4 - x^2}$　　(2) $y = \sqrt[3]{x^2}(x+5)$

思考のプロセス

«ReAction 曲線の凹凸・変曲点は，第２次導関数の符号を調べよ ◀例題 101

段階的に考える

p.182 まとめ 8 4 の手順で考える。

! y' や y'' が存在しない点がある関数の注意点

… その x の値を増減・凹凸の表に入れ，y' や y'' の極限を考える。

解 (1) 定義域は $4 - x^2 \geqq 0$ より　　$-2 \leqq x \leqq 2$

$$y' = 1 - \frac{x}{\sqrt{4-x^2}} = \frac{\sqrt{4-x^2} - x}{\sqrt{4-x^2}}$$

$y' = 0$ とすると　　$x = \sqrt{2}$

$$y'' = \left(1 - \frac{x}{\sqrt{4-x^2}}\right)' = -\frac{4}{(4-x^2)\sqrt{4-x^2}}$$

$-2 < x < 2$ の範囲で　　$y'' < 0$

よって，**増減，凹凸は次の表** のようになる。

x	-2	$\cdots$	$\sqrt{2}$	$\cdots$	2
y'	／	$+$	0	$-$	／
y''	／	$-$	$-$	$-$	／
y	-2	↗	$2\sqrt{2}$	↘	2

ゆえに

$x = \sqrt{2}$ のとき　極大値 $2\sqrt{2}$

変曲点はない。

また　　$\displaystyle\lim_{x \to -2+0} y' = \infty$

$\displaystyle\lim_{x \to 2-0} y' = -\infty$

したがって，グラフは **右の図**。

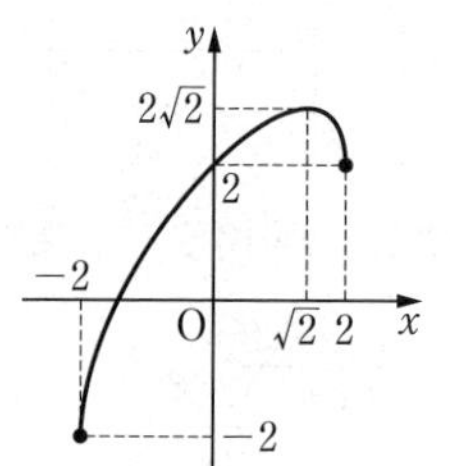

(2) 定義域は実数全体である。

$y = x^{\frac{2}{3}}(x+5) = x^{\frac{5}{3}} + 5x^{\frac{2}{3}}$ より

$$y' = \frac{5}{3}x^{\frac{2}{3}} + \frac{10}{3}x^{-\frac{1}{3}} = \frac{5(x+2)}{3\sqrt[3]{x}}$$

$y' = 0$ とすると　　$x = -2$

$$y'' = \frac{10}{9}x^{-\frac{1}{3}} - \frac{10}{9}x^{-\frac{4}{3}} = \frac{10(x-1)}{9\sqrt[3]{x^4}}$$

$y'' = 0$ とすると　　$x = 1$

◀ $(\sqrt{}$ の中$) \geqq 0$

◀ $\sqrt{4-x^2} = x$ より，$x \geqq 0$ であり
$4 - x^2 = x^2$
$2x^2 = 4$
$x^2 = 2$ より　$x = \pm\sqrt{2}$
$x \geqq 0$ であるから
$x = \sqrt{2}$

◀ ! $\displaystyle\lim_{x \to -2+0} y' = \infty$ より，グラフは点 $(-2,\ -2)$ で直線 $x = -2$ に接する。点 $(2,\ 2)$ においても同様。

◀ $\sqrt[n]{x^m} = x^{\frac{m}{n}}$

◀ $x = 0$ において，y' は存在しない。

◀ $x = 0$ において，y'' も存在しない。

よって，**増減，凹凸は次の表**のようになる。

x	$\cdots$	-2	$\cdots$	0	$\cdots$	1	$\cdots$
y'	$+$	0	$-$	／	$+$	$+$	$+$
y''	$-$	$-$	$-$	／	$-$	0	$+$
y	↗	$3\sqrt[3]{4}$	↘	0	↗	6	↗

ゆえに，**$x=-2$ のとき　極大値 $3\sqrt[3]{4}$**

　　　$x=0$ のとき　極小値 0

変曲点は　$(1,\ 6)$

ここで

$$\lim_{x\to\infty} y=\infty,\quad \lim_{x\to-\infty} y=-\infty$$

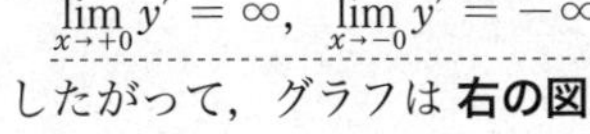

$$\lim_{x\to+0} y'=\infty,\quad \lim_{x\to-0} y'=-\infty$$

したがって，グラフは **右の図**。

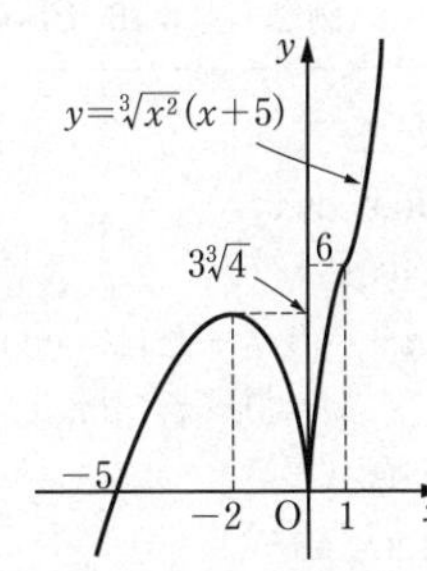

◀ $(3\sqrt[3]{4})^3=27\times4=108$,
$6^3=216$ より　$3\sqrt[3]{4}<6$

◀ y' は $x=0$ の前後で負から正に変わるから，
$x=0$ で極小値をもつ。
例題 96 **Point** 参照。

◀ ❗グラフは原点 O で y 軸に接するようにかく。

Point...(1) の関数の図形的な見方

例題 102 (1) の関数 $y=x+\sqrt{4-x^2}$ …① は，2 つの関数

$y=x$ …② と $y=\sqrt{4-x^2}$ …③

の和である。→ **式を分ける**

このことから，次のように考えることができる。

(ア)　グラフの概形

② のグラフは原点を通る傾き 1 の直線，

③ のグラフは原点中心，半径 2 の円の上半分であるから，

① のグラフは右の図のような概形になると予測できる。

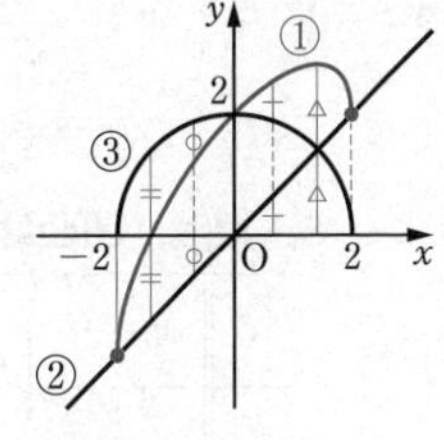

(イ)　y' の符号

y' の符号は，(y' の分母) >0 より，

(y'の分子) $=\underset{③}{\sqrt{4-x^2}}-\underset{②}{x}$ の符号から考える。

これは，③ と ② のグラフの上下から考えることもできる。

すなわち

　③ の方が上にある $-2<x<\sqrt{2}$ では　$y'>0$

　② の方が上にある $\sqrt{2}<x<2$ では　$y'<0$

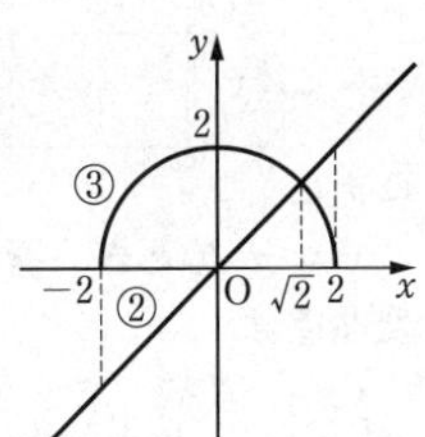

練習 **102** 次の関数の増減，極値，グラフの凹凸，変曲点を調べ，そのグラフをかけ。

(1)　$y=\sqrt{25-x^2}-\dfrac{1}{2}x$　　　(2)　$y=\sqrt[3]{x^2}-x$

➡p.210 問題102

D 頻出 ★★☆☆

例題 103 曲線の凹凸とグラフ〔3〕…三角関数

関数 $y=5-4\cos x-\cos 2x$ $(0 \leqq x \leqq 2\pi)$ の増減，極値，グラフの凹凸，変曲点を調べ，そのグラフをかけ。

思考のプロセス

«ReAction 曲線の凹凸・変曲点は，第２次導関数の符号を調べよ ◀例題 101

段階的に考える

例題101，102と同様に考える。

! 三角関数を含む関数 … y'，y'' の符号の考え方に注意する。

(例題94，p.187 **Play Back** 9 参照)

解

$$y'=4\sin x+2\sin 2x$$
$$=4\sin x+4\sin x\cos x$$
$$=4\sin x(1+\cos x)$$

◀ $\sin 2x=2\sin x\cos x$

$y'=0$ とすると　$\sin x=0$　または　$\cos x=-1$

$0 \leqq x \leqq 2\pi$ の範囲で　$x=0,\ \pi,\ 2\pi$

$$y''=4\cos x+4\cos 2x$$
$$=4(\cos x+2\cos^2 x-1)$$
$$=4(2\cos x-1)(\cos x+1)$$

◀ $\cos 2x=2\cos^2 x-1$

$y''=0$ とすると　$\cos x=\dfrac{1}{2},\ -1$

$0 \leqq x \leqq 2\pi$ の範囲で　$x=\dfrac{\pi}{3},\ \pi,\ \dfrac{5}{3}\pi$

よって，**増減，凹凸は次の表**のようになる。

◀ $\sin x$，$1+\cos x$ の符号から y' の符号を考え，$2\cos x-1$，$\cos x+1$ の符号から y'' の符号を考える。

x	0	…	$\frac{\pi}{3}$	…	π	…	$\frac{5}{3}\pi$	…	2π
y'		+	+	+	0	−	−	−	
y''		+	0	−	0	−	0	+	
y	0	↗	$\frac{7}{2}$	↗	8	↘	$\frac{7}{2}$	↘	0

◀ $x=0,\ 2\pi$ は $y'=0$ を満たす x の値である（…(＊)）が，区間の端点は極値を与える点ではないことに注意する。また，増減表では，区間の両端の点における y'，y'' の欄は空欄にしておく。

ゆえに

$x=\pi$ のとき　極大値 8

変曲点は

$\left(\dfrac{\pi}{3},\ \dfrac{7}{2}\right)$，$\left(\dfrac{5}{3}\pi,\ \dfrac{7}{2}\right)$

したがって，グラフは**右の図**。

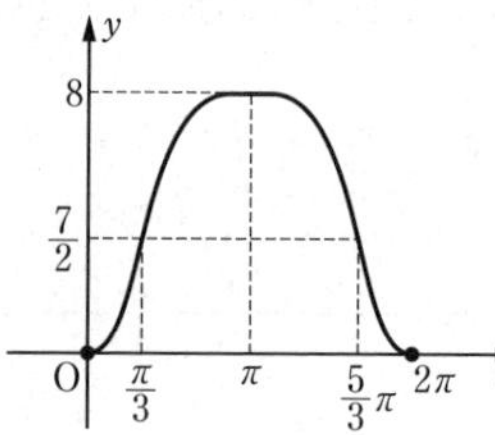

◀ 上の（＊）より，グラフは $x=0,\ 2\pi$ で x 軸に接するようにかく。

練習 103 次の関数の増減，極値，グラフの凹凸，変曲点を調べ，そのグラフをかけ。

(1)　$y=x+2\cos x$　$(0 \leqq x \leqq 2\pi)$

(2)　$y=4\sin x+\cos 2x$　$(0 \leqq x \leqq 2\pi)$

➡p.210 問題103

D 頻出

例題 104 曲線の凹凸とグラフ〔4〕…指数関数

★★☆☆

関数 $y = xe^{-x}$ の増減，極値，グラフの凹凸，変曲点を調べ，そのグラフをかけ。ただし，$\lim_{t \to \infty} \frac{t}{e^t} = 0$ を用いてよい。

思考のプロセス

«ReAction 曲線の凹凸・変曲点は，第2次導関数の符号を調べよ ◀例題 101

段階的に考える

例題 101〜103 と同様に考える。

! 指数関数の注意点

・y' や y'' の符号を考えるとき，常に $e^x > 0$，$e^{-x} > 0$ であることに注意する。

・$\lim_{x \to \infty} y$，$\lim_{x \to -\infty} y$ を考えてグラフをかく。

→ 直接求まらなければ，条件___の利用を考える。

解 定義域は実数全体である。

$$y' = e^{-x} + xe^{-x} \cdot (-1) = (1-x)e^{-x}$$

◀積の微分法 $(fg)' = f'g + fg'$ 特に $(e^{-x})' = e^{-x} \cdot (-x)' = -e^{-x}$ となることに注意する。

$y' = 0$ とすると　$x = 1$

$$y'' = -e^{-x} + (1-x)e^{-x} \cdot (-1) = (x-2)e^{-x}$$

$y'' = 0$ とすると　$x = 2$

よって，**増減，凹凸は次の表** のようになる。

◀$e^{-x} > 0$

x	$\cdots$	1	$\cdots$	2	$\cdots$
y'	$+$	0	$-$	$-$	$-$
y''	$-$	$-$	$-$	0	$+$
y	↗	$\frac{1}{e}$	↘	$\frac{2}{e^2}$	↘

ゆえに，**$x = 1$ のとき　極大値 $\frac{1}{e}$**

変曲点は $\left(2, \frac{2}{e^2}\right)$

ここで　$\lim_{x \to \infty} y = \lim_{x \to \infty} xe^{-x} = \lim_{x \to \infty} \frac{x}{e^x} = 0$

◀! $\lim_{x \to \infty} \frac{x}{e^x} = 0$ については，p.202 **Go Ahead** 9 参照。

よって，x 軸は漸近線である。

また

$$\lim_{x \to -\infty} y = \lim_{x \to -\infty} xe^{-x} = -\infty$$

◀$\lim_{x \to -\infty} x e^{-x} = -\infty$（$x \to -\infty$，$e^{-x} \to \infty$）

したがって，グラフは **右の図**。

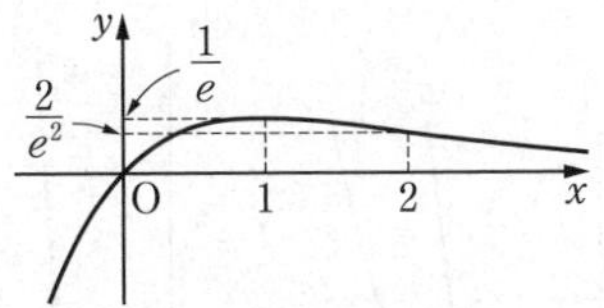

◀グラフは原点を通る。

練習 104 関数 $y = (x+2)e^{-x}$ の増減，極値，グラフの凹凸，変曲点を調べ，そのグラフをかけ。ただし，$\lim_{t \to \infty} \frac{t}{e^t} = 0$ を用いてよい。

➡p.210 問題104

D

Go Ahead 9 $\log x$, x^n, e^x の増加のスピードと $\displaystyle\lim_{x\to\infty}\frac{e^x}{x^n}=\infty$

例題 104 では，問題に「$\displaystyle\lim_{t\to\infty}\frac{t}{e^t}=0$ を用いてよい」という条件が与えられました。この性質はどのように示されるのでしょうか？

関数 $y=x$，$y=e^x$ は，いずれも $x\to\infty$ のときに ∞ に発散するため，極限 $\displaystyle\lim_{x\to\infty}\frac{x}{e^x}$ は不定形 $\dfrac{\infty}{\infty}$ になります。

しかし，右の図1の $y=x$ と $y=e^x$ のグラフから，x よりも e^x の方が圧倒的に速く増加（∞ に発散）することが分かります。このことから，分母，分子の増加のスピードを比較することで，直観的に

$$\lim_{x\to\infty}\frac{e^x}{x}=\infty \quad \text{すなわち} \quad \lim_{x\to\infty}\frac{x}{e^x}=0$$

が成り立つことが予想できます。

図 1

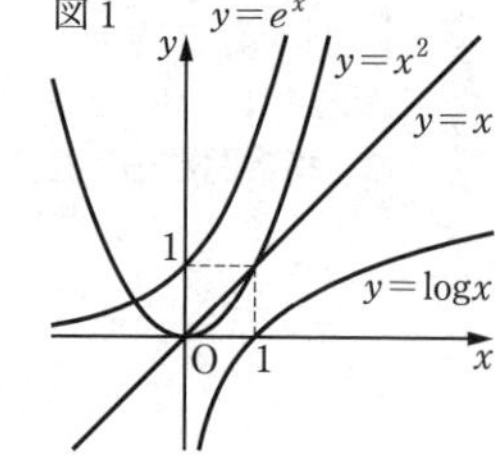

ここで，$\displaystyle\lim_{x\to\infty}f(x)=\infty$，$\displaystyle\lim_{x\to\infty}g(x)=\infty$ である2つの関数 $f(x)$，$g(x)$ について，

$\displaystyle\lim_{x\to\infty}\frac{f(x)}{g(x)}=\infty$ が成り立つことを $f(x)\gg g(x)$ と表すことにします。

このとき，$f(x)$の方が $g(x)$ よりも増加のスピードが圧倒的に速いと考えられます。

そして，一般に次が成り立ちます。

$$\log x \ll x \ll x^2 \ll \cdots \ll x^n \ll e^x$$

（対数関数）≪　（多項式関数）　≪（指数関数）

上の図1からも，$x\ll x^2\ll e^x$ は納得できるのですが，n がいくら大きくても $x^n\ll e^x$ が成り立つのでしょうか？

具体的に，$n=3$，4，5 のときの増加のスピードをグラフの縮尺を変えながら観察してみましょう。

図2を見ると $x^3\ll e^x$ は疑わしいですが，図3のように y の表示範囲を大きくすると確かに $x^3\ll e^x$ と確認できます。

図 2

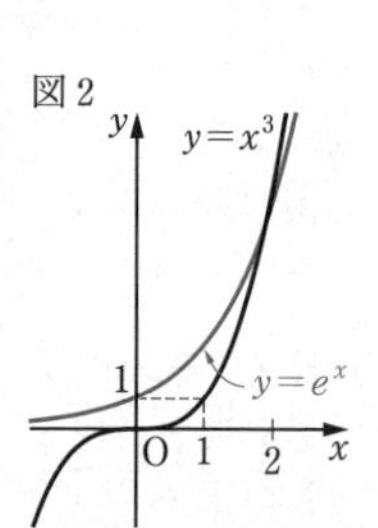

図 3

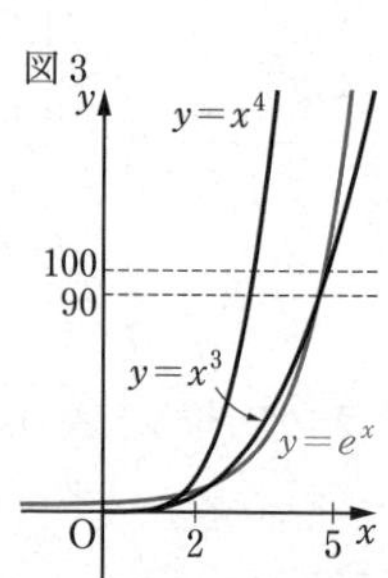

図 4

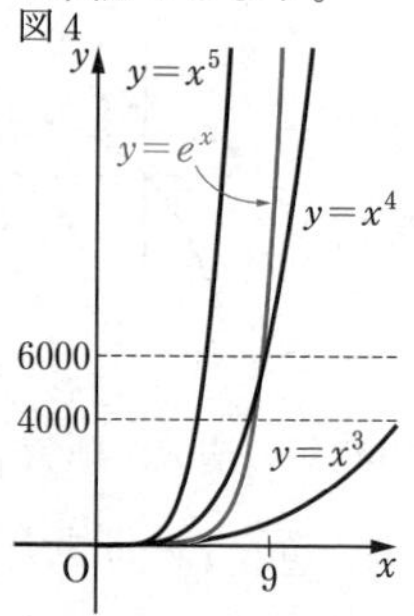

図 5

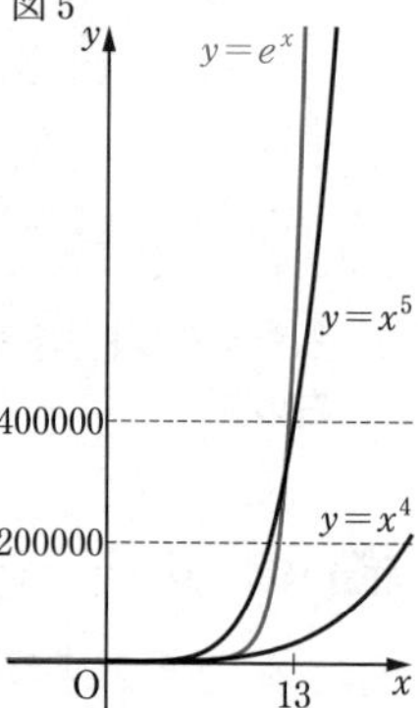

同様に，図 4，図 5 のように y の表示範囲を大きくすることで，$x^4 \ll e^x$，$x^5 \ll e^x$ も確認できます。
同様に y の表示範囲を大きくすると，$x^n \ll e^x$ であることが分かりそうですが，これらの具体例だけから一般に成り立つとはいえません。$n=100$ のときでも，$n=1000$ のときでも本当に成り立つのかと疑いたくなるでしょう。また，極限をグラフだけから判断するのは不適切です。
そこで，数学的に証明してみましょう。

【$\log x \ll x \ll x^2 \ll \cdots \ll x^n \ll e^x$ …（＊）であることの証明】

(ア) 自然数 m，$n\ (m<n)$ について，$x^m \ll x^n$ を示す。

$\displaystyle\lim_{x\to\infty}\frac{x^n}{x^m}=\lim_{x\to\infty}x^{n-m}=\infty$ であるから　　$x^m \ll x^n$

(イ) $x^n \ll e^x$ を示す。

まず $x \ll e^x$ を示す。このために，$x>0$ のとき，$e^x>1+x+\dfrac{1}{2}x^2$ を示す。

$f(x)=e^x-\left(1+x+\dfrac{1}{2}x^2\right)$ とおくと　　$f'(x)=e^x-1-x$，$f''(x)=e^x-1$

$x>0$ のとき $f''(x)>0$ であるから，$f'(x)$ は $x \geqq 0$ で単調増加。
これと $f'(0)=0$ より，$x>0$ のとき $f'(x)>0$ であるから，$f(x)$ は $x \geqq 0$ で単調増加。
これと $f(0)=0$ より，$x>0$ のとき　　$f(x)>0$
よって　　$e^x>1+x+\dfrac{1}{2}x^2>\dfrac{1}{2}x^2$
ゆえに，$e^x>\dfrac{1}{2}x^2$ であり　　$\dfrac{e^x}{x}>\dfrac{1}{2}x$

$\displaystyle\lim_{x\to\infty}\frac{1}{2}x=\infty$ より $\displaystyle\lim_{x\to\infty}\frac{e^x}{x}=\infty$ …① であるから　$x \ll e^x$

⬅ ① が例題 104 の問題文の条件式と同値。

次に，これを利用して $x^n \ll e^x$ を示す。

$$\frac{e^x}{x^n}=\left(\frac{e^{\frac{x}{n}}}{x}\right)^n=\left(\frac{e^{\frac{x}{n}}}{\frac{x}{n}\cdot n}\right)^n=\left(\frac{e^{\frac{x}{n}}}{\frac{x}{n}}\right)^n\cdot\frac{1}{n^n}$$

ここで，$\dfrac{x}{n}=t$ とおくと，$x\to\infty$ のとき $t\to\infty$ であり

$$\lim_{x\to\infty}\frac{e^x}{x^n}=\lim_{t\to\infty}\left\{\left(\frac{e^t}{t}\right)^n\cdot\frac{1}{n^n}\right\}=\infty \quad \text{すなわち} \quad x^n \ll e^x$$

(ウ) $\log x \ll x$ を示す。

$\log x=t$ とおくと，$x=e^t$ であり $x\to\infty$ のとき $t\to\infty$ であるから

$$\lim_{x\to\infty}\frac{x}{\log x}=\lim_{t\to\infty}\frac{e^t}{t}=\infty \quad \text{すなわち} \quad \log x \ll x$$

(ア)～(ウ) より，（＊）が証明された。

D 頻出 ★★☆☆

例題 105 曲線の凹凸とグラフ〔5〕…対数関数

関数 $y=\dfrac{\log x}{x}$ の増減，極値，グラフの凹凸，変曲点を調べ，そのグラフをかけ。ただし，$\displaystyle\lim_{t\to\infty}\frac{t}{e^t}=0$ を用いてよい。

思考のプロセス

« ReAction 曲線の凹凸・変曲点は，第２次導関数の符号を調べよ ◀例題 101

段階的に考える 例題101～104と同様に考える。

・$y=\dfrac{\log x}{x}$ の定義域…$\begin{cases}\log x \text{ を含むから } x>0\\ (\text{分母})\neq 0 \text{ より } x\neq 0\end{cases}$ ⟹ 定義域 $x>0$

・定義域 $x>0$ より，$\displaystyle\lim_{x\to+0}y$，$\displaystyle\lim_{x\to\infty}y$ を考えてグラフをかく。 ⟵ 条件＿＿も利用

解 定義域は　$x>0$

$$y'=\frac{\frac{1}{x}\cdot x-(\log x)\cdot 1}{x^2}=\frac{1-\log x}{x^2}$$

$y'=0$ とすると　$x=e$

$$y''=\frac{-\frac{1}{x}\cdot x^2-(1-\log x)\cdot 2x}{(x^2)^2}=\frac{2\log x-3}{x^3}$$

$y''=0$ とすると　$x=e^{\frac{3}{2}}$

よって，**増減，凹凸は次の表**のようになる。

x	0	…	e	…	$e^{\frac{3}{2}}$	…
y'	／	$+$	0	$-$	$-$	$-$
y''	／	$-$	$-$	$-$	0	$+$
y	／	↗	$\frac{1}{e}$	↘	$\frac{3}{2e^{\frac{3}{2}}}$	↘

ゆえに，**$x=e$ のとき極大値 $\dfrac{1}{e}$，変曲点は $\left(e^{\frac{3}{2}},\ \dfrac{3}{2e^{\frac{3}{2}}}\right)$**

次に，$t=\log x$ とおくと，$x\to\infty$ のとき $t\to\infty$ より

$$\lim_{x\to\infty}y=\lim_{t\to\infty}\frac{t}{e^t}=0$$

$$\lim_{x\to+0}y=-\infty$$

よって，x 軸，y 軸は漸近線である。

したがって，グラフは**右の図**。

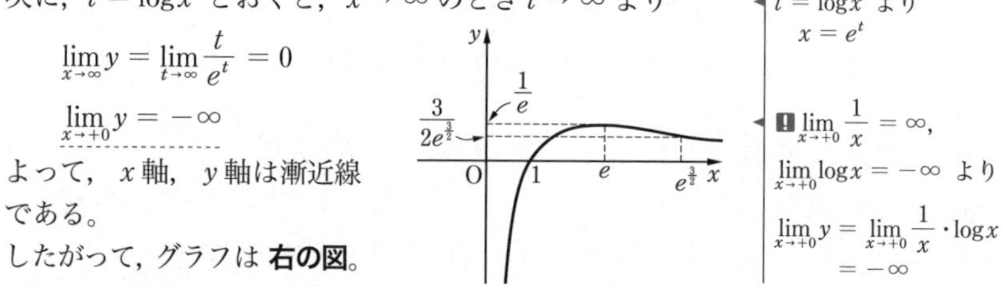

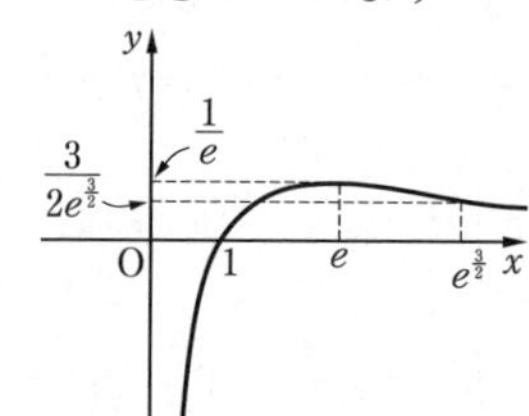

◀ (分母) ≠ 0，真数条件

◀ $\dfrac{\log x}{x}=\dfrac{1}{x}\cdot\log x$ と考え，積の微分法を用いて
$y'=-\dfrac{1}{x^2}\log x+\dfrac{1}{x}\cdot\dfrac{1}{x}=\dfrac{1-\log x}{x^2}$
としてもよい。

◀ 極小値はもたない。

◀ $t=\log x$ より $x=e^t$

◀ ❗ $\displaystyle\lim_{x\to+0}\frac{1}{x}=\infty$，$\displaystyle\lim_{x\to+0}\log x=-\infty$ より
$\displaystyle\lim_{x\to+0}y=\lim_{x\to+0}\frac{1}{x}\cdot\log x=-\infty$

練習 105 次の関数の増減，極値，グラフの凹凸，変曲点を調べ，そのグラフをかけ。ただし，$\displaystyle\lim_{t\to\infty}t^2e^{-t}=0$ を用いてよい。

(1) $y=\dfrac{(\log x)^2}{x}$　(2) $y=x\log x$　(3) $y=\log(x^2+x+1)$

⇒p.210 問題105

例題 106 陰関数のグラフ ★★☆☆

方程式 $y^2 = x(x-3)^2$ で表される曲線の概形をかけ。

思考のプロセス

対称性の利用

与式は $y^2 = f(x)$ の形 $\Longrightarrow y = \pm\sqrt{f(x)}$

$\Longrightarrow$ $y = \sqrt{f(x)}$ と $y = -\sqrt{f(x)}$ のグラフを合わせたもの

□ 軸に関して対称

$\Longrightarrow$ まず，$y = \sqrt{f(x)}$ の増減・凹凸を調べてグラフをかく。

Action» 陰関数のグラフは，式を y について解いてからかけ

解 $y^2 \geqq 0$，$(x-3)^2 \geqq 0$ より，方程式を満たす x の値の範囲は　$x \geqq 0$

◀ (左辺) $= y^2 \geqq 0$ より (右辺) $\geqq 0$ であり，$(x-3)^2 \geqq 0$ より $x \geqq 0$

この範囲で y について解くと　$y = \pm(x-3)\sqrt{x}$

◀ $\alpha^2 = \beta^2 \Longleftrightarrow \alpha = \pm\beta$

例題102 $y = (x-3)\sqrt{x}$ $(x \geqq 0)$ …① について

◀ 求める曲線は $y = (x-3)\sqrt{x}$，$y = -(x-3)\sqrt{x}$ の2つのグラフを合わせたものである。

$$y' = \sqrt{x} + (x-3)\cdot\frac{1}{2\sqrt{x}} = \frac{3(x-1)}{2\sqrt{x}}$$

$y' = 0$ とすると　$x = 1$

$$y'' = \frac{3}{2}\cdot\frac{1\cdot\sqrt{x} - (x-1)\cdot\dfrac{1}{2\sqrt{x}}}{\left(\sqrt{x}\right)^2} = \frac{3(x+1)}{4x\sqrt{x}}$$

◀ $(\sqrt{x})' = \left(x^{\frac{1}{2}}\right)' = \frac{1}{2}x^{-\frac{1}{2}} = \frac{1}{2\sqrt{x}}$

$x > 0$ の範囲で　$y'' > 0$

よって，増減，凹凸は次の表のようになる。

x	0	…	1	…
y'	／	$-$	0	$+$
y''	／	$+$	$+$	$+$
y	0	↘	-2	↗

また

$$\lim_{x\to\infty} y = \infty,\ \lim_{x\to+0} y' = -\infty$$

◀ $\lim_{x\to+0} y' = -\infty$ より，グラフは原点で y 軸と接する。

ゆえに，① のグラフは右の図。

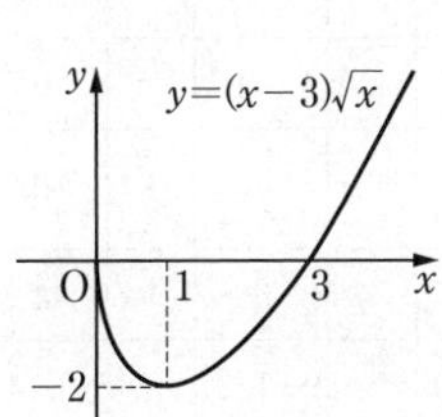

$y = -(x-3)\sqrt{x}$ のグラフは，$y = (x-3)\sqrt{x}$ のグラフと x 軸に関して対称であるから，$y^2 = x(x-3)^2$ が表す曲線の概形は **右の図**。

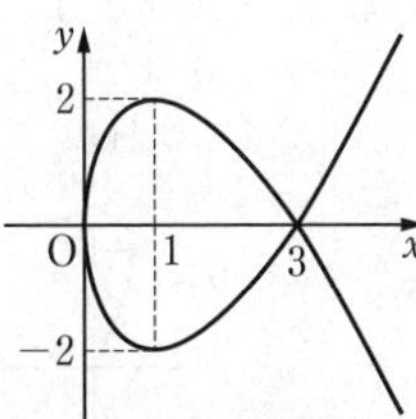

練習 106 次の方程式で表される曲線の概形をかけ。

(1) $y^2 = x^2(x+3)$　　(2) $y^2 = x^2(x-1)$

➡ p.210 問題106

例題 107 媒介変数で表された曲線 ★★☆☆

媒介変数 t で表された曲線 $\begin{cases} x = t^2 - 2t \\ y = -t^2 + 4t \end{cases}$ $(t \geqq 0)$ の概形をかけ。ただし，凹凸は調べなくてよい。

思考のプロセス

$\begin{cases} x = f(t) \\ y = g(t) \end{cases}$ から x と y の式を導くのは難しいから，x，y それぞれの増減を考える。

$\dfrac{dx}{dt}$ … t が増加したときの x 座標の変化（左右の動き）

$\dfrac{dy}{dt}$ … t が増加したときの y 座標の変化（上下の動き）

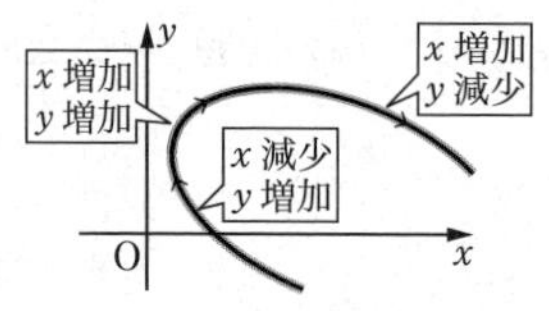

対応を考える

$\dfrac{dx}{dt}$	+	+	−	−
x	→	→	←	←
$\dfrac{dy}{dt}$	+	−	+	−
y	↑	↓	↑	↓
$(x,\ y)$	↗	↘	↖	↙

Action» 媒介変数で表された曲線は，x，y を媒介変数で微分して増減を調べよ

解 $\dfrac{dx}{dt} = 2t - 2$ より，$\dfrac{dx}{dt} = 0$ とすると　$t = 1$

$\dfrac{dy}{dt} = -2t + 4$ より，$\dfrac{dy}{dt} = 0$ とすると　$t = 2$

よって，x，y の増減は次の表のようになる。

t	0	…	1	…	2	…
$\dfrac{dx}{dt}$		−	0	+	+	+
x	0	←	−1	→	0	→
$\dfrac{dy}{dt}$		+	+	+	0	−
y	0	↑	3	↑	4	↓
$(x,\ y)$	(0, 0)	↖	(−1, 3)	↗	(0, 4)	↘

また，$x = 0$ となるのは，$t^2 - 2t = 0$ より　$t = 0,\ 2$

$y = 0$ となるのは，$-t^2 + 4t = 0$ より　$t = 0,\ 4$

$t = 4$ のとき　$x = 8$

さらに，$\lim\limits_{t \to \infty} x = \infty$，

$\lim\limits_{t \to \infty} y = -\infty$ であるから，

曲線の概形は **右の図**。

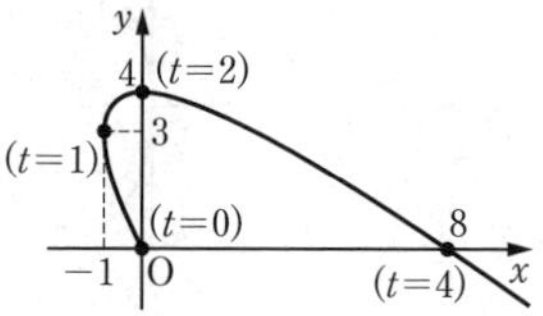

◀ 媒介変数 t を消去してグラフの概形をかく方法もあるが，この場合大変である。

◀ 表の →，← はそれぞれ x の値が増加，減少することを表し，↑，↓ はそれぞれ y の値が増加，減少することを表す。
また，例えば t が 0 から 1 まで変化するとき，x の値は減少しながら，y の値が増加するから，曲線は左上がり（↖）になる。

◀ 曲線と座標軸の共有点の座標を考える。

練習 107 媒介変数 t で表された曲線 $\begin{cases} x = 1 - t^2 \\ y = 1 - t - t^2 + t^3 \end{cases}$ の概形をかけ。ただし，凹凸は調べなくてよい。

➡p.210 問題107

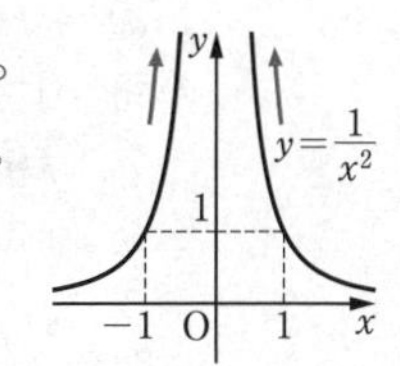

D ★★☆☆

例題 108 変曲点と点対称

関数 $f(x)=2x+3\cos x$ $(0 \leqq x \leqq \pi)$ のグラフの変曲点の座標を求め，その変曲点に関してグラフは対称であることを示せ。

思考のプロセス

点 $\mathrm{P}(\alpha,\ f(\alpha))$ が変曲点

⟹ $f''(\alpha)=0$ であり，$x=\alpha$ の前後で $f''(x)$ の符号が変わる。

Action» 曲線の変曲点の座標は，$f''(x)=0$ となる x の値から求めよ

$y=f(x)$ が，点 P に関して対称 … 条件が複雑

↓ **基準を定める** 点 P を原点に移す平行移動　↓ 簡単になる

$y=g(x)$ が，原点に関して対称 … $g(-x)=-g(x)$

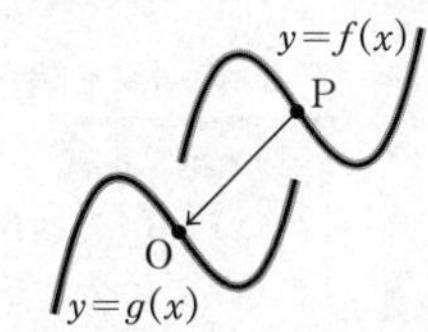

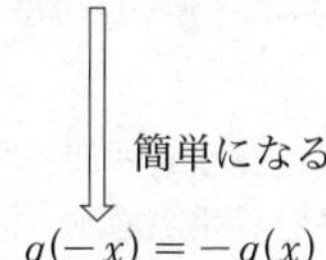

解 $f'(x)=2-3\sin x,\ f''(x)=-3\cos x$

$0<x<\pi$ の範囲で $f''(x)=0$ とすると　$x=\dfrac{\pi}{2}$

◀ 変曲点を求めるときは $f''(x)=0$ となる x を求め，その x の前後で $f''(x)$ の符号が変化することを確認する。
$y=f(x)$ のグラフの概形は下の図。

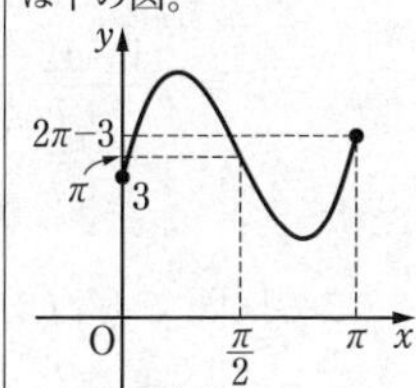

よって，$f(x)$ のグラフの凹凸は次の表のようになる。

x	0	$\cdots$	$\dfrac{\pi}{2}$	$\cdots$	π
$f''(x)$		$-$	0	$+$	
$f(x)$	3	上に凸	π	下に凸	$2\pi-3$

表より，変曲点の座標は　$\left(\dfrac{\pi}{2},\ \pi\right)$

次に，曲線 $y=f(x)$ を x 軸方向に $-\dfrac{\pi}{2}$，y 軸方向に $-\pi$ だけ平行移動した曲線を $y=g(x)$ とおくと，曲線 $y=f(x)$ の変曲点 $\left(\dfrac{\pi}{2},\ \pi\right)$ は原点に移る。

このとき，曲線 $y=g(x)$ が原点に関して対称であれば，曲線 $y=f(x)$ は点 $\left(\dfrac{\pi}{2},\ \pi\right)$ に関して対称である。

$$g(x)=f\left(x+\frac{\pi}{2}\right)-\pi$$

$$=2\left(x+\frac{\pi}{2}\right)+3\cos\left(x+\frac{\pi}{2}\right)-\pi=2x-3\sin x$$

◀ $\cos\left(x+\dfrac{\pi}{2}\right)=-\sin x$

ゆえに　$g(-x)=2(-x)-3\sin(-x)$

$$=-2x+3\sin x=-g(x)$$

◀ $g(-x)=-g(x)$ が成り立つとき，$y=g(x)$ のグラフは原点に関して対称である。

したがって，曲線 $y=g(x)$ は原点に関して対称であり，曲線 $y=f(x)$ は変曲点 $\left(\dfrac{\pi}{2},\ \pi\right)$ に関して対称である。

練習 108 関数 $f(x)=x+\cos x-\cos x\log(1+\sin x)$ $(0<x<\pi)$ のグラフの変曲点の座標を求め，その変曲点に関してグラフは対称であることを示せ。

➡p.210 問題108

D ★★☆☆

例題 109 第2次導関数と極大・極小

関数 $f(x)=\sin x+\tan x+(a^2-3)x$ が区間 $0<x<\dfrac{\pi}{3}$ において極値をもつように，定数 a の値の範囲を定めよ。

思考のプロセス

«ReAction $f(x)$ が極値をもつときは，$f'(x)=0$ の解の前後で符号が変わるとせよ ◀例題 99

$f'(x)=\cos x+\dfrac{1}{\cos^2 x}+a^2-3$ より，$f'(x)=0$ となる x を簡単に求められないから，$f'(x)$ の増減を調べるために，$f''(x)$ の符号を考える。

見方を変える

$\begin{cases} f''(x)>0 \text{ のとき，} f'(x) \text{ は単調増加（図 1）} \\ f''(x)<0 \text{ のとき，} f'(x) \text{ は単調減少（図 2）} \end{cases}$

⟹ いずれの場合も
$f'(x)$ が正の値と負の値をとるならば，
$f(x)$ は極値をもつ。

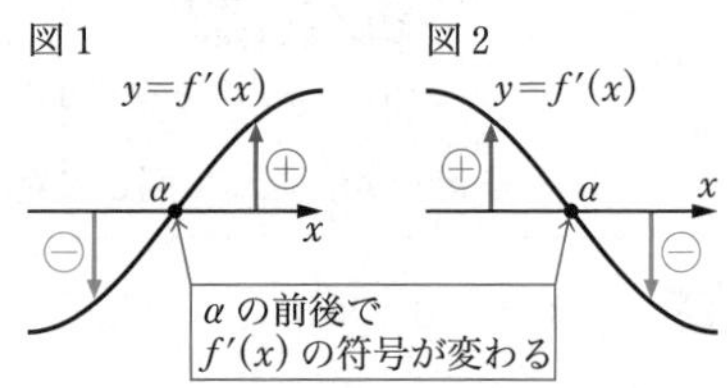

解 $f'(x)=\cos x+\dfrac{1}{\cos^2 x}+a^2-3$

$f''(x)=-\sin x-\dfrac{2\cos x\cdot(-\sin x)}{\cos^4 x}$

$=\dfrac{\sin x(2-\cos^3 x)}{\cos^3 x}$

$0<x<\dfrac{\pi}{3}$ のとき，$0<\sin x<1$，$0<\cos x<1$ より

この区間で $f''(x)>0$ となり，$f'(x)$ は単調増加する。

また，区間 $0\leqq x\leqq\dfrac{\pi}{3}$ で $f'(x)$ は連続であり

$$f'(0)=a^2-1,\qquad f'\left(\frac{\pi}{3}\right)=a^2+\frac{3}{2}$$

$f'\left(\dfrac{\pi}{3}\right)=a^2+\dfrac{3}{2}>0$ であるから，

$f'(0)=a^2-1<0$ …① のとき $f(x)$

は $0<x<\dfrac{\pi}{3}$ において極値をもつ。

① より　　$(a+1)(a-1)<0$

よって，求める a の値の範囲は

　　$\boldsymbol{-1<a<1}$

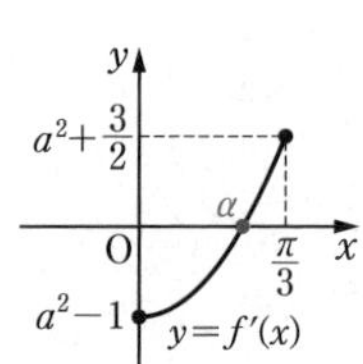

◀ $f'(x)=0$ となる x が求まらないから，$f''(x)$ の符号も考える。

◀ $-\sin x+\dfrac{2\sin x}{\cos^3 x}$
$=\dfrac{\sin x(2-\cos^3 x)}{\cos^3 x}$

◀ $f'\left(\dfrac{\pi}{3}\right)>0$ であるから，$f'(0)<0$ となれば，中間値の定理により，$0<x<\dfrac{\pi}{3}$ の範囲で $f'(\alpha)=0$ となる $x=\alpha$ が存在する。

練習 109 関数 $f(x)=\pi x+\cos\pi x+\sin\pi x$ が極小値をとるときの x の値を求めよ。

➡p.210 問題109

▶▶解答編 p.178

93 ★☆☆☆ 次の関数の極値を求めよ。

(1) $y=\dfrac{3x-1}{x^3+1}$　　(2) $y=\dfrac{x^2}{\sqrt{(x^4+2)^3}}$

94 ★☆☆☆ 次の関数の極値を求めよ。ただし，$0\leqq x\leqq 2\pi$ とする。

(1) $y=\dfrac{1}{2}\sin 2x-\sin x+x$　　(2) $y=\sin^3 x+\cos^3 x$

95 ★☆☆☆ 次の関数の極値を求めよ。

(1) $y=(x^2-2x)e^{-x}$　　(2) $y=\dfrac{(\log x)^2}{x}$　　(3) $y=\dfrac{\log x}{\sqrt{x}}$

96 ★★☆☆ 次の関数の極値を求めよ。

(1) $y=|x|\sqrt{2-x^2}$　　(2) $y=|x-1|\sqrt{3-x^2}$

97 ★★☆☆ a を正の定数，x の関数を $f(x)=\log(1+ax)-ax+ax^2$ とする。$f(x)$ の極値を求めよ。 (芝浦工業大)

98 ★★☆☆ $a>0$ に対して，$f(x)=\dfrac{e^x}{1+ax^2}$ とする。

(1) $f(x)$ が極値をもつ条件を求めよ。

(2) $f(x)$ が $x=\alpha,\ \beta\ (\alpha\neq\beta)$ で極値をとるとき，$f(\alpha)f(\beta)$ を求めよ。

(大阪工業大)

99 ★★★☆ k を実数とし，$f(x)=\dfrac{1}{2}(x+k)^2+\cos^2 x$ とおいたとき，$0<x<\dfrac{\pi}{2}$ の範囲で，$y=f(x)$ の極大値，極小値をとる点はそれぞれいくつあるか。 (奈良女子大)

100 ★★☆☆ 関数 $f(x)=\dfrac{bx^2+cx+1}{2x+a}$ において，$y=f(x)$ のグラフの漸近線が 2 直線 $x=1,\ y=2x+1$ であるとき，定数 $a,\ b,\ c$ の値を求めよ。

101 ★★☆☆ 関数 $f(x)=\dfrac{1}{x^2+1}$ について

(1) $f'(x)$ を求めよ。

(2) 関数 $y=f'(x)$ の増減，極値，グラフの凹凸，変曲点を調べ，そのグラフをかけ。

(高知県立大)

102 ★★★☆ 次の関数の増減，極値，グラフの凹凸，変曲点を調べ，そのグラフをかけ。

(1) $y=\sqrt{x^3+1}$　　(2) $y=\sqrt[3]{x^2}(2x-5)$

103 ★★☆☆ 関数 $y=\dfrac{1}{2}\sin 2x-2\sin x+x\ (0 \leqq x \leqq 2\pi)$ の増減，極値，グラフの凹凸，変曲点を調べ，そのグラフをかけ。

104 ★★☆☆ 次の関数の増減，極値，グラフの凹凸，変曲点を調べ，そのグラフをかけ。ただし，$\displaystyle\lim_{t\to\infty}t^2e^{-t}=0$ を用いてよい。

(1) $y=2xe^{x^2}$　　(2) $y=(x^2-1)e^x$

105 ★★☆☆ 次の関数の増減，極値，グラフの凹凸，変曲点を調べ，そのグラフをかけ。ただし，$\displaystyle\lim_{t\to\infty}\frac{e^t}{t}=\infty$ を用いてよい。

(1) $y=\dfrac{x}{\log x}$　　(2) $y=x^3\left(\log x-\dfrac{4}{3}\right)$　　(3) $y=\log\left(x+\sqrt{x^2+1}\right)$

106 ★★☆☆ 次の方程式で表される曲線の概形をかけ。

(1) $5x^2-4xy+y^2=1$　　(2) $x^2+xy+y^2=1$

107 ★★★☆ 媒介変数 θ で表された曲線 $\begin{cases} x=(1+\cos\theta)\cos\theta \\ y=(1+\cos\theta)\sin\theta \end{cases}$ の概形をかけ。ただし，凹凸は調べなくてよい。

108 ★★☆☆ 関数 $y=\log\dfrac{2a-x}{x}$ のグラフはその変曲点に関して対称であることを示せ。ただし，a は正の定数とする。

109 ★★☆☆ 関数 $f(x)=x-a^2x\log x$ が区間 $0<x<1$ において極値をもつように，定数 a の値の範囲を定めよ。

本質を問う 8

▶▶解答編 p.195

1 次の命題の真偽を答えよ。

(1) 関数 $f(x)$ について，$f'(a)=0$ ならば $x=a$ において極値をとる。

(2) 関数 $f(x)$ について，$x=a$ において極値をとるならば $f'(a)=0$

◀p.181 概要1

2 $f''(x)$ の値の変化を調べることで，曲線 $y=f(x)$ が上に凸か下に凸かを求めることができる。その理由を説明せよ。

◀p.182 概要2

3 曲線 $y=f(x)$ において，「$f''(a)=0$ ならば点 $(a,\ f(a))$ が変曲点である」は正しいか。

◀p.183 概要2

Let's Try! 8

▶▶解答編 p.196

① 関数 $f(x)=e^{\frac{1}{x^2-1}}$ $(-1<x<1)$ について，関数の増減，グラフの凹凸を調べ，$y=f(x)$ のグラフの概形をかけ。（横浜国立大）

◀例題104

② 関数 $f(x)=\dfrac{ax+b}{x^2-x+1}$ について，次の問に答えよ。ただし，a，b は定数とし，$a\neq 0$ とする。

(1) 関数 $f(x)$ は 2 つの極値をとることを示せ。

(2) 関数 $f(x)$ が $x=-2$ において極値 1 をとるとき，a，b の値を求めよ。

（島根大　改）◀例題98

③ 関数 $f(x)=a(x-2\pi)+\sin x$ $(0<a<1)$ の $0<x<2\pi$ における極大値が 0 であるとき，この区間における極小値を求めよ。

◀例題98

④ 関数 $f(x)=2x+\dfrac{ax}{x^2+1}$ が極大値と極小値をそれぞれ 2 つずつもつように，定数 a の値の範囲を定めよ。

◀例題99

⑤ $f(x)=x^3+x^2+7x+3$，$g(x)=\dfrac{x^3-3x+2}{x^2+1}$ とする。

(1) 方程式 $f(x)=0$ はただ 1 つの実数解をもち，その実数解 α は $-2<\alpha<0$ を満たすことを示せ。

(2) 曲線 $y=g(x)$ の漸近線を求めよ。

(3) α を用いて関数 $y=g(x)$ の増減を調べ，そのグラフをかけ。ただし，グラフの凹凸を調べる必要はない。

（富山大）◀例題99, 100

⑥ 関数 $f(x)=(x^2+\alpha x+\beta)e^{-x}$ について，下の問に答えよ。ただし，α，β は定数とする。

(1) $f'(x)$ および $f''(x)$ を求めよ。

(2) $f(x)$ が $x=1$ で極値をとるための α，β の条件を求めよ。

(3) $f(x)$ が $x=1$ で極値をとり，さらに点 $(4,\ f(4))$ が曲線 $y=f(x)$ の変曲点となるように α，β の値を定め，関数 $y=f(x)$ の極値と，その曲線の変曲点をすべて求めよ。

（東京学芸大）◀例題95, 98, 104

まとめ 9　いろいろな微分の応用

1 最大・最小

閉区間 I において定義された **連続な関数 $f(x)$** において

(1)　すべての **極大値，両端の値を比較** し，最大のものが **最大値** である。

(2)　すべての **極小値，両端の値を比較** し，最小のものが **最小値** である。

❗　定義域が実数全体の場合は，極値のほかに $x \to \infty$ や $x \to -\infty$ などの極限を調べて比較する。

2 方程式・不等式への応用

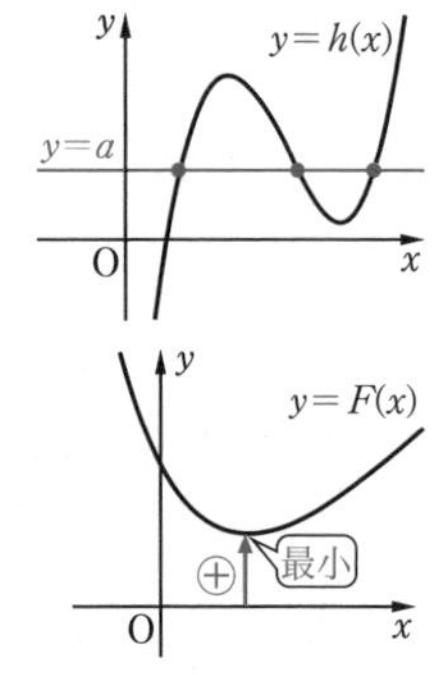

(1)　方程式の実数解の個数

方程式 $f(x)=g(x)$ の異なる実数解の個数は，$h(x)=a$（定数）の形に変形し，$y=h(x)$ のグラフと直線 $y=a$ の共有点の個数を調べる。

(2)　不等式の証明

$f(x)>g(x)$ を示すには，$F(x)=f(x)-g(x)$ とおき，$F(x)>0$ を示す。

概要

2 方程式・不等式への応用

・方程式の実数解の個数

方程式 $f(x)=g(x)$ の実数解の個数 $\Longleftrightarrow$ 2 曲線 $\begin{cases} y=f(x) \\ y=g(x) \end{cases}$ の共有点の個数

このことから，定数 a を含む方程式 $f(x)=g(x)$ の実数解の個数を考えるときには，方程式を $h(x)=a$ の形に変形し，曲線 $y=h(x)$ と直線 $y=a$ の共有点の個数を考える。

・不等式 $f(x)>g(x)$ $(a \leqq x \leqq b)$ の証明方法

$F(x)=f(x)-g(x)$ とおき，$F(x)>0$ を示す方法としては，次の 2 つが考えられる。

〔方法 1〕　最小値の利用

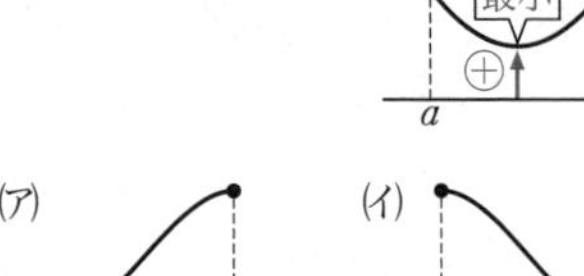

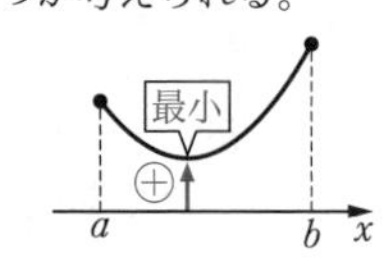

関数 $F(x)$ の最小値が存在するとき

$(F(x)$ の最小値$)>0$

が成り立てばよい。

〔方法 2〕　単調性の利用

(ア)　$F'(x)>0$ のとき，$F(x)$ は単調増加より

$F(x) \geqq F(a)$ であるから　　$F(a)>0$

(イ)　$F'(x)<0$ のとき，$F(x)$ は単調減少より

$F(x) \geqq F(b)$ であるから　　$F(b)>0$

が成り立てばよい。

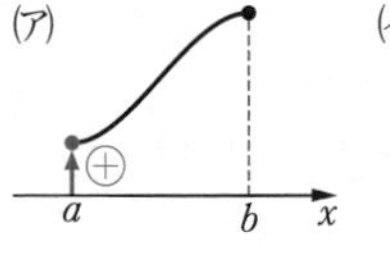

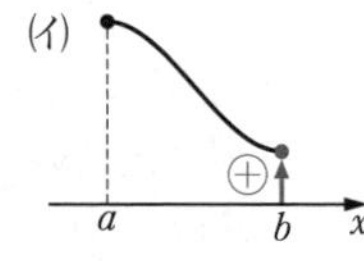

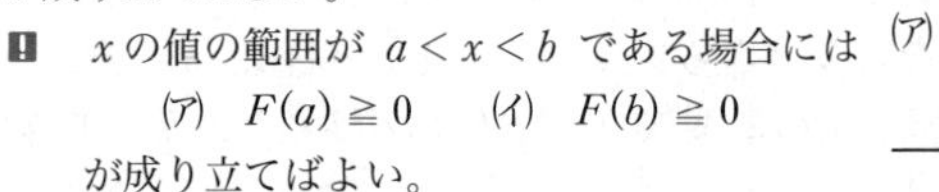

❗　x の値の範囲が $a<x<b$ である場合には

(ア)　$F(a) \geqq 0$　　(イ)　$F(b) \geqq 0$

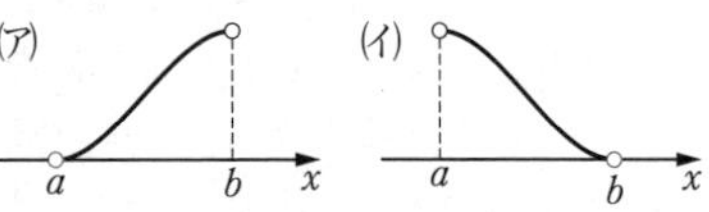

が成り立てばよい。

(ア)

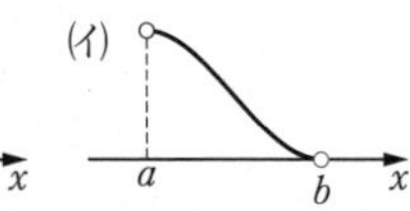

頻出 ★★☆☆

例題 110 最大・最小〔1〕

次の関数の最大値，最小値を求めよ。

(1) $f(x) = x - 2\sin x \ (0 \leqq x \leqq \pi)$　　(2) $f(x) = x\sqrt{8 - x^2}$

思考のプロセス

«ReAction 関数の最大・最小は，極値と端点での値を調べよ ◀IIB 例題 228

候補を絞り込む

最大値・最小値の候補は

「極値」または「区間の端点での値」

⟹ 増減表から考える。

! グラフの凹凸や変曲点を調べる必要はない。

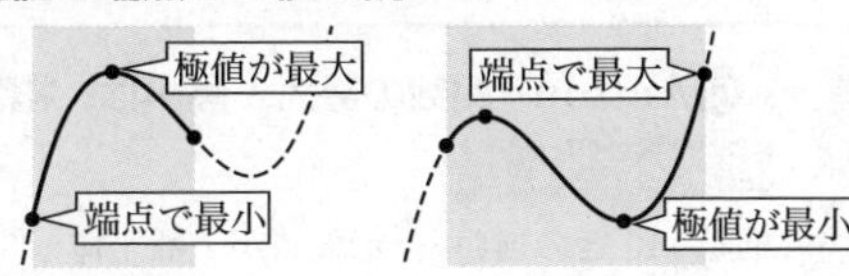

解 (1) $f'(x) = 1 - 2\cos x$

$f'(x) = 0$ とすると　$\cos x = \dfrac{1}{2}$

$0 \leqq x \leqq \pi$ の範囲で　$x = \dfrac{\pi}{3}$

よって，$f(x)$ の増減表は次のようになる。

x	0	$\cdots$	$\dfrac{\pi}{3}$	$\cdots$	π
$f'(x)$		$-$	0	$+$	
$f(x)$	0	↘	$\dfrac{\pi}{3} - \sqrt{3}$	↗	π

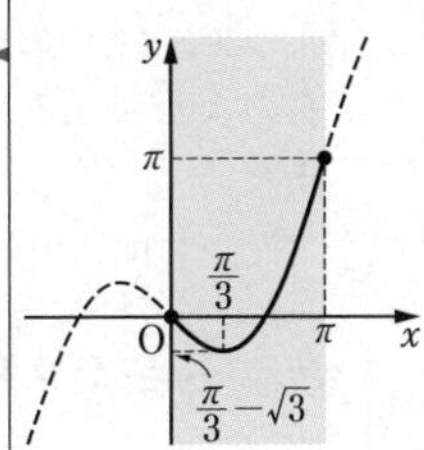

ゆえに，**$x = \pi$ のとき　最大値 π**

$x = \dfrac{\pi}{3}$ のとき　最小値 $\dfrac{\pi}{3} - \sqrt{3}$

(2) 定義域は $8 - x^2 \geqq 0$ より　$-2\sqrt{2} \leqq x \leqq 2\sqrt{2}$

◀ $\sqrt{\ }$ 内は0以上の値をとる。

$$f'(x) = \sqrt{8 - x^2} + x \cdot \frac{-x}{\sqrt{8 - x^2}} = \frac{-2(x+2)(x-2)}{\sqrt{8 - x^2}}$$

$f'(x) = 0$ とすると　$x = \pm 2$

◀ $f(-x) = -f(x)$ より，グラフは原点に関して対称である。

よって，$f(x)$ の増減表は次のようになる。

x	$-2\sqrt{2}$	$\cdots$	-2	$\cdots$	2	$\cdots$	$2\sqrt{2}$
$f'(x)$	／	$-$	0	$+$	0	$-$	／
$f(x)$	0	↘	-4	↗	4	↘	0

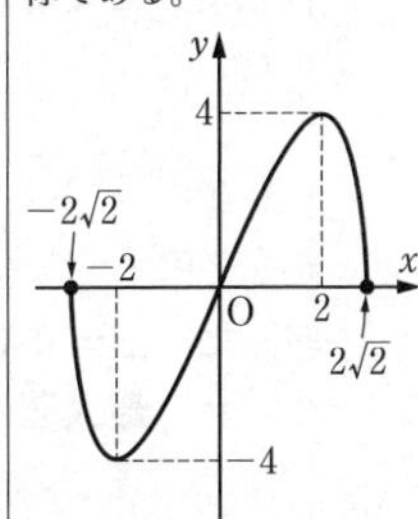

ゆえに，**$x = 2$ のとき　最大値 4**

$x = -2$ のとき　最小値 -4

練習 110 次の関数の最大値，最小値を求めよ。

(1) $f(x) = 2\sin x + \sin 2x \quad (0 \leqq x \leqq 2\pi)$　　(2) $f(x) = 2x + \sqrt{5 - x^2}$

⇒p.238 問題110

頻出

例題 111 最大・最小〔2〕

★★☆☆

次の関数の最大値，最小値を求めよ。ただし，$\lim_{t\to\infty}\dfrac{t^2}{e^t}=0$ を用いてよい。

(1) $f(x)=\dfrac{2x-3}{x^2+4}$　　　(2) $f(x)=x^2e^{-x}$

思考のプロセス

«ReAction 関数の最大・最小は，極値と端点での値を調べよ ◀IIB 例題 228

候補を絞り込む

例題 110 との違い … 定義域が実数全体

⟹ 端点の値の代わりに $\lim_{x\to\infty}f(x)$，$\lim_{x\to-\infty}f(x)$ を調べる。

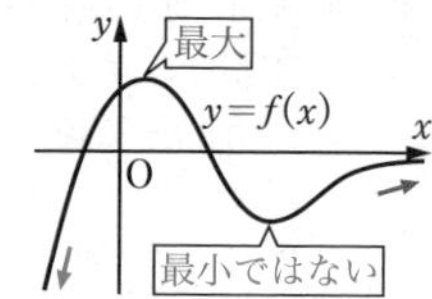

解 (1) 定義域は実数全体である。

$$f'(x)=\frac{2\cdot(x^2+4)-(2x-3)\cdot 2x}{(x^2+4)^2}=-\frac{2(x+1)(x-4)}{(x^2+4)^2}$$

$f'(x)=0$ とすると

$x=-1,\ 4$

よって，$f(x)$ の増減表は右のようになる。

x	$\cdots$	-1	$\cdots$	4	$\cdots$
$f'(x)$	$-$	0	$+$	0	$-$
$f(x)$	↘	-1	↗	$\frac{1}{4}$	↘

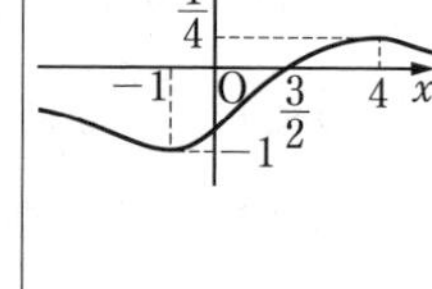

また

$$\lim_{x\to\infty}f(x)=0,\quad \lim_{x\to-\infty}f(x)=0$$

◀ **!** 定義域が実数全体の場合は，$x\to\pm\infty$ を調べる。

$$\lim_{x\to\pm\infty}f(x)=\lim_{x\to\pm\infty}\frac{\frac{2}{x}-\frac{3}{x^2}}{1+\frac{4}{x^2}}=0$$

ゆえに，**$x=4$ のとき　最大値 $\dfrac{1}{4}$**

$x=-1$ のとき　最小値 -1

(2) 定義域は実数全体である。

$$f'(x)=2x\cdot e^{-x}+x^2\cdot(-e^{-x})=-x(x-2)e^{-x}$$

$f'(x)=0$ とすると

$x=0,\ 2$

よって，$f(x)$ の増減表は右のようになる。

x	$\cdots$	0	$\cdots$	2	$\cdots$
$f'(x)$	$-$	0	$+$	0	$-$
$f(x)$	↘	0	↗	$\frac{4}{e^2}$	↘

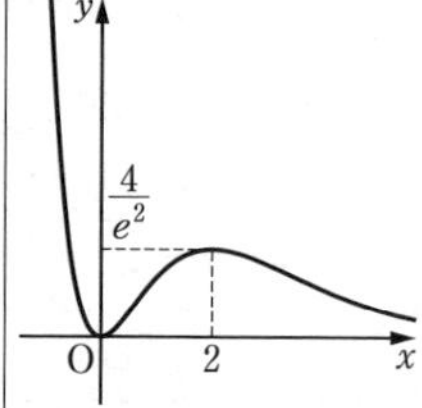

また

$$\lim_{x\to\infty}f(x)=\lim_{x\to\infty}\frac{x^2}{e^x}=0$$

◀問題の条件の利用。

$$\lim_{x\to-\infty}f(x)=\lim_{x\to-\infty}x^2e^{-x}=\infty$$

◀ $\lim_{x\to-\infty}x^2e^{-x}=\infty$（$x^2\to\infty$，$e^{-x}\to\infty$）

ゆえに，**$x=0$ のとき　最小値 0**

最大値はなし

練習 111 次の関数の最大値，最小値を求めよ。ただし，$\lim_{t\to\infty}\dfrac{t}{e^t}=0$ を用いてよい。

(1) $f(x)=\dfrac{x+1}{x^2+x+1}$　　　(2) $f(x)=\dfrac{\log x}{x}$

➡p.238 問題111

D ★★★☆

例題 112 端点に文字を含む区間での最大・最小

関数 $f(x)=x(x-2)e^x$ の $0 \leqq x \leqq t$ における最大値 $M(t)$ および最小値 $m(t)$ を求めよ。ただし，t は正の定数とする。

思考のプロセス

« ReAction 関数の最大・最小は，極値と端点での値を調べよ ◀ⅡB 例題 228

場合に分ける

区間 $0 \leqq x \leqq t$ に文字が含まれている。
t の値が大きくなるほど，区間の右側が広がっていくことから，場合分けの境界を考える。

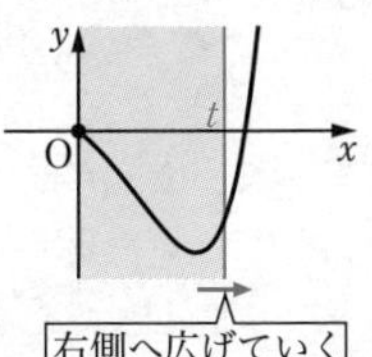

解 $f'(x)=(2x-2)e^x+(x^2-2x)e^x=(x^2-2)e^x$

$x \geqq 0$ において
$f'(x)=0$ とすると，
$x^2-2=0$ より
$x=\sqrt{2}$

x	0	$\cdots$	$\sqrt{2}$	$\cdots$
$f'(x)$		$-$	0	$+$
$f(x)$	0	↘	$(2-2\sqrt{2})e^{\sqrt{2}}$	↗

◀ $e^x>0$ である。

よって，$f(x)$ の増減表は上のようになる。
次に $f(t)=f(0)$ を満たす t の値を求めると
$t(t-2)e^t=0$ より　$t=0,\ 2$
よって，$y=f(x)$ のグラフは右のようになるから

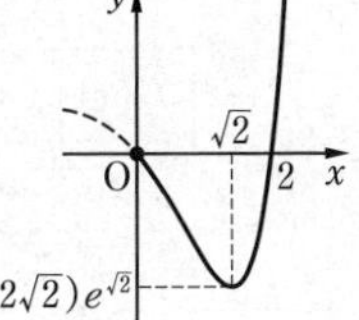

◀ 極小となる点 $(x=\sqrt{2})$ を境として最小値が，$y=f(x)$ が x 軸と交わる点 $(x=2)$ を境として最大値が変化するから，これらの点の前後で，t の値によって場合分けする。

(ア) **$0<t \leqq \sqrt{2}$ のとき**
$M(t)=f(0)=\mathbf{0}$
$m(t)=f(t)=\boldsymbol{t(t-2)e^t}$

(イ) **$\sqrt{2}<t \leqq 2$ のとき**
$M(t)=f(0)=\mathbf{0}$
$m(t)=f(\sqrt{2})=\boldsymbol{(2-2\sqrt{2})e^{\sqrt{2}}}$

(ウ) **$2<t$ のとき**
$M(t)=f(t)=\boldsymbol{t(t-2)e^t}$
$m(t)=f(\sqrt{2})=\boldsymbol{(2-2\sqrt{2})e^{\sqrt{2}}}$

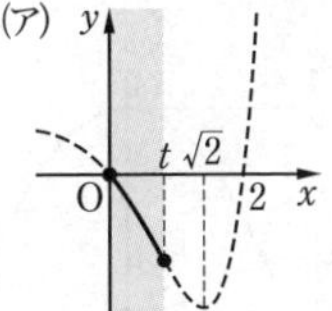

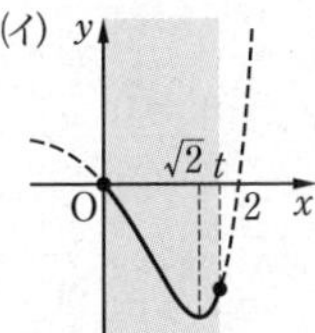

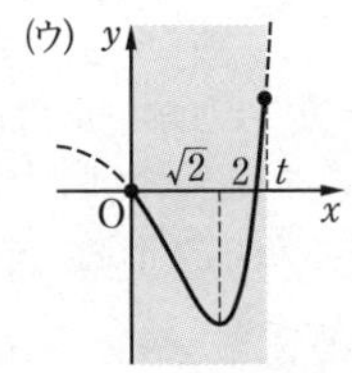

練習 112 関数 $f(x)=(x^2-3)e^x$ の $-\sqrt{3} \leqq x \leqq t$ における最大値 $M(t)$ および最小値 $m(t)$ を求めよ。ただし，t は $t>-\sqrt{3}$ の定数とする。

➡p.238 問題112

D ★★★☆

例題 113 最大・最小からの係数決定

> a を正の定数とする。関数 $f(x)=\log(x^2+1)-ax^2$ の最大値が a となるとき，a の値を求めよ。

思考のプロセス

«ReAction 関数の最大・最小は，極値と端点での値を調べよ ◀IIB 例題 228

$$f'(x)=\frac{2x}{x^2+1}-2ax=-\frac{2x\{ax^2-(1-a)\}}{x^2+1}$$

よって，$f'(x)=0$ となるのは

$x=0$ または $\{\quad\}=0$ のとき

場合に分ける 0 以外の実数解をもつかどうか？

それぞれの場合について，最大値が a となる a の値を考える。

解 $f(x)=f(-x)$ より，$f(x)$ は偶関数であるから，$x \geqq 0$ の範囲で最大値を考える。

$$f'(x)=\frac{2x}{x^2+1}-2ax=-\frac{2x\{ax^2-(1-a)\}}{x^2+1}$$

(ア) $0<a<1$ のとき

$f'(x)=0$ とすると，$x>0$ の範囲で $x=\sqrt{\dfrac{1-a}{a}}$

よって，$f(x)$ の増減表は右のようになり，$f(x)$ は $x=\sqrt{\dfrac{1-a}{a}}$ のとき，最大値

x	0	$\cdots$	$\sqrt{\dfrac{1-a}{a}}$	$\cdots$
$f'(x)$		$+$	0	$-$
$f(x)$	0	↗	極大	↘

$$f\left(\sqrt{\frac{1-a}{a}}\right)=\log\frac{1}{a}-(1-a)=-\log a-1+a$$

これが a であるから $-\log a-1+a=a$

ゆえに $a=\dfrac{1}{e}$

これは $0<a<1$ を満たす。

(イ) $a \geqq 1$ のとき

$x>0$ の範囲で $f'(x)<0$ となり，$f(x)$ はこの範囲で単調減少する。

よって，$f(x)$ は $x=0$ のとき 最大値 $f(0)=0$

最大値が a であるから $a=0$

これは $a \geqq 1$ に反するから，不適。

(ア)，(イ) より $\boldsymbol{a=\dfrac{1}{e}}$

対称性の利用

❗グラフは y 軸に関して対称となる。

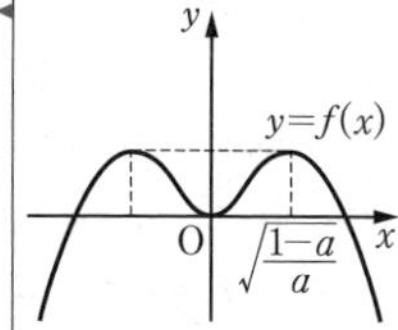

$\log a=-1$ より $a=\dfrac{1}{e}$

$a=1$ のとき，$x=0$ で $f'(x)=0$ となるが，このときも $x>0$ の範囲で $f'(x)<0$ となる。

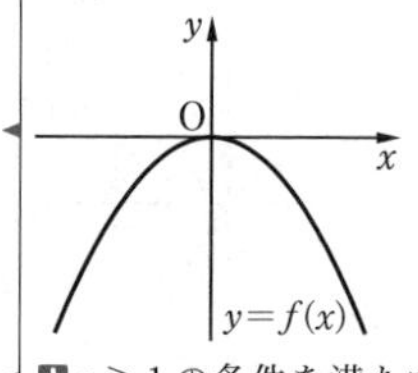

❗$a \geqq 1$ の条件を満たすか吟味する。

練習 113 関数 $f(x)=x\log x+a$ の最小値が $3a+2$ となるとき，定数 a の値を求めよ。

（工学院大）

➡p.238 問題113

例題 114 最大・最小の図形への応用〔1〕…面積

★★☆☆

曲線 $y=-\log x$ 上の点 $\mathrm{P}(t,\ -\log t)$ $(0<t<1)$ における接線と x 軸，y 軸との交点をそれぞれ Q，R とおく。また，原点を O とするとき，△OQR の面積の最大値およびそのときの t の値を求めよ。

思考のプロセス

図をかく

右の図の △OQR の面積の最大値を求めるために，
△OQR の面積を t の式 $(=S(t))$ で表したい。

Ⅰ．点 $\mathrm{P}(t,\ -\log t)$ における接線の方程式を求める。
Ⅱ．点 Q，R の座標を求める。
Ⅲ．$\triangle \mathrm{OQR}=S(t)$ を求め，$0<t<1$ における最大値を求める。

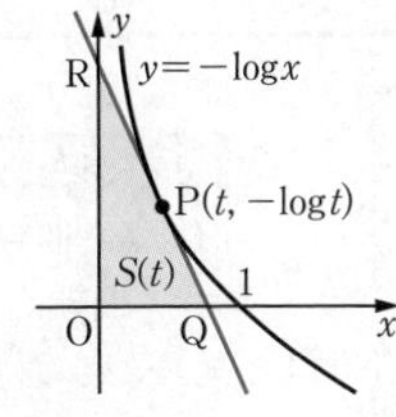

Action» 長さ・面積・体積の最大・最小は，1変数で表して微分せよ

解 $y'=-\dfrac{1}{x}$ であるから，点 $\mathrm{P}(t,\ -\log t)$ における接線の方程式は　$y+\log t=-\dfrac{1}{t}(x-t)$　…①

例題 81

◀ $y=f(x)$ 上の点 $(t,\ f(t))$ における接線の方程式は $y-f(t)=f'(t)(x-t)$

① に $x=0$ を代入すると　$y=1-\log t$
　$y=0$ を代入すると　$x=t-t\log t$

よって　$\mathrm{Q}(t-t\log t,\ 0)$，$\mathrm{R}(0,\ 1-\log t)$

$0<t<1$ のとき，$t-t\log t>0$，$1-\log t>0$ であるから，
△OQR の面積を $S(t)$ とおくと

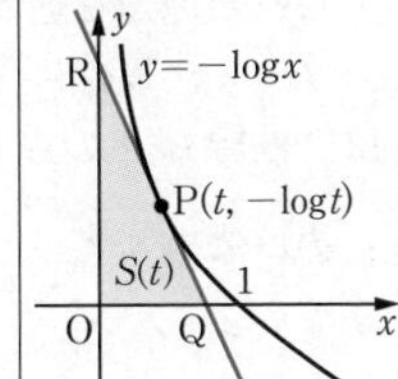

$$S(t)=\frac{1}{2}\mathrm{OQ}\cdot\mathrm{OR}=\frac{1}{2}(t-t\log t)(1-\log t)$$
$$=\frac{1}{2}t(1-\log t)^2$$
$$S'(t)=\frac{1}{2}\left\{(1-\log t)^2+t\cdot 2(1-\log t)\cdot\left(-\frac{1}{t}\right)\right\}$$
$$=\frac{1}{2}(\log t-1)(\log t+1)$$

$S'(t)=0$ とすると，
$0<t<1$ の範囲で
$$t=\frac{1}{e}$$
$S(t)$ の増減表は右のようになる。

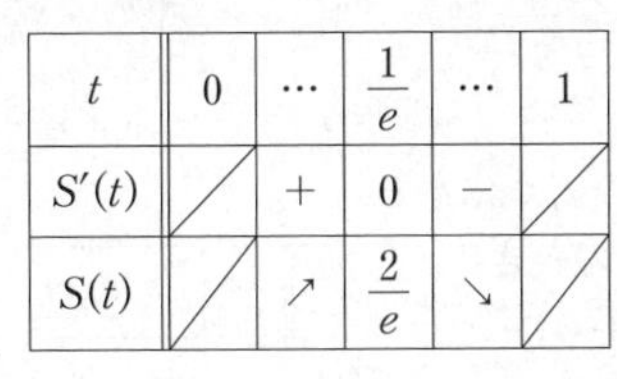

t	0	$\cdots$	$\frac{1}{e}$	$\cdots$	1
$S'(t)$	／	$+$	0	$-$	／
$S(t)$	／	↗	$\frac{2}{e}$	↘	／

◀ $S\left(\dfrac{1}{e}\right)=\dfrac{1}{2e}\left(1-\log\dfrac{1}{e}\right)^2=\dfrac{1}{2e}\{1-(-1)\}^2=\dfrac{2}{e}$

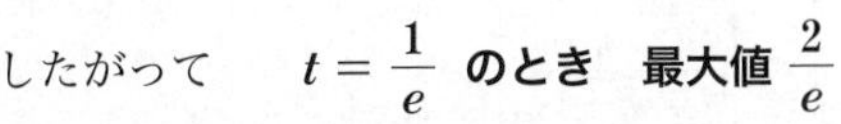

したがって　**$t=\dfrac{1}{e}$ のとき　最大値 $\dfrac{2}{e}$**

練習 114 曲線 $y=e^{-2x}$ 上の点 $\mathrm{A}(a,\ e^{-2a})$ での接線 l と x 軸，y 軸との交点をそれぞれ B，C とおく。ただし，$a\geqq 0$ とする。
(1) 原点を O とするとき，△OBC の面積 $S(a)$ を求めよ。
(2) $S(a)$ の最大値およびそのときの a の値を求めよ。　（南山大）

➡p.238 問題114

例題 115 最大・最小の図形への応用〔2〕…直線と曲線の距離 ★★★☆

曲線 $C : y = e^x$ について

(1) 曲線 C の接線のうち原点を通るものの傾き m_1 を求めよ。

(2) (1)の m_1 に対して，m を $0 < m < m_1$ を満たす定数とする。直線 $l : y = mx$ と曲線 C の最短距離を m を用いて表せ。

思考のプロセス

(2) ❗ m は $0 < m < m_1$ を満たす定数（m は固定）

求めるものの言い換え

直線 l と曲線 C の最短距離

⟹ 曲線 C 上の点Pと直線 l の距離の最小値

⟹ Ⅰ．**未知のものを文字でおく**

点Pの座標を $(t,\ e^t)$ とおく。

Ⅱ．点Pと直線の距離を t の式 $(= d(t))$ で表す。

Ⅲ．($d(t)$ の最小値) = (最短距離) を m で表す。

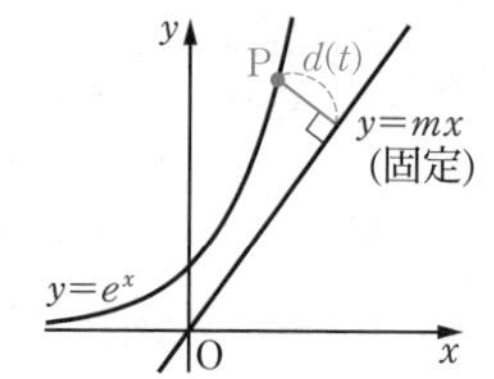

« ReAction 長さ・面積・体積の最大・最小は，1変数で表して微分せよ ◀例題 114

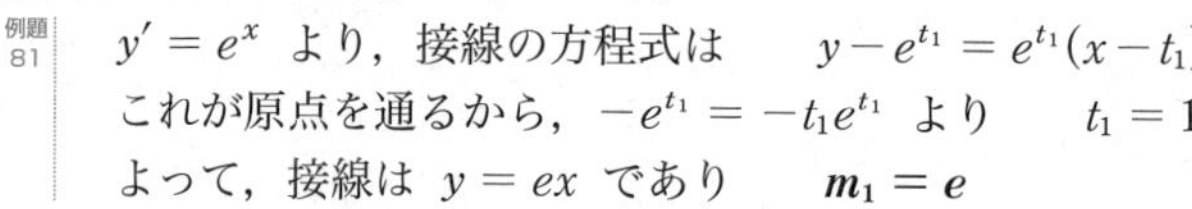

解 (1) 接点を $P_1(t_1,\ e^{t_1})$ とおく。

例題81　$y' = e^x$ より，接線の方程式は　$y - e^{t_1} = e^{t_1}(x - t_1)$

これが原点を通るから，$-e^{t_1} = -t_1 e^{t_1}$ より　$t_1 = 1$

よって，接線は $y = ex$ であり　$\boldsymbol{m_1 = e}$

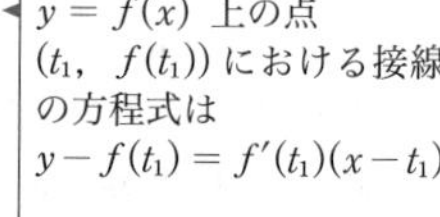

◀ $y = f(x)$ 上の点 $(t_1,\ f(t_1))$ における接線の方程式は $y - f(t_1) = f'(t_1)(x - t_1)$

(2) 曲線 C 上の点 $P(t,\ e^t)$ に対して，Pと直線 l の距離を $d(t)$ とおくと　$d(t) = \dfrac{|mt - e^t|}{\sqrt{m^2+1}}$

◀ 点 $(x_1,\ y_1)$ と直線 $ax + by + c = 0$ の距離は $\dfrac{|ax_1 + by_1 + c|}{\sqrt{a^2+b^2}}$

ここで，$0 < m < m_1$ より，点Pは領域 $y > mx$ 内に存在する。

よって，$e^t > mt$ であるから

$$d(t) = \frac{e^t - mt}{\sqrt{m^2+1}}$$

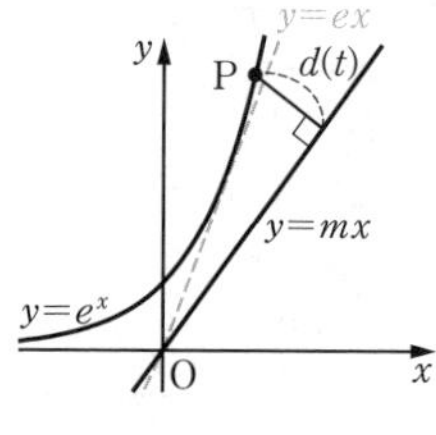

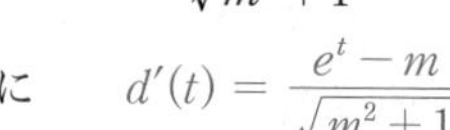

ゆえに　$d'(t) = \dfrac{e^t - m}{\sqrt{m^2+1}}$

◀ m は定数である。

$d'(t) = 0$ とすると，$e^t = m$ より　$t = \log m$

$d(t)$ の増減表は右のようになる。

よって，$t = \log m$ のとき $d(t)$ は最小となるから，求める最短距離は

$$\boldsymbol{\frac{m(1-\log m)}{\sqrt{m^2+1}}}$$

t	$\cdots$	$\log m$	$\cdots$
$d'(t)$	$-$	0	$+$
$d(t)$	↘	$\dfrac{m(1-\log m)}{\sqrt{m^2+1}}$	↗

◀ このとき，Pの座標は $(\log m,\ m)$ である。

練習 115 曲線 $2\cos x + y + 1 = 0$ $(0 \leqq x \leqq \pi)$ 上を動く点Pがある。直線 $y = x$ に関して点Pと対称な点をQとするとき，線分PQの長さの最大値と最小値を求めよ。

➡p.238 問題115

D ★★★☆

例題 116 最大・最小の図形への応用〔3〕…体積

半径1の球に外接する直円錐を考える。
(1) 直円錐の底面の半径を x とするとき，直円錐の高さ h を x を用いて表せ。
(2) 直円錐の体積 V の最小値，およびそのときの x の値を求めよ。

思考のプロセス

(1) 次元を下げる

立体のまま考えるのは難しい。
⟹ 直円錐の頂点と球の中心を含む面で切った断面図で考える。

(2) (1) を用いて，V を x のみの式で表す。

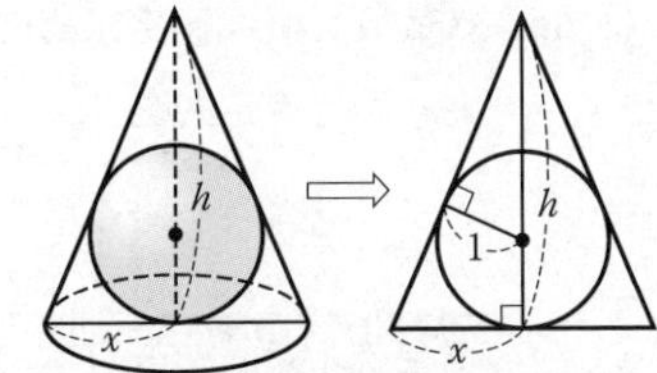

«ReAction 長さ・面積・体積の最大・最小は，1変数で表して微分せよ ◀例題 114

解 (1) 球の中心を O とする。
頂点 A と点 O を通る平面による直円錐の断面において，直円錐の母線を AB，底面の中心を C，球と母線 AB の接点を D とする。
OC $=$ OD $=1$，AC $=h$，BC $=x$ より OA $=h-1$，AB $=\sqrt{h^2+x^2}$
また，△AOD ∽ △ABC より

OA : OD $=$ BA : BC

よって　$(h-1):1=\sqrt{h^2+x^2}:x$

$(h-1)x=\sqrt{h^2+x^2}$ より　$h\{(x^2-1)h-2x^2\}=0$

$x>1$，$h>2$ より　$\boldsymbol{h=\dfrac{2x^2}{x^2-1}}$

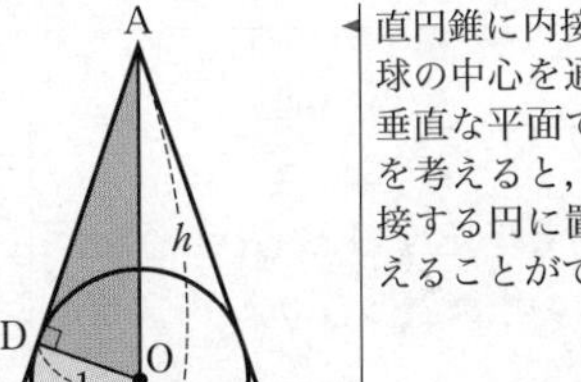

◀直円錐に内接する球は，球の中心を通り，底面に垂直な平面で切った断面を考えると，三角形に内接する円に置き換えて考えることができる。

◀OA $=$ AC $-$ OC

◀相似比を利用する。

◀両辺を2乗して
$(h^2-2h+1)x^2=h^2+x^2$
$h^2x^2-h^2-2hx^2=0$

◀❗底円の半径 > 内接球の半径より $x>1$ であることに注意する。

(2) この直円錐の体積は，(1) より

$$V=\frac{1}{3}\pi x^2h=\frac{1}{3}\pi x^2\cdot\frac{2x^2}{x^2-1}=\frac{2\pi x^4}{3(x^2-1)}$$

$$V'=\frac{2\pi}{3}\cdot\frac{4x^3(x^2-1)-x^4\cdot 2x}{(x^2-1)^2}=\frac{4\pi}{3}\cdot\frac{x^3(x^2-2)}{(x^2-1)^2}$$

$V'=0$ とすると，
$x>1$ において　$x=\sqrt{2}$
よって，V の増減表は右のようになるから，V は

x	1	$\cdots$	$\sqrt{2}$	$\cdots$
V'	／	$-$	0	$+$
V	／	↘	$\frac{8}{3}\pi$	↗

$\boldsymbol{x=\sqrt{2}}$ **のとき　最小値** $\boldsymbol{\dfrac{8}{3}\pi}$

◀さらに $x^2=t$ とおき
$V=\dfrac{2\pi t^2}{3(t-1)}$ $(t>1)$
の増減を考えてもよい。

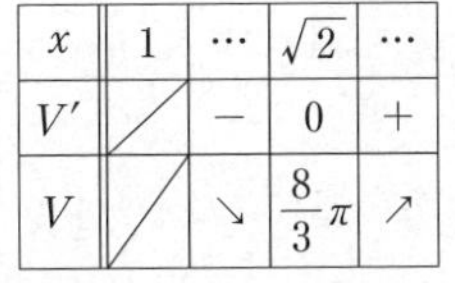

練習 116 半径1の円上に3点 A，B，C をとる。弦 BC の長さを $2x$ とおき，△ABC の面積 S の最大値，およびそのときの x の値を求めよ。

➡p.238 問題116

例題 117 最大・最小と極限 ★★★☆

(1) 関数 $f(x) = \dfrac{\log x}{\sqrt{x}}$ の $x \geqq 1$ における最大値と最小値を求めよ。

(2) (1)の結果を利用して，(ア) $\displaystyle\lim_{x\to\infty}\frac{\log x}{x}$ (イ) $\displaystyle\lim_{x\to\infty}\frac{\log(\log x)}{\sqrt{x}}$ の値を求めよ。

思考のプロセス

(2) **«ReAction 直接求めにくい極限値は，はさみうちの原理を用いよ** ◀例題 25

(ア) 不等式 □ $\leqq \dfrac{\log x}{x} \leqq$ □ をつくりたい ⟸ **見方を変える** (1)より

↑ 極限値が一致する2式 ↑

(最小値 m) $\leqq \dfrac{\log x}{\sqrt{x}} \leqq$ (最大値 M)

(イ) **前問の結果の利用** $\dfrac{\log(\log x)}{\sqrt{x}} = \dfrac{\log(\log x)}{\log x} \cdot \dfrac{\log x}{\sqrt{x}}$ (考えにくい)

(ア)の利用 (1)の利用

Action» $f(x)$ の最大値 M，最小値 m は，不等式 $m \leqq f(x) \leqq M$ とせよ

解 (1) $f'(x) = \dfrac{2-\log x}{2x\sqrt{x}}$

◀商の微分法 $\left(\dfrac{v}{u}\right)' = \dfrac{v'u-vu'}{u^2}$

$f'(x)=0$ とすると $x=e^2$

$f(x)$ の増減表は右のようになる。

x	1	$\cdots$	e^2	$\cdots$
$f'(x)$		$+$	0	$-$
$f(x)$	0	↗	$\dfrac{2}{e}$	↘

また，$x>1$ のとき $f(x)>0$ であるから

◀❗$x>1$ のとき $\sqrt{x}>1$，$\log x>0$ より $f(x)>0$

$x=e^2$ のとき 最大値 $\dfrac{2}{e}$，$x=1$ のとき 最小値 0

(2) (ア) (1)より $x \geqq 1$ のとき $0 \leqq \dfrac{\log x}{\sqrt{x}} \leqq \dfrac{2}{e}$ …①

例題56

よって，$0 \leqq \dfrac{\log x}{x} \leqq \dfrac{2}{e\sqrt{x}}$ であり，$\displaystyle\lim_{x\to\infty}\frac{2}{e\sqrt{x}}=0$ であるから，はさみうちの原理より $\displaystyle\lim_{x\to\infty}\frac{\log x}{x} = 0$ …②

◀各辺に $\dfrac{1}{\sqrt{x}}$ (>0) を掛ける。

(イ) $x \geqq e$ のとき $\log x \geqq 1$ であるから，① より

◀❗$x\to\infty$ を考えるから，$x \geqq e$ としてよい。

$0 \leqq \dfrac{\log(\log x)}{\sqrt{x}} = \dfrac{\log(\log x)}{\log x}\cdot\dfrac{\log x}{\sqrt{x}} \leqq \dfrac{\log(\log x)}{\log x}\cdot\dfrac{2}{e}$

◀$x \geqq e$ より，$\log x \geqq 1$ となり $\log(\log x) \geqq 0$ よって $\dfrac{\log(\log x)}{\log x} \geqq 0$

$t=\log x$ とおくと，$x\to\infty$ のとき $t\to\infty$ であるから

② より $\displaystyle\lim_{x\to\infty}\frac{\log(\log x)}{\log x} = \lim_{t\to\infty}\frac{\log t}{t} = 0$

よって，はさみうちの原理より $\displaystyle\lim_{x\to\infty}\frac{\log(\log x)}{\sqrt{x}} = 0$

練習 117 (1) 関数 $f(x)=\dfrac{x^2}{e^x}$ の $x>0$ における最大値を求めよ。

(2) (1)の結果を利用して，$\displaystyle\lim_{x\to\infty}\frac{x}{e^x}$ の値を求めよ。

➡p.238 問題117

D 頻出 ★★☆☆

例題 118 方程式の実数解の個数

a を定数とするとき，x についての方程式 $e^x = ax^2$ の異なる実数解の個数を求めよ。ただし，$\lim_{t\to\infty}\frac{e^t}{t^2}=\infty$ を用いてよい。

思考のプロセス

見方を変える

$\left(\begin{array}{l} e^x = ax^2 \\ \text{の実数解} \\ \text{の個数} \end{array}\right)$

$e^x = ax^2 \Longrightarrow \begin{cases} y = e^x \\ y = ax^2 \end{cases}$ の共有点の個数

$e^x - ax^2 = 0 \Longrightarrow \begin{cases} y = e^x - ax^2 \\ x \text{軸} \end{cases}$ の共有点の個数

→ a が変わると曲線が動く。考えにくい。

$\frac{e^x}{x^2} = a \Longrightarrow \begin{cases} y = \frac{e^x}{x^2} \\ y = a \end{cases}$ の共有点の個数 → 考えやすい。

❗ この形に変形できるのは，$x \neq 0$ のときのみである。

«ReAction 方程式 $f(x)=k$ の実数解は，$y=f(x)$ のグラフと直線 $y=k$ の共有点を調べよ ◀ⅡB 例題 237

解 $x=0$ は方程式を満たさないから，方程式の両辺を $x^2(\neq 0)$ で割ると　$\frac{e^x}{x^2}=a$

ここで，$f(x)=\frac{e^x}{x^2}$ とおくと　$f'(x)=\frac{(x-2)e^x}{x^3}$

$f'(x)=0$ とすると　$x=2$

よって，$f(x)$ の増減表は次のようになる。

x	$\cdots$	0	$\cdots$	2	$\cdots$
$f'(x)$	$+$	／	$-$	0	$+$
$f(x)$	↗	／	↘	$\frac{e^2}{4}$	↗

また

$\lim_{x\to\infty}f(x)=\infty$，$\lim_{x\to-\infty}f(x)=0$

$\lim_{x\to+0}f(x)=\infty$，$\lim_{x\to-0}f(x)=\infty$

であるから，$y=f(x)$ のグラフは上の図のようになる。

方程式の異なる実数解の個数は，曲線 $y=f(x)$ と直線 $y=a$ の共有点の個数と一致するから

$$\begin{cases} a > \frac{e^2}{4} \text{ のとき} & 3\text{個} \\ a = \frac{e^2}{4} \text{ のとき} & 2\text{個} \\ 0 < a < \frac{e^2}{4} \text{ のとき} & 1\text{個} \\ a \leqq 0 \text{ のとき} & 0\text{個} \end{cases}$$

◀❗定数 a と変数 x を，右辺と左辺に分離する。両辺を x^2 で割るためにもとの方程式を満たす x が0でないことを確かめる。

◀❗$x\to 0$ のとき，$x^2>0$ で $e^x\to 1$，$x^2\to +0$

◀直線 $y=a$ を上下に移動させて考える。

◀❗x 軸は $y=f(x)$ の漸近線であるから，$a=0$ のとき，$y=f(x)$ と $y=a\ (=0)$ は共有点をもたない。

練習 118 k を実数とするとき，x の方程式 $x^2+3x+1=ke^x$ の異なる実数解の個数を求めよ。ただし，$\lim_{x\to\infty}x^2e^{-x}=0$ を用いてよい。（横浜国立大　改）

➡p.238 問題118

例題 119 方程式が実数解をもつための条件と領域

D ★★★☆

x についての方程式 $e^x = ax + b$ が実数解をもつための条件を a，b を用いて表せ。また，このとき，点 $(a,\ b)$ の存在範囲を図示せよ。ただし，$\displaystyle\lim_{x\to\infty}\frac{x}{e^x} = 0$ を用いてよい。

思考のプロセス

例題 118 との違い … 方程式 $e^x = \underline{a}x + \underline{b}$ …① は定数を分離することができない。
定数が 2 つ

Action» 方程式 $f(x)=0$ の実数解は，曲線 $y=f(x)$ と x 軸の共有点を調べよ

① は $e^x - (ax+b) = 0$ ⟹ $y = f(x) = e^x - (ax+b)$ のグラフを考えたい。

$f'(x) = e^x - a$ より，a の値によって $f(x) = 0$ となる x の個数が変わる。

⇩ 場合に分ける

それぞれの場合で $y = f(x)$ と x 軸が共有点をもつ a，b の条件を考える。

解 例題 118

$e^x = ax + b$ より　　$e^x - ax - b = 0$

$f(x) = e^x - ax - b$ とおくと，方程式 $e^x = ax + b$ が実数解をもつための条件は，$y = f(x)$ のグラフが x 軸と共有点をもつことである。

ここで　　$f'(x) = e^x - a$

◀ $f(x)$ が極値をもつかどうかで場合分けする。

(ア) $a \leqq 0$ のとき

すべての x について $f'(x) = e^x - a > 0$ となるから，$f(x)$ は単調増加する。

◀ $e^x > 0$ より　$e^x - \underset{0\text{ 以下}}{a} > 0$

また　　$\displaystyle\lim_{x\to\infty} f(x) = \lim_{x\to\infty} e^x\left(1 - a\cdot\frac{x}{e^x} - \frac{b}{e^x}\right) = \infty$

◀ $\displaystyle\lim_{x\to\infty}\frac{x}{e^x} = 0$

(i) $a < 0$ のとき

◀ $\displaystyle\lim_{x\to-\infty} f(x)$ を調べる際に，場合分けが必要である。

$\displaystyle\lim_{x\to-\infty} e^x = 0$，$\displaystyle\lim_{x\to-\infty}(-ax) = -\infty$ より

$\displaystyle\lim_{x\to-\infty} f(x) = -\infty$

よって，$y = f(x)$ のグラフは x 軸と 1 点で交わる。

ゆえに，方程式 $f(x) = 0$ は b の値にかかわらず実数解をもつ。

(ii) $a = 0$ のとき

$\displaystyle\lim_{x\to-\infty} f(x) = \lim_{x\to-\infty}(e^x - b) = -b$

よって，求める条件は $-b < 0$ より　　$b > 0$

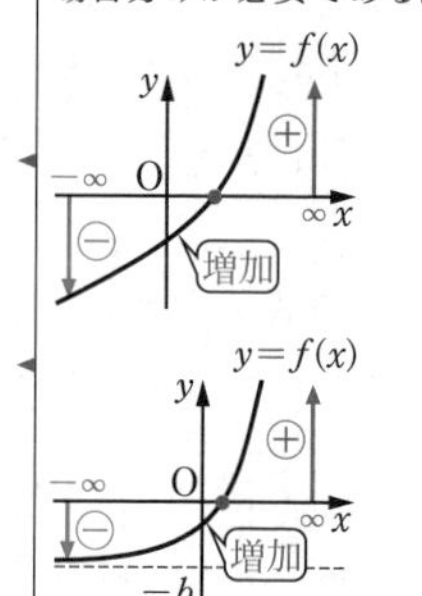

(イ) $a > 0$ のとき

$f'(x) = 0$ とすると，$e^x = a$

より　　$x = \log a$

$f(x)$ の増減表は右のようになり，最小値は $x = \log a$ のとき

$f(\log a) = a - a\log a - b$

x	$\cdots$	$\log a$	$\cdots$
$f'(x)$	$-$	0	$+$
$f(x)$	↘	最小	↗

また，$\lim_{x \to \pm\infty} f(x) = \infty$ であるから，方程式 $f(x)=0$ が実数解をもつための条件は

$$a - a\log a - b \leqq 0$$

ゆえに　$b \geqq a - a\log a$

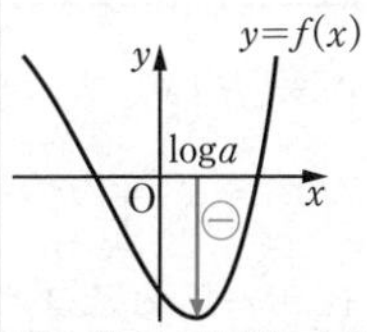

最小値が 0 以下になれば $f(x)=0$ は実数解をもつ。

(ア)，(イ) より，求める条件は

$$\begin{cases} a<0 \text{ のとき } & b \text{ は任意の実数} \\ a=0 \text{ のとき } & b>0 \\ a>0 \text{ のとき } & b \geqq a - a\log a \end{cases}$$

次に，$g(a) = a - a\log a$ $(a>0)$ とおくと

◀ $a>0$ の場合の領域の境界線 $b = a - a\log a$ の概形を考える。

$$g'(a) = 1 - \left(\log a + a \cdot \frac{1}{a}\right) = -\log a$$

$g'(a)=0$ とすると　$a=1$

よって，$g(a)$ の増減表は次のようになる。

a	0	$\cdots$	1	$\cdots$
$g'(a)$	／	$+$	0	$-$
$g(a)$	／	↗	1	↘

また　$\lim_{a \to +0} g(a) = \lim_{a \to +0} (a - a\log a) = 0$

$\lim_{a \to \infty} g(a) = \lim_{a \to \infty} a(1 - \log a) = -\infty$

◀ $t = -\log a$ とおくと $a \to +0$ のとき $t \to \infty$ で $\lim_{a \to +0} a\log a = \lim_{t \to \infty} \frac{-t}{e^t} = 0$

以上より，点 $(a,\ b)$ の存在範囲は**下の図の斜線部分**。
ただし，**境界線のうち b 軸 $(b \leqq 0)$ は除き，他は含む。**

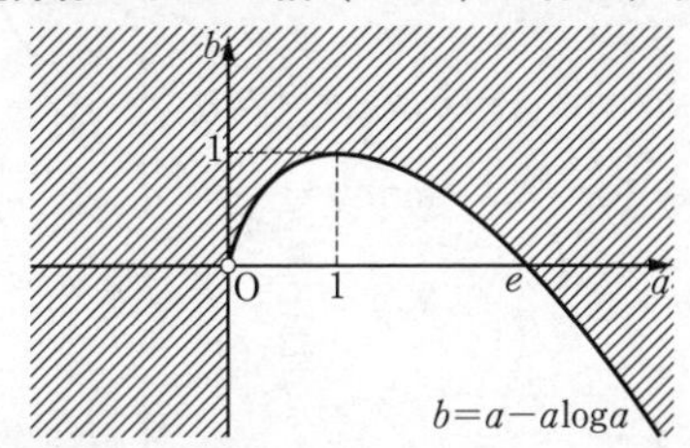

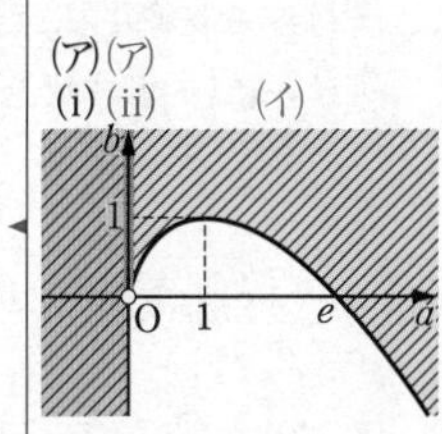

Point...方程式の実数解の個数

(1)　文字係数を分離できる方程式の実数解（⇨例題 118）
方程式を $f(x)=k$ の形に変形して，$y=f(x)$ のグラフと直線 $y=k$ の共有点を調べる。

(2)　文字係数が分離できない方程式の実数解（⇨例題 119）
方程式を $f(x)=0$ の形に変形して，$y=f(x)$ のグラフと x 軸の共有点を調べる。

練習 119 a，b を定数とする。x の方程式 $\log x = ax + b$ について，$a \leqq 0$ のとき，この方程式はただ 1 つの実数解をもつことを示せ。

➡p.239 問題119

例題 120 方程式のただ1つの実数解 ★★★☆

関数 $f(x)=x\sin x-\cos x$ がある。n を自然数とするとき
$2n\pi \leqq x \leqq 2n\pi+\dfrac{\pi}{2}$ の範囲において，$f(x)=0$ となる x がただ1つ存在することを示せ。さらに，この x の値を a_n とするとき，
$\displaystyle\lim_{n\to\infty}(a_n-2n\pi)=0$ を示せ。 (北海道大)

思考のプロセス

目標の言い換え

関数 $f(x)$ は区間 $[a,\ b]$ において，$f(x)=0$ となる x がただ1つ存在する。

⇒ [1] 方程式 $f(x)=0$ は a と b の間に少なくとも1つの実数解をもつ。 ⟶ 中間値の定理
[2] 区間 $[a,\ b]$ で関数 $f(x)$ は単調増加（減少）する。 ⟶ 単調性の確認

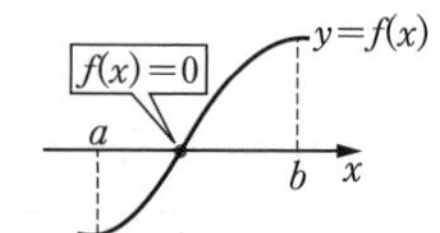

Action» 実数解がただ1つ存在することを示すには，中間値の定理と単調性を用いよ

解 $f(x)$ は $2n\pi \leqq x \leqq 2n\pi+\dfrac{\pi}{2}$ で連続であり

例題60

$$f(2n\pi)=-1<0,\quad f\left(2n\pi+\frac{\pi}{2}\right)=2n\pi+\frac{\pi}{2}>0$$

また，$f'(x)=2\sin x+x\cos x$ より，与えられた範囲で $f'(x)>0$ であるから，$f(x)$ はこの範囲で単調増加する。

◀ $2n\pi \leqq x \leqq 2n\pi+\dfrac{\pi}{2}$ の範囲で $x>0$，$\sin x \geqq 0$，$\cos x \geqq 0$
また，$\sin x$ と $\cos x$ が同時に0になることはない。

よって，中間値の定理と単調性から，方程式 $f(x)=0$ の解は，この範囲にただ1つ存在する。

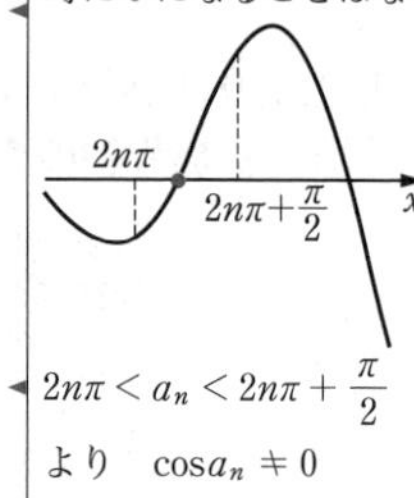

次に，$f(a_n)=0$ であるから　$a_n\sin a_n-\cos a_n=0$

$\cos a_n \neq 0$ より $a_n\dfrac{\sin a_n}{\cos a_n}=1$ であるから　$\tan a_n=\dfrac{1}{a_n}$

◀ $2n\pi<a_n<2n\pi+\dfrac{\pi}{2}$ より　$\cos a_n \neq 0$

また，$2n\pi<a_n<2n\pi+\dfrac{\pi}{2}$ より　$0<a_n-2n\pi<\dfrac{\pi}{2}$

$0<2n\pi<a_n$ であるから　$0<\dfrac{1}{a_n}<\dfrac{1}{2n\pi}$

◀ n は自然数

よって　$0<\tan(a_n-2n\pi)=\tan a_n=\dfrac{1}{a_n}<\dfrac{1}{2n\pi}$

例題19

ここで，$\displaystyle\lim_{n\to\infty}\frac{1}{2n\pi}=0$ であるから，はさみうちの原理より

$$\lim_{n\to\infty}\tan(a_n-2n\pi)=0$$

◀ $\{a_n-2n\pi\}$ を直接求めるのは難しいから，$\{\tan(a_n-2n\pi)\}$ としてはさみうちの原理を利用して，極限を求める。

したがって，$0<a_n-2n\pi<\dfrac{\pi}{2}$ より　$\displaystyle\lim_{n\to\infty}(a_n-2n\pi)=0$

練習 120 自然数 n に対して，$f_n(x)=x\sin x-n\cos x$ とする。$0<x<\dfrac{\pi}{2}$ の範囲において，$f_n(x)=0$ となる x がただ1つ存在することを示せ。さらに，この x の値を a_n とするとき，$\displaystyle\lim_{n\to\infty}a_n=\frac{\pi}{2}$ を示せ。

➡p.239 問題120

D 頻出 ★★☆☆

例題 121 接線の本数

点 $(a,\ 0)$ から曲線 $y=\log x$ に異なる2本の接線を引くことができるとき，定数 a の値の範囲を求めよ。ただし，$\displaystyle\lim_{t\to\infty}\frac{t}{e^t}=0$ を用いてよい。

思考のプロセス

«ReAction 接点が与えられていない接線は，接点を文字でおけ ◀例題 84

点 $(t,\ \log t)$ における接線を l とすると

- 点 $(a,\ 0)$ から ⟶ l が $(a,\ 0)$ を通る ⟶ t と a の方程式
- 接線が2本 ⟶ 接点が2個 ⟶ t が2個

⟶ t についての方程式とみて，異なる2つの実数解をもつ

対応を考える

$(\log x)'=\dfrac{1}{x}$ より l の傾きは $\dfrac{1}{t}$ であり　$t_1\neq t_2$ ⟺ $\dfrac{1}{t_1}\neq\dfrac{1}{t_2}$

接点が異なる　接線の傾きが異なる ⟵ 接線が異なる

Action» 接線の本数は，接点の個数を調べよ

解 例題 84 接点を $\mathrm{P}(t,\ \log t)$ $(t>0)$ とおくと，点Pにおける接線の方程式は　$y-\log t=\dfrac{1}{t}(x-t)$

これが点 $(a,\ 0)$ を通るから，$0-\log t=\dfrac{1}{t}(a-t)$ より

$$t(1-\log t)=a \quad \cdots ①$$

$y'=\dfrac{1}{x}$ であるから，接点が異なれば接線も異なる。

よって，接点の個数と接線の本数は一致する。

ゆえに，t の方程式 ① は異なる2つの実数解をもつ。

$f(t)=t(1-\log t)$ $(t>0)$ とおくと　$f'(t)=-\log t$

$f'(t)=0$ とすると　$t=1$

ここで，$\log t=-s$ とおくと，$t\to+0$ のとき $s\to\infty$ となり

$$\lim_{t\to+0}t\log t=\lim_{s\to\infty}e^{-s}(-s)=\lim_{s\to\infty}\left(-\frac{s}{e^s}\right)=0$$

よって　$\displaystyle\lim_{t\to+0}f(t)=0$

また，$\displaystyle\lim_{t\to\infty}f(t)=-\infty$ であるから，

例題 118 増減表とグラフは次のようになる。

t	0	$\cdots$	1	$\cdots$
$f'(t)$	／	$+$	0	$-$
$f(t)$	／	↗	1	↘

① の実数解は，曲線 $y=f(t)$ と直線 $y=a$ の共有点の t 座標であるから，異なる2つの共有点をもつとき，定数 a の値の範囲は　$\boldsymbol{0<a<1}$

◀真数条件

◀$y'=\dfrac{1}{x}$

◀$t\ (>0)$ を両辺に掛ける。

◀❗$t_1\neq t_2$ のとき $\dfrac{1}{t_1}\neq\dfrac{1}{t_2}$ より，接点が異なれば接線の傾きも異なる。

◀2本の接線を引いた図

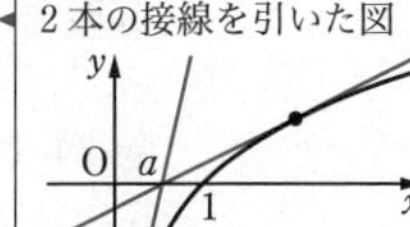
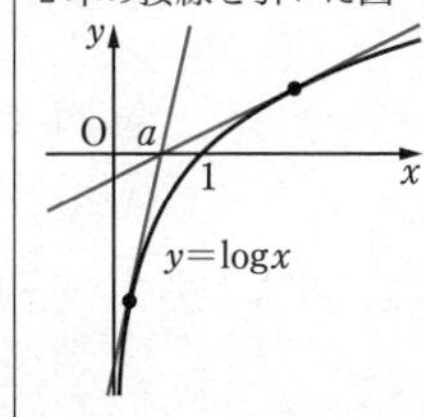

練習 121 点 $\mathrm{A}(0,\ a)$ から曲線 $y=xe^{-x}$ に異なる3本の接線が引けるとき，定数 a の値の範囲を求めよ。ただし，$\displaystyle\lim_{x\to\infty}x^2e^{-x}=0$ を用いてよい。（中部大　改）

⇒p.239 問題121

頻出

例題 122 不等式への応用〔1〕

★★☆☆

次の不等式が成り立つことを証明せよ。

(1) $x>0$ のとき $\sqrt{x}>\log x$　　(2) $x>1$ のとき $\dfrac{1}{2}\log x>\dfrac{x-1}{x+1}$

思考のプロセス

数学 I，II で学習したように，

不等式（左辺）>（右辺）の証明では，（左辺）−（右辺）>0 を示す。

目標の言い換え（$a<x<b$ で（左辺）>（右辺）を示す。）

$f(x)=$（左辺）−（右辺）のグラフを考えたとき

(ア) 最小値がある（図 1）

⟹（$f(x)$ の最小値）>0 を示す。

(イ) 単調増加である（図 2）

⟹ $f(a)\geqq 0$ を示す。（$f(a)$：左端での値）

! $f(a)=0$ でもよいことに注意

図 1

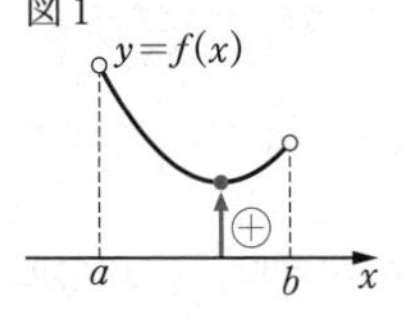

図 2

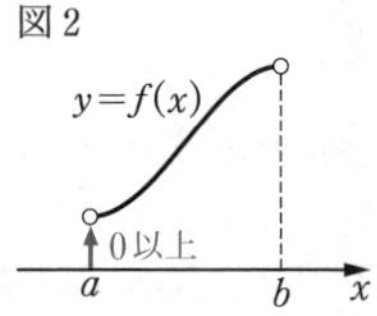

Action» 不等式の証明は，（左辺）−（右辺）$=f(x)$ の最小値や単調性を利用せよ

解 (1) $f(x)=\sqrt{x}-\log x$ とおくと　$f'(x)=\dfrac{\sqrt{x}-2}{2x}$

例題 110

◀ 定義域は　$x>0$

◀ $f'(x)=\dfrac{1}{2\sqrt{x}}-\dfrac{1}{x}=\dfrac{\sqrt{x}-2}{2x}$

$f'(x)=0$ とすると，$\sqrt{x}-2=0$ より　$x=4$

よって，$f(x)$ の増減表は右のようになり，$x=4$ のとき最小値をとる。

x	0	$\cdots$	4	$\cdots$
$f'(x)$	／	$-$	0	$+$
$f(x)$	／	↘	極小	↗

$f(4)=\sqrt{4}-\log 4$
$\quad=2(1-\log 2)$

$2<e$ であるから，$\log 2<1$ であり　$f(4)>0$

したがって，$x>0$ のとき $f(x)>0$ より　$\sqrt{x}>\log x$

(2) $f(x)=\dfrac{1}{2}\log x-\dfrac{x-1}{x+1}$ とおくと，$f(x)$ は $x\geqq 1$ の範囲で連続である。

$$f'(x)=\frac{1}{2x}-\frac{2}{(x+1)^2}=\frac{(x-1)^2}{2x(x+1)^2}$$

$x>1$ の範囲で $f'(x)>0$ であるから，

$f(x)$ は $x\geqq 1$ の範囲で単調増加する。

よって，$x>1$ のとき

$f(x)>f(1)=0$

すなわち　$\dfrac{1}{2}\log x>\dfrac{x-1}{x+1}$

x	1	$\cdots$
$f'(x)$		$+$
$f(x)$	0	↗

◀「$x>1$ において $f'(x)>0$ ⇒ $f(x)$ は単調増加」は成り立つが，これだけでは $f(x)>0$ はいえない。$f(1)\geqq 0$ を示す。（$f(1)$：左端での値）

練習 122 次の不等式が成り立つことを証明せよ。

(1) $e^x\geqq ex$　　(2) $x>0$ のとき $e^{-x}>1-x$

➡p.239 問題122

頻出

例題 123 不等式への応用〔2〕

★★☆☆

$x>0$ のとき，不等式 $x-\dfrac{x^3}{6}<\sin x<x$ を証明せよ。

（［2］は $x-\dfrac{x^3}{6}<\sin x$，［1］は $\sin x<x$ の部分）

思考のプロセス

問題を分ける　［1］，［2］に分け，簡単な［1］から示す。

［1］　**«ReAction　不等式の証明は，(左辺)−(右辺)$=f(x)$ の最小値や単調性を利用せよ**

◀例題 122

［2］　$g(x)=\sin x-\left(x-\dfrac{x^3}{6}\right)$ のグラフを考えたいが

$$g'(x)=\cos x-1+\frac{x^2}{2}$$ ⟵ $g'(x)=0$ の解や $g'(x)$ の符号が分からない。

⇓ **見方を変える**

$y=g'(x)$ のグラフから符号を考える。⟶ $y'=g''(x)$ を考える。

Action» $f'(x)$ の符号が分からないときは，$f''(x)$ から求めよ

解　［1］　$\sin x<x$ を示す。

例題 122

$f(x)=x-\sin x$ とおくと，$f(x)$ は $x\geqq 0$ で連続である。

$$f'(x)=1-\cos x\geqq 0$$

よって，関数 $f(x)$ は区間 $x\geqq 0$ で単調増加する。

ゆえに　$x>0$ のとき　$f(x)>f(0)=0$

したがって　$\sin x<x$

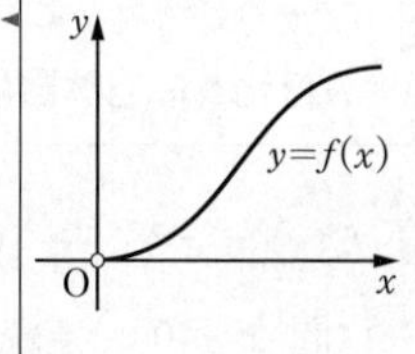

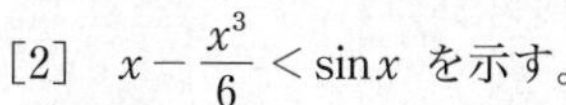

［2］　$x-\dfrac{x^3}{6}<\sin x$ を示す。

$g(x)=\sin x-\left(x-\dfrac{x^3}{6}\right)$ とおくと，$g(x)$ は $x\geqq 0$ で連続である。

$$g'(x)=\cos x-1+\frac{x^2}{2}$$

$$g''(x)=-\sin x+x=f(x)$$

［1］より，$x>0$ のとき $g''(x)=f(x)>0$ であるから，関数 $g'(x)$ は区間 $x\geqq 0$ で単調増加する。

よって，$x>0$ のとき　$g'(x)>g'(0)=0$

これより，関数 $g(x)$ は区間 $x\geqq 0$ で単調増加する。

ゆえに　$x>0$ のとき　$g(x)>g(0)=0$

したがって　$x-\dfrac{x^3}{6}<\sin x$

x	0	…
$g''(x)$		＋
$g'(x)$	0	↗

←⊕

より

x	0	…
$g'(x)$		＋
$g(x)$	0	↗

［1］，［2］より，$x>0$ のとき　$x-\dfrac{x^3}{6}<\sin x<x$

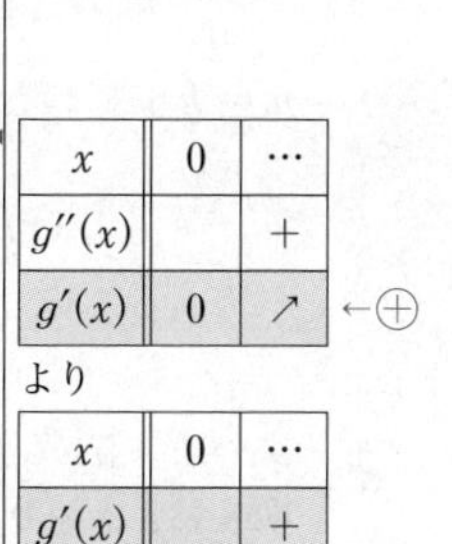

練習 123　$x>0$ のとき，不等式 $x-\dfrac{x^2}{2}<\log(x+1)<x$ を証明せよ。

➡p.239 問題123

例題 124 不等式への応用〔3〕 ★★★☆

n を自然数とする。$x>0$ のとき，不等式 $e^x > \dfrac{x^n}{n!}$ を証明せよ。

思考のプロセス

«ReAction 不等式の証明は，(左辺)－(右辺)＝$f(x)$ の最小値や単調性を利用せよ ◀例題 122

$f(x)=e^x-\dfrac{x^n}{n!}$ とおいて，グラフを考えたい。

$f'(x)=e^x-\dfrac{nx^{n-1}}{n!}=e^x-\dfrac{x^{n-1}}{(n-1)!}$ ← $f'(x)=0$ の解や $f'(x)$ の符号が分からない。

例題 123 のように，$f''(x)$ を考えても

$f''(x)=e^x-\dfrac{x^{n-2}}{(n-2)!}$ ← $f''(x)=0$ の解や $f''(x)$ の符号が分からない。

見方を変える　対応を考える

$f_n(x)=e^x-\dfrac{x^n}{n!}$ とみると　$f_n{}'(x)=f_{n-1}(x)$

↑ 自然数 n についての命題

Action» 自然数に関する命題の証明は，数学的帰納法を利用せよ

解 $f_n(x)=e^x-\dfrac{x^n}{n!}$ $(n=1,\ 2,\ 3,\ \cdots)$ とおくと，$f_n(x)$ は区間 $x \geqq 0$ で連続である。

$x>0$ のとき $f_n(x)>0$ であることを数学的帰納法を用いて証明する。

[1]　$n=1$ のとき　　$f_1(x)=e^x-x$

$f_1'(x)=e^x-1$ より，$x>0$ のとき　　$f_1'(x)>0$

よって，関数 $f_1(x)$ は区間 $x \geqq 0$ で単調増加する。

ゆえに，$x>0$ のとき　$f_1(x)>f_1(0)=1>0$

[2]　$n=k$ のとき，$f_k(x)>0$ が成り立つと仮定する。

$n=k+1$ のとき　　$f_{k+1}(x)=e^x-\dfrac{x^{k+1}}{(k+1)!}$

$$f_{k+1}{}'(x)=e^x-\frac{(k+1)x^k}{(k+1)!}$$

$$=e^x-\frac{x^k}{k!}=f_k(x)>0$$

よって，関数 $f_{k+1}(x)$ は区間 $x \geqq 0$ で単調増加する。

ゆえに，$x>0$ のとき　$f_{k+1}(x)>f_{k+1}(0)=1>0$

[1]，[2] より，すべての自然数 n について

$x>0$ のとき　　$f_n(x)>0$

したがって　　$x>0$ のとき　$e^x>\dfrac{x^n}{n!}$

◀ $x>0$ のとき $e^x>1$

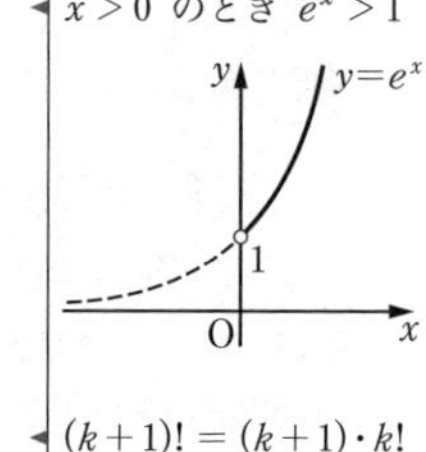

◀ $(k+1)!=(k+1)\cdot k!$

練習 124 (1)　$x \geqq 1$ のとき，不等式 $x\log x \geqq (x-1)\log(x+1)$ を証明せよ。

(2)　自然数 n に対して，不等式 $(n!)^2 \geqq n^n$ を証明せよ。　(名古屋市立大)

➡p.239 問題124

D ★★☆☆

例題 125 不等式が常に成り立つ条件

すべての正の数 x に対して，不等式 $kx^3 \geqq \log x$ が成り立つような定数 k の値の範囲を求めよ。

思考のプロセス

$f(x) = kx^3 - \log x$ とおいて，$f(x) \geqq 0$ となる k の値の範囲を考えるのは大変。

条件の言い換え

定数 k を分離

条件＿＿ $\Longrightarrow$ $x > 0$ のとき，常に $\dfrac{\log x}{x^3} \leqq k$ が成り立つ

$\Longrightarrow$ $x > 0$ のとき，常に

曲線 $y = f(x) = \dfrac{\log x}{x^3}$ が，直線 $y = k$ より下側

(共有点を含む) にある

$\Longrightarrow$ $x > 0$ において，($f(x)$の最大値) $\leqq k$ となる

Action» $f(x) \leqq k$ が常に成り立つ条件は，$f(x)$ の最大値から考えよ

解 $x > 0$ のとき，$kx^3 \geqq \log x$ より $\dfrac{\log x}{x^3} \leqq k$

◀不等式の両辺を $x^3\ (>0)$ で割る。

$f(x) = \dfrac{\log x}{x^3}$ とおくと

$$f'(x) = \frac{\frac{1}{x} \cdot x^3 - (\log x) \cdot 3x^2}{x^6} = \frac{1 - 3\log x}{x^4}$$

$f'(x) = 0$ とすると，$1 - 3\log x = 0$ より $x = \sqrt[3]{e}$

◀$\log x = \dfrac{1}{3}$ より $x = e^{\frac{1}{3}}$

よって，$x>0$ における $f(x)$ の増減表は右のようになり，$f(x)$ の最大値は

x	0	$\cdots$	$\sqrt[3]{e}$	$\cdots$
$f'(x)$	／	$+$	0	$-$
$f(x)$	／	↗	極大	↘

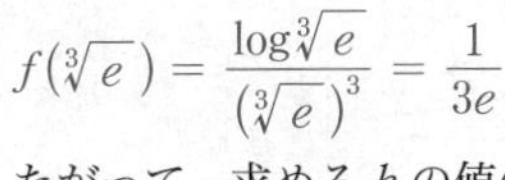

$$f(\sqrt[3]{e}) = \frac{\log \sqrt[3]{e}}{(\sqrt[3]{e})^3} = \frac{1}{3e}$$

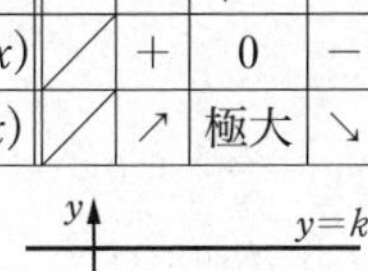

したがって，求める k の値の範囲は $\boldsymbol{k \geqq \dfrac{1}{3e}}$

Point... すべての x について不等式が成り立つ条件

ある区間における $f(x)$ の最大値を M，最小値を m とすると

(1) $f(x) \leqq k$ が常に成り立つ $\Longleftrightarrow k \geqq M$

(2) $f(x) \geqq k$ が常に成り立つ $\Longleftrightarrow k \leqq m$

練習 125 すべての正の数 x に対して，不等式 $a\sqrt{x} \geqq \log x$ が成り立つような定数 a の値の範囲を求めよ。

➡ p.239 問題125

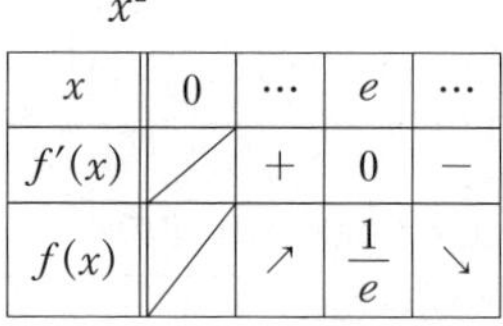

例題 126 a^b と b^a の大小比較

★★★☆

関数 $f(x)=\dfrac{\log x}{x}$ $(x>0)$ について

(1) 曲線 $y=f(x)$ の概形をかけ。ただし，凹凸は調べなくてよい。また，$\displaystyle\lim_{t\to\infty}\frac{t}{e^t}=0$ を用いてよい。

(2) 不等式 $f(e)>f(\pi)$ を証明せよ。

(3) e^π と π^e の大小を比較せよ。

思考のプロセス

(2) $y=f(x)$ の増減から，$f(e)$ と $f(\pi)$ の値を比較する。
$e\leqq x\leqq\pi$ において，$f(x)$ は単調 □ $\Longrightarrow f(e)>f(\pi)$

(3) **前問の結果の利用**
(2)より $f(e)>f(\pi)\Longrightarrow\dfrac{\log e}{e}>\dfrac{\log\pi}{\pi}$ $\longleftarrow$ e^π と π^e の大小を導くように変形

Action» a^b と b^a の大小比較は，関数 $f(x)=\dfrac{\log x}{x}$ の増減を利用せよ

解 (1) $f'(x)=\dfrac{\frac{1}{x}\cdot x-(\log x)\cdot 1}{x^2}=\dfrac{1-\log x}{x^2}$

$f'(x)=0$ とすると
$1-\log x=0$ より　$x=e$
よって，$x>0$ における $f(x)$ の増減表は右のようになる。

x	0	$\cdots$	e	$\cdots$
$f'(x)$	/	$+$	0	$-$
$f(x)$	/	↗	$\frac{1}{e}$	↘

また

$\displaystyle\lim_{x\to+0}\frac{\log x}{x}=-\infty,\ \lim_{x\to\infty}\frac{\log x}{x}=0$

◀ $\log x=t$ とおくと，$x=e^t$ であり，$x\to\infty$ のとき $t\to\infty$
よって
$\displaystyle\lim_{x\to\infty}\frac{\log x}{x}=\lim_{t\to\infty}\frac{t}{e^t}=0$

よって，曲線 $y=f(x)$ の概形は**右の図**。

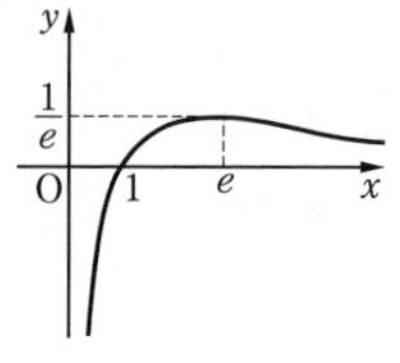

(2) (1)より，$f(x)$ は区間 $x\geqq e$ で単調減少する。
$e<\pi$ であるから　$f(e)>f(\pi)$

(3) (2)より，$f(e)>f(\pi)$ であるから　$\dfrac{\log e}{e}>\dfrac{\log\pi}{\pi}$

$\pi\log e>e\log\pi$ ◀ 両辺に πe を掛ける。

よって　$\log e^\pi>\log\pi^e$

底 e は1より大きいから　$\boldsymbol{e^\pi>\pi^e}$

◀ 不等号の向きは変わらない。なお，$e^\pi\fallingdotseq 23.14$，$\pi^e\fallingdotseq 22.46$ である。

練習 126 実数 a，b は $b>a>0$ を満たす。このとき，関数 $f(x)=\dfrac{\log(x+1)}{x}$ を利用して，不等式 $(a+1)^b>(b+1)^a$ を証明せよ。（岡山大　改）

➡p.239 問題126

例題 127 2変数の不等式の証明 ★★★☆

(1) $\log x \leqq x-1$ $(x>0)$ を証明せよ。

(2) 任意の正の数 a, b に対して，次の不等式を証明せよ。

$$b\log\frac{a}{b} \leqq a-b \leqq a\log\frac{a}{b}$$

[1]　[2]

（北見工業大）

思考のプロセス

(2)[1] $b\log\frac{a}{b} \leqq a-b$（2変数）を示す ⟹ $\log\frac{a}{b} \leqq \frac{a}{b}-1$ を示す

変数を減らす　(1) $\log x \leqq x-1$ を利用したい。

$x=\frac{a}{b}$ とおくと　a, b：正の数（2変数）⟷ x：正の数（1変数）

[2] $a\log\frac{a}{b} \geqq a-b$ を示す ⟹ □ を示す

$x=$ □ とおいて (1) の利用を考える。

Action» 2変数 a, b を含む式は，$\frac{b}{a}=x$ とおいて1変数にせよ

解 (1) $f(x)=(x-1)-\log x$ とおくと　$f'(x)=1-\frac{1}{x}$

◀(左辺) ≦ (右辺) を示すために，$f(x)=$ (右辺) − (左辺) を考える。例題 122 参照。

例題122

$f'(x)=0$ とすると　$x=1$

よって，$f(x)$ の増減表は右のようになる。

x	0	$\cdots$	1	$\cdots$
$f'(x)$	／	$-$	0	$+$
$f(x)$	／	↘	0	↗

$x>0$ のとき，最小値は0であるから

$f(x) \geqq 0$

したがって，$x>0$ のとき　$\log x \leqq x-1$

(2) (1) において，$x=\frac{a}{b}$ とおくと　$\log\frac{a}{b} \leqq \frac{a}{b}-1$

◀思考のプロセス [1] を示す。$\frac{a}{b}>0$ であるから，(1) が利用できる。

よって　$b\log\frac{a}{b} \leqq a-b$　…①

また，(1) において，$x=\frac{b}{a}$ とおくと　$\log\frac{b}{a} \leqq \frac{b}{a}-1$

◀思考のプロセス [2] を示す。$\frac{b}{a}>0$ であるから，(1) が利用できる。

$-\log\frac{a}{b} \leqq \frac{b}{a}-1$ より　$a-b \leqq a\log\frac{a}{b}$　…②

◀$\log\frac{b}{a}=-\log\frac{a}{b}$

①，② より　$b\log\frac{a}{b} \leqq a-b \leqq a\log\frac{a}{b}$

練習 127 次の不等式を証明せよ。

(1) x が1でない正の数であるとき，$\frac{1}{2}(1+x) > \frac{x-1}{\log x} > \sqrt{x}$

(2) a, b が異なる正の数であるとき，$\frac{a+b}{2} > \frac{a-b}{\log a-\log b} > \sqrt{ab}$（大阪教育大）

➡ p.240 問題127

例題 128 2変数の不等式が常に成り立つ条件

D ★★★★

すべての正の実数 x, y に対して

$$\sqrt{x}+\sqrt{y} \leqq k\sqrt{2x+y}$$

が成り立つような実数 k の最小値を求めよ。 (東京大)

思考のプロセス

«ReAction $f(x) \leqq k$ が常に成り立つ条件は，$f(x)$ の最大値から考えよ ◀例題 125

$x>0$, $y>0$ より，与式は $\dfrac{\sqrt{x}+\sqrt{y}}{\sqrt{2x+y}} \leqq k$ ⟵ 定数 k を分離

最大値を考えたいが 2 変数

«ReAction 2変数 a, b を含む式は，$\dfrac{b}{a}=x$ とおいて1変数にせよ ◀例題 127

$$\frac{\sqrt{x}+\sqrt{y}}{\sqrt{2x+y}}=\frac{1+\sqrt{\frac{y}{x}}}{\sqrt{2+\frac{y}{x}}} \xrightarrow{\frac{y}{x}=t \text{ とおく}} \frac{1+\sqrt{t}}{\sqrt{2+t}}$$

変数を減らす　1変数　の最大値を考える。

解 $\sqrt{2x+y}>0$ より，$\sqrt{x}+\sqrt{y} \leqq k\sqrt{2x+y}$ は　◀定数 k を分離する。

例題 125 $\dfrac{\sqrt{x}+\sqrt{y}}{\sqrt{2x+y}} \leqq k$ と変形できる。

例題 127

ここで，$\dfrac{\sqrt{x}+\sqrt{y}}{\sqrt{2x+y}}=\dfrac{1+\sqrt{\frac{y}{x}}}{\sqrt{2+\frac{y}{x}}}$ であるから，$\dfrac{y}{x}=t$ と　◀分母・分子を $\sqrt{x}$ で割る。

おくと，$t>0$ であり　$\dfrac{\sqrt{x}+\sqrt{y}}{\sqrt{2x+y}}=\dfrac{1+\sqrt{t}}{\sqrt{2+t}} \leqq k$

$f(t)=\dfrac{1+\sqrt{t}}{\sqrt{2+t}}$ とおくと

$$f'(t)=\frac{\frac{1}{2\sqrt{t}}\cdot\sqrt{2+t}-(1+\sqrt{t})\cdot\frac{1}{2\sqrt{2+t}}}{2+t}$$

◀商の微分法

$$=\frac{(2+t)-(1+\sqrt{t})\sqrt{t}}{(2+t)\cdot 2\sqrt{t}\sqrt{2+t}}=\frac{2-\sqrt{t}}{2\sqrt{t}\sqrt{2+t}(2+t)}$$

◀分母・分子に $2\sqrt{t}\sqrt{2+t}$ を掛ける。

$f'(t)=0$ とすると，$\sqrt{t}=2$ より　$t=4$

$t>0$ における $f(t)$ の増減表は，次のようになる。

t	0		4	
$f'(t)$		+	0	−
$f(t)$		↗	$\dfrac{\sqrt{6}}{2}$	↘

◀$\displaystyle\lim_{t\to+0} f(t)=\frac{1}{\sqrt{2}}=\frac{\sqrt{2}}{2}$

よって，$f(t)$ の最大値は　$f(4)=\dfrac{\sqrt{6}}{2}$　◀$t=4$ すなわち $4x=y$

ゆえに，k の値の範囲は　$k \geqq \dfrac{\sqrt{6}}{2}$

したがって，求める k の最小値は　$\dfrac{\sqrt{6}}{2}$

〔別解〕（ベクトルの内積の性質を利用する）

C GA 1

$\vec{a}=(\sqrt{2x},\ \sqrt{y})$，$\vec{b}=\left(\dfrac{1}{\sqrt{2}},\ 1\right)$ とおくと

$$\sqrt{x}+\sqrt{y}=\sqrt{2x}\cdot\frac{1}{\sqrt{2}}+\sqrt{y}\cdot 1$$

と表すことができるから　$\sqrt{x}+\sqrt{y}=\vec{a}\cdot\vec{b}$

また　$\sqrt{2x+y}=\sqrt{(\sqrt{2x})^2+(\sqrt{y})^2}$

と表すことができるから　$\sqrt{2x+y}=|\vec{a}|$

$|\vec{b}|=\dfrac{\sqrt{6}}{2}$ であり，$\vec{a}\cdot\vec{b}\leqq|\vec{a}||\vec{b}|$ が成り立つから

$$\sqrt{x}+\sqrt{y}\leqq\sqrt{2x+y}\cdot\frac{\sqrt{6}}{2}$$

よって　$\dfrac{\sqrt{x}+\sqrt{y}}{\sqrt{2x+y}}\leqq\dfrac{\sqrt{6}}{2}$

等号が成り立つのは $\vec{a}\cdot\vec{b}=|\vec{a}||\vec{b}|$ となるときであり，

$\vec{a}=h\vec{b}$（$h>0$）となる定数 h が存在するときである。

よって　$\sqrt{2x}=\dfrac{h}{\sqrt{2}}$，$\sqrt{y}=h$

すなわち，$4x=y$ のときである。

したがって，k の値の範囲は $k\geqq\dfrac{\sqrt{6}}{2}$ となり，求める

k の最小値は　$\dfrac{\sqrt{6}}{2}$

◀ $\sqrt{x}+\sqrt{y}=\vec{a}\cdot\vec{b}$，$\sqrt{2x+y}=|\vec{a}|$ となるような $\vec{a}$，$\vec{b}$ の成分を見つけることがポイントである。（$\vec{b}$ は定ベクトル）

◀ ❗ $\vec{a}\cdot\vec{b}=|\vec{a}||\vec{b}|\cos\theta$，$-1\leqq\cos\theta\leqq1$ より $-|\vec{a}||\vec{b}|\leqq\vec{a}\cdot\vec{b}\leqq|\vec{a}||\vec{b}|$

◀ $\sqrt{2x+y}>0$

Point... 2変数を含む式の最大と最小の考え方

(ア) まず1つの文字の値を固定して考えてから，固定していた文字の値を動かして最大値や最小値を求める。

(イ) 置き換えを用いて2変数を1変数の式に直し，相加平均と相乗平均の関係の利用や微分法より増減を考えるなどして，最大値や最小値を求める。

例　$\dfrac{x-y}{x+y}=\dfrac{1-\dfrac{y}{x}}{1+\dfrac{y}{x}}=\dfrac{1-t}{1+t}$　$\left(t=\dfrac{y}{x}\text{ とおく}\right)$

練習 128 不等式 $\sqrt{x^2+y^2}\geqq x+y+a\sqrt{xy}$ が任意の正の実数 x，y に対して成立するような，最大の実数 a の値を求めよ。（千葉大）

⇒p.240 問題128

Go Ahead 10 曲線の凹凸の不等式への利用

曲線の凹凸を利用して，不等式を証明したり，2数の大小を決定したりすることができます。ここで学習してみましょう。

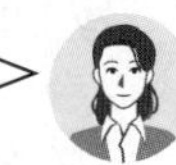

右の図のような，下に凸の曲線 $y=f(x)$ を考えます。曲線上の任意の2点 $\mathrm{P}(a,\ f(a))$，$\mathrm{Q}(b,\ f(b))$ に対して，曲線PQ上に点 $\mathrm{R}(x,\ f(x))$ をとると，$f(x)$ は下に凸であるから，点Rは直線PQより下側にあります。このことを使って，次の探究例題を考えてみましょう。

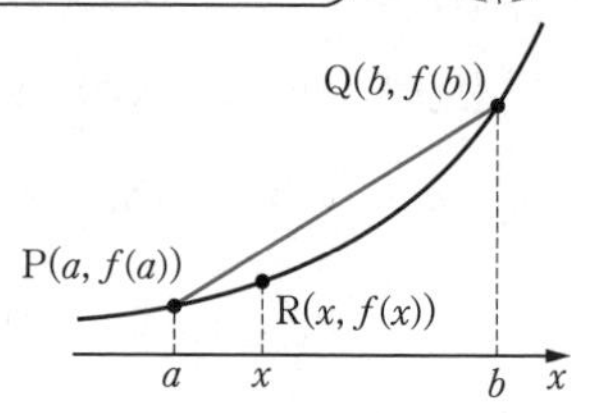

探究例題 4　凹凸を利用して不等式を証明しよう

角 A，角 B を鋭角とし，$A \neq B$ のとき，次の2つの式の大小を比較せよ。

$$\frac{1}{2}(\tan A+\tan B),\quad \tan\frac{A+B}{2}$$

（香川大　改）

思考のプロセス

そのまま大小関係を比較しようとすると計算が大変。

見方を変える　$f(x)=\tan x\left(0<x<\dfrac{\pi}{2}\right)$ とおく。

$f(x)$ が下に凸であれば，$f\left(\dfrac{A+B}{2}\right)<\dfrac{1}{2}\{f(A)+f(B)\}$

Action» 複雑な大小の比較は，曲線の凹凸を利用せよ

解 $f(x)=\tan x\ \left(0<x<\dfrac{\pi}{2}\right)$ とおく。　◀ A，B は鋭角。

$$f'(x)=\frac{1}{\cos^2 x},\ f''(x)=-2\cdot\frac{1}{\cos^3 x}\cdot(\cos x)'=\frac{2\sin x}{\cos^3 x}$$

$0<x<\dfrac{\pi}{2}$ のとき $f''(x)>0$ であるから，

この区間で $y=\tan x$ のグラフは下に凸である。

$\mathrm{P}(A,\ f(A))$，$\mathrm{Q}(B,\ f(B))$ とする。曲線PQ上で $x=\dfrac{A+B}{2}$ に対応する点 $\mathrm{R}\left(\dfrac{A+B}{2},\ f\left(\dfrac{A+B}{2}\right)\right)$ は線分PQの中点Mより下側にあるから

$$f\left(\frac{A+B}{2}\right)<\frac{1}{2}\{f(A)+f(B)\}$$

よって　$\tan\dfrac{A+B}{2}<\dfrac{1}{2}(\tan A+\tan B)$

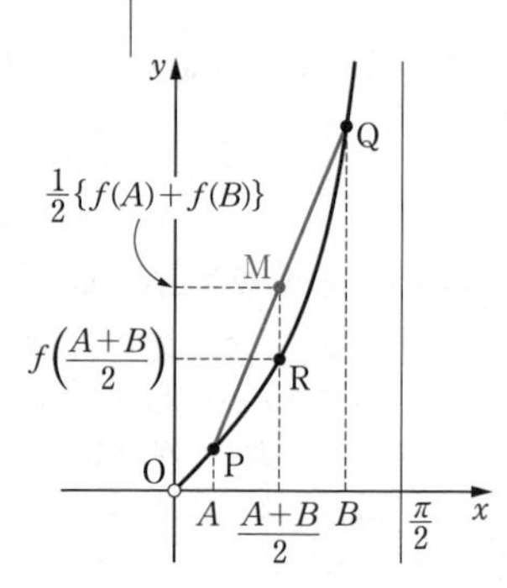

チャレンジ〈2〉　関数 $f(x)$ が閉区間 $[a,\ b]$ で連続，開区間 $(a,\ b)$ で $f''(x)>0$ が成り立つとき，$\mathrm{A}(a,\ f(a))$，$\mathrm{B}(b,\ f(b))$ とすると，$a<x<b$ のすべての x に対して点 $(x,\ f(x))$ は線分ABの下側にあることを，平均値の定理を用いて示せ。

（⇨ 解答編 p.214）

Play Back 10 ２変数の不等式の様々な証明方法

これまで，2 変数の不等式の様々な証明方法を学習してきました。振り返ってみましょう。

2 変数 a，b の不等式の証明方法

(ア) (左辺)－(右辺) を因数分解し，各因数の符号を考える。 ⬅ II＋B 例題 68

(イ) $(\quad)^2 \geqq 0$ を利用する。 ⬅ II＋B 例題 69

(ウ) 相加平均と相乗平均の関係を利用する。 ⬅ II＋B 例題 71

(エ) 平均値の定理を利用する。 ⬅ 練習 90

(オ) $f(a)>f(b)$ の形に変形し，$f(x)$ の単調性を利用する。 ⬅ 練習 126

(カ) 曲線の凹凸を利用する。 ⬅ **Go Ahead** 10

(キ) $t=\dfrac{a}{b}$ と置き換えて，変数を少なくする。 ⬅ 例題 127

(ク) 1 つの文字を変数とみて，最大・最小を考える。 ⬅ 戦略編 Strategy 2

こんなにたくさんの方法を学習してきたのですね。
どうやって区別したらよいのでしょうか？

そうですね。証明する式の特殊性を考えてみることが大切ですね。

例えば，(ウ) の相加平均と相乗平均の関係は，式に $\dfrac{a}{b}+\dfrac{b}{a}$ のような逆数の和の形が現れるときに考えてみるとよいです。

また，(エ) の平均値の定理は，式に平均変化率 $\dfrac{f(a)-f(b)}{a-b}$ の形が現れるように変形できるときに考えてみるとよいです。

しかし，1 つの方法にこだわらず，試行錯誤してみることが大切です。
例えば，例題 127 (2) で証明した不等式

$a>0$，$b>0$ のとき　$b\log\dfrac{a}{b} \leqq a-b \leqq a\log\dfrac{a}{b}$　…①

は，(キ) の方法で解答しましたが

① は　$b(\log a-\log b) \leqq a-b \leqq a(\log a-\log b)$

$a>b$ のとき，各辺を $\log a-\log b\ (>0)$ で割ると

$$b \leqq \frac{a-b}{\log a-\log b} \leqq a$$

逆数をとり，$f(x)=\log x$ とすると

$$f'(b) \geqq \underbrace{\frac{f(a)-f(b)}{a-b}}_{\text{平均変化率}} \geqq f'(a)$$ ⬅ $f'(x)=\dfrac{1}{x}$

となることから，(エ) の平均値の定理を利用して証明することもできます。

Play Back 11 対数微分法の利点と不等式の証明

探究例題 5　不等式の証明での工夫

次の 問題 について，太郎さんと花子さんと次郎さんが話している。

問題 ：e を自然対数の底，すなわち $e=\lim_{t\to\infty}\left(1+\frac{1}{t}\right)^t$ とする。すべての正の実数 x に対し，不等式 $\left(1+\frac{1}{x}\right)^x<e$ が成り立つことを示せ。

（東京大　改）

太郎：(右辺)－(左辺) ＝ $f(x)$ とおいて，微分すれば簡単そうだよ。
$f(x)=e-\left(1+\frac{1}{x}\right)^x$ とおくと，$f'(x)=\cdots$ あれ？

花子：$\left(1+\frac{1}{x}\right)^x$ はそのままだと微分できないね。(関数)$^{(関数)}$ のような形を微分するときは，対数微分法を利用したよね。

太郎：なるほど。$f(x)=e-\left(1+\frac{1}{x}\right)^x$ の両辺の対数をとればよいかな。

次郎：それだと，対数微分法はうまくできないよ。そもそも，$\lim_{t\to\infty}\left(1+\frac{1}{t}\right)^t=e$ より，$x\to\infty$ としたとき $\left(1+\frac{1}{x}\right)^x$ の極限値は e となるから，$\left(1+\frac{1}{x}\right)^x$ が $x>0$ で単調増加することを示すことができればよいよね。

〔次郎さんの解答〕

$g(x)=\left(1+\frac{1}{x}\right)^x$ とおくと，$x>0$ より $g(x)>0$ であるから両辺の対数をとると　$\log g(x)=\log\left(1+\frac{1}{x}\right)^x \iff \log g(x)=x\{\log(x+1)-\log x\}$

両辺を x で微分すると　… (A)

花子：対数をとるとよいということだね。与えられた不等式を，対数をとって変形してから考えるとどうなるかな。

〔花子さんの解答〕

$x>0$ より $\left(1+\frac{1}{x}\right)^x>0$ であるから，$\left(1+\frac{1}{x}\right)^x<e$ の両辺の対数をとると

$$\log\left(1+\frac{1}{x}\right)^x<1 \iff x\{\log(x+1)-\log x\}<1$$

$$\iff \log(x+1)-\log x-\frac{1}{x}<0 \qquad \cdots ①$$

与えられた不等式と同値である ① を示す。

① の左辺を $m(x)$ とおいて，$m(x)$ を x で微分すると　… (B)

(1)　(A)に続くように， 問題 を解け。

(2)　(B)に続くように， 問題 を解け。

思考のプロセス

$\underline{\left(1+\frac{1}{x}\right)^x} < e$ (1) → $g(x) = \underline{\qquad}$ の増減を調べ，$g(x) < e$ を示す。

⟹ 対数微分法を用いて $\frac{g'(x)}{g(x)} = \cdots$

見方を変える

$\Longleftrightarrow \underline{\log\left(1+\frac{1}{x}\right)^x - \log e} < 0$ (2) → $m(x) = \underline{\qquad}$ の増減を調べ，$m(x) < 0$ を示す。

⟹ 微分して $m'(x) = \cdots$

«ReAction 関数の増減は，導関数の符号を調べよ ◀ⅡB 例題 220

解 (1) $\frac{g'(x)}{g(x)} = \log(x+1) - \log x + x\left(\frac{1}{x+1} - \frac{1}{x}\right)$

$= \log(x+1) - \log x - \frac{1}{x+1}$ …②

$h(x) = \log(x+1) - \log x - \frac{1}{x+1}$ とおくと，$x>0$ において　$h'(x) = \frac{1}{x+1} - \frac{1}{x} + \frac{1}{(x+1)^2} = -\frac{1}{x(x+1)^2} < 0$

◀ $h(x)$ の正負が分からないため，さらに微分して増減を調べる。

よって，$h(x)$ は $x>0$ で単調減少する。

また，$\lim_{x\to\infty} h(x) = \lim_{x\to\infty}\left\{\log\left(1+\frac{1}{x}\right) - \frac{1}{x+1}\right\} = 0$ であるから　$h(x) > 0$

◀ $h(x)$ の正負を考えるために，極限を求める。

ゆえに，② において，$g(x) > 0$ であるから　$g'(x) > 0$

したがって，$g(x)$ は $x>0$ で単調増加し，$\lim_{x\to\infty} g(x) = e$ であるから　$g(x) < e$　すなわち　$\left(1+\frac{1}{x}\right)^x < e$

◀正の実数 x について，$y = \left(1+\frac{1}{x}\right)^x$ は単調増加する。

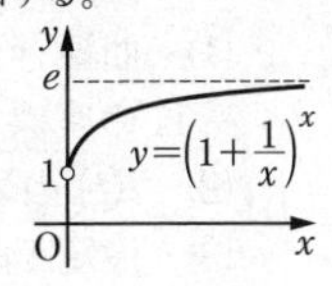

(2) $x>0$ において $m'(x) = \frac{1}{x+1} - \frac{1}{x} + \frac{1}{x^2} = \frac{1}{x^2(x+1)} > 0$

よって，$m(x)$ は $x>0$ で単調増加する。

$\lim_{x\to\infty} m(x) = \lim_{x\to\infty}\left\{\log\left(1+\frac{1}{x}\right) - \frac{1}{x}\right\} = 0$ であるから $m(x) < 0$

ゆえに，① を示すことができた。

したがって　$\left(1+\frac{1}{x}\right)^x < e$

探究例題の花子さんの解答では，与えられた不等式について，対数をとって同値変形してから，微分を行っています。次郎さんの解答では，$g(x)$ の増減を調べるために，$h(x)$ をさらに微分する必要がありましたが，花子さんの解答では，$m'(x)$ を求めるだけで $m(x)$ の増減が分かるため，計算は簡単になっています。

チャレンジ 〈3〉　e を自然対数の底，すなわち $e = \lim_{t\to\infty}\left(1+\frac{1}{t}\right)^t$ とする。すべての正の実数 x に対し，不等式 $e < \left(1+\frac{1}{x}\right)^{x+\frac{1}{2}}$ が成り立つことを示せ。　（東京大　改）

（⇨ 解答編 p.215）

問題編 9 いろいろな微分の応用

▶▶解答編 p.216

110 ★★☆☆ 関数 $f(x)=\dfrac{\sqrt{2}+\sin x}{\sqrt{2}+\cos x}$ を最大，最小にする x の値を求めよ。 （日本女子大）

111 ★★☆☆ 次の関数の最大値，最小値を求めよ。

(1) $f(x)=\dfrac{x^2}{x^2+1}$ (2) $f(x)=(3x-2x^2)e^{-x}$ $(x\geqq 0)$

112 ★★★☆ 関数 $f(x)=\dfrac{4x}{x^2+2}$ の $t\leqq x\leqq t+1$ における最大値 $M(t)$ を求めよ。

113 ★★★☆ 関数 $f(x)=\dfrac{x^2+ax+1}{x^2+1}$ の最大値と最小値の積が -1 となるとき，定数 a の値を求めよ。ただし，$a\neq 0$ とする。

114 ★★☆☆ 半径1の円に内接する二等辺三角形の頂角の大きさを θ とする。

(1) この三角形の面積 S を θ を用いて表せ。

(2) 面積 S が最大となるとき，θ の値を求めよ。

115 ★★★☆ 2つの曲線 $y=e^x$ と $y=\log x$ の最短距離および最短距離を与える点を次の手順にしたがって求めよ。

(1) 曲線 $y=e^x$ 上の点 $\mathrm{P}(t,\ e^t)$ から直線 $y=x$ に垂線PHを下ろすとき，点Hの座標とPHの長さ $l(t)$ を求めよ。

(2) $l(t)$ の最小値を求めよ。

(3) 最短距離および最短距離を与える点を求めよ。 （防衛大）

116 ★★★☆ 体積が一定の値 V である直円柱の表面積を最小にするには，底面の半径と高さの比をどのようにすればよいか。

117 ★★★★ (1) $a>0$ とする。$x\geqq 1$ の範囲で $\dfrac{\log x}{x^a}$ の最大値を求めよ。

(2) n は自然数とする。$p>1$ のとき，$\displaystyle\lim_{n\to\infty}(n!)^{\frac{1}{n^p}}=1$ であることを示せ。

（お茶の水女子大）

118 ★★☆☆ a を定数とするとき，方程式 $e^{-\frac{1}{4}x^2}=a(x-3)$ の異なる実数解の個数を，a の値で場合分けして調べよ。 （愛知教育大）

119 ★★★☆ xの方程式 $e^{2x}+ke^x=k^2x$ (kは正の定数) が実数解をもつように定数kの値の範囲を定めよ。ただし，$\lim_{x\to\infty}\frac{x}{e^{2x}}=0$ を用いてよい。

120 ★★★☆ 自然数nに対して，$f_n(x)=x^2+4n\cos x+1-4n$ とする。

(1) $f_n(x)=0$, $0<x<\frac{\pi}{2}$ を満たす実数xがただ1つあることを示せ。

(2) (1)の条件を満たすxをx_nとするとき，$\lim_{n\to\infty}x_n=0$ を示せ。さらに，極限値 $\lim_{n\to\infty}nx_n{}^2$ を求めよ。

121 ★★☆☆ 点A$(0,\ a)$から曲線 $y=\frac{1}{x^2+1}$ に異なる4本の接線を引くことができるとき，aの値の範囲を求めよ。

122 ★★★☆ (1) $x\geqq 1$ において，$x>2\log x$ が成り立つことを示せ。ただし，eを自然対数の底とするとき，$2.7<e<2.8$ であることを用いてよい。

(2) 自然数nに対して，$(2n\log n)^n<e^{2n\log n}$ が成り立つことを示せ。 (神戸大)

123 ★★☆☆ $0<x<1$ のとき，不等式 $\log\frac{1}{1-x^2}<\left(\log\frac{1}{1-x}\right)^2$ を証明せよ。

124 ★★★☆ $0<p<1$ とするとき，次の不等式を証明せよ。

(1) a, xが正の数のとき　　$x^p+a^p>(x+a)^p$

(2) x_1, x_2, $\cdots$, x_n $(n\geqq 2)$ がすべて正の数のとき

$$x_1{}^p+x_2{}^p+\cdots+x_n{}^p>(x_1+x_2+\cdots+x_n)^p$$

125 ★★☆☆ すべての正の数xに対して，不等式 $a^x\geqq ax$ が成り立つような正の定数aの条件を求めよ。

126 ★★★☆ (1) 999^{1000} と 1000^{999} の大小を比較せよ。 (名古屋市立大)

(2) $e^{\sqrt{\pi}}$ と $\pi^{\sqrt{e}}$ の大小を比較せよ。

127 ★★★☆ k は1より大きい定数とする。x, y を同時に0にならない実数とするとき，
$2-k \leqq \dfrac{x^2+kxy+y^2}{x^2+xy+y^2} \leqq \dfrac{k+2}{3}$ が成り立つことを示せ。（学習院大　改）

128 ★★★★ $0 \leqq x < \dfrac{\pi}{2}$ であるすべての x について，$\sin x\cos x \leqq k(\sin^2 x+3\cos^2 x)$ が成り立つような実数 k の最小値を求めよ。（名古屋工業大　改）

本質を問う 9

▶▶解答編 p.230

1 「関数 $f(x)=e^{x-1}-\log x+1$ について，$f(x)$ の最小値を求めよ」を，太郎さんは

> $f'(x)=e^{x-1}-\dfrac{1}{x}$ より　$f'(1)=e^0-1=0$
> よって，$f(x)$ の最小値は　$f(1)=e^0-\log 1+1=1-0+1=2$

と答えたが説明不足である。$f(1)$ が最小値であることを正しく説明せよ。◀p.212 1

2 a は定数とする。$f''(x)>0$ のとき，$f(x) \geqq f'(a)(x-a)+f(a)$ を示せ。

◀p.212 2

3 関数 $f(x)$ が $x \geqq 0$ で微分可能で，$f(0)=0$ とする。このとき，次の命題の真偽を答えよ。

(1) $x \geqq 0$ のとき $f'(x) \geqq 0$ ならば $f(x) \geqq 0$
(2) $x>0$ のとき $f'(x) \geqq 0$ ならば $f(x) \geqq 0$
(3) $x \geqq 0$ のとき $f'(x)>0$ ならば $f(x)>0$
(4) $x>0$ のとき $f'(x)>0$ ならば $f(x)>0$ ◀p.212 1, 2

4 すべての実数 x で微分可能な関数 $y=f(x)$ が表す曲線の接線において，次の場合，「接点が異なれば接線も異なる」は正しいといえるか。

(1) $f(x)$ は3次関数　　(2) $f(x)$ は4次関数
(3) $f'(x)$ は単調増加する　　(4) $y=f(x)$ の変曲点が1つのみ

◀p.225 例題121

Let's Try! 9

▶▶解答編 p.232

① aを定数とする。関数 $y=a(x-\sin 2x)$ $(-\pi \leqq x \leqq \pi)$ の最大値が2であるようなaの値を求めよ。　（弘前大）◀例題113

② 無限等比級数 $1+e^{-x}\sin x+e^{-2x}\sin^2 x+e^{-3x}\sin^3 x+\cdots$ $(0 \leqq x \leqq 2\pi)$ について

(1) この級数は収束することを示せ。

(2) この級数の和を $f(x)$ とするとき，$f(x)$ の最大値と最小値を求めよ。

◀例題36, 110

③ aは定数とする。$0<x<2\pi$ を定義域とする関数 $f(x)=ax+e^{-x}\sin x$ が極大値，極小値をちょうど1個ずつもつとき，aのとり得る値の範囲を求めよ。

（群馬大）

◀例題99, 118

④ (1) 関数 $y=(x-1)e^x$ の増減，極値，グラフの凹凸および変曲点を調べて，グラフをかけ。ただし，$\lim_{x\to-\infty}(x-1)e^x=0$ を使ってよい。

(2) $y=-e^x$ の点 $(a,\ -e^a)$ における接線が点 $(0,\ b)$ を通るとき，a，bの関係式を求めよ。

(3) 点 $(0,\ b)$ を通る $y=-e^x$ の接線の本数を調べよ。　（東京電機大）

◀例題121

⑤ (1) 実数xが $-1<x<1$，$x \neq 0$ を満たすとき，次の不等式を示せ。

$$(1-x)^{1-\frac{1}{x}}<(1+x)^{\frac{1}{x}}$$

(2) 次の不等式を示せ。

$$0.9999^{101}<0.99<0.9999^{100}$$

（東京大）

◀例題123

⑥ (1) 関数 $f(x)=\dfrac{1}{x}\log(1+x)$ を微分せよ。

(2) $0<x<y$ のとき $\dfrac{1}{x}\log(1+x)>\dfrac{1}{y}\log(1+y)$ が成り立つことを示せ。

(3) $\left(\dfrac{1}{11}\right)^{\frac{1}{10}}$，$\left(\dfrac{1}{13}\right)^{\frac{1}{12}}$，$\left(\dfrac{1}{15}\right)^{\frac{1}{14}}$ を大きい方から順に並べよ。　（愛媛大）

◀例題126

まとめ 10　速度・加速度と近似式

① 直線上の点の運動

数直線上を運動する点Pの座標 x が，時刻 t の関数として $x=f(t)$ と表されるとき

(ア)　点Pの速度は　$\boldsymbol{v=\dfrac{dx}{dt}=f'(t)}$

← $v>0$ ならば正の向き，$v<0$ ならば負の向きに動く。

(イ)　点Pの速さは　$|v|=\left|\dfrac{dx}{dt}\right|$

(ウ)　点Pの加速度は　$\boldsymbol{\alpha=\dfrac{dv}{dt}=\dfrac{d^2x}{dt^2}=f''(t)}$

② 平面上の点の運動

座標平面上を運動する点P$(x,\ y)$があり，$x,\ y$ が時刻 t の関数として $x=f(t)$，$y=g(t)$ で表されているとき

(ア)　点Pの速度は　$\boldsymbol{\vec{v}=\left(\dfrac{dx}{dt},\ \dfrac{dy}{dt}\right)}$

$\vec{v}$ の向きは，点Pのえがく曲線の接線の方向となる。

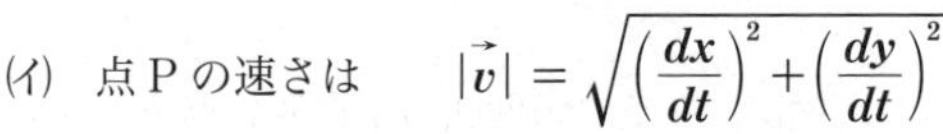

(イ)　点Pの速さは　$|\vec{v}|=\sqrt{\left(\dfrac{dx}{dt}\right)^2+\left(\dfrac{dy}{dt}\right)^2}$

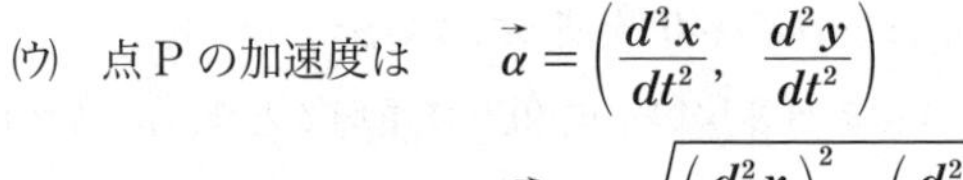

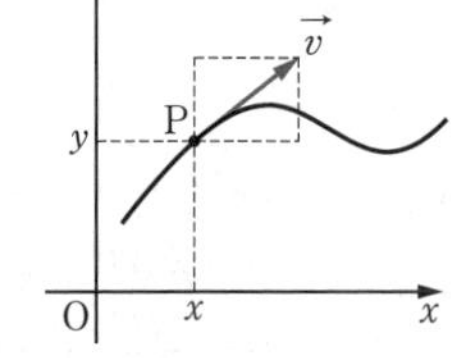

(ウ)　点Pの加速度は　$\boldsymbol{\vec{\alpha}=\left(\dfrac{d^2x}{dt^2},\ \dfrac{d^2y}{dt^2}\right)}$

加速度の大きさは　$|\vec{\alpha}|=\sqrt{\left(\dfrac{d^2x}{dt^2}\right)^2+\left(\dfrac{d^2y}{dt^2}\right)^2}$

③ 近似式

h が0に近いとき　$\boldsymbol{f(a+h)\fallingdotseq f(a)+f'(a)h}$　(1次近似式)

x が0に近いとき　$\boldsymbol{f(x)\fallingdotseq f(0)+f'(0)x}$

概要

① 直線上の点の運動

・直線上を運動する点の速度，加速度

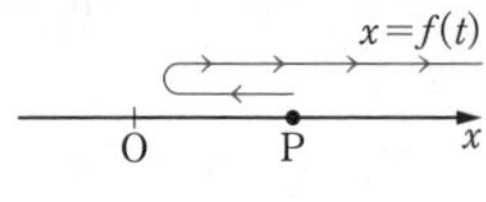

数直線上を運動する点Pの座標 x が，時刻 t の関数として，$x=f(t)$ と表されるとき，時刻 t から $t+\Delta t$ までの平均速度は　$\dfrac{f(t+\Delta t)-f(t)}{\Delta t}$

← $t=a$ から $t=b$ まで変わるときの x の平均変化率 $\dfrac{f(b)-f(a)}{b-a}$

この平均速度の $\Delta t\to 0$ のときの極限値を，時刻 t における点Pの **速度** という。速度を v とすると

$$v=\lim_{\Delta t\to 0}\frac{f(t+\Delta t)-f(t)}{\Delta t}=f'(t)$$

また，速度 v の時刻 t における変化率を **加速度** という。

よって，加速度を α とすると　$\alpha=\dfrac{dv}{dt}=\dfrac{d}{dt}f'(t)=f''(t)=\dfrac{d^2x}{dt^2}$

② 平面上の点の運動

・**平面上を運動する点の速度，加速度**

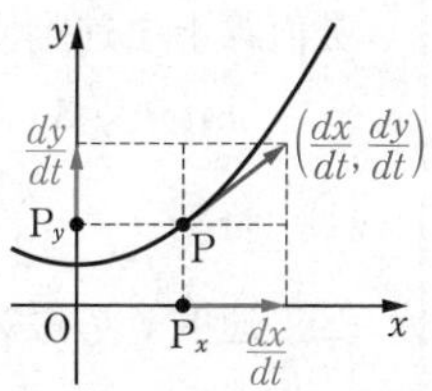

座標平面上を運動する点Pの座標$(x,\ y)$に対して，x，yが時刻tの関数として，$x=f(t)$，$y=g(t)$ と表されるとする。

このとき，点Pからx軸，y軸にそれぞれ垂線PP_x，PP_yを下ろすと，点P_x，P_yはそれぞれx軸，y軸上で直線運動をする。このとき，① より，

時刻tにおける点P_xの速度は $\dfrac{dx}{dt}$，点P_yの速度は $\dfrac{dy}{dt}$

これらをそれぞれ点Pのx軸方向の速度，y軸方向の速度といい，それらを成分とするベクトルを点Pの **速度** という。

速度を$\vec{v}$とすると　　$\vec{v}=\left(\dfrac{dx}{dt},\ \dfrac{dy}{dt}\right)$

同様にして，点P_x，P_yの加速度を成分とするベクトルを点Pの **加速度** という。

加速度を$\vec{\alpha}$とすると　　$\vec{\alpha}=\left(\dfrac{d^2x}{dt^2},\ \dfrac{d^2y}{dt^2}\right)$

・**等速円運動**

a，ωを正の定数として，時刻tにおける座標が $x=a\cos\omega t$，$y=a\sin\omega t$ で表される点Pの運動を考える。

点Pは円 $x^2+y^2=a^2$ 上を動き，時刻tにおける点Pの速度$\vec{v}$は

$\vec{v}=(-a\omega\sin\omega t,\ a\omega\cos\omega t)$

よって，速さ$|\vec{v}|$は　　$|\vec{v}|=\sqrt{(-a\omega\sin\omega t)^2+(a\omega\cos\omega t)^2}=a\omega$

となり一定である。

このような運動を **等速円運動** といい，このときのωを **角速度** という。

③ 近似式

・**1次近似式とその図形的意味**

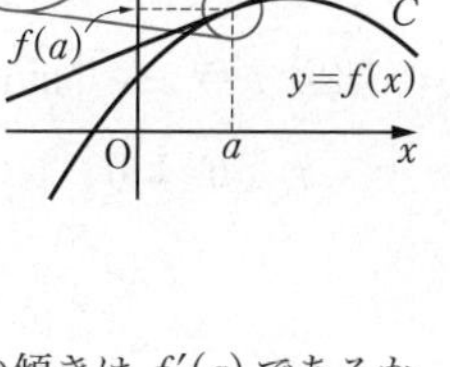

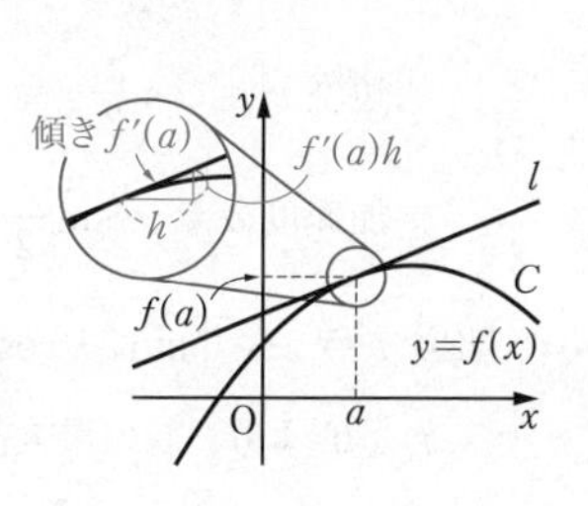

関数$f(x)$が $x=a$ で微分可能であるとき，微分係数の定義により　　$\displaystyle\lim_{h\to 0}\frac{f(a+h)-f(a)}{h}=f'(a)$

よって，hが0に近いときは　　$\dfrac{f(a+h)-f(a)}{h}\fallingdotseq f'(a)$

すなわち　　$f(a+h)\fallingdotseq f(a)+f'(a)h$　　$\cdots$①

これは，aに近い値$a+h$における関数の値$f(a+h)$をhの1次式で近似しているから，1次近似式という。

ここで，曲線 $y=f(x)$ 上の点$(a,\ f(a))$における曲線の接線lの傾きは$f'(a)$であるから，① の右辺は接線lの $x=a+h$ におけるy座標である。

よって，① は曲線 $y=f(x)$ の $x=a$ の近くを接線lで近似したものである。

なお，① において，特に $a=0$ とし，hをxに置き換えることにより

xが0に近いとき　　$f(x)\fallingdotseq f(0)+f'(0)x$

・**$(a+h)^p$（pは実数）の1次近似式**

関数 $f(x)=x^p$ の1次近似式を考えると，$f'(x)=px^{p-1}$ であるから

hが0に近いとき　　$\boldsymbol{(a+h)^p\fallingdotseq a^p+pa^{p-1}h}$

特に，$a=1$ とおくと　　$\boldsymbol{(1+h)^p\fallingdotseq 1+ph}$

D ★☆☆☆

例題 129 直線上の点の運動

数直線上を運動する点Pの時刻 t $(t \geqq 0)$ における座標 x が
$x = \sin t + \sqrt{3}\cos t$ で表されるとき，次のものを求めよ。

(1) 時刻 $t = \dfrac{\pi}{2}$ における点Pの速度，速さ，加速度

(2) 速度 v の最大値およびそのときの時刻 t

思考のプロセス

定義に戻る

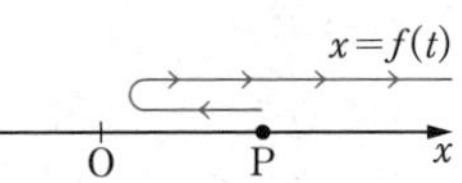

数直線上を動く点Pについて
時刻 t における位置を x，速度を v，加速度を α とする。

位置 $x=f(t)$ —t で微分→ 速度 $v=\dfrac{dx}{dt}=f'(t)$ —t で微分→ 加速度 $\alpha=\dfrac{dv}{dt}=f''(t)$

速さ $|v|$ ⬅ ❗ 速度 v と速さ $|v|$ を混同しないように注意する。
{速度 … 向きがあり，負の値もとる。
{速さ … 大きさであり，0以上の値である。

Action» 直線上を移動する点の速度は，位置を時刻 t で微分せよ

解 (1) 時刻 t における点Pの速度を v，加速度を α とおくと

$$v = \frac{dx}{dt} = \cos t - \sqrt{3}\sin t,\quad \alpha = \frac{dv}{dt} = -\sin t - \sqrt{3}\cos t$$

◀ $\alpha = \dfrac{dv}{dt} = \dfrac{d^2x}{dt^2}$

よって，$t = \dfrac{\pi}{2}$ のとき

速度 $v = \cos\dfrac{\pi}{2} - \sqrt{3}\sin\dfrac{\pi}{2} = \boldsymbol{-\sqrt{3}}$，速さ $|v| = \boldsymbol{\sqrt{3}}$

加速度 $\alpha = -\sin\dfrac{\pi}{2} - \sqrt{3}\cos\dfrac{\pi}{2} = \boldsymbol{-1}$

(2) $v = -\sqrt{3}\sin t + \cos t = 2\sin\left(t + \dfrac{5}{6}\pi\right)$

◀ 三角関数の合成
$a\sin\theta + b\cos\theta = \sqrt{a^2+b^2}\sin(\theta+\alpha)$

$t \geqq 0$ より，v の最大値は2であり，このとき

$$t + \frac{5}{6}\pi = \frac{\pi}{2} + 2n\pi \quad (n \text{ は自然数})$$

◀ $-1 \leqq \sin\left(t+\dfrac{5}{6}\pi\right) \leqq 1$

◀ ❗ $t \geqq 0$ であるから $n \geqq 1$

よって，$t = -\dfrac{\pi}{3} + 2n\pi$ （n は自然数）のとき最大値 2

練習 129 直線軌道を走るある電車がブレーキをかけ始めてから止まるまでの間について，t 秒間に走る距離を x m とすると，$x = 16(t - 3at^2 + 4a^2t^3 - 2a^3t^4)$ であるという。ここで，a は，運転席にある調整レバーによって値を調整できる正の定数である。

(1) ブレーキをかけ始めてから t 秒後の電車の速度 v を t と a で表せ。

(2) 駅まで 200 m の地点でブレーキをかけ始めたときにちょうど駅で電車が止まったとする。そのときの a の値を求めよ。 （立教大）

➡p.254 問題129

例題 130 平面上の点の運動

平面上を運動する点Pの座標 $(x,\ y)$ が，時刻 t の関数として

$x=t^2-4t,\ y=\dfrac{1}{3}t^3-t^2+2$ で表されるとき，次のものを求めよ。

(1) 点Pの加速度の大きさが最小となる時刻 t

(2) (1)のときの点Pの速度と速さ

思考のプロセス

定義に戻る

平面上を動く点Pについて，時刻 t における

位置を $(x,\ y)$，速度を $\vec{v}$（ベクトル），加速度を $\vec{\alpha}$（ベクトル）とする。

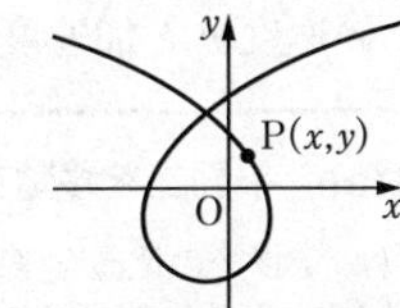

位置について，$x=f(t)$，$y=g(t)$ と表されるとき

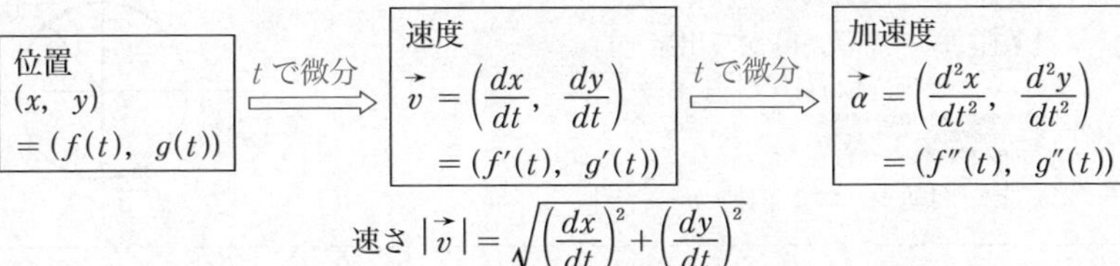

速さ $|\vec{v}|=\sqrt{\left(\dfrac{dx}{dt}\right)^2+\left(\dfrac{dy}{dt}\right)^2}$

Action» 平面上を移動する点の速度は，各座標を時刻 t で微分せよ

解 (1) 点Pの各座標を t で微分すると

$$\frac{dx}{dt}=2t-4,\quad \frac{dy}{dt}=t^2-2t$$

よって $\dfrac{d^2x}{dt^2}=2,\quad \dfrac{d^2y}{dt^2}=2t-2$

点Pの速度を $\vec{v}$，加速度を $\vec{\alpha}$ とすると

$$\vec{v}=(2t-4,\ t^2-2t),\ \vec{\alpha}=(2,\ 2t-2)$$

点Pの加速度の大きさ $|\vec{\alpha}|$ について

$$|\vec{\alpha}|=\sqrt{2^2+(2t-2)^2}=\sqrt{4(t-1)^2+4}$$

したがって，$|\vec{\alpha}|$ は $\boldsymbol{t=1}$ のとき最小となる。

(2) $t=1$ のとき，点Pの速度は

$$\boldsymbol{\vec{v}=(-2,\ -1)}$$

よって，このときの速さは

$$|\vec{v}|=\sqrt{(-2)^2+(-1)^2}=\boldsymbol{\sqrt{5}}$$

◀速度 $\vec{v}=\left(\dfrac{dx}{dt},\ \dfrac{dy}{dt}\right)$
加速度
$\vec{\alpha}=\dfrac{d\vec{v}}{dt}=\left(\dfrac{d^2x}{dt^2},\ \dfrac{d^2y}{dt^2}\right)$

◀加速度の大きさ
$|\vec{\alpha}|=\sqrt{\left(\dfrac{d^2x}{dt^2}\right)^2+\left(\dfrac{d^2y}{dt^2}\right)^2}$

◀平面上の点の速度はベクトルで表す。

練習 130 平面上を運動する点Pの座標 $(x,\ y)$ が，時刻 t $(t>0)$ の関数として

$$x=t-\sin t,\qquad y=1-\cos t$$

で表されるとき，$t=\dfrac{\pi}{6}$ における速さと加速度の大きさを求めよ。

➡p.254 問題130

例題 131 等速円運動

D ★☆☆☆

動点Pが xy 平面上の原点Oを中心とする半径 r の円上を<u>一定の角速度 ω $(\omega > 0)$ で運動</u>①している。一定の角速度 ω で運動するとは，動径 OP が毎秒 ω ラジアンだけ回転することをいう。<u>今，点Pが $(r,\ 0)$ にあるとする</u>②。

(1) t 秒後における点Pの速度 $\vec{v}$ と速さ $|\vec{v}|$ を求めよ。

(2) 点Pの速度 $\vec{v}$ と加速度 $\vec{\alpha}$ は垂直であることを示せ。

思考のプロセス

«ReAction 平面上を移動する点の速度は，各座標を時刻 t で微分せよ ◀例題 130

(1) まずは，t 秒後の位置を考える。

条件 ① … t 秒後の一般角は ωt
条件 ② … 点 $(r,\ 0)$ から出発

⟹ t 秒後の位置は（□，□）

(2) 結論の言い換え

$\vec{v}$ と $\vec{\alpha}$ は垂直 ⟹ 内積 $\vec{v}\cdot\vec{\alpha}=$ □

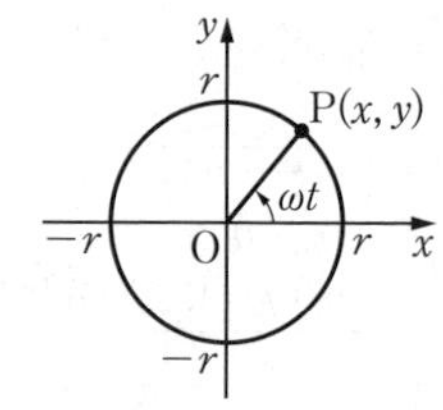

解 (1) t 秒後における点Pの座標を $(x,\ y)$ とすると，動径 OP の表す一般角は ωt であるから

$$\begin{cases} x = r\cos\omega t \\ y = r\sin\omega t \end{cases}$$

$$\frac{dx}{dt} = -r\omega\sin\omega t,\quad \frac{dy}{dt} = r\omega\cos\omega t$$

よって　$\boldsymbol{\vec{v} = (-r\omega\sin\omega t,\ r\omega\cos\omega t)}$

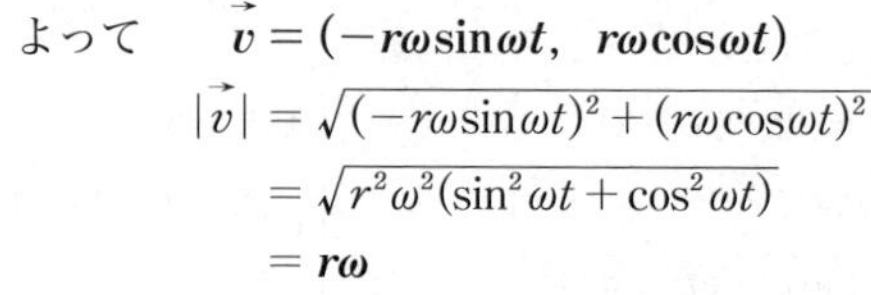

$$|\vec{v}| = \sqrt{(-r\omega\sin\omega t)^2 + (r\omega\cos\omega t)^2}$$
$$= \sqrt{r^2\omega^2(\sin^2\omega t + \cos^2\omega t)}$$
$$= \boldsymbol{r\omega}$$

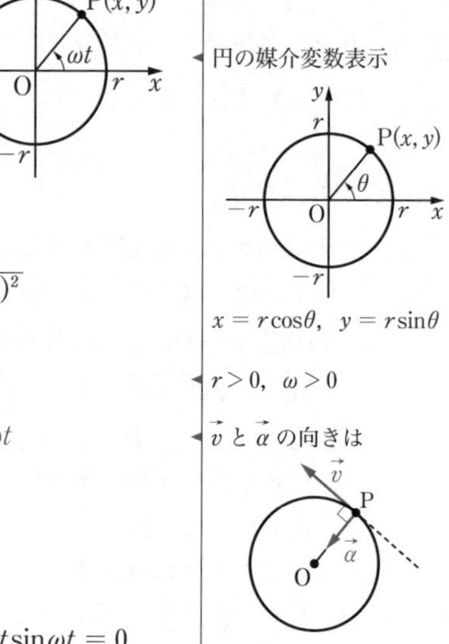

◀点Pの位置を t を用いて表す。

◀円の媒介変数表示

$x = r\cos\theta,\ y = r\sin\theta$

◀$r > 0,\ \omega > 0$

(2) $$\frac{d^2x}{dt^2} = -r\omega^2\cos\omega t,\quad \frac{d^2y}{dt^2} = -r\omega^2\sin\omega t$$

よって，加速度 $\vec{\alpha}$ は

$$\vec{\alpha} = (-r\omega^2\cos\omega t,\ -r\omega^2\sin\omega t)$$

したがって

$$\vec{v}\cdot\vec{\alpha} = r^2\omega^3\sin\omega t\cos\omega t - r^2\omega^3\cos\omega t\sin\omega t = 0$$

$\vec{v} \neq \vec{0}$，$\vec{\alpha} \neq \vec{0}$ より，$\vec{v}$ と $\vec{\alpha}$ は垂直である。

◀$\vec{v}$ と $\vec{\alpha}$ の向きは

◀$|\vec{\alpha}| = r\omega^2 > 0$

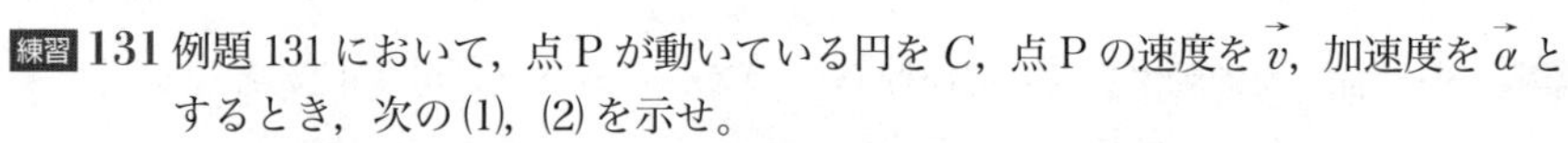

練習 131 例題 131 において，点Pが動いている円を C，点Pの速度を $\vec{v}$，加速度を $\vec{\alpha}$ とするとき，次の (1)，(2) を示せ。

(1) $\vec{v}$ の向きは，点Pにおける円 C の接線の方向である。

(2) $\vec{\alpha}$ の向きは，点Pから円 C の中心への方向である。

➡p.254 問題131

例題 132 曲線上を一定の速さで動く点の運動 ★★★☆

原点Oにある動点Pが，曲線 $y=\log(\cos x)$ $\left(0 \leqq x < \dfrac{\pi}{2}\right)$ 上を，(ア) 速さが1で，(イ) x 座標が常に増加するように動く。(ウ) 点Pの加速度の大きさの最大値を求めよ。

思考のプロセス

条件の言い換え

条件㋐ ⟹ t 秒後の点Pの位置を $(x,\ y)$ とすると　$y=\log(\cos x)$

条件㋑ ⟹ $\sqrt{\left(\dfrac{dx}{dt}\right)^2+\left(\dfrac{dy}{dt}\right)^2}=1$　　$y=(t\text{ の式})$ の形でないから　$\dfrac{dy}{dt}=\dfrac{dy}{dx}\cdot\dfrac{dx}{dt}$（合成関数の微分）

条件㋒ ⟹ $\square>0$

Action» 曲線の式を時刻 t で微分するときは，合成関数の微分法を用いよ

解 時刻 t における点Pの座標を $(x,\ y)$ とする。

例題66　$y=\log(\cos x)$ より　$\dfrac{dy}{dt}=\dfrac{dy}{dx}\cdot\dfrac{dx}{dt}=(-\tan x)\dfrac{dx}{dt}$　…①

点Pの速さが1であるから

$$\left(\frac{dx}{dt}\right)^2+\left(\frac{dy}{dt}\right)^2=1 \quad \text{すなわち} \quad (1+\tan^2 x)\left(\frac{dx}{dt}\right)^2=1$$

よって　$\left(\dfrac{dx}{dt}\right)^2=\dfrac{1}{1+\tan^2 x}=\cos^2 x$

$\dfrac{dx}{dt}>0$ より　$\dfrac{dx}{dt}=\cos x$

① に代入すると，$\dfrac{dy}{dt}=(-\tan x)\cos x=-\sin x$ であるから

$$\frac{d^2x}{dt^2}=\frac{d}{dt}\left(\frac{dx}{dt}\right)=\frac{d}{dt}\cos x=\frac{d}{dx}\cos x\cdot\frac{dx}{dt}$$
$$=-\sin x\cos x$$

$$\frac{d^2y}{dt^2}=\frac{d}{dt}\left(\frac{dy}{dt}\right)=\frac{d}{dt}(-\sin x)=\frac{d}{dx}(-\sin x)\cdot\frac{dx}{dt}$$
$$=-\cos^2 x$$

したがって，加速度の大きさは

$$\sqrt{\left(\frac{d^2x}{dt^2}\right)^2+\left(\frac{d^2y}{dt^2}\right)^2}=\sqrt{\sin^2 x\cos^2 x+\cos^4 x}$$
$$=\sqrt{\cos^2 x}=\cos x$$

$0 \leqq x < \dfrac{\pi}{2}$ の範囲で，$x=0$ のとき　**最大値1**

◀ $\left(\dfrac{dx}{dt}\right)^2+\left(\dfrac{dy}{dt}\right)^2=1$ より，$\dfrac{dx}{dt}$，$\dfrac{dy}{dt}$ を求める。

$\dfrac{dy}{dx}=\dfrac{(\cos x)'}{\cos x}$
$=-\dfrac{\sin x}{\cos x}=-\tan x$

◀ $1+\tan^2\theta=\dfrac{1}{\cos^2\theta}$

◀ ❗ x 座標が常に増加するから　$\dfrac{dx}{dt}>0$

◀ $\dfrac{dx}{dt}=\cos x$
$\dfrac{dy}{dt}=-\sin x$
を代入する。

◀ $\sin^2 x\cos^2 x+\cos^4 x$
$=\cos^2 x(\sin^2 x+\cos^2 x)$
$=\cos^2 x$

◀ $0<\cos x \leqq 1$

練習 132 点 $\left(-1,\ \dfrac{1}{2}\left(e+\dfrac{1}{e}\right)\right)$ にある動点Pが，xy 平面上の曲線 $y=\dfrac{1}{2}(e^x+e^{-x})$ $(-1 \leqq x \leqq 1)$ 上を，速さが1で，x 座標が常に増加するように動く。点Pの加速度の大きさの最大値を求めよ。

➡ p.254 問題132

D

例題 133 変化率，速度と微分

★★★☆

上面の半径が 4 cm，高さが 20 cm の直円錐形の容器がある。この容器に水を満たしてから，下端から2 cm³/s の割合で水が流出①するものとする。水面の高さが 8 cm になった瞬間②における次の値を求めよ。

(1) 水面が下降する速さ③　　(2) 水面の面積の変化率④

思考のプロセス

t 秒後の水面の高さを h，水面の面積を S，容器内の水の量を V とおくと

$S=$ □（h の式），$V=$ □（h の式）

条件の言い換え

条件 ① ⟹ V の変化率が $-2\,\text{cm}^3/\text{s}$ ⟹ $\dfrac{dV}{dt}=-2$

条件 ② ⟹ 求めるものは $h=8$ のときの値

(1) 求めるもの ③ ⟹ h の変化率の大きさ ⟹ $\left|\dfrac{dh}{dt}\right|$

$\dfrac{dV}{dt}$ から $\dfrac{dh}{dt}$ を導く式を考える。

(2) 求めるもの ④ ⟹ S の変化率 ⟹ $\dfrac{dS}{dt}$ ⟵ (1) の利用を考える

Action» 面積（体積）の変化率は，面積（体積）を時刻 t で微分せよ

解 水が流出し始めてから t 秒後の水面の高さを h cm，水面の面積を $S\,\text{cm}^2$，容器内の水の量を $V\,\text{cm}^3$ とすると，水面の半径は $\dfrac{h}{5}$ cm であり

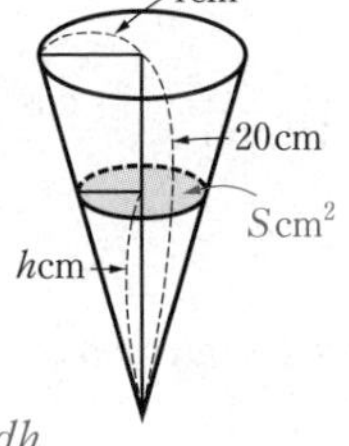

$$S=\frac{\pi}{25}h^2,\quad V=\frac{1}{3}Sh=\frac{\pi}{75}h^3$$

(1) $V=\dfrac{\pi}{75}h^3$ より　$\dfrac{dV}{dt}=\dfrac{\pi}{25}h^2\cdot\dfrac{dh}{dt}$

$\dfrac{dV}{dt}=-2$ より，$-2=\dfrac{\pi}{25}h^2\cdot\dfrac{dh}{dt}$ であり　$\dfrac{dh}{dt}=-\dfrac{50}{\pi h^2}$

$h=8$ を代入すると　$\dfrac{dh}{dt}=-\dfrac{25}{32\pi}$

よって，水面が下降する速さは　$\boldsymbol{\dfrac{25}{32\pi}}$ **cm/s**

(2) $S=\dfrac{\pi}{25}h^2$ より　$\dfrac{dS}{dt}=\dfrac{2\pi}{25}h\cdot\dfrac{dh}{dt}$

(1) より，$h=8$ のとき $\dfrac{dh}{dt}=-\dfrac{25}{32\pi}$ であるから

$h=8$ のとき　$\dfrac{dS}{dt}=\dfrac{2\pi}{25}\cdot 8\cdot\left(-\dfrac{25}{32\pi}\right)=-\dfrac{1}{2}$

よって，水面の面積の変化率は　$\boldsymbol{-\dfrac{1}{2}}$ **cm²/s**

◀ 水面の半径を r cm とすると　$r:h=4:20=1:5$
よって　$r=\dfrac{h}{5}$

◀ $S=\pi r^2$

◀ h^3 を t で微分すると，$3h^2\cdot\dfrac{dh}{dt}$ である。

◀ 単位時間あたりの水の流出量が体積 V の変化量，すなわち $\dfrac{dV}{dt}$ である。

◀ $\dfrac{dh}{dt}$ は水面が上昇する速度を表す。速さは $\left|\dfrac{dh}{dt}\right|$ である。

◀ (1) の結果を利用する。

練習 133 水面から 30 m の高さの岸壁から長さ 60 m の綱で船を引き寄せる。毎秒 5 m の速さで綱をたぐるとき，たぐり始めてから 2 秒後における船の速さを求めよ。

⇒p.254 問題133

例題 134 近似式　★☆☆☆

(1) $h \fallingdotseq 0$ のとき，$\sin(a+h)$ の1次近似式を求めよ。

(2) $\pi = 3.14$, $\sqrt{3} = 1.73$ として $\sin 29^\circ$ の近似値を小数第3位まで求めよ。

思考のプロセス

$h \fallingdotseq 0$ のときの $f(a+h)$ の値

⇩ 見方を変える

曲線 $C: y=f(x)$ の $x=a$ における接線を l とすると，
$x=a$ の近くでは，曲線 C と接線 l はほぼ一致するから

$$f(a+h) \fallingdotseq f(a)+f'(a)h$$

(1) $f(x) = \sin x$ として考える。

(2) $f'(x) = \cos \underset{\text{弧度法}}{x}$ ⟹ $29^\circ = 30^\circ - 1^\circ$ を弧度法に直して考える。

Action» $h \fallingdotseq 0$ のときは，$f(a+h) \fallingdotseq f(a)+f'(a)h$ とせよ

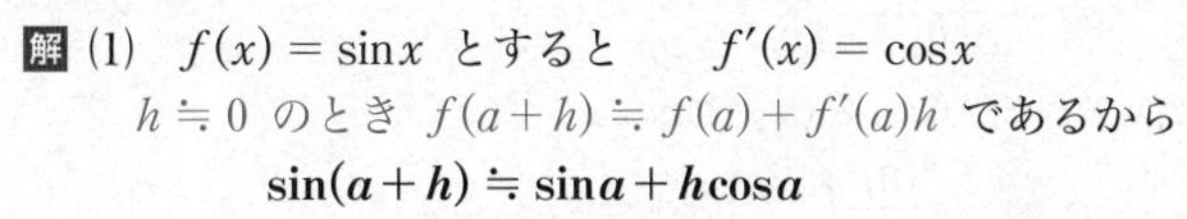

解 (1) $f(x) = \sin x$ とすると　$f'(x) = \cos x$

$h \fallingdotseq 0$ のとき $f(a+h) \fallingdotseq f(a)+f'(a)h$ であるから

$$\sin(a+h) \fallingdotseq \sin a + h\cos a$$

(2) $29^\circ = 30^\circ - 1^\circ = \dfrac{\pi}{6} - \dfrac{\pi}{180}$ より，

◀ $180^\circ = \pi$ より $1^\circ = \dfrac{\pi}{180}$

$a = \dfrac{\pi}{6}$，$h = -\dfrac{\pi}{180}$ とすると，$h \fallingdotseq 0$ であるから

$$\sin 29^\circ = \sin\left(\frac{\pi}{6} - \frac{\pi}{180}\right) \fallingdotseq \sin\frac{\pi}{6} + \left(-\frac{\pi}{180}\right)\cos\frac{\pi}{6}$$

◀ $\dfrac{\pi}{180} = 0.0174\cdots \fallingdotseq 0$

$$= \frac{1}{2} - \frac{\pi}{180}\cdot\frac{\sqrt{3}}{2} = \frac{1}{2} - \frac{3.14\times 1.73}{360}$$

$$= 0.5 - 0.0150\cdots \fallingdotseq \mathbf{0.485}$$

◀ $h \fallingdotseq 0$ であれば，$h < 0$ であっても近似式を用いることができる。

Point...近似式

微分可能な関数 $f(x)$ について

$h \fallingdotseq 0$ のとき　$f(a+h) \fallingdotseq f(a)+f'(a)h$　…①

特に，① において $a=0$，$h=x$ とすると

$x \fallingdotseq 0$ のとき　$f(x) \fallingdotseq f(0)+f'(0)x$　…②

①，② を**1次近似式**という。

また，1次近似式より精度が高い近似式として，次の**2次近似式**がある。

$h \fallingdotseq 0$ のとき　$f(a+h) \fallingdotseq f(a)+f'(a)h+f''(a)\cdot\dfrac{h^2}{2}$

$x \fallingdotseq 0$ のとき　$f(x) \fallingdotseq f(0)+f'(0)x+\dfrac{f''(0)}{2}x^2$

練習 134 (1) $\pi = 3.14$, $\sqrt{3} = 1.73$ として，$\sin 31^\circ$ の近似値を小数第3位まで求めよ。

(2) $\log 1.002$ の近似値を小数第3位まで求めよ。

➡p.254 問題134

Go Ahead 11 近似式とマクローリン展開

例題 134 において，近似式について学習しました。

1 次近似式　$x \fallingdotseq 0$ のとき　$f(x) \fallingdotseq f(0)+f'(0)x$

2 次近似式　$x \fallingdotseq 0$ のとき　$f(x) \fallingdotseq f(0)+f'(0)x+\dfrac{f''(0)}{2}x^2$

この考え方を発展させて，一般の関数を無限級数の形で表してみよう。

$f(x)$ が何回でも微分可能な関数のとき

$f(x)=a_0+a_1x+a_2x^2+a_3x^3+a_4x^4+\cdots+a_nx^n+\cdots$ とおく。

$x=0$ を代入すると　$a_0=f(0)$

$f'(x)=a_1+2a_2x+3a_3x^2+4a_4x^3+\cdots+na_nx^{n-1}+\cdots$

$x=0$ を代入すると　$a_1=f'(0)$

$f''(x)=2a_2+2\cdot 3a_3x+3\cdot 4a_4x^2+\cdots+(n-1)na_nx^{n-2}+\cdots$

$x=0$ を代入すると　$a_2=\dfrac{f''(0)}{2!}$

$f^{(3)}(x)=2\cdot 3a_3+2\cdot 3\cdot 4a_4x+\cdots+(n-2)(n-1)na_nx^{n-3}+\cdots$

$x=0$ を代入すると　$a_3=\dfrac{f^{(3)}(0)}{3!}$

これを繰り返し行うと $a_n=\dfrac{f^{(n)}(0)}{n!}$　$(n=0,\ 1,\ 2,\ 3,\ \cdots)$ が導かれるから

$$\boldsymbol{f(x)=f(0)+f'(0)x+\frac{f^{(2)}(0)}{2!}x^2+\frac{f^{(3)}(0)}{3!}x^3+\cdots+\frac{f^{(n)}(0)}{n!}x^n+\cdots}$$

これを $f(x)$ の **マクローリン展開** といいます。

マクローリン展開の第 2 項までをみると 1 次近似式，第 3 項までをみると 2 次近似式となっていますね。

例　e^x のマクローリン展開を求めてみよう。

$f(x)=e^x$ とおくと，$f'(x)=f''(x)=f^{(3)}(x)=\cdots=e^x$ より

$f(0)=f'(0)=f''(0)=f^{(3)}(0)=\cdots=1$ であるから

$$\boldsymbol{e^x=1+x+\frac{1}{2!}x^2+\frac{1}{3!}x^3+\frac{1}{4!}x^4+\frac{1}{5!}x^5+\cdots+\frac{1}{n!}x^n+\cdots}$$

指数関数などの一般の関数が無限級数の形で表されるなんて不思議ですね。

チャレンジ《4》　次の関数のマクローリン展開を求めよ。

(1)　$f(x)=\cos x$　　(2)　$f(x)=\log(1+x)$　(⇨ 解答編 p.241)

これをさらに一般的にしたテーラー展開というものがあります。

テーラー展開

$f(x)$ が閉区間 $[a,\ b]$ で連続であり，開区間 $(a,\ b)$ で n 回微分可能ならば

$$\boldsymbol{f(b)=f(a)+\frac{f'(a)}{1!}(b-a)+\frac{f''(a)}{2!}(b-a)^2+\cdots+\frac{f^{(n-1)}(a)}{(n-1)!}(b-a)^{n-1}+R_n}$$

ただし，$R_n=\dfrac{f^{(n)}(c)}{n!}(b-a)^n$ となる c $(a<c<b)$ が存在する。

(この定理の証明は大学の範囲であるから省略)

近似式とテーラー展開

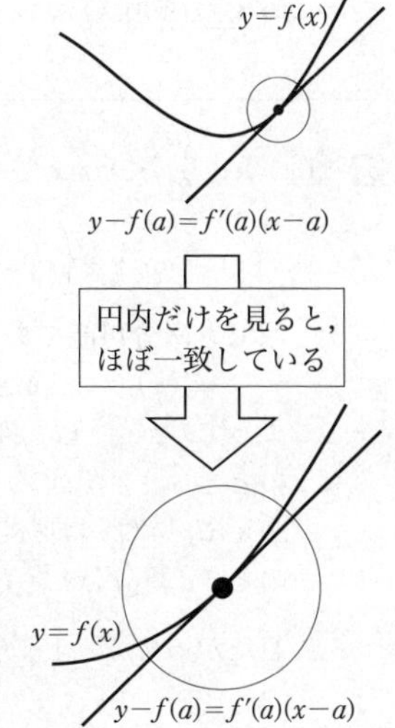

テーラー展開で $n=1$ とすると

$$f(b)=f(a)+\frac{f'(c)}{1!}(b-a)$$

となり，$b-a=h\fallingdotseq 0$ とおくと

$$f(a+h)=f(a)+f'(c)h \qquad \cdots ①$$

このとき，$a<c<b$ より $c\fallingdotseq a$ であり，$f'(x)$ が連続関数なら $f'(c)\fallingdotseq f'(a)$ である。

これと ① より

$$\boldsymbol{f(a+h)\fallingdotseq f(a)+f'(a)h}\ \ (h\fallingdotseq 0) \qquad \cdots ②$$

となり，近似式（1 次近似式）の形になる。

② は，$a+h=x$ とおくと

$$y-f(a)\fallingdotseq f'(a)(x-a)$$

となり，曲線 $y=f(x)$ の接線を表す 1 次関数となる。これは，関数 $y=f(x)$ が，この接線を表す 1 次関数と区間 $[a-h,\ a+h]$ でほぼ一致することを示している。

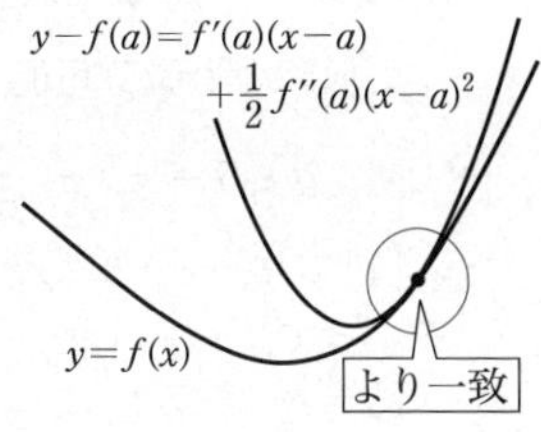

さらに，テーラー展開で $n=2$ とすると

$$f(b)=f(a)+\frac{f'(a)}{1!}(b-a)+\frac{f''(c)}{2!}(b-a)^2$$

となり，同様に $b-a=h\fallingdotseq 0$ とおくと，さらに精密な近似式（2 次近似式）を導くことができる。

$$\boldsymbol{f(a+h)\fallingdotseq f(a)+f'(a)h+\frac{f''(a)}{2}h^2}\ \ (h\fallingdotseq 0)$$

これも，$a+h=x$ とおくことで

$$y-f(a)=f'(a)(x-a)+\frac{1}{2}f''(a)(x-a)^2$$

となり，曲線 $y=f(x)$ に接する 2 次関数を表す。これは，関数 $y=f(x)$ が，この接する 2 次関数と区間 $[a-h,\ a+h]$ でほぼ一致することを示している。

近似式について，次の探究例題を考えてみましょう。

探究例題 6　三角関数の値の近似値

$\cos x$ の近似式を考えることで，$\dfrac{1}{2} < \cos 1 < \dfrac{13}{24}$ を示せ。

思考のプロセス

見方を変える　$\cos x$ の値の範囲を表す不等式を導き，証明する。

«ReAction　不等式の証明は，(左辺)−(右辺)＝$f(x)$ の最小値や単調性を利用せよ　◀例題 122

$\cos x = \cos 0 + \dfrac{(-\sin 0)}{1!}x + \dfrac{(-\cos 0)}{2!}x^2 + \cdots$ ⟵ マクローリン展開

⟹ (x の多項式) $< \cos x <$ (x の多項式)　$x=1$ を代入して，$\dfrac{1}{2} < \cos 1 < \dfrac{13}{24}$ を満たす式を見つける。

解 [1]　$1-\dfrac{x^2}{2!} < \cos x$ を示す。

$f(x) = \cos x - \left(1-\dfrac{x^2}{2!}\right)$ とおくと，$f(x)$ は $x>0$ で何回でも微分可能である。

$$f'(x) = -\sin x + x,\quad f''(x) = -\cos x + 1 \geqq 0$$

よって，$f'(x)$ は区間 $x \geqq 0$ で単調増加するから，$x>0$ のとき　$f'(x) > f'(0) = 0$

ゆえに，$f(x)$ は区間 $x \geqq 0$ で単調増加するから，$x>0$ のとき　$f(x) > f(0) = 0$

したがって　$1-\dfrac{x^2}{2!} < \cos x$

[2]　$\cos x < 1-\dfrac{x^2}{2!}+\dfrac{x^4}{4!}$ を示す。

$g(x) = \left(1-\dfrac{x^2}{2!}+\dfrac{x^4}{4!}\right) - \cos x$ とおくと，$g(x)$ は $x>0$ で何回でも微分可能である。

$$g'(x) = -x + \frac{x^3}{6} + \sin x,\quad g''(x) = -1 + \frac{x^2}{2} + \cos x$$

[1]より，$x>0$ のとき $g''(x) = f(x) > 0$

よって，$g'(x)$ は区間 $x \geqq 0$ で単調増加するから，$x>0$ のとき　$g'(x) > g'(0) = 0$

ゆえに，$g(x)$ は区間 $x \geqq 0$ で単調増加するから，$x>0$ のとき　$g(x) > g(0) = 0$

したがって　$\cos x < 1-\dfrac{x^2}{2!}+\dfrac{x^4}{4!}$

[1], [2]より，$x>0$ のとき　$1-\dfrac{x^2}{2!} < \cos x < 1-\dfrac{x^2}{2!}+\dfrac{x^4}{4!}$

ここで，$x=1$ を代入すると　$\dfrac{1}{2} < \cos 1 < \dfrac{13}{24}$

◀マクローリン展開より
$\cos x = 1-\dfrac{1}{2!}x^2+\dfrac{1}{4!}x^4 - \dfrac{1}{6!}x^6+\cdots$
2次の項までで $x=1$ を代入すると $\dfrac{1}{2}$，4次の項までで $x=1$ を代入すると $\dfrac{13}{24}$ になる。
このことから，不等式
$1-\dfrac{x^2}{2!} < \cos x < 1-\dfrac{x^2}{2!}+\dfrac{x^4}{4!}$
が成り立つことを予想し，証明する。

◀[1]を利用する。

例題 135 微小変化 ★☆☆☆

半径 r の球がある。半径 r が α% 増加したとき表面積が 2% 増加し，体積が β% 増加した。このとき，α と β の値を近似計算を用いて求めよ。
（①半径 r の球がある　②半径 r が α% 増加　③表面積が 2% 増加　④体積が β% 増加した）

思考のプロセス

条件 ② において「2%増加」$\Longrightarrow$ $\Delta r \fallingdotseq 0$ ⟵ 微小変化

〔1次近似式〕

$h \fallingdotseq 0$ のとき，$f(a+h) \fallingdotseq f(a)+f'(a)h$ より

$\underset{\Delta x}{h} \fallingdotseq 0$ のとき，$\underset{\Delta y}{f(a+h)-f(a)} \fallingdotseq f'(a)\underset{\Delta x}{h}$

Action» 微小変化 $\Delta y = f(a+\Delta x)-f(a)$ は，1次近似式を利用して $\Delta y = f'(a)\Delta x$ とせよ

条件の言い換え

条件 ① $\Longrightarrow$ 表面積 $S(r)$ は $S(r)=4\pi r^2$，体積 $V(r)$ は $V(r)=\dfrac{4}{3}\pi r^3$

条件 ② $\Longrightarrow$ $\Delta r = \dfrac{\alpha}{100}r$

条件 ③ $\Longrightarrow$ $\Delta S = \dfrac{2}{100}S(r)$ であり，$\Delta r \fallingdotseq 0$ のとき　$\Delta S \fallingdotseq S'(r)\Delta r$

条件 ④ $\Longrightarrow$ $\Delta V = \dfrac{\beta}{100}V(r)$ であり，$\Delta r \fallingdotseq 0$ のとき　$\Delta V \fallingdotseq V'(r)\Delta r$

（α，β を求める。）

解 半径 r が α%増加したときの半径の増加量 Δr は

$$\Delta r = r\cdot\frac{\alpha}{100} = \frac{\alpha r}{100}$$

◀ 与えられている割合が百分率（%）であることに注意する。

球の表面積の増加が2% であるから，$\Delta r \fallingdotseq 0$ と考える。

表面積を $S(r)$ とすると

$$S(r)=4\pi r^2,\ S'(r)=8\pi r$$

Δr に応じた $S(r)$ の微小変化 ΔS は，$\Delta r \fallingdotseq 0$ のとき

◀ ❗ $\Delta S = \dfrac{2}{100}S$

$$\Delta S \fallingdotseq S'(r)\Delta r$$

◀ $h=\dfrac{\alpha r}{100}$ とすると
$S(r+h) \fallingdotseq S(r)+S'(r)h$
$S(r+h)-S(r) \fallingdotseq S'(r)h$
微小変化 ΔS

$4\pi r^2\cdot\dfrac{2}{100} \fallingdotseq 8\pi r\cdot\dfrac{\alpha r}{100}$ より　　$r^2 \fallingdotseq \alpha r^2$

$r \neq 0$ より　　$\boldsymbol{\alpha \fallingdotseq 1}$

次に，体積を $V(r)$ とすると

$$V(r)=\frac{4}{3}\pi r^3,\ V'(r)=4\pi r^2$$

Δr に応じた $V(r)$ の微小変化 ΔV は，$\Delta r \fallingdotseq 0$ のとき

◀ ❗ $\Delta V = \dfrac{\beta}{100}V$

$$\Delta V \fallingdotseq V'(r)\Delta r$$

$\dfrac{4}{3}\pi r^3\cdot\dfrac{\beta}{100} \fallingdotseq 4\pi r^2\cdot\dfrac{r}{100}$ より　　$\dfrac{\beta}{3}r^3 \fallingdotseq r^3$

◀ $\Delta r = \dfrac{\alpha r}{100}$ において
$\alpha \fallingdotseq 1$ より $\Delta r \fallingdotseq \dfrac{r}{100}$

$r \neq 0$ より　　$\boldsymbol{\beta \fallingdotseq 3}$

練習 135 半径 r の円がある。半径 r が α% 増加したとき周の長さが 1% 増加し，面積が β% 増加した。このとき，α と β の値を近似計算を用いて求めよ。

➡p.254 問題135

問題編 10　速度・加速度と近似式

▶▶解答編 p.243

129 ★★☆☆ 練習129において，乗客の安全のため，電車の加速度 α の大きさ $|\alpha|$ が1を超えない範囲にレバーを調節しておく規則になっている。このとき，ブレーキをかけ始めてから止まるまでの距離を最小にする α の値とそのときの距離を求めよ。
（立教大）

130 ★★☆☆ 平面上を運動する点Pの時刻 t における座標 (x, y) が $x=\cos t+\sin t,\ y=\cos t\sin t$ で表されるとき

(1) 点Pがえがく曲線を図示せよ。

(2) 点Pの速さの最大値を求めよ。また，そのときの加速度の大きさを求めよ。

131 ★★☆☆ 動点Pが xy 平面上の原点Oを中心とする半径6の円上を一定の速さで時計と反対回りで運動しており，3秒間で円を一周する。時刻 $t=2$ に点Pが $(3\sqrt{3},\ -3)$ にあるとき，次の問に答えよ。

(1) 点Pの時刻 t における速度 $\vec{v}$ を求めよ。

(2) 点Pの加速度 $\vec{\alpha}$ について，$\vec{\alpha}=k\overrightarrow{\mathrm{OP}}$ を満たす実数 k の値を求めよ。

132 ★★★☆ 原点Oにある動点Pが曲線 $y=\sin x$ に沿って，x 座標が常に増加するように動く。点Pの速さが一定の値 $V\ (>0)$ であるとき，点Pの加速度の大きさの最大値を求めよ。

133 ★★★☆ 球形のしゃぼん玉の半径が毎秒2mmの割合で増加している。半径が5cmになったとき，その表面積と体積が増加する割合を求めよ。

134 ★★☆☆ (1) $x \fallingdotseq 0$ のとき，次の関数の1次近似式をつくれ。

(ア) $\dfrac{1}{1-x}$　　(イ) x^2+2x+3　　(ウ) e^x　　(エ) $\log(1+x)$

(2) $x \fallingdotseq 0$ のとき，$\log(1+x)$ の2次近似式を求めよ。

(3) (2)の結果を用いて，自然対数 $\log 1.1$ の値を小数第3位まで求めよ。

135 ★★☆☆ 2辺の長さが5cm，8cmで，そのはさむ角が60°の三角形がある。2辺の長さをそのままにしてはさむ角が1°増すと，その面積はおよそどれだけ増すか。$\pi=3.1416$ として，小数第3位まで求めよ。

本質を問う 10

▶▶解答編 p.247

1 x 軸上を動く点の時刻 t における位置が $x=f(t)$ と表されるとき，$f'(t)$ が時刻 t における速度を表す。その理由を説明せよ。 ◀p.242 概要1

2 θ の値が0に十分近いとき，$\sin\theta \fallingdotseq \theta$ のように近似してよいことが知られている。その理由を近似式の観点から説明せよ。 ◀p.249 Point

Let's Try! 10

▶▶解答編 p.248

① 座標平面上を運動する点Pの時刻 t における座標が $x=(\cos t-2)\cos t$, $y=(2-\cos t)\sin t$ で与えられている。$0 \leqq t \leqq \pi$ の範囲で点Pのえがく曲線を C とする。

(1) 点Pの速さ V を t を用いて表せ。

(2) $V=\sqrt{3}$，$0 \leqq t \leqq \pi$ であるとき，点Pの座標を求めよ。

(3) (2)で求めた点Pにおける曲線 C の接線の方程式を求めよ。 （東海大　改）

◀例題130

② 右の図のような直円錐状の容器が，容器の頂点を下にし，軸を鉛直にして置かれている。ただし，上面の円の半径は容器の深さの $\sqrt{2}$ 倍になっている。この容器に毎秒 $w\,\mathrm{cm}^3$ の割合で水を注ぐとき，水の量が $v\,\mathrm{cm}^3$ になった瞬間における水面の上昇する速度を求めよ。

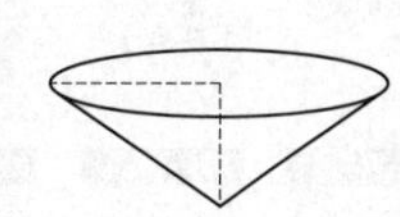

◀例題133

③ 壁に立てかけた長さ5mのはしごの下端を，上端が壁から離れないようにして12cm/sの速さで水平に引っ張るものとする。下端が壁から3m離れた瞬間における上端の動く速さを求めよ。

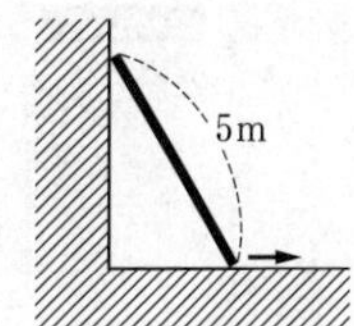

◀例題133

④ 関数 $f(x)=\sqrt{x^2-2x+2}$ について，次の問に答えよ。

(1) 微分係数 $f'(1)$ を求めよ。

(2) $\displaystyle\lim_{x\to1}\frac{f'(x)}{x-1}$ を求めよ。

(3) x が1に十分近いときの近似式 $f'(x) \fallingdotseq a+b(x-1)$ の係数 a，b を求めよ。

(4) (3)の結果を用いて，x が1に十分近いときの近似式
$f(x) \fallingdotseq A+B(x-1)+C(x-1)^2$ の係数 A，B，C を求めよ。 （徳島大）

◀例題134

⑤ 海面上 h〔m〕の高さのところから見ることのできる最も遠い地点までの距離を s〔km〕とすれば，地球の半径を6370kmとするとき，近似式 $s \fallingdotseq 3.57\sqrt{h}$ が成り立つことを証明せよ。

◀例題134

4章 積分とその応用

例題MAP

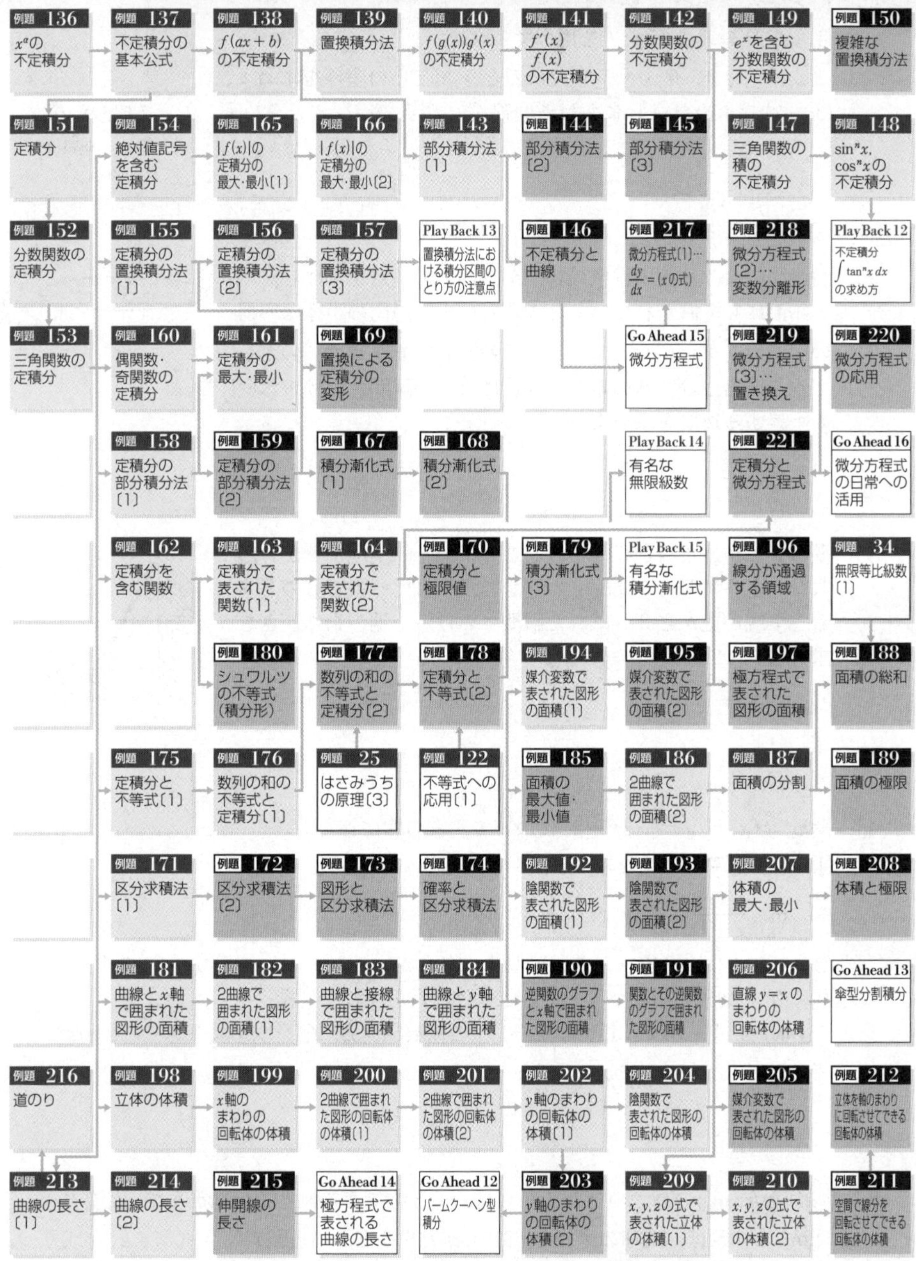

例題■は教科書の予習復習に，例題■は教科書学習後の実力UPに適しています。
ある例題でつまずいたときは，→をたどって，基礎となる例題を復習しましょう。

この章の解説動画と
デジタルコンテンツは
こちら →

例題一覧

11 不定積分

例題番号	探究	頻出	デジタル	難易度	プロセスワード	
136		頻		★☆☆☆	公式の利用	
137		頻		★☆☆☆	公式の利用	式を分ける
138		頻		★★☆☆	公式の利用	
139		頻		★★☆☆	複雑なものを文字でおく	
140		頻		★★☆☆	複雑なものを文字でおく	公式の利用
141		頻		★★☆☆	公式の利用	
142		頻		★★☆☆	次数を下げる	
143		頻		★★☆☆	公式の利用	見方を変える
144				★★☆☆	公式の利用	
145				★★★☆	公式の利用	
146				★☆☆☆	条件の言い換え	
147		頻		★★☆☆	次数を下げる	公式の利用
148		頻		★★★☆	次数を下げる	既知の問題に帰着
PB12	探					
149				★★☆☆	既知の問題に帰着	
150				★★★☆	既知の問題に帰着	

12 定積分

例題番号	探究	頻出	デジタル	難易度	プロセスワード	
151		頻		★☆☆☆	公式の利用	
152		頻		★★☆☆	次数を下げる	
153		頻		★★☆☆	公式の利用	
154		頻	D	★★☆☆	図で考える	
155		頻		★★☆☆	複雑なものを文字でおく	
156		頻		★★☆☆	公式の利用	
157		頻		★★☆☆	公式の利用	
PB13						
158		頻		★★☆☆	公式の利用	
159				★★★☆	公式の利用	
160			D	★★☆☆	対称性の利用	
161			D	★★☆☆	式を分ける	
162		頻		★★☆☆	複雑なものを文字でおく	
163				★★☆☆	定理の利用	複雑なものを文字でおく
164		頻		★★☆☆	定理の利用	
165			D	★★★☆	場合に分ける	
166			D	★★☆☆	場合に分ける	
167				★★★☆	公式の利用	
168				★★★☆	対応を考える	
169				★★★☆	見方を変える	前問の結果の利用
170				★★☆☆	定義に戻る	

13 区分求積法, 面積

例題番号	探究	頻出	デジタル	難易度	プロセスワード	
171		頻	D	★★☆☆	段階的に考える	図で考える
172				★★★☆	既知の問題に帰着	
173			D	★★☆☆	図をかく	
174				★★★☆	段階的に考える	
175		頻	D	★★☆☆	逆向きに考える	前問の結果の利用
176		頻	D	★★★☆	図で考える	
特講 177				★★★★	既知の問題に帰着	
178				★★★★	前問の結果の利用	
179				★★★★	前問の結果の利用	
PB14						
PB15						
180				★★★★	場合に分ける	前問の結果の利用
181		頻		★☆☆☆	段階的に考える	
182		頻		★★☆☆	図を分ける	
183			D	★★☆☆	問題を分ける	
184				★☆☆☆	見方を変える	
185			D	★★☆☆	図をかく	
186		頻		★★★☆	未知のものを文字でおく	
187		頻	D	★★★☆	条件の言い換え	
188				★★★★	規則性を見つける	
189			D	★★★☆	文字を減らす	図で考える
190				★★☆☆	見方を変える	
191				★★☆☆	対称性の利用	
192		頻		★★☆☆	対称性の利用	
193				★★★☆	対称性の利用	
194		頻		★★☆☆	対応を考える	
195				★★★☆	図をかく	図を分ける
196				★★★☆	1つの文字に着目する	段階に分ける
197				★★★☆	既知の問題に帰着	

14 体積・長さ, 微分方程式

例題番号	探究	頻出	デジタル	難易度	プロセスワード	
198			D	★★☆☆	公式の利用	基準を定める
199		頻	D	★☆☆☆	公式の利用	
200		頻	D	★★☆☆	図で考える	
201		頻		★★★☆	図で考える	
202		頻		★☆☆☆	公式の利用	
203				★★★☆	見方を変える	
GA12						
204		頻	D	★★☆☆	図を分ける	
205				★★☆☆	見方を変える	
206		頻	D	★★★☆	基準を定める	
GA13						
207			D	★★☆☆	既知の問題に帰着	
208				★★★☆	前問の結果の利用	
特講 209				★★★☆	次元を下げる	
210				★★★★	基準を定める	
211			D	★★★★	次元を下げる	
212				★★★★	見方を変える	場合に分ける
213		頻	D	★★☆☆	公式の利用	
214		頻		★★☆☆	公式の利用	
215				★★★☆	見方を変える	
GA14						
216				★★☆☆	定義に戻る	
GA15						
217				★★☆☆	公式の利用	
218				★★☆☆	式を分ける	
219				★★★☆	既知の問題に帰着	
220				★★★☆	公式の利用	
221				★★☆☆	定理の利用	
GA16	探				条件の言い換え	

PB…Play Back, **GA**…Go Ahead
頻…定期考査などで出題されやすい, 特に重要な例題です。
探…探究例題を通して, 数学的な見方・考え方を広げるコラムです。
D…内容の解説のためのデジタルコンテンツが付いています。

まとめ 11 不定積分

① 不定積分とその基本公式

(1) 不定積分

関数 $f(x)$ について，$F'(x)=f(x)$ を満たす関数 $F(x)$ に対して

$f(x)$ の **不定積分**　$\int f(x)dx = F(x)+C$　（C は積分定数）

(2) 不定積分の性質

(ア) $\int kf(x)dx = k\int f(x)dx$　（k は定数）

(イ) $\int \{f(x)\pm g(x)\}dx = \int f(x)dx \pm \int g(x)dx$　（複号同順）

(3) 不定積分の基本公式

今後，特にことわりのない場合，C は積分定数を表すものとする。

(ア) x^{α}（α は実数）

$\alpha \neq -1$ のとき　$\int x^{\alpha}dx = \dfrac{1}{\alpha+1}x^{\alpha+1}+C$

$\alpha = -1$ のとき　$\int x^{-1}dx = \int \dfrac{1}{x}dx = \log|x|+C$

(イ) 三角関数

$$\int \sin x\,dx = -\cos x + C,\quad \int \cos x\,dx = \sin x + C$$

$$\int \frac{1}{\cos^2 x}dx = \tan x + C,\quad \int \frac{1}{\sin^2 x}dx = -\frac{1}{\tan x}+C$$

(ウ) 指数関数

$$\int e^x dx = e^x + C,\quad \int a^x dx = \frac{a^x}{\log a}+C \quad (a>0,\ a\neq 1)$$

概要

① 不定積分とその基本公式

・原始関数

関数 $f(x)$ について，$F'(x)=f(x)$ を満たす関数 $F(x)$ を $f(x)$ の **原始関数** という。

例　$(x^2)'=2x$，$(x^2+1)'=2x$，$\left(x^2-\dfrac{1}{2}\right)'=2x$ であるから，x^2，x^2+1，$x^2-\dfrac{1}{2}$ はいずれも $2x$ の原始関数である。

・不定積分

関数 $f(x)$ の任意の原始関数を $\int f(x)dx$ と表し，$f(x)$ の **不定積分** という。

このとき，$f(x)$ を **被積分関数**，x を **積分変数** といい，関数 $f(x)$ の不定積分を求めることを $f(x)$ を **積分する** という。

! 記号 $\int$ は「インテグラル」または「積分」と読む。この記号は，和を意味する sum の頭文字 S に由来するという説もある。

・**積分定数**

関数 $f(x)$ に対して，その原始関数は無数にあるがそれらは定数が異なるだけである。そのため，不定積分は積分定数 C を用いて表されるが，この「C」および「C は積分定数」というただし書きを忘れないように注意する。

information

ある関数 $f(x)$ の原始関数の1つを $F(x)$ とすると，$f(x)$ の任意の原始関数は，定数 C を用いて $F(x)+C$ と書けることを示す問題が水産大学校（2011年），大阪大学（2014年）の入試で出題されている。

〔証明〕

$f(x)$ の原始関数の1つを $F(x)$ とすると，$f(x)$ の任意の原始関数 $G(x)$ について

$$\{G(x)-F(x)\}'=G'(x)-F'(x)=f(x)-f(x)=0$$

よって，$G(x)-F(x)$ は定数となる。この定数を C とすると

$$G(x)-F(x)=C \quad \text{すなわち} \quad G(x)=F(x)+C$$

したがって，$f(x)$ の任意の原始関数は $F(x)+C$ で表される。

・**不定積分の性質の証明**

関数 $f(x)$，$g(x)$ の原始関数の1つをそれぞれ $F(x)$，$G(x)$ とすると

$$F'(x)=f(x),\ G'(x)=g(x)$$

(ア) $\{kF(x)\}'=kF'(x)=kf(x)$ より $\displaystyle\int kf(x)dx=k\int f(x)dx$

(イ) $\{F(x)\pm G(x)\}'=F'(x)\pm G'(x)=f(x)\pm g(x)$ より

$$\int\{f(x)\pm g(x)\}dx=\int f(x)dx\pm\int g(x)dx \quad \text{（複号同順）}$$

・**不定積分の基本公式**

積分は微分の逆の演算であることから，基本公式を導くことができる。

以下，C は積分定数とする。

(ア) $(x^{\alpha+1})'=(\alpha+1)x^{\alpha}$ であるから，$\alpha \neq -1$ のとき $\displaystyle\left(\frac{1}{\alpha+1}x^{\alpha+1}\right)'=x^{\alpha}$

よって $\displaystyle\int x^{\alpha}dx=\frac{1}{\alpha+1}x^{\alpha+1}+C$

また，$\displaystyle(\log|x|)'=\frac{1}{x}=x^{-1}$ より $\displaystyle\int x^{-1}dx=\int\frac{1}{x}dx=\log|x|+C$

(イ) $(\sin x)'=\cos x$ より $\displaystyle\int\cos x\,dx=\sin x+C$

$(\cos x)'=-\sin x$ より，$(-\cos x)'=\sin x$ であるから

$$\int\sin x\,dx=-\cos x+C$$

⬅ 単位円を利用して，
微分は時計回り
積分は反時計回りと覚える

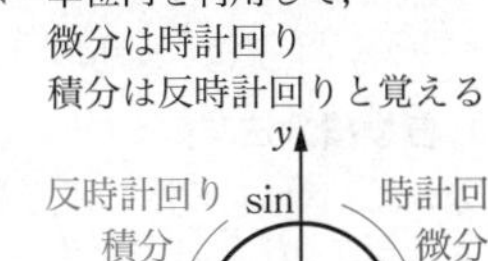

$\displaystyle(\tan x)'=\frac{1}{\cos^2 x}$ より $\displaystyle\int\frac{1}{\cos^2 x}dx=\tan x+C$

$\displaystyle\left(\frac{1}{\tan x}\right)'=-\frac{1}{\sin^2 x}$ より，$\displaystyle\left(-\frac{1}{\tan x}\right)'=\frac{1}{\sin^2 x}$ である

から $\displaystyle\int\frac{1}{\sin^2 x}dx=-\frac{1}{\tan x}+C$

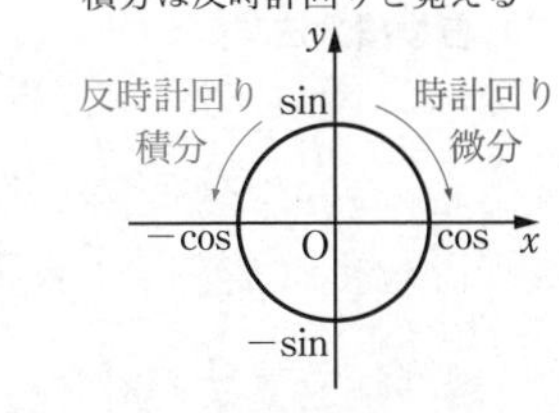

(ウ) $(e^x)'=e^x$ より $\displaystyle\int e^x dx=e^x+C$

$(a^x)'=a^x\log a$ より，$\displaystyle\left(\frac{a^x}{\log a}\right)'=a^x$ であるから $\displaystyle\int a^x dx=\frac{a^x}{\log a}+C$

② 置換積分法

(1) $f(ax+b)$ の不定積分

a，b は定数であり，$a \neq 0$ とする。$F'(x)=f(x)$ のとき

$$\int f(ax+b)dx=\frac{1}{a}F(ax+b)+C$$

(2) 置換積分法

$$\int f(x)dx=\int f(g(t))g'(t)dt \qquad \text{ただし，} x=g(t)$$

特に $$\int f(g(x))g'(x)dx=\int f(u)du \qquad \text{ただし，} g(x)=u$$

$$\int \frac{g'(x)}{g(x)}dx=\log|g(x)|+C$$

③ 部分積分法

$$\int f(x)g'(x)dx=f(x)g(x)-\int f'(x)g(x)dx$$

④ いろいろな関数の不定積分

(1) 分数関数の積分

(ア) (分子の次数) ≧ (分母の次数) のとき，分子の次数を下げてから積分する。

(イ) 部分分数分解して積分する。

(2) 三角関数の積分

半角の公式や，積を和に直す公式等を用い，次数を下げてから積分する。

概要

② 置換積分法

積分は微分の逆の演算であることから導くことができる。以下，$F'(x)=f(x)$ とする。

・$f(ax+b)$ の積分

$\{F(ax+b)\}'=F'(ax+b)\cdot(ax+b)'=af(ax+b)$ より

$$\int f(ax+b)dx=\frac{1}{a}F(ax+b)+C$$

・置換積分法

$x=g(t)$ であるとき，$F(x)$ を t で微分すると，合成関数の微分法により

$$\frac{d}{dt}F(x)=\frac{d}{dx}F(x)\cdot\frac{dx}{dt}=f(x)g'(t)=f(g(t))g'(t)$$

ゆえに $$F(x)=\int f(g(t))g'(t)dt$$

すなわち $$\int f(x)dx=\int f(g(t))g'(t)dt$$

この公式において，x を u にかえ，t を x にかえると

$$\int f(g(x))g'(x)dx=\int f(u)du \qquad \text{ただし，} g(x)=u$$

ここで，$f(u)=\dfrac{1}{u}$ とすると

$$\int \frac{g'(x)}{g(x)}dx=\int \frac{1}{u}du=\log|u|+C \qquad \text{ただし，} g(x)=u$$
$$=\log|g(x)|+C$$

3 部分積分法

・部分積分法の証明

部分積分法は積の微分法から導くことができる。

$\{f(x)g(x)\}'=f'(x)g(x)+f(x)g'(x)$ より

$$f(x)g'(x)=\{f(x)g(x)\}'-f'(x)g(x)$$

両辺を x で積分すると

$$\int f(x)g'(x)dx=\int \{f(x)g(x)\}'dx-\int f'(x)g(x)dx$$

よって　$\displaystyle\int f(x)g'(x)dx=f(x)g(x)-\int f'(x)g(x)dx$

・部分積分法の利用

部分積分法は，被積分関数が積の形 $f(x)g(x)$ であるときに用いる。

その際，積分しやすい方を $g(x)$，微分して簡単になる方を $f(x)$ とみるとよい。

よって　$\displaystyle\int$(多項式)・(三角・指数関数)dx ⇨ 多項式を $f(x)$ とみる。

$\displaystyle\int$(多項式)・(対数関数)dx ⇨ 対数関数を $f(x)$ とみる。

・$\log x$ の積分

$\log x$ は部分積分法によって積分する。

このとき，$\log x=1\cdot\log x$ とみることがポイントである。

$$\int \log x\,dx=\int 1\cdot\log x\,dx=x\log x-\int x\cdot(\log x)'dx$$
$$=x\log x-\int x\cdot\frac{1}{x}dx=x\log x-\int dx$$
$$=x\log x-x+C \quad (C\text{ は積分定数})$$

4 いろいろな関数の不定積分

・分数関数の不定積分

例　$\displaystyle\int \frac{x^2+4}{x+1}dx=\int\left(x-1+\frac{5}{x+1}\right)dx$　← (分子の次数) ≧ (分母の次数) であるから，帯分数式化する。

$$=\frac{1}{2}x^2-x+5\log|x+1|+C$$

$\displaystyle\int \frac{2}{x^2-1}dx=\int\left(\frac{1}{x-1}-\frac{1}{x+1}\right)dx$　← 分母を因数分解して，部分分数分解する。

$$=\log|x-1|-\log|x+1|+C$$
$$=\log\left|\frac{x-1}{x+1}\right|+C$$

・三角関数の不定積分

例　半角の公式 $\sin^2\dfrac{\alpha}{2}=\dfrac{1-\cos\alpha}{2}$ より，$\sin^2 x=\dfrac{1-\cos 2x}{2}$ を利用して

$$\int \sin^2 x\,dx=\int \frac{1-\cos 2x}{2}dx=\frac{1}{2}x-\frac{1}{4}\sin 2x+C$$

積を和に直す公式については，p.275 例題 147 **Point** を参照。

4章 11 不定積分

例題 136 x^α の不定積分

頻出 ★☆☆☆

次の不定積分を求めよ。

(1) $\displaystyle\int x\sqrt{x}\,dx$　　(2) $\displaystyle\int \frac{dx}{x^4}$　　(3) $\displaystyle\int \frac{(\sqrt{x}+1)^2}{x}dx$

思考のプロセス

公式の利用

$$\int x^\alpha dx = \begin{cases} \dfrac{1}{\alpha+1}x^{\alpha+1}+C & (\alpha \neq -1 \text{ のとき}) \\ \log|x|+C & (\alpha = -1 \text{ のとき}) \end{cases}$$

← ! 絶対値記号に注意

(1) $x\sqrt{x} = x \cdot x^{\square} = x^{\square}$　　(2) $\dfrac{1}{x^4} = x^{\square}$

(3) 被積分関数を x^α の和の形で表し，項ごとに公式を用いる。

$\dfrac{(\sqrt{x}+1)^2}{x} = \cdots$（展開して整理）$\cdots =$（ x^α の和の形）

! 積分をしたあとは，微分してもとの式に戻ることを確認するとよい。

Action» $x^\alpha\,(\alpha \neq -1)$ の不定積分は，$\displaystyle\int x^\alpha dx = \frac{1}{\alpha+1}x^{\alpha+1}+C$ を用いよ

解 (1) $\displaystyle\int x\sqrt{x}\,dx = \int x^{\frac{3}{2}}dx = \frac{1}{\frac{3}{2}+1}x^{\frac{3}{2}+1}+C$

$\displaystyle = \frac{2}{5}x^{\frac{5}{2}}+C = \boldsymbol{\frac{2}{5}x^2\sqrt{x}+C}$

（C は積分定数）

◀ $x\sqrt{x} = x \cdot x^{\frac{1}{2}} = x^{1+\frac{1}{2}} = x^{\frac{3}{2}}$

(2) $\displaystyle\int \frac{dx}{x^4} = \int x^{-4}dx$

$\displaystyle = \frac{1}{-4+1}x^{-4+1}+C = \boldsymbol{-\frac{1}{3x^3}+C}$

（C は積分定数）

(3) $\displaystyle\int \frac{(\sqrt{x}+1)^2}{x}dx = \int \frac{x+2\sqrt{x}+1}{x}dx$

◀ 分子を展開する。

$\displaystyle = \int\left(1+2x^{-\frac{1}{2}}+\frac{1}{x}\right)dx$

◀ $\dfrac{\sqrt{x}}{x} = \dfrac{1}{\sqrt{x}} = x^{-\frac{1}{2}}$

$= x+2\cdot 2x^{\frac{1}{2}}+\log|x|+C$

$= \boldsymbol{x+4\sqrt{x}+\log x+C}$

（C は積分定数）

◀ 被積分関数に $\sqrt{x}$ を含むから $x \geqq 0$，また，分母が x であるから $x \neq 0$。よって，$x>0$ であるから $\log|x| = \log x$

[注] 今後，C は積分定数を表すものとする。

練習 136 次の不定積分を求めよ。

(1) $\displaystyle\int x^2\sqrt{x}\,dx$　　(2) $\displaystyle\int \frac{dx}{x^5}$

(3) $\displaystyle\int \frac{(x-1)(x-2)}{x^2}dx$　　(4) $\displaystyle\int \frac{(x+2)^2}{\sqrt{x}}dx$

➡p.281 問題136

頻出

例題 137 不定積分の基本公式 ★☆☆☆

次の不定積分を求めよ。

(1) $\int (2\sin x + 3\cos x)dx$　　(2) $\int (3e^x + 5^x)dx$

(3) $\int \frac{1-\sin^3 x}{\sin^2 x}dx$　　(4) $\int \tan^2 x\, dx$

思考のプロセス

公式の利用

積分は微分の逆の演算である。　← $f(x)+C \underset{積分}{\overset{微分}{\rightleftarrows}} f'(x)$

① $(\cos x)' = -\sin x$　② $(\sin x)' = \cos x$

③ $(\tan x)' = \frac{1}{\cos^2 x}$　④ $\left(\frac{1}{\tan x}\right)' = -\frac{1}{\sin^2 x}$

⑤ $(e^x)' = e^x$　⑥ $(a^x)' = a^x \log a$

[基本公式]

①′ $\int \sin x dx = -\cos x + C$　②′ $\int \cos x dx = \sin x + C$

③′ $\int \frac{dx}{\cos^2 x} = \tan x + C$　④′ $\int \frac{dx}{\sin^2 x} = -\frac{1}{\tan x} + C$

⑤′ $\int e^x dx = e^x + C$　⑥′ $\int a^x dx = \frac{a^x}{\log a} + C$

(3) 式を分ける $\frac{1-\sin^3 x}{\sin^2 x} = \frac{1}{\sin^2 x} - \sin x$ ⟶ 基本公式を利用

(4) $\tan^2 x$ を $\frac{1}{\cos^2 x}$ で表すことを考える。

Action» 三角関数や指数関数の積分は，基本公式が使える形に変形せよ

解 (1) $\int (2\sin x + 3\cos x)dx = \mathbf{-2\cos x + 3\sin x + C}$

(2) $\int (3e^x + 5^x)dx = \mathbf{3e^x + \frac{5^x}{\log 5} + C}$

(3) $\int \frac{1-\sin^3 x}{\sin^2 x}dx = \int \left(\frac{1}{\sin^2 x} - \sin x\right)dx$

$= \mathbf{-\frac{1}{\tan x} + \cos x + C}$

◀ 分数式は，まず項ごとに分ける。

(4) $1 + \tan^2 x = \frac{1}{\cos^2 x}$ より　$\tan^2 x = \frac{1}{\cos^2 x} - 1$

◀ 三角関数の相互関係

$\int \tan^2 x\, dx = \int \left(\frac{1}{\cos^2 x} - 1\right)dx$

$= \mathbf{\tan x - x + C}$

練習 137 次の不定積分を求めよ。

(1) $\int (2e^x - 3^x)dx$　(2) $\int (\tan x - 3)\cos x\, dx$　(3) $\int \frac{4+\cos^3 x}{\cos^2 x}dx$

⇒ p.281 問題137

頻出

例題 138 $f(ax+b)$ の不定積分

★★☆☆

次の不定積分を求めよ。

(1) $\displaystyle\int \frac{dx}{(5x-1)^3}$　　(2) $\displaystyle\int \sqrt[4]{1-2x}\,dx$

(3) $\displaystyle\int \sin(2x-1)dx$　　(4) $\displaystyle\int e^{-\frac{x}{2}}\,dx$

思考のプロセス

公式の利用

積分は微分の逆の演算である。

合成関数の微分法により，$F'(x)=f(x)$ とすると　← $F(x)$ は $f(x)$ の原始関数

$\{F(ax+b)\}'=F'(ax+b)\cdot(ax+b)'=af(ax+b)$

$\Longrightarrow \displaystyle\int f(ax+b)dx=\frac{1}{a}F(ax+b)+C$　（$ax+b$：1次式）

(1) $\displaystyle\int \frac{dx}{(5x-1)^3}=\int(5x-1)^{-3}dx=\frac{1}{\boxed{}}\cdot\frac{1}{-2}(5x-1)^{-3+1}+C$

(2) $\displaystyle\int \sqrt[4]{1-2x}\,dx=\int(-2x+1)^{\frac{1}{4}}dx=\cdots$　　(3) $\displaystyle\int \sin(2x-1)dx=\cdots$

(4) $\displaystyle\int e^{-\frac{x}{2}}dx=\int e^{-\frac{1}{2}x}dx=\cdots$

Action» $f(ax+b)$ の不定積分は，$\dfrac{1}{a}F(ax+b)+C$ とせよ

解 (1) $\displaystyle\int \frac{dx}{(5x-1)^3}=\int(5x-1)^{-3}dx$

$\displaystyle=\frac{1}{5}\left\{-\frac{1}{2}(5x-1)^{-2}\right\}+C$　　◀ $\displaystyle\int t^{-3}dt=-\frac{1}{2}t^{-2}+C$

$\displaystyle=\mathbf{-\frac{1}{10(5x-1)^2}+C}$

(2) $\displaystyle\int \sqrt[4]{1-2x}\,dx=\int(1-2x)^{\frac{1}{4}}dx$

$\displaystyle=\frac{1}{-2}\cdot\frac{4}{5}(1-2x)^{\frac{5}{4}}+C$　　◀ $\displaystyle\int t^{\frac{1}{4}}dt=\frac{4}{5}t^{\frac{5}{4}}+C$

$\displaystyle=\mathbf{-\frac{2}{5}(1-2x)\sqrt[4]{1-2x}+C}$

(3) $\displaystyle\int \sin(2x-1)dx=\frac{1}{2}\{-\cos(2x-1)\}+C$　　◀ $\displaystyle\int \sin t\,dt=-\cos t+C$

$\displaystyle=\mathbf{-\frac{1}{2}\cos(2x-1)+C}$

(4) $\displaystyle\int e^{-\frac{x}{2}}dx=-2\cdot e^{-\frac{x}{2}}+C=\mathbf{-2e^{-\frac{x}{2}}+C}$　　◀ $\displaystyle\int e^t\,dt=e^t+C$

練習 138 次の不定積分を求めよ。

(1) $\displaystyle\int \frac{dx}{(3x+2)^3}$　　(2) $\displaystyle\int \sqrt[4]{3-4x}\,dx$　　(3) $\displaystyle\int \cos(3x-1)dx$

(4) $\displaystyle\int e^{-3x}dx$　　(5) $\displaystyle\int \frac{dx}{4x+3}$

➡p.281 問題138

頻出

例題 139 置換積分法

★★☆☆

次の不定積分を求めよ。

(1) $\displaystyle\int (x+1)(2x-3)^2 dx$　　(2) $\displaystyle\int (x+1)\sqrt{1-x}\,dx$

思考のプロセス

複雑なものを文字でおく　被積分関数の一部分を t とおき，**置換積分法**を用いる。

(1) $\displaystyle\int (x+1)\underline{(2x-3)}^2\underline{dx}$

置換

$\underline{2x-3}=t$ とおくと　⟵ 複雑な部分を t とおく。

$x=\dfrac{1}{2}t+\dfrac{3}{2}$ より　⟵ 被積分関数を t の式にするために $x=(t$ の式$)$ をつくる。

$\dfrac{dx}{dt}=\dfrac{1}{2}$ すなわち $\underline{dx=\dfrac{1}{2}dt}$　⟵ dx を dt で表す。

$\displaystyle\int (t\text{ の式})\underline{t}^2\cdot\underline{\frac{1}{2}dt}$

! t で積分計算したあとは，x の式に戻して答える。

Action» 合成関数の積分は，置換積分法を用いよ

解 (1) $2x-3=t$ とおくと，$x=\dfrac{1}{2}t+\dfrac{3}{2}$ であり $\dfrac{dx}{dt}=\dfrac{1}{2}$

よって $\displaystyle\int (x+1)(2x-3)^2\underline{dx}=\int\left(\frac{t+3}{2}+1\right)\cdot t^2\cdot\underline{\frac{1}{2}dt}$

$\displaystyle=\frac{1}{4}\int (t^3+5t^2)dt=\frac{1}{4}\left(\frac{1}{4}t^4+\frac{5}{3}t^3\right)+C$

$\displaystyle=\frac{1}{48}t^3(3t+20)+C=\boldsymbol{\frac{1}{48}(2x-3)^3(6x+11)+C}$

(2) $\sqrt{1-x}=t$ とおくと，$x=1-t^2$ となり $\dfrac{dx}{dt}=-2t$

よって $\displaystyle\int (x+1)\sqrt{1-x}\,\underline{dx}=\int (2-t^2)t\cdot\underline{(-2t)dt}$

$\displaystyle=2\int (t^4-2t^2)dt=2\left(\frac{1}{5}t^5-\frac{2}{3}t^3\right)+C$

$\displaystyle=\frac{2}{15}t^3(3t^2-10)+C$

$\displaystyle=\frac{2}{15}(\sqrt{1-x})^3(-3x-7)+C$

$\displaystyle=\boldsymbol{\frac{2}{15}(x-1)(3x+7)\sqrt{1-x}+C}$

◀ $\dfrac{dx}{dt}=\dfrac{1}{2}$ より $\underline{dx=\dfrac{1}{2}dt}$

◀ ! t の式から x の式に戻すことを忘れないようにする。

◀ $\dfrac{dx}{dt}=-2t$ より $\underline{dx=(-2t)dt}$

◀ $t^2=1-x$ より $3t^2-10=-3x-7$

◀ ! x の式で答える。

Point...置換積分法

(1) $(ax+b)^n$ を含む関数 ⟹ $ax+b=t$ とおく。

(2) $\sqrt[n]{ax+b}$ を含む関数 ⟹ $ax+b=t$ または $\sqrt[n]{ax+b}=t$ とおく。

練習 139 次の不定積分を求めよ。

(1) $\displaystyle\int (2x+1)(x-3)^3 dx$　　(2) $\displaystyle\int (x-3)\sqrt{1-x}\,dx$

➡p.281 問題139

頻出

例題 140 $f(g(x))g'(x)$ の不定積分

★★☆☆

次の不定積分を求めよ。

(1) $\int 2x\sqrt[3]{x^2+1}\,dx$　(2) $\int \sin x\cos^2 x\,dx$　(3) $\int x^2 e^{x^3}\,dx$

思考のプロセス

〔本解〕 複雑なものを文字でおく

«ReAction 合成関数の積分は，置換積分法を用いよ ◀例題 139

(1) $\int 2x\sqrt[3]{x^2+1}\,dx$

$x^2+1=t$ …① とおくと

$2x=\dfrac{dt}{dx}$ すなわち $2xdx=dt$

$\int \sqrt[3]{t}\,dt$

❗例題 139 との違い
例題 139 では，$x=$（t の式）として被積分関数を t の式にしたが，この問題では，$(x^2+1)'=2x$ であることに着目し，① を x で微分して $2xdx$ をまとめて dt にしている。

〔別解〕 公式の利用

積分は微分の逆の演算である。

合成関数の微分法により，$F'(x)=f(x)$ とすると　← $F(x)$ は $f(x)$ の原始関数

$$\{F(g(x))\}'=F'(g(x))g'(x)=f(g(x))g'(x)$$

$$\Longrightarrow \int f(g(x))g'(x)dx=F(g(x))+C$$

(1) $\int 2x\sqrt[3]{x^2+1}\,dx=\int (x^2+1)^{\frac{1}{3}}(x^2+1)'dx=\dfrac{3}{4}(x^2+1)^{\frac{4}{3}}+C$

Action» $f(g(x))g'(x)$ の不定積分は，$F(g(x))+C$ とせよ

解 例題139 (1) $x^2+1=t$ とおくと　$2x=\dfrac{dt}{dx}$　◀ $2x\,dx=dt$

よって　$\int 2x\sqrt[3]{x^2+1}\,dx=\int \sqrt[3]{t}\,dt=\int t^{\frac{1}{3}}dt$

$$=\frac{3}{4}t^{\frac{4}{3}}+C$$

$$=\frac{3}{4}(x^2+1)^{\frac{4}{3}}+C$$

$$=\boldsymbol{\frac{3}{4}(x^2+1)\sqrt[3]{x^2+1}+C}$$

例題139 (2) $\cos x=t$ とおくと　$-\sin x=\dfrac{dt}{dx}$　◀ $\sin x\,dx=-dt$

よって　$\int \sin x\cos^2 x\,dx=\int t^2\cdot(-1)dt$

$$=-\frac{1}{3}t^3+C$$

$$=\boldsymbol{-\frac{1}{3}\cos^3 x+C}$$

例題139 (3) $x^3 = t$ とおくと　$3x^2 = \dfrac{dt}{dx}$

よって　$\displaystyle\int x^2 e^{x^3} dx = \int e^t \cdot \frac{1}{3} dt$

$$= \frac{1}{3}e^t + C$$

$$= \boldsymbol{\frac{1}{3}e^{x^3} + C}$$

◀ $x^2 dx = \dfrac{1}{3}dt$

〔別解〕

(1) $2x = (x^2+1)'$ であるから

$$\int 2x\sqrt[3]{x^2+1}\,dx = \int (x^2+1)^{\frac{1}{3}} \cdot (x^2+1)'dx$$
$$= \frac{3}{4}(x^2+1)^{\frac{4}{3}} + C$$
$$= \frac{3}{4}(x^2+1)\sqrt[3]{x^2+1} + C$$

(2) $\sin x = -(\cos x)'$ であるから

$$\int \sin x \cos^2 x\,dx = -\int (\cos x)^2 (\cos x)'dx$$
$$= -\frac{1}{3}\cos^3 x + C$$

(3) $x^2 = \dfrac{1}{3}(x^3)'$ であるから

$$\int x^2 e^{x^3} dx = \frac{1}{3}\int e^{x^3}(x^3)'dx$$
$$= \frac{1}{3}e^{x^3} + C$$

4章 11 不定積分

Point... $f(g(x))g'(x)$ の不定積分

$F'(x) = f(x)$ のとき

(ア) $\displaystyle\int f(\sin x)\cos x\,dx = F(\sin x) + C$　　⬅ $\sin x = t$ と置換

(イ) $\displaystyle\int f(\cos x)\sin x\,dx = -F(\cos x) + C$　　⬅ $\cos x = t$ と置換

(ウ) $\displaystyle\int f(e^x)e^x dx = F(e^x) + C$　　⬅ $e^x = t$ と置換

(エ) $\displaystyle\int f(\log x) \cdot \frac{1}{x} dx = F(\log x) + C$　　⬅ $\log x = t$ と置換

練習 140 次の不定積分を求めよ。

(1) $\displaystyle\int x^2\sqrt[3]{x^3-1}\,dx$　　(2) $\displaystyle\int \sin^3 x \cos x\,dx$　　(3) $\displaystyle\int e^x(e^x+1)^2 dx$

➡ p.281 問題140

頻出 ★★☆☆

例題 141 $\dfrac{f'(x)}{f(x)}$ の不定積分

次の不定積分を求めよ。

(1) $\displaystyle\int \frac{2x-1}{x^2-x-1}dx$　　(2) $\displaystyle\int \frac{e^{2x}}{1+e^{2x}}dx$

(3) $\displaystyle\int \tan 2\theta\, d\theta$　　(4) $\displaystyle\int \frac{dx}{x\log x}$

思考のプロセス

公式の利用

積分は微分の逆の演算である。

$$(\log|f(x)|)' = \frac{f'(x)}{f(x)} \Longrightarrow \int \frac{f'(x)}{f(x)}dx = \log|f(x)| + C$$

(2) $\dfrac{e^{2x}}{1+e^{2x}} = \dfrac{\square(1+e^{2x})'}{1+e^{2x}}$　　(3) $\tan 2\theta = \dfrac{\sin 2\theta}{\cos 2\theta} = \dfrac{\square(\cos 2\theta)'}{\cos 2\theta}$

(4) $(\log x)' = \dfrac{1}{x}$ より，$\dfrac{1}{x\log x} = \dfrac{\frac{1}{x}}{\log x}$ とみる。

Action» $\dfrac{f'(x)}{f(x)}$ の不定積分は，$\log|f(x)|+C$ とせよ

解 (1) $\displaystyle\int \frac{2x-1}{x^2-x-1}dx = \int \frac{(x^2-x-1)'}{x^2-x-1}dx$

$= \boldsymbol{\log|x^2-x-1|+C}$

◀ $2x-1 = (x^2-x-1)'$

(2) $\displaystyle\int \frac{e^{2x}}{1+e^{2x}}dx = \frac{1}{2}\int \frac{(1+e^{2x})'}{1+e^{2x}}dx$

$= \boldsymbol{\dfrac{1}{2}\log(1+e^{2x})+C}$

◀ $2e^{2x} = (1+e^{2x})'$ より $\dfrac{1}{2}(1+e^{2x})' = e^{2x}$

◀ $1+e^{2x} > 0$

(3) $\displaystyle\int \tan 2\theta\, d\theta = \int \frac{\sin 2\theta}{\cos 2\theta}d\theta = -\frac{1}{2}\int \frac{(\cos 2\theta)'}{\cos 2\theta}d\theta$

$= \boldsymbol{-\dfrac{1}{2}\log|\cos 2\theta|+C}$

◀ $-2\sin 2\theta = (\cos 2\theta)'$ より $-\dfrac{1}{2}(\cos 2\theta)' = \sin 2\theta$

(4) $\displaystyle\int \frac{dx}{x\log x} = \int \frac{\frac{1}{x}}{\log x}dx = \int \frac{(\log x)'}{\log x}dx$

$= \boldsymbol{\log|\log x|+C}$

◀ $\dfrac{1}{x} = (\log x)'$

練習 141 次の不定積分を求めよ。

(1) $\displaystyle\int \frac{x+1}{x^2+2x-5}dx$　　(2) $\displaystyle\int \frac{(2x-1)(x+1)}{4x^3+3x^2-6x+1}dx$

(3) $\displaystyle\int \frac{e^x(2e^x+1)}{e^{2x}+e^x+1}dx$　　(4) $\displaystyle\int \tan(2x-1)dx$

(5) $\displaystyle\int \frac{\cos x}{3\sin x-1}dx$　　(6) $\displaystyle\int \frac{\sin x}{2\cos x-3}dx$

➡p.281 問題141

頻出

例題 142 分数関数の不定積分

★★☆☆

次の不定積分を求めよ。

(1) $\displaystyle\int \frac{2x^2-x-2}{x+1}dx$　　(2) $\displaystyle\int \frac{dx}{(x+1)(2x+1)}$　　(3) $\displaystyle\int \frac{dx}{x^2(x-1)}$

思考のプロセス

(1)〜(3) いずれも $\dfrac{f'(x)}{f(x)}$ の形ではない。

次数を下げる

(1) **«ReAction (分子の次数) ≧ (分母の次数) の分数式は，除法で分子の次数を下げよ** ◀IIB 例題 17

(2), (3)　分母が積の形 ⟹ **部分分数分解**

(2) $\dfrac{1}{(x+1)(2x+1)}=\dfrac{a}{x+1}+\dfrac{b}{2x+1}$

(3) $\dfrac{1}{x^2(x-1)}=\dfrac{ax+b}{x^2}+\dfrac{c}{x-1}=\dfrac{a}{x}+\dfrac{b}{x^2}+\dfrac{c}{x-1}$

a，b，c の値を求める。

Action» 分数関数の積分は，分子の次数を下げ，部分分数分解せよ

解 IIB 17 (1) $\displaystyle\int \frac{2x^2-x-2}{x+1}dx=\int\left(2x-3+\frac{1}{x+1}\right)dx$

$=\boldsymbol{x^2-3x+\log|x+1|+C}$

◀分子を分母で割ると商 $2x-3$，余り 1

IIB 61 (2) $\dfrac{1}{(x+1)(2x+1)}=\dfrac{a}{x+1}+\dfrac{b}{2x+1}$ とおいて，分母をはらうと　$a(2x+1)+b(x+1)=1$

$(2a+b)x+a+b-1=0$

◀部分分数分解

係数を比較すると，$a=-1$，$b=2$ より

◀$(2a+b)x+a+b-1=0$ は x についての恒等式であるから $\begin{cases}2a+b=0\\a+b-1=0\end{cases}$

$$\int\frac{dx}{(x+1)(2x+1)}=\int\left(\frac{-1}{x+1}+\frac{2}{2x+1}\right)dx$$

$=-\log|x+1|+\log|2x+1|+C$

$=\boldsymbol{\log\left|\dfrac{2x+1}{x+1}\right|+C}$

◀$\displaystyle\int\frac{2}{2x+1}dx=2\cdot\frac{1}{2}\log|2x+1|+C$

IIB 61 (3) $\dfrac{1}{x^2(x-1)}=\dfrac{a}{x}+\dfrac{b}{x^2}+\dfrac{c}{x-1}$ とおいて，分母をはらうと　$ax(x-1)+b(x-1)+cx^2=1$

$(a+c)x^2+(-a+b)x-b-1=0$

◀❗部分分数の分け方に注意する。

係数を比較すると，$a=-1$，$b=-1$，$c=1$ より

◀x についての恒等式であるから $\begin{cases}a+c=0\\-a+b=0\\-b-1=0\end{cases}$

$$\int\frac{dx}{x^2(x-1)}=\int\left(-\frac{1}{x}-\frac{1}{x^2}+\frac{1}{x-1}\right)dx$$

$=-\log|x|+\dfrac{1}{x}+\log|x-1|+C$

$=\boldsymbol{\dfrac{1}{x}+\log\left|\dfrac{x-1}{x}\right|+C}$

練習 142 次の不定積分を求めよ。

(1) $\displaystyle\int\frac{x^2+3x-2}{x-1}dx$　　(2) $\displaystyle\int\frac{3x+4}{(x+1)(x+2)}dx$　　(3) $\displaystyle\int\frac{dx}{x(x+1)^2}$

⇒p.281 問題142

頻出

例題 143 部分積分法〔1〕

★★☆☆

次の不定積分を求めよ。

(1) $\displaystyle\int x\cos x\,dx$　　(2) $\displaystyle\int xe^{2x}\,dx$

(3) $\displaystyle\int x\log x\,dx$　　(4) $\displaystyle\int \log(x+2)\,dx$

思考のプロセス

公式の利用

被積分関数が関数の積 ⟹ 部分積分法

$$\int f(x)g'(x)\,dx = f(x)g(x) - \int f'(x)g(x)\,dx$$

❗ 微分して簡単になる方を $f(x)$，積分しやすい方を $g'(x)$ とする。

(1) $\begin{cases} x & \cdots \text{微分すると } 1 \text{（簡単になる）} \\ \cos x & \cdots \text{微分すると } -\sin x \text{（簡単にならない）} \end{cases}$ ⟹ $\overset{x?\ \cos x?}{\square}$ を $f(x)$ とする。

(3) $\begin{cases} x & \cdots \text{微分すると } 1 \text{（簡単），積分すると } \dfrac{1}{2}x^2 \\ \log x & \cdots \text{微分すると } \dfrac{1}{x} \text{（簡単），積分は分からない} \end{cases}$ ⟹ $\overset{x?\ \log x?}{\square}$ を $f(x)$ とする。

(4) $\log(x+2)$ は微分するのは簡単。

見方を変える

$\log(x+2) = 1\cdot\log(x+2)$ とみる。

Action» 積の形の関数の積分は，部分積分法を用いよ

解 (1) $\displaystyle\int x\cos x\,dx = \int x(\sin x)'\,dx$

$\displaystyle= x\sin x - \int 1\cdot\sin x\,dx$

$= \boldsymbol{x\sin x + \cos x + C}$

(2) $\displaystyle\int xe^{2x}\,dx = \int x\left(\frac{1}{2}e^{2x}\right)'dx$

$\displaystyle= \frac{1}{2}xe^{2x} - \frac{1}{2}\int 1\cdot e^{2x}\,dx$

$\displaystyle= \boldsymbol{\frac{1}{2}xe^{2x} - \frac{1}{4}e^{2x} + C}$

(3) $\displaystyle\int x\log x\,dx = \int\left(\frac{1}{2}x^2\right)'\log x\,dx$

$\displaystyle= \frac{1}{2}x^2\log x - \int\frac{1}{2}x^2\cdot\frac{1}{x}\,dx$

$\displaystyle= \frac{1}{2}x^2\log x - \frac{1}{2}\int x\,dx$

$\displaystyle= \boldsymbol{\frac{1}{2}x^2\log x - \frac{1}{4}x^2 + C}$

◀ $\log x$ の原始関数は，簡単には求められないから，$\log x$ を $f(x)$ とする。
$f(x) = \log x$，$g'(x) = x$ とおくと
$f'(x) = \dfrac{1}{x}$，$g(x) = \dfrac{1}{2}x^2$

(4) $\int \log(x+2)dx$

$= \int 1 \cdot \log(x+2)dx$

$= \int \underline{(x+2)'}\log(x+2)dx$

$= (x+2)\log(x+2) - \int (x+2) \cdot \frac{1}{(x+2)} dx$

$= (x+2)\log(x+2) - \int dx$

$= \boldsymbol{(x+2)\log(x+2) - x + C}$

◀ ❗ $g(x)=x$ とするのではなく，$g(x)=x+2$ と考えると後の計算が簡単になる。

Point...部分積分法

部分積分法

$$\int f(x)g'(x)dx = f(x)g(x) - \int f'(x)g(x)dx$$

を用いるときは，被積分関数の因数のうち，どちらを $f(x)$ と考えるかが大切である。

(ア) $\int$(多項式)・(三角・指数関数)dx ⟹ 多項式を $f(x)$ とみる

(イ) $\int$(多項式)・(対数関数)dx ⟹ 対数関数を $f(x)$ とみる

〔参考〕

部分積分法は積の微分法

$$\{f(x)g(x)\}' = f'(x)g(x) + f(x)g'(x) \quad \cdots ①$$

から導くことができる。

① より　$f(x)g'(x) = \{f(x)g(x)\}' - f'(x)g(x)$

よって　$\int f(x)g'(x)dx = \int \{f(x)g(x)\}'dx - \int f'(x)g(x)dx$

$= f(x)g(x) - \int f'(x)g(x)dx$

練習 143 次の不定積分を求めよ。

(1) $\int x\sin 2x\,dx$　　(2) $\int xe^{\frac{x}{2}}\,dx$

(3) $\int x^2\log x\,dx$　　(4) $\int \log(3x+2)dx$

➡p.281 問題143

例題 144 部分積分法〔2〕 ★★☆☆

次の不定積分を求めよ。

(1) $\displaystyle\int x^2\sin x\,dx$ (2) $\displaystyle\int (x^2+1)e^{2x}\,dx$ (3) $\displaystyle\int (\log x)^2 dx$

思考のプロセス

公式の利用

«ReAction 積の形の関数の積分は，部分積分法を用いよ ◀例題 143

(1) $\displaystyle\int x^2\sin x dx =$ …(部分積分)…

$\displaystyle= -x^2\cos x + 2\underbrace{\int x^1\cos x dx}_{\text{再び部分積分}}$ ⟵ ●の次数は下がったが，まだ積の形

Action» 部分積分法は，繰り返し用いることを考えよ

解 例題143 (1) $\displaystyle\int x^2\sin x\,dx = \int x^2(-\cos x)'\,dx$ ◀ $\sin x = (-\cos x)'$

$\displaystyle= -x^2\cos x + \int 2x\cos x\,dx$

$\displaystyle= -x^2\cos x + 2\int x(\sin x)'\,dx$ ◀ $\cos x = (\sin x)'$

$\displaystyle= -x^2\cos x + 2\left(x\sin x - \int 1\cdot\sin x\,dx\right)$

$\boldsymbol{= -x^2\cos x + 2x\sin x + 2\cos x + C}$

例題143 (2) $\displaystyle\int (x^2+1)e^{2x}\,dx = \int (x^2+1)\left(\frac{e^{2x}}{2}\right)'dx$ ◀ $e^{2x} = \left(\dfrac{e^{2x}}{2}\right)'$

$\displaystyle= (x^2+1)\left(\frac{e^{2x}}{2}\right) - \int 2x\left(\frac{e^{2x}}{2}\right)dx$

$\displaystyle= \frac{e^{2x}}{2}(x^2+1) - \int x\left(\frac{e^{2x}}{2}\right)'dx$ ◀ $\displaystyle\int 2x\left(\frac{e^{2x}}{2}\right)dx = \int xe^{2x}\,dx = \int x\left(\frac{e^{2x}}{2}\right)'dx$

$\displaystyle= \frac{e^{2x}}{2}(x^2+1) - \left\{x\left(\frac{e^{2x}}{2}\right) - \int 1\cdot\frac{e^{2x}}{2}\,dx\right\}$

$\displaystyle= \frac{e^{2x}}{2}(x^2-x+1) + \frac{e^{2x}}{4} + C = \boldsymbol{\frac{e^{2x}}{4}(2x^2-2x+3)+C}$ ◀ $\displaystyle\int e^{2x}\,dx = \frac{e^{2x}}{2} + C$

例題143 (3) $\displaystyle\int (\log x)^2\,dx = \int (x)'(\log x)^2 dx$ ◀ ‼ $1 = (x)'$ と考える。

$\displaystyle= x(\log x)^2 - \int x\cdot 2(\log x)\cdot\frac{1}{x}\,dx$

$\displaystyle= x(\log x)^2 - 2\int (x)'\log x\,dx$ ◀ 上と同様に $\log x = 1\cdot\log x = (x)'\log x$ と考える。

$\displaystyle= x(\log x)^2 - 2\left(x\log x - \int x\cdot\frac{1}{x}\,dx\right)$

$\boldsymbol{= x(\log x)^2 - 2x\log x + 2x + C}$

練習 144 次の不定積分を求めよ。

(1) $\displaystyle\int x^2e^x\,dx$ (2) $\displaystyle\int x^2\cos x\,dx$ (3) $\displaystyle\int\left(\frac{\log x}{x}\right)^2 dx$

➡p.281 問題144

例題 145 部分積分法〔3〕 ★★★☆

不定積分 $\int e^x \sin x\,dx$ を求めよ。

思考のプロセス

公式の利用

$$\underline{\int e^x \sin x dx} \overset{\text{部分積分}}{=} (\quad) - \int e^x \cos x dx \overset{\text{繰り返す}}{=} (\quad) - (\quad) - \underbrace{\int e^x \sin x dx}_{\text{もとの式と同じ}}$$

$$\Longrightarrow 2\underline{\int e^x \sin x dx} = (\quad) - (\quad) + C$$

Action» $\int e^x \sin x dx$，$\int e^x \cos x dx$ は，もとの式が現れるまで部分積分せよ

解 $I = \int e^x \sin x\,dx$ とおくと

例題143

$$I = \int (e^x)' \sin x\,dx$$
$$= e^x \sin x - \int e^x \cos x\,dx$$
$$= e^x \sin x - \int (e^x)' \cos x\,dx$$
$$= e^x \sin x - \left\{e^x \cos x - \int e^x(-\sin x)dx\right\}$$
$$= e^x \sin x - e^x \cos x - \int e^x \sin x\,dx$$
$$= e^x(\sin x - \cos x) - I$$

よって

$$\int e^x \sin x\,dx = \frac{1}{2}e^x(\sin x - \cos x) + C$$

◀ 部分積分法を用いる。$I = \int e^x(-\cos x)'dx$ としても，同じ結果が導かれる。

◀ さらに部分積分法を用いる。

◀ 与式と同じ式が現れる。

◀ ! $2I = e^x(\sin x - \cos x) + C'$ より $I = \frac{e^x}{2}(\sin x - \cos x) + \frac{C'}{2}$ となり，$\frac{C'}{2}$ をあらためて C におき直している。（C' は積分定数）

〔別解〕

$(e^x \sin x)' = e^x \sin x + e^x \cos x \quad \cdots ①$

$(e^x \cos x)' = e^x \cos x - e^x \sin x \quad \cdots ②$

とおくと，$(① - ②) \times \frac{1}{2}$ より

$$\frac{1}{2}\{e^x(\sin x - \cos x)\}' = e^x \sin x$$

両辺を x で積分すると

$$\int e^x \sin x\,dx = \frac{1}{2}\int \{e^x(\sin x - \cos x)\}'dx$$

◀ $\int f'(x)dx = f(x) + C$

よって　$\int e^x \sin x\,dx = \frac{1}{2}e^x(\sin x - \cos x) + C$

練習 145 次の不定積分を求めよ。

(1) $\int e^x \cos x\,dx$　　(2) $\int e^{-2x} \sin 3x\,dx$

➡p.282 問題145

例題 146 不定積分と曲線

★☆☆☆

関数 $f(x)$ は $x>0$ で微分可能な関数とする。
曲線 $y=f(x)$ 上の点 $(x,\ y)$ における接線の傾きが $x\log x$ で表される曲線のうちで，点 $(1,\ 0)$ を通るものを求めよ。

思考のプロセス

条件の言い換え

条件＿＿ $\Longrightarrow$ $f'(x)=x\log x$ $\Longrightarrow$ $f(x)=\square+C$

$f(x)+C$ $\underset{積分}{\overset{微分}{\rightleftarrows}}$ $f'(x)$

条件＿＿ $\Longrightarrow$ $f(1)=0$ $\longrightarrow$ C の値が定まる。

Action» グラフ上の点 $(x,\ y)$ における接線の傾きは，$f'(x)$ とおけ

解 曲線 $y=f(x)$ 上の点 $(x,\ y)$ における接線の傾きは $f'(x)$ であるから

$$f'(x)=x\log x$$

よって
$$\begin{aligned}f(x)&=\int x\log x\,dx\\&=\int\left(\frac{1}{2}x^2\right)'\log x\,dx\\&=\frac{1}{2}x^2\log x-\int\frac{1}{2}x^2\cdot\frac{1}{x}\,dx\\&=\frac{1}{2}x^2\log x-\frac{1}{4}x^2+C\end{aligned}$$

この曲線が点 $(1,\ 0)$ を通るから　$-\frac{1}{4}+C=0$

ゆえに　$C=\frac{1}{4}$

したがって，求める曲線の方程式は

$$\boldsymbol{y=\frac{1}{2}x^2\log x-\frac{1}{4}x^2+\frac{1}{4}}$$

◀曲線 $y=f(x)$ 上の点 $(a,\ f(a))$ における接線の傾きは　$f'(a)$

◀部分積分法を用いる。

◀C は積分定数である。

◀$f(1)=0$ である。

Point...接線の傾きと曲線

$\int f'(x)dx$ は不定積分であるから，接線の傾きが $f'(x)$ で与えられる曲線は無数に存在する。このとき，通る点が1つ与えられると積分定数 C が定まり，曲線がただ1つに決まる。

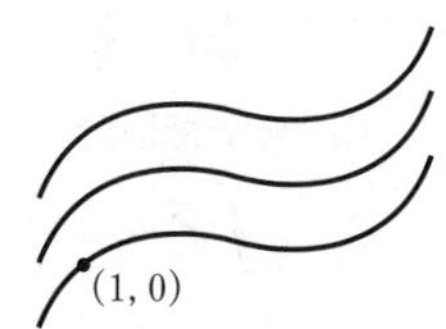

練習 146 関数 $f(x)$ はすべての実数 x で微分可能な関数とする。
曲線 $y=f(x)$ 上の点 $(x,\ y)$ における接線の傾きが xe^{3x} で表される曲線のうちで，点 $(0,\ 0)$ を通るものを求めよ。

➡p.282 問題146

頻出 ★★☆☆

例題 147 三角関数の積の不定積分

次の不定積分を求めよ。

(1) $\int \underline{\sin 3x \cos x}\, dx$　　　(2) $\int \cos 5x \cos 2x\, dx$

思考のプロセス

(1) $\underset{\text{三角関数の積}}{\underline{\sin 3x \cos x}}$ ⟶ 積の形であるが，部分積分法を繰り返しても複雑になる。

⇩ 次数を下げる

積を和の形に直すことを考える。公式の利用　(Point 参照)

Action» 三角関数の積の不定積分は，積を和・差に直す公式を利用せよ

解 (1)
$$\int \sin 3x \cos x\, dx = \int \frac{1}{2}\{\sin(3x+x)+\sin(3x-x)\}dx$$
$$= \frac{1}{2}\int(\sin 4x + \sin 2x)dx$$
$$= \frac{1}{2}\left(-\frac{1}{4}\cos 4x - \frac{1}{2}\cos 2x\right)+C$$
$$= \boldsymbol{-\frac{1}{8}\cos 4x - \frac{1}{4}\cos 2x + C}$$

◀ $\sin\alpha\cos\beta = \frac{1}{2}\{\sin(\alpha+\beta)+\sin(\alpha-\beta)\}$
Point 参照。

(2)
$$\int \cos 5x \cos 2x\, dx = \int \frac{1}{2}\{\cos(5x+2x)+\cos(5x-2x)\}dx$$
$$= \frac{1}{2}\int(\cos 7x + \cos 3x)dx$$
$$= \frac{1}{2}\left(\frac{1}{7}\sin 7x + \frac{1}{3}\sin 3x\right)+C$$
$$= \boldsymbol{\frac{1}{14}\sin 7x + \frac{1}{6}\sin 3x + C}$$

◀ $\cos\alpha\cos\beta = \frac{1}{2}\{\cos(\alpha+\beta)+\cos(\alpha-\beta)\}$
Point において，③＋④を考える。

Point...三角関数の積を和・差に直す公式

加法定理
$$\begin{cases}\sin(\alpha+\beta)=\sin\alpha\cos\beta+\cos\alpha\sin\beta & \cdots ① \\ \sin(\alpha-\beta)=\sin\alpha\cos\beta-\cos\alpha\sin\beta & \cdots ②\end{cases}$$
$$\begin{cases}\cos(\alpha+\beta)=\cos\alpha\cos\beta-\sin\alpha\sin\beta & \cdots ③ \\ \cos(\alpha-\beta)=\cos\alpha\cos\beta+\sin\alpha\sin\beta & \cdots ④\end{cases}$$

について，①と②，③と④のそれぞれ辺々を足したり引いたりすることによって，三角関数の積を和・差に直す公式が得られる。

例えば，例題 147 (1) の被積分関数は $\sin\alpha\cos\beta$ の形であるから

①＋② より　$\sin(\alpha+\beta)+\sin(\alpha-\beta)=2\sin\alpha\cos\beta$

よって　$\boldsymbol{\sin\alpha\cos\beta = \frac{1}{2}\{\sin(\alpha+\beta)+\sin(\alpha-\beta)\}}$

練習 147 次の不定積分を求めよ。

(1) $\int \cos 3x \sin 2x\, dx$　　　(2) $\int \sin 3x \sin 4x\, dx$

➡p.282 問題147

頻出

例題 148 $\sin^n x$，$\cos^n x$ の不定積分

★★★☆

次の不定積分を求めよ。

(1) $\displaystyle\int \sin^2 x\,dx$　　(2) $\displaystyle\int \cos^3 x\,dx$

(3) $\displaystyle\int \cos^4 x\,dx$　　(4) $\displaystyle\int \frac{dx}{\sin x}$

思考のプロセス

ここまで，三角関数の積分は次の考え方を用いてきた。

例題 137 … 基本公式の利用　　例題 140 … 置換積分法　　例題 147 … 次数下げ

$\sin^n x$，$\cos^n x$ の積分は，n が偶数か奇数かで解法が異なる。

$\left(\displaystyle\int \sin^n x dx,\ \int \cos^n x dx\right)$

n が偶数　**次数を下げる**

⟹ 半角の公式を繰り返し用いると，$\sin n\theta$，$\cos n\theta$ の式になる。

n が奇数　**既知の問題に帰着**

⟹ $f(\sin x)\cos x$，$f(\cos x)\sin x$ の形をつくり，置換積分法を利用。

(2) $\cos^3 x = \cos^2 x\cos x = (1-\sin^2 x)\cos x$　（サインだけの式）

(4) $\dfrac{1}{\sin x} = \dfrac{1}{\sin^2 x}\cdot\sin x = \dfrac{1}{1-\cos^2 x}\cdot\sin x$　（コサインだけの式）

Action» $\displaystyle\int \sin^n x dx$ **は，n が偶数ならば半角公式を，n が奇数ならば置換積分法を用いよ**

解 (1) $\displaystyle\int \sin^2 x\,dx = \int \frac{1-\cos 2x}{2}dx$

例題 138

$$= \frac{1}{2}x - \frac{1}{4}\sin 2x + C$$

◀ 偶数乗 ⟹ 半角の公式

◀ $\displaystyle\int \cos 2x\,dx = \frac{1}{2}\sin 2x + C$

(2) $\displaystyle\int \cos^3 x\,dx = \int \cos^2 x\cos x\,dx$

$$= \int (1-\sin^2 x)\cos x\,dx$$

◀ **!** 奇数乗 ⟹ $\displaystyle\int f(\sin x)\cos x\,dx$ の形をつくるために，$\cos x$ を1つ分ける。

例題 140

ここで，$\sin x = t$ とおくと　$\cos x = \dfrac{dt}{dx}$

◀ $\cos x\,dx = dt$

よって　(与式) $\displaystyle= \int (1-t^2)dt = t - \frac{1}{3}t^3 + C$

$$= \sin x - \frac{1}{3}\sin^3 x + C$$

〔別解〕

$\cos 3x = 4\cos^3 x - 3\cos x$ より

$$\cos^3 x = \frac{1}{4}(\cos 3x + 3\cos x)$$

例題 138

よって

$$\int \cos^3 x\,dx = \frac{1}{4}\int (\cos 3x + 3\cos x)dx$$

◀ 3倍角の公式を利用して次数を下げる。

$$= \frac{1}{4}\left(\frac{1}{3}\sin 3x + 3\sin x\right) + C$$

$$= \frac{1}{12}\sin 3x + \frac{3}{4}\sin x + C$$

◀解答と形が異なるが $\frac{1}{12}(3\sin x - 4\sin^3 x) + \frac{3}{4}\sin x + C = \sin x - \frac{1}{3}\sin^3 x + C$ となり，一致する。

(3) $\displaystyle\int \cos^4 x\, dx = \int\left(\frac{1+\cos 2x}{2}\right)^2 dx$

$$= \frac{1}{4}\int(1 + 2\cos 2x + \cos^2 2x)dx$$

$$= \frac{1}{4}\int\left(1 + 2\cos 2x + \frac{1+\cos 4x}{2}\right)dx$$

$$= \frac{1}{4}\int\left(\frac{3}{2} + 2\cos 2x + \frac{1}{2}\cos 4x\right)dx$$

$$= \frac{1}{4}\left(\frac{3}{2}x + \sin 2x + \frac{1}{8}\sin 4x\right) + C$$

$$= \boldsymbol{\frac{3}{8}x + \frac{1}{4}\sin 2x + \frac{1}{32}\sin 4x + C}$$

◀偶数乗 ⟹ 半角の公式 $\cos^4 x = (\cos^2 x)^2 = \left(\frac{1+\cos 2x}{2}\right)^2$

◀半角の公式を繰り返し用いる。

(4) $\displaystyle\int \frac{dx}{\sin x} = \int \frac{\sin x}{\sin^2 x}dx = \int \frac{\sin x}{1-\cos^2 x}dx$

◀**!** $\int f(\cos x)\sin x\, dx$ の形をつくるために，分母・分子に $\sin x$ を掛ける。

例題140 ここで，$\cos x = t$ とおくと　　$-\sin x = \dfrac{dt}{dx}$

◀$\sin x\, dx = -dt$

よって　　(与式) $\displaystyle= \int \frac{1}{1-t^2}\cdot(-1)dt$

$$= \int \frac{1}{t^2-1}dt$$

例題142

$$= \int \frac{1}{(t-1)(t+1)}dt$$

$$= \frac{1}{2}\int\left(\frac{1}{t-1} - \frac{1}{t+1}\right)dt$$

$$= \frac{1}{2}(\log|t-1| - \log|t+1|) + C$$

$$= \frac{1}{2}\log\left|\frac{t-1}{t+1}\right| + C$$

$$= \frac{1}{2}\log\left|\frac{\cos x - 1}{\cos x + 1}\right| + C$$

$$= \boldsymbol{\frac{1}{2}\log\frac{1-\cos x}{1+\cos x} + C}$$

◀置き換えずに

$$\int \frac{\sin x}{1-\cos^2 x}dx = \int \frac{\sin x}{(1+\cos x)(1-\cos x)}dx = \int \frac{1}{2}\left(\frac{\sin x}{1+\cos x} + \frac{\sin x}{1-\cos x}\right)dx$$

$$= \int \frac{1}{2}\left\{-\frac{(1+\cos x)'}{(1+\cos x)} + \frac{(1-\cos x)'}{1-\cos x}\right\}dx$$

$$= \frac{1}{2}\{-\log(1+\cos x) + \log(1-\cos x)\} + C = \frac{1}{2}\log\frac{1-\cos x}{1+\cos x} + C$$

としてもよい。

◀$-1 \leqq \cos x \leqq 1$ より $\cos x - 1 \leqq 0$，$\cos x + 1 \geqq 0$

練習 148 次の不定積分を求めよ。

(1) $\displaystyle\int \cos^2 x\, dx$　　(2) $\displaystyle\int \sin^3 x\, dx$

(3) $\displaystyle\int \sin^4 x\, dx$　　(4) $\displaystyle\int \frac{dx}{\cos x}$

➡p.282 問題148

Play Back 12 不定積分 $\int \tan^n x\,dx$ の求め方

例題 148 では，不定積分 $\int \sin^n x\,dx$，$\int \cos^n x\,dx$ を n の偶奇で場合分けして求めました。一方，$\int \tan^n x\,dx$ については，$I_n = \int \tan^n x\,dx$ として，I_n についての漸化式をつくり，帰納的に求めることができます。

探究例題 7　$\tan^n x$ の不定積分

I_1，I_2 を求めよ。また，$I_n = \int \tan^n x\,dx$（n は自然数）において，I_{n+2} を I_n を用いて表し，I_3，I_4，I_5 を求めよ。

思考のプロセス

$I_{n+2} = \int \underbrace{\tan^n x}_{I_n\text{をつくる}} \cdot \tan^2 x\,dx$

$= \int \tan^n x(\qquad)dx$ ⟵ $(\tan x)' = \dfrac{1}{\cos^2 x}$ より，$f(\tan x)\dfrac{1}{\cos^2 x}$ の形になれば置換積分法を利用できる。

« ReAction $f(g(x))g'(x)$ の不定積分は，$F(g(x))+C$ とせよ ◀例題 140

解 I_1，I_2 について

$$I_1 = \int \tan x\,dx = \int \frac{\sin x}{\cos x}dx = -\int \frac{(\cos x)'}{\cos x}dx$$
$$= -\log|\cos x| + C$$

$$I_2 = \int \tan^2 x\,dx = \int\left(\frac{1}{\cos^2 x} - 1\right)dx = \tan x - x + C$$

◀ $1 + \tan^2 x = \dfrac{1}{\cos^2 x}$

次に，I_{n+2} について

$$I_{n+2} = \int \tan^n x\left(\frac{1}{\cos^2 x} - 1\right)dx = \int \tan^n x \cdot \frac{1}{\cos^2 x}dx - I_n$$

◀ $\tan x = t$ とおくと $\dfrac{1}{\cos^2 x} = \dfrac{dt}{dx}$

ここで　$$\int \tan^n x \cdot \frac{1}{\cos^2 x}dx = \int (\tan x)^n (\tan x)'\,dx$$
$$= \frac{1}{n+1}\tan^{n+1} x + C$$

であるから　$$I_{n+2} = \frac{1}{n+1}\tan^{n+1} x - I_n \quad \cdots①$$

◀ C は I_n に含まれると考える。

① で，$n = 1$ とすると

$$I_3 = \frac{1}{2}\tan^2 x - I_1 = \frac{1}{2}\tan^2 x + \log|\cos x| + C$$

◀ $I_1 = -\log|\cos x| + C'$

$n = 2$ とすると

$$I_4 = \frac{1}{3}\tan^3 x - I_2 = \frac{1}{3}\tan^3 x - \tan x + x + C$$

◀ $I_2 = \tan x - x + C'$

$n = 3$ とすると

$$I_5 = \frac{1}{4}\tan^4 x - I_3$$
$$= \frac{1}{4}\tan^4 x - \frac{1}{2}\tan^2 x - \log|\cos x| + C$$

例題 149 e^x を含む分数関数の不定積分 ★★☆☆

次の不定積分を求めよ。

(1) $\displaystyle\int \frac{e^{2x}}{e^x+1}dx$　　(2) $\displaystyle\int \frac{dx}{e^x-e^{-x}}$

思考のプロセス

被積分関数が e^x の関数 $f(e^x)$

既知の問題に帰着 $f(e^x)\underline{e^x}$ の形をつくり，置換積分法を用いる。

(1) $\dfrac{e^{2x}}{e^x+1} = \dfrac{e^x}{e^x+1}\cdot\underline{e^x}$

(2) $\dfrac{1}{e^x-e^{-x}} = \dfrac{e^x}{(e^x-e^{-x})e^x} = \dfrac{1}{(e^x)^2-1}\cdot\underline{e^x}$

分母・分子に e^x を掛けて，$f(e^x)e^x$ の形をつくる。

Action» $\displaystyle\int f(e^x)dx$ は，$e^x=t$ と置換せよ

解 (1) $e^x=t$ とおくと　$e^x=\dfrac{dt}{dx}$

例題 140

よって

$$\int\frac{e^{2x}}{e^x+1}dx = \int\frac{e^x}{e^x+1}\cdot\underline{e^x dx} = \int\frac{t}{t+1}\underline{dt}$$

◀ $\underline{e^x dx = dt}$

$$= \int\left(1-\frac{1}{t+1}\right)dt$$

$$= t-\log|t+1|+C$$

$$= \boldsymbol{e^x-\log(e^x+1)+C}$$

(2) $\displaystyle\int\frac{dx}{e^x-e^{-x}} = \int\frac{e^x}{(e^x)^2-1}dx$

例題 140

ここで，$e^x=t$ とおくと　$e^x=\dfrac{dt}{dx}$

◀ $e^x dx = dt$

よって　(与式) $\displaystyle = \int\frac{dt}{t^2-1} = \int\frac{dt}{(t-1)(t+1)}$

$$= \int\frac{1}{2}\left(\frac{1}{t-1}-\frac{1}{t+1}\right)dt$$

◀ 部分分数分解する。

$$= \frac{1}{2}(\log|t-1|-\log|t+1|)+C$$

$$= \frac{1}{2}\log\left|\frac{t-1}{t+1}\right|+C$$

$$= \boldsymbol{\frac{1}{2}\log\frac{|e^x-1|}{e^x+1}+C}$$

◀ $e^x+1>0$ より $\left|\dfrac{e^x-1}{e^x+1}\right| = \dfrac{|e^x-1|}{e^x+1}$

練習 149 次の不定積分を求めよ。

(1) $\displaystyle\int\frac{e^x}{e^x+e^{-x}}dx$　　(2) $\displaystyle\int\frac{e^{2x}}{1-e^x}dx$　(広島市立大)

(3) $\displaystyle\int\frac{e^{-2x}}{1+e^{-x}}dx$　(関西大)

➡ p.282 問題 149

例題 150 複雑な置換積分法 ★★★☆

次の不定積分を（　）内の置き換えを利用して求めよ。

(1) $\displaystyle\int \frac{dx}{\sqrt{x^2-1}}$ $\left(t = x+\sqrt{x^2-1}\right)$　　(2) $\displaystyle\int \frac{dx}{4+5\sin x}$ $\left(t = \tan\frac{x}{2}\right)$

思考のプロセス

既知の問題に帰着

(1) $t = x+\sqrt{x^2-1}$ …①とおき，$\displaystyle\int \frac{dx}{\sqrt{x^2-1}} = \int (t\text{ の式})\,dt$ としたい。

⟹ ①は，$x = (t$ の式) の形にしにくいから，例題 140 のように $\dfrac{dt}{dx}$ を考える。

$$\frac{dt}{dx} = 1+\frac{x}{\sqrt{x^2-1}} = \frac{\sqrt{x^2-1}+x}{\sqrt{x^2-1}} = t \text{ より}\quad \frac{dt}{t} = \frac{dx}{\sqrt{x^2-1}}$$

Action» 複雑な置換 $t = g(x)$ は，$\dfrac{dt}{dx} = g'(x)$ を用いて x を消去せよ

解 (1) $t = x+\sqrt{x^2-1}$ とおくと

$$\frac{dt}{dx} = 1+\frac{x}{\sqrt{x^2-1}} = \frac{\sqrt{x^2-1}+x}{\sqrt{x^2-1}} = \frac{t}{\sqrt{x^2-1}}$$

よって　$\displaystyle\int \frac{dx}{\sqrt{x^2-1}} = \int \frac{dt}{t} = \log|t|+C$

$$= \mathbf{\log\left|x+\sqrt{x^2-1}\right|+C}$$

◀ $\dfrac{dt}{dx} = \dfrac{t}{\sqrt{x^2-1}}$ より $\dfrac{dt}{t} = \dfrac{dx}{\sqrt{x^2-1}}$

(2) $t = \tan\dfrac{x}{2}$ とおくと

$$\frac{dt}{dx} = \frac{1}{2}\cdot\frac{1}{\cos^2\frac{x}{2}} = \frac{1}{2}\left(1+\tan^2\frac{x}{2}\right) = \frac{1+t^2}{2}$$

◀ $1+\tan^2\theta = \dfrac{1}{\cos^2\theta}$

また　$\sin x = 2\sin\dfrac{x}{2}\cos\dfrac{x}{2} = 2\tan\dfrac{x}{2}\cos^2\dfrac{x}{2} = \dfrac{2t}{1+t^2}$

◀ $\sin x = \sin\left(2\cdot\dfrac{x}{2}\right) = 2\sin\dfrac{x}{2}\cos\dfrac{x}{2}$

よって

$$\int \frac{1}{4+5\sin x}\,dx = \int \frac{1}{4+5\cdot\frac{2t}{1+t^2}}\cdot\frac{2}{1+t^2}\,dt$$

◀ 整理すると $\displaystyle\int \frac{1}{2t^2+5t+2}\,dt$

$$= \int \frac{1}{(2t+1)(t+2)}\,dt = \frac{1}{3}\int\left(\frac{2}{2t+1}-\frac{1}{t+2}\right)dt$$

◀ 部分分数分解する。

$$= \frac{1}{3}(\log|2t+1|-\log|t+2|)+C$$

$$= \frac{1}{3}\log\left|\frac{2t+1}{t+2}\right|+C = \mathbf{\frac{1}{3}\log\left|\frac{2\tan\frac{x}{2}+1}{\tan\frac{x}{2}+2}\right|+C}$$

◀ このような複雑な置換積分法は，置き換えが与えられることが多い。

練習 150 次の不定積分を（　）内の置き換えを利用して求めよ。

(1) $\displaystyle\int \frac{dx}{\sqrt{x^2+1}}$ $\left(t = x+\sqrt{x^2+1}\right)$　　(2) $\displaystyle\int \frac{dx}{\cos x}$ $\left(t = \tan\frac{x}{2}\right)$

➡p.282 問題150

問題編 11 不定積分

▶▶解答編 p.263

136 ★☆☆☆ 次の不定積分を求めよ。

(1) $\displaystyle\int \frac{(x-1)^2}{x\sqrt{x}}dx$　　(2) $\displaystyle\int \frac{(\sqrt{x}-2)^3}{x}dx$

137 ★☆☆☆ 次の不定積分を求めよ。

(1) $\displaystyle\int \frac{\sin^2 x-\cos^2 x}{\sin^2 x\cos^2 x}dx$　　(2) $\displaystyle\int \frac{\cos^2 x}{1+\sin x}dx$

(3) $\displaystyle\int \frac{25^x-1}{5^x+1}dx$　　(4) $\displaystyle\int \cos^2\frac{x}{2}dx$

138 ★★☆☆ 次の不定積分を求めよ。

(1) $\displaystyle\int (3e)^{2x-1}dx$　　(2) $\displaystyle\int \tan^2 3x\,dx$　　(3) $\displaystyle\int (e^x+e^{-x})^3dx$

139 ★★☆☆ 次の不定積分を求めよ。

(1) $\displaystyle\int \frac{x+1}{(2x-1)^3}dx$　　(2) $\displaystyle\int \frac{1}{(\sqrt{x}-1)\sqrt{x}}dx$

140 ★★☆☆ 次の不定積分を求めよ。

(1) $\displaystyle\int \frac{x^2}{\sqrt{2x^3-1}}dx$　　(2) $\displaystyle\int \frac{2\sin x}{\cos^3 x}dx$　　(3) $\displaystyle\int \frac{1}{x}(\log x)^2dx$

141 ★★★☆ 次の不定積分を求めよ。

(1) $\displaystyle\int \frac{(e^x-1)^2}{e^x+1}dx$　　(2) $\displaystyle\int \frac{e^{2x}-1}{e^{2x}+1}dx$　　(3) $\displaystyle\int \frac{\log x+1}{x\log x}dx$

142 ★★☆☆ 次の不定積分を求めよ。

(1) $\displaystyle\int \frac{x^2+x}{x^2-5x+6}dx$　　(2) $\displaystyle\int \frac{5x+1}{x^3+2x^2-x-2}dx$

143 ★★☆☆ 次の不定積分を求めよ。

(1) $\displaystyle\int \frac{x}{\cos^2 x}dx$　　(2) $\displaystyle\int \frac{x}{e^x}dx$　　(3) $\displaystyle\int \log\frac{1}{1+x}dx$

144 ★★★☆ 次の不定積分を求めよ。

(1) $\displaystyle\int (\log x)^3dx$　　(2) $\displaystyle\int x^3\sin x\,dx$　　(3) $\displaystyle\int x^3e^{-x^2}dx$

145 ★★★☆ 次の不定積分を求めよ。

(1) $\int e^{-x}\sin^2 x\,dx$　(2) $\int \sin(\log x)dx$　(3) $\int \cos(\log x)dx$

146 ★☆☆☆ 関数 $f(x)$ は $x>0$ で微分可能な関数とする。
曲線 $y=f(x)$ 上の点 $(x,\ y)$ における接線の傾きが $\dfrac{4x^2}{\sqrt{2x+1}}$ で表される曲線のうちで，点 $(0,\ 1)$ を通るものを求めよ。

147 ★★★☆ m，n を自然数とするとき，不定積分 $\int \sin mx\cos nx\,dx$ を求めよ。

148 ★★★☆ 次の不定積分を求めよ。

(1) $\int \cos^2 2x\,dx$　(2) $\int \sin^3 2x\,dx$

(3) $\int \cos^4 2x\,dx$　(4) $\int \dfrac{dx}{1-\sin x}$

149 ★★☆☆ 不定積分 $\int \dfrac{dx}{3e^x-5e^{-x}+2}$ を求めよ。

150 ★★★☆ $a>0$ のとき，不定積分 $\int (x^2+a^2)^{-\frac{3}{2}}dx$ を $x=a\tan\theta$ $\left(-\dfrac{\pi}{2}<\theta<\dfrac{\pi}{2}\right)$ と置き換えることにより求めよ。　（信州大）

本質を問う 11

▶▶解答編 p.273

1 $(\log x)'=\dfrac{1}{x}$ である。一方，$\int \dfrac{1}{x}dx=\log|x|+C$（$C$ は積分定数）…① である。① で $\log x$ でなく $\log|x|$ である理由を説明せよ。 ◀p.259 概要1

2 $\int \log(x+2)dx$ の不定積分を，$\int (x)'\log(x+2)dx$ と考えて求めよ。 ◀p.271 例題143

Let's Try! 11

▶▶解答編 p.274

① 次の不定積分を求めよ。

(1) $\displaystyle\int \frac{(\sqrt{x}+1)^3}{x^2}dx$ （甲南大）　(2) $\displaystyle\int \frac{x}{\sqrt{x+1}+1}dx$ （東京工科大）

(3) $\displaystyle\int \frac{x}{\sqrt{7x^2+1}}dx$ （小樽商科大）　(4) $\displaystyle\int x2^x dx$ （津田塾大）

(5) $\displaystyle\int (x+1)^2\log x\,dx$ （日本女子大）　(6) $\displaystyle\int e^{-x}\sin x\cos x\,dx$

(7) $\displaystyle\int \frac{\log(\log x)}{x}dx$ （会津大）　(8) $\displaystyle\int \frac{e^{2ax}}{e^{2ax}+3e^{ax}+2}dx$　ただし，$a \neq 0$

（大阪市立大）

◀例題136～145, 149

② $I_1=\displaystyle\int \frac{1}{(x+1)^2}dx$，$I_2=\displaystyle\int \frac{x}{(x+1)^2}dx$ をそれぞれ求めよ。 （東京電機大）

③ 関数 $f(x)=\dfrac{1}{x^3(1-x)}$ について，次の問に答えよ。

(1) $f(x)=\dfrac{a_1}{x}+\dfrac{a_2}{x^2}+\dfrac{a_3}{x^3}+\dfrac{b}{1-x}$ とおいて，定数 a_1，a_2，a_3，b を求めよ。

(2) 不定積分 $\displaystyle\int f(x)dx$ を求めよ。

(3) 同様にして，不定積分 $\displaystyle\int \frac{dx}{x^p(1-x)}$ $(p=1,\ 2,\ 3,\ \cdots)$ を求めよ。

（神戸大） ◀例題142

④ n を自然数とし，x が不等式 $0<x<1$ を満たすとき

(1) x^n-1 を因数分解せよ。

(2) $\dfrac{x^n}{1-x}=\dfrac{1}{1-x}-(1+x+x^2+\cdots+x^{n-1})$ であることを示せ。

(3) $\displaystyle\int \frac{x^n}{1-x}dx$ を求めよ。 （大東文化大）

⑤ (1) $\displaystyle\int x^ne^x dx=x^ne^x-n\int x^{n-1}e^x dx$ （n は自然数）を証明せよ。

(2) $\displaystyle\int \cos^n x\,dx=\frac{1}{n}\cos^{n-1}x\sin x+\frac{n-1}{n}\int \cos^{n-2}x\,dx$ （n は2以上の自然数）を証明せよ。

◀例題143, 145, 148

⑥ 不定積分 $F(x)=\displaystyle\int \frac{dx}{x^2\sqrt{x^2-1}}$ $(x>1)$ について

(1) $x=\dfrac{1}{\sin\theta}$ $\left(0<\theta<\dfrac{\pi}{2}\right)$ とおくとき，$\dfrac{1}{x^2\sqrt{x^2-1}}$ を θ を用いて表せ。

(2) (1)を利用して $x>1$ のときの $F(x)$ を求めよ。 （摂南大　改） ◀例題150

まとめ 12 定積分

1 定積分

(1) 定積分

$f(x)$ の原始関数の1つを $F(x)$ とするとき

$$\int_a^b \boldsymbol{f(x)dx} = \Big[\boldsymbol{F(x)}\Big]_a^b = \boldsymbol{F(b) - F(a)}$$

(2) 定積分の性質

(ア) $\displaystyle\int_a^b kf(x)dx = k\int_a^b f(x)dx$ （k は定数）

(イ) $\displaystyle\int_a^b \{f(x) \pm g(x)\}dx = \int_a^b f(x)dx \pm \int_a^b g(x)dx$ （複号同順）

(ウ) $\displaystyle\int_a^a f(x)dx = 0$

(エ) $\displaystyle\int_b^a f(x)dx = -\int_a^b f(x)dx$

(オ) $\displaystyle\int_a^b f(x)dx = \int_a^c f(x)dx + \int_c^b f(x)dx$

(3) 偶関数と奇関数の定積分

(ア) $f(x)$ が偶関数ならば

$$\int_{-a}^a \boldsymbol{f(x)dx} = \boldsymbol{2\int_0^a f(x)dx}$$

(イ) $f(x)$ が奇関数ならば

$$\int_{-a}^a \boldsymbol{f(x)dx = 0}$$

2 定積分の置換積分法

区間 $[a,\ b]$ において関数 $f(x)$ は連続であり，x が区間 $(a,\ b)$ で微分可能な関数 $g(t)$ を用いて $x = g(t)$ と表されるとき，$a = g(\alpha)$，$b = g(\beta)$ ならば

x	$a \to b$
t	$\alpha \to \beta$

$$\int_a^b \boldsymbol{f(x)dx} = \int_\alpha^\beta \boldsymbol{f(g(t))g'(t)dt}$$

概要

1 定積分

・定積分の上端，下端

定積分 $\displaystyle\int_a^b f(x)dx$ において，a をこの定積分の **下端**，b を **上端** という。

! 下端 a と上端 b は $a > b$，$a = b$，$a < b$ のいずれの場合にも，定積分は定義される。

・定積分における原始関数

$f(x)$ の別の原始関数 $G(x) = F(x) + C$ を使用して，定積分を考えると

$$\int_a^b f(x)dx = \Big[G(x)\Big]_a^b = G(b) - G(a) = \{F(b) + C\} - \{F(a) + C\} = F(b) - F(a)$$

このことから，定積分 $\displaystyle\int_a^b f(x)dx$ は原始関数の選び方によらないことが分かる。

・積分変数

定積分 $\displaystyle\int_a^b f(x)dx$ において，x を **積分変数** という。定積分の値は積分変数が変わっても同じ値になる。すなわち　$\displaystyle\int_a^b f(x)dx = \int_a^b f(t)dt = \int_a^b f(u)du = \cdots$

・**定積分の性質の証明**

関数 $f(x)$ の原始関数の1つを $F(x)$ とすると

(ウ) $\displaystyle\int_a^a f(x)dx=\Big[F(x)\Big]_a^a=F(a)-F(a)=0$

(エ) $\displaystyle\int_b^a f(x)dx=\Big[F(x)\Big]_b^a=F(a)-F(b)=-\{F(b)-F(a)\}=-\Big[F(x)\Big]_a^b=-\int_a^b f(x)dx$

(オ) $\displaystyle\int_a^c f(x)dx+\int_c^b f(x)dx=\Big[F(x)\Big]_a^c+\Big[F(x)\Big]_c^b=\{F(c)-F(a)\}+\{F(b)-F(c)\}$

$\displaystyle\qquad=F(b)-F(a)=\Big[F(x)\Big]_a^b=\int_a^b f(x)dx$

(ア), (イ) は不定積分の性質から確かめることができる。

・**定積分と面積**

数学Ⅱで学習したように，区間 $[a,\ b]$ において $f(x)\geqq 0$ であるとき，定積分 $\displaystyle\int_a^b f(x)dx$ の値は，右の図の斜線部分の面積 S となる。$f(x)\leqq 0$ の場合は，定積分の値は $-S$ となる。

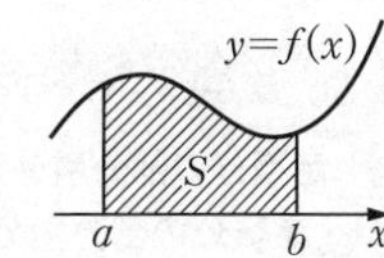

・**絶対値記号を含む関数の定積分**

上のように，定積分と面積の関係を考えると，関数 $f(x)$ が区間 $[a,\ c]$ のとき $f(x)\geqq 0$，区間 $[c,\ b]$ のとき $f(x)\leqq 0$ であるとき，右の図のように図形を分割することにより

$$\int_a^b |f(x)|dx=\underline{\int_a^c f(x)dx}+\underline{\int_c^b \{-f(x)\}dx}$$

・**偶関数と奇関数の定積分**

関数 $y=f(x)$ について，すべての x に対して

$f(-x)=f(x)$ が成り立つとき，$f(x)$ を **偶関数**,

$f(-x)=-f(x)$ が成り立つとき，$f(x)$ を **奇関数** という。

偶関数のグラフは y 軸に関して，奇関数のグラフは原点に関して対称である。

このことから

(ア) $f(x)$ が偶関数のとき

$$\int_{-a}^a f(x)dx=2\int_0^a f(x)dx$$

(イ) $f(x)$ が奇関数のとき

$$\int_{-a}^a f(x)dx=0$$

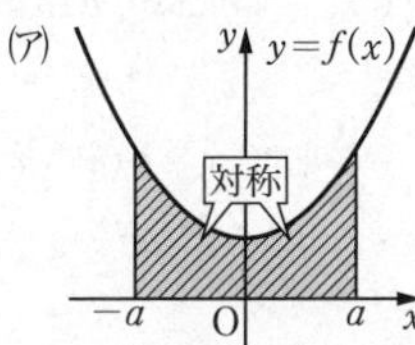

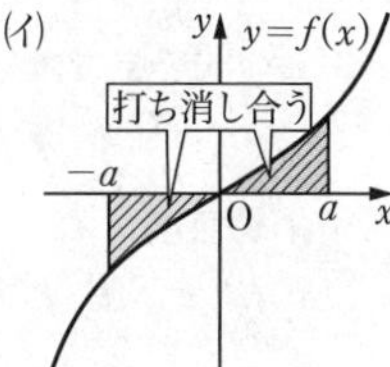

② **定積分の置換積分法**

・**定積分の置換積分法の証明**

$F'(x)=f(x)$ とすると

$\displaystyle(\text{右辺})=\int_\alpha^\beta f(g(t))g'(t)dt=\Big[F(g(t))\Big]_\alpha^\beta$

$\displaystyle\qquad=F(g(\beta))-F(g(\alpha))=F(b)-F(a)=\int_a^b f(x)dx=(\text{左辺})$

・**置換積分法と積分区間**

置換積分法における積分区間のとり方については p.295 **Play Back** 13 を参照。

③ 定積分の部分積分法

$$\int_a^b f(x)g'(x)dx = \Big[f(x)g(x)\Big]_a^b - \int_a^b f'(x)g(x)dx$$

④ 微分と積分の関係

(ア) $\dfrac{d}{dx}\displaystyle\int_a^x f(t)dt = f(x)$ （a は定数）

(イ) $\dfrac{d}{dx}\displaystyle\int_{h(x)}^{g(x)} f(t)dt = f(g(x))g'(x) - f(h(x))h'(x)$

概要

③ 定積分の部分積分法

・定積分の部分積分法の証明

$\{f(x)g(x)\}' = f'(x)g(x) + f(x)g'(x)$ より

$$f(x)g'(x) = \{f(x)g(x)\}' - f'(x)g(x)$$

両辺を x で a から b まで積分すると

$$\begin{aligned}\int_a^b f(x)g'(x)dx &= \int_a^b \{f(x)g(x)\}'dx - \int_a^b f'(x)g(x)dx \\ &= \Big[f(x)g(x)\Big]_a^b - \int_a^b f'(x)g(x)dx\end{aligned}$$

④ 微分と積分の関係

・(ア) の証明

関数 $f(t)$ の原始関数の 1 つを $F(t)$ とすると　　$F'(t) = f(t)$

$$\int_a^x f(t)dt = \Big[F(t)\Big]_a^x = F(x) - F(a)$$

この式を x で微分すると

$$\frac{d}{dx}\int_a^x f(t)dt = \frac{d}{dx}\{F(x) - F(a)\} = F'(x) - 0 = f(x)$$

・(イ) の証明

$F'(t) = f(t)$ とすると

$$\int_{h(x)}^{g(x)} f(t)dt = \Big[F(t)\Big]_{h(x)}^{g(x)} = F(g(x)) - F(h(x))$$

この式を x で微分すると，合成関数の微分法により

$$\begin{aligned}\frac{d}{dx}\int_{h(x)}^{g(x)} f(t)dt &= \frac{d}{dx}\{F(g(x)) - F(h(x))\} \\ &= f(g(x))g'(x) - f(h(x))h'(x)\end{aligned}$$

頻出

例題 151 定積分

★☆☆☆

次の定積分を求めよ。

(1) $\displaystyle\int_0^1 x\sqrt[3]{x^2}\,dx$　　(2) $\displaystyle\int_0^2 2^{3x}\,dx$

(3) $\displaystyle\int_1^2 (3x-5)^5\,dx$　　(4) $\displaystyle\int_0^{\frac{\pi}{2}} \sin 2x\,dx$

思考のプロセス

Action» 定積分 $\displaystyle\int_a^b f(x)dx$ は，原始関数 $F(x)$ を求め $F(b)-F(a)$ とせよ

$\displaystyle\int f(x)dx = F(x)+C$ のとき　$\displaystyle\int_a^b f(x)dx = \Big[F(x)\Big]_a^b = F(b)-F(a)$

公式の利用　不定積分で学習した，どの方法で原始関数を求めるか？

(1) $x\sqrt[3]{x^2} = x^{\square}$　⟶ x^{α} の形（例題 136）

(2) 2^{3x} → 8^x **〔本解〕**　⟶ a^x の形（例題 137）
　　　→ 2^{3x} **〔別解〕**

(3) $(3x-5)^5 = (3x-5)^5$
(4) $\sin 2x = \sin(2x)$
⟶ $f(ax+b)$ の形（例題 138）

解 (1)（例題 136）

$\displaystyle\int_0^1 x\sqrt[3]{x^2}\,dx = \int_0^1 x^{\frac{5}{3}}\,dx$

$\displaystyle = \left[\frac{3}{8}x^{\frac{8}{3}}\right]_0^1 = \frac{3}{8}(1-0) = \boldsymbol{\frac{3}{8}}$

◀ $x\sqrt[3]{x^2} = x\cdot x^{\frac{2}{3}} = x^{\frac{5}{3}}$

◀ $\displaystyle\int x^{\alpha}dx = \frac{1}{\alpha+1}x^{\alpha+1}+C$

(2)（例題 137）

$\displaystyle\int_0^2 2^{3x}\,dx = \int_0^2 8^x\,dx$

$\displaystyle = \left[\frac{8^x}{\log 8}\right]_0^2 = \frac{1}{3\log 2}(64-1) = \boldsymbol{\frac{21}{\log 2}}$

◀ a^x の形をつくる。

◀ $\displaystyle\int a^x dx = \frac{a^x}{\log a}+C$

〔別解〕

$\displaystyle\int_0^2 2^{3x}\,dx = \left[\frac{1}{3}\cdot\frac{2^{3x}}{\log 2}\right]_0^2 = \frac{1}{3\log 2}(2^6-1) = \frac{21}{\log 2}$

(3)（例題 138）

$\displaystyle\int_1^2 (3x-5)^5\,dx = \left[\frac{1}{3}\cdot\frac{1}{6}(3x-5)^6\right]_1^2$

$\displaystyle = \frac{1}{18}(1-64) = \boldsymbol{-\frac{7}{2}}$

◀ $\displaystyle\int (ax+b)^n dx$
$\displaystyle = \frac{1}{a}\cdot\frac{1}{n+1}(ax+b)^{n+1}+C$

(4)（例題 138）

$\displaystyle\int_0^{\frac{\pi}{2}} \sin 2x\,dx = \left[-\frac{1}{2}\cos 2x\right]_0^{\frac{\pi}{2}} = -\frac{1}{2}(-1-1) = \boldsymbol{1}$

◀ $\displaystyle\int \sin ax\,dx$
$\displaystyle = -\frac{1}{a}\cos ax + C$

練習 151 次の定積分を求めよ。

(1) $\displaystyle\int_0^2 x^2\sqrt{x}\,dx$　　(2) $\displaystyle\int_{-1}^2 3^{2x}\,dx$

(3) $\displaystyle\int_0^1 (3x-2)^4\,dx$　　(4) $\displaystyle\int_{-\frac{\pi}{6}}^{\frac{\pi}{3}} \cos 2x\,dx$

➡p.313 問題151

頻出

例題 152 分数関数の定積分

★★☆☆

次の定積分を求めよ。

(1) $\displaystyle\int_1^3 \frac{3x^3+x-1}{x^2}dx$　　(2) $\displaystyle\int_2^3 \frac{2x^2-2x-3}{x-1}dx$

(3) $\displaystyle\int_0^1 \frac{2x+3}{x^2+3x+1}dx$　　(4) $\displaystyle\int_0^1 \frac{dx}{(x+1)(x+2)}$

思考のプロセス

次数を下げる

«ReAction 分数関数の積分は，分子の次数を下げ，部分分数分解せよ ◀例題 142

(1) 分母が単項式 ⟹ 各項ごとに分ける。

(2) (分子の次数)≧(分母の次数) ⟹ 分子を分母で割り，帯分数式化する。

(3) $\displaystyle\int \frac{f'(x)}{f(x)}dx$ の形 ⟹ $\displaystyle\int \frac{f'(x)}{f(x)}dx = \log|f(x)|+C$ を用いる。

(4) 分母が因数分解できる ⟹ 部分分数分解する。

解 (1)　例題136

$$\int_1^3 \frac{3x^3+x-1}{x^2}dx = \int_1^3\left(3x+\frac{1}{x}-\frac{1}{x^2}\right)dx$$

$$=\left[\frac{3}{2}x^2+\log|x|+\frac{1}{x}\right]_1^3$$

$$=\left(\frac{27}{2}+\log 3+\frac{1}{3}\right)-\left(\frac{3}{2}+\log 1+1\right)=\mathbf{\frac{34}{3}+\log 3}$$

◀分母が単項式の場合，各項ごとに分ける。

◀$\dfrac{3}{2}(3^2-1^2)+(\log 3-\log 1)+\left(\dfrac{1}{3}-1\right)$ と計算してもよい。

(2)　例題142

$$\int_2^3 \frac{2x^2-2x-3}{x-1}dx = \int_2^3\left(2x-\frac{3}{x-1}\right)dx$$

$$=\left[x^2-3\log|x-1|\right]_2^3$$

$$=(9-3\log 2)-(4-3\log 1)=\mathbf{5-3\log 2}$$

◀
$$\begin{array}{r} 2x \\ x-1\,\big)\,\overline{2x^2-2x-3} \\ \underline{2x^2-2x} \\ -3 \end{array}$$
より
$2x^2-2x-3$
$=2x(x-1)-3$

(3)　例題141

$$\int_0^1 \frac{2x+3}{x^2+3x+1}dx = \int_0^1 \frac{(x^2+3x+1)'}{x^2+3x+1}dx$$

$$=\left[\log|x^2+3x+1|\right]_0^1=\log|1+3+1|-\log 1$$

$$=\mathbf{\log 5}$$

(4)　例題142

$$\int_0^1 \frac{dx}{(x+1)(x+2)}=\int_0^1\left(\frac{1}{x+1}-\frac{1}{x+2}\right)dx$$

$$=\left[\log|x+1|-\log|x+2|\right]_0^1=\left[\log\left|\frac{x+1}{x+2}\right|\right]_0^1$$

$$=\log\frac{2}{3}-\log\frac{1}{2}=\mathbf{\log\frac{4}{3}}$$

◀部分分数分解する。
$\dfrac{1}{(x+1)(x+2)}=\dfrac{1}{x+1}-\dfrac{1}{x+2}$

練習 152 次の定積分を求めよ。

(1) $\displaystyle\int_1^8 \frac{(\sqrt[3]{x}-1)^3}{x}dx$　　(2) $\displaystyle\int_0^1 \frac{2x-5}{x^2-5x+6}dx$　　(3) $\displaystyle\int_0^1 \frac{dx}{x^2-5x+6}$

➡p.313 問題152

頻出 ★★☆☆

例題 153 三角関数の定積分

次の定積分を求めよ。

(1) $\displaystyle\int_0^{\frac{\pi}{2}} \cos^2 x\,dx$　　(2) $\displaystyle\int_0^{\frac{\pi}{4}} \sin 3x \sin x\,dx$　　(3) $\displaystyle\int_{\frac{\pi}{6}}^{\frac{\pi}{3}} \frac{dx}{\tan^2 x}$

思考のプロセス

公式の利用

三角関数の積分は次の考え方を用いた。

例題 137… 基本公式の利用 $\left(\int \sin x dx,\ \int \cos x dx,\ \int \frac{dx}{\sin^2 x},\ \int \frac{dx}{\cos^2 x}\right)$

例題 147，148… 次数下げ（積を和に直す公式，半角の公式）

例題 140，148… 置換積分法

⟹ (1)～(3) はどれに当てはまるか？

Action» 三角関数の定積分は半角の公式，積→和の公式などを使え

解 (1)（例題 148）

$$\int_0^{\frac{\pi}{2}} \cos^2 x\,dx = \int_0^{\frac{\pi}{2}} \frac{1+\cos 2x}{2}dx$$
$$= \frac{1}{2}\left[x + \frac{1}{2}\sin 2x\right]_0^{\frac{\pi}{2}}$$
$$= \frac{1}{2}\cdot\frac{\pi}{2} = \boldsymbol{\frac{\pi}{4}}$$

◀ 半角の公式 $\cos^2\frac{\theta}{2} = \frac{1+\cos\theta}{2}$ を用いる。

(2)（例題 147）

$$\int_0^{\frac{\pi}{4}} \sin 3x \sin x\,dx = -\frac{1}{2}\int_0^{\frac{\pi}{4}} (\cos 4x - \cos 2x)dx$$
$$= -\frac{1}{2}\left[\frac{1}{4}\sin 4x - \frac{1}{2}\sin 2x\right]_0^{\frac{\pi}{4}}$$
$$= -\frac{1}{2}\cdot\left(-\frac{1}{2}\right) = \boldsymbol{\frac{1}{4}}$$

◀ $\sin\alpha\sin\beta = -\frac{1}{2}\{\cos(\alpha+\beta) - \cos(\alpha-\beta)\}$ を用いる（例題 147 **Point** 参照）。

(3)（例題 137）

$$\int_{\frac{\pi}{6}}^{\frac{\pi}{3}} \frac{dx}{\tan^2 x} = \int_{\frac{\pi}{6}}^{\frac{\pi}{3}} \frac{\cos^2 x}{\sin^2 x}dx = \int_{\frac{\pi}{6}}^{\frac{\pi}{3}} \frac{1-\sin^2 x}{\sin^2 x}dx$$
$$= \int_{\frac{\pi}{6}}^{\frac{\pi}{3}} \left(\frac{1}{\sin^2 x} - 1\right)dx$$
$$= \left[-\frac{1}{\tan x} - x\right]_{\frac{\pi}{6}}^{\frac{\pi}{3}}$$
$$= \left(-\frac{1}{\sqrt{3}} - \frac{\pi}{3}\right) - \left(-\sqrt{3} - \frac{\pi}{6}\right)$$
$$= \boldsymbol{\frac{2\sqrt{3}}{3} - \frac{\pi}{6}}$$

◀ $\displaystyle\int \frac{dx}{\sin^2 x} = -\frac{1}{\tan x} + C$

練習 153 次の定積分を求めよ。

(1) $\displaystyle\int_0^{\frac{\pi}{2}} \sin^2 x\,dx$　　(2) $\displaystyle\int_0^{\frac{\pi}{2}} \sin 2x \cos x\,dx$　　(3) $\displaystyle\int_0^{\frac{\pi}{4}} \tan^2 x\,dx$

➡p.313 問題153

D 頻出

★★☆☆

例題 154 絶対値記号を含む定積分

次の定積分を求めよ。

(1) $\displaystyle\int_0^{\pi} |\sin x - \sqrt{3}\cos x|\,dx$　　　(2) $\displaystyle\int_0^{2\pi} \sqrt{1+\cos x}\,dx$

思考のプロセス

«ReAction $|f(x)|$ の定積分は，$f(x)$ の符号で区間を分けよ ◀IIB 例題 257

図で考える

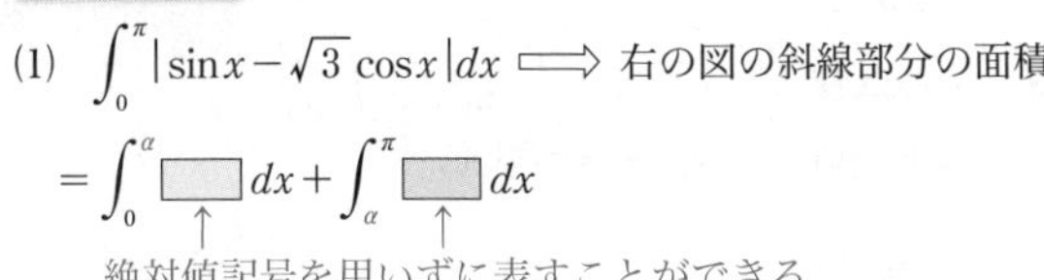

(1) $\displaystyle\int_0^{\pi} |\sin x - \sqrt{3}\cos x|\,dx$ ⟹ 右の図の斜線部分の面積

$\displaystyle = \int_0^{\alpha} \boxed{}\,dx + \int_{\alpha}^{\pi} \boxed{}\,dx$

絶対値記号を用いずに表すことができる。

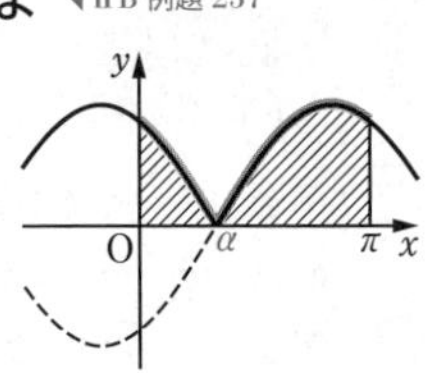

(2) $\sqrt{1+\cos x} = \sqrt{(\quad)^2}$ ← ルートを外すために，この形にしたい。

解 (1) $|\sin x - \sqrt{3}\cos x|$

IIB 257

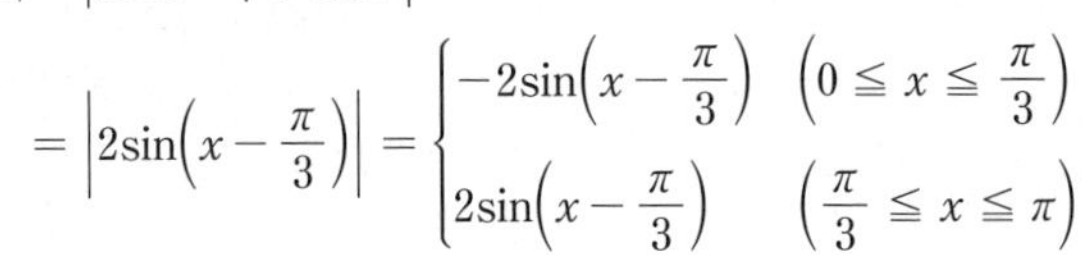

$$= \left|2\sin\left(x-\frac{\pi}{3}\right)\right| = \begin{cases} -2\sin\left(x-\frac{\pi}{3}\right) & \left(0 \leqq x \leqq \frac{\pi}{3}\right) \\ 2\sin\left(x-\frac{\pi}{3}\right) & \left(\frac{\pi}{3} \leqq x \leqq \pi\right) \end{cases}$$

◀三角関数の合成

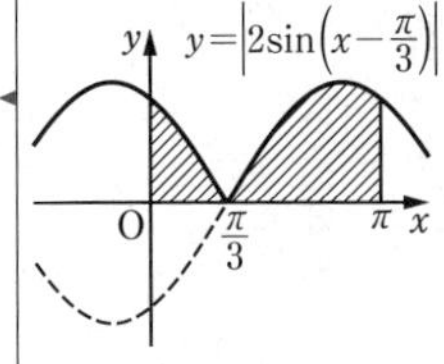

よって

$$(\text{与式}) = -\int_0^{\frac{\pi}{3}} 2\sin\left(x-\frac{\pi}{3}\right)dx + \int_{\frac{\pi}{3}}^{\pi} 2\sin\left(x-\frac{\pi}{3}\right)dx$$

$$= -2\left[-\cos\left(x-\frac{\pi}{3}\right)\right]_0^{\frac{\pi}{3}} + 2\left[-\cos\left(x-\frac{\pi}{3}\right)\right]_{\frac{\pi}{3}}^{\pi} = 4$$

(2) $\displaystyle(\text{与式}) = \int_0^{2\pi} \sqrt{2\cdot\frac{1+\cos x}{2}}\,dx$

◀$\dfrac{1+\cos x}{2} = \cos^2\dfrac{x}{2}$ の利用を考える。

$\displaystyle= \sqrt{2}\int_0^{2\pi}\sqrt{\cos^2\frac{x}{2}}\,dx = \sqrt{2}\int_0^{2\pi}\left|\cos\frac{x}{2}\right|dx$

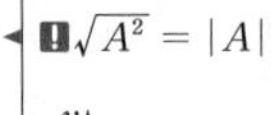

◀❗ $\sqrt{A^2} = |A|$

IIB 257

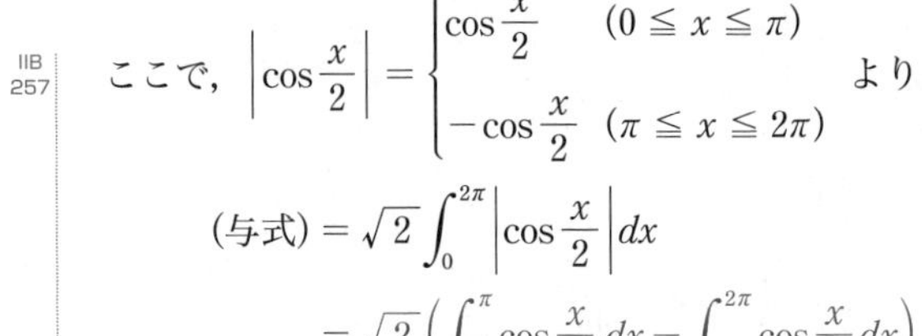

ここで，$\left|\cos\dfrac{x}{2}\right| = \begin{cases} \cos\dfrac{x}{2} & (0 \leqq x \leqq \pi) \\ -\cos\dfrac{x}{2} & (\pi \leqq x \leqq 2\pi) \end{cases}$ より

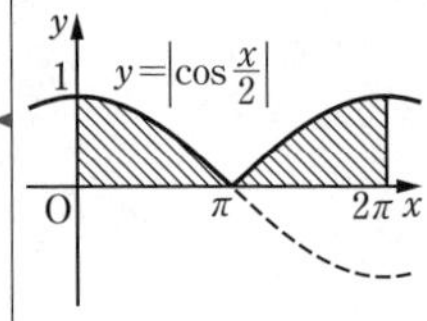

$$(\text{与式}) = \sqrt{2}\int_0^{2\pi}\left|\cos\frac{x}{2}\right|dx$$

$$= \sqrt{2}\left(\int_0^{\pi}\cos\frac{x}{2}\,dx - \int_{\pi}^{2\pi}\cos\frac{x}{2}\,dx\right)$$

$$= \sqrt{2}\left(\left[2\sin\frac{x}{2}\right]_0^{\pi} - \left[2\sin\frac{x}{2}\right]_{\pi}^{2\pi}\right) = 4\sqrt{2}$$

◀$\sin\dfrac{\pi}{2} = 1,\ \sin\pi = 0$

練習 154 次の定積分を求めよ。

(1) $\displaystyle\int_0^{\pi} |\sqrt{3}\sin x - \cos x - 1|\,dx$　　　(2) $\displaystyle\int_{-\pi}^{\pi}\sqrt{1-\sin x}\,dx$

➡p.313 問題154

頻出

例題 155 定積分の置換積分法〔1〕

★★☆☆

次の定積分を求めよ。

(1) $\displaystyle\int_0^3 x\sqrt{x+1}\,dx$　　(2) $\displaystyle\int_0^{\frac{\pi}{2}} \sin^3 x\,dx$　　(3) $\displaystyle\int_0^1 \frac{x\log(1+x^2)}{1+x^2}dx$

思考のプロセス

複雑なものを文字でおく　置換積分法を用いたくなる被積分関数である。

Action» 定積分の置換積分は，積分区間を含めて置き換えよ

(1) $\displaystyle\int_0^3 x\underline{\sqrt{x+1}}\,dx \Longrightarrow \int_1^2 (t\text{ の式})dt$

$\underline{\sqrt{x+1}}=t$ とおくと

$x=t^2-1$ より　$\dfrac{dx}{dt}=2t$

x	$0 \longrightarrow 3$
t	$1 \longrightarrow 2$

⬅ 不定積分との違いは，x と t の対応を考えること。

解 (1) $\sqrt{x+1}=t$ とおくと，

例題139

$x=t^2-1$ となり　$\dfrac{dx}{dt}=2t$

x	$0\to 3$
t	$1\to 2$

x と t の対応は右のようになるから

$$\int_0^3 x\sqrt{x+1}\,\underline{dx}=\int_1^2 (t^2-1)t\cdot\underline{2t\,dt}=2\int_1^2 (t^4-t^2)dt$$

$$=2\left[\frac{1}{5}t^5-\frac{1}{3}t^3\right]_1^2=\mathbf{\frac{116}{15}}$$

◀ $\dfrac{dx}{dt}=2t$ より　$\underline{dx=2t\,dt}$

◀ **〔別解〕**（やや計算は複雑）
$x+1=t$ とおくと
$\dfrac{dx}{dt}=1$
であり

x	$0\to 3$
t	$1\to 4$

(与式) $=\displaystyle\int_1^4 (t-1)\sqrt{t}\,dt$

例題148

(2) $\displaystyle\int_0^{\frac{\pi}{2}}\sin^3 x\,dx=\int_0^{\frac{\pi}{2}}\sin^2 x\cdot\sin x\,dx$

$$=\int_0^{\frac{\pi}{2}}(1-\cos^2 x)\sin x\,dx$$

$\cos x=t$ とおくと　$-\sin x=\dfrac{dt}{dx}$

x	$0\to \frac{\pi}{2}$
t	$1\to 0$

◀ $\sin x\,dx=(-1)dt$

x と t の対応は右のようになるから

$$(\text{与式})=\int_1^0 (1-t^2)\cdot(-1)dt=\int_0^1 (1-t^2)dt$$

$$=\left[t-\frac{1}{3}t^3\right]_0^1=\mathbf{\frac{2}{3}}$$

例題140

(3) $\log(1+x^2)=t$ とおくと　$\dfrac{dt}{dx}=\dfrac{2x}{1+x^2}$

◀ $\dfrac{x}{1+x^2}dx=\dfrac{1}{2}dt$

x と t の対応は右のようになるから

x	$0\longrightarrow 1$
t	$0\longrightarrow \log 2$

$$\int_0^1 \frac{x\log(1+x^2)}{1+x^2}dx$$

$$=\frac{1}{2}\int_0^{\log 2} t\,dt=\frac{1}{2}\left[\frac{1}{2}t^2\right]_0^{\log 2}=\mathbf{\frac{1}{4}(\log 2)^2}$$

練習 155 次の定積分を求めよ。

(1) $\displaystyle\int_1^2 (x-1)(x-2)^3 dx$　　(2) $\displaystyle\int_{\frac{1}{2}}^1 x\sqrt{2x-1}\,dx$　　(3) $\displaystyle\int_1^e \frac{(\log x)^2}{x}dx$

➡p.313 問題155

頻出

例題 156 定積分の置換積分法〔2〕

★★☆☆

次の定積分を求めよ。

(1) $\displaystyle\int_0^2 \sqrt{4-x^2}\,dx$ (2) $\displaystyle\int_0^{\frac{3}{2}} \frac{dx}{\sqrt{9-x^2}}$ (3) $\displaystyle\int_0^1 \sqrt{4x-x^2}\,dx$

思考のプロセス

(1) $4-x^2=t$ や $\sqrt{4-x^2}=t$ と置換してもうまくいかない。

Action» $\sqrt{a^2-x^2}$ の定積分は，$x=a\sin\theta$ と置換せよ

公式の利用

$x=2\sin\theta$ とおくと $\sqrt{4-x^2}=\sqrt{4-4\sin^2\theta}$
$=\sqrt{(\quad)^2}=|(\quad)|$ ⟶ 積分できる形になる。

解 (1) $x=2\sin\theta$ とおくと $\dfrac{dx}{d\theta}=2\cos\theta$

x と θ の対応は右のようになるから

x	$0\to 2$
θ	$0\to\frac{\pi}{2}$

$$\int_0^2\sqrt{4-x^2}\,dx=\int_0^{\frac{\pi}{2}}\sqrt{4-4\sin^2\theta}\cdot 2\cos\theta\,d\theta$$
$$=\int_0^{\frac{\pi}{2}}2\sqrt{1-\sin^2\theta}\cdot 2\cos\theta\,d\theta$$
$$=4\int_0^{\frac{\pi}{2}}|\cos\theta|\cdot\cos\theta\,d\theta$$
$$=4\int_0^{\frac{\pi}{2}}\cos^2\theta\,d\theta=4\int_0^{\frac{\pi}{2}}\frac{1+\cos 2\theta}{2}\,d\theta$$
$$=4\left[\frac{\theta}{2}+\frac{1}{4}\sin 2\theta\right]_0^{\frac{\pi}{2}}=\boldsymbol{\pi}$$

◀ $dx=2\cos\theta\,d\theta$
◀ $x=2$ のとき $2=2\sin\theta$
$\sin\theta=1$ より $\theta=\dfrac{\pi}{2}$

◀ $\sqrt{1-\sin^2\theta}=\sqrt{\cos^2\theta}$
$=|\cos\theta|$
$0\leqq\theta\leqq\dfrac{\pi}{2}$ のとき
$\cos\theta\geqq 0$ であるから
$|\cos\theta|=\cos\theta$

〔別解〕

$y=\sqrt{4-x^2}$ のグラフは右の図であり，求める定積分は図の斜線部分の面積に等しいから

$$\int_0^2\sqrt{4-x^2}\,dx=\frac{1}{4}\cdot 2^2\pi=\pi$$

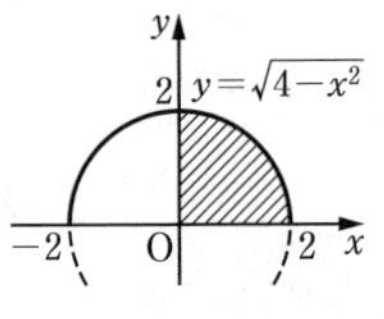

◀ 図で考える
$y^2=4-x^2$ より
$x^2+y^2=4$
$y\geqq 0$ より，グラフは原点中心，半径 2 の円の上半分である。

(2) $x=3\sin\theta$ とおくと $\dfrac{dx}{d\theta}=3\cos\theta$

x と θ の対応は右のようになるから

x	$0\to\frac{3}{2}$
θ	$0\to\frac{\pi}{6}$

$$\int_0^{\frac{3}{2}}\frac{dx}{\sqrt{9-x^2}}=\int_0^{\frac{\pi}{6}}\frac{3\cos\theta}{\sqrt{9-9\sin^2\theta}}\,d\theta$$
$$=\int_0^{\frac{\pi}{6}}\frac{3\cos\theta}{3\sqrt{1-\sin^2\theta}}\,d\theta=\int_0^{\frac{\pi}{6}}\frac{\cos\theta}{|\cos\theta|}\,d\theta$$
$$=\int_0^{\frac{\pi}{6}}d\theta=\Big[\theta\Big]_0^{\frac{\pi}{6}}=\boldsymbol{\frac{\pi}{6}}$$

◀ $dx=3\cos\theta\,d\theta$

◀ $0\leqq\theta\leqq\dfrac{\pi}{6}$ のとき
$\cos\theta>0$ であるから
$|\cos\theta|=\cos\theta$

(3) $\displaystyle\int_0^1 \sqrt{4x-x^2}\,dx = \int_0^1 \sqrt{4-(x-2)^2}\,dx$

> ◀ 平方完成する。
> $4x-x^2$
> $=-(x^2-4x)$
> $=-\{(x-2)^2-4\}$
> $=4-(x-2)^2$

ここで，$x-2=2\sin\theta$ とおくと，
$x=2\sin\theta+2$ となり

$$\frac{dx}{d\theta}=2\cos\theta$$

x	$0 \to 1$
θ	$-\frac{\pi}{2} \to -\frac{\pi}{6}$

x と θ の対応は右のようになるから

$$(\text{与式})=\int_{-\frac{\pi}{2}}^{-\frac{\pi}{6}} \sqrt{4-4\sin^2\theta}\cdot 2\cos\theta\,d\theta$$

$$=4\int_{-\frac{\pi}{2}}^{-\frac{\pi}{6}} |\cos\theta|\cdot\cos\theta\,d\theta$$

$$=4\int_{-\frac{\pi}{2}}^{-\frac{\pi}{6}} \cos^2\theta\,d\theta=4\int_{-\frac{\pi}{2}}^{-\frac{\pi}{6}} \frac{1+\cos2\theta}{2}\,d\theta$$

> ◀ $-\frac{\pi}{2}\leqq\theta\leqq-\frac{\pi}{6}$ のとき
> $\cos\theta\geqq0$ であるから
> $|\cos\theta|=\cos\theta$

$$=4\left[\frac{\theta}{2}+\frac{1}{4}\sin2\theta\right]_{-\frac{\pi}{2}}^{-\frac{\pi}{6}}=\boldsymbol{\frac{2}{3}\pi-\frac{\sqrt{3}}{2}}$$

〔別解〕

$y=\sqrt{4x-x^2}=\sqrt{4-(x-2)^2}$
のグラフは右の図であり，求める定積分は図の斜線部分の面積に等しいから

$$\int_0^1 \sqrt{4x-x^2}\,dx=\frac{1}{6}\cdot2^2\pi-\frac{1}{2}\cdot1\cdot\sqrt{3}$$

$$=\frac{2}{3}\pi-\frac{\sqrt{3}}{2}$$

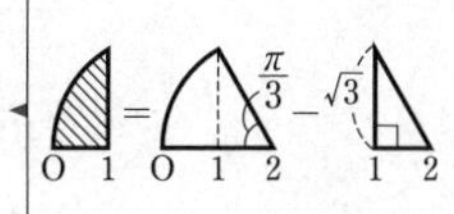

Point...$y=\sqrt{a^2-x^2}$ のグラフの利用

$y=\sqrt{a^2-x^2}$ $(a>0)$ のグラフは右の図のような半円であるから，$\displaystyle\int_0^a \sqrt{a^2-x^2}\,dx$ は斜線部分の面積 $\dfrac{\pi}{4}a^2$ に等しい。

また，このことから，楕円 C：$\dfrac{x^2}{a^2}+\dfrac{y^2}{b^2}=1$ の面積 S は

$$S=4\int_0^a \frac{b}{a}\sqrt{a^2-x^2}\,dx$$

$$=4\cdot\frac{b}{a}\int_0^a \sqrt{a^2-x^2}\,dx$$

$$=4\cdot\frac{b}{a}\cdot\frac{\pi}{4}a^2=\boldsymbol{\pi ab}$$

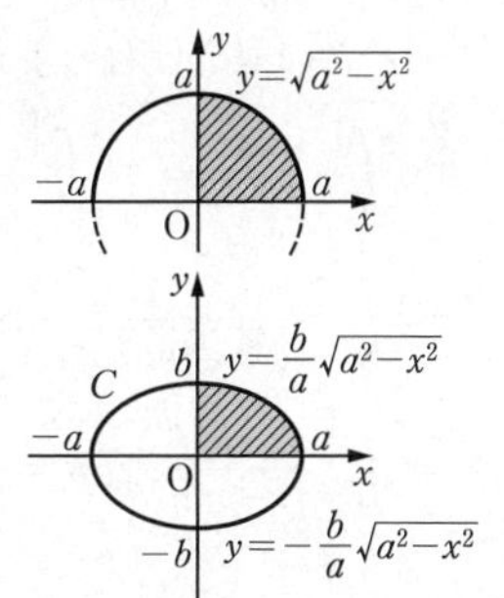

練習 156 次の定積分を求めよ。ただし，$a>0$ とする。

(1) $\displaystyle\int_0^{\sqrt{3}} \sqrt{3-x^2}\,dx$　　(2) $\displaystyle\int_{-\sqrt{3}}^{1} \frac{dx}{\sqrt{4-x^2}}$　　(3) $\displaystyle\int_{\frac{a}{2}}^{a} \frac{dx}{(2ax-x^2)^{\frac{3}{2}}}$

➡p.313 問題156

頻出

例題 157 定積分の置換積分法〔3〕

★★☆☆

次の定積分を求めよ。

(1) $\displaystyle\int_{-3}^{\sqrt{3}} \frac{dx}{x^2+9}$　　　(2) $\displaystyle\int_0^1 \frac{dx}{\sqrt{x^2+3}}$

思考のプロセス

(1) 例題 156 のように $x = a\sin\theta$ と置換してもうまくいかない。

Action» $\dfrac{1}{x^2+a^2}$ の定積分は，$x = a\tan\theta$ と置換せよ

公式の利用

$x = 3\tan\theta$ とおくと　$\dfrac{1}{x^2+9} = \dfrac{1}{9\tan^2\theta+9} = \cdots = \boxed{}$ ⟶ 積分できる形になる。

解 (1) $x = 3\tan\theta \left(-\dfrac{\pi}{2} < \theta < \dfrac{\pi}{2}\right)$ とおくと　$\dfrac{dx}{d\theta} = \dfrac{3}{\cos^2\theta}$

x	$-3 \to \sqrt{3}$
θ	$-\frac{\pi}{4} \to \frac{\pi}{6}$

◀ $dx = \dfrac{3}{\cos^2\theta}d\theta$

x と θ の対応は右のようになるから

◀ $x = \sqrt{3}$ のとき $\sqrt{3} = 3\tan\theta$ より $\theta = \dfrac{\pi}{6}$

$$\int_{-3}^{\sqrt{3}} \frac{dx}{x^2+9} = \int_{-\frac{\pi}{4}}^{\frac{\pi}{6}} \frac{1}{9\tan^2\theta+9}\cdot\frac{3}{\cos^2\theta}d\theta$$

$$= \frac{1}{3}\int_{-\frac{\pi}{4}}^{\frac{\pi}{6}} \frac{1}{\tan^2\theta+1}\cdot\frac{1}{\cos^2\theta}d\theta = \frac{1}{3}\int_{-\frac{\pi}{4}}^{\frac{\pi}{6}} \cos^2\theta\cdot\frac{1}{\cos^2\theta}d\theta$$

◀ $1+\tan^2\theta = \dfrac{1}{\cos^2\theta}$

$$= \frac{1}{3}\int_{-\frac{\pi}{4}}^{\frac{\pi}{6}} d\theta = \frac{1}{3}\Big[\theta\Big]_{-\frac{\pi}{4}}^{\frac{\pi}{6}} = \boldsymbol{\frac{5}{36}\pi}$$

(2) $x = \sqrt{3}\tan\theta \left(-\dfrac{\pi}{2} < \theta < \dfrac{\pi}{2}\right)$ とおくと　$\dfrac{dx}{d\theta} = \dfrac{\sqrt{3}}{\cos^2\theta}$

x	$0 \to 1$
θ	$0 \to \frac{\pi}{6}$

◀ $dx = \dfrac{\sqrt{3}}{\cos^2\theta}d\theta$

x と θ の対応は右のようになるから

$$\int_0^1 \frac{dx}{\sqrt{x^2+3}} = \int_0^{\frac{\pi}{6}} \frac{1}{\sqrt{3\tan^2\theta+3}}\cdot\frac{\sqrt{3}}{\cos^2\theta}d\theta$$

$$= \int_0^{\frac{\pi}{6}} \frac{1}{\sqrt{3}\sqrt{\tan^2\theta+1}}\cdot\frac{\sqrt{3}}{\cos^2\theta}d\theta = \int_0^{\frac{\pi}{6}} \frac{\cos\theta}{\cos^2\theta}d\theta$$

◀ $1+\tan^2\theta = \dfrac{1}{\cos^2\theta}$

$$= \int_0^{\frac{\pi}{6}} \frac{\cos\theta}{1-\sin^2\theta}d\theta = \frac{1}{2}\int_0^{\frac{\pi}{6}} \left(\frac{\cos\theta}{1-\sin\theta} + \frac{\cos\theta}{1+\sin\theta}\right)d\theta$$

◀ 例題 148 (4) のように，$\sin\theta = t$ と置換してもよい。

$$= \frac{1}{2}\Big[-\log|1-\sin\theta| + \log|1+\sin\theta|\Big]_0^{\frac{\pi}{6}} = \boldsymbol{\frac{1}{2}\log 3}$$

練習 157 次の定積分を求めよ。

(1) $\displaystyle\int_{-2}^{2} \frac{dx}{x^2+4}$　　　(2) $\displaystyle\int_0^{\sqrt{6}} \frac{dx}{\sqrt{x^2+2}}$

➡p.313 問題157

Play Back 13 置換積分法における積分区間のとり方の注意点

例題 156 (1) において，$x=2\sin\theta$ と置換して x と θ の対応を考えるとき，$x=2$ となる θ の値は

$$\theta=\cdots,\ -\frac{3}{2}\pi,\ \frac{\pi}{2},\ \frac{5}{2}\pi,\ \cdots$$

と無数にあるのですが，解答のように $\theta=\dfrac{\pi}{2}$ としなければならないのでしょうか？

$\theta=\dfrac{\pi}{2}$ としたのは，計算を簡単にするためです。

例えば，右のような対応を考えた場合，解答は次のように絶対値記号の扱いが複雑になってしまいます。

x	$0\to\ 2$
θ	$0\to\dfrac{5}{2}\pi$

$$\int_0^2\sqrt{4-x^2}\,dx=\cdots=4\int_0^{\frac{5}{2}\pi}|\cos\theta|\cdot\cos\theta\,d\theta$$

$$=4\left\{\int_0^{\frac{\pi}{2}}\cos^2\theta\,d\theta+\int_{\frac{\pi}{2}}^{\frac{3}{2}\pi}(-\cos^2\theta)d\theta+\int_{\frac{3}{2}\pi}^{\frac{5}{2}\pi}\cos^2\theta\,d\theta\right\}$$

$$=4\left(\left[\frac{\theta}{2}+\frac{\sin2\theta}{4}\right]_0^{\frac{\pi}{2}}-\left[\frac{\theta}{2}+\frac{\sin2\theta}{4}\right]_{\frac{\pi}{2}}^{\frac{3}{2}\pi}+\left[\frac{\theta}{2}+\frac{\sin2\theta}{4}\right]_{\frac{3}{2}\pi}^{\frac{5}{2}\pi}\right)$$

$$=4\left\{\left(\frac{\pi}{4}-0\right)-\left(\frac{3}{4}\pi-\frac{\pi}{4}\right)+\left(\frac{5}{4}\pi-\frac{3}{4}\pi\right)\right\}=\pi$$

実は，別の対応を考えた場合にも，同じ計算結果が得られます。

ところが，例題 157 (1) において，$x=3\tan\theta$ と置換して，右のような対応を考えた場合には，次のように解答と違う値になってしまいます。

x	$-3\ \to\ \sqrt{3}$
θ	$-\dfrac{\pi}{4}\to\dfrac{7}{6}\pi$

$$\int_{-3}^{\sqrt{3}}\frac{dx}{x^2+9}=\cdots=\frac{1}{3}\int_{-\frac{\pi}{4}}^{\frac{7}{6}\pi}d\theta=\frac{1}{3}\Big[\theta\Big]_{-\frac{\pi}{4}}^{\frac{7}{6}\pi}=\frac{17}{36}\pi\ \left(\neq\frac{5}{36}\pi\right)$$

これは，置き換えた関数 $3\tan\theta$ が区間 $-\dfrac{\pi}{4}\leqq\theta\leqq\dfrac{7}{6}\pi$ において $\theta=\dfrac{\pi}{2}$ で定義されないために起こることです。

このように，定積分の置換積分法における置き換えた文字の積分区間は，その間で置き換えた関数が連続になるようにとらなければなりません。

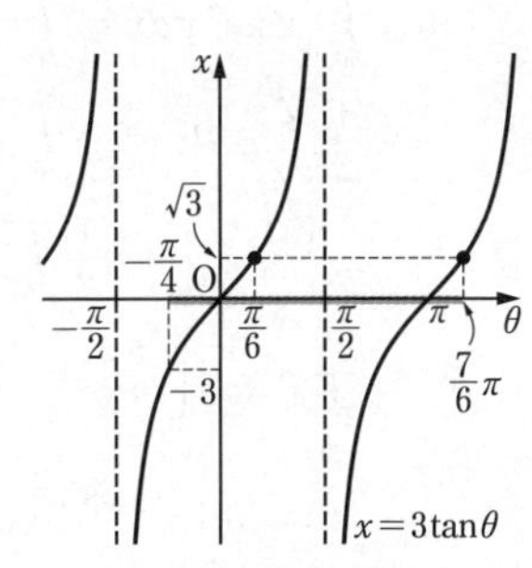

そのため，例題 157 のように $x=a\tan\theta$ と置換するときには，その間で連続である $-\dfrac{\pi}{2}<\theta<\dfrac{\pi}{2}$ の範囲で，x と θ の対応を考えるようにします。

一方，例題 156 で $x=a\sin\theta$ と置換したときには，$a\sin\theta$ が実数全体で連続であるから，積分区間をどのようにとっても定積分の値が一致するのです。

頻出

例題 158 定積分の部分積分法〔1〕

★★☆☆

次の定積分を求めよ。

(1) $\displaystyle\int_0^1 xe^{2x-1}dx$　　(2) $\displaystyle\int_1^e \log x\,dx$　　(3) $\displaystyle\int_0^\pi x\sin^2 x\,dx$

思考のプロセス

« ReAction 積の形の関数の積分は，部分積分法を用いよ ◀例題 143

公式の利用　$\displaystyle\int_a^b f(x)g'(x)dx = \Big[f(x)g(x)\Big]_a^b - \int_a^b f'(x)g(x)dx$

（$f(x)$：そのまま，$g'(x)$：積分，$f(x)$：微分，$g(x)$：そのまま）

⬅ 不定積分との違いは，積分区間のみ。

(1) x と e^{2x-1} のどちらを $f(x)$ とするか？

(2) $\log x = 1\cdot\log x$ とみる。

(3) x を $f(x)$ としたいから，$\sin^2 x$ を積分する。⟹ $\sin^2 x = \dfrac{1-\cos 2x}{2}$ としておく。

解 (1)（例題143）

$$\int_0^1 xe^{2x-1}dx = \int_0^1 x\left(\frac{1}{2}e^{2x-1}\right)'dx$$

$$= \left[\frac{1}{2}xe^{2x-1}\right]_0^1 - \int_0^1 \frac{1}{2}e^{2x-1}dx$$

$$= \frac{1}{2}e - \frac{1}{4}\Big[e^{2x-1}\Big]_0^1$$

$$= \frac{1}{2}e - \frac{1}{4}(e-e^{-1}) = \boldsymbol{\frac{1}{4}\left(e+\frac{1}{e}\right)}$$

◀ $f(x)=x$，$g'(x)=e^{2x-1}$ とおくと
$f'(x)=1$
$g(x)=\dfrac{1}{2}e^{2x-1}$

(2)（例題143）

$$\int_1^e \log x\,dx = \int_1^e 1\cdot\log x\,dx = \int_1^e (x)'\log x\,dx$$

$$= \Big[x\log x\Big]_1^e - \int_1^e x\cdot\frac{1}{x}dx = e - \int_1^e dx$$

$$= e - \Big[x\Big]_1^e = e-(e-1) = \mathbf{1}$$

◀ $\log x = 1\cdot\log x$ と考える。
$f(x)=\log x$，$g'(x)=1$ とおくと
$f'(x)=\dfrac{1}{x}$
$g(x)=x$

(3)（例題148）

$$\int_0^\pi x\sin^2 x\,dx = \int_0^\pi x\cdot\frac{1-\cos 2x}{2}dx$$

$$= \frac{1}{2}\int_0^\pi x\,dx - \frac{1}{2}\int_0^\pi x\cos 2x\,dx$$

（例題143）

$$= \frac{1}{2}\left[\frac{1}{2}x^2\right]_0^\pi - \frac{1}{2}\int_0^\pi x\left(\frac{1}{2}\sin 2x\right)'dx$$

$$= \frac{\pi^2}{4} - \frac{1}{2}\left(\left[\frac{1}{2}x\sin 2x\right]_0^\pi - \int_0^\pi \frac{1}{2}\sin 2x\,dx\right)$$

$$= \frac{\pi^2}{4} + \frac{1}{8}\Big[-\cos 2x\Big]_0^\pi = \boldsymbol{\frac{\pi^2}{4}}$$

◀ 半角の公式
$\sin^2 x = \dfrac{1-\cos 2x}{2}$
を用いて，次数を下げてから部分積分法を用いる。

練習 158 次の定積分を求めよ。

(1) $\displaystyle\int_0^{\frac{\pi}{2}} x\cos x\,dx$　　(2) $\displaystyle\int_0^1 xe^{-x}dx$

(3) $\displaystyle\int_1^e x\log x\,dx$　　(4) $\displaystyle\int_0^\pi x\cos^2 x\,dx$

➡p.313 問題158

例題 159 定積分の部分積分法〔2〕 ★★★☆

次の定積分を求めよ。

(1) $\displaystyle\int_0^{\pi} x^2\cos x\,dx$　　(2) $\displaystyle\int_1^{e} (\log x)^2\,dx$　　(3) $\displaystyle\int_0^{\pi} e^{-x}\sin x\,dx$

思考のプロセス

公式の利用

«ReAction 部分積分法は，繰り返し用いることを考えよ ◀例題 144

(1), (2)　例題 144 のように，部分積分法を繰り返す。

(3)　例題 145 と同様に考える。

$$\int_0^{\pi} e^{-x}\sin x dx = \cdots\ (\text{部分積分を繰り返す})\ \cdots = (\quad) - \underbrace{\int_0^{\pi} e^{-x}\sin x dx}_{\text{もとの式と同じ}}$$

$$\Longrightarrow 2\int_0^{\pi} e^{-x}\sin x dx = (\quad)$$

解 (1) 例題144

$$\int_0^{\pi} x^2\cos x\,dx = \Big[x^2\sin x\Big]_0^{\pi} - 2\int_0^{\pi} x\sin x\,dx$$
$$= -2\left(\Big[-x\cos x\Big]_0^{\pi} + \int_0^{\pi}\cos x\,dx\right)$$
$$= -2\left(\pi + \Big[\sin x\Big]_0^{\pi}\right) = \boldsymbol{-2\pi}$$

◀ $x^2\cos x = x^2(\sin x)'$

(2) 例題144

$$\int_1^{e} (\log x)^2\,dx = \int_1^{e} (x)'(\log x)^2 dx$$
$$= \Big[x(\log x)^2\Big]_1^{e} - \int_1^{e} x\cdot 2\log x\cdot\frac{1}{x}\,dx$$
$$= e - 2\int_1^{e}(x)'\log x\,dx$$
$$= e - 2\left(\Big[x\log x\Big]_1^{e} - \int_1^{e} x\cdot\frac{1}{x}\,dx\right)$$
$$= e - 2\left(e - \Big[x\Big]_1^{e}\right) = \boldsymbol{e-2}$$

◀ $(\log x)^2 = 1\cdot(\log x)^2$ とみる。

◀ $\Big[x\Big]_1^{e} = e-1$

(3) 例題145

$$\int_0^{\pi} e^{-x}\sin x\,dx = \Big[-e^{-x}\cos x\Big]_0^{\pi} - \int_0^{\pi} e^{-x}\cos x\,dx$$
$$= e^{-\pi} + 1 - \left(\Big[e^{-x}\sin x\Big]_0^{\pi} + \int_0^{\pi} e^{-x}\sin x\,dx\right)$$
$$= e^{-\pi} + 1 - \int_0^{\pi} e^{-x}\sin x\,dx$$

よって　$\displaystyle 2\int_0^{\pi} e^{-x}\sin x\,dx = e^{-\pi}+1$

ゆえに　$\displaystyle \boldsymbol{\int_0^{\pi} e^{-x}\sin x\,dx = \frac{1}{2}e^{-\pi} + \frac{1}{2}}$

◀ $e^{-x}\sin x = e^{-x}(-\cos x)'$

◀ $e^{-x}\cos x = e^{-x}(\sin x)'$

◀ 例題 145 **〔別解〕** のように $(e^{-x}\sin x)'$ と $(e^{-x}\cos x)'$ から $\displaystyle\int e^{-x}\sin x\,dx$ を求めてもよい。

練習 159 次の定積分を求めよ。

(1) $\displaystyle\int_{-1}^{1} x^2 e^x\,dx$　　(2) $\displaystyle\int_0^{\frac{\pi}{2}} x^2\sin x\,dx$　　(3) $\displaystyle\int_0^{\pi} e^{-x}\cos x\,dx$

➡ p.313 問題159

例題 160 偶関数・奇関数の定積分

D ★★☆☆

次の定積分を求めよ。

(1) $\displaystyle\int_{-\frac{\pi}{2}}^{\frac{\pi}{2}} \cos x \sin^4 x\,dx$　(2) $\displaystyle\int_{-\frac{\pi}{4}}^{\frac{\pi}{4}} (\cos 2x + x^4 \sin x)\,dx$　(3) $\displaystyle\int_{-2}^{2} \frac{3^{2x}-1}{3^x}\,dx$

思考のプロセス

対称性の利用

$\displaystyle\int_{-a}^{a} f(x)dx$ … 積分区間が $-a$ から a　（$\times(-1)$）

(ア) $f(x)$ が偶関数 $(f(-x)=f(x))$

$$\int_{-a}^{a} f(x)dx = 2\int_{0}^{a} f(x)dx$$

(イ) $f(x)$ が奇関数 $(f(-x)=-f(x))$

$$\int_{-a}^{a} f(x)dx = 0$$

(ア)

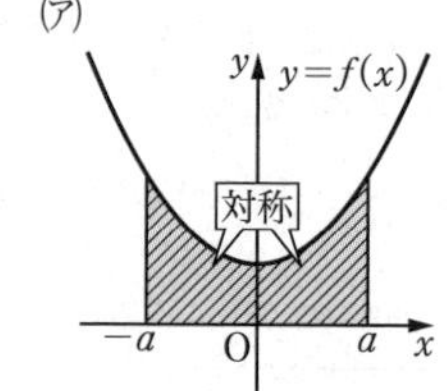

(イ)

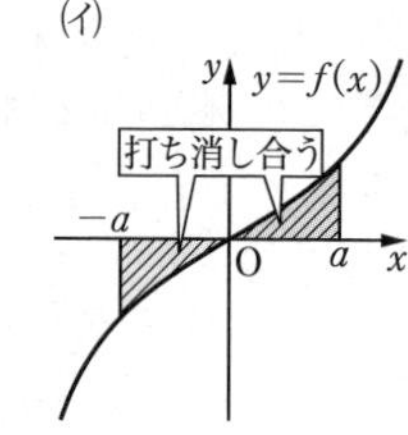

Action» 定積分 $\displaystyle\int_{-a}^{a} f(x)dx$ は，偶関数・奇関数の性質を利用せよ

解 (1) $\cos(-x)\sin^4(-x) = \cos x \sin^4 x$ より，$\cos x \sin^4 x$ は偶関数である。

◀ $f(-x)=f(x) \Leftrightarrow$ 偶関数
$f(-x)=-f(x) \Leftrightarrow$ 奇関数

例題 140

$$(\text{与式}) = 2\int_{0}^{\frac{\pi}{2}} \cos x \sin^4 x\,dx = 2\left[\frac{1}{5}\sin^5 x\right]_{0}^{\frac{\pi}{2}} = \frac{2}{5}$$

◀ $\sin x = t$ とおくと
$\displaystyle\int \sin^4 x(\sin x)'dx$
$\displaystyle= \int t^4\,dt = \frac{1}{5}t^5 + C$
$\displaystyle= \frac{1}{5}\sin^5 x + C$

(2) $\cos 2(-x) = \cos 2x$ より，$\cos 2x$ は偶関数，
$(-x)^4 \sin(-x) = -x^4 \sin x$ より，$x^4 \sin x$ は奇関数である。

$$(\text{与式}) = 2\int_{0}^{\frac{\pi}{4}} \cos 2x\,dx = 2\left[\frac{1}{2}\sin 2x\right]_{0}^{\frac{\pi}{4}} = 1$$

(3) $f(x) = \dfrac{3^{2x}-1}{3^x} = 3^x - 3^{-x}$ とおくと

$$f(-x) = 3^{-x} - 3^{-(-x)} = -(3^x - 3^{-x}) = -f(x)$$

$f(x)$ は奇関数であるから　$\displaystyle\int_{-2}^{2} \frac{3^{2x}-1}{3^x}\,dx = 0$

◀ 3^x，3^{-x} はそれぞれ偶関数でも奇関数でもないが，$3^x - 3^{-x}$ は奇関数である。

Point...偶関数・奇関数の性質

一般に，次が成り立つ。証明は問題 160 参照。

(ア) (偶関数)×(偶関数)＝(偶関数)　　(イ) (偶関数)×(奇関数)＝(奇関数)

(ウ) (奇関数)×(奇関数)＝(偶関数)

❗ (イ)，(ウ) について (偶数)×(奇数)＝(偶数)，(奇数)×(奇数)＝(奇数) と混同しないように注意する。$(+1)\times(-1)=(-1)$，$(-1)\times(-1)=(+1)$ にイメージが近い。

練習 160 次の定積分を求めよ。

(1) $\displaystyle\int_{-\frac{\pi}{2}}^{\frac{\pi}{2}} (\sin x + \cos x)\sin 2x\,dx$　(2) $\displaystyle\int_{-\pi}^{\pi} (\sin x + \cos x)^3\,dx$　(3) $\displaystyle\int_{-1}^{1} \frac{4^{2x}+1}{4^x}\,dx$

➡p.314 問題160

D

例題 161 定積分の最大・最小

★★☆☆

定積分 $\int_{-\pi}^{\pi}(x+a+b\sin x)^2\,dx$ を最小にするような実数 a，b の値を求めよ。また，そのときの最小値を求めよ。

思考のプロセス

積分区間が $-\pi$ から π までである。

«ReAction 定積分 $\int_{-a}^{a}f(x)dx$ は，偶関数・奇関数の性質を利用せよ ◀例題 160

式を分ける 被積分関数を展開して，偶関数と奇関数に分ける。

$$\int_{-\pi}^{\pi}(x+a+b\sin x)^2dx=\int_{-\pi}^{\pi}(\text{偶}+\text{奇}+\text{偶}+\cdots)dx$$
$$=2\int_{0}^{\pi}(\text{偶}+\text{偶}+\cdots)dx$$
$$=(a\text{ と }b\text{ の 2 変数関数})$$

解 $I=\int_{-\pi}^{\pi}(x+a+b\sin x)^2\,dx$ とおくと

例題160 $I=\int_{-\pi}^{\pi}(x^2+a^2+b^2\sin^2 x+2ax+2ab\sin x+2bx\sin x)dx$

ここで，x^2，a^2，$\sin^2 x$，$x\sin x$ は偶関数であり，x，$\sin x$ は奇関数であるから

$I=2\int_{0}^{\pi}(x^2+a^2+b^2\sin^2 x+2bx\sin x)dx$

$=2\int_{0}^{\pi}\left(x^2+a^2+b^2\cdot\frac{1-\cos 2x}{2}\right)dx+4b\int_{0}^{\pi}x\sin x\,dx$

$=\int_{0}^{\pi}(2x^2+2a^2+b^2-b^2\cos 2x)dx+4b\int_{0}^{\pi}x(-\cos x)'dx$

$=\left[\frac{2}{3}x^3+2a^2x+b^2x-\frac{b^2}{2}\sin 2x\right]_{0}^{\pi}$

$\qquad+4b\left(\left[x(-\cos x)\right]_{0}^{\pi}+\int_{0}^{\pi}\cos x\,dx\right)$

$=\frac{2}{3}\pi^3+2\pi a^2+\pi b^2+4\pi b+4b\left[\sin x\right]_{0}^{\pi}$

IA78 $=2\pi a^2+\pi b^2+4\pi b+\frac{2}{3}\pi^3$

$=2\pi a^2+\pi(b+2)^2+\frac{2}{3}\pi^3-4\pi$

a，b は実数であるから　$a^2\geqq 0$，$(b+2)^2\geqq 0$

したがって，この定積分は

$a=0$，$b=-2$ のとき　最小値 $\frac{2}{3}\pi^3-4\pi$

◀ $f(x)=x\sin x$ とすると $f(-x)=(-x)\sin(-x)=x\sin x=f(x)$ よって，$x\sin x$ は偶関数。

◀ 半角の公式 $\sin^2 x=\frac{1-\cos 2x}{2}$ を用いて次数を下げる。

◀ $\int_{0}^{\pi}x\sin x\,dx$ のみ，部分積分法を用いる。

◀ ❗ 2変数 a，b の2次式であるから，a，b それぞれについて，平方完成する。

練習 161 定積分 $\int_{-\pi}^{\pi}(x-a\cos x-b\sin 2x)^2\,dx$ を最小にするような実数 a，b の値を求めよ。また，そのときの最小値を求めよ。

➡p.314 問題161

例題 162 定積分を含む関数

頻出 ★★☆☆

次の等式を満たす関数 $f(x)$ を求めよ。

(1) $f(x)=2\cos x-\int_0^{\frac{\pi}{2}}xf(t)\sin t\,dt$

(2) $f(x)=\sin x+\frac{1}{\pi}\int_0^{\pi}f(t)\cos(t-x)dt$

思考のプロセス

複雑なものを文字でおく

«ReAction 上端・下端が定数の定積分は，定数であるから文字でおけ ◀ⅡB 例題 250

(1) ㊥ $\int_0^{\frac{\pi}{2}}xf(t)\sin t dt=k$ としてはいけない。　← 積分計算しても t 以外の文字 x は残る。

t で積分するから，x は $\int_0^{\frac{\pi}{2}}(\quad)dt$ の外に出す。

$f(x)=2\cos x-x\underbrace{\int_0^{\frac{\pi}{2}}f(t)\sin t dt}_{k\text{とおく}} \Longrightarrow f(x)=2\cos x-kx$

(2) $f(x)=\sin x+\frac{1}{\pi}\int_0^{\pi}f(t)\cos(t-x)dt$　← x を $\int_0^{\pi}(\quad)dt$ の外に出す。

$=\sin x+\frac{1}{\pi}\int_0^{\pi}f(t)(\cos t\cos x+\sin t\sin x)dt$

$=\sin x+\cos x\cdot\frac{1}{\pi}\int_0^{\pi}f(t)\cos t dt+\sin x\cdot\frac{1}{\pi}\int_0^{\pi}f(t)\sin t dt$

異なる定数

解 (1) $f(x)=2\cos x-x\int_0^{\frac{\pi}{2}}f(t)\sin t\,dt$　…①

◀ ❗ t で積分するから，t 以外の文字 x を $\int_0^{\frac{\pi}{2}}(\ )dt$ の外に出す。また，$\int_0^{\frac{\pi}{2}}f(t)\sin t\,dt$ は定数であるから k とおく。

$k=\int_0^{\frac{\pi}{2}}f(t)\sin t\,dt$ …② とおくと，① は

$f(x)=2\cos x-kx$　…③

② に代入すると

$$k=\int_0^{\frac{\pi}{2}}(2\cos t-kt)\sin t\,dt$$

$$=\int_0^{\frac{\pi}{2}}(2\cos t\sin t-kt\sin t)dt$$

◀ $2\sin t\cos t=\sin 2t$

$$=\int_0^{\frac{\pi}{2}}\sin 2t\,dt-k\int_0^{\frac{\pi}{2}}t\sin t\,dt$$

$$=\left[-\frac{1}{2}\cos 2t\right]_0^{\frac{\pi}{2}}-k\left(\left[-t\cos t\right]_0^{\frac{\pi}{2}}+\int_0^{\frac{\pi}{2}}\cos t\,dt\right)$$

$$=\frac{1}{2}-\left(-\frac{1}{2}\right)-k\left[\sin t\right]_0^{\frac{\pi}{2}}$$

◀ $\left[\sin t\right]_0^{\frac{\pi}{2}}=1-0=1$

$$=1-k$$

よって，$k=1-k$ より　　$k=\dfrac{1}{2}$

③に代入すると　　$\boldsymbol{f(x)=2\cos x-\dfrac{1}{2}x}$

(2)　$f(x)=\sin x+\dfrac{1}{\pi}\displaystyle\int_0^{\pi} f(t)(\cos t\cos x+\sin t\sin x)dt$

$=\sin x+\cos x\cdot\dfrac{1}{\pi}\displaystyle\int_0^{\pi} f(t)\cos t\,dt$

$+\sin x\cdot\dfrac{1}{\pi}\displaystyle\int_0^{\pi} f(t)\sin t\,dt$

◀ t 以外の文字は定数と考えて $\int_0^{\pi}(\ )dt$ の外に出す。
$\cos(t-x)$
$=\cos t\cos x+\sin t\sin x$

$a=\dfrac{1}{\pi}\displaystyle\int_0^{\pi} f(t)\cos t\,dt$，$b=\dfrac{1}{\pi}\displaystyle\int_0^{\pi} f(t)\sin t\,dt$ とおくと

$f(x)=(1+b)\sin x+a\cos x$　　…①

よって

$$a=\frac{1}{\pi}\int_0^{\pi} f(t)\cos t\,dt$$
$$=\frac{1}{\pi}\int_0^{\pi}\{(1+b)\sin t\cos t+a\cos^2 t\}dt$$
$$=\frac{1}{\pi}\int_0^{\pi}\left(\frac{1+b}{2}\sin 2t+a\cdot\frac{1+\cos 2t}{2}\right)dt$$
$$=\frac{1}{\pi}\left[-\frac{1+b}{4}\cos 2t+\frac{a}{2}t+\frac{a}{4}\sin 2t\right]_0^{\pi}=\frac{a}{2}$$

◀ ❗ $\sin t\cos t=\dfrac{1}{2}\sin 2t$
$\cos^2 t=\dfrac{1+\cos 2t}{2}$

ゆえに，$a=\dfrac{a}{2}$ より　　$a=0$

①に代入すると　　$f(x)=(1+b)\sin x$　　…②

$$b=\frac{1}{\pi}\int_0^{\pi} f(t)\sin t\,dt$$
$$=\frac{1}{\pi}\int_0^{\pi}(1+b)\sin^2 t\,dt$$
$$=\frac{1+b}{\pi}\int_0^{\pi}\frac{1-\cos 2t}{2}dt$$
$$=\frac{1+b}{2\pi}\left[t-\frac{1}{2}\sin 2t\right]_0^{\pi}=\frac{1+b}{2}$$

◀ $\sin^2 t=\dfrac{1-\cos 2t}{2}$

よって，$b=\dfrac{1+b}{2}$ より　　$b=1$

②に代入すると　　$\boldsymbol{f(x)=2\sin x}$

4章 12 定積分

練習 **162** 次の等式を満たす関数 $f(x)$ を求めよ。

(1)　$f(x)=2\sin x-\displaystyle\int_0^{\frac{\pi}{2}} xf(t)\cos t\,dt$　　(2)　$f(x)=\displaystyle\int_0^{\frac{\pi}{2}} f(t)\sin(t+x)dt+1$

➡p.314 問題162

例題 163 定積分で表された関数〔1〕 ★★☆☆

次の関数 $f(x)$ を x で微分せよ。

(1) $f(x)=\int_0^x (2x-3t)e^t dt$　　　(2) $f(x)=\int_x^{x^2} e^t \cos t\, dt$

思考のプロセス

Action» 上端（下端）が変数の定積分は，$\dfrac{d}{dx}\int_a^x f(t)dt=f(x)$ を利用せよ

定理の利用

(1) x を $\int_0^x (\quad)dt$ の外に出すと　$f(x)=2x\underbrace{\int_0^x e^t dt}_{x\text{の関数}}-3\underbrace{\int_0^x te^t dt}_{x\text{の関数}}$

(2) 上端が x^2 であり，(1)のように定理をそのまま利用できない。

複雑なものを文字でおく　$e^t\cos t$ の原始関数を $F(t)$ とおくと

$f(x)=\Big[F(t)\Big]_x^{x^2}=F(x^2)-F(x)$　⟶ 合成関数とみて微分する。

解 (1) $\int_0^x (2x-3t)e^t dt=2x\int_0^x e^t dt-3\int_0^x te^t dt$ より

$$f'(x)=2\left\{(x)'\int_0^x e^t dt+x\left(\frac{d}{dx}\int_0^x e^t dt\right)\right\}-3\cdot\frac{d}{dx}\int_0^x te^t dt$$
$$=2\left(\int_0^x e^t dt+x\cdot e^x\right)-3xe^x$$
$$=2\Big[e^t\Big]_0^x-xe^x=\boldsymbol{(2-x)e^x-2}$$

◀ t で積分するから，t 以外の文字 x を $\int_0^x (\ )dt$ の外に出す。

◀ $\int_0^x e^t dt$ は x の関数であることに注意する。また，$x\int_0^x e^t dt$ の微分は，$x\times\left(\int_0^x e^t dt\right)$ とみて積の微分法を利用する。

(2) $F(t)=\int e^t \cos t\, dt$ とおくと

$$f(x)=\int_x^{x^2} e^t\cos t\, dt=\Big[F(t)\Big]_x^{x^2}=F(x^2)-F(x)$$

ここで，$\dfrac{d}{dt}F(t)=e^t\cos t$ であるから

$$f'(x)=\frac{d}{dx}\int_x^{x^2} e^t\cos t\, dt$$
$$=\{F(x^2)-F(x)\}'=F'(x^2)\cdot(x^2)'-F'(x)$$
$$=(e^{x^2}\cos x^2)\cdot 2x-e^x\cos x$$
$$=\boldsymbol{2xe^{x^2}\cos x^2-e^x\cos x}$$

◀ ❗合成関数の微分法

Point...定積分で表された関数の微分

$F(t)=\int f(t)dt$ とおくと　$\int_{h(x)}^{g(x)} f(t)dt=\Big[F(t)\Big]_{h(x)}^{g(x)}=F(g(x))-F(h(x))$

よって　$\boldsymbol{\dfrac{d}{dx}\int_{h(x)}^{g(x)} f(t)dt=f(g(x))g'(x)-f(h(x))h'(x)}$　⬅ 合成関数の微分法

練習 163 次の関数 $f(x)$ を x で微分せよ。

(1) $f(x)=\int_0^x (x+2t)e^{2t} dt$　　　(2) $f(x)=\int_x^{x^3} t^2\log t\, dt$

➡p.314 問題163

頻出

例題 164 定積分で表された関数〔2〕

★★☆☆

次の等式を満たす関数 $f(x)$ と定数 a の値を求めよ。

$$\int_0^x (x-t)f(t)dt = \sin x - ax$$

思考のプロセス

«ReAction $\int_a^x f(t)dt$ を含む等式は，x で微分せよ ◀ⅡB 例題 251

定理の利用

____を x で微分する ⟹ ＿＿ は $\int_0^x (\quad)dt$ の外に出す。

$$\frac{d}{dx}(\_\_\_\_) = \frac{d}{dx}\left(x\int_0^x f(t)dt - \int_0^x tf(t)dt\right)$$

____に $x=0$ を代入すると　$\int_0^0 (x-t)f(t)dt = 0$

解

$$\int_0^x (x-t)f(t)dt = \int_0^x \{xf(t)-tf(t)\}dt$$
$$= x\int_0^x f(t)dt - \int_0^x tf(t)dt$$

よって，与えられた等式は

$$x\int_0^x f(t)dt - \int_0^x tf(t)dt = \sin x - ax$$

両辺を x で微分すると

$$\int_0^x f(t)dt + xf(x) - xf(x) = \cos x - a$$

◀ $\left(x\int_0^x f(t)dt\right)' = (x)'\int_0^x f(t)dt + x\left(\int_0^x f(t)dt\right)'$

よって　$\int_0^x f(t)dt = \cos x - a$　…①

① の両辺を x で微分すると

$$f(x) = -\sin x$$

次に，① に $x=0$ を代入すると

$$\int_0^0 f(t)dt = \cos 0 - a$$

ゆえに，$0 = 1-a$ より　$a=1$

◀ $\int_a^a f(t)dt = 0$

したがって　**$f(x) = -\sin x$,　$a=1$**

練習 164 次の等式を満たす関数 $f(x)$ と定数 a の値を求めよ。

$$\int_a^x (x-t)f(t)dt = e^x - x - 1$$

➡p.314 問題164

D ★★★☆

例題 165 $|f(x)|$ の定積分の最大・最小〔1〕

$t>0$ とし，$S(t)=\displaystyle\int_t^{t+1}|\log x|\,dx$ とする。$S(t)$ を最小にする t の値を求めよ。

思考のプロセス

«ReAction $|f(x)|$ の定積分は，$f(x)$ の符号で区間を分けよ ◀ⅡB 例題 257

まず $S(t)=$ (t の式) を求める。

場合に分ける

(ア) $t<1<t+1$ のとき　$S(t)=$ (区間 t〜1 の面積) $+$ (区間 1〜$t+1$ の面積)

(イ) $1\leqq t$ のとき　$S(t)=$ (区間 t〜$t+1$ の面積)

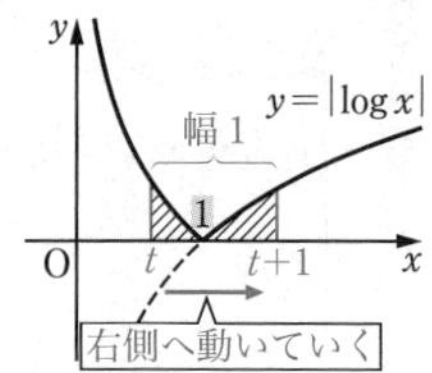

解 $|\log x|=\begin{cases}\log x & (x\geqq 1)\\ -\log x & (0<x\leqq 1)\end{cases}$

(ア) $0<t<1$ のとき

例題154

$$S(t)=\int_t^1(-\log x)dx+\int_1^{t+1}\log x\,dx$$

$$=\Big[-x\log x+x\Big]_t^1+\Big[x\log x-x\Big]_1^{t+1}$$

$$=(t+1)\log(t+1)+t\log t-2t+1$$

◀ $\displaystyle\int\log x\,dx=\int(x)'\log x\,dx=x\log x-\int dx=x\log x-x+C$

例題110

このとき　$S'(t)=\log(t+1)+\log t=\log t(t+1)$

$S'(t)=0$ とすると，$t(t+1)=1$ より　$t^2+t-1=0$

◀ 解の公式により $t=\dfrac{-1\pm\sqrt{5}}{2}$

$0<t<1$ より　$t=\dfrac{-1+\sqrt{5}}{2}$

(イ) $t\geqq 1$ のとき

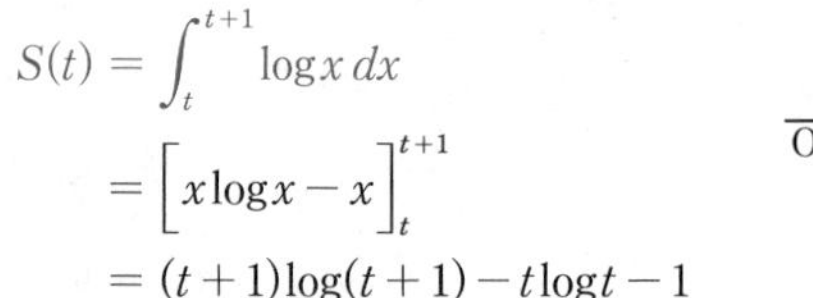

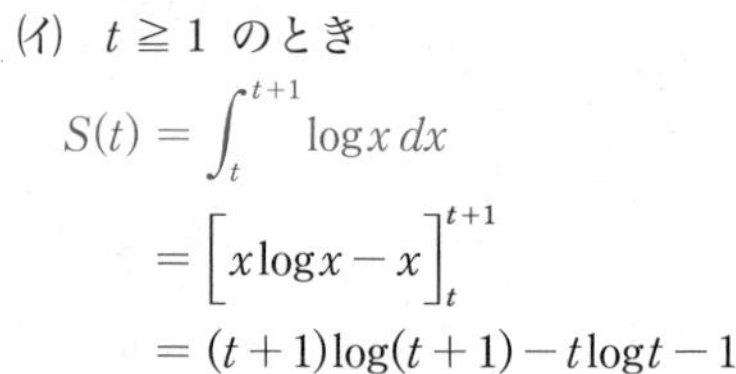

$$S(t)=\int_t^{t+1}\log x\,dx$$

$$=\Big[x\log x-x\Big]_t^{t+1}$$

$$=(t+1)\log(t+1)-t\log t-1$$

例題110

このとき　$S'(t)=\log(t+1)-\log t=\log\dfrac{t+1}{t}$

$t\geqq 1$ より　$S'(t)>0$

◀ $\dfrac{t+1}{t}>1$ であるから $\log\dfrac{t+1}{t}>0$

(ア)，(イ) より，$S(t)$ の増減表は右のようになるから，$S(t)$ が最小となるのは

$t=\dfrac{-1+\sqrt{5}}{2}$ **のとき**

t	0	…	$\dfrac{-1+\sqrt{5}}{2}$	…	1	…
$S'(t)$	/	−	0	+		+
$S(t)$	/	↘	極小	↗		↗

練習 165 $t>0$ とし，$S(t)=\displaystyle\int_t^{t+1}|e^{x-1}-1|\,dx$ とする。$S(t)$ を最小にする t の値を求めよ。

➡p.314 問題165

例題 166 $|f(x)|$ の定積分の最大・最小〔2〕

D ★★☆☆

$a>0$ のとき，$f(a)=\displaystyle\int_0^2 |e^x-a|\,dx$ の最小値を求めよ。 (小樽商科大)

思考のプロセス

«ReAction $|f(x)|$ の定積分は，$f(x)$ の符号で区間を分けよ ◀ⅡB 例題 257

例題 165 と同様に，まず $f(a)=(a$ の式$)$ を求める。

場合に分ける

$\log a$ と積分区間 $0 \leqq x \leqq 2$ の位置関係を考える。

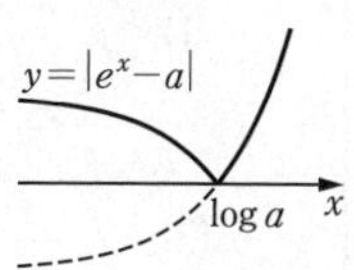

解 $a>0$ より，$y=|e^x-a|$ のグラフと x 軸の交点の x 座標は　$x=\log a$

(ア) $\log a \leqq 0$ すなわち $0<a\leqq 1$ のとき

$$f(a)=\int_0^2 (e^x-a)\,dx=\Big[e^x-ax\Big]_0^2$$
$$=-2a+e^2-1$$

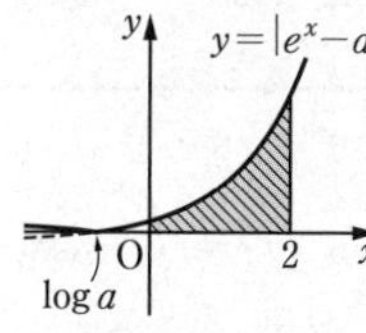

(イ) $0<\log a\leqq 2$ すなわち $1<a\leqq e^2$ のとき

例題 154

$$f(a)=\int_0^{\log a}(a-e^x)\,dx+\int_{\log a}^2(e^x-a)\,dx$$
$$=\Big[ax-e^x\Big]_0^{\log a}+\Big[e^x-ax\Big]_{\log a}^2$$
$$=2a\log a-4a+e^2+1$$

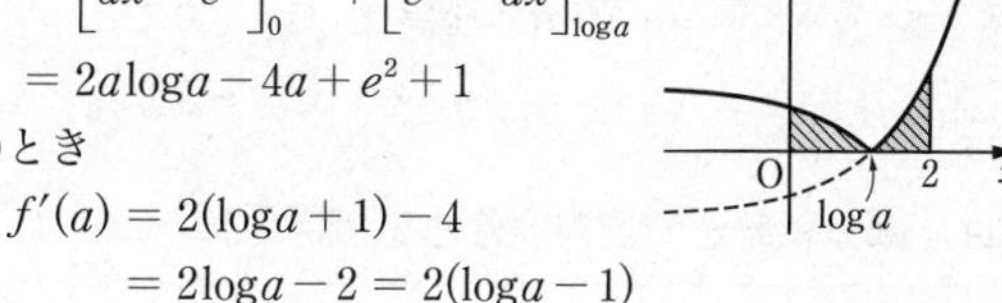

◀ $e^{\log a}=a$ に注意する。

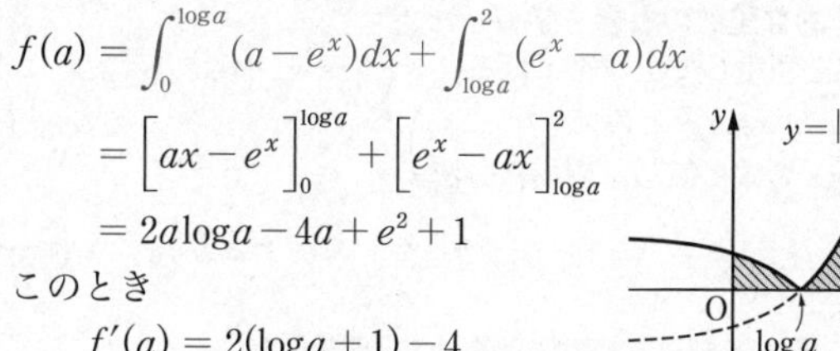

このとき

$$f'(a)=2(\log a+1)-4$$
$$=2\log a-2=2(\log a-1)$$

$f'(a)=0$ とすると　$a=e$

(ウ) $2<\log a$ すなわち $e^2<a$ のとき

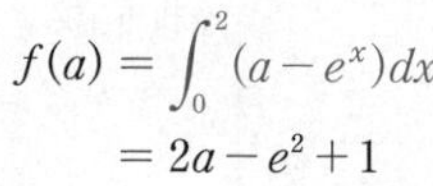

$$f(a)=\int_0^2 (a-e^x)\,dx$$
$$=2a-e^2+1$$

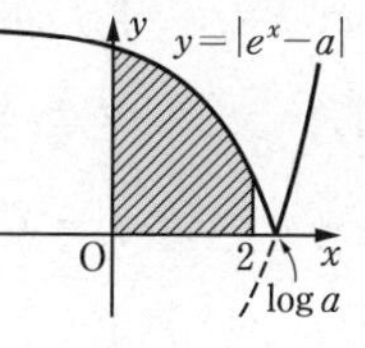

例題 110

(ア)〜(ウ)より，$f(a)$ の増減表は次のようになる。

a	0	$\cdots$	1	$\cdots$	e	$\cdots$	e^2	$\cdots$
$f'(a)$		$-$		$-$	0	$+$		$+$
$f(a)$		↘	e^2-3	↘	極小	↗	e^2+1	↗

◀

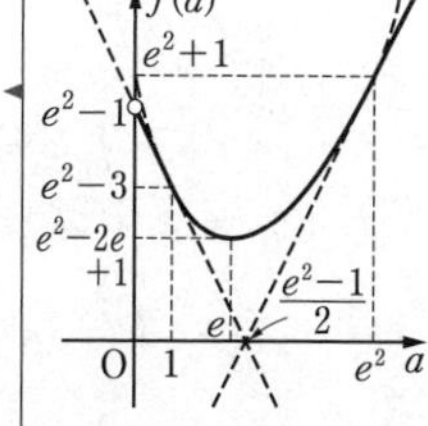

増減表より，$f(a)$ は $a=e$ のとき最小となり，最小値は

$$f(e)=2e\log e-4e+e^2+1$$
$$=\boldsymbol{e^2-2e+1}$$

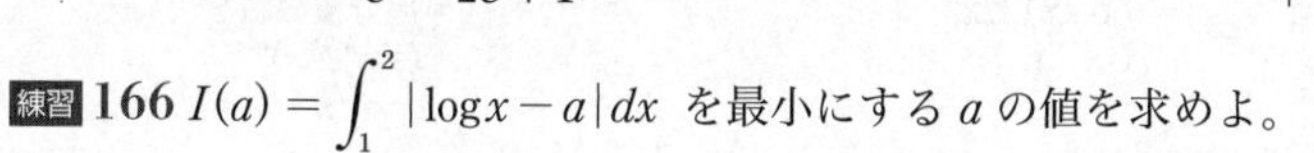

練習 166 $I(a)=\displaystyle\int_1^2 |\log x-a|\,dx$ を最小にする a の値を求めよ。

⇒p.315 問題166

例題 167 積分漸化式〔1〕 ★★★☆

〔1〕 $I_n=\int_0^{\frac{\pi}{2}}\sin^n x\,dx$ （$n=0,\ 1,\ 2,\ \cdots$）とするとき，次の式が成り立つことを示せ。ただし，$\sin^0 x=1$，$\cos^0 x=1$ とする。

(1) $I_n=\int_0^{\frac{\pi}{2}}\cos^n x\,dx$　　(2) $I_n=\dfrac{n-1}{n}I_{n-2}$ （$n\geqq 2$）

(3) $I_n=\begin{cases}\dfrac{n-1}{n}\cdot\dfrac{n-3}{n-2}\cdot\dfrac{n-5}{n-4}\cdot\cdots\cdots\dfrac{1}{2}\cdot\dfrac{\pi}{2} & (n\text{ は 2 以上の偶数})\\ \dfrac{n-1}{n}\cdot\dfrac{n-3}{n-2}\cdot\dfrac{n-5}{n-4}\cdot\cdots\cdots\dfrac{2}{3}\cdot 1 & (n\text{ は 3 以上の奇数})\end{cases}$

〔2〕 〔1〕を用いて，定積分 $\int_0^{\frac{\pi}{2}}\sin^4 x\,dx$，$\int_0^{\frac{\pi}{2}}\sin^5 x\,dx$ をそれぞれ求めよ。

思考のプロセス

〔1〕 (1) 被積分関数のサインをコサインにしたい。

公式の利用 $\int_0^{\frac{\pi}{2}}\sin^n xdx=\int_0^{\frac{\pi}{2}}\cos^n\left(\dfrac{\pi}{2}-x\right)dx$ （$\dfrac{\pi}{2}-x$ を t とおく）　⬅ $\sin x=\cos\left(\dfrac{\pi}{2}-x\right)$

(2) 例題 148 では，**n が具体的な整数のとき**を学習した。

n：偶数 … 半角の公式を利用して次数を下げる　⟵ 本問では使いにくい。

n：奇数 … （$\sin^n x=\underline{\sin^{n-1}x}\sin x$ とみて，＿＿を $\cos x$ の式に直し，置換積分法）　⟵ $\sin^{n-1}x$ を $\cos x$ の式に直すのが大変。

⟹ $I_n=\int_0^{\frac{\pi}{2}}\underbrace{\sin^{n-1}x\sin x dx}_{\text{積の形}}$ ⟶ 積の形に対して，どのような方法が使えたか？

Action» 積分漸化式は，部分積分法や置換積分法を利用せよ

解 〔1〕 (1) $I_n=\int_0^{\frac{\pi}{2}}\sin^n x\,dx=\int_0^{\frac{\pi}{2}}\cos^n\left(\dfrac{\pi}{2}-x\right)dx$　◀ $\cos\left(\dfrac{\pi}{2}-x\right)=\sin x$ を利用する。

例題 155

$\dfrac{\pi}{2}-x=t$ とおくと　$\dfrac{dt}{dx}=-1$

x と t の対応は右のようになるから

x	$0\to\dfrac{\pi}{2}$
t	$\dfrac{\pi}{2}\to 0$

$I_n=\int_{\frac{\pi}{2}}^{0}\cos^n t\cdot(-1)dt$

$=\int_0^{\frac{\pi}{2}}\cos^n t\,dt=\int_0^{\frac{\pi}{2}}\cos^n x\,dx$　◀ $-\int_\beta^\alpha f(t)dt=\int_\alpha^\beta f(t)dt$

(2) $n\geqq 2$ のとき

$I_n=\int_0^{\frac{\pi}{2}}\sin^{n-1}x\sin x\,dx$

例題 158

$=\int_0^{\frac{\pi}{2}}\sin^{n-1}x(-\cos x)'dx$　◀ 部分積分法を用いる。$(\sin^{n-1}x)'=(n-1)\sin^{n-2}x\cdot\cos x$

$=\left[\sin^{n-1}x\cdot(-\cos x)\right]_0^{\frac{\pi}{2}}+\int_0^{\frac{\pi}{2}}(n-1)\sin^{n-2}x\cos^2 x\,dx$

$$= (n-1)\int_0^{\frac{\pi}{2}} \sin^{n-2} x\cos^2 x\,dx$$

◀ $\left[\sin^{n-1}x\cdot(-\cos x)\right]_0^{\frac{\pi}{2}} = 0$

$$= (n-1)\int_0^{\frac{\pi}{2}} \sin^{n-2} x(1-\sin^2 x)dx$$

$$= (n-1)I_{n-2} - (n-1)I_n$$

◀ $\int_0^{\frac{\pi}{2}} \sin^{n-2} x\,dx = I_{n-2}$

よって　$I_n = \dfrac{n-1}{n} I_{n-2}$　$(n \geqq 2)$

◀ $nI_n = (n-1)I_{n-2}$ より

(3)　$I_0 = \int_0^{\frac{\pi}{2}} dx = \Big[x\Big]_0^{\frac{\pi}{2}} = \dfrac{\pi}{2}$

$$I_1 = \int_0^{\frac{\pi}{2}} \sin x\,dx = \Big[-\cos x\Big]_0^{\frac{\pi}{2}} = 1$$

(ア)　n が 2 以上の偶数のとき

$$I_n = \frac{n-1}{n}I_{n-2} = \frac{n-1}{n}\cdot\frac{n-3}{n-2}I_{n-4} = \cdots$$

◀ $I_{n-2} = \dfrac{n-3}{n-2}I_{n-4}$

$$= \frac{n-1}{n}\cdot\frac{n-3}{n-2}\cdot\frac{n-5}{n-4}\cdot\cdots\cdot\frac{1}{2}\cdot I_0$$

◀ $I_2 = \dfrac{1}{2}I_0$

$$= \frac{n-1}{n}\cdot\frac{n-3}{n-2}\cdot\frac{n-5}{n-4}\cdot\cdots\cdot\frac{1}{2}\cdot\frac{\pi}{2}$$

(イ)　n が 3 以上の奇数のとき

$$I_n = \frac{n-1}{n}I_{n-2} = \frac{n-1}{n}\cdot\frac{n-3}{n-2}I_{n-4} = \cdots$$

$$= \frac{n-1}{n}\cdot\frac{n-3}{n-2}\cdot\frac{n-5}{n-4}\cdot\cdots\cdot\frac{2}{3}\cdot I_1$$

◀ (3) で証明した公式をウォリスの公式という。
p.336 **Play Back** 15 参照。

$$= \frac{n-1}{n}\cdot\frac{n-3}{n-2}\cdot\frac{n-5}{n-4}\cdot\cdots\cdot\frac{2}{3}\cdot 1$$

〔2〕〔1〕(3) において，$n = 4,\ 5$ の場合であるから

$$\int_0^{\frac{\pi}{2}} \sin^4 x\,dx = \frac{3}{4}\cdot\frac{1}{2}\cdot\frac{\pi}{2} = \boldsymbol{\frac{3}{16}\pi}$$

$$\int_0^{\frac{\pi}{2}} \sin^5 x\,dx = \frac{4}{5}\cdot\frac{2}{3}\cdot 1 = \boldsymbol{\frac{8}{15}}$$

Point...積分漸化式

$I_n = \int \sin^n x\,dx$ のとき　$I_n = -\dfrac{1}{n}\sin^{n-1}x\cos x + \dfrac{n-1}{n}I_{n-2}$

$I_n = \int \cos^n x\,dx$ のとき　$I_n = \dfrac{1}{n}\cos^{n-1}x\sin x + \dfrac{n-1}{n}I_{n-2}$

$I_n = \int \tan^n x\,dx$ のとき　$I_n = \dfrac{1}{n-1}\tan^{n-1}x - I_{n-2}$

練習 167 $I_n = \int_1^e (\log x)^n dx$　$(n = 1,\ 2,\ 3,\ \cdots)$ とするとき

(1)　I_1 を求めよ。　(2)　$n \geqq 2$ のとき，I_n を n と I_{n-1} を用いて表せ。

(3)　I_4 を求めよ。

➡p.315 問題167

例題 168 積分漸化式〔2〕 ★★★☆

m, n を自然数とする。定積分 $I(m,\ n)=\displaystyle\int_0^1 x^m(1-x)^n\,dx$ について

(1) $I(m,\ 1)$ を求めよ。

(2) $I(m,\ n)=I(n,\ m)$ を示せ。

(3) $n\geqq 2$ のとき，$I(m,\ n)$ を $I(m+1,\ n-1)$ を用いて表せ。

(4) $I(m,\ n)$ を m, n を用いて表せ。 (東京電機大)

思考のプロセス

« ReAction 積分漸化式は，部分積分法や置換積分法を利用せよ ◀例題 167

対応を考える

(2) $I(n,\ m)=\displaystyle\int_0^1 x^n\,(1-x)^m dx$

$I(m,\ n)=\displaystyle\int_0^1 x^m(1-x)^n\,dx$ 　等しいことを示す。

$x \to 1-t$，$1-x \to t$ ($1-t \leftarrow t$ とおく)

(3) $I(m,\ n)$ と $I(m+1,\ n-1)$ の関係を考える。

$I(m,\ n)=\displaystyle\int_0^1 x^m(1-x)^n dx$ ⟵ 積の形であるから，部分積分法

次数上がる(積分)　次数下がる(微分)

$I(m+1,\ n-1)=\displaystyle\int_0^1 x^{m+1}(1-x)^{n-1}dx$

(4) (3) より

$I(m,\ n)=\square\, I(m+1,\ n-1)=\cdots=\square\, I(\square,\ 1)$

($m \to m+1$：$+1$，$n \to n-1$：-1)　$I(\square,\ 1)$：(1) の利用

解 (1) $I(m,\ 1)=\displaystyle\int_0^1 x^m(1-x)dx$

$=\displaystyle\int_0^1 (x^m-x^{m+1})dx$

$=\left[\dfrac{x^{m+1}}{m+1}-\dfrac{x^{m+2}}{m+2}\right]_0^1$

$=\dfrac{1}{m+1}-\dfrac{1}{m+2}=\dfrac{1}{(m+1)(m+2)}$

◀ 部分積分法を用いて求めることもできる。

(2) $1-x=t$ とおくと，$x=1-t$ であり

$\dfrac{dt}{dx}=-1$

x と t の対応は右のようになるから

x	$0\to 1$
t	$1\to 0$

$I(m,\ n)=\displaystyle\int_1^0 (1-t)^m t^n\cdot(-1)dt$

◀ $dx=(-1)dt$

$=\displaystyle\int_0^1 t^n(1-t)^m dt$

$=\displaystyle\int_0^1 x^n(1-x)^m dx=I(n,\ m)$

(3) $n \geqq 2$ のとき

例題158

$$I(m,\ n)=\int_0^1 x^m(1-x)^n\,dx=\int_0^1\left(\frac{x^{m+1}}{m+1}\right)'(1-x)^n\,dx$$

$$=\left[\frac{x^{m+1}}{m+1}\cdot(1-x)^n\right]_0^1+\int_0^1\frac{x^{m+1}}{m+1}\cdot n(1-x)^{n-1}\,dx$$

◀部分積分法を用いる。

$$=\frac{n}{m+1}\int_0^1 x^{m+1}(1-x)^{n-1}\,dx$$

$$=\boldsymbol{\frac{n}{m+1}I(m+1,\ n-1)}$$

◀ $\int_0^1 x^{m+1}(1-x)^{n-1}\,dx = I(m+1,\ n-1)$

(4) (3)より，$n \geqq 2$ について

$$I(m,\ n)=\frac{n}{m+1}I(m+1,\ n-1)$$

$$=\frac{n}{m+1}\cdot\frac{n-1}{m+2}I(m+2,\ n-2)$$

$$=\cdots$$

$$=\frac{n}{m+1}\cdot\frac{n-1}{m+2}\cdot\frac{n-2}{m+3}\cdot\cdots\cdot\frac{2}{m+n-1}I(m+n-1,\ 1)$$

$$=\frac{n!}{(m+1)(m+2)\cdots(m+n-1)}\cdot\frac{1}{(m+n)(m+n+1)}$$

$$=\frac{m!n!}{(m+n+1)!}$$

これは，$n=1$ のときも成り立つ。

したがって　$\boldsymbol{I(m,\ n)=\frac{m!n!}{(m+n+1)!}}$

◀ $I(m,\ n) = \frac{n}{m+1}I(m+1,\ n-1)$
$I(m+1,\ n-1) = \frac{n-1}{m+2}I(m+2,\ n-2)$
$I(m+2,\ n-2) = \frac{n-2}{m+3}I(m+3,\ n-3)$
これらの関係を $I(m+n-1,\ 1)$ が現れるまで繰り返す。

◀ $(m+1)(m+2)\cdots(m+n+1) = \frac{(m+n+1)!}{m!}$

Point...ベータ関数

例題168では，m，n が自然数であるときの定積分 $I(m,\ n)=\int_0^1 x^m(1-x)^n dx$ を考えたが，p，q が正の数であるときの定積分 $B(p,\ q)=\int_0^1 x^{p-1}(1-x)^{q-1}dx$ はベータ関数とよばれている（大学数学の内容）。

ベータ関数には次のような性質がある。

(ア) $B(p,\ q)=B(q,\ p)$ ⬅ 例題168(2)と同様

(イ) $pB(p,\ q+1)=qB(p+1,\ q)$ ⬅ 例題168(3)と同様

(ウ) $B(p+1,\ q)+B(p,\ q+1)=B(p,\ q)$

(エ) $B(p,\ q+1)=\frac{q}{p+q}B(p,\ q)$

練習 168 (1) 例題168の結果を用いて，定積分 $\int_0^1 x^3(1-x)^4\,dx$ を求めよ。

(2) 自然数 m，n に対して $\int_\alpha^\beta (x-\alpha)^m(x-\beta)^n\,dx$ を求めよ。ただし，$\alpha \neq \beta$ とする。

➡p.315 問題168

例題 169 置換による定積分の変形 ★★★☆

(1) 区間 $0 \leqq x \leqq 1$ で連続な関数 $f(x)$ に対して，次の等式を証明せよ。

$$\int_0^{\pi} xf(\sin x)dx = \frac{\pi}{2}\int_0^{\pi} f(\sin x)dx$$

(2) 定積分 $\displaystyle\int_0^{\pi} \frac{x\sin x}{3+\sin^2 x}dx$ を求めよ。 (弘前大 改)

思考のプロセス

(1) $\displaystyle\int_0^{\pi} xf(\sin x)dx$

→ 積の形であるから，部分積分法を考えても $f(\sin x)$ の原始関数が分からない。

→ $\sin x = t$ と置換しても，x を t の式で表すことができない。

見方を変える

例題 167 (1) $\displaystyle\int_0^{\frac{\pi}{2}} \sin^n x dx = \int_0^{\frac{\pi}{2}} \cos^n x dx$ を示す　⟹ $\sin x = \cos\left(\dfrac{\pi}{2} - x\right)$ の利用

サイン ⟶ コサインに直す

本問 $\displaystyle\int_0^{\pi} xf(\sin x)dx = \frac{\pi}{2}\int_0^{\pi} f(\sin x)dx$ を示す ⟹ $\sin x = \sin$ □ の利用

サイン ⟶ サイン

⟹ (左辺) $= \displaystyle\int_0^{\pi} xf(\sin$ □ $)dx$

□ $= t$ とおく

(2) **前問の結果の利用**

(与式) $= \displaystyle\int_0^{\pi} x\cdot\frac{\sin x}{3+\sin^2 x}dx = \int_0^{\pi} xf(\sin x)dx \overset{(1)の利用}{=} \frac{\pi}{2}\int_0^{\pi} f(\sin x)dx$

Action» $\displaystyle\int_0^{\pi}$ ($\sin x$, $\cos x$ を含む関数) dx は，$x = \pi - t$ と置換せよ

解 (1) $I = \displaystyle\int_0^{\pi} xf(\sin x)dx = \int_0^{\pi} xf(\sin(\pi - x))dx$ とおく。

◀ $\sin(\pi - x) = \sin x$

◀ $0 \leqq \sin x \leqq 1$ であるから，$f(\sin x)$，$xf(\sin x)$ は $0 \leqq x \leqq \pi$ の範囲で連続である。

例題 155

$\pi - x = t$ とおくと $\dfrac{dt}{dx} = -1$

x と t の対応は右のようになるから

x	$0 \longrightarrow \pi$
t	$\pi \longrightarrow 0$

$$I = \int_{\pi}^{0} (\pi - t)f(\sin t)\cdot(-1)dt$$

◀ $dx = (-1)dt$

$$= \int_0^{\pi} (\pi - t)f(\sin t)dt$$

$$= \pi\int_0^{\pi} f(\sin t)dt - \int_0^{\pi} tf(\sin t)dt$$

$$= \pi\int_0^{\pi} f(\sin x)dx - I$$

◀ $\displaystyle\int_a^b f(t)dt = \int_a^b f(x)dx$

$2I = \pi\displaystyle\int_0^{\pi} f(\sin x)dx$ より　$I = \dfrac{\pi}{2}\displaystyle\int_0^{\pi} f(\sin x)dx$

したがって

$$\int_0^{\pi} xf(\sin x)dx = \frac{\pi}{2}\int_0^{\pi} f(\sin x)dx$$

(2) $f(x)=\dfrac{x}{3+x^2}$ とすると，(1) より

$$\int_0^{\pi}\frac{x\sin x}{3+\sin^2 x}dx=\frac{\pi}{2}\int_0^{\pi}\frac{\sin x}{3+\sin^2 x}dx=\frac{\pi}{2}\int_0^{\pi}\frac{\sin x}{4-\cos^2 x}dx$$

$\cos x=t$ とおくと　$\dfrac{dt}{dx}=-\sin x$

x と t の対応は右のようになるから

x	$0\ \longrightarrow\ \pi$
t	$1\ \longrightarrow\ -1$

$$\frac{\pi}{2}\int_0^{\pi}\frac{\sin x}{4-\cos^2 x}dx=\frac{\pi}{2}\int_{-1}^{1}\frac{1}{4-t^2}dt$$

例題 142

$$=\frac{\pi}{2}\int_{-1}^{1}\frac{1}{4}\left(\frac{1}{2+t}+\frac{1}{2-t}\right)dt$$

$$=\frac{\pi}{8}\Big[\log|2+t|-\log|2-t|\Big]_{-1}^{1}$$

$$=\frac{\pi}{8}\{\log 3-\log 1-(\log 1-\log 3)\}$$

$$=\boldsymbol{\frac{\pi}{4}\log 3}$$

◀ $f(x)$ は $0\leqq x\leqq 1$ で連続である。

◀ $\displaystyle\int_0^{\pi}xf(\sin x)dx=\int_0^{\pi}\frac{x\sin x}{3+\sin^2 x}dx=\int_0^{\pi}\frac{x\sin x}{3+(1-\cos^2 x)}dx$

◀ $\displaystyle\frac{c}{(a+b)(a-b)}=\frac{1}{2a}\left(\frac{c}{a+b}+\frac{c}{a-b}\right)$

Point...対称性の利用と例題 169 の図形的な意味

$y=f(x)$ のグラフを直線 $x=a$ に関して対称移動したグラフは $y=f(2a-x)$ であるから，$f(x)=f(2a-x)$ が成り立つとき，$y=f(x)$ は直線 $x=a$ に関して対称である。例題 169 において，$F(x)=f(\sin x)$ とおくと $F(\pi-x)=F(x)$ が成り立つから，

$y=F(x)=f(\sin x)$ のグラフは直線 $x=\dfrac{\pi}{2}$ に関して対称である。$x=\dfrac{\pi}{2}$ は積分区間 $0\leqq x\leqq\pi$ の中央の値であるから，例題 169 の解答のように $x=\pi-t$ と置換すれば，この対称性を利用して定積分の値を求めることができる。

また，$G(x)=\left(x-\dfrac{\pi}{2}\right)F(x)$ とおくと，

$$G(\pi-x)=\left(\frac{\pi}{2}-x\right)F(\pi-x)=-G(x)$$

が成り立つから，$y=G(x)$ のグラフは点 $\left(\dfrac{\pi}{2},\ 0\right)$ に関して対称である。よって

$$\int_0^{\pi}G(x)dx=\int_0^{\pi}\left(x-\frac{\pi}{2}\right)F(x)dx=0$$

すなわち $\displaystyle\int_0^{\pi}xF(x)dx=\frac{\pi}{2}\int_0^{\pi}F(x)dx$ が成り立つ。

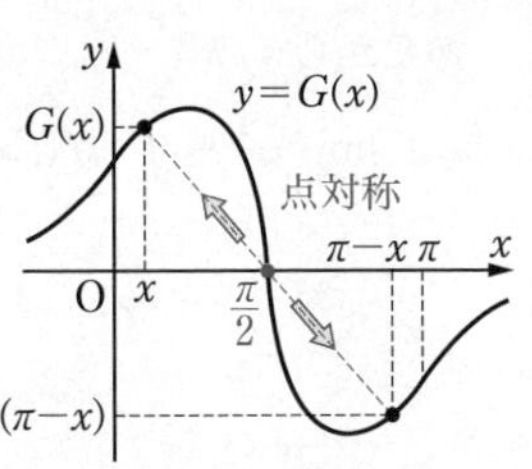

練習 169 (1) 等式 $\displaystyle\int_0^{\frac{\pi}{2}}f(\sin x)dx=\int_0^{\frac{\pi}{2}}f(\cos x)dx$ を証明せよ。

(2) $\displaystyle I=\int_0^{\frac{\pi}{2}}\frac{\sin^3 x}{\sin x+\cos x}dx,\ J=\int_0^{\frac{\pi}{2}}\frac{\cos^3 x}{\sin x+\cos x}dx$ をそれぞれ求めよ。

⇒p.315 問題169

例題 170 定積分と極限値

★★☆☆

関数 $f(x)$ が連続で $f(3)=1$ のとき，$\displaystyle\lim_{x\to3}\frac{1}{x^2-9}\int_3^x tf(t)dt$ を求めよ。

思考のプロセス

このままでは極限値を求めにくい。定義に戻る

«ReAction $\displaystyle\lim_{x\to a}\frac{f(x)-f(a)}{x-a}$ の形に変形できる極限は，微分係数から求めよ ◀例題 76

$tf(t)$ の原始関数を $F(t)$ とおくと　$\displaystyle\int_3^x tf(t)dt=F(x)-F(3)$

$\displaystyle\Longrightarrow \lim_{x\to3}\frac{1}{x^2-9}\int_3^x tf(t)dt=\lim_{x\to3}\frac{F(x)-F(3)}{x^2-9}=\lim_{x\to3}\frac{F(x)-F(3)}{x-3}\cdot\frac{1}{x+3}=\cdots$

Action» $\displaystyle\lim_{x\to a}\frac{1}{x-a}\int_a^x f(t)dt$ は，微分係数の定義を利用せよ

解 $\displaystyle\int tf(t)dt=F(t)+C$ とおくと　$F'(t)=tf(t)$

よって

$$\lim_{x\to3}\frac{1}{x^2-9}\int_3^x tf(t)dt=\lim_{x\to3}\frac{1}{x^2-9}\Big[F(t)\Big]_3^x$$

$$=\lim_{x\to3}\frac{1}{(x+3)(x-3)}\{F(x)-F(3)\}$$

$$=\lim_{x\to3}\frac{F(x)-F(3)}{x-3}\cdot\frac{1}{x+3}$$

$$=F'(3)\cdot\frac{1}{3+3}$$

$$=3f(3)\cdot\frac{1}{6}=\mathbf{\frac{1}{2}}$$

◀ 微分係数の定義 $\displaystyle f'(a)=\lim_{x\to a}\frac{f(x)-f(a)}{x-a}$ の形をつくる工夫をする。

◀ $\displaystyle F'(3)=\lim_{x\to3}\frac{F(x)-F(3)}{x-3}$

◀ $F'(t)=tf(t)$ であり $f(3)=1$

〔別解〕

$\displaystyle\int_3^x tf(t)dt=F(x)$ とおくと，$\displaystyle F(3)=\int_3^3 tf(t)dt=0$ であるから

◀ 複雑な部分を $F(x)$ とおく。

$$\lim_{x\to3}\frac{1}{x^2-9}\int_3^x tf(t)dt=\lim_{x\to3}\frac{1}{x^2-9}F(x)$$

$$=\lim_{x\to3}\frac{F(x)-F(3)}{x-3}\cdot\frac{1}{x+3}$$

$$=F'(3)\cdot\frac{1}{6}\quad\cdots①$$

ここで，$F'(x)=xf(x)$ より　$F'(3)=3f(3)=3$

① に代入すると

$$\lim_{x\to3}\frac{1}{x^2-9}\int_3^x tf(t)dt=3\cdot\frac{1}{6}=\frac{1}{2}$$

◀ $\displaystyle F'(x)=\frac{d}{dx}\int_3^x tf(t)dt=xf(x)$

練習 170 関数 $f(x)$ が連続で $f(1)=3$ のとき，$\displaystyle\lim_{x\to1}\frac{1}{x-1}\int_1^{\sqrt{x}} t^3f(t^2)dt$ を求めよ。

➡p.315 問題170

151 ★☆☆☆ 次の定積分を求めよ。

(1) $\displaystyle\int_{\frac{\pi}{6}}^{\frac{\pi}{3}} \frac{dx}{\cos^2 x}$　(2) $\displaystyle\int_0^1 \frac{dx}{(2x+1)^4}$　(3) $\displaystyle\int_1^2 (e^x+3^x)dx$

152 ★★☆☆ 次の定積分を求めよ。

(1) $\displaystyle\int_{-1}^0 \frac{x^2+2x+1}{x+2}dx$　(2) $\displaystyle\int_1^2 \frac{dx}{(x-3)(x-4)(x-5)}$

153 ★★☆☆ 次の定積分を求めよ。

(1) $\displaystyle\int_0^{\frac{\pi}{2}} \sin^4 2x\,dx$　(2) $\displaystyle\int_0^{2\pi} \sin 4x \sin 6x\,dx$　(3) $\displaystyle\int_{-\frac{\pi}{4}}^{\frac{\pi}{3}} \frac{\cos 2\theta}{\cos^2\theta}d\theta$

154 ★★☆☆ 次の定積分を求めよ。

(1) $\displaystyle\int_{-2}^3 \sqrt{|x+1|}\,dx$　(2) $\displaystyle\int_0^{\pi} \left|\sqrt{1+\cos 2x}-\sqrt{1-\cos 2x}\right|dx$

155 ★★☆☆ 次の定積分を求めよ。

(1) $\displaystyle\int_0^2 \frac{e^{2x}}{e^x+1}dx$　(2) $\displaystyle\int_0^{\frac{\pi}{4}} \frac{\sin 2\theta}{1+\cos\theta}d\theta$　(3) $\displaystyle\int_0^{\frac{\pi}{4}} e^{\sin^2 x}\sin 2x\,dx$

156 ★★☆☆ 次の定積分を求めよ。

(1) $\displaystyle\int_2^4 \sqrt{16-x^2}\,dx$　(2) $\displaystyle\int_0^1 \frac{x^2}{\sqrt{2-x^2}}dx$

157 ★★☆☆ 次の定積分を求めよ。

(1) $\displaystyle\int_1^2 \frac{dx}{x^2-2x+2}$　(2) $\displaystyle\int_0^1 \frac{1}{(x^2+1)^{\frac{5}{2}}}dx$

158 ★★☆☆ 次の定積分を求めよ。

(1) $\displaystyle\int_0^{\frac{\pi}{4}} \frac{x}{\cos^2 x}dx$　(2) $\displaystyle\int_0^{\frac{3}{2}\pi} x|\sin x|\,dx$

159 ★★★☆ 次の定積分を求めよ。

(1) $\displaystyle\int_1^e x(\log x)^2 dx$　(2) $\displaystyle\int_0^{\frac{\pi}{2}} x^2\cos^2 x\,dx$　(3) $\displaystyle\int_0^{\frac{\pi}{2}} e^{-x}\sin 2x\,dx$

160 ★★☆☆ 〔1〕 次のことを証明せよ。

(1) $f(x)$ が偶関数，$g(x)$ が奇関数であるとき，$f(x)g(x)$ は奇関数である。

(2) $g(x)$ が奇関数，$h(x)$ が奇関数であるとき，$g(x)h(x)$ は偶関数である。

〔2〕 定積分 $\displaystyle\int_{-\frac{\pi}{2}}^{\frac{\pi}{2}} e^x \sin x\, dx + \int_{-\frac{\pi}{2}}^{\frac{\pi}{2}} e^{-x} \sin x\, dx$ の値を求めよ。

161 ★★★☆ 〔1〕 次の定積分を求めよ。ただし，m，n を正の整数とする。

(1) $\displaystyle\int_0^{\pi} \sin mx \sin nx\, dx$　　(2) $\displaystyle\int_0^{\pi} x \sin mx\, dx$

〔2〕 $I = \displaystyle\int_0^{\pi} (a\sin x + b\sin 2x + c\sin 3x - x)^2\, dx$ とおく。I を最小にするような実数 a，b，c の値と，I の最小値を求めよ。 (九州大)

162 ★★☆☆ (1) $f(x) = 1 + k\displaystyle\int_{-\frac{\pi}{2}}^{\frac{\pi}{2}} f(t)\sin(x-t)dt$ （k は正の数）を満たす連続関数 $f(x)$ を求めよ。

(2) $\displaystyle\int_0^{\pi} f(x)dx$ を最大にする k の値を求めよ。 (千葉大)

163 ★★☆☆ 次の関数 $f(x)$ を x で微分せよ。

(1) $f(x) = \displaystyle\int_{-x}^{x} \frac{\sin t}{1+e^t}\, dt$　　(2) $f(x) = \displaystyle\int_{2x}^{x^3} \frac{t^2}{1+t}\, dt$

164 ★★☆☆ $f(x)$ に対して $F(x) = -\dfrac{x}{2} + \displaystyle\int_x^0 tf(x-t)\, dt$，$F''(x) = \cos x$ とする。$f(x)$，$F(x)$ を求めよ。 (芝浦工業大　改)

165 ★★★☆ $0 \leqq x \leqq \dfrac{\pi}{2}$ で定義された関数 $f(x) = \displaystyle\int_x^{x+\frac{\pi}{4}} |2\cos^2 t + 2\sin t \cos t - 1|\, dt$ について，次の問に答えよ。

(1) $f\left(\dfrac{\pi}{2}\right)$ の値を求めよ。

(2) 積分を計算して，$f(x)$ を求めよ。

(3) $f(x)$ の最大値と最小値，およびそれらを与える x の値を求めよ。

(名古屋市立大)

166 ★★☆☆ 関数 $f(x)=\int_0^x |\cos(x-t)|\cos t\,dt\ \left(\dfrac{\pi}{2} \leqq x \leqq \dfrac{3}{2}\pi\right)$ の最大値と最小値を求めよ。 (和歌山県立医科大)

167 ★★★★ $I_n=\int_0^1 x^n e^{-x}dx\ (n=0,\ 1,\ 2,\ \cdots)$ とするとき

(1) I_n と I_{n-1} の関係式をつくれ。 (2) I_n を求めよ。 (琉球大)

168 ★★★★ $m,\ n$ を0以上の整数とする。$I_{m,n}=\int_0^{\frac{\pi}{2}} \sin^m x\cos^n x\,dx$ について，次の問に答えよ。ただし，$\sin^0 x=1,\ \cos^0 x=1$ とする。

(1) $I_{m,n}=I_{n,m}$ を示せ。

(2) $I_{m,n}=\dfrac{n-1}{m+n}I_{m,n-2}\ (n \geqq 2)$ を示せ。

(3) $\int_0^{\frac{\pi}{2}} \sin^6 x\cos^3 x\,dx,\ \int_0^{\frac{\pi}{2}} \sin^5 x\cos^4 x\,dx$ を求めよ。

169 ★★★☆ (1) 連続関数 $f(x)$ がすべての実数 x について $f(\pi-x)=f(x)$ を満たすとき，$\int_0^{\pi}\left(x-\dfrac{\pi}{2}\right)f(x)dx=0$ が成り立つことを示せ。

(2) $\int_0^{\pi} \dfrac{x\sin^3 x}{4-\cos^2 x}dx$ を求めよ。 (名古屋大)

170 ★★☆☆ $F(x)=\int_0^1 (t+1)^x\,dt\ (x>-1)$ とする。このとき，$\displaystyle\lim_{x\to 0}\frac{\log F(x)}{x}$ を求めよ。

本質を問う12

▶▶解答編 p.312

1 (1) $\int_{-a}^{a} f(x)\,dx=\int_0^a \{f(x)+f(-x)\}\,dx$ を証明せよ。

(2) 次の(ア)，(イ)をそれぞれ証明せよ。

(ア) $f(x)$ が偶関数ならば $\int_{-a}^{a} f(x)\,dx=2\int_0^a f(x)\,dx$

(イ) $f(x)$ が奇関数ならば $\int_{-a}^{a} f(x)\,dx=0$ ◀p.285 概要1

2 $\dfrac{d}{dx}\int_0^x f(x-t)\,dt=f(x)$ を示せ。 ◀p.284 2

3 n を自然数とする。$\int_{\alpha}^{\beta}(x-\alpha)^n(x-\beta)\,dx$ を求めよ。 ◀p.286 概要3

Let's Try! 12

▶▶解答編 p.314

① 次の定積分を求めよ。

(1) $\displaystyle\int_0^4 \frac{x}{\sqrt{2x+1}}dx$ （山梨大）　(2) $\displaystyle\int_0^{\frac{1}{2}} (x+1)\sqrt{1-2x^2}\,dx$ （京都大）

(3) $\displaystyle\int_{-1}^1 |xe^x|\,dx$ （東京電機大）　(4) $\displaystyle\int_1^3 \frac{\log(x+1)}{x^2}dx$ （弘前大）

◀例題152, 154～156, 158

② どのような実数 p，q に対しても

$$\int_{-\frac{\pi}{2}}^{\frac{\pi}{2}} (p\cos x + q\sin x)(x^2+\alpha x+\beta)dx = 0$$

が成り立つような実数 α，β の値を求めよ。（慶應義塾大）

◀例題161

③ 関数 $f(x)$ は $f(x) = 3x + 2\displaystyle\int_0^1 (t+e^x)f(t)dt$ を満たしている。

(1) $\displaystyle\int_0^1 f(x)dx = a$，$\displaystyle\int_0^1 xf(x)dx = b$ とするとき，$f(x)$ を x，a，b の式で表せ。

(2) a，b の値および $f(x)$ を求めよ。（愛知工業大）

◀例題162

④ $f(x) = \displaystyle\int_{-x}^{x} t\cos\left(\frac{\pi}{4}-t\right)dt$ とする。

(1) $f(x)$ の導関数 $f'(x)$ を求めよ。

(2) $0 \leqq x \leqq 2\pi$ における $f(x)$ の最大値と最小値を求めよ。（大阪教育大）

◀例題163, 164

⑤ $f(x) + \displaystyle\int_0^x \{f'(t)-g(t)\}dt = 1$，$g(x) + \displaystyle\int_0^1 \{f(t)+g'(t)\}dt = x + x^2$ を満たすような関数 $f(x)$，$g(x)$ を求めよ。

◀例題162, 164

⑥ $I_1 = \displaystyle\int_0^{\frac{\pi}{2}} \frac{\cos x}{\sin x + \cos x}dx$，$I_2 = \displaystyle\int_0^{\frac{\pi}{2}} \frac{\sin x}{\sin x + \cos x}dx$ とおく。

(1) $I_1 + I_2$ を求めよ。

(2) $I_1 = I_2$ が成り立つことを示し，その値を求めよ。

(3) $f(t) = \displaystyle\int_0^{\frac{\pi}{2}} \frac{\sin(x+t)}{\sin x + \cos x}dx$ とする。$f(t)$ の変数 t についての最大値を求めよ。ただし，$0 \leqq t \leqq \dfrac{\pi}{2}$ である。（職業能力開発総合大）

◀例題169

まとめ 13 区分求積法，面積

1 定積分と区分求積法

区分求積法 … 区間を細分し，和の極限値としての面積や体積を求める方法

$f(x)$ が閉区間 $[a,\ b]$ で連続のとき，この区間を n 等分し，その分点を $a=x_0,\ x_1,\ x_2,\ \cdots,\ x_{n-1},\ x_n=b$ とすると

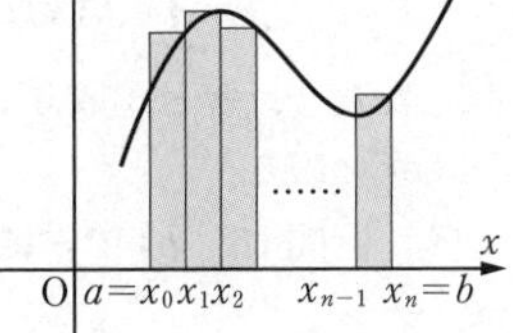

$$\lim_{n\to\infty}\sum_{k=1}^{n}f(x_k)\Delta x=\int_a^b f(x)dx$$

ただし，$\Delta x=\dfrac{b-a}{n}$，$x_k=a+k\Delta x$

特に，$a=0$，$b=1$ のとき

$$\lim_{n\to\infty}\frac{1}{n}\sum_{k=1}^{n}f\left(\frac{k}{n}\right)=\lim_{n\to\infty}\frac{1}{n}\sum_{k=0}^{n-1}f\left(\frac{k}{n}\right)=\int_0^1 f(x)dx$$

概要

1 定積分と区分求積法

・区分求積法の意味

区分求積法とは，面積や体積を区間で細分した微小部分の和の極限値として求める方法である。

例えば，右の図の $y=f(x)$ と x 軸，$x=0$，$x=1$ で囲まれた部分の面積 S を長方形の面積の和で近似して考えると

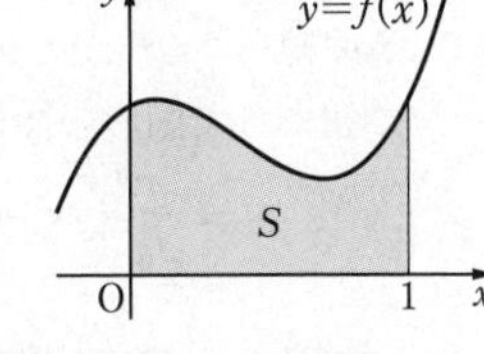

3 分割（①）

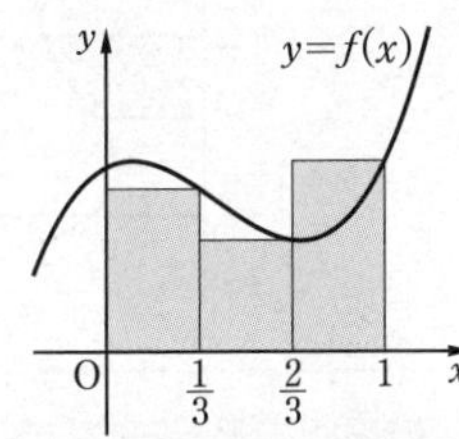

6 分割（②）

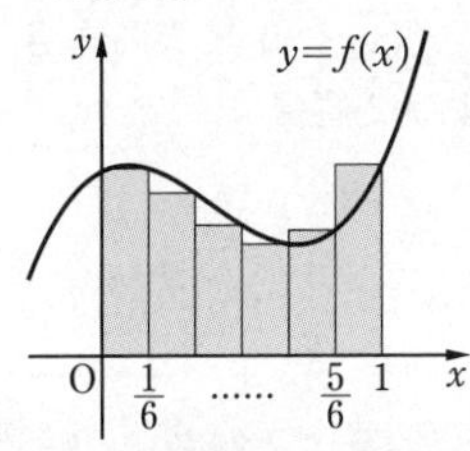

12 分割（③）

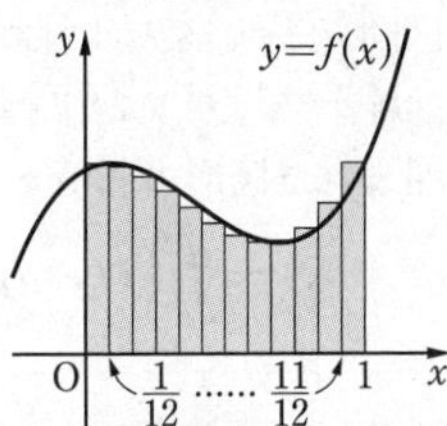

それぞれの長方形の面積の和は

①：$\dfrac{1}{3}\cdot f\left(\dfrac{1}{3}\right)+\dfrac{1}{3}\cdot f\left(\dfrac{2}{3}\right)+\dfrac{1}{3}\cdot f\left(\dfrac{3}{3}\right)$

②：$\dfrac{1}{6}\cdot f\left(\dfrac{1}{6}\right)+\dfrac{1}{6}\cdot f\left(\dfrac{2}{6}\right)+\dfrac{1}{6}\cdot f\left(\dfrac{3}{6}\right)+\dfrac{1}{6}\cdot f\left(\dfrac{4}{6}\right)+\dfrac{1}{6}\cdot f\left(\dfrac{5}{6}\right)+\dfrac{1}{6}\cdot f\left(\dfrac{6}{6}\right)$

③：$\dfrac{1}{12}\cdot f\left(\dfrac{1}{12}\right)+\dfrac{1}{12}\cdot f\left(\dfrac{2}{12}\right)+\dfrac{1}{12}\cdot f\left(\dfrac{3}{12}\right)+\cdots+\dfrac{1}{12}\cdot f\left(\dfrac{11}{12}\right)+\dfrac{1}{12}\cdot f\left(\dfrac{12}{12}\right)$

同様に，n 分割であれば

$$\frac{1}{n}\cdot f\left(\frac{1}{n}\right)+\frac{1}{n}\cdot f\left(\frac{2}{n}\right)+\frac{1}{n}\cdot f\left(\frac{3}{n}\right)+\cdots+\frac{1}{n}\cdot f\left(\frac{n-1}{n}\right)+\frac{1}{n}\cdot f\left(\frac{n}{n}\right)$$

$$=\sum_{k=1}^{n}\frac{1}{n}f\left(\frac{k}{n}\right)=\frac{1}{n}\sum_{k=1}^{n}f\left(\frac{k}{n}\right)$$

この n を限りなく大きくすれば，この値は S に限りなく近づくから

$$\lim_{n\to\infty}\frac{1}{n}\sum_{k=1}^{n}f\left(\frac{k}{n}\right)=S=\int_0^1 f(x)dx$$

② 定積分と不等式

区間 $[a,\ b]$ で連続な関数 $f(x)$，$g(x)$ において

(ア)　区間 $[a,\ b]$ で常に $f(x) \geqq 0$ ならば

$$\int_a^b f(x)\,dx \geqq 0$$

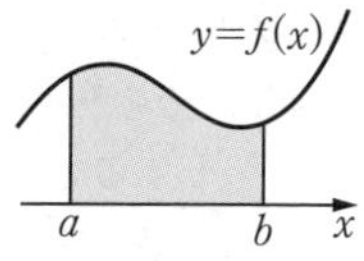

ただし，等号が成り立つのは，常に $f(x)=0$ のときに限る。

(イ)　区間 $[a,\ b]$ で常に $f(x) \geqq g(x)$ ならば

$$\int_a^b f(x)\,dx \geqq \int_a^b g(x)\,dx$$

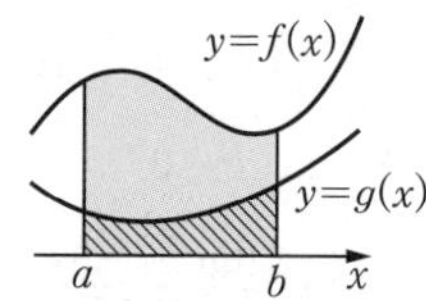

ただし，等号が成り立つのは，常に $f(x)=g(x)$ のときに限る。

③ 2曲線で囲まれた図形の面積

区間 $[a,\ b]$ において $f(x) \geqq g(x)$ であるとき
2曲線 $y=f(x)$，$y=g(x)$ と2直線 $x=a$，$x=b$ で囲まれた図形の面積 S は

$$S=\int_a^b \{f(x)-g(x)\}dx$$

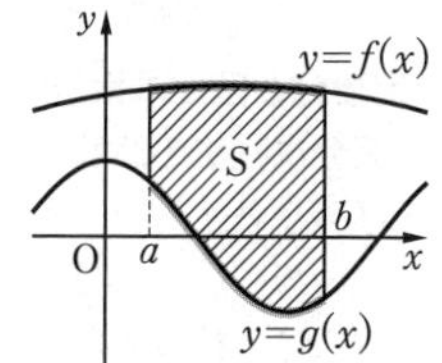

④ 曲線と y 軸で囲まれた図形の面積

区間 $c \leqq y \leqq d$ において $f(y) \geqq 0$ であるとき
曲線 $x=f(y)$ と y 軸および2直線 $y=c$，$y=d$ で囲まれた図形の面積 S は

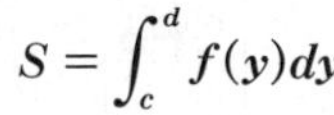

$$S=\int_c^d f(y)dy$$

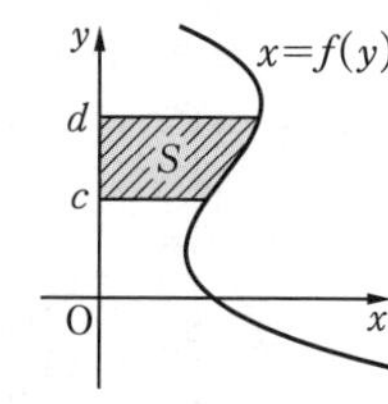

概要

② 定積分と不等式

・(ア) を利用した (イ) の証明

(イ) についても上の図から明らかであるが，(ア) を利用して証明すると次のようになる。
$h(x)=f(x)-g(x)$ とおくと，区間 $[a,\ b]$ で常に $h(x) \geqq 0$ であるから，(ア) より

$$\int_a^b h(x)dx \geqq 0 \quad すなわち \quad \int_a^b \{f(x)-g(x)\}dx \geqq 0$$

よって，$\displaystyle\int_a^b f(x)dx-\int_a^b g(x)dx \geqq 0$ より　$\displaystyle\int_a^b f(x)dx \geqq \int_a^b g(x)dx$

等号が成り立つのは，常に $h(x)=0$ すなわち $f(x)-g(x)=0$ より $f(x)=g(x)$ のときである。

③ 2曲線で囲まれた図形の面積

・曲線と x 軸で囲まれた図形の面積（数学Ⅱの復習）

曲線 $y=f(x)$ と x 軸および2直線 $x=a$, $x=b$ で囲まれた図形の面積 S は

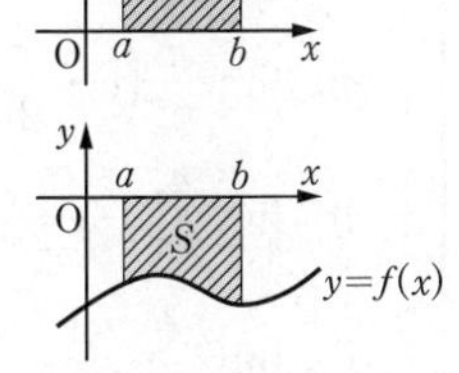

(ア) 区間 $[a,\ b]$ において $f(x)\geqq 0$ であるとき

$$S=\int_a^b f(x)dx$$

(イ) 区間 $[a,\ b]$ において $f(x)\leqq 0$ であるとき

$$S=-\int_a^b f(x)dx$$

・前項(ア)の証明の概要（数学Ⅱの復習）

❶ 曲線 $y=f(x)$ と x 軸の間にあり，区間 $[a,\ x]$ にある部分の面積を $S(x)$ とすると，

❷ $S'(x)=f(x)$ が成り立つ。

❸ 一方，$f(x)$ の原始関数 $F(x)$ に対して，$S(x)=F(x)-F(a)$ が成り立つから，

❹ $S=S(b)=F(b)-F(a)=\int_a^b f(x)dx$ となる。

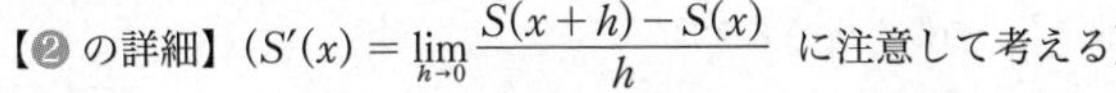

【❷の詳細】（$S'(x)=\lim_{h\to 0}\dfrac{S(x+h)-S(x)}{h}$ に注意して考える）

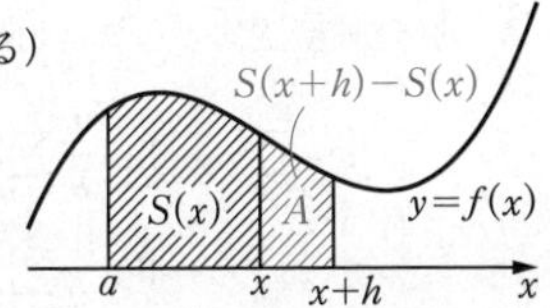

$h>0$ のとき，$S(x+h)-S(x)$ は曲線 $y=f(x)$ と x 軸の間にあり，x から $x+h$ までの区間にある図形 A の面積である。

次に，(図形 A の面積)＝(横 h，縦 $f(t)$ の長方形の面積) となる t を x と $x+h$ の間にとると，

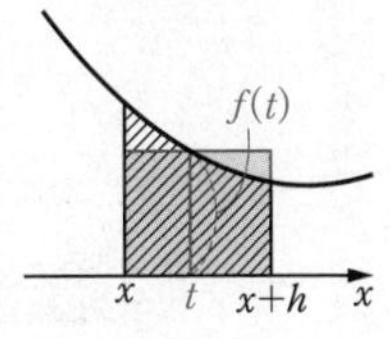

$S(x+h)-S(x)=hf(t)$ より　$\dfrac{S(x+h)-S(x)}{h}=f(t)$

ここで，$h\to 0$ のとき $t\to x$ となるから，$f(t)\to f(x)$ となり

$$\lim_{h\to 0}\frac{S(x+h)-S(x)}{h}=f(x)$$

$h<0$ のときも，同様にこの式が成り立つから　$S'(x)=f(x)$

【❸の詳細】

$F(x)$ を $f(x)$ の原始関数の1つとすると　$S(x)=F(x)+C$　(C は定数)

$x=a$ を代入すると，$0=F(a)+C$ より　$C=-F(a)$　⬅ $S(x)$ の定義により $S(a)=0$

よって　$S(x)=F(x)-F(a)$

④ 曲線と y 軸で囲まれた図形の面積

③の曲線と x 軸で囲まれた図形の面積と同様に考えることができる。

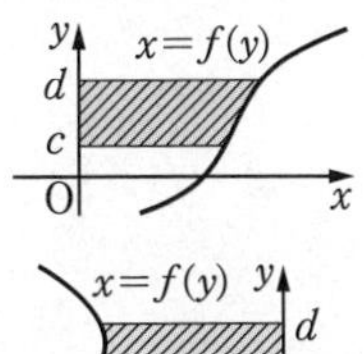

(ア) 曲線 $x=f(y)$ と y 軸および2直線 $y=c$, $y=d$ で囲まれた図形の面積 S は

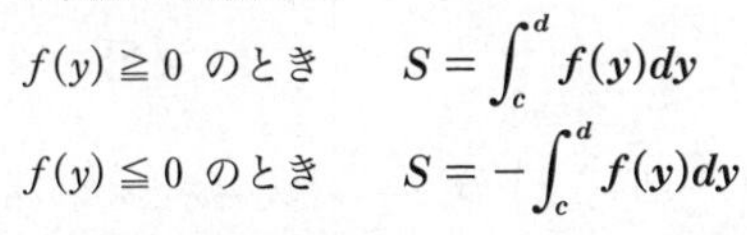

$f(y)\geqq 0$ のとき　$S=\int_c^d f(y)dy$

$f(y)\leqq 0$ のとき　$S=-\int_c^d f(y)dy$

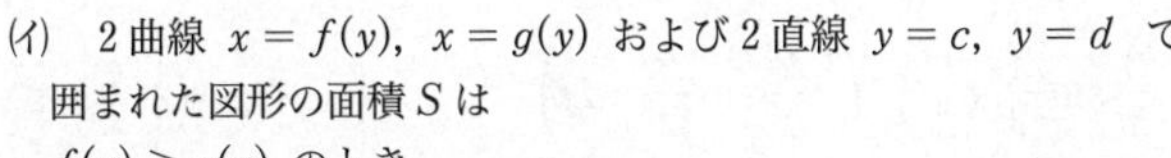

(イ) 2曲線 $x=f(y)$, $x=g(y)$ および2直線 $y=c$, $y=d$ で囲まれた図形の面積 S は

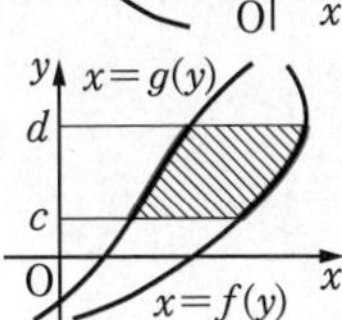

$f(y)\geqq g(y)$ のとき

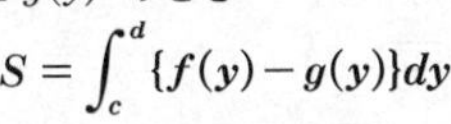

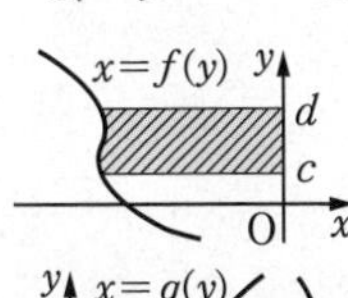

$$S=\int_c^d \{f(y)-g(y)\}dy$$

例題 171 区分求積法〔1〕

D 頻出 ★★☆☆

次の極限値を求めよ。

(1) $\displaystyle\lim_{n\to\infty}\left\{\frac{n}{(n+1)^2}+\frac{n}{(n+2)^2}+\cdots+\frac{n}{(n+n)^2}\right\}$ （明治大）

(2) $\displaystyle\lim_{n\to\infty}\frac{\pi}{n^2}\left(\cos\frac{\pi}{2n}+2\cos\frac{2\pi}{2n}+\cdots+n\cos\frac{n\pi}{2n}\right)$ （日本大）

(3) $\displaystyle\lim_{n\to\infty}\sum_{k=1}^{n}\frac{1}{2n+k}$

(4) $\displaystyle\lim_{n\to\infty}\sum_{k=n+1}^{2n}\frac{1}{k}$

思考のプロセス

部分和が求められない。

Action» 無限級数 $\displaystyle\lim_{n\to\infty}\frac{1}{n}\sum_{k=1}^{n}f\left(\frac{k}{n}\right)$ は，定積分 $\displaystyle\int_0^1 f(x)dx$ とせよ

段階的に考える

区分求積法によって，$\displaystyle\lim_{n\to\infty}\sum_{k=1}^{n}a_k$ の値を求める手順

$$\lim_{n\to\infty}\sum_{k=1}^{n}a_k=\lim_{n\to\infty}\frac{1}{n}\sum_{k=1}^{n}b_k$$
⬅ $\dfrac{1}{n}$ をくくり出す。

$$=\lim_{n\to\infty}\frac{1}{n}\sum_{k=1}^{n}f\left(\frac{k}{n}\right)$$
⬅ b_k を $\dfrac{k}{n}$ の式で表す。

右の図の長方形の面積の和

$$=\int_0^1 f(x)dx$$
⬅ $\dfrac{k}{n}$ を x と考える。

(4) は $\displaystyle\sum_{k=n+1}^{2n}$ であり，$\displaystyle\sum_{k=1}^{n}$ ではない。

⟹ 図で考える　右上の図と同様に考えると，積分区間はどうなるか？

解 (1) (与式) $\displaystyle=\lim_{n\to\infty}\sum_{k=1}^{n}\frac{n}{(n+k)^2}=\lim_{n\to\infty}\sum_{k=1}^{n}\frac{1}{n}\cdot\frac{n^2}{(n+k)^2}$

◀ $\sum$ で表し，$\dfrac{1}{n}$ をくくり出す。

$$=\lim_{n\to\infty}\frac{1}{n}\sum_{k=1}^{n}\frac{1}{\left(1+\dfrac{k}{n}\right)^2}=\int_0^1\frac{1}{(1+x)^2}dx$$

◀ $\dfrac{k}{n}$ の形をつくる。

例題 151

$$=\left[-\frac{1}{1+x}\right]_0^1=\mathbf{\frac{1}{2}}$$

(2) (与式) $\displaystyle=\lim_{n\to\infty}\frac{\pi}{n^2}\sum_{k=1}^{n}k\cos\frac{k\pi}{2n}$

$$=\pi\lim_{n\to\infty}\frac{1}{n}\sum_{k=1}^{n}\frac{k}{n}\cos\left(\frac{\pi}{2}\cdot\frac{k}{n}\right)$$

◀ $\dfrac{1}{n}$ 以外を $\sum$ の中へ入れる。

例題 158

$$=\pi\int_0^1 x\cos\frac{\pi}{2}x\,dx=\pi\int_0^1 x\left(\frac{2}{\pi}\sin\frac{\pi}{2}x\right)'dx$$

◀ 部分積分法を用いる。

$$=\pi\left(\left[x\cdot\frac{2}{\pi}\sin\frac{\pi}{2}x\right]_0^1-\int_0^1\frac{2}{\pi}\sin\frac{\pi}{2}x\,dx\right)$$

◀ $\sin\dfrac{\pi}{2}x=\left(-\dfrac{2}{\pi}\cos\dfrac{\pi}{2}x\right)'$

$$=\pi\left(\frac{2}{\pi}-\frac{2}{\pi}\left[-\frac{2}{\pi}\cos\frac{\pi}{2}x\right]_0^1\right)=\mathbf{2-\frac{4}{\pi}}$$

◀ $\pi\left\{\dfrac{2}{\pi}+\dfrac{4}{\pi^2}(-1)\right\}$

(3) (与式) $= \lim_{n\to\infty}\sum_{k=1}^{n}\frac{1}{n}\cdot\frac{1}{2+\frac{k}{n}} = \lim_{n\to\infty}\frac{1}{n}\sum_{k=1}^{n}\frac{1}{2+\frac{k}{n}}$

例題151

$= \int_0^1 \frac{1}{2+x}dx = \Big[\log|2+x|\Big]_0^1$

$= \log 3 - \log 2 = \mathbf{\log\frac{3}{2}}$

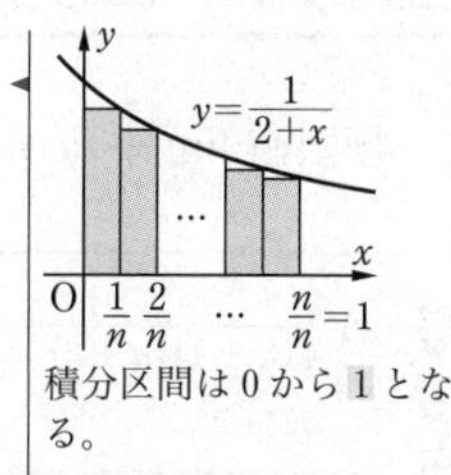

積分区間は 0 から 1 となる。

(4) (与式) $= \lim_{n\to\infty}\sum_{k=n+1}^{2n}\frac{1}{n}\cdot\frac{1}{\frac{k}{n}} = \lim_{n\to\infty}\frac{1}{n}\sum_{k=n+1}^{2n}\frac{1}{\frac{k}{n}}$

$= \int_1^2 \frac{1}{x}dx = \Big[\log|x|\Big]_1^2$

$= \log 2 - \log 1 = \mathbf{\log 2}$

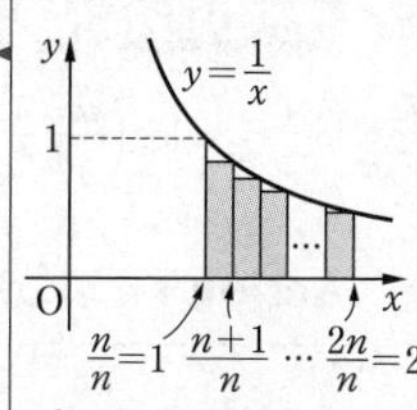

$\sum_{k=n+1}^{2n}$ のとき積分区間は 1 から 2 となる。

〔別解〕

$$\sum_{k=n+1}^{2n}\frac{1}{k} = \frac{1}{n+1}+\frac{1}{n+2}+\frac{1}{n+3}+\cdots+\frac{1}{n+n}$$

$$= \sum_{k=1}^{n}\frac{1}{n+k}$$

よって

$$(\text{与式}) = \lim_{n\to\infty}\sum_{k=1}^{n}\frac{1}{n+k} = \lim_{n\to\infty}\frac{1}{n}\sum_{k=1}^{n}\frac{1}{1+\frac{k}{n}}$$

$$= \int_0^1 \frac{1}{1+x}dx = \Big[\log|1+x|\Big]_0^1 = \log 2$$

Point...区分求積法

区分求積法について，基本的な関係式は

$$\lim_{n\to\infty}\frac{1}{n}\sum_{k=1}^{n}f\left(\frac{k}{n}\right) = \int_0^1 f(x)dx$$

$$\lim_{n\to\infty}\frac{1}{n}\sum_{k=0}^{n-1}f\left(\frac{k}{n}\right) = \int_0^1 f(x)dx$$

のように n 項の和の形であるが，$\sum_{k=1}^{n+1}$ や $\sum_{k=0}^{n}$，さらに $\sum_{k=1}^{n+100}$ となっても積分区間は 0 から 1 となる。

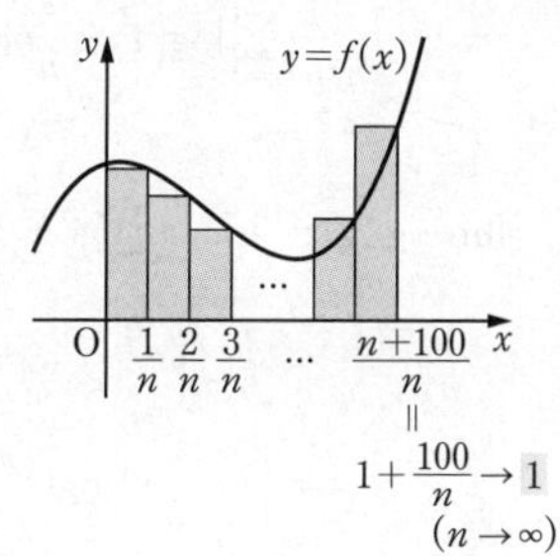

練習 171 次の極限値を求めよ。

(1) $\lim_{n\to\infty}\left(\frac{1}{1+n^2}+\frac{2}{4+n^2}+\frac{3}{9+n^2}+\cdots+\frac{n}{2n^2}\right)$ （東海大）

(2) $\lim_{n\to\infty}\log\left\{\left(\frac{n+1}{n}\right)^{\frac{1}{n}}\left(\frac{n+2}{n}\right)^{\frac{1}{n}}\cdots\left(\frac{2n}{n}\right)^{\frac{1}{n}}\right\}$

(3) $\lim_{n\to\infty}\frac{1}{n^3}\sum_{k=1}^{n}k^2\sin\frac{k}{n}\pi$

(4) $\lim_{n\to\infty}\sum_{k=n+1}^{3n}\frac{1}{\sqrt{nk}}$

➡p.362 問題171

例題 172 区分求積法〔2〕 ★★★☆

極限値 $\lim_{n\to\infty}\frac{1}{n}\sqrt[n]{(n+1)(n+2)\cdots(2n)}$ を求めよ。

思考のプロセス

$\frac{1}{n}\sqrt[n]{(n+1)(n+2)\cdots(2n)}=\cdots=\underbrace{\left(\frac{n+1}{n}\cdot\frac{n+2}{n}\cdot\cdots\cdot\frac{n+n}{n}\right)^{\frac{1}{n}}}_{\text{積の形①}}$

既知の問題に帰着 積を和の形にするために，対数をとる。

$\log① = \log\underbrace{\left(\frac{n+1}{n}\cdot\frac{n+2}{n}\cdot\cdots\cdot\frac{n+n}{n}\right)^{\frac{1}{n}}} = \frac{1}{n}\underbrace{\left(\log\frac{n+1}{n}+\log\frac{n+2}{n}+\cdots+\log\frac{n+n}{n}\right)}_{\text{区分求積法が利用できる}}$

Action» n 項の積の極限値は，対数をとって区分求積法を利用せよ

解 $a_n=\frac{1}{n}\sqrt[n]{(n+1)(n+2)\cdots(2n)}$ とおくと

$$a_n=\left\{\frac{(n+1)(n+2)\cdots(2n)}{n^n}\right\}^{\frac{1}{n}}$$

$$=\left(\frac{n+1}{n}\cdot\frac{n+2}{n}\cdot\cdots\cdot\frac{n+n}{n}\right)^{\frac{1}{n}}$$

両辺の自然対数をとると

$$\log a_n=\log\left\{\left(1+\frac{1}{n}\right)\left(1+\frac{2}{n}\right)\cdots\left(1+\frac{n}{n}\right)\right\}^{\frac{1}{n}}$$

◀ $a_n>0$ より，真数条件を満たしている。

$$=\frac{1}{n}\left\{\log\left(1+\frac{1}{n}\right)+\log\left(1+\frac{2}{n}\right)+\cdots+\log\left(1+\frac{n}{n}\right)\right\}$$

◀ $\log M^r=r\log M$
$\log MN=\log M+\log N$

$$=\frac{1}{n}\sum_{k=1}^{n}\log\left(1+\frac{k}{n}\right)$$

◀ 1，2，3，…と変化する部分に着目し，k とおく。

よって

例題 171

$$\lim_{n\to\infty}\log a_n=\lim_{n\to\infty}\frac{1}{n}\sum_{k=1}^{n}\log\left(1+\frac{k}{n}\right)=\int_0^1\log(1+x)dx$$

◀ 部分積分法を用いる。
$\int_0^1\log(1+x)dx=\int_1^2\log t\,dt$
として，計算してもよい。

$$=\int_0^1(1+x)'\log(1+x)dx$$

$$=\Big[(1+x)\log(1+x)\Big]_0^1-\int_0^1 dx$$

$$=2\log 2-1=\log\frac{4}{e}$$

◀ $\lim_{n\to\infty}\log a_n=\log k$ の形にして，真数を比較する。

ゆえに $\lim_{n\to\infty}a_n=\frac{4}{e}$

◀ 関数 $\log x$ は $x>0$ で連続であるから
$\lim_{n\to\infty}\log a_n=\log(\lim_{n\to\infty}a_n)$

したがって

$$\lim_{n\to\infty}\frac{1}{n}\sqrt[n]{(n+1)(n+2)\cdots(2n)}=\frac{4}{e}$$

練習 172 極限値 $\lim_{n\to\infty}\frac{1}{n}\sqrt[n]{(2n+1)(2n+2)\cdots(3n)}$ を求めよ。

➡p.362 問題172

例題 173 図形と区分求積法

D ★★☆☆

Oを中心とする半径1の円 C の内部に中心と異なる定点Aがある。半直線OAと C との交点を P_0 とし，P_0 を起点として C の周を n 等分する点を反時計回りに順に P_0，P_1，P_2，$\cdots$，$P_n = P_0$ とする。Aと P_k の距離を AP_k とするとき，$\displaystyle\lim_{n\to\infty}\frac{1}{n}\sum_{k=1}^{n}AP_k{}^2$ を求めよ。ただし，$OA = a$ とする。

（群馬大）

思考のプロセス

図をかく

座標平面上に円 C をかくと　P_k（□，□）←n と k の式

よって

$$\lim_{n\to\infty}\frac{1}{n}\sum_{k=1}^{n}AP_k{}^2 = \lim_{n\to\infty}\frac{1}{n}\sum_{k=1}^{n}(n\text{と}k\text{の式})$$

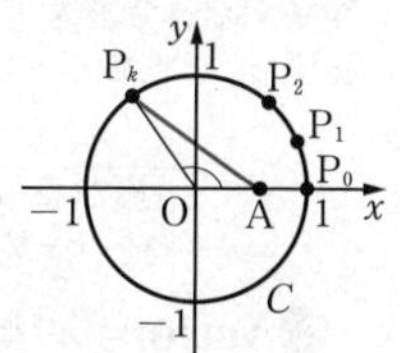

« ReAction 無限級数 $\displaystyle\lim_{n\to\infty}\frac{1}{n}\sum_{k=1}^{n}f\left(\frac{k}{n}\right)$ は，定積分 $\displaystyle\int_0^1 f(x)\,dx$ とせよ ◀例題 171

解 座標平面上で，中心Oを原点，半直線OAを x 軸の正の部分と重なるように考えると，点 P_0 の座標は $(1,\ 0)$，定点Aは $(a,\ 0)$ となる。

◀点Aを x 軸上にとり，適切な座標を設定する。

このとき，点 P_k の座標は

$$P_k\left(\cos\frac{2k\pi}{n},\ \sin\frac{2k\pi}{n}\right)$$

と表される。よって

◀$\angle P_{k-1}OP_k = \dfrac{2\pi}{n}$　$(k = 1,\ 2,\ \cdots,\ n)$ より　$\angle P_0OP_k = \dfrac{2k\pi}{n}$

$$\begin{aligned}\frac{1}{n}\sum_{k=1}^{n}AP_k{}^2 &= \frac{1}{n}\sum_{k=1}^{n}\left\{\left(\cos\frac{2k\pi}{n}-a\right)^2+\left(\sin\frac{2k\pi}{n}-0\right)^2\right\}\\ &= \frac{1}{n}\sum_{k=1}^{n}\left(a^2-2a\cos\frac{2k\pi}{n}+1\right)\\ &= (a^2+1)-2a\cdot\frac{1}{n}\sum_{k=1}^{n}\cos\left(2\pi\cdot\frac{k}{n}\right)\end{aligned}$$

例題171

◀$\triangle AOP_k$ について余弦定理により $AP_k{}^2 = a^2+1-2\cdot a\cdot 1\cdot\cos\dfrac{2k\pi}{n}$ としてもよい。

したがって

$$\begin{aligned}\lim_{n\to\infty}\frac{1}{n}\sum_{k=1}^{n}AP_k{}^2 &= (a^2+1)-2a\int_0^1\cos 2\pi x\,dx\\ &= (a^2+1)-2a\left[\frac{1}{2\pi}\sin 2\pi x\right]_0^1 = \boldsymbol{a^2+1}\end{aligned}$$

◀$\Big[\sin 2\pi x\Big]_0^1 = 0$

練習 173 円 $x^2+y^2=a^2$ $(a>0)$ 上に2点 $A(a,\ 0)$，$B(-a,\ 0)$ があり，弧AB上に $n-1$ 個の分点をとって弧ABを n 等分する。それらの分点をAに近い方から順に P_1，P_2，$\cdots$，P_{n-1} とする。各分点 P_k から直線ABに下ろした垂線の長さを l_k とするとき，$\displaystyle\lim_{n\to\infty}\frac{1}{n}\sum_{k=1}^{n-1}l_k$ を求めよ。

（大阪府立大）

➡p.362 問題173

例題 174 確率と区分求積法 ★★★☆

> n 個の球を $2n$ 個の箱へ投げ入れる。各球はいずれかの箱に入るものとし，どの箱に入る確率も等しいとする。どの箱にも 1 個以下の球しか入っていない確率を p_n とする。このとき，極限値 $\lim_{n\to\infty}\dfrac{\log p_n}{n}$ を求めよ。（京都大　改）

思考のプロセス

« ReAction 確率の計算では，同じ硬貨・さいころ・球でもすべて区別して考えよ ◀ⅠA 例題 214

段階的に考える

まず p_n を求める ⟹ **n 個の球は区別**して考える。

$$p_n=\frac{(\underline{\quad\quad}\text{となる場合の数})}{(\textbf{異なる}\ n\ \text{個の球が}\ 2n\ \text{個の箱に入る場合の数})}$$

$=$（積や指数を含む式）

⟵ 区別した n 個の球を $2n$ 個の箱から n 個の箱を選んで入れる入れ方

« ReAction n 項の積の極限値は，対数をとって区分求積法を利用せよ ◀例題 172

解 n 個の球が $2n$ 個の箱に入る場合の数は　$(2n)^n$ 通り

◀球は区別して考える。

どの箱にも 1 個以下の球しか入らないような n 個の球の入り方は　${}_{2n}\mathrm{P}_n$ 通り

◀$2n$ 個の箱から，球を入れる n 個の箱を選び，どの球が入るか考える。球は区別して考えるから ${}_{2n}\mathrm{C}_n$ ではなく ${}_{2n}\mathrm{P}_n$ である。

よって　$p_n=\dfrac{{}_{2n}\mathrm{P}_n}{(2n)^n}$

ゆえに

$$\lim_{n\to\infty}\frac{\log p_n}{n}=\lim_{n\to\infty}\frac{1}{n}\log\frac{{}_{2n}\mathrm{P}_n}{(2n)^n}$$

$$=\lim_{n\to\infty}\frac{1}{n}\log\frac{(2n)(2n-1)(2n-2)\cdot\cdots\cdot\{2n-(n-1)\}}{(2n)^n}$$

$$=\lim_{n\to\infty}\frac{1}{n}\left\{\log\frac{2n}{2n}+\log\frac{2n-1}{2n}+\log\frac{2n-2}{2n}+\cdots+\log\frac{2n-(n-1)}{2n}\right\}$$

例題 171

$$=\lim_{n\to\infty}\frac{1}{n}\sum_{k=0}^{n-1}\log\frac{2n-k}{2n}$$

$$=\lim_{n\to\infty}\frac{1}{n}\sum_{k=0}^{n-1}\log\left(1-\frac{1}{2}\cdot\frac{k}{n}\right)=\int_0^1\log\left(1-\frac{1}{2}x\right)dx$$

◀$\displaystyle\int\log x\,dx=x\log x-x+C$

$$=\left[-2\left\{\left(1-\frac{1}{2}x\right)\log\left(1-\frac{1}{2}x\right)-\left(1-\frac{1}{2}x\right)\right\}\right]_0^1=\mathbf{\log 2-1}$$

◀$-2\left\{\left(\dfrac{1}{2}\log\dfrac{1}{2}-\dfrac{1}{2}\right)-(-1)\right\}$

練習 174 1 から n までの数字が 1 つずつ書かれた n 枚のカードがある。次の [1]，[2]，[3] の操作を順に行う。

[1]　n 枚のカードから 1 枚取り出し数字を見る。

[2]　[1] の数字と同じ個数の赤球と n 個の白球を袋に入れる。

[3]　袋から 1 個の球を取り出す。

取り出された球が白球である確率を P_n とおくとき，$\lim_{n\to\infty}P_n$ を求めよ。

（奈良女子大　改）

➡p.362 問題174

D 頻出

★★☆☆

例題 175 定積分と不等式〔1〕

(1) $0 \leqq x \leqq \dfrac{1}{2}$ のとき $1 \leqq \dfrac{1}{\sqrt{1-x^3}} \leqq \dfrac{1}{\sqrt{1-x^2}}$ が成り立つことを示せ。

(2) (1)を用いて，不等式 $\dfrac{1}{2} < \displaystyle\int_0^{\frac{1}{2}} \dfrac{dx}{\sqrt{1-x^3}} < \dfrac{\pi}{6}$ を証明せよ。

思考のプロセス

(1) **逆向きに考える**

結論___ $\Longrightarrow 1 \geqq \sqrt{1-x^3} \geqq \sqrt{1-x^2}$ を示せばよい。

$\Longrightarrow 1 \geqq 1-x^3 \geqq 1-x^2$ を示せばよい。

(2) $\displaystyle\int_0^{\frac{1}{2}} \dfrac{dx}{\sqrt{1-x^3}}$ は直接計算できない。 **前問の結果の利用**

$$1 \leqq \frac{1}{\sqrt{1-x^3}} \leqq \frac{1}{\sqrt{1-x^2}}$$

0 から $\frac{1}{2}$ まで積分

$$\underbrace{\int_0^{\frac{1}{2}} 1\,dx}_{\text{計算できる}} < \int_0^{\frac{1}{2}} \frac{dx}{\sqrt{1-x^3}} < \underbrace{\int_0^{\frac{1}{2}} \frac{dx}{\sqrt{1-x^2}}}_{\text{計算できる}}$$

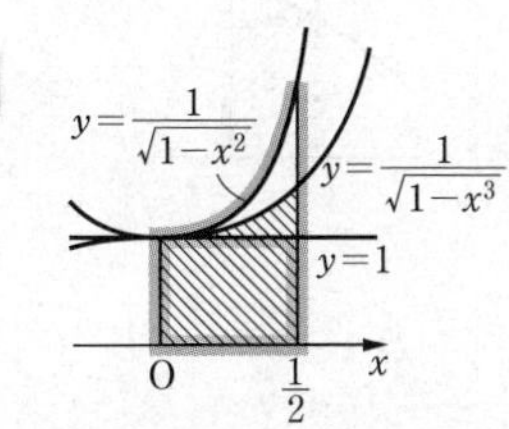

Action» 定積分を含む不等式は，区間における被積分関数の大小関係を利用せよ

解 (1) $0 \leqq x \leqq \dfrac{1}{2}$ のとき，$0 \leqq x^3 \leqq x^2 < 1$ であるから

$$0 < 1-x^2 \leqq 1-x^3 \leqq 1$$

◀ $-1 < -x^2 \leqq -x^3 \leqq 0$ であるから，各辺に 1 を加える。

よって　$0 < \sqrt{1-x^2} \leqq \sqrt{1-x^3} \leqq 1$

ゆえに　$1 \leqq \dfrac{1}{\sqrt{1-x^3}} \leqq \dfrac{1}{\sqrt{1-x^2}}$

◀ $A>0$，$B>0$ のとき $A \leqq B \iff \dfrac{1}{B} \leqq \dfrac{1}{A}$

(2) (1)の不等式において，等号が成り立つのは $x=0$ のときのみであるから

◀ ❗ $0 \leqq x \leqq \dfrac{1}{2}$ において常に等号が成り立つのではないから，次の行の不等式は等号が成り立たない。

$$\underbrace{\int_0^{\frac{1}{2}} dx}_{①} < \int_0^{\frac{1}{2}} \frac{dx}{\sqrt{1-x^3}} < \underbrace{\int_0^{\frac{1}{2}} \frac{dx}{\sqrt{1-x^2}}}_{②}$$

ここで　$\underbrace{\displaystyle\int_0^{\frac{1}{2}} dx}_{①} = \Big[x\Big]_0^{\frac{1}{2}} = \dfrac{1}{2}$

x	$0 \to \frac{1}{2}$
θ	$0 \to \frac{\pi}{6}$

例題156

また，$x = \sin\theta$ とおくと　$\dfrac{dx}{d\theta} = \cos\theta$

◀ $dx = \cos\theta d\theta$

$$\underbrace{\int_0^{\frac{1}{2}} \frac{dx}{\sqrt{1-x^2}}}_{②} = \int_0^{\frac{\pi}{6}} \frac{\cos\theta}{\sqrt{1-\sin^2\theta}} d\theta = \int_0^{\frac{\pi}{6}} d\theta = \frac{\pi}{6}$$

◀ $\sqrt{1-\sin^2\theta} = \sqrt{\cos^2\theta} = |\cos\theta|$
$0 \leqq \theta \leqq \dfrac{\pi}{6}$ のとき $\cos\theta > 0$ であるから $|\cos\theta| = \cos\theta$

したがって　$\dfrac{1}{2} < \displaystyle\int_0^{\frac{1}{2}} \dfrac{dx}{\sqrt{1-x^3}} < \dfrac{\pi}{6}$

練習 175 (1) $0 \leqq x \leqq 2$ のとき，$\dfrac{1}{(x+1)^2} \leqq \dfrac{1}{x^3+1} \leqq 1$ であることを示せ。

(2) (1)を用いて，不等式 $\dfrac{2}{3} < \displaystyle\int_0^2 \dfrac{dx}{x^3+1} < 2$ を証明せよ。

➡p.362 問題175

例題 176 数列の和の不等式と定積分〔1〕

D 頻出 ★★★☆

n を自然数とするとき，次の不等式を証明せよ。

$$\frac{2}{3}n\sqrt{n} < \sqrt{1}+\sqrt{2}+\sqrt{3}+\cdots+\sqrt{n} < \frac{2}{3}(n+1)\sqrt{n+1}$$

思考のプロセス

$\sqrt{1}+\sqrt{2}+\sqrt{3}+\cdots+\sqrt{n}=\sum_{k=1}^{n}\sqrt{k}$ は n の式で表すことができない。

図で考える　$y=\sqrt{x}$ のグラフを考え，面積の大小から不等式をつくる。

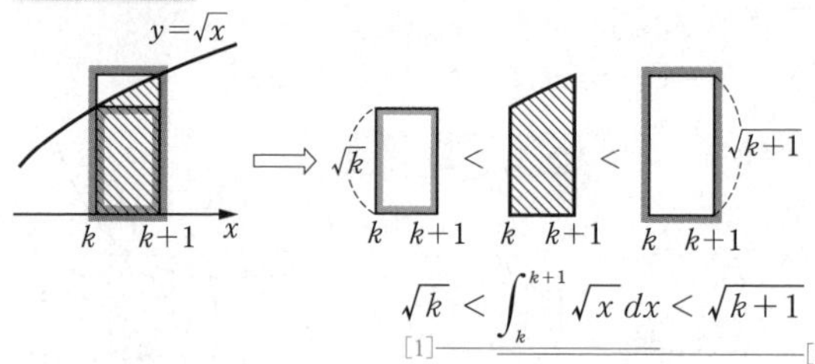

$$\sqrt{k} < \int_k^{k+1}\sqrt{x}\,dx < \sqrt{k+1}$$

［1］　　　　　　　　　　［2］

［1］で，$k=1,\ 2,\ 3,\ \cdots,\ n$ として加えると左辺から
［2］で，$k=0,\ 1,\ 2,\ \cdots,\ n-1$ として加えると右辺から
$\sum_{k=1}^{n}\sqrt{k}$ が現れる。

Action» 数列の和の不等式は，長方形との面積の大小関係を利用せよ

解　$y=\sqrt{x}$ は $x \geqq 0$ で単調増加するから，0 以上の整数 k に対して，
$k \leqq x \leqq k+1$ のとき

$$\sqrt{k} \leqq \sqrt{x} \leqq \sqrt{k+1}$$

等号が成り立つのは，$x=k,\ k+1$ のときのみであるから

$$\int_k^{k+1}\sqrt{k}\,dx < \int_k^{k+1}\sqrt{x}\,dx < \int_k^{k+1}\sqrt{k+1}\,dx$$

$$\sqrt{k} < \int_k^{k+1}\sqrt{x}\,dx < \sqrt{k+1} \quad \cdots ①$$

① の左側の不等式において，$k=1,\ 2,\ \cdots,\ n$ として辺々を加えると

$$\sum_{k=1}^{n}\sqrt{k} < \sum_{k=1}^{n}\int_k^{k+1}\sqrt{x}\,dx \quad \cdots ②$$

ここで

$$(\text{右辺}) = \int_1^{n+1}\sqrt{x}\,dx = \left[\frac{2}{3}x^{\frac{3}{2}}\right]_1^{n+1}$$

$$= \frac{2}{3}(n+1)\sqrt{n+1}-\frac{2}{3}$$

$$< \frac{2}{3}(n+1)\sqrt{n+1}$$

② より

$$\sqrt{1}+\sqrt{2}+\sqrt{3}+\cdots+\sqrt{n} < \frac{2}{3}(n+1)\sqrt{n+1} \quad \cdots ③$$

◀ ❗ $k \leqq x \leqq k+1$ において常に等号が成り立つのではないから，① の等号は成り立たない。

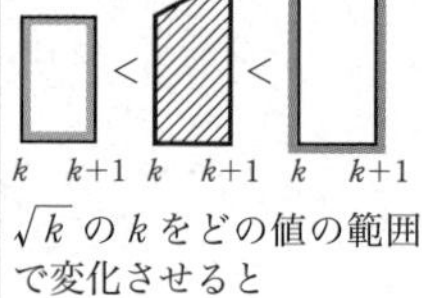

◀ $\sqrt{k}$ の k をどの値の範囲で変化させると $\sqrt{1}+\sqrt{2}+\cdots+\sqrt{n}$ になるか考える。

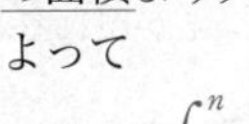

① の右側の不等式において，$k=0,\ 1,\ 2,\ \cdots,\ n-1$ として辺々を加えると

$$\sum_{k=0}^{n-1}\int_k^{k+1}\sqrt{x}\,dx<\sum_{k=0}^{n-1}\sqrt{k+1}\qquad\cdots④$$

◀ $\sqrt{k+1}$ の k をどの値の範囲で変化させると $\sqrt{1}+\sqrt{2}+\cdots\sqrt{n}$ になるか考える。

ここで

$$(\text{左辺})=\int_0^n\sqrt{x}\,dx=\left[\frac{2}{3}x^{\frac{3}{2}}\right]_0^n=\frac{2}{3}n\sqrt{n}$$

④ より

$$\frac{2}{3}n\sqrt{n}<\sqrt{1}+\sqrt{2}+\sqrt{3}+\cdots+\sqrt{n}\qquad\cdots⑤$$

したがって，③，⑤ より

$$\frac{2}{3}n\sqrt{n}<\sqrt{1}+\sqrt{2}+\sqrt{3}+\cdots+\sqrt{n}<\frac{2}{3}(n+1)\sqrt{n+1}$$

〔別解〕

$S_n=\sqrt{1}+\sqrt{2}+\sqrt{3}+\cdots+\sqrt{n}$ とおく。

S_n は右の図の長方形の面積の和を表し，曲線 $y=\sqrt{x}$ と x 軸と直線 $x=n$ で囲まれた図形の面積より大きい。

◀ それぞれの長方形の底辺の長さは1，高さは $\sqrt{1}$，$\sqrt{2}$，$\cdots$，$\sqrt{n}$ であるから，面積も $\sqrt{1}$，$\sqrt{2}$，$\cdots$，$\sqrt{n}$ である。

よって

$$S_n>\int_0^n\sqrt{x}\,dx=\int_0^n x^{\frac{1}{2}}\,dx$$
$$=\left[\frac{2}{3}x^{\frac{3}{2}}\right]_0^n=\frac{2}{3}n\sqrt{n}\qquad\cdots①$$

◀ グラフの上側に長方形をつくるから (長方形の面積の和) >

また，S_n は右の図の長方形の面積の和を表し，曲線 $y=\sqrt{x}$ と x 軸と直線 $x=1,\ x=n+1$ で囲まれた図形の面積より小さい。

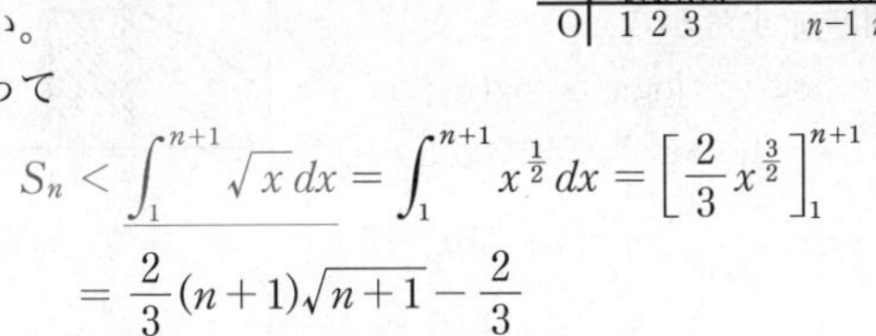

◀ それぞれの長方形の底辺の長さは1，高さは $\sqrt{1}$，$\sqrt{2}$，$\cdots$，$\sqrt{n}$ であるから，面積も $\sqrt{1}$，$\sqrt{2}$，$\cdots$，$\sqrt{n}$ である。

よって

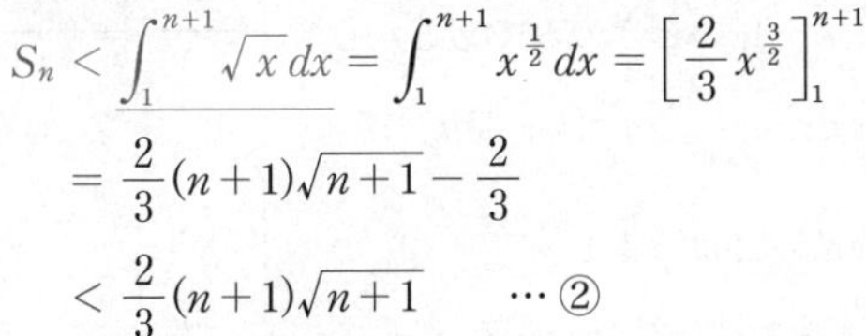

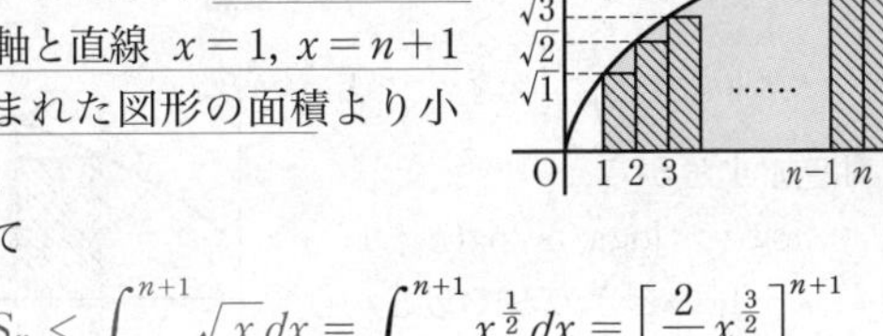

$$S_n<\int_1^{n+1}\sqrt{x}\,dx=\int_1^{n+1}x^{\frac{1}{2}}\,dx=\left[\frac{2}{3}x^{\frac{3}{2}}\right]_1^{n+1}$$
$$=\frac{2}{3}(n+1)\sqrt{n+1}-\frac{2}{3}$$
$$<\frac{2}{3}(n+1)\sqrt{n+1}\qquad\cdots②$$

◀ グラフの下側に長方形をつくるから (長方形の面積の和) <

したがって，①，② より

$$\frac{2}{3}n\sqrt{n}<\sqrt{1}+\sqrt{2}+\sqrt{3}+\cdots+\sqrt{n}<\frac{2}{3}(n+1)\sqrt{n+1}$$

練習 176 n を2以上の自然数とするとき，次の不等式を証明せよ。

$$\log(n+1)<1+\frac{1}{2}+\frac{1}{3}+\cdots+\frac{1}{n}<1+\log n$$

➡ p.362 問題176

例題 177 数列の和の不等式と定積分〔2〕 ★★★★

(1) 自然数 n に対して，次の不等式を証明せよ。

$$n\log n - n + 1 \leqq \log(n!) \leqq (n+1)\log(n+1) - n$$

(2) 次の極限の収束，発散を調べ，収束するときにはその極限値を求めよ。

$$\lim_{n\to\infty}\frac{\log(n!)}{n\log n - n}$$

(東京都立大)

思考のプロセス

(1) **既知の問題に帰着**

$\log(n!) = \log 1 + \log 2 + \log 3 + \cdots + \log n = \sum_{k=1}^{n}\log k$ ← 数列の和

«ReAction 数列の和の不等式は，長方形との面積の大小関係を利用せよ ◀例題 176

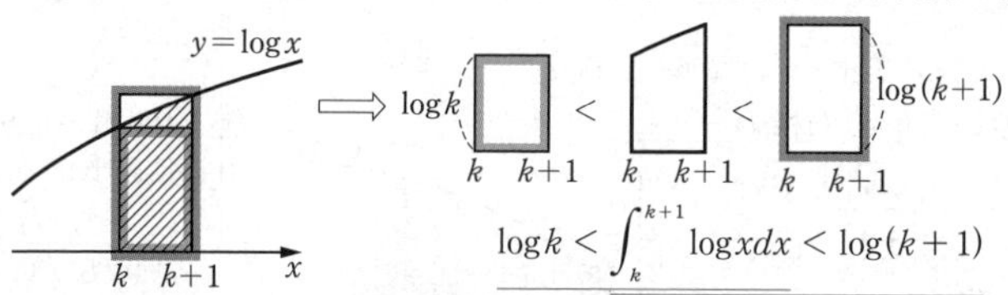

$$\log k < \int_k^{k+1}\log x\,dx < \log(k+1)$$

それぞれ k をどのように変化させると $\sum_{k=1}^{n}\log k$ が現れるか？

(2) **«ReAction 直接求めにくい極限値は，はさみうちの原理を用いよ** ◀例題 25

(1) より $n\log n - n + 1 \leqq \log(n!) \leqq (n+1)\log(n+1) - n$

$$\frac{n\log n - n + 1}{n\log n - n} \leqq \frac{\log(n!)}{n\log n - n} \leqq \frac{(n+1)\log(n+1) - n}{n\log n - n}$$

極限値が一致することを示す

解 (1) $\log(n!) = \log 1 + \log 2 + \cdots + \log n = \sum_{k=1}^{n}\log k$ …①

例題 176

$y = \log x$ は $x > 0$ で単調増加するから，

$k \leqq x \leqq k+1$ において $\log k \leqq \log x \leqq \log(k+1)$

等号が成り立つのは，$x = k,\ k+1$ のときのみであるから

$$\int_k^{k+1}\log k\,dx < \int_k^{k+1}\log x\,dx < \int_k^{k+1}\log(k+1)dx$$

$$\log k < \int_k^{k+1}\log x\,dx < \log(k+1) \quad \cdots ②$$

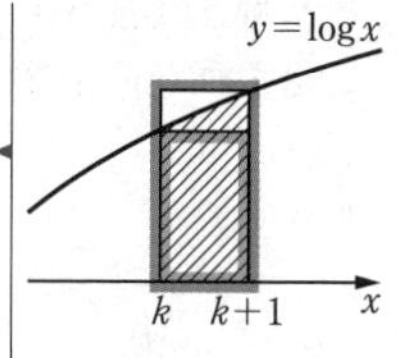

② の左側の不等式において，$k = 1,\ 2,\ \cdots,\ n$ として

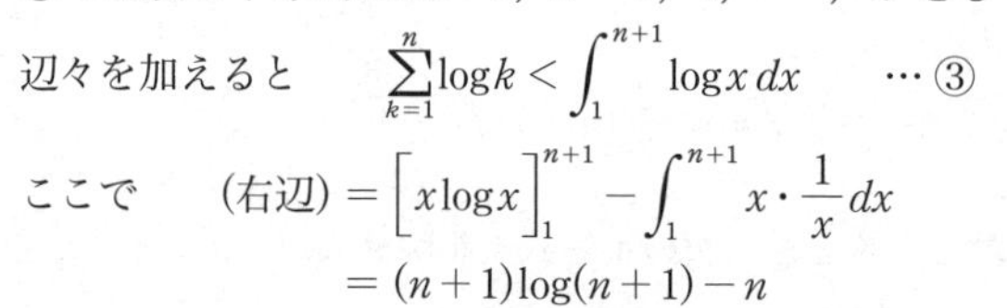

辺々を加えると $\sum_{k=1}^{n}\log k < \int_1^{n+1}\log x\,dx$ …③

ここで (右辺) $= \Big[x\log x\Big]_1^{n+1} - \int_1^{n+1} x\cdot\frac{1}{x}dx$

$= (n+1)\log(n+1) - n$

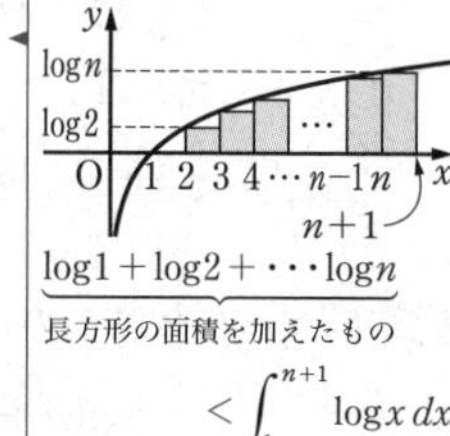

$\log 1 + \log 2 + \cdots \log n$
長方形の面積を加えたもの
$< \int_1^{n+1}\log x\,dx$

①，③ より　　$\log(n!) < (n+1)\log(n+1) - n$　　…④

次に，② の右側の不等式において，

$k=1,\ 2,\ \cdots,\ n-1\ (n \geqq 2)$ として辺々を加えると

$$\int_1^n \log x\,dx < \sum_{k=1}^{n-1}\log(k+1)$$

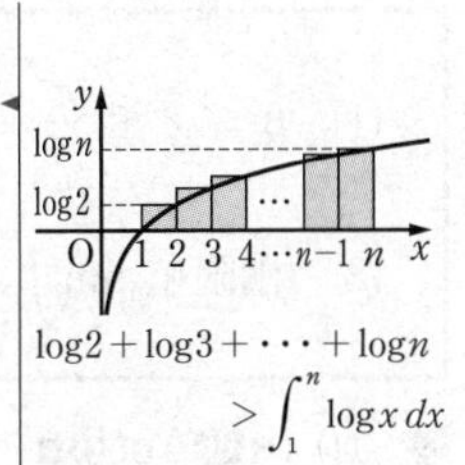

ここで　　$(\text{左辺}) = \Big[x\log x\Big]_1^n - \int_1^n x\cdot\frac{1}{x}\,dx$

$= n\log n - n + 1$

$(\text{右辺}) = \log 2 + \log 3 + \cdots + \log n$

$= \log(2\cdot3\cdot\cdots\cdot n) = \log(n!)$

よって　　$n\log n - n + 1 < \log(n!)$

この式に $n=1$ を代入すると $(\text{左辺})=0$，$(\text{右辺})=0$

であるから　　$n\log n - n + 1 \leqq \log(n!)$　　…⑤

④，⑤ より，自然数 n に対して

$$n\log n - n + 1 \leqq \log(n!) \leqq (n+1)\log(n+1) - n$$

(2)　$n \geqq 3$ のとき，(1) の不等式の各辺を

$n\log n - n = n(\log n - 1) > 0$ で割ると

$$\frac{n\log n - n + 1}{n\log n - n} \leqq \frac{\log(n!)}{n\log n - n} \leqq \frac{(n+1)\log(n+1) - n}{n\log n - n}$$

例題 25

ここで，$n \to \infty$ のとき　　$(\text{左辺}) = 1 + \dfrac{1}{n(\log n - 1)} \to 1$

$$(\text{右辺}) = \frac{\dfrac{(n+1)\log(n+1)}{n\log n} - \dfrac{1}{\log n}}{1 - \dfrac{1}{\log n}}$$

$$= \frac{\left(1+\dfrac{1}{n}\right)\dfrac{\log n + \log\left(1+\dfrac{1}{n}\right)}{\log n} - \dfrac{1}{\log n}}{1 - \dfrac{1}{\log n}}$$

$$= \frac{\left(1+\dfrac{1}{n}\right)\left\{1 + \dfrac{1}{\log n}\cdot\log\left(1+\dfrac{1}{n}\right)\right\} - \dfrac{1}{\log n}}{1 - \dfrac{1}{\log n}} \to 1$$

したがって，はさみうちの原理より，与えられた極限は

収束し，その極限値は　　$\displaystyle \lim_{n\to\infty}\frac{\log(n!)}{n\log n - n} = 1$

◀ $\log 2 + \log 3 + \cdots + \log n > \displaystyle\int_1^n \log x\,dx$

◀ $2\cdot3\cdot\cdots\cdot n = 1\cdot2\cdot\cdots\cdot n = n!$

◀ 右側の不等式の等号が成り立つことはない。

◀ ❗ $n \to \infty$ を考えるから，$n \geqq 3$ としてよい。$n \geqq 3$ のとき，$n \geqq 3 > e$ より $\log n > 1$

◀ $\dfrac{(n\log n - n) + 1}{n\log n - n} = 1 + \dfrac{1}{n\log n - n}$

◀ $\log(n+1) = \log\left\{n\left(1+\dfrac{1}{n}\right)\right\} = \log n + \log\left(1+\dfrac{1}{n}\right)$

練習 177　$k > 0$，n を 2 以上の自然数とするとき

(1)　$\log k < \displaystyle\int_k^{k+1} \log x\,dx < \log(k+1)$ が成り立つことを示せ。

(2)　$n\log n - n + 1 < \displaystyle\sum_{k=1}^{n}\log k < (n+1)\log n - n + 1$ が成り立つことを示せ。

(3)　極限値 $\displaystyle\lim_{n\to\infty}(n!)^{\frac{1}{n\log n}}$ を求めよ。　　（大阪大）

➡ p.363 問題177

例題 178 定積分と不等式〔2〕 ★★★★

(1) $0 \leqq x \leqq \dfrac{\pi}{2}$ のとき，$\sin x \geqq \dfrac{2}{\pi}x$ であることを示せ。

(2) 極限値 $\displaystyle\lim_{n\to\infty}\int_0^{\frac{\pi}{2}} e^{-n\sin x}dx$ を求めよ。 (大阪市立大 改)

思考のプロセス

(1) **«ReAction 不等式の証明は，(左辺)−(右辺) $= f(x)$ の最小値や単調性を利用せよ** ◀例題 122

$f(x) = \sin x - \dfrac{2}{\pi}x$ とおく。

⟹ $0 \leqq x \leqq \dfrac{\pi}{2}$ において ($f(x)$ の最小値) $\geqq 0$ を示す。

(2) $\displaystyle\int_0^{\frac{\pi}{2}} e^{-n\sin x}dx$ は n の式で表すことができない。

«ReAction 直接求めにくい極限値は，はさみうちの原理を用いよ ◀例題 25

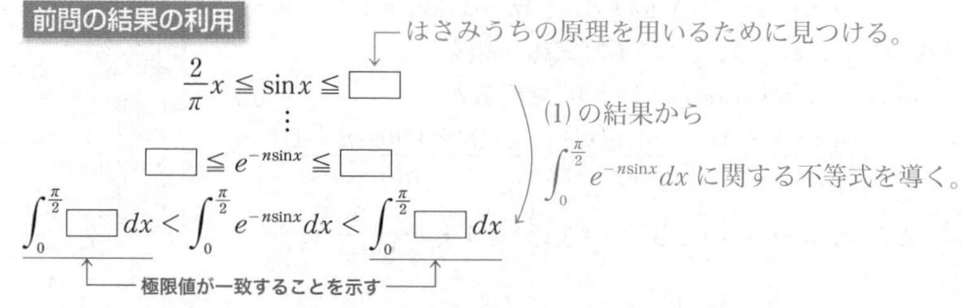

解 例題122

(1) $f(x) = \sin x - \dfrac{2}{\pi}x$ とおくと

$$f'(x) = \cos x - \frac{2}{\pi}$$

$y = \cos x$ は $0 \leqq x \leqq \dfrac{\pi}{2}$ で単調減少し，

$0 < \dfrac{2}{\pi} < 1$ であるから，$f'(x) = 0$ を満たす x の値が

$0 \leqq x \leqq \dfrac{\pi}{2}$ の範囲にただ1つ存在する。

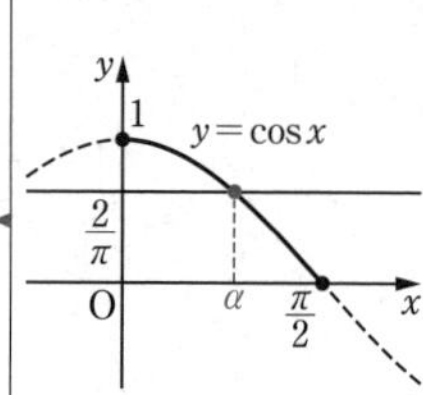

これを α とおくと，$f(x)$ の増減表は右のようになる。

x	0	…	α	…	$\frac{\pi}{2}$
$f'(x)$		+	0	−	
$f(x)$	0	↗	極大	↘	0

◀ ($f(x)$ の最小値) $\geqq 0$ を示したいのであるから，この α を具体的に求める必要はない。

よって，$0 \leqq x \leqq \dfrac{\pi}{2}$ において　$f(x) = \sin x - \dfrac{2}{\pi}x \geqq 0$

したがって　$\sin x \geqq \dfrac{2}{\pi}x$

〔別解〕

$0 \leqq x \leqq \dfrac{\pi}{2}$ において，$y=\sin x$ のグラフは上に凸である。

よって，$y=\sin x$ と $y=\dfrac{2}{\pi}x$ のグラフは右の図のようになる。

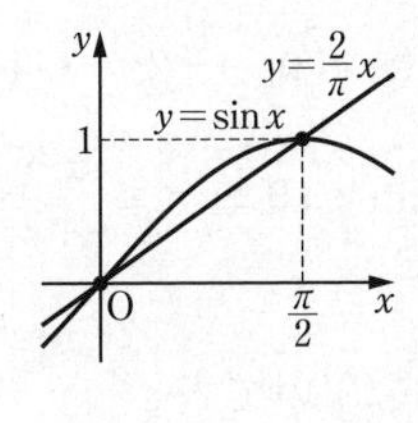

◀ 図で考える
曲線の凹凸を利用する(p.234 **Go Ahead** 10 参照)。
2つのグラフは原点と点 $\left(\dfrac{\pi}{2},\ 1\right)$ で交わる。

したがって，$0 \leqq x \leqq \dfrac{\pi}{2}$ において　$\sin x \geqq \dfrac{2}{\pi}x$

例題175 (2)　(1)より，$0 \leqq x \leqq \dfrac{\pi}{2}$ において，$\dfrac{2}{\pi}x \leqq \sin x \leqq 1$ であるから　$-n \leqq -n\sin x \leqq -\dfrac{2n}{\pi}x$

ここで，$y=e^x$ は単調増加するから

$$e^{-n} \leqq e^{-n\sin x} \leqq e^{-\frac{2n}{\pi}x}$$

等号が成り立つのは，$x=0,\ \dfrac{\pi}{2}$ のときのみであるから

$$\underline{\int_0^{\frac{\pi}{2}} e^{-n}dx}_{①} < \int_0^{\frac{\pi}{2}} e^{-n\sin x}dx < \underline{\int_0^{\frac{\pi}{2}} e^{-\frac{2n}{\pi}x}dx}_{②}$$

◀ 不等式の等号は常に成り立つのではないから，下の積分の不等式は等号が付かない。

ここで　$\underline{\displaystyle\int_0^{\frac{\pi}{2}} e^{-n}dx}_{①} = \Big[e^{-n}x\Big]_0^{\frac{\pi}{2}} = \dfrac{\pi}{2}e^{-n}$

よって　$\displaystyle\lim_{n\to\infty}\int_0^{\frac{\pi}{2}} e^{-n}dx = \lim_{n\to\infty}\frac{\pi}{2}e^{-n} = 0$

◀ $\displaystyle\lim_{n\to\infty}e^{-n}=0$

また

$$\underline{\int_0^{\frac{\pi}{2}} e^{-\frac{2n}{\pi}x}dx}_{②} = \left[-\frac{\pi}{2n}e^{-\frac{2n}{\pi}x}\right]_0^{\frac{\pi}{2}} = -\frac{\pi}{2n}(e^{-n}-1)$$

よって　$\displaystyle\lim_{n\to\infty}\int_0^{\frac{\pi}{2}} e^{-\frac{2n}{\pi}x}dx = \lim_{n\to\infty}\left\{-\frac{\pi}{2n}(e^{-n}-1)\right\} = 0$

◀ $\displaystyle\lim_{n\to\infty}\frac{\pi}{2n}=0$
$\displaystyle\lim_{n\to\infty}e^{-n}=0$

したがって，はさみうちの原理より

$$\boldsymbol{\lim_{n\to\infty}\int_0^{\frac{\pi}{2}} e^{-n\sin x}dx = 0}$$

練習 **178** 次の問に答えよ。

(1)　自然数 n に対して $\displaystyle\int_{\frac{1}{n}}^{\frac{2}{n}} \frac{1}{x}dx$ を求めよ。

(2)　$x>0$ のとき，不等式 $x-\dfrac{x^2}{2} < \log(1+x) < x$ が成り立つことを示せ。

(3)　極限 $\displaystyle\lim_{n\to\infty}\int_{\frac{1}{n}}^{\frac{2}{n}} \frac{1}{x+\log(1+x)}dx$ を求めよ。　(琉球大)

➡ p.363 問題178

4章 13 区分求積法，面積

例題 179 積分漸化式〔3〕 ★★★★

$I_n = \int_0^{\frac{\pi}{4}} \tan^n x\,dx$ $(n = 0,\ 1,\ 2,\ \cdots)$ とおく。ただし，$\tan^0 x = 1$ とする。

(1) $x + 1 - \dfrac{\pi}{4} \geqq \tan x$ $\left(0 \leqq x \leqq \dfrac{\pi}{4}\right)$ が成り立つことを示せ。

(2) $\lim\limits_{n\to\infty} I_n$ を求めよ。

(3) I_{n+2} を n と I_n を用いて表せ。

(4) 無限級数 $\displaystyle\sum_{n=1}^{\infty} \frac{(-1)^{n-1}}{2n-1}$ の和を求めよ。 （旭川医科大　改）

思考のプロセス

(1) « ReAction 不等式の証明は，(左辺)−(右辺) = $f(x)$ の最小値や単調性を利用せよ ◀例題 122

(2) I_n は n の式で表すことができない。

« ReAction 直接求めにくい極限値は，はさみうちの原理を用いよ ◀例題 25

前問の結果の利用

$$\square \leqq \tan x \leqq x + 1 - \frac{\pi}{4}$$

$$\square^n \leqq \tan^n x \leqq \left(x + 1 - \frac{\pi}{4}\right)^n$$

$$\int_0^{\frac{\pi}{4}} \square^n dx \leqq \int_0^{\frac{\pi}{4}} \tan^n x dx \leqq \int_0^{\frac{\pi}{4}} \left(x + 1 - \frac{\pi}{4}\right)^n dx$$

(1) の結果から I_n に関する不等式を導く。

極限値が一致することを示す

(3) « ReAction 積分漸化式は，部分積分法や置換積分法を利用せよ ◀例題 167

$$I_{n+2} = \int_0^{\frac{\pi}{4}} \tan^{n+2} x dx$$

→ 部分積分法の利用

$$I_{n+2} = \int_0^{\frac{\pi}{4}} \tan^{n+1} x \tan x dx$$

⬅ $\tan x = \dfrac{\sin x}{\cos x} = -\dfrac{(\cos x)'}{\cos x}$

$$= \int_0^{\frac{\pi}{4}} \tan^{n+1} x(-\log|\cos x|)' dx = \cdots$$

⟵ 複雑になり，I_n も現れない。

→ 置換積分法の利用

$$\int_0^{\frac{\pi}{4}} \tan^{\circ} x(\tan x)' dx = \int_0^{\frac{\pi}{4}} \tan^{\circ} x \cdot \frac{1}{\cos^2 x} dx \cdots (*)$$ の形をつくりたい。

$$I_{n+2} = \int_0^{\frac{\pi}{4}} \tan^n x \tan^2 x dx$$

$$= \int_0^{\frac{\pi}{4}} \tan^n x \left(\frac{1}{\cos^2 x} - 1\right) dx = \cdots$$

⟵ I_n や (＊) をつくり出す。

(4) (3) より $\dfrac{1}{n+1} = I_n + I_{n+2}$ であるから $\dfrac{1}{2k-1} = I_{\square} + I_{\square}$

$$\sum_{k=1}^{n} \frac{(-1)^{k-1}}{2k-1} = \sum_{k=1}^{n} (-1)^{k-1} (I_{\square} + I_{\square})$$

$$= (I_{\square} + I_{\square}) - (I_{\square} + I_{\square}) + (I_{\square} + I_{\square}) - \cdots + (-1)^{n-1} (I_{\square} + I_{\square})$$

解 例題122 (1)　$f(x)=x+1-\dfrac{\pi}{4}-\tan x$ とおくと

$$f'(x)=1-\frac{1}{\cos^2 x}=-\tan^2 x \leqq 0$$

よって，$f(x)$ は $0 \leqq x \leqq \dfrac{\pi}{4}$ の範囲で単調減少する。

ゆえに，$0 \leqq x \leqq \dfrac{\pi}{4}$ において　$f(x) \geqq f\left(\dfrac{\pi}{4}\right)=0$

すなわち　　$x+1-\dfrac{\pi}{4} \geqq \tan x$

◀ $1+\tan^2 x=\dfrac{1}{\cos^2 x}$ より
$1-\dfrac{1}{\cos^2 x}=-\tan^2 x$
または
$1-\dfrac{1}{\cos^2 x}=\dfrac{\cos^2 x-1}{\cos^2 x}$
$=-\dfrac{\sin^2 x}{\cos^2 x}$
$=-\tan^2 x$

〔別解〕

$0 \leqq x \leqq \dfrac{\pi}{4}$ において，
$y=\tan x$ のグラフは下に凸であり，$y=\tan x$ と $y=x+1-\dfrac{\pi}{4}$ のグラフは右の図のようになる。

よって，$0 \leqq x \leqq \dfrac{\pi}{4}$ において　　$\tan x \leqq x+1-\dfrac{\pi}{4}$

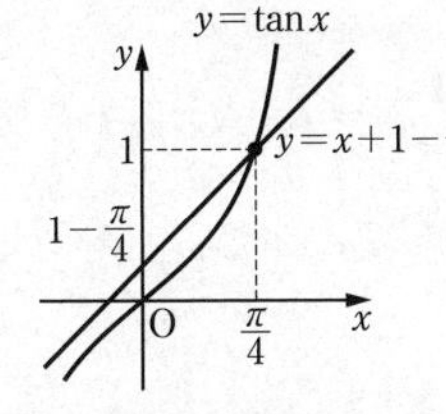

◀ 図で考える
曲線の凹凸を利用する
(p.234 **Go Ahead** 10 参照)。
2つのグラフは点 $\left(\dfrac{\pi}{4},\ 1\right)$ で交わる。

例題178 (2)　(1) より，$0 \leqq x \leqq \dfrac{\pi}{4}$ において $0 \leqq \tan x \leqq x+1-\dfrac{\pi}{4}$

であるから　　$0 \leqq \tan^n x \leqq \left(x+1-\dfrac{\pi}{4}\right)^n$

◀ 各辺を n 乗する。

等号が成り立つのは，$x=0,\ \dfrac{\pi}{4}$ のときのみであるから

$$0<\int_0^{\frac{\pi}{4}} \tan^n x\,dx<\underline{\int_0^{\frac{\pi}{4}}\left(x+1-\frac{\pi}{4}\right)^n dx}_{\text{①}}$$

◀ $0 \leqq x \leqq \dfrac{\pi}{4}$ において常に等号が成り立つのではないから，次の行の等号は成り立たない。

ここで

$$\underline{\int_0^{\frac{\pi}{4}}\left(x+1-\frac{\pi}{4}\right)^n dx}_{\text{①}}=\left[\frac{1}{n+1}\left(x+1-\frac{\pi}{4}\right)^{n+1}\right]_0^{\frac{\pi}{4}}$$

$$=\frac{1}{n+1}\left\{1-\left(1-\frac{\pi}{4}\right)^{n+1}\right\}$$

$0<1-\dfrac{\pi}{4}<1$ であるから

$$\lim_{n\to\infty}\int_0^{\frac{\pi}{4}}\left(x+1-\frac{\pi}{4}\right)^n dx=\lim_{n\to\infty}\frac{1}{n+1}\left\{1-\left(1-\frac{\pi}{4}\right)^{n+1}\right\}$$
$$=0$$

◀ $\displaystyle\lim_{n\to\infty}\left(1-\frac{\pi}{4}\right)^{n+1}=0$
$\displaystyle\lim_{n\to\infty}\frac{1}{n+1}=0$

したがって，はさみうちの原理より

$$\lim_{n\to\infty} I_n=\lim_{n\to\infty}\int_0^{\frac{\pi}{4}}\tan^n x\,dx=\mathbf{0}$$

例題 167 (3) $I_{n+2}=\int_0^{\frac{\pi}{4}}\tan^{n+2}x\,dx=\int_0^{\frac{\pi}{4}}\tan^n x\cdot\tan^2 x\,dx$

$$=\int_0^{\frac{\pi}{4}}\tan^n x\left(\frac{1}{\cos^2 x}-1\right)dx$$

◀ $1+\tan^2 x=\frac{1}{\cos^2 x}$ より $\tan^2 x=\frac{1}{\cos^2 x}-1$

$$=\int_0^{\frac{\pi}{4}}\tan^n x\cdot\frac{1}{\cos^2 x}dx-\int_0^{\frac{\pi}{4}}\tan^n x\,dx$$

$$=\int_0^{\frac{\pi}{4}}\tan^n x\cdot(\tan x)'dx-I_n$$

$$=\left[\frac{1}{n+1}\tan^{n+1}x\right]_0^{\frac{\pi}{4}}-I_n$$

$$=\boldsymbol{\frac{1}{n+1}-I_n}$$

(4) (3)の結果より，$\frac{1}{n+1}=I_n+I_{n+2}$ であり，$n=2k-2$

◀ $n+1=2k-1$ とすると $n=2k-2$

とすると　$\frac{1}{2k-1}=I_{2k-2}+I_{2k}$

よって

$$\sum_{k=1}^{n}\frac{(-1)^{k-1}}{2k-1}=\sum_{k=1}^{n}(-1)^{k-1}(I_{2k-2}+I_{2k})$$

$$=(I_0+I_2)-(I_2+I_4)+(I_4+I_6)-(I_6+I_8)+\cdots+(-1)^{n-1}(I_{2n-2}+I_{2n})$$

◀ 項が打ち消し合う。

$$=I_0+(-1)^{n-1}I_{2n}$$

ここで　$I_0=\int_0^{\frac{\pi}{4}}dx=\Big[x\Big]_0^{\frac{\pi}{4}}=\frac{\pi}{4}$

ゆえに　$\sum_{k=1}^{n}\frac{(-1)^{k-1}}{2k-1}=\frac{\pi}{4}+(-1)^{n-1}I_{2n}$

(2)より $\lim_{n\to\infty}I_{2n}=0$ であるから，$\lim_{n\to\infty}(-1)^{n-1}I_{2n}=0$ であり

◀ $0\leqq|(-1)^{n-1}I_{2n}|=I_{2n}$ よって $\lim_{n\to\infty}(-1)^{n-1}I_{2n}=0$

$$\sum_{n=1}^{\infty}\frac{(-1)^{n-1}}{2n-1}=\lim_{n\to\infty}\sum_{k=1}^{n}\frac{(-1)^{k-1}}{2k-1}$$

$$=\lim_{n\to\infty}\left\{\frac{\pi}{4}+(-1)^{n-1}I_{2n}\right\}=\boldsymbol{\frac{\pi}{4}}$$

練習 179 $I_k=\int_0^{\log 2}(e^x-1)^k dx$（$k=0,\ 1,\ 2,\ \cdots$）とおく。

(1) $0\leqq e^x-1\leqq\frac{x}{\log 2}$（$0\leqq x\leqq\log 2$）が成り立つことを示せ。

(2) I_k+I_{k+1} を k を用いて表せ。

(3) $1-\frac{1}{2}+\frac{1}{3}-\frac{1}{4}+\cdots+(-1)^n\frac{1}{n+1}=I_0+(-1)^nI_{n+1}$（$n=1,\ 2,\ 3,\ \cdots$）が成り立つことを示せ。

(4) $\lim_{n\to\infty}\sum_{k=0}^{n}(-1)^k\frac{1}{k+1}$ を求めよ。　（東京海洋大　改）

➡p.363 問題179

Play Back 14 有名な無限級数

例題 179 (4) の結果は，$\sum$ を用いずに表すと，次のようになります。

$$1-\frac{1}{3}+\frac{1}{5}-\frac{1}{7}+\cdots+\frac{(-1)^{n-1}}{2n-1}+\cdots=\frac{\pi}{4} \quad \cdots ①$$

左辺の無限級数を見て，和に π が現れるなんて，想像もつきませんでした。驚きの結果ですね。

これは **ライプニッツ級数** とよばれる有名な無限級数です。
この級数は，例題 179 とは別に，次のように導くこともできます。

$f_n(x)=\dfrac{1}{1+x^2}-\{1-x^2+x^4-\cdots+(-1)^{n-1}x^{2n-2}\}$ とおくと

$$f_n(x)=\frac{1}{1+x^2}-\frac{1-(-x^2)^n}{1+x^2}=\frac{(-1)^n x^{2n}}{1+x^2}$$

← 等比数列の和

ここで，$0 \leqq x \leqq 1$ において，$\left|\dfrac{(-1)^n}{1+x^2}\right| \leqq 1$ であるから

$$0<\left|\int_0^1 f_n(x)dx\right| \leqq \int_0^1 |f_n(x)|dx \leqq \int_0^1 x^{2n}dx=\frac{1}{2n+1}$$

よって，はさみうちの原理より　$\displaystyle\lim_{n\to\infty}\int_0^1 f_n(x)dx=0$　$\cdots (*)$

一方　$\displaystyle\lim_{n\to\infty}\int_0^1 f_n(x)dx=\lim_{n\to\infty}\int_0^1\left[\frac{1}{1+x^2}-\{1-x^2+x^4-\cdots+(-1)^{n-1}x^{2n-2}\}\right]dx$

$$=\lim_{n\to\infty}\left\{\frac{\pi}{4}-\sum_{k=1}^{n}\frac{(-1)^{k-1}}{2k-1}\right\}=\frac{\pi}{4}-\sum_{n=1}^{\infty}\frac{(-1)^{n-1}}{2n-1} \quad \cdots (**)$$

したがって，$(*)$，$(**)$ より　$\displaystyle\sum_{n=1}^{\infty}\frac{(-1)^{n-1}}{2n-1}=\frac{\pi}{4}$

これ以外にも，次のような有名な無限級数があります。

$$\frac{1}{2}-\frac{1}{4}+\frac{1}{6}-\frac{1}{8}\cdots+\frac{(-1)^{n-1}}{2n}+\cdots=\frac{1}{2}\log 2 \quad \cdots ②$$

← 例題 179 (3) で $n=2k-1$

$$1-\frac{1}{2}+\frac{1}{3}-\frac{1}{4}+\cdots+\frac{(-1)^{n-1}}{n}+\cdots=\log 2 \quad \cdots ③$$

← **メルカトル級数** 練習 179

$$1+\frac{1}{1!}+\frac{1}{2!}+\frac{1}{3!}+\cdots+\frac{1}{n!}+\cdots=e \quad \cdots ④$$

← 問題 179

$$1+\frac{1}{2^2}+\frac{1}{3^2}+\frac{1}{4^2}+\cdots+\frac{1}{n^2}+\cdots=\frac{\pi^2}{6}$$

← **オイラー級数** （大学の内容）

information

①～④ に関連する無限級数は，様々な誘導がついて入試に出題されている。

①：埼玉大学（2012 年），新潟大学（2014 年），名古屋市立大学（2015 年），東京理科大学（2015 年），立命館大学（2018 年）

②：滋賀医科大学（2012 年），旭川医科大学（2016 年），立命館大学（2018 年）

③：東京海洋大学（2014 年），名古屋市立大学（2015 年），同志社大学（2016 年）

④：茨城大学（2012 年），鹿児島大学（2012 年），高知工科大学（2014 年）

Play Back 15 有名な積分漸化式

例題 167，179 において，積分漸化式を扱いました。
ここでは，入試に頻出の積分漸化式についてまとめておきましょう。

入試でよく出題される積分漸化式は，次の 5 つの基本形があります。
被積分関数の x が $ax+b$ の形になることもあります。

有名な積分漸化式

(1) $I_n=\displaystyle\int_0^{\frac{\pi}{2}}\sin^n x\,dx$　(2) $I_n=\displaystyle\int_0^{\frac{\pi}{2}}\cos^n x\,dx$　(3) $I_n=\displaystyle\int_0^{\frac{\pi}{4}}\tan^n x\,dx$

(4) $I_n=\displaystyle\int_1^{e}(\log x)^n\,dx$　(5) $I_n=\displaystyle\int_0^{1}x^n e^x\,dx$

(1)(2) 例題 167，(3) 例題 179，(4) 練習 167，(5) 問題 167・問題 179

例題 167，179 の思考のプロセスでもまとめているように，積分漸化式の解法のポイントは次の方法でした。

Action» 積分漸化式は，部分積分法や置換積分法を利用せよ

(1)，(2)　$\sin^n x=\sin^{n-1}x\sin x$，$\cos^n x=\cos^{n-1}x\cos x$ とみて，**部分積分法**

$$\begin{aligned}I_n&=\int_0^{\frac{\pi}{2}}\sin^{n-1}x\sin x\,dx\\&=\int_0^{\frac{\pi}{2}}\sin^{n-1}x(-\cos x)'\,dx\\&=\Big[\sin^{n-1}x\cdot(-\cos x)\Big]_0^{\frac{\pi}{2}}-\int_0^{\frac{\pi}{2}}(n-1)\sin^{n-2}x\cos x\cdot(-\cos x)\,dx\\&=(n-1)\int_0^{\frac{\pi}{2}}\sin^{n-2}x(1-\sin^2 x)\,dx\\&=(n-1)(I_{n-2}-I_n)\end{aligned}$$

よって　$\boldsymbol{I_n=\dfrac{n-1}{n}I_{n-2}}$　$\left(I_n=\displaystyle\int_0^{\frac{\pi}{2}}\cos^n x\,dx\right.$ も同様$\left.\right)$

(3)　$\tan^n x=\tan^{n-2}x\tan^2 x$ とみて，**置換積分法**

$$\begin{aligned}I_n&=\int_0^{\frac{\pi}{4}}\tan^{n-2}x\tan^2 x\,dx\\&=\int_0^{\frac{\pi}{4}}\tan^{n-2}x\left(\frac{1}{\cos^2 x}-1\right)dx\\&=\int_0^{\frac{\pi}{4}}\tan^{n-2}x(\tan x)'\,dx-\int_0^{\frac{\pi}{4}}\tan^{n-2}x\,dx\\&=\left[\frac{1}{n-1}\tan^{n-1}x\right]_0^{\frac{\pi}{4}}-I_{n-2}\end{aligned}$$

よって　$\boldsymbol{I_n=\dfrac{1}{n-1}-I_{n-2}}$

(4) $(\log x)^n = 1\cdot(\log x)^n$ とみて，**部分積分法**

$$I_n = \int_1^e 1\cdot(\log x)^n dx = \int_1^e (x)'(\log x)^n dx$$
$$= \Big[x(\log x)^n\Big]_1^e - \int_1^e x\cdot n(\log x)^{n-1}\cdot\frac{1}{x}dx$$
$$= e - n\int_1^e (\log x)^{n-1}dx$$

よって　$\boldsymbol{I_n = e - nI_{n-1}}$

(5) **部分積分法**

← 実際には(4)を $\log x = t$ と置換したものであり，結果は(4)と同じ。

$$I_n = \int_0^1 x^n(e^x)'dx = \Big[x^n e^x\Big]_0^1 - \int_0^1 nx^{n-1}e^x dx$$
$$= e - n\int_0^1 x^{n-1}e^x dx$$

よって　$\boldsymbol{I_n = e - nI_{n-1}}$

このように比較してみると，$I_n = \int_0^{\frac{\pi}{4}} \tan^n x\,dx$ だけ置換積分法を利用しているのですね。

〔発展〕 ウォリスの公式

例題 167 で学習したように，(1)，(2)の積分漸化式から，次が成り立ちました。

$$\begin{cases} I_{2n} = \dfrac{2n-1}{2n}\cdot\dfrac{2n-3}{2n-2}\cdot\dfrac{2n-5}{2n-4}\cdot\cdots\cdot\dfrac{3}{4}\cdot\dfrac{1}{2}\cdot\dfrac{\pi}{2} \\ I_{2n+1} = \dfrac{2n}{2n+1}\cdot\dfrac{2n-2}{2n-1}\cdot\dfrac{2n-4}{2n-3}\cdot\cdots\cdot\dfrac{4}{5}\cdot\dfrac{2}{3} \end{cases}$$

よって　$\dfrac{I_{2n}}{I_{2n+1}} = \dfrac{(2n+1)(2n-1)}{(2n)^2}\cdot\dfrac{(2n-1)(2n-3)}{(2n-2)^2}\cdot\cdots\cdot\dfrac{5\cdot3}{4^2}\cdot\dfrac{3\cdot1}{2^2}\cdot\dfrac{\pi}{2}$　…(＊)

ここで，$0 \leqq x \leqq \dfrac{\pi}{2}$ のとき，$0 \leqq \sin x \leqq 1$ より $0 \leqq \sin^{2n+1}x \leqq \sin^{2n}x \leqq \sin^{2n-1}x$ で

あるから　$0 < I_{2n+1} < I_{2n} < I_{2n-1}$　すなわち　$1 < \dfrac{I_{2n}}{I_{2n+1}} < \dfrac{I_{2n-1}}{I_{2n+1}} = \dfrac{2n+1}{2n}$

$\displaystyle\lim_{n\to\infty}\frac{2n+1}{2n} = 1$ であるから，はさみうちの原理より　$\displaystyle\lim_{n\to\infty}\frac{I_{2n}}{I_{2n+1}} = 1$

よって，(＊) より

$$\lim_{n\to\infty}\frac{(2n+1)(2n-1)}{(2n)^2}\cdot\frac{(2n-1)(2n-3)}{(2n-2)^2}\cdot\cdots\cdot\frac{5\cdot3}{4^2}\cdot\frac{3\cdot1}{2^2}\cdot\frac{\pi}{2} = 1$$

ゆえに　$\displaystyle\lim_{n\to\infty}\frac{(2n+1)(2n-1)}{(2n)^2}\cdot\frac{(2n-1)(2n-3)}{(2n-2)^2}\cdot\cdots\cdot\frac{5\cdot3}{4^2}\cdot\frac{3\cdot1}{2^2} = \frac{2}{\pi}$

これを，記号 $\displaystyle\prod_{n=1}^{\infty}a_n = a_1\times a_2\times a_3\times\cdots$ を用いて表すと　$\displaystyle\prod_{n=1}^{\infty}\frac{(2n+1)(2n-1)}{(2n)^2} = \frac{2}{\pi}$

したがって　$\displaystyle\prod_{n=1}^{\infty}\left(1-\frac{1}{4n^2}\right) = \frac{2}{\pi}$　または　$\displaystyle\prod_{n=1}^{\infty}\frac{(2n)^2}{(2n+1)(2n-1)} = \frac{\pi}{2}$

この式を **ウォリスの公式** といい，π の近似値を求めるのに役立ちます。

例題 180 シュワルツの不等式（積分形） ★★★★

(1) $f(x)$, $g(x)$ はともに区間 $a \leqq x \leqq b$ $(a<b)$ で定義された連続な関数とする。このとき，t を任意の実数として
$\int_a^b \{f(x)+tg(x)\}^2 dx$ を考えることにより，不等式

$$\left\{\int_a^b f(x)g(x)dx\right\}^2 \leqq \int_a^b \{f(x)\}^2 dx \int_a^b \{g(x)\}^2 dx$$

が成り立つことを示せ。また，等号が成り立つ条件を求めよ。
ここで，区間 $a \leqq x \leqq b$ で定義された連続な関数 $h(x)$ が
$\int_a^b \{h(x)\}^2 dx = 0$ ならば，$h(x)$ は区間 $a \leqq x \leqq b$ で常に 0 であることを用いてよい。

(2) $\int_a^b \{f(x)\}^2 dx = 1$ ならば $\int_a^b \frac{1}{\{f(x)\}^2} dx \geqq (b-a)^2$ を証明せよ。

思考のプロセス

(1) $\int_a^b \underline{\{f(x)+tg(x)\}^2} dx$ を考える。
常に 0 以上

$y=\{f(x)+tg(x)\}^2$

a　b　x

⇨ $\int_a^b \{f(x)+tg(x)\}^2 dx \geqq 0$ が常に成り立つ。

⇩ t を変数として整理

« ReAction 上端・下端が定数の定積分は，定数であるから文字でおけ ◀ⅡB 例題 250

$\square t^2 + \square t + \square \geqq 0$ が常に成り立つ。

場合に分ける
→ (ア) t の 1 次式のとき
→ (イ) t の 2 次式のとき
不等式が常に成り立つ条件を考える。

(2) **前問の結果の利用**

(1) の不等式において，$f(x)$，$g(x)$ をどのようにすればよいか？

解 (1) $\{f(x)+tg(x)\}^2 \geqq 0$ であるから，$a<b$ より任意の実数 t に対して　$\int_a^b \{f(x)+tg(x)\}^2 dx \geqq 0$

◀左辺を展開して t について整理する。

例題 162

$$\left(\int_a^b \{g(x)\}^2 dx\right)t^2 + 2\left(\int_a^b f(x)g(x)dx\right)t + \int_a^b \{f(x)\}^2 dx \geqq 0$$

$\int_a^b \{g(x)\}^2 dx = A$, $\int_a^b f(x)g(x)dx = B$,

$\int_a^b \{f(x)\}^2 dx = C$ とおくと

$$At^2 + 2Bt + C \geqq 0 \quad \cdots ①$$

◀証明すべき不等式は $B^2 \leqq AC$

$A = \int_a^b \{g(x)\}^2 dx \geqq 0$ であるから，$A>0$ のときと $A=0$ のときに分けて考える。

◀$\{g(x)\}^2 \geqq 0$ より $A = \int_a^b \{g(x)\}^2 dx \geqq 0$

区間 $a \leqq x \leqq b$ において

IA 106

(ア) $A>0$, すなわち, すべての x について $g(x)=0$ ではないとき

任意の実数 t に対して ① が成り立つ条件は,

2 次方程式 $At^2+2Bt+C=0$ の判別式 D が $D \leqq 0$

$\dfrac{D}{4}=B^2-AC \leqq 0$ より, $B^2 \leqq AC$ であるから

$$\left\{\int_a^b f(x)g(x)dx\right\}^2 \leqq \int_a^b \{f(x)\}^2 dx \int_a^b \{g(x)\}^2 dx$$

また, 等号が成り立つのは $D=0$, すなわち, t についての 2 次方程式 $At^2+2Bt+C=0$ が重解をもつときであり, $At^2+2Bt+C=\displaystyle\int_a^b \{f(x)+tg(x)\}^2 dx$ であるから, すべての x について $f(x)+tg(x)=0$ を満たす t が存在するときである。

(イ) $A=0$, すなわち, すべての x について $g(x)=0$ であるとき

$A=B=0$ であるから, 不等式を満たす。

(ア), (イ) より

$$\left\{\int_a^b f(x)g(x)dx\right\}^2 \leqq \int_a^b \{f(x)\}^2 dx \int_a^b \{g(x)\}^2 dx$$

等号は, 区間 $a \leqq x \leqq b$ におけるすべての x について「$f(x)+tg(x)=0$ となる t が存在する」または, 「$g(x)=0$ となる」とき成り立つ。

(2) (1) の不等式において, $g(x)=\dfrac{1}{f(x)}$ とおくと

$$\left\{\int_a^b f(x)\cdot\frac{1}{f(x)}dx\right\}^2 \leqq \int_a^b \{f(x)\}^2 dx \int_a^b \left\{\frac{1}{f(x)}\right\}^2 dx$$

(左辺) $=\left\{\displaystyle\int_a^b dx\right\}^2=(b-a)^2$, $\displaystyle\int_a^b \{f(x)\}^2 dx=1$ より

$$\int_a^b \frac{1}{\{f(x)\}^2}dx \geqq (b-a)^2$$

◀任意の t について
$at^2+bt+c \geqq 0 \quad (a \neq 0)$
$\iff a>0$ かつ $D \leqq 0$

◀等号が成立する条件を求める。

◀$\displaystyle\int_a^b \{h(x)\}^2 dx=0$
$\iff a \leqq x \leqq b$ で常に $h(x)=0$

◀常に $g(x)=0$ であるから
$B=\displaystyle\int_a^b f(x)g(x)dx=0$
このとき証明すべき不等式は (左辺) $=$ (右辺) $=0$ となり成立する。

Point...シュワルツの不等式

例題 180 (1) で証明した不等式 $\left\{\displaystyle\int_a^b f(x)g(x)dx\right\}^2 \leqq \displaystyle\int_a^b \{f(x)\}^2 dx \int_a^b \{g(x)\}^2 dx$ は, **シュワルツの不等式** とよばれている。

これは, 数学II + Bで学習したコーシー・シュワルツの不等式 $(ax+by)^2 \leqq (a^2+b^2)(x^2+y^2)$ や $(ax+by+cz)^2 \leqq (a^2+b^2+c^2)(x^2+y^2+z^2)$ が, ベクトルを用いて $(\vec{p}\cdot\vec{q})^2 \leqq |\vec{p}|^2|\vec{q}|^2$ と表されることの拡張である (LEGEND 数学II + B 例題 70, p.125 **Go Ahead** 5, LEGEND 数学C p.44 **Go Ahead** 1 参照)。

練習 **180** シュワルツの不等式を用いて, 不等式 $\displaystyle\int_0^{\frac{\pi}{2}} \sqrt{x\sin x}\,dx \leqq \frac{\sqrt{2}}{4}\pi$ を示せ。

➡p.363 問題180

頻出

例題 181 曲線と x 軸で囲まれた図形の面積

★☆☆☆

次の曲線と直線で囲まれた図形の面積 S を求めよ。

(1) $y=\sin x\ (0 \leqq x \leqq \pi)$, x 軸

(2) $y=\dfrac{x}{x^2+1}$, x 軸, $x=1$

(3) $y=\sin x+\sqrt{3}\cos x\ (0 \leqq x \leqq \pi)$, x 軸, $x=0$, $x=\pi$

(4) $y=(\log x)^2-1$, x 軸

思考のプロセス

数学IIでも，面積の求め方を学習した。

«ReAction 面積を求めるときは，共有点とグラフの上下を考えよ ◀IIB 例題 254

段階的に考える

I. $y=0$ として，x 軸との共有点の x 座標を求める。

II. 曲線と x 軸の上下を考える。

→ 微分しなくても概形がかける。

⟹ 概形をかいて上下を判断。

→ 微分しないと概形がかけない。

⟹ y の符号を考える。

III. $S=\displaystyle\int_a^b(\boxed{}_{上}-\boxed{}_{下})dx$

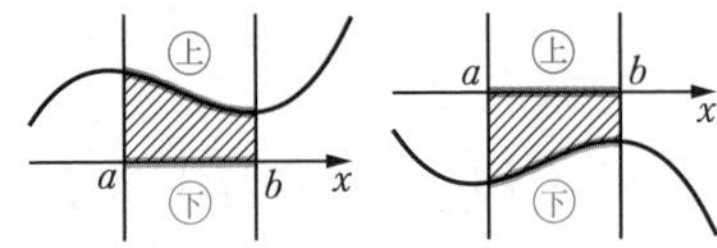

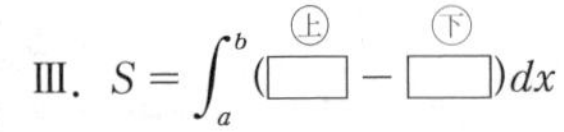

解 (1) $y=0$ とすると，$0 \leqq x \leqq \pi$ の範囲で　$x=0,\ \pi$

グラフは右の図のようになるから

$$S=\int_0^{\pi}\sin x\,dx=\Big[-\cos x\Big]_0^{\pi}=\mathbf{2}$$

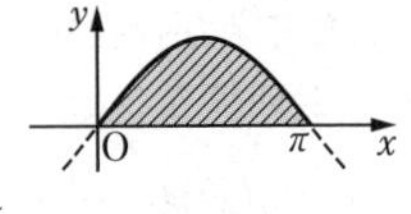

◀ x 軸との共有点の x 座標を求める。

(2) $y=0$ とすると，$\dfrac{x}{x^2+1}=0$

より　$x=0$

区間 $0 \leqq x \leqq 1$ で $y \geqq 0$ であるから

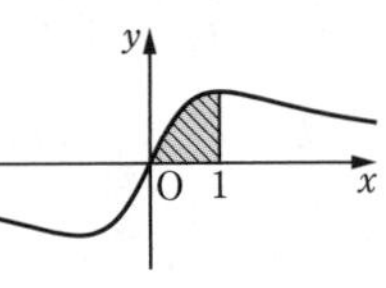

◀ x 軸との共有点の x 座標を求める。

◀ $\displaystyle\lim_{x\to\infty}\frac{x}{x^2+1}=0$

$\displaystyle\lim_{x\to-\infty}\frac{x}{x^2+1}=0$

例題 141

$$S=\int_0^1\frac{x}{x^2+1}dx=\frac{1}{2}\int_0^1\frac{(x^2+1)'}{x^2+1}dx$$

$$=\frac{1}{2}\Big[\log(x^2+1)\Big]_0^1=\frac{1}{2}\log 2$$

(3) $y=\sin x+\sqrt{3}\cos x$

$=2\sin\left(x+\dfrac{\pi}{3}\right)$

$y=0$ とすると，$0 \leqq x \leqq \pi$ の範囲で　$x=\dfrac{2}{3}\pi$

グラフは右の図のようになるから

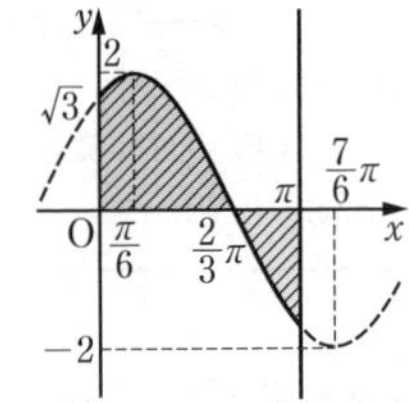

◀ 三角関数の合成

◀ このグラフは，$y=2\sin x$ のグラフを x 軸方向に $-\dfrac{\pi}{3}$ だけ平行移動したものである。

例題138

$$S=\int_0^{\frac{2}{3}\pi}2\sin\left(x+\frac{\pi}{3}\right)dx-\int_{\frac{2}{3}\pi}^{\pi}2\sin\left(x+\frac{\pi}{3}\right)dx$$

$$=2\left[-\cos\left(x+\frac{\pi}{3}\right)\right]_0^{\frac{2}{3}\pi}-2\left[-\cos\left(x+\frac{\pi}{3}\right)\right]_{\frac{2}{3}\pi}^{\pi}=4$$

◀ $\int_0^{\frac{2}{3}\pi}(\sin x+\sqrt{3}\cos x)dx$ $-\int_{\frac{2}{3}\pi}^{\pi}(\sin x+\sqrt{3}\cos x)dx$ を計算してもよい。

(4) $y=0$ とすると，$(\log x)^2=1$

より　$\log x=\pm 1$

よって　$x=e,\ \dfrac{1}{e}$

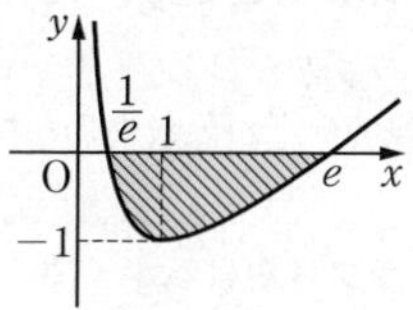

区間 $\dfrac{1}{e}\leqq x\leqq e$ で $y\leqq 0$ であるから

◀ $\dfrac{1}{e}\leqq x\leqq e$ のとき $-1\leqq\log x\leqq 1$

例題159

$$S=-\int_{\frac{1}{e}}^{e}\{(\log x)^2-1\}dx$$

$$=-\int_{\frac{1}{e}}^{e}(x)'(\log x)^2\,dx+\int_{\frac{1}{e}}^{e}dx$$

$$=-\Big[x(\log x)^2\Big]_{\frac{1}{e}}^{e}+2\int_{\frac{1}{e}}^{e}1\cdot\log x\,dx+\Big[x\Big]_{\frac{1}{e}}^{e}$$

$$=2\int_{\frac{1}{e}}^{e}(x)'\log x\,dx=2\Big[x\log x\Big]_{\frac{1}{e}}^{e}-2\int_{\frac{1}{e}}^{e}dx$$

$$=2\left(e+\frac{1}{e}\right)-2\Big[x\Big]_{\frac{1}{e}}^{e}=\boldsymbol{\frac{4}{e}}$$

◀ 部分積分法を繰り返し用いる。

Point...曲線と x 軸の上下

例題 181 において，面積を求めるために，曲線と x 軸の上下を調べる必要がある。
(1)，(3) のように，グラフの概形が明らかな場合には，概形から上下を判断すればよい。
一方，(4) などでは，グラフの概形をかく必要はない。
$y=(\log x)^2-1$ の符号は，曲線と x 軸が共有点をもつ $x=\dfrac{1}{e}$ と $x=e$ の間の区間では変わらない（符号が変わるためには，中間値の定理により，区間内で $y=0$ となる必要がある）。
よって，例えば，区間内の $x=1$ を y に代入して

$y=(\log 1)^2-1=-1<0$

より，区間内で常に $y\leqq 0$ と判断することもできる。

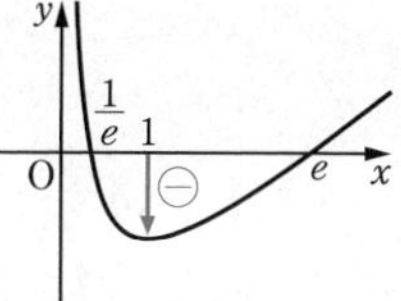

練習 181 次の曲線と直線で囲まれた図形の面積 S を求めよ。

(1) $y=\dfrac{1}{(x+1)^2}$，x 軸，$x=0$，$x=1$

(2) $y=1+\log x$，x 軸，$x=\dfrac{1}{e^2}$，$x=1$

(3) $y=\cos x+\cos^2 x$　$(0\leqq x\leqq\pi)$，x 軸

(4) $y=\dfrac{x^2-3x}{x^2+3}$，x 軸

➡p.363 問題181

頻出

例題 182 2曲線で囲まれた図形の面積〔1〕

★★☆☆

次の2曲線で囲まれた図形の面積 S を求めよ。

(1) $y=\sin x$, $y=\sin 2x$ $(0 \leqq x \leqq \pi)$

(2) $y=3e^x$, $y=e^{2x}+2$

思考のプロセス

« ReAction 面積を求めるときは，共有点とグラフの上下を考えよ ◀ⅡB 例題254

(1) 微分しなくてもグラフがかける。

⟹ 途中で2曲線の上下が入れかわっている。

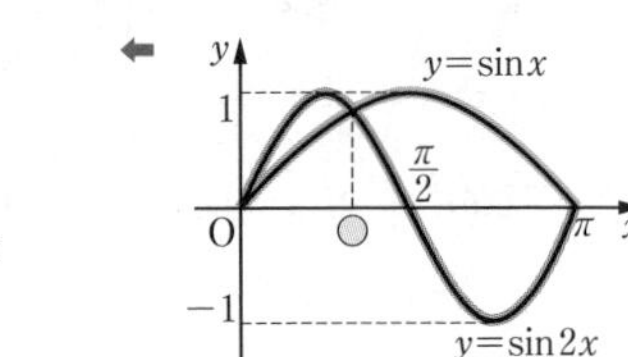

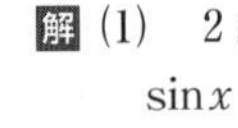

(2) 微分しなくてもグラフはかけるが，曲線の上下は分かりにくい。

解 (1) 2曲線の共有点の x 座標は

$\sin x=\sin 2x$ より

$$x=0,\ \frac{\pi}{3},\ \pi$$

グラフは右の図のようになるから

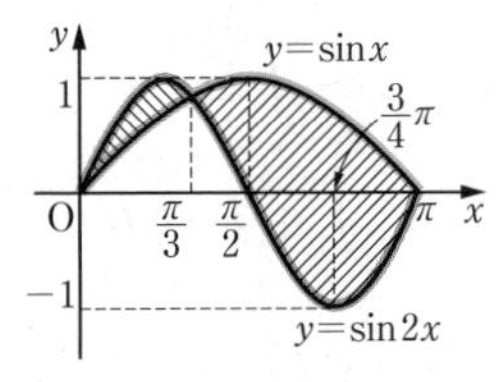

◀ $\sin 2x=2\sin x\cos x$ より $\sin x(1-2\cos x)=0$ よって $\sin x=0$, $\cos x=\dfrac{1}{2}$

$$S=\int_0^{\frac{\pi}{3}}(\sin 2x-\sin x)dx+\int_{\frac{\pi}{3}}^{\pi}(\sin x-\sin 2x)dx$$

$$=\left[-\frac{1}{2}\cos 2x+\cos x\right]_0^{\frac{\pi}{3}}+\left[-\cos x+\frac{1}{2}\cos 2x\right]_{\frac{\pi}{3}}^{\pi}$$

$$=\left(\frac{1}{4}+\frac{1}{2}\right)-\left(-\frac{1}{2}+1\right)+\left(1+\frac{1}{2}\right)-\left(-\frac{1}{2}-\frac{1}{4}\right)=\frac{5}{2}$$

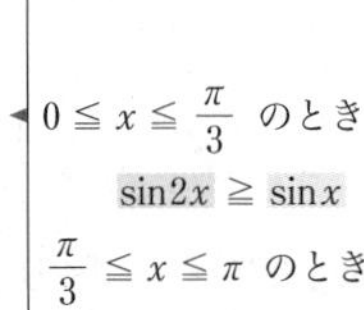

◀ $0 \leqq x \leqq \dfrac{\pi}{3}$ のとき $\sin 2x \geqq \sin x$

$\dfrac{\pi}{3} \leqq x \leqq \pi$ のとき $\sin x \geqq \sin 2x$

(2) 2曲線の共有点の x 座標は $3e^x=e^{2x}+2$ より

$$x=0,\ \log 2$$

◀ $3e^x=e^{2x}+2$ より $(e^x)^2-3e^x+2=0$ $(e^x-1)(e^x-2)=0$ $e^x=1,\ 2$

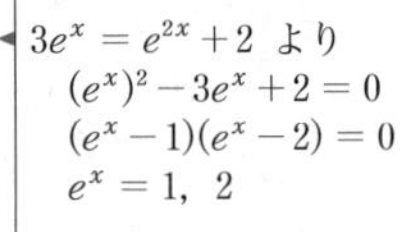

区間 $0 \leqq x \leqq \log 2$ で $3e^x \geqq e^{2x}+2$ であるから

$$S=\int_0^{\log 2}\{3e^x-(e^{2x}+2)\}dx$$

$$=\left[3e^x-\frac{1}{2}e^{2x}-2x\right]_0^{\log 2}$$

$$=(6-2-2\log 2)-\left(3-\frac{1}{2}\right)$$

$$=\frac{3}{2}-2\log 2$$

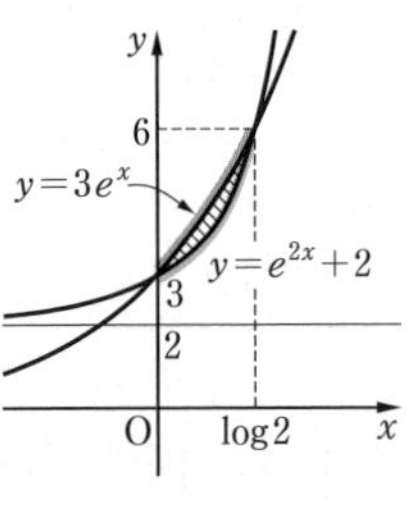

◀ $0 \leqq x \leqq \log 2$ のとき $1 \leqq e^x \leqq 2$ であるから $(e^x-1)(e^x-2) \leqq 0$ よって $e^{2x}-3e^x+2 \leqq 0$ ゆえに $3e^x \geqq e^{2x}+2$

◀ $e^{\log 2}=2$, $e^{2\log 2}=e^{\log 4}=4$

練習 182 次の曲線または直線で囲まれた図形の面積 S を求めよ。

(1) $y=\sin x$, $y=\cos 2x$ $(0 \leqq x \leqq 2\pi)$

(2) $y=\dfrac{3}{x-3}$, $y=-x-1$ (3) $y=e^x$, $y=x^2e^x$

➡p.363 問題182

D

例題 183 曲線と接線で囲まれた図形の面積 ★★☆☆

$f(x) = x\sin\dfrac{x}{2}$ $(0 \leqq x \leqq 2\pi)$ とする。

(1) 点 $(\pi,\ f(\pi))$ における曲線 $y = f(x)$ の接線 l の方程式を求めよ。

(2) (1)の接線 l と曲線 $y = f(x)$ で囲まれた部分の面積を求めよ。

(愛媛大)

思考のプロセス

«ReAction 面積を求めるときは，共有点とグラフの上下を考えよ ◀IIB 例題 254

問題を分ける

(2) 面積 S を求める。

⇒ 接点以外の共有点の x 座標を求める。
接線 l と曲線 $y = f(x)$ の上下を考える。
（曲線 $y=f(x)$：概形をかきにくい）

→ $x\sin\dfrac{x}{2} - x$ の符号を考える。

→ 共有点をもつ $x = 0,\ \pi$ の間の具体的な値を考える。
(例題 181 Point 参照)

解 (例題 81)

(1) $f(\pi) = \pi$ より，接点の座標は $(\pi,\ \pi)$

また，$f'(x) = \sin\dfrac{x}{2} + \dfrac{x}{2}\cos\dfrac{x}{2}$ より $f'(\pi) = 1$

よって，接線 l の方程式は $\boldsymbol{y = x}$

◀接点の座標，接線の傾きを求める。

◀$y - f(\pi) = f'(\pi)(x - \pi)$

(2) 接線 l と曲線 $y = f(x)$ の共有点の x 座標は，

$x = x\sin\dfrac{x}{2}$ すなわち $x\left(\sin\dfrac{x}{2} - 1\right) = 0$ より

$x = 0$ または $\sin\dfrac{x}{2} = 1$

$0 \leqq x \leqq 2\pi$ より $x = 0,\ \pi$

区間 $0 \leqq x \leqq \pi$ で

$x\sin\dfrac{x}{2} \leqq x$ であるから，

求める面積 S は

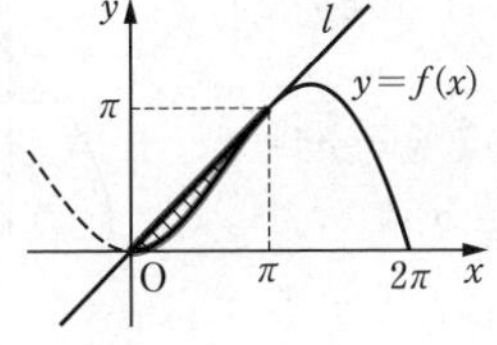

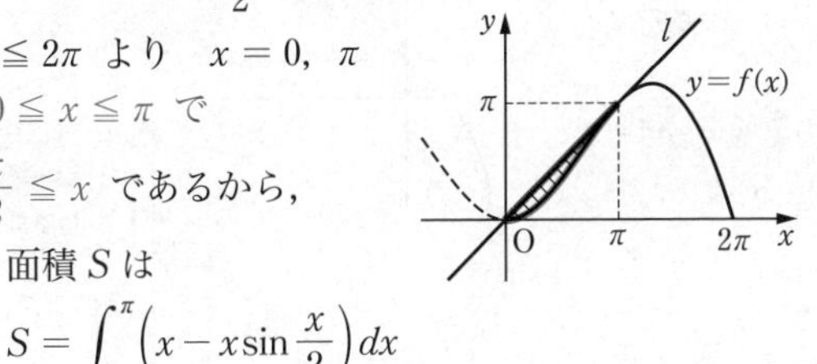

◀$0 \leqq \sin\dfrac{x}{2} \leqq 1$，$x \geqq 0$ より $x\sin\dfrac{x}{2} \leqq x$

$$S = \int_0^{\pi}\left(x - x\sin\frac{x}{2}\right)dx$$

$$= \left[\frac{x^2}{2}\right]_0^{\pi} + \left[2x\cos\frac{x}{2}\right]_0^{\pi} - \int_0^{\pi} 2\cos\frac{x}{2}\,dx$$

$$= \frac{\pi^2}{2} - \left[4\sin\frac{x}{2}\right]_0^{\pi} = \boldsymbol{\frac{\pi^2}{2} - 4}$$

◀部分積分法を用いる。

$\displaystyle\int x\sin\frac{x}{2}\,dx$

$\displaystyle= \int x\left(-2\cos\frac{x}{2}\right)' dx$

$\displaystyle= -2x\cos\frac{x}{2} + \int 2\cos\frac{x}{2}\,dx$

練習 183 曲線 $C : y = \dfrac{\log 2x}{x}$ （ただし，$x > 0$）において，原点を通り，曲線 C に接する直線を l とする。このとき，x 軸，曲線 C，直線 l によって囲まれた図形の面積を求めよ。

(日本工業大)

➡p.364 問題183

例題 184 曲線と y 軸で囲まれた図形の面積 ★☆☆☆

次の曲線や直線で囲まれた図形の面積 S を求めよ。

(1) $x = y^2 + 2y - 3$, y 軸

(2) $y = \log(x+1)$, y 軸, $y = -1$, $y = 2$

思考のプロセス

Action» 曲線 $x = f(y)$ と y 軸で囲まれた図形の面積は，y 軸方向に積分せよ

(1) $-3 \leqq y \leqq 1$ において，$x \leqq 0$ より　$S = -\int_{-3}^{1}(y^2+2y-3)dy$

(2) 見方を変える

x で積分すると

$$S = \int_{○}^{0}\{y-(-1)\}dx + \int_{0}^{□}(2-y)dx$$

⟶ 被積分関数に $\log(x+1)$ を含み複雑。

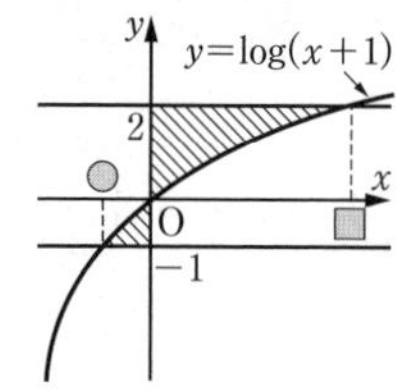

y で積分すると

$$S = \int_{-1}^{0}(-x)dy + \int_{0}^{2}xdy$$

⟶ $y = \log(x+1)$ より $x = e^y - 1$ であり，計算しやすい。

解 (1) 曲線 $x = y^2 + 2y - 3$ と y 軸の共有点の y 座標は

$y^2 + 2y - 3 = 0$ より　$y = -3, 1$

グラフは右の図のようになるから

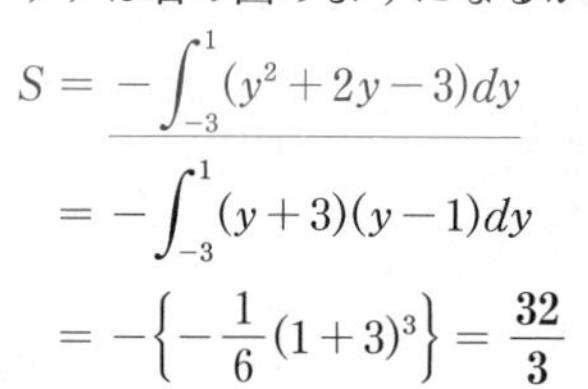

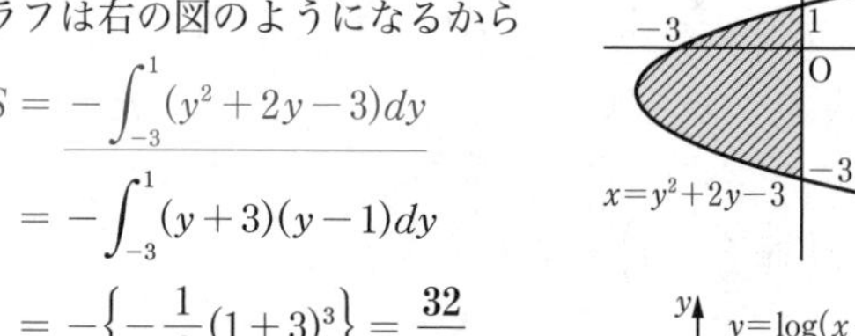

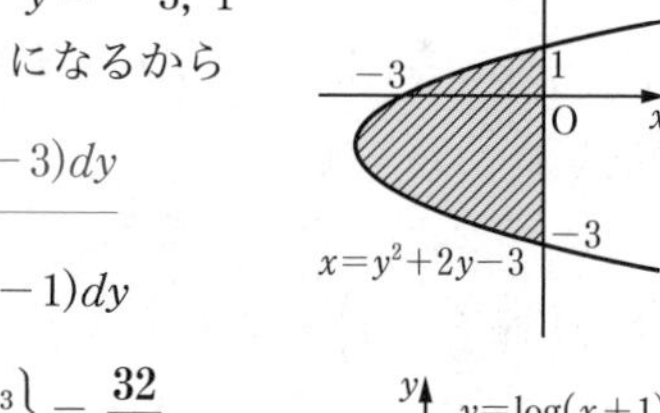

$$S = -\int_{-3}^{1}(y^2+2y-3)dy$$

$$= -\int_{-3}^{1}(y+3)(y-1)dy$$

$$= -\left\{-\frac{1}{6}(1+3)^3\right\} = \frac{32}{3}$$

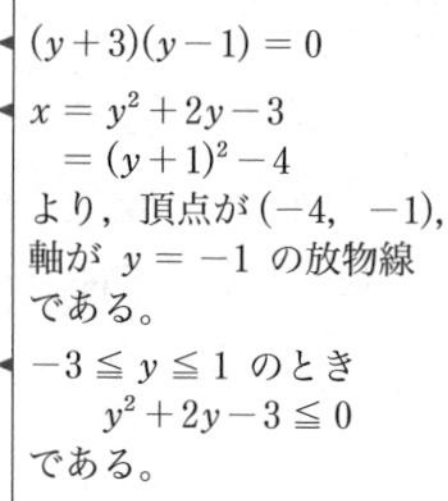

◀ $(y+3)(y-1) = 0$

◀ $x = y^2+2y-3$
$= (y+1)^2 - 4$
より，頂点が $(-4, -1)$，軸が $y = -1$ の放物線である。

◀ $-3 \leqq y \leqq 1$ のとき
$y^2+2y-3 \leqq 0$
である。

(2) 曲線 $y = \log(x+1)$ の概形は右の図のようになる。

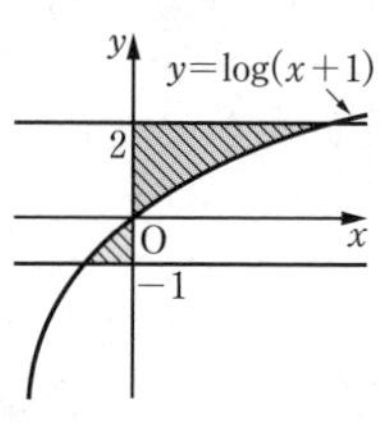

$y = \log(x+1)$ より　$x = e^y - 1$

よって，求める面積 S は

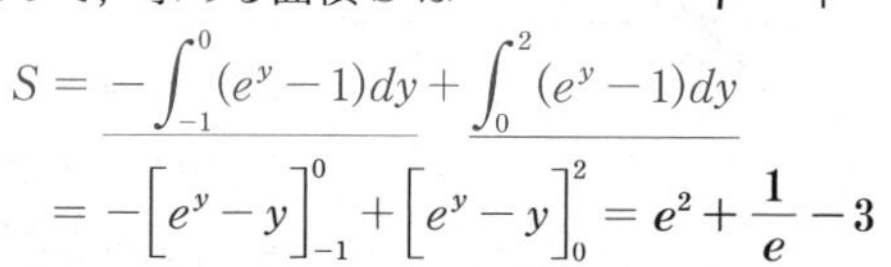

$$S = -\int_{-1}^{0}(e^y-1)dy + \int_{0}^{2}(e^y-1)dy$$

$$= -\Big[e^y - y\Big]_{-1}^{0} + \Big[e^y - y\Big]_{0}^{2} = e^2 + \frac{1}{e} - 3$$

◀ y について積分を行う方が計算が簡単になる。
$y = \log(x+1)$ より
$e^y = x+1$
$x = e^y - 1$

[参考] x で積分すると，次を計算することになる。

$$S = \int_{\frac{1}{e}-1}^{0}\{\log(x+1)+1\}dx + \int_{0}^{e^2-1}\{2-\log(x+1)\}dx$$

◀ $y = \log(x+1)$ と，$y = -1$, $y = 2$ との共有点の x 座標はそれぞれ $\frac{1}{e} - 1$, $e^2 - 1$ となる。

練習 184 次の曲線や直線で囲まれた図形の面積 S を求めよ。

(1) $x = -1 - y^2$, y 軸, $y = -1$, $y = 2$

(2) $y = \sqrt{x-1}$, y 軸, $y = 0$, $y = 2$

➡p.364 問題184

例題 185 面積の最大値・最小値

D ★★☆☆

a は $1 < a < e$ を満たす定数とする。曲線 $y = e^x - a$ と x 軸，y 軸，直線 $x = 1$ で囲まれた 2 つの部分の面積の和を $S(a)$ とする。

(1) $S(a)$ を求めよ。　　(2) $S(a)$ の最小値を求めよ。

思考のプロセス

«ReAction 面積を求めるときは，共有点とグラフの上下を考えよ ◀ⅡB 例題 254

(1) 曲線と x 軸の共有点の x 座標は，$e^x - a = 0$ より　$x = \square$

⟹ 図をかく

$x = \square$ が $x = 0,\ x = 1$ の間にあるかどうかを考えてグラフをかく。

(2) 最小値を求めるために，$S'(a)$ を求め，増減表をかく。

解 (1) 曲線 $y = e^x - a$ と x 軸の共有点の x 座標は

$e^x - a = 0$ より　$e^x = a$

よって　$x = \log a$

ここで，$1 < a < e$ より

$0 < \log a < 1$　　◀ $\log 1 = 0,\ \log e = 1$

ゆえに，グラフは右の図のようになるから

$$S(a) = -\int_0^{\log a} (e^x - a)dx + \int_{\log a}^1 (e^x - a)dx$$

$$= -\Big[e^x - ax\Big]_0^{\log a} + \Big[e^x - ax\Big]_{\log a}^1$$

$$= \mathbf{2a\log a - 3a + 1 + e}$$

◀ $e^{\log a} = a$

例題 110 (2) $S'(a) = 2\log a - 1$

◀ $(2a\log a)' = 2\log a + 2a \cdot \dfrac{1}{a}$

$S'(a) = 0$ とすると，$\log a = \dfrac{1}{2}$ より　$a = \sqrt{e}$

よって，$S(a)$ の増減表は次のようになる。

a	1	…	$\sqrt{e}$	…	e
$S'(a)$	／	$-$	0	$+$	／
$S(a)$	／	↘	$1 + e - 2\sqrt{e}$	↗	／

ゆえに，$S(a)$ は

$a = \sqrt{e}$ のとき　**最小値 $1 + e - 2\sqrt{e}$**

練習 185 正の定数 a に対して，曲線 $C : y = \dfrac{1}{a}\log x - a$ とおく。

(1) 原点から曲線 C に接線 l を引く。l の方程式を求めよ。

(2) 曲線 C と接線 l および x 軸で囲まれた図形の面積 $S(a)$ を求めよ。

(3) $S(a)$ の最小値とそのときの a の値を求めよ。

➡p.364 問題185

頻出 ★★★☆

例題 186 2曲線で囲まれた図形の面積〔2〕

2曲線 $y=\cos x\ \left(0 \leqq x \leqq \dfrac{\pi}{2}\right)$, $y=\tan x\ \left(0 \leqq x < \dfrac{\pi}{2}\right)$ および y 軸で囲まれた図形の面積 S を求めよ。 (福岡大 改)

思考のプロセス

2曲線の共有点の x 座標を求める。

⟹ $\cos x = \tan x$ ⟵ x の値が求まらない。

未知のものを文字でおく

これを満たす x の値をいったん α とおくと

⇩ $\cos\alpha = \tan\alpha$ …①

$S=\displaystyle\int_0^{\alpha}(\cos x-\tan x)dx$ ⟶ 計算が進む。

$=$ … (①を利用して α を消去) …

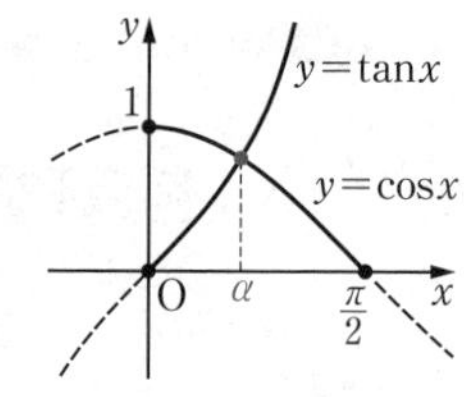

Action» 共有点の x 座標が求まらないときは，α とおいて計算を進めよ

解 2曲線の共有点の x 座標を $\alpha\ \left(0<\alpha<\dfrac{\pi}{2}\right)$ とおく。

区間 $0 \leqq x \leqq \alpha$ で $\cos x \geqq \tan x$ より，求める図形の面積 S は

$$S=\int_0^{\alpha}(\cos x-\tan x)\,dx$$

$$=\Big[\sin x+\log|\cos x|\Big]_0^{\alpha}=\sin\alpha+\log(\cos\alpha)$$

ここで，α は2曲線の交点の x 座標であるから

$$\cos\alpha=\tan\alpha$$

$\cos^2\alpha=\sin\alpha$ となり　$\sin^2\alpha+\sin\alpha-1=0$

$0<\alpha<\dfrac{\pi}{2}$ より，$0<\sin\alpha<1$ であるから

$$\sin\alpha=\frac{-1+\sqrt{5}}{2}$$

よって

$$S=\sin\alpha+\log(\cos\alpha)$$

$$=\sin\alpha+\frac{1}{2}\log(\cos^2\alpha)=\sin\alpha+\frac{1}{2}\log(\sin\alpha)$$

$$=\frac{-1+\sqrt{5}}{2}+\frac{1}{2}\log\frac{-1+\sqrt{5}}{2}$$

◀求まらない値，複雑な値は文字において計算を進める。

◀$\displaystyle\int\tan x\,dx=\int\frac{\sin x}{\cos x}dx$
$\displaystyle=-\int\frac{(\cos x)'}{\cos x}dx$
$=-\log|\cos x|+C$

◀$0<\alpha<\dfrac{\pi}{2}$ より
$|\cos\alpha|=\cos\alpha$

◀α が満たす関係式を考える。

◀$\sin\alpha=t$ とおくと
$t^2+t-1=0$ より
$t=\dfrac{-1\pm\sqrt{5}}{2}$

◀❗$\cos^2\alpha=\sin\alpha$

練習 186 2曲線 $y=\cos x\ \left(0 \leqq x \leqq \dfrac{\pi}{2}\right)$, $y=2\sin x\ \left(0 \leqq x \leqq \dfrac{\pi}{2}\right)$ および y 軸で囲まれた図形の面積 S を求めよ。

➡p.364 問題186

D 頻出

例題 187 面積の分割

★★★☆

2つの曲線 $C_1 : y = \cos x \left(0 \leqq x \leqq \dfrac{\pi}{2}\right)$, $C_2 : y = k\sin x$ がある。C_1 と x 軸および y 軸で囲まれた図形の面積 S を C_2 が2等分するような正の定数 k の値を求めよ。

思考のプロセス

条件の言い換え

条件____ ⇨

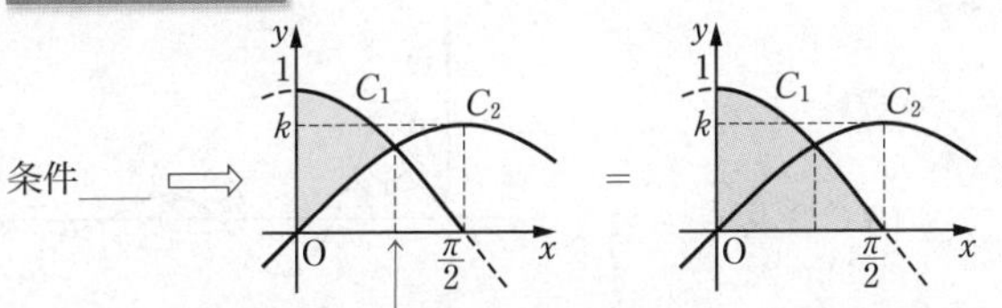

«ReAction 共有点の x 座標が求まらないときは，α とおいて計算を進めよ ◀例題 186

解 面積 S は

$$S = \int_0^{\frac{\pi}{2}} \cos x\,dx = \Big[\sin x\Big]_0^{\frac{\pi}{2}} = 1$$

例題186 2曲線 C_1, C_2 の共有点の x 座標を α $\left(0 < \alpha < \dfrac{\pi}{2}\right)$ とおくと

$$\cos\alpha = k\sin\alpha \quad \cdots ①$$

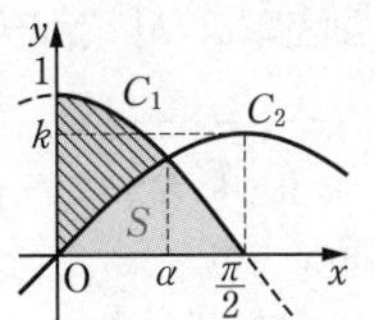

曲線 C_2 が S を2等分するとき

$$\int_0^{\alpha} (\cos x - k\sin x)\,dx = \frac{S}{2}$$

$$\Big[\sin x + k\cos x\Big]_0^{\alpha} = \frac{1}{2}$$

◀ $S = 1$ より $\dfrac{S}{2} = \dfrac{1}{2}$

よって　$\sin\alpha + k\cos\alpha - k = \dfrac{1}{2}$　$\cdots ②$

①, ② より　$\sin\alpha = \dfrac{2k+1}{2(k^2+1)}$, $\cos\alpha = \dfrac{k(2k+1)}{2(k^2+1)}$

◀ ② に ① を代入すると $(1+k^2)\sin\alpha = k + \dfrac{1}{2}$

$\sin^2\alpha + \cos^2\alpha = 1$ であるから

$$\left\{\frac{2k+1}{2(k^2+1)}\right\}^2 + \left\{\frac{k(2k+1)}{2(k^2+1)}\right\}^2 = 1$$

$$(k^2+1)(2k+1)^2 = 4(k^2+1)^2$$

◀ 分母をはらって整理する。

$k^2 + 1 > 0$ であるから　$(2k+1)^2 = 4(k^2+1)$

これを解いて　$\boldsymbol{k = \dfrac{3}{4}}$

練習 187 k は $0 \leqq k \leqq \dfrac{\pi}{2}$ を満たす定数とする。$0 \leqq x \leqq \dfrac{\pi}{2}$ において，2つの曲線 $C_1 : y = \sin 2x$ と $C_2 : y = k\cos x$ がある。C_1 と x 軸で囲まれた図形の面積 S を C_2 が2等分するような定数 k の値を求めよ。

➡p.364 問題187

例題 188 面積の総和 ★★★★

曲線 $C: y = e^{-x}\sin x$ $(x \geqq 0)$ と x 軸で囲まれた図形の面積を，原点に近い方から順に S_1，S_2，$\cdots$，S_n，$\cdots$ とする。このとき

(1) S_n を求めよ。　　　(2) $S = \lim_{n\to\infty}\sum_{k=1}^{n} S_k$ を求めよ。

思考のプロセス

«ReAction 面積を求めるときは，共有点とグラフの上下を考えよ ◀ⅡB 例題 254

規則性を見つける

曲線 C と x 軸の共有点の x 座標は

$x = 0,\ \pi,\ 2\pi,\ 3\pi,\ \cdots$

曲線 C と x 軸の上下 ⟺ ($e^{-x} > 0$ より，$\sin x$ の正負)

⟹ $\begin{cases} 2k\pi \leqq x \leqq (2k+1)\pi & \cdots \text{曲線 } C \text{ が上側} \\ (2k-1)\pi \leqq x \leqq 2k\pi & \cdots \text{曲線 } C \text{ が下側} \end{cases}$

⟹ 絶対値を用いると，n の偶奇にかかわらず

$$S_n = \int_{(n-1)\pi}^{n\pi} |e^{-x}\sin x|dx = \left|\int_{(n-1)\pi}^{n\pi} e^{-x}\sin x dx\right|$$

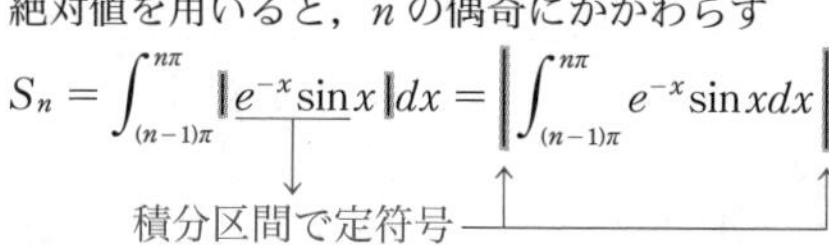

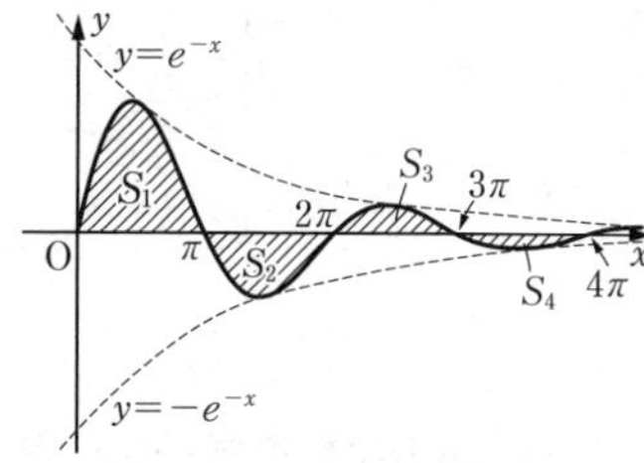

(グラフの概形は **Point** 参照)

Action» 関数 $f(x)$ が区間 $[a,\ b]$ で定符号ならば，$\int_a^b |f(x)|dx = \left|\int_a^b f(x)dx\right|$ とせよ

解 (1) $y = e^{-x}\sin x$ $(x \geqq 0)$ において，$y = 0$ とおくと，

$e^{-x} > 0$ より　　$\sin x = 0$

よって，曲線 C と x 軸の共有点の x 座標は

$x = n\pi$　$(n = 0,\ 1,\ 2,\ \cdots)$

これより，グラフの概形は下の図のようになる。

◀ $e^{-x} > 0$ であるから $-1 \leqq \sin x \leqq 1$ より $-e^{-x} \leqq e^{-x}\sin x \leqq e^{-x}$

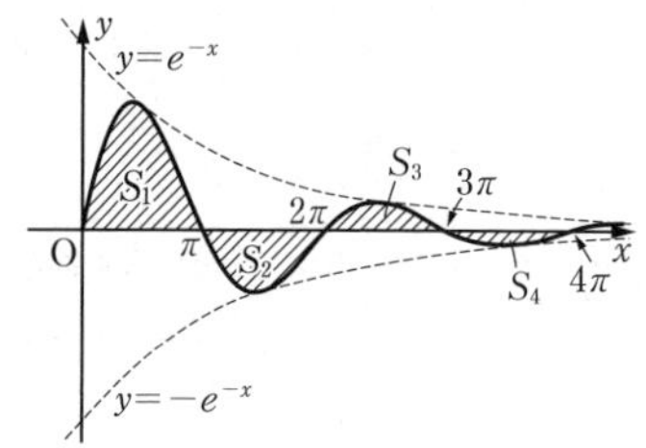

(ア) n：奇数

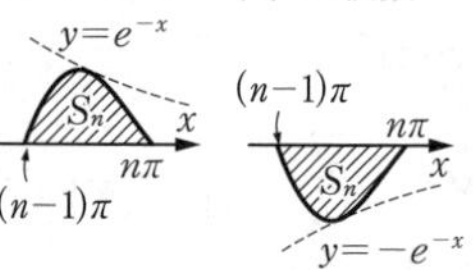

(イ) n：偶数

(n−1)π　nπ　x　Sn　y=−e^{-x}

よって　　$S_n = \int_{(n-1)\pi}^{n\pi} |e^{-x}\sin x|\,dx$

◀ $y = e^{-x}\sin x$ のグラフについては **Point** 参照。

ここで，$(n-1)\pi \leqq x \leqq n\pi$ に対して

n が奇数のとき　$e^{-x}\sin x \geqq 0$

n が偶数のとき　$e^{-x}\sin x \leqq 0$

ゆえに　　$S_n = \left|\int_{(n-1)\pi}^{n\pi} e^{-x}\sin x\,dx\right|$

例題 159

ここで $I_n = \int_{(n-1)\pi}^{n\pi} e^{-x}\sin x\,dx$ とおくと

$$I_n=\Big[-e^{-x}\sin x\Big]_{(n-1)\pi}^{n\pi}-\int_{(n-1)\pi}^{n\pi}(-e^{-x})\cos x\,dx$$

◀ 部分積分法を用いる。

$$=\int_{(n-1)\pi}^{n\pi}e^{-x}\cos x\,dx$$

$$=\Big[-e^{-x}\cos x\Big]_{(n-1)\pi}^{n\pi}-\int_{(n-1)\pi}^{n\pi}(-e^{-x})(-\sin x)dx$$

◀ 再び部分積分法を用いる。

$$=-(-1)^n e^{-n\pi}+(-1)^{n-1}e^{-(n-1)\pi}-I_n$$

◀ $\cos n\pi=(-1)^n$

$$=-(-1)^n e^{-n\pi}(1+e^{\pi})-I_n$$

したがって　$I_n=-\dfrac{1}{2}(-1)^n(1+e^{\pi})e^{-n\pi}$

これより　$S_n=|I_n|=\boldsymbol{\dfrac{1}{2}(1+e^{\pi})(e^{-\pi})^n}$

(2)　$S_n=\dfrac{1}{2}(1+e^{\pi})e^{-\pi}\cdot(e^{-\pi})^{n-1}$

$$=\frac{1}{2}(e^{-\pi}+1)(e^{-\pi})^{n-1}$$

例題34 よって，$S=\lim_{n\to\infty}\sum_{k=1}^{n}S_k$ は，初項 $\dfrac{1}{2}(e^{-\pi}+1)$，公比 $e^{-\pi}$ の無限等比級数であり，$|e^{-\pi}|<1$ であるから

$$S=\frac{\frac{1}{2}(e^{-\pi}+1)}{1-e^{-\pi}}=\boldsymbol{\frac{e^{\pi}+1}{2(e^{\pi}-1)}}$$

◀ 分母・分子に $2e^{\pi}$ を掛ける。

Point...$y=e^{-x}\sin x$ のグラフの概形

$e^{-x}>0$，$-1\leqq\sin x\leqq 1$ より $-e^{-x}\leqq e^{-x}\sin x\leqq e^{-x}$

よって，$y=e^{-x}\sin x$ のグラフは，$y=-e^{-x}$ のグラフと $y=e^{-x}$ のグラフにはさまれた領域に現れる。

また，$f(x)=e^{-x}\sin x$，$g(x)=e^{-x}$ とおくと

$f'(x)=-e^{-x}(\sin x-\cos x)$，$g'(x)=-e^{-x}$ より，

整数 n に対して

$f\left(\dfrac{\pi}{2}+2n\pi\right)=g\left(\dfrac{\pi}{2}+2n\pi\right)$ かつ

$$f'\left(\frac{\pi}{2}+2n\pi\right)=g'\left(\frac{\pi}{2}+2n\pi\right)=-e^{-\frac{\pi}{2}-2n\pi}$$

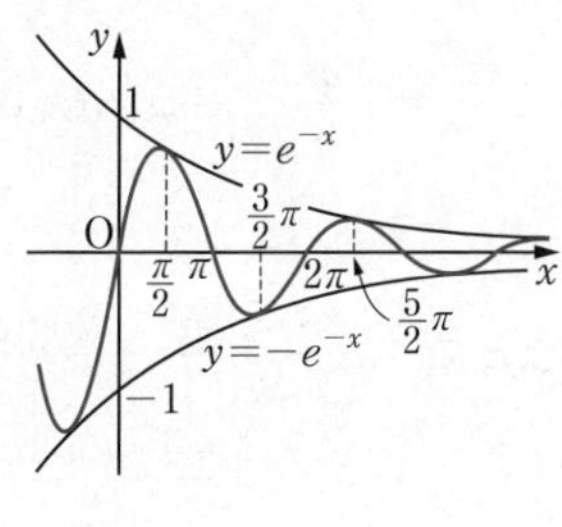

ゆえに，$y=e^{-x}\sin x$ のグラフは $x=\dfrac{\pi}{2}+2n\pi$ において $y=e^{-x}$ のグラフと接する。

同様に，$y=e^{-x}\sin x$ のグラフは $x=\dfrac{3}{2}\pi+2n\pi$ において $y=-e^{-x}$ のグラフと接する。

練習 **188** 2つの曲線 $C_1:y=e^{-x}\sin x$ と $C_2:y=e^{-x}$ がある。$x\geqq 0$ の範囲で，この2つの曲線で囲まれた図形の面積を原点に近い方から順に S_1，S_2，S_3，$\cdots$，S_n，$\cdots$ とする。このとき

(1)　S_n を求めよ。　　(2)　$S=\lim_{n\to\infty}\sum_{k=1}^{n}S_k$ を求めよ。

➡p.364 問題188

例題 189 面積の極限

★★★☆

> $m>1$ とし，曲線 $y=\tan x\ \left(0 \leqq x < \dfrac{\pi}{2}\right)$ と直線 $y=mx$ によって囲まれた部分の面積を S とするとき，極限 $\displaystyle\lim_{m\to\infty}\frac{S}{m}$ を求めよ。ただし，$\displaystyle\lim_{x\to+0} x\log x = 0$ を用いてよい。（大阪大）

思考のプロセス

« ReAction 共有点の x 座標が求まらないときは，α とおいて計算を進めよ ◀例題 186

原点以外の共有点の x 座標を α とおくと　　$\tan\alpha = m\alpha$ … ①

このとき

$\dfrac{S}{m} = (m$ と α の式$)$

文字を減らす

→ α を消去 ⟹ ① を $\alpha=(m$ の式$)$ にできない。

→ m を消去 ⟹ ① より $m=\dfrac{\tan\alpha}{\alpha}$

図で考える

$m\to\infty$ のとき $\alpha\to$ □ となる。

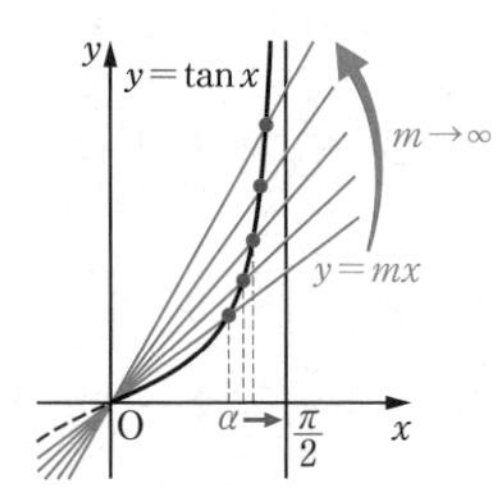

解 曲線 $y=\tan x\ \left(0 \leqq x < \dfrac{\pi}{2}\right)$ と直線 $y=mx\ (m>1)$ の原点以外の交点の x 座標を α とおくと　　◀ $0<\alpha<\dfrac{\pi}{2}$

例題186

$$S=\int_0^{\alpha}(mx-\tan x)\,dx$$

$$=\left[\frac{m}{2}x^2+\log|\cos x|\right]_0^{\alpha}=\frac{m}{2}\alpha^2+\log(\cos\alpha)$$

◀ $0<\alpha<\dfrac{\pi}{2}$ において $|\cos\alpha|=\cos\alpha$

$\tan\alpha = m\alpha$ より　　$m=\dfrac{\tan\alpha}{\alpha}$

よって　$$\frac{S}{m}=\frac{\alpha^2}{2}+\frac{\log(\cos\alpha)}{m}=\frac{\alpha^2}{2}+\frac{\alpha\log(\cos\alpha)}{\tan\alpha}$$

$$=\frac{\alpha^2}{2}+\frac{\alpha\cos\alpha\cdot\log(\cos\alpha)}{\sin\alpha}$$

◀ S は α と m の式で表されるから，どちらの文字を消去するか考える。ここでは，m を α で表す方が簡単である。

ここで，$m\to\infty$ のとき，グラフより $\alpha\to\dfrac{\pi}{2}-0$ であり，

このとき $\cos\alpha\to+0$ であるから，$\cos\alpha=x$ とおくと

$$\lim_{\alpha\to\frac{\pi}{2}-0}\cos\alpha\cdot\log(\cos\alpha)=\lim_{x\to+0}x\log x=0$$

したがって

$$\lim_{m\to\infty}\frac{S}{m}=\lim_{\alpha\to\frac{\pi}{2}-0}\left\{\frac{\alpha^2}{2}+\frac{\alpha}{\sin\alpha}\cos\alpha\cdot\log(\cos\alpha)\right\}=\boldsymbol{\frac{\pi^2}{8}}$$

◀ $\displaystyle\lim_{\alpha\to\frac{\pi}{2}-0}\frac{\alpha}{\sin\alpha}=\frac{\pi}{2}$

練習 189 2つの曲線 $f(x)=e^x$，$g_n(x)=ne^{-x}$（n は2以上の自然数）および y 軸で囲まれた部分の面積を S_n とするとき，$\displaystyle\lim_{n\to\infty}(S_{n+1}-S_n)$ を求めよ。

➡p.365 問題189

例題 190 逆関数のグラフと x 軸で囲まれた図形の面積 ★★☆☆

関数 $f(x)=\sin x\ \left(0\leqq x\leqq\frac{\pi}{2}\right)$ の逆関数を $f^{-1}(x)$ とするとき，曲線 $y=f^{-1}(x)$ と直線 $x=1$，x 軸で囲まれた図形の面積 S を求めよ。

思考のプロセス

$S=\int_0^1 f^{-1}(x)dx$ としたいが，

$f^{-1}(x)=(x$ の式$)$ を求められない。

⇓ 見方を変える

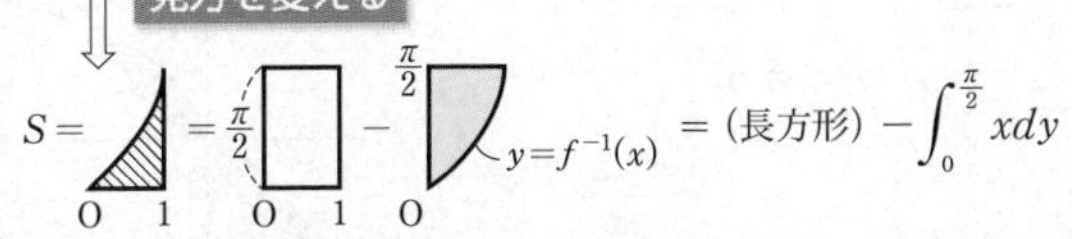

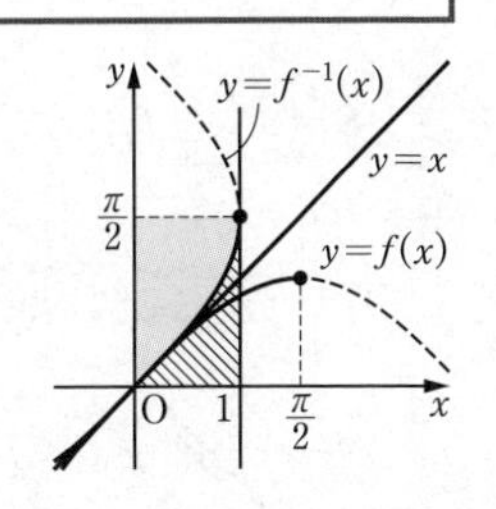

Action» 逆関数の定積分は，直線 $y=x$ に関する対称性を利用せよ

解 関数 $f(x)$ の値域は　$0\leqq y\leqq 1$

曲線 $y=f^{-1}(x)$ は，曲線 $y=f(x)$ と直線 $y=x$ に関して対称であるから，グラフは右の図のようになる。

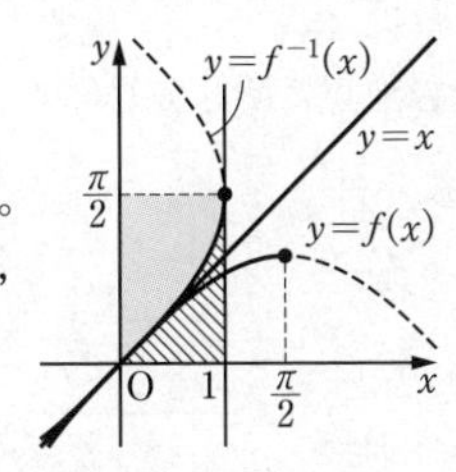

$f^{-1}(x)$ は $f(x)$ の逆関数であるから，曲線 $y=f^{-1}(x)$ を表す方程式は

$$x=\sin y$$

よって，求める面積 S は

例題184

$$S=1\cdot\frac{\pi}{2}-\int_0^{\frac{\pi}{2}}x\,dy=\frac{\pi}{2}-\int_0^{\frac{\pi}{2}}\sin y\,dy$$

$$=\frac{\pi}{2}-\Big[-\cos y\Big]_0^{\frac{\pi}{2}}=\boldsymbol{\frac{\pi}{2}-1}$$

◀ $S=\frac{\pi}{2}$（長方形）−（$y=f^{-1}(x)$ の部分）　y 軸方向の積分

〔別解〕（7行目までは同様）

例題155

$S=\int_0^1 y\,dx$ であり，$x=\sin y$ より　$\frac{dx}{dy}=\cos y$

◀ 置換積分法を用いる。

◀ $dx=\cos y\,dy$

x と y の対応は右のようになるから

x	$0\to1$
y	$0\to\frac{\pi}{2}$

$$S=\int_0^{\frac{\pi}{2}}y\cos y\,dy=\int_0^{\frac{\pi}{2}}y(\sin y)'dy$$

◀ 部分積分法を用いる。

$$=\Big[y\sin y\Big]_0^{\frac{\pi}{2}}-\int_0^{\frac{\pi}{2}}\sin y\,dy$$

$$=\frac{\pi}{2}-\Big[-\cos y\Big]_0^{\frac{\pi}{2}}=\frac{\pi}{2}-1$$

練習 190 関数 $y=x\log(1+x)\ (x\geqq0)$ の逆関数を $y=f(x)$ とし，$a\geqq0$ とする。

(1) $\int_0^a\log(1+x)dx$ を求めよ。　　(2) $\int_0^a x\log(1+x)dx$ を求めよ。

(3) $b=a\log(1+a)$ のとき，$\int_0^b f(x)dx$ を a を用いて表せ。（高知県立大　改）

➡p.365 問題190

例題 191 関数とその逆関数のグラフで囲まれた図形の面積 ★★☆☆

関数 $f(x)=\dfrac{\pi}{4}\tan x\ \left(-\dfrac{\pi}{2}<x<\dfrac{\pi}{2}\right)$ に対して，2つの関数 $y=f(x)$，$y=f^{-1}(x)$ のグラフで囲まれた図形の面積 S を求めよ。 (琉球大　改)

思考のプロセス

$S=2\displaystyle\int_0^{\frac{\pi}{4}}\{f^{-1}(x)-f(x)\}dx$ としたいが，$f^{-1}(x)=$ (x の式) を求められない。

⇩ **対称性の利用**

$y=f(x)$ のグラフ
↕ 直線 $y=x$ に関して対称
$y=f^{-1}(x)$ のグラフ

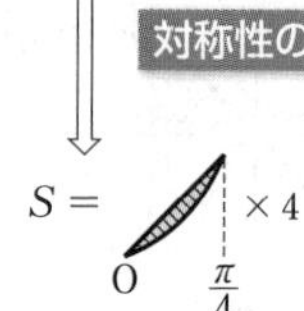

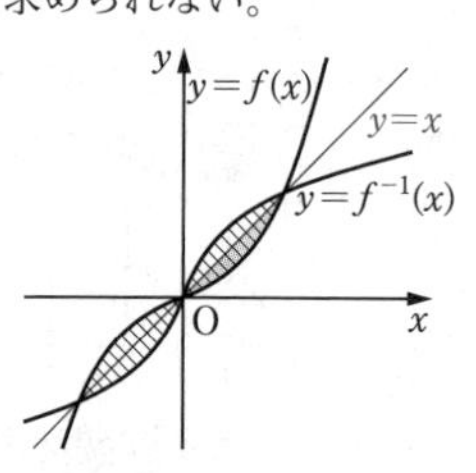

«ReAction 逆関数の定積分は，直線 $y=x$ に関する対称性を利用せよ ◀例題 190

解 $y=\dfrac{\pi}{4}\tan x$ のグラフは原点に関して対称で，$-\dfrac{\pi}{2}<x<\dfrac{\pi}{2}$ の範囲で単調増加する。

◀グラフの対称性の利用を考える。

$y=\dfrac{\pi}{4}\tan x$ のグラフとその逆関数 $y=f^{-1}(x)$ のグラフは，直線 $y=x$ に関して対称であるから，グラフは右の図。

求める面積 S は

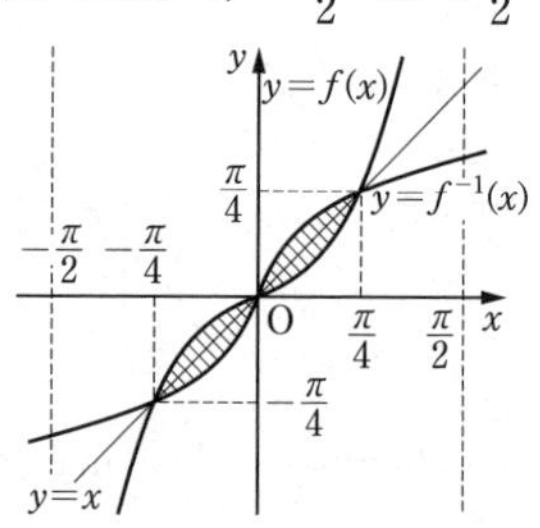

$$S=4\int_0^{\frac{\pi}{4}}\left(x-\frac{\pi}{4}\tan x\right)dx=4\int_0^{\frac{\pi}{4}}\left\{x+\frac{\pi}{4}\cdot\frac{(\cos x)'}{\cos x}\right\}dx$$

$$=4\left[\frac{x^2}{2}+\frac{\pi}{4}\log|\cos x|\right]_0^{\frac{\pi}{4}}=\boldsymbol{\frac{\pi^2}{8}-\frac{\pi}{2}\log 2}$$

◀$\tan x=\dfrac{\sin x}{\cos x}=-\dfrac{(\cos x)'}{\cos x}$

Point...逆関数のグラフと対称性

関数 $y=f(x)$ のグラフと，その逆関数 $y=f^{-1}(x)$ のグラフは，直線 $y=x$ に関して対称である。また，関数とその逆関数では，定義域と値域が入れかわる。
この対称性を利用することで，例題191のように積分計算を簡単にすることができる。

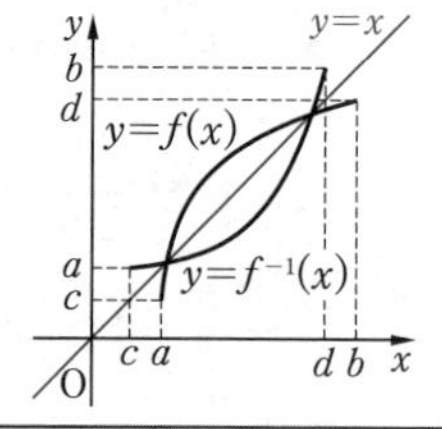

練習 191 関数 $f_1(x)=\tan\dfrac{\pi}{4}x\ (-2<x<2)$ の逆関数を $f_2(x)$ とする。2曲線 $y=f_1(x)$，$y=f_2(x)$ で囲まれる図形の面積 S を求めよ。 (芝浦工業大)

➡p.365 問題191

頻出

例題 192 陰関数で表された図形の面積〔1〕 ★★☆☆

曲線 $y^2 = x^2 - x^4$ …① で囲まれた図形の面積 S を求めよ。

思考のプロセス

対称性の利用

①…x, y ともに偶数乗であるから

x を $-x$ に置き換えても，① と一致 → ① は **y 軸に関して対称**

y を $-y$ に置き換えても，① と一致 → ① は **x 軸に関して対称**

⟹ $x \geqq 0$, $y \geqq 0$ の部分で考える。

$S = (x \geqq 0,\ y \geqq 0$ の部分の面積$) \times 4$

↑ ① を $y = (x$ の式$)$ にして積分を利用

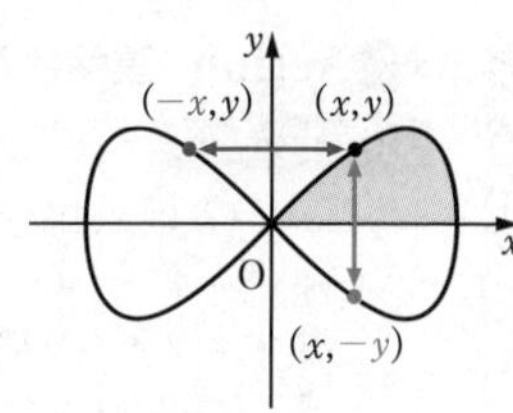

Action» 陰関数で表された図形は，対称性がないか考えよ

解 ① において，x を $-x$ に置き換えても，もとの式とかわらない。また，y を $-y$ に置き換えても，もとの式とかわらない。よって，曲線 ① は x 軸に関しても，y 軸に関しても対称である。

◀ ① において x を $-x$ に置き換えると $y^2 = (-x)^2 - (-x)^4$ すなわち $y^2 = x^2 - x^4$ となり ① と一致する。

$x \geqq 0$, $y \geqq 0$ のとき，① は $y^2 = x^2(1-x^2)$ より

$$y = x\sqrt{1-x^2} \quad \cdots ②$$

◀ $y = |x|\sqrt{1-x^2} = x\sqrt{1-x^2}$

$1 - x^2 \geqq 0$ より　$0 \leqq x \leqq 1$

$y = 0$ とすると，$x \geqq 0$ において　$x = 0,\ 1$

区間 $0 \leqq x \leqq 1$ で $y \geqq 0$ であるから，曲線 ① の対称性より，求める面積 S は

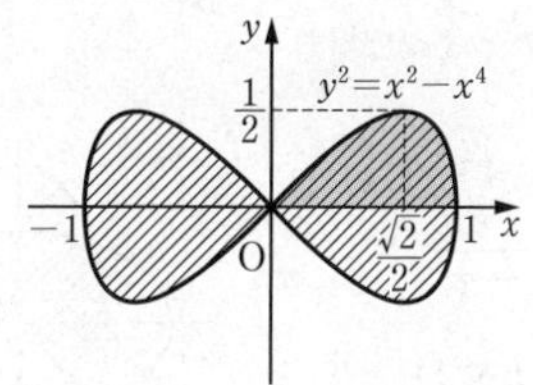

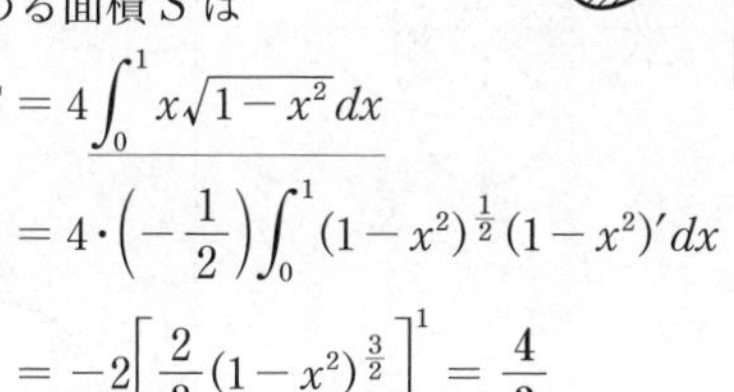

◀ $y = x\sqrt{1-x^2}$ $(0 \leqq x \leqq 1)$ と x 軸で囲まれた図形の面積を 4 倍すればよい。

例題 140

$$S = 4\int_0^1 x\sqrt{1-x^2}\,dx$$

$$= 4\cdot\left(-\frac{1}{2}\right)\int_0^1 (1-x^2)^{\frac{1}{2}}(1-x^2)'\,dx$$

$$= -2\left[\frac{2}{3}(1-x^2)^{\frac{3}{2}}\right]_0^1 = \frac{4}{3}$$

◀ $1 - x^2 = t$ と置換してもよい。

x	$0 \to 1$
t	$1 \to 0$

$\dfrac{dx}{dt} = -\dfrac{1}{2x}$

より　$S = -2\int_1^0 \sqrt{t}\,dt$

Point...対称性の利用

曲線 $f(x,\ y) = 0$ について

(ア) x を $-x$ に置き換えた式が，もとの曲線の式と一致するとき ⇨ 曲線は y 軸に関して対称

(イ) y を $-y$ に置き換えた式が，もとの曲線の式と一致するとき ⇨ 曲線は x 軸に関して対称

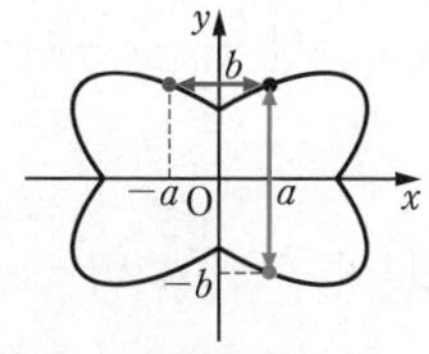

練習 192 曲線 $y^2 = x^2(1-x)$ …① で囲まれた図形の面積 S を求めよ。

➡p.365 問題192

例題 193 陰関数で表された図形の面積〔2〕 ★★★☆

2 つの楕円 $x^2+3y^2=4$ …①, $3x^2+y^2=4$ …② について

(1) ①, ② の交点の座標を求めよ。

(2) ①, ② の内部の重なった部分の面積 S を求めよ。

思考のプロセス

«ReAction 陰関数で表された図形は，対称性がないか考えよ ◀例題 192

対称性の利用

・楕円 ①, ② は x 軸, y 軸に関して対称

・$x^2+3y^2=4$ …①

↕ x と y を入れかえたもの ⟶ 直線 $y=x$ に関して対称

$3x^2+y^2=4$ …②

⟹ $S=$ (扇形) $\times 8$

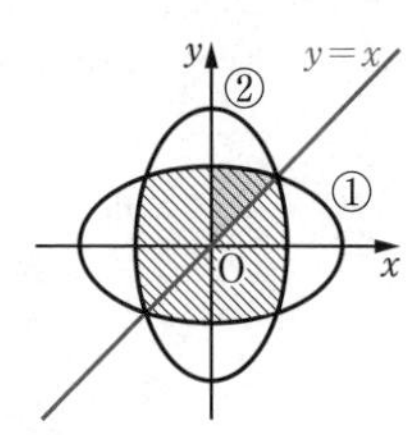

解 (1) ② より $y^2=4-3x^2$ であり，① に代入すると

$$x^2+3(4-3x^2)=4$$

◀ y を消去する。

よって，$x^2=1$ より　$x=\pm1$

このとき，$y^2=1$ より　$y=\pm1$

したがって，①, ② の交点の座標は

(1, 1), (1, −1), (−1, 1), (−1, −1)

(2) 楕円 ①, ② はそれぞれ x 軸, y 軸に関して対称である。また，① と ② は x と y を入れかえた式であるから，楕円 ①, ② は直線 $y=x$ に関して対称である。

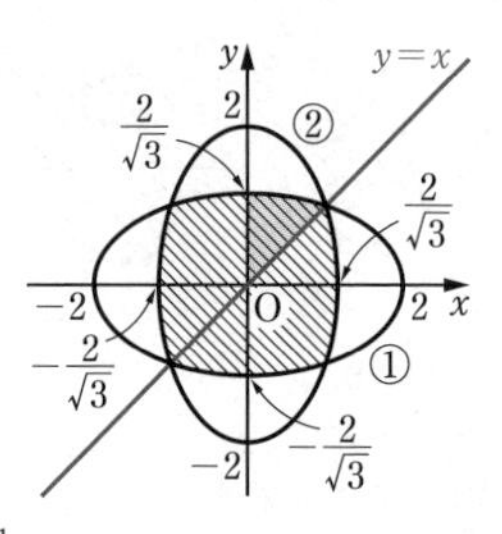

$x\geqq0$, $y\geqq0$ のとき，① は

$$y=\frac{1}{\sqrt{3}}\sqrt{4-x^2}$$

よって，求める面積 S は

$$S=8\int_0^1\left(\frac{1}{\sqrt{3}}\sqrt{4-x^2}-x\right)dx$$

例題 156

$$=8\cdot\frac{1}{\sqrt{3}}\underline{\int_0^1\sqrt{4-x^2}\,dx}-8\int_0^1 x\,dx$$

$$=8\cdot\frac{1}{\sqrt{3}}\left(\frac{1}{12}\cdot2^2\pi+\frac{1}{2}\cdot1\cdot\sqrt{3}\right)-8\left[\frac{1}{2}x^2\right]_0^1$$

$$=\left(\frac{8\sqrt{3}}{9}\pi+4\right)-4=\boldsymbol{\frac{8\sqrt{3}}{9}\pi}$$

◀ ＿＿は下の図の面積に等しい。

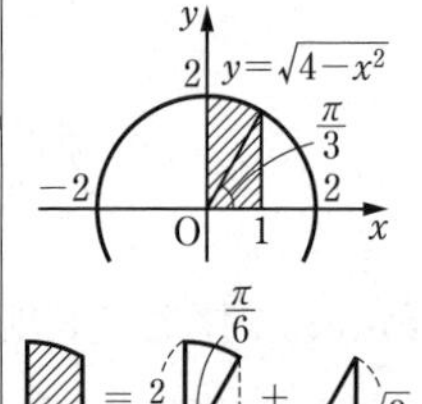

練習 193 2 つの楕円 $x^2+\dfrac{y^2}{3}=1$ …①, $\dfrac{x^2}{3}+y^2=1$ …② について

(1) ①, ② の交点の座標を求めよ。

(2) ①, ② の内部の重なった部分の面積 S を求めよ。

➡p.365 問題193

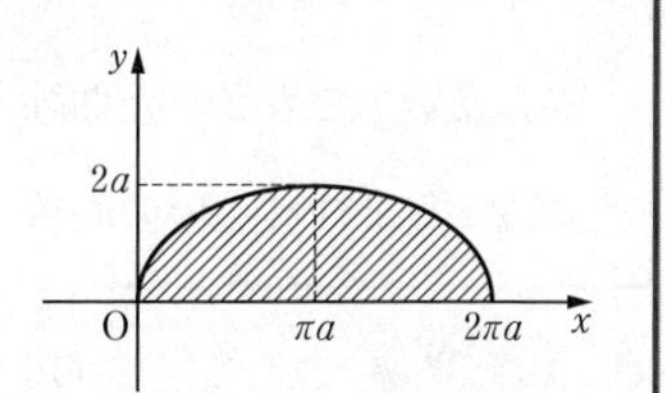

頻出

例題 194 媒介変数で表された図形の面積〔1〕

★★☆☆

$0 \leqq \theta \leqq 2\pi$ において，サイクロイド

$$\begin{cases} x = a(\theta - \sin\theta) \\ y = a(1-\cos\theta) \end{cases}$$

と x 軸で囲まれた図形の面積 S を求めよ。
ただし，$a>0$ とする。

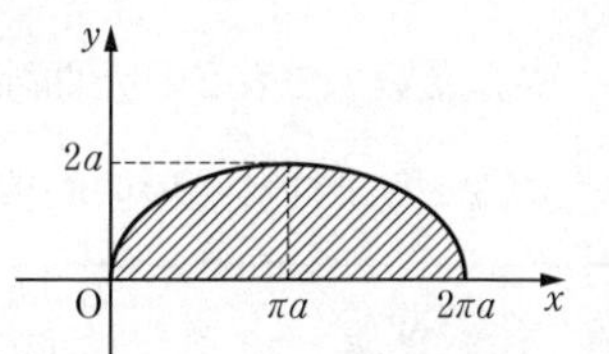

思考のプロセス

$0 \leqq x \leqq 2\pi a$ において $y \geqq 0$ であるから

$$S = \int_{0 \leftarrow ①のx}^{2\pi a \leftarrow ②のx} y\,dx$$

$$= \int_{\square \leftarrow ①の\theta}^{\square \leftarrow ②の\theta} a(1-\cos\theta)\,\square\,d\theta$$

θ に置換

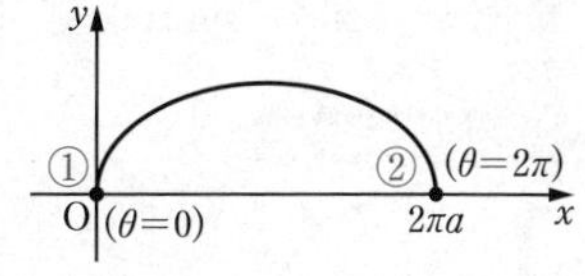

対応を考える
$\dfrac{dx}{d\theta} = \square$ より　$dx = \square\,d\theta$
x と θ の対応は図の ①，② で考える。

Action» 媒介変数で表された曲線が囲む部分の面積は，置換積分法を用いよ

解　$\dfrac{dx}{d\theta} = a(1-\cos\theta)$

x と θ の対応は右のようになるから

x	$0 \to 2\pi a$
θ	$0 \to 2\pi$

$$S = \int_0^{2\pi a} y\,dx$$

$$= \int_0^{2\pi} a(1-\cos\theta)\cdot a(1-\cos\theta)\,d\theta$$

$$= a^2\int_0^{2\pi}(1-2\cos\theta+\cos^2\theta)\,d\theta$$

$$= a^2\int_0^{2\pi}\left(1-2\cos\theta+\frac{1+\cos2\theta}{2}\right)d\theta$$

$$= a^2\int_0^{2\pi}\left(\frac{3}{2}-2\cos\theta+\frac{1}{2}\cos2\theta\right)d\theta$$

$$= a^2\left[\frac{3}{2}\theta-2\sin\theta+\frac{1}{4}\sin2\theta\right]_0^{2\pi} = \boldsymbol{3\pi a^2}$$

◀ $x = a(\theta-\sin\theta)$ の両辺を θ で微分すると
$\dfrac{dx}{d\theta} = a(1-\cos\theta)$

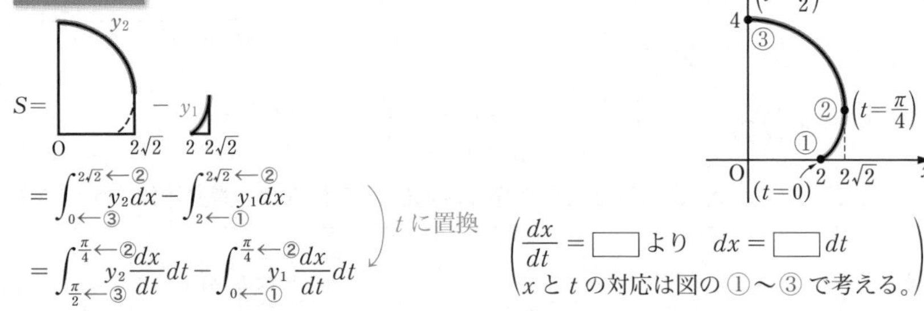

◀ $\displaystyle\int_0^{2\pi} y\frac{dx}{d\theta}\,d\theta$

◀ $\cos^2\theta = \dfrac{1+\cos2\theta}{2}$

Point...サイクロイドと x 軸で囲まれた図形の面積

例題 194 の結果より，半径 a の円を回転させたときにできるサイクロイドと x 軸で囲まれた図形の面積はもとの円の面積の 3 倍であることが分かる。

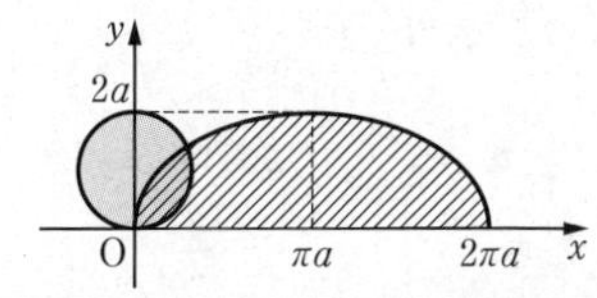

練習 194 $0 \leqq \theta \leqq 2\pi$ において，アステロイド $\begin{cases} x = \cos^3\theta \\ y = \sin^3\theta \end{cases}$ で囲まれた図形の面積 S を求めよ。例題 167 の結果を利用してよい。

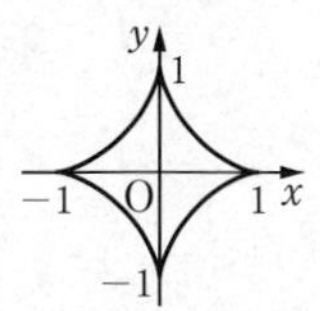

➡p.365 問題194

例題 195 媒介変数で表された図形の面積〔2〕 ★★★☆

媒介変数 t で表された曲線 $C:\begin{cases} x=3\cos t-\cos 3t \\ y=3\sin t-\sin 3t \end{cases}$ $\left(0 \leqq t \leqq \dfrac{\pi}{2}\right)$ と x 軸，y 軸で囲まれた図形の面積 S を求めよ。

思考のプロセス

図をかく

$\begin{cases} x=3\cos t-\cos 3t \\ y=3\sin t-\sin 3t \end{cases} \Longrightarrow \begin{cases} \dfrac{dx}{dt}=\square \\ \dfrac{dy}{dt}=\square \end{cases} \Longrightarrow$ 増減表 $\Longrightarrow$ 概形（例題 107 参照）

図を分ける

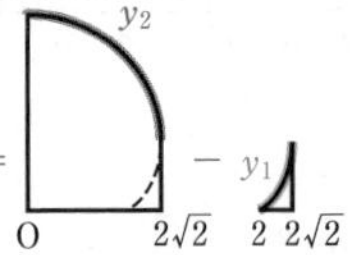

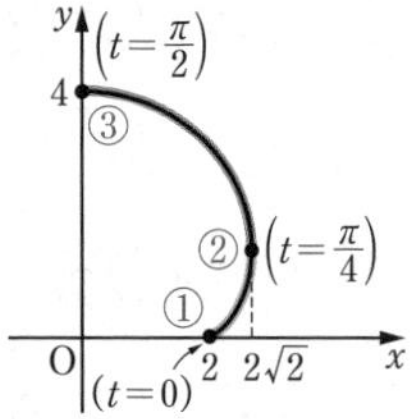

$= \displaystyle\int_{0\leftarrow ③}^{2\sqrt{2}\leftarrow ②} y_2\,dx - \int_{2\leftarrow ①}^{2\sqrt{2}\leftarrow ②} y_1\,dx$

$= \displaystyle\int_{\frac{\pi}{2}\leftarrow ③}^{\frac{\pi}{4}\leftarrow ②} y_2\frac{dx}{dt}dt - \int_{0\leftarrow ①}^{\frac{\pi}{4}\leftarrow ②} y_1\frac{dx}{dt}dt$　t に置換

$\left(\dfrac{dx}{dt}=\square\right.$ より $dx=\square\,dt$
x と t の対応は図の ①～③ で考える。$\left.\right)$

« Re Action 媒介変数で表された曲線が囲む部分の面積は，置換積分法を用いよ ◀例題 194

解 例題 107

$\dfrac{dx}{dt}=-3\sin t+3\sin 3t=6\cos 2t\sin t$

◀和を積に直す公式を用いる。3 倍角の公式を用いてもよい。

$\dfrac{dx}{dt}=0$ とすると　$t=0,\ \dfrac{\pi}{4}$

$\dfrac{dy}{dt}=3\cos t-3\cos 3t=6\sin 2t\sin t$

$\dfrac{dy}{dt}=0$ とすると　$t=0,\ \dfrac{\pi}{2}$

よって，$0 \leqq t \leqq \dfrac{\pi}{2}$ において，x，y の増減表は右のようになる。

ゆえに，曲線 C の概形は下の図のようになる。

t	0	$\cdots$	$\frac{\pi}{4}$	$\cdots$	$\frac{\pi}{2}$
$\frac{dx}{dt}$		$+$	0	$-$	
x	2	$\rightarrow$	$2\sqrt{2}$	$\leftarrow$	0
$\frac{dy}{dt}$		$+$	$+$	$+$	
y	0	$\uparrow$	$\sqrt{2}$	$\uparrow$	4
$(x,\ y)$	$(2,\ 0)$	$\nearrow$	$(2\sqrt{2},\ \sqrt{2})$	$\nwarrow$	$(0,\ 4)$

ここで，$0 \leqq t \leqq \dfrac{\pi}{4}$ における y を y_1，$\dfrac{\pi}{4} \leqq t \leqq \dfrac{\pi}{2}$ における y を y_2 とすると

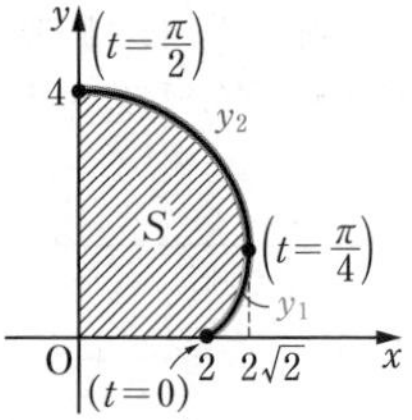

$S=\displaystyle\int_0^{2\sqrt{2}} y_2\,dx - \int_2^{2\sqrt{2}} y_1\,dx$

$\quad=\displaystyle\int_{\frac{\pi}{2}}^{\frac{\pi}{4}} y\frac{dx}{dt}dt - \int_0^{\frac{\pi}{4}} y\frac{dx}{dt}dt$

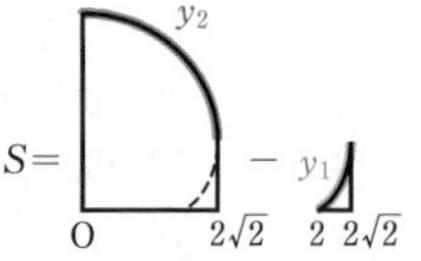

◀y_1，y_2 は t の式としては同じ式であるが，x の式としては異なるから

$\displaystyle\int_0^{2\sqrt{2}} y_2\,dx + \int_{2\sqrt{2}}^{2} y_1\,dx$

$=\displaystyle\int_0^{2} y\,dx$

としてはいけない。

$$= -\left(\int_0^{\frac{\pi}{4}} y\frac{dx}{dt}dt + \int_{\frac{\pi}{4}}^{\frac{\pi}{2}} y\frac{dx}{dt}dt\right)$$

$$= -\int_0^{\frac{\pi}{2}} y\frac{dx}{dt}dt$$

$$= -\int_0^{\frac{\pi}{2}} (3\sin t - \sin 3t)(-3\sin t + 3\sin 3t)dt$$

$$= 3\int_0^{\frac{\pi}{2}} (3\sin^2 t - 4\sin 3t\sin t + \sin^2 3t)dt$$

$$= 3\int_0^{\frac{\pi}{2}} \left\{3\cdot\frac{1-\cos 2t}{2} + 2(\cos 4t - \cos 2t) + \frac{1-\cos 6t}{2}\right\}dt$$

$$= 3\int_0^{\frac{\pi}{2}} \left(2 - \frac{7}{2}\cos 2t + 2\cos 4t - \frac{1}{2}\cos 6t\right)dt$$

$$= 3\left[2t - \frac{7}{4}\sin 2t + \frac{1}{2}\sin 4t - \frac{1}{12}\sin 6t\right]_0^{\frac{\pi}{2}}$$

$$= \boldsymbol{3\pi}$$

〔別解〕 （曲線 C の概形までは同様）

◀ y 軸方向で積分すると，面積の引き算を考えなくてよい。

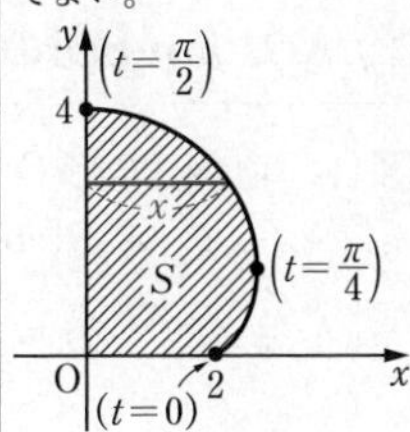

$$S = \int_0^4 x\,dy$$

$$= \int_0^{\frac{\pi}{2}} x\cdot\frac{dy}{dt}dt$$

$$= \int_0^{\frac{\pi}{2}} (3\cos t - \cos 3t)(3\cos t - 3\cos 3t)dt$$

$$= 3\int_0^{\frac{\pi}{2}} (3\cos^2 t - 4\cos 3t\cos t + \cos^2 3t)dt$$

$$= 3\int_0^{\frac{\pi}{2}} \left\{3\cdot\frac{1+\cos 2t}{2} - 2(\cos 4t + \cos 2t) + \frac{1+\cos 6t}{2}\right\}dt$$

$$= 3\int_0^{\frac{\pi}{2}} \left(2 - \frac{1}{2}\cos 2t - 2\cos 4t + \frac{1}{2}\cos 6t\right)dt$$

$$= 3\left[2t - \frac{1}{4}\sin 2t - \frac{1}{2}\sin 4t + \frac{1}{12}\sin 6t\right]_0^{\frac{\pi}{2}}$$

$$= 3\pi$$

練習 195 媒介変数 t で表された曲線 $C:\begin{cases} x = 2\cos t - \cos 2t \\ y = 2\sin t - \sin 2t \end{cases}$ $(0 \leqq t \leqq \pi)$ と x 軸で囲まれた図形の面積 S を求めよ。

➡p.365 問題195

例題 196 線分が通過する領域 ★★★☆

座標平面上に長さが1の線分PQがある。ただし，Pは x 軸上，Qは y 軸上の点で，Pの x 座標，Qの y 座標はともに0以上である。

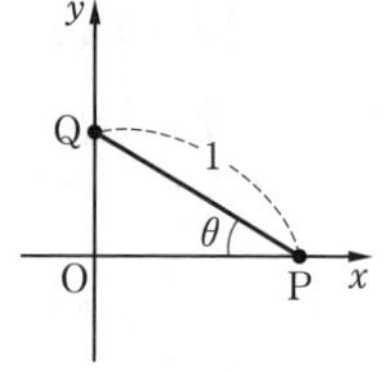

(1) $\angle \mathrm{OPQ} = \theta\ \left(0 \leqq \theta \leqq \dfrac{\pi}{2}\right)$ とおく。2点P，Qの座標を θ を用いてそれぞれ表せ。

(2) 2点P，Qが x 軸，y 軸上をそれぞれ動くとき，線分PQが通過する領域を D とする。領域 D の面積を求めよ。

思考のプロセス

(2) $\theta \neq \dfrac{\pi}{2}$ のとき線分PQの方程式は $y = (-\tan\theta)x + \sin\theta\ (0 \leqq x \leqq \cos\theta)$

P，Qが動くとき，線分PQが通過する領域

⟹ θ が変化するとき，線分PQ上の点 $(X,\ Y)$ の存在範囲

⟹ X，Y の2つの動きを同時に考えるのは難しい。

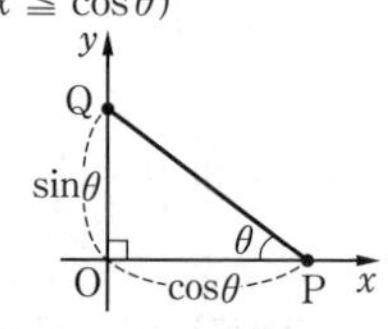

1つの文字に着目する **段階に分ける**

Ⅰ．$x = X$ と固定し，線分PQ上の点 $(X,\ Y)$ の y 座標 Y のとり得る値の範囲を考える。

Ⅱ．X を動かして全体の領域を考える。（LEGEND 数学Ⅱ＋B **Play Back** 14 参照）

Action» 線分の通過領域は，線分上の点の y 座標のとり得る値の範囲を考えよ

解 (1) 直角三角形OPQに着目すると　$\mathrm{OP} = \cos\theta,\ \mathrm{OQ} = \sin\theta$

よって　**$\mathrm{P}(\cos\theta,\ 0)$，$\mathrm{Q}(0,\ \sin\theta)$**

◀ $\theta = 0,\ \dfrac{\pi}{2}$ のときも成り立つ。

(2) $\theta \neq \dfrac{\pi}{2}$ のとき，直線PQの方程式は

$$y = -\frac{\sin\theta}{\cos\theta}x + \sin\theta = (-\tan\theta)x + \sin\theta$$

$0 \leqq \theta < \dfrac{\pi}{2}$ で θ が変化するとき，直線PQ上の $x = X$ $(0 < X \leqq 1)$ である点の y 座標 Y の最大値を考える。

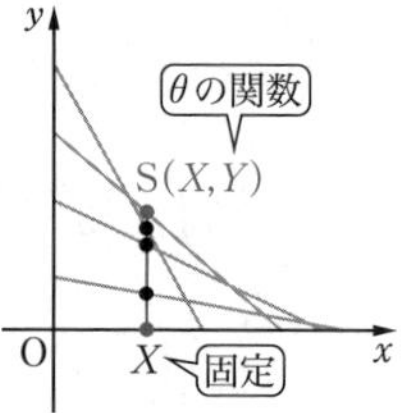

◀ X の値を固定して考えると，Y は θ の関数と見なせる。

例題110　$Y = (-\tan\theta)X + \sin\theta$ であるから

$$\frac{dY}{d\theta} = -\frac{X}{\cos^2\theta} + \cos\theta = \frac{\cos^3\theta - X}{\cos^2\theta}$$

例題186　$X = \cos^3\theta$ を満たす $0 \leqq \theta < \dfrac{\pi}{2}$ の角 θ を α とおくと，Y の増減表は右のようになる。

θ	0	…	α	…	$\dfrac{\pi}{2}$
$\dfrac{dY}{d\theta}$		＋	0	−	／
Y	0	↗	極大	↘	／

◀ ❗ $\dfrac{dY}{d\theta} = 0$ となるのは $\cos^3\theta = X$ となるときであるが，この θ は具体的に求められないから α とおく。例題186参照。

よって，Y は $\theta = \alpha$ のとき最大となり，最大値は

$$Y = (-\tan\alpha)X + \sin\alpha = -\frac{\sin\alpha}{\cos\alpha}\cdot\cos^3\alpha + \sin\alpha$$

$$= \sin\alpha(1 - \cos^2\alpha) = \sin^3\alpha$$

◀ $X = \cos^3\alpha$ を代入する。

例題 194

ゆえに，$x=X$ において，線分 PQ が通過するような点の y 座標 Y のとり得る値の範囲は　$0 \leqq Y \leqq \sin^3\alpha$

また，$\theta=\dfrac{\pi}{2}$ のとき，線分 PQ は y 軸上の $0 \leqq y \leqq 1$ の部分である。

したがって，線分 PQ が通過する領域 D は x 軸，y 軸と媒介変数 α を用いて表された曲線

$$\begin{cases} x=\cos^3\alpha \\ y=\sin^3\alpha \end{cases} \quad \left(0 \leqq \alpha \leqq \dfrac{\pi}{2}\right)$$

で囲まれた部分である。

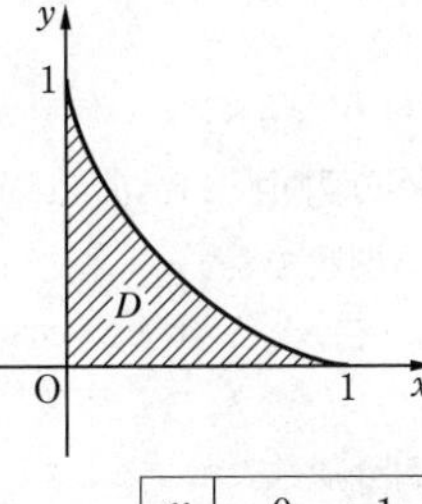

ここで，x と α の対応は右の表のようになり

x	$0 \to 1$
α	$\dfrac{\pi}{2} \to 0$

$$\frac{dx}{d\alpha}=3\cos^2\alpha\cdot(-\sin\alpha)$$

よって，求める面積 S は

$$S=\int_0^1 y\,dx=\int_{\frac{\pi}{2}}^0 \sin^3\alpha\cdot 3\cos^2\alpha\cdot(-\sin\alpha)d\alpha$$

$$=3\int_0^{\frac{\pi}{2}} \sin^4\alpha\cos^2\alpha\,d\alpha$$

ここで　$\sin^4\alpha\cos^2\alpha=\sin^2\alpha(\sin\alpha\cos\alpha)^2$

$$=\sin^2\alpha\left(\frac{1}{2}\sin 2\alpha\right)^2=\frac{1}{4}(\sin\alpha\sin 2\alpha)^2$$

$$=\frac{1}{4}\left\{-\frac{1}{2}(\cos 3\alpha-\cos\alpha)\right\}^2$$

$$=\frac{1}{16}(\cos^2 3\alpha-2\cos 3\alpha\cos\alpha+\cos^2\alpha)$$

$$=\frac{1}{16}\left\{\frac{1+\cos 6\alpha}{2}-(\cos 4\alpha+\cos 2\alpha)+\frac{1+\cos 2\alpha}{2}\right\}$$

$$=\frac{1}{32}(\cos 6\alpha-2\cos 4\alpha-\cos 2\alpha+2)$$

であるから

$$S=\frac{3}{32}\int_0^{\frac{\pi}{2}}(\cos 6\alpha-2\cos 4\alpha-\cos 2\alpha+2)\,d\alpha$$

$$=\frac{3}{32}\left[\frac{1}{6}\sin 6\alpha-\frac{1}{2}\sin 4\alpha-\frac{1}{2}\sin 2\alpha+2\alpha\right]_0^{\frac{\pi}{2}}$$

$$=\frac{3}{32}\cdot(\pi-0)=\boldsymbol{\frac{3}{32}\pi}$$

◀ $0<X \leqq 1$
$X=\cos^3\alpha$
$0 \leqq Y \leqq \sin^3\alpha$
Y の最小値は 0

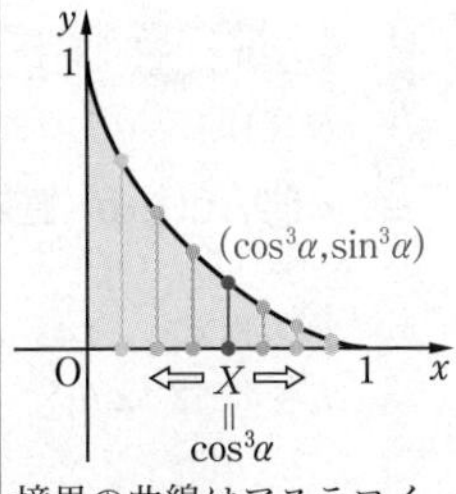

◀ 境界の曲線はアステロイドである。

◀ $\displaystyle\int_0^1 y\,dx=\int_{\frac{\pi}{2}}^0 y\frac{dx}{d\alpha}\,d\alpha$

$\sin 2\alpha=2\sin\alpha\cos\alpha$ より

◀ $\sin\alpha\cos\alpha=\dfrac{1}{2}\sin 2\alpha$

◀ $\sin\alpha\sin\beta$
$=-\dfrac{1}{2}\{\cos(\alpha+\beta)-\cos(\alpha-\beta)\}$

◀ $\cos^2\alpha=\dfrac{1+\cos 2\alpha}{2}$

◀ $\cos\alpha\cos\beta$
$=\dfrac{1}{2}\{\cos(\alpha+\beta)+\cos(\alpha-\beta)\}$

練習 196 座標平面上の動点 P$(0,\ \sin\theta)$ および Q$(8\cos\theta,\ 0)$ を考える。θ が $0 \leqq \theta \leqq \dfrac{\pi}{2}$ の範囲を動くとき，線分 PQ が通過する領域を D とする。領域 D を x 軸のまわりに1回転させてできる立体の体積 V を求めよ。　（大阪大　改）

⇒p.366 問題196

例題 197 極方程式で表された図形の面積 ★★★☆

極方程式で表された曲線 $C : r = 1 + 2\cos\theta \left(0 \leqq \theta \leqq \dfrac{\pi}{2}\right)$ と x 軸，y 軸で囲まれた部分の面積 S を求めよ。 （愛知教育大 改）

思考のプロセス

既知の問題に帰着

極座標 $(r,\ \theta)$ のままでは考えにくい。 ⟹ 直交座標 $(x,\ y)$ で考えたい。

«ReAction 直交座標への変換は，$r\cos\theta = x$，$r\sin\theta = y$，$r^2 = x^2 + y^2$ を用いよ ◀C 例題 108

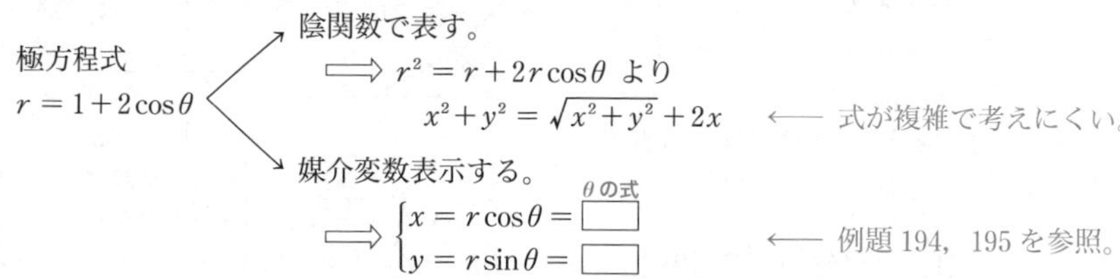

«ReAction 媒介変数で表された曲線が囲む部分の面積は，置換積分法を用いよ ◀例題 194

解 曲線 C 上の点の直交座標を $(x,\ y)$ とおくと

$$\begin{cases} x = r\cos\theta = (1 + 2\cos\theta)\cos\theta \\ y = r\sin\theta = (1 + 2\cos\theta)\sin\theta \end{cases}$$

◀ θ を媒介変数として表す。

$0 \leqq \theta \leqq \dfrac{\pi}{2}$ のとき，$1 + 2\cos\theta > 0$，$\cos\theta \geqq 0$，$\sin\theta \geqq 0$

であるから　$x \geqq 0$，$y \geqq 0$

また，$\theta = 0$ のとき　$x = 3$，$y = 0$

$\theta = \dfrac{\pi}{2}$ のとき　$x = 0$，$y = 1$

ここで　$$\frac{dx}{d\theta} = -2\sin\theta\cos\theta - (1 + 2\cos\theta)\sin\theta$$
$$= -\sin\theta(1 + 4\cos\theta)$$

$0 < \theta < \dfrac{\pi}{2}$ において，$\dfrac{dx}{d\theta} < 0$ より，θ が増加すると x は単調減少する。

◀ x が単調減少するから，1つの x に対して複数の y が対応することはない。よって，x 軸方向で積分して面積を求める。

よって，この曲線の概形は右の図。

ゆえに，求める面積 S は

$$S = \int_0^3 y\,dx = \int_{\frac{\pi}{2}}^0 y\frac{dx}{d\theta}\,d\theta$$
$$= \int_{\frac{\pi}{2}}^0 (1 + 2\cos\theta)\sin\theta\{-\sin\theta(1 + 4\cos\theta)\}\,d\theta$$
$$= \int_0^{\frac{\pi}{2}} \{\sin^2\theta + 6\sin^2\theta\cos\theta + 2(2\sin\theta\cos\theta)^2\}\,d\theta$$
$$= \int_0^{\frac{\pi}{2}} (\sin^2\theta + 6\sin^2\theta\cos\theta + 2\sin^2 2\theta)\,d\theta$$

$$= \int_0^{\frac{\pi}{2}} \left(\frac{1-\cos 2\theta}{2} + 6\sin^2\theta\cos\theta + 2\cdot\frac{1-\cos 4\theta}{2} \right) d\theta$$

$$= \int_0^{\frac{\pi}{2}} \left\{ \frac{3}{2} - \frac{1}{2}\cos 2\theta + 6\sin^2\theta(\sin\theta)' - \cos 4\theta \right\} d\theta$$

$$= \left[\frac{3}{2}\theta - \frac{1}{4}\sin 2\theta + 2\sin^3\theta - \frac{1}{4}\sin 4\theta \right]_0^{\frac{\pi}{2}}$$

$$= \boldsymbol{\frac{3}{4}\pi + 2}$$

Point…極方程式で表された図形の面積公式

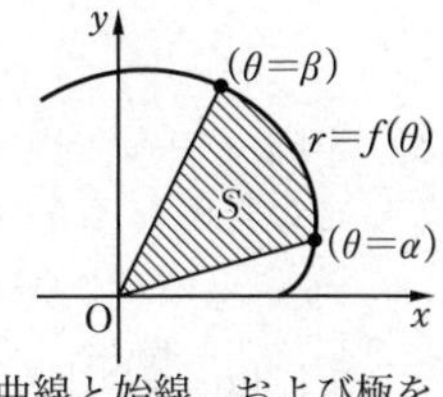

極方程式 $r = f(\theta)$ で表された曲線と，極Oを通る2本の半直線 $\theta = \alpha$，$\theta = \beta$（ただし，$\alpha < \beta < \alpha + 2\pi$）で囲まれた図形の面積 S は　$\boldsymbol{S = \frac{1}{2}\int_\alpha^\beta \{f(\theta)\}^2 d\theta}$

を用いて求めることができる。

（証明）

x 軸の正の部分を始線とし，極方程式 $r = f(\theta)$ で表された曲線と始線，および極を通り始線となす角が θ である直線 l で囲まれた図形の面積を $S(\theta)$ とする。

0に近い h に対して，$S(\theta+h)$ と $S(\theta)$ の差は半径 $f(\theta)$，中心角 h の扇形の面積にほぼ等しいから

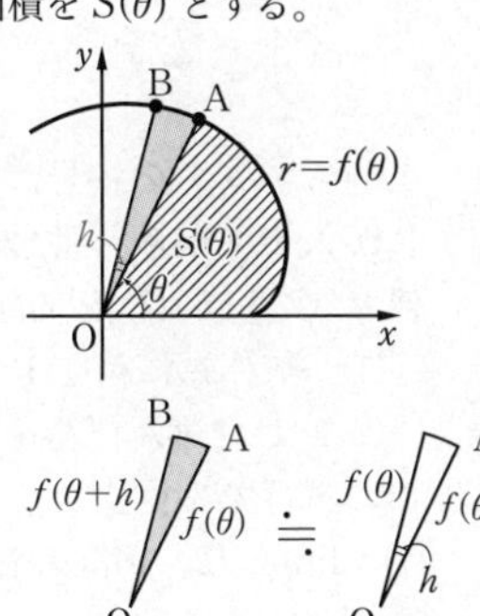

$$S(\theta+h) - S(\theta) \fallingdotseq \frac{1}{2}\{f(\theta)\}^2 h$$

$$\frac{S(\theta+h) - S(\theta)}{h} \fallingdotseq \frac{1}{2}\{f(\theta)\}^2$$

ここで，$h \to 0$ とすると

$\displaystyle\lim_{h\to 0}\frac{S(\theta+h) - S(\theta)}{h} = \frac{d}{d\theta}S(\theta)$ より

$$\frac{d}{d\theta}S(\theta) = \frac{1}{2}\{f(\theta)\}^2$$

したがって　$\displaystyle S = \frac{1}{2}\int_\alpha^\beta \{f(\theta)\}^2 d\theta$

例題197にこの公式を用いると，次のようになる。

（別解）　$\displaystyle S = \frac{1}{2}\int_0^{\frac{\pi}{2}} (1+2\cos\theta)^2 d\theta$

$$= \frac{1}{2}\int_0^{\frac{\pi}{2}} (1 + 4\cos\theta + 4\cos^2\theta) d\theta$$

$$= \frac{1}{2}\int_0^{\frac{\pi}{2}} \left(1 + 4\cos\theta + 4\cdot\frac{1+\cos 2\theta}{2}\right) d\theta$$

$$= \frac{1}{2}\Big[3\theta + 4\sin\theta + \sin 2\theta\Big]_0^{\frac{\pi}{2}} = \frac{3}{4}\pi + 2$$

練習 197 極方程式で表された曲線 $C : r = \sqrt{\cos 2\theta}$ $\left(0 \leqq \theta \leqq \frac{\pi}{4}\right)$ と x 軸で囲まれた部分の面積 S を求めよ。

（名古屋工業大　改）

➡p.366 問題197

171 ★★☆☆ 実数 a，b に対して，$x_n=\dfrac{1}{n^b}\left\{\dfrac{1}{n^a}+\dfrac{1}{(n+1)^a}+\cdots+\dfrac{1}{(2n-1)^a}\right\}$ $(n=1,\ 2,\ 3,\ \cdots)$ とおく。$n\to\infty$ のとき，x_n が収束するための a，b の条件とそのときの極限値を求めよ。 (東京工業大)

172 ★★★☆ 極限値 $\displaystyle\lim_{n\to\infty}\frac{1}{n}\left\{\frac{(2n)!}{n!}\right\}^{\frac{1}{n}}$ を求めよ。

173 ★★☆☆ 半円 $x^2+y^2=1$ $(y\geqq 0)$ 上の 2 点 $(1,\ 0)$，$(-1,\ 0)$ をそれぞれ A_0，A_n とし，この半円上に $n-1$ 個の分点をとって弧 $\mathrm{A}_0\mathrm{A}_n$ を n 等分する。それらの分点を A_0 に近い方から順に A_1，A_2，$\cdots$，A_{n-1} とする。平面上の点 $\mathrm{P}(p,\ q)$ に対して，$\displaystyle\lim_{n\to\infty}\frac{1}{n}\sum_{k=1}^{n}\mathrm{PA}_k{}^2$ を求めよ。 (大阪府立大)

174 ★★★☆ 1 から n までの番号が書かれた n 個の箱があり，おのおのの箱には $2n$ 本のくじが入っている。番号が l の箱には l 本の当たりが入っているとする。この条件で次の ①，② を試行する。

① 無作為に箱を 1 つ選ぶ。

② ① で選んだ箱を用いて，くじを 1 本引いては戻すことを m 回繰り返す。

この試行で k 回当たりくじを引く確率を $p_n(m,\ k)$ とする。

(1) $\displaystyle\lim_{n\to\infty}p_n(2,\ 0)$，$\displaystyle\lim_{n\to\infty}p_n(2,\ 1)$，$\displaystyle\lim_{n\to\infty}p_n(2,\ 2)$ をそれぞれ求めよ。

(2) $\displaystyle\lim_{n\to\infty}p_n(m,\ 1)$ を m を用いて表せ。 (札幌医科大)

175 ★★☆☆ $0\leqq x\leqq\dfrac{\pi}{2}$ のとき，$\dfrac{2}{\pi}x\leqq\sin x\leqq x$ であることを示し，

$\displaystyle\frac{\pi}{2}(e-1)<\int_0^{\frac{\pi}{2}}e^{\sin x}dx<e^{\frac{\pi}{2}}-1$ が成り立つことを証明せよ。

176 ★★★★ (1) 自然数 n に対して，不等式

$2\sqrt{n+1}-2<1+\dfrac{1}{\sqrt{2}}+\dfrac{1}{\sqrt{3}}+\cdots+\dfrac{1}{\sqrt{n}}\leqq 2\sqrt{n}-1$ を証明せよ。

(2) $1+\dfrac{1}{\sqrt{2}}+\dfrac{1}{\sqrt{3}}+\cdots+\dfrac{1}{\sqrt{100}}$ の整数部分を求めよ。 (富山県立大 改)

177 ★★★★ n を 2 以上の自然数とする。

(1) $\displaystyle\int_{\frac{1}{n}}^{1}(-\log x)dx$ を求めよ。 (2) $\displaystyle 0 < n-1+\sum_{k=1}^{n}\log\frac{k}{n} < \log n$ を示せ。

(3) $\displaystyle\lim_{n\to\infty}\frac{\log(n!)}{(n+1)\log(n+1)}$ を求めよ。 (高知大)

178 ★★★★ n を正の整数とする。$\displaystyle S_n=\sum_{k=1}^{n}\frac{1}{k\cdot 2^k}$ とおく。次の問に答えよ。

(1) $\displaystyle 1+x+x^2+\cdots+x^{n-1}=\frac{1}{1-x}-\frac{x^n}{1-x}$ を数学的帰納法を用いて証明せよ。ただし，$x \neq 1$ とする。

(2) $\displaystyle\int_0^{\frac{1}{2}}(1+x+x^2+\cdots+x^{n-1})dx=\log 2-\int_0^{\frac{1}{2}}\frac{x^n}{1-x}dx$ を示せ。

(3) $\displaystyle S_n=\log 2-\int_0^{\frac{1}{2}}\frac{x^n}{1-x}dx$ を示せ。

(4) $\displaystyle 0 \leqq \int_0^{\frac{1}{2}}\frac{x^n}{1-x}dx \leqq \frac{1}{2^n}\log 2$ を示せ。

(5) $\displaystyle\lim_{n\to\infty}S_n=\frac{1}{1\cdot 2}+\frac{1}{2\cdot 2^2}+\frac{1}{3\cdot 2^3}+\cdots$ の値を求めよ。 (岐阜大)

179 ★★★★ $n=0,\ 1,\ 2,\ \cdots$ に対して $\displaystyle a_n=\frac{1}{n!}\int_0^1 x^n e^{1-x}dx$ とおく。ただし，$x^0=1$，$0!=1$ とする。

(1) a_0 を求めよ。 (2) $\displaystyle 0 < a_n < \frac{e-1}{n!}$ を示せ。

(3) a_{n+1} を n と a_n を用いて表せ。 (4) $\displaystyle\sum_{n=0}^{\infty}\frac{1}{n!}$ を求めよ。 (高知工科大　改)

180 ★★★★ シュワルツの不等式を用いて，不等式 $\displaystyle\left(\log\frac{b}{a}\right)^2 \leqq \frac{(a-b)^2}{ab}$ を示せ。ただし，$a>0$，$b>0$ とする。

181 ★☆☆☆ 次の曲線と直線で囲まれた図形の面積 S を求めよ。

(1) 曲線 $\displaystyle y=\frac{1}{x^2+1}$，$x$ 軸，y 軸，直線 $x=1$

(2) 曲線 $y=x\sqrt{1-x^2}$，x 軸

182 ★★☆☆ 曲線 $y=xe^{-x}$ と曲線 $y=2xe^{-2x}$ で囲まれた図形の面積 S を求めよ。

183 ★★☆☆ 関数 $f(x)=\dfrac{1}{1+x^2}$ について，次の各問に答えよ。

(1) 曲線 $y=f(x)$ 上の点 $\mathrm{P}\left(\sqrt{3},\ \dfrac{1}{4}\right)$ における接線 l の方程式を求めよ。

(2) 曲線 $y=f(x)$ と接線 l との共有点のうち，点Pと異なる点Qの x 座標を求めよ。

(3) 曲線 $y=f(x)$ と接線 l によって囲まれる部分の面積を求めよ。 (宮崎大)

184 ★☆☆☆ 次の曲線と直線で囲まれた図形の面積 S を求めよ。

(1) $x=-y^2+4y$，y 軸，$y=-2$，$y=3$

(2) $y=|\log x|$，$y=1$

185 ★★☆☆ 曲線 $y=\sin x$ $(0\leqq x\leqq 3\pi)$ と4つの共有点をもつように，直線 $y=k$ を引く。この曲線と直線で囲まれた3つの図形の面積の和 S が最小となるように k の値を定めよ。

186 ★★★☆ 曲線 $y=\sin 2x$ と曲線 $y=a\sin x$ $(0<a<2)$ で囲まれた図形の面積 S を a で表せ。ただし，$0\leqq x\leqq \pi$ とする。

187 ★★★☆ k を正の定数とする。2つの曲線 $C_1 : y=k\cos x$ と $C_2 : y=\sin x$ $\left(0\leqq x\leqq \dfrac{\pi}{2}\right)$ について，C_1，C_2 と y 軸で囲まれた図形の面積を S_1，C_1，C_2 と直線 $x=\dfrac{\pi}{2}$ で囲まれた図形の面積を S_2 とする。$2S_1=S_2$ となるように k を定め，このときの S_1 を求めよ。

188 ★★★★ 曲線 $C : y=-\log x$ 上の点 $\mathrm{P}_0(1,\ 0)$ における接線と y 軸との交点を Q_1 とする。Q_1 から x 軸に平行に引いた直線と C との交点を P_1 とする。P_1 における C の接線と y 軸との交点を Q_2 とする。以下，同様に P_{n-1}，Q_n $(n=1,\ 2,\ \cdots)$ を定める。2直線 $\mathrm{P}_{n-1}\mathrm{Q}_n$，$\mathrm{P}_n\mathrm{Q}_n$ と C で囲まれた図形の面積を S_n とするとき，$S=\lim_{n\to\infty}\sum_{k=1}^{n} S_k$ を求めよ。

189 ★★★☆ 関数 $f_n(x)=(x-1)e^{-\frac{x}{n}}$ （n は正の整数）について

(1) $\lim_{x\to\infty} f_n(x)$ を求めよ。ただし，$\lim_{x\to\infty} xe^{-x}=0$ が成り立つことを用いてよい。さらに，関数 $y=f_n(x)$ のグラフをかけ。

(2) $y=f_n(x)$ のグラフ上の点で，y 座標を最大にする点を P_n，P_n から x 軸に垂線を引き x 軸との交点を Q_n とする。また，点 (1, 0) をRとし，曲線 $y=f_n(x)$ と線分 RQ_n，および線分 $\mathrm{P}_n\mathrm{Q}_n$ で囲まれる部分の面積を S_n とするとき，$\lim_{n\to\infty}\frac{S_n}{n^2}$ を求めよ。 （千葉大）

190 ★★★☆ (1) $f(x)=\frac{e^x}{e^x+1}$ のとき，$y=f(x)$ の逆関数 $y=g(x)$ を求めよ。

(2) (1)の $f(x)$，$g(x)$ に対し，次の等式が成り立つことを示せ。

$$\int_a^b f(x)dx+\int_{f(a)}^{f(b)} g(x)dx=bf(b)-af(a)$$

（東北大）

191 ★★☆☆ 定数 a を $a>0$ として，曲線 $C_1: y=\frac{1}{a}\log x$ と曲線 $C_2: y=e^{ax}$ を考える。

(1) 曲線 C_1 と C_2 は直線 $y=x$ に関して対称であることを示せ。

(2) 曲線 C_1 と直線 $y=x$ が接するように a の値を定めよ。

(3) a が(2)で定められた値のとき，曲線 C_1，C_2 と x 軸，および y 軸で囲まれた図形の面積を求めよ。 （大阪市立大）

192 ★★☆☆ 曲線 $|x|^{\frac{1}{2}}+|y|^{\frac{1}{2}}=1$ …① で囲まれた図形の面積 S を求めよ。

193 ★★★☆ 方程式 $3x^2+y^2=3$ で定まる楕円 E と，方程式 $xy=\frac{3}{4}$ で定まる双曲線 H を考える。

(1) 楕円 E と双曲線 H の交点の座標をすべて求めよ。

(2) 連立不等式 $\begin{cases}3x^2+y^2\leqq 3\\ xy\geqq\frac{3}{4}\end{cases}$ の表す領域の面積を求めよ。 （北海道大）

194 ★★☆☆ 曲線 $\begin{cases}x=\sin t\\ y=t\cos t\end{cases}$ $\left(0\leqq t\leqq\frac{\pi}{2}\right)$ と x 軸で囲まれた図形の面積 S を求めよ。

195 ★★★☆ 媒介変数 t で表された曲線 $C:\begin{cases}x=2\sin t+\sin 2t\\ y=1-\cos t\end{cases}$ について

(1) 曲線 C は y 軸に関して対称であることを示せ。

(2) 曲線 C で囲まれた図形の面積 S を求めよ。

196 ★★★☆ xy 平面上の動点Pは x 軸上の $2 \leqq x \leqq 4$ の部分を，動点Qは y 軸の $y \geqq 0$ の部分を $\mathrm{PQ}=4$ を満たしながら動く。このとき線分PQが動いてできる領域を D とする。また，Oを原点とし，∠QPOを θ とおく。

(1) 2点P，Qの座標を θ を用いてそれぞれ表せ。

(2) 領域 D の面積を求めよ。　（早稲田大　改）

197 ★★★☆ カージオイド $r=1+\cos\theta$ で囲まれた部分の面積 S を求めよ。

本質を問う 13

▶▶解答編 p.368

1 $f(x)$ が閉区間 $[0,\ 1]$ で連続であるとき，

$$\lim_{n\to\infty}\frac{1}{n}\sum_{k=1}^{n}f\left(\frac{k}{n}\right)=\lim_{n\to\infty}\frac{1}{n}\sum_{k=0}^{n-1}f\left(\frac{k}{n}\right)=\int_0^1 f(x)\,dx$$ となることを説明せよ。

◀p.317 概要1

2 極限値 $\displaystyle\lim_{n\to\infty}\frac{n+(n+1)+\cdots+(2n-1)}{n^2}$ について

(1) 区分求積法を用いて求めよ。　(2) 区分求積法を用いずに求めよ。

◀p.317 概要1

3 一般に，$a \leqq b$ のとき $\displaystyle\left|\int_a^b f(x)\,dx\right| \leqq \int_a^b |f(x)|\,dx$ …①

が成り立つ。$y=f(x)$ のグラフが右の図のように与えられたとして，①が成り立つことを説明せよ。

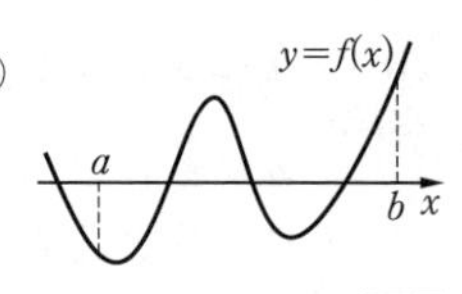

◀p.318 概要2

4 曲線 $y=\log x$，$y=\log(x-1)$，直線 $y=\log 2$ および x 軸で囲まれた部分の面積 S を求めよ。

◀p.318 3

Let's Try! 13

▶▶解答編 p.371

① 次の極限値を求めよ。

(1) $\displaystyle\lim_{n\to\infty}\frac{1}{n}\log\left\{\frac{n}{n}\cdot\frac{n+2}{n}\cdot\frac{n+4}{n}\cdot\cdots\cdots\frac{n+2(n-1)}{n}\right\}$ (横浜国立大)

(2) $\displaystyle\lim_{n\to\infty}\frac{1}{n^3}\left(\sin\frac{\pi}{n}+2^2\sin\frac{2\pi}{n}+3^2\sin\frac{3\pi}{n}+\cdots+n^2\sin\frac{n\pi}{n}\right)$ (大分大)

◀例題171

② 次の問に答えよ。

(1) 単調に増加する連続関数 $f(x)$ に対して，不等式 $\displaystyle\int_{k-1}^{k}f(x)dx \leqq f(k)$ を示せ。

(2) 不等式 $\displaystyle\int_1^n \log x\,dx \leqq \log n!$ を示し，不等式 $n^ne^{1-n} \leqq n!$ を導け。

(筑波大 改)

◀例題176

③ $\displaystyle a_n=\int_0^1 x^ne^x dx$ $(n=1,\ 2,\ 3,\ \cdots)$ で定義される数列 $\{a_n\}$ について，次の問に答えよ。ただし，e は自然対数の底である。

(1) a_1，a_2，a_3 を求めよ。 (2) $a_{n+1}=e-(n+1)a_n$ を示せ。

(3) $\displaystyle\frac{1}{n+1}<a_n<\frac{e}{n+1}$ を示し，$\displaystyle\lim_{n\to\infty}a_n$ を求めよ。

(4) $\displaystyle\lim_{n\to\infty}na_n$ を求めよ。 (山形大)

◀例題179

④ 次の図形の面積 S を求めよ。

(1) 曲線 $\sqrt{x}+\sqrt{y}=1$ と x 軸，y 軸で囲まれた図形 (摂南大)

(2) 曲線 $y=x\sqrt{2-x}$ と x 軸で囲まれた図形 (津田塾大)

(3) $0\leqq x\leqq\pi$ の範囲で，2 曲線 $y=\sin x$ および $y=\sin 3x$ で囲まれた図形

(芝浦工業大)

◀例題181，182

⑤ 曲線 $C_1: y=ke^x$ $(k>0)$ と曲線 $C_2: y=|x|e^x$ について

(1) 2 曲線 C_1，C_2 の交点の x 座標を k の式で表せ。

(2) 2 曲線 C_1，C_2 で囲まれた図形の面積 S が 2 となるような定数 k の値を求めよ。

◀例題154，182

まとめ 14 体積・長さ，微分方程式

① 体積

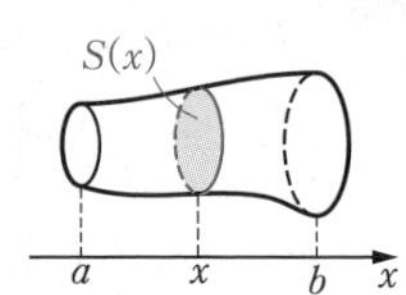

立体を x 軸に垂直な平面で切ったときの断面積が $S(x)$ である立体の体積 V は　　$V=\int_a^b S(x)dx$

② 回転体の体積

⑴　x 軸のまわりの回転体の体積

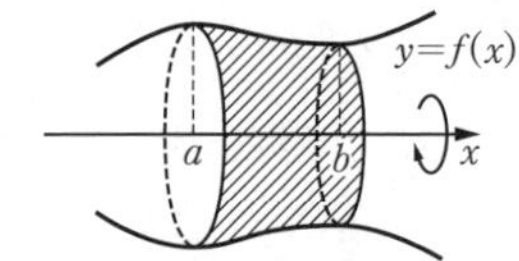

曲線 $y=f(x)$ と x 軸および 2 直線 $x=a$，$x=b$ $(a<b)$ で囲まれた図形を x 軸のまわりに 1 回転させてできる回転体の体積 V は

$$V=\pi\int_a^b y^2dx=\pi\int_a^b \{f(x)\}^2dx$$

⑵　y 軸のまわりの回転体の体積

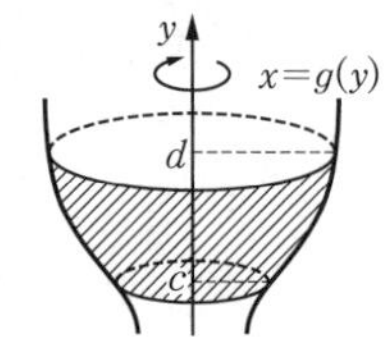

曲線 $x=g(y)$ と y 軸および 2 直線 $y=c$, $y=d$ $(c<d)$ で囲まれた図形を y 軸のまわりに 1 回転させてできる回転体の体積 V は　　$V=\pi\int_c^d x^2dy=\pi\int_c^d \{g(y)\}^2dy$

③ 曲線の長さ

⑴　媒介変数表示された曲線

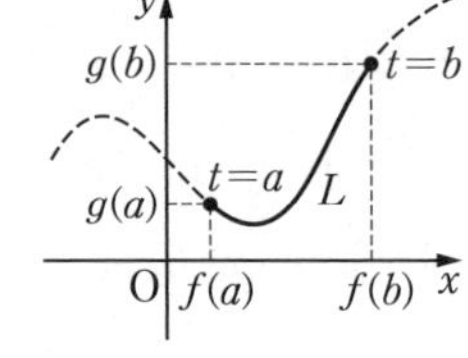

$$x=f(t),\ y=g(t)\ (a\leqq t\leqq b)$$

の長さを L とすると

$$L=\int_a^b\sqrt{\left(\frac{dx}{dt}\right)^2+\left(\frac{dy}{dt}\right)^2}\,dt$$

$$=\int_a^b\sqrt{\{f'(t)\}^2+\{g'(t)\}^2}\,dt$$

⑵　曲線 $y=f(x)$ $(a\leqq x\leqq b)$ の長さを L とすると

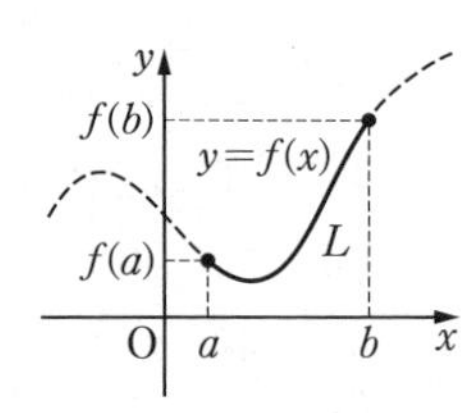

$$L=\int_a^b\sqrt{1+\left(\frac{dy}{dx}\right)^2}\,dx$$

$$=\int_a^b\sqrt{1+\{f'(x)\}^2}\,dx$$

概要

① 体積

・体積の公式の証明の概要

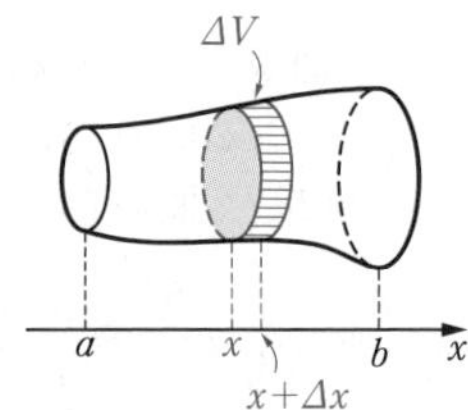

x 座標が a，b，x $(a<x<b)$ であり，x 軸に垂直な平面をそれぞれ A，B，X とする。

❶　2 平面 A，X 間にある立体の体積を $V(x)$ とすると，

❷　$V'(x)=S(x)$ が成り立つから，$V(x)$ は $S(x)$ の原始関数であり　　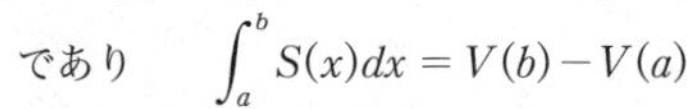 $\int_a^b S(x)dx=V(b)-V(a)$

❸ $V=V(b)$ であり，$V(a)=0$ であるから　　$V=V(b)-V(a)$

❹ ❷，❸ より　　$V=\int_a^b S(x)dx$

【❷ の詳細】

x の増分 Δx に対する $V(x)$ の増分を ΔV とすると，区間 $[x,\ x+\Delta x]$ 内に $\Delta V=S(t)\Delta x$ を満たすような t をとることができる。ここで，$\Delta x\to 0$ とすれば，$t\to x$ であるから

$$V'(x)=\lim_{\Delta x\to 0}\frac{\Delta V}{\Delta x}=\lim_{t\to x}S(t)=S(x)$$

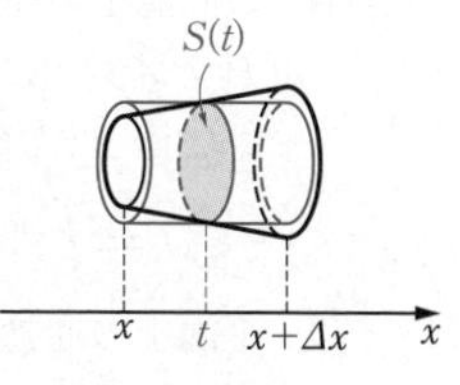

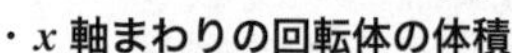

・**x 軸まわりの回転体の体積**

断面積を $S(x)$ とすると，$S(x)=\pi|f(x)|^2$ であるから

$$V=\int_a^b S(x)dx=\int_a^b \pi|f(x)|^2dx=\pi\int_a^b\{f(x)\}^2dx$$

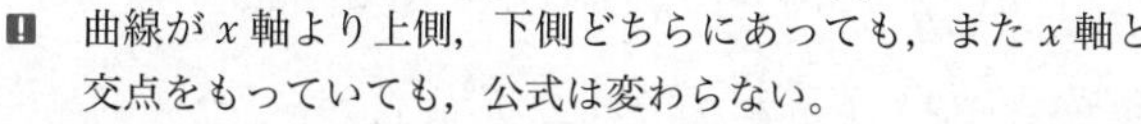

❗ 曲線が x 軸より上側，下側どちらにあっても，また x 軸と交点をもっていても，公式は変わらない。

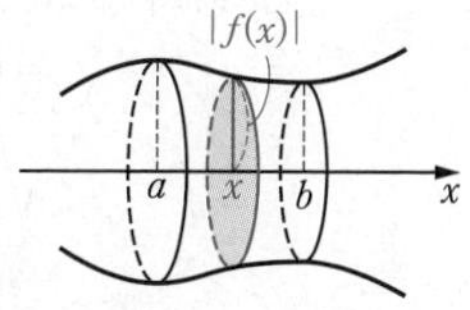

3 曲線の長さ

・**(1) の公式の証明の概要**

体積の公式と同様の流れであることに注意する。

$a\leqq t\leqq b$ に対して，点 $\mathrm{A}(f(a),\ g(a))$，点 $\mathrm{B}(f(b),\ g(b))$，点 $\mathrm{P}(f(t),\ g(t))$ とする。

❶ 弧 AP の長さを $s(t)$ とする。

❷ $\dfrac{d}{dt}s(t)=\sqrt{\{f'(t)\}^2+\{g'(t)\}^2}$ が成り立つから，$s(t)$ は $\sqrt{\{f'(t)\}^2+\{g'(t)\}^2}$ の原始関数

であり　　$\int_a^b\sqrt{\{f'(t)\}^2+\{g'(t)\}^2}\,dt=s(b)-s(a)$

❸ $L=s(b)$ であり，$s(a)=0$ であるから　　$L=s(b)-s(a)$

❹ ❷，❸ より　　$L=\int_a^b\sqrt{\{f'(t)\}^2+\{g'(t)\}^2}\,dt$

【❷ の詳細】

t の増分 Δt に対する x，y の増分を Δx，Δy とし，点 $\mathrm{Q}(f(t+\Delta t),\ g(t+\Delta t))$ をとると，Δt が極めて小さいとき，$s(t)$ の増分 Δs すなわち弧 PQ の長さは線分 PQ の長さにほぼ等しい。

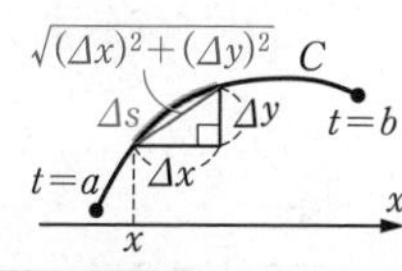

すなわち　　$\Delta s\fallingdotseq\sqrt{(\Delta x)^2+(\Delta y)^2}$　　よって　　$\dfrac{\Delta s}{\Delta t}\fallingdotseq\sqrt{\left(\dfrac{\Delta x}{\Delta t}\right)^2+\left(\dfrac{\Delta y}{\Delta t}\right)^2}$

ここで，$\Delta t\to 0$ とすると，両辺の差は 0 に近づくから

$$\frac{ds}{dt}=\sqrt{\left(\frac{dx}{dt}\right)^2+\left(\frac{dy}{dt}\right)^2}\quad\text{すなわち}\quad\frac{ds}{dt}=\sqrt{\{f'(t)\}^2+\{g'(t)\}^2}$$

・**(2) の公式の証明**

媒介変数 t で表された曲線 $\begin{cases}x=t\\ y=f(t)\end{cases}$ を考える。

このとき　　$\dfrac{dx}{dt}=1$　　⬅ $dx=dt$

また　　$\dfrac{dy}{dt}=\dfrac{dy}{dx}\cdot\dfrac{dx}{dt}=\dfrac{dy}{dx}$　　および　　$\dfrac{dy}{dt}=f'(t)=f'(x)$

t と x の対応は右のようになるから，(1) の公式により

t	$a\to b$
x	$a\to b$

$$L=\int_a^b\sqrt{\left(\frac{dx}{dt}\right)^2+\left(\frac{dy}{dt}\right)^2}\,dt=\int_a^b\sqrt{1+\left(\frac{dy}{dx}\right)^2}\,dx=\int_a^b\sqrt{1+\{f'(x)\}^2}\,dx$$

④ 速度と道のり

(1) 数直線上の運動

点Pの時刻 t における座標を $x=f(t)$，速度を v とすると，$t=a$ から $t=b$ までに点Pが通過する道のり l は

$$\boldsymbol{l=\int_a^b |v|\,dt}=\int_a^b |f'(t)|\,dt$$

(2) 平面上の運動

点Pの時刻 t における座標 $(x,\ y)$ が，$x=f(t)$，$y=g(t)$ と表されるとき，$t=a$ から $t=b$ までに点Pが通過する道のり l は

$$\boldsymbol{l=\int_a^b \sqrt{\left(\frac{dx}{dt}\right)^2+\left(\frac{dy}{dt}\right)^2}\,dt=\int_a^b \sqrt{\{f'(t)\}^2+\{g'(t)\}^2}\,dt}$$

点Pの速度を $\vec{v}=\left(\dfrac{dx}{dt},\ \dfrac{dy}{dt}\right)$ と表すと　$\boldsymbol{l=\int_a^b |\vec{v}|\,dt}$

❗ 点Pが後戻りしたり，既に通過した部分を同じ向きに通過したりする場合も，道のり l は，$l=\displaystyle\int_a^b |\vec{v}|\,dt$ で求められる。

概要

④ 速度と道のり

・数直線上の運動

p.242 まとめ 10 ① で学習したように，点Pの時刻 t における座標を $x=f(t)$，速度を v とすると　$v=\dfrac{dx}{dt}=f'(t)$

よって，時刻 $t=a$ から $t=b$ までの点Pの位置の変化量は

$$f(b)-f(a)=\int_a^b f'(t)\,dt=\int_a^b v\,dt$$

一方，速さ $|v|$ を $t=a$ から $t=b$ まで積分した $\displaystyle\int_a^b |v|\,dt$ は点Pが通過する道のりを表す。

・平面上の運動

平面上を運動する点の速度はベクトルであり，ベクトルを積分することはできない。

一方，平面上を運動する点Pの速さ $|\vec{v}|=\sqrt{\left(\dfrac{dx}{dt}\right)^2+\left(\dfrac{dy}{dt}\right)^2}$ から，数直線上を動く点と同様に，点Pが通過する道のりは　$\displaystyle\int_a^b |\vec{v}|\,dt=\int_a^b \sqrt{\left(\frac{dx}{dt}\right)^2+\left(\frac{dy}{dt}\right)^2}\,dt$

例題 198 立体の体積

D ★★☆☆

底面の半径が3の円柱がある。右の図のように，底面の直径ABを含み，底面と60°の角をなす平面で円柱を切り取った。この切り取られた立体の体積 V を求めよ。

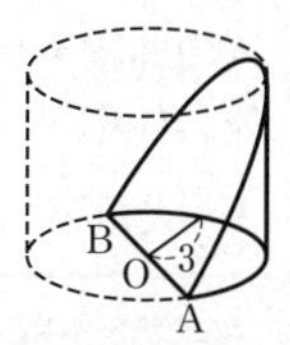

思考のプロセス

公式の利用

立体を x 軸に垂直な平面で切った断面積を $S(x)$ とすると，

体積 V は　$V=\int_a^b S(x)dx$

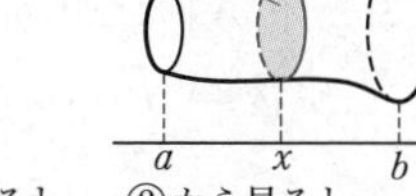

基準を定める

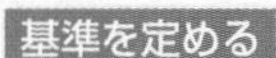

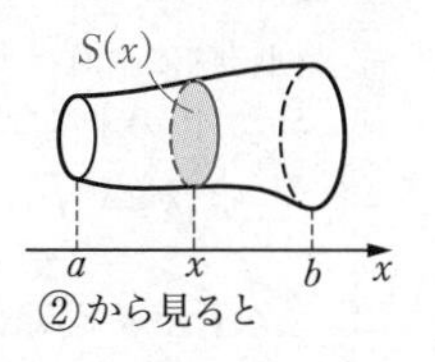

断面積を求めやすいように軸を定める。

直径ABを x 軸と定めると

$S(x)=\dfrac{1}{2}\cdot\text{CD}\cdot\text{DE}$　（CD, DE：x で表す）

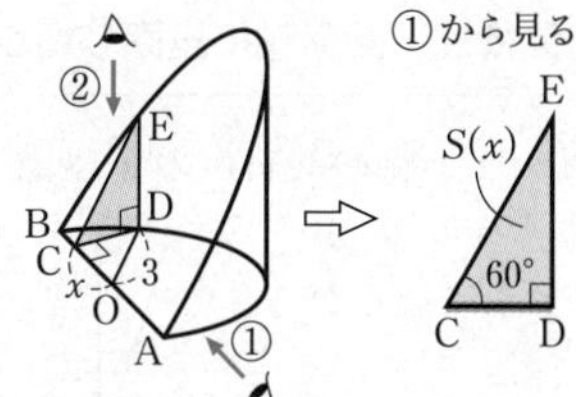

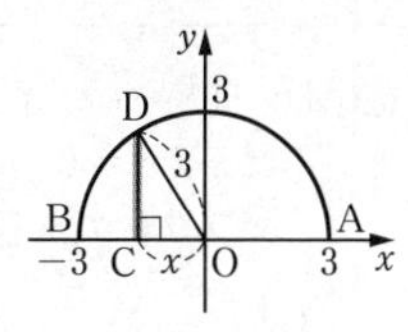

Action» 立体の体積は，軸に垂直な平面で切った断面積を積分せよ

解 底面の中心Oを原点とし，ABを x 軸とする。x 軸上の点 $(x,\ 0)$ を通り x 軸に垂直な平面で，与えられた立体を切ったときの断面積を $S(x)$ とおくと

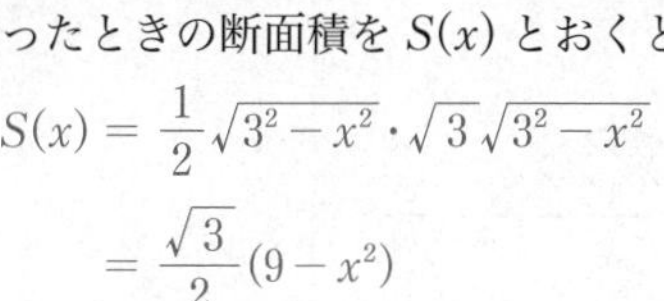
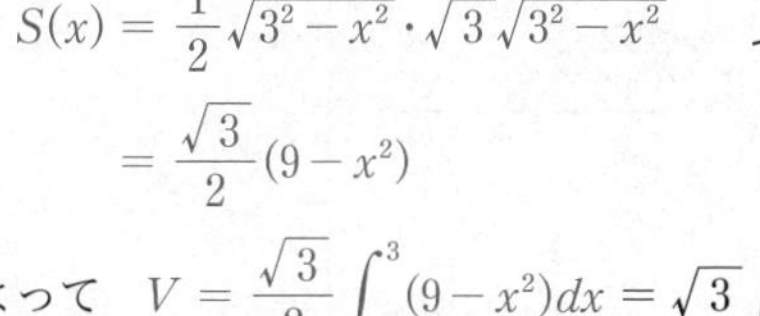

$$S(x)=\frac{1}{2}\sqrt{3^2-x^2}\cdot\sqrt{3}\sqrt{3^2-x^2}$$

$$=\frac{\sqrt{3}}{2}(9-x^2)$$

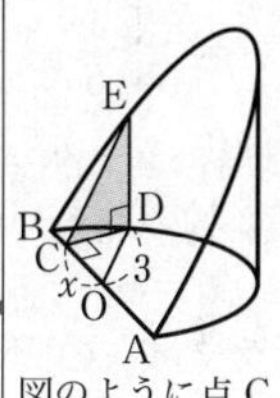

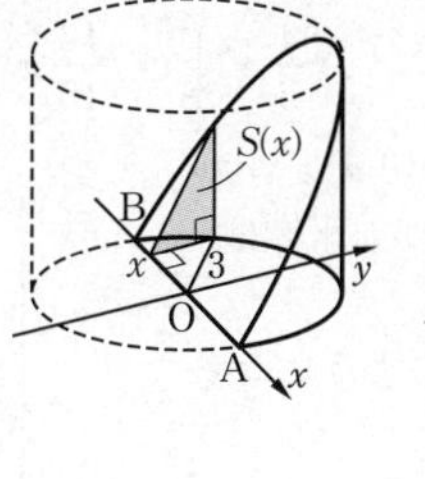

◀ 図のように点C，D，Eをとると

$\text{CD}=\sqrt{3^2-x^2}$

$\text{DE}=\text{CD}\tan 60^\circ$

$=\sqrt{3}\sqrt{3^2-x^2}$

よって　$V=\dfrac{\sqrt{3}}{2}\displaystyle\int_{-3}^{3}(9-x^2)dx=\sqrt{3}\int_0^3(9-x^2)dx$

$$=\sqrt{3}\left[9x-\frac{1}{3}x^3\right]_0^3=\mathbf{18\sqrt{3}}$$

〔別解〕

右の図のように座標軸をとると

$$S(x)=2\sqrt{9-x^2}\cdot\sqrt{3}\,x$$

$$=2\sqrt{3}\,x\sqrt{9-x^2}$$

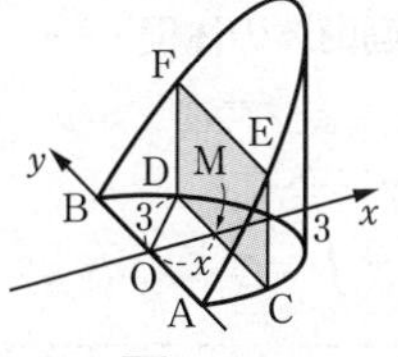

◀ 断面は長方形CDFEとなる。

$\text{CD}=2\text{CM}$

$=2\sqrt{3^2-x^2}$

$\text{CE}=\text{OM}\tan 60^\circ$

$=\sqrt{3}\,x$

よって　$V=\displaystyle\int_0^3 2\sqrt{3}\,x\sqrt{9-x^2}\,dx=18\sqrt{3}$

練習 198 区間 $0\leqq x\leqq\pi$ において2点 $\text{P}(x,\ x+\sin^2 x)$，$\text{Q}(x,\ \pi)$ を考え，1辺はPQ，他の1辺は長さが $\sin x$ である長方形（特別な場合は線分あるいは点）を x 軸に垂直な平面上につくる。点P，Qの x 座標が0から π まで動くとき，この長方形がえがく立体図形の体積を求めよ。
（山梨大）

➡p.402 問題198

D 頻出 ★☆☆☆

例題 199 x 軸のまわりの回転体の体積

次の曲線や直線で囲まれた図形を x 軸のまわりに1回転させてできる回転体の体積 V を求めよ。

(1) $y = x^2 - 2x$，x 軸　　(2) $y = \sin x \quad (0 \leqq x \leqq \pi)$，$x$ 軸

思考のプロセス

公式の利用

回転軸（x 軸）に垂直な平面で切った断面は円

⟹ 円の半径は $|f(x)|$ より，断面積は $\pi\{f(x)\}^2$

⟹ $V = \pi\int_a^b \{f(x)\}^2 \underline{dx} = \pi\int_a^b y^2 \underline{dx}$

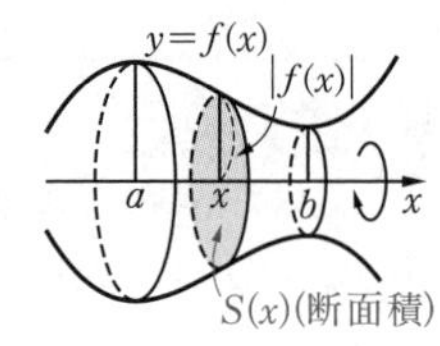

Action» 回転体の体積は，回転軸に垂直な切り口の円を考えよ

解 (1) 曲線 $y = x^2 - 2x$ と x 軸の共有点の x 座標は

$x^2 - 2x = 0$ より　$x = 0,\ 2$

◀ $x^2 - 2x = 0$
$x(x-2) = 0$
よって $x = 0,\ 2$

グラフは右の図のようになるから

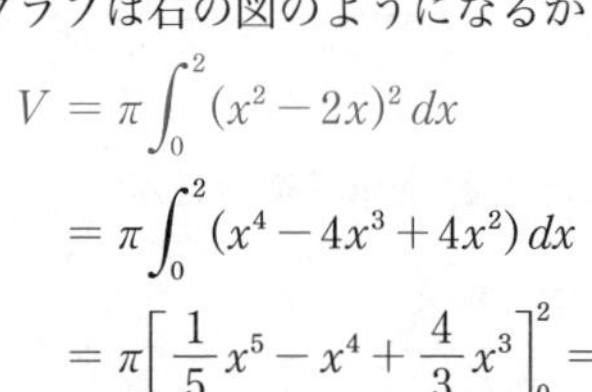

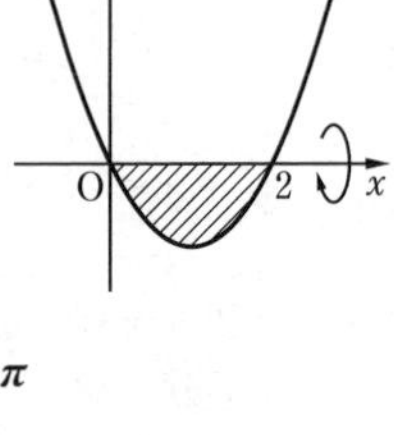

$$V = \pi\int_0^2 (x^2 - 2x)^2\, dx$$
$$= \pi\int_0^2 (x^4 - 4x^3 + 4x^2)\, dx$$
$$= \pi\left[\frac{1}{5}x^5 - x^4 + \frac{4}{3}x^3\right]_0^2 = \boldsymbol{\frac{16}{15}\pi}$$

(2) 曲線 $y = \sin x\ (0 \leqq x \leqq \pi)$ と x 軸の共有点の x 座標は

$x = 0,\ \pi$

グラフは右の図のようになるから

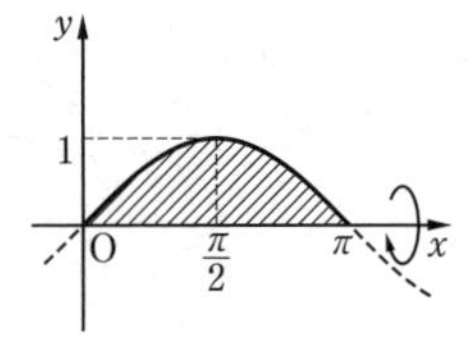

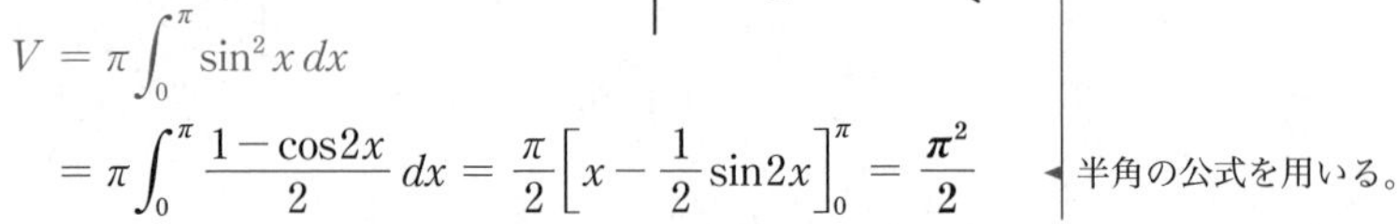

$$V = \pi\int_0^\pi \sin^2 x\, dx$$
$$= \pi\int_0^\pi \frac{1 - \cos 2x}{2}\, dx = \frac{\pi}{2}\left[x - \frac{1}{2}\sin 2x\right]_0^\pi = \boldsymbol{\frac{\pi^2}{2}}$$

◀ 半角の公式を用いる。

Point...x 軸のまわりの回転体の体積

曲線 $y = f(x)$ と x 軸および直線 $x = a$，$x = b$ で囲まれた図形を x 軸のまわりに1回転させてできる回転体の体積 V は

$$V = \pi\int_a^b y^2\, dx = \int_a^b \pi\{f(x)\}^2\, dx$$

練習 199 次の曲線や直線で囲まれた図形を x 軸のまわりに1回転させてできる回転体の体積 V を求めよ。

(1) $y = 1 - x^2$，x 軸　　(2) $y = \log x$，x 軸，$x = e$

➡p.402 問題199

例題 200 2曲線で囲まれた図形の回転体の体積〔1〕

★★☆☆

2曲線 $y=\sin 2x$, $y=\cos x$ $\left(0 \leqq x \leqq \dfrac{\pi}{2}\right)$ で囲まれた図形を x 軸のまわりに1回転させてできる回転体の体積 V を求めよ。

思考のプロセス

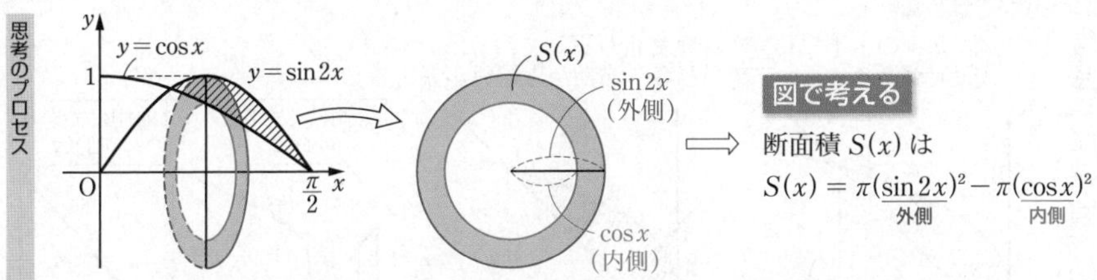

Action» 2曲線で囲まれた図形の回転体は，曲線の上下を考えよ

解　2曲線の共有点の x 座標は

$\sin 2x = \cos x$ $\left(0 \leqq x \leqq \dfrac{\pi}{2}\right)$

を解いて　　$x=\dfrac{\pi}{6},\ \dfrac{\pi}{2}$

よって，右のグラフより

$$V=\pi\int_{\frac{\pi}{6}}^{\frac{\pi}{2}}(\sin^2 2x-\cos^2 x)dx$$

$$=\pi\int_{\frac{\pi}{6}}^{\frac{\pi}{2}}\left(\frac{1-\cos 4x}{2}-\frac{1+\cos 2x}{2}\right)dx$$

$$=-\frac{\pi}{2}\int_{\frac{\pi}{6}}^{\frac{\pi}{2}}(\cos 4x+\cos 2x)dx$$

$$=-\frac{\pi}{2}\left[\frac{1}{4}\sin 4x+\frac{1}{2}\sin 2x\right]_{\frac{\pi}{6}}^{\frac{\pi}{2}}=\boldsymbol{\frac{3\sqrt{3}}{16}\pi}$$

◀ $2\sin x\cos x=\cos x$ より

$\cos x=0$, $\sin x=\dfrac{1}{2}$

$\cos x=0$ より　$x=\dfrac{\pi}{2}$

$\sin x=\dfrac{1}{2}$ より　$x=\dfrac{\pi}{6}$

◀ $V=\pi\displaystyle\int_{\frac{\pi}{6}}^{\frac{\pi}{2}}(\sin 2x)^2dx$

$\qquad -\pi\displaystyle\int_{\frac{\pi}{6}}^{\frac{\pi}{2}}(\cos x)^2dx$

Point... 2曲線で囲まれた図形の回転体の体積

曲線 $y=f(x)$, $y=g(x)$ $(f(x) \geqq g(x) \geqq 0,\ a \leqq x \leqq b)$ で囲まれた図形を x 軸のまわりに1回転させてできる回転体の体積 V は

$V=$(外側にできる体積)−(内側にできる体積)

$$=\pi\int_a^b\{f(x)\}^2dx-\pi\int_a^b\{g(x)\}^2dx$$

$$=\pi\int_a^b[\{f(x)\}^2-\{g(x)\}^2]dx$$

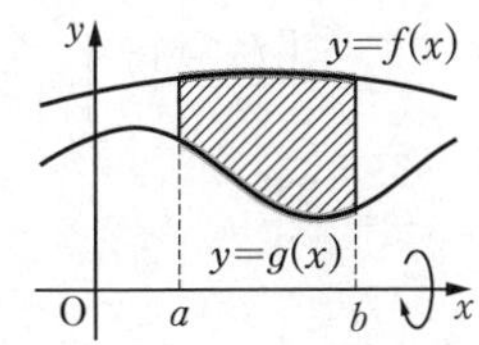

! 誤 $V=\pi\displaystyle\int_a^b\{f(x)-g(x)\}^2dx$ としてはいけない。

練習 200　2曲線 $y=2\sin 2x$, $y=\tan x$ $\left(0 \leqq x < \dfrac{\pi}{2}\right)$ で囲まれた図形を x 軸のまわりに1回転させてできる回転体の体積 V を求めよ。

➡p.402 問題200

頻出

例題 201 ２曲線で囲まれた図形の回転体の体積〔2〕

★★★☆

曲線 $y = 2\sqrt{x}$ と直線 $y = x - 3$，および y 軸で囲まれた図形を x 軸のまわりに１回転させてできる回転体の体積 V を求めよ。

思考のプロセス

図で考える

（回転軸の上下に図形がある。） ⟹ （軸で折り返して，どちらが軸から遠いか考える。）

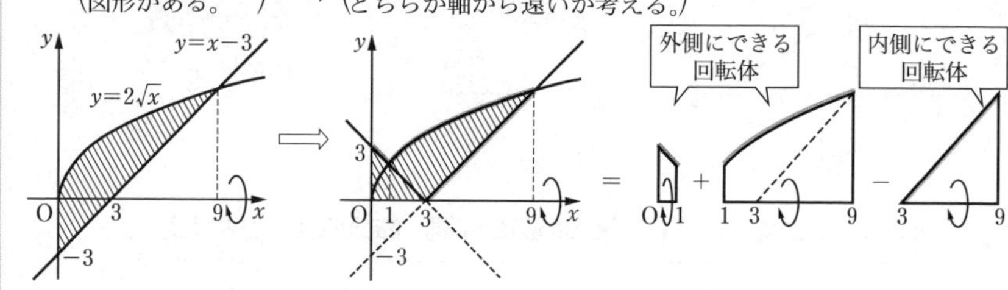

Action» 回転軸の上下に図形があるときは，折り返して考えよ

解 $2\sqrt{x} = x - 3$ を解くと　$x = 9$

よって，回転させる図形は図１の斜線部分である。

この図形の x 軸より下側にある部分を x 軸に関して対称に折り返すと図２のようになる。

ここで，直線 $y = x - 3$ を x 軸に関して対称に折り返した直線 $y = -x + 3$ と，$y = 2\sqrt{x}$ との交点の x 座標は

$2\sqrt{x} = -x + 3$ を解くと

$x = 1$

したがって，求める体積 V は

例題 200

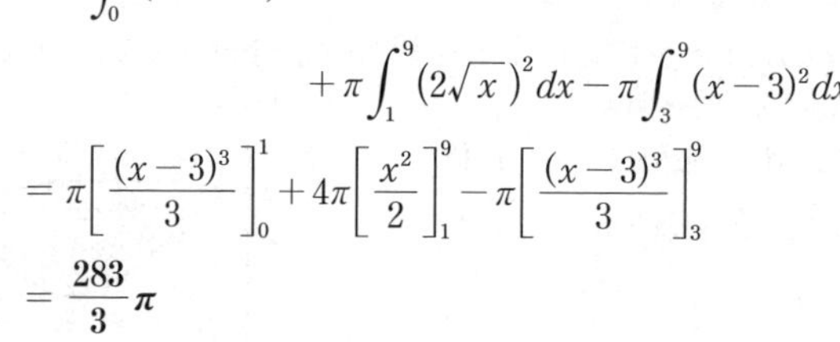

$$V = \pi\int_0^1 (-x+3)^2 dx + \pi\int_1^9 (2\sqrt{x})^2 dx - \pi\int_3^9 (x-3)^2 dx$$

$$= \pi\left[\frac{(x-3)^3}{3}\right]_0^1 + 4\pi\left[\frac{x^2}{2}\right]_1^9 - \pi\left[\frac{(x-3)^3}{3}\right]_3^9$$

$$= \boldsymbol{\frac{283}{3}\pi}$$

図１（$y=x-3$，$y=2\sqrt{x}$，O，3，9，-3）

図２（$y=x-3$，$y=2\sqrt{x}$，$y=-x+3$，O，1，3，9，-3）

◀ $y = 2\sqrt{x}$ と $y = x - 3$ の交点の x 座標を求める。

$2\sqrt{x} = x - 3$　…①

$\sqrt{x} \geqq 0$ より $x - 3 \geqq 0$

よって　$x \geqq 3$　…②

① の両辺を２乗すると

$4x = x^2 - 6x + 9$

これより $x = 1,\ 9$ となるが，$x = 1$ は ② を満たさない。

◀ $(-x+3)^2 = (x-3)^2$

練習 201 放物線 $y = x^2 - 1$ と直線 $y = x + 1$ とで囲まれた図形を x 軸のまわりに１回転させてできる回転体の体積 V を求めよ。

➡p.402 問題201

頻出

例題 202 y 軸のまわりの回転体の体積〔1〕

★☆☆☆

次の曲線や直線で囲まれた図形を y 軸のまわりに1回転させてできる回転体の体積 V を求めよ。

(1) $y=\sqrt{x+1}$，x 軸，y 軸

(2) $y=\log x$，$y=\log x$ 上の点 $(e,\ 1)$ における接線，x 軸

思考のプロセス

Action» y 軸のまわりの回転体の体積は，$\pi\int_a^b x^2dy$ とせよ

公式の利用

回転軸に垂直な平面で切った断面は円

⟹ 円の半径は $|x|$ より，断面積は πx^2

⟹ $V=\pi\int_{\square}^{\square} x^2dy$

(1) $y=\sqrt{x+1}$ より　$x^2=\boxed{}$ （y の式）

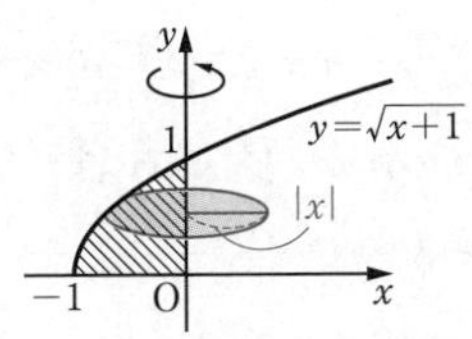

解 (1) $y=\sqrt{x+1}$ を x について解くと　$x=y^2-1$

グラフは右の図のようになるから

$$V=\pi\int_0^1 x^2dy=\pi\int_0^1 (y^2-1)^2dy$$
$$=\pi\int_0^1 (y^4-2y^2+1)dy$$
$$=\pi\left[\frac{y^5}{5}-\frac{2}{3}y^3+y\right]_0^1=\boldsymbol{\frac{8}{15}\pi}$$

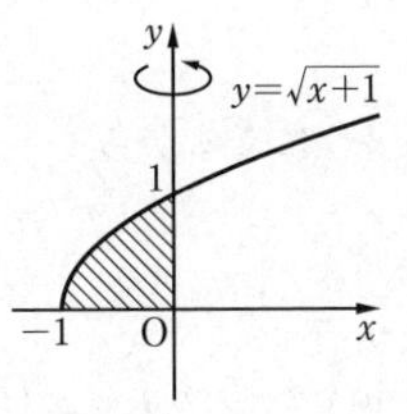

◀ $y=\sqrt{x+1}$ の両辺を2乗すると　$y^2=x+1$
よって　$x=y^2-1$

◀ 曲線 $x=g(y)$ $(a\leqq y\leqq b)$ を y 軸のまわりに1回転させてできる回転体の体積 V は
$$V=\pi\int_a^b x^2dy$$

(2) $y'=\dfrac{1}{x}$ より，点 $(e,\ 1)$ における接線の方程式は

$$y-1=\frac{1}{e}(x-e)\quad すなわち\quad y=\frac{1}{e}x$$

$y=\log x$ を x について解くと

$x=e^y$

グラフは右の図のようになるから

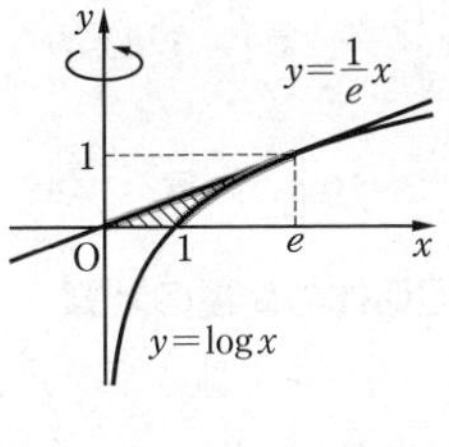

例題 200

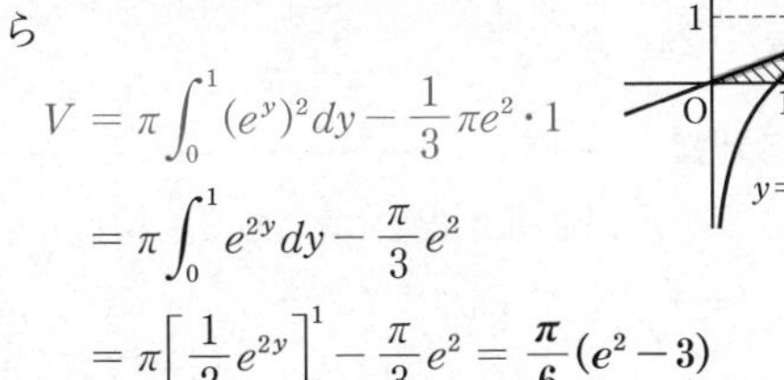

$$V=\pi\int_0^1 (e^y)^2dy-\frac{1}{3}\pi e^2\cdot 1$$
$$=\pi\int_0^1 e^{2y}dy-\frac{\pi}{3}e^2$$
$$=\pi\left[\frac{1}{2}e^{2y}\right]_0^1-\frac{\pi}{3}e^2=\boldsymbol{\frac{\pi}{6}(e^2-3)}$$

◀ $V=$ （図）$-$ （図）

接線の方程式は $x=ey$ となることを用いて
$$V=\pi\int_0^1 (e^y)^2dy-\pi\int_0^1 (ey)^2dy$$
としてもよい。

練習 202 次の曲線や直線で囲まれた図形を y 軸のまわりに1回転させてできる回転体の体積 V を求めよ。

(1) $y=\log x$，x 軸，y 軸，$y=1$

(2) $y=\sqrt{x-1}$，$y=\sqrt{x-1}$ 上の点 $(2,\ 1)$ における接線，x 軸

➡ p.402 問題202

例題 203 y 軸のまわりの回転体の体積〔2〕 ★★★☆

曲線 $y=\cos x\ \left(0 \leqq x \leqq \dfrac{\pi}{2}\right)$ と両座標軸で囲まれた図形を，y 軸のまわりに1回転させてできる回転体の体積 V を求めよ。

思考のプロセス

$V=\pi\displaystyle\int_0^1 \underline{x^2dy}$ ⟵ $y=\cos x$ より，$\underline{x^2}$ を y の式で表すことができない。

⇩ **見方を変える**

$\underline{dy}$ を x，dx で表すことを考える。⟵ 置換積分法

$\dfrac{dy}{dx}=-\sin x$ より　$\underline{dy}=-\sin x dx$

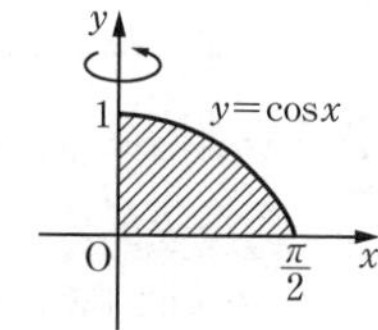

Action» $\pi\displaystyle\int_a^b x^2dy$ は，“$x=$（y の式）”と変形するか，置換積分法を利用せよ

解 求める体積 V は　$V=\pi\displaystyle\int_0^1 x^2dy$

ここで，$y=\cos x$ であるから

$$\frac{dy}{dx}=-\sin x$$

y と x の対応は右のようになるから

y	$0 \to 1$
x	$\dfrac{\pi}{2} \to 0$

$$V=\pi\int_{\frac{\pi}{2}}^0 x^2(-\sin x)dx$$

$$=\pi\int_0^{\frac{\pi}{2}} x^2\sin x\,dx=\pi\int_0^{\frac{\pi}{2}} x^2(-\cos x)'dx$$

$$=\pi\Big[-x^2\cos x\Big]_0^{\frac{\pi}{2}}+\pi\int_0^{\frac{\pi}{2}} 2x\cos x\,dx$$

$$=2\pi\int_0^{\frac{\pi}{2}} x\cos x\,dx=2\pi\int_0^{\frac{\pi}{2}} x(\sin x)'dx$$

$$=2\pi\Big[x\sin x\Big]_0^{\frac{\pi}{2}}-2\pi\int_0^{\frac{\pi}{2}}\sin x\,dx$$

$$=\pi^2-2\pi\Big[-\cos x\Big]_0^{\frac{\pi}{2}}=\boldsymbol{\pi^2-2\pi}$$

◀ $y=\cos x$ を $x=$（y の式）の形に変形できないから，置換積分法を用いる。

◀ $dy=-\sin x\,dx$

◀ 部分積分法を用いる。

◀ 再び部分積分法を用いる。

Point…y 軸のまわりの回転体の体積の計算

曲線 $y=f(x)$ $(c \leqq y \leqq d)$ を y 軸のまわりに1回転させてできる回転体の体積は

$$V=\pi\int_c^d x^2dy=\pi\int_a^b x^2\cdot\frac{dy}{dx}dx=\pi\int_a^b x^2f'(x)dx$$

（ただし，$c=f(a)$，$d=f(b)$）

練習 203 次の曲線と両座標軸または与えられた直線で囲まれた図形を，y 軸のまわりに1回転させてできる回転体の体積 V を求めよ。

(1) $y=-x^2-x+2$ $(0 \leqq x \leqq 1)$　(2) $y=\sin^2 x\ \left(0 \leqq x \leqq \dfrac{\pi}{2}\right)$，$y$ 軸，$y=1$

➡p.402 問題203

Go Ahead 12 バームクーヘン型積分

関数 $y=f(x)$ のグラフの $a \leqq x \leqq b$ $(0 \leqq a < b)$ の部分と x 軸で囲まれた図形を y 軸のまわりに1回転させてできる立体の体積 V は $\quad V=2\pi\int_a^b x|f(x)|dx$

で求められることが知られています。これを解説しましょう。

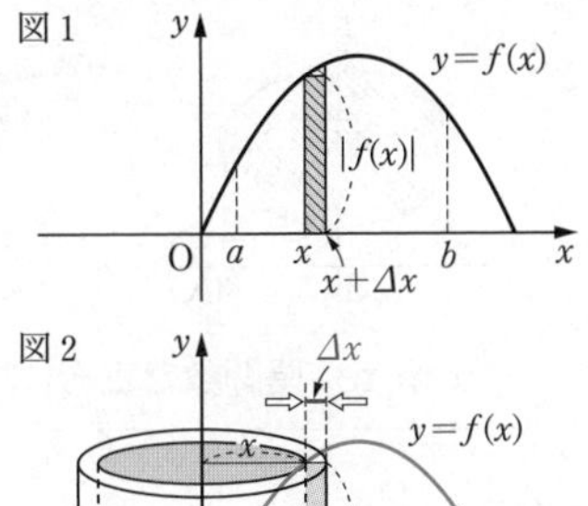

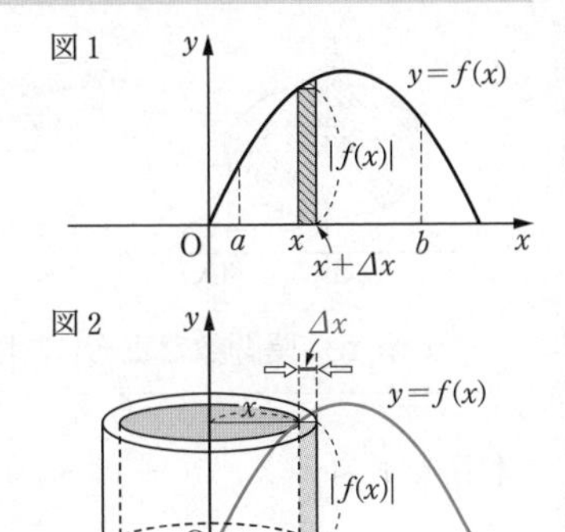

図1の斜線部分を y 軸のまわりに1回転させてできる立体の体積を ΔV とおくと，ΔV は図2のように半径 x と $x+\Delta x$ の円柱の間の体積にほぼ等しいと考えられるから

$$\Delta V \fallingdotseq \pi(x+\Delta x)^2|f(x)|-\pi x^2|f(x)|$$
$$=2\pi x\cdot\Delta x|f(x)|+\pi(\Delta x)^2|f(x)|$$

ゆえに $\quad \dfrac{\Delta V}{\Delta x} \fallingdotseq 2\pi x|f(x)|+\pi\Delta x|f(x)|$

ここで $\Delta x \to 0$ とすると，$\displaystyle\lim_{\Delta x\to 0}\frac{\Delta V}{\Delta x}=\frac{dV}{dx}$ より

$\dfrac{dV}{dx}=2\pi x|f(x)|$ となるから，$a \leqq x \leqq b$ の範囲で

$$V=\int_a^b 2\pi x|f(x)|dx=2\pi\int_a^b x|f(x)|dx \quad \cdots①$$

が成り立つ。

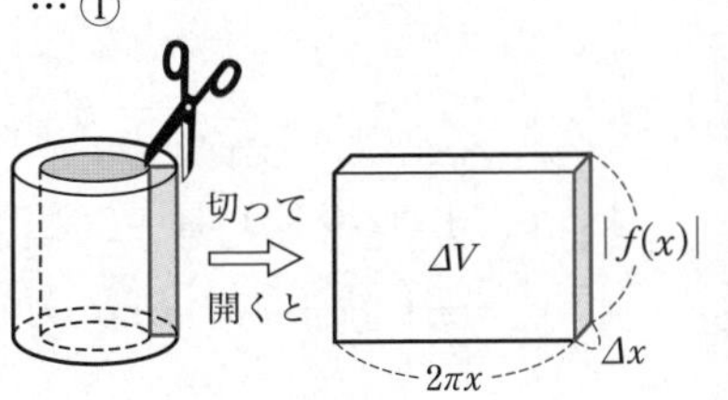

この手順が，薄皮を重ねて作るバームクーヘンに似ていることから，① を **バームクーヘン型積分** の公式とよぶことがあります。これを用いて，次の回転体の体積を求めてみましょう。

〔問題〕 関数 $y=\sin x$ $(0 \leqq x \leqq \pi)$ と x 軸とで囲まれた図形を y 軸のまわりに1回転させてできる回転体の体積 V を求めよ。

〔解答〕 $V=2\pi\displaystyle\int_0^\pi x|\sin x|dx=2\pi\int_0^\pi x(-\cos x)'dx$

$$=2\pi\left(\Big[-x\cos x\Big]_0^\pi+\int_0^\pi \cos x\,dx\right)$$
$$=2\pi\left(\pi+\Big[\sin x\Big]_0^\pi\right)=\boldsymbol{2\pi^2}$$

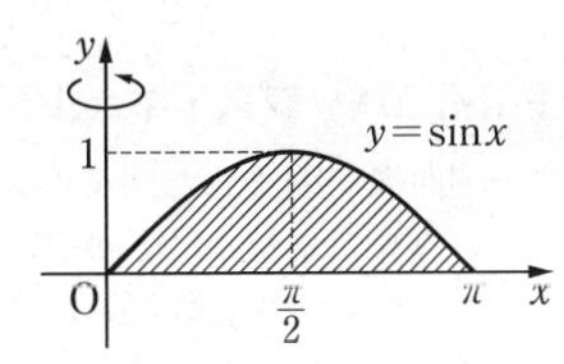

この体積を置換積分法を用いて求めると，

$\dfrac{dy}{dx}=\cos x$ より $\qquad V=\pi\displaystyle\int_\pi^{\frac{\pi}{2}} x^2\cos x\,dx-\pi\int_0^{\frac{\pi}{2}} x^2\cos x\,dx$

となり，計算もかなり大変です。① を利用すると簡単に求められるのが分かります。

チャレンジ〈5〉 次の曲線と x 軸で囲まれた図形を y 軸のまわりに1回転させてできる回転体の体積 V を求めよ。

(⇨ 解答編 p.378)

(1) $y=x(x-2)$ $(0 \leqq x \leqq 2)$ (2) $y=\sin^2 x$ $(0 \leqq x \leqq \pi)$

D 頻出
★★☆☆

例題 204 陰関数で表された図形の回転体の体積

楕円 $\dfrac{x^2}{9}+\dfrac{(y-3)^2}{4}=1$ で囲まれた図形を x 軸のまわりに1回転させてできる回転体の体積 V を求めよ。

思考のプロセス

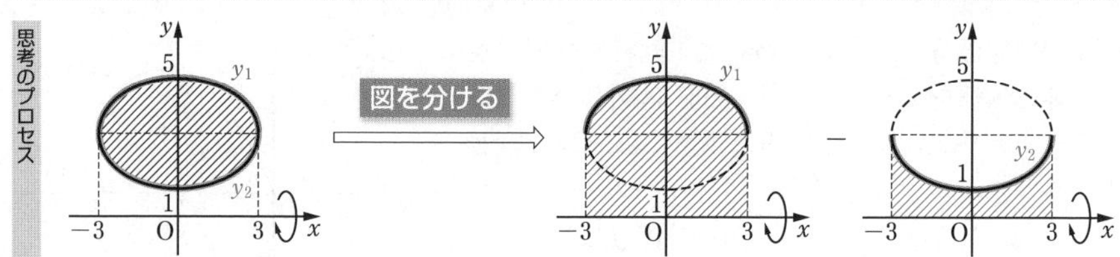

Action» 陰関数で表された図形は，“$y=$”や“$x=$”と変形して図形を分けよ

解 与式は　$(y-3)^2=\dfrac{4}{9}(9-x^2)$

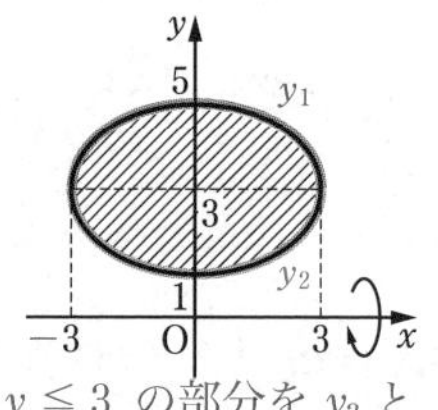

$y-3=\pm\dfrac{2}{3}\sqrt{9-x^2}$ より

$$y=3\pm\frac{2}{3}\sqrt{9-x^2}$$

ここで，楕円の $y \geqq 3$ の部分を y_1，$y \leqq 3$ の部分を y_2 とすると　$y_1=3+\dfrac{2}{3}\sqrt{9-x^2}$，$y_2=3-\dfrac{2}{3}\sqrt{9-x^2}$

よって，求める体積 V は

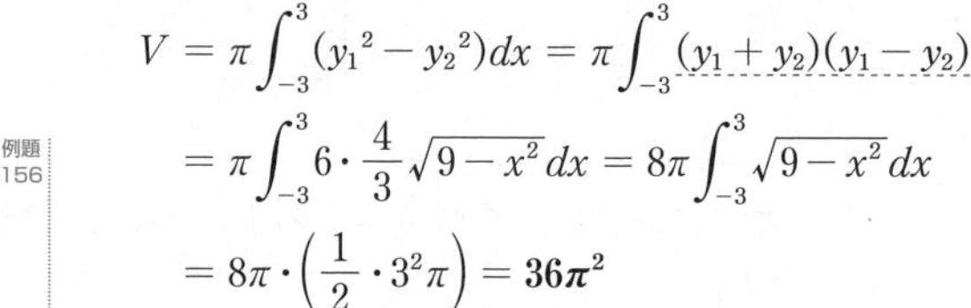

$$V=\pi\int_{-3}^{3}(y_1{}^2-y_2{}^2)dx=\pi\int_{-3}^{3}(y_1+y_2)(y_1-y_2)dx$$

例題156

$$=\pi\int_{-3}^{3}6\cdot\frac{4}{3}\sqrt{9-x^2}\,dx=8\pi\int_{-3}^{3}\sqrt{9-x^2}\,dx$$

$$=8\pi\cdot\left(\frac{1}{2}\cdot3^2\pi\right)=\mathbf{36\pi^2}$$

◀ x 軸のまわりに回転するから，与えられた陰関数を“$y=$”と変形して積分する。

◀ ❗ $y_1{}^2$，$y_2{}^2$ の式は複雑であるが，因数分解すると，計算しやすくなる。

◀ $\displaystyle\int_{-3}^{3}\sqrt{9-x^2}\,dx$ は，半径3の半円の面積を表す。

Point...パップス・ギュルダンの定理

閉曲線で囲まれた面積 S の領域 D を，この領域の内部を通らない直線のまわりに1回転させてできる回転体の体積 V は

$V=S\times$(領域 D の重心 G がえがく円周の長さ)

で求められることが知られている。(**パップス・ギュルダンの定理**)

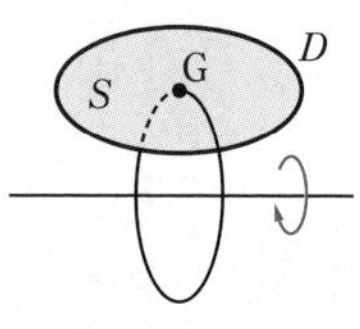

例題204で与えられた楕円の面積は

$S=\pi\cdot3\cdot2=6\pi$　(例題156 **Point** 参照)

この楕円の重心は G(0, 3) であるから，重心 G がえがく円周の長さは　$2\cdot3\cdot\pi=6\pi$

よって，回転体の体積は $V=6\pi\times6\pi=36\pi^2$ となり，例題204の答えと一致する。

❗　この定理は，解答で用いるのではなく，検算に利用するようにする。

練習 204 楕円 $\dfrac{(x-4)^2}{4}+y^2=1$ で囲まれた図形を y 軸のまわりに1回転させてできる回転体の体積 V を求めよ。

➡p.402 問題204

例題 205 媒介変数で表された図形の回転体の体積 ★★☆☆

サイクロイド $\begin{cases} x=\theta-\sin\theta \\ y=1-\cos\theta \end{cases}$ $(0 \leqq \theta \leqq 2\pi)$ を x 軸のまわりに1回転させてできる回転体の体積 V を求めよ。

思考のプロセス

$V=\pi\int_0^{2\pi} \underline{y^2dx}$ ⟵ $x=\theta-\sin\theta,\ y=1-\cos\theta$ より

⇩ **見方を変える** $\begin{cases} \underline{y^2} \text{ を } x \text{ の式で表すことができない。} \\ \underline{dx} \text{ を } y,\ dy \text{ で表すことができない。} \end{cases}$

$\begin{cases} \underline{y^2} \text{ を } \theta \text{ で表す。} \\ \underline{dx} \text{ を } \theta,\ d\theta \text{ で表す。} \end{cases}$ ⟵ θ に置換する

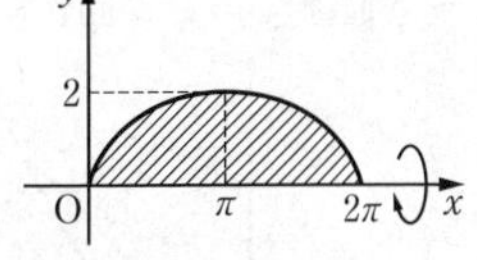

Action» 媒介変数で表された曲線の回転体の体積は，置換積分法を用いよ

解 $y=0$ とすると，$\cos\theta=1$ より

$\theta=0,\ 2\pi$

$0 \leqq \theta \leqq 2\pi$ の範囲で　$y \geqq 0$

$x=\theta-\sin\theta$ であるから

$$\frac{dx}{d\theta}=1-\cos\theta$$

x と θ の対応は右のようになるから，

x	$0 \to 2\pi$
θ	$0 \to 2\pi$

求める回転体の体積 V は

$$V=\pi\int_0^{2\pi} y^2dx$$
$$=\pi\int_0^{2\pi}(1-\cos\theta)^2\cdot(1-\cos\theta)d\theta$$
$$=\pi\int_0^{2\pi}(1-3\cos\theta+3\cos^2\theta-\cos^3\theta)d\theta$$
$$=\pi\int_0^{2\pi}\left\{1-3\cos\theta+3\cdot\frac{1+\cos2\theta}{2}-(1-\sin^2\theta)\cos\theta\right\}d\theta$$
$$=\pi\int_0^{2\pi}\left\{\frac{5}{2}-3\cos\theta+\frac{3}{2}\cos2\theta-(1-\sin^2\theta)(\sin\theta)'\right\}d\theta$$
$$=\pi\left[\frac{5}{2}\theta-3\sin\theta+\frac{3}{4}\sin2\theta-\sin\theta+\frac{1}{3}\sin^3\theta\right]_0^{2\pi}$$
$$=\pi\cdot\frac{5}{2}\cdot2\pi$$
$$=\mathbf{5\pi^2}$$

◀ $\pi\int_0^{2\pi} y^2dx$ において，y^2 と dx を θ と $d\theta$ で表す。

◀ $\int\cos^3\theta d\theta$
$=\int(1-\sin^2\theta)(\sin\theta)'d\theta$
$=\sin\theta-\frac{1}{3}\sin^3\theta+C$
3倍角の公式
$\cos3\theta=4\cos^3\theta-3\cos\theta$
より
$\cos^3\theta=\frac{1}{4}(\cos3\theta+3\cos\theta)$
を用いて計算してもよい。

練習 205 楕円 $\begin{cases} x=a\cos\theta \\ y=b\sin\theta \end{cases}$ $(a>0,\ b>0,\ 0 \leqq \theta \leqq 2\pi)$ を x 軸のまわりに1回転させてできる回転体の体積 V を求めよ。

➡p.402 問題205

例題 206 直線 $y=x$ のまわりの回転体の体積

D 頻出 ★★★☆

放物線 $C: y=x^2$ と直線 $l: y=x$ によって囲まれた図形を直線 $y=x$ のまわりに1回転させてできる回転体の体積 V を求めよ。

思考のプロセス

«ReAction 回転体の体積は，回転軸に垂直な切り口の円を考えよ ◀例題 199

直線 $y=x$ が回転軸　　　　直線 $y=x$ を t 軸として考える。

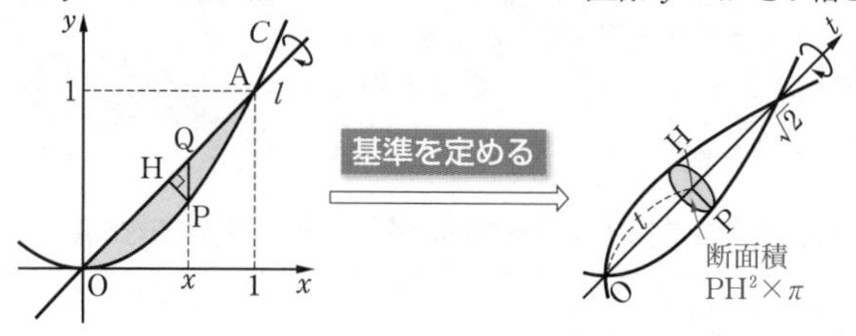

$$V=\pi\int_0^{\sqrt{2}}\mathrm{PH}^2dt$$

→ PH^2 を t の式で表す ⟵ 難しい

→ PH^2，dt を x，dx で表すことを考える。

解 放物線 C と直線 l は2点 O(0, 0)，A(1, 1) で交わる。

放物線 C 上，直線 l 上にそれぞれ点 $\mathrm{P}(x, x^2)$, $\mathrm{Q}(x, x)$ $(0\leqq x\leqq 1)$ をとり，点Pから直線 l に垂線PHを下ろすと

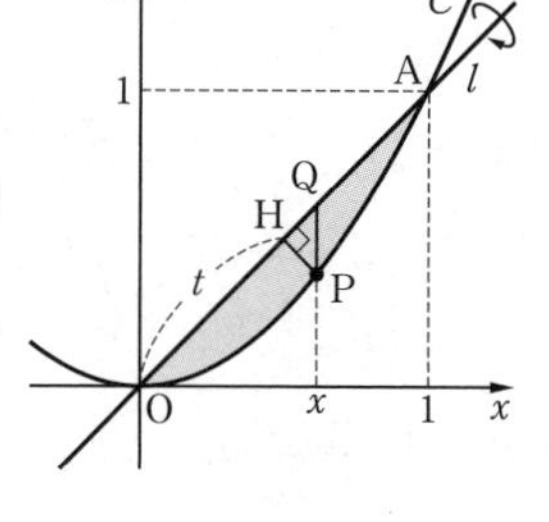

$$\mathrm{PH}=\frac{1}{\sqrt{2}}\mathrm{PQ}=\frac{x-x^2}{\sqrt{2}}$$

ここで，$\mathrm{OH}=t$ とおくと

$$t=\mathrm{OQ}-\mathrm{QH}=\sqrt{2}x-\frac{x-x^2}{\sqrt{2}}=\frac{x+x^2}{\sqrt{2}}$$

$t=\dfrac{x+x^2}{\sqrt{2}}$ より　$\dfrac{dt}{dx}=\dfrac{1+2x}{\sqrt{2}}$

t と x の対応は右のようになるから

t	$0\to\sqrt{2}$
x	$0\to\ 1$

$$V=\pi\int_0^{\sqrt{2}}\mathrm{PH}^2dt=\pi\int_0^1\mathrm{PH}^2\cdot\frac{1+2x}{\sqrt{2}}dx$$

$$=\pi\int_0^1\left(\frac{x-x^2}{\sqrt{2}}\right)^2\cdot\frac{1+2x}{\sqrt{2}}dx$$

$$=\frac{\pi}{2\sqrt{2}}\int_0^1(x-x^2)^2(1+2x)dx$$

$$=\frac{\sqrt{2}}{4}\pi\int_0^1(2x^5-3x^4+x^2)dx$$

$$=\frac{\sqrt{2}}{4}\pi\left[\frac{1}{3}x^6-\frac{3}{5}x^5+\frac{1}{3}x^3\right]_0^1=\boldsymbol{\frac{\sqrt{2}}{60}\pi}$$

◀共有点の x 座標は
$x^2=x$ より $x^2-x=0$
$x(x-1)=0$
よって　$x=0,\ 1$

◀△PQH は HP = HQ の直角二等辺三角形であるから　$\mathrm{PH}:\mathrm{PQ}=1:\sqrt{2}$
点と直線の距離の公式を用いてもよい。

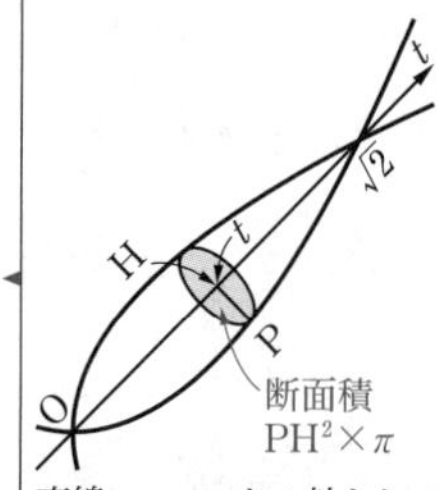

◀直線 $y=x$ を t 軸として考えて，V を定積分で表し，x で置換する。

回転軸が x 軸となるように，原点を中心とする回転移動を利用する方法もある。解答編 p.380 練習 206 **(別解)** 参照。

練習 206 放物線 $C: y=x^2-x$ と直線 $l: y=x$ によって囲まれた図形を直線 $y=x$ のまわりに1回転させてできる回転体の体積 V を求めよ。

➡p.403 問題206

Go Ahead 13 傘型分割積分

例題 206 のように回転軸が斜めになっている回転体の体積は，次のように傘型に分割して求めることもできます（これを「傘型分割積分」とよぶことがあります）。

領域 $x^2 \leqq y \leqq x$ の区間 $[0,\ x]$ の部分を直線 $y=x$ のまわりに 1 回転させてできる回転体の体積を $V(x)$ とすると，$V(0)=0$ であるから

図 1

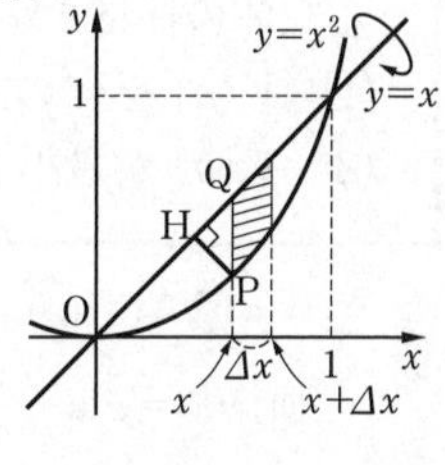

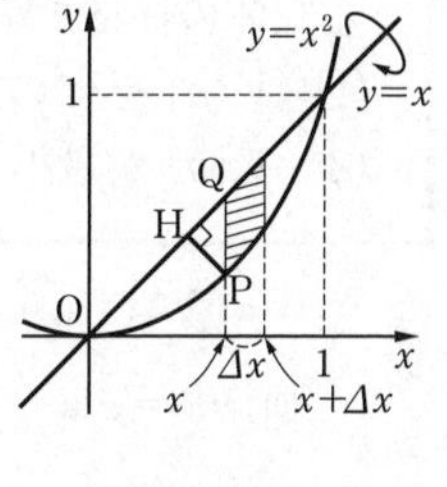

$$V=V(1)=V(1)-V(0)=\Big[V(x)\Big]_0^1=\int_0^1 V'(x)\,dx$$

領域 $x^2 \leqq y \leqq x$ の区間 $[x,\ x+\Delta x]$ の部分（図 1 の斜線部分）を直線 $y=x$ のまわりに 1 回転させると，図 2 のように，底面の半径 PH，母線 PQ の円錐がくり抜かれた厚さ Δx の傘型の立体ができる。

その体積を $\Delta V\ \ (=V(x+\Delta x)-V(x))$ とする。

傘型の立体を展開すると，図 3 のように，底面が扇型，厚さ Δx の立体ができる。

図 2　図 3

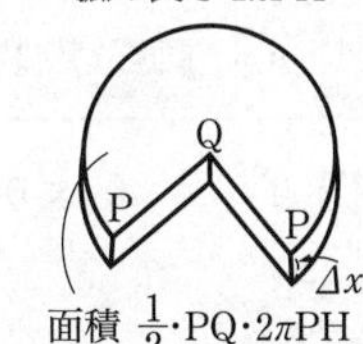

$$\mathrm{PQ}=x-x^2,\ \ \mathrm{PH}=\frac{1}{\sqrt{2}}\mathrm{PQ}=\frac{x-x^2}{\sqrt{2}}$$

$\Delta x \fallingdotseq 0$ のとき

$$\Delta V \fallingdotseq \frac{1}{2}\cdot\mathrm{PQ}\cdot 2\pi\mathrm{PH}\cdot\Delta x=\frac{\pi}{\sqrt{2}}(x-x^2)^2\Delta x$$

⬅ 半径 r，弧の長さ l の扇形の面積は $S=\dfrac{1}{2}rl$

すなわち　$\dfrac{\Delta V}{\Delta x} \fallingdotseq \dfrac{\pi}{\sqrt{2}}(x-x^2)^2$

ゆえに　$V'(x)=\dfrac{dV}{dx}=\displaystyle\lim_{\Delta x\to 0}\frac{\Delta V}{\Delta x}=\frac{\pi}{\sqrt{2}}(x-x^2)^2$

したがって

$$V=\int_0^1\frac{\pi}{\sqrt{2}}(x-x^2)^2\,dx=\frac{\sqrt{2}}{2}\pi\int_0^1(x^2-2x^3+x^4)\,dx$$

$$=\frac{\sqrt{2}}{2}\pi\left[\frac{1}{3}x^3-\frac{1}{2}x^4+\frac{1}{5}x^5\right]_0^1=\frac{\sqrt{2}}{60}\pi$$

一般には，次のようになります。（証明は，解答編 p.381 **Plus One** 参照）

$a \leqq x \leqq b$ のとき，$f(x) \geqq mx+n$，$\tan\theta=m\ \left(0<\theta<\dfrac{\pi}{2}\right)$ とする。

曲線 $y=f(x)$ と直線 $y=mx+n$，$x=a$，$x=b$ で囲まれた図形（図 4 の斜線部分）を直線 $y=mx+n$ のまわりに 1 回転させてできる回転体の体積は

$$V=\pi\cos\theta\int_a^b\{f(x)-(mx+n)\}^2\,dx$$

図 4

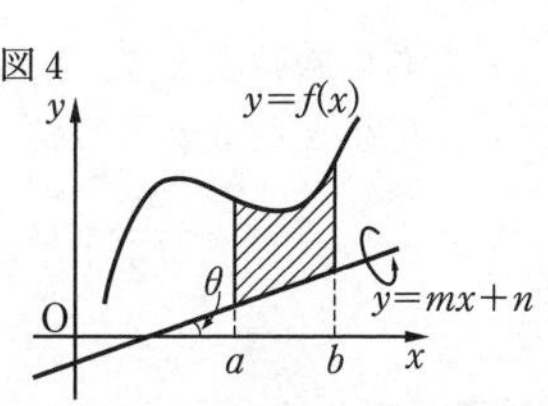

結果として，曲線 $y=f(x)-(mx+n)$ と x 軸および 2 直線 $x=a$，$x=b$ で囲まれた図形を x 軸のまわりに 1 回転させてできる回転体の体積の $\cos\theta$ 倍になります。

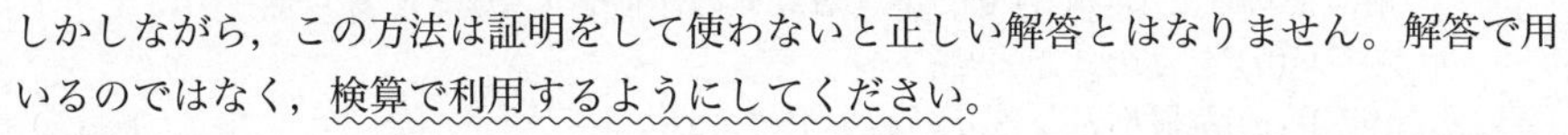

しかしながら，この方法は証明をして使わないと正しい解答とはなりません。解答で用いるのではなく，検算で利用するようにしてください。

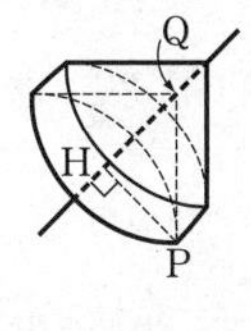

例題 207 体積の最大・最小

D ★★☆☆

a を正の定数とする。区間 $0 \leqq x \leqq \pi$ において曲線 $y = a^2x + \dfrac{1}{a}\sin x$ と直線 $y = a^2x$ によって囲まれた図形を x 軸のまわりに1回転させてできる立体の体積を $V(a)$ とする。

(1) $V(a)$ を a の式で表せ。

(2) $V(a)$ が最小となる a の値を求めよ。 (奈良県立医科大)

思考のプロセス

(1) **« ReAction 2曲線で囲まれた図形の回転体は，曲線の上下を考えよ** ◀例題 200

曲線 $y = a^2x + \dfrac{1}{a}\sin x$
直線 $y = a^2x$
どちらが上か？ $\Longrightarrow$ $\dfrac{1}{a}\sin x$ の正負を考える。

$\Longrightarrow V(a) = \pi\displaystyle\int_0^\pi (\text{上})^2dx - \pi\int_0^\pi (\text{下})^2dx$

(2) **既知の問題に帰着** 最小値を求めるために，$V'(a)$ を求めて増減表をかく。

解 (1) $a > 0$ より，$0 \leqq x \leqq \pi$ の範囲で

$$a^2x + \frac{1}{a}\sin x \geqq a^2x$$

◀曲線と直線の位置関係を調べる。
$0 \leqq \sin x \leqq 1$ より
$\dfrac{1}{a}\sin x \geqq 0$

よって $V(a) = \pi\displaystyle\int_0^\pi \left\{\left(a^2x + \frac{1}{a}\sin x\right)^2 - (a^2x)^2\right\}dx$

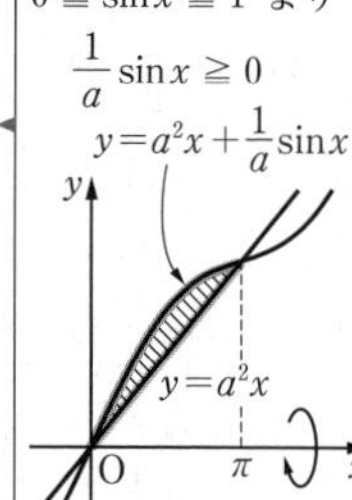

$$= \pi\int_0^\pi \left(2ax\sin x + \frac{1}{a^2}\sin^2 x\right)dx$$

$$= \pi\left\{2a\left(\Big[-x\cos x\Big]_0^\pi + \int_0^\pi \cos x\,dx\right) + \frac{1}{a^2}\int_0^\pi \frac{1-\cos 2x}{2}dx\right\}$$

$$= \pi\left(2\pi a + 2a\Big[\sin x\Big]_0^\pi + \frac{1}{2a^2}\Big[x - \frac{1}{2}\sin 2x\Big]_0^\pi\right)$$

$$= \pi\left(2\pi a + \frac{\pi}{2a^2}\right) = \boldsymbol{\pi^2\left(2a + \frac{1}{2a^2}\right)}$$

例題 110

(2) $V'(a) = \pi^2\left(2 - \dfrac{1}{a^3}\right) = \dfrac{\pi^2(2a^3-1)}{a^3}$

◀$V(a)$ を微分して増減を調べる。

$V'(a) = 0$ とすると，$2a^3 - 1 = 0$ より $a = \dfrac{1}{\sqrt[3]{2}}$

右の増減表より，$V(a)$ が最小となる a の値は

$$\boldsymbol{a = \frac{1}{\sqrt[3]{2}}}$$

a	0	…	$\frac{1}{\sqrt[3]{2}}$	…
$V'(a)$	／	$-$	0	$+$
$V(a)$	／	↘	極小	↗

練習 207 曲線 $y = ax + \dfrac{1}{1+x^2}$ と x 軸，y 軸および直線 $x = \sqrt{3}$ で囲まれた図形を x 軸のまわりに1回転させてできる立体の体積を $V(a)$ とする。

(1) $V(a)$ を a の式で表せ。

(2) $V(a)$ が最小となる a の値を求めよ。 (徳島大)

➡p.403 問題207

例題 208 体積と極限 ★★★☆

曲線 $C: y=e^x$ と直線 $l: y=ax+b\ (a>0)$ が2点 $\mathrm{P}(x_1,\ y_1)$, $\mathrm{Q}(x_2,\ y_2)$ で交わっている。$x_2-x_1=c\ (c>0)$ とするとき

(1) y_1, y_2 を a と c を用いて表せ。

(2) $\mathrm{PQ}=1$ のとき，曲線 C と x 軸および2直線 $x=x_1$, $x=x_2$ で囲まれた図形を x 軸のまわりに1回転させて得られる回転体の体積 $V(a)$ に対して，$\displaystyle\lim_{a\to\infty}\frac{V(a)}{a}$ を求めよ。（大阪大 改）

思考のプロセス

(2) **«ReAction 回転体の体積は，回転軸に垂直な切り口の円を考えよ** ◀例題 199

$$V(a)=\pi\int_{x_1}^{x_2}(e^x)^2dx=(x_1,\ x_2\text{の式})$$
$$=(y_1,\ y_2\text{の式})$$
$$=(a,\ c\text{の式})$$

前問の結果の利用
(1)では y_1, y_2 と a, c の関係を導いたから，y_1, y_2 の式を経由して考える。

→ a だけの式にすると複雑であるから，c の式にする。

解 (1) 点P, Qは l 上にあるから　$y_2=y_1+ac$ …①

また，点P, Qは C 上にもあるから

$$y_2=e^{x_1+c}=e^{x_1}e^c=e^cy_1 \quad \cdots②$$

①, ②より　$\boldsymbol{y_1=\dfrac{ac}{e^c-1}}$, $\boldsymbol{y_2=\dfrac{ace^c}{e^c-1}}$

◀点P, Qが l, C 上にあることから，x_1, x_2, y_1, y_2, a, c の関係式を考え，そこから，x_1, x_2 を消去する。

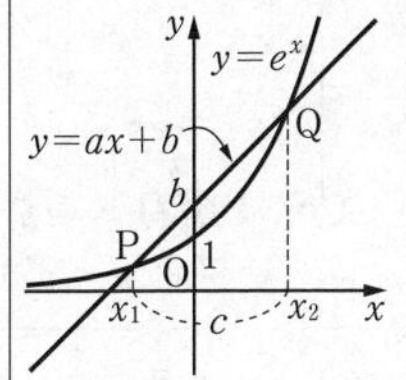

(2) $$\frac{V(a)}{a}=\frac{\pi}{a}\int_{x_1}^{x_2}(e^x)^2dx=\frac{\pi}{2a}(e^{2x_2}-e^{2x_1})$$
$$=\frac{\pi}{2a}({y_2}^2-{y_1}^2)=\frac{\pi}{2a}\left\{\left(\frac{ace^c}{e^c-1}\right)^2-\left(\frac{ac}{e^c-1}\right)^2\right\}$$
$$=\frac{\pi ac^2(e^c+1)}{2(e^c-1)}$$

ここで，$\mathrm{PQ}^2=(x_2-x_1)^2+(y_2-y_1)^2$ より

◀①より　$y_2-y_1=ac$

$$c^2+a^2c^2=1$$

◀$\mathrm{PQ}=1$

$a>0$, $c>0$ であるから　$a=\dfrac{\sqrt{1-c^2}}{c}$

◀$\dfrac{V(a)}{a}$ から c を消去すると式が複雑になるから，a を消去して c だけの式にし，c の極限を考える。

$c^2=\dfrac{1}{1+a^2}$ より，$a\to\infty$ のとき $c\to+0$ であるから

$$\lim_{a\to\infty}\frac{V(a)}{a}=\lim_{c\to+0}\frac{\pi c\sqrt{1-c^2}(e^c+1)}{2(e^c-1)}$$
$$=\frac{\pi}{2}\lim_{c\to+0}\frac{c}{e^c-1}\cdot\sqrt{1-c^2}(e^c+1)$$
$$=\frac{\pi}{2}\cdot1\cdot\sqrt{1}\cdot(1+1)=\boldsymbol{\pi}$$

◀❗$f(x)=e^x$ とすると
$\displaystyle\lim_{c\to+0}\frac{e^c-1}{c}=\lim_{c\to+0}\frac{e^c-e^0}{c-0}$
$=f'(0)=e^0=1$

練習 208 $f(x)=\dfrac{4e^x}{1+e^x}$ とする。曲線 $y=f(x)$ と x 軸および2直線 $x=-k$, $x=0$ で囲まれた部分を x 軸のまわりに1回転させてできる立体の体積を $V(k)$ とする。このとき，$\displaystyle\lim_{k\to\infty}V(k)$ を求めよ。ただし，$k>0$ とする。

➡p.403 問題208

▶▶例題 209~212

例題 209 x, y, z の式で表された立体の体積〔1〕 ★★★☆

座標空間において直交する 2 つの直円柱 $x^2+z^2 \leqq r^2$ …①,
$y^2+z^2 \leqq r^2$ …② について，次の問に答えよ。

(1) 直円柱 ①, ② の共通部分 T を平面 $z=t$ $(-r \leqq t \leqq r)$ で切った切り口の面積 $S(t)$ を求めよ。

(2) 直円柱 ①, ② の共通部分 T の体積 V を求めよ。

思考のプロセス

« Re Action 立体の体積は，軸に垂直な平面で切った断面積を積分せよ ◀例題 198

(1) 直円柱 ①, ② の共通部分の立体の図をかくのは難しい。

次元を下げる

平面 $z=t$ で切った切り口を考える。

→〔本解〕 右の図がイメージできる場合

切り口は四角形 ←― 辺の長さを求めたい。

・◀㋐ の方から見ると切り口は＿＿

・◀㋑ の方から見ても同様に考えられる。

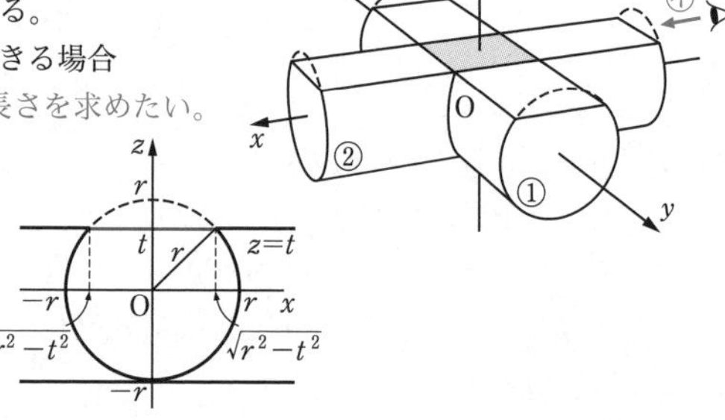

→〔別解〕 切り口の図がイメージできない場合

平面 $z=t$ での切り口 ⟹ ①, ② に $z=t$ を代入したときの図形

解 (1) 直円柱 ① と平面 $z=t$ の共通部分は下の図のようになる。

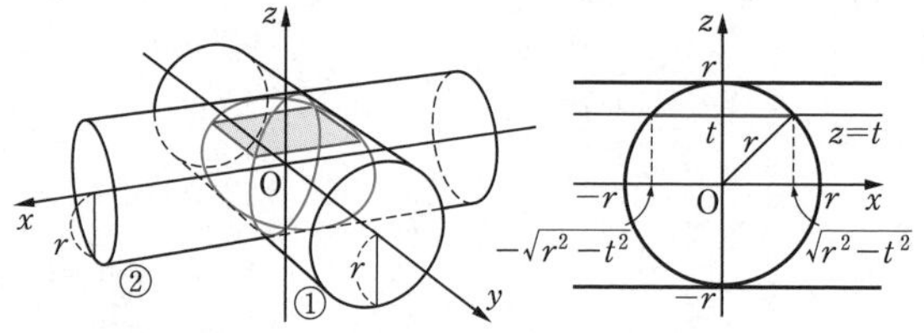

右上の図において，直線 $z=t$ と円 $x^2+z^2=r^2$ の共有点の x 座標を求めると，$x^2+t^2=r^2$ より

$$x=\pm\sqrt{r^2-t^2}$$

直円柱 ② についても同様に考えると，切り口は 1 辺の長さが $2\sqrt{r^2-t^2}$ の正方形であるから，その面積 $S(t)$ は

$$S(t)=\left(2\sqrt{r^2-t^2}\right)^2=\mathbf{4(r^2-t^2)}$$

◀ x 軸を中心軸とする円柱と平面 $z=t$ の共通部分も同様に，直線 $z=t$ と円 $y^2+z^2=r^2$ の共有点の y 座標が $y=\pm\sqrt{r^2-t^2}$ であるから，切り口は 1 辺の長さが $2\sqrt{r^2-t^2}$ の正方形である。

〔別解〕

① に $z=t$ を代入すると，$x^2+t^2 \leqq r^2$ より

$$-\sqrt{r^2-t^2} \leqq x \leqq \sqrt{r^2-t^2} \quad \cdots ①'$$

② に $z=t$ を代入すると，$y^2+t^2 \leqq r^2$ より

$$-\sqrt{r^2-t^2} \leqq y \leqq \sqrt{r^2-t^2} \quad \cdots ②'$$

よって，切り口は ①′，②′ を満たす図形であるから，1辺の長さが $2\sqrt{r^2-t^2}$ の正方形である。

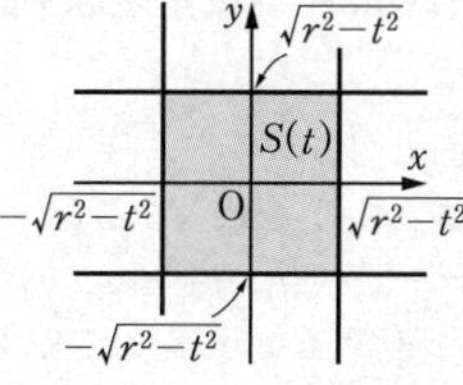

ゆえに

$$S(t)=\left(2\sqrt{r^2-t^2}\right)^2$$
$$=4(r^2-t^2)$$

(2) $V=\int_{-r}^{r} S(t)dt=\int_{-r}^{r} 4(r^2-t^2)dt$

$$=8\int_0^r (r^2-t^2)dt=8\left[r^2t-\frac{t^3}{3}\right]_0^r$$

$$=8\left(r^3-\frac{r^3}{3}\right)=\boldsymbol{\frac{16}{3}r^3}$$

Point...x，y，z の式で表された立体の切り方

複雑な立体では，次の文字の軸に垂直な平面で切った切り口を考えるとよい。
いずれも，扱いにくい文字を定数として扱う，という発想である。

(ア) **対称性のない文字** … 切り口が，対称性のある図形になる。
(イ) **次数の高い文字** … 切り口が，変数の次数が低い図形になる。
(ウ) **式に多く現れる文字** … 切り口が，変数の少ない式で表される図形になる。

例題 209 において，(1) の誘導がない場合には，(ア)，(ウ) の考え方が利用できる。

(ア) ①，② の x と y を入れかえても ①，② となるから，x と y について対称である。
平面 $z=t$ で切った切り口を考えると，切り口は対称性のある正方形になった。

(イ) x，y，z すべて 2 次であるから，判断できない。

(ウ) z が最も多く現れるから，平面 $z=t$ で切った切り口を考えると，(定数) $\leqq x \leqq$ (定数)，(定数) $\leqq y \leqq$ (定数) という単純な式になった。

練習 209 2つの直交している楕円柱 $\dfrac{z^2}{a^2}+\dfrac{x^2}{b^2} \leqq 1$ … ①，$\dfrac{z^2}{a^2}+\dfrac{y^2}{b^2} \leqq 1$ … ② について，次の問に答えよ。ただし，$a>0$，$b>0$，$a+b=1$ とする。

(1) 楕円柱 ①，② の共通部分の xy 平面に平行な平面による切り口はどのような図形か。また，切り口の面積を z の関数として表せ。

(2) 楕円柱 ①，② の共通部分の体積 V を求めよ。

(3) 体積 V の最大値とそのときの a の値を求めよ。 (鳥取大)

➡p.403 問題209

例題 210 x，y，z の式で表された立体の体積〔2〕 ★★★★

空間において，連立不等式 $0 \leqq x \leqq 1$，$0 \leqq y \leqq 1$，$0 \leqq z \leqq 1$，
$x^2+y^2+z^2-2xy-1 \geqq 0$ の表す立体の体積 V を求めよ。 （北海道大　改）

思考のプロセス

この立体の図をかくのは難しい。

«ReAction 立体の体積は，軸に垂直な平面で切った断面積を積分せよ ◀例題 198

基準を定める

どの座標軸に垂直な平面で切るか？

→ x 軸 … $x=t$ $(0 \leqq t \leqq 1)$ を代入すると

$t^2+y^2+z^2-2ty-1 \geqq 0$

$(y-t)^2+z^2 \geqq 1$ $(0 \leqq y \leqq 1,\ 0 \leqq z \leqq 1)$

→ y 軸 … x 軸の場合と同様

→ z 軸 … $z=t$ $(0 \leqq t \leqq 1)$ を代入すると

$x^2+y^2+t^2-2xy-1 \geqq 0$

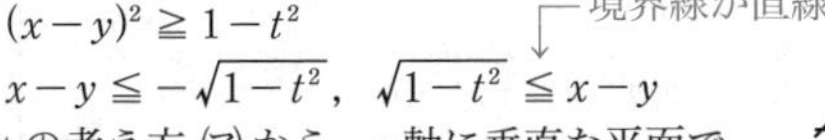

$(x-y)^2 \geqq 1-t^2$ 　← 境界線が直線

$x-y \leqq -\sqrt{1-t^2}$，$\sqrt{1-t^2} \leqq x-y$

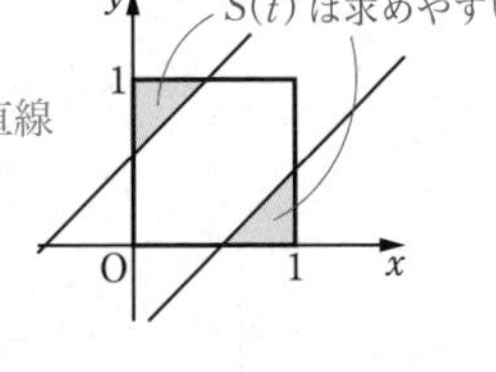

! 例題 209 Point の考え方 (ア) から，z 軸に垂直な平面で切ることを考えてもよい。

解 求める立体を平面 $z=t$ $(0 \leqq t \leqq 1)$ で切ったときの断面積 $S(t)$ を考える。

◀立体を平面 $z=t$ で切った切り口の面積を求める。

$z=t$ を $x^2+y^2+z^2-2xy-1 \geqq 0$ に代入すると，

$x^2+y^2+t^2-2xy-1 \geqq 0$ より　$(x-y)^2 \geqq 1-t^2$

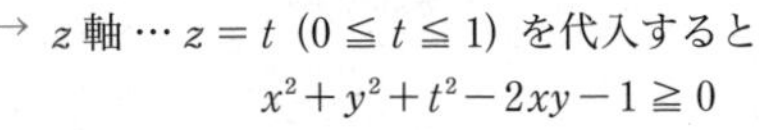

$x-y \leqq -\sqrt{1-t^2}$，$\sqrt{1-t^2} \leqq x-y$

すなわち　$y \geqq x+\sqrt{1-t^2}$，$y \leqq x-\sqrt{1-t^2}$

◀t は定数である。

よって，断面は右の図の斜線部分であり，境界線を含む。

また，2つに分かれた斜線部分の三角形は合同であるから

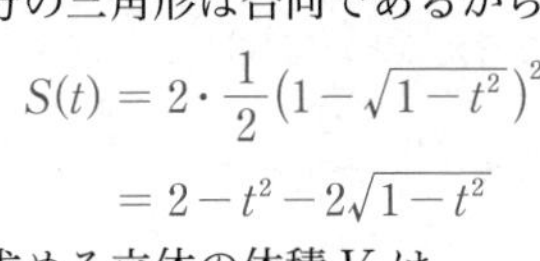

$$S(t) = 2 \cdot \frac{1}{2}\left(1-\sqrt{1-t^2}\right)^2$$
$$= 2-t^2-2\sqrt{1-t^2}$$

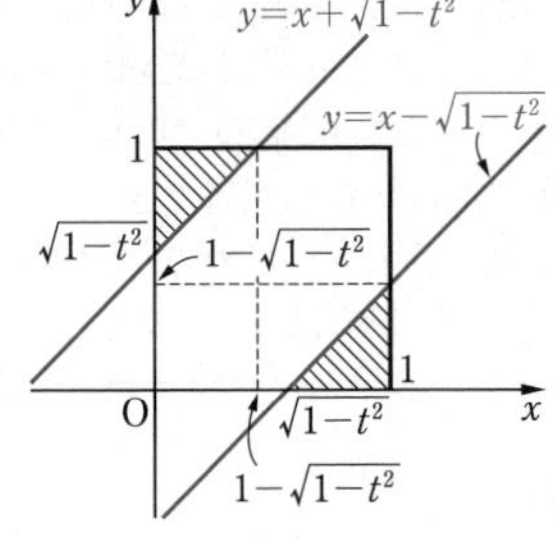

◀ともに，直角をはさむ2辺が $1-\sqrt{1-t^2}$ の直角二等辺三角形である。

求める立体の体積 V は

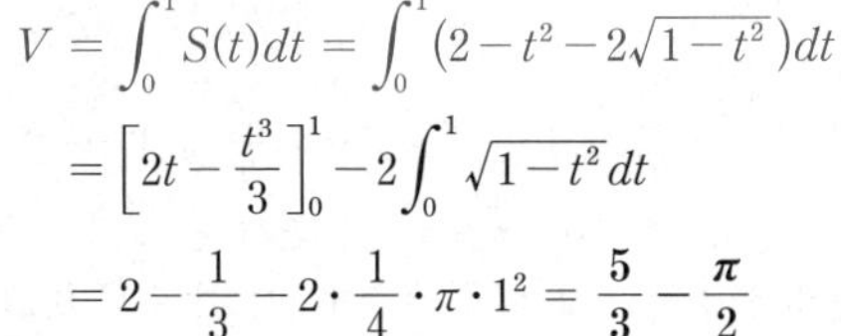

$$V = \int_0^1 S(t)dt = \int_0^1 \left(2-t^2-2\sqrt{1-t^2}\right)dt$$

例題 156

$$= \left[2t-\frac{t^3}{3}\right]_0^1 - 2\int_0^1 \sqrt{1-t^2}\,dt$$

$$= 2-\frac{1}{3}-2 \cdot \frac{1}{4} \cdot \pi \cdot 1^2 = \boldsymbol{\frac{5}{3}-\frac{\pi}{2}}$$

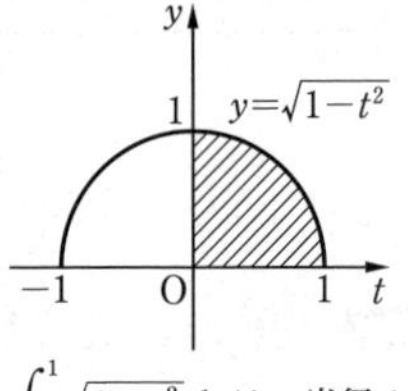

◀$\int_0^1 \sqrt{1-t^2}\,dt$ は，半径1の円の面積の $\frac{1}{4}$ を表す。

練習 210 $V=\left\{(x,\ y,\ z) \,\middle|\, \left(\sqrt{x^2+y^2}-2\right)^2+z^2 \leqq 1\right\}$ とする。V の体積を求めよ。

（東京女子大　改）

➡p.403 問題210

例題 211 空間で線分を回転させてできる回転体の体積 D ★★★★

空間に 2 点 A(1, 1, 0), B(−1, 0, 1) がある。線分 AB を z 軸のまわりに 1 回転させてできる曲面と，平面 $z=0$ および $z=1$ で囲まれる立体の体積 V を求めよ。

思考のプロセス

«ReAction 回転体の体積は，回転軸に垂直な切り口の円を考えよ ◀例題 199

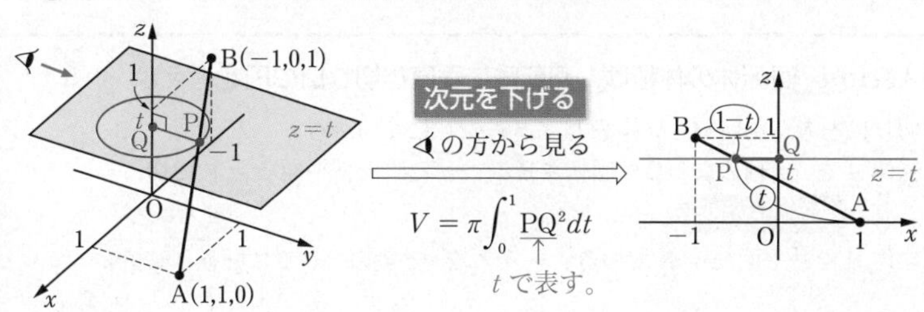

解 平面 $z=t\ (0\leqq t\leqq 1)$ と線分 AB の交点を P とすると，点 P は線分 AB を $t:(1-t)$ に内分する点であるから

$\mathrm{P}((1-t)\cdot 1+t\cdot(-1),\ (1-t)\cdot 1,\ t)$

すなわち

$\mathrm{P}(1-2t,\ 1-t,\ t)\ (0\leqq t\leqq 1)$

求める立体を平面 $z=t$ で切った断面は，点 $\mathrm{Q}(0,\ 0,\ t)$ を中心とする半径 PQ の円であるから，その断面積を $S(t)$ とすると

$$S(t)=\pi\cdot\mathrm{PQ}^2=\pi\{(1-2t)^2+(1-t)^2\}=\pi(5t^2-6t+2)$$

よって

$$V=\int_0^1 S(t)dt=\pi\int_0^1(5t^2-6t+2)dt=\pi\left[\frac{5}{3}t^3-3t^2+2t\right]_0^1=\frac{2}{3}\pi$$

◀立体を平面 $z=t$ で切った切り口の面積を求める。

◀ベクトルを用いて $\overrightarrow{\mathrm{AP}}=t\overrightarrow{\mathrm{AB}}$ より $(x-1,\ y-1,\ z)=t(-2,\ -1,\ 1)$ これより $x=-2t+1,\ y=-t+1,\ z=t$ としてもよい。

◀この回転体の側面を yz 平面で切ったとき現れる曲線は，双曲線である。

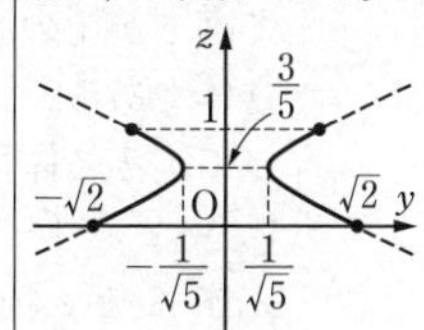

Point...空間で線分を回転させてできる回転体

空間において，回転軸と同一平面上にない線分を軸のまわりに 1 回転させてできる曲面を回転軸を含む平面で切ると，双曲線になることが知られている。

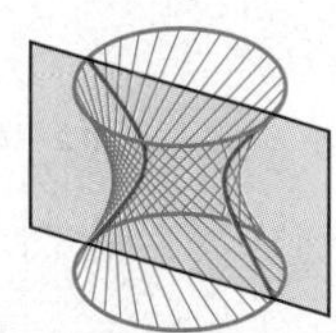

練習 211 空間に 2 点 A(1, 1, 0), B(0, −1, 1) がある。線分 AB を y 軸のまわりに 1 回転させてできる曲面と，平面 $y=-1$ および $y=1$ で囲まれる立体の体積 V を求めよ。

➡p.403 問題211

例題 212 立体を軸のまわりに回転させてできる回転体の体積 ★★★★

xyz 空間において，$D=\{(x,\ y,\ z)\,|\,1\leqq x\leqq 2,\ 1\leqq y\leqq 2,\ z=0\}$ で表された図形を x 軸のまわりに1回転させてできる立体を A とする。

(1)　立体 A の体積 V_A を求めよ。

(2)　立体 A を z 軸のまわりに1回転させてできる立体 B の体積 V_B を求めよ。

（名古屋大　改）

思考のプロセス

«ReAction　回転体の体積は，回転軸に垂直な切り口の円を考えよ ◀例題 199

(2)　切り口を考えたいが，立体 B はイメージしにくいから

立体 A を「z 軸のまわりに回転させる」→ それを「平面 $z=t$ で切る」

└→ イメージしにくい。

⇩ **見方を変える**

立体 A を「平面 $z=t$ で切る」→ それを「z 軸のまわりに回転させる」

└→ イメージしやすい。

場合に分ける

t の値によって，断面の形が異なる。

(ア)　断面が長方形1個

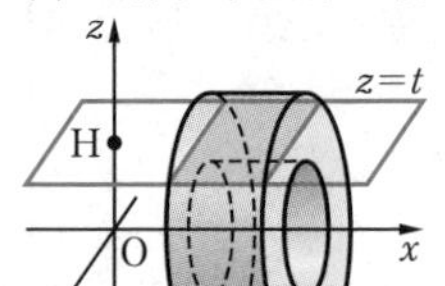

(イ)　断面が長方形2個

Action»　切る平面によって断面の形が変わるときは，図を分けて考えよ

解 (1)　立体 A は，底面の半径が2で高さ1の直円柱から，底面の半径が1で高さが1の直円柱をくり抜いた立体である。

よって，その体積は

$V_A=2^2\pi\cdot 1-1^2\pi\cdot 1=\mathbf{3\pi}$

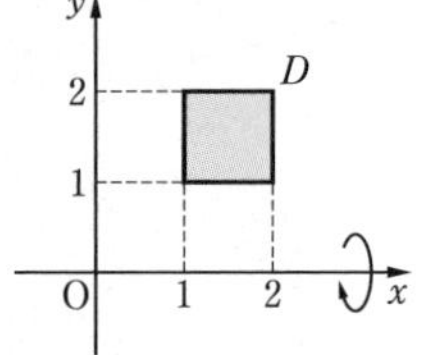

(2)　立体 A を z 軸に垂直な平面 $z=t$ で切ったときの，切り口の図形を E とし，図形 E を z 軸のまわりに1回転させてできる図形の面積を $S(t)$ とする。

◀立体 B は xy 平面に関して対称である。

(ア)　$1\leqq |t|\leqq 2$ のとき

図1 平面 $z=t$ における図

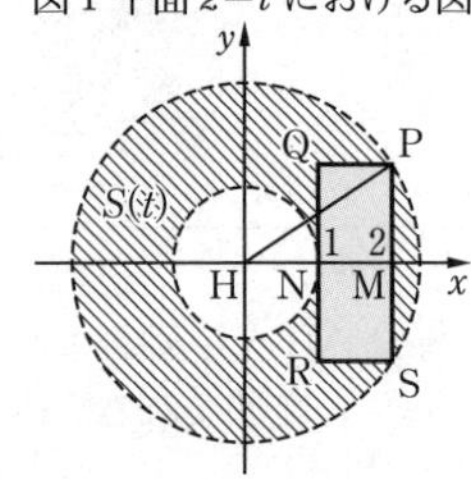

図2 平面 $x=2$ における図

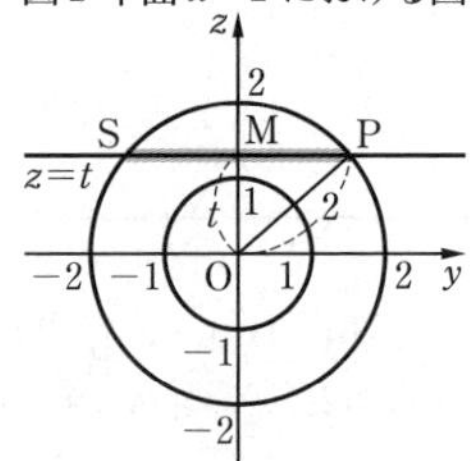

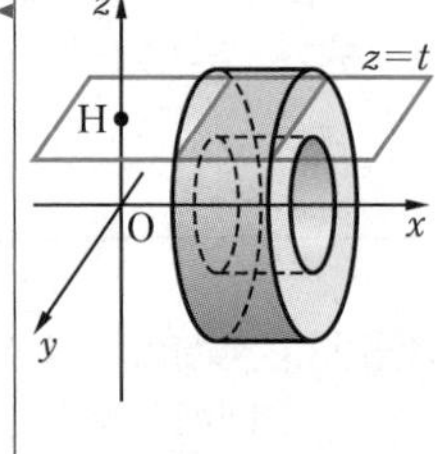

切り口の図形 E は図1の長方形PQRSとなる。
平面 $z=t$ と z 軸の交点をH，線分PSの中点をM
とすると　　$\mathrm{PH}=\sqrt{\mathrm{PM}^2+\mathrm{MH}^2}=\sqrt{8-t^2}$
ゆえに　　$S(t)=\pi\mathrm{PH}^2-\pi\cdot1^2$
$$=\pi\left(\sqrt{8-t^2}\right)^2-\pi=\pi(7-t^2)$$

◀点Hから最も遠い点はP，点Hから最も近い点はNであるから
$S(t)=$(半径PHの円)$-$(半径NHの円)
$\mathrm{PM}=\sqrt{2^2-t^2}$

(イ)　$0\leqq|t|\leqq1$ のとき

図1′ 平面 $z=t$ における図

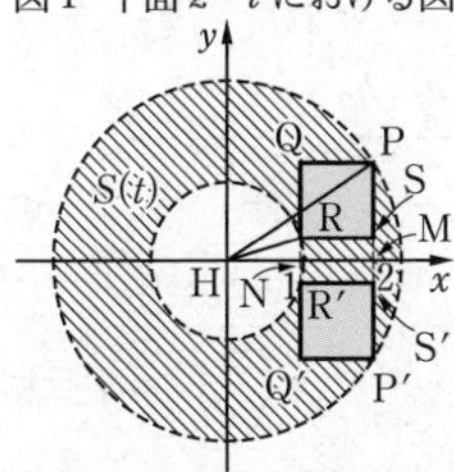

図2′ 平面 $x=2$ における図

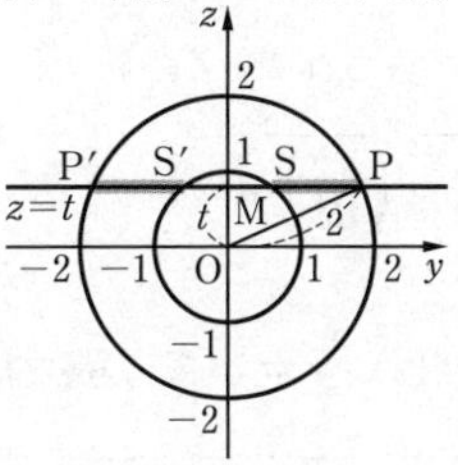

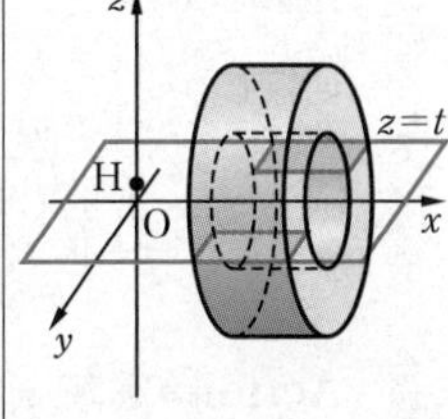

切り口の図形 E は図1′の2つの合同な長方形PQRS，P′Q′R′S′となる。
線分PP′，QQ′の中点をM，Nとすると

図3′ 平面 $x=1$ における図

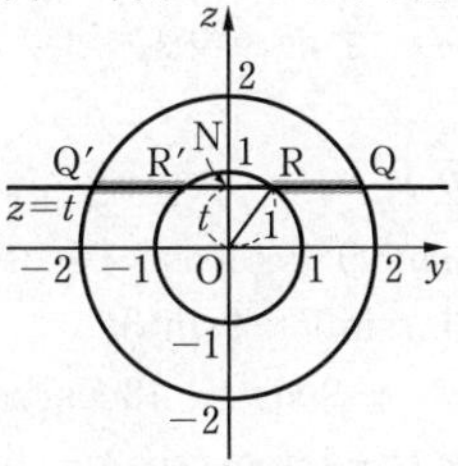

◀点Hから最も遠い点はP，点Hから最も近い点はRであるから
$S(t)=$(半径PHの円)$-$(半径RHの円)

$$\mathrm{PH}=\sqrt{\mathrm{PM}^2+\mathrm{MH}^2}=\sqrt{8-t^2}$$

◀$\mathrm{PM}=\sqrt{2^2-t^2}$

$$\mathrm{RH}=\sqrt{\mathrm{RN}^2+\mathrm{NH}^2}=\sqrt{2-t^2}$$

◀$\mathrm{RN}=\sqrt{1^2-t^2}$

ゆえに　　$S(t)=\pi\mathrm{PH}^2-\pi\mathrm{RH}^2$
$$=\pi\left(\sqrt{8-t^2}\right)^2-\pi\left(\sqrt{2-t^2}\right)^2=6\pi$$

(ア)，(イ)より，求める立体 B の体積は
$$V_B=\int_{-2}^{2}S(t)dt=2\int_0^2 S(t)dt$$
$$=2\left\{\int_0^1 6\pi\,dt+\int_1^2\pi(7-t^2)dt\right\}=\boldsymbol{\frac{64}{3}\pi}$$

◀立体 B は xy 平面に関して対称である。

練習 **212** 空間内の平面 $x=0$，$x=1$，$y=0$，$y=1$，$z=0$，$z=1$ によって囲まれた立方体を P とおく。P を x 軸のまわりに1回転させてできる立体を P_x，P を y 軸のまわりに1回転させてできる立体を P_y とし，さらに P_x と P_y の少なくとも一方に属する点全体でできる立体を Q とする。
(1)　Q と平面 $z=t$ が交わっているとする。このとき P_x を平面 $z=t$ で切ったときの切り口を R_x とし，P_y を平面 $z=t$ で切ったときの切り口を R_y とする。R_x の面積，R_y の面積，R_x と R_y の共通部分の面積をそれぞれ求めよ。さらに，Q を平面 $z=t$ で切ったときの切り口の面積 $S(t)$ を求めよ。
(2)　Q の体積を求めよ。　　　　（富山大）

➡p.403 問題212

D 頻出
★★☆☆

例題 213 曲線の長さ〔1〕

平面上の曲線 C が t を媒介変数として

$$\begin{cases} x = 3\cos t + \cos 3t \\ y = 3\sin t - \sin 3t \end{cases} \quad \left(0 \leqq t \leqq \frac{\pi}{2}\right)$$

で与えられている。このとき，曲線 C の長さ L を求めよ。

思考のプロセス

公式の利用

曲線 C が $\begin{cases} x = f(t) \\ y = g(t) \end{cases}$ で表されている。

$$\Longrightarrow L = \int_a^b \sqrt{\left(\frac{dx}{dt}\right)^2 + \left(\frac{dy}{dt}\right)^2}\, dt$$

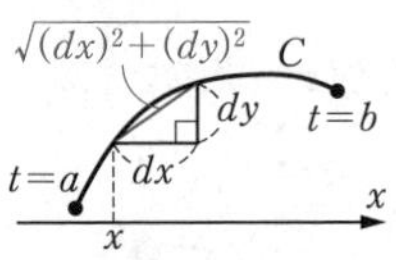

! dx，dy はイメージ。厳密には，p.369 のように Δx，Δy で考える。

Action» 曲線 $x = f(t)$，$y = g(t)$ の長さは，$\int_a^b \sqrt{\left(\frac{dx}{dt}\right)^2 + \left(\frac{dy}{dt}\right)^2}\, dt$ を用いよ

解 $\dfrac{dx}{dt} = -3\sin t - 3\sin 3t$，$\dfrac{dy}{dt} = 3\cos t - 3\cos 3t$ であるから

$$\begin{aligned}
&\left(\frac{dx}{dt}\right)^2 + \left(\frac{dy}{dt}\right)^2 \\
&= (-3\sin t - 3\sin 3t)^2 + (3\cos t - 3\cos 3t)^2 \\
&= 9\sin^2 t + 18\sin t\sin 3t + 9\sin^2 3t \\
&\qquad + 9\cos^2 t - 18\cos t\cos 3t + 9\cos^2 3t \\
&= 9(\sin^2 t + \cos^2 t) - 18(\cos t\cos 3t - \sin t\sin 3t) \\
&\qquad + 9(\sin^2 3t + \cos^2 3t) \\
&= 9 - 18\cos 4t + 9 \\
&= 18 - 18(1 - 2\sin^2 2t) \\
&= 36\sin^2 2t
\end{aligned}$$

$0 \leqq t \leqq \dfrac{\pi}{2}$ の範囲で $\sin 2t \geqq 0$ であるから

$$\sqrt{\left(\frac{dx}{dt}\right)^2 + \left(\frac{dy}{dt}\right)^2} = \sqrt{36\sin^2 2t} = 6\sin 2t$$

したがって，求める曲線 C の長さ L は

$$\begin{aligned}
L &= \int_0^{\frac{\pi}{2}} \sqrt{\left(\frac{dx}{dt}\right)^2 + \left(\frac{dy}{dt}\right)^2}\, dt \\
&= \int_0^{\frac{\pi}{2}} 6\sin 2t\, dt = \Big[-3\cos 2t\Big]_0^{\frac{\pi}{2}} = \mathbf{6}
\end{aligned}$$

◀ $\dfrac{dx}{dt}$，$\dfrac{dy}{dt}$ を求める。

◀ $\sin 3t = 3\sin t - 4\sin^3 t$
$\cos 3t = 4\cos^3 t - 3\cos t$
より
$x = 4\cos^3 t$，$y = 4\sin^3 t$
よって　$x^{\frac{2}{3}} + y^{\frac{2}{3}} = 4^{\frac{2}{3}}$
これは，アステロイドとよばれる曲線である。

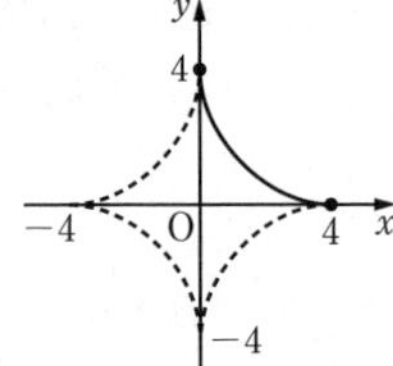

◀ $x = 4\cos^3 t$，$y = 4\sin^3 t$
より
$\dfrac{dx}{dt} = -12\sin t\cos^2 t$
$\dfrac{dy}{dt} = 12\sin^2 t\cos t$
から求めてもよい。

練習 213 次の曲線の長さを求めよ。ただし，$a > 0$ とする。

(1) $\begin{cases} x = a(\theta - \sin\theta) \\ y = a(1 - \cos\theta) \end{cases}$ $(0 \leqq \theta \leqq 2\pi)$　　(2) $\begin{cases} x = e^t \sin t \\ y = e^t \cos t \end{cases}$ $(0 \leqq t \leqq 1)$

➡p.404 問題213

頻出

例題 214 曲線の長さ〔2〕

★★☆☆

曲線 $y=\log(1-x^2)$ の $0 \leqq x \leqq \dfrac{1}{2}$ の部分の長さ L を求めよ。

思考のプロセス

公式の利用

曲線が $y=f(x)$ の形で表されている。

$\Longrightarrow L=\displaystyle\int_a^b \sqrt{1+\left(\frac{dy}{dx}\right)^2}\,dx$

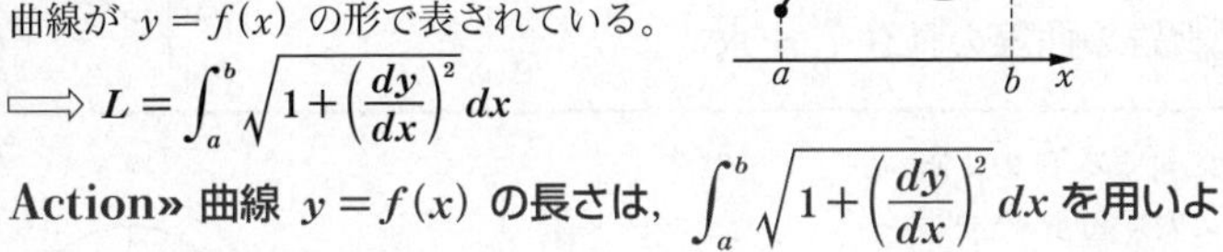

Action» 曲線 $y=f(x)$ の長さは，$\displaystyle\int_a^b \sqrt{1+\left(\frac{dy}{dx}\right)^2}\,dx$ を用いよ

解 与えられた関数の定義域は，

$1-x^2>0$ より　$-1<x<1$

$\dfrac{dy}{dx}=\dfrac{-2x}{1-x^2}$ であるから

$$1+\left(\frac{dy}{dx}\right)^2=1+\left(\frac{-2x}{1-x^2}\right)^2=\frac{(1-x^2)^2+4x^2}{(1-x^2)^2}=\frac{(1+x^2)^2}{(1-x^2)^2}$$

よって

$$\sqrt{1+\left(\frac{dy}{dx}\right)^2}=\left|\frac{1+x^2}{1-x^2}\right|=\frac{1+x^2}{1-x^2}=-1+\frac{2}{1-x^2}=-1+\frac{1}{1-x}+\frac{1}{1+x}$$

したがって，求める曲線の長さ L は

$$L=\int_0^{\frac{1}{2}}\sqrt{1+\left(\frac{dy}{dx}\right)^2}\,dx=\int_0^{\frac{1}{2}}\left(-1+\frac{1}{1-x}+\frac{1}{1+x}\right)dx$$

$$=\Big[-x-\log|1-x|+\log|1+x|\Big]_0^{\frac{1}{2}}$$

$$=-\frac{1}{2}-\log\frac{1}{2}+\log\frac{3}{2}=\boldsymbol{\log 3-\frac{1}{2}}$$

◀グラフは y 軸に関して対称であり

$0<x<1$ のとき $\dfrac{dy}{dx}<0$

より，y は単調減少する。

また，

$\displaystyle\lim_{x\to 1-0}\log(1-x^2)=-\infty$

より，概形は左の図のようになる。

◀$\dfrac{2}{1-x^2}=\dfrac{a}{1-x}+\dfrac{b}{1+x}$

とおくと

$2=a(1+x)+b(1-x)$

x についての恒等式より

$a=b=1$ となる。

◀$\displaystyle\int\frac{1}{1-x}\,dx$

$=-\log|1-x|+C$

練習 214 曲線 $y=\dfrac{x^3}{6}+\dfrac{1}{2x}$ の $1 \leqq x \leqq 2$ の部分の長さ L を求めよ。

⇒p.404 問題214

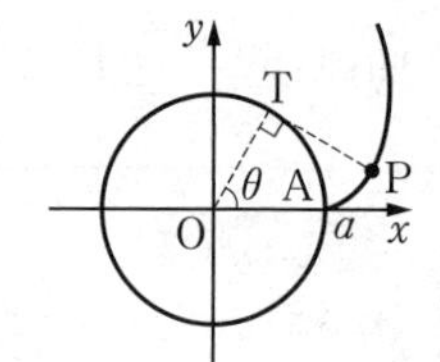

例題 215 伸開線の長さ ★★★☆

右の図で，円上の点Tに対して $\overset{\frown}{\mathrm{AT}}=\mathrm{PT}$,
$\mathrm{OT}\perp\mathrm{PT}$ を満たす点Pの座標を $(x,\ y)$ とおく。
ただし，$a>0,\ 0\leqq\theta\leqq2\pi$ とする。
(1) $x,\ y$ を θ を用いて表せ。
(2) 点Pの軌跡の曲線の長さ L を求めよ。

思考のプロセス

(1) 原点Oに対するPの位置 ⟵ 考えにくい。
　点Tに対するPの位置 ⟵ 考えやすい。

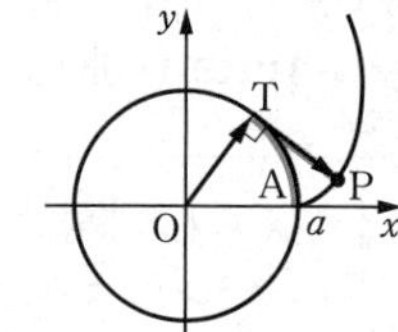

見方を変える (LEGEND 数学C例題103参照)

点Pの座標 ⟹ $\overrightarrow{\mathrm{OP}}$ の成分
⟹ $\overrightarrow{\mathrm{OP}}=\overrightarrow{\mathrm{OT}}+\overrightarrow{\mathrm{TP}}$

(2) «ReAction 曲線 $x=f(t),\ y=g(t)$ の長さは，$\displaystyle\int_a^b\sqrt{\left(\frac{dx}{dt}\right)^2+\left(\frac{dy}{dt}\right)^2}\,dt$ を用いよ ◀例題 213

解 (1) 点Tの座標は $(a\cos\theta,\ a\sin\theta)$

C 103

よって　$\overrightarrow{\mathrm{OT}}=(a\cos\theta,\ a\sin\theta)$

また，$\overset{\frown}{\mathrm{AT}}=a\theta$ であるから

$|\overrightarrow{\mathrm{TP}}|=a\theta$

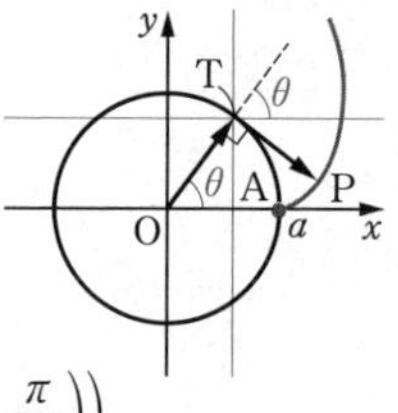

ゆえに

$$\overrightarrow{\mathrm{TP}}=|\overrightarrow{\mathrm{TP}}|\left(\cos\left(\theta-\frac{\pi}{2}\right),\ \sin\left(\theta-\frac{\pi}{2}\right)\right)$$
$$=a\theta(\sin\theta,\ -\cos\theta)$$

よって $\overrightarrow{\mathrm{OP}}=\overrightarrow{\mathrm{OT}}+\overrightarrow{\mathrm{TP}}$
$$=a(\cos\theta,\ \sin\theta)+a\theta(\sin\theta,\ -\cos\theta)$$
$$=(a(\cos\theta+\theta\sin\theta),\ a(\sin\theta-\theta\cos\theta))$$

点Pの座標は $(x,\ y)$ であるから

$$\begin{cases}\boldsymbol{x=a(\cos\theta+\theta\sin\theta)}\\ \boldsymbol{y=a(\sin\theta-\theta\cos\theta)}\end{cases}$$

例題 213

(2) $\dfrac{dx}{d\theta}=a\theta\cos\theta,\ \dfrac{dy}{d\theta}=a\theta\sin\theta$ となり，曲線の長さ L は

$$L=\int_0^{2\pi}\sqrt{a^2\theta^2\cos^2\theta+a^2\theta^2\sin^2\theta}\,d\theta$$
$$=\int_0^{2\pi}a\theta d\theta=a\left[\frac{1}{2}\theta^2\right]_0^{2\pi}=\boldsymbol{2a\pi^2}$$

◀ベクトルを用いて，$\overrightarrow{\mathrm{OP}}=\overrightarrow{\mathrm{OT}}+\overrightarrow{\mathrm{TP}}$ より $\mathrm{P}(x,\ y)$ を表す。

◀$\overset{\frown}{\mathrm{AT}}=\mathrm{PT}$

◀❗$\overrightarrow{\mathrm{TP}}$ が x 軸の正の部分となす角は $\theta-\dfrac{\pi}{2}$

◀$\cos\left(\theta-\dfrac{\pi}{2}\right)=\sin\theta$
$\sin\left(\theta-\dfrac{\pi}{2}\right)=-\cos\theta$

◀これはインボリュート（伸開線）とよばれる曲線である。

◀$\dfrac{dx}{d\theta}=a(-\sin\theta+\sin\theta+\theta\cdot\cos\theta)$
$\dfrac{dy}{d\theta}=a\{\cos\theta-\cos\theta-\theta\cdot(-\sin\theta)\}$

練習 215 $a>0$ とする。点 $\mathrm{A}(a,\ 0)$, $\mathrm{B}(a,\ 2\pi a)$ に対し，一端がAに固定された伸び縮みしない長さ $2\pi a$ の糸がある。この糸を，もう一端PがBにある状態からたるまないように円 $C: x^2+y^2=a^2$ 上に反時計回りに巻きつける。
(1) この糸が円 C と弧ATを共有しているとする。$\angle\mathrm{AOT}=\theta$ とするとき，点Pの座標を θ を用いて表せ。
(2) 点Pの軌跡の曲線の長さ L を求めよ。

➡p.404 問題215

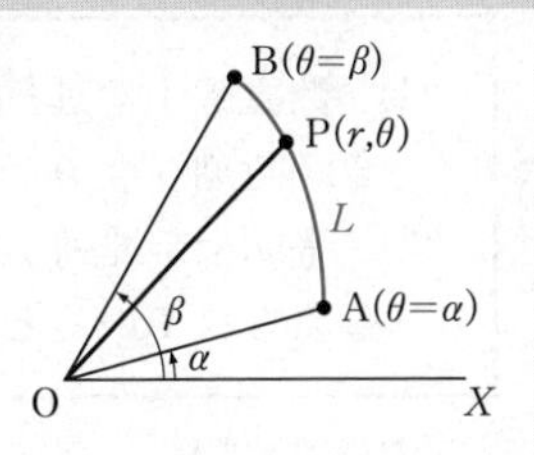

Go Ahead 14 極方程式で表される曲線の長さ

極方程式 $r=f(\theta)$ $(\alpha \leqq \theta \leqq \beta)$ で表される曲線の長さを L とすると

$$L=\int_{\alpha}^{\beta}\sqrt{r^2+\left(\frac{dr}{d\theta}\right)^2}\,d\theta$$

このことを，極方程式 $r=f(\theta)$ を媒介変数表示することによって確かめてみよう。

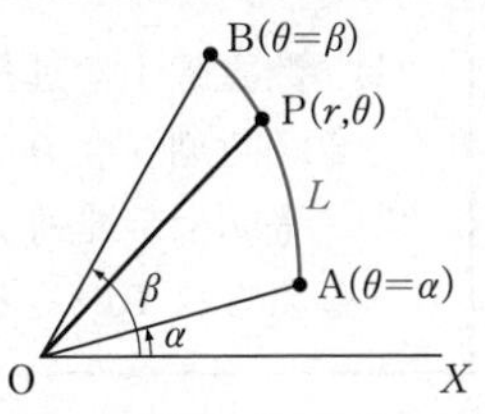

$r=f(\theta)$ を，媒介変数 θ を用いて表すと

$$\begin{cases} x=r\cos\theta=f(\theta)\cos\theta \\ y=r\sin\theta=f(\theta)\sin\theta \end{cases}$$

ここで　$\dfrac{dx}{d\theta}=f'(\theta)\cos\theta-f(\theta)\sin\theta$，$\dfrac{dy}{d\theta}=f'(\theta)\sin\theta+f(\theta)\cos\theta$

よって

$$\left(\frac{dx}{d\theta}\right)^2+\left(\frac{dy}{d\theta}\right)^2=\{f'(\theta)\cos\theta-f(\theta)\sin\theta\}^2+\{f'(\theta)\sin\theta+f(\theta)\cos\theta\}^2$$
$$=\{f(\theta)\}^2+\{f'(\theta)\}^2$$

ゆえに　$L=\displaystyle\int_{\alpha}^{\beta}\sqrt{\left(\frac{dx}{d\theta}\right)^2+\left(\frac{dy}{d\theta}\right)^2}\,d\theta$

$$=\int_{\alpha}^{\beta}\sqrt{\{f(\theta)\}^2+\{f'(\theta)\}^2}\,d\theta=\int_{\alpha}^{\beta}\sqrt{r^2+\left(\frac{dr}{d\theta}\right)^2}\,d\theta$$

例　$a>0$ とするとき，カージオイド $r=a(1+\cos\theta)$ の曲線の長さ L を求める。
この曲線の概形は右の図のようになり，始線に関して対称である。

$\dfrac{dr}{d\theta}=-a\sin\theta$ より

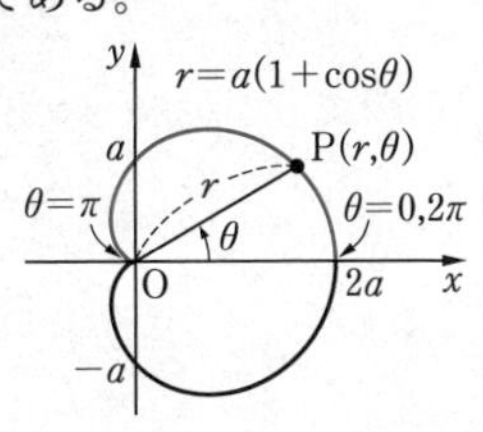

$$r^2+\left(\frac{dr}{d\theta}\right)^2=a^2(1+\cos\theta)^2+a^2\sin^2\theta$$
$$=a^2(1+2\cos\theta+\cos^2\theta+\sin^2\theta)$$
$$=2a^2(1+\cos\theta)=4a^2\cos^2\frac{\theta}{2}$$

よって　$L=2\displaystyle\int_0^{\pi}\sqrt{r^2+\left(\frac{dr}{d\theta}\right)^2}\,d\theta$　⬅ $0\leqq\theta\leqq\pi$ に対応する部分の長さを2倍する。

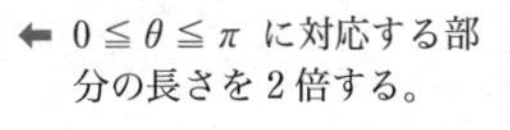

$=2\displaystyle\int_0^{\pi}\sqrt{\left(2a\cos\frac{\theta}{2}\right)^2}\,d\theta=4a\int_0^{\pi}\left|\cos\frac{\theta}{2}\right|d\theta$　⬅ $0\leqq\theta\leqq\pi$ において $\cos\dfrac{\theta}{2}\geqq 0$

$=4a\displaystyle\int_0^{\pi}\cos\frac{\theta}{2}\,d\theta=4a\left[2\sin\frac{\theta}{2}\right]_0^{\pi}=\boldsymbol{8a}$

チャレンジ〈6〉　極方程式 $r=e^{-\theta}$ で表される曲線の $0\leqq\theta\leqq\alpha$ に対応する部分の長さを $L(\alpha)$ とする。

(1)　$L(\alpha)$ を求めよ。　　(2)　$\displaystyle\lim_{\alpha\to\infty}L(\alpha)$ を求めよ。　(⇨ 解答編 p.389)

例題 216 道のり ★★☆☆

(1) 数直線上を運動する点Pの速度 v が，$v=\cos t$ で与えられているとき，時刻 $t=0$ から $t=\pi$ までの道のりを求めよ。

(2) 平面上を運動する点Qの座標 $(x,\ y)$ が，$x=e^{-t}\cos t$，$y=e^{-t}\sin t$ で与えられているとき，時刻 $t=0$ から $t=2\pi$ までの道のりを求めよ。

思考のプロセス

定義に戻る

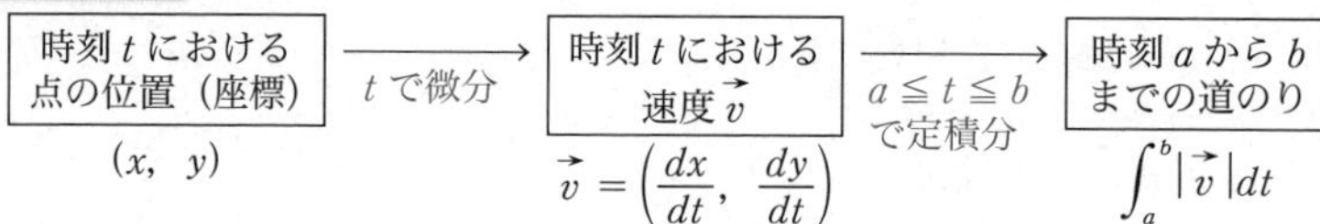

Action» 道のりは，|速度| を時刻 t で積分せよ

解 (1) 求める道のりは

$$\int_0^{\pi}|v|\,dt=\int_0^{\pi}|\cos t|\,dt$$
$$=\int_0^{\frac{\pi}{2}}\cos t\,dt-\int_{\frac{\pi}{2}}^{\pi}\cos t\,dt$$
$$=\Big[\sin t\Big]_0^{\frac{\pi}{2}}-\Big[\sin t\Big]_{\frac{\pi}{2}}^{\pi}=\mathbf{2}$$

◀ $|\cos t| = \begin{cases}\cos t & \left(0 \leqq t \leqq \frac{\pi}{2}\right)\\ -\cos t & \left(\frac{\pi}{2} \leqq t \leqq \pi\right)\end{cases}$

(2) $$\frac{dx}{dt}=-e^{-t}\cos t+e^{-t}(-\sin t)=-e^{-t}(\cos t+\sin t)$$
$$\frac{dy}{dt}=-e^{-t}\sin t+e^{-t}\cos t=-e^{-t}(\sin t-\cos t)$$

◀ $\begin{cases}x=e^{-t}\cos t\\ y=e^{-t}\sin t\end{cases}$ $(0 \leqq t \leqq 2\pi)$

であるから，時刻 t における速度を $\vec{v}$ とおくと

$$|\vec{v}|=\sqrt{\left(\frac{dx}{dt}\right)^2+\left(\frac{dy}{dt}\right)^2}$$
$$=\sqrt{e^{-2t}(\cos t+\sin t)^2+e^{-2t}(\sin t-\cos t)^2}$$
$$=\sqrt{2e^{-2t}(\sin^2 t+\cos^2 t)}=\sqrt{2}\,e^{-t}$$

◀ $e^{-t}>0$ より $\sqrt{2e^{-2t}}=\sqrt{2}\,e^{-t}$

よって，求める道のりは

$$\int_0^{2\pi}|\vec{v}|\,dt=\sqrt{2}\int_0^{2\pi}e^{-t}\,dt$$
$$=\sqrt{2}\Big[-e^{-t}\Big]_0^{2\pi}=\boldsymbol{\sqrt{2}\,(1-e^{-2\pi})}$$

練習 216 平面上を運動する点Pの座標 $(x,\ y)$ が，
$x=2\cos t+\cos 2t$，$y=2\sin t-\sin 2t$
で与えられているとき，時刻 $t=0$ から $t=\frac{2}{3}\pi$ までの道のりを求めよ。

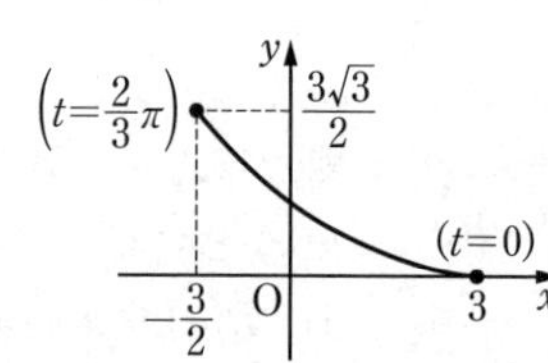

➡p.404 問題216

Go Ahead 15 微分方程式

高校数学の学習の仕上げに，近現代の科学技術の発展にたいへん寄与した微分方程式について，少し話しておきましょう。

(1) 微分方程式とは

未知の関数 y の導関数を含む方程式を，y についての **微分方程式** といいます。

例えば，放射性物質が崩壊する速さは，そのときの物質の量に比例するといわれています。時刻 t における物質の量を y とすると，その崩壊する速度は $\dfrac{dy}{dt}$ で表されるから，等式 $\dfrac{dy}{dt}=-ky$（k は定数）が成り立ちます。

このような等式を微分方程式といいます。微分方程式は，物体の運動など，私たちの身のまわりにある物理現象を研究することに広く利用されています。

y についての微分方程式には，次のようなものがあります。

$$\frac{dy}{dx}=2x,\qquad \frac{dy}{dx}=-y,\qquad \frac{dy}{dx}=xy$$

(2) 微分方程式の解

例えば，微分方程式 $\dfrac{dy}{dx}=2x$ において，関数 $y=x^2$，$y=x^2+1$，$y=x^2-3$ はすべてこの微分方程式を満たします。このように，与えられた微分方程式を満たす関数をその微分方程式の **解** といい，微分方程式の解を求めることをその微分方程式を **解く** といいます。

微分方程式の解を一般的に表す式を微分方程式の **一般解** といい，その式に含まれる任意の値をとり得る定数のことを **任意定数** といいます。また，一般解に対して，1つ1つの解を **特殊解** といいます。

微分方程式 $\dfrac{dy}{dx}=2x$ については，次のようになります。

　一般解　$y=x^2+C$（C は定数）

　特殊解　$y=x^2$，$y=x^2+1$，$y=x^2-3$ など

ここでは，一般解の定数 C が任意定数です。

では，その微分方程式の解法について，次の例題で学習しましょう。

例題 217 微分方程式〔1〕… $\dfrac{dy}{dx}=(x$ の式) ★★☆☆

〔1〕 次の等式を満たす関数を求めよ。

(1) $\dfrac{dy}{dx}-x^2=0$　　(2) $\sin(2x+1)+\dfrac{dy}{dx}=0$

〔2〕 $\dfrac{dy}{dx}=xe^x$ を満たす関数のうち，$x=1$ のとき $y=0$ となるものを求めよ。

思考のプロセス

公式の利用

〔1〕 $\dfrac{dy}{dx}=(x$ の式) $\xrightarrow{\text{両辺を } x \text{ で積分}}$ $y=\boxed{\quad}+C$ ← C の値は定まらない。

〔2〕 $\dfrac{dy}{dx}=xe^x$ $\longrightarrow$ $y=\boxed{\quad}+C$ ← 条件＿＿から定まる。

Action» $\dfrac{dy}{dx}=f(x)$ を満たす関数は，$y=\displaystyle\int f(x)dx$ とせよ

解 〔1〕 (1) $\dfrac{dy}{dx}-x^2=0$ より $\dfrac{dy}{dx}=x^2$

両辺を x で積分すると　$y=\displaystyle\int x^2dx=\frac{1}{3}x^3+C$

◀ $\displaystyle\int x^n dx=\frac{x^{n+1}}{n+1}+C$ $(n\neq -1)$

よって　$\boldsymbol{y=\dfrac{1}{3}x^3+C}$ **(C は任意定数)**

(2) $\sin(2x+1)+\dfrac{dy}{dx}=0$ より $\dfrac{dy}{dx}=-\sin(2x+1)$

両辺を x で積分すると

$y=\displaystyle\int\{-\sin(2x+1)\}dx=\frac{1}{2}\cos(2x+1)+C$

◀ $\displaystyle\int \sin x\,dx=-\cos x+C$

よって　$\boldsymbol{y=\dfrac{1}{2}\cos(2x+1)+C}$ **(C は任意定数)**

〔2〕 $\dfrac{dy}{dx}=xe^x$ の両辺を x で積分すると

$y=\displaystyle\int xe^x dx=xe^x-\int e^x dx=xe^x-e^x+C$

◀ 部分積分法を用いる。

ここで，$x=1$ のとき $y=0$ であるから

$0=1\cdot e^1-e^1+C$ より　$C=0$

したがって　$\boldsymbol{y=xe^x-e^x}$

練習 217 〔1〕 次の等式を満たす関数を求めよ。

(1) $\dfrac{dy}{dx}-2x^3=0$　　(2) $\cos(2x+1)+\dfrac{dy}{dx}=0$

〔2〕 等式 $\dfrac{dy}{dx}=xe^{-x}$ を満たす関数のうち，$x=1$ のとき $y=0$ となるものを求めよ。

➡p.404 問題217

例題 218 微分方程式〔2〕…変数分離形 ★★☆☆

微分方程式 $\dfrac{dy}{dx}=xy$ を解け。

思考のプロセス

$\dfrac{dy}{dx}=xy \longleftarrow$ x と y の式

式を分ける

→ $y \neq 0$ のとき… $\dfrac{1}{y}\dfrac{dy}{dx}=x$ ⟵ 左辺に y，右辺に x を分離

両辺を x で積分

$\displaystyle\int\frac{1}{y}\frac{dy}{dx}dx=\int xdx$

$\displaystyle\int\frac{1}{y}dy=\int xdx \Longrightarrow y=\boxed{}$ …① （x の式）

→ $y=0$ のとき… 与式を満たすかどうか確かめ，満たすときは①に代入して，式がまとめられるか確かめる。

Action» 微分方程式は，$g(y)\dfrac{dy}{dx}=f(x)$ の形に変形せよ

解 $\dfrac{dy}{dx}=xy$ において，$y \neq 0$ とすると $\dfrac{1}{y}\dfrac{dy}{dx}=x$

両辺を x で積分すると $\displaystyle\int\frac{1}{y}\frac{dy}{dx}dx=\int x\,dx$

すなわち $\displaystyle\int\frac{1}{y}dy=\int x\,dx$

よって $\log|y|=\dfrac{1}{2}x^2+C_1$ （C_1 は定数）

ゆえに，$|y|=e^{\frac{1}{2}x^2+C_1}$ より $y=\pm e^{C_1}e^{\frac{1}{2}x^2}$

ここで，$C=\pm e^{C_1}$ とおくと

$y=Ce^{\frac{1}{2}x^2}$ （$C \neq 0$） …①

また，関数 $y=0$ は微分方程式 $\dfrac{dy}{dx}=xy$ を満たす。

① において $C=0$ とすると $y=0$ となるから

求める一般解は **$y=Ce^{\frac{1}{2}x^2}$ （C は任意定数）**

◀ ❗$y \neq 0$ の仮定を忘れないようにする。ここでは $\dfrac{1}{y}dy=x\,dx$ と考えて $\displaystyle\int\frac{1}{y}dy=\int x\,dx$ を導いてもよい。

◀ $\pm e^{\frac{1}{2}x^2+C_1}=\pm e^{C_1}e^{\frac{1}{2}x^2}$

◀ $e^{C_1}>0$ より $\pm e^{C_1} \neq 0$

◀ $y=0$ のとき $\dfrac{dy}{dx}=0$

◀ 解は1つにまとめることができる。

Point…微分方程式の変形

微分方程式を解くとき，$\dfrac{dy}{dx}$ を分数とみて形式的に次のように表してもよい。

微分方程式 $\dfrac{dy}{dx}=xy$ において $\dfrac{1}{y}dy=x\,dx$

よって，$\displaystyle\int\frac{1}{y}dy=\int x\,dx$ となり $\log|y|=\dfrac{1}{2}x^2+C_1$ （C_1 は定数）

練習 218 次の微分方程式を解け。

(1) $\dfrac{dy}{dx}=-ky$ （k は0でない定数） (2) $\cos y\dfrac{dy}{dx}=1$

➡p.404 問題218

例題 219 微分方程式〔3〕…置き換え ★★★☆

等式 $\dfrac{dy}{dx} = x + y + 1$ …① について

(1) $x + y = Y$ とおいて，Y についての微分方程式を求めよ。

(2) 微分方程式 $\dfrac{dy}{dx} = x + y + 1$ を解け。

思考のプロセス

$\dfrac{dy}{dx} = x + y + 1$ $\longleftarrow$ 例題 218 のように（y の式）$\dfrac{dy}{dx}$ ＝（x の式）と変形できない。

既知の問題に帰着

(1) Y についての微分方程式 … $\dfrac{dY}{dx}$ ＝（Y と x の式）を求める。

$\underline{x + y = Y}$ とおくと，① は $\dfrac{dy}{dx} = Y + 1$

↓ x で微分　　　　↑ 代入

$1 + \dfrac{dy}{dx} = \dfrac{dY}{dx}$

Action» 変数が分離できない微分方程式は，x，y の式を文字におけ

(2) 例題 217，218 のどちらの形か？

解 (1) $x + y = Y$ とおいて，両辺を x で微分すると，

$1 + \dfrac{dy}{dx} = \dfrac{dY}{dx}$ であるから　$\dfrac{dy}{dx} = \dfrac{dY}{dx} - 1$

◀ $Y = x + y + 1$ とおいても同様に解くことができる。このときは $\dfrac{dY}{dx} = Y + 1$

① に代入すると　$\dfrac{dY}{dx} - 1 = Y + 1$

すなわち　$\boldsymbol{\dfrac{dY}{dx} = Y + 2}$ …②

◀ 変数分離形の微分方程式（例題 218）に帰着された。

例題 218

(2) ② において，$Y + 2 \neq 0$ とすると　$\dfrac{1}{Y+2} \cdot \dfrac{dY}{dx} = 1$

◀ $\dfrac{1}{Y+2}dY = dx$ と考えて $\displaystyle\int \frac{1}{Y+2}dY = \int dx$ を導いてもよい。

両辺を x で積分すると　$\displaystyle\int \frac{1}{Y+2} \cdot \frac{dY}{dx}dx = \int dx$

よって，$\log|Y+2| = x + C_1$ より　$|Y+2| = e^{x+C_1}$

ゆえに　$Y = \pm e^{x+C_1} - 2 = \pm e^{C_1}e^x - 2$

ここで，$C = \pm e^{C_1}$ とおくと

$Y = Ce^x - 2$　($C \neq 0$)　…③

また，関数 $Y = -2$ は微分方程式 $\dfrac{dY}{dx} = Y + 2$ を満たす。③ において $C = 0$ とすると $Y = -2$ となるから

◀ $Y = -2$ のとき $\dfrac{dY}{dx} = 0$

$Y = Ce^x - 2$　（C は任意定数）

$Y = x + y$ であるから，求める一般解は

$\boldsymbol{y = Ce^x - x - 2}$　**（C は任意定数）**

練習 219 次の微分方程式を解け。

(1) $\dfrac{dy}{dx} = x + y$　　(2) $\dfrac{dy}{dx} + (y + 3x) = 0$

➡p.404 問題219

例題 220 微分方程式の応用 ★★★☆

関数 $f(x)$ に対して，曲線 $y=f(x)$ 上の点 $(x,\ y)$ における接線の y 切片が xy であるとき，この曲線を求めよ。

思考のプロセス

接点を $(x,\ y)$ とするから，混同しないように座標平面を X，Y と区別して考える。

公式の利用

点 $(x,\ y)$ における曲線 $Y=f(X)$ の接線の方程式は

$$Y-y=\frac{dy}{dx}(X-x) \quad \longleftarrow \text{これが}(0,\ xy)\text{を通る。}$$

$\frac{dy}{dx}$ ← $\frac{dY}{dX}$ の $X=x$，$Y=y$ のとき

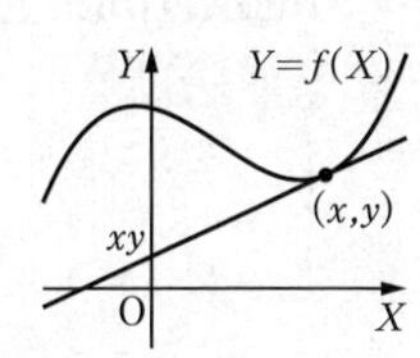

Action» 点 $(x,\ y)$ における接線の傾きは，$\frac{dy}{dx}$ とせよ

解 求める曲線 $Y=f(X)$ 上の点 $(x,\ y)$ における接線の方程式は　$Y-y=\frac{dy}{dx}(X-x)$

◀接点を $(x,\ y)$ とするから，座標平面を X，Y で表す。

Y 切片が xy より，点 $(0,\ xy)$ を通るから

◀$X=0$，$Y=xy$ を代入する。

$$xy-y=-x\frac{dy}{dx}$$

例題218

よって　$x\frac{dy}{dx}=(1-x)y$

ここで，$xy\neq 0$ とすると　$\frac{1}{y}\frac{dy}{dx}=\frac{1-x}{x}$

◀❗$xy\neq 0$ $\Longleftrightarrow x\neq 0$ かつ $y\neq 0$
$f(x)$ が関数であるから，常に $x=0$ となることはない。

両辺を x で積分すると

$$\int\frac{1}{y}\frac{dy}{dx}dx=\int\frac{1-x}{x}dx$$

$$\int\frac{1}{y}dy=\int\left(\frac{1}{x}-1\right)dx$$

よって　$\log|y|=\log|x|-x+C_1$

$|y|=|x|\cdot e^{-x}\cdot e^{C_1}$ より　$y=\pm e^{C_1}xe^{-x}$

◀$|y|=e^{\log|x|-x+C_1}$
$=|x|\cdot e^{-x}\cdot e^{C_1}$

ここで，$C=\pm e^{C_1}$ とおくと

$$y=Cxe^{-x}\quad (C\neq 0) \qquad \cdots ①$$

◀$\pm e^{C_1}\neq 0$

また，関数 $y=0$ は題意を満たす。

① において $C=0$ とすると $y=0$ となるから，求める曲線群の方程式は

$y=Cxe^{-x}$　(C は任意定数)

練習 220 曲線 D 上の任意の点 $\mathrm{P}(x,\ y)$ における接線と法線を引き，それらが x 軸と交わる点をそれぞれ T，N とする。また，点 P から x 軸に下ろした垂線を PM とする。このとき，次の性質をもつ曲線はどのような曲線か。

(1) $\mathrm{TM}=1$　　(2) $\mathrm{MN}=1$

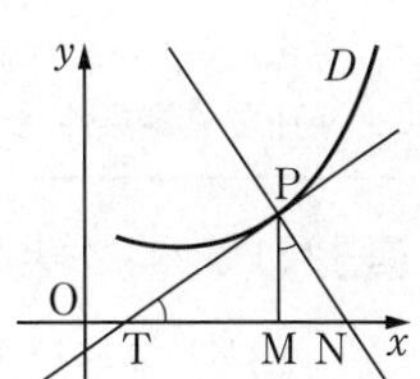

4章 14 体積・長さ，微分方程式

➡p.404 問題220

例題 221 定積分と微分方程式 ★★☆☆

すべての実数 x について，等式 $xf(x)=x+2\int_1^x f(t)dt$ を満たす関数 $f(x)$ を求めよ。

思考のプロセス

«ReAction 上端（下端）が変数の定積分は，$\dfrac{d}{dx}\int_a^x f(t)dt=f(x)$ を利用せよ ◀例題 163

定理の利用

＿＿を x で微分する $\Longrightarrow f(x)+xf'(x)=1+2f(x) \Longrightarrow$ （$y=f(x)$ とおくと）$y+xy'=1+2y$（微分方程式）

＿＿に $x=1$ を代入 $\Longrightarrow 1\cdot f(1)=1+2\int_1^1 f(t)dt$（$\int_1^1 f(t)dt=0$）

解 $xf(x)=x+2\int_1^x f(t)dt$ …① とおく。

例題163 ① の両辺を x で微分すると $f(x)+xf'(x)=1+2f(x)$

$y=f(x)$ とおくと $x\dfrac{dy}{dx}=y+1$ …②

関数 $f(x)$ はすべての x について定義されており，
定数関数 $f(x)=-1$ は等式 ① を満たさないから，
$x(y+1)\neq 0$ としてよい。

よって，② より $\dfrac{1}{y+1}\cdot\dfrac{dy}{dx}=\dfrac{1}{x}$

両辺を x で積分すると $\displaystyle\int\frac{dy}{y+1}=\int\frac{dx}{x}$

$\log|y+1|=\log|x|+C_1$

これより $|y+1|=e^{\log|x|+C_1}=e^{C_1}e^{\log|x|}=e^{C_1}|x|$

よって $y=\pm e^{C_1}x-1$

ここで，$C=\pm e^{C_1}$ とおくと $y=Cx-1 \quad (C\neq 0)$

例題164 また，① に $x=1$ を代入すると $f(1)=1$ であるから，
$1=C\cdot 1-1$ より $C=2$

したがって，求める関数 $f(x)$ は $\boldsymbol{f(x)=2x-1}$

◀両辺を x で微分して微分方程式をつくる。

◀$\dfrac{d}{dx}\int_1^x f(t)dt=f(x)$

◀❗関数 $f(x)=-1$ のとき，① の左辺は $-x$
右辺は
$x+2\int_1^x(-1)dt$
$=x-2\Big[t\Big]_1^x$
$=x-2(x-1)$
$=-x+2$
となり，$f(x)=-1$ は ① を満たさない。

◀$\int_1^1 f(t)dt=0$ であるから $f(1)=1$

Point...微分方程式と初期条件

微分方程式の一般解は，任意定数を含む **曲線群** を表すが，これらの曲線のうち，
点 $(x_1,\ y_1)$ を通るもの，すなわち

$x=x_1$ **のとき** $y=y_1$

という条件を満たす特殊解は，いくつかに限定される。微分方程式に対するこのような条件を **初期条件** という。

練習 221 すべての実数 x について，次の等式を満たす関数 $f(x)$ を求めよ。

(1) $f(x)=\int_0^x f(t)\sin t\,dt+1$ (2) $xf(x)=3\int_1^x f(t)dt-1$

⇒p.405 問題221

Go Ahead 16 微分方程式の日常への活用

微分方程式は，自然現象を表すためによく用いられます。また，微分方程式を解くことでその現象を深く理解できます。次の探究例題を考えてみましょう。

探究例題 8 薬剤の血中濃度変化

薬を血管内に注射して初期血中濃度 y_0 を得た。この薬は血中濃度 y に比例した速さで代謝排泄されるため，血中濃度は注射後時間 t とともに次第に減少する。ただし，この薬はある一定の血中濃度 c 以上でないと効力がない。

(1) 血中濃度 y を t の関数で表せ。ただし，k を正の比例定数とする。

(2) この薬は y_0 が c の 3 倍のとき，8 時間有効だった。24 時間有効にするためには y_0 をいくらにすればよいか。 （島根大）

思考のプロセス

血中濃度 y は時間 t によって変化する ⟹ y は t の関数

条件の言い換え

条件 ⟹ 血中濃度 y の変化の速さ $\dfrac{dy}{dt}$ は，血中濃度 y に比例する ← ○は□に比例する

⟹ $\dfrac{dy}{dt} = \square$ ← ○ $= k \times$ □（k は比例定数）

微分方程式

Action» 物質量（N）の変化する速さは，$\dfrac{dN}{dt}$ とせよ

解 (1) 血中濃度 y が減少する速さは $\dfrac{dy}{dt}$

これが血中濃度に比例することより $\dfrac{dy}{dt} = -ky$

よって，$y \neq 0$ のとき $\displaystyle\int \frac{dy}{y} = -k\int dt$ となるから

$\log|y| = -kt + C_0$

$C = \pm e^{C_0}$ とおくと $y = Ce^{-kt}$

$t = 0$ のとき $y = y_0$ であるから $C = y_0$

したがって，求める関数は $\boldsymbol{y = y_0 e^{-kt}}$

(2) $y_0 = 3c$ のとき $t = 8$ で $y = c$ となるから

$c = 3ce^{-8k}$ より $e^{8k} = 3$

$t = 24$ のとき $y = c$ とすると $c = y_0 e^{-24k}$

$y_0 = ce^{24k} = c(e^{8k})^3 = 27c$

したがって $\boldsymbol{y_0 = 27c}$

◀ $y \neq 0$ のとき $\dfrac{1}{y}\dfrac{dy}{dt} = -k$

◀ $y = \pm e^{-kt + C_0}$

◀ 8 時間後にちょうど $y = c$ となるような k を考えればよい。

チャレンジ〈7〉 最初 N_0 個あったバクテリアが t 時間経過すると N 個に増殖する場合，バクテリアの増加する速度はバクテリアの量 N に比例する。3 時間後に N が 3 倍になったとすると，最初の 8 倍になるのは何時間後か。$\log_{10}2 = 0.3010$，$\log_{10}3 = 0.4771$ を用いて，四捨五入して小数第 1 位まで求めよ。（島根大 改）

（⇨ 解答編 p.394）

198 ★★☆☆ xy 平面上の $\dfrac{x^2}{k^2}+y^2=1$ $(k>0)$ で表される曲線で囲まれた図形を z 軸の正の方向に平行移動させてできた柱体がある。x 軸を通り，xy 平面となす角が $\alpha\left(0<\alpha<\dfrac{\pi}{2}\right)$ である平面でこの柱体を切ったとき，その平面と xy 平面の間にある部分の体積 V を求めよ。

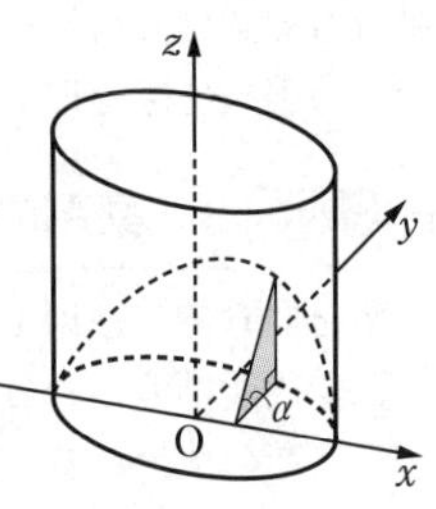

199 ★☆☆☆ 次の曲線や直線で囲まれた図形を x 軸のまわりに1回転させてできる回転体の体積 V を求めよ。

(1) $y=\dfrac{-x+2}{x+1}$，x 軸，y 軸　　(2) $y=\cos x$，x 軸，y 軸，$x=\dfrac{4}{3}\pi$

200 ★★☆☆ (1) 放物線 $y^2=x$ と直線 $y=mx$ $(m>0)$ で囲まれた図形を x 軸のまわりに1回転させてできる回転体の体積 V_1 を求めよ。また，放物線 $y=x^2$ と直線 $y=\dfrac{1}{m}x$ で囲まれた図形を x 軸のまわりに1回転させてできる回転体の体積 V_2 を求めよ。

(2) (1)において，$V_1=V_2$ となるときの m の値を求めよ。

201 ★★★☆ 2曲線 $y=\sin x$，$y=\cos x$ $(0\leqq x\leqq 2\pi)$ で囲まれた図形を x 軸のまわりに1回転させてできる回転体の体積 V を求めよ。

202 ★☆☆☆ 次の曲線や直線で囲まれた図形を y 軸のまわりに1回転させてできる回転体の体積 V を求めよ。

(1) $y=e^x$，$y=e$，y 軸

(2) $y=e^x$，$y=e^x$ 上の点 $(1,\ e)$ における接線，y 軸

203 ★★★☆ 曲線 $y=\sin x$ $(0\leqq x\leqq\pi)$ と x 軸で囲まれた図形を，y 軸のまわりに1回転させてできる回転体の体積 V を求めよ。

204 ★★☆☆ 円 $x^2+(y-a)^2=r^2$ $(0<r<a)$ を x 軸のまわりに1回転させてできる立体の体積を V とする。$V=\pi r^2\times 2\pi a$ が成り立つことを示せ。

205 ★★☆☆ 曲線 $|x|^{\frac{1}{2}}+|y|^{\frac{1}{2}}=1$ を x 軸のまわりに1回転させてできる回転体の体積 V を，曲線が $\begin{cases}x=\cos^4\theta\\ y=\sin^4\theta\end{cases}$ と表すことができることを用いて求めよ。

206 ★★★☆ 曲線 $y=x+\sin 2x$ $(0 \leqq x \leqq \pi)$ と直線 $y=x$ によって囲まれた図形を直線 $y=x$ のまわりに1回転させてできる回転体の体積 V を求めよ。

207 ★★☆☆ 半円 $C: y=\sqrt{1-x^2}$ と関数 $y=|ax+1|$ $(a<-1)$ のグラフ G は異なる2つの交点 $\mathrm{A}(0,\ 1)$, $\mathrm{B}(\alpha,\ \beta)$ で交わる。C と G で囲まれた図形を F とする。

(1) α, β を a の式で表せ。

(2) 図形 F を x 軸のまわりに1回転させてできる立体の体積を $V(a)$ とするとき，$V(a)$ を最大にする a の値と $V(a)$ の最大値を求めよ。（京都府立大　改）

208 ★★★☆ 曲線 $y=e^{-x}\sin x$ $(0 \leqq x \leqq t)$，直線 $x=t$ と x 軸で囲まれる図形を x 軸のまわりに1回転させてできる立体の体積を $V(t)$ とする。$\lim_{t\to\infty} V(t)$ を求めよ。

209 ★★★★ r を正の実数とする。xyz 空間において，連立不等式

$$x^2+y^2 \leqq r^2,\ y^2+z^2 \geqq r^2,\ z^2+x^2 \leqq r^2$$

を満たす点全体からなる立体の体積を，平面 $x=t$ $(0 \leqq t \leqq r)$ による切り口を考えることにより求めよ。（東京大）

210 ★★★★ xyz 空間において，半径が1で x 軸を中心軸として原点から両側に無限に伸びている円柱 C_1 と，半径が1で y 軸を中心軸として原点から両側に無限に伸びている円柱 C_2 がある。C_1 と C_2 の共通部分のうち $y \leqq \dfrac{1}{2}$ である部分を K とおく。

(1) u を $-1 \leqq u \leqq 1$ を満たす実数とするとき，平面 $z=u$ による K の切断面の面積を求めよ。

(2) K の体積を求めよ。（東北大）

211 ★★★★ 空間に3点 $\mathrm{P}(1,\ 1,\ 0)$, $\mathrm{Q}(-1,\ 1,\ 0)$, $\mathrm{R}(-1,\ 1,\ 2)$ をとる。

(1) t を $0<t<2$ を満たす実数とする。平面 $z=t$ と $\triangle\mathrm{PQR}$ の交わりに現れる線分の2つの端点の座標を求めよ。

(2) $\triangle\mathrm{PQR}$ を z 軸のまわりに1回転させて得られる立体の体積を求めよ。（神戸大）

212 ★★★★ xy 平面において，連立不等式 $(x-1)^2+y^2 \leqq 1$, $0 \leqq x \leqq 1$, $y \geqq 0$ の表す領域を A とする。図形 A を座標空間内で z 軸方向に1だけ平行移動するときに A が通過してできる立体を B とする。立体 B を x 軸のまわりに y 軸から z 軸の方向に 90° 回転させたときにできる立体を C とする。立体 C の体積を求めよ。（東北大）

213 ★★★☆ $a>0$ とするとき，曲線

$$\begin{cases} x = a\cos^4\theta \\ y = a\sin^4\theta \end{cases} \left(0 \leqq \theta \leqq \frac{\pi}{2}\right)$$

の長さを求めよ。

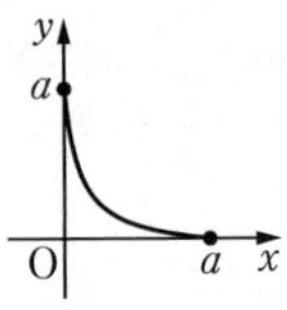

（札幌医科大）

214 ★★☆☆ 次の曲線の長さ L を求めよ。

(1) $y = \dfrac{a}{2}\left(e^{\frac{x}{a}} + e^{-\frac{x}{a}}\right) \quad (0 \leqq x \leqq 1)$ 　ただし，$a>0$ とする。

(2) $9y^2 = (x+4)^3 \quad (-4 \leqq x \leqq 0)$

215 ★★★☆ 曲線 $C: x = t + \sin t,\ y = \cos t - 1$ 上の媒介変数 t $(0<t<\pi)$ に対応する点をPとし，原点OとPの間の弧の長さを l とする。

(1) l を求めよ。また，PでのCの接線上に点QをPより左側に $\mathrm{PQ} = l$ となるようにとるとき，Qの座標を求めよ。

(2) Pが $0<t<\pi$ の範囲で動くとき，Qの描く曲線は C の $\pi<t<2\pi$ の部分と合同になることを証明せよ。（東北大）

216 ★★☆☆ x 軸上を動く2点P，Qは原点を同時に出発する。それらの t 秒後 $(t \geqq 0)$ の速度はそれぞれ $2t(t-3)$，$2t(2t-3)(t-4)$ である。動点P，Qが出会うのは動き始めてから何秒後か。また，動き始めてから最初に出会うまでの間に，点Qの動く道のりを求めよ。

217 ★★☆☆ $\dfrac{dy}{dx} = \log x$ を満たす関数を求めよ。また，$x=1$ のとき $y=0$ となるものを求めよ。

218 ★★☆☆ 次の微分方程式を解け。

(1) $\dfrac{dy}{dx} = -\dfrac{x}{y}$ 　(2) $\dfrac{dy}{dx} = 2y+1$ 　(3) $2y\dfrac{dy}{dx} = y^2+1$

219 ★★★☆ 次の微分方程式を解け。

(1) $(x+2y)\dfrac{dy}{dx} = 1$ 　(2) $(x+y)\dfrac{dy}{dx} = 2(x+y)+1$

220 ★★★☆ k を0でない任意の定数とするとき，放物線群 $y=kx^2$ と直交する曲線を求めよ。

221 等式 $\int_{-1}^{x}(3t-2)f(t)dt=(2x-3)\int_{-1}^{x}f(t)dt$ を満たす関数 $f(x)$ のうち，
★★☆☆
$f(0)=1$ を満たすものを求めよ。

本質を問う 14

▶▶解答編 p.416

1 半径 r の球体を水に入れると，右の図のように半径の $\frac{1}{2}$ だけ水中に沈んだ。水面より下に沈んでいる部分の体積 V を求めよ。

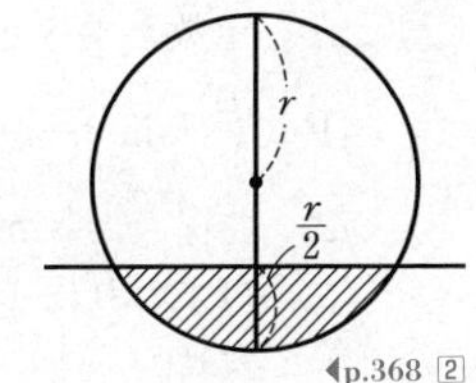

◀p.368 2

2 (1) 放物線 $y=x^2-2x+1$ と直線 $y=x+1$ とで囲まれた図形を x 軸のまわりに1回転させてできる回転体の体積 V_1 を求めよ。

(2) 放物線 $y=x^2-2x$ と直線 $y=x$ とで囲まれた図形を x 軸のまわりに1回転させてできる回転体の体積 V_2 について，太郎さんは

> 共有点の x 座標は $x^2-2x=x$ より　$x=0,\ 3$
> $0\leqq x\leqq 3$ において $x\geqq x^2-2x$ であるから，求める体積 V_2 は
> $$V_2=\pi\int_0^3 x^2\,dx-\pi\int_0^3(x^2-2x)^2\,dx=\cdots$$

と求めたが誤りであった。その理由を説明せよ。また，正しい解を求めよ。

◀p.373 Point

3 座標空間において，$x^2+z^2\leqq 9$，$y^2+z^2\leqq 9$ を満たす立体の体積を考える。座標軸に垂直な平面で切った断面を考えるとき，「式に多く現れる文字」を定数とするとよい。すなわち，z が最も多く現れるから平面 $z=t$ で切った断面を考えるとよい。この「式に多く現れる文字」を定数とおくとよい理由を説明せよ。

◀p.385 Point

Let's Try! 14

▶▶解答編 p.418

① 底面の半径が10の円筒状の容器に水が入っている。水がこぼれ始めるぎりぎりまで容器を傾けたところ，容器は鉛直方向に対し60°傾き，水面は底面の中心を通った。

(1) 容器の深さを求めよ。

(2) 傾けた状態での水面の面積を求めよ。

(3) 水の量を求めよ。

(東京都立大) ◀例題198

② mを定数とするとき，次の問に答えよ。

(1) $\displaystyle\int_0^{\pi}(\sin x - m)dx = 0$ となるような m の値を求めよ。

(2) 曲線 $y = \sin x - m$ と x 軸および2直線 $x = 0$，$x = \pi$ で囲まれた図形を x 軸のまわりに1回転させてできる回転体の体積を V としたとき，V を m の式で表せ。

(3) (2)で求めた体積 V について，m が $0 \leqq m \leqq 1$ の範囲で変化するとき，V の最小値と最大値を求めよ。また，それらを与える m の値を求めよ。

(神奈川工科大) ◀例題199, 207

③ $a > 5$ とする。円 $C : x^2 + (y-a)^2 = 25$ を x 軸のまわりに1回転させてできる回転体の体積 V_1 は，円 C を y 軸のまわりに1回転させてできる回転体の体積 V_2 の5倍に一致している。このとき，a の値を求めよ。 ◀例題204

④ 媒介変数 t を用いて次の式で与えられる曲線

$$x = 4\cos t, \quad y = \sin 2t \quad \left(0 \leqq t \leqq \frac{\pi}{2}\right)$$

と x 軸で囲まれる部分を x 軸のまわりに1回転させて得られる回転体の体積を求めよ。

(神奈川大) ◀例題205

⑤ 点P$(x,\ y)$が媒介変数 t の関数として，次の式で与えられている。

$$\begin{cases} x = 5\cos t - \cos 5t \\ y = 5\sin t - \sin 5t \end{cases}$$

(1) t を時間として，点Pの運動する速度ベクトル $\vec{v} = \left(\dfrac{dx}{dt},\ \dfrac{dy}{dt}\right)$ を求めよ。

(2) Pが，$t = 0$ から $t = \dfrac{\pi}{4}$ まで変化したとき，曲線の長さ s を求めよ。

(聖マリアンナ医科大) ◀例題130, 213

思考の戦略編

Strategy of Mathematical Thinking

見たこともない問題に初めて出会ったとき，
どのようにして解決の糸口を見つけるか？
そこには，語り継がれる「思考の戦略」がある

Strategy	例題番号	例題タイトル	デジタル	難易度	プロセスワード	
1 図で考える	1	楕円の面積	D	★★☆☆	図で考える	
	2	楕円と円	D	★★★☆	図で考える	
	PB16	楕円のままで考えると?				
	3	図形的な意味を考える〔1〕	D	★★★☆	見方を変える	図で考える
	4	図形的な意味を考える〔2〕		★★☆☆	図で考える	
	5	台形近似	D	★★★☆	結論の言い換え	前問の結果の利用
	6	凸性の利用		★★★★	条件の言い換え	図で考える
2 関数化	7	不等式における最大・最小の利用		★★★☆	1つの文字に着目	
	8	数列の関数化		★★★★	既知の問題に帰着	
	9	大小比較における単調性の利用		★★☆☆	規則性を見つける	
	10	恒等式における微分・積分の利用		★★★☆	逆向きに考える	
3 一般化	11	自然数 n を含む不等式		★★★☆	文字を減らす	逆向きに考える
	12	一般化による数学的帰納法の利用		★★★★	文字を減らす	式を分ける
	13	性質が成り立つ範囲の拡張		★★★★	具体的に考える	段階的に考える

Strategy 1 図で考える

抽象的な式の世界に意味を与える
式が表す図形的な意味を考えることで，
計算による複雑な解法が一目瞭然のこととなる

これまで問題を解くときに，グラフや図，表をかくことが役立つことは多かった。例えば，問題の条件を視覚化することによって問題を正しく理解できたり，図を利用して試行錯誤することによって解法が計画できたりすることは多い。特に，図形や関数についての問題であれば，図やグラフをかく発想は自然なものになっているだろう。
一方，与えられた図形を変形させて考えたり，図形や関数でない問題に対しても，図形的な意味を考えたりすることが解決の突破口となることがある。
ここでは，次の 4 つを学習しよう。

1 楕円を円に変形して考える　　**2 式の図形的な意味を考える**
3 面積で評価する　　**4 グラフの凸性を利用する**

1 楕円を円に変形して考える

LEGEND 数学C p.184 **Go Ahead** 11 の探究例題 8 では，例題 95「楕円の 2 接線が直交する点の軌跡」

> 点 P$(p,\ q)$ から楕円 $\dfrac{x^2}{4}+y^2=1$ …① に引いた 2 本の接線が直交するとき，点 P の軌跡を求めよ。

について，楕円 ① を円に変形することを用いて求めた。
円に変形して考えることで，(中心と接線の距離) = (半径) という円の性質を利用して考えることができる。
このように，楕円を円に変形することによって考えやすくなることがあるが，この考え方には利点と注意点がある。

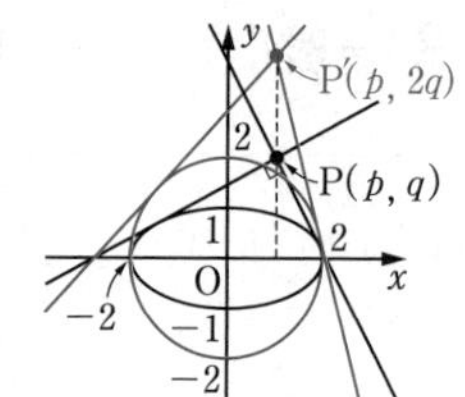

〔利点〕

右の図のように，媒介変数表示された楕円では，
伸縮して円を考えることによって，円上の点と原点を結ぶ動径と x 軸の正の部分のなす角に媒介変数 θ が現れ，図形的に考えやすくなる。
また，楕円の問題を円の問題に帰着することによって，円において成り立つ

　面積公式，接線の方程式，方べきの定理

などを用いることができる。

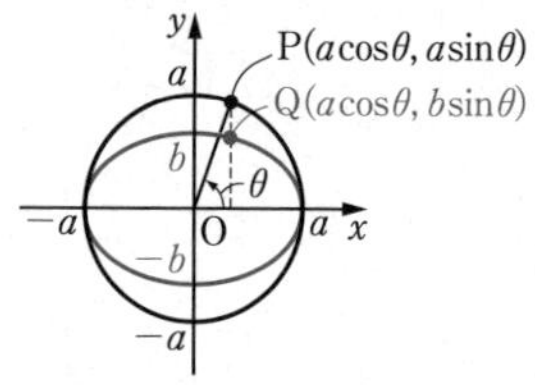

〔注意点〕

いつでも円に変形させて考えてよいという訳ではない。

特に，角の大きさは伸縮によって変わってしまう。例えば，探究例題 8 でも，楕円 ① と直交する 2 本の接線について，楕円 ① が円になるように変形すると 2 本の接線は直交しない。

また，LEGEND 数学C例題 89「弦の中点と長さ」

> 直線 $l : y=x+1$ が楕円 $C : 4x^2+9y^2=36$ によって切り取られる弦 AB の中点 M の座標および弦 AB の長さを求めよ。

について，楕円 C，直線 l，弦 AB を x 軸を基準として y 軸方向に $\dfrac{3}{2}$ 倍したときの円を C'，直線を l'，弦を A′B′ とする（図 1）。このとき，この変形によって

(ア) 弦 AB の中点 M は，弦 A′B′ の中点として保たれる。

一般に，線分の比は上のような伸縮によって保たれる（図 2）。

(イ) 弦 AB の長さは，単純に $\text{A}'\text{B}' = \dfrac{3}{2}\text{AB}$ とはならない。

これは図 3 の例からも分かる。伸縮の方向（y 軸方向）に対して，平行な線分を ①，垂直な線分を ②，いずれでもない線分を ③ とすると，それぞれもとの線分の長さに対して

① … $\dfrac{3}{2}$ 倍，② … 長さが変わらない，③ … 線分の傾きによって異なる

図 1

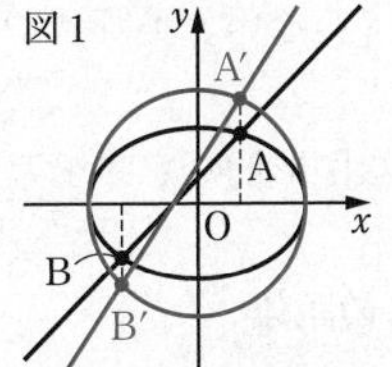

図 2

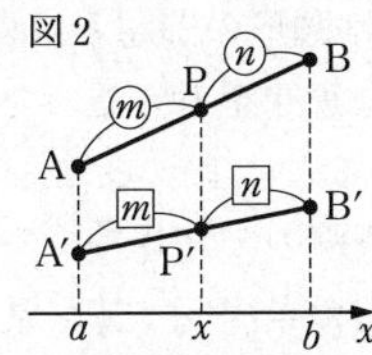

図 3

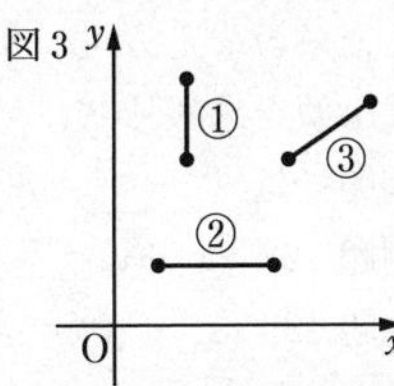

これらのことから，LEGEND 数学C例題 89 では，中点 M の座標については円に変形して考えられるが，弦 AB の長さについては円に変形して考えるのは難しいといえる。

それでは，この考え方を利用して，次の 2 つの例題を考えてみよう。

戦略例題 1　楕円の面積　➡解説 p.414

曲線 $C : x^2+4y^2=4$ 上を動く点 P と，C 上の定点 Q(2, 0)，R(0, 1) がある。

(1) △PQR の面積の最大値と，そのときの P の座標を求めよ。

(2) (1) で求めた点 P に対して直線 PQ を考える。曲線 C によって囲まれた図形を直線 PQ で 2 つに分けたとき，直線 PQ の下方にある部分の面積を求めよ。

（金沢大）

戦略例題 2　楕円と円　➡解説 p.416

原点をOとする座標平面において，楕円 $C: \frac{x^2}{4}+y^2=1$ 上の3点 $P(2\cos\theta_1,\ \sin\theta_1)$，$Q(2\cos\theta_2,\ \sin\theta_2)$，$R(2\cos\theta_3,\ \sin\theta_3)$ $(0 \leqq \theta_1 < \theta_2 < \theta_3 < 2\pi)$ が $\overrightarrow{OP}+\overrightarrow{OQ}+\overrightarrow{OR}=\vec{0}$ を満たしながら動くとき，$\theta_2-\theta_1$，$\theta_3-\theta_2$ の値と，△PQRの面積を求めよ。

2 式の図形的な意味を考える

一見すると図形の問題ではないが，図形的に考えた次の3例題を振り返ってみよう。
LEGEND 数学II＋B例題128～130「領域における最大・最小〔1〕～〔3〕」

例題128　連立不等式 $x \geqq 0$，$y \geqq 0$，$2x+y \leqq 5$，$x+2y \leqq 4$ を満たす x，y に対して，$\underline{x+y}$ の最大値を求めよ。

例題129　連立不等式 $x-y+2 \geqq 0$，$2x+y-8 \leqq 0$，$x+2y-4 \geqq 0$ を満たす x，y に対して，$\underline{x^2+y^2}$ の最大値，最小値を求めよ。

例題130　連立不等式 $x^2+y^2-4(x+y)+7 \leqq 0$，$x+y \geqq 3$ を満たす x，y に対して，$\underline{\frac{y+1}{x-5}}$ の最大値，最小値を求めよ。

これまでの学習から，これらが連立不等式を領域に図示して図形的に考えることは発想できるだろう。しかし，問題文には図形の問題とは書かれていない。不等式や，最大値・最小値を求める式に，図形的な意味を考えたのである。
上の問題では，$\underline{\qquad}=k$ とおくことによって，次のような図形的な意味を考えた。

例題128　$x+y=k$　⇨　直線の y 切片
例題129　$x^2+y^2=k$　⇨　円の半径 または 原点からの距離
例題130　$\frac{y+1}{x-5}=k$　⇨　点 $(5,\ -1)$ を通る直線の傾き

また，LEGEND 数学C p.44 **Go Ahead** 1「別解研究… $ax+by$ と内積」では，次の問題のベクトルの内積を用いて考える解法を紹介した。

実数 x，y が $x^2+y^2=1$ を満たすとき，$4x+3y$ の最大値を求めよ。

解　$\vec{p}=(4,\ 3)$，$\vec{q}=(x,\ y)$ とおくと　$4x+3y=\vec{p}\cdot\vec{q}$
$|\vec{p}|=\sqrt{4^2+3^2}=5$，$|\vec{q}|=\sqrt{x^2+y^2}=1$ であり
$\vec{p}\cdot\vec{q} \leqq |\vec{p}||\vec{q}|=5$ より，求める最大値は　5

このように，与えられた式の図形的な意味を考えることは，解決の突破口となることがある。それでは，この考え方を利用して，次の例題を考えてみよう。

戦略例題 3　図形的な意味を考える〔1〕 ➡解説 p.420

実数 α, β に対する連立方程式 $\begin{cases}\cos\alpha+\cos\beta=1\\ \sin\alpha+\sin\beta=a\end{cases}$ が解をもつような定数 a の値の最大値と最小値を求めよ。

戦略例題 4　図形的な意味を考える〔2〕 ➡解説 p.422

u, v を $0<u<2$, $v>0$ を満たす実数とするとき, $(u-v)^2+\left(\sqrt{4-u^2}-\dfrac{18}{v}\right)^2$ の最小値を求めよ。また, そのときの u, v の値を求めよ。（慶應義塾大　改）

3 面積で評価する

例題 176「数列の和の不等式と定積分〔1〕」

> n を自然数とするとき, 次の不等式を証明せよ。
>
> $$\frac{2}{3}n\sqrt{n}<\sqrt{1}+\sqrt{2}+\sqrt{3}+\cdots+\sqrt{n}<\frac{2}{3}(n+1)\sqrt{n+1}$$

では, 定積分の値が面積を表すことに着目し, 面積の大小から

$$\underset{\text{小さい長方形}}{\sqrt{k}}<\int_k^{k+1}\sqrt{x}\,dx<\underset{\text{大きい長方形}}{\sqrt{k+1}}$$

を導いた。この例題では, 斜線部分を 2 つの長方形によって評価することで, 必要な不等式を得ることができた。しかし, 図からも分かるように, これは評価として比較的粗いといえる。

もっと細かく評価する必要がある場合には, 右の図のように, 長方形ではなく台形を用いるとよいだろう。

台形で評価するときは, 曲線 $y=f(x)$ がその区間で上に凸（下に凸）であると考えやすい（図 1）。

凸性がない場合には, 図 2 の α, β のような, その点における接線が常に曲線 $y=f(x)$ より上側または下側になる x を見つける必要がある。

この台形による評価は, **台形近似** とよばれることがある。それでは, この考え方を用いて, 次の例題を考えてみよう。

図 1

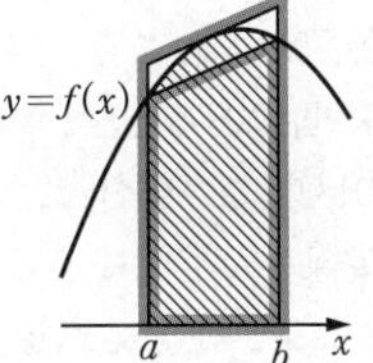

図 2

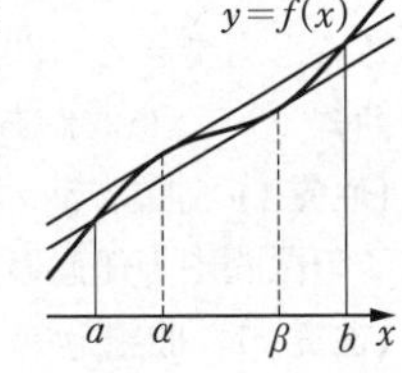

戦略例題 5　台形近似　➡解説 p.423

(1) $0 \leqq x \leqq \dfrac{\pi}{2}$ において，曲線 $C: y = e^{-\cos x}$ は下に凸であることを示せ。

(2) 不等式 $\dfrac{\pi}{2}e^{-\frac{1}{\sqrt{2}}} < \displaystyle\int_0^{\frac{\pi}{2}} e^{-\cos x}\,dx < \dfrac{\pi}{4}\left(1+\dfrac{1}{e}\right)$ を証明せよ。

（お茶の水女子大　改）

4 グラフの凸性を利用する

例題 122，123 で学習したように，不等式 $f(x) > g(x)$ を証明するときには，$h(x) = f(x) - g(x)$ を考え，$y = h(x)$ のグラフが x 軸より上側にあることを示した。例えば，次の有名な不等式がある。右側の不等式は例題 123 でも証明した。

$0 \leqq x \leqq \dfrac{\pi}{2}$ のとき，不等式 $\underbrace{\dfrac{2}{\pi}x \leqq \sin x}_{[1]}$，$\underbrace{\sin x \leqq x}_{[2]}$ を示せ。

〔解答〕

[1]　$\dfrac{2}{\pi}x \leqq \sin x$ を示す。$f(x) = \sin x - \dfrac{2}{\pi}x$ とおくと　　$f'(x) = \cos x - \dfrac{2}{\pi}$

$0 \leqq x \leqq \dfrac{\pi}{2}$ において $\cos x$ は単調減少であるから，この区間で $f'(x) = 0$ となる x はただ 1 つである。この x を α とおくと，$f(x)$ の増減表は右のようになる。

x	0	$\cdots$	α	$\cdots$	$\frac{\pi}{2}$
$f'(x)$		$+$	0	$-$	
$f(x)$	0	↗		↘	0

よって　　$f(x) \geqq f(0) = f\left(\dfrac{\pi}{2}\right) = 0$

ゆえに　　$\dfrac{2}{\pi}x \leqq \sin x$

[2]　$\sin x \leqq x$ を示す。$g(x) = x - \sin x$ とおくと　　$g'(x) = 1 - \cos x \geqq 0$

よって，$0 \leqq x \leqq \dfrac{\pi}{2}$ において $g(x)$ は単調増加であるから　　$g(x) \geqq g(0) = 0$

ゆえに　　$\sin x \leqq x$

[1]，[2] より，$0 \leqq x \leqq \dfrac{\pi}{2}$ のとき　　$\dfrac{2}{\pi}x \leqq \sin x \leqq x$

一方，p.234 **Go Ahead** 10 でも学習したように，曲線の凹凸を利用して不等式を証明することもできる。凹凸の性質を確認しておこう。

曲線 $y = f(x)$ がある区間で下に凸であるとき，次の性質が成り立つ。

〔性質 1〕　曲線 $y = f(x)$ のこの区間での部分は，この区間内の任意の点における接線 l の上側にある。

〔性質 2〕　曲線 $y = f(x)$ 上の 2 点 P，Q を結ぶ線分

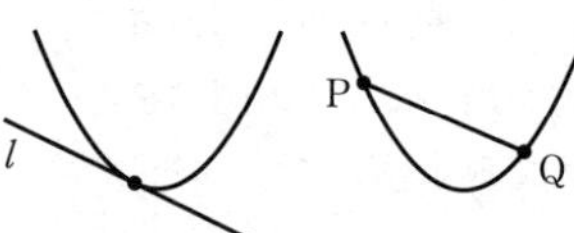

は, 曲線 $y=f(x)$ の P, Q の間の部分の上側にある。

上に凸の場合にも，同様の性質が成り立つ。

このことを利用すると，左ページの不等式は次のように証明できる。

〔別解〕

曲線 $C: y=\sin x$ は, $0 \leqq x \leqq \dfrac{\pi}{2}$ において上に凸である。

曲線 C 上に点 $\mathrm{A}\left(\dfrac{\pi}{2},\ 1\right)$ をとる。

このとき，$y'=\cos x$ より，原点 O における曲線 C の接線の方程式は

$y-0=\cos 0\cdot(x-0)$ すなわち $y=x$ …①

また，直線 OA の方程式は

$y-0=\dfrac{1-0}{\dfrac{\pi}{2}-0}(x-0)$ すなわち $y=\dfrac{2}{\pi}x$ …②

よって，曲線 C，直線 ①, ② は右の図のようになる。

したがって

$0 \leqq x \leqq \dfrac{\pi}{2}$ のとき $\underline{\dfrac{2}{\pi}x \leqq \sin x \leqq x}$

例題 178，179 でもこの 2 つの解答を示しているが，**〔別解〕**の方が簡潔であった。

また，この曲線の凹凸を利用した考え方から，一般に次のことが成り立つことも分かる。

区間 $[a,\ b]$ で連続，区間 $(a,\ b)$ で下に凸の曲線 $y=f(x)$ について，$0 \leqq t \leqq 1$ を満たす t に対して

$$f((1-t)a+tb) \leqq (1-t)f(a)+tf(b)$$

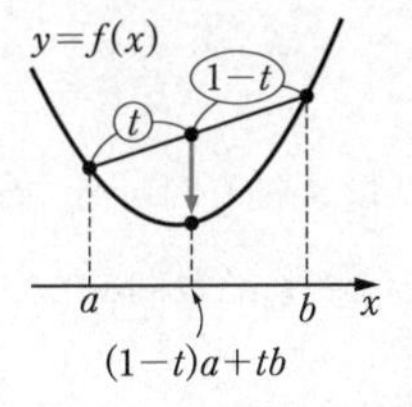

それでは，この考え方を用いて次の例題を考えてみよう。

戦略例題 6 凸性の利用

➡解説 p.424

$x>0$ で定義された関数 $f(x)$ は第 2 次導関数をもち，$f''(x)<0$ を満たす。

(1) 正の実数 a，b と $s+t=1$ を満たす 0 以上の実数 s，t に対して，不等式 $f(sa+tb) \geqq sf(a)+tf(b)$ を証明せよ。

(2) 正の実数 a，b，c と $s+t+u=1$ を満たす 0 以上の実数 s，t，u に対して，不等式 $f(sa+tb+uc) \geqq sf(a)+tf(b)+uf(c)$ を証明せよ。

(3) 正の実数 a, b, c に対して, 不等式 $\dfrac{a+b}{2} \geqq \sqrt{ab}$, $\dfrac{a+b+c}{3} \geqq \sqrt[3]{abc}$ を証明せよ。

戦略例題 1　楕円の面積

D ★★☆☆

曲線 $C: x^2+4y^2=4$ 上を動く点 P と，C 上の定点 Q(2, 0), R(0, 1) がある。

(1) △PQR の面積の最大値と，そのときの P の座標を求めよ。

(2) (1) で求めた点 P に対して直線 PQ を考える。曲線 C によって囲まれた図形を直線 PQ で 2 つに分けたとき，直線 PQ の下方にある部分の面積を求めよ。

（金沢大）

思考のプロセス

図で考える

曲線 C は楕円
（△PQR の面積が最大となる点 P は考えにくい。〔別解〕）

x 軸方向に $\frac{1}{2}$ 倍 → 面積も $\frac{1}{2}$ 倍になる

曲線 C' は円
（△P′Q′R′ の面積が最大となる点P′ が考えやすくなる。〔本解〕）

! 〔別解〕は p.418 **Play Back 16** を参照。

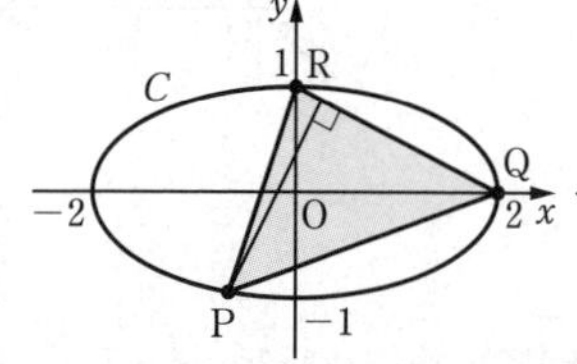

x 軸方向に 2 倍 ← 面積も 2 倍になる

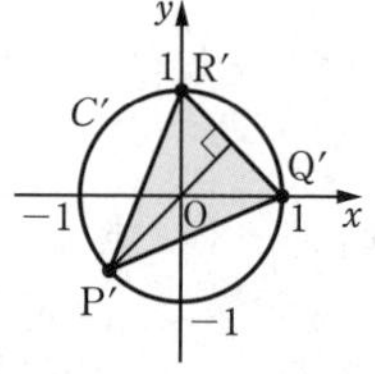

Action» 楕円の面積は，円に変形して考えよ

解 曲線 C は　$\dfrac{x^2}{4}+y^2=1$

曲線 C, 点 P, Q, R を y 軸を基準に x 軸方向に $\frac{1}{2}$ 倍したものをそれぞれ曲線 C', 点 P′, Q′, R′ とすると

$C': x^2+y^2=1$　…①

Q′(1, 0), R′(0, 1)

また

$\triangle \mathrm{P'Q'R'} = \dfrac{1}{2}\triangle \mathrm{PQR}$

よって，△P′Q′R′ の面積が最大になるとき，△PQR の面積は最大になる。

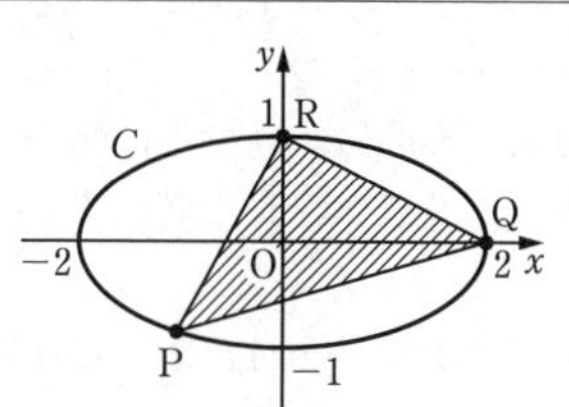

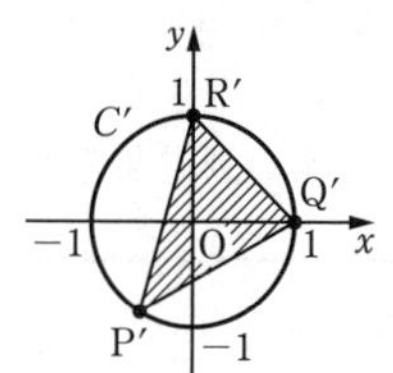

(1) △P′Q′R′ の面積が最大となるのは，点 P′ が直線 Q′R′ と平行な円 C' の接線の接点のうち，第 3 象限にある点となるときである。

このとき，線分 Q′R′ の中点を M とすると，直線 OM の方程式は

$y=x$　…②

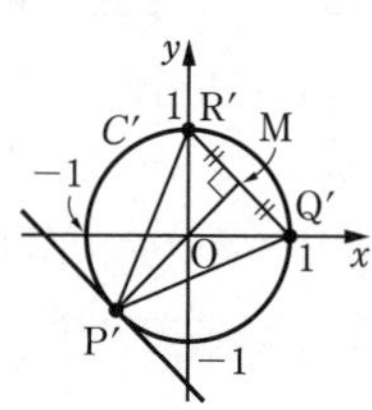

◀ 曲線 C は楕円である。

◀ この変形を(∗)とすると，(∗)により，図形の面積はすべて $\frac{1}{2}$ 倍になる。

◀ 点 P′ は，線分 Q′R′ の垂直二等分線と円 C' の交点である。

①, ② を連立すると，$2x^2=1$ より

$$x=\pm\frac{\sqrt{2}}{2}$$

よって　$(x,\ y)=\left(\frac{\sqrt{2}}{2},\ \frac{\sqrt{2}}{2}\right),\ \left(-\frac{\sqrt{2}}{2},\ -\frac{\sqrt{2}}{2}\right)$

点 P′ は第 3 象限にあるから　$\left(-\frac{\sqrt{2}}{2},\ -\frac{\sqrt{2}}{2}\right)$

ここで，$\mathrm{OM}\perp\mathrm{Q'R'}$ であるから

$$\mathrm{P'M}=\mathrm{P'O}+\mathrm{OM}=1+\frac{\sqrt{2}}{2}$$

よって，$\triangle\mathrm{P'Q'R'}$ の面積の最大値は

$$\frac{1}{2}\cdot\sqrt{2}\left(1+\frac{\sqrt{2}}{2}\right)=\frac{\sqrt{2}+1}{2}$$

したがって，$\triangle\mathrm{PQR}$ の面積は

$$\mathbf{P}\left(-\sqrt{2},\ -\frac{\sqrt{2}}{2}\right)\textbf{のとき　最大値 } \sqrt{2}+1$$

◀ (＊) と逆の変形をする。点 P は点 P′ の x 座標を 2 倍し，$\triangle\mathrm{PQR}$ の面積は $\triangle\mathrm{P'Q'R'}$ の面積を 2 倍する。

(2)　求める面積を S とし，曲線 C' と直線 P′Q′ で囲まれた図形のうち，直線 P′Q′ より下方にある部分の面積を S' とすると，

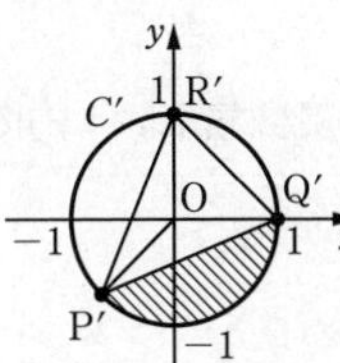

$\angle\mathrm{P'OQ'}=\frac{3}{4}\pi$ であるから

$$S'=\frac{1}{2}\cdot1^2\cdot\frac{3}{4}\pi-\frac{1}{2}\cdot1^2\cdot\sin\frac{3}{4}\pi$$

$$=\frac{3}{8}\pi-\frac{\sqrt{2}}{4}$$

◀ 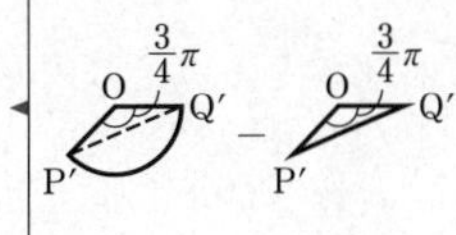

よって　$S=2S'=\boldsymbol{\frac{3}{4}\pi-\frac{\sqrt{2}}{2}}$

練習 1　曲線 $C:4x^2+9y^2=36\ (x>0)$ 上の点 $\mathrm{P}\left(\frac{3\sqrt{3}}{2},\ 1\right)$ における曲線 C の接線を l とするとき，曲線 C，接線 l，x 軸で囲まれた部分の面積 S を求めよ。

（大分大　改）

➡p.442 問題1

戦略例題 2　楕円と円

D ★★★☆

原点を O とする座標平面において，楕円 $C : \dfrac{x^2}{4} + y^2 = 1$ 上の 3 点
$\mathrm{P}(2\cos\theta_1,\ \sin\theta_1)$，$\mathrm{Q}(2\cos\theta_2,\ \sin\theta_2)$，$\mathrm{R}(2\cos\theta_3,\ \sin\theta_3)$
$(0 \leqq \theta_1 < \theta_2 < \theta_3 < 2\pi)$ が $\overrightarrow{\mathrm{OP}} + \overrightarrow{\mathrm{OQ}} + \overrightarrow{\mathrm{OR}} = \vec{0}$ を満たしながら動くとき，
$\theta_2 - \theta_1$，$\theta_3 - \theta_2$ の値と，△PQR の面積を求めよ。

思考のプロセス

図で考える

C は楕円
$\left(\begin{array}{l}\angle \mathrm{AOP} \neq \theta_1 \text{ であり，}\\ \text{図形的に考えにくい。}\end{array}\right)$ —— x 軸方向に $\frac{1}{2}$ 倍，面積も $\frac{1}{2}$ 倍になる ——→ C' は円
$\left(\begin{array}{l}\angle \mathrm{A'OP'} = \theta_1 \text{ となり，}\\ \text{図形的に考えやすくなる。}\end{array}\right)$

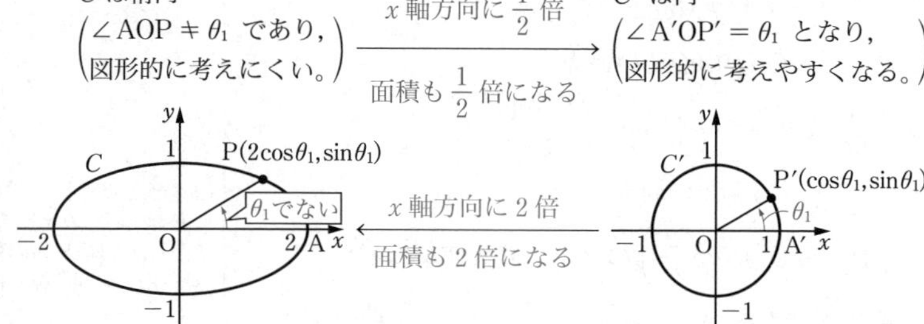

Action» 楕円の媒介変数表示は，円に変形して考えよ

解　楕円 C, 3 点 P, Q, R を y 軸を基準に x 軸方向に $\frac{1}{2}$ 倍したものをそれぞれ円 C'，点 P′，Q′，R′ とすると

$C' : x^2 + y^2 = 1$

$\mathrm{P'}(\cos\theta_1,\ \sin\theta_1)$，$\mathrm{Q'}(\cos\theta_2,\ \sin\theta_2)$，$\mathrm{R'}(\cos\theta_3,\ \sin\theta_3)$

◀ A(2，0) とするとき，$\angle \mathrm{POA} \neq \theta_1$ であることに注意する。同様に
$\angle \mathrm{QOA} \neq \theta_2$
$\angle \mathrm{ROA} \neq \theta_3$
一方，$\angle \mathrm{P'OA} = \theta_1$，
$\angle \mathrm{Q'OA} = \theta_2$，
$\angle \mathrm{R'OA} = \theta_3$ は成り立つ。

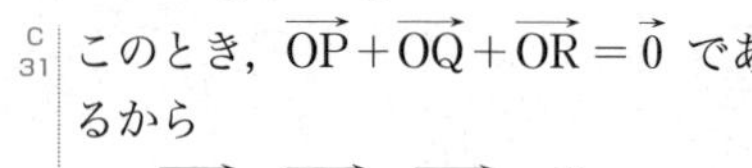

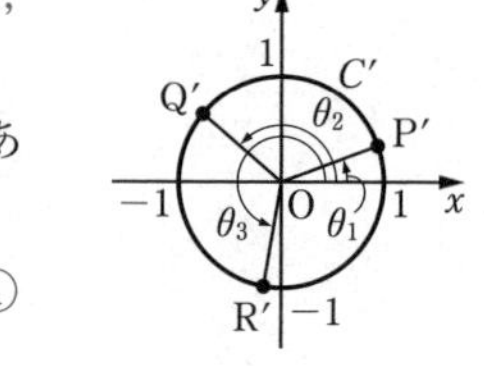

C 31　このとき，$\overrightarrow{\mathrm{OP}} + \overrightarrow{\mathrm{OQ}} + \overrightarrow{\mathrm{OR}} = \vec{0}$ であるから

$$\overrightarrow{\mathrm{OP'}} + \overrightarrow{\mathrm{OQ'}} + \overrightarrow{\mathrm{OR'}} = \vec{0} \quad \cdots①$$

① より　$-\overrightarrow{\mathrm{OR'}} = \overrightarrow{\mathrm{OP'}} + \overrightarrow{\mathrm{OQ'}}$

よって　$|\overrightarrow{\mathrm{OR'}}|^2 = |\overrightarrow{\mathrm{OP'}} + \overrightarrow{\mathrm{OQ'}}|^2$

$|\overrightarrow{\mathrm{OR'}}|^2 = |\overrightarrow{\mathrm{OP'}}|^2 + 2\overrightarrow{\mathrm{OP'}} \cdot \overrightarrow{\mathrm{OQ'}} + |\overrightarrow{\mathrm{OQ'}}|^2$

$1 = 1 + 2\cos\angle \mathrm{Q'OP'} + 1$

ゆえに　$\cos\angle \mathrm{Q'OP'} = -\dfrac{1}{2}$

◀ $\angle \mathrm{Q'OP'} = \theta_2 - \theta_1 = \dfrac{2}{3}\pi,\ \dfrac{4}{3}\pi$

同様に，① より　$-\overrightarrow{\mathrm{OP'}} = \overrightarrow{\mathrm{OQ'}} + \overrightarrow{\mathrm{OR'}}$

よって　$|\overrightarrow{\mathrm{OP'}}|^2 = |\overrightarrow{\mathrm{OQ'}} + \overrightarrow{\mathrm{OR'}}|^2$

$|\overrightarrow{\mathrm{OP'}}|^2 = |\overrightarrow{\mathrm{OQ'}}|^2 + 2\overrightarrow{\mathrm{OQ'}} \cdot \overrightarrow{\mathrm{OR'}} + |\overrightarrow{\mathrm{OR'}}|^2$

$$1 = 1 + 2\cos\angle R'OQ' + 1$$

ゆえに　$\cos\angle R'OQ' = -\dfrac{1}{2}$

◀ $\angle R'OQ' = \theta_3 - \theta_2 = \dfrac{2}{3}\pi,\ \dfrac{4}{3}\pi$

ここで，$0 \leqq \theta_1 < \theta_2 < \theta_3 < 2\pi$ より，

$(\theta_2 - \theta_1) + (\theta_3 - \theta_2) < 2\pi$ であるから

◀ $\theta_2 - \theta_1$，$\theta_3 - \theta_2$ のいずれかが $\dfrac{4}{3}\pi$ のとき，＿＿を満たさない。

$$\angle Q'OP' = \boldsymbol{\theta_2 - \theta_1 = \frac{2}{3}\pi}$$

$$\angle R'OQ' = \boldsymbol{\theta_3 - \theta_2 = \frac{2}{3}\pi}$$

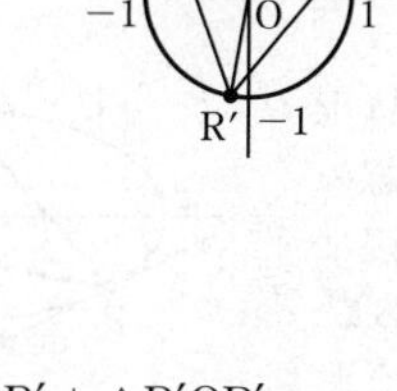

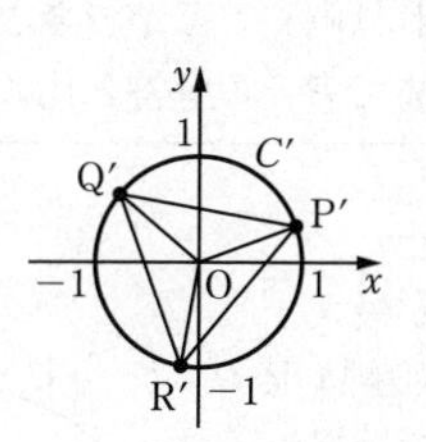

これより　$\angle P'OR' = \dfrac{2}{3}\pi$

◀ $\triangle P'Q'R'$ は正三角形である。

よって

$$\triangle P'Q'R' = \triangle P'OQ' + \triangle Q'OR' + \triangle R'OP'$$
$$= 3\cdot\frac{1}{2}\cdot 1\cdot 1\cdot\sin\frac{2}{3}\pi$$
$$= \frac{3\sqrt{3}}{4}$$

したがって

$$\triangle PQR = 2\times\triangle P'Q'R' = \boldsymbol{\frac{3\sqrt{3}}{2}}$$

練習 2　xy 平面で楕円 C : $\dfrac{x^2}{a^2} + \dfrac{y^2}{b^2} = 1$ $(a > 0,\ b > 0)$ の外部に 1 点 $P_1(x_1,\ y_1)$ が与えられている。次の 3 つの条件 (i)，(ii)，(iii) を満足するように点 $P_n(x_n,\ y_n)$ $(n = 1,\ 2,\ 3,\ \cdots)$ を定める。

(i)　直線 P_nP_{n+1} は楕円 C に接する。

(ii)　点 P_n と点 P_{n+1} の中点が接点である。

(iii)　点 P_1，P_2，P_3，$\cdots$ は原点のまわりを時計の針と反対方向に進む。

このとき

(1)　$\dfrac{{x_1}^2}{a^2} + \dfrac{{y_1}^2}{b^2} = \dfrac{{x_2}^2}{a^2} + \dfrac{{y_2}^2}{b^2}$ が成り立つことを証明せよ。

(2)　$x_1 = \sqrt{\dfrac{5}{6}}a$，$y_1 = \dfrac{1}{\sqrt{2}}b$ のとき，P_7 と P_1 とが一致することを証明せよ。

（慶應義塾大）

➡ p.442　問題2

Play Back 16 楕円のままで考えると？

戦略例題 1，2 では，楕円を円に変形して解答を考えましたが，実際には，円に変形しなければ解くことができないということはありません。ここでは，楕円のままで考える解答と比較してみましょう。

戦略例題 1〔別解〕

(1) △PQR の面積が最大となるのは，点 P が直線 QR と平行な曲線 C の接線の接点のうち，第 3 象限にある点となるときである。この接点を $(x_1,\ y_1)$ とおくと，接線の方程式は

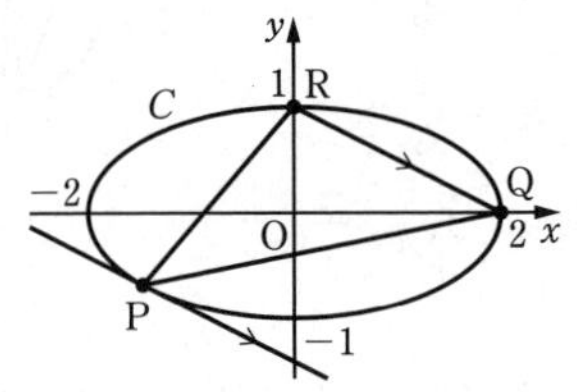

$$x_1x+4y_1y=4 \quad \text{すなわち} \quad y=-\frac{x_1}{4y_1}x+\frac{1}{y_1}$$

これが直線 QR と平行であるから　$-\dfrac{x_1}{4y_1}=-\dfrac{1}{2}$

◀ 直線 QR の傾きは $\dfrac{0-1}{2-0}=-\dfrac{1}{2}$

よって　$x_1=2y_1$　…①

また，点 $(x_1,\ y_1)$ は曲線 C 上にあるから

$x_1{}^2+4y_1{}^2=4$　…②

①，② より

$$(x_1,\ y_1)=\left(\sqrt{2},\ \frac{\sqrt{2}}{2}\right),\ \left(-\sqrt{2},\ -\frac{\sqrt{2}}{2}\right)$$

点 P は第 3 象限にあるから　$\left(-\sqrt{2},\ -\dfrac{\sqrt{2}}{2}\right)$

このとき，点 P と直線 QR：$x+2y-2=0$ の距離は

$$\frac{|-\sqrt{2}-\sqrt{2}-2|}{\sqrt{1^2+2^2}}=\frac{2\sqrt{2}+2}{\sqrt{5}}$$

◀ 直線 QR：$y=-\dfrac{1}{2}x+1$
よって　$x+2y-2=0$

よって　$\triangle \mathrm{PQR}=\dfrac{1}{2}\cdot\sqrt{5}\cdot\dfrac{2\sqrt{2}+2}{\sqrt{5}}=\sqrt{2}+1$

(2) 求める面積 S は

$$S=\int_{-\sqrt{2}}^{2}\frac{1}{2}\sqrt{4-x^2}\,dx-\frac{1}{2}(2+\sqrt{2})\cdot\frac{\sqrt{2}}{2}$$

$$=\frac{1}{2}\left(\frac{1}{2}\cdot\sqrt{2}\cdot\sqrt{2}+\frac{1}{2}\cdot2^2\cdot\frac{3}{4}\pi\right)-\frac{1+\sqrt{2}}{2}$$

$$=\frac{3}{4}\pi-\frac{\sqrt{2}}{2}$$

◀ $\displaystyle\int_{-\sqrt{2}}^{2}\sqrt{4-x^2}\,dx$ は下の図の斜線部分の面積

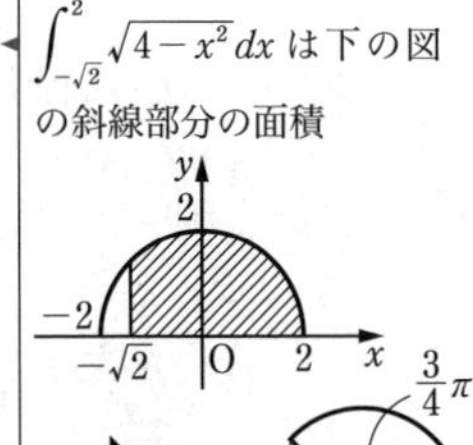

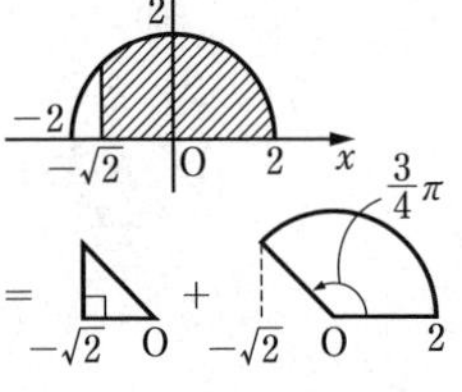

戦略例題 2〔別解〕

$\overrightarrow{OP}+\overrightarrow{OQ}+\overrightarrow{OR}=\vec{0}$ …① より

$$\begin{cases}2\cos\theta_1+2\cos\theta_2+2\cos\theta_3=0\\ \sin\theta_1+\sin\theta_2+\sin\theta_3=0\end{cases}$$

すなわち $\begin{cases}\cos\theta_1+\cos\theta_2=-\cos\theta_3\\ \sin\theta_1+\sin\theta_2=-\sin\theta_3\end{cases}$

$\sin^2\theta_3+\cos^2\theta_3=1$ より

$$(\cos\theta_1+\cos\theta_2)^2+(\sin\theta_1+\sin\theta_2)^2=1$$

$$2+2(\cos\theta_2\cos\theta_1+\sin\theta_2\sin\theta_1)=1$$

よって $\cos(\theta_2-\theta_1)=-\dfrac{1}{2}$

同様に $\cos(\theta_3-\theta_2)=-\dfrac{1}{2}$

$0\leqq\theta_1<\theta_2<\theta_3<2\pi$ より，$(\theta_2-\theta_1)+(\theta_3-\theta_2)<2\pi$ であるから $\theta_2-\theta_1=\dfrac{2}{3}\pi$，$\theta_3-\theta_2=\dfrac{2}{3}\pi$

次に，① より原点 O は △PQR の重心であるから

$$\triangle PQR=3\times\triangle POQ$$

$$=3\cdot\frac{1}{2}|2\cos\theta_1\sin\theta_2-\sin\theta_1\cdot2\cos\theta_2|$$

$$=3|\sin(\theta_2-\theta_1)|=\frac{3\sqrt{3}}{2}$$

◀ 文字を減らす
三角関数の相互関係を用いて，θ_3 を消去する。

◀ $\begin{cases}\cos\theta_2+\cos\theta_3=-\cos\theta_1\\ \sin\theta_2+\sin\theta_3=-\sin\theta_1\end{cases}$
を利用する。

◀ ❗① より
$\dfrac{\overrightarrow{OP}+\overrightarrow{OQ}+\overrightarrow{OR}}{3}=\overrightarrow{OO}$

◀ $\overrightarrow{OA}=(x_1,\ y_1)$，
$\overrightarrow{OB}=(x_2,\ y_2)$ のとき
$\triangle OAB=\dfrac{1}{2}|x_1y_2-x_2y_1|$

p.414，p.416 の解答と比較して，どうでしょうか？

戦略例題 1 (1) については，

〔別解〕では，直線 QR に平行になるような楕円 C の接線の接点の座標を求めなければなりませんでした。

一方**〔本解〕**では，点 P′ が線分 Q′R′ の垂直二等分線と円 C' の交点になるという図形の性質を利用して，計算を少なくすることができました。

戦略例題 1 (2) については，

〔別解〕では定積分の計算をする必要がありました。この定積分は，例題 156 のように置換積分法を用いる方法と，円の面積に帰着させる方法がありますが，どちらも計算量は**〔本解〕**と比べて多くなります。

また，戦略例題 2 については，

〔別解〕の 文字を減らす という考え方は，多くの問題で用いてきたため難しくはないかもしれませんが，① から原点 O が △PQR の重心であり

$$\triangle PQR=3\times\triangle POQ$$

を用いるということに気がつくのは，なかなか難しいかもしれません。

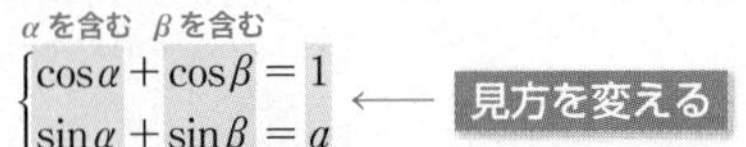

D

戦略例題 3　図形的な意味を考える〔1〕

★★★☆

実数 α, β に対する連立方程式 $\begin{cases}\cos\alpha+\cos\beta=1\\ \sin\alpha+\sin\beta=a\end{cases}$ が解をもつような定数 a の値の最大値と最小値を求めよ。

思考のプロセス

α を含む　β を含む

$\begin{cases}\cos\alpha+\cos\beta=1\\ \sin\alpha+\sin\beta=a\end{cases}$ ← 見方を変える

⇩ 図で考える　ベクトルで考える。

$(\cos\alpha,\ \sin\alpha)+(\cos\beta,\ \sin\beta)=(1,\ a)$

単位円上の点　　直線 $x=1$ 上の点

y 座標のとり得る値の範囲を考える

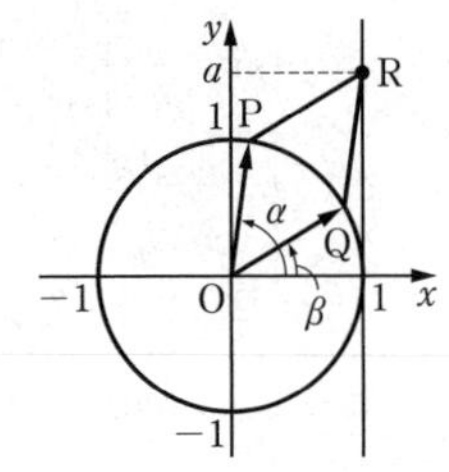

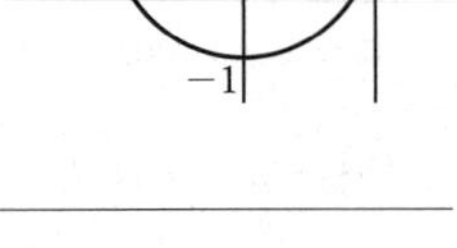

Action» 連立方程式は，ベクトルの和の式とみよ

解 $\overrightarrow{\mathrm{OP}}=(\cos\alpha,\ \sin\alpha)$,
$\overrightarrow{\mathrm{OQ}}=(\cos\beta,\ \sin\beta)$, $\overrightarrow{\mathrm{OR}}=(1,\ a)$
とおくと，連立方程式は

$$\overrightarrow{\mathrm{OP}}+\overrightarrow{\mathrm{OQ}}=\overrightarrow{\mathrm{OR}}\quad\cdots①$$

◀ 2点P，Qは単位円上の点である。

$|\overrightarrow{\mathrm{OP}}|=|\overrightarrow{\mathrm{OQ}}|=1$ であるから，
① が成り立つとき

$$|\overrightarrow{\mathrm{OR}}|\leqq|\overrightarrow{\mathrm{OP}}|+|\overrightarrow{\mathrm{PR}}|=|\overrightarrow{\mathrm{OP}}|+|\overrightarrow{\mathrm{OQ}}|=2$$

これは，$\overrightarrow{\mathrm{OP}}=\overrightarrow{\mathrm{OQ}}$ のとき等号成立。

◀ $|\overrightarrow{\mathrm{OR}}|$ の最大値は　2

$|\overrightarrow{\mathrm{OR}}|=2$ のとき，$\sqrt{1+a^2}=2$ より　$a=\pm\sqrt{3}$
したがって，a は

最大値 $\sqrt{3}$，最小値 $-\sqrt{3}$

〔別解〕

与えられた方程式は　$\begin{cases}\cos\beta=1-\cos\alpha\\ \sin\beta=a-\sin\alpha\end{cases}$

◀ 文字を減らす
三角関数の相互関係を利用して，β を消去する。

$\sin^2\beta+\cos^2\beta=1$ であるから

$$(1-\cos\alpha)^2+(a-\sin\alpha)^2=1$$
$$1-2\cos\alpha+\cos^2\alpha+a^2-2a\sin\alpha+\sin^2\alpha=1$$

よって　$a\sin\alpha+\cos\alpha=\dfrac{a^2+1}{2}$　$\cdots②$

ここで　(左辺) $=\sqrt{a^2+1}\sin(\alpha+\theta)$

◀ 三角関数の合成

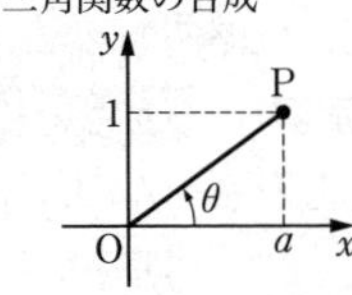

ただし，θ は $\cos\theta=\dfrac{a}{\sqrt{a^2+1}}$, $\sin\theta=\dfrac{1}{\sqrt{a^2+1}}$ を満たす角。

ゆえに，② は　$\sin(\alpha+\theta)=\dfrac{\sqrt{a^2+1}}{2}$　$\cdots③$

ここで，$-1\leqq\sin(\alpha+\theta)\leqq1$ であるから，定数 a が

$-1 \leqq \dfrac{\sqrt{a^2+1}}{2} \leqq 1$ を満たすとき，③ は実数解 α をもつ。

このとき，$a^2 \leqq 3$ であるから

$$-\sqrt{3} \leqq a \leqq \sqrt{3}$$

よって，a は　　最大値 $\sqrt{3}$，最小値 $-\sqrt{3}$

Point…問題が「a のとり得る値の範囲」を求める場合

この問題の求めるものが「a のとり得る値の範囲」の場合には，最大値 $\sqrt{3}$，最小値 $-\sqrt{3}$ ということから，ただちに $-\sqrt{3} \leqq a \leqq \sqrt{3}$ と答えるのは不十分である。

a が $-\sqrt{3}$ から $\sqrt{3}$ の間のすべての値をとり得ることを述べなければならない。

これを，$|\overrightarrow{\mathrm{OR}}|$ に着目して考えてみよう。

$\alpha = \dfrac{\pi}{3}$，$\beta = -\dfrac{\pi}{3}$ のとき $\overrightarrow{\mathrm{OP}} + \overrightarrow{\mathrm{OQ}} = (1,\ 0)$ より，

$|\overrightarrow{\mathrm{OR}}| = 1$ となる実数 α，β は存在する。

ここで，① より　　$|\overrightarrow{\mathrm{OP}} + \overrightarrow{\mathrm{OQ}}| = |\overrightarrow{\mathrm{OR}}|$

左辺の大きさに着目すると，$\alpha = \dfrac{\pi}{3}$ で固定したまま，

β の値を $\beta = \dfrac{\pi}{3}$ まで連続的に大きくすると，

$|\overrightarrow{\mathrm{OP}} + \overrightarrow{\mathrm{OQ}}|$ は連続的に 2 まで大きくなるから

$1 \leqq |\overrightarrow{\mathrm{OP}} + \overrightarrow{\mathrm{OQ}}| \leqq 2$　(間の値もすべてとり得る)

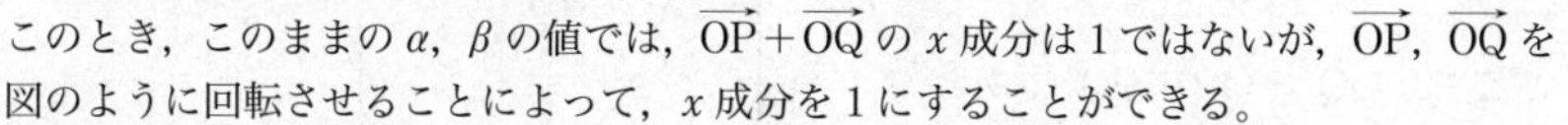

このとき，このままの α，β の値では，$\overrightarrow{\mathrm{OP}} + \overrightarrow{\mathrm{OQ}}$ の x 成分は 1 ではないが，$\overrightarrow{\mathrm{OP}}$，$\overrightarrow{\mathrm{OQ}}$ を図のように回転させることによって，x 成分を 1 にすることができる。

よって　　$1 \leqq |\overrightarrow{\mathrm{OR}}| \leqq 2$　すなわち　$1 \leqq \sqrt{a^2+1} \leqq 2$　(間の値もすべてとり得る)

ゆえに，a のとり得る値の範囲は　　$-\sqrt{3} \leqq a \leqq \sqrt{3}$

練習 3　a，b を実数の定数とする。$0 \leqq x < 2\pi$，$0 \leqq y < 2\pi$ を満たす実数 x，y に対する連立方程式 $\begin{cases} \sin x + \sin y = a \\ \cos x + \cos y = b \end{cases}$ について，次の問に答えよ。

(1)　$a = 0$，$b = \sqrt{3}$ のとき，x，y の値をそれぞれ求めよ。

(2)　$a = -\sqrt{3}$，$b = 1$ のとき，x，y の値をそれぞれ求めよ。

(3)　この連立方程式の解が存在するような a，b の満たす条件を求め，これを $(a,\ b)$ 平面に図示せよ。　　(同志社大　改)

➡p.442 問題3

戦略例題 4　図形的な意味を考える〔2〕　★★☆☆

u，v を $0 < u < 2$，$v > 0$ を満たす実数とするとき，
$(u-v)^2+\left(\sqrt{4-u^2}-\dfrac{18}{v}\right)^2$ の最小値を求めよ。また，そのときの u，v の値を求めよ。　（慶應義塾大　改）

思考のプロセス

最小値を求める＿＿は，$(\quad)^2+(\quad)^2$ の形
（2 点間の距離）^{2} の形

⇩ 図で考える

2 点 $\mathrm{P}(u,\ \sqrt{4-u^2})$，$\mathrm{Q}\left(v,\ \dfrac{18}{v}\right)$ の距離を考える。

→ 曲線 $y=\dfrac{18}{x}$ 上の点

→ 曲線 $y=\sqrt{4-x^2}$ すなわち円 $x^2+y^2=4\ (x>0,\ y>0)$ 上の点

Action» $(\quad)^2+(\quad)^2$ は，2点間の距離を考えよ

解 円 $x^2+y^2=4$ の第 1 象限の部分に点 $\mathrm{P}(u,\ \sqrt{4-u^2})$ をとり，曲線 $y=\dfrac{18}{x}$ の第 1 象限の部分に点 $\mathrm{Q}\left(v,\ \dfrac{18}{v}\right)$ をとると

$$\mathrm{PQ}^2=(u-v)^2+\left(\sqrt{4-u^2}-\frac{18}{v}\right)^2$$

◀ $(u-v)^2+\left(\sqrt{4-u^2}-\dfrac{18}{v}\right)^2$ を 2 点 $\mathrm{P}(u,\ \sqrt{4-u^2})$，$\mathrm{Q}\left(v,\ \dfrac{18}{v}\right)$ の距離の 2 乗とみる。

ここで，$\mathrm{OQ} \leqq \mathrm{OP}+\mathrm{PQ}$ であり，$\mathrm{OP}=2$ であるから

$$\mathrm{PQ} \geqq \mathrm{OQ}-\mathrm{OP}=\mathrm{OQ}-2$$

この等号が成り立つのは，3 点 O, P, Q が一直線上にあるときである。

よって，PQ が最小となるのは，3 点 O，P，Q が一直線上にあり，OQ が最小となるときである。

◀ 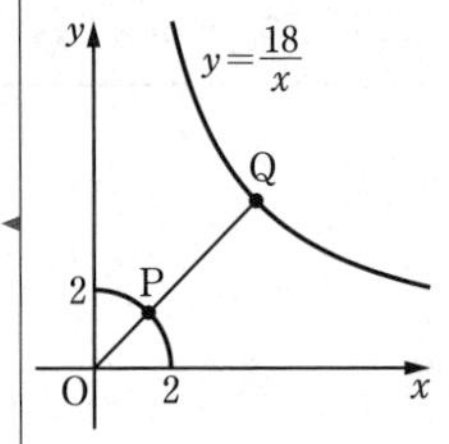

$v>0$ であるから，相加平均と相乗平均の関係より

$$\mathrm{OQ}^2=v^2+\left(\frac{18}{v}\right)^2 \geqq 2\sqrt{v^2\cdot\left(\frac{18}{v}\right)^2}=36$$

すなわち　$\mathrm{OQ} \geqq 6$

これは，$v^2=\left(\dfrac{18}{v}\right)^2$ すなわち $v=3\sqrt{2}$ のとき等号成立。

◀ OQ の最小値は　6

このとき，$\mathrm{Q}(3\sqrt{2},\ 3\sqrt{2})$ より，直線 OQ の方程式は $y=x$ であるから，$\mathrm{P}(\sqrt{2},\ \sqrt{2})$ であり　$\mathrm{PQ}=6-2=4$

したがって，$(u-v)^2+\left(\sqrt{4-u^2}-\dfrac{18}{v}\right)^2$ は

$u=\sqrt{2}$，$v=3\sqrt{2}$ のとき　最小値 16

◀ $\mathrm{PQ}=4$ より　$\mathrm{PQ}^2=16$

練習 4　$f(t)=\sqrt{t^2+4t+5}+\sqrt{t^2-6t+13}$ の最小値を求めよ。また，そのときの t の値を求めよ。

➡p.442 問題4

戦略例題 5　台形近似

D ★★★☆

(1)　$0 \leqq x \leqq \dfrac{\pi}{2}$ において，曲線 $C : y = e^{-\cos x}$ は下に凸であることを示せ。

(2)　不等式 $\dfrac{\pi}{2}e^{-\frac{1}{\sqrt{2}}} < \displaystyle\int_0^{\frac{\pi}{2}} e^{-\cos x}\,dx < \dfrac{\pi}{4}\left(1+\dfrac{1}{e}\right)$ を証明せよ。

［2］　［1］

（お茶の水女子大　改）

思考のプロセス

(1)　**結論の言い換え**　曲線 $y = e^{-\cos x}$ が下に凸 $\Longrightarrow$ $y'' > 0$ を示す。

(2)　**前問の結果の利用**　凸性を利用する。

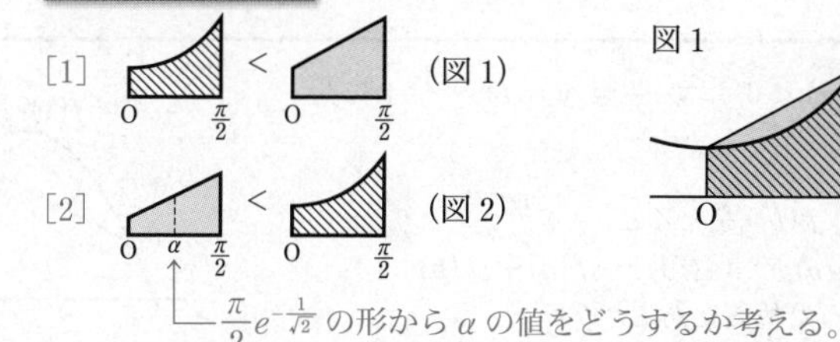

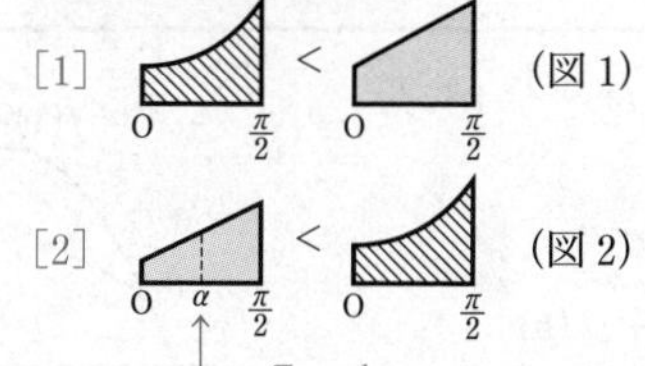

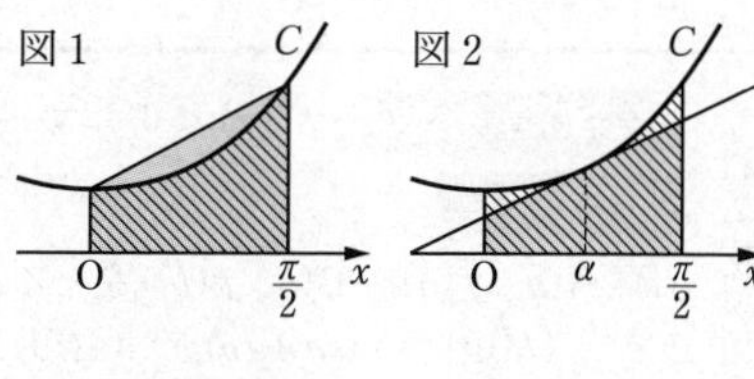

$\dfrac{\pi}{2}e^{-\frac{1}{\sqrt{2}}}$ の形から α の値をどうするか考える。

Action»　定積分を含む不等式は，台形との大小関係も考えよ

解　(1)　$y' = e^{-\cos x}\cdot(-\cos x)' = e^{-\cos x}\sin x$

$$\begin{aligned} y'' &= (e^{-\cos x})'\sin x + e^{-\cos x}(\sin x)' \\ &= e^{-\cos x}\sin^2 x + e^{-\cos x}\cos x \\ &= e^{-\cos x}(\sin^2 x + \cos x) \end{aligned}$$

$0 \leqq x \leqq \dfrac{\pi}{2}$ のとき $y'' > 0$ である

から，曲線 C は下に凸である。

(2)　曲線 C 上の点 $\left(\dfrac{\pi}{4},\ e^{-\frac{1}{\sqrt{2}}}\right)$ における接線を l とすると，右の図より

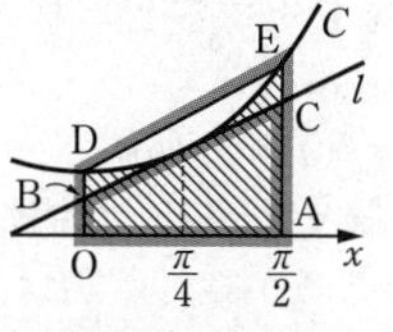

◀ $e^{-\cos x} = e^{-\frac{1}{\sqrt{2}}}$ となる $x = \dfrac{\pi}{4}$ における接線 l を考える。

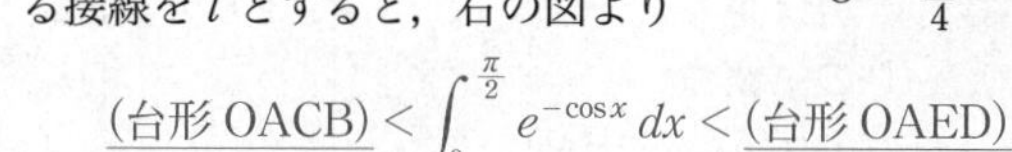

$$\underline{(台形\ \mathrm{OACB})} < \int_0^{\frac{\pi}{2}} e^{-\cos x}\,dx < \underline{(台形\ \mathrm{OAED})}$$

ここで

$$(台形\ \mathrm{OACB}) = \frac{\pi}{2}\cdot e^{-\frac{1}{\sqrt{2}}}$$

$$(台形\ \mathrm{OAED}) = \frac{1}{2}\left(1+\frac{1}{e}\right)\cdot\frac{\pi}{2} = \frac{\pi}{4}\left(1+\frac{1}{e}\right)$$

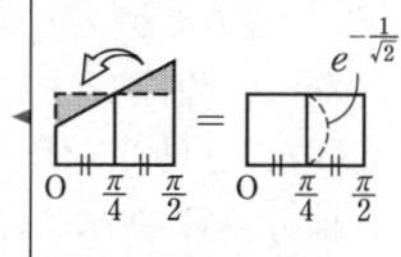

したがって　$\dfrac{\pi}{2}e^{-\frac{1}{\sqrt{2}}} < \displaystyle\int_0^{\frac{\pi}{2}} e^{-\cos x}\,dx < \dfrac{\pi}{4}\left(1+\dfrac{1}{e}\right)$

練習 5　(1)　$0 < x < a$ を満たす実数 x，a に対して，次を示せ。

$$\frac{2x}{a} < \int_{a-x}^{a+x} \frac{1}{t}\,dt < x\left(\frac{1}{a+x}+\frac{1}{a-x}\right)$$

(2)　(1) を利用して，$0.68 < \log 2 < 0.71$ を示せ。

（東京大）

➡p.442　問題5

戦略 1 図で考える

戦略例題 6　凸性の利用　★★★★

$x>0$ で定義された関数 $f(x)$ は第2次導関数をもち，$f''(x)<0$ を満たす。

(1) 正の実数 a，b と $s+t=1$ を満たす0以上の実数 s，t に対して，不等式 $f(sa+tb) \geqq sf(a)+tf(b)$ を証明せよ。

(2) 正の実数 a，b，c と $s+t+u=1$ を満たす0以上の実数 s，t，u に対して，不等式 $f(sa+tb+uc) \geqq sf(a)+tf(b)+uf(c)$ を証明せよ。

(3) 正の実数 a，b，c に対して，不等式 $\dfrac{a+b}{2} \geqq \sqrt{ab}$，$\dfrac{a+b+c}{3} \geqq \sqrt[3]{abc}$ を証明せよ。

思考のプロセス

条件の言い換え　$f''(x)<0 \Longrightarrow$ 曲線 $y=f(x)$ は上に凸

図で考える

(1) $\mathrm{A}(a,\ f(a))$，$\mathrm{B}(b,\ f(b))$ をとると
　(左辺) $=f(sa+tb)$，　(右辺) $=sf(a)+tf(b)$
は右の図のどのような位置にあるか？

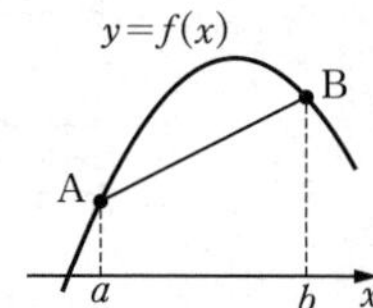

Action» 凸性のある $f(x)$ の不等式は，曲線 $y=f(x)$ 上の2点を結んだ直線を利用せよ

解 $x>0$ において $f''(x)<0$ より，曲線 $C: y=f(x)$ はこの区間で上に凸である。

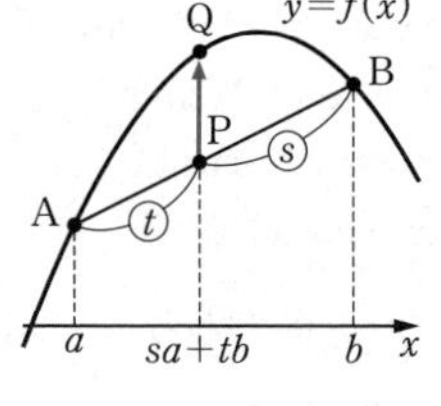

(1) 曲線 C 上に2点 $\mathrm{A}(a,\ f(a))$，$\mathrm{B}(b,\ f(b))$ をとり，線分 AB を $t:s$ に内分する点を P とすると，$s+t=1$ であるから

$$\mathrm{P}(sa+tb,\ sf(a)+tf(b))$$

また，曲線 C 上の $x=sa+tb$ における点を Q とすると，曲線 C が上に凸であるから，点 P は曲線 C 上または下側にあり　(Q の y 座標) $\geqq$ (P の y 座標)

◀ P と Q の y 座標を比べる。

すなわち　$f(sa+tb) \geqq sf(a)+tf(b)$　…①

(2) $a \leqq b \leqq c$ としても一般性を失わない。曲線 C 上に3点 $\mathrm{A}(a,\ f(a))$，$\mathrm{B}(b,\ f(b))$，$\mathrm{C}(c,\ f(c))$ をとる。線分 AB を $t:s$ に内分する点を P とすると

◀ a，b，c は，条件や証明する不等式において対等（s，t，u も同様）であるから，$a \leqq b \leqq c$ の場合を証明すれば十分である。

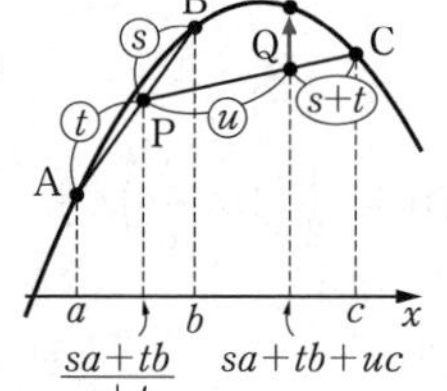

$$\mathrm{P}\left(\frac{sa+tb}{s+t},\ \frac{sf(a)+tf(b)}{s+t}\right)$$

◀ $s+t=1$ ではないことに注意する。

次に，線分 PC を $u:(s+t)$ に内分する点を Q とすると，$s+t+u=1$ であるから

$$\mathrm{Q}\left((s+t)\frac{sa+tb}{s+t}+uc,\ (s+t)\frac{sf(a)+tf(b)}{s+t}+uf(c)\right)$$

すなわち　$Q(sa+tb+uc,\ sf(a)+tf(b)+uf(c))$

また，曲線 C 上の $x=sa+tb+uc$ における点をRとすると，曲線 C が上に凸であるから，点Qは曲線 C 上または下側にあり　(Rの y 座標) ≧ (Qの y 座標)

すなわち

$$f(sa+tb+uc) \geqq sf(a)+tf(b)+uf(c) \quad \cdots ②$$

◀ QとRの y 座標を比べる。

(3)　① において，$f(x)=\log x$，$s=t=\dfrac{1}{2}$ とすると

$$\log\frac{a+b}{2} \geqq \frac{1}{2}\log a+\frac{1}{2}\log b$$

よって　$\log\dfrac{a+b}{2} \geqq \log\sqrt{ab}$

底は e (>1) より　$\dfrac{a+b}{2} \geqq \sqrt{ab}$

◀ $f(x)=\log x$ を用いることがポイントである。

◀ (右辺) $=\dfrac{1}{2}(\log a+\log b)$ $=\dfrac{1}{2}\log ab$ $=\log\sqrt{ab}$

また，② において，$f(x)=\log x$，$s=t=u=\dfrac{1}{3}$ とすると　$\log\dfrac{a+b+c}{3} \geqq \dfrac{1}{3}\log a+\dfrac{1}{3}\log b+\dfrac{1}{3}\log c$

よって　$\log\dfrac{a+b+c}{3} \geqq \log\sqrt[3]{abc}$

底は e (>1) より　$\dfrac{a+b+c}{3} \geqq \sqrt[3]{abc}$

◀ (右辺) $=\dfrac{1}{3}(\log a+\log b+\log c)$ $=\dfrac{1}{3}\log abc=\log\sqrt[3]{abc}$

Point...凸性を利用した相加平均と相乗平均の関係の証明

(3) では，(2) の結果を用いて3数の相加平均と相乗平均の関係 $\dfrac{a+b+c}{3} \geqq \sqrt[3]{abc}$ を示したが，(2) を用いずに，次のように証明することもできる。

曲線 C 上に3点 $A(a,\ f(a))$，$B(b,\ f(b))$，$C(c,\ f(c))$ をとり，△ABCの重心をGとすると

$$G\left(\frac{a+b+c}{3},\ \frac{f(a)+f(b)+f(c)}{3}\right)$$

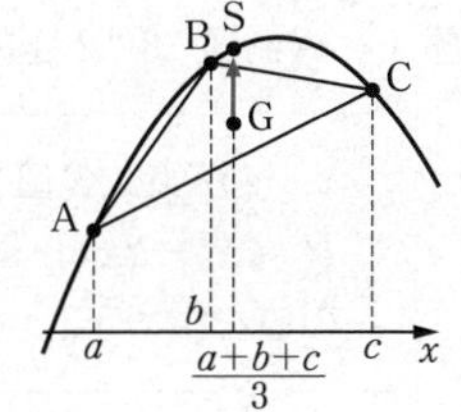

曲線 C 上の $x=\dfrac{a+b+c}{3}$ における点をSとすると

(Sの y 座標) ≧ (Gの y 座標)

すなわち　$f\left(\dfrac{a+b+c}{3}\right) \geqq \dfrac{f(a)+f(b)+f(c)}{3}$

ここで，$f(x)=\log x$ とすると　$\log\dfrac{a+b+c}{3} \geqq \dfrac{\log a+\log b+\log c}{3}$

以下，(3) の解答と同様。

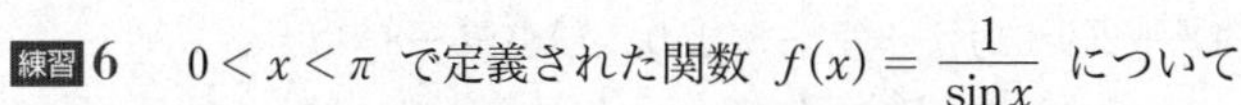

練習 6　$0<x<\pi$ で定義された関数 $f(x)=\dfrac{1}{\sin x}$ について

(1)　$f''(x)$ を求めよ。さらに，$f''(x)>0$ を証明せよ。

(2)　△ABCについて $\dfrac{1}{\sin A}+\dfrac{1}{\sin B}+\dfrac{1}{\sin C} \geqq 2\sqrt{3}$ を証明せよ。

➡p.442 問題6

Strategy 2 関数化

定数を変数と見なして，式を関数とみる
これができると，もとの式に対して
微分や積分という道具を利用することができる

ここでは，次の 4 つを学習しよう。

1 不等式の定数を変数と見なして，最大・最小を利用
2 数列において自然数 n を実数と見なして，微分・積分を利用
3 規則性を見つけて関数化し，単調性を利用
4 恒等式において，微分・積分を利用

1 不等式の定数を変数と見なして，最大・最小を利用

「不等式を証明すること」と「関数の最大・最小を求めること」は，実は関連がある。
例えば，例題 122「不等式への応用〔1〕」

> 次の不等式が成り立つことを証明せよ。
> (1) $x>0$ のとき $\sqrt{x}>\log x$ (2) $x>1$ のとき $\dfrac{1}{2}\log x>\dfrac{x-1}{x+1}$

で学習したように，次のような対応がある。
すべての実数 x に対して $f(x)\geqq k$ が成り立つ ⟷ 関数 $f(x)$ の最小値が k
これは，文字が 1 つの場合だけではなく，複数になっても同様である。例えば，LEGEND 数学 I＋A例題 78「2 変数関数の最大・最小」

> x，y が実数の値をとりながら変化するとき，
> $P=x^2-2xy+3y^2-2x+10y+1$ の最小値，およびそのときの x，y の値を求めよ。

および，LEGEND 数学II＋B例題 69「不等式の証明〔2〕」(1)

> 不等式 $x^2+y^2\geqq xy+x+y-1$ を証明せよ。

は，それぞれ
例題 78 … $P=(x-y-1)^2+2(y+2)^2-8\geqq -8$ より，最小値 -8
例題 69 … $(\text{左辺})-(\text{右辺})=\left(x-\dfrac{y+1}{2}\right)^2+\dfrac{3}{4}(y-1)^2\geqq 0$ より，不等式が成り立つ。
と，同様の式変形によって解決している。
このように，不等式と最大・最小は関連しているのである。

ここで，多変数関数の最大・最小の考え方（LEGEND 数学 I ＋ A p.596 Strategy2「動かす・固定する」3）のポイントは，次の通りであった。

① まず，1 つ以外の文字を定数として固定し，最大値（最小値）を求める。

② ①の最大値（最小値）において，固定した文字を変数とみて（真の）最大値（最小値）を求める。

それでは，この考え方を利用して，次の例題を考えてみよう。

戦略例題 7　不等式における最大・最小の利用　➡解説 p.430

a，b，c を正の数とするとき，不等式 $3\left(\dfrac{a+b+c}{3}-\sqrt[3]{abc}\right) \geqq 2\left(\dfrac{a+b}{2}-\sqrt{ab}\right)$ を証明せよ。また，等号が成立するのはどのような場合か。　（京都大）

2 数列において自然数 n を実数と見なして，微分・積分を利用

LEGEND 数学 II ＋ B 例題 271「等差数列の和の最大値」(3) を見てみよう。

> 初項が 73，公差が -4 である等差数列 $\{a_n\}$ について，初項から第 n 項までの和 S_n の最大値とそのときの n の値を求めよ。

解答では，$a_n=-4n+77$ より，数列 $\{a_n\}$ は第 19 項までが正の数，第 20 項以降が負の数であることから，最大値は $S_{19}=703$ と求めた。

一方，**Point** では，次のような考え方を紹介している。

例題 271 (3) は，$S_n=-2n^2+75n=-2\left(n-\dfrac{75}{4}\right)^2+\dfrac{5625}{8}$ と変形できるから，S_n は $\dfrac{75}{4}=18.75$ に最も近い自然数 $n=19$ のとき最大となることが分かる。

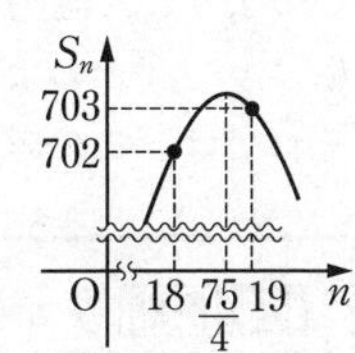

数列における n は自然数であるが，この考え方では

n をいったん実数と見なし，関数の最大・最小に帰着

させている。それでは，この考え方を利用して，次の例題を考えてみよう。

戦略例題 8　数列の関数化　➡解説 p.431

N を 2 以上の自然数とする。自然数の列 a_1，a_2，$\cdots$，a_N を $a_n=n^{N-n}$ で定める。a_1，a_2，$\cdots$，a_N のうちで最大の値を M とし，$M=a_n$ となる n の個数を k とする。

(1) $k \leqq 2$ であることを示せ。

(2) $k=2$ となるのは $N=2$ のときだけであることを示せ。　（大阪大　改）

3 規則性を見つけて関数化し，単調性を利用

例題 126「a^b と b^a の大小比較」

> 関数 $f(x)=\dfrac{\log x}{x}$ $(x>0)$ について
> (1) 曲線 $y=f(x)$ の概形をかけ。ただし，凹凸は調べなくてよい。
> 　また，$\displaystyle\lim_{t\to\infty}\frac{t}{e^t}=0$ を用いてもよい。
> (2) 不等式 $f(e)>f(\pi)$ を証明せよ。
> (3) e^π と π^e の大小を比較せよ。

では，関数 $f(x)=\dfrac{\log x}{x}$ を考えることが大きなヒントとなっていた。しかし，このヒントが無くても，利用する $f(x)$ は自分で見つけられるようになっておきたい。そのときの 思考のプロセス は次のようなものになるだろう。

逆向きに考える

e^π と π^e の大小 ⟹ $e^\pi \;\square\; \pi^e$ （>? <?）　左辺に e，右辺に π をまとめる。

⟹ $\log e^\pi \;\square\; \log \pi^e$　⬅ 両辺の対数をとる。

⟹ $\pi \log e \;\square\; e\log \pi$

⟹ $\dfrac{\log e}{e} \;\square\; \dfrac{\log \pi}{\pi}$　⬅ 両辺を $e\pi$ (>0) で割る。

⟹ $f(x)=\dfrac{\log x}{x}$ において，$f(e)$ と $f(\pi)$ を比べる。

このように，証明する式から，文字をまとめたり，何かの規則性を発見したりすることによって，どのような関数の単調性を利用するのかを考えるのである。
それでは，この考え方を利用して，次の例題を考えてみよう。

戦略例題 9　大小比較における単調性の利用　➡解説 p.432

$\sqrt{2}$，$\sqrt[3]{3}$，$\sqrt[5]{5}$，$\sqrt[7]{7}$，$\sqrt[11]{11}$，$\sqrt[13]{13}$ の大小関係を不等式で表せ。

4 恒等式において，微分・積分を利用

恒等式においても，微分や積分を利用することがある。
例えば，LEGEND 数学II＋B例題 47「剰余の定理の応用〔2〕」

> 多項式 $P(x)$ を $x-2$ で割ると 18 余り，$(x+1)^2$ で割ると $-x+2$ 余る。
> このとき，$P(x)$ を $(x-2)(x+1)^2$ で割ったときの余りを求めよ。

において，微分を用いる次の別解を紹介した。

〔別解〕

$P(x)$ を $(x-2)(x+1)^2$ で割ったときの商を $Q_1(x)$，余りを ax^2+bx+c とおくと

$$P(x)=(x-2)(x+1)^2Q_1(x)+ax^2+bx+c \quad \cdots ①$$

$P(x)$ を $x-2$ で割ると 18 余るから，剰余の定理により　$P(2)=18$　$\cdots$ ②

$P(x)$ を $(x+1)^2$ で割ったときの商を $Q_2(x)$ とおくと，余りは $-x+2$ であるから

$$P(x)=(x+1)^2Q_2(x)-x+2 \quad \cdots ③$$

① の両辺に $x=2$ を代入すると，② より　$4a+2b+c=18$　$\cdots$ ④

①，③ の両辺に $x=-1$ を代入することにより　$a-b+c=3$　$\cdots$ ⑤

ここで，① の両辺を x で微分すると

$$P'(x)=\{(x+1)^2Q_1(x)+(x-2)\cdot 2(x+1)Q_1(x)+(x-2)(x+1)^2Q_1'(x)\}+2ax+b \quad \cdots ①'$$

③ の両辺を x で微分すると

$$P'(x)=\{2(x+1)Q_2(x)+(x+1)^2Q_2'(x)\}-1 \quad \cdots ③'$$

①′，③′ の両辺に $x=-1$ を代入することにより　$-2a+b=-1$　$\cdots$ ⑥

④〜⑥ を連立して解くと　$a=2,\ b=3,\ c=4$

よって，求める余りは　$2x^2+3x+4$

この解答では，恒等式の両辺を微分した等式も恒等式であることを用いている。

すなわち　**$f(x)=g(x)$ が恒等式 $\Longrightarrow$ $f'(x)=g'(x)$ は恒等式**

また，p.132 **Go Ahead** 3「二項係数の性質と微分法」では，この性質を利用して

(1)　${}_n\mathrm{C}_1+2{}_n\mathrm{C}_2+3{}_n\mathrm{C}_3+\cdots+n{}_n\mathrm{C}_n=n\cdot 2^{n-1}$

(2)　${}_n\mathrm{C}_1+2^2{}_n\mathrm{C}_2+3^2{}_n\mathrm{C}_3+\cdots+n^2{}_n\mathrm{C}_n=n(n+1)\cdot 2^{n-2}$

(3)　$1\cdot 2{}_n\mathrm{C}_1+2\cdot 3{}_n\mathrm{C}_2+3\cdot 4{}_n\mathrm{C}_3+\cdots+n(n+1){}_n\mathrm{C}_n=n(n+3)\cdot 2^{n-2}$

を示しているから，参照しておこう。

さて，これと同様に，恒等式の両辺を積分した等式は恒等式だろうか？

$f(x)=g(x)$ が恒等式のとき，当然ながら $\int f(x)dx=\int g(x)dx$ は成り立たない。

なぜなら，積分定数を考えなければならないからである。

一方，$f(x)=g(x)$ が恒等式のとき，等式 $\int_a^x f(t)dt=\int_a^x g(t)dt$ は恒等式である。

それでは，この考え方を利用して，次の例題を考えてみよう。

戦略例題 10　恒等式における微分・積分の利用　➡解説 p.433

次の値を自然数 n を用いて表せ。

(1)　$\displaystyle\sum_{k=0}^{n}(k+1){}_n\mathrm{C}_k$　　(2)　$\displaystyle\sum_{k=0}^{n}\frac{1}{k+1}{}_n\mathrm{C}_k$　　（東京理科大　改）

戦略例題 7　不等式における最大・最小の利用　★★★☆

$a,\ b,\ c$ を正の数とするとき，不等式 $3\left(\dfrac{a+b+c}{3}-\sqrt[3]{abc}\right) \geqq 2\left(\dfrac{a+b}{2}-\sqrt{ab}\right)$ を証明せよ。また，等号が成立するのはどのような場合か。　（京都大）

思考のプロセス

«ReAction　不等式の証明は，(左辺)−(右辺) = $f(x)$ の最小値や単調性を利用せよ ◀例題 122

1つの文字に着目

(左辺)−(右辺) = $\underline{c-3\sqrt[3]{abc}+2\sqrt{ab}}$

$a,\ b,\ c$ のうち，1つの文字の関数とみて，(最小値) $\geqq 0$ を示す。

解 例題122

$f(c) = $(左辺)−(右辺)

$= c-3\sqrt[3]{abc}+2\sqrt{ab}$

$= c-3(ab)^{\frac{1}{3}}c^{\frac{1}{3}}+2(ab)^{\frac{1}{2}}$

とおくと　$f'(c) = 1-3(ab)^{\frac{1}{3}}\cdot\dfrac{1}{3}c^{-\frac{2}{3}}$

$= 1-(ab)^{\frac{1}{3}}c^{-\frac{2}{3}}$

$f'(c) = 0$ とすると　$c^{-\frac{2}{3}} = (ab)^{-\frac{1}{3}}$

$c>0$ より　$c = (ab)^{\frac{1}{2}}$

よって，$f(c)$ の増減表は右のようになる。

c	0	$\cdots$	$(ab)^{\frac{1}{2}}$	$\cdots$
$f'(c)$	／	−	0	＋
$f(c)$	／	↘	最小	↗

ゆえに

$f(c) \geqq f\left((ab)^{\frac{1}{2}}\right) = (ab)^{\frac{1}{2}}-3(ab)^{\frac{1}{3}}(ab)^{\frac{1}{6}}+2(ab)^{\frac{1}{2}}$

$= 3(ab)^{\frac{1}{2}}-3(ab)^{\frac{1}{2}} = 0$

したがって

$3\left(\dfrac{a+b+c}{3}-\sqrt[3]{abc}\right) \geqq 2\left(\dfrac{a+b}{2}-\sqrt{ab}\right)$

これは，$c = (ab)^{\frac{1}{2}}$ すなわち $\boldsymbol{c = \sqrt{ab}}$ **のとき等号成立。**

〔別解〕

3数の相加平均と相乗平均の関係より

(左辺)−(右辺) $= \left(c+\sqrt{ab}+\sqrt{ab}\right)-3\sqrt[3]{abc}$

$\geqq 3\sqrt[3]{c\sqrt{ab}\sqrt{ab}}-3\sqrt[3]{abc}$

$= 3\sqrt[3]{abc}-3\sqrt[3]{abc} = 0$

これは，$c = \sqrt{ab}$ のとき等号成立。

◀微分しやすい c に着目した。

◀$\sqrt[3]{abc} = \underline{\sqrt[3]{ab}}c^{\frac{1}{3}}$（定数）

$\dfrac{d}{dc}c^{\frac{1}{3}} = \dfrac{1}{3}c^{-\frac{2}{3}}$

◀$p^{\frac{1}{3}}p^{\frac{1}{6}} = p^{\frac{1}{3}+\frac{1}{6}} = p^{\frac{1}{2}}$

◀$f(c) = $(左辺)−(右辺) $\geqq 0$
よって　(左辺) $\geqq$ (右辺)

◀$p,\ q,\ r>0$ のとき
$\dfrac{p+q+r}{3} \geqq \sqrt[3]{pqr}$

練習 7　$a,\ b,\ c$ は $a>0,\ b>0,\ c>1$ を満たす定数とする。このとき，次の不等式を示せ。

$(a+b)^c \leqq 2^{c-1}(a^c+b^c)$　（玉川大　改）

➡p.443 問題7

戦略例題 8　数列の関数化　★★★★

N を 2 以上の自然数とする。自然数の列 a_1, a_2, $\cdots$, a_N を $a_n = n^{N-n}$ で定める。a_1, a_2, $\cdots$, a_N のうちで最大の値を M とし，$M = a_n$ となる n の個数を k とする。

(1) $k \leqq 2$ であることを示せ。

(2) $k = 2$ となるのは $N = 2$ のときだけであることを示せ。（大阪大　改）

思考のプロセス

既知の問題に帰着　$a_{\underline{n}} = \underline{n}^{N-\underline{n}}$（自然数）の最大値 $\Longrightarrow$ $f(\underline{x}) = \underline{x}^{N-\underline{x}}$（実数）のグラフから考える。

Action» 数列の項の値の範囲は，n を x とした関数のグラフを考えよ

解 (1) $f(x) = x^{N-x}$ $(1 \leqq x \leqq N)$ とおき，$x^{N-x} > 0$ より，

両辺の対数をとると　$\log f(x) = (N-x)\log x$

両辺を x で微分すると　$\dfrac{f'(x)}{f(x)} = -\log x + \dfrac{N-x}{x}$

◀ 対数微分法を用いる。

よって　$f'(x) = x^{N-x}\left(-\log x + \dfrac{N}{x} - 1\right)$

$g(x) = -\log x + \dfrac{N}{x} - 1$ とおくと　$g'(x) = -\dfrac{1}{x} - \dfrac{N}{x^2} < 0$

◀ $x^{N-x} > 0$ であるから，(　)の中の符号に着目する。

ゆえに，$g(x)$ は単調減少であり

$g(1) = N - 1 > 0$

$g(N) = -\log N < 0$

x	1	$\cdots$	α	$\cdots$	N
$f'(x)$		$+$	0	$-$	
$f(x)$	1	↗		↘	1

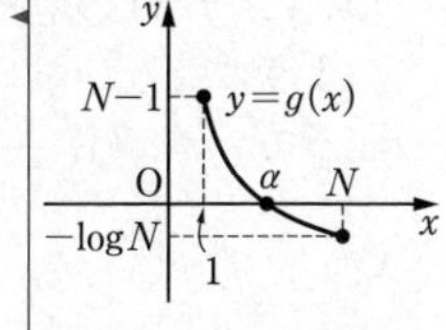

より，$g(x) = 0$ となる x はただ 1 つ存在する。

このとき x を α とおくと，$f(x)$ の増減表は右上のようになり，$y = f(x)$ のグラフは右の図。

◀ $x^{N-x} > 0$ より $x = \alpha$ でのみ $f'(x) = 0$ となる。

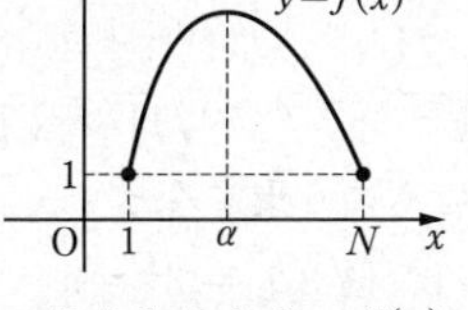

したがって，$x = 1$, 2, $\cdots$, N のみをとるとき，$f(x)$ の最大値をとる x の値は 2 つ以下であるから　$k \leqq 2$

(2) $k = 2$ となるのは，α が整数でなく，$[\alpha] = m$ としたとき，$n = m$, $m+1$ で a_n が最大となるときであるから，

$a_m = a_{m+1}$ より　$m^{N-m} = (m+1)^{N-(m+1)}$　$\cdots$①

m と $m+1$ の偶奇は異なるから，$N-(m+1) \geqq 1$ のとき，右辺と左辺の偶奇は異なる。

よって　$N-(m+1) = 0$　かつ　$N - m = 1$　$\cdots$②

① に代入すると $m = 1$ であり，② より　$N = 2$

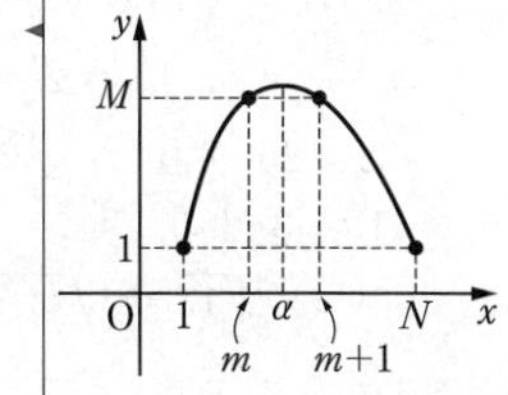

練習 8　n を自然数，$0 < a < b$ とする。$n+2$ 個の正の実数 a, c_1, c_2, $\cdots$, c_n, b がこの順に等差数列であり，$n+2$ 個の正の実数 a, e_1, e_2, $\cdots$, e_n, b がこの順に等比数列であるとする。このとき，$i = 1$, 2, $\cdots$, n について，c_i と e_i のどちらが大きいか答えよ。

（お茶の水女子大　改）

➡p.443 問題8

戦略例題 9　大小比較における単調性の利用　★★☆☆

$\sqrt{2}$，$\sqrt[3]{3}$，$\sqrt[5]{5}$，$\sqrt[7]{7}$，$\sqrt[11]{11}$，$\sqrt[13]{13}$ の大小関係を不等式で表せ。

思考のプロセス

6 つの数を 2 つずつ比較していくのは大変。

特に $\sqrt[11]{11}$ と $\sqrt[13]{13}$ の比較は，(11×13) 乗した 11^{13} と 13^{11} を比較しなければならない。

規則性を見つける

6 つの数はいずれも $\sqrt[x]{x}=x^{\frac{1}{x}}$ の形である。

⟹ $y=x^{\frac{1}{x}}$ の増減やグラフを考え，

$x=2,\ 3,\ 5,\ 7,\ 11,\ 13$ のときの y の値を考える。

Action» 規則性のある数の大小は，関数の単調性を利用せよ

解 $f(x)=x^{\frac{1}{x}}$ $(x>0)$ とおくと，$x^{\frac{1}{x}}>0$ より両辺の対数をとると　$\log f(x)=\dfrac{\log x}{x}$

◀ $\sqrt[x]{x}=x^{\frac{1}{x}}$

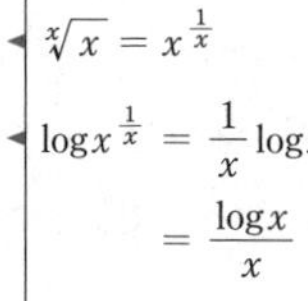

◀ $\log x^{\frac{1}{x}}=\dfrac{1}{x}\log x=\dfrac{\log x}{x}$

両辺を x で微分すると　$\dfrac{f'(x)}{f(x)}=\dfrac{1-\log x}{x^2}$

よって　$f'(x)=x^{\frac{1}{x}}\cdot\dfrac{1-\log x}{x^2}$

◀ $f(x)=e^{\log f(x)}$ と考えると，$x\to+0$ のとき，$\log f(x)\to-\infty$ であるから　$f(x)\to0$
また，$x\to\infty$ のとき，$\log f(x)\to0$ であるから　$f(x)\to1$

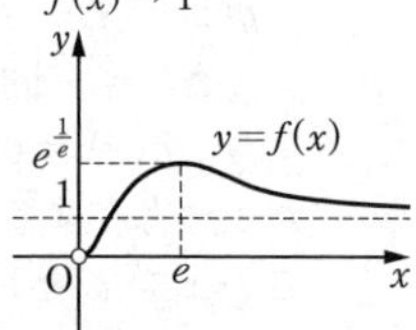

$f'(x)=0$ とすると

$x=e$

ゆえに，$f(x)$ の増減表は右のようになる。

x	0	$\cdots$	e	$\cdots$
$f'(x)$	／	$+$	0	$-$
$f(x)$	／	↗	$e^{\frac{1}{e}}$	↘

よって，$f(x)$ は $x\geqq e$ のとき単調減少であり，$3>e$ であるから

$f(3)>f(5)>f(7)>f(11)>f(13)$

すなわち　$\sqrt[3]{3}>\sqrt[5]{5}>\sqrt[7]{7}>\sqrt[11]{11}>\sqrt[13]{13}$　…①

IIB 180 また，$\sqrt{2}$ と $\sqrt[3]{3}$ をともに 6 乗すると

$(\sqrt{2})^6=2^3=8$，$(\sqrt[3]{3})^6=3^2=9$

$8<9$ より　$\sqrt{2}<\sqrt[3]{3}$　…②

さらに，$\sqrt{2}$ と $\sqrt[5]{5}$ をともに 10 乗すると

$(\sqrt{2})^{10}=2^5=32$，$(\sqrt[5]{5})^{10}=5^2=25$

$32>25$ より　$\sqrt{2}>\sqrt[5]{5}$　…③

◀ $f(x)$ の単調性だけでは，$\sqrt{2}$ と他の数の大小を判定できない。よって，$\sqrt{2}$ 以外の数と $\sqrt{2}$ を直接比較する。

①～③ より

$$\sqrt[13]{13}<\sqrt[11]{11}<\sqrt[7]{7}<\sqrt[5]{5}<\sqrt{2}<\sqrt[3]{3}$$

練習 9　次の不等式を証明せよ。

$$\log_3 2<\log_4 3<\log_5 4<\log_6 5<\log_7 6<\log_8 7<\log_9 8<\log_{10} 9$$

（北里大　改）

➡ p.443　問題 9

戦略例題 10 恒等式における微分・積分の利用 ★★★☆

次の値を自然数 n を用いて表せ。

(1) $\displaystyle\sum_{k=0}^{n}(k+1)_n\mathrm{C}_k$　　(2) $\displaystyle\sum_{k=0}^{n}\frac{1}{k+1}{}_n\mathrm{C}_k$　　（東京理科大　改）

思考のプロセス

«ReAction 二項係数の和は，$(1+x)^n$ の展開式を利用せよ ◀IIB 例題 6

$(1+x)^n=\displaystyle\sum_{k=0}^{n}㋐{}_n\mathrm{C}_kx^k$

逆向きに考える

(1) ㋐に $(k+1)$ をつくりたい $\Longrightarrow$ $\left(\displaystyle\sum_{k=0}^{n}{}_n\mathrm{C}_kx^{k+1}\right)'=\displaystyle\sum_{k=0}^{n}(k+1)_n\mathrm{C}_kx^k$ の利用

(2) ㋐に $\dfrac{1}{k+1}$ をつくりたい $\Longrightarrow$ $\displaystyle\int\sum_{k=0}^{n}{}_n\mathrm{C}_kx^kdx=\sum_{k=0}^{n}\frac{1}{k+1}{}_n\mathrm{C}_kx^{k+1}+C$ の利用

解 二項定理により　$(1+x)^n=\displaystyle\sum_{k=0}^{n}{}_n\mathrm{C}_kx^k$　…①

(1) ①の両辺に x を掛けると

$$x(1+x)^n=\sum_{k=0}^{n}{}_n\mathrm{C}_kx^{k+1}$$

両辺を x で微分すると

$$(1+x)^n+nx(1+x)^{n-1}=\sum_{k=0}^{n}(k+1)_n\mathrm{C}_kx^k$$

$x=1$ を代入すると

$$\sum_{k=0}^{n}(k+1)_n\mathrm{C}_k=2^n+n\cdot2^{n-1}=\boldsymbol{(n+2)2^{n-1}}$$

(2) ①より　$\displaystyle\int_0^1(1+x)^n\,dx=\int_0^1\sum_{k=0}^{n}{}_n\mathrm{C}_kx^k\,dx$

$$(\text{左辺})=\left[\frac{1}{n+1}(1+x)^{n+1}\right]_0^1=\frac{1}{n+1}(2^{n+1}-1)$$

$$(\text{右辺})=\left[\sum_{k=0}^{n}\frac{1}{k+1}{}_n\mathrm{C}_kx^{k+1}\right]_0^1=\sum_{k=0}^{n}\frac{1}{k+1}{}_n\mathrm{C}_k$$

よって　$\displaystyle\sum_{k=0}^{n}\frac{1}{k+1}{}_n\mathrm{C}_k=\boldsymbol{\frac{1}{n+1}(2^{n+1}-1)}$

◀❗ $\displaystyle\int(1+x)^n\,dx=\int\sum_{k=0}^{n}{}_n\mathrm{C}_kx^kdx$ とはしないように注意する。

練習 10 次の値を自然数 n を用いて表せ。

(1) $\displaystyle\sum_{k=0}^{n}(k+2)_n\mathrm{C}_k$　　(2) $\displaystyle\sum_{k=0}^{n}\frac{1}{k+2}{}_n\mathrm{C}_k$　（東京理科大）

➡p.443 問題10

Strategy 3 一般化

1，2，3で成り立つことが n でも成り立つか？
自然数，整数，有理数で成り立つことが実数でも成り立つか？
この一般化が，数学の発展の歴史そのものである

ある場面で成り立つ性質があったときに，その性質は一般に成り立つことか考えることは，数学においても日常においても重要であり，多くの学問はそのような一般化の上に成り立っている。数学は特にその性格が強い学問であるから，入試でも一般化を背景とした問題は度々出題される。理系へ進んだ皆さんには，この一般化の精神をぜひ身に付けてほしい。

実は，Strategy2「関数化」で学習した，定数を変数と見なすこと（1，3）や，自然数を実数と見なすこと（2）も，一般化の1つということができる。

ここでは，一般化について，さらに次の3つを学習しよう。

1 1，2，3の場合をもとに，n の場合を類推する
2 n に一般化して，数学的帰納法を利用する
3 数の拡張にしたがって，性質が成り立つ範囲を拡張する

1 1，2，3の場合をもとに，n の場合を類推する

類推という言葉が示す通り，LEGEND 数学Cの p.309 Strategy2 で学習した内容の拡張である。数学Ⅱ＋Bでは，2変数の不等式の証明から3変数の不等式の証明を考えてきた。少し振り返ってみよう。

LEGEND 数学Ⅱ＋B例題70「コーシー・シュワルツの不等式」

> 次の不等式を証明せよ。また，等号が成り立つのはどのようなときか。
> (1)　$(a^2+b^2)(x^2+y^2) \geqq (ax+by)^2$
> (2)　$(a^2+b^2+c^2)(x^2+y^2+z^2) \geqq (ax+by+cz)^2$

では，(1)で2項の場合，(2)で3項の場合の証明をしたが，(1)は(2)の解法のヒントになっている。

(1)の解法の流れ

(左辺)－(右辺)を考える ⇨ 展開して整理する ⇨ $(\quad)^2 \geqq 0$ をつくる

が，(2)の解法を思い付きやすくしている。

実際，(2)は次のように変形して証明する。

$$(\text{左辺})-(\text{右辺}) = \cdots = (ay-bx)^2+(bz-cy)^2+(cx-az)^2 \geqq 0$$

このように，2 項の場合の解法から類推することにより，3 項の場合の解法が思いつくことがある。
同様に，n 変数の場合には，2 変数や 3 変数の場合の解法から類推するとよい。n 変数のまま解法を考えようとしても式が複雑になり考えにくいが，2 変数や 3 変数の場合であれば考えやすい。その解法を n の場合に一般化するのである。
それでは，この考え方を利用して，次の例題を考えてみよう。

戦略例題 11　自然数 n を含む不等式 ➡解説 p.437

n を自然数とする。実数 x_1，x_2，$\cdots$，x_n が $x_1+x_2+\cdots+x_n=1$ を満たすとき，不等式 $x_1{}^2+x_2{}^2+\cdots+x_n{}^2 \geqq \dfrac{1}{n}$ が成り立つことを証明せよ。また，等号が成り立つのはどのようなときか。　（大阪教育大）

2 n に一般化して，数学的帰納法を利用する

1 もそうであったが，思考や証明は一般的な場合よりも具体的な場合の方が行いやすいことが多い。しかしながら，Strategy2「関数化」の 2 では，自然数（具体的）で考えるよりも実数（一般的）で考えた方がよかったように，具体的な場合を問われているにもかかわらず，先に一般的な性質を示してしまう場合もある。
この利点は利用できる数学の道具が増えることにあり，「関数化」の場合は微分や積分が利用できることにあった。
この見方は 1 と全く逆である。

1 … 自然数 n について成り立つことを示すために，$n=2$ や $n=3$ の場合で考える

これを逆にみると

$n=2$，$n=3$ などの具体的な場面での問題に対して，一般の n の場合で考える

ということである。
この場合の利点，すなわち，利用できる数学の道具は何だろうか？
自然数 n に関する性質の証明といえば，数学的帰納法である。
それでは，この考え方を利用して，次の例題を考えてみよう。

戦略例題 12　一般化による数学的帰納法の利用 ➡解説 p.438

$a \geqq 1$，$b \geqq 1$，$c \geqq 1$，$d \geqq 1$ のとき，次の不等式を証明せよ。

$$8(abcd+1) \geqq (1+a)(1+b)(1+c)(1+d)$$

3 数の拡張にしたがって，性質が成り立つ範囲を拡張する

小学校からこれまで，扱う数の対象は自然数，整数，有理数，実数，複素数と広がってきた。これは数学の発展の歴史そのものである。
x^{α} の微分についても，数学II，IIIを通して，α の値が

(i) 0 以上の整数 ⇨ (ii) すべての整数 ⇨ (iii) 有理数 ⇨ (iv) 実数

というように，性質が成り立つ範囲を広げていった（p.123 まとめ 5 概要 5，および，p.143 まとめ 6 概要 2 を参照）。
このとき
(ii) … 商の微分法と (i) を利用
(iii) … 合成関数の微分法と (ii) を利用
のように，それまでに示したことを踏み台として，性質が成り立つ範囲を広げている。

それでは，この考え方を利用して，次の例題を考えてみよう。
なお，この例題に類似した問題が例題 80 にある。しかし，p.155 **Play Back 7** でも解説しているように，次の例題は「$f(x)$ が微分可能」という条件がないから，例題 80 のようには解くことはできないことに注意する。

戦略例題 13 性質が成り立つ範囲の拡張 ➡ 解説 p.440

有理数で定義された関数 $f(x)$ は，すべての x で実数の値をとり，次の 2 つの性質をもつ。
(性質 1) すべての有理数 x，y に対して，$f(x+y)=f(x)f(y)$ を満たしている。
(性質 2) $f(3)=8$
このとき，次の問に答えよ。
(1) $f(0)$，$f(1)$ の値を求めよ。
(2) すべての有理数 x に対して，$f(x)=2^x$ であることを示せ。

戦略例題 11 自然数 n を含む不等式 ★★★☆

n を自然数とする。実数 x_1, x_2, $\cdots$, x_n が $x_1+x_2+\cdots+x_n=1$ を満たすとき，不等式 $x_1{}^2+x_2{}^2+\cdots+x_n{}^2 \geqq \dfrac{1}{n}$ が成り立つことを証明せよ。また，等号が成り立つのはどのようなときか。（大阪教育大）

思考のプロセス

« ReAction 多変数の不等式の証明は，文字を減らした不等式から類推せよ

◀C 戦略例題 7

条件付きの不等式の証明

→ 1文字消去 ⟵ $x_n=1-(x_1+\cdots+x_{n-1})$ として消去すると，式が複雑すぎる。

→ $(\quad)^2+\cdots+(\quad)^2 \geqq 0$ の利用

文字を減らす **$n=2$ の場合で考える。**

$x_1+x_2=1$ のとき $x_1{}^2+x_2{}^2 \geqq \dfrac{1}{2}$ …（＊）を示す。

逆向きに考える

（左辺）−（右辺）$=\underbrace{(x_1{}^2+x_2{}^2)-\dfrac{1}{2}}_{①}=\underbrace{(x_1+\square)^2+(x_2+\square)^2}_{②}$ としたい。

⟹（＊）の等号が成り立つときを考えると，$x_1=x_2=\dfrac{1}{2}$ と予想できるから

$$② = \left(x_1-\frac{1}{2}\right)^2+\left(x_2-\frac{1}{2}\right)^2 = x_1{}^2+x_2{}^2-\underbrace{(x_1+x_2)}_{1\,(\text{条件式})}+\frac{1}{2} = ①$$

⟶ ここで考えたことと同様のことを，n の場合で考える。

解 $x_1+x_2+\cdots+x_n=1$ であるから

$$(\text{左辺})-(\text{右辺})=(x_1{}^2+x_2{}^2+\cdots+x_n{}^2)-\frac{1}{n}$$

$$=x_1{}^2+x_2{}^2+\cdots+x_n{}^2\underline{-\frac{2}{n}(x_1+x_2+\cdots+x_n)+\frac{2}{n}}-\frac{1}{n}$$

$$=\left(x_1{}^2-\frac{2}{n}x_1\right)+\left(x_2{}^2-\frac{2}{n}x_2\right)+\cdots+\left(x_n{}^2-\frac{2}{n}x_n\right)+\frac{1}{n}$$

$$=\left(x_1-\frac{1}{n}\right)^2+\left(x_2-\frac{1}{n}\right)^2+\cdots+\left(x_n-\frac{1}{n}\right)^2-\frac{n}{n^2}+\frac{1}{n}$$

$$=\left(x_1-\frac{1}{n}\right)^2+\left(x_2-\frac{1}{n}\right)^2+\cdots+\left(x_n-\frac{1}{n}\right)^2 \geqq 0$$

よって，与えられた不等式は成り立つ。

これは，**$x_1=x_2=\cdots=x_n=\dfrac{1}{n}$ のとき等号成立**。

◀ ❗ $\left(x_1-\dfrac{1}{n}\right)^2+\left(x_2-\dfrac{1}{n}\right)^2+\cdots+\left(x_n-\dfrac{1}{n}\right)^2$ の形をつくるために，------ の部分を補う。

練習 11 関数 $f(x)=nx^2-2(a_1+a_2+\cdots+a_n)x+(a_1{}^2+a_2{}^2+\cdots+a_n{}^2)$ を考える。ただし，n は正の整数で，a_1, a_2, $\cdots$, a_n は実数である。次の問に答えよ。

(1) すべての n に対し，常に $f(x) \geqq 0$ であることを示せ。

(2) $(a_1+a_2+\cdots+a_n)^2 \leqq n(a_1{}^2+a_2{}^2+\cdots+a_n{}^2)$ であることを示せ。

(3) $(a_1+a_2+\cdots+a_n)^2 = n(a_1{}^2+a_2{}^2+\cdots+a_n{}^2)$ であれば，a_1, a_2, $\cdots$, a_n はすべて等しいことを示せ。（高知大 改）

➡p.443 問題11

戦略例題 12 一般化による数学的帰納法の利用 ★★★★

$a \geqq 1,\ b \geqq 1,\ c \geqq 1,\ d \geqq 1$ のとき，次の不等式を証明せよ。

$$8(abcd+1) \geqq (1+a)(1+b)(1+c)(1+d)$$

思考のプロセス

文字を減らす

まず，戦略例題 11 のように，文字を減らそうと考えるが，

4 文字のときの 8 は，2×4 とみるか？　2^{4-1} とみるか？

1 文字の場合 … $1(a+1) \geqq 1+a$ と考えられる。
└ 2×1 ではなく，$2^{1-1}=2^0=1$ とみる。

2 文字の場合 … $2(ab+1) \geqq (1+a)(1+b)$ の証明を考えると
└ $2^{2-1}=2^1=2$

(左辺) − (右辺) $= ab-a-b+1$
$= (a-1)(b-1) \geqq 0$

4 文字の場合 … ①(左辺) − (右辺) ②$= (a-1)(b-1)(c-1)(d-1)$ となりそう？

ところが，実際に ① を因数分解するのは大変。

しかも，実際にはこのようには変形できない。

($a=1$を ①，② に代入すると，② = 0 だが ① ≠ 0 となることからも分かる)

〔本解〕 一般化して考える。

n 文字の場合 $2^{n-1}(a_1a_2a_3\cdots a_n+1) \geqq (1+a_1)(1+a_2)(1+a_3)\cdots(1+a_n)$ を，数学的帰納法を用いて示す。

Action» 具体数の場合で示しにくいときは，一般化することを考えよ

〔別解〕 **式を分ける**

(4 文字) = (2 文字) + (2 文字) とみて

$$8\{(ab)(cd)+1\} \geqq \{(1+a)(1+b)\}\{(1+c)(1+d)\}$$

を示すことを考える。

⟹ 2 文字の場合の $2(ab+1) \geqq (1+a)(1+b)$ の利用を考える。

解 自然数 n に対して，$a_i \geqq 1\ (i=1,\ 2,\ 3,\ \cdots,\ n)$ のとき

$$2^{n-1}(a_1a_2a_3\cdots a_n+1) \geqq (1+a_1)(1+a_2)(1+a_3)\cdots(1+a_n) \quad \cdots(*)$$

が成り立つことを証明する。

[1] $n=1$ のとき

(左辺) $= a_1+1$，(右辺) $= 1+a_1$

(左辺) = (右辺) であり，(∗)は $n=1$ のとき成り立つ。

[2] $n=k$ のとき，(∗)が成り立つと仮定すると

$$2^{k-1}(a_1a_2a_3\cdots a_k+1) \geqq (1+a_1)(1+a_2)(1+a_3)\cdots(1+a_k)$$

$n=k+1$ のとき

(左辺) − (右辺)

$= 2^k(a_1a_2a_3\cdots a_ka_{k+1}+1)$
$\quad -(1+a_1)(1+a_2)(1+a_3)\cdots(1+a_k)(1+a_{k+1})$

◀ 不等式を一般化し，数学的帰納法を利用する。

$\geqq 2^k(a_1a_2a_3\cdots a_ka_{k+1}+1)$

$\qquad\qquad -2^{k-1}(a_1a_2a_3\cdots a_k+1)(1+a_{k+1})$

$=2^{k-1}\{(2a_1a_2a_3\cdots a_ka_{k+1}+2)$

$\qquad\qquad -(a_1a_2a_3\cdots a_k+1)(1+a_{k+1})\}$

$=2^{k-1}(a_1a_2a_3\cdots a_ka_{k+1}-a_1a_2a_3\cdots a_k-a_{k+1}+1)$

$=2^{k-1}(a_1a_2a_3\cdots a_k-1)(a_{k+1}-1)$

◀ 仮定した $n=k$ のときの式を利用する。

$a_i \geqq 1$ より，$a_1a_2a_3\cdots a_k \geqq 1$，$a_{k+1} \geqq 1$ であるから

$$2^{k-1}(a_1a_2a_3\cdots a_k-1)(a_{k+1}-1) \geqq 0$$

よって，(∗)は $n=k+1$ のときも成り立つ。

[1]，[2] より，すべての自然数 n に対して(∗)は成り立つ。

したがって，(∗)において $n=4$ とし，$a_1=a$，$a_2=b$，$a_3=c$，$a_4=d$ とすることにより

◀ 4文字の場合について述べるのを忘れない。

$$8(abcd+1) \geqq (1+a)(1+b)(1+c)(1+d)$$

〔別解〕

まず，$x \geqq 1$，$y \geqq 1$ のとき

$$2(xy+1) \geqq (1+x)(1+y) \quad \cdots (∗∗)$$

が成り立つことを示す。

$$\begin{aligned}(\text{左辺})-(\text{右辺}) &= 2(xy+1)-(xy+x+y+1)\\ &= xy-x-y+1\\ &= (x-1)(y-1) \geqq 0\end{aligned}$$

◀ $x \geqq 1$，$y \geqq 1$ より $x-1 \geqq 0$，$y-1 \geqq 0$ よって $(x-1)(y-1) \geqq 0$

ここで，$a \geqq 1$，$b \geqq 1$，$c \geqq 1$，$d \geqq 1$ のとき，$ab \geqq 1$，$cd \geqq 1$ であるから，(∗∗)において，$x=ab$，$y=cd$ とすると

$$2\{(ab)(cd)+1\} \geqq (1+ab)(1+cd)$$

よって，両辺に4を掛けて，(∗∗)を用いることにより

$$\begin{aligned}8(abcd+1) &\geqq 2(ab+1)\cdot 2(cd+1)\\ &\geqq (1+a)(1+b)(1+c)(1+d)\end{aligned}$$

戦略 3 一般化

練習 12 $a \geqq 1$，$b \geqq 1$，$c \geqq 1$，$d \geqq 1$，$e \geqq 1$ のとき，次の不等式を証明せよ。

$$4+abcde \geqq a+b+c+d+e$$

➡p.443 問題12

戦略例題 13 性質が成り立つ範囲の拡張 ★★★★

有理数で定義された関数 $f(x)$ は，すべての x で実数の値をとり，次の 2 つの性質をもつ。

(性質 1) すべての有理数 x，y に対して，$f(x+y)=f(x)f(y)$ を満たしている。

(性質 2) $f(3)=8$

このとき，次の問に答えよ。

(1) $f(0)$，$f(1)$ の値を求めよ。

(2) すべての有理数 x に対して，$f(x)=2^x$ であることを示せ。

思考のプロセス

(1) **具体的に考える** (例題 80 参照)

等式＿＿の x や y に具体的な数値を代入して考える。

(2) 例題 80 との違い

… $f(x)$ が微分可能であるとは限らないから，導関数の定義 $\lim_{h\to 0}\dfrac{f(x+h)-f(x)}{h}$ に

等式＿＿を用いて $f'(x)$ を求める考え方は使えない。

段階的に考える

x の条件が実数でなく有理数という特殊なものであることに注意して

(ア) $x=$ (自然数) のとき

(イ) $x=0$ のとき

(ウ) $x=$ (負の整数) のとき

(エ) $x=\dfrac{1}{n}$ (n:自然数) の形のとき

(オ) $x=\dfrac{m}{n}$ (m :整数，n:自然数) の形のとき

と x を段階的に広げていく。

← 分子が 1 の分数を単位分数という。

Action» 有理数に関する性質は，自然数→整数→単位分数→有理数と段階的に考えよ

解 例題 80

(1) $f(x+y)=f(x)f(y)$ …① とする。

①に $x=3$，$y=0$ を代入すると $f(3)=f(3)f(0)$

$f(3)=8$ であるから $8=8f(0)$

よって $\boldsymbol{f(0)=1}$

また $f(3)=f(1+2)=f(1)f(2)=f(1)f(1+1)$

$=f(1)\{f(1)f(1)\}=\{f(1)\}^3$

$f(3)=8$ であるから $\{f(1)\}^3=8$

$f(1)$ は実数であるから $\boldsymbol{f(1)=2}$

◀ $x=y=0$ とした場合，$f(0)=f(0)f(0)$ より $f(0)\{f(0)-1\}=0$ よって $f(0)=0$ または $f(0)=1$ $f(0)=0$ とすると $f(3)=f(3)f(0)=0$ となり $f(3)=8$ に矛盾。よって $f(0)=1$

(2) (ア) $x=n$ (n は自然数) のとき

$f(n)=f(1+(n-1))=f(1)f(n-1)$

$=f(1)f(1+(n-2))=\{f(1)\}^2f(n-2)$

$=\cdots=\{f(1)\}^{n-1}f(1)=\{f(1)\}^n$

$f(1)=2$ であるから $f(n)=2^n$

よって，成り立つ。

◀ 数学的帰納法を用いてもよい。

(イ)　$x=0$ のとき

(1) より　$f(0)=1=2^0$　であるから，成り立つ。

(ウ)　$x=-n$（n は自然数）のとき

◀ x が負の整数の場合

① に　$x=n,\ y=-n$　を代入すると

$$f(0)=f(n)f(-n)$$

$f(0)=1$，(ア) より　$f(n)=2^n$　であるから

$$1=2^n f(-n)$$

よって　　$f(-n)=\dfrac{1}{2^n}=2^{-n}$

ゆえに，成り立つ。

(エ)　$x=\dfrac{1}{n}$（n は自然数）のとき

$$f(1)=f\left(\frac{1}{n}+\frac{n-1}{n}\right)=f\left(\frac{1}{n}\right)f\left(\frac{n-1}{n}\right)$$

$$=f\left(\frac{1}{n}\right)f\left(\frac{1}{n}+\frac{n-2}{n}\right)=\left\{f\left(\frac{1}{n}\right)\right\}^2 f\left(\frac{n-2}{n}\right)$$

$$=\cdots=\left\{f\left(\frac{1}{n}\right)\right\}^{n-1} f\left(\frac{1}{n}\right)=\left\{f\left(\frac{1}{n}\right)\right\}^n$$

$f(1)=2$　であるから　　$\left\{f\left(\dfrac{1}{n}\right)\right\}^n=2$

$f\left(\dfrac{1}{n}\right)$ は実数であるから　　$f\left(\dfrac{1}{n}\right)=2^{\frac{1}{n}}$

よって，成り立つ。

(オ)　$x=\dfrac{m}{n}$（m は整数，n は自然数）のとき

◀ x が有理数のとき
(エ) を利用するために，n は整数ではなく，自然数にする。

$$f\left(\frac{m}{n}\right)=f\left(\frac{1}{n}+\frac{m-1}{n}\right)=f\left(\frac{1}{n}\right)f\left(\frac{m-1}{n}\right)$$

$$=f\left(\frac{1}{n}\right)f\left(\frac{1}{n}+\frac{m-2}{n}\right)=\left\{f\left(\frac{1}{n}\right)\right\}^2 f\left(\frac{m-2}{n}\right)$$

$$=\cdots=\left\{f\left(\frac{1}{n}\right)\right\}^{m-1} f\left(\frac{1}{n}\right)=\left\{f\left(\frac{1}{n}\right)\right\}^m$$

$f\left(\dfrac{1}{n}\right)=2^{\frac{1}{n}}$　であるから　　$f\left(\dfrac{m}{n}\right)=\left(2^{\frac{1}{n}}\right)^m=2^{\frac{m}{n}}$

よって，成り立つ。

以上より，すべての有理数 x に対して　　$f(x)=2^x$

練習 13　$f(x)$ を x の関数とし，すべての実数 x，y に対して等式 $f(x+y)=f(x)+f(y)$ が成り立っているものとする。次の問に答えよ。

(1)　$f(0)=0$　であることを示せ。また，すべての実数 x に対して $f(-x)=-f(x)$ が成り立つことを示せ。

(2)　すべての 0 でない整数 n に対して，$f\left(\dfrac{1}{n}\right)=\dfrac{f(1)}{n}$　であることを示せ。

(3)　$f(2)=6$　であるとき，すべての有理数 x について $f(x)=3x$ であることを示せ。

（お茶の水女子大　改）

➡p.443　問題13

▶▶解答編 p.432

1 ★★☆☆ xy 平面において曲線 $y=2\sqrt{1-x^2}$ $(-1 \leqq x \leqq 1)$ と x 軸との交点を $\mathrm{A}(1,\ 0)$, $\mathrm{B}(-1,\ 0)$ とし，y 軸との交点を $\mathrm{C}(0,\ 2)$，原点を O とする。このとき，次の問に答えよ。

(1) この曲線の第 1 象限の部分に A, C と異なる点 P を四角形 OAPC の面積が最大となるようにとる。このとき，P の座標とその最大値を求めよ。

(2) この曲線上に A, B, C と異なる 2 点 E, F を任意にとる。これら 5 点でつくられる五角形の面積の最大値を求めよ。（東北大）

2 ★★★☆ $a,\ b,\ c$ を正の数とする。楕円 $C:\dfrac{x^2}{a^2}+\dfrac{y^2}{b^2}=1$ が，4 点 $(c,\ 0)$, $(0,\ c)$, $(-c,\ 0)$, $(0,\ -c)$ を頂点とする正方形の各辺に接しているとする。4 つの接点を頂点とする四角形の面積を S，楕円 C で囲まれる図形の面積を T とする。このとき，不等式 $\dfrac{S}{T} \leqq \dfrac{2}{\pi}$ が成り立つことを証明せよ。また，等号が成り立つのはどのようなときか答えよ。（金沢大）

3 ★★★☆ $0 \leqq x \leqq 1$, $0 \leqq y \leqq 1$ のとき，$(x-y+3)^2+(2x+y+1)^2$ の最大値および最小値を求めよ。

4 ★★☆☆ $s,\ t$ を $\dfrac{s^2}{8}+\dfrac{t^2}{2}=1$ を満たす実数とするとき，$\dfrac{t-2}{s-4}$ の最大値を求めよ。また，そのときの $s,\ t$ の値を求めよ。（学習院大　改）

5 ★★★☆ 次の条件 (i), (ii), (iii) を満たす関数 $f(x)$ $(x>0)$ を考える。

(i) $f(1)=0$

(ii) 導関数 $f'(x)$ が存在し，$f'(x)>0$ $(x>0)$

(iii) 第 2 次導関数 $f''(x)$ が存在し，$f''(x)<0$ $(x>0)$

このとき次の問に答えよ。

(1) $a \geqq \dfrac{3}{2}$ のとき次の 3 数の大小を比較せよ。

$$f(a),\quad \frac{1}{2}\left\{f\left(a-\frac{1}{2}\right)+f\left(a+\frac{1}{2}\right)\right\},\quad \int_{a-\frac{1}{2}}^{a+\frac{1}{2}} f(x)dx$$

(2) 整数 n $(n \geqq 2)$ に対して次の不等式が成り立つことを示せ。

$$\int_{\frac{3}{2}}^{n} f(x)dx < \sum_{k=1}^{n-1} f(k)+\frac{1}{2}f(n) < \int_{1}^{n} f(x)dx$$

(3) 次の極限値を求めよ。ただし log は自然対数を表す。

$$\lim_{n\to\infty}\frac{n+\log n!-\log n^n}{\log n}$$

（東京医科歯科大）

6 ★★★★ x_i $(i=1,\ 2,\ 3,\ \cdots,\ n)$ を正の数とし，$\displaystyle\sum_{i=1}^{n} x_i = k$ を満たすとする。このとき，不等式 $\displaystyle\sum_{i=1}^{n} x_i \log x_i \geqq k\log\frac{k}{n}$ を証明せよ。（東京工業大）

7 ★★★☆ a, b, c を正の実数とする。

(1) 不等式 $ba^{b+c}+c \geqq (b+c)a^b$ が成り立つことを示せ。

(2) $x>0$, $y>0$ に対して，不等式 $ax^{a+b+c}+by^{a+b+c}+c \geqq (a+b+c)x^a y^b$ が成り立つことを示せ。 （北海道大　改）

8 ★★★★ $a=\dfrac{2^8}{3^4}$ として，数列 $b_k=\dfrac{(k+1)^{k+1}}{a^k k!}$ $(k=1,\ 2,\ 3,\ \cdots)$ を考える。

(1) 関数 $f(x)=(x+1)\log\left(1+\dfrac{1}{x}\right)$ は $x>0$ で減少することを示せ。

(2) 数列 $\{b_k\}$ の項の最大値 M を既約分数で表し，$b_k=M$ となる k をすべて求めよ。 （東京工業大）

9 ★★☆☆ (1) x を正の数とするとき，$\log\left(1+\dfrac{1}{x}\right)$ と $\dfrac{1}{x+1}$ の大小を比較せよ。

(2) $\left(1+\dfrac{2001}{2002}\right)^{\frac{2002}{2001}}$ と $\left(1+\dfrac{2002}{2001}\right)^{\frac{2001}{2002}}$ の大小を比較せよ。 （名古屋大）

戦略

10 ★★★☆ 次の値を自然数 n を用いて表せ。

(1) $\displaystyle\sum_{k=0}^{n}\frac{(-1)^k{}_n\mathrm{C}_k}{k+1}$ （横浜市立大）　(2) $\displaystyle\sum_{k=0}^{n}\frac{{}_n\mathrm{C}_k}{(k+1)2^{k+1}}$ （信州大　改）

11 ★★★☆ 正の実数 x_1, x_2, x_3, $\cdots$, x_n に対して，次の不等式を証明せよ。

$$\frac{1}{x_1}+\frac{1}{x_2}+\frac{1}{x_3}+\cdots+\frac{1}{x_n} \geqq \frac{n^2}{x_1+x_2+x_3+\cdots+x_n}$$

（九州大　改）

12 ★★★★ $a>0$, $b>0$ のとき，不等式 $\left(\dfrac{a+b}{2}\right)^5 \leqq \dfrac{a^5+b^5}{2}$ を示せ。

13 ★★★★ すべての実数 x に対して定義された関数 $f(x)$ で，必ずしも連続とは限らないものを考える。今，$f(x)$ がさらに次の性質をもつとする。

$$f(x+y)=f(x)+f(y),\ f(xy)=f(x)f(y),\ f(1)=1$$

このとき，すべての有理数 x に対して，$f(x)=x$ であることを示せ。

（大阪大　改）

入試攻略

1章　関数と極限

▶▶解答編 p.446

1　関数 $y=\dfrac{1}{x-1}$ が表す曲線を C とする。

(1) 曲線 C のグラフをかけ。

(2) 点 $(2,\ 0)$ を通り，傾き a の直線を直線 L とする。直線 L の方程式を求めよ。

(3) 直線 L が曲線 C と異なる 2 つの共有点をもつための a の値の範囲を求めよ。また，このときの共有点の座標を求めよ。

(4) 直線 L が曲線 C と接するとき，a の値と接点の座標を求めよ。　(山形大)

2　双曲線 $y=\dfrac{ax+b}{x+2}$ とその逆関数が一致し，この双曲線と直線 $y=x$ との交点間の距離が 8 であるとき，定数 a，b の値を求めよ。　(武蔵大)

3　a を正の定数とし，次のように定められた 2 つの数列 $\{a_n\}$，$\{b_n\}$ を考える。

$$\begin{cases} a_1=a,\ \ a_{n+1}=\dfrac{1}{2}\left(a_n+\dfrac{4}{a_n}\right) & (n=1,\ 2,\ 3,\ \cdots) \\ b_n=\dfrac{a_n-2}{a_n+2} & (n=1,\ 2,\ 3,\ \cdots) \end{cases}$$

(1) $-1<b_1<1$ であることを示せ。

(2) b_{n+1} を a_n を用いて表せ。さらに，b_{n+1} を b_n を用いて表せ。

(3) 数列 $\{b_n\}$ の一般項 b_n を n と b_1 を用いて表せ。

(4) 数列 $\{a_n\}$ の一般項 a_n を n と b_1 を用いて表せ。

(5) 極限値 $\lim\limits_{n\to\infty}a_n$ を求めよ。　(電気通信大　改)

4　数列 $\{a_n\}$ を $a_1=1$，$a_{n+1}=\sqrt{\dfrac{3a_n+4}{2a_n+3}}$ $(n=1,\ 2,\ 3,\ \cdots)$ で定める。

(1) $n\geqq 2$ のとき，$a_n>1$ となることを数学的帰納法を用いて示せ。

(2) $\alpha^2=\dfrac{3\alpha+4}{2\alpha+3}$ を満たす正の実数 α を求めよ。

(3) すべての自然数 n に対して，$a_n<\alpha$ となることを示せ。

(4) $0<r<1$ を満たすある実数 r に対して，不等式

$$\frac{\alpha-a_{n+1}}{\alpha-a_n}\leqq r \quad (n=1,\ 2,\ 3,\ \cdots)$$

が成り立つことを示せ。さらに極限 $\lim\limits_{n\to\infty}a_n$ を求めよ。　(東北大　改)

5 実数 x に対し，$[x]$ は x 以下の最大の整数を表す。次の問に答えよ。

(1) k, t を自然数とするとき，$[\sqrt{k}]=t$ となるような k のとり得る値の範囲を，t を用いた不等式で表せ。

(2) n を自然数とし，和 $\displaystyle\sum_{k=1}^{n}\frac{1}{2[\sqrt{k}]+1}$ が自然数となるような n の値を，小さい順に並べて，a_1，a_2，a_3，$\cdots$ と定める。

(ア) a_1，a_2 の値を求めよ。

(イ) 自然数 m に対して，a_m および $\displaystyle\sum_{k=1}^{a_m}\frac{1}{2[\sqrt{k}]+1}$ を m を用いて表せ。

(3) $\displaystyle\lim_{n\to\infty}\frac{1}{\sqrt{n}}\sum_{k=1}^{n}\frac{1}{2[\sqrt{k}]+1}$ を求めよ。 (東京理科大)

6 原点を O とする xy 平面上の点 $P_n(x_n,\ y_n)$ が $x_1=1,\ y_1=0,$ $x_{n+1}=\dfrac{1}{4}x_n-\dfrac{\sqrt{3}}{4}y_n,\ y_{n+1}=\dfrac{\sqrt{3}}{4}x_n+\dfrac{1}{4}y_n\ (n=1,\ 2,\ 3,\ \cdots)$ を満たしている。$\triangle P_nOP_{n+1}$ の面積を S_n とおくとき，$\displaystyle\sum_{n=1}^{\infty}S_n$ を求めよ。 (東京理科大)

この問題は 3，4 章を学習してから挑戦してください。

7 n を自然数とするとき，関数 $f(x)=x(1-x)^n$ について

(1) $0\leqq x\leqq 1$ の範囲における曲線 $y=f(x)$ のグラフの概形をかけ。

(2) (1) で求めたグラフと x 軸とで囲まれる図形の面積を S_n とする。無限級数 $S_1+S_2+S_3+\cdots+S_n+\cdots$ の和 S を求めよ。 (関西学院大)

8 数列 $\{a_n\}$ の初項 a_1 から第 n 項 a_n までの和を S_n と表す。この数列が $a_1=1$, $\displaystyle\lim_{n\to\infty}S_n=1$, $n(n-2)a_{n+1}=S_n\ (n\geqq 1)$ を満たすとき，一般項 a_n を求めよ。

(京都大)

9 次の極限が有限の値となるように定数 a, b を定め，そのときの極限値を求めよ。

$$\lim_{x\to 0}\frac{\sqrt{9-8x+7\cos 2x}-(a+bx)}{x^2}$$

(大阪市立大)

10　平面上に半径1の円 C がある。この円に外接し，さらに隣り合う2つが互いに外接するように，同じ大きさの n 個の円を図（例1）のように配置し，その1つの円の半径を R_n とする。また，円 C に内接し，さらに隣り合う2つが互いに外接するように，同じ大きさの n 個の円を図（例2）のように配置し，その1つの円の半径を r_n とする。ただし，$n \geqq 3$ とする。

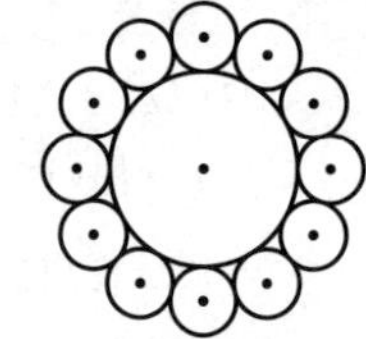
例1：$n=12$ の場合

例2：$n=4$ の場合

(1)　R_6，r_6 を求めよ。

(2)　$\lim_{n\to\infty} n^2(R_n - r_n)$ を求めよ。　（岡山大）

この問題は4章を学習してから挑戦してください。

11　自然数 n に対し，曲線 $y=\log_3(x+1)$ と直線 $y=n$ および y 軸で囲まれる部分を D_n とする。ただし D_n は境界線を含む。D_n の面積を S_n とし，D_n に含まれる格子点（x 座標と y 座標がともに整数である点）の個数を T_n とする。

(1)　k を $0 \leqq k \leqq n$ を満たす整数とする。D_n の格子点で y 座標が k であるものの個数 c_k を求めよ。

(2)　T_n を求めよ。

(3)　$\lim_{n\to\infty} \dfrac{T_n}{S_n}$ を求めよ。必要ならば $\lim_{n\to\infty} \dfrac{n}{3^n} = 0$ を用いてよい。（名古屋工業大　改）

12　$a>0$，$b>0$ とし，楕円 $\dfrac{x^2}{4}+y^2=1$ 上の3点 $(0,\ 1)$，$(a,\ b)$，$(-a,\ b)$ を通る円の半径を r とする。このとき，極限値 $\lim_{a\to 0} r$ を求めよ。　（日本女子大）

13　x を実数とし，次の無限級数を考える。

$$x^2+\frac{x^2}{1+x^2-x^4}+\frac{x^2}{(1+x^2-x^4)^2}+\cdots+\frac{x^2}{(1+x^2-x^4)^{n-1}}+\cdots$$

(1)　この無限級数が収束するような x の値の範囲を求めよ。

(2)　この無限級数が収束するとき，その和として得られる x の関数を $f(x)$ とする。また，$h(x)=f\left(\sqrt{|x|}\right)-|x|$ とおく。このとき，$\lim_{x\to 0} h(x)$ を求めよ。

(3)　(2)で求めた極限値を a とするとき，$\lim_{x\to 0} \dfrac{h(x)-a}{x}$ は存在するか。理由を付けて答えよ。

（岡山大）

2章　微分

▶▶解答編 p.458

14 次の関数を微分せよ。

(1) $y=\sin(\log(x^2+1))$ （大阪府立大）

(2) $y=\sqrt[3]{x+1}\log x$ （信州大）

(3) $y=\sqrt{\dfrac{1-\sqrt{x}}{1+\sqrt{x}}}$ $(0<x<1)$ （東京理科大）

(4) $y=5^{-x}\cos x\log|\cos x|$ $\left(0<x<\dfrac{\pi}{2}\right)$ （埼玉大）

15 $f(x)=\cos x+1$，$g(x)=\dfrac{a}{bx^2+cx+1}$ とするとき

$$f(0)=g(0),\ f'(0)=g'(0),\ f''(0)=g''(0)$$

となるように定数 a，b，c の値を定めよ。 （同志社大）

16 関数 $f(x)$ を

$$f(x)=\begin{cases}\dfrac{\log|x|}{x} & (|x|>1)\\ ax^3+bx^2+cx+d & (|x|\leqq 1)\end{cases}$$

と定める。ただし，a，b，c，d は定数とし，$f(x)$ は $x=\pm1$ において微分可能とする。このとき，a，b，c，d の値を求めよ。 （筑波大）

17 微分可能な関数 $f(x)$ が，任意の実数 a，b に対して
$f(a+b)=f(a)+f(b)+7ab(a+b)$ を満たし，$x=0$ における $f(x)$ の微分係数の値が 3 であるとき，$f(0)$ の値と $f(x)$ の導関数を求めよ。 （九州歯科大）

18 連続な関数 $f(x)$，$g(x)$ がすべての実数 x，y に対して

$$\begin{cases}f(x)\sin x+g(x)\cos x=1 & \cdots ①\\ f(x)\cos y+g(x)\sin y=f(x+y) & \cdots ②\end{cases}$$

を満たしている。$f(0)=0$ として

(1) 任意の x に対し，$f'(x)$ が存在して，$f'(x)=g(x)$ となることを示せ。

(2) $\{f(x)\}^2+\{g(x)\}^2=1$ が，すべての x に対して成り立つことを証明せよ。

（岐阜薬科大）

19 c を実数で定数とし，$f(x)=x^2+c$ とおく。

(1) 条件（$*$）　$f(a)=b$ かつ $f(b)=a$ （ただし $a<b$）
を満たす相異なる実数 a，b が存在するような c の値の範囲を求めよ。

(2) $g(x)=f(f(x))$ とおく。このとき，（$*$）を満たす a に対して，さらに，$|g'(a)|<1$ となるような c の値の範囲を求めよ。 （早稲田大）

20　関数 $F(x)=f(|x|)+\sum_{n=0}^{\infty}x^2f(x)\left(\frac{\sin x+2}{x^2+\sin x+2}\right)^n$ について，次の問に答えよ。ただし，関数 $f(x)$ は微分可能とする。

(1)　$F(x)$ が $x=0$ で連続のとき，$f(x)$ が満たす条件を求めよ。

(2)　$F(x)$ が $x=0$ で微分可能のとき，$f(x)$，$f'(x)$ が満たす条件を求めよ。また，このとき，$x=0$ における $F(x)$ の微分係数を求めよ。　（島根大）

21　a を実数とし，関数 $f(x)$ を

$$f(x)=\begin{cases}a\sin x+\cos x & \left(x\leqq\frac{\pi}{2}\right)\\ x-\pi & \left(x>\frac{\pi}{2}\right)\end{cases}$$

で定義する。このとき，次の問に答えよ。

(1)　$f(x)$ が $x=\frac{\pi}{2}$ で連続となる a の値を求めよ。

(2)　(1)で求めた a の値に対し，$x=\frac{\pi}{2}$ で $f(x)$ は微分可能でないことを示せ。

（神戸大）

22　関数 $f(x)=\log\left(x+\sqrt{x^2+1}\right)$ に対して，次の問に答えよ。

(1)　関数 $f(x)$ の導関数は $f'(x)=\frac{1}{\sqrt{x^2+1}}$ であることを示せ。

(2)　関数 $f(x)$ の第2次導関数を $f''(x)$ とおくとき

$$(x^2+1)f''(x)+xf'(x)=0$$

が成り立つことを示せ。

(3)　任意の自然数 n に対して，次の等式が成り立つことを数学的帰納法によって証明せよ。

$$(x^2+1)f^{(n+1)}(x)+(2n-1)xf^{(n)}(x)+(n-1)^2f^{(n-1)}(x)=0$$

ただし，$f^{(0)}(x)=f(x)$ とし，自然数 k に対して $f^{(k)}(x)$ は $f(x)$ の第 k 次導関数を示す。

(4)　値 $f^{(9)}(0)$ および $f^{(10)}(0)$ を求めよ。　（東京都立大）

23　$e^x+e^{-x}=2t$ $(t>1)$ を満たす負の x を t の関数と考えて $x(t)$ とする。このとき，次の問に答えよ。

(1)　$x(t)$，$x'(t)$，$x''(t)$ を求めよ。

(2)　$x(t)>-1$ を満たす t の値の範囲を求めよ。

(3)　$\lim_{t\to\infty}\{x(t)+\log t\}$ を求めよ。　（防衛大）

3章　微分の応用

▶▶解答編 p.467

24　曲線 $y=e^x+e^{-x}$ 上に点 $\mathrm{P}(\alpha,\ \beta)$ をとる。ただし，$\alpha>0$ とする。

(1) Pにおける接線の方程式を α と β を用いて表せ。

(2) Pにおける接線と x 軸との交点をQとする。PQの長さを β を用いて表せ。

(3) PQの長さの最小値を求めよ。（埼玉大）

25　曲線 $C: y=\log x\ (x>0)$ を考える。C 上に異なる2点 $\mathrm{A}(a,\ \log a)$，$\mathrm{B}(b,\ \log b)$ をとり，A，Bにおける C の法線の交点をPとする。

(1) b を a に近づけたときの点Pの極限をQとする。Qの座標を a を用いて表せ。

(2) 線分AQの長さを最小にする a の値とそのときのAQの長さを求めよ。

（埼玉大）

26　媒介変数表示された曲線 $x=t-\sin t,\ y=1-\cos t\ (0\leqq t\leqq 2\pi)$ について，次の問に答えよ。

(1) 曲線上の点Aにおける接線の傾きが $\sqrt{3}$ であるとき，点Aの座標を求めよ。

(2) 曲線上の点Bにおける接線の傾きが $\tan\beta\ \left(-\dfrac{\pi}{2}<\beta<\dfrac{\pi}{2}\right)$ であるとき，点Bの座標を β を用いて表せ。（愛知教育大）

27　$a>0$ とする。曲線 $y=a^3x^2$ を C_1 とし，曲線 $y=-\dfrac{1}{x}\ (x>0)$ を C_2 とする。また，C_1 と C_2 に同時に接する直線を l とする。

(1) 直線 l の方程式を求めよ。

(2) 直線 l と曲線 C_1，C_2 との接点をそれぞれP，Qとする。a が $a>0$ の範囲を動くとき，2点P，Qの間の距離の最小値を求めよ。（徳島大）

28　(1) すべての実数で微分可能な関数 $f(x)$ が常に $f'(x)=0$ を満たすとする。このとき，$f(x)$ は定数であることを示せ。

(2) 実数全体で定義された関数 $g(x)$ が次の条件 (＊) を満たすならば，$g(x)$ は定数であることを示せ。

(＊)　正の定数 C が存在して，すべての実数 x，y に対して

$|g(x)-g(y)|\leqq C|x-y|^{\frac{3}{2}}$ が成り立つ。（富山大）

入試攻略

29　実数kに対し，関数 $f(x)=e^{-kx}\sin x$ を考える。関数$f(x)$は $x=\dfrac{\pi}{4}$ で極大になるとする。次の問に答えよ。

(1)　kを求めよ。

(2)　$f(x)$が極大になる正のxを，小さい方から順に x_1，x_2，x_3，$\cdots$，x_n，$\cdots$ とするとき，数列$\{x_n\}$の一般項を求めよ。

(3)　(2)で求めたx_nに対して，無限級数 $\displaystyle\sum_{n=1}^{\infty}f(x_n)$ の和を求めよ。　（宮城教育大）

30　kを正の定数とする。関数 $f(x)=\dfrac{1}{x}-\dfrac{k}{(x+1)^2}$ $(x>0)$，

$g(x)=\dfrac{(x+1)^3}{x^2}$ $(x>0)$ について，次の問に答えよ。

(1)　$g(x)$の増減を調べよ。

(2)　$f(x)$が極値をもつような定数kの値の範囲を求めよ。

(3)　$f(x)$が $x=a$ で極値をとるとき，極値$f(a)$をaだけの式で表せ。

(4)　kが(2)で求めた範囲にあるとき，$f(x)$の極大値は$\dfrac{1}{8}$より小さいことを示せ。　（名古屋工業大）

31　$f(x)=\dfrac{x+2}{x^2+4a}$ を考える。ただし，aは $1\leqq a<2$ を満たす定数とする。導関数$f'(x)$に対して，$f'(x)=0$ となるxのうち正のものをβとする。

(1)　$x\geqq 0$ における$f(x)$の増減を調べ，極値を求めよ。

(2)　$f(x)=f(a)$ を満たすxを求めよ。

(3)　$a-1<\dfrac{2a}{2+a}$ および $\beta<a$ を示せ。

(4)　$a-1\leqq x\leqq a$ において，$f(x)$の最小値が$\dfrac{4}{9}$であるとき，$f(x)$の最大値を求めよ。　（宮城教育大）

32　(1)　関数 $y=\dfrac{f(x)}{g(x)}$ が $x=\alpha$ において極値をとるとき，等式 $\dfrac{f(\alpha)}{g(\alpha)}=\dfrac{f'(\alpha)}{g'(\alpha)}$ が成り立つことを示せ。ただし，$f(x)$，$g(x)$はともに $x=\alpha$ において微分可能で，$g'(\alpha)\neq 0$ とする。

(2)　関数 $y=\dfrac{x-b}{x^2+a}$ の最大値が$\dfrac{1}{6}$，最小値が$-\dfrac{1}{2}$であるとき，定数a，bの値を求めよ。ただし $a>0$ とする。　（弘前大）

33 (1) 関数 $f(x)=\dfrac{\log x}{x}$ $(x>0)$ の増減，極値，グラフの凹凸，変曲点を調べ，$y=f(x)$ のグラフをかけ。

(2) e を自然対数の底とするとき，(1) において，$y=f(x)$ 上の点 $\mathrm{P}\left(\dfrac{1}{e^2},\ -2e^2\right)$ における接線を l とする。$y=f(x)$ 上の点 $\mathrm{Q}\left(t,\ \dfrac{\log t}{t}\right)$ における接線が l と垂直に交わるとき，t の満たす条件を求めよ。

(3) $y=f(x)$ の接線で，(2) の l と垂直に交わるようなものはちょうど 2 本あることを示せ。

(東京農工大)

34 a を実数とし，xy 平面上において，2 つの放物線 $C:y=x^2$，$D:x=y^2+a$ を考える。

(1) p，q を実数として，直線 $l:y=px+q$ が C に接するとき，q を p で表せ。

(2) (1) において，直線 l がさらに D にも接するとき，a を p で表せ。

(3) C と D の両方に接する直線の本数を，a の値によって場合分けして求めよ。

(新潟大)

35 a を正の定数とする。

(1) 関数 $f(x)=(x^2+2x+2-a^2)e^{-x}$ の極大値および極小値を求めよ。

(2) $x\geqq 3$ のとき，不等式 $x^3e^{-x}\leqq 27e^{-3}$ が成り立つことを示せ。さらに，極限値 $\displaystyle\lim_{x\to\infty}x^2e^{-x}$ を求めよ。

(3) k を定数とする。$y=x^2+2x+2$ のグラフと $y=ke^x+a^2$ のグラフが異なる 3 点で交わるための必要十分条件を，a と k を用いて表せ。(九州大)

36 平面上に定点 P，O を，距離 PO が 1 となるようにとり，O を中心とする半径 r $(r<1)$ の円を考える。P からこの円に 2 本の接線を引いたとき，その接点を A，B とし，線分 PA，PB と円弧 AB の短い方で囲まれる領域を T とする。r を $0<r<1$ の範囲で動かすとき，T の面積を最大にするような r の値 r_0 がただ 1 つ存在することを示し，そのときの T の周の長さを r_0 を用いて表せ。

(日本医科大)

37 (1) 中心が O である単位円上の異なる 2 点を A，B とし，$\angle\mathrm{AOB}=2\theta$ とする。点 C がこの円上を動くとき，△ABC の周の長さ $l(\theta)$ を最大とする点 C の位置を求めよ。また，このときの $l(\theta)$ を θ で表せ。

(2) 単位円に内接する三角形のうちで，周の長さが最大である三角形は正三角形であることを示せ。

(お茶の水女子大)

38　数列 $a_1=\sqrt{2}$，$a_2=\sqrt{2}^{\sqrt{2}}$，$a_3=\sqrt{2}^{\sqrt{2}^{\sqrt{2}}}$，$a_4=\sqrt{2}^{\sqrt{2}^{\sqrt{2}^{\sqrt{2}}}}$，$\cdots$ は漸化式 $a_{n+1}=\left(\sqrt{2}\right)^{a_n}$ $(n=1,\ 2,\ 3,\ \cdots)$ を満たしている。$f(x)=\left(\sqrt{2}\right)^x$ として次の問に答えよ。

(1)　$0\leqq x\leqq 2$ における $f(x)$ の最大値と最小値を求めよ。

(2)　$0\leqq x\leqq 2$ における $f'(x)$ の最大値と最小値を求めよ。

(3)　$0<a_n<2$ $(n=1,\ 2,\ 3,\ \cdots)$ が成立することを数学的帰納法を用いて示せ。

(4)　$0<2-a_{n+1}<(\log 2)(2-a_n)$ $(n=1,\ 2,\ 3,\ \cdots)$ が成立することを示せ。

(5)　$\lim_{n\to\infty}a_n$ を求めよ。　（同志社大）

39　n を正の整数とし，

$$f_n(x)=\sum_{k=0}^{n}\frac{(-1)^k x^{2k}}{(2k)!}=1-\frac{x^2}{2!}+\frac{x^4}{4!}-\frac{x^6}{6!}+\cdots+\frac{(-1)^n x^{2n}}{(2n)!}$$

とする。

(1)　$f_n(2)<0$ であることを示せ。

(2)　方程式 $f_2(x)=0$ は $0<x<2$ の範囲にただ1つだけ解をもつことを示せ。

(3)　$n\geqq 3$ のときも，方程式 $f_n(x)=0$ は $0<x<2$ の範囲にただ1つだけ解をもつことを示せ。　（中央大）

40　座標平面上を運動する点Pの時刻 t における座標 $(x,\ y)$ が，$x=\sin t$，$y=\dfrac{1}{2}\cos 2t$ で表されているとする。このとき，次の問に答えよ。

(1)　点Pはどのような曲線上を動くか。

(2)　点Pの速度ベクトル $\vec{v}=\left(\dfrac{dx}{dt},\ \dfrac{dy}{dt}\right)$ と加速度ベクトル $\vec{\alpha}=\left(\dfrac{d^2x}{dt^2},\ \dfrac{d^2y}{dt^2}\right)$ を t を用いて表せ。

(3)　速さ $|\vec{v}|$ が0となるときの点Pの座標をすべて求めよ。

(4)　(3)で求めた点のうち，x 座標が最も大きい点をQとする。$0\leqq t\leqq 30$ とするとき，点Pは点Qを何回通過するか。

(5)　速さ $|\vec{v}|$ の最大値と，加速度の大きさ $|\vec{\alpha}|$ の最小値を求めよ。（立命館大　改）

この問題は4章を学習してから挑戦してください。

41　$a>0$ とする。次の問に答えよ。

(1)　$0\leqq x\leqq a$ を満たす x に対して $1+x\leqq e^x\leqq 1+\dfrac{e^a-1}{a}x$ を示せ。

(2)　(1)を用いて $1+a+\dfrac{a^2}{2}<e^a<1+\dfrac{a}{2}(e^a+1)$ を示せ。

(3)　(2)を用いて $2.64<e<2.78$ を示せ。　（横浜市立大）

4章　積分とその応用

▶▶解答編 p.490

42　k を正の定数とし，関数 $f(x)$ は $f(x)=x\left(e^x-2k\int_0^1 f(t)dt\right)$ を満たしている。

(1)　a を定数とするとき，$\int_0^1 x(e^x-2ka)dx$ を求めよ。

(2)　$f(x)$ を求めよ。

(3)　$f(x)$ はただ1つの極値をもつことを示せ。

(4)　$f(x)$ の極値が0であるような k の値を求めよ。　　（山梨大）

43　自然数 n に対して $a_n=\int_0^{\frac{\pi}{4}}(\tan x)^{2n}dx$ とおく。このとき，次の問に答えよ。

(1)　a_1 を求めよ。

(2)　a_{n+1} を a_n で表せ。

(3)　$\lim_{n\to\infty}a_n$ を求めよ。

(4)　$\lim_{n\to\infty}\sum_{k=1}^{n}\frac{(-1)^{k+1}}{2k-1}$ を求めよ。　　（北海道大）

44　楕円 $\frac{x^2}{4}+\frac{y^2}{9}=1$ 上に点 P_k $(k=1,\ 2,\ \cdots,\ n)$ を $\angle P_kOA=\frac{k}{n}\pi$ を満たすようにとる。ただし，$O(0,\ 0)$，$A(2,\ 0)$ とする。このとき，

$\lim_{n\to\infty}\frac{1}{n}\left(\frac{1}{{OP_1}^2}+\frac{1}{{OP_2}^2}+\cdots+\frac{1}{{OP_n}^2}\right)$ を求めよ。　　（東北大）

45　(1)　$x\geqq 0$ のとき，不等式 $x-\frac{1}{2}x^2\leqq\log(1+x)\leqq x$ が成り立つことを示せ。

(2)　極限値 $\lim_{n\to\infty}\sum_{k=1}^{n}\log\left(1+\frac{k}{n^2}\right)$ を求めよ。　　（大阪市立大）

46　n を2以上の自然数として，$S_n=\sum_{k=n}^{n^3-1}\frac{1}{k\log k}$ とおく。次の問に答えよ。

(1)　$\int_n^{n^3}\frac{dx}{x\log x}$ を求めよ。

(2)　k を2以上の自然数とするとき，$\frac{1}{(k+1)\log(k+1)}<\int_k^{k+1}\frac{dx}{x\log x}<\frac{1}{k\log k}$ を示せ。

(3)　$\lim_{n\to\infty}S_n$ の値を求めよ。　　（神戸大）

入試攻略

47　$\displaystyle\int_0^{\pi} e^x \sin^2 x\,dx > 8$ であることを示せ。ただし，$\pi = 3.14\cdots$ は円周率，$e = 2.71\cdots$ は自然対数の底である。　（東京大）

48　$f(x) = \dfrac{\log x}{x}$，$g(x) = \dfrac{2\log x}{x^2}$ $(x > 0)$ とする。次の問に答えよ。ただし，自然対数の底 e について，$e = 2.718\cdots$ であること，$\displaystyle\lim_{x\to\infty}\frac{\log x}{x} = 0$ であることを証明なしで用いてよい。

(1)　2曲線 $y = f(x)$ と $y = g(x)$ の共有点の座標をすべて求めよ。

(2)　区間 $x > 0$ において，関数 $y = f(x)$ と $y = g(x)$ の増減，極値を調べ，2曲線 $y = f(x)$，$y = g(x)$ のグラフの概形をかけ。グラフの変曲点は求めなくてよい。

(3)　区間 $1 \leqq x \leqq e$ において，2曲線 $y = f(x)$ と $y = g(x)$，および直線 $x = e$ で囲まれた図形の面積を求めよ。　（神戸大）

49　a を $0 < a < \dfrac{\pi}{2}$ を満たす定数とする。関数 $f(x) = \tan x$ $\left(0 \leqq x < \dfrac{\pi}{2}\right)$ について，次の問に答えよ。

(1)　$0 < x < \dfrac{\pi}{2}$ のとき，$\dfrac{f(x)}{x} < f'(x)$ が成り立つことを証明せよ。

(2)　Oを原点とし，曲線 $y = f(x)$ 上に点 $\mathrm{P}(t,\ f(t))$ をとる。ただし，$0 < t < a$ とする。直線OP，直線 $x = a$ と曲線 $y = f(x)$ によって囲まれた2つの部分の面積の和を A とするとき，A を t の関数として表せ。

(3)　$0 < t < a$ の範囲において，A を最小にする t の値を求めよ。　（中央大）

50　曲線 $y = f(x) = e^{-\frac{x}{2}}$ 上の点 $(x_0,\ f(x_0)) = (0,\ 1)$ における接線と x 軸との交点を $(x_1,\ 0)$ とし，曲線 $y = f(x)$ 上の点 $(x_1,\ f(x_1))$ における接線と x 軸との交点を $(x_2,\ 0)$ とする。以下同様に，点 $(x_n,\ f(x_n))$ における接線と x 軸との交点を $(x_{n+1},\ 0)$ とする。このような操作を無限に続けるとき

(1)　x_n $(n = 0,\ 1,\ 2,\ \cdots)$ を n の式で表せ。

(2)　曲線 $y = f(x)$ と，点 $(x_n,\ f(x_n))$ における $y = f(x)$ の接線および直線 $x = x_{n+1}$ とで囲まれた部分の面積を S_n $(n = 0,\ 1,\ 2,\ \cdots)$ とするとき，S_n の総和 $\displaystyle\sum_{n=0}^{\infty} S_n$ を求めよ。　（福岡大）

51 xyz 空間内において不等式　$0 \leqq z \leqq \log(-x^2-y^2+3)$，$-x^2-y^2+3>0$ で定まる立体 D を考える。

(1) D はどの座標軸のまわりの回転体か，その座標軸を答えよ。

(2) この D を xz 平面で切ったときの断面は，どのような曲線（ならびに直線）で囲まれた図形か，その曲線を求め，図形の概形もかけ。曲線の凹凸を調べることまではしなくてよいが，座標軸との交点の座標は明示せよ。

(3) D の体積を求めよ。（お茶の水女子大）

52 xy 平面上の 2 曲線 $C_1: y=\dfrac{\log x}{x}$ と $C_2: y=ax^2$ は点Pを共有し，Pにおいて共通の接線をもっている。ただし，a は定数とする。次の問に答えよ。

(1) 関数 $y=\dfrac{\log x}{x}$ の増減，極値，グラフの凹凸，変曲点を調べ，C_1 の概形をかけ。ただし，$\displaystyle\lim_{x\to\infty}\frac{\log x}{x}=0$ は証明なしに用いてよい。

(2) Pの座標および a の値を求めよ。

(3) 不定積分 $\displaystyle\int\left(\frac{\log x}{x}\right)^2 dx$ を求めよ。

(4) C_1，C_2 および x 軸で囲まれた部分を，x 軸のまわりに 1 回転させてできる立体の体積 V を求めよ。（横浜国立大）

入試攻略

53 関数 $f(x)=e^{-\frac{x}{2}}(\cos x+\sin x)$ に対して，$f(x)=0$ の正の解を小さい方から順に a_1，a_2，$\cdots$，a_n，$\cdots$ とおく。このとき，次の問に答えよ。

(1) a_n を求めよ。

(2) $a_n \leqq x \leqq a_{n+1}$ の範囲で，曲線 $y=f(x)$ と x 軸で囲まれた部分を，x 軸のまわりに 1 回転させてできる回転体の体積 V_n を求めよ。

(3) 無限級数 $\displaystyle\sum_{n=1}^{\infty}V_n$ の和を求めよ。（新潟大）

54 正の実数 a，b は $a+b=1$ を満たすとし，2 つの楕円 $\dfrac{x^2}{a^2}+\dfrac{y^2}{b^2}=1$，$\dfrac{x^2}{a^2}+\dfrac{(y-b)^2}{b^2}=1$ の内部の共通部分を D とする。このとき，次の問に答えよ。

(1) 2 つの楕円の交点を a を用いて表せ。

(2) D の面積を a を用いて表し，その面積の最大値とそのときの a の値を求めよ。

(3) D を x 軸のまわりに 1 回転させてできる回転体の体積を a を用いて表し，その体積の最大値とそのときの a の値を求めよ。（島根大）

55 $\begin{cases} x = \sin t \\ y = \sin 2t \end{cases} \left(0 \leqq t \leqq \dfrac{\pi}{2}\right)$ で表される曲線を C とおく。このとき，次の問に答えよ。

(1) y を x の式で表せ。

(2) x 軸と C で囲まれる図形 D の面積を求めよ。

(3) D を y 軸のまわりに1回転させてできる回転体の体積を求めよ。 (神戸大)

56 xy 平面上の $x \geqq 0$ の範囲で，直線 $y = x$ と曲線 $y = x^n$ $(n = 2,\ 3,\ 4,\ \cdots)$ により囲まれた部分を D とする。D を直線 $y = x$ のまわりに回転させてできる回転体の体積を V_n とするとき

(1) V_n を求めよ。　　(2) $\displaystyle\lim_{n\to\infty} V_n$ を求めよ。 (横浜国立大)

57 xyz 空間の中で，方程式 $y = \dfrac{1}{2}(x^2 + z^2)$ で表される図形は，放物線を y 軸のまわりに回転させて得られる曲面である。これを S とする。また，方程式 $y = x + \dfrac{1}{2}$ で表される図形は，xz 平面と45度の角度で交わる平面である。これを H とする。さらに，S と H が囲む部分を K とおくと，K は不等式

$$\frac{1}{2}(x^2 + z^2) \leqq y \leqq x + \frac{1}{2}$$

を満たす点 $(x,\ y,\ z)$ の全体となる。このとき，次の問に答えよ。

(1) K を平面 $z = t$ で切ったときの切り口が空集合ではないような実数 t の値の範囲を求めよ。

(2) (1)の切り口の面積 $S(t)$ を t を用いて表せ。

(3) K の体積を求めよ。 (大阪市立大)

58 xy 平面の原点Oを中心とする半径4の円 E がある。半径1の円 C が，内部から E に接しながらすべることなく転がって反時計回りに1周する。このとき，円 C 上に固定された点Pの軌跡を考える。ただし，初めに点Pは点 $(4,\ 0)$ の位置にあるものとする。

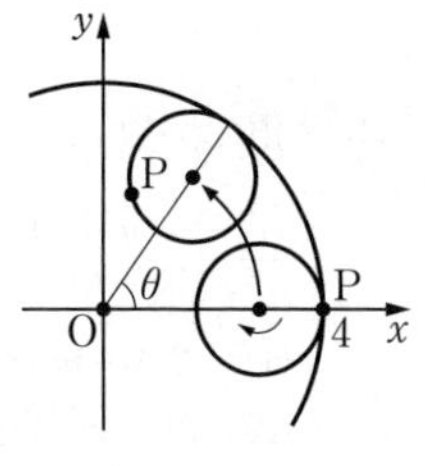

(1) 図のように，x 軸と円 C の中心のなす角度が θ $(0 \leqq \theta \leqq 2\pi)$ となったときの点Pの座標 $(x,\ y)$ を，θ を用いて表せ。

(2) 点Pの軌跡の長さを求めよ。 (北海道大)

解答

グラフ，証明等は略

1章 関数と極限

1 関数

練習

1 (1) 略　(2) 略

2 (1) $a=2,\ b=2$　(2) $y<2,\ 3\leqq y$

3 (1) $x=0,\ 5$　(2) $0\leqq x<1,\ 5\leqq x$

4 $\dfrac{6-4\sqrt{2}}{3}<k<\dfrac{6+4\sqrt{2}}{3}$

5 (1) 略　(2) 略　(3) 略

6 (1) $x=2$　(2) $2<x\leqq 3$

7 $\begin{cases} 2\leqq a<\dfrac{5}{2} \text{ のとき} & 2\text{個} \\ a<2,\ a=\dfrac{5}{2} \text{ のとき} & 1\text{個} \\ \dfrac{5}{2}<a \text{ のとき} & 0\text{個} \end{cases}$

8 (1) $x=1\pm\sqrt{6}$　(2) $x=1$

9 (1) 逆関数 $y=-\dfrac{1}{4}x^2+1$

定義域 $x\leqq 0$

(2) 逆関数 $y=\dfrac{-x+1}{x+1}$

定義域 $x\neq -1$

(3) 逆関数 $y=2^{\frac{x}{2}}$

定義域 実数全体

10 $x=3$

11 逆関数 $y=\dfrac{x}{a}-\dfrac{b}{a}$

$\begin{cases} a=1 \\ b=0 \end{cases}$ または $\begin{cases} a=-1 \\ b \text{ は任意} \end{cases}$

12 (1) $x+1$　(2) $|x|^3\ (x\neq 0)$

(3) $|x|\ (x\neq 0)$　(4) x

(5) x^2　(6) x^2

13 $-1<a<3$

問題編 1

1 略

2 (1) $-\dfrac{3}{x+1}+2$

(2) (ア) $2<y\leqq 5$

(イ) $y<-1,\ 5<y$

(ウ) $-1\leqq y<2$

3 (1) $x=-1,\ 2$　(2) $-1\leqq x<1,\ 2\leqq x$

4 $k\leqq -5,\ -1\leqq k$

5 (1) 略　(2) 略

6 (1) 略

(2) $\dfrac{-3-\sqrt{33}}{2}<x<3$

7 $\begin{cases} -2\leqq a<-\dfrac{3}{2},\ -\dfrac{1}{2}<a<0 \text{ のとき} \\ \qquad\qquad \text{共有点2個} \\ a<-2,\ a=-\dfrac{3}{2},\ a=-\dfrac{1}{2},\ 0\leqq a \\ \qquad\qquad \text{のとき　共有点1個} \\ -\dfrac{3}{2}<a<-\dfrac{1}{2} \text{ のとき　共有点0個} \end{cases}$

8 (1) $x=2$　(2) $x=3$

9 (1) $y=x+\sqrt{x^2+2}$

(2) $y=\log_2(x+\sqrt{x^2+1})$

10 (1) $x=0,\ -2+2\sqrt{5},\ 4$

(2) $-2+2\sqrt{5}<x<4$

11 $c=0$ のとき，逆関数は　$y=\dfrac{d}{a}x-\dfrac{b}{a}$

もとの関数と一致する条件は

「$d=a\neq 0$ かつ $b=0$」または

「$d=-a\neq 0$，b は任意」

$c\neq 0$ のとき，逆関数は　$y=\dfrac{-dx+b}{cx-a}$

もとの関数と一致する条件は

$d=-a$ かつ $bc+a^2\neq 0$

12 (1) $a=1,\ b=-2,\ c=3$

(2) $(g\circ f)(x)=x$

$(g\circ g)(x)=\dfrac{x-4}{8x-7}$

13 略

本質を問う 1

1 正しくない。正しい式 $B\geqq 0$

2 (1) 説明略，$x=0,\ \dfrac{-1+\sqrt{5}}{2},\ 1$

(2) 略

3 $-\dfrac{4x+9}{3x-2}\left(\text{ただし } x\neq -\dfrac{1}{2}\right)$

Let's Try! 1

① x 軸の正の向きに1，y 軸の正の向きに3

② (1) $x=2,\ -1$　(2) $x=6$

(3) $x=1,\ \dfrac{1-\sqrt{13}}{2}$

(4) $-2\leqq x<-1,\ 3\leqq x$

(5) $4\leqq x\leqq 5$

(6) $0\leqq x<\dfrac{2+\sqrt{2}}{2}$

③ (1) x　(2) $x=0,\ 2$

④ (a) $(x+a)^2+a$　(b) $y=x$

(c) $\dfrac{1}{8}$　(d) $\left(\dfrac{3}{8},\ \dfrac{3}{8}\right)$

⑤ (1) $f_2(x)=-\dfrac{1}{x}$，$f_3(x)=-\dfrac{x+1}{x-1}$

(2) $-\dfrac{x+1}{x-1}$

(3) $\begin{cases} x & (n=4k \text{ のとき}) \\ \dfrac{x-1}{x+1} & (n=4k+1 \text{ のとき}) \\ -\dfrac{1}{x} & (n=4k+2 \text{ のとき}) \\ -\dfrac{x+1}{x-1} & (n=4k+3 \text{ のとき}) \end{cases}$

2　数列の極限

練習

14 (1) 1　(2) ∞　(3) $\dfrac{1}{3}$

15 (1) $-\infty$　(2) ∞

(3) 極限は存在しない

16 (1) $\dfrac{1}{2}$　(2) 1

17 (1) 偽　(2) 偽

18 (1) $\lim_{n\to\infty} a_n = 0$, $\lim_{n\to\infty} na_n = 3$

(2) $\dfrac{2}{5}$

19 (1) 0　(2) 0

20 (1) 略　(2) 0

21 (1) $-\dfrac{1}{4}$　(2) -0.9　(3) 0

22 (1) $2-\sqrt{5} \leqq x < 2-\sqrt{3}$, $2+\sqrt{3} < x \leqq 2+\sqrt{5}$

(2) $x=2-\sqrt{5}$, $2+\sqrt{5}$ のとき　極限値 1

$2-\sqrt{5} < x < 2-\sqrt{3}$, $2+\sqrt{3} < x < 2+\sqrt{5}$ のとき　極限値 0

23 (1) $\begin{cases} -1 & (-1 \leqq r < 1 \text{ のとき}) \\ \dfrac{1}{r} & (|r| > 1 \text{ のとき}) \\ 0 & (r=1 \text{ のとき}) \end{cases}$

(2) $\begin{cases} 0 & (|r| < 1 \text{ のとき}) \\ r & (|r| > 1 \text{ のとき}) \\ \dfrac{1}{3} & (r=1 \text{ のとき}) \\ \text{存在しない} & (r=-1 \text{ のとき}) \end{cases}$

24 $\begin{cases} 0 & \left(-\dfrac{\pi}{4} < \theta < \dfrac{\pi}{4}\right) \\ \dfrac{1}{\tan\theta} & \left(-\dfrac{\pi}{2} < \theta < -\dfrac{\pi}{4},\ \dfrac{\pi}{4} < \theta < \dfrac{\pi}{2}\right) \\ \dfrac{1}{3} & \left(\theta = \dfrac{\pi}{4}\right) \\ \text{存在しない} & \left(\theta = -\dfrac{\pi}{4}\right) \end{cases}$

25 (1) 3　(2) 証明略, $\lim_{n\to\infty} \dfrac{4^n}{n!} = 0$

26 $\dfrac{3}{2}$

27 $\dfrac{5}{12}$

28 (1) $a_n = 8\cdot 3^{n-1} - 6\cdot 5^{n-1}$

$b_n = 3\cdot 5^{n-1} - 2\cdot 3^{n-1}$

(2) -2

29 (1) $\dfrac{2^{n+1}-3^n}{3^n-2^n}$　(2) -1

30 (1) $p_{n+1} = \dfrac{2}{3}p_n + \dfrac{1}{6}$

(2) $p_n = -\dfrac{1}{3}\cdot\left(\dfrac{2}{3}\right)^{n-1} + \dfrac{1}{2}$

(3) $\dfrac{1}{2}$

31 (1) 略　(2) 略　(3) 2

32 (1) 略　(2) 略　(3) $\sqrt{5}$

問題編 2

14 (1) 0　(2) $\dfrac{1}{2}$

15 極限は存在しない

16 $a=-\sqrt{3}$, 極限値 $\dfrac{\sqrt{3}}{3}$

17 (1) 偽　(2) 真

18 $\begin{cases} p \neq 0 \text{ のとき} & \dfrac{p+1}{p} \\ p = 0 \text{ のとき} & \infty \end{cases}$

19 $\dfrac{1}{2}$

20 略

21 (1) 0　(2) 2

22 $-\dfrac{\pi}{4} < x \leqq \dfrac{\pi}{4}$

23 $\begin{cases} \dfrac{1}{r} & (r > 3 \text{ のとき}) \\ -9 & (0 < r < 3 \text{ のとき}) \\ -2 & (r=3 \text{ のとき}) \end{cases}$

24 $\begin{cases} a & (a > b \text{ のとき}) \\ \dfrac{1}{b} & (a < b \text{ のとき}) \\ 1 & (a=b \text{ のとき}) \end{cases}$

25 証明略, $\lim_{n\to\infty} a_n = 0$

26 (1) $\dfrac{1-p^{2n}}{(1-p^2)p^{n-1}}$

(2) $\begin{cases} \dfrac{1}{p} & (-1 < p < 0,\ 0 < p < 1 \text{ のとき}) \\ p & (p < -1,\ 1 < p \text{ のとき}) \end{cases}$

27 (1) $a_n = 2^{\frac{2}{3}\left\{1-\left(-\frac{1}{2}\right)^{n-1}\right\}}$

(2) $\sqrt[3]{4}$

28 (1) $a_n = \dfrac{4^n+2^n}{2}$, $b_n = \dfrac{4^n-2^n}{2}$

(2) 1

29 (1) $\begin{cases} \dfrac{a(b-1)}{(a+b-1)b^{n-1}-a} & (b \neq 1 \text{ のとき}) \\ \dfrac{a}{a(n-1)+1} & (b=1 \text{ のとき}) \end{cases}$

(2) $\begin{cases} 1-b & (0<b<1 \text{ のとき}) \\ 0 & (b \geqq 1 \text{ のとき}) \end{cases}$

30 (1) $\dfrac{5}{72}$

(2) $p_n = \begin{cases} \dfrac{13}{18} & (n=4 \text{ のとき}) \\ \dfrac{25n^2-15n+2}{2\cdot 6^{n-1}} & (n \geqq 5 \text{ のとき}) \end{cases}$

$\displaystyle\lim_{n\to\infty} \frac{p_{n+1}}{p_n} = \frac{1}{6}$

31 (1) 略 (2) 1

32 (1) 略

(2) 証明略，$\displaystyle\lim_{n\to\infty} x_n = \sqrt[3]{2}$

本質を問う 2

1 (1) 正しくない，説明略

(2) 正しくない，説明略

2 (1) 偽 (2) 偽

3 略

Let's Try! 2

① (1) $\dfrac{1}{3}$ (2) $\dfrac{3}{4}$ (3) 7

② (1) $\dfrac{1}{4}$ (2) 0 (3) $0<a<3$

③ (1) $p_{n+1} = \dfrac{4}{9}p_n + \dfrac{2}{9}q_n$

$q_{n+1} = \dfrac{2}{9}p_n + \dfrac{4}{9}q_n$

(2) $\left(\dfrac{2}{3}\right)^n$

(3) $r_n = \dfrac{1}{3} - \dfrac{1}{2}\left(\dfrac{2}{3}\right)^n + \dfrac{1}{6}\left(\dfrac{2}{9}\right)^n$

$\displaystyle\lim_{n\to\infty} r_n = \frac{1}{3}$

④ (1) 略 (2) 略 (3) 1

⑤ (1) 略 (2) 略 (3) 2

3 無限級数

練習

33 (1) 収束，和 $\dfrac{3}{4}$ (2) 発散

34 (1) 発散

(2) 収束，和 $4(2-\sqrt{2})$

(3) 収束，和 $\dfrac{\sqrt{3}-1}{2}$

35 (1) $\dfrac{9}{2}$ (2) $\dfrac{119}{10}$

36 (1) $-2<x<2$ (2) 略

37 (1) $\dfrac{23}{666}$ (2) $\dfrac{1607}{495}$

38 $y=-2x+2$，グラフ略

39 (1) 収束，和 1 (2) 発散

40 $\dfrac{2}{3}$

41 (1) 略 (2) 略

42 略

43 (1) $\dfrac{\sqrt{15}-1}{2}$

(2) $r_n = \dfrac{\sqrt{15}-1}{2}\cdot\left(\dfrac{3}{5}\right)^{n-1}$

$S_n = \dfrac{8-\sqrt{15}}{2}\pi\cdot\left(\dfrac{9}{25}\right)^{n-1}$

(3) $\dfrac{25(8-\sqrt{15})}{32}\pi$

44 (1) $a_n = 4\cdot 5^{n-1}$

(2) $l_n = 4\cdot\left(\dfrac{5}{3}\right)^{n-1}$，$\displaystyle\lim_{n\to\infty} l_n = \infty$

(3) $S_n = 2-\left(\dfrac{5}{9}\right)^{n-1}$，$\displaystyle\lim_{n\to\infty} S_n = 2$

45 (1) $p_1=0$，$p_2=a^2$，$p_3=0$，$p_4=2a^3b$

(2) $p_{2n} = 2abp_{2n-2}$ $(n \geqq 2)$

(3) n が偶数のとき $(a^2+b^2)(2ab)^{\frac{n}{2}-1}$

n が奇数のとき 0

(4) 1

46 $\dfrac{\sqrt{3}-1}{4}$

問題編 3

33 (1) 収束，和 $\dfrac{1}{4}$ (2) 収束，和 1

34 初項 9，公比 $-\dfrac{1}{3}$

35 $\dfrac{11}{12}$

36 (1) $-1<x\leqq 0$，$1<x<2$

(2) $\dfrac{x}{-x^2+x+2}$

37 (1) $\dfrac{9}{20}$ (2) $\dfrac{76}{495}$

38 (1) 略 (2) 略

39 (1) 発散 (2) 収束，和 1

40 $\dfrac{5}{626}(13\sqrt{2}+5)$

41 略

42 略

43 (1) 3 (2) $\left(\dfrac{12}{19},\ \dfrac{3\sqrt{3}}{19}\right)$

44 (1) $l_n = 9+6\sqrt{2}-3(2+\sqrt{2})\left(\dfrac{1}{\sqrt{2}}\right)^{n-1}$

$\displaystyle\lim_{n\to\infty} l_n = 9+6\sqrt{2}$

(2) $S_n = 3+\dfrac{\sqrt{3}}{4}-\dfrac{3}{2}\cdot\left(\dfrac{1}{2}\right)^{n-1}$

$\displaystyle\lim_{n\to\infty} S_n = 3+\frac{\sqrt{3}}{4}$

解答

45 (1) $\dfrac{1}{3}+\dfrac{1}{24}\left(-\dfrac{1}{2}\right)^{n-3}$ $(n \geqq 3)$

(2) $\dfrac{2}{3^k}$

46 (1) $|z-1|=1$　(2) 略

本質を問う 3

1 略

2 略

3 (1) 略　(2) 略

Let's Try! 3

① (1) 初項2, 公比 $\dfrac{2}{3}$　(2) 6

② (1) $0 \leqq x < \dfrac{\pi}{6}$, $\dfrac{5}{6}\pi < x < 2\pi$

(2) $\dfrac{2}{1-2\sin x}$

(3) $x=\dfrac{3}{2}\pi$ のとき　最小値 $\dfrac{2}{3}$

③ (1) $(n+1)$ 個, 和 $\dfrac{p^{n+1}-1}{p-1}$

(2) $(m+1)(n+1)$ 個, 和 $\dfrac{(2^{m+1}-1)(3^{n+1}-1)}{2}$

(3) $\dfrac{129}{55}$

④ (1) $\dfrac{a_n}{n}=\dfrac{1}{3^{n-1}}$, $\displaystyle\sum_{n=1}^{\infty}\dfrac{a_n}{n}=\dfrac{3}{2}$

(2) 証明略, 0

(3) $\dfrac{9}{4}$

⑤ (1) $\dfrac{\sqrt{t^2-t+1}}{t+1}a$　(2) $\dfrac{\sqrt{3}(t+1)^2a^2}{12t}$

(3) $\dfrac{\sqrt{3}}{3}a^2$

4 関数の極限

練習

47 (1) 4　(2) $\sqrt{2}$

48 (1) 存在しない　(2) 存在しない

(3) 存在しない

49 (1) $-\dfrac{1}{2}$　(2) 0　(3) -1

50 (1) -2　(2) -1　(3) $\dfrac{1}{2}$

51 (1) $a=-3$, $b=-18$

(2) $a=-4$, $b=-8$

52 $a=1$, $b=2$

53 (1) $-\dfrac{1}{4}$　(2) 1　(3) 1

54 (1) $\dfrac{3}{4}$　(2) 8　(3) 2

55 (1) π　(2) π

56 (1) 0　(2) 2

57 (1) 連続　(2) 不連続

58 (1) $\begin{cases} 0 & (|x|<1 \text{ のとき}) \\ 1 & (|x|>1 \text{ のとき}) \\ \dfrac{1}{2} & (|x|=1 \text{ のとき}) \end{cases}$, グラフ略

(2) $x=\pm1$ において不連続, それ以外の実数 x において連続

59 (1) $\begin{cases} ax^2+bx+1 & (|x|<1 \text{ のとき}) \\ \dfrac{1}{x} & (|x|>1 \text{ のとき}) \\ \dfrac{a+b+2}{2} & (x=1 \text{ のとき}) \\ \dfrac{a-b}{2} & (x=-1 \text{ のとき}) \end{cases}$

(2) $a=-1$, $b=1$, グラフ略

60 (1) 略　(2) 略

問題編 4

47 (1) $-\dfrac{1}{2}$　(2) 3

48 (1) ∞　(2) 存在しない

(3) -1

49 (1) $-\infty$　(2) ∞

(3) 2　(4) ∞

50 -4

51 $a=6$, $b=-6$

52 $a=1$, $b=-4$

53 (1) 存在しない　(2) $\begin{cases} -1 & (a>1) \\ 1 & (0<a<1) \end{cases}$

(3) 1

54 (1) $\dfrac{\pi}{180}$　(2) $\dfrac{1}{2}$　(3) 6

55 (1) $\dfrac{\cos\theta}{2(\sin\theta+\cos\theta)}$　(2) $\dfrac{1}{2}$

56 2

57 (1) 不連続　(2) 連続

58 (1) グラフ略, $x=\pm1$ において不連続, それ以外の実数 x において連続

(2) グラフ略, $x=\pm1$ において不連続, それ以外の実数 x において連続

59 $\dfrac{\pi}{2}+2m\pi$ (m は整数)

60 略

本質を問う 4

1 (1) 正しくない。$\displaystyle\lim_{x\to0}\dfrac{1}{x}$ は存在しない

(2) 正しくない。

$\begin{cases} a>1 \text{ のとき} & \displaystyle\lim_{x\to+0}\log_a x=-\infty \\ 0<a<1 \text{ のとき} & \displaystyle\lim_{x\to+0}\log_a x=\infty \end{cases}$

2 (1) 存在しない　(2) 存在しない

(3) 0

3 説明略, -1

Let's Try! 4

① (1) $-\frac{1}{4}$ (2) 2 (3) $\frac{1}{2}$

② 1

③ $a=1,\ b=\frac{1}{2},\ c=\frac{1}{6}$

④ (1) $\cos\theta+\sqrt{\cos^2\theta+3}$

(2) $\frac{3}{4}$

⑤ (1) $\begin{cases}0 & \left(0<x<\frac{\pi}{2},\ \frac{\pi}{2}<x<\pi \text{ のとき}\right)\\ 1 & \left(x=\frac{\pi}{2} \text{ のとき}\right)\end{cases}$

(2) $x=-1$ で不連続

⑥ 略

2章 微分

5 微分法

練習

61 (1) $f'(x)=-\frac{2}{(2x+3)^2}$

(2) $f'(x)=\frac{3\sqrt{x}}{2}$

62 (1) $f'(a)$ (2) $2af(a^2)-2a^3f'(a^2)$

63 (1) 連続である。微分可能ではない。

(2) 連続である。微分可能ではない。

64 $a=\frac{1}{2},\ b=3$

65 (1) $y'=12x^3+6x^2-4x-2$

(2) $y'=12x^5+10x^4-4x^3+9x^2+8x-2$

(3) $y'=-\frac{6(x-1)}{(x^2-2x+3)^2}$

(4) $y'=\frac{2(x^2-1)}{(x^2+x+1)^2}$

(5) $y'=\frac{x^2(2x-3)}{(x-1)^2}$

66 (1) $y'=-45x^2(2-3x^3)^4$

(2) $y'=\frac{2x}{(4-x^2)\sqrt{4-x^2}}$

(3) $y'=\frac{-3x^3+6x}{\sqrt{1-x^2}}$

67 $a=\frac{1}{3},\ b=\frac{5}{3}$

68 (1) $\frac{dy}{dx}=\frac{2}{3y^2}$ (2) $\frac{dy}{dx}=-\frac{(y-1)^3}{2}$

69 (1) $\frac{dy}{dx}=-\frac{2x}{y}$ (2) $\frac{dy}{dx}=-\frac{2x+3y}{3x+2y}$

(3) $\frac{dy}{dx}=-\sqrt[3]{\frac{y}{x}}$

70 (1) $\frac{dy}{dx}=\frac{2t^2+1}{2t^2-1}$ (2) $\frac{dy}{dx}=-2\sqrt{1-t^2}$

問題編 5

61 (1) $f'(x)=\frac{2}{(x+1)^2}$

(2) $f'(x)=\frac{1}{3\sqrt[3]{x^2}}$

62 (1) -3 (2) 4

63 (1) 連続ではない。微分可能ではない。

(2) 連続である。微分可能である。

64 証明略，$f'(x)=2x+a$

65 略

66 (1) $y'=\frac{8\left(x+\sqrt{x^2+1}\right)^8}{\sqrt{x^2+1}}$

(2) $y'=\frac{-2x^2-4x+1}{2(2x^2+1)\sqrt{(x+1)(2x^2+1)}}$

67 0

68 (1) $\frac{dy}{dx}=\frac{1}{3\sqrt[3]{(x+3)^2}}$

(2) $\frac{dy}{dx}=\frac{1}{n\sqrt[n]{x^{n-1}}}$

69 (0, 0), (−4, 2)

70 $\frac{dy}{dx}=\frac{x(2-x)}{(1-x)^2}$

本質を問う 5

1 (1) 略 (2) 略 (3) 略

2 $f'(x)=1$

3 説明略，0

Let's Try! 5

① (1) $y'=\frac{2x^2+a^2}{\sqrt{x^2+a^2}}$ (2) $y'=\frac{\sqrt{x+\sqrt{1+x^2}}}{2\sqrt{1+x^2}}$

(3) $y'=\frac{-x^2+12x-15}{(x+3)^4}$

② 6

③ $a=\frac{\sqrt{2}-3}{4},\ b=3$

④ (1) $\frac{dy}{dx}=\frac{2\sqrt{1+y}}{3y+2}$ (2) $\frac{dy}{dx}=-\sqrt[3]{\left(\frac{y}{x}\right)^2}$

⑤ $\frac{-1+\sqrt{3}}{4}$

6 いろいろな関数の導関数

練習

71 (1) $y'=\frac{2}{\cos^2\left(2x+\frac{\pi}{3}\right)}$

(2) $y'=2\cos^2\frac{x}{2}-2x\sin\frac{x}{2}\cos\frac{x}{2}$

(3) $y'=\frac{1}{1+\cos x}$

72 (1) $y'=\frac{2}{(1-x^2)\log 2}$

(2) $y'=\frac{1}{\sin x}$

(3) $y' = -\dfrac{1}{\sqrt{x^2+a}}$

(4) $y' = 2x\log x + x$

73 (1) $y' = 2e^{2x-1}$ (2) $y' = -3^{1-x}\log 3$

(3) $y' = (1-2x^2)e^{-x^2}$

(4) $y' = -e^{-x}(\sin 2x - 2\cos 2x)$

(5) $y' = -\dfrac{e^x}{(1+2e^x)^2}$

74 (1) $y' = \dfrac{x^2+16x+9}{2(x+8)\sqrt{(x+3)(x-3)(x+8)}}$

(2) $y' = x^{\sin x - 1}(x\cos x\log x + \sin x)$

75 (1) $\dfrac{1}{e^2}$ (2) $\dfrac{1}{e}$ (3) e^2

76 (1) $\log 2$ (2) 0 (3) 1

77 (1) $f'(0)=0$, $a+b=1$

(2) 略

78 (1) $f^{(n)}(x) = (-1)^{n-1}\cdot\dfrac{(n-1)!}{x^n}$

(2) $f^{(n)}(x) = n!$

79 (1) $\dfrac{dy}{dx} = \dfrac{\cos t - \sin t}{\cos t + \sin t}$

(2) $\dfrac{d^2y}{dx^2} = -\dfrac{2}{e^t(\sin t + \cos t)^3}$

80 (1) 0 (2) 略

(3) $f'(x) = 1$ (4) $f(x) = x$

〈1〉(チャレンジ) 2

問題編 6

71 (1) $y' = -\dfrac{\sin x\cos x}{\sqrt{1+\cos^2 x}}$

(2) $y' = \cos^3 x - 2\cos x\sin^2 x$

(3) $y' = \dfrac{2}{(\sin x + \cos x)^2}$

72 (1) $y' = \dfrac{1}{x\log x}$ (2) $y' = \dfrac{\log(\sqrt{x}+1)}{x+\sqrt{x}}$

73 (1) $y' = (1+x\cos x)e^{\sin x}$

(2) $y' = -\dfrac{2\sin x}{e^x}$

74 (1) $y' = -\dfrac{(x-1)^2(9x^2-10x-5)}{x^6(x+1)^8}$

(2) $y' = 2x^{\log x - 1}\log x$

75 (1) 1 (2) 2

76 (1) 1 (2) $-\dfrac{1}{2}$

77 略

78 (1) $f^{(n)}(x) = (\sqrt{2})^n e^x \sin\left(x + \dfrac{n\pi}{4}\right)$

(2) $f^{(n)}(x) = (-\sqrt{2})^n e^{-x}\cos\left(x - \dfrac{n\pi}{4}\right)$

79 (1) $\dfrac{dy}{dx} = \dfrac{\sin t}{1-\cos t}$

(2) $\dfrac{d^2y}{dx^2} = -\dfrac{1}{(1-\cos t)^2}$

80 (1) 0 (2) 略

本質を問う 6

[1] (1) $y' = \dfrac{1}{\sqrt{1-x^2}}$ (2) $y' = -\dfrac{1}{\sqrt{1-x^2}}$

(3) $y' = \dfrac{1}{1+x^2}$

[2] $\dfrac{dy}{dx} = \dfrac{4x}{9y}$, $\dfrac{d^2y}{dx^2} = -\dfrac{16}{9y^3}$

[3] 略

[4] (1) $y = e^{-x\log x}$ (2) $y' = -x^{-x}(\log x + 1)$

Let's Try! 6

① $f'(x) = 2x\cos 3x - 3x^2\sin 3x$

② (1) $y' = \cos x - x\sin x + \dfrac{x}{1+x^2}$

(2) $y' = (x^2+x+1)^x\left\{\log(x^2+x+1) + \dfrac{x(2x+1)}{x^2+x+1}\right\}$

(3) $y' = \dfrac{2}{x\log x}$

(4) $y' = 10^{\sin 2x}2(\cos 2x)(\log 10)$

(5) $y' = -\dfrac{\log a}{x(\log x)^2}$

(6) $y' = \dfrac{2\cos 2x}{\cos^2(\sin 2x)}$

③ (1) e (2) $\dfrac{1}{e}$

(3) $2a^2\sin a\cos a - 2a\sin^2 a$

④ (1) $\dfrac{4}{9}$ (2) 略

⑤ $\dfrac{dy}{dx} = \dfrac{2(2-t^2)}{(2+t)^3}e^{3t}$

⑥ (1) 略 (2) 略

(3) $\dfrac{d}{dx}g(x) = 1 + \{g(x)\}^2$

3章 微分の応用

7 接線と法線，平均値の定理

練習

81 (1) 接線 $y = \dfrac{1}{9}x + \dfrac{2}{9}$

法線 $y = -9x + \dfrac{28}{3}$

(2) 接線 $y = \dfrac{1}{e}x$

法線 $y = -ex + e^2 + 1$

82 (1) 接線 $y = x+1$

法線 $y = -x+3$

(2) 接線 $y = -\dfrac{1}{4}x + \dfrac{9}{4}$

法線 $y = 4x - 2$

83 (1) $y = -x + \dfrac{3}{2}\pi + 2$

(2) $y=\frac{5}{3}x-\frac{8}{3}$

84 (1) $y=-e^2x$

(2) $y=3x-\log3+5$

85 (1) $y=x+1,\ y=\frac{1}{3}x+3$

(2) $y=1,\ y=\frac{12}{11}x-\frac{13}{11}$

86 $k=\frac{3}{2},\ y=-\sqrt{3}x+\frac{\sqrt{3}}{3}\pi+1$

87 $y=-x+2$

88 $\log2$

89 (1) 4　　(2) $\frac{1}{2}$

90 略

91 0

92 略

問題編 7

81 (1) 接線 $y=-\frac{1}{3}x+\frac{5}{3}$

法線 $y=3x+15$

(2) 接線 $y=2x-\frac{\pi}{2}+1$

法線 $y=-\frac{1}{2}x+\frac{\pi}{8}+1$

82 略

83 略

84 $y=x,\ y=-x$

85 $y=-\sqrt{2}x+1,\ y=\sqrt{2}x+1$

86 (1) $a=\frac{2}{3}e,\ b=-\frac{1}{3}e$

(2) $y=\frac{1}{3}ex$

87 $-\frac{\log a+a+1}{a+1}$

88 略

89 略

90 略

91 1

92 (1) 略　　(2) 略

本質を問う 7

1 いえる

2 略

3 (1) 略　　(2) よくない

Let's Try! 7

① (1) $(\log2,\ 2)$　　(2) $\left(\log2+\frac{3}{2},\ 0\right)$

② $1-\sqrt{2}$

③ (1) $-\frac{\sqrt{3}}{2}+\log(\sqrt{3}-1)$

(2) $y=(\sqrt{3}-1)x-1-\frac{\sqrt{3}}{2}$

④ $k=\frac{1}{2a}e^{-a^2}$

⑤ 略

8 関数の増減とグラフ

練習

93 (1) $x=0$ のとき　極大値 -2

$x=4$ のとき　極小値 6

(2) $x=-1$ のとき　極小値 1

(3) $x=2$ のとき　極大値 1

$x=0$ のとき　極小値 -1

94 (1) $x=\frac{7}{6}\pi$ のとき　極大値 $\frac{7}{6}\pi+\sqrt{3}$

$x=\frac{11}{6}\pi$ のとき　極小値 $\frac{11}{6}\pi-\sqrt{3}$

(2) $x=\pi$ のとき　極大値 3

$x=\frac{\pi}{3},\ \frac{5}{3}\pi$ のとき　極小値 $-\frac{3}{2}$

95 (1) $x=4$ のとき　極大値 $\frac{5}{e^4}$

$x=1$ のとき　極小値 $-\frac{1}{e}$

(2) $x=e$ のとき　極大値 $\frac{1}{e}$

96 (1) $x=-2$ のとき　極大値 2

$x=0$ のとき　極小値 0

(2) $x=0$ のとき　極大値 2

$x=2$ のとき　極小値 0

97 $a\leqq0$ のとき　極値なし

$a>0$ のとき

$x=-\sqrt{a}$ のとき　極大値 $-2\sqrt{a}$

$x=\sqrt{a}$ のとき　極小値 $2\sqrt{a}$

98 $a=2$

$x=2+2\sqrt{2}$ のとき　極小値 $\frac{1-\sqrt{2}}{4}$

99 (1) $a<-\sqrt{3},\ \sqrt{3}<a$

(2) $a>e$

100 (1) $x=-2,\ y=x-1$

(2) $y=x+1,\ y=-x-1$

101 (1) 増減，グラフの凹凸，グラフ略

極値はない。変曲点は $(0,\ 0)$

(2) 増減，グラフの凹凸，グラフ略

極値はない。

変曲点は $\left(-\sqrt{3},\ -\frac{3\sqrt{3}}{4}\right)$, $(0,\ 0)$, $\left(\sqrt{3},\ \frac{3\sqrt{3}}{4}\right)$

102 (1) 増減，グラフの凹凸，グラフ略

$x=-\sqrt{5}$ のとき　極大値 $\frac{5\sqrt{5}}{2}$

変曲点はない。

(2) 増減，グラフの凹凸，グラフ略

$x=\dfrac{8}{27}$ のとき　極大値 $\dfrac{4}{27}$

$x=0$ のとき　極小値 0

変曲点はない。

103 (1)　増減，グラフの凹凸，グラフ略

$x=\dfrac{\pi}{6}$ のとき　極大値 $\dfrac{\pi}{6}+\sqrt{3}$

$x=\dfrac{5}{6}\pi$ のとき　極小値 $\dfrac{5}{6}\pi-\sqrt{3}$

変曲点は $\left(\dfrac{\pi}{2},\ \dfrac{\pi}{2}\right)$，$\left(\dfrac{3}{2}\pi,\ \dfrac{3}{2}\pi\right)$

(2)　増減，グラフの凹凸，グラフ略

$x=\dfrac{\pi}{2}$ のとき　極大値 3

$x=\dfrac{3}{2}\pi$ のとき　極小値 -5

変曲点は $\left(\dfrac{7}{6}\pi,\ -\dfrac{3}{2}\right)$，$\left(\dfrac{11}{6}\pi,\ -\dfrac{3}{2}\right)$

104 増減，グラフの凹凸，グラフ略

$x=-1$ のとき　極大値 e

変曲点は $(0,\ 2)$

105 (1)　増減，グラフの凹凸，グラフ略

$x=e^2$ のとき　極大値 $\dfrac{4}{e^2}$

$x=1$ のとき　極小値 0

変曲点は $\left(e^{\frac{3-\sqrt{5}}{2}},\ \dfrac{7-3\sqrt{5}}{2e^{\frac{3-\sqrt{5}}{2}}}\right)$，$\left(e^{\frac{3+\sqrt{5}}{2}},\ \dfrac{7+3\sqrt{5}}{2e^{\frac{3+\sqrt{5}}{2}}}\right)$

(2)　増減，グラフの凹凸，グラフ略

$x=\dfrac{1}{e}$ のとき　極小値 $-\dfrac{1}{e}$

変曲点はない。

(3)　増減，グラフの凹凸，グラフ略

$x=-\dfrac{1}{2}$ のとき　極小値 $\log\dfrac{3}{4}$

変曲点は $\left(\dfrac{-1-\sqrt{3}}{2},\ \log\dfrac{3}{2}\right)$，$\left(\dfrac{-1+\sqrt{3}}{2},\ \log\dfrac{3}{2}\right)$

106 (1)　略　　(2)　略

107 略

108 $\left(\dfrac{\pi}{2},\ \dfrac{\pi}{2}\right)$，証明略

109 $2n+1$　（n は整数）

問題編 8

93 (1)　$x=1$ のとき　極大値 1

(2)　$x=\pm1$ のとき　極大値 $\dfrac{\sqrt{3}}{9}$

$x=0$ のとき　極小値 0

94 (1)　$x=\dfrac{\pi}{3}$ のとき　極大値 $\dfrac{\pi}{3}-\dfrac{\sqrt{3}}{4}$

$x=\dfrac{3}{2}\pi$ のとき　極大値 $\dfrac{3}{2}\pi+1$

$x=\dfrac{\pi}{2}$ のとき　極小値 $\dfrac{\pi}{2}-1$

$x=\dfrac{5}{3}\pi$ のとき　極小値 $\dfrac{5}{3}\pi+\dfrac{\sqrt{3}}{4}$

(2)　$x=\dfrac{\pi}{2}$ のとき　極大値 1

$x=\dfrac{5}{4}\pi$ のとき　極大値 $-\dfrac{\sqrt{2}}{2}$

$x=\dfrac{\pi}{4}$ のとき　極小値 $\dfrac{\sqrt{2}}{2}$

$x=\pi,\ \dfrac{3}{2}\pi$ のとき　極小値 -1

95 (1)　$x=2+\sqrt{2}$ のとき

極大値 $(2+2\sqrt{2})e^{-2-\sqrt{2}}$

$x=2-\sqrt{2}$ のとき

極小値 $(2-2\sqrt{2})e^{-2+\sqrt{2}}$

(2)　$x=e^2$ のとき　極大値 $\dfrac{4}{e^2}$

$x=1$ のとき　極小値 0

(3)　$x=e^2$ のとき　極大値 $\dfrac{2}{e}$

96 (1)　$x=-1,\ 1$ のとき　極大値 1

$x=0$ のとき　極小値 0

(2)　$x=-1$ のとき　極大値 $2\sqrt{2}$

$x=\dfrac{3}{2}$ のとき　極大値 $\dfrac{\sqrt{3}}{4}$

$x=1$ のとき　極小値 0

97

$0<a<2$ のとき

　$x=\dfrac{a-2}{2a}$ のとき　極大値 $\log\dfrac{a}{2}-\dfrac{a}{4}+\dfrac{1}{a}$

　$x=0$ のとき　極小値 0

$a=2$ のとき　極値なし

$a>2$ のとき

　$x=0$ のとき　極大値 0

　$x=\dfrac{a-2}{2a}$ のとき　極小値 $\log\dfrac{a}{2}-\dfrac{a}{4}+\dfrac{1}{a}$

98 (1)　$a>1$　　(2)　$\dfrac{e^2}{4a}$

99

$0<k<\dfrac{\sqrt{3}}{2}-\dfrac{\pi}{6}$ のとき

　極大値 1 個，極小値 1 個

$-\dfrac{\pi}{2}<k\leqq0$ のとき

　極大値 0 個，極小値 1 個

$k\leqq-\dfrac{\pi}{2}$，$\dfrac{\sqrt{3}}{2}-\dfrac{\pi}{6}\leqq k$ のとき

　極大値 0 個，極小値 0 個

100 $a=-2,\ b=4,\ c=-2$

101 (1)　$-\dfrac{2x}{(x^2+1)^2}$

(2)　増減，グラフの凹凸，グラフ略

$x=-\dfrac{1}{\sqrt{3}}$ のとき　極大値 $\dfrac{3\sqrt{3}}{8}$

$x=\frac{1}{\sqrt{3}}$ のとき　極小値 $-\frac{3\sqrt{3}}{8}$

変曲点は $\left(-1,\ \frac{1}{2}\right)$, $(0,\ 0)$, $\left(1,\ -\frac{1}{2}\right)$

102 (1) 増減，グラフの凹凸，グラフ略
極値はない。変曲点は $(0,\ 1)$
(2) 増減，グラフの凹凸，グラフ略
$x=0$ のとき　極大値 0
$x=1$ のとき　極小値 -3
変曲点は $\left(-\frac{1}{2},\ -3\sqrt[3]{2}\right)$

103 増減，グラフの凹凸，グラフ略
$x=\frac{3}{2}\pi$ のとき　極大値 $\frac{3}{2}\pi+2$
$x=\frac{\pi}{2}$ のとき　極小値 $\frac{\pi}{2}-2$
変曲点は $\left(\frac{\pi}{3},\ \frac{\pi}{3}-\frac{3\sqrt{3}}{4}\right)$, $(\pi,\ \pi)$,
$\left(\frac{5}{3}\pi,\ \frac{5}{3}\pi+\frac{3\sqrt{3}}{4}\right)$

104 (1) 増減，グラフの凹凸，グラフ略
極値はもたない。変曲点は $(0,\ 0)$
(2) 増減，グラフの凹凸，グラフ略
$x=-1-\sqrt{2}$ のとき
極大値 $(2+2\sqrt{2})e^{-1-\sqrt{2}}$
$x=-1+\sqrt{2}$ のとき
極小値 $(2-2\sqrt{2})e^{-1+\sqrt{2}}$
変曲点は $(-2-\sqrt{3},\ (6+4\sqrt{3})e^{-2-\sqrt{3}})$,
$(-2+\sqrt{3},\ (6-4\sqrt{3})e^{-2+\sqrt{3}})$

105 (1) 増減，グラフの凹凸，グラフ略
$x=e$ のとき　極小値 e
変曲点は $\left(e^2,\ \frac{e^2}{2}\right)$
(2) 増減，グラフの凹凸，グラフ略
$x=e$ のとき　極小値 $-\frac{e^3}{3}$
変曲点は $\left(e^{\frac{1}{2}},\ -\frac{5e^{\frac{3}{2}}}{6}\right)$
(3) 増減，グラフの凹凸，グラフ略
極値はもたない。変曲点は $(0,\ 0)$

106 (1) 略　(2) 略

107 略

108 略

109 $a<-1,\ 1<a$

本質を問う 8

1 (1) 偽　(2) 偽

2 略

3 正しくない

Let's Try! 8

① 略

② (1) 略
(2) $a=-5,\ b=-3$

③ $-2\pi a$

④ $a>16$

⑤ (1) 略　(2) 直線 $y=x$
(3) 略

⑥ (1) $f'(x)=-\{x^2+(\alpha-2)x-\alpha+\beta\}e^{-x}$
$f''(x)=\{x^2+(\alpha-4)x-2\alpha+\beta+2\}e^{-x}$
(2) $\alpha\neq 0$ かつ $\beta=1$
(3) $\alpha=-\frac{3}{2},\ \beta=1$
$x=1$ のとき　極小値 $\frac{1}{2}e^{-1}$,
$x=\frac{5}{2}$ のとき　極大値 $\frac{7}{2}e^{-\frac{5}{2}}$
変曲点は $\left(\frac{3}{2},\ e^{-\frac{3}{2}}\right)$, $(4,\ 11e^{-4})$

9 いろいろな微分の応用

練習

110 (1) $x=\frac{\pi}{3}$ のとき　最大値 $\frac{3\sqrt{3}}{2}$
$x=\frac{5}{3}\pi$ のとき　最小値 $-\frac{3\sqrt{3}}{2}$
(2) $x=2$ のとき　最大値 5
$x=-\sqrt{5}$ のとき　最小値 $-2\sqrt{5}$

111 (1) $x=0$ のとき　最大値 1
$x=-2$ のとき　最小値 $-\frac{1}{3}$
(2) $x=e$ のとき　最大値 $\frac{1}{e}$
最小値はなし

112 $-\sqrt{3}<t\leqq 1$ のとき
$M(t)=0,\ m(t)=(t^2-3)e^t$
$1<t\leqq\sqrt{3}$ のとき
$M(t)=0,\ m(t)=-2e$
$\sqrt{3}<t$ のとき
$M(t)=(t^2-3)e^t,\ m(t)=-2e$

113 $-\frac{1}{2e}-1$

114 (1) $\frac{(2a+1)^2}{4e^{2a}}$
(2) $a=\frac{1}{2}$ のとき　最大値 $\frac{1}{e}$

115 最大値 $\sqrt{2}\left(\frac{\pi}{6}+\sqrt{3}+1\right)$
最小値 $\sqrt{2}\left(\frac{5}{6}\pi-\sqrt{3}+1\right)$

116 $x=\frac{\sqrt{3}}{2}$ のとき　最大値 $\frac{3\sqrt{3}}{4}$

117 (1) $x=2$ のとき　最大値 $\frac{4}{e^2}$
(2) 0

118 $\begin{cases} 0 < k < \dfrac{5}{e} \text{ のとき} & 3\text{個} \\ -e^2 < k \leqq 0,\ k = \dfrac{5}{e} \text{ のとき} & 2\text{個} \\ k = -e^2,\ \dfrac{5}{e} < k \text{ のとき} & 1\text{個} \\ k < -e^2 \text{ のとき} & 0\text{個} \end{cases}$

119 略

120 略

121 $0 < a < 4e^{-2}$

122 (1) 略　(2) 略

123 略

124 (1) 略　(2) 略

125 $a \geqq \dfrac{2}{e}$

126 略

127 (1) 略　(2) 略

128 $\sqrt{2}-2$

〈チャレンジ2〉略

〈チャレンジ3〉略

問題編 9

110 $x = \dfrac{11}{12}\pi + 2n\pi$ のとき　最大

$x = \dfrac{19}{12}\pi + 2n\pi$ のとき　最小

111 (1) $x = 0$ のとき　最小値 0

最大値なし

(2) $x = \dfrac{1}{2}$ のとき　最大値 $\dfrac{1}{\sqrt{e}}$

$x = 3$ のとき　最小値 $-\dfrac{9}{e^3}$

112 $t < -2$ のとき　$\dfrac{4t}{t^2+2}$

$-2 \leqq t < \sqrt{2}-1$ のとき　$\dfrac{4t+4}{t^2+2t+3}$

$\sqrt{2}-1 \leqq t < \sqrt{2}$ のとき　$\sqrt{2}$

$t \geqq \sqrt{2}$ のとき　$\dfrac{4t}{t^2+2}$

113 $\pm 2\sqrt{2}$

114 (1) $\sin\theta(1+\cos\theta)$　(2) $\dfrac{\pi}{3}$

115 (1) $\mathrm{H}\left(\dfrac{t+e^t}{2},\ \dfrac{t+e^t}{2}\right)$, $l(t) = \dfrac{\sqrt{2}}{2}(e^t - t)$

(2) $\dfrac{\sqrt{2}}{2}$

(3) 最短距離 $\sqrt{2}$, 2点 $(0,\ 1)$, $(1,\ 0)$

116 1:2

117 (1) $\dfrac{1}{ae}$　(2) 略

118 $\begin{cases} -\dfrac{1}{2e^{\frac{1}{4}}} < a < -\dfrac{1}{e} \text{ のとき} & 3\text{個} \\ a = -\dfrac{1}{2e^{\frac{1}{4}}},\ -\dfrac{1}{e} \text{ のとき} & 2\text{個} \\ a < -\dfrac{1}{2e^{\frac{1}{4}}},\ -\dfrac{1}{e} < a < 0, & \\ \qquad 0 < a \text{ のとき} & 1\text{個} \\ a = 0 \text{ のとき} & 0\text{個} \end{cases}$

119 $k \geqq 2e^{\frac{3}{4}}$

120 (1) 略　(2) 証明略, $\dfrac{1}{2}$

121 $1 < a < \dfrac{9}{8}$

122 (1) 略　(2) 略

123 略

124 (1) 略　(2) 略

125 $a = e$

126 (1) $999^{1000} > 1000^{999}$　(2) $e^{\sqrt{\pi}} < \pi^{\sqrt{e}}$

127 略

128 $\dfrac{\sqrt{3}}{6}$

本質を問う 9

1 略

2 略

3 (1) 真　(2) 真

(3) 偽　(4) 真

4 (1) 正しい

(2) 正しいとはいえない

(3) 正しい

(4) 正しい

Let's Try! 9

① $\pm\dfrac{12}{5\pi + 3\sqrt{3}}$

② (1) 略

(2) $x = \dfrac{\pi}{4}$ のとき　最大値 $\dfrac{\sqrt{2}}{\sqrt{2} - e^{-\frac{\pi}{4}}}$

$x = \dfrac{5}{4}\pi$ のとき　最小値 $\dfrac{\sqrt{2}}{\sqrt{2} + e^{-\frac{5}{4}\pi}}$

③ $-e^{-2\pi} \leqq a < e^{-\frac{\pi}{2}}$

④ (1) 増減, グラフの凹凸, グラフ略

$x = 0$ のとき　極小値 -1

変曲点は $\left(-1,\ -\dfrac{2}{e}\right)$

(2) $b = (a-1)e^a$

(3) $\begin{cases} b < -1 \text{ のとき} & 0\text{本} \\ b = -1,\ 0 \leqq b \text{ のとき} & 1\text{本} \\ -1 < b < 0 \text{ のとき} & 2\text{本} \end{cases}$

⑤ (1) 略　(2) 略

⑥ (1) $f'(x) = \dfrac{x - (1+x)\log(1+x)}{x^2(1+x)}$

(2) 略

(3) $\left(\frac{1}{15}\right)^{\frac{1}{14}}$，$\left(\frac{1}{13}\right)^{\frac{1}{12}}$，$\left(\frac{1}{11}\right)^{\frac{1}{10}}$

10 速度・加速度と近似式

練習

129 (1) $16(1-2at)^3$　(2) $\frac{1}{100}$

130 速さ $\frac{\sqrt{6}-\sqrt{2}}{2}$

加速度の大きさ　1

131 (1) 略　(2) 略

132 1

133 $\frac{25}{4}$ (m/s)

134 (1) 0.515　(2) 0.002

チャレンジ〈4〉(1) $\cos x=1-\frac{x^2}{2!}+\frac{x^4}{4!}-\frac{x^6}{6!}+\cdots+\frac{(-1)^n x^{2n}}{(2n)!}+\cdots$

(2) $\log(1+x)=x-\frac{1}{2}x^2+\frac{1}{3}x^3-\frac{1}{4}x^4+\cdots+\frac{(-1)^{n-1}}{n}x^n+\cdots$

135 $\alpha\fallingdotseq 1$，$\beta\fallingdotseq 2$

問題編 10

129 $a=\frac{1}{96}$ のとき 192 m

130 (1) 略

(2) 最大値 $\frac{3}{2}$，加速度の大きさ $\frac{\sqrt{6}}{2}$

131 (1) $\left(-4\pi\cos\frac{2}{3}\pi t,\ -4\pi\sin\frac{2}{3}\pi t\right)$

(2) $-\frac{4}{9}\pi^2$

132 V^2

133 表面積 $8\pi\ \mathrm{cm}^2/\mathrm{s}$，体積 $20\pi\ \mathrm{cm}^2/\mathrm{s}$

134 (1) (ア) $\frac{1}{1-x}\fallingdotseq 1+x$

(イ) $x^2+2x+3\fallingdotseq 2x+3$

(ウ) $e^x\fallingdotseq 1+x$

(エ) $\log(1+x)\fallingdotseq x$

(2) $\log(1+x)\fallingdotseq x-\frac{x^2}{2}$

(3) 0.095

135 $0.175\ \mathrm{cm}^2$

本質を問う 10

1 略

2 略

Let's Try! 10

① (1) $V=\sqrt{5-4\cos t}$

(2) $\mathrm{P}\left(-\frac{3}{4},\ \frac{3\sqrt{3}}{4}\right)$

(3) $y=\sqrt{3}x+\frac{3\sqrt{3}}{2}$

② $\frac{w}{\sqrt[3]{18\pi v^2}}$ cm/s

③ 9 cm/s

④ (1) 0　(2) 1

(3) $a=0$，$b=1$

(4) $A=1$，$B=0$，$C=\frac{1}{2}$

⑤ 略

4章 積分とその応用

11 不定積分

練習

136 (1) $\frac{2}{7}x^3\sqrt{x}+C$　(2) $-\frac{1}{4x^4}+C$

(3) $x-3\log|x|-\frac{2}{x}+C$

(4) $\frac{2}{5}x^2\sqrt{x}+\frac{8}{3}x\sqrt{x}+8\sqrt{x}+C$

137 (1) $2e^x-\frac{3^x}{\log 3}+C$

(2) $-\cos x-3\sin x+C$

(3) $4\tan x+\sin x+C$

138 (1) $-\frac{1}{6(3x+2)^2}+C$

(2) $-\frac{1}{5}(3-4x)\sqrt[4]{3-4x}+C$

(3) $\frac{1}{3}\sin(3x-1)+C$

(4) $-\frac{1}{3}e^{-3x}+C$

(5) $\frac{1}{4}\log|4x+3|+C$

139 (1) $\frac{1}{20}(x-3)^4(8x+11)+C$

(2) $\frac{2}{15}(3x-13)(x-1)\sqrt{1-x}+C$

140 (1) $\frac{1}{4}(x^3-1)\sqrt[3]{x^3-1}+C$

(2) $\frac{1}{4}\sin^4 x+C$

(3) $\frac{1}{3}(e^x+1)^3+C$

141 (1) $\frac{1}{2}\log|x^2+2x-5|+C$

(2) $\frac{1}{6}\log|4x^3+3x^2-6x+1|+C$

(3) $\log(e^{2x}+e^x+1)+C$

(4) $-\frac{1}{2}\log|\cos(2x-1)|+C$

(5) $\frac{1}{3}\log|3\sin x-1|+C$

(6) $-\frac{1}{2}\log(3-2\cos x)+C$

142 (1) $\frac{1}{2}x^2+4x+2\log|x-1|+C$

(2) $\log\{|x+1|(x+2)^2\}+C$

(3) $\log\left|\frac{x}{x+1}\right|+\frac{1}{x+1}+C$

143 (1) $-\frac{1}{2}x\cos 2x+\frac{1}{4}\sin 2x+C$

(2) $2xe^{\frac{x}{2}}-4e^{\frac{x}{2}}+C$

(3) $\frac{1}{3}x^3\log x-\frac{1}{9}x^3+C$

(4) $\frac{1}{3}(3x+2)\log(3x+2)-x+C$

144 (1) $(x^2-2x+2)e^x+C$

(2) $x^2\sin x+2x\cos x-2\sin x+C$

(3) $-\frac{1}{x}(\log x)^2-\frac{2}{x}\log x-\frac{2}{x}+C$

145 (1) $\frac{1}{2}e^x(\sin x+\cos x)+C$

(2) $-\frac{1}{13}e^{-2x}(2\sin 3x+3\cos 3x)+C$

146 $y=\frac{1}{9}(3x-1)e^{3x}+\frac{1}{9}$

147 (1) $-\frac{1}{10}\cos 5x+\frac{1}{2}\cos x+C$

(2) $-\frac{1}{14}\sin 7x+\frac{1}{2}\sin x+C$

148 (1) $\frac{1}{2}x+\frac{1}{4}\sin 2x+C$

(2) $\frac{1}{3}\cos^3 x-\cos x+C$

(3) $\frac{3}{8}x-\frac{1}{4}\sin 2x+\frac{1}{32}\sin 4x+C$

(4) $-\frac{1}{2}\log\frac{1-\sin x}{1+\sin x}+C$

149 (1) $\frac{1}{2}\log(e^{2x}+1)+C$

(2) $-e^x-\log|1-e^x|+C$

(3) $-\frac{1}{e^x}-x+\log(e^x+1)+C$

150 (1) $\log(x+\sqrt{x^2+1})+C$

(2) $\log\left|\frac{1+\sin x}{\cos x}\right|+C$

問題編 11

136 (1) $\frac{2}{3}x\sqrt{x}-4\sqrt{x}-\frac{2}{\sqrt{x}}+C$

(2) $\frac{2}{3}x\sqrt{x}-6x+24\sqrt{x}-8\log x+C$

137 (1) $\tan x+\frac{1}{\tan x}+C$

(2) $x+\cos x+C$

(3) $\frac{5^x}{\log 5}-x+C$

(4) $\frac{1}{2}x+\frac{1}{2}\sin x+C$

138 (1) $\frac{(3e)^{2x-1}}{2(\log 3+1)}+C$

(2) $\frac{1}{3}\tan 3x-x+C$

(3) $\frac{1}{3}e^{3x}+3e^x-3e^{-x}-\frac{1}{3}e^{-3x}+C$

139 (1) $-\frac{4x+1}{8(2x-1)^2}+C$

(2) $2\log|\sqrt{x}-1|+C$

140 (1) $\frac{1}{3}\sqrt{2x^3-1}+C$ (2) $\tan^2 x+C$

(3) $\frac{1}{3}(\log x)^3+C$

141 (1) $e^x+x-4\log(e^x+1)+C$

(2) $\log(e^x+e^{-x})+C$

(3) $\log x+\log|\log x|+C$

142 (1) $x+6\log\frac{(x-3)^2}{|x-2|}+C$

(2) $\log\frac{|x-1|(x+1)^2}{|x+2|^3}+C$

143 (1) $x\tan x+\log|\cos x|+C$

(2) $-xe^{-x}-e^{-x}+C$

(3) $-(1+x)\log(1+x)+x+C$

144 (1) $x(\log x)^3-3x(\log x)^2+6x\log x-6x+C$

(2) $-x^3\cos x+3x^2\sin x+6x\cos x-6\sin x+C$

(3) $-\frac{1}{2}(x^2+1)e^{-x^2}+C$

145 (1) $-\frac{1}{2}e^{-x}-\frac{1}{10}e^{-x}(2\sin 2x-\cos 2x)+C$

(2) $\frac{x}{2}\{\sin(\log x)-\cos(\log x)\}+C$

(3) $\frac{x}{2}\{\sin(\log x)+\cos(\log x)\}+C$

146 $y=\frac{4}{15}\sqrt{2x+1}(3x^2-2x+2)+\frac{7}{15}$

147
$$\begin{cases}-\frac{1}{4m}\cos 2mx+C & (m=n\text{ のとき})\\ -\frac{1}{2}\left\{\frac{1}{m+n}\cos(m+n)x+\frac{1}{m-n}\cos(m-n)x\right\}+C & (m\neq n\text{ のとき})\end{cases}$$

148 (1) $\frac{1}{2}x+\frac{1}{8}\sin 4x+C$

(2) $-\frac{1}{2}\cos 2x+\frac{1}{6}\cos^3 2x+C$

(3) $\frac{3}{8}x+\frac{1}{8}\sin 4x+\frac{1}{64}\sin 8x+C$

(4) $\tan x+\frac{1}{\cos x}+C$

149 $\frac{1}{8}\log\frac{|e^x-1|}{3e^x+5}+C$

150 $\dfrac{x}{a^2\sqrt{x^2+a^2}}+C$

本質を問う 11

1 略

2 $(x+2)\log(x+2)-x+C$

Let's Try! 11

① (1) $2\sqrt{x}-\dfrac{6}{\sqrt{x}}-\dfrac{1}{x}+3\log x+C$

(2) $\dfrac{2}{3}(x+1)\sqrt{x+1}-x+C$

(3) $\dfrac{1}{7}\sqrt{7x^2+1}+C$

(4) $\dfrac{x2^x}{\log 2}-\dfrac{2^x}{(\log 2)^2}+C$

(5) $\dfrac{(x+1)^3}{3}\log x-\dfrac{x^3}{9}-\dfrac{x^2}{2}-x-\dfrac{1}{3}\log x+C$

(6) $-\dfrac{1}{10}e^{-x}(\sin 2x+2\cos 2x)+C$

(7) $\log x\{\log(\log x)-1\}+C$

(8) $\dfrac{1}{a}\log\dfrac{(e^{ax}+2)^2}{e^{ax}+1}+C$

② $I_1=-\dfrac{1}{x+1}+C_1$ （C_1 は積分定数）

$I_2=\log|x+1|+\dfrac{1}{x+1}+C$

③ (1) $a_1=1,\ a_2=1,\ a_3=1,\ b=1$

(2) $\log\left|\dfrac{x}{x-1}\right|-\dfrac{1}{x}-\dfrac{1}{2x^2}+C$

(3) $p=1$ のとき $\log\left|\dfrac{x}{x-1}\right|+C$

$p=2,\ 3,\ \cdots$ のとき

$\log\left|\dfrac{x}{x-1}\right|-\dfrac{1}{x}-\dfrac{1}{2x^2}-\cdots$

$-\dfrac{1}{(p-1)x^{p-1}}+C$

④ (1) $(x-1)(x^{n-1}+x^{n-2}+\cdots+x^2+x+1)$

(2) 略

(3) $-\log(1-x)-x-\dfrac{x^2}{2}-\dfrac{x^3}{3}-\cdots$

$-\dfrac{x^n}{n}+C$

⑤ (1) 略　(2) 略

⑥ (1) $\dfrac{1}{x^2\sqrt{x^2-1}}=\dfrac{\sin^3\theta}{\cos\theta}$

(2) $\dfrac{\sqrt{x^2-1}}{x}+C$

12 定積分

練習

151 (1) $\dfrac{16\sqrt{2}}{7}$　(2) $\dfrac{364}{9\log 3}$

(3) $\dfrac{11}{5}$　(4) $\dfrac{\sqrt{3}}{2}$

152 (1) $\dfrac{5}{2}-3\log 2$　(2) $-\log 3$

(3) $\log\dfrac{4}{3}$

153 (1) $\dfrac{\pi}{4}$　(2) $\dfrac{2}{3}$　(3) $1-\dfrac{\pi}{4}$

154 (1) $2\sqrt{3}-\dfrac{\pi}{3}$　(2) $4\sqrt{2}$

155 (1) $-\dfrac{1}{20}$　(2) $\dfrac{4}{15}$　(3) $\dfrac{1}{3}$

156 (1) $\dfrac{3}{4}\pi$　(2) $\dfrac{\pi}{2}$　(3) $\dfrac{1}{\sqrt{3}a^2}$

157 (1) $\dfrac{\pi}{4}$　(2) $\log(2+\sqrt{3})$

158 (1) $\dfrac{\pi}{2}-1$　(2) $1-\dfrac{2}{e}$

(3) $\dfrac{e^2}{4}+\dfrac{1}{4}$　(4) $\dfrac{\pi^2}{4}$

159 (1) $e-\dfrac{5}{e}$　(2) $\pi-2$

(3) $\dfrac{1}{2}e^{-\pi}+\dfrac{1}{2}$

160 (1) $\dfrac{4}{3}$　(2) 0　(3) $\dfrac{15}{4\log 2}$

161 $a=0,\ b=-1$ のとき 最小値 $\dfrac{2}{3}\pi^3-\pi$

162 (1) $2\sin x-\dfrac{2}{\pi}x$

(2) $\dfrac{4}{2-\pi}(\sin x+\cos x)+1$

163 (1) $f'(x)=\left(3x+\dfrac{1}{2}\right)e^{2x}-\dfrac{1}{2}$

(2) $f'(x)=x^2(9x^6-1)\log x$

164 $f(x)=e^x,\ a=0$

165 $\log\dfrac{2e}{1+e}$

166 $\log\dfrac{3}{2}$

167 (1) 1　(2) $I_n=e-nI_{n-1}$

(3) $9e-24$

168 (1) $\dfrac{1}{280}$

(2) $(-1)^n(\beta-\alpha)^{m+n+1}\cdot\dfrac{m!n!}{(m+n+1)!}$

169 (1) 略

(2) $I=\dfrac{\pi-1}{4},\ J=\dfrac{\pi-1}{4}$

170 $\dfrac{3}{2}$

問題編 12

151 (1) $\dfrac{2\sqrt{3}}{3}$　(2) $\dfrac{13}{81}$

(3) $e^2-e+\dfrac{6}{\log 3}$

152 (1) $\log 2-\dfrac{1}{2}$　(2) $\dfrac{1}{2}\log\dfrac{27}{32}$

解答

153 (1) $\frac{3}{16}\pi$ (2) 0

(3) $\frac{7}{6}\pi-\sqrt{3}-1$

154 (1) 6 (2) $8-4\sqrt{2}$

155 (1) $e^2-1-\log\frac{e^2+1}{2}$

(2) $2-\sqrt{2}+2\log\frac{2+\sqrt{2}}{4}$

(3) $\sqrt{e}-1$

156 (1) $\frac{8}{3}\pi-2\sqrt{3}$ (2) $\frac{\pi}{4}-\frac{1}{2}$

157 (1) $\frac{\pi}{4}$ (2) $\frac{5\sqrt{2}}{12}$

158 (1) $\frac{\pi}{4}-\frac{1}{2}\log 2$ (2) $2\pi+1$

159 (1) $\frac{1}{4}(e^2-1)$ (2) $\frac{1}{48}\pi^3-\frac{1}{8}\pi$

(3) $\frac{2}{5}e^{-\frac{\pi}{2}}+\frac{2}{5}$

160〔1〕(1) 略 (2) 略

〔2〕0

161〔1〕(1) $m=n$ のとき $\frac{\pi}{2}$

$m\neq n$ のとき 0

(2) $\frac{\pi\cdot(-1)^{m+1}}{m}$

〔2〕$a=2,\ b=-1,\ c=\frac{2}{3}$ のとき

最小値 $\frac{\pi^3}{3}-\frac{49}{18}\pi$

162 (1) $1+\frac{8k}{4+k^2\pi^2}\sin x-\frac{4k^2\pi}{4+k^2\pi^2}\cos x$

(2) $\frac{2}{\pi}$

163 (1) $f'(x)=\frac{(1-e^x)\sin x}{e^x+1}$

(2) $f'(x)=\frac{3x^8}{1+x^3}-\frac{8x^2}{1+2x}$

164 $f(x)=-\cos x$

$F(x)=-\frac{1}{2}x-\cos x+1$

165 (1) 1

(2) $\begin{cases}\cos 2x & \left(0\leqq x\leqq\frac{\pi}{8}\ \text{のとき}\right)\\ \sqrt{2}-\sin 2x & \left(\frac{\pi}{8}<x<\frac{3}{8}\pi\ \text{のとき}\right)\\ -\cos 2x & \left(\frac{3}{8}\pi\leqq x\leqq\frac{\pi}{2}\ \text{のとき}\right)\end{cases}$

(3) $x=0,\ \frac{\pi}{2}$ のとき 最大値 1

$x=\frac{\pi}{4}$ のとき 最小値 $\sqrt{2}-1$

166 $x=\frac{\pi}{2}$ のとき 最大値 $\frac{1}{2}$

$x=\frac{3}{2}\pi$ のとき 最小値 $-\frac{1}{2}$

167 (1) $I_n-nI_{n-1}=-\frac{1}{e}\ (n=1,\ 2,\ 3,\ \cdots)$

(2) $n!\left\{1-\frac{1}{e}\left(\frac{1}{0!}+\frac{1}{1!}+\frac{1}{2!}+\cdots+\frac{1}{n!}\right)\right\}$

168 (1) 略 (2) 略

(3) $\int_0^{\frac{\pi}{2}}\sin^6 x\cos^3 x\,dx=\frac{2}{63}$

$\int_0^{\frac{\pi}{2}}\sin^5 x\cos^4 x\,dx=\frac{8}{315}$

169 (1) 略

(2) $\pi\left(1-\frac{3}{4}\log 3\right)$

170 $2\log 2-1$

本質を問う 12

1 (1) 略

(2) (ア) 略 (イ) 略

2 略

3 $-\frac{1}{(n+1)(n+2)}(\beta-\alpha)^{n+2}$

Let's Try! 12

① (1) $\frac{10}{3}$

(2) $\frac{1}{6}+\frac{\sqrt{2}}{12}+\frac{\sqrt{2}}{16}\pi$

(3) $2-\frac{2}{e}$

(4) $\log 3-\frac{2}{3}\log 2$

② $\alpha=0,\ \beta=2-\frac{\pi^2}{4}$

③ (1) $f(x)=3x+2ae^x+2b$

(2) $a=-\frac{1}{2},\ b=\frac{e-3}{2}$

$f(x)=3x-e^x+e-3$

④ (1) $f'(x)=\sqrt{2}\,x\sin x$

(2) $x=\pi$ のとき 最大値 $\sqrt{2}\pi$

$x=2\pi$ のとき 最小値 $-2\sqrt{2}\pi$

⑤ $f(x)=\frac{1}{6}x^3+\frac{1}{4}x^2-\frac{5}{4}x+1$

$g(x)=x^2+x-\frac{5}{2}$

⑥ (1) $\frac{\pi}{2}$ (2) 証明略, $\frac{\pi}{4}$

(3) $t=\frac{\pi}{4}$ のとき 最大値 $\frac{\sqrt{2}}{4}\pi$

13 区分求積法, 面積

練習

171 (1) $\frac{1}{2}\log 2$ (2) $2\log 2-1$

(3) $\dfrac{1}{\pi}-\dfrac{4}{\pi^3}$　　(4) $2(\sqrt{3}-1)$

172 $\dfrac{27}{4e}$

173 $\dfrac{2a}{\pi}$

174 log2

175 (1) 略　　(2) 略

176 略

177 (1) 略　　(2) 略　　(3) e

178 (1) log2　　(2) 略　　(3) $\dfrac{1}{2}\log 2$

179 (1) 略　　(2) $I_k+I_{k+1}=\dfrac{1}{k+1}$

(3) 略　　(4) log2

180 略

181 (1) $\dfrac{1}{2}$　　(2) $\dfrac{2}{e^2}(e-1)$

(3) $1-\dfrac{\pi}{4}$　　(4) $\dfrac{\sqrt{3}}{3}\pi+3\log 2-3$

182 (1) $\dfrac{9\sqrt{3}}{4}$　　(2) $4-3\log 3$

(3) $\dfrac{4}{e}$

183 $\dfrac{1}{8}$

184 (1) 6　　(2) $\dfrac{14}{3}$

185 (1) $y=\dfrac{1}{ae^{a^2+1}}x$　　(2) $\left(\dfrac{e}{2}-1\right)\dfrac{e^{a^2}}{a}$

(3) $a=\dfrac{\sqrt{2}}{2}$ のとき　最小値 $\left(\dfrac{e}{2}-1\right)\sqrt{2e}$

186 $\sqrt{5}-2$

187 $2-\sqrt{2}$

188 (1) $\dfrac{1}{2}(e^{2\pi}-1)e^{-\left(2n+\frac{1}{2}\right)\pi}$

(2) $\dfrac{1}{2e^{\frac{1}{2}\pi}}$

189 1

190 (1) $(1+a)\log(1+a)-a$

(2) $\dfrac{a^2-1}{2}\log(1+a)-\dfrac{a^2}{4}+\dfrac{a}{2}$

(3) $\dfrac{a^2+1}{2}\log(1+a)+\dfrac{a^2}{4}-\dfrac{a}{2}$

191 $2-\dfrac{8}{\pi}\log 2$

192 $\dfrac{8}{15}$

193 (1) $\left(\dfrac{\sqrt{3}}{2},\ \dfrac{\sqrt{3}}{2}\right),\ \left(\dfrac{\sqrt{3}}{2},\ -\dfrac{\sqrt{3}}{2}\right),$

$\left(-\dfrac{\sqrt{3}}{2},\ \dfrac{\sqrt{3}}{2}\right),\ \left(-\dfrac{\sqrt{3}}{2},\ -\dfrac{\sqrt{3}}{2}\right)$

(2) $\dfrac{2\sqrt{3}}{3}\pi$

194 $\dfrac{3}{8}\pi$

195 3π

196 $\dfrac{128}{105}\pi$

197 $\dfrac{1}{4}$

問題編 13

171 条件　$a+b\geqq 1$

極限値　$a+b>1$ のとき 0

$a+b=1$ のとき

$a=1$ であれば　log2

$a\neq 1$ であれば　$\dfrac{2^{1-a}-1}{1-a}$

172 $\dfrac{4}{e}$

173 $p^2+q^2-\dfrac{4}{\pi}q+1$

174 (1) $\displaystyle\lim_{n\to\infty}p_n(2,\ 0)=\dfrac{7}{12}$

$\displaystyle\lim_{n\to\infty}p_n(2,\ 1)=\dfrac{1}{3}$

$\displaystyle\lim_{n\to\infty}p_n(2,\ 2)=\dfrac{1}{12}$

(2) $\dfrac{1}{m+1}\left(2-\dfrac{m+2}{2^m}\right)$

175 略

176 (1) 略　　(2) 18

177 (1) $\dfrac{1}{n}\log\dfrac{1}{n}-\dfrac{1}{n}+1$

(2) 略

(3) 1

178 (1) 略　　(2) 略　　(3) 略

(4) 略　　(5) log2

179 (1) $e-1$　　(2) 略

(3) $a_{n+1}=a_n-\dfrac{1}{(n+1)!}$

(4) e

180 略

181 (1) $\dfrac{\pi}{4}$　　(2) $\dfrac{2}{3}$

182 $\dfrac{1}{4}\log 2-\dfrac{1}{8}$

183 (1) $y=-\dfrac{\sqrt{3}}{8}x+\dfrac{5}{8}$

(2) $-\dfrac{1}{\sqrt{3}}$

(3) $\dfrac{\pi}{2}-\dfrac{2\sqrt{3}}{3}$

184 (1) $\dfrac{59}{3}$　　(2) $e+\dfrac{1}{e}-2$

185 $\dfrac{1}{2}$

186 $S=\dfrac{a^2}{2}+2$

187 $k=\frac{3}{4}$，$S_1=\frac{1}{4}$

188 $\frac{e-2}{2(e-1)}$

189 (1) 0，グラフ略　(2) $1-\frac{2}{e}$

190 (1) $g(x)=\log\frac{x}{1-x}$　$(0<x<1)$

(2) 略

191 (1) 略　(2) $\frac{1}{e}$　(3) e^2-2e

192 $\frac{2}{3}$

193 (1) $\left(\frac{1}{2},\ \frac{3}{2}\right)$，$\left(-\frac{1}{2},\ -\frac{3}{2}\right)$，

$\left(\frac{\sqrt{3}}{2},\ \frac{\sqrt{3}}{2}\right)$，$\left(-\frac{\sqrt{3}}{2},\ -\frac{\sqrt{3}}{2}\right)$

(2) $\frac{\sqrt{3}}{6}\pi-\frac{3}{4}\log 3$

194 $\frac{\pi^2}{16}-\frac{1}{4}$

195 (1) 略　(2) 2π

196 (1) $\mathrm{P}(4\cos\theta,\ 0)$，$\mathrm{Q}(0,\ 4\sin\theta)$

(2) $\frac{7\sqrt{3}}{8}+\pi$

197 $\frac{3}{2}\pi$

本質を問う 13

1 略

2 (1) $\frac{3}{2}$　(2) $\frac{3}{2}$

3 略

4 log2

Let's Try! 13

① (1) $\frac{3}{2}\log 3-1$　(2) $\frac{1}{\pi}-\frac{4}{\pi^3}$

② (1) 略　(2) 略

③ (1) $a_1=1$，$a_2=e-2$，$a_3=-2e+6$

(2) 略

(3) 証明略，0

(4) e

④ (1) $\frac{1}{6}$　(2) $\frac{16\sqrt{2}}{15}$　(3) $\frac{8\sqrt{2}-4}{3}$

⑤ (1) $\pm k$　(2) $\log(2+\sqrt{3})$

14 体積・長さ，微分方程式

練習

198 $\pi-\frac{4}{3}$

199 (1) $\frac{16}{15}\pi$　(2) $\pi(e-2)$

200 $\pi^2-\frac{3\sqrt{3}}{4}\pi$

201 $\frac{20}{3}\pi$

202 (1) $\frac{\pi}{2}(e^2-1)$　(2) $\frac{8}{15}\pi$

203 (1) $\frac{5}{6}\pi$　(2) $\frac{\pi^3}{8}-\frac{\pi}{2}$

チャレンジ〈5〉 (1) $\frac{8}{3}\pi$　(2) $\frac{\pi^3}{2}$

204 $16\pi^2$

205 $\frac{4}{3}\pi ab^2$

206 $\frac{8\sqrt{2}}{15}\pi$

207 (1) $\pi\left(\sqrt{3}a^2+2a\log 2+\frac{\pi}{6}+\frac{\sqrt{3}}{8}\right)$

(2) $-\frac{\sqrt{3}\log 2}{3}$

208 $8\pi(2\log 2-1)$

209 (1) 切り口　1辺の長さが $\frac{2b}{a}\sqrt{a^2-t^2}$ の正方形

面積　$\frac{4b^2}{a^2}(a^2-z^2)$

(2) $\frac{16}{3}ab^2$

(3) $a=\frac{1}{3}$ のとき　最大値 $\frac{64}{81}$

210 $4\pi^2$

211 $\frac{4}{3}\pi$

212 (1) R_x の面積　$2\sqrt{2-t^2}$

R_y の面積　$2\sqrt{2-t^2}$

R_x と R_y の共通部分の面積

$\begin{cases}2-t^2 & (1\leqq |t|\leqq \sqrt{2}\ のとき)\\ 1 & (0\leqq |t|\leqq 1\ のとき)\end{cases}$

$S(t)=\begin{cases}4\sqrt{2-t^2}-(2-t^2)\\ \quad (1\leqq |t|\leqq \sqrt{2}\ のとき)\\ 4\sqrt{2-t^2}-1\\ \quad (0\leqq |t|\leqq 1\ のとき)\end{cases}$

(2) $4\pi-\frac{8\sqrt{2}}{3}+\frac{4}{3}$

213 (1) $8a$　(2) $\sqrt{2}(e-1)$

214 $\frac{17}{12}$

215 (1) $(a\{\cos\theta-(2\pi-\theta)\sin\theta\},$
$a\{\sin\theta+(2\pi-\theta)\cos\theta\})$

(2) $2\pi^2 a$

チャレンジ〈6〉 (1) $\sqrt{2}\left(1-\frac{1}{e^\alpha}\right)$　(2) $\sqrt{2}$

216 $\frac{16}{3}$

217〔1〕 (1) $y=\frac{1}{2}x^4+C$　(C は任意定数)

(2) $y=-\frac{1}{2}\sin(2x+1)+C$ (C は任意定数)

〔2〕 $y=-xe^{-x}-e^{-x}+2e^{-1}$

218 (1) $y=Ce^{-kx}$ (C は任意定数)

(2) $\sin y=x+C$ (C は任意定数)

219 (1) $y=Ce^{x}-x-1$ (C は任意定数)

(2) $y=Ce^{-x}-3x+3$ (C は任意定数)

220 (1) $y=Ce^{\pm x}$ (C は0でない任意定数)

(2) $y^2=\pm 2x+C$ (C は任意定数)

221 (1) $f(x)=e^{1-\cos x}$ (2) $f(x)=-x^2$

〈7〉(チャレンジ) 5.7時間後

問題編 14

198 $\frac{2}{3}k\tan\alpha$

199 (1) $2(4-3\log 3)\pi$ (2) $\frac{2}{3}\pi^2+\frac{\sqrt{3}}{8}\pi$

200 (1) $V_1=\frac{\pi}{6m^4}$, $V_2=\frac{2\pi}{15m^5}$

(2) $\frac{4}{5}$

201 $\frac{\pi}{4}(\pi+6)$

202 (1) $\pi(e-2)$ (2) $2\pi\left(1-\frac{e}{3}\right)$

203 $2\pi^2$

204 略

205 $\frac{2}{15}\pi$

206 $\frac{\sqrt{2}}{4}\pi^2$

207 (1) $\alpha=-\frac{2a}{a^2+1}$, $\beta=\frac{a^2-1}{a^2+1}$

(2) $a=-\sqrt{3}$ のとき 最大値 $\frac{\sqrt{3}}{4}\pi$

208 $\frac{\pi}{8}$

209 $8\left(\sqrt{2}-\frac{4}{3}\right)r^3$

210 (1) $-\frac{\sqrt{3}}{2}\leqq u\leqq\frac{\sqrt{3}}{2}$ のとき

$\sqrt{1-u^2}+2(1-u^2)$

$-1\leqq u\leqq-\frac{\sqrt{3}}{2}$, $\frac{\sqrt{3}}{2}\leqq u\leqq 1$ のとき

$4(1-u^2)$

(2) $\frac{\pi}{3}+\frac{16}{3}-\frac{5\sqrt{3}}{4}$

211 (1) $(1-t,\ 1,\ t)$, $(-1,\ 1,\ t)$

(2) $\frac{5}{3}\pi$

212 $\frac{2}{3}\pi$

213 $\frac{\sqrt{2}}{2}a\{\sqrt{2}+\log(1+\sqrt{2})\}$

214 (1) $\frac{a}{2}\left(e^{\frac{1}{a}}-e^{-\frac{1}{a}}\right)$

(2) $\frac{16}{3}(2\sqrt{2}-1)$

215 (1) $l=4\sin\frac{t}{2}$, $\mathrm{Q}(t-\sin t,\ 1-\cos t)$

(2) 略

216 出会うのは 3秒後, 5秒後

点Qの動く道のりは $\frac{189}{8}$

217 $y=x\log x-x+C$ (C は任意定数)

$y=x\log x-x+1$

218 (1) $x^2+y^2=C$ (C は正の任意定数)

(2) $y=Ce^{2x}-\frac{1}{2}$ (C は任意定数)

(3) $y^2=Ce^{x}-1$ (C は正の任意定数)

219 (1) $x+2y+2=Ce^{y}$ (C は任意定数)

(2) $3x+3y+1=Ce^{3y-6x}$ (C は任意定数)

220 楕円 $\frac{x^2}{2a^2}+\frac{y^2}{a^2}=1$ (a は正の任意定数)

直線 $x=0$

221 $f(x)=x+1$

本質を問う 14

1 $\frac{5}{24}\pi r^3$

2 (1) $\frac{72}{5}\pi$ (2) 説明略, $\frac{20}{3}\pi$

3 略

Let's Try! 14

① (1) $10\sqrt{3}$ (2) 100π (3) $\frac{2000\sqrt{3}}{3}$

② (1) $\frac{2}{\pi}$

(2) $V=\pi^2m^2-4\pi m+\frac{\pi^2}{2}$

(3) $m=\frac{2}{\pi}$ のとき 最小値 $\frac{\pi^2}{2}-4$

$m=0$ のとき 最大値 $\frac{\pi^2}{2}$

③ $\frac{50}{3\pi}$

④ $\frac{32}{15}\pi$

⑤ (1) $(-5\sin t+5\sin 5t,\ 5\cos t-5\cos 5t)$

(2) 5

思考の戦略編

練習

1 $\sqrt{3}-\frac{\pi}{2}$

2 (1) 略 (2) 略

3 (1) $(x,\ y)=\left(\frac{\pi}{6},\ \frac{11}{6}\pi\right)$, $\left(\frac{11}{6}\pi,\ \frac{\pi}{6}\right)$

解答

(2) $(x,\ y)=\left(\dfrac{5}{3}\pi,\ \dfrac{5}{3}\pi\right)$

(3) $a^2+b^2 \leqq 4$，図は略

4 $t=-\dfrac{1}{3}$ のとき　最小値 $\sqrt{34}$

5 (1) 略　(2) 略

6 (1) $\dfrac{2-\sin^2 x}{\sin^3 x}$，証明略

(2) 略

7 略

8 $c_i > e_i$

9 略

10 (1) $(n+4)2^{n-1}$　(2) $\dfrac{n\cdot 2^{n+1}+1}{(n+1)(n+2)}$

11 (1) 略　(2) 略　(3) 略

12 略

13 (1) 略　(2) 略　(3) 略

問題編

1 (1) $\mathrm{P}\left(\dfrac{\sqrt{2}}{2},\ \sqrt{2}\right)$ のとき　最大値 $\sqrt{2}$

(2) $2\sqrt{2}$

2 証明略，$a=b=\dfrac{c}{\sqrt{2}}$ のとき等号成立

3 最大値 25，最小値 8

4 $s=1+\sqrt{3}$，$t=\dfrac{1-\sqrt{3}}{2}$ のとき，

最大値 $\dfrac{2+\sqrt{3}}{2}$

5 (1) $\dfrac{1}{2}\left\{f\left(a-\dfrac{1}{2}\right)+f\left(a+\dfrac{1}{2}\right)\right\}$

$<\displaystyle\int_{a-\frac{1}{2}}^{a+\frac{1}{2}} f(x)dx < f(a)$

(2) 略

(3) $\dfrac{1}{2}$

6 略

7 (1) 略　(2) 略

8 (1) 略

(2) $M=\dfrac{3^{11}}{2^{17}}$，$k=2,\ 3$ のとき

9 (1) $\log\left(1+\dfrac{1}{x}\right)>\dfrac{1}{x+1}$

(2) $\left(1+\dfrac{2001}{2002}\right)^{\frac{2002}{2001}}>\left(1+\dfrac{2002}{2001}\right)^{\frac{2001}{2002}}$

10 (1) $\dfrac{1}{n+1}$

(2) $\dfrac{1}{n+1}\left\{\left(\dfrac{3}{2}\right)^{n+1}-1\right\}$

11 略

12 略

13 略

入試攻略

1章　関数と極限

1 (1) 略　(2) $y=ax-2a$

(3) $a<-4,\ 0<a$

$\left(\dfrac{3a\pm\sqrt{a^2+4a}}{2a},\ \dfrac{-a\pm\sqrt{a^2+4a}}{2}\right)$

（複号同順）

(4) $a=-4$，$\left(\dfrac{3}{2},\ 2\right)$

2 $a=-2,\ b=4$

3 (1) 略

(2) $b_{n+1}=\left(\dfrac{a_n-2}{a_n+2}\right)^2$，$b_{n+1}={b_n}^2$

(3) $b_n={b_1}^{2^{n-1}}$　(4) $a_n=\dfrac{2(1+{b_1}^{2^{n-1}})}{1-{b_1}^{2^{n-1}}}$

(5) 2

4 (1) 略　(2) $\dfrac{-1+\sqrt{33}}{4}$

(3) 略

(4) 証明略，$\dfrac{-1+\sqrt{33}}{4}$

5 (1) $t^2 \leqq k<(t+1)^2$

(2) (ア) $a_1=3,\ a_2=8$

(イ) $a_m=m^2+2m$

$\displaystyle\sum_{k=1}^{a_m}\frac{1}{2[\sqrt{k}\,]+1}=m$

(3) 1

6 $\dfrac{\sqrt{3}}{6}$

7 (1) 略　(2) $\dfrac{1}{2}$

8 $a_1=1,\ a_2=-1,\ a_n=\dfrac{1}{(n-1)(n-2)}$　$(n \geqq 3)$

9 $a=4,\ b=-1$，極限値 $-\dfrac{15}{8}$

10 (1) $R_6=1,\ r_6=\dfrac{1}{3}$

(2) $2\pi^2$

11 (1) 3^k　(2) $\dfrac{3^{n+1}-1}{2}$

(3) $\dfrac{3\log 3}{2}$

12 4

13 (1) $x<-\sqrt{2},\ -1<x<1,\ \sqrt{2}<x$

(2) 1

(3) 存在しない，説明略

2章　微分

14 (1) $y'=\dfrac{2x}{x^2+1}\cos(\log(x^2+1))$

(2) $y'=\dfrac{1}{3\sqrt[3]{(x+1)^2}}\left(\log x+\dfrac{3}{x}+3\right)$

(3) $y' = -\dfrac{1}{2(1+\sqrt{x})\sqrt{x(1-x)}}$

(4) $y' = -5^{-x}(\log 5 \cos x \log|\cos x|$
$+ \sin x \log|\cos x| + \sin x)$

15 $a=2,\ b=\dfrac{1}{4},\ c=0$

16 $a=\dfrac{1}{2},\ b=0,\ c=-\dfrac{1}{2},\ d=0$

17 $f(0)=0,\ f'(x)=7x^2+3$

18 (1) 略 (2) 略

19 (1) $c<-\dfrac{3}{4}$ (2) $-\dfrac{5}{4}<c<-\dfrac{3}{4}$

20 (1) $f(0)=0$
(2) $f(0)=0,\ f'(0)=0,\ F'(0)=0$

21 (1) $-\dfrac{\pi}{2}$ (2) 略

22 (1) 略 (2) 略
(3) 略
(4) $f^{(9)}(0)=11025,\ f^{(10)}(0)=0$

23 (1) $x(t)=\log\left(t-\sqrt{t^2-1}\right)$

$x'(t) = -\dfrac{1}{\sqrt{t^2-1}}$

$x''(t) = \dfrac{t}{(t^2-1)\sqrt{t^2-1}}$

(2) $1<t<\dfrac{1}{2}\left(e+\dfrac{1}{e}\right)$

(3) $-\log 2$

3章 微分の応用

24 (1) $y=(e^{\alpha}-e^{-\alpha})x-(e^{\alpha}-e^{-\alpha})\alpha+\beta$

(2) $\dfrac{\beta\sqrt{\beta^2-3}}{\sqrt{\beta^2-4}}$

(3) 3

25 (1) $\left(2a+\dfrac{1}{a},\ \log a-a^2-1\right)$

(2) $a=\dfrac{1}{\sqrt{2}}$ のとき 最小値 $\dfrac{3\sqrt{3}}{2}$

26 (1) $\left(\dfrac{\pi}{3}-\dfrac{\sqrt{3}}{2},\ \dfrac{1}{2}\right)$

(2) $(\pi-2\beta-\sin 2\beta,\ 1+\cos 2\beta)$

27 (1) $y=4a^2x-4a$ (2) $3\sqrt{2}$

28 (1) 略 (2) 略

29 (1) 1

(2) $x_n=-\dfrac{7}{4}\pi+2n\pi$

(3) $\dfrac{\sqrt{2}\,e^{\frac{7}{4}\pi}}{2(e^{2\pi}-1)}$

30 (1) $0<x\leqq 2$ のとき単調減少し，
$2\leqq x$ のとき単調増加する

(2) $k>\dfrac{27}{8}$

(3) $\dfrac{a-1}{2a^2}$

(4) 略

31 (1) $0\leqq x\leqq\beta$ のとき単調増加し，
$\beta\leqq x$ のとき単調減少する
$x=\beta$ のとき 極大値 $\dfrac{1}{4\sqrt{1+a}-4}$

(2) $a,\ \dfrac{2a}{a+2}$

(3) 略

(4) $x=1$ のとき 最大値 $\dfrac{1}{2}$

32 (1) 略 (2) $a=3,\ b=1$

33 (1) 増減，グラフの凹凸，グラフ略

$x=e$ のとき 極大値 $\dfrac{1}{e}$

変曲点 $\left(e\sqrt{e},\ \dfrac{3\sqrt{e}}{2e^2}\right)$

(2) $3e^4(1-\log t)+t^2=0$

(3) 略

34 (1) $q=-\dfrac{1}{4}p^2$ (2) $a=\dfrac{1+p^3}{4p^2}$

(3) $\begin{cases} a>\dfrac{3\sqrt[3]{2}}{8} \text{ のとき } 3\text{本} \\ a=\dfrac{3\sqrt[3]{2}}{8} \text{ のとき } 2\text{本} \\ a<\dfrac{3\sqrt[3]{2}}{8} \text{ のとき } 1\text{本} \end{cases}$

35 (1) $x=a$ のとき 極大値 $2(a+1)e^{-a}$
$x=-a$ のとき 極小値 $2(1-a)e^{a}$

(2) 証明略，0

(3) $a\geqq 1$ かつ $0<k<2(a+1)e^{-a}$
または $0<a<1$ かつ
$2(1-a)e^{a}<k<2(a+1)e^{-a}$

36 証明略，$3\sqrt{1-{r_0}^2}$

37 (1) 長い方の $\overset{\frown}{\mathrm{AB}}$ 上にあり，CA＝CB である二等辺三角形 ABC の頂点のとき

$l(\theta)=2\sin\theta+4\cos\dfrac{\theta}{2}$

(2) 略

38 (1) $x=2$ のとき 最大値 2
$x=0$ のとき 最小値 1

(2) $x=2$ のとき 最大値 $\log 2$
$x=0$ のとき 最小値 $\log\sqrt{2}$

(3) 略

(4) 略

(5) 2

39 (1) 略 (2) 略 (3) 略

40 (1) 放物線 $y=-x^2+\dfrac{1}{2}$ の $-1\leqq x\leqq 1$ の部分

(2) $\vec{v}=(\cos t,\ -\sin 2t)$
$\vec{\alpha}=(-\sin t,\ -2\cos 2t)$

(3) $\left(1,\ -\dfrac{1}{2}\right),\ \left(-1,\ -\dfrac{1}{2}\right)$

解答

(4) 5回

(5) $|\vec{v}|$ の最大値 $\dfrac{5}{4}$

$|\vec{\alpha}|$ の最小値 $\dfrac{\sqrt{31}}{8}$

41 (1) 略 (2) 略 (3) 略

4章 積分とその応用

42 (1) $1-ka$ (2) $x\left(e^x-\dfrac{2k}{k+1}\right)$

(3) 略 (4) 1

43 (1) $1-\dfrac{\pi}{4}$ (2) $a_{n+1}=\dfrac{1}{2n+1}-a_n$

(3) 0 (4) $\dfrac{\pi}{4}$

44 $\dfrac{13}{72}$

45 (1) 略 (2) $\dfrac{1}{2}$

46 (1) log3 (2) 略 (3) log3

47 略

48 (1) $(1,\ 0)$, $\left(2,\ \dfrac{1}{2}\log 2\right)$

(2) 増減，グラフ略

$f(x)$ は $x=e$ のとき 極大値 $\dfrac{1}{e}$

極小値はない

$g(x)$ は $x=\sqrt{e}$ のとき 極大値 $\dfrac{1}{e}$

極小値はない

(3) $\dfrac{4}{e}+\dfrac{1}{2}-(\log 2)^2-2\log 2$

49 (1) 略

(2) $t\tan t+2\log(\cos t)-\log(\cos a)-\dfrac{1}{2}a^2\cdot\dfrac{\tan t}{t}$

(3) $\dfrac{\sqrt{2}}{2}a$

50 (1) $2n$ (2) $\dfrac{e-2}{e-1}$

51 (1) z 軸

(2) 曲線 $z=\log(-x^2+3)$ $(-\sqrt{3}<x<\sqrt{3})$ と x 軸で囲まれた図形，図は略

(3) $\pi(3\log 3-2)$

52 (1) 増減，グラフの凹凸，グラフ略

$x=e$ のとき 極大値 $\dfrac{1}{e}$

極小値はない

変曲点 $\left(e\sqrt{e},\ \dfrac{3}{2e\sqrt{e}}\right)$

(2) $\left(\sqrt[3]{e},\ \dfrac{1}{3\sqrt[3]{e}}\right)$, $a=\dfrac{1}{3e}$

(3) $-\dfrac{1}{x}(\log x)^2-\dfrac{2}{x}\log x-\dfrac{2}{x}+C$

(4) $\left(\dfrac{14}{5\sqrt[3]{e}}-2\right)\pi$

53 (1) $-\dfrac{\pi}{4}+n\pi$ $(n=1,\ 2,\ \cdots)$

(2) $\dfrac{4}{5}\pi(1-e^{-\pi})e^{-\left(n-\frac{1}{4}\right)\pi}$

(3) $\dfrac{4}{5}\pi e^{-\frac{3}{4}\pi}$

54 (1) $\left(\pm\dfrac{\sqrt{3}}{2}a,\ \dfrac{1-a}{2}\right)$

(2) 面積 $\left(\dfrac{2}{3}\pi-\dfrac{\sqrt{3}}{2}\right)(-a^2+a)$

$a=\dfrac{1}{2}$ のとき 最大値 $\dfrac{\pi}{6}-\dfrac{\sqrt{3}}{8}$

(3) $\pi\left(\dfrac{2}{3}\pi-\dfrac{\sqrt{3}}{2}\right)(a^3-2a^2+a)$

$a=\dfrac{1}{3}$ のとき 最大値 $\dfrac{2}{81}\pi(4\pi-3\sqrt{3})$

55 (1) $y=2x\sqrt{1-x^2}$

(2) $\dfrac{2}{3}$

(3) $\dfrac{\pi^2}{4}$

56 (1) $\dfrac{\sqrt{2}(n-1)^2}{3(n+2)(2n+1)}\pi$

(2) $\dfrac{\sqrt{2}}{6}\pi$

57 (1) $-\sqrt{2}\leqq t\leqq\sqrt{2}$

(2) $\dfrac{2}{3}(2-t^2)^{\frac{3}{2}}$

(3) π

58 (1) $(3\cos\theta+\cos 3\theta,\ 3\sin\theta-\sin 3\theta)$

(2) 24

索引

[ま]

[や]

[ら]

[わ]

NEW ACTION LEGEND 数学Ⅲ

発行日　2017年9月1日　初版発行
2024年2月1日　改訂第1版発行

執筆者　ニューアクション編集委員会
編　者　東京書籍編集部
発行者　東京書籍株式会社　渡辺能理夫
東京都北区堀船2丁目17番1号 〒114-8524
印刷所　株式会社リーブルテック

●支社出張所電話（販売窓口）

札　幌	011-562-5721	仙　台	022-297-2666
東　京	03-5390-7467	金　沢	076-222-7581
名古屋	052-950-2260	大　阪	06-6397-1350
広　島	082-568-2577	福　岡	092-771-1536
鹿児島	099-213-1770	那　覇	098-834-8084

●編集電話　東　京　03-5390-7339

●ホームページ　https://www.tokyo-shoseki.co.jp
●東書Eネット　https://ten.tokyo-shoseki.co.jp

●表紙の画像　ゲッティイメージズ

落丁・乱丁本はおとりかえいたします。

答案作成で注意すること

答案を作成するにあたって，分野を越えて重要な数学の議論・表現を以下にまとめました。
いずれも，多くの答案でよく見られる間違いや不適切な表現です。
テストの直前や勉強に一区切りがついたとき，この内容を読み直し，
自分が間違いやすい項目や，忘れやすい項目を再確認しましょう。

1 減点対象となる数学の議論

[1] 自分でおいた文字は，条件やとり得る値の範囲に注意する。

(例) $\displaystyle\int_0^3 x\sqrt{x+1}\,dx$ について，$\sqrt{x+1}=t$ とおくと

$x:0\to3$ のとき　$t:1\to2$ ▶▶ p.291 例題 155 (1)

[2] 分母が文字で与えられた分数では，分母 $\neq 0$ に注意する。

(例) 方程式 $\dfrac{1}{x-2}-\dfrac{4}{x^2-4}=1$ について，両辺に x^2-4 を掛けると $(x+2)-4=x^2-4$

ただし，$x-2\neq0$，$x^2-4\neq0$　すなわち $x\neq\pm2$ ▶▶ p.28 例題 8 (1)

[3] 必要条件から考えて求めた答は，その答が与えられた条件を満たすかを確認する。

(例) 例題 98 では，$f(x)=\dfrac{x-a}{x^2+1}$ が $x=\alpha$ で極値 $\dfrac{1}{2}$ をとるという条件から，$f'(\alpha)=0$，

$f(\alpha)=\dfrac{1}{2}$ を考えることで $\alpha=1$，$a=0$ を導いている。

しかし，「$f'(\alpha)=0$ ならば $x=\alpha$ で極値をとる」は必ずしも成り立つとは限らないから，
$a=0$ のときに $f(x)$ が $x=1$ で極値をとることを確認している（十分性の確認）。

2 望ましくない数学的な表現

[1] 恒等式の等号と，方程式の等号を，同じ式の中で使わない。

(例) $\displaystyle\lim_{x\to2}\frac{x^2+ax+b}{x^3-8}=2$ が成り立つように，定数 a，b の値を定める。

$b=-2a-4$ が成り立つとき

(望ましくない) $\displaystyle\lim_{x\to2}\frac{x^2+ax+b}{x^3-8}\underset{\text{恒等式}}{=}\lim_{x\to2}\frac{x+a+2}{x^2+2x+4}\underset{\text{恒等式}}{=}\frac{a+4}{12}\underset{\text{方程式}}{=}2$

(望ましい) $\displaystyle\lim_{x\to2}\frac{x^2+ax+b}{x^3-8}=\lim_{x\to2}\frac{x+a+2}{x^2+2x+4}=\frac{a+4}{12}$

$\displaystyle\lim_{x\to2}\frac{x^2+ax+b}{x^3-8}=2$ より　$\dfrac{a+4}{12}=2$ ▶▶ p.101 例題 51 (1)

[2] 数学の用語や定理は正確に用いる。

(例 1) 平均値の定理を用いるときは，その関数が閉区間で連続，開区間で微分可能であることを確認する。 ▶▶ p.162 まとめ 7

(例 2) 点 P の時刻 t における座標 x が $x=\sin t+\sqrt{3}\cos t$ で表されるとき，時刻 t における点 P の速度 v は $v=\dfrac{dx}{dt}=\cos t-\sqrt{3}\sin t$ である。

よって，$t=\dfrac{\pi}{2}$ における点 P の速度は $v=\cos\dfrac{\pi}{2}-\sqrt{3}\sin\dfrac{\pi}{2}=-\sqrt{3}$

点 P の速さは $|v|=\sqrt{3}$ ▶▶ p.244 例題 129 (1)

解答を振り返る

自分の答が模範解答と違っても，「これはケアレスミスだから大丈夫」と軽く考えてしまうことはないでしょうか。普段してしまうミスは，テストでも起こりやすいものです。
ミスは起こるものとして，そのミスに気づけるかが大切です。
以下にまとめたものは，答が正しいかを短時間で確認できる効果的な方法です。
日々の学習の中で，自分の解答を振り返る習慣を身に付けましょう。

3 大まかに確かめる

[1] 値が存在するかを確認する。

(例) 図形の問題で，面積，体積などの値は 0 以上である。この範囲に収まっているか。

[2] 予想と合っているかを確認する。

(例) $0\leqq x\leqq\pi$ において $y=x-\sin 2x$ のグラフを考えるとき，$y=x$ のグラフと $y=\sin 2x$ のグラフをかき，y 座標の差を考え，グラフの概形を予想する。 ▶▶ p.186 例題 94 (1)

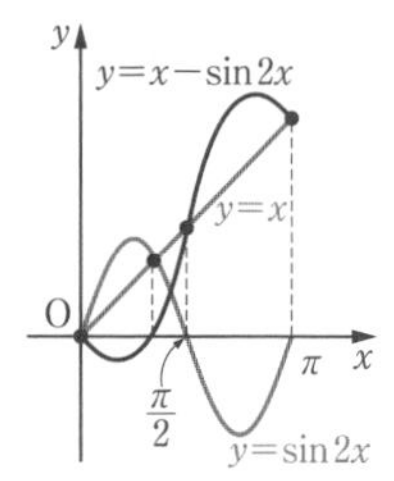

4 検算を試みる

[1] 反対の計算をする。

(例) $\int x\sqrt{x}\,dx$ を計算すると，$\dfrac{2}{5}x^2\sqrt{x}+C$ と求められた。

このとき $\left(\dfrac{2}{5}x^2\sqrt{x}+C\right)'=x^{\frac{3}{2}}=x\sqrt{x}$

よって，積分した計算結果を微分したらもとの式に戻ることが確かめられた。

▶▶ p.262 例題 136 (1)

[2] 他の方法を試す。

(例 1) 定積分 $\int_0^2 \sqrt{4-x^2}\,dx$ の値について，$x=2\sin\theta$ と置換して求める方法と，右の図のように円を考えて斜線部分の面積を求める方法の 2 通りがある。 ▶▶ p.292 例題 156 (1)

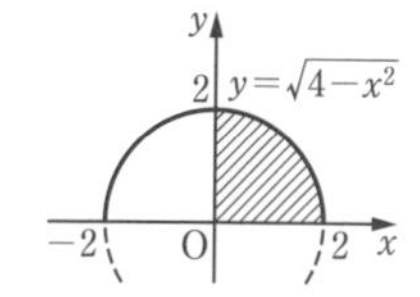

(例 2) 放物線 $y=x^2$ と直線 $y=x$ によって囲まれた図形を直線 $y=x$ のまわりに 1 回転させてできる回転体の体積は，右の図 1 の回転軸 $y=x$ に垂直な断面積 $\pi\mathrm{PH}^2$ を考えて求める方法と，右の図 2 の斜線部分を回転させてできる傘型の立体を考えて求める方法（検算用）の 2 通りがある。 ▶▶ p.380 例題 206，p.381 Go Ahead 13

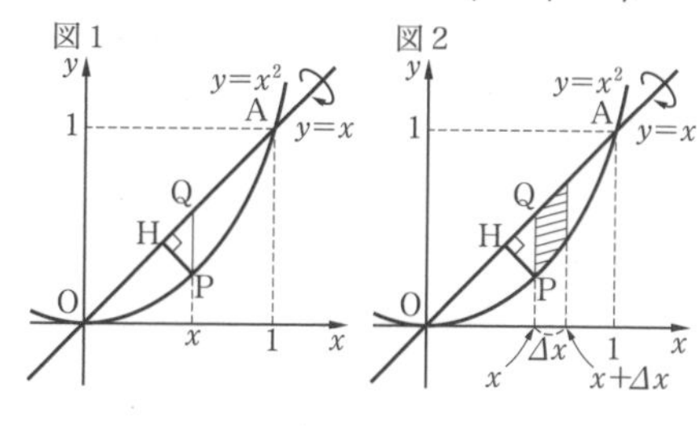

[3] 値を代入する。極限を考える。

(例 1) 周の長さが 1 の正 n 角形の外接円の半径 r_n について，$r_n=\dfrac{1}{2n\sin\dfrac{\pi}{n}}$ と求められた。

求められた式に $n=4$ を代入すると　$r_4=\dfrac{1}{2\cdot4\sin\dfrac{\pi}{4}}=\dfrac{\sqrt{2}}{8}$

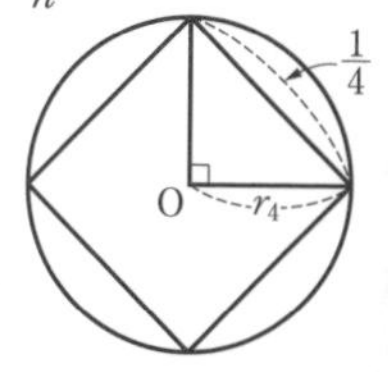

一方，周の長さが 1 の正方形の外接円の半径は $\dfrac{1}{4}\cdot\dfrac{1}{\sqrt{2}}=\dfrac{\sqrt{2}}{8}$

よって，$n=4$ のときに，値が一致することが確かめられた。 ▶▶ p.106 例題 55 (1)

(例 2) 周の長さが 1 の正 n 角形の面積 S_n について，$\lim\limits_{n\to\infty}S_n=\dfrac{1}{4\pi}$ と求められた。

ここで，$n\to\infty$ を考えるとき，正 n 角形は円に近づく。

周の長さが 1 の円の半径は $\dfrac{1}{2\pi}$ であるから，その面積は $\pi\left(\dfrac{1}{2\pi}\right)^2=\dfrac{1}{4\pi}$

よって，$\lim\limits_{n\to\infty}S_n$ の値と $n\to\infty$ を考えた図形の面積が一致することが確かめられた。

▶▶ p.106 例題 55 (2)